Karl Klotter

Technische Schwingungslehre

Zweiter Band:
Schwinger von mehreren
Freiheitsgraden
(Mehrläufige Schwinger)
Zweite Auflage

Reprint

Springer-Verlag
Berlin Heidelberg New York 1981

Dr.-Ing. KARL KLOTTER
em. o. Professor an der Technischen Hochschule Darmstadt

ISBN-13: 978-3-642-67993-3   e-ISBN-13: 978-3-642-67992-6
DOI: 10.1007/978-3-642-67992-6

CIP-Kurztitelaufnahme der Deutschen Bibliothek: Klotter, Karl: Technische Schwingungslehre/
Karl Klotter – Berlin, Heidelberg, New York: Springer. Bd. 2. Schwinger von mehreren Freiheitsgraden
(Mehrläufige Schwinger). – 2., umgearb. u. erg. Aufl., Berlin, Göttingen, Heidelberg 1960. Reprint 1981

Reprographischer Nachdruck: Proff GmbH & Co. KG, Bad Honnef · Bindearbeiten: Konrad Triltsch,
Würzburg
2060/3014-5 4 3 2 1

Technische Schwingungslehre

Vorwort zur Reprintausgabe

Der erste Band dieser „Technischen Schwingungslehre" war in zweiter Auflage im Jahre 1951 erschienen. Eine dritte Auflage (in zwei Teile zerlegt, Teil A Lineare Schwingungen, Teil B Nichtlineare Schwingungen) kam im Laufe der letzten beiden Jahre heraus. Von dem im Herbst 1978 erschienenen Teil A mußte nach etwa anderthalb Jahren schon ein Nachdruck hergestellt werden. Dieser Erfolg der dritten Auflage des ersten Bandes veranlaßte Verlag und Verfasser, alte Überlegungen wieder aufzunehmen, ob und wie der zweite Band, dessen 2. Auflage aus dem Jahre 1960 stammt und seit vielen Jahren vergriffen ist, wieder verfügbar gemacht werden könnte.

Eine völlige Umarbeitung (wie beim ersten Band) würde lange Zeit erfordern. Es blieb also zu bedenken, ob die Fassung aus dem Jahre 1960 einen unveränderten Nachdruck rechtfertigt. Ich habe mit Kollegen und anderen Fachleuten Überlegungen in dieser Richtung angestellt. Bei den Gesprächen fiel einmal das Wort: „Wenn der zweite Band noch nicht geschrieben wäre, so müßte er jetzt geschrieben werden". Das ist überspitzt ausgedrückt, will aber besagen: der Band ist in seinem Gehalt nicht veraltet. Hierzu drei Hinweise:

(1) In den Vorworten zu den früheren Bänden und Auflagen habe ich die Grundsätze für meine Darlegungen so ausgedrückt:
„Meine Absicht ist es, das Wesen der Probleme dem Verständnis des Lesers nahezubringen. Deshalb war ich neben einer gewissen Ausführlichkeit der Darstellung vor allem auf eine systematische Ordnung und auf eine klare Formulierung der Begriffe bedacht . . . . . Was der Leser auch in diesem zweiten Band findet, sind auf physikalischen Überlegungen aufgebaute Gleichungen und eine gründliche Diskussion der durch sie beschriebenen Erscheinungen".
Meine erwähnten Gesprächspartner waren mit mir der Meinung, daß keines der in den letzten zwanzig Jahren erschienenen Bücher diesen Anspruch besser erfüllt.

(2) Die jüngeren Bücher über Schwingungen mit mehreren Freiheitsgraden sind gekennzeichnet und unterscheiden sich vom zweiten Band am augenfälligsten durch den durchgehenden Gebrauch der Matrix-Schreibweise. Diese „Stenographie" wirkt modern und ist es wohl auch insbesondere, wenn man an den direkteren Zugang

zur Numerik denkt. Im zweiten Band sind Matrizen nur in der Form von sogenannten „Übertragungsmatrizen" im Kapitel 7 benutzt.

Beim Vergleich darf man aber nicht übersehen, daß die neueren Autoren trotz aller wiederholten Betonung von „Lehrbuch" und „Grundlagen" entweder ganz im Hinblick auf ein bestimmtes Anwendungsgebiet (Beispiel: Tragwerkskinetik) schreiben oder aber für den „schon Wissenden", indem sie beträchtliche Vorkenntnisse voraussetzen.

(3) Natürlich muß eingeräumt werden, daß die Auswahl der im zweiten Band ausführlicher behandelten Anwendungsgebiete den Geschmack von 1960 erkennen läßt. Dieser Einwand, soweit er überhaupt ernstlich ins Gewicht fällt, betrifft jedoch nur das Kapitel 6. So gut wie alles übrige würde heute nicht wesentlich anders ausgewählt und (von den Matrizen abgesehen) nicht anders dargestellt werden müssen.

Mit dieser Reprintausgabe des zweiten Bandes ist nun das gesamte Werk „Technische Schwingungslehre" simultan verfügbar.

Karlsruhe, im Februar 1981   K. Klotter

Technische
Schwingungslehre

Zweiter Band

Technische Schwingungslehre

Von

Dr.-Ing. Karl Klotter

o. Professor an der Technischen Hochschule Darmstadt

Zweite umgearbeitete und ergänzte Auflage

Zweiter Band

Schwinger von mehreren Freiheitsgraden (Mehrläufige Schwinger)

Mit 296 Abbildungen

Springer-Verlag

Berlin / Göttingen / Heidelberg

1960

ISBN-13: 978-3-642-67993-3   e-ISBN-13: 978-3-642-67992-6
DOI: 10.1007/978-3-642-67992-6

Vorwort

Dieser zweite Band, der den Schwingungen der Gebilde von mehreren Freiheitsgraden, den sogenannten „Koppelschwingungen" gewidmet ist, vervollständigt die zweite Auflage des Werkes. Er hat lange auf sich warten lassen. Ein erklärendes Wort scheint deshalb am Platze.

Wenn man die Bezeichnung „Schwingungslehre" in ihrem weitesten Sinne nimmt, umfaßt sie nicht nur mechanische, sondern auch elektrische und andere physikalische Vorgänge; es gehören in ihren Rahmen aber auch große technische Gebiete wie etwa die Maschinendynamik, die Fahrdynamik, die Flugmechanik, ja fast die gesamte Regelungstechnik. Zu Zeiten war ich in Versuchung, eine Schwingungslehre in diesem weiteren Sinn zu schreiben. Die Grenzenlosigkeit eines solchen Unterfangens wurde jedoch von Jahr zu Jahr deutlicher.

Der Band, den ich jetzt vorlege, geht wieder zurück zu den Grundsätzen, die ich im Vorwort zum ersten Band so beschrieben habe: „Meine Absicht ist, das Wesen der Probleme dem Verständnis des Lesers nahezubringen. Deshalb war ich neben einer gewissen Ausführlichkeit der Darstellung vor allem auf eine systematische Ordnung und auf eine klare Formulierung der Begriffe bedacht. Ich hoffe, daß die entwickelten Methoden und die Auswahl des Stoffes den Leser in den Stand setzen, selbständig weiterzuarbeiten und neu an ihn herantretende Fragen zu lösen."

Was der Leser auch in diesem zweiten Band findet, sind auf physikalischen Überlegungen aufgebaute Gleichungen und eine gründliche Diskussion der durch sie beschriebenen Erscheinungen. Dabei ist fast ausschließlich die Sprache der Mechanik verwendet. Die Analogien zu den anders gearteten, insbesondere den elektrischen Vorgängen werden nicht an jeder Stelle ausgeführt. Anstelle solcher Einzelerörterungen wird vielmehr (im Abschn. 1.2) eine bis zu Erkenntnissen der jüngsten Zeit reichende, zusammenfassende Darstellung der mechanisch-elektrischen Analogien gegeben; auf Grund dieser Darstellung wird der Leser die Ergebnisse selbst von einem Gebiet ins andere übertragen können.

Obgleich dieses Werk die wohl ausführlichste aller vorhandenen Darstellungen des Fachgebietes enthält, will es doch nicht als Handbuch gelten. Es will bewußt ein Lehrbuch sein, und zwar eines, das sowohl Anfängern wie Fortgeschrittenen dient. Wegen dieser Ausrichtung ist der Stoff nach steigendem Schwierigkeitsgrad geordnet. Nach dem vorbereitenden ersten Kapitel, das sich mit der Aufstellung der Bewegungsgleichungen und den mechanisch-elektrischen Analogien befaßt, behandelt das zweite Kapitel ganz ausführlich und in durchaus elementarer Weise zunächst die freien Schwingungen der Gebilde von nur zwei Freiheitsgraden. Dabei tauchen schon die meisten der für die Schwingungen der mehrläufigen Systeme kennzeichnenden Erscheinungen auf, und sie werden an diesen einfachsten Gebilden dargelegt. Im dritten Kapitel werden die Betrachtungen über die freien Schwingungen auf Systeme von mehr als zwei Freiheitsgraden ausgedehnt. Im vierten Kapitel stehen dann die Fragen im Vordergrund, die an die Behandlung der Differentialgleichungen anschließen. Hier wird u. a. auch die Stabilität der Bewegungen untersucht. Das fünfte Kapitel behandelt schließlich die erzwungenen Schwingungen. Hier wird auch den Nulleffekten (Tilger-Effekten) viel Aufmerksamkeit geschenkt, und es wird auf die jüngste Entwicklung der Begriffe „komplexer Leitwert" und „komplexer Widerstand" eingegangen.

Die genannten fünf Kapitel machen den ersten Teil des vorliegenden Bandes aus. Wenn auch die Anwendungen der Schwingungslehre auf das Maschinenwesen, das Bauwesen und die Fahrzeuge stets im Auge behalten werden, so stehen im ersten Teil des Bandes doch die allgemeinen und die systematischen Gesichtspunkte im Vordergrund. Demgegenüber werden dann im zweiten Teil, in den Kapiteln 6 und 7, die Erfordernisse der Anwendungen an die erste Stelle gerückt: Es werden die Methoden besprochen, deren man sich bedienen muß, wenn man Schwingungsrechnungen häufig, ja routinemäßig durchzuführen hat. Dabei ist das sechste Kapitel den Torsionsschwingungen und den torsionskritischen Drehzahlen gewidmet, das siebente den Biegeschwingungen und den biegekritischen Drehzahlen. Ausführliche Erörterungen über Fahrzeugschwingungen, mit dem Schiff als dem hauptsächlichsten Beispiel, sind schon in das fünfte Kapitel eingebaut.

In einem Anhang sind noch Eigenschwingzahlen für einläufige, mehrläufige und kontinuierliche Gebilde zusammengestellt. Die Erfahrung hat mir gezeigt, daß Belehrung in der kondensierten Form solcher Zusammenstellungen oft gesucht und deshalb geschätzt wird.

Literatur ist dort, wo Bekanntes behandelt wird, sparsam zitiert. Zitate werden gegeben, um dem Leser weiterzuhelfen, wenn die Darstellung abgebrochen werden mußte, und ferner, um auf neuere Entwicklungen hinzuweisen.

Hier ist wohl noch ein Wort angebracht über das, was der eine oder andere Leser (und Kritiker) in dem Buche vielleicht vermissen wird: Die *Laplace-Transformation* wird nicht verwendet. Obgleich sie ein oft bequemes Mittel darstellt, können die allermeisten Probleme ohne dieses Werkzeug angegriffen werden. Die Rücksicht auf die Anfänger gebot, nicht zu viele Sonderkenntnisse vorauszusetzen. Ähnlich verhält es sich mit dem ausgezeichneten Hilfsmittel der *Matrizen*. Differentialgleichungen sind (abgesehen von einigen Hinweisen) nicht in Matrizenform geschrieben. Matrizen tauchen als eigentliche Werkzeuge erst im letzten, siebenten Kapitel auf. Und auch dort werden sie nur in algebraischen Gleichungen als „Übertragungsmatrizen" verwendet. In dieser Form werden sie allerdings ausführlich benutzt, denn die dort behandelten Biegeschwingungen lassen sich, wenn man ihnen realistische Bedingungen zugrunde legen will, ohne die Ökonomie, die die Matrizen gewähren, praktisch überhaupt nicht mehr angreifen. Schließlich findet man auch keine *nicht-linearen* Probleme, ja nicht einmal solche, die auf lineare Differentialgleichungen mit *veränderlichen Koeffizienten* führen. Damit werden allerdings manche interessanten und bemerkenswerten Erscheinungen ausgeschlossen. Der Zwang zur Beschränkung gebot jedoch auch diese Entscheidung.

Zum Schluß darf ich noch der angenehmen Pflicht nachkommen, der zahlreichen Hilfen zu gedenken, deren ich mich erfreuen konnte. Die Zusammenarbeit in manchem Schwingungsseminar längst vergangener Jahre mit meinem Kollegen Professor O. KRAEMER in Karlsruhe hat ihren Niederschlag vor allem im Kapitel 5 gefunden. Ausführliche Diskussionen mit Herrn Professor PESTEL in Hannover und seinen Mitarbeitern, unter denen ich Herrn Dr. G. SCHUMPICH eigens nennen will, haben das Kapitel 7 beeinflußt. Diskussionen mit Herrn Professor F. WEIDENHAMMER in Karlsruhe haben zur Klärung einiger subtiler Fragen aus dem Bereich der klassischen Dynamik beigetragen. Mein Kollege Professor K. MARGUERRE in Darmstadt hat das gesamte Manuskript vor der Drucklegung sorgfältig durchgesehen. Es ist unmöglich, die vielen Stellen im einzelnen aufzuzählen, wo kleine und große Verbesserungen auf seine Vorschläge zurückgehen. Besonders erwähnt sei jedoch seine Mitwirkung beim Abschnitt 1.3 (Aufstellung von Bewegungsgleichungen) und beim Kapitel 7 (Übertragungsmatrizen). An dieser Durchsicht hat sich auch der Assistent am Lehrstuhl für Technische Mechanik, Herr Dr. H. TH. WOERNLE, mit Umsicht und Tatkraft beteiligt. Zwei Stellen, die durch ihn beeinflußt worden sind, nämlich 1.32 und 5.26, möchte ich besonders anführen.

Bei der Korrektur erfuhr ich sachkundige Hilfe wieder von Herrn Professor MARGUERRE und Herrn Dr. WOERNLE sowie von Herrn Professor WEIDENHAMMER und den beiden Assistenten am Institut für Mechanische Schwingungstechnik der Technischen Hochschule Karlsruhe, den Herren Dipl.-Ing. G. BENZ und Dipl.-Phys. H. HEIDENHAIN. Wie beim ersten Band hat auch diesmal Herr Studienrat Dr. H. HEINZERLING in Karlsruhe sich als kritischer, scharfäugiger und überaus sorgfältiger Helfer erwiesen. An manchen Strecken des Korrekturlesens haben sich auch Fräulein Dr. RUTH PICH in Berlin und Mitarbeiter von Professor PESTEL in Hannover beteiligt. Zuletzt, aber nicht am wenigsten, sei die Ausdauer und die Gewissenhaftigkeit eines meiner jetzigen Assistenten am Lehrstuhl für Angewandte Mechanik, des Herrn Dipl.-Math. H. BÄR, hervorgehoben.

Alle diese Helfer haben mehr als nur äußerliche Korrekturen beigesteuert; ihnen allen gilt mein aufrichtiger Dank.

Wenn ich schließlich der Zusammenarbeit mit dem Springer-Verlag und seinen erfahrenen Mitarbeitern gedenke, so gibt es wohl keine Worte, die nicht schon gesagt worden sind, um die Großzügigkeit des Entgegenkommens auszudrücken, dessen sich die Autoren stets erfreuen können. Ich darf zudem noch die Langmut erwähnen, die mir in meinem Fall bewiesen worden ist bei der Verspätung in der Ablieferung des Manuskripts, die mit 23 Jahren wohl eine Art von (beschämendem) Rekord darstellt.

Darmstadt, im August 1960

K. Klotter

Inhaltsverzeichnis

Erster Teil

Behandlung unter allgemeinen und systematischen Gesichtspunkten

Seite

Zweiter Teil

Behandlung unter technischen und praktischen Gesichtspunkten; Rationelle Verfahren zur Berechnung kritischer Drehzahlen

Anhang

Eigenfrequenzen

Erster Teil

Behandlung unter allgemeinen und systematischen Gesichtspunkten

1 Die Schwinger und ihre Elemente; die Methoden zur Aufstellung der Bewegungsgleichungen

1.1 Übersicht über die Schwinger

1.11 Die Grade der Freiheit; Einteilung der mechanischen Schwinger. Die schwingungsfähigen mechanischen Gebilde lassen sich (wie alle mechanischen Systeme) einteilen nach dem Grad ihrer Freiheit. Dieser wird bestimmt durch die Mindestzahl der Koordinaten, die notwendig ist, ihre Lage (und ihre Bewegung) zu beschreiben. Ein schwingungsfähiges Gebilde von n Freiheitsgraden nennen wir auch einen *n-läufigen* (einläufigen, zweiläufigen, dreiläufigen ...) *Schwinger*. Nachdem im ersten Band die einläufigen (oder „einfachen") Schwinger untersucht worden sind, werden in diesem zweiten Band die mehrläufigen Schwinger behandelt.

Einem im Raum frei beweglichen starren Körper kommen *sechs* Grade der Freiheit zu, denn zur Kennzeichnung seiner Lage benötigt man sechs Koordinaten. Solche Koordinaten kann man in mannigfacher Weise wählen; z. B. (erstens) die drei Kartesischen Koordinaten eines ausgezeichneten Punktes, des Schwerpunktes etwa, und die drei Drehwinkel um die Koordinatenachsen, oder (zweitens) neben den Kartesischen Koordinaten eines Punktes die drei EULER-schen Winkel, oder (drittens) die Kartesischen Koordinaten zweier Punkte, die wegen der starren Verbindung fünf unabhängige Größen darstellen, und dazu den Drehwinkel um die Verbindungsgerade der beiden Punkte.

Durch Bindungen und Führungen werden die Bewegungsmöglichkeiten des Körpers eingeschränkt. Solche Einschränkungen legen entweder einzelne Koordinaten fest, oder sie stellen Beziehungen zwischen mehreren von ihnen her. Die Anzahl der unabhängigen Koordinaten (oder Koordinatendifferentiale), d. i. die Zahl der Freiheitsgrade, ergibt sich aus der Zahl der Freiheitsgrade des ungebundenen starren Körpers, vermindert um die Anzahl der Bindungen.

Der *Kreisel* ist ein starrer Körper, von dem ein Punkt festgehalten wird; er hat $6 - 3 = 3$ Grade der Freiheit. Beschränkt man andererseits die Bewegung des starren Körpers „auf eine Ebene", fordert also, daß die Bahnen aller Punkte in parallelen Ebenen verlaufen, so genügen ebenfalls drei Koordinaten; ein in seiner Bewegungsfreiheit derart eingeschränkter starrer Körper heißt eine *ebene Scheibe*. Drei Grade der Freiheit hat auch ein anderer Sonderfall des starren Körpers, der *Punktkörper*. Dieser ist ein brauchbares Ideal-

gebilde, wenn der Körper im Raum entweder nur Translationsbewegungen ausführt, oder wenn seine Abmessungen (und damit seine Trägheitsarme) so klein
sind, daß die Drehungen außer Betracht bleiben können. Zwingt man einen
solchen Punktkörper, auf einer Fläche zu bleiben, so hat er noch zwei Freiheitsgrade, ist seine Bewegungsfreiheit auf eine Linie beschränkt, noch einen Freiheitsgrad. Ein starrer Körper, dem nur eine Drehung um eine feste Achse erlaubt ist,

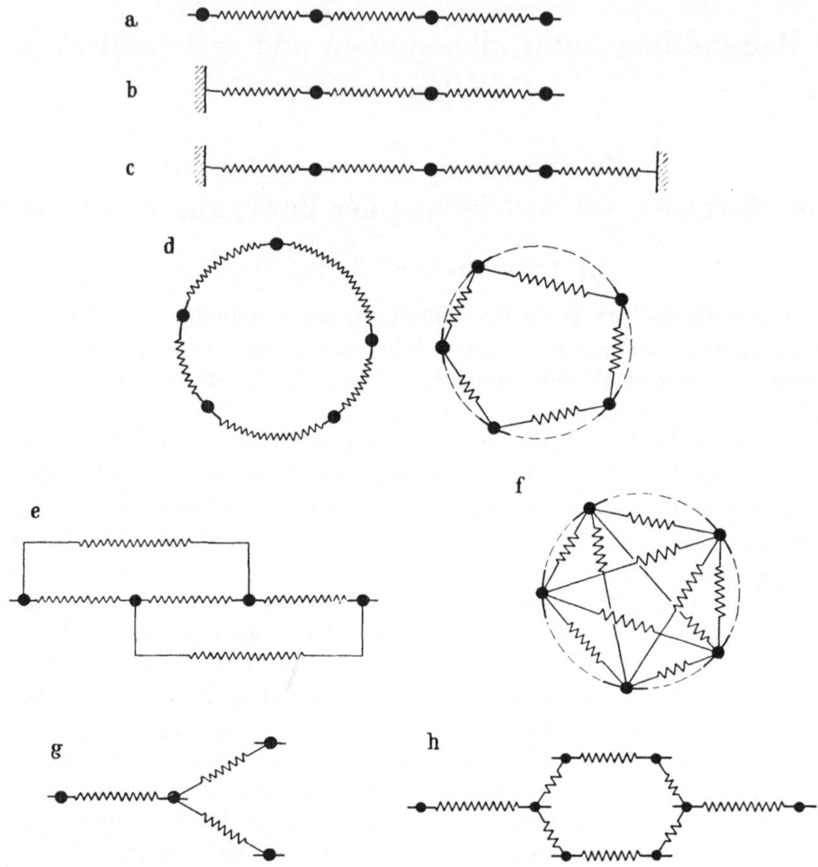

Abb. 1.11/1. Elastische Ketten

besitzt ebenfalls nur einen Freiheitsgrad. Man spricht in einem solchen Fall
meist von einer sich drehenden Scheibe oder auch von einer „Drehmasse“.

Während wir so, ausgehend vom starren Körper, durch Beschränkung der
Bewegungsmöglichkeiten die Zahl der Freiheitsgrade herabgesetzt haben, kann
man durch Zusammenfügung wieder Gebilde von höherem Grad der Freiheit
aufbauen. Wir sprechen dann von *Verbänden*. So gibt es z. B. Verbände von
einläufigen Schwingern, Verbände von Punktkörpern, Verbände von starren
Körpern.

Unter den Verbänden von einläufigen Schwingern heben wir zwei Klassen
besonders heraus: Erstens die *elastischen Ketten*, zweitens die *querschwingenden*

elastischen *Gebilde* (Saiten, Stäbe, Membranen, Platten), die einzelne Punktkörper („Einzelmassen") tragen. Als elastische Kette bezeichnen wir ein aus *einläufigen* Schwingern bestehendes Gebilde, bei dem die einzelnen Körper durch (masselos gedachte) Federn miteinander verbunden sind. Oft werden die einläufigen Schwinger Punktkörper sein, die sich auf Linienstücken bewegen und die durch Dehnfedern verbunden sind. Aber auch Drehmassen, die durch Torsionsfedern verbunden sind, gehören dazu.

Eine lange Liste von Beispielen für elastische Ketten zeigt Abb. 1.11/1. Eine genauere Systematik solcher Ketten wird in 3.21 gegeben werden. Hier begnügen wir uns mit der Erwähnung einiger Benennungen:

Die Ketten a, b, c, g	heißen einfach zusammenhängend,
a, b, c	heißen einfach zusammenhängend und unverzweigt,
g, h	heißen verzweigt,
d, e, f, h	heißen mehrfach zusammenhängend,
b, c	heißen gefesselt,
a, d, e, f, g, h	heißen ungefesselt.

Die Zahl der Freiheitsgrade eines querschwingenden elastischen Gebildes, das Einzelmassen trägt, ist bestimmt durch die Zahl dieser Massen, wenn die verteilte Masse des „tragenden" Gebildes vernachlässigbar ist gegen die der aufgesetzten Punktkörper. Zwei Beispiele solcher querschwingenden elastischen Gebilde zeigt Abb. 1.11/2 (Saite, Stab).

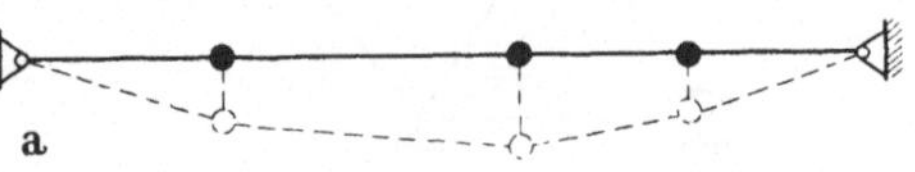

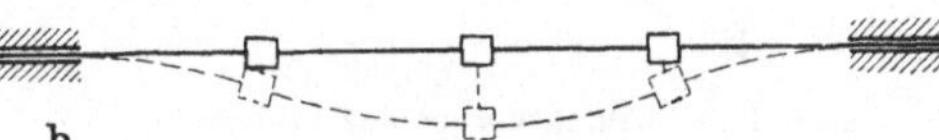

Abb. 1.11/2. Querschwingende, elastische Gebilde
a) Saite, b) Stab

Mit den elastischen Ketten und den querschwingenden elastischen Gebilden, die Einzelmassen tragen, sind aber keineswegs alle Möglichkeiten erschöpft, Verbände einläufiger Schwinger aufzubauen. So stellen z. B. das Doppelpendel (Abb. 1.11/3) oder allgemein das Mehrfachpendel ebenfalls Verbände aus einläufigen Schwingern, nämlich aus Punktkörperpendeln oder Starrkörperpendeln dar. „Pendel" sind schwingungsfähige Gebilde, die ihre Rückstellkraft vom Schwerefeld der Erde her beziehen.

Abb. 1.11/4 zeigt zwei Gebilde, die sowohl aus elastischen Elementen wie auch aus Pendeln aufgebaut sind: in Abb. 1.11/4a sind

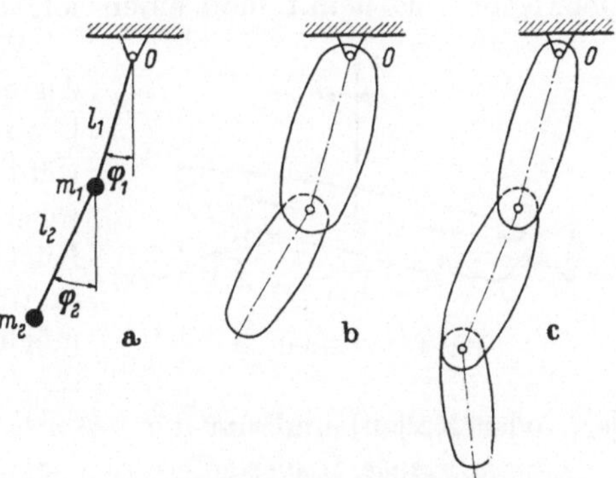

Abb. 1.11/3. Mehrfachpendel
a) u. b) Doppelpendel, c) Dreifachpendel

zwei Punktkörperpendel durch eine Dehnfeder verbunden; das Gebilde der Abb. 1.11/4b besteht aus einem elastischen Biegestab b und einer starren

Stange s, an der zwei Pendel, p_1 und p_2, hängen. Dieses Gebilde spielt eine Rolle als Meßanordnung zur Ermittlung des sog. dynamischen Elastizitätsmoduls. In 2.53 werden wir die Schwingungen dieses Gebildes näher untersuchen.

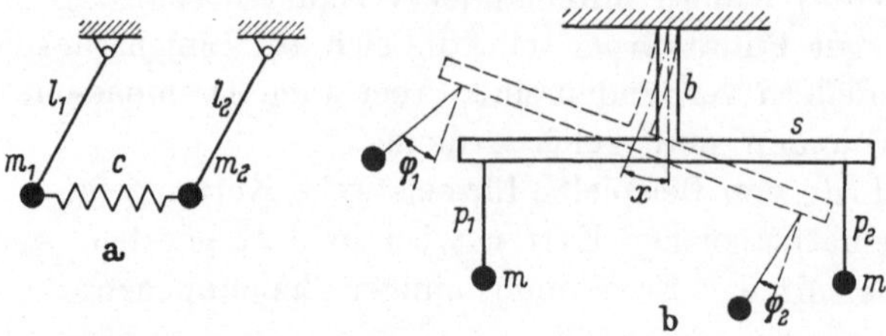

Abb. 1.11/4. Mehrfachschwinger, aufgebaut aus elastischen Gliedern und aus Pendeln

Ein Punktkörper kann in allen drei Freiheitsgraden elastisch oder quasielastisch gebunden sein und Schwingungen ausführen. Man denke etwa an eine Last im Knoten eines Fachwerkes (Abb. 1.11/5a u. b). Enthält das Gebilde mehrere solcher in einer Ebene (oder auch im Raum) beweglicher und unter-

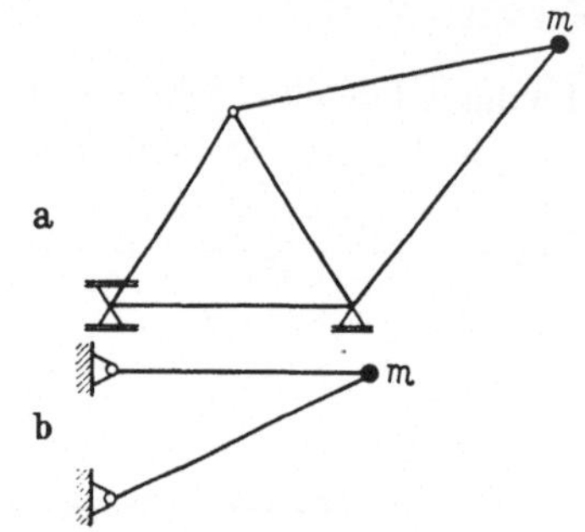

Abb. 1.11/5. Punktkörper auf Stabwerken

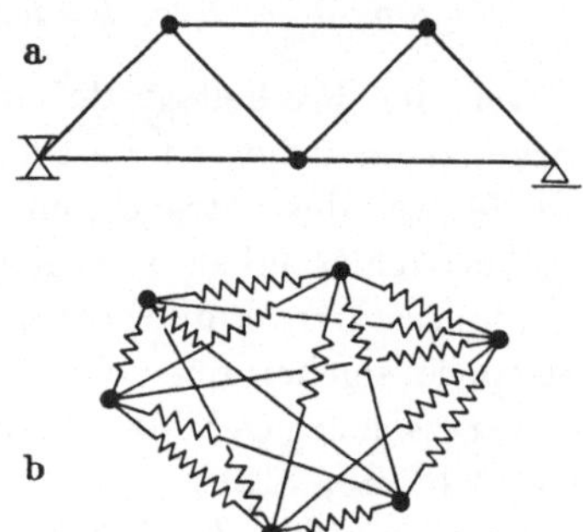

Abb. 1.11/6. Verbände von Punktkörpern

einander durch elastische Glieder (Federn) verbundener Körper, so handelt es sich um einen Verband von Punktkörpern (Abb. 1.11/6). Sind die Federn alle Dehnfedern, so nennt man einen solchen Verband auch ein Netzwerk.

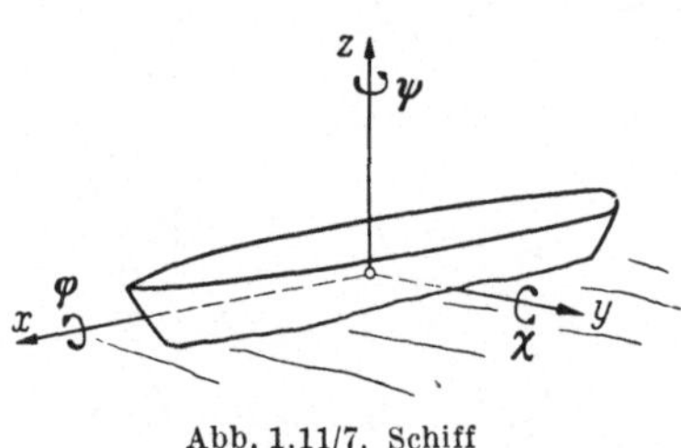

Abb. 1.11/7. Schiff

Wir wenden uns nun den *Fahrzeugen* zu. Als erstes Beispiel betrachten wir das *Schiff* (Abb. 1.11/7). In I.21[1] haben wir schon erwähnt, daß es zwar sechs Freiheitsgrade aufweist, daß aber nur in dreien von ihnen Rückstellkräfte ausgeübt werden, so daß nur in diesen drei Koordinaten Schwingungen möglich sind: Hubschwingungen in Richtung z, Drehschwingungen um die x- (Schlingern oder Rollen) und um die y-Achse (Stampfen).

Landfahrzeuge, insbesondere Schienen- und Straßenfahrzeuge (Abb. 1.11/8a), können, wenn man von den Bewegungen der Räder und Radachsen zunächst absieht, als starre Körper aufgefaßt werden, die auf vier Federn ruhen

---

[1] Die „Ziffern" des ersten Bandes dieses Werkes (2. Aufl. 1951) werden so zitiert, daß eine römische I vorangesetzt wird.

(Abb. 1.11/8b). Auch so behalten sie im allgemeinen noch ihre sechs Freiheitsgrade. Nimmt man die Federn als biegestarr an, so führt auch das System 1.11/8b
nur in dreien seiner sechs Freiheitsgrade Schwingungen aus, und zwar, genau
wie das Schiff, Hubschwingungen in Richtung z und Drehschwingungen um die
x- und um die y-Achse. Oft vereinfacht man die Betrachtung dadurch noch
weiter, daß man auf die Drehung um die Längs-
achse (x-Achse) keine Rücksicht nimmt, das
Fahrzeug also durch eine ebene Scheibe ersetzt,
von der ein Punkt in der Lotrechten geführt gedacht wird (Abb. 1.11/8c); so bleiben nur zwei
Grade der Freiheit übrig, z. B. gekennzeichnet
durch die Verschiebung z und die Drehung χ;

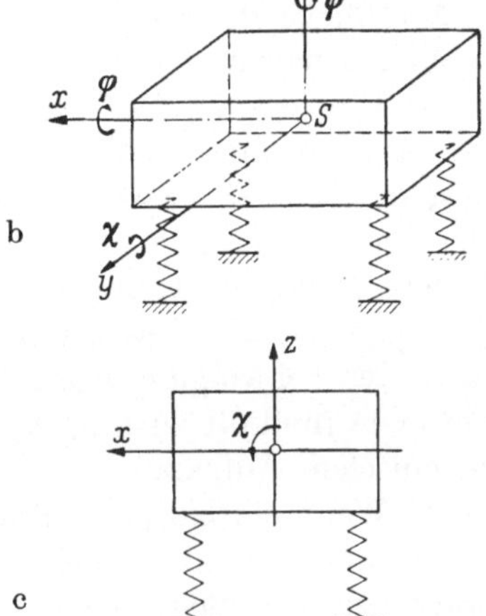

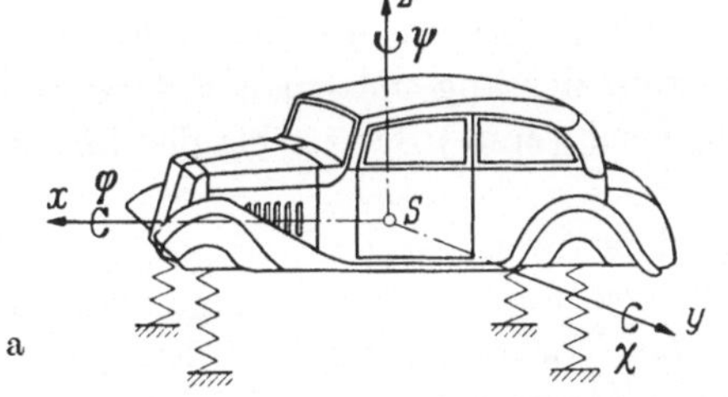

Abb. 1.11/8. Straßenfahrzeug und Ersatzsysteme

in beiden Koordinaten können Schwingungen auftreten (s. Abschn. 3.1). Gewisse
Betrachtungen über die Bewegung von Straßenfahrzeugen erfordern eine andere
Art von Vereinfachung (von „Ersatzsystem"): Wenn nur Hubschwingungen in
Betracht kommen, aber die Massenwirkung der Räder und Radachsen sowie die
Federung der Reifen berücksichtigt werden sollen, so sieht das Ersatzsystem
aus, wie Abb. 1.11/9 angibt. (Außer den Federn sind auch
Dämpfungstöpfe gezeichnet, die die Dämpfungswirkungen von
Reifen und Wagenfedern andeuten sollen.)

Auch ein *Flugzeug* kann für viele Zwecke als ein starrer
Körper aufgefaßt werden. Es erfährt Rückstellkräfte von den
Luftkräften her; seine Bewegungen sind daher in einigen Koordinaten ebenfalls Schwingungen. Die Hauptaufgabe der
„Flugmechanik", nämlich die Bestimmung der Bewegungen
eines als starr betrachteten Flugzeuges, gehört deshalb grundsätzlich ebenfalls in den hier abgesteckten Rahmen. Die Flugmechanik stellt aber, ähnlich wie die Kreisellehre, selbst ein
umfangreiches und weit ausgebautes Forschungsgebiet dar; wir
müssen uns deshalb in diesem Buche mit einigen wenigen

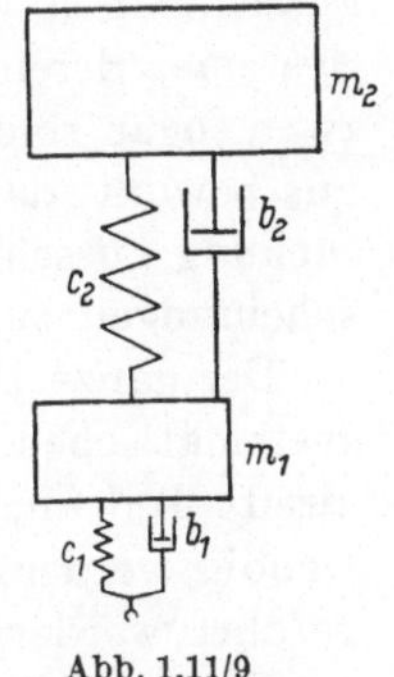

Abb. 1.11/9
Ersatzsystem

grundsätzlichen Bemerkungen in dieser Hinsicht begnügen. In einer verfeinerten
Betrachtung wird man ein Flugzeug oft nicht als einen einzigen starren Körper
auffassen, sondern z. B. die Ruder, die sich gegenüber dem Rumpf bewegen
können, gesondert betrachten. In dieser Auffassung stellt ein Flugzeug dann
einen Verband von starren Körpern dar.

Eine weitere überaus wichtige Gruppe von Systemen, bei denen mehrere Freiheitsgrade betrachtet werden müssen, und die — wenn auch meist unbeabsichtigter — Schwingungen fähig sind, stellen die *Regelsysteme* dar. Auch hier hat sich ein besonderes Fachgebiet, die Regeltechnik, entwickelt. Manche Sätze, die dort eine große Rolle spielen (z. B. über die Stabilität eines Reglers), sind jedoch allgemeine Sätze über schwingungsfähige Gebilde, die wir daher hier bringen werden (hinsichtlich der Stabilität s. Abschn. 4.2).

Abschließend unterstreichen wir noch einmal, was uns die Beispiele verdeutlicht haben:

a) Ein technisches Objekt kann nicht „so, wie es ist", einer Analyse seiner Bewegungen unterworfen werden. Es muß vereinfacht, d. i. „auf ein Ersatzsystem abgebildet" werden. Die Abbildung kann dabei, je nach den Zwecken der Untersuchung, in verschiedener Weise vorgenommen werden. Noch deutlicher: Nicht die technischen Gegenstände selbst, sondern geeignet gewählte Idealgebilde, die Ersatzsysteme, bilden die Objekte der Mechanik und damit auch der Schwingungslehre. Die Auswahl des angemessenen Ersatzsystems ist der erste (und oft wichtigste, weil folgenschwerste) Schritt bei der Lösung einer technischen Aufgabe.

b) Wenn ein Körper n Freiheitsgrade aufweist, so ist nicht gesagt, daß seine Bewegungen in allen diesen Koordinaten nun auch Schwingungen sind. Das Auftreten von Schwingungen setzt das Vorhandensein von Rückstellkräften voraus. Manchmal unterscheidet man demgemäß zwischen den Freiheitsgraden des mechanischen Gebildes schlechthin und denen des Gebildes als Schwinger. Ein Gebilde von sechs Freiheitsgraden kann dann z. B. ein nur dreiläufiger Schwinger sein (wie das Schiff oder ein Landfahrzeug).

1.12 Auswahl und Anordnung des Stoffes in diesem Bande. Im Gegensatz zu den Untersuchungen in Band I, wo wir auch nichtlineare Erscheinungen (gekrümmte Federkennlinien, nicht-geschwindigkeitsproportionale Dämpfungskräfte) in den Kreis der Betrachtungen einbezogen haben, werden wir uns hier ausschließlich auf die sog. *linearen Probleme* beschränken, d. h. auf solche Systeme, deren Bewegungen sich durch lineare Differentialgleichungen, und zwar sogar solche mit konstanten Koeffizienten, beschreiben lassen. Wir sind uns bewußt, daß wir damit u. U. besonders eigenartige Effekte aus der Untersuchung ausschließen. Es bleibt jedoch auch so noch eine Fülle wichtiger Erscheinungen zu betrachten.

Der ganze Band ist in zwei Teile unterteilt. Der erste (größere) Teil ist der systematischen Behandlung gewidmet. Im Gegensatz dazu bemüht sich der zweite Teil um die Darstellung der rationellen Rechenverfahren, die dann notwendig werden, wenn Berechnungen wiederholt oder gar routinemäßig durchgeführt werden müssen oder wenn sehr verwickelt gebaute Gebilde vorliegen.

Der erste Teil umfaßt fünf Kapitel. Das erste dieser Kapitel bespricht nach einer Übersicht über die Schwinger (Abschn. 1.1) die mechanisch-elektrischen Analogien (Abschn. 1.2) und die Methoden zur Aufstellung der Bewegungsgleichungen (Abschn. 1.3).

Das zweite Kapitel behandelt ausführlich die wichtigsten Erscheinungen, die bei freien Schwingungen in Schwingern von zwei Freiheitsgraden oder, anders ausgedrückt, bei Koppelschwingungen auftreten. Für den Lernenden wird dieses

Kapitel zunächst das wichtigste sein, weil es schon viele der wesentlichen Begriffe vermittelt.

Kapitel 3 dehnt die Betrachtungen über die freien Schwingungen auf mehr als zwei Freiheitsgrade aus.

In Kapitel 4 stehen nicht die mechanischen Gesichtspunkte, sondern vielmehr jene mathematischen Fragen im Vordergrund, die an die Behandlung der Differentialgleichungen anschließen.

Das fünfte Kapitel behandelt die erzwungenen Schwingungen. Es mag Verwunderung erregen, daß dort viel Platz einem speziellen Gebilde, dem System Schiff – Schlingertank, gewidmet ist. Dieses System ist deshalb so ausführlich erörtert, weil es als Modell für andere Gebilde dienen kann.

Der zweite Teil enthält die Berechnungsverfahren zur Ermittlung der kritischen Drehzahlen, Kapitel 6 der torsionskritischen, Kapitel 7 der biegekritischen. Bei den letzten spielt das „neue" Hilfsmittel der Übertragungsmatrizen eine hervorragende Rolle.

1.2 Die mechanisch-elektrischen Analogien

1.21 Mechanische und elektrische Schwinger. Bisher haben wir nur von mechanischen Systemen, im besonderen von mechanischen Schwingern, gesprochen. In elektrischen Systemen (Schaltungen, Netzwerken) sind aber in der gleichen Weise Schwingungen möglich wie in den mechanischen. Die Differentialgleichungen, die die Schwingungsvorgänge in elektrischen Netzwerken beschreiben, sind genau dieselben wie die für die entsprechenden mechanischen Gebilde. Fast alles, was wir von bestimmten mechanischen Systemen aussagen werden, läßt sich wörtlich auf die entsprechenden elektrischen Systeme übertragen. Aber auch umgekehrt lassen sich Erkenntnisse, die im Hinblick auf Vorgänge in elektrischen Schaltungen (z. B. Siebketten) erarbeitet worden sind, auf die entsprechenden mechanischen Gebilde anwenden. Der Kreis der Systeme, den die Betrachtungen unseres Buches einschließen, ist also erheblich größer, als er auf den ersten Blick erscheinen mag.

In diesem Buche werden wir uns meist einer auf die mechanischen Systeme zugeschnittenen Bezeichnungs- und Sprechweise bedienen. Um aber klarzulegen, wieweit die gewonnenen Ergebnisse auf elektrische Systeme übertragen werden können, schicken wir hier einige Betrachtungen über die Entsprechungen zwischen mechanischen und elektrischen Systemen voraus; wir untersuchen — wie man sich auszudrücken pflegt — die „Analogien" zwischen mechanischen und elektrischen Gebilden.

Wir werden aber nicht nur das Bestehen von Analogien aufzeigen, sondern auch gewisse Grenzen deutlich machen. Ja, wir beginnen damit, die Gültigkeit der Analogien abzugrenzen.

Auf der elektrischen Seite werden die Gebilde von endlich vielen Freiheitsgraden dargestellt durch Stromkreise oder Netzwerke (Schaltungen). Wir betrachten dabei nur die sog. „ebenen" Netzwerke, das sind solche, die sich in einer Ebene ohne Überschneidungen darstellen lassen. Wir stellen uns zunächst die Aufgabe, anzugeben, welche mechanischen Gebilde ihnen entsprechen.

Ein *erstes Kriterium* dafür, daß zwei Gebilde analog heißen sollen, deuteten wir oben schon an: Die Vorgänge in beiden Gebilden werden durch dieselben *Differentialgleichungen* beschrieben. Würden wir nur dieses Kriterium allein verwenden, so wäre die Mannigfaltigkeit der möglichen Zuordnungen außerordentlich groß und damit die Übereinstimmung im einzelnen recht gering. Wir fordern deshalb als *zweites Kriterium*, daß auch die *Elemente* des einen Gebildes (bei der elektrischen Schaltung z. B. die Spulen, Kondensatoren und Widerstände, die Spannungs- und Stromquellen) einzeln den Elementen des zweiten entsprechen. Durch diese Forderung werden die Gebilde der Mechanik, die elektrischen Schaltungen entsprechen können, weitgehend beschränkt: Es kommen nur noch die sog. Ketten in Betracht.

Von 1.11 her wissen wir: Die mechanischen Gebilde von endlich vielen Freiheitsgraden lassen sich in drei Klassen einteilen:
1. den einfachen Schwinger und seine Verbände, die Ketten,
2. den Punktkörper und seine Verbände in der Ebene oder im Raum,
3. den starren Körper und seine Verbände in der Ebene oder im Raum.

Ein einläufiger Schwinger besteht aus zwei, gegebenenfalls drei Elementen: einem Punktkörper (Masse), der gezwungen ist, sich auf einer Linie zu bewegen, einer Feder und gegebenenfalls einem Dämpfer. An die Stelle des Punktkörpers kann auch ein starrer Körper treten, der sich nur um eine feste Achse drehen kann (Drehmasse). An die Stelle der ihre Rückstellkräfte aus elastischen Gebilden (Federn) schöpfenden Schwinger können auch die quasi-elastischen Schwinger (etwa die Pendel) treten. Eine Kette ist ein Verband solcher einläufiger Schwinger.

Zu den mechanischen Schwingern der Klassen 2 und 3, dem in der Ebene oder im Raum beweglichen Punktkörper und seinen Verbänden oder dem starren Körper und seinen Verbänden, gibt es — falls man (Kriterium 2) die Forderung stellt, daß auch die Elemente der Gebilde sich entsprechen sollen — keine analoge elektrische Schaltung. Im Verlauf der folgenden Betrachtungen werden wir aber erfahren, daß den Analogien noch engere Grenzen gezogen sind derart, daß sich zwar zu jeder elastischen Kette eine elektrische Schaltung finden läßt, keineswegs aber zu jeder elektrischen Schaltung eine elastische Kette, falls man nicht besonders gestaltete („neue") Elemente einführt. Von den Eigenschaften dieser „neuen Elemente" wird erst in 1.26 und 1.27 gesprochen werden.

1.22 Die Zuordnung der Elemente. Die elektrischen Schaltungen enthalten als Elemente *Spulen* (Induktivitäten L), *Kondensatoren* (Kapazitäten C) und *Ohmsche Widerstände* (Widerstände R) mit Spannungsquellen (u_0) oder Stromquellen (i_0). Fließt durch die genannten Schaltelemente ein Strom i, so tritt im Element ein Spannungsabfall u auf, für den der Reihe nach gilt[1]

$$\text{Spule: } u = L\,\frac{di}{dt}, \text{ Widerstand: } u = R\,i, \text{ Kondensator: } u = \frac{1}{C} \int i\,dt. \quad (1.22/1\,\text{a})$$

Liegt umgekehrt an einem der drei Elemente eine Spannung u, so fließt in ihm ein Strom i, für den gilt:

$$\text{Spule: } i = \frac{1}{L} \int u\,dt, \text{ Widerstand: } i = \frac{1}{R}\,u, \text{ Kondensator: } i = C\,\frac{du}{dt}. \quad (1.22/1\,\text{b})$$

---

[1] Bei den in diesem Abschn. 1.2 auftretenden Integralen liegen die unteren Grenzen im Einzelfall fest. Wir verzichten jedoch darauf, diese Tatsache in der Schreibung hervorzuheben.

Die Gebilde auf der mechanischen Seite, die elastischen Ketten, enthalten als Elemente *Federn* (Federnachgiebigkeit $h = 1/c$ mit $[h] = L\,K^{-1}$, gemessen etwa in cm/kp), *Dämpfer* (Dämpfernachgiebigkeit $d = 1/b$ mit $[d] = L\,T^{-1}\,K^{-1}$, gemessen etwa in cm sek^{-1} kp^{-1}) und *Punktkörper* (Massen m mit $[m] = K\,L^{-1}\,T^2$, gemessen etwa in kp cm^{-1} sek^2).

In der Mechanik ist es üblich, als Koordinaten, die einen Bewegungszustand kennzeichnen, die Ausschläge q (Längenausschläge oder Winkelausschläge) zu verwenden. Geschwindigkeiten und Beschleunigungen werden dann durch die zeitlichen Ableitungen dieser Größen bezeichnet. Will man jedoch die Analogien zwischen den Vorgängen in mechanischen und elektrischen Gebilden hervorheben, so empfiehlt es sich, als Koordinaten eines mechanischen Vorgangs nicht die Ausschläge q selbst, sondern die ersten Ableitungen $\dot{q}$ zu benutzen. Die Beziehungen zwischen den Kräften und der Koordinate nehmen dann zwar etwas andere Formen an als üblich, die Analogien zu den Vorgängen in den elektrischen Gebilden treten jedoch um so deutlicher hervor. Mit $\dot{q}$ als Koordinate suchen wir nun einen Zusammenhang herzustellen zwischen der Geschwindigkeitsdifferenz v an den Enden des Elementes und der das Element beanspruchenden (es durchfließenden) Kraft p. Für Feder und Dämpfer finden wir sofort

$$\text{Feder: } v = h\frac{dp}{dt}, \qquad \text{Dämpfer: } v = d \cdot p. \qquad (1.22/2\,\mathrm{a}')$$

Besondere Überlegungen sind jedoch nötig hinsichtlich des Punktkörpers, der „Masse". Wirkt auf einen Punktkörper mit der Masse m eine Kraft, so wird ihm eine Beschleunigung erteilt, die (wenn das Newtonsche Grundgesetz gültig bleiben soll) gegen ein *Inertialsystem* gemessen werden muß. Damit man die unter Wirkung der Kraft erteilte Beschleunigung beim Punktkörper ebenso messen kann, wie der Ausschlag bei der Feder oder die Geschwindigkeit beim Dämpfer gemessen wurde, nämlich zwischen zwei Punkten des Elementes selbst, muß der (ruhende oder mit konstanter Geschwindigkeit bewegte) Bezugspunkt als ein Teil des Elementes (Schaltelementes) „Masse" betrachtet werden. Im Sinne der aufzustellenden Analogien besteht eine „Masse" also erstens aus dem Punktkörper selber, zweitens aus dem Bezugspunkt oder „Festpunkt", gegen den die unter Wirkung einer Kraft erteilte Beschleunigung gemessen wird. Punktkörper und Festpunkt zusammen bilden erst das *Schaltelement* „Masse".

Für die Beziehung zwischen der Geschwindigkeitsdifferenz an den „Enden" des Schaltelementes Masse und der das Element beanspruchenden Kraft gilt nun (Impulssatz)

$$\text{Masse: } v = \frac{1}{m}\int p\,dt. \qquad (1.22/2\,\mathrm{a}'')$$

Die Umkehrungen der Gln (1.22/2 a$'$) und (1.22/2 a$''$) lauten

$$\text{Feder: } p = \frac{1}{h}\int v\,dt, \qquad \text{Dämpfer: } p = \frac{1}{d}\,v, \qquad \text{Masse: } p = m\frac{dv}{dt}. \qquad (1.22/2\,\mathrm{b})$$

Man erkennt also eine vollkommene Analogie im Aufbau der Gln. (1.22/1) für die elektrischen und (1.22/2) für die mechanischen Elemente.

Es entsprechen sich nämlich

Tabelle 1.22/1

	Elektrisch		Mechanisch
Veränderliche	Spannung oder Potentialdifferenz zwischen *den Enden* des Elementes	u	v Geschwindigkeitsdifferenz zwischen *den Enden* des Elementes
	Strom *durch* das Element	i	p Kraft *durch* das Element
Systemgrößen	Induktivität	L	$h = \left(\dfrac{1}{c}\right)$ Federnachgiebigkeit
	Widerstand	R	$d = \left(\dfrac{1}{b}\right)$ Dämpfernachgiebigkeit
	Kapazität	C	m Masse

Eine besondere Bemerkung verdient dabei die jeweils letzte Gleichung von (1.22/2a) und (1.22/2b). Während in den ersten beiden Gln. (1.22/2) die Geschwindigkeit v die Relativgeschwindigkeit an den Enden des betreffenden Elementes (Feder oder Dämpfer) bezeichnet, gleichgültig, welchen Verlauf mit der Zeit ihre beiden Anteile aufweisen, ist die dritte Gl. (1.22/2) nur dann richtig, wenn v die auf ein unbeschleunigt bewegtes Koordinatensystem bezogene Geschwindigkeit bedeutet. (Die Gleichung stellt dann die NEWTONsche Grundgleichung dar.) Für die ihr analoge dritte Gl. (1.22/1) gilt eine solche Einschränkung jedoch nicht. Die Spannungsdifferenz an einem Kondensator kann gegen irgendein, auch veränderliches, Potential gemessen werden. Will man die Entsprechung also vollständig machen, so darf man einer Masse der mechanischen Kette nicht einen Kondensator schlechthin zuordnen, man muß vielmehr einen Kondensator wählen, dessen eine Platte ein konstantes Potential aufweist, kurz einen *geerdeten* Kondensator. Hieraus ergibt sich eine starke Beschränkung der Menge der elektrischen Schaltungen, denen auf der mechanischen Seite Ketten zugeordnet werden können (falls man mit Massen schlechthin arbeitet und nicht die besonderen, „neuen" Elemente heranzieht): Nur wenn in der elektrischen Schaltung alle Kondensatoren geerdet sind (oder sich zugleich erden lassen), findet sich eine mechanische Kette als entsprechendes Gebilde.

Während es also einerseits mechanische Gebilde (nämlich die Punktkörper von mehr als einem Freiheitsgrad und die starren Körper sowie deren „Ver-

Tabelle 1.22/2

	Mechanische Gebilde		
	Ketten	Punktkörper (mit mehr als einem Freiheitsgrad) und ihre Verbände	Starre Körper (mit mehr als einem Freiheitsgrad) und ihre Verbände
Sonstige Schaltungen	Schaltungen mit geerdeten Kondensatoren		
Elektrische Schaltungen			

bände") gibt, denen keine elektrischen Schaltungen entsprechen, gibt es andererseits auch elektrische Schaltungen (nämlich jene, deren Kondensatoren nicht alle zugleich „geerdet" werden können), denen keine mechanischen Gebilde entsprechen. In schematischer Weise zeigt Tab. 1.22/2 diese Tatsache an.

1.23 Die Zuordnung der Gebilde (Schaltungen). Wir kennen nun die einander entsprechenden *Elemente* der mechanischen und elektrischen Gebilde (Schaltungen). Jetzt stellen wir uns die Aufgabe, die einander entsprechenden, aus solchen Elementen aufgebauten *Gebilde (Schaltungen)* selbst zu finden. Mit anderen Worten: Wir wollen Regeln angeben, nach denen man zu einem gegebenen und in bestimmter Weise erregten mechanischen Gebilde jenes elektrische Gebilde (jene Schaltung) auffindet, dessen Vorgänge durch dieselbe Differentialgleichung beschrieben werden wie die Vorgänge des mechanischen Gebildes.

Wie aus der Tab. 1.22/1 hervorgeht, entsprechen sich einerseits die *Geschwindigkeitsdifferenz an den Enden* des mechanischen Elementes und die *Spannungsdifferenz an den Enden* des elektrischen Elementes, andererseits die *durch* das mechanische Element fließende *Kraft* und der *durch* das elektrische Element fließende *Strom*. Die mechanischen Gebilde können also nach Art der elektrischen Stromkreise als mechanische „*Kraftkreise*" aufgefaßt werden. Schaltelemente des Kraftkreises sind dabei die drei Elemente Feder, Dämpfer und Masse, die wir im Hinblick auf das zuvor über die Masse Gesagte in der in Abb. 1.23/1 gezeigten Art schematisch darstellen. *Parallel* liegen zwei mechanische (elektrische) Schaltelemente dann, wenn ihre Enden dieselbe Geschwindigkeitsdifferenz (Potentialdifferenz) aufweisen, *in Reihe* liegen sie dann, wenn sie von derselben Kraft (demselben Strom) beansprucht (durchflossen) werden.

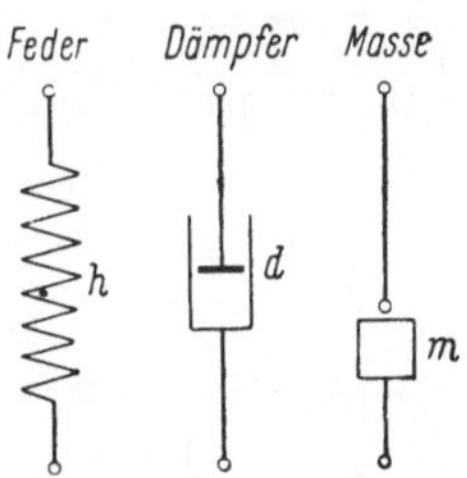

Abb. 1.23/1. Bilder der Schaltelemente

In einer elektrischen Schaltung sind (eine oder mehrere) *Spannungsquellen* $u_0(t)$ oder *Stromquellen* $i_0(t)$ enthalten, die den in der Schaltung ablaufenden Vorgang erregen. Dabei ist eine Spannungsquelle (Stromquelle) dadurch gekennzeichnet, daß sie eine bestimmte Spannung (einen bestimmten Strom) als Funktion der Zeit aufrechterhält, ohne daß die Rückwirkungen vom Kreis her imstande wären, diese Spannung (diesen Strom) zu beeinflussen. In ganz entsprechender Weise werden die Vorgänge in den mechanischen Gebilden dadurch erregt, daß an einem Punkt des Gebildes eine Kraft $p_0(t)$ angreift, die als Funktion der Zeit gegeben ist, oder dadurch, daß einem Punkt des Gebildes eine vorgegebene Geschwindigkeit $v_0(t)$ erteilt wird, ohne daß die Rückwirkungen imstande wären, die Kraft p_0 oder die Geschwindigkeit v_0 zu beeinflussen. Im mechanischen Kraftkreis sprechen wir dann in Analogie zur Stromquelle von einer „*Kraftquelle*" und analog zur Spannungsquelle von einer „*Geschwindigkeitsquelle*".

Wird einem Punkt des mechanischen Gebildes eine Kraft oder eine Geschwindigkeit aufgeprägt, so liegt die Kraftquelle oder Geschwindigkeitsquelle in der Regel zwischen dem Festpunkt und dem Angriffspunkt. Es ist aber auch möglich, daß eine solche Quelle zwischen zwei verschiedenen Punkten eines Gebildes wirkt.

Ein *Beispiel* soll diese Möglichkeiten erläutern. Die Abb. 1.23/2a und 1.23/3a zeigen jeweils einen mechanischen Schwinger; der erste wird von einer an der Masse m angreifenden Kraft $p_0(t)$ erregt, im zweiten wird der Masse eine vorgeschriebene Geschwindigkeit $v_0(t)$ erteilt. Die den Schwingern entsprechenden „mechanischen Schaltungen" (auch „Kraftkreise" genannt) zeigen die Abb. 1.23/2b und 1.23/3b. Von den Schaltelementen h, d, m liegt jeweils ein Ende am Festpunkt A, das zweite hat die Geschwindigkeit des Punktes B; sie liegen also parallel. Ebenso liegen die Quellen, sowohl die Kraftquelle wie die Geschwindigkeitsquelle, parallel zu den Schaltelementen zwischen den Punkten A und B. Die glatten Striche in den Schaltungen (Kraftkreisen) bedeuten jeweils „Leitungen für den Kraftfluß", so wie sie bei elektrischen Schaltungen Leitungen für den Strom bezeichnen. Punkte, die im mechanischen Gebilde dieselbe Geschwindigkeit haben (also etwa durch starre Stangen

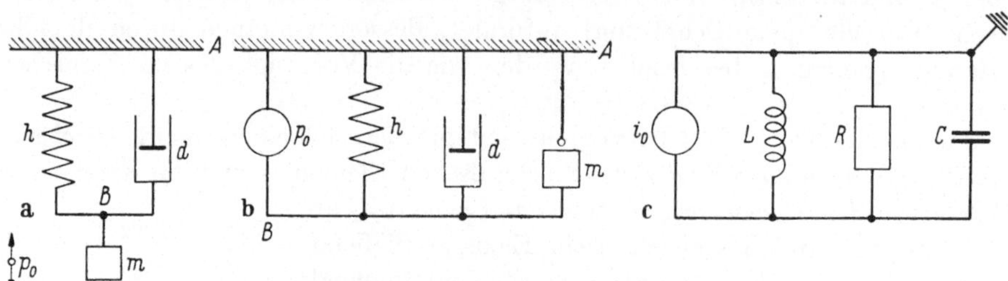

Abb. 1.23/2. Mechanischer Schwinger mit „Krafterregung"
a) Gebilde, b) mechanische Schaltung, c) analoge elektrische Schaltung

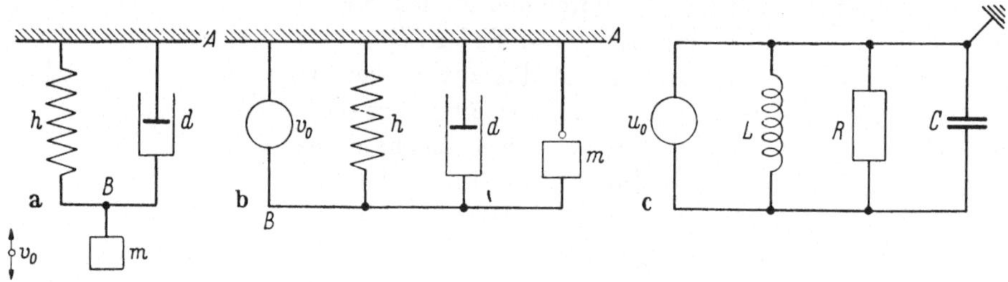

Abb. 1.23/3. Mechanischer Schwinger mit „Geschwindigkeitserregung"
a) Gebilde, b) mechanische Schaltung, c) analoge elektrische Schaltung

verbunden sind), müssen im Schaltbild durch glatte Leitungen verbunden sein, (in der elektrischen Schaltung weisen sie dasselbe Potential auf, sie sind durch widerstandslose Leitungen verbunden). Zeichnet man mechanische Schaltbilder in der genannten Art, so verlangt die Umwandlung in die entsprechende elektrische Schaltung nur noch eine Änderung der Buchstaben und Symbole für die Elemente. Die Abb. 1.23/2c und 1.23/3c zeigen schließlich die entsprechenden elektrischen Schaltungen.

Wir kontrollieren das Ergebnis durch Aufstellung der Bewegungsgleichungen: Die Bewegungsgleichung des mechanischen Gebildes, Abb. 1.23/2a, lautet, wenn die Geschwindigkeit v der Masse m (d. i. die Geschwindigkeit des jeweils nicht festgelegten Endes aller Elemente) als Koordinate dient,

$$m \frac{dv}{dt} + \frac{1}{d} v + \frac{1}{h} \int v \, dt = p_0;$$

die Differentialgleichung des Stromkreises 1,23/2c (KIRCHHOFFsches Gesetz) mit der Spannung u an den nichtgeerdeten Enden aller Elemente als Koordinate lautet

$$C \frac{du}{dt} + \frac{1}{R} u + \frac{1}{L} \int u \, dt = i_0.$$

Man erkennt das vollkommene Entsprechen nach Tab. 1.22/1.

Wir geben noch einige weitere Beispiele für mechanische Schwinger, ihre Umwandlung in eine mechanische Schaltung und danach in die zugehörige elektrische Schaltung. Abb. 1.23/4a zeigt ein mechanisches Gebilde, das aus einer Masse m besteht, welche über zwei hintereinanderliegende Elemente, eine Feder und einen Dämpfer, mit dem Festpunkt verbunden ist, und an der eine Kraft p_0 angreift. Die „mechanische Schaltung" zeigt Abb. 1.23/4b. Sie kommt so zustande, daß man das „eine Ende der Masse m" an den Festpunkt legt, während das andere (die Masse selbst) dieselbe Geschwindigkeit hat, wie das Ende der hintereinandergelegten (von der gleichen Kraft durchflossenen)

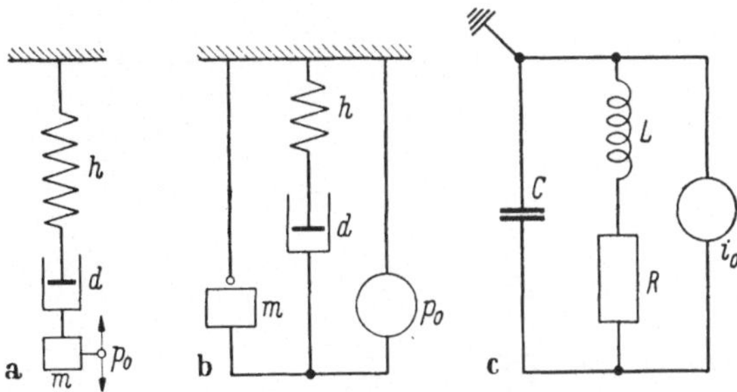

Abb. 1.23/4. Mechanischer Schwinger (von zwei Freiheitsgraden) a) Gebilde, b) mechanische Schaltung, c) analoge elektrische Schaltung

Elemente Feder und Dämpfer. Die Übersetzung in die elektrische Schaltung ergibt sich nun von selbst (Abb. 1.23/4c). Schließlich zeigt Abb. 1.23/5a eine aus drei Federn h_1, h_2, h_3 und drei Massen m_1, m_2, m_3 aufgebaute Kette, Abb. 1.23/5b zeigt die mechanische Schaltung: Die Geschwindigkeiten der Massen werden alle gegen denselben Festpunkt gemessen, die Geschwindigkeiten der Federenden sind die Geschwindigkeiten der Massen. Weitere Beispiele zeigen die Abb. 1.23/6 und 1.23/7. Im letzten tritt eine Geschwindigkeitsquelle auf; ihr entspricht dann eine Spannungsquelle.

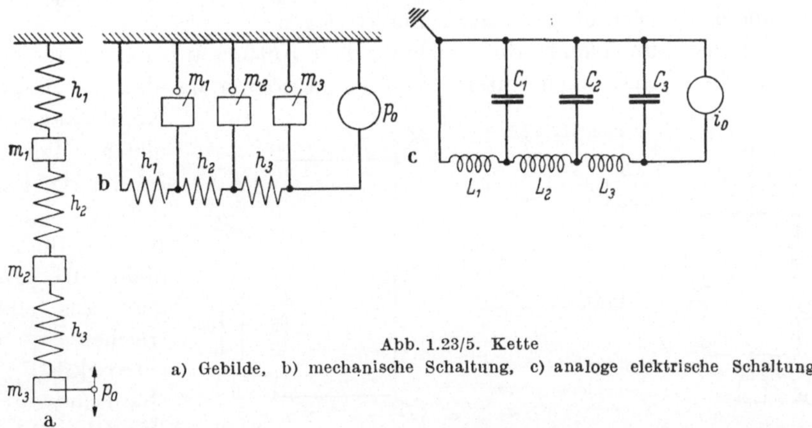

Abb. 1.23/5. Kette a) Gebilde, b) mechanische Schaltung, c) analoge elektrische Schaltung

Für die Herstellung der mechanischen Schaltung b) aus dem Bild der Anordnung a) gilt also die Regel: Man zeichne zuerst alle auftretenden Massen nebeneinander und „verbinde" sie mit dem Festpunkt; dann füge man die übrigen Elemente (Federn und Dämpfer) und die Quellen so hinzu, wie es die Geschwindigkeitsdifferenzen, die an ihren Enden herrschen, verlangen. Anders ausgedrückt: Ebenso wie die durch glatte Striche (Leitungen) verbundenen Punkte eines Stromkreises dieselbe Spannung aufweisen, so weisen die durch glatte Striche verbundenen Punkte eines Kraftkreises gleiche Geschwindigkeiten auf. Die Elemente sind nun gemäß diesen Geschwindigkeitsdifferenzen anzuordnen. Das „eine Ende" einer jeden Masse hat dabei stets die Geschwindigkeit Null.

Bisher haben wir stets mechanische Gebilde vorgegeben und die ihnen entsprechenden elektrischen Schaltungen aufgesucht. Dieser Weg ist nach dem

Gesagten stets gangbar, wenn das mechanische Gebilde eine Kette ist. Die elektrische Schaltung weist dabei die Besonderheit auf, daß alle vorkommenden

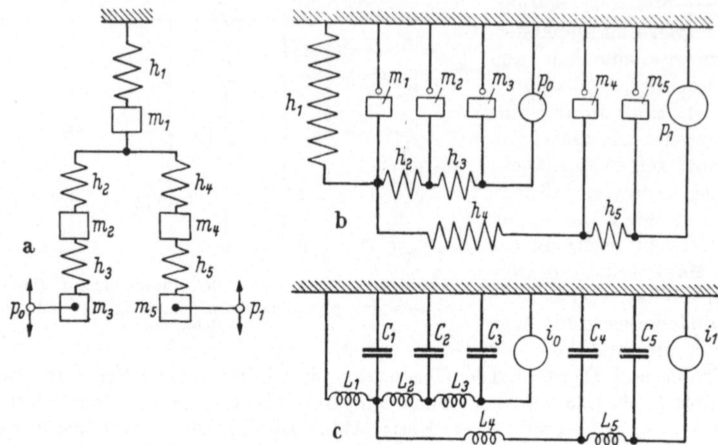

Abb. 1.23/6. Verzweigte Kette; a) Gebilde, b) mechanische Schaltung, c) analoge elektrische Schaltung

Kondensatoren mit einer Seite an derselben unveränderlichen Spannung, d. h. an einem als geerdet gedachten Punkt liegen.

Will man umgekehrt die mechanischen Ketten aufsuchen, die vorgelegten elektrischen Schaltungen entsprechen, so ist notwendig, daß die eine Seite aller

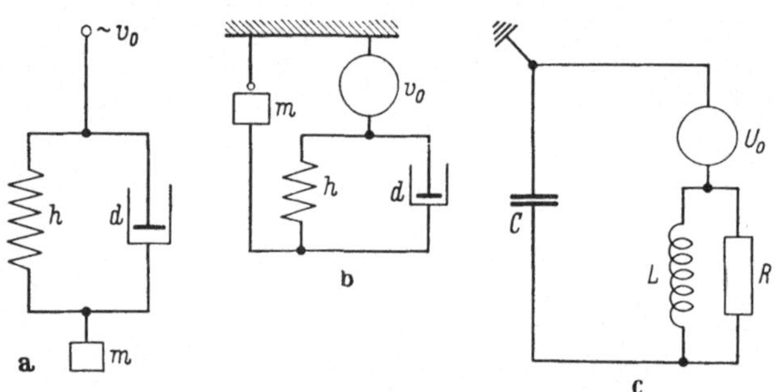

Abb. 1.23/7. Schwinger mit „Fußpunktserregung"
a) Gebilde, b) mechanische Schaltung, c) analoge elektrische Schaltung

Kondensatoren auf dem gleichen Potential liegt. Ist das der Fall, so läßt sich eine entsprechende Kette finden, sonst nicht. Die Regel, wie man aus einem elektrischen Schaltbild (Stromkreis) ein mechanisches Schaltbild (Kraftkreis) und aus ihm die mechanische Anordnung findet, liegt nach dem Gesagten auf der Hand: Im elektrischen Schaltbild ersetzt man die Kondensatoren durch die Schaltelemente „Massen", die Spulen durch Federn die Ohmschen Widerstände durch Dämpfer. Das so entstehende Schaltbild schneidet man nun am Festpunkt auf, d. h. man löst die „Verbindungen" aller Massen mit dem Festpunkt. So erkennt man die Anordnung des Gebildes.

Als Beispiel für die Umwandlung elektrischer Schaltungen in mechanische Schwingerketten können die schon angegebenen Abb. 1.23/2 bis 1.23/7 dienen, die nun rückwärts gelesen werden müssen.

1.24 Zweite (widerstandsreziproke) Anordnung. Die Zuordnung von Veränderlichen und Systemgrößen elektrischer und mechanischer Gebilde, die durch Tab. 1.22/1 ausgedrückt wird, ist *zweckmäßig* deshalb, weil sie nicht nur eine Zuordnung der Elemente erlaubt, sondern auch bei der Zuordnung der gesamten Gebilde die Anordnung, die „Schaltung" (ob „in Reihe" oder „parallel") ungeändert läßt. Sie ist aber nicht die einzig mögliche. Stellt man nicht die Gln. (1.22/1a) den Gln. (1.22/2a) und demgemäß (1.22/1b) den (1.22/2b) gegenüber, sondern vielmehr (1.22/1a) gegen (1.22/2b) und (1.22/1b) gegen (1.22/2a), so kommt man auf die Zuordnungen der Tab. 1.24/1.

Da sich nun die Veränderlichen (u und v), die als Differenzen *an den Enden* des Elementes auftreten, und jene, die im Element wirken (durch das Element fließen) (p und i), nicht mehr gegenseitig, sondern „über Kreuz" entsprechen, bleiben auch die Anordungen, d. h. die Schaltungen, nicht mehr dieselben. Aus Parallelschaltungen werden Reihenschaltungen, und umgekehrt. Wegen dieses entscheidenden Nachteiles ist die durch Tab. 1.24/1 bezeichnete Zuordnung in der Regel *unzweckmäßig*, auch wenn sie oft als die „natürlichere" angesehen wird, deshalb, weil sich hier Spannung u und Kraft p entsprechen, die man als die „Ursachen" der Vorgänge empfindet. (Zudem entsprechen sich dann auch der elektrische und der Dämpfungs„widerstand" in der Weise, wie diese beiden Größen üblicherweise definiert werden.) Wir gehen auf diese Zuordnung nicht weiter ein.

Tabelle 1.24/1

	Elektrisch		Mechanisch	
Veränderliche	Spannung oder Potentialdifferenz u *zwischen den Enden* des Elementes	p	Kraft *durch* das Element	
	Strom *durch* das Element i	v	Geschwindigkeitsdifferenz *zwischen den Enden* des Elementes	
Systemgrößen	Induktivität L	m	Masse	
	Widerstand R	$\dfrac{1}{d}=b$	Dämpfungswiderstand	
	Kapazität C	h	Federnachgiebigkeit	

Überdies sei an dieser Stelle noch die (bekannte) Tatsache erwähnt, daß auch zwei elektrische Schaltungen einander so zugeordnet werden können, daß die sich in ihnen abspielenden Vorgänge jeweils durch Differentialgleichungen derselben Bauart beschrieben werden. Man gewinnt die Zuordnung dadurch, daß man die Beziehungen (1.22/1a) und (1.22/1b) einander gegenüberstellt. Es entsprechen sich dann die Größen der Tab. 1.24/2.

Die durch Tab. 1.24/2 ausgedrückte Zuordnung bezeichnet man als die der „widerstandsreziproken" Schaltungen. Da aber auch für diese Zuordnung gilt, was für die durch

Tabelle 1.24/2

	Im elektrischen System A	Im elektrischen System B
Veränderliche	u i	i u
Systemgrößen	L R C	C $\dfrac{1}{R}$ L

Tab. 1.24/1 ausgedrückte gesagt wurde, daß nämlich die als Differenzen zwischen den Enden eines Elementes gemessenen Größen in die durch ein zweites Element fließenden übergehen, gehen auch hier die Schaltungen in der Weise ineinander über, daß aus einer Parallelschaltung eine Reihenschaltung wird und umgekehrt.

Ebenso wie eine elektrische Schaltung durch Vertauschung der in Tab. 1.24/2 angegebenen Veränderlichen und Schaltelemente in eine neue, zur ersten „widerstandsreziproke" übergeht, können auch zwei mechanische Gebilde, die durch entsprechende Vertauschungen auseinander hervorgehen, als widerstandsreziprok bezeichnet werden. Zwei mechanische Systeme heißen demgemäß widerstandsreziprok, wenn sie sich entsprechen wie in Tab. 1.24/3.

Tabelle 1.24/3

	Im mechanischen System A	Im mechanischen System B
Veränderliche	v p	p v
Systemgrößen	h d m	m $\dfrac{1}{d} = b$ h

Als Beispiel zeigen wir das zu Abb. 1.23/2a widerstandsreziproke Gebilde; es wird durch Abb. 1.23/4a angegeben, wenn p_0 durch v_0 ersetzt wird. Zur Kontrolle diene die Bewegungsgleichung. Für 1.23/2a lautet sie mit der Koordinate v (Geschwindigkeit des Punktes B)

$$m\,\dot v + \frac{1}{d}\,v + \frac{1}{h} \int v\,dt = p_0; \tag{1.24/1}$$

für 1.23/4a mit der Koordinate p (Kraft, die in allen Elementen wirkt)

$$h\,\dot p + d\cdot p + \frac{1}{m} \int p\,dt = v_0. \tag{1.24/2}$$

1.25 Zusammenfassung der bisherigen Feststellungen. Wenn, erstens, als Elemente der mechanischen Gebilde Massen (Drehmassen), Federn und Dämpfer dienen, als Elemente der elektrischen Schaltungen Kondensatoren, Spulen und OHMsche Widerstände auftreten, und wenn, zweitens, zwei Gebilde dann analog heißen, falls a) die sich in ihnen abspielenden Vorgänge durch dieselben Gleichungen oder Differentialgleichungen beschrieben werden, und falls b) man fordert, daß die Elemente der Gebilde sich Stück für Stück entsprechen sollen, so kann man auf der mechanischen Seite nur Ketten in Betracht ziehen, auf der elektrischen Seite nur solche Schaltungen, deren Kondensatoren sich alle zugleich erden lassen.

Von den beiden möglichen Zuordnungen der Elemente, wie sie durch die Tab. 1.22/1 und 1.24/1 angegeben werden, läßt nur die erste die Schaltungsart ungeändert („schaltungstreue" Analogie); sie ist deshalb in den meisten Fällen die zweckmäßigere Zuordnung. Für die zweite Zuordnung hat K. FEDERN[1] jüngst die Bezeichnung „widerstandstreue Analogie" vorgeschlagen.

1.26 Die „neuen" Elemente. Die Notwendigkeit der Beschränkung auf elektrische Schaltungen mit gleichzeitig geerdeten Kondensatoren rührt — wie wir sahen — her von der Eigenheit des NEWTONschen Grundgesetzes, daß die

---

[1] FEDERN, K.: Vorlesungen T. H. Darmstadt; ferner VDI-Berichte Bd. 35 (1959) S. 33.

Geschwindigkeit der Masse gegen ein Inertialsystem gemessen werden muß — vom „Element Masse" (Abb. 1.23/1) liegt ein „Pol" fest. Es hat nun nicht an Bemühungen gefehlt, diese Beschränkung aufzuheben. Die Bemühungen waren erfolgreich und führten zu mehreren Vorschlägen, die alle darin übereinstimmen, daß anstelle des Elementes „Masse" (Abb. 1.23/1) ein neues Element eingeführt wird. Die drei Grundformen der „neuen" Elemente sind in Abb. 1.26/1, 1.26/2a und 1.26/3a wiedergegeben. Wir bezeichnen sie als Elemente *I*, *II*, *III* und besprechen sie der Reihe nach.

α) Element *I* (Abb. 1.26/1) (G. Lander[1], L. Cremer[2], K. Federn[3]).

Das Element *I* besteht aus einer Punktmasse M, die in der Mitte einer starren (masselosen) Stange sitzt. Die Enden der Stange sind die „Pole" A und B des Elementes.

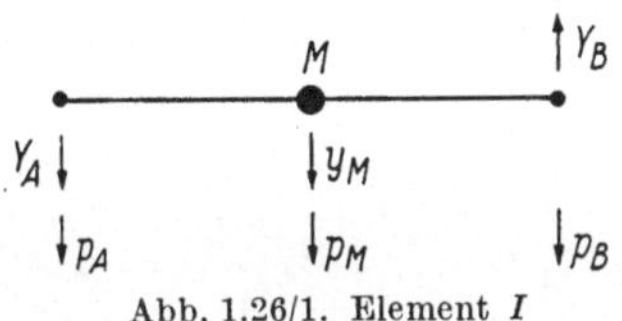

Abb. 1.26/1. Element *I*

Unter Einführung der Koordinaten Y_A, y_M, Y_B und der Kräfte p_A, p_M, p_B (mit den in der Zeichnung angegebenen positiven Richtungen) findet man die folgenden Beziehungen:

$$\text{kinematisch:} \quad 2\,y_M = Y_A - Y_B\,; \tag{1.26/1α}$$

$$\text{statisch:} \quad p_A + p_M + p_B = 0\,, \quad p_A = p_B; \tag{1.26/2α}$$

$$\text{kinetisch:} \quad p_M = -\,M\,\ddot{y}_M\,. \tag{1.26/3α}$$

Aus diesen Gleichungen suchen wir den Zusammenhang zwischen der das Element „durchfließenden" Kraft p_A und der Geschwindigkeitsdifferenz $(\dot{Y}_A - \dot{Y}_B)$ „an den Enden des Elementes" herzustellen. Wir finden

$$p_A = \frac{M}{4}\,\frac{d}{dt}\,(\dot{Y}_A - \dot{Y}_B)\,. \tag{1.26/4α}$$

Soll eine Beziehung

$$p_A = m\,\frac{d}{dt}\,(\dot{Y}_A - \dot{Y}_B) \tag{1.26/5α}$$

repräsentiert werden, so muß also

$$m = \frac{M}{4} \quad \text{oder} \quad M = 4\,m \tag{1.26/6α}$$

sein.

Überdies erkennt man, daß wenn $Y_A \equiv Y_B$ ist, $\ddot{Y}_A = \ddot{Y}_B$ wird, und damit $y_M = 0$ bleibt. Die Pole des Elementes können sich also beliebig (gemeinsam) bewegen, ohne daß M sich bewegt, d. h. ohne daß eine Trägheitskraft ins Spiel kommt, ebenso wie beim Kondensator die Potentiale beider Platten sich beliebig (gemeinsam) ändern können, ohne daß ein (Verschiebungs-) Strom fließt; man erkennt die Entsprechung zwischen dem Element *I* und einem ungeerdeten Kondensator.

---

[1] Lander, G.: Frequenz Bd. 6 (1952) S. 235—266.
[2] Cremer, L.: Vorlesungen T. H. Berlin, ferner Acustica Bd. 8 (1958) S. 188.
[3] Federn, K.: Vorlesungen T. H. Darmstadt, ferner VDI-Berichte Bd. 35 (1959) S. 33.

β) Element *II* (Abb. 1.26/2) (F. Raymond[1], K. Federn[2]). Für dieses Element gelten die folgenden vier Gruppen von Beziehungen:

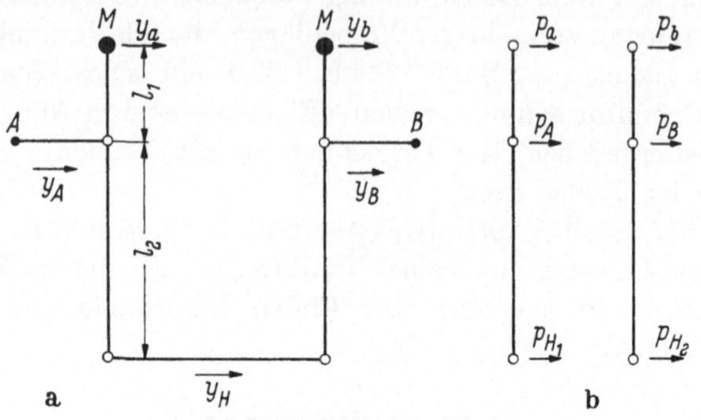

Abb. 1.26/2. Element *II*

Abkürzungen: $\qquad l_1 : l_2 = \alpha, \qquad \dfrac{l_1 + l_2}{l_2} = 1 + \alpha\,;$ $\qquad\qquad$ (1.26/0β)

kinematische: $\qquad \dfrac{y_a - y_A}{l_1} = \dfrac{y_A - y_H}{l_2}, \qquad \dfrac{y_b - y_B}{l_1} = \dfrac{y_B - y_H}{l_2}\,;$ $\quad$ (1.26/1β)

statische: $\qquad p_a + p_A + p_{H_1} = 0, \qquad p_b + p_B + p_{H_2} = 0,$
$$\left.\begin{array}{c} p_a + p_A + p_{H_1} = 0, \qquad p_b + p_B + p_{H_2} = 0, \\[4pt] p_a\,(l_1 + l_2) + p_A\,l_2 = 0, \quad p_b\,(l_1 + l_2) + p_B\,l_2 = 0, \\[4pt] p_{H_1} + p_{H_2} = 0; \end{array}\right\} \quad (1.26/2\beta)$$

kinetische: $\qquad p_a = -M\,\ddot{y}_a, \quad p_b = -M\,\ddot{y}_b.$ $\qquad\qquad$ (1.26/3β)

Aus diesen Beziehungen folgt

$$p_A = \frac{1}{2}\,M\,(1 + \alpha)^2\,(\ddot{y}_A - \ddot{y}_B). \qquad\qquad (1.26/4\beta)$$

Falls wieder

$$p_A = m\,(\ddot{y}_A - \ddot{y}_B) \qquad\qquad (1.26/5\beta)$$

gelten soll, muß also sein

$$m = \frac{M}{2}\,(1 + \alpha)^2, \qquad M = \frac{2\,m}{(1 + \alpha)^2}\,. \qquad\qquad (1.26/6\beta)$$

Für den einfachen Fall $\alpha = 1$ folgt somit

$$m = 2\,M, \qquad\qquad M = \frac{m}{2}\,.$$

Abb. 1.26/3. Element *III*

<hr>

[1] Raymond, F.: Rév. gén. Electr. Bd. 61 (1952) Nr. 10, S. 465.
[2] Federn, K.: s. Fußnote 3, S. 17.

Wenn dagegen $m = M$ sein soll, so muß werden $(1 + \alpha)^2 = 2$ und somit

$$\alpha = \sqrt{2} - 1.$$

Auch für dieses Element gilt, daß für $y_A(t) = y_B(t)$ die Kraft p_A verschwindet.

γ) Element *III* (Abb. 1.26/3) (G. Lander[1]; Le Corbeiller u. Y. Young[2]). Für dieses Element gelten die Beziehungen:

kinematische:
$$y_L = \frac{y_B}{2}, \quad y_L = \frac{y_A + y_M}{2}; \tag{1.26/1 γ}$$

statische:
$$\left. \begin{aligned} 2\,p_B + p_{L2} &= 0, \qquad p_A + p_{L1} + p_M = 0, \\ p_A &= p_M, \quad p_{L1} = -p_{L2}; \end{aligned} \right\} \tag{1.26/2 γ}$$

kinetische:
$$p_M = -M\,\ddot{y}_M. \tag{1.26/3 γ}$$

Aus ihnen folgt

$$p_A = M(\ddot{y}_A - \ddot{y}_B). \tag{1.26/4 γ}$$

Hier ist daher

$$m = M. \tag{1.26/6 γ}$$

Und auch hier wird $p_A = 0$, falls $y_A \equiv y_B$ ist.

Mit verschiedenen Werten β in der Relation $m = \beta\,M$ gilt daher für alle drei „neuen" Elemente *I*, *II* und *III*, wenn $\dot{y} = v$ gesetzt wird,

$$p_A = m\,\frac{d}{dt}\,(v_A - v_B). \tag{1.26/7 γ}$$

Diese Beziehung entspricht der für den (nichtgeerdeten) Kondensator geltenden

$$i = C\,\frac{d}{dt}\,(u_A - u_B). \tag{1.26/8 γ}$$

Die „neuen" Elemente *I*, *II*, *III* unterscheiden sich vom „alten" „Element Masse", Abb. 1.23/1, dadurch, daß der Punktkörper nicht mehr allein vorhanden ist, sondern daß er jetzt auf einer Stange (*I*) oder auf Hebeln (*II*, *III*) sitzt. Es sind jeweils zwei „Pole" A und B vorhanden. Wenn diese Pole gleichartig bewegt werden, so bleibt die Masse in Ruhe; es wird keine Trägheitskraft geweckt, wie im Kondensator bei einer gleichartigen Veränderung des Potentials der beiden Platten kein Strom (Verschiebungsstrom) geweckt wird.

Die Elemente *I*, *II*, *III* sind bei geeigneter Wahl des Faktors β einander gleichwertig. Jedes von ihnen kann als Analogon für einen nichtgeerdeten Kondensator dienen. Selbstverständlich kann aber auch einem geerdeten Kondensator als Analogon eines der Elemente *I*, *II*, *III* zugeordnet werden; man braucht dann nur einen der Pole, A oder B, des betreffenden Elementes festzustellen.

Das einfachste der drei gleichwertigen Elemente *I*, *II*, *III* ist das Element *I*. Für die folgenden Betrachtungen werden wir nur dieses Element heranziehen,

---

[1] Lander, G.: s. Fußnote 1, S. 17.
[2] Le Corbeiller, P., u. Y. Young: J. acoust. Soc. Amer. Bd. 24 (1952) Nr. 6, S. 643.

und wir werden, der Einheitlichkeit wegen, auch geerdeten (oder „erdbaren") Kondensatoren das neue Element I (statt der Masse) als Partner zuordnen.

1.27 Die konstruktive Verwirklichung der mechanischen Schwinger. Wenn wir keine anderen Überlegungen anstellten als die bisherigen und keine anderen

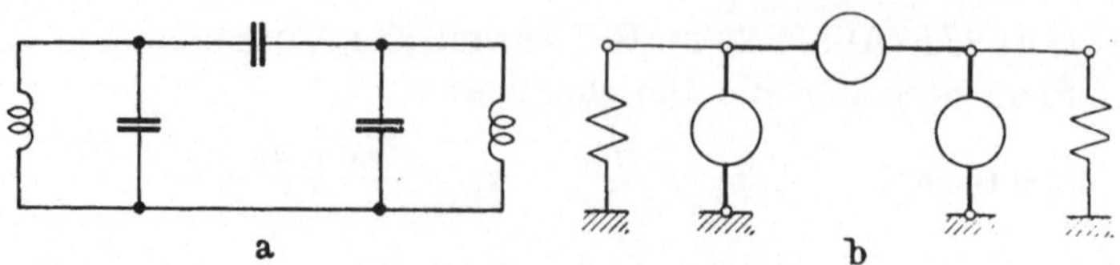

Abb. 1.27/1. Formale Umzeichnung

Kriterien verwendeten als die beiden oben genannten (Übereinstimmung der Differentialgleichungen und individuelle Zuordnung der Elemente), so würden wir etwa einer elektrischen Schaltung nach Abb. 1.27/1a das mechanische Gebilde nach Abb. 1.27/1b zuordnen. Damit wäre zwar eine formale, graphische Repräsentation der Gleichungen hergestellt, aber noch keine konstruktive Ver-

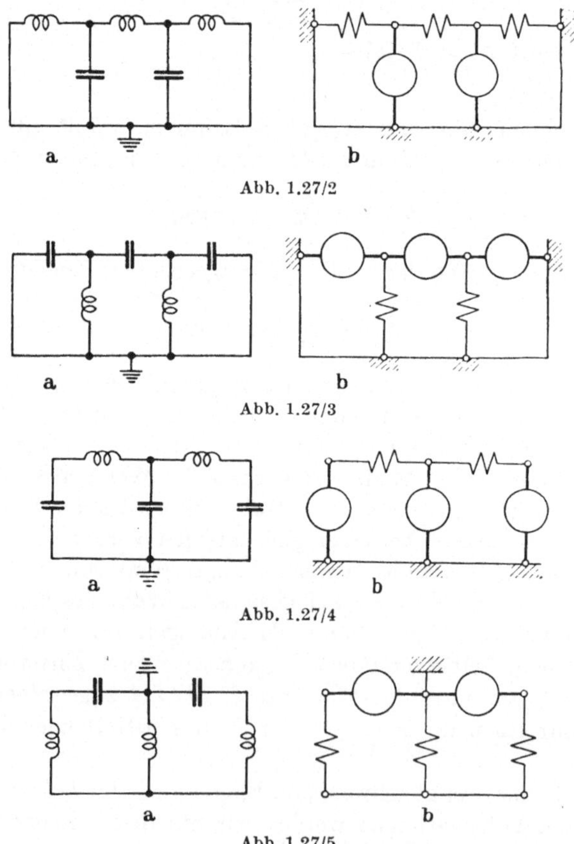

Abb. 1.27/2

Abb. 1.27/3

Abb. 1.27/4

Abb. 1.27/5

Abb. 1.27/2—1.27/5. Elektrische Schaltungen und mechanische Gegenstücke — aufgebaut mit Hilfe von Element I

wirklichung. Um zu einer solchen zu gelangen, müssen weitere Überlegungen angestellt werden.

Zunächst machen wir uns klar, daß die Koordinaten u (Potential, Spannung) und i (Strom) Skalare, dagegen v (Geschwindigkeit) und p (Kraft) im allgemeinen Vektoren sind, die nur dann den Charakter von Skalaren haben, wenn wir Bewegungen nur in einer einzigen Richtung zulassen.

Wir wollen deshalb als *drittes Analogie-Kriterium* fordern, daß in einer elektrischen Schaltskizze alle Spulen und Widerstände in einer Richtung angeordnet sein sollen, die Kondensatoren aber *senkrecht* dazu (was durch Umzeichnen immer erreichbar ist). Dann läßt sich das zugeordnete mechanische Schaltbild unmittelbar realisieren.

Die Abb. 1.27/2 bis 1.27/5 verdeutlichen das besser als Worte. Sie zeigen elektrische Schaltungen und ihre mechanischen Partner unter Verwendung der

Abb. 1.27/6. Schaltung gleichwertig mit 1.27/3a   Abb. 1.27/7. a) Auflösung eines Knotens, b) Hebel

Elemente I als Analoga für die Kondensatoren. Wenn eine elektrische Schaltung nach Abb. 1.27/6 vorläge, so müßte sie erst in eine nach Abb. 1.27/3a umgezeichnet werden.

Die Abb. 1.27/2 bis 1.27/5 zeigen relativ einfache Gebilde. Um die drei angegebenen Kriterien erfüllen zu können, müssen die mechanischen Knoten gegebenenfalls aufgelöst werden in eine „Platte", die Gelenke für den Anschluß von Stangen trägt (Abb. 1.27/7a), und es müssen auch Hebel (Abb. 1.27/7b) zugelassen werden.

Beispiele für Gebilde, die die oben besprochenen Umzeichnungen erfordern, und solche, die Platten und Hebel benötigen, zeigen die Abb. 1.27/8 bis 1.27/11; Abb. 1.27/8a ist dabei gleich Abb. 1.27/1a. In jeder dieser Abbildungen zeigt der Teil a) die ursprüngliche, Teil b) die umgezeichnete elektrische Schaltung, Teil c) die realisierbare mechanische Anordnung. Die Teile b) und c) sind so offenkundig von gleicher Anordnung, daß man sogar darauf verzichten kann, die mechanischen Anordnungen gesondert zu zeichnen, wenn man bereit ist, das Symbol für den Kondensator auch als Symbol für das Element I (die einen Punktkörper tragende Stange) anzusehen.

Und noch ein Punkt bedarf der Erwähnung: Die positiven Bewegungsrichtungen an den Polen A und B des Elementes I (Abb. 1.26/1) sind entgegengesetzt. Wenn M sich nicht bewegt, bewegen sich A und B in entgegengesetzter Richtung, während bei nichtgeladenem Kondensator die Potentiale an beiden Platten gleich groß sind. Will man auch diese Richtungsumkehr noch kompensieren, so muß man das Element I (Abb. 1.26/1) zusammen mit dem Hebel 1.27/7b als ein gemeinsames Element I' betrachten (Abb. 1.27/12). Dann stimmen auch die Bewegungsrichtungen von A und B überein. (In Abb. 1.27/10c muß ein solches Element I' der parallel liegenden Feder wegen notwendigerweise benutzt werden.)

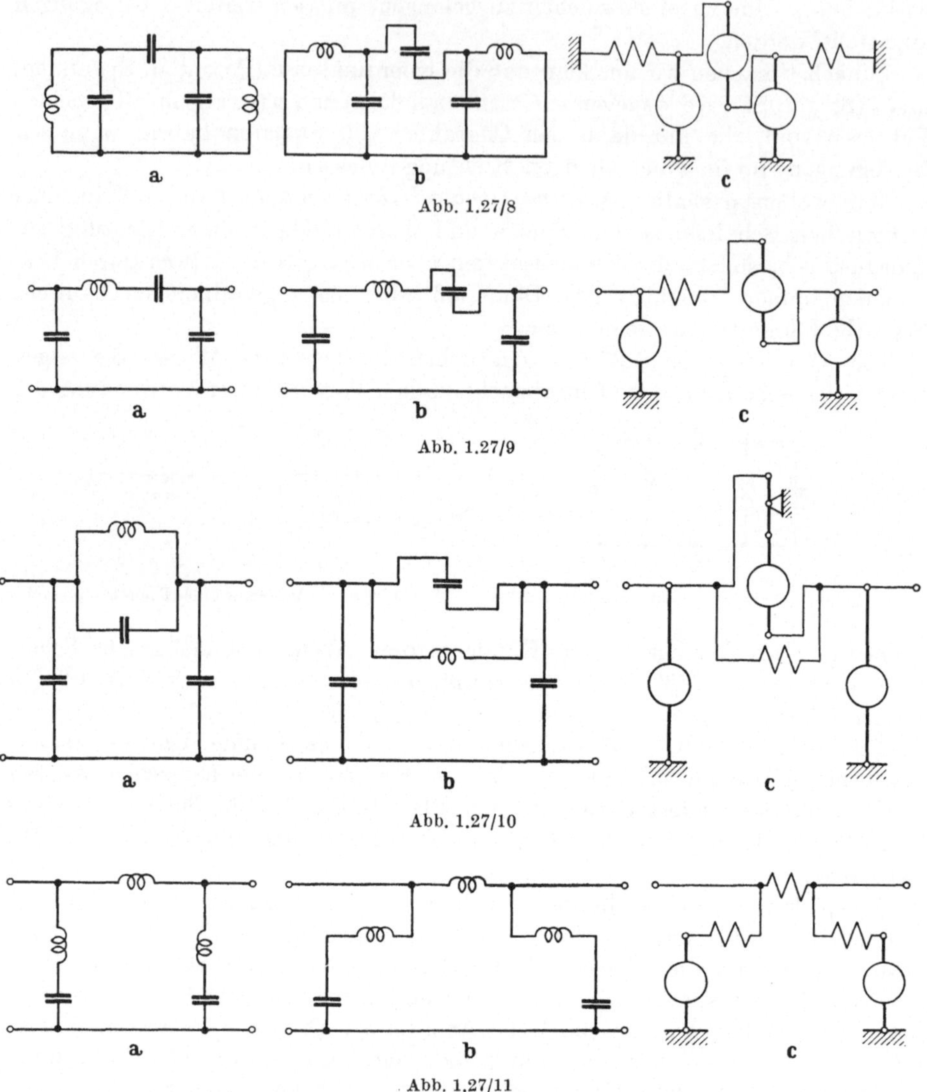

Abb. 1.27/8

Abb. 1.27/9

Abb. 1.27/10

Abb. 1.27/11

Abb. 1.27/8—1.27/11. Schaltungen, die Umzeichnung erfordern

Wir fassen nun zusammen: Mit Hilfe der drei Kriterien für das, was als analog gelten soll, nämlich

1. Übereinstimmung der Differentialgleichungen,

2. individuelle Zuordnung der Elemente,

3. Anordnung von Spulen und Widerständen (Federn und Dämpfern) in einer Richtung, von Kondensatoren (Elementen I oder I') in der dazu senkrechten Richtung,

haben wir schließlich eine sehr weitgehende Übereinstimmung der Partner einer Analogie erzielt. Sie geht so weit, daß ein und dasselbe Schaltschema [z. B. Teil b) von Abb. 1.27/8 bis 1.27/11] unmittelbar das realisierbare Gebilde, sowohl auf der elektrischen Seite wie auf der mechanischen Seite, bezeichnet. Das wesentliche Ziel einer jeden Analogiebetrachtung, nämlich mit einem Minimum an gedanklichem Aufwand von einem elektrischen Gebilde zum mechanischen (realisierbaren) Gebilde — oder umgekehrt — überzugehen, ist damit in bemerkenswertem Maße erfüllt.

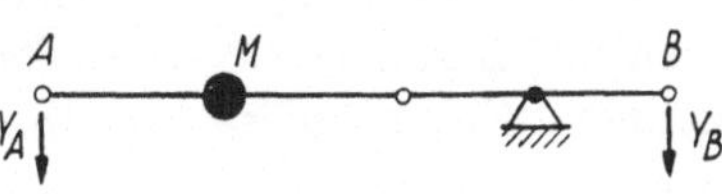

Abb. 1.27/12
Element I' (Element I plus Umlenkhebel)

1.28 Literatur über Analogien. In einer etwas undeutlichen Art waren den Physikern und Ingenieuren die Analogien, die zwischen elektrischen und mechanischen Systemen bestehen, seit langem bewußt. Erst nach 1930 aber erschienen eine Reihe von Arbeiten, die die Analogien als Arbeitshypothesen zu benutzen suchten und demgemäß weiter als vorher ausbauten; als Beispiele (neben manchen anderen) seien die Arbeiten von W. HAHNEMANN und H. HECHT[1] sowie die von F. BIELITZ[2] und L. KETTENACKER[3] genannt. Tiefer schürften jedoch zwei Autoren, deren Arbeiten auf diesem Gebiet nun geradezu klassisch geworden sind: W. HÄHNLE[4] und F. A. FIRESTONE[5]. Von beiden sind insbesondere die Vorteile der Zuordnungen herausgearbeitet worden, die in Tab. 1.22/1 dargestellt sind.

Seither ist das Thema der Analogien noch mehrfach aufgegriffen und in mancher Hinsicht erweitert und vertieft worden. Der Verfasser[6] machte im Jahre 1950 auf die Grenzen der mit dem Element „Masse" arbeitenden Analogien aufmerksam. Die in den Fußnoten in 1.26 genannten Autoren hoben danach diese Beschränkung durch die Einführung der „neuen Elemente" auf. Eine zusammenfassende Darstellung dieser neuen Elemente gaben L. CREMER und der Verfasser.[7]

Eine neuere Arbeit von F. A. FIRESTONE[8] ist deshalb bemerkenswert, weil sie die systematische Gegenüberstellung analoger Gebilde sehr weit treibt. Zwei Arbeiten von H. M. TRENT[9, 10] befassen sich zwar nicht unmittelbar mit den elektrisch-mechanischen Analogien, sie bemühen sich jedoch in grundsätzlicher Weise um die Aufhellung des Hintergrundes der Dualitäten in der Formulierung der physikalischen Gesetze und des Dualismus Knoten–Masche.

Selbstverständlich ist die gesamte Literatur über dieses Gebiet erheblich umfangreicher, als hier angedeutet werden kann. Vor allem existieren noch viele zusammenfassende Darstellungen in Zeitschriftenaufsätzen[11] und Lehr-

---

[1] HAHNEMANN, W., u. H. HECHT, in vielen Veröffentlichungen, zusammengefaßt in H. HECHT: Schaltschemata und Differentialgleichungen. Leipzig: J. A. Barth 1939.

[2] BIELITZ, F.: Forsch. Ing.-Wes. Bd. 5 (1934) Forschungsh. 368, S. 1—16.

[3] KETTENACKER, L.: Z. techn. Phys. Bd. 14 (1933) H. 11, S. 515; Arch. Elektrotechn. Bd. 17 (1933) H. 11, S. 779; Forsch. Ing.-Wes. Bd. 5 (1934) S. 67.

[4] HÄHNLE, W.: Wiss. Veröff. Siemens-Konz. Bd. 11 (1932) H. 1, S. 1.

[5] FIRESTONE, F. A.: J. acoust. Soc. Amer. Bd. 4 (Jan. 1933) S. 249 u. J. Appl. Phys. Bd. 9 (1938).

[6] KLOTTER, K.: Ing.-Arch. Bd. 18 (1950) H. 5, S. 291.

[7] CREMER, L., u. K. KLOTTER: Ing.-Arch. Bd. 28 (1959) S. 27.

[8] FIRESTONE, F. A.: J. acoust. Soc. Amer. Bd. 28 (1956) S. 1117—1153.

[9] TRENT, H. M.: J. Appl. Mech. Bd. 19 (1952) S. 147.

[10] TRENT, H. M.: J. acoust. Soc. Amer. Bd. 27 (1955) Nr. 3, S. 500.

[11] Als Beispiel W. REICHARDT: Frequenz Bd. 5 (1951) S. 327.

büchern. Die angeführten Arbeiten können aber als die Marksteine der Entwicklung betrachtet werden.

1.29 Verwertung der Analogien. In der Einleitung 1.21 zu diesem Abschnitt 1.2 haben wir schon davon gesprochen, daß die Analogien dazu dienen können, Erkenntnisse, die in einem Gebiet (elektrisch bzw. mechanisch) gewonnen worden sind, auf das andere (mechanisch bzw. elektrisch) zu übertragen. Damit steht erstens die *Literatur* jeweils eines Gebietes zur Auswertung für das andere zur Verfügung, und zweitens können die Vorgänge in einem Gebiet zur *Veranschaulichung* derer im anderen dienen.

Dieses Wechselspiel verläuft hinsichtlich der Auswertung vorhandener Ergebnisse meist in der Richtung elektrisch → mechanisch, da die elektrischen Gebilde von mehreren Freiheitsgraden meist früher und auch ausführlicher untersucht worden sind als die mechanischen. Hier kann der Mechaniker vom Elektriker lernen.

Der umgekehrte Weg, mechanisch → elektrisch, wird dagegen oft dann beschritten, wenn es sich darum handelt, Vorgänge zu veranschaulichen. Die Vorgänge in elektrischen Stromkreisen sind ja den Sinnen nicht unmittelbar zugänglich, sie müssen erst über Meßgeräte erkennbar gemacht werden; die mechanischen dagegen lassen sich (in geeigneten Frequenzbereichen) mit dem bloßen Auge verfolgen. Diese werden deshalb gerne zur Demonstration jener benutzt. Hier borgt der Elektriker vom Mechaniker.

In den meisten der nachfolgenden Abschnitte und Kapitel dieses Buches werden wir den Nachrichtenaustausch zwischen den beiden Gebieten weder in der einen noch in der anderen Richtung explizit verfolgen. Die Darlegungen, die in diesem Abschn. 1.2 gegeben worden sind, werden den Leser instand setzen, solche Querverbindungen selbst herzustellen.

Eine Ausnahme wollen wir jedoch machen (Abschn. 5.2): Die für elektrische Netzwerke definierten und viel benutzten Begriffe des komplexen Widerstandes (englisch: impedance) und komplexen Leitwertes (englisch: admittance) lassen sich mit Hilfe der Analogien ins Mechanische übertragen, wo sie genau so nützlich sein können. In der Mechanik basiert man sie entweder — unter direkter Benutzung der Analogien — auf die Geschwindigkeit oder aber — gemäß den üblicherweise benutzten Koordinaten — auf den Ausschlag. Dieser Prozeß der Übertragung und des Aufbaues der zugehörigen Begriffe und Lehrsätze ist zur Zeit in mehreren Ländern (Vereinigte Staaten, England, Deutschland) in vollem Gange[1, 2, 3]. Erschwert wird der Fortschritt und die gegenseitige Verständigung dadurch, daß einheitliche Bezeichnungsweisen für die mancherlei neuen Begriffsbildungen sich bis jetzt weder im Englischen noch im Deutschen herausgebildet haben.

---

[1] Als repräsentativ für die Bemühungen und den gegenwärtigen Stand kann etwa gelten R. PLUNKETT: (ed.) Mechanical Impedance Methods. New York. Am. Soc. Mech. Engineers 1958. Dort auch umfangreiche weitere Literaturangaben.

[2] DUNCAN, W. J.: Mechanical Admittances and their Applications to Oscillation Problems. Reports and Memoranda No. 2000 (Monograph) H. M. Stationary Office 1947. — BISHOP, R. E. D., u. D. C. JOHNSON: Vibration Analysis Tables. Cambridge University Press 1956.

[3] WOERNLE, H. TH.: Diss. T. H. Darmstadt 1960.

Im (oben erwähnten) Abschn. 5.2 werden die (analog dem elektrischen Widerstand und elektrischen Leitwert) gebildeten Begriffe der kinetischen *Nachgiebigkeit* und der kinetischen *Steifigkeit* genau definiert (in 5.26) und dann zur Behandlung eines Beispieles herangezogen, der vielläufigen, einfach zusammenhängenden Kette (in 5.27).

1.3 Methoden zur Aufstellung der Bewegungsgleichungen

1.31 Koordinaten; Einteilung der Methoden. Ein System, das zunächst durch n Koordinaten beschrieben wird, zwischen denen aber g Bedingungsgleichungen bestehen (die die Bindungen oder Führungen ausdrücken), hat $f = n - g$ Freiheitsgrade. Koordinaten q_l ($l = 1, 2 \ldots f$), die so gewählt sind, daß zwischen ihnen keine Beziehungen mehr bestehen, die also völlig frei sind, heißen *verallgemeinerte* („generalisierte") *Koordinaten.*

Je nachdem, ob die Bedingungsgleichungen zwischen den Koordinaten selber bestehen oder nur — in nicht integrierbarer Form — zwischen ihren Differentialen, spricht man von *holonomen* oder von *nichtholonomen* Bedingungen und damit von *holonomen* oder von *nichtholonomen* Systemen. Nichtholonome Bedingungen erhält man z. B. für das Rollen eines scharfkantigen Rades in der Ebene. Für das Folgende werden wir solche Systeme im allgemeinen ausschließen. Wenn die Bedingungen holonom sind, ist es stets möglich, f unabhängige Koordinaten anzugeben. — Je nachdem, ob die Bedingungsgleichungen zwischen den Koordinaten die Zeit explizit enthalten (bewegte Führungen) oder nicht, heißen die Systeme *rheonom* oder *skleronom*. Unsere allgemeinen Betrachtungen werden sowohl auf rheonome wie skleronome Systeme anwendbar sein, im einzelnen werden wir von rheonomen Systemen aber kaum sprechen.

Die Methoden zur Aufstellung der Bewegungsgleichungen teilen wir in zwei Klassen, die *synthetische* und die *analytische*. — Die erste Methode schneidet aus dem mechanischen Gebilde geeignet gewählte Teile heraus, formuliert dafür die mechanischen Grundgleichungen und erhält die Bewegungsgleichungen „synthetisch" durch Zusammenfügen der Teilaussagen. Die zweite Methode (in der LAGRANGEschen Formulierung) geht aus von einem Energieausdruck für das Gesamtgebilde und erhält die Bewegungsgleichungen „analytisch" aus einer Extremalforderung für diesen Energieausdruck. Die synthetische Methode ist die dem Ingenieur geläufigere, und für den elastischen Schwinger ist sie der analytischen insofern überlegen, als bei ihr mehrere Möglichkeiten bestehen, das Elastizitätsgesetz einzuführen („Kraft-Einflußzahlen", „Verschiebungs-Einflußzahlen"). Die analytische Methode wiederum ist für Starrkörperprobleme (z. B. Mehrfachpendel) besonders vorteilhaft, weil sie die durch geometrische Bindungen geweckten Reaktionskräfte von vornherein eliminiert. Und außerdem erlauben die Energieausdrücke für alle Arten von Schwingern oft schon unmittelbar, d. h. ohne den Umweg über Differentialgleichungen, Aussagen über das mechanische Verhalten zu machen.

Wir wollen beide Arten von Methoden hier schildern — aber nicht in allgemeinen Ausdrücken, sondern anhand eines Beispiels: der elastischen Kette. Für die analytische Methode geben wir dann noch ein zweites Beispiel.

1.32 Die synthetischen Methoden[1]. Ausgangspunkt *aller* synthetischen Methoden sind die mechanischen Grundgleichungen, die wir der Abb. 1.32/1 entnehmen. (Wir benutzen hier schon die schematische Darstellung, die durch die Gegenüberstellung der Abb. 3.21/1a u. b erklärt ist.) u_i bezeichnet den Ausschlag der Masse m_i, ξ_i die Verlängerung der Feder (von der Steifigkeit c_i), N_i die Federkraft, X_i die zwischen dem Federvereinigungspunkt i und der Masse m_i wirkende Reaktionskraft, P_i die an der Masse m_i angreifende äußere Kraft. Dann gelten die vier Aussagen:

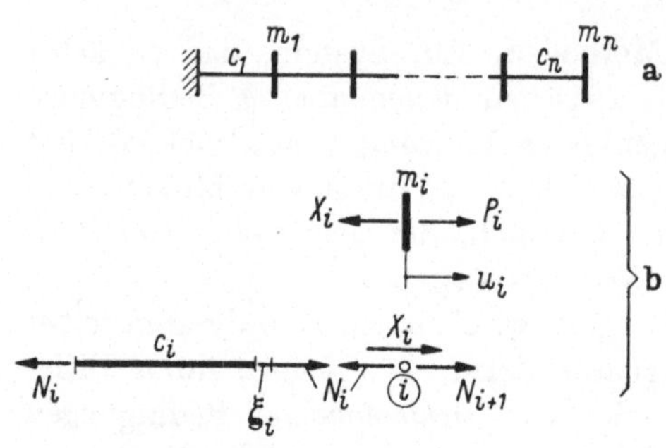

Abb. 1.32/1. a) Elastische Kette, b) Masse und Feder mit Kräften und Verschiebungen

1. Die Gleichgewichtsforderung für den Punkt i

$$X_i = N_i - N_{i+1}, \qquad (1.32/1\,\mathrm{a})$$

2. die Bedingung des geometrischen Zusammenhaltes der Kette

$$\xi_i = u_i - u_{i-1}, \qquad (1.32/2\,\mathrm{a})$$

3. das Elastizitätsgesetz für die Feder

$$N_i = c_i\,\xi_i, \qquad (1.32/3\,\mathrm{a})$$

4. das NEWTONsche Grundgesetz

$$m_i\,\ddot{u}_i = P_i - X_i. \qquad (1.32/4\,\mathrm{a})$$

Aus diesen vier Grundgleichungen kann man nun in mannigfacher Weise drei der Unbekannten eliminieren, um zu einem System von Gleichungen für die vierte Unbekannte zu gelangen. Am „natürlichsten" ist es, u_i, die Bewegungen der Massen m_i (die Trägheitskoordinaten), als die Unbekannten zu behalten. Setzt man (2a) und (3a) in (1a) ein, so ergibt sich

und mit (4a)
$$X_i = c_i\,(u_i - u_{i-1}) - c_{i+1}\,(u_{i+1} - u_i), \qquad (1.32/5)$$

$$P_i - m_i\,\ddot{u}_i = -c_i\,u_{i-1} + (c_i + c_{i+1})\,u_i - c_{i+1}\,u_{i+1}. \qquad (1.32/6)$$

Für vier Massen also z. B.

$$\left.\begin{aligned}
m_1\,\ddot{u}_1 + (c_1 + c_2)\,u_1 - c_2\,u_2 &= P_1\\
m_2\,\ddot{u}_2 - c_2\,u_1 + (c_2 + c_3)\,u_2 - c_3\,u_3 &= P_2\\
m_3\,\ddot{u}_3 - c_3\,u_2 + (c_3 + c_4)\,u_3 - c_4\,u_4 &= P_3\\
m_4\,\ddot{u}_4 - c_4\,u_3 + c_4\,u_4 &= P_4
\end{aligned}\right\} . \qquad (1.32/6')$$

Wir merken an, daß man Gleichungen wie (1.32/6') für die Zwecke einer allgemeinen Diskussion zweckmäßig in einer Kurzschrift schreibt, die von dem Begriff der *Matrix* Gebrauch macht[2]. Schreiben wir

$$\mathfrak{C} = \begin{bmatrix} c_1 + c_2 & -c_2 & 0 & 0\\ -c_2 & c_2 + c_3 & -c_3 & 0\\ 0 & -c_3 & c_3 + c_4 & -c_4\\ 0 & 0 & -c_4 & c_4 \end{bmatrix}, \text{ Steifigkeitsmatrix,}$$

$$\mathfrak{M} = \begin{bmatrix} m_1 & 0 & 0 & 0\\ 0 & m_2 & 0 & 0\\ 0 & 0 & m_3 & 0\\ 0 & 0 & 0 & m_4 \end{bmatrix}, \text{ Massenmatrix (eine „Diagonal"-Matrix)}$$

---

[1] In der folgenden Darstellung sind Gedankengänge von H. TH. WOERNLE benutzt (Diss. T. H. Darmstadt 1960. Referent: Prof. K. MARGUERRE).

[2] Siehe z. B. R. ZURMÜHL: Matrizen, 2. Aufl. Berlin/Göttingen/Heidelberg: Springer 1958.

und

$$u = \begin{bmatrix} u_1 \\ u_2 \\ u_3 \\ u_4 \end{bmatrix}, \quad \mathfrak{p} = \begin{bmatrix} P_1 \\ P_2 \\ P_3 \\ P_4 \end{bmatrix}, \quad \text{„Vektor" (oder Spaltenmatrix) der Verschiebungen und der äußeren Kräfte,}$$

so lautet (1.32/6′) kurz $\cdot$

$$\mathfrak{M} \cdot \ddot{u} + \mathfrak{C} \cdot u = \mathfrak{p}, \tag{1.32/6″}$$

wobei das „Produkt" Matrix $\times$ Vektor nach der Matrizen-Multiplikationsregel: Zeile $\times$ Spalte (gliedweise wie beim Skalarprodukt der gewöhnlichen Vektorrechnung) zu bilden ist. [Man verifiziere die Übereinstimmung von (1.32/6″) mit (1.32/6′)].

Für *freie* Schwingungen ($\mathfrak{p} = 0$) ist, genau wie beim Schwinger von einem Freiheitsgrad, $\ddot{u} = -\omega^2 u$. Aus (1.32/6″) wird dann

$$(\mathfrak{C} - \omega^2 \mathfrak{M}) \cdot u = 0. \tag{1.32/6‴}$$

In unserem Beispiel kann man ξ und N, und schließlich auch X, ebenso einfach auf eine zweite Art eliminieren. Wegen $N_{n+1} = 0$, läßt sich (1.32/1a) auch nach den N_i auflösen,

$$N_i = \sum_i^n X_k, \tag{1.32/1b}$$

und, wegen $u_0 = 0$, (1.32/2a) nach den u_i,

$$u_i = \sum_1^i \xi_k. \tag{1.32/2b}$$

Schreibt man noch (1.32/3a) in der Form

$$\xi_i = h_i N_i, \tag{1.32/3b}$$

worin h_i die Feder*nachgiebigkeit* $1/c_i$ bezeichnet, so erhält man beim Einsetzen von (1b) und (3b) in (2b):

$$u_i = \sum_{k=1}^i \left(h_k \sum_{r=k}^n X_r \right) \tag{1.32/7}$$

und mit (1.32/4a) daher

$$u_i = \sum_{k=1}^i \left[h_k \sum_{r=k}^n (P_r - m_r \ddot{u}_r) \right]. \tag{1.32/8}$$

Die Gl. (1.32/8), die zunächst komplizierter aussieht als (1.32/6), haben wir als eine Art Umkehrung von (1.32/6) gewonnen, denn jede der Gln. (b) ist die Auflösung der Gln. (a) nach der anderen Variablen. Es ist aber nicht nötig, die Gln. (b) als „Umkehrungen" zu deuten. Sie haben durchaus selbständige Bedeutung: (1.32/1b) ist die Gleichgewichtsaussage für das Kettenende zwischen i und n, (1.32/2b) die Zusammenhangsaussage für den Kettenanfang zwischen 1 und i, (1. 32/3b) schließlich die Elastizitätsaussage, in der die Federverlängerung als die Folge der Federkraft erscheint. — Wir schreiben (1.32/7) explizit für vier Variablen auf:

$$\left. \begin{aligned} u_1 &= h_1(X_1 + X_2 + X_3 + X_4), \\ u_2 &= h_1(X_1 + X_2 + X_3 + X_4) + h_2(X_2 + X_3 + X_4), \\ u_3 &= h_1(X_1 + X_2 + X_3 + X_4) + h_2(X_2 + X_3 + X_4) + h_3(X_3 + X_4), \\ u_4 &= h_1(X_1 + X_2 + X_3 + X_4) + h_2(X_2 + X_3 + X_4) + h_3(X_3 + X_4) + h_4 X_4; \end{aligned} \right\} \tag{1.32/7′}$$

umgeordnet:

$$u_1 = h_1 X_1 + \qquad\quad h_1 X_2 + \qquad\qquad h_1 X_3 + \qquad\qquad\qquad h_1 X_4 ,$$

$$u_2 = h_1 X_1 + (h_1 + h_2) X_2 + \qquad (h_1 + h_2) X_3 + \qquad\qquad (h_1 + h_2) X_4 ,$$

$$u_3 = h_1 X_1 + (h_1 + h_2) X_2 + (h_1 + h_2 + h_3) X_3 + \qquad (h_1 + h_2 + h_3) X_4 ,$$

$$u_4 = h_1 X_1 + (h_1 + h_2) X_2 + (h_1 + h_2 + h_3) X_3 + (h_1 + h_2 + h_3 + h_4) X_4 .$$

Dafür läßt sich kurz schreiben

$$u_i = \sum_{k=1}^{n} h_{ik} X_k ; \qquad\qquad (1.32/9)$$

und die Koeffizienten

$$h_{ik} = \sum_{r=1}^{k} h_r \ \text{(für } k \le i), \quad h_{ik} = \sum_{r=1}^{i} h_r \ \text{(für } k \ge i) \qquad (1.32/10)$$

lassen sich in einer Weise deuten, die die Übertragung der Gl. (1.32/9) auf beliebige elastische Gebilde unmittelbar zuläßt: h_{ik} ist die Verrückung einer Stelle i unter dem Einfluß einer Last 1 an der Stelle k (wenn sonst keinerlei Lasten wirken). Die Größen h_{ik} sind also die jedem Statiker vertrauten Einflußzahlen, die wir hier genauer *Verschiebungs-Einflußzahlen* nennen wollen. Sie zu bestimmen, ist eine vom Schwingungsproblem ganz getrennte Aufgabe, die sich für beliebige elastische Gebilde (Stäbe, Balken, Platten usw.) mit den Mitteln der Statik lösen läßt (Beispiele in 2.3, 2.63, 3.12). Die Schwingungsgleichungen erhält man dann, indem man die Kräfte X_k (die Schnittkräfte zwischen Masse und Träger an der Stelle k) nach (1.32/4a) ersetzt durch $- m_k \ddot{u}_k$; oder, wie man gewöhnlich sagt: indem man die D'ALEMBERTschen Trägheitskräfte als an den Punkten i angreifende Lasten betrachtet.

Bemerkenswerterweise ist stets $h_{ik} = h_{ki}$ (die Matrix der Koeffizienten h_{ik} ist „symmetrisch", MAXWELLscher Vertauschungssatz), was man am Beispiel unserer Kette bestätigt.

In genau der gleichen Weise läßt sich nun auch (1.32/5) verallgemeinernd deuten. Wir schreiben

$$X_i = \sum_{k=1}^{n} c_{ik} u_k , \qquad\qquad (1.32/11)$$

wobei sich die c_{ik} für die *Kette* durch Vergleichung mit (1.32/6') ergeben:

$$\left.\begin{array}{llll} c_{11} = c_1 + c_2; & c_{12} = -c_2; & c_{13} = 0; & c_{14} = 0; \\ c_{21} = -c_2; & c_{22} = c_2 + c_3; & c_{23} = -c_3; & c_{24} = 0 \ \text{usf.} \end{array}\right\} \ (1.32/12)$$

(1.32/11) ist aber allgemeiner deutbar: c_{ik} ist die an der Stelle i aufzubringende (Zwangs-) Kraft, wenn man eine Verschiebung 1 an der Stelle k, und *nur* dort erzwingen will. Für die Kette überlegt man sich leicht die Richtigkeit dieser Deutung [eine Verschiebung $u_2 = 1$ z. B. weckt Federkräfte $c_2 \cdot 1$ und $c_3 \cdot 1$, denen durch ein System von Haltekräften $(-c_2)$, $(c_2 + c_3)$, $(-c_3)$ an den Stellen 1, 2, 3 das Gleichgewicht gehalten wird].

Wie bei den h_{ik} gilt $c_{ik} = c_{ki}$, und zwar allgemein, nicht nur für die Kette [s. (1.32/12)].

Die Bestimmung der c_{ik}, der *Kraft-Einflußzahlen*, für beliebige elastische Systeme ist wieder eine Aufgabe, die dem modernen Statiker ebenso bekannt (wenn auch vielleicht nicht ganz so geläufig) ist, wie die Bestimmung der h_{ik}. Es hängt von der Bauart des elastischen Gebildes ab, ob sich die h_{ik} oder die c_{ik} leichter bestimmen lassen. Auf jeden Fall kann man von der einen Art von Einflußzahlen zur anderen überwechseln; denn es gilt allgemein (nicht nur bei unserer Kette), daß

$$c_{ik} = (-1)^{k+i}\frac{H_{ki}}{H}\,; \qquad h_{ik} = (-1)^{k+i}\frac{C_{ki}}{C} \qquad (1.32/13)$$

ist, wenn wir mit H_{ki}, C_{ki} die zum Element h_{ki}, c_{ki} gehörige Unterdeterminante, mit H, C die Determinante des betreffenden Koeffizientenschemas bezeichnen.

In der Matrix-Schreibweise kann man dieser Zuordnung (die c_{ik} werden gelegentlich geradezu die zu den h_{ik} „dualen" Größen genannt[1]) eine besonders übersichtliche Form geben. Für $n = 4$ (z. B.) lautet das Koeffizientenschema der h_{ik}:

$$\mathfrak{H} = \begin{bmatrix} h_{11} & h_{12} & h_{13} & h_{14} \\ h_{21} & h_{22} & h_{23} & h_{24} \\ h_{31} & h_{32} & h_{33} & h_{34} \\ h_{41} & h_{42} & h_{43} & h_{44} \end{bmatrix};$$

und mit

$$\mathfrak{x} = \begin{bmatrix} X_1 \\ X_2 \\ X_3 \\ X_4 \end{bmatrix}, \text{ Vektor (oder Spaltenmatrix) der Kräfte } X_i$$

und dem oben schon eingeführten Vektor $\mathfrak{u}$ kann man (1.32/9) schreiben:

$$\mathfrak{u} = \mathfrak{H} \cdot \mathfrak{x}.$$

Umgekehrt ist nach (1.32/5) oder (1.32/11)

$$\mathfrak{x} = \mathfrak{C} \cdot \mathfrak{u},$$

und man erhält die zweite Gleichung aus der ersten, indem man von links mit $\mathfrak{C}$, der zu $\mathfrak{H}$ reziproken Matrix, multipliziert

$$\mathfrak{C} \cdot \mathfrak{u} = \mathfrak{C} \cdot \mathfrak{H} \cdot \mathfrak{x} = \mathfrak{H}^{-1} \cdot \mathfrak{H} \cdot \mathfrak{x} = \mathfrak{E} \cdot \mathfrak{x} = \mathfrak{x};$$

denn das Produkt einer Matrix mit ihrer Reziproken gibt die Einheitsmatrix

$$\mathfrak{E} = \begin{bmatrix} 1 & 0 & 0 & 0 \\ 0 & 1 & 0 & 0 \\ 0 & 0 & 1 & 0 \\ 0 & 0 & 0 & 1 \end{bmatrix},$$

die, wie man sofort erkennt, als *Faktor* weggelassen werden kann (wie die 1 bei der gewöhnlichen Multiplikation).

Der Vollständigkeit halber geben wir noch die zu der Matrixgleichung (1.32/6″) duale Form an, d. h. die Bewegungsgleichung für $\mathfrak{u}$, wenn man nicht $\mathfrak{C}$, sondern $\mathfrak{H}$ kennt. Die Gl. (1.32/4a) lautet in Matrixform

$$\mathfrak{M} \cdot \ddot{\mathfrak{u}} = \mathfrak{p} - \mathfrak{x}.$$

Setzt man sie in $\mathfrak{u} = \mathfrak{H} \cdot \mathfrak{x}$ ein, so erhält man

$$\mathfrak{u} = \mathfrak{H} \cdot (\mathfrak{p} - \mathfrak{M} \cdot \ddot{\mathfrak{u}});$$

für freie Schwingungen, in Analogie zu (1.32/6‴)

$$(\omega^2\,\mathfrak{H} \cdot \mathfrak{M} - \mathfrak{E}) \cdot \mathfrak{u} = 0. \qquad (1.32/8')$$

---

[1] BIEZENO, C. B., u. R. GRAMMEL: Technische Dynamik, Bd. I, 2. Aufl., S. 103. Berlin/Göttingen/Heidelberg: Springer 1953.

Da es unbequem ist, ω^2 in jedem Glied des Gleichungssystems stehen zu haben, schreibt man, mit $1/\omega^2 = \chi^2$, dafür besser:

$$(\mathfrak{H} \cdot \mathfrak{M} - \chi^2 \,\mathfrak{E}) \cdot \mathfrak{u} = 0. \tag{1.32/8''}$$

Wir könnten die Schilderung der synthetischen Methode an dieser Stelle abbrechen, wenn es nicht technisch wichtige „Entartungsfälle" gäbe, für die das bisher benutzte Eliminationsverfahren unzweckmäßig wird oder sogar versagt. Wir betrachten wieder unsere Kette; zwei Entartungen sind denkbar:

α) die Kette ist auch rechts durch eine Feder c_{n+1} abgestützt, d. h. es ist $N_{n+1} \neq 0$.

β) Die Kette ist auf beiden Seiten frei, es ist m_0 endlich und $u_0 \neq 0$.

Im ersten Fall ist die Kette statisch unbestimmt. Die c_{ik}-Gleichungen bleiben so gut wie unverändert — es tritt nur in der letzten Gleichung $(c_{n+1} + c_n)$ an die Stelle von c_n. Die h_{ik}-Gleichungen werden sehr viel komplizierter, da die Gl. (1.32/1 b) nicht mehr gilt: an ihre Stelle tritt

$$N_i = \sum_i^n X_k + N_{n+1} \tag{1.32/14}$$

mit „statisch unbestimmtem" (besser „statisch unbestimmbarem") N_{n+1}. Dafür tritt zu (1.32/2 b) eine $(n + 1)$-te Gleichung

$$u_{n+1} = 0, \tag{1.32/15}$$

und die h_{ik} sind nicht mehr durch (1.32/10), sondern durch ein verwickelteres Gleichungssystem gegeben.

Für eine Kette mit drei Massen und vier Federn lautet die Matrix der h_{ik}

$$\mathfrak{H} = \frac{1}{h_1 + h_2 + h_3 + h_4} \begin{bmatrix} h_1(h_2 + h_3 + h_4) & h_1(h_3 + h_4) & h_1 h_4 \\ h_1(h_3 + h_4) & (h_1 + h_2)(h_3 + h_4) & (h_1 + h_2)h_4 \\ h_1 h_4 & (h_1 + h_2)h_4 & (h_1 + h_2 + h_3)h_4 \end{bmatrix}. \tag{1.32/16}$$

Die „h_{ik}-Methode" wird also im Entartungsfalle α) sehr viel unangenehmer. Aber es gibt Systeme (z. B. den Biegeträger mit Einzelmassen ohne Drehträgheit), für die sie der „c_{ik}-Methode" trotzdem überlegen ist. Es ist wichtig, darauf hinzuweisen, daß sie jedoch im Falle β) durchaus versagt: wenn das System ungefesselt ist, die Gegenkraft also fehlt, bewirkt „eine Kraft 1 an der Stelle k" unendlich große Verschiebungen, d. h. die Verschiebungseinflußzahlen h_{ik} lassen sich dann nicht mehr angeben.

Alle h_{ik} werden unendlich. In der Matrixsprache drückt sich das so aus: wenn $c_1 = 0$ ist, wird die Matrix $\mathfrak{C}$ singulär (ihre Determinante verschwindet), und eine singuläre Matrix hat [s. die Umkehrformeln (1.32/13)] keine Reziproke.

Auf die Frage, wie man die freien Schwingungen ungefesselter Systeme am zweckmäßigsten bestimmt, kommen wir in 2.23 zurück (Verwendung von „Feder-Koordinaten" ξ anstelle von „Trägheitskoordinaten" u).

Wir fassen zusammen: die synthetische Methode liefert die Bewegungsgleichungen — wenn wir vom Entartungsfalle des ungefesselten Systems jetzt wieder absehen — durch geeignete Zusammenfassung der vier Grundaussagen entweder in der Form „a"

$$m_i \ddot{u}_i + \sum c_{ik} u_k = P_i \tag{1.32/17}$$

oder in der Form „b“

$$u_i + \sum h_{ik}\, m_k\, \ddot{u}_k = \sum h_{ik}\, P_k.$$ (1.32/18)

Die beiden Formen hängen über (1.32/13) miteinander zusammen. Je nach der Art des elastischen Gebildes und der ins Auge gefaßten mathematischen Lösungsmethode kann die eine oder die andere Form die zweckmäßigere sein. Ganz allgemein kann man sagen, daß die c_{ik}-Gleichungen vom Differenztyp sind [s. (1.32/6′)] und daß ihr Koeffizientenschema rechts oben und links unten Nullen enthält; die h_{ik}-Gleichungen sind vom Summentyp, ihre Koeffizientenmatrix ist vollbesetzt. Beide Koeffizientenschemata sind symmetrisch, d. h. es ist

$$c_{ik} = c_{ki}, \qquad h_{ik} = h_{ki}.$$ (1.32/19)

1.33 Die analytische Methode: Lagrangesche Gleichungen. Von den analytischen Methoden werden wir hier im wesentlichen nur die LAGRANGEschen Gleichungen zweiter Art[1] benutzen. Auf eine umfassende Herleitung dieser Gleichungen wollen wir verzichten und können das auch, da es gute Darstellungen in der Literatur gibt[2].

Am Beispiel unserer Kette wollen wir aber zeigen, wie die Methode mit unseren bisherigen Überlegungen zusammenhängt. Multiplizieren wir die erste unserer vier Grundgleichungen (1.32/1a) mit einer virtuellen Verrückung δu_i und addieren auf, so kommt

$$\sum_{i=1}^{n} X_i\, \delta u_i = \sum_{i=1}^{n} (N_i - N_{i+1})\, \delta u_i.$$ (1.33/1)

Wählen wir die δu_i so, daß sie die geometrische Zusammenhangsbedingung (1.32/2b) erfüllen

$$\delta u_i = \sum_{k=1}^{i} \delta \xi_k,$$

so wird aus (1.33/1)

$$\left.\begin{aligned}
\sum_{i=1}^{n} X_i\, \delta u_i &= (N_1 - N_2)\, \delta \xi_1 + (N_2 - N_3)\, (\delta \xi_1 + \delta \xi_2) + \\
&\quad + (N_3 - N_4)\, (\delta \xi_1 + \delta \xi_2 + \delta \xi_3) + \cdots \\
&= N_1\, \delta \xi_1 + N_2\, \delta \xi_2 + \cdots = \sum_{i=1}^{n} N_i\, \delta \xi_i.
\end{aligned}\right\}$$ (1.33/2)

Die rechte Seite dieser Gleichung läßt sich wegen (1.32/3a) schreiben

$$\sum_{i=1}^{n} c_i\, \xi_i\, \delta \xi_i = \delta \sum_{i=1}^{n} \tfrac{1}{2}\, c_i\, \xi_i^2 .$$

---

[1] Die gelegentlich verwendete Zusatzbezeichnung „zweiter Art“ soll diese Gleichungen unterscheiden von den sog. Gleichungen erster Art, die — ebenfalls auf LAGRANGE zurückgehend — Systeme mit Bindungen oder Führungen beschreiben; (vgl. etwa G. HAMEL: Theoretische Mechanik, Grundlehren. Bd. 57, S. 281. Berlin/Göttingen/Heidelberg: Springer 1949). Da wir in diesem Buch jedoch die LAGRANGEschen Gleichungen erster Art nicht gebrauchen, werden wir weiterhin die Zusatzbezeichnung „zweiter Art“ weglassen und stets von LAGRANGEschen Gleichungen schlechthin sprechen.

[2] HAMEL, G.: Elementare Mechanik, S. 488. Leipzig 1912. — WHITTAKER, E.T.: Treatise on the analytical dynamics of particles and rigid bodies. Forth edition, § 26, S. 34. Cambridge University Press 1937. Deutsche Ausgabe (nach der zweiten Auflage) Berlin: Springer 1924. — GEIGER-SCHEEL: Handbuch der Physik, Bd. 5, Artikel L. NORDHEIM, S. 43. — TIMOSHENKO, S., u. D. H. YOUNG: Advanced Dynamics, S. 212. New York/Toronto/London: Mc Graw-Hill 1948.

Unter dem rechten Summenzeichen steht die potentielle Energie der Formänderung

$$\mathsf{U} = \tfrac{1}{2} \sum_{i=1}^{n} c_i\,\xi_i^2,$$

so daß also die rechte Seite als $\delta\mathsf{U}$ gedeutet werden kann.

Mit (1.32/4a) geht (1.33/1) über in

$$\sum_{i=1}^{n} m_i\,\ddot{u}_i\,\delta u_i + \delta\mathsf{U} = \sum_{i=1}^{n} P_i\,\delta u_i. \tag{1.33/3}$$

Diese Gleichung, der man auch die Form

$$\sum_{i=1}^{n} \left(m_i\,\ddot{u}_i + \frac{\partial\mathsf{U}}{\partial u_i} \right) \delta u_i = \sum_{i=1}^{n} P_i\,\delta u_i \tag{1.33/3'}$$

geben kann, ist sehr viel allgemeiner als unsere Herleitung erkennen läßt: Sie ist der Ausdruck des Prinzips der virtuellen Verrückungen für ein beliebiges, aus miteinander verbundenen Massenpunkten bestehendes, mechanisches System. Das Potential U braucht kein elastisches zu sein; es kann z. B. auch vom Schwerefeld herrühren.

Ist, wie bei unserer Kette, f (die Zahl der Freiheitsgrade) gleich n (der Zahl der beschreibenden Koordinaten), so sind die δu_i voneinander unabhängig, und die Forderung, daß die Faktoren der δu_i in (1.33/3') einzeln einander gleich sein müssen, liefert die Bewegungsgleichungen. Die Gl. (1.33/3') gilt aber auch, wenn f kleiner ist als n. Dann sind die δu_i durch $g = n - f$ Bedingungen aneinander gebunden, so daß wir aus (1.33/3') nur f voneinander unabhängige Gleichungen, wieder die Bewegungsgleichungen, erhalten. Diese Gleichungen unterscheiden sich von den auf „synthetischem" Wege gewonnenen dadurch, daß die zu den g Bindungen gehörenden Reaktionskräfte von vornherein eliminiert sind.

(1.33/3') gilt für holonome und für nichtholonome Systeme, also auch für solche, bei denen die geometrischen Bindungen nicht Beziehungen zwischen den Koordinaten u sind, sondern nur solche zwischen den Geschwindigkeiten $\dot{u}$. Im Sonderfall *holonomer* Systeme läßt sich (1.33/3') umformen, und zwar in die in der Überschrift genannten LAGRANGEschen Gleichungen. Bezeichnen $q_1 \ldots q_f$ die „verallgemeinerten Koordinaten", deren Zahl mit der der Freiheitsgrade übereinstimmt, so bedeuten „holonome Bedingungen", daß es n Gleichungen

$$u_i = u_i(q_1, q_2, \ldots q_f); \qquad i = 1, 2, \ldots n \tag{1.33/4}$$

gibt. Dann ist

$$\delta u_i = \frac{\partial u_i}{\partial q_1}\,\delta q_1 + \frac{\partial u_i}{\partial q_2}\,\delta q_2 + \cdots + \frac{\partial u_i}{\partial q_f}\,\delta q_f = \sum_{l=1}^{f} \frac{\partial u_i}{\partial q_l}\,\delta q_l \tag{1.33/4'}$$

und aus (1.33/3') wird, da die δq_l voneinander unabhängig sind, ein System von f Gleichungen

$$\sum_{i=1}^{n} m_i\,\ddot{u}_i\,\frac{\partial u_i}{\partial q_l} + \frac{\partial\mathsf{U}}{\partial q_l} = \sum_{i=1}^{n} P_i\,\frac{\partial u_i}{\partial q_l}; \qquad l = 1, 2, \ldots f. \tag{1.33/5}$$

Wir betrachten zunächst die rechte Seite: $K_l \equiv \sum_{i=1}^{n} P_i\,\frac{\partial u_i}{\partial q_l}$ nennt man die zur Koordinate q_l gehörige „verallgemeinerte Kraft". Eine verallgemeinerte Kraft K_l

ist dadurch definiert, daß die Arbeit δA_l, die sie an einer virtuellen Verrückung δq_l leistet, gegeben ist durch

$$\delta A_l = K_l \, \delta q_l .$$

Da die gesamte Arbeit

$$\delta A = \sum_{i=1}^{n} P_i \, \delta u_i = \sum_{l=1}^{f} K_l \, \delta q_l \tag{1.33/6}$$

ist, hängt die einzelne Kraft K_l ab von der *Gesamtheit* der q_l. Wenn in zwei Sätzen von Koordinaten

$$\varphi_1 \cdots \varphi_f ; \qquad \psi_1 \cdots \psi_f$$

einzelne übereinstimmen, so folgt daraus *nicht* die Übereinstimmung der zugehörigen Kräfte, es sei denn, *alle* φ_l und ψ_l sind einander gleich.

Aus (1.33/5) entstehen die LAGRANGEschen Gleichungen, wenn man auch den vorderen Term auf der linken Seite durch eine geeignete Ableitung der kinetischen Energie

$$T = \frac{1}{2} \sum_{i=1}^{n} m_i \, \dot{u}_i^2$$

ersetzt. Diese Ersetzung ist immer möglich, — wir wollen uns hier aber auf skleronome Probleme beschränken. Wenn in den Bindungsgleichungen (1.33/4) die Zeit nicht explizit auftritt, ist

$$\dot{u}_i = \sum_{l=1}^{f} \frac{\partial u_i}{\partial q_l} \, \dot{q}_l , \quad \text{also} \quad \frac{\partial \dot{u}_i}{\partial \dot{q}_l} = \frac{\partial u_i}{\partial q_l} . \tag{1.33/7}$$

Mit dieser Beziehung und der Identität

$$m_i \, \ddot{u}_i \, \frac{\partial u_i}{\partial q_l} = \frac{d}{dt} \left(m_i \, \dot{u}_i \, \frac{\partial u_i}{\partial q_l} \right) - m_i \, \dot{u}_i \, \frac{\partial \dot{u}_i}{\partial q_l} \tag{1.33/8}$$

wird aus (1.33/5)

$$\frac{d}{dt} \sum_{i=1}^{n} m_i \, \dot{u}_i \, \frac{\partial \dot{u}_i}{\partial \dot{q}_l} - \sum_{i=1}^{n} m_i \, \dot{u}_i \, \frac{\partial \dot{u}_i}{\partial q_l} + \frac{\partial U}{\partial q_l} = K_l ,$$

d. h.

$$\frac{d}{dt} \frac{\partial T}{\partial \dot{q}_l} - \frac{\partial T}{\partial q_l} + \frac{\partial U}{\partial q_l} = K_l \quad (l = 1, 2, \ldots f) \tag{1.33/9}$$

und das sind die f Bewegungsgleichungen für das System von f Freiheitsgraden in der LAGRANGEschen Form.

Die K_l auf der rechten Seite in (1.33/9) sind diejenigen verallgemeinerten Kräfte, die sich nicht von einem Potential ableiten lassen. Beispiele für solche Kräfte sind Dämpfungs- und Reibungskräfte, Kreiselkräfte sowie Erregerkräfte (explizit von der Zeit abhängige Kräfte). Sind nur Potentialkräfte im Spiel, so verschwinden die Glieder K_l.

Wir machen uns den Sinn der Gln. (1.33/9) deutlich. Für jedes mechanische Gebilde gilt:

Die kinetische Energie T läßt sich stets ausdrücken als eine quadratische Form der verallgemeinerten Geschwindigkeiten $\dot{q}_l$ mit Koeffizienten a_{kl}, die noch Funktionen der Koordinaten sein können,

$$2T = \sum_{k=1}^{f} \sum_{l=1}^{f} a_{kl} \, (q_m) \, \dot{q}_k \, \dot{q}_l . \tag{1.33/10}$$

Hängen die Koeffizienten a_{kl} in (1.33/10) *nicht* von den Koordinaten q_m ab (wie in unserem Beispiel), so verschwindet $\partial T/\partial q_l$, und der T-Anteil in (1.33/9) reduziert sich auf

$$\frac{d}{dt}\,\frac{\partial T}{\partial \dot{q}_l} = \frac{d}{dt}\sum_{k=1}^{f} a_{kl}\,\dot{q}_k = \sum_{k=1}^{f} a_{kl}\,\ddot{q}_k, \qquad (1.33/10')$$

was sich im Sonderfall unserer Kette wegen $a_{kl} = 0$ für $k \neq l$ weiter auf

$$a_{ll}\,\ddot{q}_l \equiv m_l\,\ddot{q}_l \qquad (1.33/10'')$$

reduziert. — Die potentielle Energie U hängt stets ausschließlich von den Koordinaten q_l selbst ab. Der Ausdruck für U kann sowohl eine allgemeinere als auch eine quadratische Form sein. Für die sog. linearen Systeme (in denen die Kräfte lineare Funktionen der Koordinaten sind, so daß die Bewegungsgleichungen linear werden) ist U eine quadratische Form. Wenn die Koeffizienten überdies konstant sind, so hat U die Form

$$\mathsf{U} = \frac{1}{2}\sum c_{kl}\,q_k^2. \qquad (1.33/11)$$

Unter Verwendung des sog. „kinetischen Potentials" $\mathsf{L} = \mathsf{T} - \mathsf{U}$ (auch „LAGRANGEsche Funktion" genannt) kann man den Gln. (1.33/9) übrigens auch die elegante Fassung

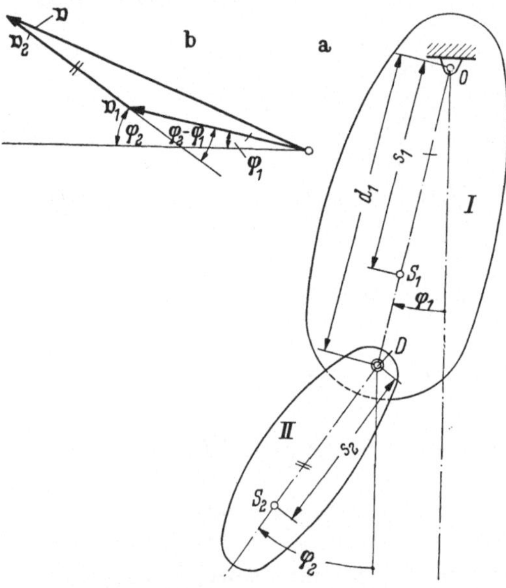

Abb. 1.33/1. Doppelpendel, Koordinaten φ_1 und φ_2

$$\frac{d}{dt}\left(\frac{\partial \mathsf{L}}{\partial \dot{q}_l}\right) - \frac{\partial \mathsf{L}}{\partial q_l} = K_l \qquad (1.33/9')$$

geben (da ja U nicht von den $\dot{q}$ abhängt).

Die LAGRANGEsche Vorschrift zur Aufstellung der Bewegungsgleichungen ist noch mancher Erweiterungen und Verfeinerungen fähig (vgl. 4.32, 4.61). Für die in Kap. 2 und 3 zu erörternden Probleme genügt das hier Gesagte.

Beispiel. Wir zeigen nun die Anwendung der LAGRANGEschen Verfahrensvorschrift zur Aufstellung der Bewegungsgleichungen eines Systems [Gl. (1.33/9)] an einem ersten Beispiel: dem (physikalischen) Doppelpendel in der Gestalt der Abb. 1.33/1a. (Weitere Anwendungen folgen in 2.11.)

Diese Gestalt ist nicht die allgemeinste, insofern als Aufhängepunkt O, Schwerpunkt S und Drehpunkt D hier als in einer Geraden liegend vorausgesetzt werden. Wohl aber dürfte für unsere Betrachtung abweichend von der Zeichnung $O\,S_1 > O\,D$ sein.

Das System hat zwei Freiheitsgrade. Als Koordinaten wählen wir die Winkel φ_1 und φ_2, welche die Verbindungslinien OS_1 und DS_2 der jeweiligen Drehpunkte und Schwerpunkte mit der Lotrechten bilden.

Mit Hilfe dieser Koordinaten und ihrer zeitlichen Ableitungen bilden wir nun die Energieausdrücke T und U, durch deren Ableitung gemäß der LAGRANGEschen Vorschrift (1.33/9) die Bewegungsgleichungen entstehen. Es ist

$$2\,\mathsf{T} = m_1\,(k_1^2 + s_1^2)\,\dot\varphi_1^2 + m_2\,k_2^2\,\dot\varphi_2^2 + m_2\,v^2\;;\qquad(1.33/12)$$

darin sind m_1 und m_2 die Massen, k_1 und k_2 die Trägheitshalbmesser der beiden Pendelkörper für ihre jeweiligen (den Drehachsen parallelen) Schwerachsen, und v ist der Betrag der (Absolut-) Geschwindigkeit $\mathfrak{v}$ des Schwerpunktes S_2. Zur Ermittlung der Geschwindigkeit $\mathfrak{v}$ gibt es mehrere Möglichkeiten. Wir bedienen uns der relativen Geschwindigkeit[1]. Die Geschwindigkeit des Punktes S_2 im Körper II setzt sich vektoriell zusammen aus der absoluten Geschwindigkeit $\mathfrak{v}_1$ des Punktes D (die ihrerseits aus der Drehung des Körpers I um O bestimmt wird) und der Relativgeschwindigkeit $\mathfrak{v}_2$ von S_2 um D; es ist also $\mathfrak{v} = \mathfrak{v}_1 + \mathfrak{v}_2$ gemäß Abb. 1.33/1 b. (Die einfach oder doppelt angestrichenen Strecken stehen jeweils aufeinander senkrecht.) Die Beträge v_1 und v_2 der Teilgeschwindigkeiten sind daher $v_1 = d_1\,\dot\varphi_1$ und $v_2 = s_2\,\dot\varphi_2$. Wendet man den Cosinussatz auf das Geschwindigkeitsdreieck (Abb. 1.33/1 b) an, so kommt

$$v^2 = d_1^2\,\dot\varphi_1^2 + s_2^2\,\dot\varphi_2^2 + 2\,d_1\,s_2\,\dot\varphi_1\,\dot\varphi_2\cos(\varphi_2 - \varphi_1).\qquad(1.33/12\,\mathrm{a})$$

Damit wird

$$\begin{aligned}2\,\mathsf{T} = {}& m_1\,(k_1^2 + s_1^2)\,\dot\varphi_1^2 + m_2\,k_2^2\,\dot\varphi_2^2 +\\&+ m_2\,[d_1^2\,\dot\varphi_1^2 + s_2^2\,\dot\varphi_2^2 + 2\,d_1\,s_2\,\dot\varphi_1\,\dot\varphi_2\cos(\varphi_2 - \varphi_1)].\end{aligned}\qquad(1.33/12\,\mathrm{b})$$

Der Ausdruck für U lautet

$$\mathsf{U} = g\,[(m_1\,s_1 + m_2\,d_1)\,(1 - \cos\varphi_1) + m_2\,s_2\,(1 - \cos\varphi_2)].\qquad(1.33/13)$$

Wir betrachten zunächst die freien Schwingungen; bei diesen verschwinden sowohl K_1 wie K_2.

Die LAGRANGEsche Vorschrift (1.33/9) stellt aus (1.33/12 b) und (1.33/13) die folgenden beiden Bewegungsgleichungen her:

$$\left.\begin{aligned}&[m_1\,(k_1^2 + s_1^2) + m_2\,d_1^2]\,\ddot\varphi_1 + m_2\,d_1\,s_2\cos(\varphi_2 - \varphi_1)\,\ddot\varphi_2 -\\&\qquad - m_2\,d_1\,s_2\sin(\varphi_2 - \varphi_1)\,\dot\varphi_2^2 + g\,[m_1\,s_1 + m_2\,d_1]\sin\varphi_1 = 0,\\&m_2\,[d_1\,s_2\cos(\varphi_2 - \varphi_1)\,\ddot\varphi_1 + (k_2^2 + s_2^2)\,\ddot\varphi_2 +\\&\qquad + d_1\,s_2\sin(\varphi_2 - \varphi_1)\,\dot\varphi_1^2 + g s_2\sin\varphi_2] = 0.\end{aligned}\right\}\quad(1.33/14)$$

Die Gln. (1.33/14) gelten für beliebig große Ausschläge φ_1 und φ_2. Sie sind nichtlineare Differentialgleichungen von nicht ganz einfacher Bauart.

Wenn die Ausschläge φ_1 und φ_2 (und damit die Geschwindigkeiten $\dot\varphi_1$ und $\dot\varphi_2$) klein sind, können in den Energieausdrücken alle Glieder von höherer als zweiter Ordnung vernachlässigt werden; in den Differentialgleichungen fallen dann alle Glieder weg, die von höherer als erster Ordnung sind. T und U lauten

$$\left.\begin{aligned}2\,\mathsf{T} &= \dot\varphi_1^2\,[m_1\,(k_1^2 + s_1^2) + m_2\,d_1^2] + 2\,\dot\varphi_1\,\dot\varphi_2\,m_2\,d_1\,s_2 + \dot\varphi_2^2\,m_2\,(s_2^2 + k_2^2),\\2\,\mathsf{U} &= g\,[(m_1\,s_1 + m_2\,d_1)\,\varphi_1^2 + m_2\,s_2\,\varphi_2^2]\;;\end{aligned}\right\}\quad(1.33/15)$$

demgemäß werden die Bewegungsgleichungen

$$\left.\begin{aligned}&[m_1\,(k_1^2 + s_1^2) + m_2\,d_1^2]\,\ddot\varphi_1 + m_2\,d_1\,s_2\,\ddot\varphi_2 + g\,(m_1\,s_1 + m_2\,d_1)\,\varphi_1 = 0,\\&m_2\,[d_1\,s_2\,\ddot\varphi_1 + (k_2^2 + s_2^2)\,\ddot\varphi_2 + g\,s_2\,\varphi_2] = 0.\end{aligned}\right\}\quad(1.33/16)$$

---

[1] Siehe z. B. G. HAMEL: Elementare Mechanik, S. 349. Leipzig 1912; TH. PÖSCHL: Lehrbuch der technischen Mechanik, Bd. I, 3. Aufl., S. 198. Berlin/Göttingen/Heidelberg: Springer 1949.

Wenn das physikalische Pendel wegen $k_1 \ll s_1$ und $k_2 \ll s_2$ zu einem Punktkörperpendel entartet (Abb. 1.33/2), so vereinfacht sich der Ausdruck für T weiter zu

$$2\,\mathsf{T} = \dot\varphi_1^2\,(m_1\,s_1^2 + m_2\,d_1^2) + 2\,\dot\varphi_1\,\dot\varphi_2\,m_2\,d_1\,s_2 + \dot\varphi_2^2\,m_2\,s_2^2,$$

und demgemäß lauten die Bewegungsgleichungen (1.33/14) jetzt

$$\left.\begin{aligned}(m_1\,s_1^2 + m_2\,d_1^2)\,\ddot\varphi_1 + m_2\,d_1\,s_2\,\ddot\varphi_2 + & \\ + g\,(m_1\,s_1 + m_2\,d_1)\,\varphi_1 &= 0, \\ m_2\,[d_1\,s_2\,\ddot\varphi_1 + s_2^2\,\ddot\varphi_2 + g\,s_2\,\varphi_2] &= 0. \end{aligned}\right\} \quad (1.33/17)$$

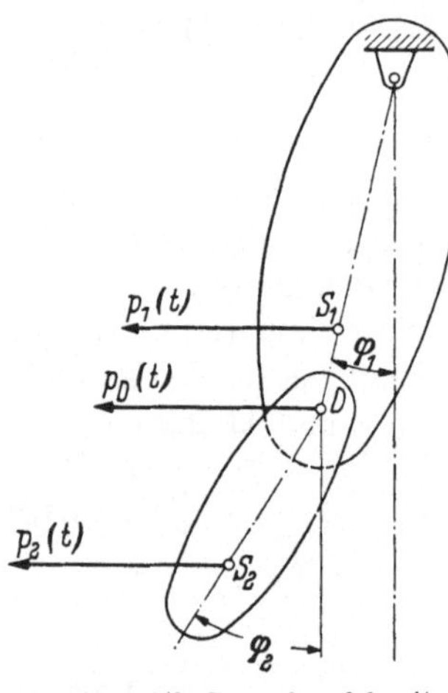
Abb. 1.33/2
Doppelpendel
mit Punktkörpern

Wenn das Doppelpendel von außen etwa durch die in Abb. 1.33/3 dargestellten horizontalen Kräfte $p_1(t)$, $p_D(t)$, $p_2(t)$ angeregt wird, so ändern sich die linken Seiten der Bewegungsgleichungen nicht, aber an die Stelle der Nullen treten die verallgemeinerten Kräfte K_1, K_2 [s. (1.33/9)]. Wir erhalten sie aus der Vorschrift (1.33/6) über die Arbeit $\delta\mathsf{A}$, die bei den virtuellen Verrückungen $\delta\varphi_1$ und $\delta\varphi_2$ geleistet wird.

Eine Verrückung $\delta\varphi_1$ bzw. $\delta\varphi_2$ ruft die horizontalen Wege der Kraftangriffspunkte S_1, D, S_2

$$\left.\begin{array}{ll} \delta x_1 = s_1 \cos\varphi_1\,\delta\varphi_1 & \delta x_1 = 0 \\[2pt] \delta x_D = d_1 \cos\varphi_1\,\delta\varphi_1 & \delta x_D = 0 \\[2pt] \delta x_2 = d_1 \cos\varphi_1\,\delta\varphi_1 & \delta x_2 = s_2 \cos\varphi_2\,\delta\varphi_2 \end{array}\right\} \quad (1.33/18)$$

hervor. Da die virtuelle Arbeit $\delta\mathsf{A} = \sum p_i\,\delta x_i$ $(i = 1, D, 2)$ ist, ergeben sich die verallgemeinerten Kräfte zu

$$\left.\begin{aligned} K_1 &= p_1(t)\,s_1 \cos\varphi_1 + p_D(t)\,d_1 \cos\varphi_1 + \\ & \qquad\qquad + p_2(t)\,d_1 \cos\varphi_1, \\ K_2 &= p_2(t)\,s_2 \cos\varphi_2. \end{aligned}\right\} \quad (1.33/19)$$

Bei Beschränkung auf kleine Ausschläge vereinfachen sich die Ausdrücke zu

$$\left.\begin{aligned} K_1 &= p_1(t)\,s_1 + p_D(t)\,d_1 + p_2(t)\,d_1, \\ K_2 &= p_2(t)\,s_2. \end{aligned}\right\} \quad (1.33/20)$$

Die Gleichungen für die erzwungenen Schwingungen erhält man, wenn man die „Kräfte" (1.33/19) bzw. (1.33/20) auf den rechten Seiten von (1.33/14) bzw. (1.33/16) einsetzt.

Bei einer Spezialisierung der Bewegungsgleichungen auf Punktkörperpendel bleiben die verallgemeinerten Kräfte natürlich unverändert.

Abb. 1.33/3. Doppelpendel mit
Erregerkräften $p_i(t)$

1.34 Beziehungen der Lagrangeschen Gleichungen zum Hamiltonschen Prinzip.

Das HAMILTONsche Prinzip ist ein Variationsprinzip. Wir müssen daher zunächst auf eine der Grundtatsachen der Variationsrechnung hinweisen[1], die EULERsche Differentialgleichung eines Variationsproblems.

Es liege die Variationsaufgabe vor, jene Funktion $y(x)$ zu suchen, die dem Integral

$$I = \int_{x_0}^{x_1} F(x, y, y')\,dx \qquad (1.34/1)$$

einen stationären Wert erteilt im Vergleich mit allen „Nachbarfunktionen". L. EULER hat gezeigt, daß eine notwendige Bedingung für die „Extremale" $y(x)$ die Erfüllung der Differentialgleichung

$$\frac{d}{dx} F_{y'} - F_y = 0 \qquad (1.34/2\,\mathrm{a})$$

ist. Diese Gleichung heißt die EULERsche Gleichung des Variationsproblems. Explizit geschrieben lautet sie

$$y'' F_{y'y'} + y' F_{y'y} + F_{y'x} - F_y = 0\,; \qquad (1.34/2\,\mathrm{b})$$

sie ist also von zweiter Ordnung.

Allgemeiner: Welcher Satz von Funktionen $y_i(x)$ erteilt dem Integral

$$I = \int_{x_0}^{x_1} F(x, y_i, y_i')\,dx \qquad (i = 1, 2, \ldots f) \qquad (1.34/3)$$

einen stationären Wert? Der Satz der entsprechenden EULERschen Gleichungen lautet

$$\frac{d}{dx}(F_{y_i'}) - F_{y_i} = 0 \qquad (i = 1, 2, \ldots f). \qquad (1.34/4)$$

Vergleicht man nun (1.34/4) mit (1.33/9′), so erkennt man, daß (1.33/9′) aufgefaßt werden kann als EULERsche Gleichung der Variationsaufgabe

$$\mathsf{H} \equiv \int_{t_0}^{t_1} (\mathsf{T} - \mathsf{U})\,dt = \text{stat.} \qquad (1.34/5)$$

Die Variationsaufgabe (1.34/5) ist Ausdruck des HAMILTONschen Prinzips (für holonome und konservative Systeme).

Ob wir verlangen, daß die gesuchte Bewegung den LAGRANGEschen Gleichungen (1.33/9) genügt, oder ob wir verlangen, daß die Bewegung dem Ausdruck H (1.34/5) einen stationären Wert erteile, ist gleichbedeutend. Beide Male erhalten wir denselben Satz von Differentialgleichungen (1.33/9′) bzw. (1.34/4).

Die neue Formulierung eines mechanischen Problems als Variationsaufgabe erlaubt aber, die sog. direkten Methoden der Variationsrechnung zur Lösung mechanischer Probleme heranzuziehen (RITZsches Verfahren). Für lineare Differentialgleichungen mit konstanten Koeffizienten (auf die wir unsere Betrachtungen hier beschränken) bietet der neue Weg selten Vorteile. Bei nichtlinearen Differentialgleichungen dagegen eröffnet diese Methode neue Wege zur Gewinnung von Lösungen.

Mehr als diesen Hinweis wollen wir hier nicht geben.

---

[1] Siehe z. B. G. GRÜSS: Variationsrechnung, 2. Aufl., S. 6ff. Heidelberg: Quelle & Meyer 1955; O. BOLZA: Vorlesungen über Variationsrechnung, Neudruck, S. 23. Leipzig: Koehler & Amelang 1949.

2 Freie Schwingungen ungedämpfter Systeme von zwei Freiheitsgraden

2.1 Kopplungsarten; Integration der Bewegungsgleichungen

2.11 Beispiele von zweiläufigen Schwingern; die Kopplungsarten der Bewegungsgleichungen; Hauptkoordinaten. In Abschn. 1.3 haben wir von den Methoden zur Aufstellung der Bewegungsgleichungen gesprochen und dabei auch die LAGRANGEsche Methode erwähnt. Hier werden wir ihre Anwendung an weiteren Beispielen von zweiläufigen Schwingern verdeutlichen.

Wenn die beiden Energieausdrücke quadratische Formen der Koordinaten q_i und der Geschwindigkeiten $\dot q_i$ mit konstanten Koeffizienten sind,

$$\left.\begin{aligned}
\mathsf{T} = \mathsf{T}(\dot q_1, \dot q_2) &= \frac{1}{2}\,[a_{11}\dot q_1^2 + 2\,a_{12}\,\dot q_1\,\dot q_2 + a_{22}\,\dot q_2^2]\\[2mm]
\mathsf{U} = \mathsf{U}(q_1, q_2) &= \frac{1}{2}\,[c_{11}\,q_1^2 + 2\,c_{12}\,q_1\,q_2 + c_{22}\,q_2^2],
\end{aligned}\right\} \qquad (2.11/1\,\mathrm{a})$$

und

so werden die Bewegungsgleichungen gemäß Gl. (1.33/9) zu

$$\left.\begin{aligned}
a_{11}\,\ddot q_1 + a_{12}\,\ddot q_2 + c_{11}\,q_1 + c_{12}\,q_2 = 0,\\
a_{21}\,\ddot q_1 + a_{22}\,\ddot q_2 + c_{21}\,q_1 + c_{22}\,q_2 = 0,
\end{aligned}\right\} \qquad (2.11/1\,\mathrm{b})$$

d. h. zu zwei linearen Differentialgleichungen zweiter Ordnung mit konstanten Koeffizienten.

Die Glieder mit gleichen Indizes heißen Hauptglieder, ihre Koeffizienten Hauptkoeffizienten.

Die mit „gemischten" Indizes behafteten Koeffizienten a_{12}, a_{21}, c_{12}, c_{21} heißen *Kopplungskoeffizienten*, die zugehörigen Glieder der Gleichungen *Kopplungsglieder*. Wegen der Herkunft der Kopplungsglieder aus den gemischten Produkten in den quadratischen Formen sind die Kopplungskoeffizienten einander jeweils paarweise gleich,

$$a_{12} = a_{21} \quad \text{und} \quad c_{12} = c_{21}. \qquad (2.11/1\,\mathrm{c})$$

Die Gleichungen sind „symmetrisch gekoppelt". Den allgemeinen Fall ungleicher Kopplungskoeffizienten werden wir erst bei den allgemeinen Erörterungen in Abschn. 4.6 untersuchen.

Die Verhältnisse

$$\frac{a_{12}}{\sqrt{a_{11}\,a_{22}}}, \qquad \frac{c_{12}}{\sqrt{c_{11}\,c_{22}}}$$

werden gelegentlich als Kopplungsgrad bezeichnet.

Ist $a_{12} \neq 0$, so heißen die Gleichungen „in der Beschleunigung gekoppelt", ist $c_{12} \neq 0$, so heißen sie „im Ausschlag gekoppelt"; oder es werden die Ausdrücke „in der zweiten Ableitung gekoppelt" und „in der nullten Ableitung gekoppelt" verwendet.

Im allgemeinsten Fall treten beide Kopplungsarten auf. Oft kommt in den Gleichungen jedoch nur eine Kopplungsart vor. Wenn Ausschlagkopplung allein vorhanden ist, so lauten die Energieausdrücke

$$\left.\begin{aligned}
2\,\mathsf{T} &= a_{11}\,\dot q_1^2 + a_{22}\,\dot q_2^2,\\
2\,\mathsf{U} &= c_{11}\,q_1^2 + 2\,c_{12}\,q_1\,q_2 + c_{22}\,q_2^2
\end{aligned}\right\} \qquad (2.11/2\,\mathrm{a})$$

und daher die Bewegungsgleichungen

$$\left.\begin{aligned} a_{11}\ddot{q}_1 + c_{11} q_1 + c_{12} q_2 &= 0, \\ a_{22}\ddot{q}_2 + c_{12} q_1 + c_{22} q_2 &= 0; \end{aligned}\right\} \qquad (2.11/2\,\mathrm{b})$$

mit Beschleunigungskopplung allein werden die Energieausdrücke zu

$$\left.\begin{aligned} 2\,\mathsf{T} &= a_{11}\dot{q}_1^2 + 2\,a_{12}\dot{q}_1\dot{q}_2 + a_{22}\dot{q}_2^2, \\ 2\,\mathsf{U} &= c_{11} q_1^2 + c_{22} q_2^2, \end{aligned}\right\} \qquad (2.11/3\,\mathrm{a})$$

und die Bewegungsgleichungen lauten

$$\left.\begin{aligned} a_{11}\ddot{q}_1 + a_{12}\ddot{q}_2 + c_{11} q_1 &= 0, \\ a_{12}\ddot{q}_1 + a_{22}\ddot{q}_2 + c_{22} q_2 &= 0. \end{aligned}\right\} \qquad (2.11/3\,\mathrm{b})$$

Unter gewissen Bedingungen können schließlich sowohl die Kopplungskoeffizienten a_{12} wie auch die c_{12} zu Null werden, und damit alle Kopplungen aus den Bewegungsgleichungen verschwinden.

Welche Kopplungsart nun in den Gleichungen auftritt, hängt von der Wahl der Koordinaten ab und ist daher keineswegs dem mechanischen System eigentümlich; die Kopplung ist nicht „invariant gegenüber einer Koordinatentransformation". Wir zeigen nun an Beispielen, daß die Bewegungsgleichungen je nach Wahl der Koordinaten Kopplung der einen oder der anderen Art aufweisen oder sogar ganz ungekoppelt sind.

1. Beispiel. *Die einfach zusammenhängende*[1] *elastische Kette nach Abb. 2.11/1.* Für dieses Gebilde bieten sich zwei Koordinatenarten unmittelbar an: Erstens die absoluten Ausschläge w_1 und w_2 der Massen m_1 und m_2 aus ihren Ruhelagen, zweitens die Federverlängerungen (oder relativen Ausschläge) ξ_1 und ξ_2. Zwischen beiden bestehen die Gleichungen

$$\left.\begin{aligned} w_1 &= \xi_1, & \xi_1 &= w_1, \\ w_2 &= \xi_1 + \xi_2, & \xi_2 &= w_2 - w_1. \end{aligned}\right\} \qquad (2.11/4)$$

Von den Energieausdrücken läßt sich einerseits $\mathsf{T}(\dot{w})$, andererseits $\mathsf{U}(\xi)$ sofort anschreiben. Sie lauten

$$\left.\begin{aligned} 2\,\mathsf{T} &= m_1\dot{w}_1^2 + m_2\dot{w}_2^2, \\ 2\,\mathsf{U} &= c_1\xi_1^2 + c_2\xi_2^2, \end{aligned}\right\} \qquad (2.11/5\,\mathrm{a})$$

falls die Federn „linear" sind, d. h. die Federverlängerungen ihnen proportionale Kräfte wecken. Mit Hilfe der Transformationsgleichungen (2.11/4) folgt dann

$$\left.\begin{aligned} 2\,\mathsf{T} &= m_1\dot{\xi}_1^2 + m_2(\dot{\xi}_1 + \dot{\xi}_2)^2, \\ 2\,\mathsf{U} &= c_1 w_1^2 + c_2(w_2 - w_1)^2. \end{aligned}\right\} \qquad (2.11/5\,\mathrm{b})$$

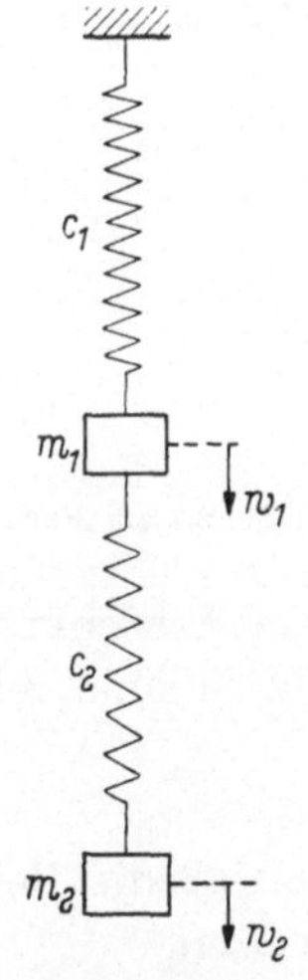

Abb. 2.11/1 Zweiläufige, einfach zusammenhängende elastische Kette

Schon aus den Energieausdrücken kann man ablesen, daß die in w geschriebenen Bewegungsgleichungen nur im Ausschlag, die in ξ geschriebenen nur in der Beschleunigung gekoppelt sein werden. Ableitung nach der LAGRANGEschen

[1] Über die Systematik der Ketten und die zugehörigen Bezeichnungen wird in Abschn. 3.2 ausführlich gesprochen werden.

Vorschrift (1.33/9) stellt dann in der Tat

$$m_1\,\ddot{w}_1 + (c_1 + c_2)\,w_1 - c_2\,w_2 = 0, \qquad \left.\begin{array}{c}\\\\\end{array}\right\} \qquad (2.11/6\,\mathrm{a})$$
$$m_2\,\ddot{w}_2 - c_2\,w_1 + c_2\,w_2 \;\;\;\;\;= 0,$$

und

$$(m_1 + m_2)\,\ddot{\xi}_1 + m_2\,\ddot{\xi}_2 + c_1\,\xi_1 = 0, \qquad \left.\begin{array}{c}\\\\\end{array}\right\} \qquad (2.11/6\,\mathrm{b})$$
$$m_2\,\ddot{\xi}_1 + m_2\,\ddot{\xi}_2 + c_2\,\xi_2 = 0$$

her.

Die mechanische Bedeutung der Gleichungspaare erkennt man leicht; die Gln. (2.11/6 a) geben das Gleichgewicht von Feder- und Trägheitskräften an den herausgeschnitten gedachten Massen m_1 und m_2 an, die Gln. (2.11/6 b) das Gleichgewicht der Teilsysteme, wenn man den Schnitt durch die beiden Federn führt.

2. **Beispiel.** *Der elastisch gebundene Punktkörper in der Ebene nach Abb. 2.11/2.* Wir beschränken uns auf die Betrachtung von Auslenkungen, die klein sind gegen die Federlängen (kleine Auslenkungen: kleine Schwingungen). Zur Beschreibung der Bewegungen des Punktkörpers m müssen wir ein Koordinatensystem in die Ebene legen. Wählen wir ein kartesisches Koordinatensystem, so haben wir noch die Möglichkeit, es beliebig gegen die Richtungen der Federn zu orientieren. Eine Auslenkung des Punktkörpers m aus der Gleichgewichtslage kann z. B. durch die Koordinaten ξ und η beschrieben werden. In diesen Koordinaten drückt sich, wie immer

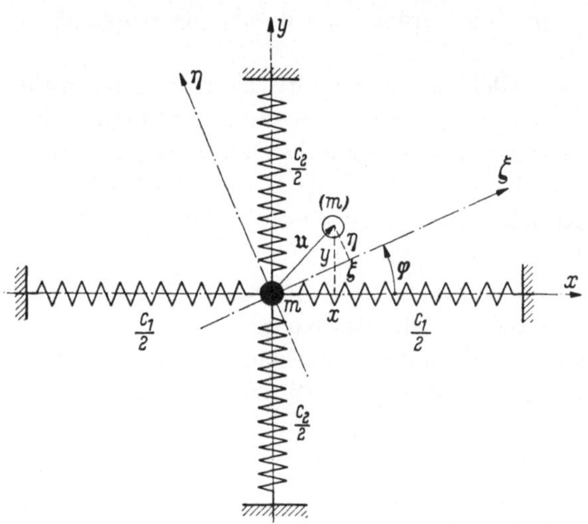

Abb. 2.11/2. Punktkörper, in der Ebene elastisch gebunden

das Achsenkreuz ξ, η gegen die Federn liegen mag, die kinetische Energie T als Summe reiner Quadrate aus,

$$\mathsf{T} = \frac{m}{2}\,(\dot{\xi}^2 + \dot{\eta}^2), \qquad (2.11/7)$$

so daß die Bewegungsgleichungen keine Kopplung in der Beschleunigung aufweisen.

Bezeichnen wir die Koordinaten in dem ausgezeichneten System, das die Richtung der Federn hat (für das also in Abb. 2.11/2 $\varphi = 0$ ist), mit x und y, so gelten die Transformationsgleichungen

$$\begin{aligned}x &= \xi\cos\varphi - \eta\sin\varphi, & \xi &= x\cos\varphi + y\sin\varphi, \\ y &= \xi\sin\varphi + \eta\cos\varphi, & \eta &= -x\sin\varphi + y\cos\varphi.\end{aligned} \qquad (2.11/8)$$

In den Koordinaten x und y schreibt sich die potentielle Energie (weil x und y klein sind gegen die Federlängen)

$$\mathsf{U} = \frac{1}{2}\,(c_1\,x^2 + c_2\,y^2). \qquad (2.11/9\,\mathrm{a})$$

In ξ und η geschrieben wird

$$2\,\mathsf{U} = \xi^2[c_1\cos^2\varphi + c_2\sin^2\varphi] + 2\,\xi\,\eta\,(c_2 - c_1)\sin\varphi\cos\varphi +$$
$$+ \eta^2[c_1\sin^2\varphi + c_2\cos^2\varphi]. \qquad (2.11/9\,\mathrm{b})$$

Wir geben der Vollständigkeit halber auch die Bewegungsgleichungen selbst an; sie lauten entweder

$$\left.\begin{aligned} m\,\ddot{x} + c_1\,x &= 0, \\ m\,\ddot{y} + c_2\,y &= 0 \end{aligned}\right\} \qquad (2.11/10\,\mathrm{a})$$

oder

$$\left.\begin{aligned} m\,\ddot{\xi} + \xi\,(c_1\cos^2\varphi + c_2\sin^2\varphi) + \eta\,(c_2 - c_1)\sin\varphi\cos\varphi &= 0, \\ m\,\ddot{\eta} + \xi\,(c_2 - c_1)\sin\varphi\cos\varphi + \eta\,(c_1\sin^2\varphi + c_2\cos^2\varphi) &= 0. \end{aligned}\right\} \qquad (2.11/10\,\mathrm{b})$$

Die in x und y geschriebenen Gleichungen sind ohne jede Kopplung. Für die in ξ und η geschriebenen entfällt die (Ausschlag-) Kopplung für $c_1 \neq c_2$ nur, wenn $\varphi = 0$ oder $\varphi = \pi/2$ ist, also nur in den Koordinaten x und y. Im Fall $c_1 = c_2$ entfällt die Kopplung für alle Winkel φ. Kopplung der Gleichungen in der Beschleunigung tritt in keinem Fall auf, wie immer das Koordinatensystem gegen die Federn orientiert sein mag.

3. Beispiel. *Die ebene Scheibe nach Abb. 2.11/3.* Eine ebene Scheibe ist ein Gebilde von drei Freiheitsgraden, da zur Kennzeichnung ihrer Lage im allgemeinen drei Koordinaten notwendig sind, beispielsweise die zwei Koordinaten des Schwerpunktes und ein Winkel, der die Neigung einer ausgezeichneten Richtung auf der Scheibe gegen eine feste Richtung in der Ebene angibt. Ist die Scheibe in einer Richtung, etwa der Lotrechten, geführt, so bleiben nur zwei Freiheitsgrade übrig; um die Auslenkungen aus der (in Abb. 2.11/3 gestrichelt gezeichneten) Ruhelage zu beschreiben, bieten sich zwei Koordinatenpaare an:

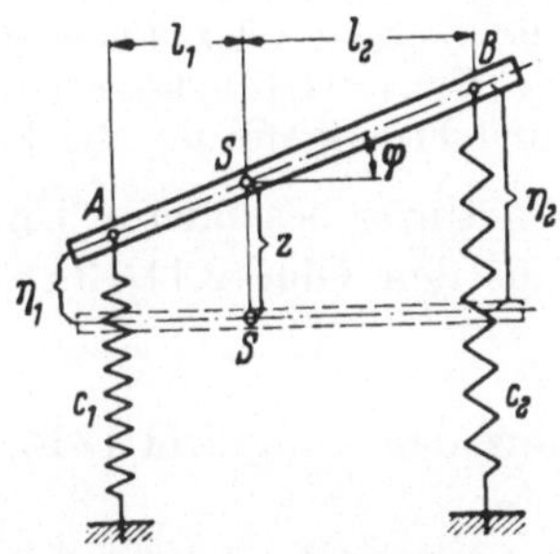

Abb. 2.11/3. Ebene Scheibe von zwei Freiheitsgraden

1. Die Verschiebung z eines ausgezeichneten Punktes (etwa des Schwerpunktes S) und die Drehung φ in der Ebene,

2. die Federverlängerungen η_1 und η_2.

Falls die Ausschläge klein sind gegen die übrigen Abmessungen, hängen die beiden Koordinatenpaare auf die folgende Weise zusammen:

$$\left.\begin{array}{ll} \eta_1 = z - l_1\,\varphi, & z = \dfrac{l_2\,\eta_1 + l_1\,\eta_2}{l_1 + l_2}, \\[2ex] \eta_2 = z + l_2\,\varphi, & \varphi = \dfrac{\eta_2 - \eta_1}{l_1 + l_2}. \end{array}\right\} \qquad (2.11/11)$$

Die Formen T und U lauten

$$2\,\mathsf{T} = m\,\dot{z}^2 + m\,k^2\,\dot{\varphi}^2,$$

wenn m die Masse der Scheibe und k ihren Trägheitsarm für die zur Zeichenebene senkrechte Schwerachse bedeutet, und

$$2\,\mathsf{U} = c_1\,\eta_1^2 + c_2\,\eta_2^2,$$

wenn c_1 und c_2 die beiden Federzahlen sind. In jeweils einer Koordinatenart geschrieben erhalten wir daher

$$2\,\mathsf{T} = m\,\dot{z}^2 + m\,k^2\,\dot{\varphi}^2,$$
$$2\,\mathsf{U} = c_1(z - l_1\,\varphi)^2 + c_2(z + l_2\,\varphi)^2 \qquad\qquad (2.11/12\,\mathrm{a})$$

und

$$2\,\mathsf{T} = \frac{m}{(l_1 + l_2)^2}\,[(l_2\,\dot{\eta}_1 + l_1\,\dot{\eta}_2)^2 + k^2(\dot{\eta}_2 - \dot{\eta}_1)^2],$$
$$2\,\mathsf{U} = c_1\,\eta_1^2 + c_2\,\eta_2^2. \qquad\qquad (2.11/12\,\mathrm{b})$$

Die LAGRANGEsche Vorschrift liefert daraus die beiden Sätze von Bewegungsgleichungen

$$m\,\ddot{z} + (c_1 + c_2)\,z + (c_2\,l_2 - c_1\,l_1)\,\varphi = 0,$$
$$m\,k^2\,\ddot{\varphi} + (c_2\,l_2 - c_1\,l_1)\,z + (c_1\,l_1^2 + c_2\,l_2^2)\,\varphi = 0 \qquad\qquad (2.11/13\,\mathrm{a})$$

oder

$$\frac{m}{(l_1 + l_2)^2}\,[(l_2^2 + k^2)\,\ddot{\eta}_1 + (l_1\,l_2 - k^2)\,\ddot{\eta}_2] + c_1\,\eta_1 = 0,$$
$$\frac{m}{(l_1 + l_2)^2}\,[(l_1\,l_2 - k^2)\,\ddot{\eta}_1 + (l_1^2 + k^2)\,\ddot{\eta}_2] + c_2\,\eta_2 = 0. \qquad\qquad (2.11/13\,\mathrm{b})$$

Die Gln. (2.11/13 a) sind im Ausschlag, die Gln. (2.11/13 b) in der Beschleunigung gekoppelt.

Die erste der Gln. (2.11/13 a) gibt das Gleichgewicht der Kräfte in der Richtung z, die zweite das der Momente um S an (wie man unmittelbar bestätigen kann). Die Glieder der Gln. (2.11/13 b) lassen sich [mit $(l_1 + l_2)$ multipliziert] deuten als die Momente der Massen- und Federkräfte um die Federangriffspunkte B und A.

Unter besonderen Umständen verschwinden hier die Kopplungsglieder ganz; aus den Gln. (2.11/13 a) verschwinden sie, wenn

$$c_1\,l_1 = c_2\,l_2, \qquad\qquad (2.11/14\,\mathrm{a})$$

aus den Gln. (2.11/13 b), wenn

$$k^2 = l_1\,l_2 \qquad\qquad (2.11/14\,\mathrm{b})$$

ist. Die Voraussetzung (2.11/14 a) wird erfüllt, wenn die Abstände der Federangriffspunkte von der Lotrechten durch den Schwerpunkt sich umgekehrt verhalten wie die Federzahlen. Dann sind die Bewegungsgleichungen getrennte (ungekoppelte) Gleichungen in z und φ:

$$m\,\ddot{z} + (c_1 + c_2)\,z = 0$$
$$m\,k^2\,\ddot{\varphi} + (c_1\,l_1^2 + c_2\,l_2^2)\,\varphi = 0; \qquad\qquad (2.11/15\,\mathrm{a})$$

d. h. die „Hubschwingung" und die „Nickschwingung" beeinflussen sich gegenseitig nicht. Die Voraussetzung (2.11/14 b) kann durch geeignete Wahl der Federangriffspunkte ebenfalls erfüllt werden. Ist sie erfüllt, so werden die in η_1 und η_2 geschriebenen Bewegungsgleichungen getrennt,

$$m\,\frac{l_2^2 + k^2}{(l_1 + l_2)^2}\,\ddot{\eta}_1 + c_1\,\eta_1 = 0,$$
$$m\,\frac{l_1^2 + k^2}{(l_1 + l_2)^2}\,\ddot{\eta}_2 + c_2\,\eta_2 = 0. \qquad\qquad (2.11/15\,\mathrm{b})$$

Es kann eine Schwingung in der Weise vor sich gehen, daß eine Feder sich dehnt und kürzt, während die zweite in Ruhe bleibt; d. h. Schwingungen, die Drehungen um die Federangriffspunkte sind, können unabhängig voneinander ablaufen.

Die Beispiele zeigen deutlich, daß unter besonderen Umständen die Kopplungen aus den Bewegungsgleichungen ganz verschwinden können. In einem solchen Fall nennt man die verwendeten Koordinaten *Hauptkoordinaten*, die Schwingungen *Hauptschwingungen*. Hauptschwingungen laufen also unabhängig voneinander ab und genügen einem Satz von ungekoppelten Differentialgleichungen von der Form

$$\left.\begin{aligned} \ddot{r}_1 + \omega_I^2\, r_1 &= 0, \\ \ddot{r}_2 + \omega_{II}^2\, r_2 &= 0. \end{aligned}\right\} \qquad (2.11/16)$$

Solche Gleichungen erhält man immer dann, wenn die Formen T und U *beide zugleich* aus Summen reiner Quadrate aufgebaut sind.

Nun besagt ein Lehrsatz der Algebra, daß *zwei* quadratische Formen (wie T und U) durch eine lineare Transformation der Koordinaten *stets* simultan auf Summen reiner Quadrate transformiert werden können. Das heißt aber mechanisch, daß es stets lineare Kombinationen der gewählten Koordinaten gibt, für die die Bewegungsgleichungen ungekoppelt sind (Hauptkoordinaten). Sie sind aber nicht in allen Fällen so einfach zu deuten wie in den letzten Beispielen.

Um eine einfache Ausdrucksweise zur Verfügung zu haben, wollen wir solche Koordinaten, die (wie das Paar w_1 und w_2 im Beispiel 1, alle Koordinaten im Beispiel 2, oder das Paar z und φ im Beispiel 3) T zu einer Summe reiner Quadrate machen (und daher keine Beschleunigungskopplung liefern) *Trägheitskoordinaten* nennen, und solche Koordinaten, die (wie das Paar ξ_1 und ξ_2 im Beispiel 1) U zu einer Summe reiner Quadrate machen (und daher keine Ausschlagskopplung liefern), *Federkoordinaten*. In dieser Ausdrucksweise sind die Hauptkoordinaten zugleich Trägheits- und Federkoordinaten.

Es ist nicht schwer, Merkmale für Trägheits- oder Federkoordinaten anzugeben: Trägheitskoordinaten sind Längen oder Winkel, die eine Translation des Schwerpunktes (gegenüber dem festen Raum) oder eine Drehung um den Schwerpunkt beschreiben; Federkoordinaten beschreiben in elastischen Schwingern die Verlängerungen der Federn.

Die hier vorgeführten Beispiele werden in den Abschn. 2.2 bis 2.6 noch eingehend behandelt werden. An dieser Stelle kam es uns darauf an, die Bauart der Bewegungsgleichungen zu zeigen und zu betonen: *Nicht die Schwinger, sondern die Bewegungsgleichungen sind in einer bestimmten Weise gekoppelt.* Beim Übergang zu anderen Koordinaten ändern sich die Bewegungsgleichungen; dabei können Kopplungsglieder auftreten oder wegfallen. Überdies lassen sich für jeden (ungedämpften) Schwinger solche Koordinaten („Hauptkoordinaten") angeben, in denen sich die Bewegungsgleichungen ganz ohne Kopplungsglieder schreiben.

2.12 Integration der Bewegungsgleichungen; Eigenschwingungen, Eigenfrequenzen, Ausschlagverhältnisse (Formzahlen). α) Bewegungsgleichungen sind im Ausschlag gekoppelt. Die allgemeinste Form, die die Differentialgleichungen der freien, ungedämpften Bewegungen eines zweiläufigen Schwingers (bei symmetrischer Kopplung der Gleichungen) annehmen können, zeigen die

Gln. (2.11/1 b). Wir befassen uns zunächst mit dem Sonderfall, daß die Gleichungen nur *im Ausschlag gekoppelt* sind, daß also $a_{12} = a_{21} = 0$ ist; die Bewegungsgleichungen lauten dann gemäß (2.11/2 b)

$$a_{11} \ddot{q}_1 + c_{11} q_1 + c_{12} q_2 = 0, \Big\} \qquad (2.12/1\,\alpha)$$
$$a_{22} \ddot{q}_2 + c_{21} q_1 + c_{22} q_2 = 0, \Big\}$$

wobei $c_{12} = c_{21}$ ist. Beispiele bieten die Gln. (2.11/6 a), (2.11/10 b) und (2.11/13 a).

Einen systematischen Weg zur Integration von Systemen linearer Differentialgleichungen werden wir später (Abschn. 4.1) kennenlernen. Hier schlagen wir einen direkten Weg ein.

Im Hinblick auf den Aufbau der Gebilde werden wir (aus physikalischen Gründen) als Bewegungen in den Koordinaten q_1 und q_2 Schwingungen erwarten. Wir nehmen vorweg (und werden dies nachher bestätigen), daß diese Schwingungen *harmonisch* verlaufen. Wir gehen also mit dem „Ansatz"

$$q_1 = A_1 \cos \omega t, \qquad q_2 = A_2 \cos \omega t \qquad (2.12/2)$$

in die Bewegungsgleichungen (2.12/1α) ein, d. h. wir „fragen an", ob der Gleichungssatz partikulare Integrale von der Form (2.12/2) zuläßt, oder — mechanisch gesprochen — ob das System Bewegungen auszuführen vermag, die in beiden Koordinaten harmonisch, mit gleicher Frequenz und in Phase verlaufen (oder auch in „Gegenphase", da wir negative Werte für die „Amplituden" A_1 und A_2 zulassen). Den Ansatz (2.12/2) nennen wir „Eigenschwingungsansatz", die nach (2.12/2) verlaufenden Schwingungen daher „Eigenschwingungen".

Zwischen den hier erörterten Eigenschwingungen und den in 2.11 erwähnten Hauptschwingungen besteht ein inniger Zusammenhang. Wir werden ihn in 2.13 näher betrachten.

Die Antwort auf die oben gestellte Frage finden wir durch Einführen des „Ansatzes" (2.12/2) in die Bewegungsgleichungen (2.12/1α). Nach Division durch den gemeinsamen (nicht identisch verschwindenden) Faktor $\cos \omega t$ kommt

$$A_1 [c_{11} - a_{11} \omega^2] + A_2 c_{12} = 0, \Big\} \qquad (2.12/3\,\alpha)$$
$$A_1 c_{12} + A_2 [c_{22} - a_{22} \omega^2] = 0. \Big\}$$

Dieses System von linearen, homogenen (algebraischen) Gleichungen hat nichttriviale, d. h. nicht identisch verschwindende Lösungen dann und nur dann, wenn die Determinante der Koeffizienten von A_1 und A_2 verschwindet (oder anders ausgedrückt, wenn sich aus der ersten Gleichung derselbe Quotient A_1/A_2 ergibt wie aus der zweiten). Lösungen sind also vorhanden, wenn

$$D(\omega^2) \equiv (c_{11} - a_{11} \omega^2)(c_{22} - a_{22} \omega^2) - c_{12}^2 = 0 \qquad (2.12/4\alpha)$$

ist. (2.12/4α) ist eine Bedingungsgleichung für die Frequenz ω und heißt deshalb auch die *Frequenzengleichung*. Für jene Frequenzen ω, die (2.12/4α) erfüllen, ist die „Anfrage" (2.12/2) zu bejahen: Das System ist harmonischer, in beiden Koordinaten in Phase oder in Gegenphase verlaufender Schwingungen fähig.

Die Gl. (2.12/4α) ist eine quadratische Gleichung in ω^2. Ausgeschrieben lautet sie (nach Division durch das Produkt $a_{11} a_{22}$)

$$N(\omega^2) \equiv \frac{1}{a_{11} a_{22}} D(\omega^2) \equiv (\omega^2)^2 - \omega^2 \left[\frac{c_{11}}{a_{11}} + \frac{c_{22}}{a_{22}} \right] + \frac{c_{11} c_{22} - c_{12}^2}{a_{11} a_{22}} = 0. \qquad (2.12/5\alpha)$$

Sie hat stets zwei reelle, positive Wurzeln ω^2, wie man aus den folgenden beiden Fassungen erkennt:

$$\begin{aligned}
\omega^2_{I,II} &= \frac{1}{2}\left(\frac{c_{11}}{a_{11}} + \frac{c_{22}}{a_{22}}\right) \mp \sqrt{\frac{1}{4}\left(\frac{c_{11}}{a_{11}} + \frac{c_{22}}{a_{22}}\right)^2 - \frac{c_{11}c_{22} - c_{12}^2}{a_{11}a_{22}}}, \\
&= \frac{1}{2}\left[\left(\frac{c_{11}}{a_{11}} + \frac{c_{22}}{a_{22}}\right) \mp \sqrt{\left(\frac{c_{11}}{a_{11}} - \frac{c_{22}}{a_{22}}\right)^2 + 4\frac{c_{12}^2}{a_{11}a_{22}}}\right].
\end{aligned} \tag{2.12/6α}$$

Aus der zweiten Fassung folgt, daß der Radikand positiv ist, also der Wurzelausdruck und damit die Frequenzquadrate reell sind; aus der ersten, daß, wenn

$$c_{11}c_{22} > c_{12}^2 \tag{2.12/6 a}$$

ist, der Wurzelausdruck, also der Subtrahend, kleiner ist als der Minuend, so daß beide Frequenzquadrate auch positiv sind. Die Bedingung (2.12/6a) ist (wie wir später — Abschn. 4.3 — noch zeigen werden) stets erfüllt.

Zu jedem der Werte ω_I und ω_{II} gibt es nun auch ein ganz bestimmtes Verhältnis $\varkappa = A_1/A_2$, das jeweils aus irgendeiner der Gln. (2.12/3α) ausgerechnet werden kann:

$$\text{oder} \qquad \begin{aligned}
\varkappa_{I,II} &\equiv \left(\frac{A_1}{A_2}\right)_{I,II} = \frac{-c_{12}}{c_{11} - a_{11}\omega^2_{I,II}} \\
\varkappa_{I,II} &\equiv \left(\frac{A_1}{A_2}\right)_{I,II} = \frac{c_{22} - a_{22}\omega^2_{I,II}}{-c_{12}}.
\end{aligned} \tag{2.12/7α}$$

Die Antwort auf unsere Anfrage lautet jetzt also, daß es stets *zwei* (reelle, positive) Frequenzen ω gibt, nämlich die durch (2.12/6α) bezeichneten Werte ω_I und ω_{II}, mit denen Schwingungen nach (2.12/2) möglich sind, und daß zu jeder dieser Schwingungen ein ganz bestimmtes Amplitudenverhältnis A_1/A_2 nach Gl. (2.12/7α) gehört. Dieses Verhältnis ist nach (2.12/2) auch gleich dem Ausschlagverhältnis $q_1(t)/q_2(t)$ zu allen Zeiten:

$$\varkappa_{I,II} = \left(\frac{A_1}{A_2}\right)_{I,II} = \left(\frac{q_1(t)}{q_2(t)}\right)_{I,II}. \tag{2.12/8}$$

Da durch die Ausschlagverhältnisse $\varkappa_I$ und $\varkappa_{II}$ die Schwingungs*form* der beiden Eigenschwingungen festgelegt wird, wollen wir diese Verhältnisse die *Formzahlen* der Schwingung nennen. Eine der Formzahlen ist stets positiv, die andere negativ, wie aus (2.12/7α) mit Hilfe von (2.12/6α) leicht nachgewiesen werden kann. Im einen Fall verlaufen die harmonischen Schwingungen in den beiden Koordinaten q_1 und q_2 daher in Phase, im anderen Fall in Gegenphase.

Beispiele, die diese Begriffe und Tatsachen erläutern, werden in den Abschnitten 2.2 bis 2.6 in großer Zahl folgen.

Mit den Lösungen

$$q_{iI}(t) = A_{iI}\cos\omega_I t \quad \text{und} \quad q_{iII}(t) = A_{iII}\cos\omega_{II}t \quad (i = 1; 2) \tag{2.12/9}$$

haben wir nun zwei partikulare Integrale für jede der Koordinaten q_1 und q_2 gewonnen. Hätten wir statt des Ansatzes (2.12/2) den anderen

$$q_1 = B_1\sin\omega t \quad \text{und} \quad q_2 = B_2\sin\omega t \tag{2.12/10}$$

in die Bewegungsgleichungen eingeführt, so hätten wir dieselben algebraischen Gln. (2.12/3α), somit auch dieselbe Frequenzengleichung (2.12/4α) oder (2.12/5α)

und damit dieselben Frequenzquadrate ω_I^2 und ω_{II}^2 und dieselben Formzahlen $\varkappa_I$ und $\varkappa_{II}$ gefunden. Daraus folgt, daß neben den Lösungen (2.12/9) auch die beiden Lösungen

$$q_{iI}(t) = B_{iI}\sin\omega_I t \quad \text{und} \quad q_{iII}(t) = B_{iII}\sin\omega_{II} t \quad (i = 1; 2) \qquad (2.12/9')$$

partikulare Integrale der Bewegungsgleichungen sind. Wir kennen somit für jede Koordinate insgesamt vier partikulare Integrale. Wegen der Linearität der Differentialgleichungen ist aber auch die Summe der partikularen Lösungen wieder eine Lösung („die Lösungen lassen sich überlagern"):

$$\left.\begin{aligned}
q_1(t) &= A_{1I}\cos\omega_I t + B_{1I}\sin\omega_I t + A_{1II}\cos\omega_{II} t + B_{1II}\sin\omega_{II} t \\
&\text{und} \\
q_2(t) &= A_{2I}\cos\omega_I t + B_{2I}\sin\omega_I t + A_{2II}\cos\omega_{II} t + B_{2II}\sin\omega_{II} t.
\end{aligned}\right\} \qquad (2.12/11)$$

Die hier erscheinenden acht Koeffizienten sind jedoch nicht unabhängig voneinander; sie genügen, wie wir wissen, den Bedingungen (2.12/7α), nämlich

$$\left.\begin{aligned}
\frac{A_{1I}}{A_{2I}} &= \varkappa_I, & \frac{A_{1II}}{A_{2II}} &= \varkappa_{II}, \\[2mm]
\frac{B_{1I}}{B_{2I}} &= \varkappa_I, & \frac{B_{1II}}{B_{2II}} &= \varkappa_{II}.
\end{aligned}\right\} \qquad (2.12/12)$$

Von den insgesamt acht Integrationskonstanten sind also nur *vier* willkürlich. Diese Tatsache läßt sich in der Schreibweise

$$\left.\begin{aligned}
q_1 &= A_{2I}\varkappa_I\cos\omega_I t + B_{2I}\varkappa_I\sin\omega_I t + A_{2II}\varkappa_{II}\cos\omega_{II} t + \\
&\qquad + B_{2II}\varkappa_{II}\sin\omega_{II} t, \\
q_2 &= A_{2I}\cos\omega_I t + B_{2I}\sin\omega_I t + A_{2II}\cos\omega_{II} t + \\
&\qquad + B_{2II}\sin\omega_{II} t
\end{aligned}\right\} \qquad (2.12/13)$$

der Gleichungen zum Ausdruck bringen.

Statt in der Form (2.12/13) mit den vier willkürlichen Konstanten A_{2I}, B_{2I}, A_{2II}, B_{2II} lassen sich die Lösungen auch in der Form

$$\left.\begin{aligned}
q_1 &= C_{2I}\varkappa_I\cos(\omega_I t + \gamma_I) + C_{2II}\varkappa_{II}\cos(\omega_{II} t + \gamma_{II}), \\
q_2 &= C_{2I}\cos(\omega_I t + \gamma_I) + C_{2II}\cos(\omega_{II} t + \gamma_{II})
\end{aligned}\right\} \qquad (2.12/14)$$

mit den Integrationskonstanten C_{2I}, C_{2II}, γ_I, γ_{II} anschreiben.

Mit den Fassungen (2.12/11), (2.12/13) oder (2.12/14) der Lösungen haben wir nun aber auch schon die *vollständige* Lösung unseres Problems der freien Schwingungen gefunden. Dem System können nämlich die vier aus mechanischen Gründen erforderlichen Anfangsbedingungen auferlegt werden: z. B. die Ausschläge q_1 und q_2 und die Geschwindigkeiten $\dot{q}_1$ und $\dot{q}_2$ in einem vorgegebenen Augenblick, etwa t_0. Zur Erfüllung dieser Bedingungen stehen vier willkürliche Konstanten in den Lösungen zur Verfügung.

Später werden wir zeigen, daß das Problem „von vierter Ordnung" ist, und daß in diesem Fall vier willkürliche Konstanten notwendig und hinreichend sind zur Erfüllung aller möglichen Anfangsbedingungen.

Die *Ordnung eines Problems* wird angegeben durch den Grad der sog. charakteristischen Gleichung (vgl. 4.12); diese stimmt in unserem Fall im wesentlichen überein mit der Frequenzengleichung. Ihr Grad ist (hinsichtlich ω) *vier*.

Aus der Tatsache, daß (2.12/13) oder (2.12/14) die vollständige (allgemeine) Lösung beschreiben, folgt (wegen der Eindeutigkeit der Lösungen), daß das Gebilde außer einer Überlagerung zweier harmonischer Schwingungen (mit vom System her bestimmten Frequenzen ω_I und ω_{II}) keine anderen Bewegungen ausführen kann. Unsere Annahme (2.12/2) ist also nachträglich als zutreffend und ausreichend erwiesen.

Die harmonischen Bestandteile der *freien* Schwingungen (2.12/13) od. (2.12/14) eines zweiläufigen Schwingers nennt man [vgl. die Bemerkungen zu den Gln. (2.12/2)] seine *Eigenschwingungen* und die Frequenzen ω_I und ω_{II}, mit denen sie ablaufen, seine *Eigenfrequenzen*. Die Eigenschwingungen mit den Frequenzen ω_I und ω_{II} werden auch als *Grund-* und *Oberschwingung*, die Frequenzen als *Grund-* und *Oberfrequenz* unterschieden, oder man spricht von Schwingungen *ersten* und *zweiten* Grades. Zu jeder der Eigenschwingungen gehört eine bestimmte *Eigenformzahl* $\varkappa_I$ oder $\varkappa_{II}$.

Wie beim einläufigen werden also auch beim zweiläufigen Schwinger die Eigenfrequenzen ω und überdies die Eigenformzahlen $\varkappa$ allein durch die Konstanten a und c in den Differentialgleichungen, also durch die Eigenschaften des Schwingers selbst, bestimmt. Die *Anfangsbedingungen* der Bewegung haben weder auf die Frequenzen noch auf die Formzahlen einen Einfluß, sie bestimmen dagegen *Amplituden* und *Phasenlagen* der Eigenschwingungen.

Wir nehmen nun an, daß als Anfangsbedingungen die Werte zur Zeit $t = 0$, also

$$\left.\begin{aligned}
q_1(0) &= q_{10} & \dot{q}_1(0) &= v_{10} \\
q_2(0) &= q_{20} & \dot{q}_2(0) &= v_{20},
\end{aligned}\right\} \qquad (2.12/15)$$

vorgegeben seien. Die Integrationskonstanten A_{2I}, B_{2I}, A_{2II}, B_{2II} in (2.12/13) erhält man aus ihnen wegen

$$\begin{aligned}
q_{10} &= A_{2I}\varkappa_I + A_{2II}\varkappa_{II}, & v_{10} &= B_{2I}\varkappa_I\omega_I + B_{2II}\varkappa_{II}\omega_{II}, \\
q_{20} &= A_{2I} + A_{2II}, & v_{20} &= B_{2I}\omega_I + B_{2II}\omega_{II}
\end{aligned}$$

zu

$$\left.\begin{aligned}
A_{2I} &= \frac{q_{10} - \varkappa_{II}q_{20}}{\varkappa_I - \varkappa_{II}}, & B_{2I} &= \frac{1}{\omega_I}\frac{v_{10} - \varkappa_{II}v_{20}}{\varkappa_I - \varkappa_{II}}, \\
A_{2II} &= -\frac{q_{10} - \varkappa_I q_{20}}{\varkappa_I - \varkappa_{II}}, & B_{2II} &= -\frac{1}{\omega_{II}}\frac{v_{10} - \varkappa_I v_{20}}{\varkappa_I - \varkappa_{II}}.
\end{aligned}\right\} \quad (2.12/16\,\text{a})$$

Benutzt man die Integrationskonstanten, die in (2.12/14) auftreten, so erhält man nach einer ganz entsprechend verlaufenden Rechnung

$$\left.\begin{aligned}
C_{2I}^2 &= \frac{(q_{10} - \varkappa_{II}q_{20})^2 + \dfrac{1}{\omega_I^2}(v_{10} - \varkappa_{II}v_{20})^2}{(\varkappa_I - \varkappa_{II})^2}, \\[2ex]
C_{2II}^2 &= \frac{(q_{10} - \varkappa_I q_{20})^2 + \dfrac{1}{\omega_I^2}(v_{10} - \varkappa_I v_{20})^2}{(\varkappa_I - \varkappa_{II})^2}, \\[2ex]
\tan\gamma_I &= -\frac{1}{\omega_I}\frac{v_{10} - \varkappa_{II}v_{20}}{q_{10} - \varkappa_{II}q_{20}}, \quad \tan\gamma_{II} = -\frac{1}{\omega_{II}}\frac{v_{10} - \varkappa_I v_{20}}{q_{10} - \varkappa_I q_{20}}.
\end{aligned}\right\} \quad (2.12/16\,\text{b})$$

Aus den Gln. (2.12/16) liest man zwei bemerkenswerte Tatsachen ab:

1. Sind die Anfangsgeschwindigkeiten v_{10} und v_{20} gleich Null, so gibt es keinen Sinusanteil in der Schwingung, die Schwingung besteht nur aus Cosinus-

anteilen; sind dagegen die Anfangsausschläge q_{10} und q_{20} gleich Null, so fallen die Cosinusanteile weg.

2. Stehen die Anfangswerte der Ausschläge oder der Geschwindigkeiten jeweils schon im Verhältnis $\varkappa_I$ bzw. $\varkappa_{II}$, so fehlt in der Cosinus- oder Sinus-Schwingung jener Anteil, der mit der Frequenz ω_{II} bzw. ω_I verläuft. Die Schwingung verläuft dann als reine Grund- bzw. Oberschwingung.

β) Bewegungsgleichungen sind in der Beschleunigung gekoppelt. Die in der *Beschleunigung gekoppelt* beschriebenen Bewegungen erörtern wir nach genau dem gleichen Muster wie zuvor. Die Bewegungsgleichungen lauten jetzt, vgl. (2.11/3 b),

$$a_{11}\ddot{q}_1 + a_{12}\ddot{q}_2 + c_{11}q_1 = 0, \left.\right\} \qquad (2.12/1\,\beta)$$
$$a_{21}\ddot{q}_1 + a_{22}\ddot{q}_2 + c_{22}q_2 = 0$$

mit $a_{12} = a_{21}$. Beispiele für solche Bewegungsgleichungen bieten die Gln. (2.11/6 b) und (2.11/13 b). Der Eigenschwingungsansatz (2.12/2) führt hier zu dem System algebraischer Gleichungen

$$A_1[c_{11} - a_{11}\omega^2] - A_2\,\omega^2 a_{12} = 0, \left.\right\} \qquad (2.12/3\,\beta)$$
$$- A_1\,\omega^2 a_{12} + A_2[c_{22} - a_{22}\omega^2] = 0$$

und damit zur Frequenzengleichung

$$D(\omega^2) \equiv (c_{11} - a_{11}\omega^2)(c_{22} - a_{22}\omega^2) - \omega^4 a_{12}^2 = 0. \qquad (2.12/4\,\beta)$$

Durch Einführung des Kehrwertes $\chi^2 = 1/\omega^2$ erhält man statt (2.12/3 β)

$$A_1[a_{11} - c_{11}\chi^2] + A_2\,a_{12} = 0, \left.\right\} \qquad (2.12/3\,\beta')$$
$$A_1\,a_{12} + A_2[a_{22} - c_{22}\chi^2] = 0$$

und statt (2.12/4 β)

$$(a_{11} - c_{11}\chi^2)(a_{22} - c_{22}\chi^2) - a_{12}^2 = 0. \qquad (2.12/4\,\beta')$$

Diese Gleichung ist genauso gebaut wie (2.12/4α). Sie geht aus jener durch Vertauschung der mit entsprechenden Indizes behafteten Größen a und c und durch Vertauschung von ω mit χ hervor; daher lautet die Auflösung [vgl. (2.12/6α)]

$$\chi^2_{I,\,II} = \frac{1}{2}\left(\frac{a_{11}}{c_{11}} + \frac{a_{22}}{c_{22}}\right) \mp \sqrt{\frac{1}{4}\left(\frac{a_{11}}{c_{11}} + \frac{a_{22}}{c_{22}}\right)^2 - \frac{a_{11}a_{22} - a_{12}^2}{c_{11}c_{22}}}$$
$$= \frac{1}{2}\left[\left(\frac{a_{11}}{c_{11}} + \frac{a_{22}}{c_{22}}\right) \mp \sqrt{\left(\frac{a_{11}}{c_{11}} - \frac{a_{22}}{c_{22}}\right)^2 + 4\frac{a_{12}^2}{c_{11}c_{22}}}\,\right]. \qquad (2.12/6\,\beta)$$

Die Formzahlen folgen aus (2.12/3β') zu

$$\frac{A_1}{A_2} = -\frac{a_{12}}{a_{11} - c_{11}\chi^2} \quad \text{oder} \quad \frac{A_1}{A_2} = -\frac{a_{22} - c_{22}\chi^2}{a_{12}}, \qquad (2.12/7\,\beta)$$

worin χ^2 durch χ_I^2 oder χ_{II}^2 zu ersetzen ist, je nachdem, welches Ausschlagverhältnis hergestellt werden soll.

Ebenso wie in α) führt auch hier der Ansatz (2.12/10) zu weiteren partikularen Integralen, ihre Frequenzengleichung bleibt (2.12/4 β') mit der Auflösung (2.12/6 β), ihre Formzahlen bleiben (2.12/7β). Die allgemeinste freie Schwingung ist auch hier eine Überlagerung der Eigenschwingungen, die mit der Grund- oder der Oberfrequenz ablaufen. Die Amplituden und Phasenlagen der Eigenschwingungen hängen wie zuvor von den Anfangsbedingungen ab.

γ) **Bewegungsgleichungen** sind sowohl im Ausschlag wie in der Beschleunigung gekoppelt. Der *allgemeine Fall* läßt sich nach dem Gesagten ebenfalls sofort übersehen. Bewegungsgleichungen sind jetzt die Gleichungen (2.11/1b). Mit dem Eigenschwingungsansatz (2.12/2) oder (2.12/10) erhält man die algebraischen Gleichungen

$$\left.\begin{array}{l}(c_{11} - a_{11}\,\omega^2)\,A_1 + (c_{12} - a_{12}\,\omega^2)\,A_2 = 0, \\[2mm] (c_{12} - a_{12}\,\omega^2)\,A_1 + (c_{22} - a_{22}\,\omega^2)\,A_2 = 0 \end{array}\right\} \qquad (2.12/3\gamma)$$

und somit die Frequenzengleichung

$$D(\omega^2) \equiv (c_{11} - a_{11}\,\omega^2)\,(c_{22} - a_{22}\,\omega^2) - (c_{12} - a_{12}\,\omega^2)^2 = 0. \qquad (2.12/4\gamma)$$

Die Formzahlen folgen aus einem der beiden Quotienten

$$\frac{A_1}{A_2} = -\frac{c_{12} - a_{12}\,\omega^2}{c_{11} - a_{11}\,\omega^2} \quad \text{oder} \quad \frac{A_1}{A_2} = -\frac{c_{22} - a_{22}\,\omega^2}{c_{12} - a_{12}\,\omega^2}. \qquad (2.12/7\gamma)$$

Die Sonderfälle (2.12/7α) bzw. (2.12/7β) gehen hieraus hervor, wenn $a_{12} = 0$ bzw. $c_{12} = 0$ gesetzt wird.

Alle Bemerkungen über die Zusammensetzung der Eigenschwingungen zu der allgemeinen freien Schwingung gelten unverändert.

δ) **Gemeinsame Fassung der Gleichungen, wenn nur eine Art der Kopplung vorhanden ist.** Die Entsprechungen, die zwischen den Gleichungen bei Ausschlagkopplung und bei Beschleunigungskopplung bestehen, benutzen wir, um eine gemeinsame Schreibweise herzustellen. Wir können dadurch später oft beide Kopplungsarten zugleich erledigen.

Setzen wir bei ausschlaggekoppelten Bewegungsgleichungen

$$\frac{c_{11}}{a_{11}} = d_{xx}, \qquad \frac{c_{12}}{a_{11}} = d_{xy}, \qquad \frac{c_{21}}{a_{22}} = d_{yx}, \qquad \frac{c_{22}}{a_{22}} = d_{yy}, \qquad \omega^2 = \lambda, \qquad (2.12/17\,\text{a})$$

bei beschleunigungsgekoppelten Bewegungsgleichungen dagegen

$$\frac{a_{11}}{c_{11}} = d_{xx}, \qquad \frac{a_{12}}{c_{11}} = d_{xy}, \qquad \frac{a_{21}}{c_{22}} = d_{yx}, \qquad \frac{a_{22}}{c_{22}} = d_{yy}, \qquad \chi^2 = \lambda, \qquad (2.12/17\,\text{b})$$

so nehmen die Gln. (2.12/3α) und (2.12/3β') die gemeinsame Form

$$\left.\begin{array}{l} A_1[d_{xx} - \lambda] + A_2\,d_{xy} = 0, \\[2mm] A_1\,d_{yx} + A_2[d_{yy} - \lambda] = 0 \end{array}\right\} \qquad (2.12/18)$$

an. Entsprechend gehen die Frequenzengleichungen (2.12/4α) und (2.12/4β') über in

oder

$$\left.\begin{array}{l} (d_{xx} - \lambda)\,(d_{yy} - \lambda) - d_{xy}\,d_{yx} = 0, \\[2mm] \lambda^2 - \lambda(d_{xx} + d_{yy}) + d_{xx}\,d_{yy} - d_{xy}\,d_{yx} = 0. \end{array}\right\} \qquad (2.12/19\,\text{a})$$

Die Auflösung ergibt dann

$$\begin{aligned} \lambda_{I,II} &= \frac{1}{2}\,(d_{xx} + d_{yy}) \mp \sqrt{\frac{1}{4}\,(d_{xx} + d_{yy})^2 - (d_{xx}\,d_{yy} - d_{xy}\,d_{yx})}, \\[2mm] &= \frac{1}{2}\,[(d_{xx} + d_{yy}) \mp \sqrt{(d_{xx} - d_{yy})^2 + 4\,d_{xy}\,d_{yx}}\,]; \end{aligned} \qquad (2.12/19\,\text{b})$$

die Formzahlen lauten jetzt

$$\varkappa = \frac{-d_{xy}}{d_{xx} - \lambda} \quad \text{oder} \quad \varkappa = \frac{d_{yy} - \lambda}{-d_{yx}}. \qquad (2.12/20)$$

Durch die Gln. (2.12/19b) und (2.12/20) werden die Schwingungsparameter λ_I, λ_{II} („Frequenzparameter" oder „Eigenwerte") und die Formzahlen $\varkappa_I$ und $\varkappa_{II}$ als Funktionen der d_{ik} angegeben. Die Ausdrücke, die umgekehrt die d_{ik} als Funktionen der Schwingungsparameter angeben, finden sich in 2.73 als Gleichungen (2.73/2).

An die erste Fassung von (2.12/19a), nämlich die Gleichung

$$(d_{xx} - \lambda)\,(d_{yy} - \lambda) = d_{xy}\,d_{yx} \qquad (2.12/19\,\mathrm{c})$$

können wir eine Betrachtung anschließen, deren Ergebnis uns noch oft begegnen wird. Da die rechte Seite von (2.12/19c) sicher positiv ist, muß es auch die linke Seite sein. Daraus folgt aber, daß die beiden Differenzen auf der linken Seite entweder beide positiv oder beide negativ sind. Das heißt, daß ein Eigenwert λ entweder *kleiner* oder *größer* als jeder der Werte d_{xx} und d_{yy} ist. Da außerdem (nach dem Viëtaschen Wurzelsatz) aus (2.12/19a) die Beziehung

$$\lambda_I + \lambda_{II} = d_{xx} + d_{yy} \qquad (2.12/21\,\mathrm{a})$$

abgelesen werden kann, so können nicht *beide* kleiner als der kleinste oder größer als der größte der Werte d_{xx}, d_{yy} sein.

Nimmt man $d_{xx} \leqq d_{yy}$ an, so gilt also

$$\lambda_I < d_{xx} \leqq d_{yy} < \lambda_{II}. \qquad (2.12/22)$$

Aus (2.12/21a) folgt überdies

$$d_{xx} - \lambda_I = \lambda_{II} - d_{yy} \qquad (2.12/21\,\mathrm{b})$$

und damit aus (2.12/20)

$$\varkappa_I \varkappa_{II} = \frac{-\,d_{xy}}{d_{yx}}. \qquad (2.12/21\,\mathrm{c})$$

Wenn die Koordinaten q_1 und q_2 dieselbe Dimension haben, sind auch alle d_{ik} dimensionsgleich. Im Fall ausschlaggekoppelter Gleichungen ist dann $[d] = T^{-2}$, im Fall beschleunigungsgekoppelter Gleichungen ist $[d] = T^2$. Ein Beispiel eines Schwingers, dessen Koordinaten q_1 und q_2 von verschiedener Dimension sind, bietet der Schwinger nach Abb. 2.11/3. Das Beispiel 5 aus 2.71 und 2.72 ist ebenfalls ein Schwinger dieser Art; man erkennt dort die verschiedenen Dimensionen der Größen d_{ik}.

Es sei noch besonders darauf hingewiesen, daß auch dann, wenn die Kopplungskoeffizienten gleich sind, d. h. wenn $a_{12} = a_{21}$ oder $c_{12} = c_{21}$ ist, die Größen d_{xy} und d_{yx} keineswegs gleich zu sein brauchen. Der Fall, in dem auch sie gleich sind, $d_{xy} = d_{yx}$, ist ein Fall „erhöhter Symmetrie". Liegt dieser Fall vor, so sieht man, daß wegen (2.12/21c)

$$\varkappa_I \varkappa_{II} = -\,1. \qquad (2.12/23)$$

In diesem Sonderfall lassen sich die Formzahlen noch in einer anderen Weise schreiben, die uns später nützlich sein wird: Setzt man $\varkappa$ gleich dem Tangens eines Hilfswinkels φ, also

$$\varkappa = \tan\varphi, \qquad (2.12/24)$$

so findet man wegen

$$\tan 2\varphi = \frac{2\tan\varphi}{1 - \tan^2\varphi}$$

unter Verwendung des ersten Ausdruckes (2.12/20)

$$\tan 2\varphi = \frac{-2\,\dfrac{d_{xy}}{d_{xx}-\lambda}}{1-\left(\dfrac{d_{xy}}{d_{xx}-\lambda}\right)^2} = -2\,\frac{d_{xy}}{(d_{xx}-\lambda)-\dfrac{d_{xy}^2}{d_{xx}-\lambda}}\,.$$

Das zweite Glied im Nenner ist [wegen der ersten Fassung der Frequenzengleichung (2.12/19a)] gleich $d_{yy} - \lambda$, daher wird

$$\tan 2\varphi = \frac{2\,d_{xy}}{d_{yy}-d_{xx}}\,. \tag{2.12/25}$$

Ist schließlich nicht nur $d_{yx} = d_{xy}$, sondern auch noch $d_{yy} = d_{xx}$, so liegt ein Fall „besonderer Symmetrie“ vor. In diesem Fall folgt aus (2.12/19b)

$$\lambda_{I,\,II} = d_{xx} \mp d_{xy} \tag{2.12/26a}$$

und

$$\varkappa_I = -1, \qquad \varkappa_{II} = +1\,. \tag{2.12/26b}$$

2.13 Hauptschwingungen und Hauptkoordinaten[1]; Schwingungsknoten; Ergänzungen. α) **Hauptkoordinaten als Funktionen der gegebenen Koordinaten.** In 2.11 waren Hauptschwingungen definiert worden als Bewegungen, die der Differentialgleichung

$$\ddot{r} + \omega^2 r = 0 \tag{2.13/1a}$$

genügen. Diese Gleichung hat die Lösungen

$$r = A\cos\omega t \quad \text{und} \quad r = B\sin\omega t\,. \tag{2.13/1b}$$

Die Koordinaten r, die Hauptkoordinaten, sollten dabei lineare Kombinationen der ursprünglichen Koordinaten q_1 und q_2 sein. In 2.12 waren andererseits die Eigenschwingungen erklärt worden als Bewegungen, die in den beiden ursprünglichen Koordinaten q_1 und q_2 nach den Zeitgesetzen

$$q_1 = A_1\cos\omega t, \qquad q_2 = A_2\cos\omega t \tag{2.13/2a}$$

(oder den entsprechenden Ausdrücken mit $\sin\omega t$), also harmonisch, mit gleicher Frequenz und in Phase (oder Gegenphase) ablaufen. Es ergab sich, daß ihre Amplituden A_1 und A_2 und damit auch die Ausschläge q_1 und q_2 zu allen Zeiten in den festen Beziehungen

$$\frac{q_1(t)}{q_2(t)} = \frac{A_1}{A_2} = \varkappa \tag{2.13/2b}$$

stehen. Wir wollen nun zeigen, daß die so auf verschiedene Weise eingeführten Schwingungen identisch sind, daß nämlich die Eigenschwingungen, die mit einer Frequenz ω_I oder ω_{II} ablaufen, Hauptschwingungen in besonderen Koordinaten r sind, die sich als lineare homogene Kombinationen der ursprünglichen Koordinaten q schreiben lassen und die wir dann Hauptkoordinaten nennen. Wir führen den Nachweis, indem wir die Hauptkoordinaten r_i explizit als lineare Funktionen der ursprünglichen Koordinaten q_k und diese q_k umgekehrt als lineare Funktionen der r_i anschreiben.

---

[1] Ausführlich und systematisch in Abschn. 4.5.

Für die linearen homogenen Beziehungen schreiben wir (mit noch unbestimmten Koeffizienten γ)

$$r_I = q_1 + \gamma_{12}\, q_2, \qquad r_{II} = \gamma_{21}\, q_1 + q_2. \tag{2.13/3a}$$

Umgekehrt gilt daher [mit $\Gamma = 1/(1 - \gamma_{12}\,\gamma_{21})$]

$$q_1 = \Gamma(r_I - \gamma_{12}\, r_{II}), \qquad q_2 = \Gamma(-\gamma_{21}\, r_I + r_{II}). \tag{2.13/3b}$$

Hier können wir die Koeffizienten nun durch die Formzahlen $\varkappa$ ausdrücken. Es sei z. B. $r_{II} = 0$, d. h. es bestehe nur eine Schwingung $r_I = R_I \cos\omega_I\, t$; dann wird aus (2.13/3b)

$$q_1 = \Gamma\, r_I, \qquad q_2 = -\gamma_{21}\,\Gamma\, r_I; \tag{2.13/4a}$$

dann ist aber q_1/q_2 (nach Definition) gleich $\varkappa_I$, daher ist

$$\varkappa_I = \frac{-1}{\gamma_{21}} \quad \text{oder} \quad \gamma_{21} = \frac{-1}{\varkappa_I}. \tag{2.13/4b}$$

Ebenso wird für $r_I = 0$ und $r_{II} = R_{II} \cos\omega_{II}\, t$ aus (2.13/3b)

$$q_1 = -\gamma_{12}\,\Gamma\, r_{II}, \qquad q_2 = \Gamma\, r_{II}; \tag{2.13/5a}$$

das Verhältnis q_1/q_2 ist hier nach Definition gleich $\varkappa_{II}$, also

$$\varkappa_{II} = -\gamma_{12} \tag{2.13/5b}$$

und schließlich

$$\Gamma = \frac{\varkappa_I}{\varkappa_I - \varkappa_{II}}. \tag{2.13/6}$$

Die Beziehungen (2.13/3a) lauten demgemäß

$$r_I = q_1 - \varkappa_{II}\, q_2, \qquad r_{II} = -\frac{1}{\varkappa_I}\, q_1 + q_2, \tag{2.13/7}$$

und das sind die Ausdrücke, die wir suchten. Die umgekehrten Beziehungen lauten

$$q_1 = \frac{\varkappa_I}{\varkappa_I - \varkappa_{II}}\, (r_I + \varkappa_{II}\, r_{II}), \qquad q_2 = \frac{\varkappa_I}{\varkappa_I - \varkappa_{II}}\left(\frac{1}{\varkappa_I}\, r_I + r_{II}\right). \tag{2.13/8}$$

Die Hauptkoordinaten sind zunächst als Rechengrößen eingeführt worden, die bequeme analytische Eigenschaften haben (Verschwinden der Koppelglieder aus den Bewegungsgleichungen). In vielen Fällen lassen sie sich aber auch geometrisch deuten. Solche Deutungen haben wir in 2.11 in impliziter Weise schon gegeben, und zwar für den elastisch gefesselten Punktkörper und für die ebene Scheibe. Das Ergebnis lautet: Für den Punktkörper nach Abb. 2.11/2 sind, wenn $c_1 \neq c_2$ ist, die Koordinaten x und y Hauptkoordinaten; wenn $c_1 = c_2$ ist, ist jedes Paar orthogonaler Koordinaten ξ, η ein Paar von Hauptkoordinaten. Für die ebene Scheibe nach Abb. 2.11/3 sind die Koordinaten z und φ Hauptkoordinaten, falls $c_1 l_1 = c_2 l_2$ ist; die Koordinaten η_1 und η_2 sind Hauptkoordinaten, falls $k^2 = l_1 l_2$ ist.

Mehr darüber findet sich in den Abschn. 2.6 und 3.1, in denen die genannten Gebilde ausführlicher besprochen werden. Hier schließen wir noch eine Erörterung an, die die Hauptkoordinaten geometrisch deutet, wenn es sich um *Ketten* handelt.

β) **Geometrische Deutung der Hauptkoordinaten für Ketten von zwei Freiheitsgraden; Schwingungsknoten.** Ohne im einzelnen festzulegen, welche Art von Rückstellkräften ins Spiel kommt (ob es sich um elastische Ketten handelt oder um Pendelketten), welcher Art die elastischen Elemente sind (Saite, Stab, Schraubenfedern) oder wie das Gebilde an den Enden gelagert ist (gestützt, eingespannt, frei), wollen wir eine Kette ganz einfach durch die Skizze nach Abb. 2.13/1 beschreiben. Nur die geometrischen Verhältnisse sind von Belang, insbesondere der Abstand l_2 zwischen den Punktkörpern. Ein Element l_3 mag vorhanden sein oder fehlen. Die Skizze kann deshalb z. B. gedeutet werden als eine Kette nach den Abb. 2.11/1, 2.22/1, 2.32/1, 2.33/1, 2.41/2 oder in manch anderer Weise.

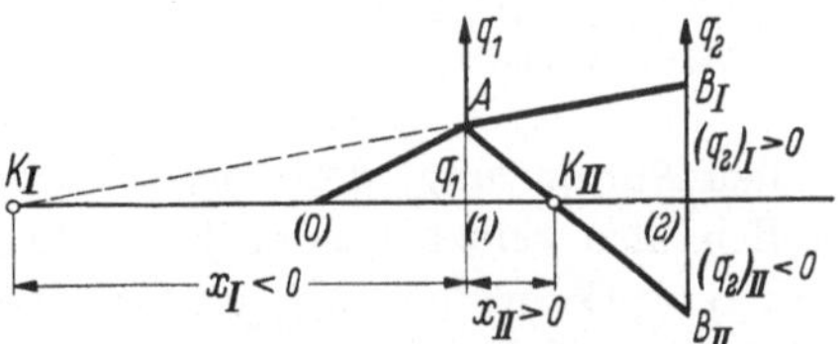

Abb. 2.13/1. Schema einer Kette von zwei Freiheitsgraden

Die Koordinaten, die die Ausschläge der Punktkörper m_1 und m_2 beschreiben, sind q_1 und q_2. Für Hauptschwingungen stehen diese beiden Koordinaten zu allen Zeiten in einem festen Verhältnis, nämlich $\varkappa_I = (q_1/q_2)_I$ für die Grundschwingung, $\varkappa_{II} = (q_1/q_2)_{II}$ für die Oberschwingung. Abb. 2.13/2 zeigt im Streckenzug $(0)\,A\,B_I$ die Ausschlaglinie der Grundschwingung, in $(0)\,A\,B_{II}$ die der Oberschwingung. Aus dem Bestehen der festen Ausschlagverhältnisse folgt aber, daß es für jede der beiden Hauptschwingungen jeweils einen bestimmten Punkt geben muß, der keinen Ausschlag macht, sondern in Ruhe bleibt. Einen solchen Punkt nennt man einen *Knoten*.

Abb. 2.13/2. Ausschlagformen; reeller Knoten K_{II}, virtueller Knoten K_I

Je nachdem, ob ein Knoten ein materieller Punkt der Schwingerkette ist, wie K_{II} (in Abb. 2.13/2), oder nur ein extrapolierter Punkt, wie K_I, spricht man von einem *reellen* oder einem *virtuellen* Knoten. Zur Grundschwingung in Abb. 2.13/2 gehört also ein virtueller, zur Oberschwingung ein reeller Knoten.

Bezeichnen wir den Abstand eines Knotens K vom Ort (1) des Punktkörpers m_1 mit x und rechnen x positiv nach rechts, negativ nach links, so finden wir, daß die Beziehung

$$\frac{q_1 - q_2}{l_2} = \frac{q_1}{x} \qquad (2.13/9)$$

sowohl für den Knoten K_I wie für den Knoten K_{II} gilt. Unter Einführung der Ausschlagverhältnisse $\varkappa$ wird daraus

$$\frac{x_I}{l_2} = \frac{\varkappa_I}{\varkappa_I - 1} \quad \text{und} \quad \frac{x_{II}}{l_2} = \frac{\varkappa_{II}}{\varkappa_{II} - 1}. \qquad (2.13/10)$$

Diese Gleichungen geben an, wo die Knoten liegen.

Betrachten wir nun zwei Ausschläge q_1 und q_2 im allgemeinen Fall (der keine Hauptschwingung darstellen soll), so sehen wir, daß an der Stelle K_{II} ein wirklicher Ausschlag auftritt, wir nennen ihn z_{II}, an der Stelle K_I dagegen (weil K_I nicht auf dem Gebilde liegt) nur ein fiktiver Ausschlag, z_I. Mit den Ausschlägen q_1 und q_2 hängen diese beiden Ausschläge z_I und z_{II} zusammen gemäß

$$\frac{z_{I,\,II} - q_1}{q_2 - q_1} = \frac{x_{I,\,II}}{l_2},\qquad\qquad (2.13/11)$$

wie aus Abb. 2.13/3 unmittelbar abgelesen werden kann, wenn man unsere Festsetzung über das Vorzeichen von x beachtet. Führt man nun wieder die Formzahlen $\varkappa$ ein, so kommt

$$\left.\begin{aligned}(1 - \varkappa_I)\,z_I &= q_1 - \varkappa_I\,q_2, \\ (1 - \varkappa_{II})\,z_{II} &= q_1 - \varkappa_{II}\,q_2.\end{aligned}\right\}\qquad\qquad (2.13/12)$$

Multiplikation der oberen Gleichung mit $-1/\varkappa_I$ führt auf der rechten Seite gemäß (2.13/7) zur Hauptkoordinate r_{II}, während die rechte Seite der unteren Gleichung unmittelbar als r_I erkannt wird. Es gilt deshalb

$$\left.\begin{aligned}\left(1 - \frac{1}{\varkappa_I}\right)z_I &= r_{II}, \\ (1 - \varkappa_{II})\,z_{II} &= r_I.\end{aligned}\right\}\qquad\qquad (2.13/13)$$

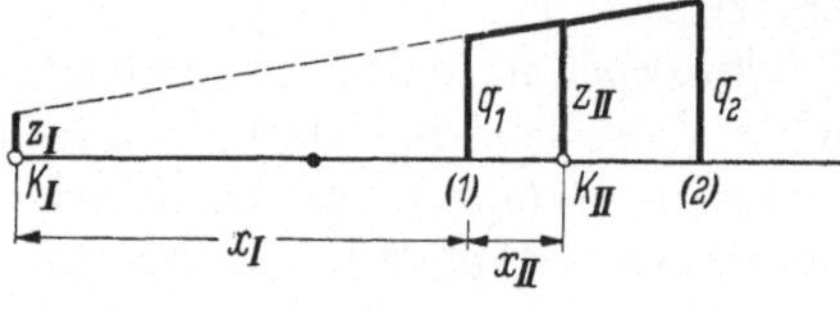

Abb. 2.13/3
Ausschläge z_I und z_{II} an den Stellen der Knoten

Die Ausschläge z_I und z_{II} sind daher den nach (2.13/7) (unter Benutzung einer speziellen Normierung) definierten Hauptkoordinaten r_{II} bzw. r_I proportional. Sie stellen also selbst wieder Hauptkoordinaten dar. Umgekehrt muß *jedes* Paar von Hauptkoordinaten r_I und r_{II} den Ausschlägen z_{II} bzw. z_I proportional sein, weil diese Vielfache von r_I und r_{II} sind.

Aus der Tatsache, daß die Ausschläge an den Stellen K_I und K_{II} Hauptkoordinaten sind, folgt sofort, daß diese Ausschläge z_I und z_{II} sich harmonisch mit der Zeit ändern, während die Ausschläge an allen anderen Stellen (wegen der Überlagerung zweier harmonischer Schwingungen mit im allgemeinen inkommensurablen Frequenzen) nicht einmal periodisch zu sein brauchen.

γ) Quadratische Gleichung für die Ausschlagverhältnisse $\varkappa$. Wir geben nun noch eine Ergänzung zu 2.12. Dort war gezeigt worden, daß man zur Herstellung der die Eigenschwingungen kennzeichnenden Größen, nämlich der Eigenfrequenzen ω und der Eigenformzahlen $\varkappa$, so vorgehen kann, daß man zuerst eine quadratische Gleichung für die Frequenzen löst; die Ausschlagverhältnisse erhält man danach als linear gebrochene Funktionen der Eigenfrequenzen. Jetzt wollen wir zeigen, daß auch der umgekehrte Weg möglich ist: Man löst zuerst eine quadratische Gleichung für die Ausschlagverhältnisse $\varkappa$ und erhält dann die Eigenfrequenzen als lineare oder linear gebrochene Funktionen dieser Ausschlagverhältnisse.

Wir schließen unsere Betrachtungen sogleich an die gemeinsame Fassung (2.12/18) der entweder im Ausschlag oder in der Beschleunigung gekoppelten Gleichungen an. Aus den Gln. (2.12/20) wird

$$\varkappa(d_{xx} - \lambda) + d_{xy} = 0,\qquad \varkappa\,d_{yx} + (d_{yy} - \lambda) = 0.\qquad (2.13/14)$$

Eliminiert man λ aus diesen beiden Gleichungen, so findet man

$$\varkappa^2 + \varkappa\frac{d_{yy} - d_{xx}}{d_{yx}} - \frac{d_{xy}}{d_{yx}} = 0\,.\qquad\qquad (2.13/15)$$

Dies ist die gesuchte quadratische Gleichung für $\varkappa$. Nachdem sie gelöst ist, folgen die Frequenzparameter λ aus einer der Gln. (2.13/14) zu

$$\lambda_{I,\,II} = \varkappa_{I,\,II}\, d_{yx} + d_{yy}, \qquad \lambda_{I,\,II} = d_{xx} + \frac{1}{\varkappa_{I,\,II}}\, d_{xy}. \qquad (2.13/16)$$

Einmaliges Lösen einer quadratischen Gleichung genügt also auf jeden Fall, gleichgültig, ob durch die quadratische Gleichung zuerst die Frequenzparameter λ oder zuerst die Formzahlen $\varkappa$ ermittelt werden; die anderen Größen folgen dann als eine lineare oder linear gebrochene Funktion der zuerst berechneten.

Aus der quadratischen Gl. (2.13/15) für $\varkappa$ liest man überdies unmittelbar die am Ende von 2.12 erwähnten Tatsachen ab: Stets ist $\varkappa_I\,\varkappa_{II} = -d_{xy}/d_{yx}$; im Fall „erhöhter Symmetrie" (wo $d_{xy} = d_{yx}$ ist) wird $\varkappa_I\,\varkappa_{II} = -1$; im Fall „besonderer Symmetrie" (wo überdies $d_{xx} = d_{yy}$ gilt) wird $\varkappa_{I,\,II} = \mp 1$.

2.14 Graphisches Verfahren zur Bestimmung der Eigenfrequenzen und Formzahlen: Der erste Frequenzenkreis. In 2.12 δ hatten wir für ausschlaggekoppelte und beschleunigungsgekoppelte Bewegungsgleichungen eine gemeinsame Fassung der Frequenzengleichung und der Ausdrücke für die Formzahlen hergestellt. Die Aufgabe, die Wurzeln der Frequenzengleichung (2.12/19a) und die aus den Wurzeln hervorgehenden Formzahlen (2.12/20) aufzusuchen, läßt sich statt durch Lösung der quadratischen Gleichung auch auf graphischem Wege mit Hilfe des Frequenzenkreises erledigen. Der hauptsächliche Vorteil des Frequenzenkreises liegt darin, daß man leicht überblickt, welchen Einfluß eine Änderung der Systemparameter auf Eigenfrequenzen und Eigenformzahlen hat.

Der Grundgedanke des graphischen Verfahrens ist der folgende: Die Beziehung $a\,b = c\,d$, auf welche die Gl. (2.12/19c) führt, wird durch die in Abb. 2.14/1 entsprechend bezeichneten Strecken in einem Kreise erfüllt; denn die beiden schraffierten Dreiecke sind ähnlich, weil die gleichartig überstrichenen Winkel als Umfangswinkel über den gleichen Bogen übereinstimmen ($a\,b$ heißt auch die Potenz des Punktes P bezüglich des Kreises). Zur Auflösung der Gl. (2.12/19c) trägt man deshalb nach Wahl eines Maßstabes in einem kartesischen Koordinatensystem (Abb. 2.14/2a) als Abszissen die Werte $d_{xx} = OA_0$ und $d_{yy} = OB_0$ auf und in A_0 und B_0 als Ordinaten nach zwei *verschiedenen* Richtungen die Werte d_{xy} und d_{yx} (die ja bei Vorhandensein einer symmetrischen Kopplung $c_{12} = c_{21}$ oder $a_{12} = a_{21}$ stets übereinstimmende Vorzeichen haben). In der Abb. 2.14/2a ist beispielsweise d_{xy} nach oben, d_{yx} nach unten aufgetragen. Über den so entstehenden vier Punkten

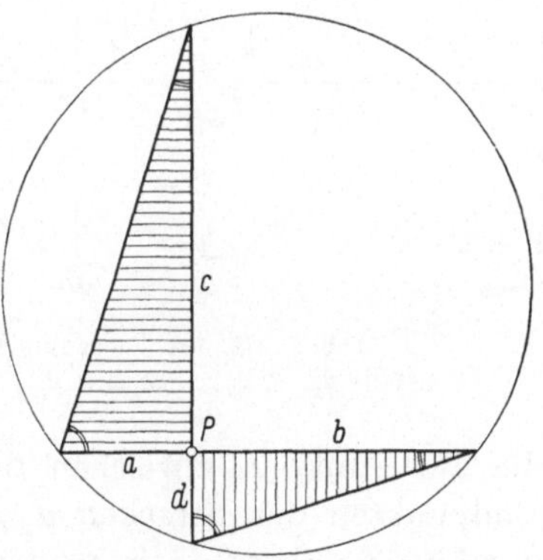

Abb. 2.14/1. Sehnenabschnitte im Kreis

$$A_1(d_{xx}, d_{xy}), \qquad A_2(d_{xx}, d_{yx}), \qquad B_1(d_{yy}, d_{xy}), \qquad B_2(d_{yy}, d_{yx})$$

schlägt man einen Kreis. Dieser schneidet auf der Abszissenachse in den Punkten L_I und L_{II} die beiden Eigenwerte λ_I und λ_{II} ab. Denn es ist (nach Abbildung 2.14/2a)

$$\overline{A_1 A_0} \cdot \overline{A_2 A_0} = \overline{L_I A_0} \cdot \overline{A_0 L_{II}} = \overline{L_I B_0} \cdot \overline{B_0 L_{II}}, \qquad (2.14/1\,\text{a})$$

$$\overline{A_1 A_0} \cdot \overline{A_2 A_0} = \overline{L_I A_0} \cdot \overline{L_I B_0} = \overline{A_0 L_{II}} \cdot \overline{B_0 L_{II}}. \qquad (2.14/1\,\text{b})$$

Erinnert man sich der Bedeutung der sechs Strecken, so findet man

$$d_{xy}\, d_{yx} = (d_{xx} - \lambda_I)\,(d_{yy} - \lambda_I) = (\lambda_{II} - d_{xx})\,(\lambda_{II} - d_{yy}), \qquad (2.14/2)$$

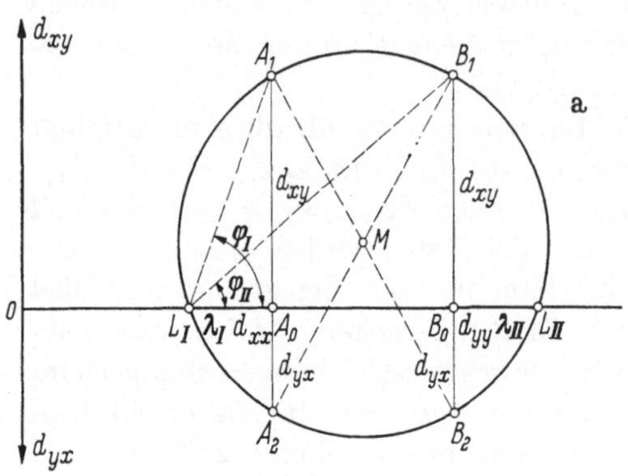

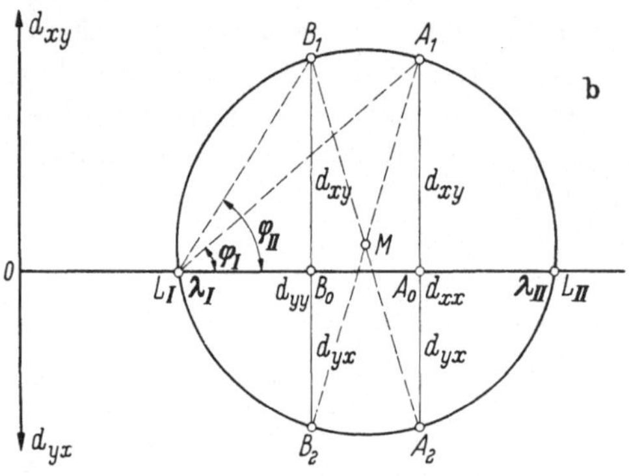

Abb. 2.14/2. Frequenzenkreis
a) falls $d_{xx} < d_{yy}$,   b) falls $d_{yy} < d_{xx}$

wie (2.12/19c) fordert. Die Strecken $\overline{OL_I}$ und $\overline{OL_{II}}$ sind somit ein Maß für die Frequenzparameter λ_I und λ_{II}. Die Abb. 2.14/2a liefert auch eine anschauliche Bestätigung der Ungleichung (2.12/22), für deren Bestehen ja $d_{xx} < d_{yy}$ vorausgesetzt war. Ist jedoch andererseits $d_{yy} < d_{xx}$, so gilt die Ungleichung

$$\lambda_I < d_{yy} < d_{xx} < \lambda_{II},$$

wenn man wieder den kleineren Frequenzparameter mit λ_I, den größeren mit λ_{II} bezeichnet. In diesem Fall herrschen am Frequenzenkreis die Beziehungen, die Abb. 2.14/2b zeigt. Alle früheren und noch folgenden Bemerkungen gelten unverändert. Die Punkte B_i liegen nun jedoch links von den Punkten A_i.

Die Beträge $|\varkappa_I|$ und $|\varkappa_{II}|$ der Formzahlen kann man den Abbildungen 2.14/2 ebenfalls entnehmen. Nach der ersten Gleichung aus (2.12/20) werden die Beträge $|\varkappa_I|$ und $|\varkappa_{II}|$ durch die Tangenten der Winkel φ_I und φ_{II} gegeben, die am Punkt L_I zwischen der Abszissenachse und den Strahlen nach den Endpunkten der Strecken d_{yx} sich bilden (gleichgültig, ob d_{yx} positiv oder negativ ist, ob es nach oben oder nach unten aufgetragen wurde). Es ist

$$\varphi_I = \sphericalangle A_1 L_I L_{II}, \qquad \varphi_{II} = \sphericalangle B_1 L_I L_{II}.$$

Das Vorzeichen entscheidet man nach Gl. (2.12/20): Ist d_{yx} negativ, so ist $\varkappa_I$ positiv, aber $\varkappa_{II}$ negativ, und umgekehrt.

Das Vorgehen ist demnach klar: Für Ausschlagkopplung trägt man nach Wahl eines Maßstabes

$$m_d = \frac{\ldots \text{sek}^{-2}}{1\ \text{cm}}$$

die Abszissen

$$\overline{OA_0} = \frac{1}{m_d}\,d_{xx} = \frac{1}{m_d}\left(\frac{c_{11}}{a_{11}}\right) \quad \text{und} \quad \overline{OB_0} = \frac{1}{m_d}\,d_{yy} = \frac{1}{m_d}\left(\frac{c_{22}}{a_{22}}\right)$$

ab, errichtet in A_0 und B_0 jeweils zwei Ordinaten, indem man die den Werten

$$d_{xy} = \frac{c_{12}}{a_{11}} \quad \text{und} \quad d_{yx} = \frac{c_{12}}{a_{22}}$$

entsprechenden Strecken in verschiedenen Richtungen als Strecken $\overline{A_0 A_1}$ und $\overline{B_0 B_1}$ bzw. $\overline{A_0 A_2}$ und $\overline{B_0 B_2}$ abträgt. Über den vier Punkten A_1, B_1, A_2, B_2 schlägt man einen Kreis, der auf der Abszissenachse in OL_I und OL_{II} Strecken abschneidet, die die Werte ω_I^2 und ω_{II}^2 darstellen. Die Beträge der zugehörigen Formzahlen $\varkappa_I$ und $\varkappa_{II}$ erhält man durch die Tangenten der Winkel

$$\varphi_I = \sphericalangle A_1 L_I L_{II} \quad \text{und} \quad \varphi_{II} = \sphericalangle B_1 L_I L_{II}.$$

Liegt Beschleunigungskopplung in den Bewegungsgleichungen vor, so trägt man im Maßstab

$$m_d = \frac{\ldots \text{sek}^{+2}}{1\ \text{cm}}$$

die Abszissen

$$\overline{OA_0} = \frac{1}{m_d} d_{xx} = \frac{1}{m_d}\left(\frac{a_{11}}{c_{11}}\right) \quad \text{und} \quad \overline{OB_0} = \frac{1}{m_d} d_{yy} = \frac{1}{m_d}\left(\frac{a_{22}}{c_{22}}\right)$$

ab, errichtet in A_0 und B_0 die Ordinaten $\overline{A_0 A_1}$ und $\overline{B_0 B_1}$ vom Betrag

$$\frac{1}{m_d}\left| d_{xy}\right| = \frac{1}{m_d}\left| \frac{a_{12}}{c_{11}}\right|$$

nach der einen Richtung, die Ordinaten $\overline{A_0 A_2}$ und $\overline{B_0 B_2}$ vom Betrag

$$\frac{1}{m_d}\left| d_{yx}\right| = \frac{1}{m_d}\left| \frac{a_{12}}{c_{22}}\right|$$

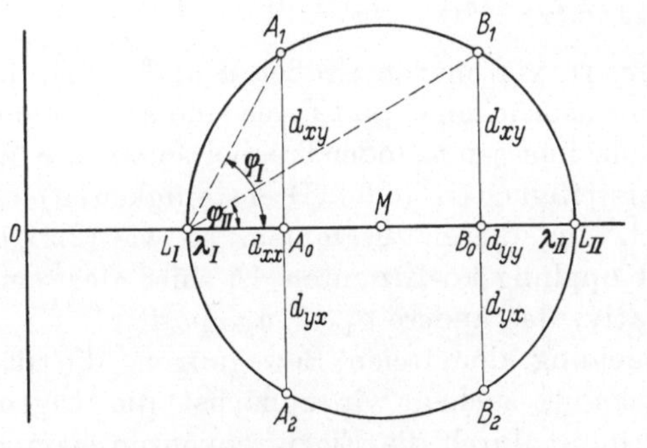

Abb. 2.14/3. Frequenzenkreis im Fall „erhöhter Symmetrie", $d_{xy} = d_{yx}$

Abb. 2.14/4. Frequenzenkreis im Fall „besonderer Symmetrie", $d_{xy} = d_{yx}$ und $d_{yy} = d_{xx}$

nach der anderen. Der Kreis durch $A_1 B_1 A_2 B_2$ schneidet jetzt auf der Abszissenachse in $\overline{OL_I}$ und $\overline{OL_{II}}$ Strecken ab, die die reziproken Frequenzquadrate χ_I^2 und χ_{II}^2 bedeuten[1]. Die Formzahlen findet man wie zuvor.

---

[1] Die Indizes I und II werden (wenn nichts anderes gesagt ist) so gebraucht, daß der Index I den kleineren *Eigenwert* λ, der Index II den größeren bezeichnet. Wenn nun $\lambda = \omega^2$ bedeutet, so gehört der Index I auch zur kleineren Eigenfrequenz ω, II zur größeren; bedeutet dagegen $\lambda = \chi^2 = 1/\omega^2$, so gehört I zur größeren Eigenfrequenz ω, II zur kleineren. Die Indizes der Ausschlagverhältnisse $\varkappa$ und der zugehörige Winkel φ entsprechen denen des Eigenwertes λ, zu dem sie gehören.

In dem Sonderfall „erhöhter Symmetrie", wo $d_{xy} = d_{yx}$ ist, fällt der Mittelpunkt M des Kreises auf die Abszissenachse (Abb. 2.14/3). Der Kreis geht dann über in den MOHRschen Kreis, wie er zur Darstellung von Tensoren, d. h. symmetrischen Dyaden (etwa ebenen Spannungs- und Verzerrungszuständen), verwendet wird[1]. In diesem Fall könnte auch der sog. LANDschen Kreis[2] (vgl. 2.62) zur Lösung der Aufgabe herangezogen werden[3].

In dem Fall „besonderer Symmetrie", wo neben $d_{xy} = d_{yx}$ auch $d_{yy} = d_{xx}$ ist, fällt der Mittelpunkt M des Frequenzenkreises mit den Punkten A_0, B_0 zusammen; sein Radius wird durch d_{xy} bestimmt (Abb. 2.14/4). Aus der Abbildung liest man die Beziehungen (2.12/26) unmittelbar ab.

2.2 Verbände einläufiger Schwinger: Elastische Ketten

2.21 Die zweiläufige, an einem Ende gefesselte elastische Kette[4].

Für diesen ersten Typ (Abb. 2.21/1) einer elastischen Kette haben wir im Beispiel 1 von 2.11 die Bewegungsgleichungen hergeleitet (2.11/6).

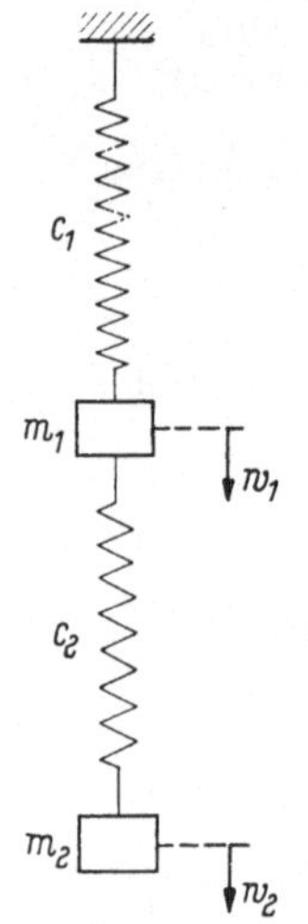

Diese Gleichungen wollen wir jetzt diskutieren. Wenn wir sie auf die Form (2.11/1b) bringen, so ist im ersten Fall (2.11/6a)

$$a_{11} = m_1, \qquad a_{22} = m_2, \quad a_{12} = a_{21} = 0, \left.\right\}$$
$$c_{11} = c_1 + c_2, \qquad c_{22} = c_2, \qquad c_{12} = c_{21} = -c_2, \left.\right\} \qquad (2.21/1\,\mathrm{a})$$

im zweiten (2.11/6b)

$$a_{11} = m_1 + m_2, \quad a_{22} = m_2, \quad a_{12} = a_{21} = m_2, \left.\right\}$$
$$c_{11} = c_1, \qquad c_{22} = c_2, \qquad c_{12} = c_{21} = 0. \left.\right\} \qquad (2.21/1\,\mathrm{b})$$

Abb. 2.21/1. Einfach zusammenhängende, an einem Ende gefesselte elastische Kette

Die mit zwei Zeigern versehenen Größen a und c sind die Koeffizienten in den Ausdrücken U und T; sie sind selbst nicht in allen Fällen die Einzelmassen m_i (oder Trägheitsmomente Θ_i) und die Einzelfedersteifigkeiten (oder Drehsteifigkeiten) c_i, sondern setzen sich aus diesen zusammen, so wie (2.21/1) angibt. Von den Kopplungskoeffizienten ist hier das eine Paar $c_{12} = c_{21}$ negativ, das andere $a_{12} = a_{21}$ positiv.

Bei der Untersuchung der freien Bewegungen, die das System ausführen kann, suchen wir zunächst die Eigenschwingungen auf. Diese werden bestimmt durch die Eigenfrequenzen ω_I und ω_{II} sowie die zugehörigen Eigenformzahlen $\varkappa_I$ und $\varkappa_{II}$. Der Untersuchung legen wir hier die im *Ausschlag* gekoppelten Gln. (2.11/6a) zugrunde. Die Erörterungen in 2.12 lehren, daß die Frequenzengleichung die Form (2.12/4α) oder (2.12/5α)

---

[1] GERBER, G., u. K. KLOTTER: Ing.-Arch. Bd. 5 (1934) S. 470.

[2] PÖSCHL, TH.: Z. techn. Phys. Bd. 14 (1933) S. 565.

[3] Die Bezeichnungen MOHRscher Kreis und LANDscher Kreis sind hier in der Weise verwendet, wie dies neuerdings in der technischen Mechanik üblich geworden zu sein scheint. Die historische Berechtigung jener Bezeichnungen ist nicht unbestritten. Vergleiche dazu F. JUNG: Der CULMANNsche und der MOHRsche Kreis. Österr. Ing.-Arch. Bd. 1 (1947) S. 408.

[4] Auf die Systematik elastischer Ketten gehen wir erst in Abschn. 3.2 ein. Hier sei zur Erläuterung der in der Überschrift gebrauchten Worte nur erwähnt, daß eine „Fessel" eine Feder ist, die zu einem Festpunkt führt.

hat, und daß die Eigenfrequenzen durch (2.12/6α) geliefert werden. Setzt man dort die Werte (2.21/1a) ein, so findet man

$$\left.\begin{aligned} D(\omega^2) &\equiv (c_1 + c_2 - m_1\,\omega^2)\,(c_2 - m_2\,\omega^2) - c_2^2 = 0 \\ N(\omega^2) &\equiv \omega^4 - \omega^2\left(\frac{c_1 + c_2}{m_1} + \frac{c_2}{m_2}\right) + \frac{c_1\,c_2}{m_1\,m_2} = 0 \end{aligned}\right\} \qquad (2.21/2)$$

und

mit den Wurzeln

$$\left.\begin{aligned} \omega_{I,\,II}^2 &= \frac{1}{2}\left[\frac{c_1+c_2}{m_1} + \frac{c_2}{m_2} \mp \sqrt{\left(\frac{c_1+c_2}{m_1} + \frac{c_2}{m_2}\right)^2 - \frac{4\,c_1\,c_2}{m_1\,m_2}}\,\right] \\ \omega_{I,\,II}^2 &= \frac{1}{2}\left[\frac{c_1+c_2}{m_1} + \frac{c_2}{m_2} \mp \sqrt{\left(\frac{c_1+c_2}{m_1} - \frac{c_2}{m_2}\right)^2 + \frac{4\,c_2^2}{m_1\,m_2}}\,\right]. \end{aligned}\right\} \qquad (2.21/3)$$

oder

Die Formzahlen folgen aus (2.12/7α) zu

$$\left.\begin{aligned} \varkappa &= \frac{\dfrac{c_2}{m_1}}{\dfrac{c_1+c_2}{m_1} - \omega^2} \\[2em] \varkappa &= \frac{\dfrac{c_2}{m_2} - \omega^2}{\dfrac{c_2}{m_2}}. \end{aligned}\right\} \qquad (2.21/4)$$

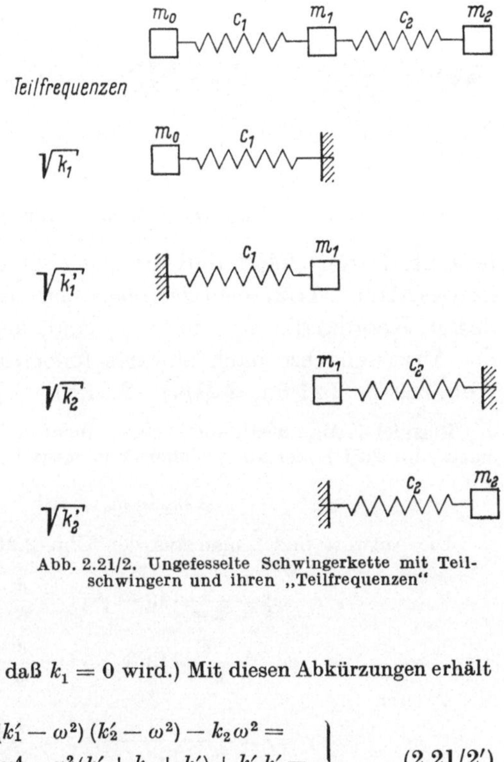

oder

Wir erwähnen an dieser Stelle noch eine andere Schreibweise, die sich gelegentlich als nützlich erweist. Schneiden wir aus einer Kette Teilgebiete (Teilschwinger) nach Art der Abb. 2.21/2 heraus, so haben die Quadrate der Eigenschwingzahlen dieser Teilschwinger die folgenden Werte

$$k_1 = \frac{c_1}{m_0}, \qquad k_1' = \frac{c_1}{m_1},$$

$$k_2 = \frac{c_2}{m_1}, \qquad k_2' = \frac{c_2}{m_2} \quad \text{usw.,}$$

allgemein

$$k_\lambda = \frac{c_\lambda}{m_{\lambda-1}}, \qquad k_\lambda' = \frac{c_\lambda}{m_\lambda}. \qquad (2.21/1')$$

Abb. 2.21/2. Ungefesselte Schwingerkette mit Teilschwingern und ihren „Teilfrequenzen"

In unserem Fall ist m_0 unendlich groß, so daß $k_1 = 0$ wird.) Mit diesen Abkürzungen erhält (2.12/5α) die Fassung

$$\left.\begin{aligned} N(\omega^2) &\equiv (k_1' + k_2 - \omega^2)\,(k_2' - \omega^2) - k_2\,k_2' = (k_1' - \omega^2)\,(k_2' - \omega^2) - k_2\,\omega^2 = \\ &= \omega^4 - \omega^2(k_1' + k_2 + k_2') + k_1'\,k_2' = \\ &= (\omega^2 - \omega_I^2)\,(\omega^2 - \omega_{II}^2), \end{aligned}\right\} \qquad (2.21/2')$$

und die Wurzeln von $N = 0$ werden zu

$$\left.\begin{aligned} \omega_{I,\,II}^2 &= \frac{1}{2}\left[(k_1' + k_2 + k_2') \mp \sqrt{(k_1' + k_2 + k_2')^2 - 4\,k_1'\,k_2'}\,\right] \\ \omega_{I,\,II}^2 &= \frac{1}{2}\left[(k_1' + k_2 + k_2') \mp \sqrt{(k_1' + k_2 - k_2')^2 + 4\,k_2\,k_2'}\,\right]. \end{aligned}\right\} \qquad (2.21/3')$$

oder

Für die Formzahlen erhält man

$$\varkappa_{I,\,II} = \frac{k_2}{k_1' + k_2 - \omega_{I,\,II}^2}. \qquad (2.21/4')$$

Die Berechnung der Eigenfrequenzen und Formzahlen nach (2.21/3) und (2.21/4) kann ersetzt werden durch das in 2.14 beschriebene graphische Verfahren. In den nachstehenden Beispielen sind jeweils auch die zugehörigen Frequenzenkreise gezeigt. Vorab geben wir jedoch einen Hinweis auf die Besonderheiten, die die Frequenzenkreise für den vorliegenden Schwinger aufweisen.

Gehen wir von den im Ausschlag gekoppelten Bewegungsgleichungen aus, so finden wir für die vier Koeffizienten d_{xx}, d_{xy}, d_{yx}, d_{yy}, die als Koordinaten der ausgezeichneten Punkte des Frequenzenkreises auftreten, durch Vergleich von (2.12/17a) mit (2.21/1a)

$$d_{xx} = \frac{c_1 + c_2}{m_1}, \qquad d_{xy} = \frac{-c_2}{m_1}, \qquad d_{yx} = \frac{-c_2}{m_2}, \qquad d_{yy} = \frac{c_2}{m_2}, \qquad (2.21/5\,\mathrm{a})$$

für die in der Beschleunigung gekoppelten Gleichungen durch Vergleich von (2.12/17b) mit (2.21/1b)

$$d_{xx} = \frac{m_1 + m_2}{c_1}, \qquad d_{xy} = \frac{m_2}{c_1}, \qquad d_{yx} = \frac{m_2}{c_2}, \qquad d_{yy} = \frac{m_2}{c_2}. \qquad (2.21/5\,\mathrm{b})$$

Man sieht also, daß (für jede der beiden Kopplungsarten) die vier Koeffizienten d_{ik} nicht unabhängig voneinander sind, daß zwischen ihnen vielmehr die Beziehung

$$d_{yx} = -d_{yy} \quad \text{oder aber} \quad d_{yx} = d_{yy} \qquad (2.21/5\,\mathrm{c})$$

besteht. Daraus folgt, daß die vier Punkte A_1, A_2, B_1, B_2 des Frequenzenkreises (Abb. 2.14/2) nicht ganz beliebige Lagen annehmen können; der Punkt B_2, dessen Koordinaten d_{yy} und d_{yx} sind, liegt vielmehr auf der unter $45°$ gegen die Abszissenachse nach abwärts (oder aufwärts) geneigten Geraden (vgl. die Abb. 2.21/3, 2.21/6a, 2.21/6b, 2.21/8).

Beispiel 1. Man bestimme Eigenfrequenzen und Ausschlagverhältnisse eines Schwingers nach Abb. 2.21/1, der aus gleichen Massen und gleichen Federn aufgebaut ist, für den also gilt

$$m_1 = m_2 = m, \qquad c_1 = c_2 = c. \qquad (2.21/6)$$

Die Antwort findet man aus den Gln. (2.21/3) und (2.21/4). Die ersten liefern

$$\left.\begin{aligned}
\omega_I^2 &= \frac{c}{2\,m} \cdot (3 - \sqrt{5}) = \frac{c}{m} \cdot 0{,}382, \\[2mm]
\omega_{II}^2 &= \frac{c}{2\,m} \cdot (3 + \sqrt{5}) = \frac{c}{m} \cdot 2{,}618,
\end{aligned}\right\} \qquad (2.21/6\,\mathrm{a})$$

die zweiten

$$\left.\begin{aligned}
\varkappa_I &= \frac{1}{2 - \tfrac{1}{2}(3 - \sqrt{5})} = \frac{1}{2}(\sqrt{5} - 1) \quad = 0{,}618, \\[2mm]
\varkappa_{II} &= \frac{1}{2 - \tfrac{1}{2}(3 + \sqrt{5})} = -\frac{1}{2}(\sqrt{5} + 1) = -1{,}618.
\end{aligned}\right\} \qquad (2.21/6\,\mathrm{b})$$

Die Eigenfrequenzen sind nur bis auf den gemeinsamen Faktor c/m bestimmt, die Ausschlagverhältnisse liegen dagegen ganz fest.

Im Hinblick auf die spätere Diskussion der Knotenlagen wollen wir die quadratischen Gleichungen für Frequenzen und Ausschlagverhältnisse betrachten. Unter Benutzung der Trägheitskoordinaten w lauten die Größen d_{ik}

$$d_{xx} = 2\,\frac{c}{m}, \qquad d_{xy} = -\frac{c}{m}, \qquad d_{yx} = -\frac{c}{m}, \qquad d_{yy} = \frac{c}{m}. \qquad (2.21/7)$$

Natürlich ist (wie bei allen Ketten der Abb. 2.21/1) $d_{yx} = -d_{yy}$. Ferner liegt wegen $m_1 = m_2$ der Fall „erhöhter Symmetrie" $d_{yx} = d_{xy}$ vor. Die Frequenzengleichung läßt sich unter Benutzung der dimensionslosen Größe

$$\bar{\omega}^2 = \frac{m}{c}\,\omega^2$$

in der Form

$$(\bar{\omega}^2)^2 - 3\,\bar{\omega}^2 + 1 = 0 \qquad (2.21/8\,\mathrm{a})$$

schreiben, die Gleichung für die Ausschlagverhältnisse wird

$$\varkappa^2 + \varkappa - 1 = 0. \qquad (2.21/8\,\mathrm{b})$$

Für die Frequenzen gilt deshalb

$$\bar{\omega}_I^2 + \bar{\omega}_{II}^2 = 3, \qquad \bar{\omega}_I^2\,\bar{\omega}_{II}^2 = 1, \qquad (2.21/8\,\mathrm{a}')$$

für die Formzahlen

$$\varkappa_I + \varkappa_{II} = -1, \qquad \varkappa_I\,\varkappa_{II} = -1, \qquad (2.21/8\,\mathrm{b}')$$

Beziehungen, die von den Werten (2.21/6 a) und (2.21/6 b) in der Tat erfüllt werden.

Mit Hilfe des Frequenzenkreises erhält man dieselben Ergebnisse folgendermaßen: Anstelle der dimensionsbehafteten Größen d_{ik} trägt man vorteilhafterweise die dimensionslosen Größen $(m/c)\,d_{ik}$ auf, deren Werte aus (2.21/7) folgen. So erhält man den Kreis der Abb. 2.21/3. Wegen $d_{yy} < d_{xx}$ liegen die Punkte B_i links von den Punkten A_i, wie im Kreis der Abb. 2.14/2 b. Man findet ferner alle die erwähnten Besonderheiten: Punkt B_2 liegt auf der 45°-Linie (Eigenschaft des Gebildes 2.21/1), der Mittelpunkt M des Kreises liegt auf der Achse (Folge der „erhöhten Symmetrie" $d_{xy} = d_{yx}$). Aus der Abbildung liest man die Zahlenwerte für die $\bar{\omega}^2$ und $|\varkappa|$ unmittelbar ab. Die Vorzeichen der $\varkappa$ findet man aus (2.12/20): wegen $d_{yx} < 0$ ist $\varkappa_I > 0$, aber $\varkappa_{II} < 0$.

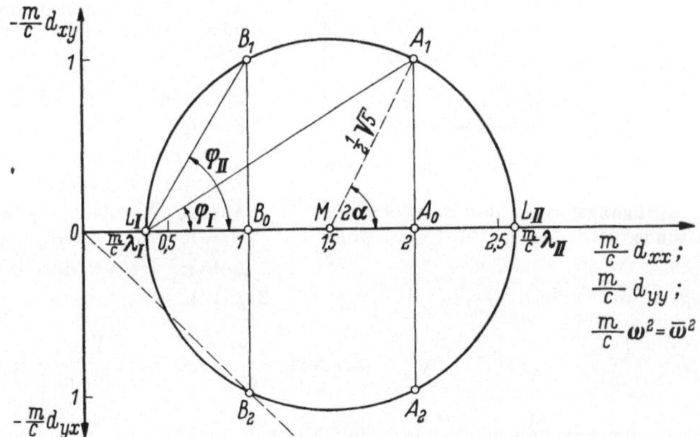

Abb. 2.21/3. Frequenzenkreis zum Beispiel 1

Nicht nur in dem vorgeführten Beispiel, sondern in allen Schwingerketten vom Typ 2.21/1 ist bei Wahl von Trägheitskoordinaten [s. (2.21/1 a)] $c_{12} < 0$. Aus den Gln. (2.12/20) oder (2.12/7α) folgt deshalb $\varkappa_I > 0$, $\varkappa_{II} < 0$. Das heißt, die Schwingerketten vom Typ 2.21/1 führen ihre erste (langsamere) Eigenschwingung so aus, daß die Ausschläge w_1 und w_2 nach derselben Seite gehen, während sich für die zweite (raschere) Eigenschwingung die Massen jeweils nach verschiedenen Seiten bewegen. Für die Werte (2.21/6 b) des soeben behandelten Beispieles erhalten wir die in Abb. 2.21/4 angegebenen Schwingungsformen; Bild b) für die erste, Bild c) für die zweite Eigenschwingung. In der

Abbildung sind die Ausschläge w_1 und w_2 senkrecht zur Bewegungsrichtung aufgetragen. Durch die ausgezogene Linie mag die größte Schwingungsweite angedeutet sein; die Lagen zu anderen Zeiten sind gestrichelt eingezeichnet. Da das Verhältnis der Ausschläge zu allen Zeiten fest ist, so bleibt ein Punkt, der Knoten, dauernd in Ruhe. (Auch Festpunkte sind Knoten; wir sprechen weiterhin jedoch nur von den außer den Festpunkten noch auftretenden Knoten.)

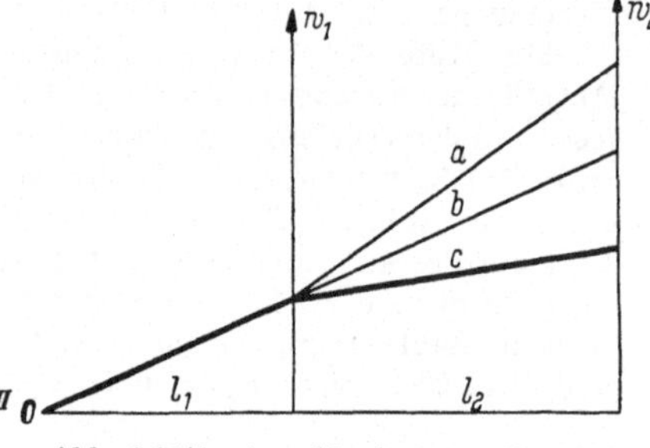

Abb. 2.21/5. Ausschlagformen, die hohl nach „außen" oder nach „innen" sind

Abb. 2.21/4. Schwingungsformen des Beispieles 1
a) Kette, b) Grundschwingung, c) Oberschwingung

Wie in 2.13β ganz allgemein gezeigt wurde, tritt bei der Oberschwingung ein reeller Knoten K_{II}, bei der Grundschwingung ein virtueller Knoten K_I auf. Die Lage der Knoten ist durch (2.13/10) gegeben. Unter den besonderen, im Beispiel 1 vorliegenden Verhältnissen gilt wegen (2.21/8b')

$$x_I = l_2\frac{\varkappa_I}{\varkappa_I - 1} = l_2\frac{1}{1 + \varkappa_{II}} = l_2\varkappa_{II} \quad\text{und}\quad x_{II} = l_2\frac{\varkappa_{II}}{\varkappa_{II} - 1} = l_2\frac{1}{1 + \varkappa_I} = l_2\varkappa_I. \quad (2.21/9)$$

(Positives x, so sei erinnert, zeigt an, daß der Knoten rechts von m_1, negatives, daß er links von m_1 liegt; ferner beachte man, daß $\varkappa_I > 0$ und $\varkappa_{II} < 0$ ist.) Abb. 2.21/4 gibt die Verhältnisse für die Werte des Beispieles 1 quantitativ wieder; hier ist

$$x_I = -1{,}618\,l_2; \qquad x_{II} = +0{,}618\,l_2.$$

Noch eine weitere Überlegung hinsichtlich der Ausschlagbilder können wir anstellen: In vielen Fällen sind die Federn so beschaffen, daß ihre Nachgiebigkeit $h = 1/c$ der Länge l proportional ist; man spricht dann auch von Federn gleicher spezifischer Nachgiebigkeit $h^* = h/l$. Für solche Federn kann das Ausschlagbild der Grundschwingung nie so aussehen wie das Bild a) der Abbildung 2.21/5, es liegt vielmehr stets der Fall c) vor. Mit anderen Worten: Die Ausschlagbilder der Grundschwingungen sind dann stets hohl nach „innen", nie nach „außen". Die Behauptung folgt, wenn

$$\frac{l_1}{l_1 + l_2} = \frac{h_1}{h_1 + h_2} = \frac{c_2}{c_1 + c_2} \qquad (2.21/10)$$

ist, sofort aus der Tatsache [s. (2.12/20)], daß (für $\lambda \neq 0$)

$$\varkappa_I > \frac{-d_{xy}}{d_{xx}} \qquad (2.21/11)$$

und deshalb, wegen (2.21/5a) und (2.21/10),

$$\varkappa_I > \frac{l_1}{l_1 + l_2} \qquad (2.21/11a)$$

ist.

Alle Schlüsse, die wir nach der Integration der (unter Benutzung der Koordinaten w) im Ausschlag gekoppelten Bewegungsgleichungen ziehen konnten, müssen sich auch aus den (unter Benutzung der Koordinaten ξ) in der Beschleunigung gekoppelten Gleichungen gewinnen lassen. Wir verzichten auf eine explizite Durchführung des Vergleiches, raten dem Leser einen solchen jedoch zur Übung an. Bezüglich der Ausschlagverhältnisse $\varkappa_w$ und $\varkappa_\xi$ sei nur bemerkt, daß

$$\varkappa_\xi = \frac{\xi_1}{\xi_2} = \frac{w_1}{w_2 - w_1} = \frac{\varkappa_w}{1 - \varkappa_w} \qquad (2.21/12)$$

ist.

Beispiel 2. Wir wollen nun die Eigenfrequenzen und Eigenformzahlen eines zweigliedrigen Schwingers sowohl über die im Ausschlag wie über die in der Beschleunigung gekoppelten Bewegungsgleichungen aufsuchen, um auch zahlenmäßig die Übereinstimmung der Ergebnisse zu erkennen. Der zuvor als Beispiel benutzte Schwinger ist für diesen Zweck schlecht geeignet, da wegen der oftmals zusammenfallenden Zahlenwerte ein Vergleich unübersichtlich wird. Wir wählen daher einen Schwinger mit den folgenden Abmessungen:

$$m_1 = 0{,}1 \text{ kp sek}^2 \text{ cm}^{-1}, \quad m_2 = 0{,}2 \text{ kp sek}^2 \text{ cm}^{-1}, \quad c_1 = 10 \text{ kp cm}^{-1}, \quad c_2 = 15 \text{ kp cm}^{-1}.$$

Ferner sollen die Schwingungsformen angegeben werden unter der Voraussetzung, daß die Längen der unverformten Federn ihren Nachgiebigkeiten h proportional sind.

Bewegungsgleichungen sind entweder die Gln. (2.11/6a) mit den aus (2.21/1a) folgenden Werten für die Konstanten

$$a_{11} = 0{,}1 \text{ kp sek}^2 \text{ cm}^{-1}, \qquad a_{22} = 0{,}2 \text{ kp sek}^2 \text{ cm}^{-1},$$
$$c_{11} = 25 \text{ kp cm}^{-1}, \qquad c_{22} = 15 \text{ kp cm}^{-1}, \qquad c_{12} = -15 \text{ kp cm}^{-1},$$

oder die Gln. (2.11/6b) mit den aus (2.21/1b) folgenden Werten

$$a_{11} = 0{,}3 \text{ kp sek}^2 \text{ cm}^{-1}, \qquad a_{22} = 0{,}2 \text{ kp sek}^2 \text{ cm}^{-1}, \qquad a_{12} = 0{,}2 \text{ kp sek}^2 \text{ cm}^{-1}.$$
$$c_{11} = 10 \text{ kp cm}^{-1}, \qquad c_{22} = 15 \text{ kp cm}^{-1}.$$

Lösen wir die Aufgabe graphisch, so erhalten wir für die aufzutragenden Werte im ersten Fall [entsprechend den Gln. (2.12/17a)]

$$d_{xx} = 250 \text{ sek}^{-2}, \qquad d_{xy} = -150 \text{ sek}^{-2}, \qquad d_{yx} = -75 \text{ sek}^{-2}, \qquad d_{yy} = 75 \text{ sek}^{-2}$$

und aus ihnen die Abb. 2.21/6a, der wir entnehmen, daß

$$\omega_I^2 = 25 \text{ sek}^{-2}, \qquad \omega_{II}^2 = 300 \text{ sek}^{-2} \quad \text{und} \quad \varkappa_I = \frac{150}{225} = \frac{2}{3}, \qquad \varkappa_{II} = -\frac{150}{50} = -3$$

ist. Im zweiten Fall wird entsprechend (2.12/17b)

$$d_{xx} = 0{,}03\ \text{sek}^2, \qquad d_{xy} = 0{,}02\ \text{sek}^2, \qquad d_{yx} = 0{,}0133\ \text{sek}^2, \qquad d_{yy} = 0{,}0133\ \text{sek}^2.$$

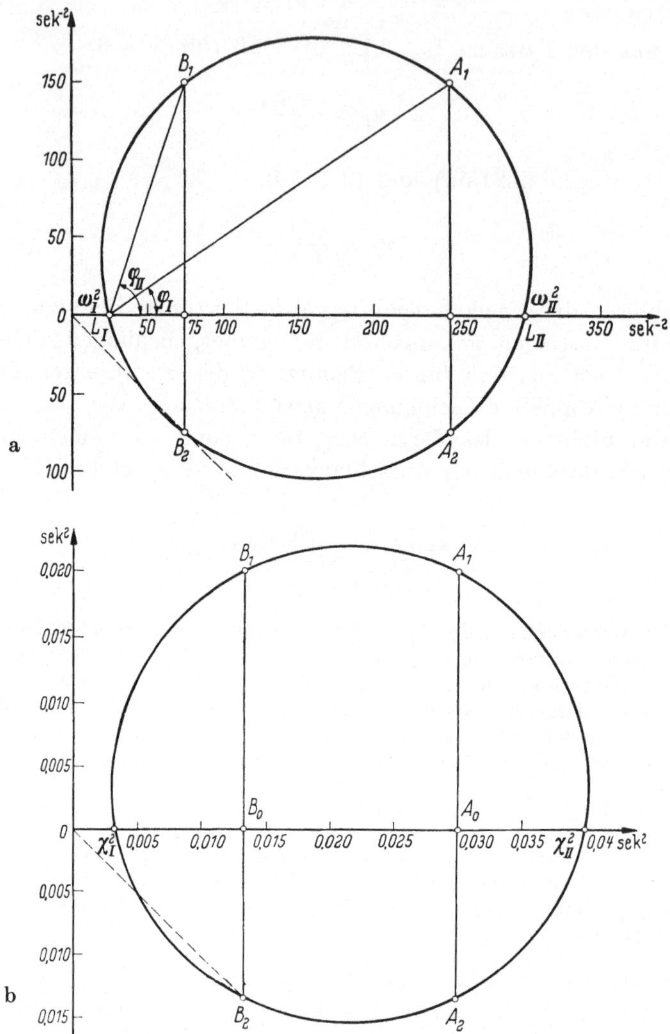

Abb. 2.21/6. Frequenzenkreise zum Beispiel 2
a) für Ausschlagkopplung, Maßstab: m = 50 sek⁻²/1 cm, b) für Beschleunigungskopplung,
Maßstab: m = 0,03 sek²/5 cm

Aus diesen Werten wird der Kreis der Abb. 2.21/6b gezeichnet, der

$$\chi_I^2 = 0{,}0033\ \text{sek}^2, \qquad \chi_{II}^2 = 0{,}040\ \text{sek}^2 \qquad \text{und} \qquad \varkappa_I = -0{,}75, \qquad \varkappa_{II} = +2$$

liefert. Man erkennt, daß

$$\chi_{I,II}^2 = \frac{1}{\omega_{II,I}^2}$$

ist, und daß auch die durch (2.21/12) ausgedrückten Zusammenhänge zwischen den **Form-zahlen** erfüllt sind. Die Ausschlagbilder zeigt Abb. 2.21/7.

Beispiel 3. Um einen weiteren Überblick zu gewinnen über die Eigenschwingungen einer elastischen Schwingerkette vom Typ der Abb. 2.21/1, suchen wir Frequenzen und Formzahlen eines Schwingers auf, dessen zweiter Schwingkörper der Reihe nach verschiedene Werte m_2 annimmt, während die übrigen Bestimmungsstücke unverändert bleiben. Und zwar sei für unser Beispiel

$$c_1 = 2\,c, \quad c_2 = c, \quad m_1 = m,$$

während m_2 der Reihe nach die Werte

a) $m_2 = \infty$, \quad b) $m_2 = 2\,m$, \quad c) $m_2 = m$,

d) $m_2 = \dfrac{m}{3}$, \quad e) $m_2 = 0$

annehmen möge.

Die Untersuchung führen wir ganz mit Hilfe des Frequenzenkreises durch. Mit den angegebenen Werten für c_1, c_2 und m_1 erhalten wir (unter Benutzung ausschlaggekoppelter Bewegungsgleichungen)

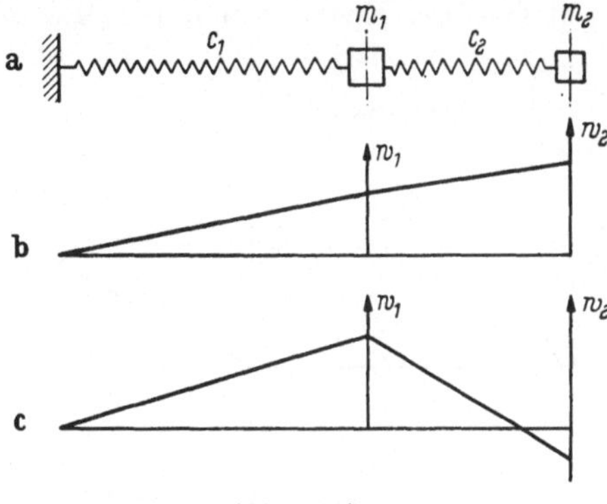

Abb. 2.21/7
Ausschlagformen zum Beispiel 2. a) Kette,
b) Grundschwingung, c) Oberschwingung

$$d_{xx} = \frac{c_1 + c_2}{m_1} = \frac{3\,c}{m}, \qquad d_{xy} = -\frac{c_2}{m_1} = -\frac{c}{m}$$

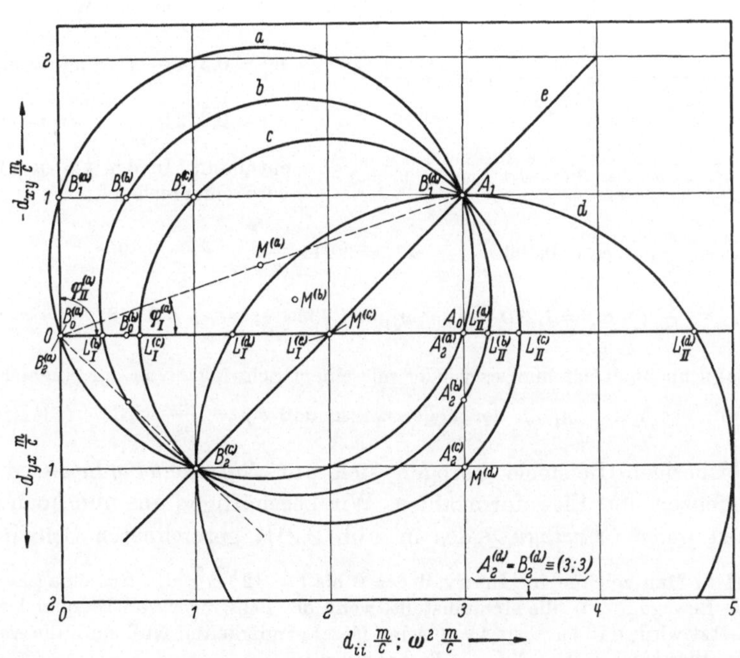

Abb. 2.21/8. Frequenzenkreise des Beispieles 3

als *unveränderliche* Größen, so daß in Abb. 2.21/8 die Punkte A_0 und A_1 festliegen. Alle Kreise gehen somit durch den festen Punkt A_1; die Punkte $B_1^{(i)}$ liegen mit ihm jeweils auf gleicher Höhe. Die Lagen von B_0 und damit von B_1 sowie die Ordinaten für A_2 und B_2 wechseln, da

$$d_{yx} = -\frac{c_2}{m_2} \quad \text{und} \quad d_{yy} = \frac{c_2}{m_2}$$

die veränderliche Größe m_2 enthalten. Die Punkte $B_2^{(i)}$ liegen alle [s. (2.21/5c)] auf der unter $45°$ von Null aus nach rechts unten gehenden Geraden.

Fall (a), $m_2 = \infty$. Es ist $d_{yy} = 0$, $d_{yx} = 0$, so daß $O \equiv B_0^{(a)} \equiv B_2^{(a)}$ und $A_0 \equiv A_2^{(a)}$ werden. Der Kreis (a) in Abb. 2.21/8 schneidet die Abszissenachse in $L_I^{(a)} = 0$ und

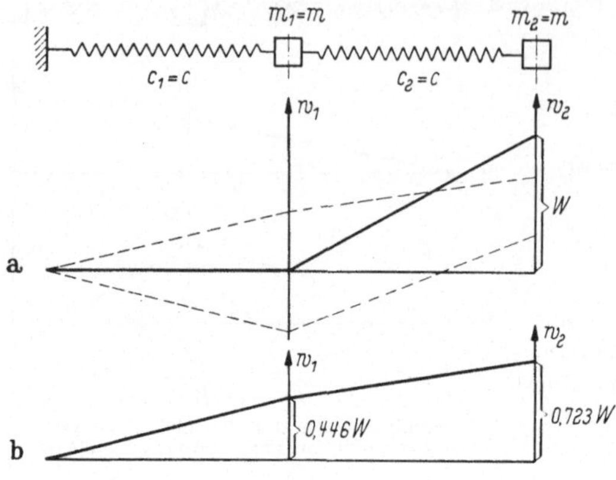

$$L_{II}^{(a)} = \frac{m}{c}\,d_{xx} = 3\,.$$

Es folgt daraus

$$\omega_I^2 = 0, \qquad \omega_{II}^2 = 3\,\frac{c}{m}\,,$$

wie zu erwarten war, da der Schwinger jetzt nur einen Freiheitsgrad besitzt und aus der Masse m_1 mit den parallel liegenden Federn c_1 und c_2 besteht.

Im *Fall* (b), wo $m_2 = 2m$ ist, gilt der Kreis (b) mit

$$-d_{yx} = d_{yy} = \frac{c}{2\,m}\,,$$

aus dem man die Werte

$$\omega_I^2 = 0,314\,\frac{c}{m}\,; \qquad \omega_{II}^2 = 3,186\,\frac{c}{m}\,;$$

$$\varkappa_I = 0,372\,; \qquad \varkappa_{II} = -\,5,37$$

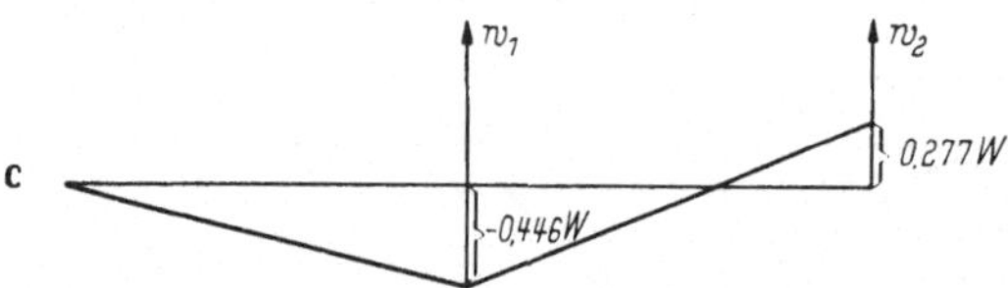

Abb. 2.21/9. Ausschlagformen zum Beispiel 4. Anfangszustand a) als Summe der Eigenschwingungen b) und c)

entnimmt. In den *Fällen* (c) *und* (d) wird entsprechend

$$-d_{yx} = d_{yy} = \frac{c}{m}\,; \qquad \omega_I^2 = 0,596\,\frac{c}{m}\,; \qquad \omega_{II}^2 = 3,414\,\frac{c}{m}\,; \qquad \varkappa_I = 0,490\,; \qquad \varkappa_{II} = -\,2,42\,;$$

$$-d_{yx} = d_{yy} = \frac{3\,c}{m}\,; \qquad \omega_I^2 = 1,270\,\frac{c}{m}\,; \qquad \omega_{II}^2 = 4,733\,\frac{c}{m}\,; \qquad \varkappa_I = 0,578\,; \qquad \varkappa_{II} = -\,5,77\,.$$

Im *Falle* (e) schließlich hat man es wieder mit einem Schwinger von nur einem Freiheitsgrad zu tun, der Masse m_1 an der Feder c_1, so daß $\omega_I^2 = 2\,\dfrac{c}{m}$ wird.

Alle bisherigen Beispiele bezogen sich auf *Eigenschwingungen*, d. h. die Eigenfrequenzen und Eigenformzahlen. Wir beschäftigen uns nun noch mit der allgemeinen *freien Schwingung* des in Abb. 2.21/1 gezeichneten Schwingers.

Beispiel 4. Man zeichne im Intervall $t = 0$ bis $t = 12\sqrt{m/c}$ die Ausschlag-Zeit-Kurve für die freie Bewegung auf, die sich einstellt, wenn der Schwinger von Beispiel 1 so in Bewegung gesetzt wird, daß zur Zeit $t = 0$ seine Geschwindigkeiten Null sind, die Ausschläge dagegen die Werte $w_1 = 0$ und $w_2 = W$ haben.

Eine freie Bewegung des Schwingers setzt sich zusammen aus den beiden Eigenschwingungen, die mit den Frequenzen

$$\omega_I = 0,618\,\sqrt{\frac{c}{m}} \quad \text{und} \quad \omega_{II} = 1,618\,\sqrt{\frac{c}{m}}$$

verlaufen, wie wir im Beispiel 1 feststellten. Die zugehörigen Perioden betragen daher $T_I = 10,16\,\sqrt{m/c}$ und $T_{II} = 3,88\,\sqrt{m/c}$. Die Formzahlen haben die Werte $\varkappa_I = 0,618$,

$\varkappa_{II} = -1{,}618$. Die Amplituden der Grund- und Oberschwingung, die die Masse m_2 ausführt, findet man aus den Gln. (2.12/16a). Da mit den oben angegebenen Anfangswerten

$$q_{10} = 0, \qquad q_{20} = W,$$
$$v_{10} = v_{20} = 0$$

ist, so wird

$$A_{2I} = \frac{1{,}618}{2{,}236}\, W = 0{,}723\, W$$

und

$$A_{2II} = \frac{0{,}618}{2{,}236}\, W = 0{,}277\, W.$$

Die Amplituden der beiden harmonischen Schwingungen, aus denen sich w_1 zusammensetzt, sind dann

$$A_{1I} = \varkappa_I A_{2I} = 0{,}446\, W$$

und

$$A_{1II} = \varkappa_{II} A_{2II} = -0{,}446\, W.$$

Wie es sein muß, ergibt sich

$$A_{1I} + A_{1II} = 0,$$
$$A_{2I} + A_{2II} = W.$$

Den Anfangszustand (Abbildung 2.21/9a) muß man sich also zustande gekommen denken aus zwei Eigenschwingungen, zu denen die Schwingungsbilder 2.21/9b und 2.21/9c gehören. Beide Schwingungen laufen unabhängig voneinander mit den angegebenen Frequenzen ab. Da das Frequenzverhältnis ω_I/ω_{II} nicht rational ist [s. (2.21/6a)], wird die entstehende Bewegung nicht periodisch; der Anfangszustand kehrt *nicht* genau wieder. Den Verlauf der Gesamtbewegung bis zur Zeit $t = 12\,\sqrt{m/c}$ zeigt Abb. 2.21/10.

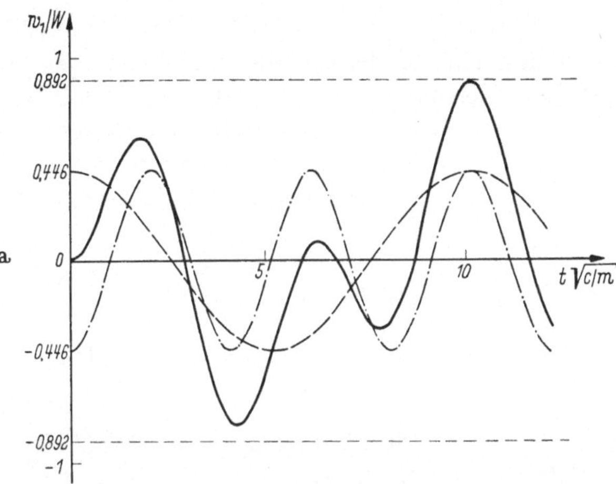

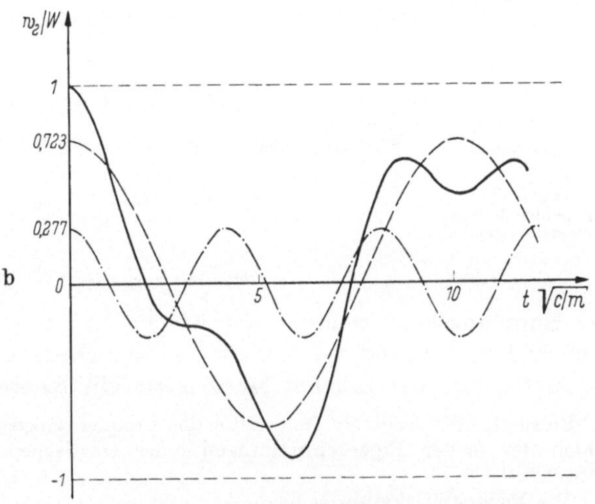

Abb. 2.21/10. Ablauf der Bewegung in Beispiel 4

2.22 Die zweiläufige, an beiden Enden gefesselte elastische Kette. Als zweiten Typ der zweiläufigen elastischen Ketten betrachten wir die Kette nach Abbildung 2.22/1. Sie unterscheidet sich von der in 2.21 behandelten dadurch, daß auch von der zweiten Masse eine Fessel, d. h. eine Verbindung zu einem Festpunkt, ausgeht.

Sowohl die Energieausdrücke T und U wie die Bewegungsgleichungen lassen sich im Anschluß an das bisher Gesagte leicht angeben. Wählt man als Koordinaten ebenso wie zuvor entweder die absoluten Ausschläge w_1 und w_2 oder die relativen Ausschläge ξ_1 und ξ_2, die miteinander durch die Gln. (2.11/4) verbunden sind, so wird

$$\left. \begin{aligned} 2\,\mathsf{T} &= m_1\,\dot{w}_1^2 + m_2\,\dot{w}_2^2, \\ 2\,\mathsf{U} &= c_1\,w_1^2 + c_2\,(w_2 - w_1)^2 + c_3\,w_2^2 \end{aligned} \right\} \qquad (2.22/1a)$$

oder

$$2\,T = m_1\,\dot{\xi}_1^2 + m_2(\dot{\xi}_1 + \dot{\xi}_2)^2, \left.\begin{array}{l}\\[2mm]\end{array}\right\} \quad (2.22/1\,\mathrm{b})$$
$$2\,U = c_1\,\xi_1^2 + c_2\,\xi_2^2 + c_3(\xi_1 + \xi_2)^2.$$

Schon diese Formen der Energieausdrücke zeigen, daß bei den in w geschriebenen Bewegungsgleichungen Ausschlagkopplung allein, bei den in ξ geschriebenen dagegen sowohl Ausschlagkopplung wie Beschleunigungskopplung auftreten wird.

Wir geben nur die aus (2.22/1a) folgenden Bewegungsgleichungen an:

$$m_1\,\ddot{w}_1 + (c_1 + c_2)\,w_1 - c_2\,w_2 = 0, \left.\begin{array}{l}\\[2mm]\end{array}\right\} \quad (2.22/2)$$
$$m_2\,\ddot{w}_2 - c_2\,w_1 + (c_2 + c_3)\,w_2 = 0.$$

Durch Vergleich mit den allgemeinen Formeln (2.11/2 b) findet man, daß jetzt

$$c_{11} = c_1 + c_2, \quad c_{22} = c_2 + c_3, \quad c_{12} = -c_2, \left.\begin{array}{l}\\[2mm]\end{array}\right\} \quad (2.22/2\,\mathrm{a})$$
$$a_{11} = m_1, \quad\quad a_{22} = m_2$$

ist. Mit $w_i = A_i \cos\omega\,t$ wird aus (2.22/2)

$$(c_1 + c_2 - m_1\,\omega^2)\,A_1 - c_2\,A_2 = 0, \left.\begin{array}{l}\\[2mm]\end{array}\right\} \quad (2.22/2\,\mathrm{b})$$
$$- c_2\,A_1 + (c_2 + c_3 - m_2\,\omega^2)\,A_2 = 0.$$

Für den Frequenzenkreis benötigen wir [mit (2.12/17a)]

$$d_{xx} = \frac{c_1 + c_2}{m_1}, \quad d_{xy} = -\frac{c_2}{m_1}, \left.\begin{array}{l}\\[4mm]\end{array}\right\} \quad (2.22/2\,\mathrm{c})$$
$$d_{yx} = -\frac{c_2}{m_2}, \quad d_{yy} = \frac{c_2 + c_3}{m_2}.$$

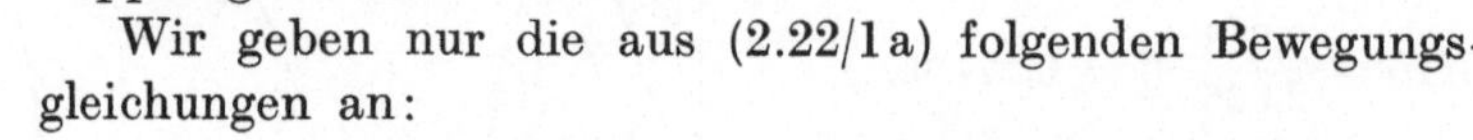

Abb. 2.22/1
An beiden Enden
gefesselte Kette

Die Kopplungskoeffizienten sind wie in 2.21 negativ, so daß wegen (2.12/20) auch hier $\varkappa_I > 0$ und $\varkappa_{II} < 0$ ist. Bei der Oberschwingung liegt also zwischen der ersten und der zweiten Masse stets ein Knoten.

Beispiel. Wir ermitteln (mit Hilfe des Frequenzenkreises) die Frequenzen und Formzahlen der beiden Eigenschwingungen einer elastischen Schwingerkette vom Typ der Abb. 2.22/1.

Die Federsteifigkeiten seien

$$c_1 = 122\ \mathrm{kp/cm}, \quad c_2 = 555\ \mathrm{kp/cm}, \quad c_3 = 122\ \mathrm{kp/cm},$$

die Gewichte der Massen

$$G_1 = 100\ \mathrm{kp}, \quad G_2 = 200\ \mathrm{kp}.$$

Mit den daraus folgenden Werten

$$m_1 = 0{,}102\ \mathrm{kp\ cm^{-1}\ sek^2} \quad \mathrm{und} \quad m_2 = 0{,}204\ \mathrm{kp\ cm^{-1}\ sek^2}$$

kommen aus den Gln. (2.22/2 c) die Werte

$$d_{xx} = 6637\ \mathrm{sek^{-2}}, \quad d_{xy} = -5442\ \mathrm{sek^{-2}},$$
$$d_{yx} = -2721\ \mathrm{sek^{-2}}, \quad d_{yy} = 3318\ \mathrm{sek^{-2}}.$$

Den Frequenzenkreis zeigt Abb. 2.22/2. Ihm entnimmt man

$$\omega_I^2 = 787\ \mathrm{sek^{-2}}, \quad \omega_{II}^2 = 9170\ \mathrm{sek^{-2}},$$

so daß

$$\omega_I = 28{,}1\ \mathrm{sek^{-1}}, \quad \omega_{II} = 95{,}7\ \mathrm{sek^{-1}}$$

und

$$f_I = 4{,}47\ \mathrm{Hz}, \quad f_{II} = 15{,}23\ \mathrm{Hz}$$

wird. Als Formzahlen liest man ab

$$\varkappa_I = \tan\varphi_I = \frac{5442}{5850} = 0{,}929, \qquad \varkappa_{II} = -\tan\varphi_{II} = -\frac{5442}{2533} = -2{,}14.$$

Die hier behandelte, aus zwei Massen und drei Federn bestehende Kette wird mit Vorliebe als Ersatzsystem für anders aufgebaute zweiläufige Schwinger benutzt. Das Zurückführen (oder die „Abbildung") auf das Ersatzsystem ist dann geleistet, wenn die beiden Massen und die drei Federsteifigkeiten so bestimmt sind, daß Eigenfrequenzen und Formzahlen übereinstimmen [s. 2.31 β].

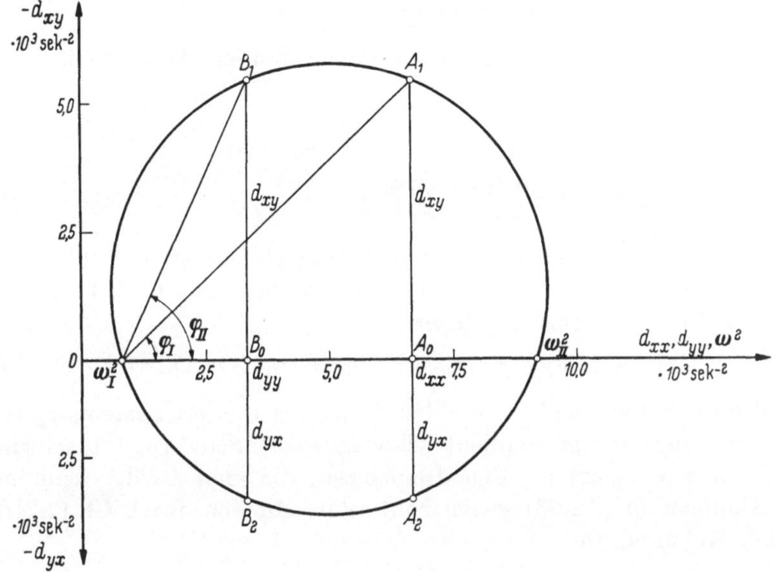

Abb. 2.22/2. Frequenzenkreis zum Beispiel

2.23 Die ungefesselte elastische Kette (Gebilde ohne Festpunkte). Die ungefesselten elastischen Ketten weisen Eigenschaften auf, die eine gesonderte Betrachtung rechtfertigen. — Wir betrachten zunächst das Drei-Massen-System, das, wie wir sehen werden, *als Schwinger* zwei Freiheitsgrade hat, und verallgemeinern dann die Betrachtung, indem wir an 1.32 anknüpfen. Die Überlegungen gelten in gleicher Weise für die Dehn- wie für die Torsions-Kette (Abb. 2.23/1). Um an 1.32 bequem anschließen zu können, sprechen wir explizit nur von der „Dehn"-Kette.

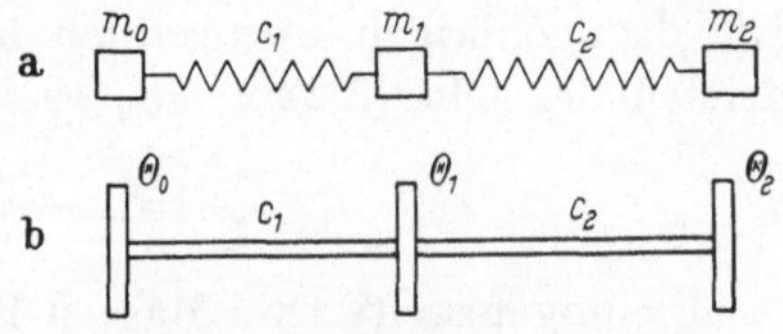

Abb. 2.23/1. Ungefesselte Ketten. a) Translationsschwingungen („Dehn"-Kette), b) Drehschwingungen

Wählen wir die Verschiebungen der Massen als Koordinaten und nennen sie hier u_i, so lauten die Bewegungsgleichungen

$$\left.\begin{aligned}
m_0\ddot{u}_0 + c_1 u_0 - c_1 u_1 &= 0, \\
m_1\ddot{u}_1 - c_1 u_0 + (c_1 + c_2) u_1 - c_2 u_2 &= 0, \\
m_2\ddot{u}_2 \qquad\qquad - c_2 u_1 \quad\; + c_2 u_2 &= 0.
\end{aligned}\right\} \qquad (2.23/1)$$

[Aus (1.32/6) erhält man sie, indem man die Zählung bei Null beginnt und außer den P_i noch $c_0 = 0$ setzt.] Mit $u_i = A_i \cos \omega t$ wird daraus

$$\left.\begin{array}{l} A_0(c_1 - m_0\,\omega^2) - A_1\,c_1 \qquad\qquad\qquad\qquad\qquad\;\; = 0, \\[2mm] -A_0\,c_1 \qquad\quad + A_1(c_1 + c_2 - m_1\,\omega^2) - A_2\,c_2 \qquad\;\; = 0, \\[2mm] \qquad\qquad\quad\; -A_1\,c_2 \qquad\qquad\quad + A_2(c_2 - m_2\,\omega^2) = 0. \end{array}\right\} \quad (2.23/2)$$

Die Forderung, daß die Determinante dieses Gleichungssystems verschwinden muß, führt auf die Frequenzengleichung

$$D(\omega^2) \equiv (c_1 - m_0\,\omega^2)\,(c_1 + c_2 - m_1\,\omega^2)\,(c_2 - m_2\,\omega^2) - c_1^2(c_2 - m_2\,\omega^2) -$$
$$- c_2^2(c_1 - m_0\,\omega^2) = 0.$$

Beim Ordnen nach Potenzen von ω zeigt sich, daß das Absolut-Glied wegfällt; man erhält

$$D \equiv -m_0\,m_1\,m_2\,\omega^2\left[(\omega^2)^2 - \left(\frac{c_1}{m_0} + \frac{c_1}{m_1} + \frac{c_2}{m_1} + \frac{c_2}{m_2}\right)\omega^2 + \right.$$
$$\left. + \frac{c_1\,c_2}{m_0\,m_1} + \frac{c_1\,c_2}{m_0\,m_2} + \frac{c_1\,c_2}{m_1\,m_2}\right] = 0. \qquad (2.23/3)$$

Die Gleichung $D = 0$ hat also eine Null-Wurzel und zwei „echte" Wurzeln. Daß eine Null-Wurzel auftreten muß, erkennt man aus (2.23/1) unmittelbar. Addition der drei Gleichungen liefert

$$m_0\,\ddot{u}_0 + m_1\,\ddot{u}_1 + m_2\,\ddot{u}_2 \equiv (m_0 + m_1 + m_2)\,\ddot{u}_s = 0. \qquad (2.23/4)$$

Es ist also die Schwerpunkts-Beschleunigung des Gesamt-Systems $\ddot{u}_s = 0$. Um den gleichförmig bewegten (nicht schwingenden) Schwerpunkt schwingt das Gebilde mit zwei „echten" Eigenfrequenzen, die man erhält, wenn man die eckige Klammer in (2.23/3) gleich Null setzt. Mit den durch Gl. (2.21/1') eingeführten Abkürzungen

$$k_1 = \frac{c_1}{m_0}, \qquad k_1' = \frac{c_1}{m_1}, \qquad k_2 = \frac{c_2}{m_1}, \qquad k_2' = \frac{c_2}{m_2} \qquad (2.23/5)$$

lautet diese Frequenzengleichung

$$(\omega^2)^2 - (k_1 + k_1' + k_2 + k_2')\,\omega^2 + (k_1\,k_2 + k_1\,k_2' + k_1'\,k_2') = 0. \qquad (2.23/6)$$

Die dazugehörigen Formzahlen liest man am einfachsten aus der ersten und dritten der Gln. (2.23/2) ab; es ist

$$\frac{A_1}{A_0} = 1 - \frac{\omega^2}{k_1}, \qquad \frac{A_1}{A_2} = 1 - \frac{\omega^2}{k_2'}. \qquad (2.23/7)$$

Die ungefesselte Drei-Massen-Kette hat also als Schwinger nur zwei Freiheitsgrade; allgemein: die ungefesselte n-Massen-Kette hat $(n-1)$ „echte" Eigenfrequenzen. Es ist sinnvoll (und erleichtert die Rechnung), diesem Umstand dadurch Rechnung zu tragen, daß man die vier Grundgleichungen aus 1.32:

$$X_i = N_i - N_{i+1}, \qquad \xi_i = u_i - u_{i-1}, \qquad N_i = c_i\,\xi_i, \qquad u_i = \frac{1}{m_i\,\omega^2}\,X_i \qquad (2.23/8)$$

gleich so zusammenfaßt, daß die Zahl der Unbekannten mit der Zahl der Schwingungsfreiheitsgrade übereinstimmt. Für unsere Kette heißt das, daß man nicht die Trägheits-Koordinaten u_i (oder -Kräfte X_i), sondern die Feder-Koordinaten ξ_i (oder -Kräfte N_i) beibehält. Wir zeigen dieses Eliminationsverfahren allgemein und spezialisieren dann für die ungefesselte Kette. Um die Dualität zu den bisherigen Gleichungen hervortreten zu lassen, schreiben wir die vierte Gl. (2.23/8) in der Form

$$u_i = \frac{1}{\omega^2}\, g_i\, X_i, \quad \text{mit} \quad g_i = \frac{1}{m_i}. \tag{2.23/8'}$$

Mit (8') und der ersten der Gln. (8) folgt aus der zweiten Gln. (2.23/8) die zu (1.32/5) duale Gleichung

$$\xi_i = \frac{1}{\omega^2}\,\{g_i(N_i - N_{i+1}) - g_{i-1}(N_{i-1} - N_i)\}. \tag{2.23/9}$$

Daraus wird mit $\xi_i = h_i\,N_i$ oder $N_i = c_i\,\xi_i$ ein System von Differenzengleichungen für N oder ξ, das für die ungefesselte Kette ($c_0 = 0$, d. h. $N_0 = 0$) nur $n-1$ Gleichungen aufweist. Für den beidseitig freien Drei-Massen-Schwinger (Abb. 2.23/1) ergibt sich

$$\left.\begin{aligned}
[c_1(g_0 + g_1) - \omega^2]\,\xi_1 - c_2\,g_1\,\xi_2 \quad\quad &= 0, \\
-\,c_1\,g_1\,\xi_1 \quad\quad + [c_2(g_1 + g_2) - \omega^2]\,\xi_2 &= 0
\end{aligned}\right\} \tag{2.23/10a}$$

oder

$$\left.\begin{aligned}
[g_0 + g_1 - h_1\,\omega^2]\,N_1 \quad\quad - g_1\,N_2 \quad &= 0, \\
-\,g_1\,N_1 + [g_1 + g_2 - h_2\,\omega^2]\,N_2 &= 0.
\end{aligned}\right\} \tag{2.23/10b}$$

Das System (2.23/10b) ist das genaue Gegenstück zur Gl. (2.22/2b) für die beidseitig gefesselte Kette; man erhält es aus (2.22/2b) indem man u durch N, m durch h, c_i durch $g_{i-1} = 1/m_{i-1}$ ersetzt. (2.23/10a) führt, wie man sofort verifiziert, auf die Frequenzengleichung (2.23/6) — und zwar sehr viel einfacher als (2.23/2).

2.3 Verbände einläufiger Schwinger: Die querschwingenden Gebilde mit zwei Einzelmassen

2.31 Die Bewegungsgleichungen und ihre Integration. α) Verschiebungs-Einflußzahlen und Ausschlaggleichungen. Wir wenden uns nun der in 1.32 erwähnten zweiten Klasse von Verbänden aus einläufigen Schwingern zu, den querschwingenden elastischen Gebilden, die Punktkörper (Einzelmassen) tragen. Zu ihnen gehören insbesondere Saiten, Stäbe, Membranen und Platten. Wenn diese Gebilde mit nur *zwei* Einzelmassen besetzt sind, und wenn die verteilte Masse vernachlässigbar ist gegen die Massen der aufgesetzten Punktkörper, so hat man es mit Schwingern von zwei Freiheitsgraden zu tun.

Trotz des recht verschiedenen mechanischen Aufbaus zeigen die genannten Gebilde so stark verwandte Züge, daß eine gemeinsame Behandlung möglich ist: Man kann die elastischen Eigenschaften des gesamten Gebildes durch *Verschiebungs-Einflußzahlen* beschreiben.

In 1.32 sind solche Einflußzahlen schon besprochen worden, und es wurde auch gezeigt, wie die Bewegungsgleichungen mit ihrer Hilfe aufgestellt werden. Wir wiederholen das Wesentliche: Bei Saiten, Stäben, Membranen oder Platten kann man (rein statisch) jeweils eine Beziehung herstellen zwischen den Durchsenkungen w_1 und w_2, die an den Stellen (1) und (2) auftreten, wenn dort zwei Kräfte P_1 und P_2 angreifen; diese Beziehungen lassen sich stets auf die Form

$$\left.\begin{aligned}
w_1 &= h_{11}\,P_1 + h_{12}\,P_2, \\
w_2 &= h_{21}\,P_1 + h_{22}\,P_2
\end{aligned}\right\} \tag{2.31/1a}$$

bringen, wobei überdies $h_{12} = h_{21}$ ist. Ersetzt man dann die Kräfte P_1 und P_2 durch die Trägheitskräfte der beiden an den Stellen (1) und (2) angebrachten Massen m_1 und m_2,

$$P_1 = -m_1 \ddot{w}_1 \quad \text{und} \quad P_2 = -m_2 \ddot{w}_2, \tag{2.31/1b}$$

so erhält man die Bewegungsgleichungen

$$\left. \begin{aligned} h_{11} m_1 \ddot{w}_1 + h_{12} m_2 \ddot{w}_2 + w_1 &= 0, \\ h_{21} m_1 \ddot{w}_1 + h_{22} m_2 \ddot{w}_2 + w_2 &= 0. \end{aligned} \right\} \tag{2.31/2}$$

Die einzelnen Glieder der Gleichungen haben die Dimension der Koordinaten w_i selbst: Die Gleichungen sind „Ausschlaggleichungen", die h_{ik} sind Verschiebungen infolge einer Einheitskraft und sollen daher *Verschiebungs-Einflußzahlen* heißen.

Statt mit Hilfe der Verschiebungen infolge von Einheitskräften kann man die statische Aufgabe auch mit Hilfe von Kräften infolge von Einheitsverschiebungen lösen. Bezeichnen wir sie mit c_{ik}, so lautet das zu (2.31/1a) duale Gleichungssystem

$$\left. \begin{aligned} P_1 &= c_{11} w_1 + c_{12} w_2, \\ P_2 &= c_{21} w_1 + c_{22} w_2 \end{aligned} \right\} \tag{2.31/3}$$

und daraus wird mit (2.31/1b)

$$\left. \begin{aligned} m_1 \ddot{w}_1 + c_{11} w_1 + c_{12} w_2 &= 0, \\ m_2 \ddot{w}_2 + c_{21} w_1 + c_{22} w_2 &= 0. \end{aligned} \right\} \tag{2.31/4}$$

Die Gleichungen sind jetzt „Kraftgleichungen", die c_{ik} nennen wir deshalb *Kraft-Einflußzahlen* (sie haben dieselbe Dimension wie die Federsteifigkeit c).

Zwischen den c_{ik} und den h_{ik} besteht ein einfacher Zusammenhang: das System (2.31/3) kann man durch Auflösen des Systems (2.31/1a) nach den P_i gewinnen, d. h. man findet

$$c_{11} = \frac{h_{22}}{H}, \qquad c_{12} = c_{21} = -\frac{h_{12}}{H}, \qquad c_{22} = \frac{h_{11}}{H}, \tag{2.31/5a}$$

worin

$$H = h_{11} h_{22} - h_{12}^2 \tag{2.31/5b}$$

bedeutet. Umgekehrt gilt

$$h_{11} = \frac{c_{22}}{C}, \qquad h_{12} = h_{21} = -\frac{c_{12}}{C}, \qquad h_{22} = \frac{c_{11}}{C} \tag{2.31/6a}$$

mit

$$C = c_{11} c_{22} - c_{12}^2. \tag{2.31/6b}$$

Man kann also in jedem Fall Ausschlaggleichungen in Kraftgleichungen und umgekehrt verwandeln. Waren die Ausschlaggleichungen in der Beschleunigung gekoppelt, so zeigen die Kraftgleichungen Kopplung im Ausschlag — und umgekehrt.

β) Ersatzsysteme. In 2.22 haben wir erwähnt, daß man die elastischen Ketten häufig als Ersatzsysteme für Schwinger anderer Bauart verwendet. Wir stellen deshalb hier noch die Frage, welche Kette als Ersatzsystem für ein querschwingendes Gebilde mit zwei Einzelmassen dienen kann.

Die Eigenschaften des Gebildes werden allein durch die drei Verschiebungs-Einflußzahlen h_{11}, h_{12} und h_{22} gekennzeichnet. Diesen Einflußzahlen gleichwertig sind die drei Kraft-Einflußzahlen c_{11}, c_{12} und c_{22}, die nach (2.31/5) aus ihnen gebildet werden können und die in den Bewegungsgleichungen (2.31/4) auftreten. Das Ersatzsystem muß also — wenn man mit Steifigkeiten arbeitet — Bewegungsgleichungen von der Gestalt (2.31/4) haben mit beliebig wählbaren, d. h. nicht untereinander gebundenen, Koeffizienten c_{11}, c_{12} und c_{22}. Von den beiden in 2.21 und 2.22 untersuchten Ketten erfüllt nur die zweite (Abb. 2.22/1) diese Forderung. Sie besitzt drei Federn mit den Federsteifigkeiten c_1, c_2, c_3, die gemäß den Beziehungen [s. (2.22/2a)]

$$c_{11} = c_1 + c_2, \qquad c_{12} = -c_2, \qquad c_{22} = c_2 + c_3 \qquad (2.31/7)$$

mit den Kraft-Einflußzahlen zusammenhängen. Die Auflösung der Gln. (2.31/7) nach den Federsteifigkeiten liefert

$$c_1 = c_{11} + c_{12}, \qquad c_2 = -c_{12}, \qquad c_3 = c_{12} + c_{22}. \qquad (2.31/8\,\text{a})$$

In den Verschiebungs-Einflußzahlen drücken sich die Federsteifigkeiten dann mit Benutzung von (2.31/5) aus als

$$c_1 = \frac{h_{22} - h_{12}}{H}, \qquad c_2 = \frac{h_{12}}{H}, \qquad c_3 = \frac{h_{11} - h_{12}}{H}. \qquad (2.31/8\,\text{b})$$

Die Gln. (2.31/8b) bestimmen die gesuchten Federsteifigkeiten des Ersatzsystems.

γ) **Integration der Bewegungsgleichung.** Zur Integration der Bewegungsgleichungen (2.31/2) gehen wir wieder mit dem Hauptschwingungsansatz

$$w_1 = A_1 \cos \omega t \quad \text{und} \quad w_2 = A_2 \cos \omega t$$

in die Gleichungen ein; damit erhalten wir die algebraischen Gleichungen

$$\left. \begin{aligned} A_1[1 - h_{11} m_1 \omega^2] - A_2 m_2 h_{12} \omega^2 &= 0, \\ -A_1 m_1 h_{12} \omega^2 + A_2[1 - m_2 h_{22} \omega^2] &= 0. \end{aligned} \right\} \qquad (2.31/9)$$

Dividiert man diese Gleichungen durch ω^2, setzt überdies $1/\omega^2 = \chi^2 = \lambda$ und ferner

$$\left. \begin{aligned} d_{xx} &= m_1 h_{11}, & d_{xy} &= m_2 h_{12}, \\ d_{yx} &= m_1 h_{12}, & d_{yy} &= m_2 h_{22}, \end{aligned} \right\} \qquad (2.31/10)$$

so hat man die Gln. (2.31/9) auf die Gln. (2.12/18) zurückgeführt und damit den Anschluß an die dortigen Ausführungen gefunden.

Es ist jedoch wichtig, zu beachten, daß hier gemäß der allgemeinen Festsetzung (s. Fußnote 1, S. 57) der kleinere Eigenwert λ_I (mit dem negativen Ausschlagverhältnis $\varkappa_I$) zum höheren Frequenzquadrat ω^2, also zur Oberschwingung gehört, der größere Eigenwert λ_{II} aber zur Grundschwingung.

2.32 Die Saite. Der Schwinger bestehe aus einer mit zwei Massen besetzten *Saite*, in der die Spannkraft S herrsche (Abb. 2.32/1a). Aus dem „Belastungsbild", Abb. 2.32/1b, liest man unter Benutzung der für kleine Ausschläge geltenden Beziehung (siehe I.28)

$$w = \frac{P}{S} \frac{ab}{a+b}$$

sofort ab:

$$w_1(P_1) = \frac{P_1}{S}\,\frac{l_1(l_2 + l_3)}{l_1 + l_2 + l_3}, \qquad \text{also} \quad h_{11} = \frac{1}{S}\,\frac{l_1(l_2 + l_3)}{l_1 + l_2 + l_3},$$

$$w_2(P_1) = w_1\frac{l_3}{l_2 + l_3} = \frac{P_1}{S}\,\frac{l_1\,l_3}{l_1 + l_2 + l_3}, \quad \text{also} \quad h_{12} = \frac{1}{S}\,\frac{l_1\,l_3}{l_1 + l_2 + l_3}, \qquad (2.32/1)$$

$$w_2(P_2) = \frac{P_2}{S}\,\frac{l_3(l_1 + l_2)}{l_1 + l_2 + l_3}, \qquad \text{also} \quad h_{22} = \frac{1}{S}\,\frac{l_3(l_1 + l_2)}{l_1 + l_2 + l_3}.$$

Setzt man die h_{ik} in die allgemeinen Gln. (2.31/2) ein, so erhält man als Bewegungsgleichungen der die beiden Massen tragenden Saite (mit $l = l_1 + l_2 + l_3$):

$$\frac{m_1}{S}\,\frac{l_1(l_2 + l_3)}{l}\,\ddot{w}_1 + \frac{m_2}{S}\,\frac{l_1\,l_3}{l}\,\ddot{w}_2 + w_1 = 0,$$

$$\frac{m_1}{S}\,\frac{l_1\,l_3}{l}\,\ddot{w}_1 + \frac{m_2}{S}\,\frac{l_3(l_1 + l_2)}{l}\,\ddot{w}_2 + w_2 = 0. \qquad (2.32/2)$$

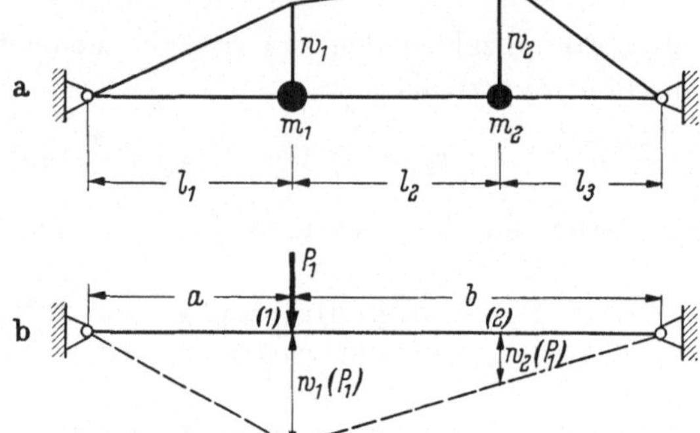

Abb. 2.32/1. Saite; a) mit zwei Massen besetzt, b) durch eine Kraft belastet

Statt auf dem hier benutzten Weg als Ausschlaggleichungen lassen sich die Bewegungsgleichungen der Saite auch (unmittelbar) als Kraftgleichungen finden. Wir zeigen das unter Benutzung der LAGRANGEschen Methode. Für kleine Ausschläge lauten die beiden Energieausdrücke

$$2\,\mathsf{T} = m_1\,\dot{w}_1^2 + m_2\,\dot{w}_2^2, \qquad 2\,\mathsf{U} = \frac{S}{l_1}\,w_1^2 + \frac{S}{l_3}\,w_2^2 + \frac{S}{l_2}\,(w_2 - w_1)^2; \qquad (2.32/3)$$

so daß aus ihnen nach der LAGRANGEschen Vorschrift (1.33/9) die Bewegungsgleichungen in der Form

$$m_1\,\ddot{w}_1 + S\left(\frac{1}{l_1} + \frac{1}{l_2}\right) w_1 - \frac{S}{l_2}\,w_2 = 0,$$

$$m_2\,\ddot{w}_2 - \frac{S}{l_2}\,w_1 + S\left(\frac{1}{l_2} + \frac{1}{l_3}\right) w_2 = 0 \qquad (2.32/4)$$

entstehen. Sie sind im Ausschlag gekoppelte Kraftgleichungen. Bringt man sie auf die allgemeine Form (2.31/4), so werden die Koeffizienten zu

$$c_{11} = S\left(\frac{1}{l_1} + \frac{1}{l_2}\right), \qquad c_{12} = -S\,\frac{1}{l_2}, \qquad c_{22} = S\left(\frac{1}{l_2} + \frac{1}{l_3}\right). \qquad (2.32/5)$$

Zwischen ihnen und den drei Einflußzahlen h_{11}, h_{12}, h_{22} müssen die Beziehungen (2.31/5) bzw. (2.31/6) bestehen. Man bestätigt leicht, daß sie erfüllt sind.

Man sieht nun auch sofort, wie die Federsteifigkeiten c_i oder Federnachgiebigkeiten $h_i = 1/c_i$ einer Kette nach Abb. 2.22/1 gewählt werden müssen, damit diese Kette ein Ersatzsystem für die Saite darstellt. Aus (2.31/8a) mit (2.32/5) folgt

$$h_1 = \frac{1}{c_1} = \frac{l_1}{S}, \qquad h_2 = \frac{1}{c_2} = \frac{l_2}{S}, \qquad h_3 = \frac{1}{c_3} = \frac{l_3}{S}. \qquad (2.32/6)$$

Die Federnachgiebigkeiten h_i sind also den Längen l_i proportional. Wählt man Federn gleicher spezifischer Nachgiebigkeit h^* (s. 2.21) und macht man $h^* = 1/S$, so haben die Federn des Ersatzsystems jeweils genau die Längen der drei Felder der Saite.

Beispiel. Die Abmessungen der Saite mögen betragen:

$$l_1 = 1{,}2 \text{ m}, \qquad l_2 = 1{,}5 \text{ m}, \qquad l_3 = 0{,}8 \text{ m},$$

die Spannkraft sei $S = 40$ kp, die Gewichte der aufgesetzten Massen seien

$$m_1 g = 1 \text{ kp}, \qquad m_2 g = 0{,}8 \text{ kp}.$$

Wie groß sind die beiden Eigenfrequenzen und die zugehörigen Formzahlen? Nach (2.32/1) werden die drei Einflußzahlen

$$h_{11} = 1{,}97 \text{ cm/kp}, \qquad h_{12} = 0{,}686 \text{ cm/kp}, \qquad h_{22} = 1{,}543 \text{ cm/kp}.$$

Mit

$$m_1 = 0{,}001\,02 \text{ kp cm}^{-1} \text{sek}^2 \quad \text{und} \quad m_2 = 0{,}000\,816 \text{ kp cm}^{-1} \text{sek}^2$$

folgen aus den Gln. (2.31/10) die Werte

$$d_{xx} = 2{,}01 \cdot 10^{-3} \text{ sek}^2, \qquad d_{xy} = 0{,}559 \cdot 10^{-3} \text{ sek}^2,$$

$$d_{yx} = 0{,}699 \cdot 10^{-3} \text{ sek}^2, \qquad d_{yy} = 1{,}259 \cdot 10^{-3} \text{ sek}^2$$

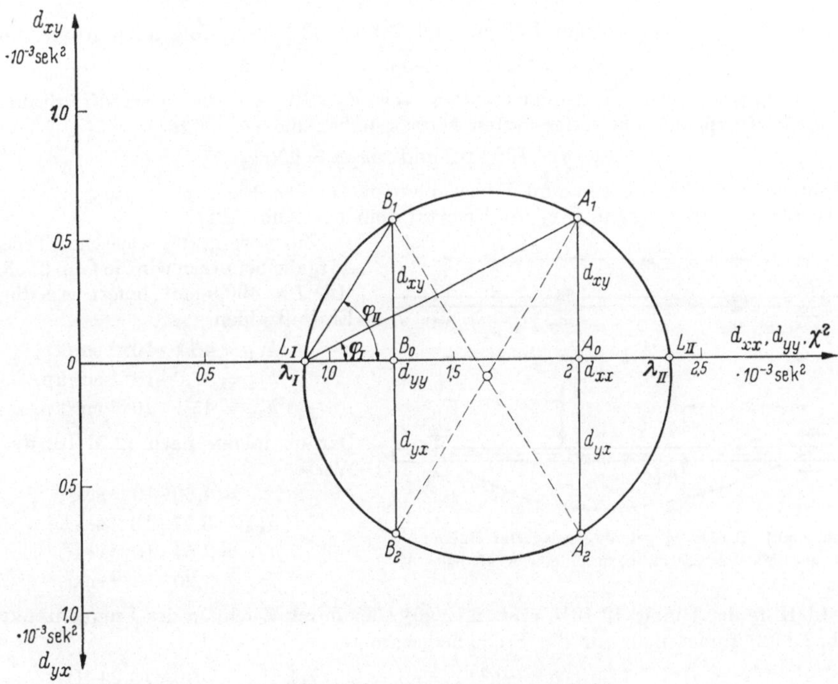

Abb. 2.32/2. Frequenzenkreis zum Beispiel

für die Koeffizienten d_{ik}. Damit erhält man entweder nach (2.12/19b) oder aus dem Frequenzenkreis Abb. 2.32/2 die reziproken Frequenzquadrate

$$\lambda_I = 0{,}89 \cdot 10^{-3} \text{ sek}^2, \qquad \lambda_{II} = 2{,}38 \cdot 10^{-3} \text{ sek}^2$$

und daher die Frequenzen[1]

$$f_I = 5{,}33 \text{ Hz (Oberschwingung)}, \qquad f_{II} = 3{,}27 \text{ Hz (Grundschwingung)}$$

und nach (2.12/20) oder ebenfalls aus dem Frequenzenkreis die Formzahlen[1]

$$\varkappa_I = -0{,}503, \qquad \varkappa_{II} = +1{,}55 .$$

2.33 Der Balken. Wir beschränken die Erörterungen zunächst auf einen Balken, der beidseitig gelenkig gelagert ist (Abb. 2.33/1a). Die Gleichung der elastischen Linie, aus der man die Verschiebungs-Einflußzahlen gewinnt, ist wohlbekannt.[2] Sie lautet für das Stück links von der Last, wenn $l = l_1 + l_2 + l_3$ die gesamte Balkenlänge, b die Strecke zwischen Last und rechtem Auflager, x die Strecke zwischen linkem Auflager und dem Ort der Durchsenkung bedeutet (Abb. 2.33/1b),

$$w = P \frac{b\,x}{6\,E\,I\,l} \, (l^2 - b^2 - x^2). \tag{2.33/1a}$$

Daraus kommen

mit   die Einflußzahlen

$$
\begin{array}{ll}
x = l_1, \qquad b = l_2 + l_3 & \quad h_{11} = \dfrac{1}{3\,E\,I\,l}\, l_1^2\,(l_2 + l_3)^2 \\[2.5ex]
x = l_1, \qquad b = l_3 & \quad h_{12} = \dfrac{1}{6\,E\,I\,l}\, l_1 l_3\,(l^2 - l_1^2 - l_3^2) \\[2.5ex]
x = l_1 + l_2, \qquad b = l_3 & \quad h_{22} = \dfrac{1}{3\,E\,I\,l}\, l_3^2\,(l_1 + l_2)^2
\end{array}
\tag{2.33/1b}
$$

zustande.

Beispiel 1. Gegeben sei ein Balken nach Abb. 2.33/1a mit folgenden Abmessungen:

$$l_1 = 2 \text{ m}, \qquad l_2 = 3 \text{ m}, \qquad l_3 = 2 \text{ m}.$$

Der Durchmesser des Kreisquerschnittes sei $d = 10$ cm, der Baustoff Stahl mit $E = 2{,}15 \cdot 10^6$ kp/cm². Die aufgesetzten Massen haben die Gewichte

$$m_1 g = 100 \text{ kp} \quad \text{und} \quad m_2 g = 200 \text{ kp}.$$

Gesucht sind die Frequenzen und Formzahlen der beiden Eigenschwingungen sowie die Stärke der Federn c_1, c_2 und c_3 im Ersatzsystem der Abb. 2.22/1.

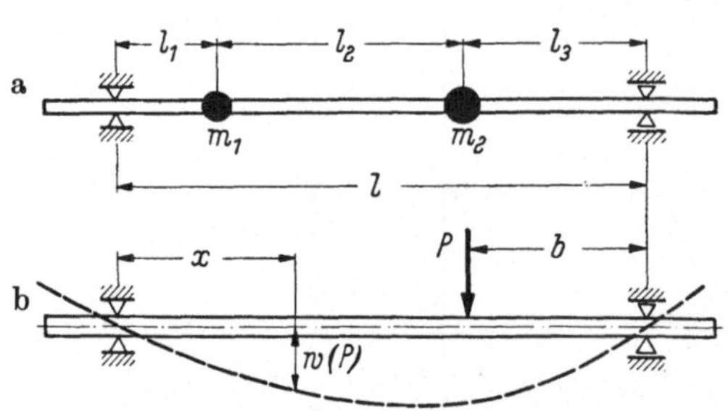

Abb. 2.33/1. Beidseitig gelenkig gelagerter Balken
a) mit zwei Massen besetzt, b) durch eine Kraft belastet

Zur Lösung des statischen Teiles der Aufgabe benutzen wir die Gln. (2.33/1b). Mit $I = 490{,}9$ cm⁴ liefern sie die drei Einflußzahlen

$$h_{11} = 45{,}1 \cdot 10^{-4} \text{ cm/kp},$$
$$h_{12} = 37{,}0 \cdot 10^{-4} \text{ cm/kp},$$
$$h_{22} = 45{,}1 \cdot 10^{-4} \text{ cm/kp}.$$

Daraus folgen nach (2.31/10) die vier Werte

$$d_{xx} = 4{,}60 \cdot 10^{-4} \text{ sek}^2,$$
$$d_{yx} = 3{,}77 \cdot 10^{-4} \text{ sek}^2,$$
$$d_{xy} = 7{,}54 \cdot 10^{-4} \text{ sek}^2,$$
$$d_{yy} = 9{,}20 \cdot 10^{-4} \text{ sek}^2.$$

Mit Hilfe der Gln. (2.12/19b) und (2.12/20) oder durch Zeichnen des Frequenzenkreises (Abb. 2.33/2) findet man für die Frequenzparameter

$$\lambda_I = \chi_I^2 = 1{,}09 \cdot 10^{-4} \text{ sek}^2, \qquad \omega_I = 95{,}7 \text{ sek}^{-1}, \qquad f_I = 15{,}23 \text{ Hz},$$
$$\lambda_{II} = \chi_{II}^2 = 12{,}71 \cdot 10^{-4} \text{ sek}^2, \qquad \omega_{II} = 28{,}1 \text{ sek}^{-1}, \qquad f_{II} = 4{,}47 \text{ Hz},$$

---

[1] Siehe Fußnote 1, S. 57.

[2] Siehe Anhang zu diesem Band (S. 469) oder irgendein Lehrbuch der Festigkeitslehre oder z. B. Hütte, Bd. 1, 28. Aufl., S. 872ff.

für die Formzahlen

$$\varkappa_I = -\tan \varphi_I = -2{,}14, \qquad \varkappa_{II} = \tan \varphi_{II} = 0{,}929.$$

Die Werte für die Federsteifigkeiten des Ersatzsystems (2.22/1) folgen aus (2.31/5a) und (2.31/8b) mit $H = 6{,}67 \cdot 10^{-6}$ cm²/kp² zu

$$c_1 = c_3 = 122 \text{ kp/cm} \quad \text{und} \quad c_2 = 555 \text{ kp/cm.}$$

Das sind die im Beispiel von 2.22 verwendeten Werte. Auch die dortigen Schwingzahlen und Formzahlen stimmen mit den hier ermittelten überein.

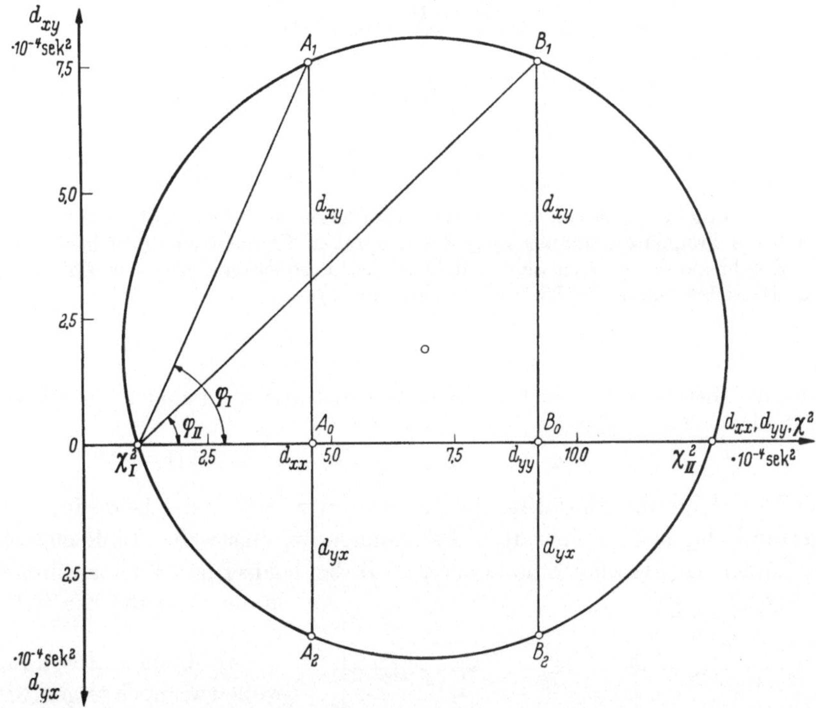

Abb. 2.33/2. Frequenzenkreis zum Beispiel 1

Beispiel 2. Wir wollen das Beispiel 1 etwas verallgemeinern. Es sei $m_1 = m_2 = m$, $l_1 = l_3$, und wir fragen, wie die Frequenzparameter λ_I und λ_{II} (oder Eigenfrequenzen ω_{II} und ω_I) und die Formzahlen $\varkappa_I$ und $\varkappa_{II}$ sich *ändern*, wenn die (stets symmetrische) Lage der Massen auf dem Balken variiert wird dadurch, daß das Verhältnis $l_2 : l$ andere und andere Werte annimmt.

Das Verhältnis $l_2 : l$, .das wir mit Λ bezeichnen wollen, kann Werte zwischen 0 und 1 annehmen. Im ersten Grenzfall sitzen beide Massen in der Mitte des Balkens, im zweiten sitzen sie hart an den beiden Auflagerstellen.

Den Gln. (2.33/1b) entnehmen wir die folgenden Ausdrücke für die Einflußzahlen

$$h_{11} = h_{22} = \frac{1}{3\,E\,I\,l}\, l_1^2\,(l_1 + l_2)^2, \qquad h_{12} = \frac{1}{6\,E\,I\,l}\, l_1^2\,(l^2 - 2\,l_1^2). \qquad (2.33/2\,\text{a})$$

Diese Ausdrücke schreiben sich unter Benutzung des Verhältnisses $\Lambda = l_2/l$

$$h_{11} = h_{22} = \frac{l^3}{48\,E\,I}\,(1 - \Lambda)^2\,(1 + \Lambda)^2,$$
$$h_{12} = \frac{l^3}{48\,E\,I}\,(1 - \Lambda)^2\,(1 + 2\,\Lambda - \Lambda^2). \qquad (2.33/2\,\text{b})$$

Die Größen d_{ik} nach Gl. (2.31/10) werden zu

$$d_{xx} = d_{yy} = \frac{m\,l^3}{48\,E\,I}\,(1-\varLambda)^2\,(1+\varLambda)^2,$$
$$d_{xy} = d_{yx} = \frac{m\,l^3}{48\,E\,I}\,(1-\varLambda)^2\,(1+2\varLambda-\varLambda^2). \qquad (2.33/3)$$

Es liegt also der am Ende von 2.12 und 2.14 behandelte Fall „besonderer Symmetrie" vor, für den die Frequenzparameter λ durch (2.12/26a), die Formzahlen $\varkappa$ durch (2.12/26b) angegeben werden. Demgemäß erhalten wir

$$\lambda_I = d_{xx} - d_{xy} = \frac{m\,l^3}{24\,E\,I}\,(1-\varLambda)^2\,\varLambda^2,$$
$$\lambda_{II} = d_{xx} + d_{xy} = \frac{m\,l^3}{24\,E\,I}\,(1-\varLambda)^2\,(1+2\varLambda), \qquad (2.33/4\,\text{a})$$

während die Formzahlen, unabhängig von λ, zu

$$\varkappa_I = -1, \qquad \varkappa_{II} = +1 \qquad (2.33/4\,\text{b})$$

werden. Die Ergebnisse lassen sich leicht diskutieren. Bei ihrer Interpretation beachte man, daß die Frequenzparameter $\lambda_{I,\,II}$ die reziproken Frequenzquadrate bedeuten.

Die Ergebnisse lassen sich auch mit Hilfe des Frequenzenkreises der Abb. 2.14/4 gewinnen. Bezeichnet man die Koordinaten des Punktes A_1 mit

$$\xi = \frac{48\,E\,I}{m\,l^3}\,d_{xx} \quad \text{und} \quad \eta = \frac{48\,E\,I}{m\,l^3}\,d_{yx},$$

so lautet die Gleichung des geometrischen Ortes, auf dem der Punkt A_1 sich bewegt, in Parameterdarstellung

$$\xi = (1+2\varLambda+\varLambda^2)\,(1-\varLambda)^2, \qquad \eta = (1+2\varLambda-\varLambda^2)\,(1-\varLambda)^2. \qquad (2.33/5)$$

Die Verschiebungs-Einflußzahlen konnten wir im Fall des beidseitig gelenkig gelagerten Balkens den bekannten Gleichungen der elastischen Linie entnehmen. Wenn immer wir die Biegelinie kennen (z. B. bei beidseitiger Einspannung usw.), können wir die Einflußzahlen angeben.

An einem weiteren Beispiel wollen wir noch zeigen, wie man in komplizierteren Fällen die Einflußzahlen durch *Superposition* bekannter Biegelinien gewinnen kann.

Beispiel 3. Es sollen die Biegeschwingungen einer elastischen (als trägheitslos betrachteten) Welle untersucht werden, die an drei Stellen (momentenfrei) gelagert ist und zwei Scheiben

Abb. 2.33/3. Schwinger des Beispieles 3

(Massen) trägt (Abb. 2.33/3). Die Lagerung ist also einfach statisch unbestimmt. Als bekannt kann die Gleichung der elastischen Linie eines zweimal gestützten Balkens vorausgesetzt werden [Abb. 2.33/1b, Gl. (2.33/1a)].

Wir beabsichtigen, die Bewegungsgleichungen in der Form (2.31/2) anzugeben. Dazu benötigen wir die Einflußzahlen h_{11}, h_{12} und h_{22} für die Stellen (1) und (2). Wir können sie durch geeignete Kombination einer Reihe von Belastungsfällen des Trägers 2.33/1b finden. Und zwar denken wir uns, wie man das stets in statisch unbestimmten Fällen tut, den vom mittleren Lager (3) befreiten Träger der Reihe nach durch Einheitskräfte an den Stellen (1), (2) und (3) belastet. Die Durchsenkungen, die der Träger an den Stellen (1),

(2), (3) erfährt, können der Gleichung der elastischen Linie (2.33/1a) oder den Gln. (2.33/1b) entnommen werden. Es sei (Abb. 2.33/4)

Durchsenkung an der Stelle	(1)	(3)	(2)
Belastung an der Stelle (1)	h'_{11}	h'_{13}	h'_{12}
Belastung an der Stelle (2)	h'_{21}	h'_{23}	h'_{22}
Belastung an der Stelle (3)	h'_{31}	h'_{33}	h'_{32}

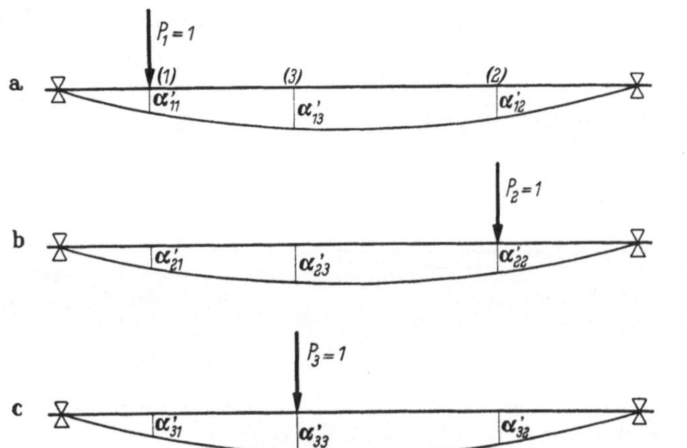

Abb. 2.33/4. Belastungsfälle und Einflußzahlen. (Die Buchstaben α'_{ik} sind als h'_{ik} zu lesen)

Dabei ist wieder

$$h'_{12} = h'_{21}, \qquad h'_{23} = h'_{32}, \qquad h'_{31} = h'_{13}.$$

An dem mit dem Lager (3) versehenen Träger ist $w_3 = 0$; P_1 ruft also in (3) die Auflagerkraft $R_1 = -P_1 h'_{13}/h'_{33}$ hervor. Die Durchsenkung w_{11} ist nun

$$w_{11} = P_1 h'_{11} + R_1 h'_{31} = P_1\left(h'_{11} - \frac{h'^2_{13}}{h'_{33}}\right).$$

Entsprechend werden

$$w_{22} = P_2 h'_{22} + R_2 h'_{32} = P_2\left(h'_{22} - \frac{h'^2_{23}}{h'_{33}}\right)$$

und

$$w_{12} = P_1 h'_{12} + R_1 h'_{32} = P_1\left(h'_{12} - \frac{h'_{13} h'_{23}}{h'_{33}}\right)$$

oder

$$w_{21} = P_2 h'_{21} + R_2 h'_{31} = P_2\left(h'_{12} - \frac{h'_{13} h'_{23}}{h'_{33}}\right)$$

$$(2.33/6)$$

gefunden. Daraus folgen die Einflußzahlen

$$h_{11} = h'_{11} - \frac{h'^2_{13}}{h'_{33}}, \qquad h_{12} = h'_{12} - \frac{h'_{13} h'_{23}}{h'_{33}}, \qquad h_{22} = h'_{22} - \frac{h'^2_{23}}{h'_{33}}. \qquad (2.33/7)$$

Bewegungsgleichungen sind die Gln. (2.31/2) mit den Einflußzahlen (2.33/7).

Wir wollen jetzt bestimmte Zahlenwerte vorgeben und die Frequenzen und Ausschlagverhältnisse der beiden Biegeschwingungen ermitteln. Die Abmessungen und Belastungen seien

$$l_{11} = l_{12} = l_{21} = l_{22} = l_0; \qquad l_0 = 2,50 \text{ m,}$$
$$m_1 = m_2 = m; \qquad m\,g = 500 \text{ kp.}$$

$$(2.33/8)$$

Von der verteilten Masse werde abgesehen. Der Durchmesser der Welle sei $d = 10$ cm, der Elastizitätsmodul $E = 2,15 \cdot 10^6$ kp/cm² (Stahl).

Die Einflußzahlen h' nehmen [s. (2.33/1b)] die Werte an:

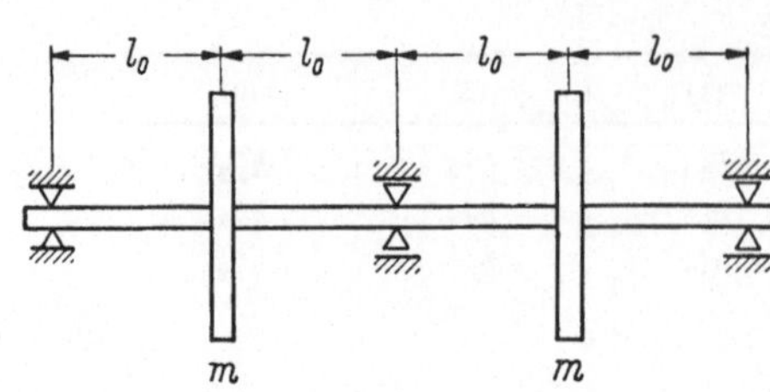

$$h'_{11} = h'_{22} = \frac{l_0^3}{EI}\,\frac{9}{12},$$

$$h'_{12} = \frac{l_0^3}{EI}\,\frac{7}{12},$$

$$h'_{13} = h'_{23} = \frac{l_0^3}{EI}\,\frac{11}{12},$$

$$h'_{33} = \frac{l_0^3}{EI}\,\frac{16}{12}.$$

Daraus folgen die Einflußzahlen nach (2.33/7) zu

$$h_{11} = h_{22} = \frac{l_0^3}{EI}\,\frac{23}{192},$$

$$h_{12} = -\,\frac{l_0^3}{EI}\,\frac{9}{192},$$

die Größen d_{ik} nach (2.31/10) zu

$$d_{xx} = d_{yy} = \frac{m\,l_0^3}{192\,EI}\cdot 23,$$

$$d_{xy} = d_{yx} = -\,\frac{m\,l_0^3}{192\,EI}\cdot 9.$$

Abb. 2.33/5. Ausschlagformen
a) Grundschwingung, b) Oberschwingung

Es liegt also der Fall „besonderer Symmetrie" vor, für den die Eigenwerte aus (2.12/26a) und die Formzahlen aus (2.12/26b) folgen. So kommt[1]

$$\frac{1}{\omega_I^2} = \lambda_I = d_{xx} - d_{xy} = \frac{7\,m\,l_0^3}{96\,EI} \quad \text{(Oberschwingung)},$$

$$\frac{1}{\omega_{II}^2} = \lambda_{II} = d_{xx} + d_{xy} = \frac{16\,m\,l_0^3}{96\,EI} \quad \text{(Grundschwingung)}.$$

$$(2.33/9\,\mathrm{a})$$

und

$$\varkappa_{II} = -1, \qquad \varkappa_I = +1.$$

Hier hat die Grundschwingung (II) negatives Ausschlagverhältnis (Abb. 2.33/5a), die Oberschwingung (I) positives (Abb. 2.33/5b).

Mit den Zahlenwerten

$$m = 0{,}51\ \mathrm{kp\ cm^{-1}\ sek^2}; \qquad l_0^3 = 15{,}625\cdot 10^6\ \mathrm{cm^3}, \qquad I = 490{,}9\ \mathrm{cm^4},$$

wird

$$\frac{192\,EI}{m\,l_0^3} = 25\,400/\mathrm{sek^2}$$

und daher

$$\omega_{II}^2 = \frac{25\,400}{32}\Big/\mathrm{sek^2} = \ \ 794\ \mathrm{sek^{-2}}; \qquad \omega_{II} = 28{,}2\ \mathrm{sek^{-1}}, \qquad f_{II} = 4{,}48\ \mathrm{Hz},$$

$$\omega_I^2 = \frac{25\,400}{14}\Big/\mathrm{sek^2} = 1815\ \mathrm{sek^{-2}}; \qquad \omega_I = 42{,}6\ \mathrm{sek^{-1}}, \qquad f_I = 6{,}78\ \mathrm{Hz}.$$

$$(2.33/9\,\mathrm{b})$$

Auch im Beispiel 3 konnten wir die (Verschiebungs-) Einflußzahlen noch leicht mit Hilfe bekannter Biegelinien ermitteln. Für verwickelter gebaute Gebilde, wie z. B. Stäbe (Wellen) mit abschnittsweise veränderlichen Querschnitten, mit elastischen Lagern u. dgl., wird die Berechnung der Einflußzahlen bald sehr mühsam, selbst wenn die Anzahl der Freiheitsgrade gar nicht erhöht wird. Dann muß man Methoden anwenden, die geeigneter sind als die hier verwendeten. Da nun die Berechnung der Biegeeigenfrequenzen von verwickelter

---

[1] Siehe Fußnote 1, S. 57.

gebauten Gebilden — wegen der Übereinstimmung mit den biegekritischen Drehzahlen — große technische Bedeutung besitzt, hat man dieser Aufgabe besondere Aufmerksamkeit zugewandt, und es sind — in jüngster Zeit — praktisch brauchbare Methoden geschaffen worden, die sich um das Stichwort „Übertragungsmatrizen" ranken. Wegen des Umfangs der erforderlichen Betrachtungen werden wir diesen Methoden ein besonderes Kapitel (Kap. 7) widmen.

Weiterhin kann man die Einflußzahlen mit dem von O. Mohr[1] herrührenden graphischen Verfahren gewinnen, das vor allem für solche Wellen zu empfehlen ist, deren Biegesteifigkeiten nicht konstant sind.

2.34 Membranen, Platten; Rahmen. In den Gln. (2.31/1) und (2.31/2) stecken keinerlei Voraussetzungen über die spezielle Bauart des die beiden Massen tragenden elastischen Gebildes. Nicht nur die „eindimensionalen" Gebilde, *Saite* und *Balken*, werden auf diese Weise erfaßt, sondern auch die „zweidimensionalen", *Membran* und *Platte* (ebenso natürlich ebene oder räumliche *Rahmen*). Die Einflußzahlen zu bestimmen, macht hier im einzelnen u. U. mehr Mühe, weil die Gleichungen für die elastischen Durchsenkungen, aus denen die Einflußzahlen abgelesen werden könnten, im allgemeinen nicht bereitgestellt sind. Wir verzichten darauf, diese rein statische Aufgabe hier weiter zu verfolgen.

Im Anhang zu diesem Band (S. 469) sind Ergebnisse aus der Statik zusammengestellt, die sich für die hier erwähnten Aufgaben als nützlich erweisen können.

2.4 Mehrfachpendel

2.41 Das Doppelpendel. Ähnlich wie wir, ausgehend von dem einläufigen *elastischen* Schwinger, durch Aneinanderreihen Gebilde von mehreren Freiheitsgraden aufgebaut haben, so kann man auch durch Aneinanderreihen von Pendeln, die ja ebenfalls einläufige Schwinger darstellen, Verbände aufbauen. Die so entstehenden Gebilde könnte man als Pendelketten bezeichnen; wir sprechen jedoch lieber von Mehrfachpendeln, dem Doppelpendel, dem Dreifachpendel usw.

Entsprechend der Unterscheidung der einläufigen Pendel (s. I.17) als Starrkörperpendel (physikalische Pendel) und Punktkörperpendel (mathematische Pendel) gibt es physikalische (Abb. 2.41/1a) und mathematische (Abb. 2.41/1b und c) Mehrfachpendel.

Wir beginnen unsere Untersuchung mit dem physikalischen Doppelpendel; das mathematische Doppelpendel geht daraus durch Spezialisierung hervor. Für die Beschreibung der Bewegungen solcher Pendel sind drei Paare von Koordinaten gebräuchlich (Abb. 2.41/1a): Entweder

1. die Winkel φ_1 und φ_2, die von den Verbindungslinien OS_1 und DS_2 der jeweiligen Drehpunkte und Schwerpunkte mit der Lotrechten gebildet werden, oder

2. die Abstände w_1 und w_2 ausgezeichneter Punkte (etwa der Schwerpunkte S_1 und S_2) von der Lotlinie, oder schließlich

3. die Winkel ψ_1 und ψ_2, die OS_1 mit der Lotrechten und DS_2 mit der Richtung von OS_1 einschließt.

---

[1] Siehe irgendein Lehrbuch der Festigkeitslehre oder Hütte, Bd. 1, 28. Aufl., S. 910 ff.

Die drei Koordinatenpaare sind durch die folgenden Beziehungen miteinander verknüpft:

<table>
<tr><td align="center">α) allgemein:</td><td align="center">β) für kleine Ausschläge:</td></tr>
</table>

$$w_1 = s_1 \sin \varphi_1$$
$$w_2 = d_1 \sin \varphi_1 + s_2 \sin \varphi_2$$

$$w_1 = s_1 \varphi_1$$
$$w_2 = d_1 \varphi_1 + s_2 \varphi_2 \quad \Big\} \quad (2.41/1\,\mathrm{a})$$

oder umgekehrt

$$\varphi_1 = \arcsin \frac{w_1}{s_1}$$
$$\varphi_2 = \arcsin \left(\frac{w_2}{s_2} - \frac{d_1 w_1}{s_1 s_2} \right)$$

$$\varphi_1 = \frac{w_1}{s_1}$$
$$\varphi_2 = \frac{w_2}{s_2} - \frac{d_1 w_1}{s_1 s_2} \quad \Big\} \quad (2.41/1\,\mathrm{b})$$

ferner

$$\varphi_1 = \psi_1, \qquad \varphi_2 = \psi_1 + \psi_2 \qquad\qquad (2.41/2\,\mathrm{a})$$

oder umgekehrt

$$\psi_1 = \varphi_1, \qquad \psi_2 = \varphi_2 - \varphi_1. \qquad\qquad (2.41/2\,\mathrm{b})$$

Zur Aufstellung der Bewegungsgleichungen kann man die Lagrangesche Methode heranziehen: Nach Wahl eines Paares von Koordinaten bildet man

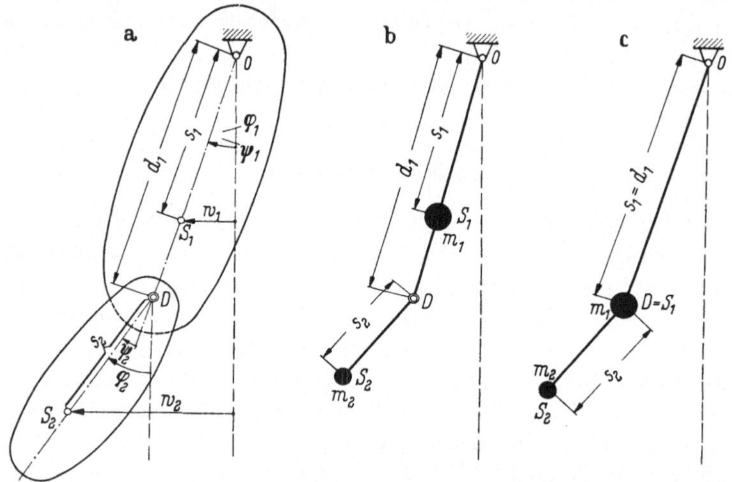

Abb. 2.41/1. Doppelpendel

a) Physikalisches Doppelpendel (Starrkörper-Doppelpendel), b) Mathematisches Doppelpendel (Punktkörper-Doppelpendel), c) Mathematisches Doppelpendel (Sonderfall $s = d_1$)

die Ausdrücke T und U und erhält die Gleichungen dann nach der Lagrangeschen Vorschrift (1.33/9):

In 1.33 ist das physikalische Doppelpendel schon als Beispiel behandelt worden. Als Koordinaten hatten wir dort φ_1 und φ_2 gewählt. Die Bewegungsgleichungen für große Ausschläge sind in (1.33/14) angegeben, für kleine Ausschläge in (1.33/16). Zur Erleichterung schreiben wir die letzten hier noch einmal an:

$$\left. \begin{aligned} [m_1(k_1^2 + s_1^2) + m_2 d_1^2]\,\ddot{\varphi}_1 + \quad m_2 d_1 s_2\,\ddot{\varphi}_2 + g(m_1 s_1 + m_2 d_1)\,\varphi_1 &= 0, \\ m_2 d_1 s_2\,\ddot{\varphi}_1 + m_2(k_2^2 + s_2^2)\,\ddot{\varphi}_2 + \qquad\qquad g\,m_2 s_2\,\varphi_2 &= 0. \end{aligned} \right\} \quad (2.41/3\,\mathrm{a})$$

Diese Gleichungen sind in der Beschleunigung gekoppelt.

Wenn die Trägheitsarme k_1 und k_2 klein sind gegenüber den Längen s_1 und s_2, so liegt ein mathematisches (oder Punktkörper-) Pendel (Abb. 2.41/1 b) vor, und die Bewegungsgleichungen vereinfachen sich zu [vgl. (1.33/17)]

$$\left. \begin{aligned} (m_1 s_1^2 + m_2 d_1^2)\, \ddot{\varphi}_1 + m_2 d_1 s_2\, \ddot{\varphi}_2 + g(m_1 s_1 + m_2 d_1)\, \varphi_1 &= 0, \\ m_2 d_1 s_2\, \ddot{\varphi}_1 + \quad m_2 s_2^2\, \ddot{\varphi}_2 + \qquad\quad g\, m_2 s_2\, \varphi_2 &= 0. \end{aligned} \right\} \quad (2.41/3\,\mathrm{b})$$

In dem häufigen Sonderfall $d_1 = s_1$ (Abb. 2.41/1 c) wird daraus

$$\left. \begin{aligned} (m_1 + m_2)\, s_1^2\, \ddot{\varphi}_1 + m_2 s_1 s_2\, \ddot{\varphi}_2 + g(m_1 + m_2)\, s_1\, \varphi_1 &= 0, \\ m_2 s_1 s_2\, \ddot{\varphi}_1 + \quad m_2 s_2^2\, \ddot{\varphi}_2 + \qquad\quad g\, m_2 s_2\, \varphi_2 &= 0. \end{aligned} \right\} \quad (2.41/3\,\mathrm{c})$$

Wir geben nun noch an, wie die Bewegungsgleichungen — für kleine Ausschläge — aussehen, wenn man sie unter Benutzung der beiden anderen Koordinatenpaare w_1, w_2 und ψ_1, ψ_2 anschreibt.

In w_1, w_2 werden T und U für das physikalische Doppelpendel

$$\left. \begin{aligned} 2\,\mathsf{T} &= \dot{w}_1^2\left[m_1\left(1 + \frac{k_1^2}{s_1^2}\right) + m_2\, \frac{d_1^2}{s_1^2}\, \frac{k_2^2}{s_2^2}\right] - 2\dot{w}_1 \dot{w}_2\, m_2\, \frac{d_1}{s_1}\, \frac{k_2^2}{s_2^2} + \dot{w}_2^2\, m_2\left(1 + \frac{k_2^2}{s_2^2}\right) \\ \text{und} & \\ 2\,\mathsf{U} &= g\left\{\frac{w_1^2}{s_1^2}\left[m_1 s_1 + m_2 d_1\left(1 + \frac{d_1}{s_2}\right)\right] - 2\, \frac{w_1}{s_1}\, \frac{w_2}{s_2}\, m_2 d_1 + \frac{w_2^2}{s_2}\, m_2\right\}. \end{aligned} \right\} \quad (2.41/4\,\mathrm{a})$$

Im Sonderfall (math. Pendel)

$$k_1 \ll s_1 \quad \text{und} \quad k_2 \ll s_2 \qquad\qquad (2.41/4\,\mathrm{b})$$

vereinfacht sich die erste Zeile zu

$$2\,\mathsf{T} = m_1 \dot{w}_1^2 + m_2 \dot{w}_2^2;$$

im Sonderfall

$$s_1 = d_1 \qquad\qquad (2.41/4\,\mathrm{c})$$

wird aus der zweiten

$$2\,\mathsf{U} = g\left\{\frac{w_1^2}{s_1}\left[m_1 + m_2\left(1 + \frac{s_1}{s_2}\right)\right] - 2 w_1 w_2\, \frac{m_2}{s_2} + w_2^2\, \frac{m_2}{s_2}\right\}.$$

Schon aus der Form von T und U kann man auf die Art der Kopplung schließen: Die Ausdrücke (2.41/4a) führen zu Kopplung sowohl in der Beschleunigung wie im Ausschlag; wenn (2.41/4b) gilt, fällt die Beschleunigungskopplung weg, während die Spezialisierung (2.41/4c) an der Art der Kopplung nichts ändert. Explizit angeschrieben lauten die Bewegungsgleichungen in den Koordinaten w_1 und w_2:

a) allgemein

$$\left. \begin{aligned} \ddot{w}_1\left[m_1\left(1 + \frac{k_1^2}{s_1^2}\right) + m_2\, \frac{d_1^2}{s_1^2}\, \frac{k_2^2}{s_2^2}\right] &- \ddot{w}_2\, m_2\, \frac{d_1}{s_1}\, \frac{k_2^2}{s_2^2} + \\ + g\left[\frac{w_1}{s_1^2}\left(m_1 s_1 + m_2 d_1\left(1 + \frac{d_1}{s_2}\right)\right) - \frac{w_2}{s_1 s_2}\, m_2 d_1\right] &= 0, \\ \left\{-\ddot{w}_1\, \frac{d_1}{s_1}\, \frac{k_2^2}{s_2^2} + \ddot{w}_2\left(1 + \frac{k_2^2}{s_2^2}\right) + g\, \frac{1}{s_2}\left[-\frac{d_1}{s_1}\, w_1 + w_2\right]\right\} m_2 &= 0. \end{aligned} \right\} \quad (2.41/5\,\mathrm{a})$$

b) mit (2.41/4 b):

$$\ddot{w}_1 m_1 + g\left[\frac{w_1}{s_1^2}\left(m_1 s_1 + m_2 d_1\left(1 + \frac{d_1}{s_2}\right)\right) - \frac{w_2}{s_2} m_2 \frac{d_1}{s_1}\right] = 0,$$
$$\left\{\ddot{w}_2 + g\frac{1}{s_2}\left[-\frac{d_1}{s_1} w_1 + w_2\right]\right\} m_2 = 0.$$

$$(2.41/5\,\mathrm{b})$$

mit (2.41/4b) und (2.41/4c):

$$\ddot{w}_1 m_1 + g\left[\frac{w_1}{s_1}\left(m_1 + m_2\left(1 + \frac{s_1}{s_2}\right)\right) - \frac{w_2}{s_2} m_2\right] = 0,$$
$$\left\{\ddot{w}_2 + \frac{g}{s_2}\left[-w_1 + w_2\right]\right\} m_2 = 0.$$

$$(2.41/5\,\mathrm{c})$$

Schließlich schreiben wir die Formen T und U und die Differentialgleichungen noch unter Benutzung des dritten Paares von Koordinaten, ψ_1 und ψ_2, an. Die Energieausdrücke T und U werden

a) allgemein (physikalisches Pendel)

$$2\,\mathsf{T} = \left[m_1(k_1^2 + s_1^2) + m_2((d_1 + s_2)^2 + k_2^2)\right] \dot{\psi}_1^2 +$$
$$+ 2\,m_2[d_1 s_2 + (k_2^2 + s_2^2)]\,\dot{\psi}_1\,\dot{\psi}_2 + m_2(k_2^2 + s_2^2)\,\dot{\psi}_2^2,$$
$$2\,\mathsf{U} = g\{[m_1 s_1 + m_2(d_1 + s_2)]\,\psi_1^2 + 2\,m_2 s_2\,\psi_1\,\psi_2 + m_2 s_2\,\psi_2^2\};$$

$$(2.41/6\,\mathrm{a})$$

b) mit $k_1^2 \ll s_1^2$, $k_2^2 \ll s_2^2$ (mathematisches Pendel)

$$2\,\mathsf{T} = [m_1 s_1^2 + m_2(d_1 + s_2)^2]\,\dot{\psi}_1^2 + 2\,m_2 s_2[d_1 + s_2]\,\dot{\psi}_1\,\dot{\psi}_2 + m_2 s_2^2\,\dot{\psi}_2^2. \qquad (2.41/6\mathrm{b})$$

Man erkennt, daß hier die Bewegungsgleichungen unter allen Umständen sowohl in der Beschleunigung wie im Ausschlag gekoppelt sind. Explizit angeschrieben lauten sie:

a) allgemein (physikalisches Pendel)

$$\left[m_1(k_1^2 + s_1^2) + m_2((d_1 + s_2)^2 + k_2^2)\right] \ddot{\psi}_1 + m_2[d_1 s_2 + s_2^2 + k_2^2]\,\ddot{\psi}_2 +$$
$$+ g\{[m_1 s_1 + m_2(d_1 + s_2)]\,\psi_1 + m_2 s_2\,\psi_2\} = 0,$$
$$m_2\{[d_1 s_2 + s_2^2 + k_2^2]\,\ddot{\psi}_1 + (s_2^2 + k_2^2)\,\ddot{\psi}_2 + g s_2(\psi_1 + \psi_2)\} = 0;$$

$$(2.41/7\,\mathrm{a})$$

b) mathematisches Pendel

$$[m_1 s_1^2 + m_2(d_1 + s_2)^2]\,\ddot{\psi}_1 + m_2 s_2(d_1 + s_2)\,\ddot{\psi}_2 +$$
$$+ g\{[m_1 s_1 + m_2(d_1 + s_2)]\,\psi_1 + m_2 s_2\,\psi_2\} = 0,$$
$$m_2 s_2\{(d_1 + s_2)\,\ddot{\psi}_1 + s_2\,\ddot{\psi}_2 + g(\psi_1 + \psi_2)\} = 0;$$

$$(2.41/7\,\mathrm{b})$$

c) Sonderfall $d_1 = s_1$

$$[m_1 s_1^2 + m_2(s_1 + s_2)^2]\,\ddot{\psi}_1 + s_2(s_1 + s_2) m_2\,\ddot{\psi}_2 +$$
$$+ g\{[m_1 s_1 + m_2(s_1 + s_2)]\,\psi_1 + m_2 s_2\,\psi_2\} = 0,$$
$$m_2 s_2[(s_1 + s_2)\,\ddot{\psi}_1 + s_2\,\ddot{\psi}_2 + g(\psi_1 + \psi_2)] = 0.$$

$$(2.41/7\,\mathrm{c})$$

Wir werfen einen Blick auf die verschiedenen Formen, die die Bewegungsgleichungen angenommen haben. Man erkennt, daß die Gln. (2.41/3), (2.41/5) und (2.41/7) in verschiedener Weise gekoppelt sind. Tab. 2.41/1 gibt den Überblick (B bedeutet Kopplung in der Beschleunigung, A Kopplung im Ausschlag).

Tabelle 2.41/1

Kopplungsarten der Bewegungsgleichungen des Doppelpendels bei kleinen Ausschlägen

Koordinatenpaar		Pendelart			Gleichungen
		a physikalisch	*b* mathematisch	*c* Sonderfall	
1	$\varphi_{1,2}$	B	B	B	(2.41/3)
2	$w_{1,2}$	B und A	A	A	(2.41/5)
3	$\psi_{1,2}$	B und A	B und A	B und A	(2.41/7)

Die Tabelle zeigt noch einmal deutlich, daß die Kopplungsart nicht eine Eigentümlichkeit des Gebildes ist, daß sie vielmehr Eigenschaften der verwendeten Koordinaten widerspiegelt. Das heißt, es ist sinnlos, das Doppelpendel etwa als ein „beschleunigungsgekoppeltes" oder als ein „ausschlaggekoppeltes" Gebilde zu bezeichnen, obgleich viele Autoren dies tun.

Die Integration der Bewegungsgleichungen verläuft natürlich wieder ganz so wie früher (s. 2.12). Man stellt fest, welche der allgemeinen Formen (2.12/1α), (2.12/1β) oder (2.11/1b) vorliegt und geht demgemäß vor. Wir verzichten deshalb hier auf eine Ausführung der Integrationen in allgemeinen Zeichen und begnügen uns mit der Erörterung eines Beispieles.

Beispiel. Welches sind die Frequenzen und Formzahlen der beiden Eigenschwingungen eines mathematischen Doppelpendels, für das $s_1 = d_1 = s_2 = l$ und $m_1 = m_2 = m$ ist?

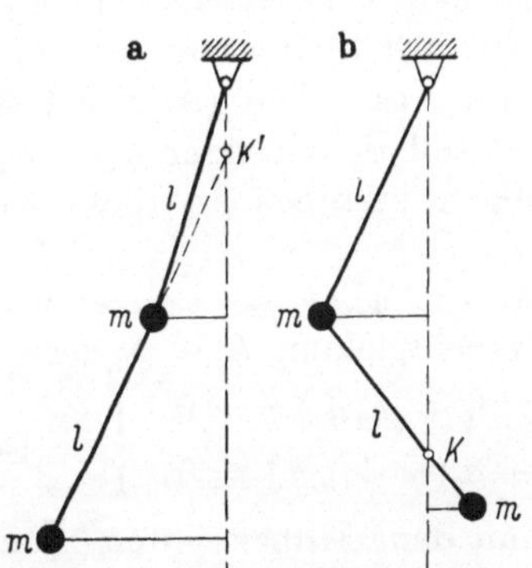

Abb. 2.41/2. Ausschlagformen des Beispieles
a) Grundschwingung, b) Oberschwingung

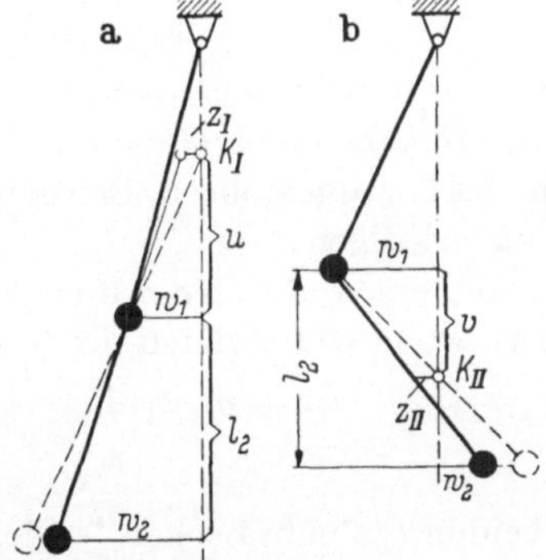

Abb. 2.41/3. Hauptkoordinaten z_I und z_{II}

Wir wählen z. B. die Koordinaten w (zweite Zeile in Tab. 2.41/1), für die sich Ausschlagkopplung in den Bewegungsgleichungen einstellt [s. (2.41/5c)]. Diese Gleichungen lauten für unser Beispiel

$$\ddot{w}_1 + \frac{g}{l}(3w_1 - w_2) = 0, \qquad \ddot{w}_2 + \frac{g}{l}(-w_1 + w_2) = 0. \qquad (2.41/8)$$

Mit Benutzung der Größen d_{ik} von (2.12/17a)

$$d_{xx} = 3\frac{g}{l}, \qquad d_{xy} = d_{yx} = -\frac{g}{l}, \qquad d_{yy} = \frac{g}{l}$$

folgt aus (2.12/19)

$$\frac{l}{g}\omega^2_{I,II} = 2 \mp \sqrt{2} = \begin{cases} 0{,}586 \\ 3{,}414, \end{cases}$$

$$\varkappa_{I,II} = \frac{1}{3 - (2 \mp \sqrt{2})} = \frac{1}{1 \pm \sqrt{2}} = \begin{cases} \sqrt{2} - 1 = 0{,}414, \\ -(1 + \sqrt{2}) = -2{,}414. \end{cases}$$

Die Schwingformen zeigt Abb. 2.41/2. Der virtuelle Knoten K' bei der Grundschwingung liegt in der Verlängerung des zweiten Fadens, der reelle Knoten K bei der Oberschwingung auf dem zweiten Faden.

Die Feststellungen von 2.13β, wo gezeigt wurde, daß die Ausschläge z_I und z_{II} am Ort der Knoten K_I und K_{II} Hauptkoordinaten darstellen, gilt natürlich auch hier, da das Doppelpendel ja zur Gruppe der Schwinger gehört, für die wir diese Feststellungen getroffen hatten (s. Abb. 2.41/3).

2.42 Erstes technisches Beispiel eines Doppelpendels: Glocke und Klöppel.

Glocke und Klöppel (Abb. 2.42/1) stellen ein physikalisches Doppelpendel dar. Abweichend von der allgemeinen Skizze 2.41/1 ist bei diesem besonderen System in der Regel $d_1 < s_1$. Unsere Bewegungsgleichungen gelten aber, gleichgültig ob $d_1 \lessgtr s_1$ ist.

Die Bewegungen des Systems Glocke—Klöppel zogen die Aufmerksamkeit auf sich beim Versagen der „Kaiserglocke“ des Kölner Doms[1] im Jahre 1876. Wurde die Glocke in der üblichen Weise in Bewegung gesetzt[2], so verharrte der Klöppel stets in der Nähe der Glockenachse; er schlug nicht an, die Glocke „blieb stumm“.

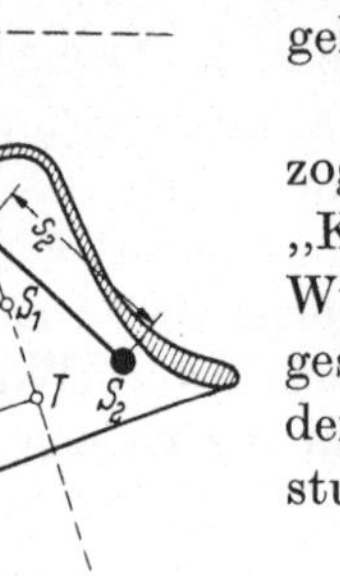

Abb. 2.42/1
Glocke und Klöppel

Wir stellen uns hier die Aufgabe, anzugeben, unter welchen Bedingungen ein Doppelpendel so schwingt, daß der zweite Körper keinen Relativausschlag gegenüber dem ersten macht. Mit Benutzung der eingeführten Bezeichnungen und Koordinaten heißt das, es sollen (Abb. 2.42/1) die Punkte ODS_2 in einer Geraden bleiben; damit soll $\psi_2 = 0$ oder $\varphi_2 = \varphi_1$ sein. Die in 2.41 aufgestellten Bewegungsgleichungen erlauben es, diese Aufgabe leicht zu erledigen.

Wir benutzen die Koordinaten φ. Setzen wir $\varphi_1 = \varphi_2 = \varphi$, so wird aus (2.41/3a), wenn wir sogleich die hier erlaubte Vereinfachung $k_2 \ll s_2$ verwenden,

$$\left.\begin{aligned} [m_1(k_1^2 + s_1^2) + m_2 d_1(d_1 + s_2)]\,\ddot\varphi + g\,(m_1 s_1 + m_2 d_1)\,\varphi = 0, \\ m_2 s_2 [(d_1 + s_2)\,\ddot\varphi + g\,\varphi] = 0. \end{aligned}\right\} \qquad (2.42/1)$$

Diese beiden („algebraischen“) Gleichungen (mit den „Unbekannten“ $\ddot\varphi$ und φ) haben eine von der trivialen ($\ddot\varphi = \varphi = 0$) verschiedene Lösung, wenn die Determinante der Koeffizienten verschwindet:

$$\begin{vmatrix} m_1(k_1^2 + s_1^2) + m_2 d_1(d_1 + s_2) & (m_1 s_1 + m_2 d_1) \\ (d_1 + s_2) & 1 \end{vmatrix} = 0. \qquad (2.42/2a)$$

Löst man diese Gleichung nach d_1 auf, so erhält man als Bedingung für ein System, dessen Punkte ODS_2 in einer Geraden bleiben,

$$d_1 = \frac{k_1^2 + s_1^2}{s_1} - s_2. \qquad (2.42/2b)$$

---

[1] Veltmann, W.: Dinglers polytechn. J. (5) Bd. 20 (1876) S. 481—495.

[2] Eine läutende Glocke führt strenggenommen keine freien Schwingungen aus. Die Bewegung einer schweren Glocke wird aber so unterhalten, daß während einer Schwingungsperiode ein nur kleiner Teil der im Bewegungsvorgang steckenden Energie verbraucht und durch den Antrieb wieder ersetzt wird. Im wesentlichen liegen also doch die Merkmale einer freien Schwingung vor (etwa so wie beim Uhrpendel). Diese Art einer unterhaltenen Bewegung wird gelegentlich als „entdämpfte Eigenschwingung“ bezeichnet.

Man überzeugt sich leicht, daß (wie es sein muß) dasselbe Ergebnis erzielt wird, wenn man, unter Benutzung der Koordinaten ψ, von (2.41/7a) ausgehend (und wiederum $k_2 \ll s_2$ setzend) $\psi_2 = 0$ fordert. Für die Verträglichkeit des sich einstellenden Paares von Gleichungen ist wieder (2.42/2b) notwendig.

Der Quotient auf der rechten Seite von (2.42/2b) bezeichnet die reduzierte Pendellänge l_1 (s. I.20) des ersten Pendelkörpers, der Glocke, und die Gleichung

$$d_1 + s_2 = l_1$$

sagt aus: wenn (bei der ruhenden Glocke) der Massenmittelpunkt S_2 des Klöppels sich im Schwingungsmittelpunkt T der Glocke befindet, schlägt bei Bewegung der Glocke der Klöppel nicht an, er verharrt vielmehr in der Glockenachse. Bei der Kölner Glocke war $l_1 - s_2 = 65{,}3$ cm und $d_1 = 66{,}7$ cm. Die Bedingung (2.42/2b) für verschwindenden Relativausschlag war also nahezu erfüllt; der Ausschlag reichte nicht aus, die Glocke zum Tönen zu bringen.

Wir erörtern das soeben erwähnte Beispiel der Kölner Glocke noch etwas weiter und fragen: Wie groß war unter den genannten Umständen der Ausschlag $\varphi_2 - \varphi_1$ ($= \psi_2$) des Klöppels gegenüber der Glocke, wenn die Glocke selbst mit einer Amplitude von $A_1 = (\varphi_1)_{\max} = 10°$ schwang? Die Frequenz der Schwingung kann dabei (wegen $m_2 \ll m_1$) als übereinstimmend mit der Frequenz angesehen werden, die die Glocke ohne Klöppel aufweist.

Aus der zweiten der Gln. (2.41/3b) finden wir unter Benutzung der Abkürzungen d_{yx} und d_{yy} nach (2.12/17b)

$$d_{yx} = \frac{d_1}{g}, \qquad d_{yy} = \frac{s_2}{g}.$$

Ferner wird

$$\lambda = \frac{1}{\omega^2} = \frac{l_1}{g}.$$

Somit kommt aus (2.12/20)

$$\varkappa = \frac{d_{yy} - \lambda}{-d_{yx}} = \frac{l_1 - s_2}{d_1}.$$

Mit den angegebenen Werten für diese Größen finden wir $\varkappa = 0{,}98$. Aus der Definition für $\varkappa$ folgt $\varphi_2 - \varphi_1 = \varphi_1 (1 - \varkappa)/\varkappa$, mit den angegebenen Zahlenwerten daher $\varphi_2 - \varphi_1 = \varphi_1 \cdot 0{,}02$. Einer Amplitude von $10°$ der Glocke entspricht somit eine Amplitude von $(1/5)° = 12'$ des Klöppels relativ zur Glocke.

2.43 Zweites technisches Beispiel eines Doppelpendels: Schiff und Schlingertank.[1] Als nächstes Beispiel betrachten wir ein System, das beträchtliches technisches Interesse besitzt und das wir später noch ausführlich behandeln werden (5.36): ein mit einem Schlingertank ausgerüstetes Schiff. Abb. 2.43/1 zeigt eine Querschnittsskizze. Unter gewissen Umständen stellt ein solches System ein Doppelpendel dar. Die Voraussetzungen, die man machen muß, damit das System als ein Gebilde von zwei Freiheitsgraden betrachtet werden darf, sind die folgenden: (1) Das Schiff bewegt sich so, als ob die Längsachse durch C im Raume festläge, (2) die Bewegung der Flüssigkeit im Tank läßt sich genügend genau durch eine einzige Koordinate beschreiben (Stromfadentheorie). — Beide Voraussetzungen sind in praktischen Fällen erfüllt (oder sie können zunächst als erfüllt angenommen und späterhin durch Korrekturen verbessert werden).

---

[1] Siehe z. B. J. H. Chadwick u. K. Klotter: Schiffstechnik 1955, H. 8, S. 85—104 („On the dynamics of anti-rolling tanks").

Zur Vereinfachung unserer Betrachtungen machen wir die weiteren Voraussetzungen (wie in der Abbildung angedeutet): (3) Die Tanks sind U-Rohr-Tanks, (4) sie sind symmetrisch zur Symmetrie-Ebene des Schiffes und (5) jene Teile der Tanks (Schenkel), in denen sich die beiden Flüssigkeitsoberflächen bewegen, sind gerade, parallel und von konstantem Querschnitt F. Diese Voraussetzungen

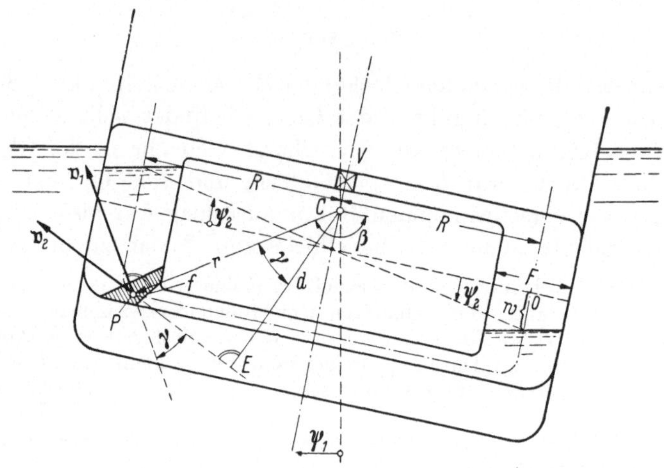

Abb. 2.43/1. Schiff und Schlingertank

könnten fallengelassen werden (die Rechnung würde dadurch etwas verwickelter werden), sie sind jedoch in den meisten Fällen tatsächlich erfüllt. Weiterhin vernachlässigen wir fürs erste alle Reibungs- und Dämpfungseinflüsse.

Wir benötigen nun eine Reihe von Bezeichnungen. Es bedeute:
Θ das Trägheitsmoment des „leeren Schiffes" [Schiff mit leeren Tanks einschließlich des „induzierten" Anteiles (Zuschläge zum Trägheitsmoment des Schiffes, herrührend vom Einfluß des mitbewegten Seewassers)], c_s' Federzahl der Rollbewegungen des „leeren Schiffes"; beide Größen stammen aus der Bewegungsgleichung des „leeren Schiffes"

$$\Theta\,\ddot{\psi}_1 + c_s'\,\psi_1 = 0\,.$$

Weiterhin führen wir ein:

$s = \overset{\frown}{OP}$, die Länge des Flüssigkeitsfadens zwischen Anfangspunkt O und Ort P des Flüssigkeitselementes;

L, die gesamte Länge des Flüssigkeitsfadens;

$r(s)$, den Abstand (als Funktion von s) des Punktes P auf dem Flüssigkeitsfaden vom Drehpunkt C;

R, den Abstand der Tankschenkel vom Drehpunkt C;

$d(s) = r(s)\cos\gamma$, gemäß Abb. 2.43/1;

$\beta(s)$, den Winkel zwischen Deck und CP;

$\gamma(s)$, den Winkel PCE, zwischen r und d;

$f(s)$, die Querschnittsfläche des Tanks in P;

$F = f(0) = f(L)$, die Querschnittsfläche des Tanks in den Schenkeln;

ϱ, die Dichte der Tankflüssigkeit (weiterhin meist kurz „Tankwasser" genannt).

Als Koordinaten zur Beschreibung der gesuchten Bewegungen benutzen wir die Winkel ψ_1 und ψ_2; sie spielen die gleiche Rolle wie die entsprechend bezeichneten in 2.41. ψ_1 mißt die Neigung des Decks gegen den Horizont oder, was das gleiche besagt, der Hochachse gegen die Lotrechte; ψ_2 mißt den Winkel, den die Verbindungslinie der Tankwasseroberflächen gegen das Deck bildet.

Zur Aufstellung der Bewegungsgleichungen benutzen wir wieder die LAGRANGEsche Vorschrift. Deshalb benötigen wir zunächst die Energieausdrücke T und U. Wir beginnen mit der kinetischen Energie T; sie setzt sich aus den beiden Anteilen zusammen, die vom Schiff und von der Tankflüssigkeit herrühren, $T = T_S + T_F$. Das erste Glied ist einfach

$$T_S = \frac{1}{2}\,\Theta\,\dot{\psi}_1^2. \tag{2.43/1a}$$

Das zweite Glied lautet zunächst

$$T_F = \int\limits_{0+R\tan\psi_2}^{L+R\tan\psi_2} \frac{f\varrho}{2}\,v^2\,ds\,; \tag{2.43/1b}$$

dabei bedeutet v die Absolutgeschwindigkeit des Flüssigkeitselementes in P. Wegen

$$v^2 = v_1^2 + v_2^2 + 2\,v_1\,v_2\cos\gamma \tag{2.43/2a}$$

und

$$v_1 = r\,\dot{\psi}_1 \quad\text{sowie}\quad f\,v_2 = F\,R\,\dot{\psi}_2 \tag{2.43/2b}$$

kommt unter Beachtung von $r\cos\gamma = d$ die Beziehung

$$T_F = \int\limits_{0+R\tan\psi_2}^{L+R\tan\psi_2} \frac{f\varrho}{2}\left[(r\,\dot{\psi}_1)^2 + \left(\frac{F}{f}\,R\,\dot{\psi}_2\right)^2 + 2\,(\dot{\psi}_1 d)\left(R\,\frac{F}{f}\,\dot{\psi}_2\right)\right] ds \tag{2.43/1c}$$

zustande. Hierin sind f, r und d Funktionen der Integrationsveränderlichen s. Die Integrationsgrenzen sind ebenfalls veränderlich; sie enthalten den Winkel ψ_2. Unsere vereinfachenden Annahmen über die Tankschenkel sagen jedoch, daß innerhalb der möglichen Werte von ψ_2 die beiden Größen f und d die festen Werte F und R besitzen, so daß für solche Glieder, die nur f oder d enthalten, wie das zweite und dritte, den Integrationsgrenzen die festen Werte 0 und L erteilt werden dürfen. Dies gilt nicht für das erste Glied; hier tritt r auf, und r hat an den Grenzen veränderliche Werte. Die Veränderlichkeit ist jedoch bei mäßigen Tankwasseramplituden (wegen $r = R/\cos\psi_2$) recht gering, so daß wir keinen erheblichen Fehler begehen, wenn wir auch hier den Grenzen die festen Werte 0 und L erteilen. Damit wird schließlich

$$T = T_S + T_F = \frac{1}{2}\,\Theta\,\dot{\psi}_1^2 + \frac{1}{2}\int\limits_0^L f\varrho\left[(r\,\dot{\psi}_1)^2 + \left(\frac{F}{f}\,R\,\dot{\psi}_2\right)^2 + 2\,(\dot{\psi}_1 d)\left(R\,\frac{F}{f}\,\dot{\psi}_2\right)\right] ds. \tag{2.43/1d}$$

Die potentielle Energie setzt sich ebenfalls aus zwei Anteilen zusammen, die vom Schiff und vom Tankwasser herrühren, $U = U_S + U_F$. Das erste Glied ist einfach

$$U_S = \frac{1}{2}\,c_s'\,\psi_1^2. \tag{2.43/3a}$$

Das zweite berechnen wir, indem wir uns zunächst das Schiff gekrängt denken ($\psi_1 \neq 0$), während das Wasser sich im Tank nicht bewegt (erstarrt gedacht ist) ($\psi_2 = 0$); so kommt

$$\mathsf{U}_{F,1} = [\varrho\, g \int f r \sin\beta\, ds]\,(1 - \cos\psi_1). \qquad (2.43/3\,\mathrm{b})$$

Nun berechnen wir noch die potentielle Energie, die von $\psi_2 \neq 0$ herrührt. Wir ermitteln sie am besten als Energie der Lage, $\mathsf{U}_{F,2} = m\,g\,h$, der Wassermenge

$$m = \varrho\, F\, w = \varrho\, F R \tan\psi_2 \qquad (2.43/4\,\mathrm{a})$$

über dem unteren Niveau (s. I.33). Der Niveauunterschied h_S des Schwerpunktes ist

$$h_S = 2\,R \sin\psi_1 + w \cos\psi_1 = R\,(2\sin\psi_1 + \tan\psi_2 \cos\psi_1). \qquad (2.43/4\,\mathrm{b})$$

So kommt

$$\mathsf{U}_{F,2} = \varrho\, g\, F\, R^2\,[2\tan\psi_2 \sin\psi_1 + \tan^2\psi_2 \cos\psi_1]. \qquad (2.43/3\,\mathrm{c})$$

Weiterhin wollen wir nur kleine Winkel ψ_1 und ψ_2 in Betracht ziehen. Daher entwickeln wir die trigonometrischen Funktionen in ihre Potenzreihen und lassen alle Glieder von höherer als zweiter Ordnung weg. Somit schreibt sich die gesamte potentielle Energie U schließlich

$$\mathsf{U} = \frac{1}{2}\,c'_s\,\psi_1^2 + \frac{1}{2}\left[\varrho\, g \int_0^L f r \sin\beta\, ds\right]\psi_1^2 + \varrho\, g\, F R^2\,[2\psi_1\,\psi_2 + \psi_2^2]. \qquad (2.43/3\,\mathrm{d})$$

Aus den Energieausdrücken T und U finden wir nun die Bewegungsgleichungen durch Ableiten nach der LAGRANGEschen Vorschrift (1.33/9). Es ergeben sich, wie aus den Energieausdrücken schon klar wird, Bewegungsgleichungen, die sowohl im Ausschlag wie in der Beschleunigung gekoppelt sind, die also die Gestalt

$$\begin{aligned}
a_{11}\,\ddot\psi_1 + a_{12}\,\ddot\psi_2 + c_{11}\,\psi_1 + c_{12}\,\psi_2 &= 0,\\
a_{21}\,\ddot\psi_1 + a_{22}\,\ddot\psi_2 + c_{21}\,\psi_1 + c_{22}\,\psi_2 &= 0
\end{aligned} \qquad (2.43/5)$$

von (2.41/7a) haben. Die sechs Koeffizienten lauten dabei

$$\left.\begin{aligned}
a_{11} &= \Theta + \varrho\, F R^2 \int_0^L \left(\frac{f}{F}\right)\left(\frac{r}{R}\right)^2 ds,\\[2mm]
a_{12} &= a_{21} = \varrho\, F R^2 \int_0^L \left(\frac{d}{R}\right) ds, \qquad a_{22} = \varrho\, F R^2 \int_0^L \left(\frac{f}{F}\right) ds,\\[2mm]
c_{11} &= c'_s + \varrho\, g\, F R \int_0^L \left(\frac{f}{F}\right)\left(\frac{r}{R}\right)\sin\beta\, ds,\\[2mm]
c_{12} &= c_{21} = 2\,\varrho\, g\, F R^2, \qquad c_{22} = 2\,\varrho\, g\, F R^2.
\end{aligned}\right\} \qquad (2.43/6)$$

Wir fügen ein paar Bemerkungen über den Aufbau der Koeffizienten an: Das in a_{22} auftretende Integral bedeutet eine Art von „gewogener" Länge L' des Tanks. Sein Wert hängt nur von der Form des Tanks ab, aber nicht von dessen Lage im Schiff. Auch das Integral in a_{12} ist eine „gewogene Länge" L''; da aber im Integranden der Abstand d auftritt, hängt der Wert des Integrals nicht nur von der Form des Tanks ab, sondern auch von seiner Lage hinsichtlich der Drehachse C. Wird der Tank nach oben verschoben, so nimmt L'' und damit a_{12} ab. Der Koeffizient kann verschwinden oder sogar negativ werden. Alle Koeffizienten a_{ik} haben natürlich die Dimension einer Drehmasse.

Die beiden untereinander gleichen Koeffizienten $c_{12} = c_{22}$ hängen nicht von der Lage des Tanks ab, von der Tankform nur insofern, als die Werte F und R, die sich auf die Schenkel beziehen, auftreten; wie die Schenkel im einzelnen verbunden sind, ist für diese Koeffizienten belanglos. Der Koeffizient c_{11} enthält dagegen ein Integral, das wieder sowohl von der Form des Tanks wie von seiner Lage beeinflußt wird.

Die Dimension aller c_{ik} ist natürlich $K L$, die Dimension einer Drehkraft.

Über die Integration der Bewegungsgleichungen ist das Notwendige in 2.12 schon gesagt. Später (in 5.36) werden wir das Problem der *erzwungenen* Bewegungen von Schiff und Schlingertank behandeln und dabei erkennen, auf welche Weise Schlingertanks helfen können, Schlingerbewegungen zu vermeiden oder wenigstens zu vermindern. Dort werden wir die hier aufgestellten Bewegungsgleichungen verwenden.

2.5 Sonstige Verbände einläufiger Schwinger

2.51 Durch Federn verbundene Pendel. Das in Abb. 2.51/1 gezeichnete Gebilde besteht aus zwei gleichen Punktkörperpendeln, die durch eine Feder verbunden sind. Es wird oft als Demonstrationsmodell für die in Systemen von zwei Freiheitsgraden auftretenden Schwingungen benutzt. Die Bewegungsgleichungen dieses Gebildes lauten für kleine Ausschläge

$$m\,l\,\ddot\varphi_1 + m\,g\,\varphi_1 + c\,l\,(\varphi_1 - \varphi_2) = 0, \Big\}$$
$$m\,l\,\ddot\varphi_2 + m\,g\,\varphi_2 + c\,l\,(\varphi_2 - \varphi_1) = 0 \quad (2.51/1\,\text{a})$$

oder

$$\ddot\varphi_1 + \left(\frac{g}{l} + \frac{c}{m}\right)\varphi_1 - \frac{c}{m}\,\varphi_2 = 0, \Big\}$$
$$\ddot\varphi_2 - \frac{c}{m}\,\varphi_1 + \left(\frac{g}{l} + \frac{c}{m}\right)\varphi_2 = 0. \quad (2.51/1\,\text{b})$$

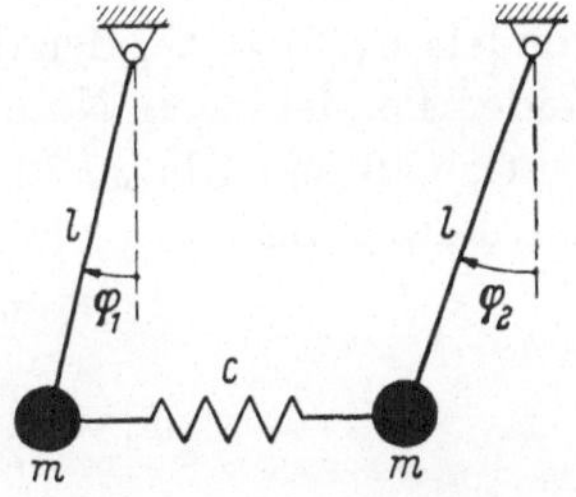

Abb. 2.51/1. Zwei gleiche, durch eine Feder verbundene Pendel

Die Koeffizienten d_{ik} nach (2.12/17a) werden

$$d_{xx} = d_{yy} = \frac{g}{l} + \frac{c}{m}; \qquad d_{xy} = d_{yx} = -\frac{c}{m}. \qquad (2.51/2)$$

(Fall „besonderer Symmetrie"). Daher kommt aus (2.12/26)

$$\lambda_I = d_{xx} + d_{xy}, \qquad \lambda_{II} = d_{xx} - d_{xy} \qquad (2.51/3)$$

und somit

$$\omega_I^2 = \frac{g}{l}, \qquad \omega_{II}^2 = \frac{g}{l} + 2\,\frac{c}{m} \qquad (2.51/4\,\text{a})$$

und natürlich

$$\varkappa_I = 1, \qquad \varkappa_{II} = -1 \qquad (2.51/4\,\text{b})$$

zustande. Den zugehörigen Frequenzenkreis zeigt Abb. 2.51/2.

Wir sehen: Die Grundschwingung verläuft mit derselben Frequenz wie die Schwingungen der unverbundenen Pendel, die Feder bleibt ungedehnt, die Pendel schwingen „in Phase"; die Oberschwingung verläuft so, als ob an einem Pendel eine Feder von der halben Länge angebracht sei; der Knoten liegt in der Mitte der Feder; die Pendel schwingen „in Gegenphase".

Wenn die Verbindungsfeder sehr schwach, ihre Federsteifigkeit also sehr klein ist, so sind die Frequenzen ω_I und ω_{II} nahezu gleich. Da die allgemeine Bewegung des Systems sich aus harmonischen Schwingungen mit den Frequenzen ω_I und ω_{II} zusammensetzt, entstehen in diesem Fall Schwebungen (s. I.11). Haben die Teilschwingungen überdies gleiche Amplituden, so kommt es zu sog. „einfachen" Schwebungen („durchmodulierten" Schwingungen).

Mit den Abkürzungen

$$\frac{g}{l} = \omega_0^2, \qquad \frac{c}{m} = \omega_1^2 \qquad (2.51/5\,\text{a})$$

wird gemäß (2.51/4 a)

$$\omega_I^2 = \omega_0^2, \qquad \omega_{II}^2 = \omega_0^2 + 2\,\omega_1^2. \qquad (2.51/5\,\text{b})$$

Wenn

$$\frac{\omega_1^2}{\omega_0^2} \equiv \delta^2 \ll 1$$

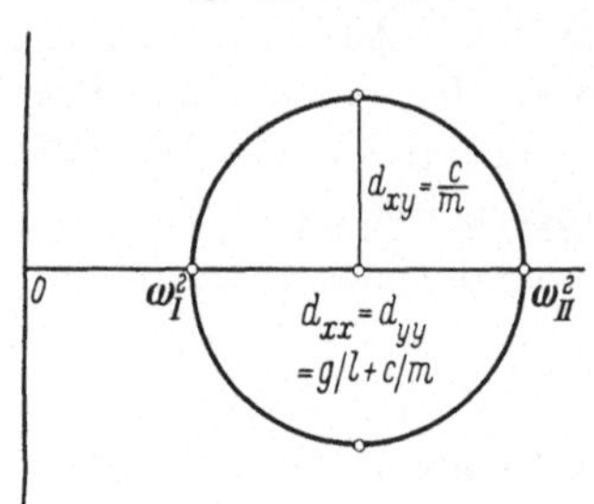

Abb. 2.51/2. Frequenzenkreis zum System der Abb. 2.51/1

ist, so gilt angenähert

$$\omega_{II} = \omega_0(1 + \delta^2). \qquad (2.51/5\,\text{c})$$

Wir behandeln einen Fall, der zu Schwebungen führt, indem wir bestimmte Anfangsbedingungen festlegen: Zur Zeit $t = 0$ sei der Ausschlag des ersten Pendels $\varphi_1(0) = \Phi$, der des zweiten $\varphi_2(0) = 0$. Die Anfangsgeschwindigkeiten beider Pendel seien Null.

Gemäß den Gln. (2.12/14) und (2.12/16b) erhalten wir als Dauergleichungen der Bewegung:

$$\left.\begin{aligned}
\varphi_1 &= \frac{\Phi}{2}\,[\cos\omega_0 t + \cos\omega_0(1 + \delta^2)\,t], \\[2mm]
\varphi_2 &= \frac{\Phi}{2}\,[\cos\omega_0 t - \cos\omega_0(1 + \delta^2)\,t].
\end{aligned}\right\} \qquad (2.51/6)$$

Unter Benutzung der Hilfsformeln

$$\cos\alpha + \cos\beta = 2\cos\frac{\alpha+\beta}{2}\cos\frac{\alpha-\beta}{2},$$

$$\cos\alpha - \cos\beta = -2\sin\frac{\alpha+\beta}{2}\sin\frac{\alpha-\beta}{2}$$

wird aus (2.51/6)

$$\left.\begin{aligned}
\varphi_1 &= \Phi\cos\omega_0\frac{\delta^2}{2}\,t\,\cos\omega_0\left(1 + \frac{\delta^2}{2}\right)t, \\[2mm]
\varphi_2 &= \Phi\sin\omega_0\frac{\delta^2}{2}\,t\,\sin\omega_0\left(1 + \frac{\delta^2}{2}\right)t.
\end{aligned}\right\} \qquad (2.51/7)$$

Die Gln. (2.51/7) beschreiben einen Schwebungsvorgang, wie er in Abb. 2.51/3 skizziert ist: Zunächst schwingt das erste Pendel praktisch allein. Allmählich nimmt seine „Amplitude" ab, während die des zweiten Pendels zunimmt. Nachdem die Hälfte der Schwebungsperiode T_s,

$$\frac{T_s}{2} = \frac{\pi}{\omega_0\,\delta^2} = \pi\,\frac{\omega_0}{\omega_1^2}, \qquad (2.51/8)$$

abgelaufen ist, schwingt das zweite Pendel allein, während das erste für kurze Zeit praktisch zum Stillstand kommt. Nun wiederholt sich das Spiel in um-

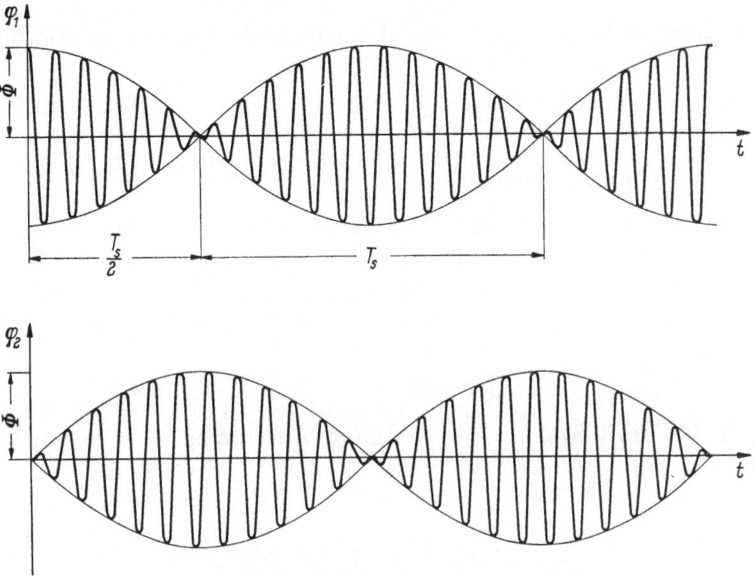

Abb. 2.51/3. Schwebungen im System 2.51/1

gekehrter Reihenfolge. Gelegentlich beschreibt man diesen Vorgang auch so, daß man sagt, die Energie der Schwingung wandere vom ersten Pendel zum zweiten und wieder zurück zum ersten.

2.52 Zusammengesetzte elastische Schwinger (Balken mit angehängten Feder-Masse-Systemen). Ähnliche Erscheinungen, wie wir sie in 2.51 betrachtet haben, kommen auch in rein elastischen Gebilden vor, vorzugsweise in solchen, die aus verschiedenartigen elastischen Gliedern aufgebaut sind. Wir betrachten zwei solcher Gebilde (Abb. 2.52/1 und 2.52/2) näher.

α) System 2.52/1. Dieses Gebilde besteht aus einem Balken, mit dem die beiden Massen m_1 und m_2 durch Dehnfedern verbunden sind. Diese Federn, $C'C$ und $D'D$, mögen die Nachgiebigkeiten h_1 und h_2 aufweisen.

Zunächst stellen wir die Bewegungsgleichungen auf. Als Koordinaten wählen wir die (vertikalen) Ausschläge w_1 und w_2 der beiden Massen m_1 und m_2 aus ihren Ruhelagen. Als Bewegungsgleichungen können wir die Gln. (2.31/2) verwenden, wobei die h_{11}, h_{12} und h_{22} die Verschiebungs-Einflußzahlen des ge-

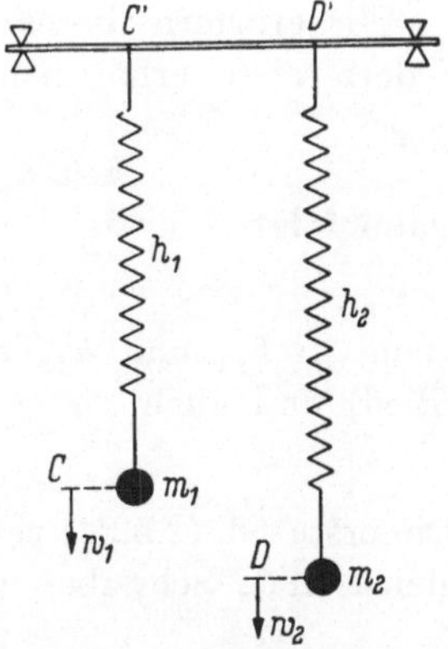

Abb. 2.52/1
Balken, frei aufliegend, mit angehängten Schwingern

samten Gebildes für die Stellen C und D bedeuten, an denen die Massen sitzen. Bezeichnen wir die Einflußzahlen für die Stellen C' und D' mit h'_{11}, h'_{12} und h'_{22} [für die hier vorausgesetzte Art der Auflagerung sind sie in (2.33/1 b) angegeben], so liefert eine einfache statische Überlegung (unter Berücksichtigung der Sätze über die Reihenschaltung von Federn, s. I. 29), daß

$$h_{11} = h'_{11} + h_1, \qquad h_{12} = h'_{12}, \qquad h_{22} = h'_{22} + h_2 \qquad (2.52/1)$$

ist. Bewegungsgleichungen sind also die Gln. (2.31/2) mit den Einflußzahlen (2.52/1).

Um den großen Vorteil einzusehen, den die Benutzung von Verschiebungs-Einflußzahlen und damit von Ausschlaggleichungen gewähren kann, versuche man einmal, die Bewegungsgleichungen dieses Schwingers mit Hilfe von Kraftgleichungen, etwa nach der LAGRANGEschen Methode, aufzustellen.

Beispiel 1. Wir nehmen an, die Massen seien gleich, $m_1 = m_2 = m$, die Länge der Abschnitte l_1, l_2, l_3 des Balkens betrage jeweils ein Drittel der gesamten Balkenlänge l, und die Dehnfedern haben gleiche Nachgiebigkeiten $h_1 = h_2 = h$. In diesem Fall lauten die Einflußzahlen des Balkens

$$h'_{11} = h'_{22} = \frac{l^3}{EI}\,\frac{8}{486}, \qquad h'_{12} = \frac{l^3}{EI}\,\frac{7}{486}$$

und damit die Einflußzahlen der gesamten Anordnung

$$h_{11} = h_{22} = \frac{l^3}{EI}\,\frac{8}{486} + h, \qquad h_{12} = \frac{l^3}{EI}\,\frac{7}{486}. \qquad (2.52/2)$$

Die Koeffizienten d_{ik} werden gemäß (2.31/10) zu

$$d_{xx} = d_{yy} = m\left(\frac{l^3}{EI}\,\frac{8}{486} + h\right), \qquad d_{xy} = d_{yx} = m\,\frac{l^3}{EI}\,\frac{7}{486}. \qquad (2.52/3)$$

Es liegt also wieder der Fall „besonderer Symmetrie" vor, so daß mit $\lambda = 1/\omega^2$ gilt [s. Gl. (2.12/26)]:

$$\lambda_{I,II} = d_{xx} \mp d_{xy}, \qquad \varkappa_I = -1, \qquad \varkappa_{II} = +1. \qquad (2.52/4)$$

Der Frequenzenkreis ist durch Abb. 2.14/4 angedeutet.

Wir erörtern dieses Beispiel noch etwas weiter. Angenommen, die beiden Federn seien verhältnismäßig weich, verglichen mit dem Balken; genauer gesagt, es sei

$$h \gg h'_{11} = h'_{22} \quad \text{und deshalb auch} \quad h \gg h'_{12}.$$

Dann folgt

$$h_{12} \ll h_{11} = h_{22} \qquad (2.52/5\,a)$$

(denn in h_{11} und h_{22} überwiegt dann das von den Dehnfedern herrührende Glied) und auch

$$d_{xy} = d_{yx} \ll d_{xx} = d_{yy}. \qquad (2.52/5\,b)$$

Die erste Gl. (2.52/4) zeigt dann, daß die beiden Eigenwerte λ_I und λ_{II} nahezu gleich sind. Schreiben wir (die Grundschwingung hat hier den Index II)

$$\frac{1}{\omega^2_{II,I}} = d_{xx} \mp d_{xy} = d_{xx}\left(1 \mp \frac{d_{xy}}{d_{xx}}\right),$$

so gilt angenähert

$$\omega^2_{II,I} = \frac{1}{d_{xx}}\left(1 \mp \frac{d_{xy}}{d_{xx}}\right)$$

und

$$\omega_{II,I} = \sqrt{\frac{1}{d_{xx}}}\left(1 \mp \frac{1}{2}\,\frac{d_{xy}}{d_{xx}}\right). \qquad (2.52/6\,a)$$

Wenn wir m und h_{ik} einsetzen, kommt

$$d_{xx} \approx h\,m, \qquad \frac{d_{xy}}{d_{xx}} \approx \frac{h'_{12}}{h}$$

und somit

$$\omega_{II,I} \approx \sqrt{\frac{1}{h\,m}} \left(1 \mp \frac{1}{2} \frac{h'_{12}}{h}\right). \tag{2.52/6b}$$

Grund- und Oberschwingung verlaufen also mit nahezu gleichen Frequenzen. Ihre Überlagerung führt daher zu Schwebungen, wie sie in 2.51 erörtert wurden. Bezeichnen wir die Frequenz der modulierten Schwingungen mit ω_0, die Schwebungsfrequenz mit ω_s, so gilt wegen I (11.4) und I (11.5)

$$\omega_0 = \frac{\omega_I + \omega_{II}}{2}, \qquad \omega_s = \omega_I - \omega_{II}, \tag{2.52/7a}$$

daher in unserem Fall

$$\omega_0 = \frac{1}{\sqrt{h\,m}}, \qquad \frac{\omega_s}{\omega_0} = \frac{h'_{12}}{h}. \tag{2.52/7b}$$

Die zugehörigen Schwingdauern sind

$$T_0 = \frac{2\pi}{\omega_0} = 2\pi\sqrt{h\,m}, \qquad T_s = \frac{2\pi}{\omega_s} = 2\pi\sqrt{h\,m}\,\frac{h}{h'_{12}}. \tag{2.52/8}$$

Solche Schwebungen können nun umgekehrt dazu benutzt werden, die Steifigkeit EI eines Balkens aus Schwingungsversuchen zu ermitteln. Dazu befestigen wir zwei gleiche Schwinger (Federn h, Massen m) in irgendeiner Weise am Balken, etwa in den Drittelpunkten. Wenn die Schwinger in Bewegung gesetzt werden, stellen sich Schwebungen ein. Die gemessene Schwingungsdauer sei T_0, die Schwebungsdauer T_s.

(Aus T_0 könnte bei Kenntnis von h die Masse m oder bei Kenntnis von m die Nachgiebigkeit h ermittelt werden. In der Regel werden diese Größen bekannt sein, so daß T_0 nur als Kontrolle dient.)

Aus (2.52/7b) findet man sofort (wegen $\omega_s/\omega_0 = T_0/T_s$)

$$h'_{12} = h\,\frac{T_0}{T_s}. \tag{2.52/9}$$

Wenn die Befestigung der Federn z. B. in den Drittelpunkten erfolgte, so ist

$$h'_{12} = \frac{l^3}{EI}\,\frac{7}{486} \qquad \text{und daher} \qquad EI = \frac{7}{486}\,\frac{l^3}{h}\,\frac{T_s}{T_0}. \tag{2.52/10}$$

Eine grundsätzlich gleichartige, aber technisch vervollkommnete Anordnung zur Messung von Steifigkeiten (oder Elastizitätsmoduln) wird in 2.53 noch besprochen werden.

β) System 2.52/2. Die Anordnung stellt, wenn der Balken und die Einspannung vollkommen starr sind, zwei getrennte Schwinger von je einem Freiheitsgrad dar. Wenn die Nachgiebigkeiten h_1 und h_2 der beiden Federn und die Massen m_1 und m_2 überdies jeweils gleich sind, so bewegen sich die Schwinger mit der gleichen Frequenz $\omega = \sqrt{1/h\,m}$, im übrigen aber völlig unabhängig voneinander; es kann z. B. die linke Masse mit einer beliebigen Amplitude schwingen, während die rechte dauernd in Ruhe verharrt. Diese Unabhängigkeit bleibt auch dann noch erhalten, wenn die beiden Balkenteile $C'A'$ und $B'D'$ zwar elastisch nachgiebig sind, die *Einspannung* $A'B'$ aber so steif ist, daß

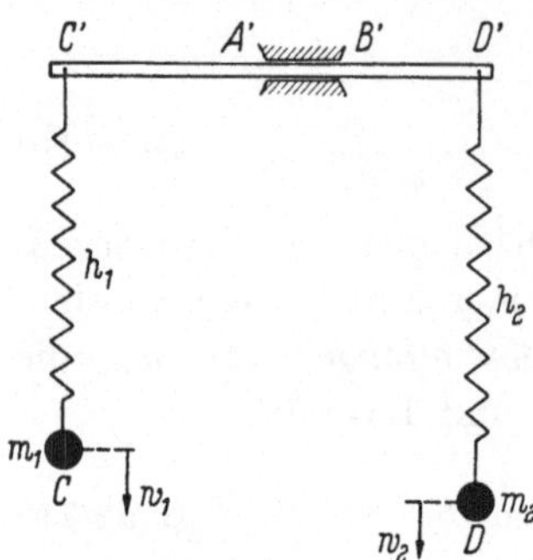

Abb. 2.52/2
Balken, (nachgiebig) eingespannt,
mit angehängten Schwingern

Kräfte auf die eine Balkenhälfte $A'C'$ keinen Ausschlag des Punktes D' (und umgekehrt) hervorrufen.

Wirkliche Ausführungsformen werden diese Voraussetzung aber nicht ganz erfüllen: Es wird stets eine, wenn auch sehr geringe, Verschiebung von D' eintreten, wenn Kräfte auf $A'C'$ wirken. Die Anordnung stellt dann einen Schwinger von zwei Freiheitsgraden dar, dessen Bewegungsgleichungen [s. (2.31/2)] lauten

$$m_1 \ddot{w}_1 h_{11} + m_2 \ddot{w}_2 h_{12} + w_1 = 0,$$
$$m_1 \ddot{w}_1 h_{21} + m_2 \ddot{w}_2 h_{22} + w_2 = 0. \qquad (2.52/11)$$

Die beiden Einflußzahlen h_{11} und h_{22} sind positive Größen. Sie bestehen aus drei Anteilen, die herrühren von erstens der Nachgiebigkeit h_i der angehängten Federn, zweitens der Nachgiebigkeit (Elastizität) h'_{ii} der Balkenteile $A'C'$ bzw. $B'D'$ und drittens der (sehr kleinen) Nachgiebigkeit $h_{ii}^{(E)}$ der Einspannung,

$$h_{11} = h_1 + h'_{11} + h_{11}^{(E)}, \qquad h_{22} = h_2 + h'_{22} + h_{22}^{(E)}. \qquad (2.52/12a)$$

Die Einflußzahl h_{12} ist eine negative Größe, die ausschließlich von der Nachgiebigkeit der Einspannung herrührt;

$$h_{12} = h_{12}^{(E)}. \qquad (2.52/12\,\text{b})$$

Es ist daher

$$|h_{12}| \ll h_{11} \quad \text{und} \quad |h_{12}| \ll h_{22}. \qquad (2.52/13)$$

Setzen wir für das Weitere voraus, die Anordnung sei symmetrisch, so wird

$$h_{11} = h_{22} = h + \frac{l^3}{3\,EI} + h_{11}^{(E)} \equiv h^*, \qquad h_{12} = h_{12}^{(E)} \qquad (2.52/14)$$

und damit

$$d_{xx} = d_{yy} = m\,h^* \gg |d_{xy}| = |d_{yx}| = m\,|h_{12}|.$$

Daher finden wir

$$\frac{1}{\omega_{I,\,II}^2} = m\,h^*\left(1 \pm \frac{h_{12}}{h^*}\right), \qquad \varkappa_{I,\,II} = \mp 1, \qquad (2.52/15)$$

ferner unter Benutzung der Abkürzungen (2.52/7a) die Gleichungen

$$\left. \begin{aligned} \frac{1}{\omega_0} &= \sqrt{m\,h^*} \approx \sqrt{m\,h}, \\[4pt] \frac{\omega_s}{\omega_0} &= -\frac{h_{12}}{h^*} \approx -\frac{h_{12}^{(E)}}{h}. \end{aligned} \right\} \qquad (2.52/16\,\text{a})$$

Die Schwebungen verlaufen genauso, wie oben erörtert. Die Schwebungsfrequenz ist ein Maß für die gegenseitige Beeinflussung, die Nachgiebigkeit $h_{12}^{(E)}$.

Lehrreich ist an dem Beispiel insbesondere, daß es überaus schwierig ist, zwei räumlich benachbarte Schwinger gleicher Eigenfrequenz gegenseitig abzuschirmen. Auch sehr steife Einspannungen („Fundamente") zeigen noch gewisse Nachgiebigkeiten; und auch sehr kleine Nachgiebigkeiten führen zur Ausbildung von Schwebungen in den beteiligten Schwingern, also zu einer sehr merklichen Beeinflussung der Bewegungen.

In dieses Erscheinungsgebiet gehört auch die schon von HUYGHENS beobachtete gegenseitige Beeinflussung des Ganges von Uhren, die auf demselben Wandbrett montiert sind.

2.53 Eine Gruppe von Schwingern mit drei Freiheitsgraden. α) Das „Doppelpendel" nach ROLLAND-SORIN zur Bestimmung des Elastizitätsmoduls. In 2.52 haben wir schon gezeigt, wie die Schwingungen eines Systems von zwei Freiheitsgraden zur Ermittlung der Biegesteifigkeit EI eines Balkens dienen können. Kennt man die Querschnittsabmessungen, so hat man damit den Elastizitätsmodul E.

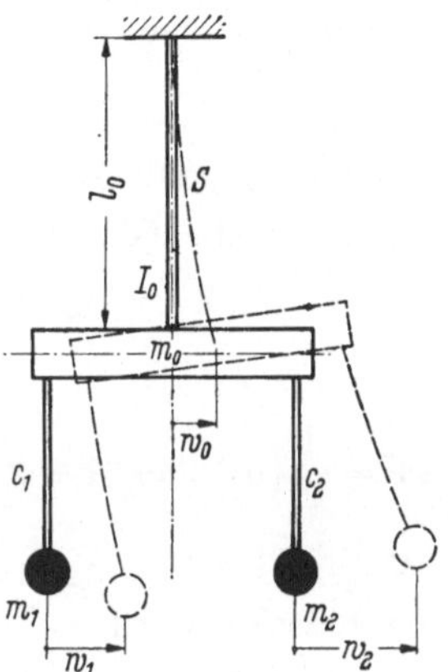

Abb. 2.53/1. Anordnung zur Ermittlung des Elastizitätsmoduls aus Schwingungen

Dieses Verfahren hat den Vorteil, daß dem Prüfkörper nur sehr kleine Verformungen auferlegt werden; man mißt „unter Nullast", und plastische Verformungen treten deshalb nicht auf.

Das in 2.52 erwähnte Verfahren ist grundsätzlich brauchbar. Ein Gerät, das sich *praktisch* gut bewährt hat, soll jetzt besprochen werden. Es stammt von P. LE ROLLAND und P. SORIN[1] (Abb. 2.53/1).

Das Gerät hat, obgleich es von den Autoren als „Doppelpendel" bezeichnet wird, drei Grade der Freiheit, die allerdings wegen der Symmetrie des Systems in $2+1$ Freiheitsgrade zerfallen. Prüfkörper ist der Stab S mit der (Biege-) Federsteifigkeit c_0. Er ist mit einem Joch (Masse m_0) versehen, an dem zwei Schwinger befestigt sind, die aus den Biegestäben (Blattfedern) c_1 und c_2 und den Massen m_1 und m_2 bestehen.

Man überzeugt sich leicht, daß, in den Koordinaten w_0, w_1 und w_2 geschrieben, die Bewegungsgleichungen für kleine Ausschläge folgendermaßen lauten:

$$\left.\begin{aligned}
m_0\,\ddot{w}_0 + (c_0 + c_1 + c_2)\,w_0 - c_1\,w_1 - c_2\,w_2 &= 0, \\
m_1\,\ddot{w}_1 \qquad\qquad - c_1\,w_0 + c_1\,w_1 \qquad\quad &= 0, \\
m_2\,\ddot{w}_2 \qquad\qquad - c_2\,w_0 \qquad\quad + c_2\,w_2 &= 0.
\end{aligned}\right\} \qquad (2.53/1)$$

Mit dem Hauptschwingungsansatz $w_i = A_i \cos \omega\, t$ kommt die Frequenzengleichung

$$\begin{vmatrix}
(c_0 + c_1 + c_2 - m_0\,\omega^2) & -c_1 & -c_2 \\
-c_1 & c_1 - m_1\,\omega^2 & 0 \\
-c_2 & 0 & c_2 - m_2\,\omega^2
\end{vmatrix} = 0 \qquad (2.53/2)$$

zustande.

Weiterhin beschränken wir uns auf die Untersuchung einer symmetrischen Anordnung, für die gilt: $m_2 = m_1$, $c_2 = c_1$. So folgt aus (2.53/2)

$$(c_1 - m_1\,\omega^2)\,[(c_0 + 2c_1 - m_0\,\omega^2)\,(c_1 - m_1\,\omega^2) - 2c_1^2] = 0. \qquad (2.53/3)$$

---

[1] LE ROLLAND, P., u. P. SORIN: Publ. sci. techn. Ministère Air, Paris 1934; ferner beschrieben in R. LIEBOLD: Wiss. Veröff. Siemens-Konzern Bd. 21 (1942) Nr. 2, S. 224 bis 238. Kurzbericht in F. PFEIFFER: Z. VDI Bd. 85 (1941) S. 428. Dort sind noch weitere Verfahren zur Ermittlung des Elastizitätsmoduls aus Schwingungen aufgeführt.

Eine der drei Eigenfrequenzen bestimmt sich daher zu $\omega^2 = c_1/m_1$. Es wird sich herausstellen, daß dies die mittlere der drei Eigenfrequenzen ist; wir bezeichnen sie deshalb sogleich als ω_{II}.

Wir führen nun noch die Abkürzungen

$$\frac{c_0}{m_0} = \omega_0^2, \qquad \frac{c_1}{m_1} = \omega_1^2, \qquad \frac{c_1}{m_0} = \frac{c_1}{m_1}\frac{m_1}{m_0} = \omega_1^2\,\gamma^2 \quad \text{mit} \quad \gamma^2 = \frac{m_1}{m_0} \qquad (2.53/4)$$

ein und setzen voraus, daß

$$\gamma^2 \ll 1 \qquad (2.53/5)$$

ist.

Mit (2.53/4) schreibt sich die in der eckigen Klammer von (2.53/3) steckende quadratische Gleichung für ω^2

$$(\omega^2)^2 - \omega^2\,[\omega_0^2 + \omega_1^2\,(1 + 2\,\gamma^2)] + \omega_0^2\,\omega_1^2 = 0\,; \qquad (2.53/6\,\text{a})$$

ihre Lösung ist

$$\omega^2 = \frac{1}{2}\left\{\omega_0^2 + \omega_1^2\,(1 + 2\,\gamma^2) \mp \sqrt{(\omega_0^2 - \omega_1^2)^2 + 4\,\omega_1^2\,(\omega_0^2 + \omega_1^2)\,\gamma^2 + 4\,\omega_1^4\,\gamma^4}\right\}. \qquad (2.53/6\,\text{b})$$

Wegen der Voraussetzung $\gamma^2 \ll 1$ kann das letzte Glied im Radikanden vernachlässigt werden. Damit erhalten wir die beiden Wurzeln ω_I^2 und ω_{III}^2:

$$\omega_I^2 = \omega_1^2\left(1 - 2\,\gamma^2\,\frac{\omega_1^2}{\omega_0^2 - \omega_1^2}\right), \qquad (2.53/7\,\text{a})$$

$$\omega_{III}^2 = \omega_0^2\left[1 + 2\,\gamma^2\,\frac{\omega_1^2}{\omega_0^2 - \omega_1^2}\right]. \qquad (2.53/7\,\text{b})$$

Die erste Wurzel ω_I^2 ist etwas kleiner als ω_1^2, die dritte etwas größer als ω_0^2 (falls $\omega_0 > \omega_1$ ist; für $\omega_1 > \omega_0$ ändern sich die folgenden Formeln etwas). Die Abweichung zwischen ω_{III}^2 und ω_0^2 ist für das Folgende unerheblich; wir werden deshalb mit

$$\omega_{III}^2 \approx \omega_0^2 \qquad (2.53/7\,\text{b}')$$

rechnen. Nicht so großzügig dürfen wir mit ω_I^2 verfahren. Da nämlich $\omega_{II}^2 = \omega_1^2$ ist, liegen die beiden Eigenfrequenzen ω_I^2 und ω_{II}^2 sehr nahe beisammen. Diese Nachbarschaft führt zu Schwebungen, und damit wird der Unterschied in den Frequenzen für 'den Bewegungsablauf entscheidend.

Zur Abkürzung setzen wir

$$4\,\varepsilon^2 = 2\,\gamma^2\,\frac{\omega_1^2}{\omega_0^2 - \omega_1^2}\,; \qquad (2.53/8)$$

auch diese Größe ist klein gegen Eins. Die zur Schwebung führenden Frequenzen haben dann die Werte

$$\omega_I = \omega_1\,(1 - 2\,\varepsilon^2), \qquad \omega_{II} = \omega_1. \qquad (2.53/9)$$

Nennen wir die rasche Frequenz im Schwebungsvorgang ω_t, die Schwebungsfrequenz selbst ω_s, so folgen wegen

$$\omega_t = \frac{1}{2}\,(\omega_{II} + \omega_I), \qquad \omega_s = (\omega_{II} - \omega_I)$$

die Beziehungen

$$\omega_t = \omega_1\,(1 - \varepsilon^2), \qquad \omega_s = 2\,\omega_1\,\varepsilon^2. \qquad (2.53/10)$$

Die letzte Gleichung ist es nun, aus der wir die Schlüsse auf die Federsteifigkeit c_0 und damit auf den Elastizitätsmodul E ziehen werden. Zunächst machen wir die weitere Voraussetzung, daß

$$\frac{\omega_0^2}{\omega_1^2} \equiv \alpha^2 \gg 1 \qquad (2.53/11)$$

sei. Mit ihr folgt aus der zweiten Gleichung von (2.53/10) unter Beachtung von (2.53/4), (2.53/5) und (2.53/8) die Beziehung

$$c_0 = \frac{\omega_1^3}{\omega_s}\, m_1. \qquad (2.53/12\,\mathrm{a})$$

Führt man statt der Frequenzen die Schwingdauern ein,

$$T_s = \frac{2\pi}{\omega_s}, \qquad T_1 = \frac{2\pi}{\omega_1},$$

so wird

$$c_0 = 4\left(\frac{m_1\pi^2}{T_1^3}\right) T_s, \qquad (2.53/12\,\mathrm{b})$$

und indem man beachtet, daß $c_0 = 3EI_0/l_0^3$ ist, findet man schließlich

$$E = \left(\frac{4\,l_0^3}{3\,I_0}\,\frac{m_1\pi^2}{T_1^3}\right) T_s. \qquad (2.53/12\,\mathrm{c})$$

Der Elastizitätsmodul E ist also der Schwebungsdauer T_s direkt proportional. Der Proportionalitätsfaktor enthält die Abmessungen des Probekörpers in l_0, I_0, ferner m_1 und T_1 (somit implizit c_1), aber bemerkenswerterweise nicht m_0 (wir kommen darauf noch zurück).

Nachdem wir die Eigenfrequenzen ω_I, ω_{II}, ω_{III} der Anordnung berechnet haben, geben wir uns noch Rechenschaft über die Ausschlagverhältnisse und damit über die Schwingformen. Aus den Gln. (2.53/1) entstehen mit dem Hauptschwingungsansatz für das symmetrische Gebilde die algebraischen Gleichungen

$$\left.\begin{aligned}
A_0\left[\omega_0^2 + 2\gamma^2\omega_1^2 - \omega^2\right] - A_1\omega_1^2\gamma^2 \quad - A_2\omega_1^2\gamma^2 \quad &= 0, \\
-A_0\omega_1^2 \quad + A_1(\omega_1^2 - \omega^2) \quad &= 0, \\
-A_0\omega_1^2 \quad + A_2(\omega_1^2 - \omega^2) &= 0.
\end{aligned}\right\} \qquad (2.53/13)$$

Aus ihnen ergibt sich für die Ausschläge und Ausschlagverhältnisse das Folgende:

1. Für $\omega_{II}^2 = \omega_1^2$ wird (zweite und dritte Gleichung) $A_0 = 0$; aus der ersten Gleichung folgt dann

$$\left(\frac{A_1}{A_2}\right)_{II} = -1.$$

2. Für alle ω, für die $A_0 \neq 0$ ist, also für ω_I und ω_{III}, folgt (aus der zweiten und dritten Gleichung)

$$\left(\frac{A_1}{A_2}\right)_I = \left(\frac{A_1}{A_2}\right)_{III} = +1,$$

3. $$\left(\frac{A_0}{A_1}\right)_I = \left(\frac{A_0}{A_2}\right)_I \approx 4\varepsilon^2 \gtrless 0,$$

4. $$\left(\frac{A_0}{A_1}\right)_{III} = \left(\frac{A_0}{A_2}\right)_{III} \approx -\frac{\omega_0^2 - \omega_1^2}{\omega_1^2} = -(\alpha^2 - 1) < 0.$$

Diese Feststellungen führen zu den Ausschlagbildern der Abb. 2.53/2a, b, c.

Benutzen wir die Abkürzung $\varkappa = -(\alpha^2 - 1)$, so finden wir, wenn die drei Amplituden $(A_1)_I$, $(A_1)_{II}$, $(A_1)_{III}$ als Parameter gewählt werden, die folgenden Zusammenhänge mit den Anfangsausschlägen $W_i = w_i(0)$

$$\left.\begin{aligned} W_0 &= \varkappa A_{1\,III}, \\ W_1 &= A_{1\,I} + A_{1\,II} + A_{1\,III}, \\ W_2 &= + A_{1\,I} - A_{1\,II} + A_{1\,III}. \end{aligned}\right\} \tag{2.53/14}$$

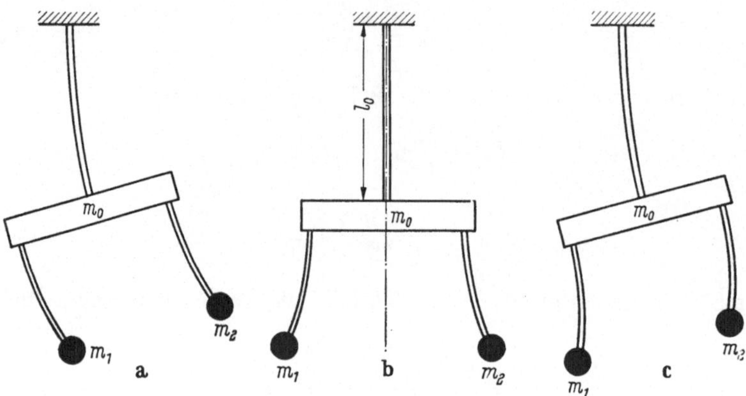

Abb. 2.53/2. Ausschlagformen

Die Auflösung nach den Amplituden ergibt

$$A_{1I} = \frac{W_1 + W_2}{2} - \frac{W_0}{\varkappa}, \quad A_{1II} = \frac{W_1 - W_2}{2}, \quad A_{1III} = \frac{W_0}{\varkappa}$$

und daher unter Beachtung von (2.53/11)

$$A_{1I} \approx \frac{W_1 + W_2}{2}, \qquad A_{1II} = \frac{W_1 - W_2}{2}, \qquad A_{1III} \approx 0. \tag{2.53/14a}$$

Die Schwingungen laufen also in der Tat ohne merkliche Beteiligung der dritten Hauptschwingung ab. Damit erfährt die frühere Feststellung, daß m_0 den Vorgang nicht wesentlich bestimmt, ihre Erklärung; wichtig ist nur, daß m_0 groß gegen m_1 ist. Wird $W_2 = 0$ gesetzt, so ergeben sich Schwebungen, wie sie die Abb. 2.51/3 zeigt.

β) **Anordnung zur Bestimmung des Gleitmoduls**[1]. Denkt man sich den Stab S der Abb. 2.53/1 um die Symmetrieachse tordiert, wobei die Schwinger c_1, m_1 und c_2, m_2 Ausschläge senkrecht zur Zeichenebene machen, so hat man eine Anordnung vor sich, die zur Messung des Gleitmoduls des Stabes S dienen kann. Die Betrachtung verläuft dann wie vorher. Jetzt ist der *Gleitmodul* der Schwebungsperiode T_s proportional, die sich für die Schwingungen der angehängten Schwinger einstellt.

γ) **Drei Pendel mit Verbindungsfedern.** Ein weiteres Gebilde von drei Freiheitsgraden, das sich gut als Demonstrationsmodell für Schwingungen und Schwebungen eignet, aber auch darüber hinaus Interesse verdient, besteht aus drei Pendeln, die durch Federn verbunden sind, wie Abb. 2.53/3 zeigt. Mit

---

[1] Siehe R. LIEBOLD: Wiss. Veröff. Siemens-Konzern Bd. 21 (1942) Nr. 2, S. 224—238.

den Bezeichnungen dieser Abbildung lauten die Bewegungsgleichungen für kleine Ausschläge

$$m_0 l^2 \ddot{\varphi}_0 + [m_0 g l + (c_1 + c_2) L^2] \varphi_0 - \quad c_1 L^2 \varphi_1 \quad - \quad c_2 L^2 \varphi_2 \quad = 0$$
$$m_1 l^2 \ddot{\varphi}_1 - \quad c_1 L^2 \varphi_0 \quad + (m_1 g l + c_1 L^2) \varphi_1 \quad = 0 \quad (2.53/15)$$
$$m_2 l^2 \ddot{\varphi}_2 - \quad c_2 L^2 \varphi_0 \quad + (m_2 g l + c_2 L^2) \varphi_2 = 0$$

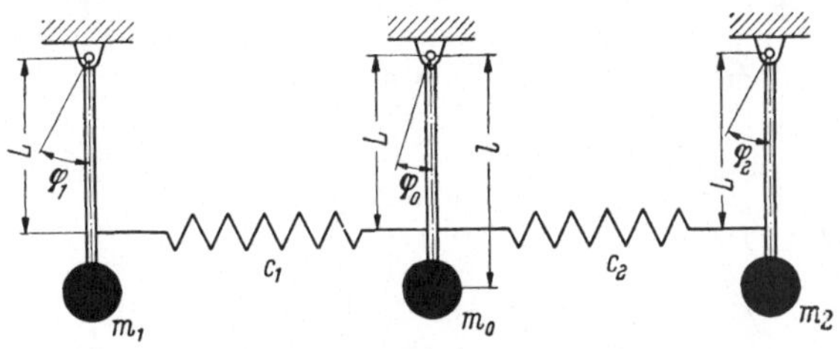

Abb. 2.53/3. Drei durch Federn verbundene Pendel

Weiterhin betrachten wir nur den symmetrischen Fall

$$m_0 = m_1 = m_2 = m, \qquad c_1 = c_2 = c.$$

Benutzen wir ferner die Abkürzungen

$$\frac{g}{l} = \omega_p^2, \qquad \frac{c}{m} \frac{L^2}{l^2} = \omega_1^2,$$

so entstehen nach Einführung des Hauptschwingungsansatzes $\varphi_i = A_i \cos \omega t$ die folgenden algebraischen Gleichungen

$$A_0[\omega_p^2 + 2\omega_1^2 - \omega^2] - \quad A_1 \omega_1^2 \quad - \quad A_2 \omega_1^2 \quad = 0,$$
$$-A_0 \omega_1^2 \quad + A_1[\omega_p^2 + \omega_1^2 - \omega^2] \quad = 0, \quad (2.53/16)$$
$$-A_0 \omega_1^2 \quad + A_2[\omega_p^2 + \omega_1^2 - \omega^2] = 0.$$

Die Frequenzengleichung ergibt sich aus der Determinante dieses Gleichungssatzes zu

$$(\omega_p^2 + \omega_1^2 - \omega^2) [(\omega_p^2 + 2\omega_1^2 - \omega^2)(\omega_p^2 + \omega_1^2 - \omega^2) - 2\omega_1^4] = 0. \quad (2.53/17)$$

Aus ihr findet man nach kurzer Rechnung die drei Wurzeln

$$\omega_I^2 = \omega_p^2, \qquad \omega_{II}^2 = \omega_p^2 + \omega_1^2, \qquad \omega_{III}^2 = \omega_p^2 + 3\omega_1^2 \quad (2.53/18)$$

mit den Ausschlagverhältnissen

$$(A_1 : A_0 : A_2)_I = 1 : \quad 1 : \quad 1,$$
$$(A_1 : A_0 : A_2)_{II} = 1 : \quad 0 : -1, \quad (2.53/19)$$
$$(A_1 : A_0 : A_2)_{III} = 1 : -2 : \quad 1.$$

Die entsprechenden Schwingungsformen zeigt Abb. 2.53/4.

Wir berechnen noch kurz die Schwingungsamplituden aus den Anfangswerten $w_i(0) = W_i$ $(i = 1, 2, 3)$. Wegen (2.53/19) gilt, falls die A_1 als „Maß" genommen werden,

$$W_0 = A_{1I} + \quad 0 \quad - 2 A_{1III},$$
$$W_1 = A_{1I} + A_{1II} + \quad A_{1III}, \quad (2.53/20)$$
$$W_2 = A_{1I} - A_{1II} + \quad A_{1III}.$$

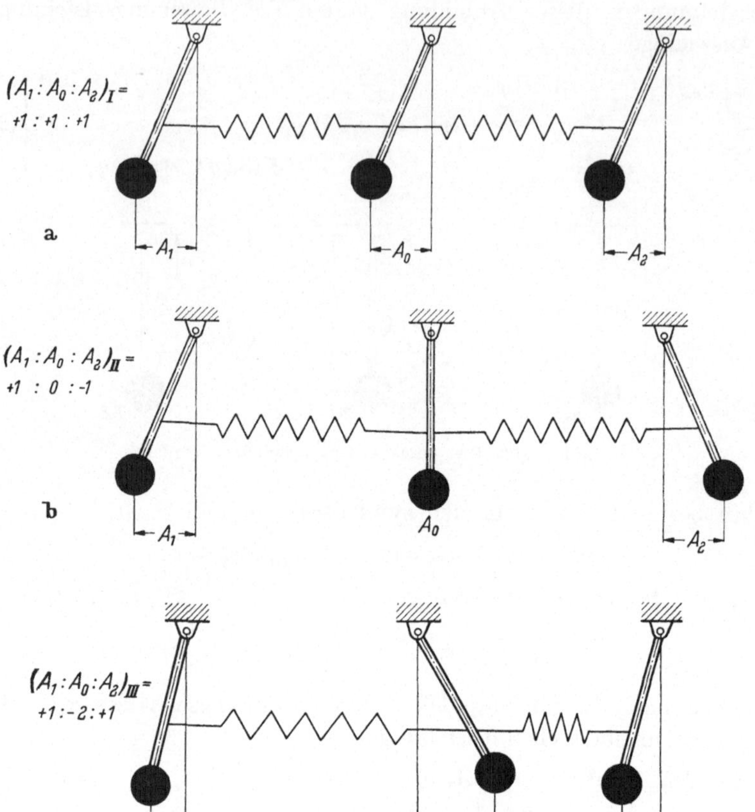

Abb. 2.53/4. Ausschlagformen

Aus diesem Satz folgen die $(A_1)_N$ $(N = I,\ II,\ III)$ zu

$$\left.\begin{aligned}
A_{1\,I} &= \quad\ \ \frac{1}{3}W_0 + \frac{1}{3}W_1 + \frac{1}{3}W_2, \\[4pt]
A_{1\,II} &= \quad\ \ 0\ \ + \frac{1}{2}W_1 - \frac{1}{2}W_2, \\[4pt]
A_{1\,III} &= -\frac{2}{6}W_0 + \frac{1}{6}W_1 + \frac{1}{6}W_2.
\end{aligned}\right\} \qquad (2.53/21)$$

Setzt man z. B.

$$W_0 = 0, \qquad W_2 = 0, \qquad\qquad (2.53/22)$$

so lauten die Dauergleichungen der Schwingungen

$$\left.\begin{aligned}
w_0 &= W_1\left(\frac{1}{3}\cos\omega_I t \qquad\qquad\qquad -\frac{1}{3}\cos\omega_{III}t\right), \\[4pt]
w_1 &= W_1\left(\frac{1}{3}\cos\omega_I t + \frac{1}{2}\cos\omega_{II}t + \frac{1}{6}\cos\omega_{III}t\right), \\[4pt]
w_2 &= W_1\left(\frac{1}{3}\cos\omega_I t - \frac{1}{2}\cos\omega_{II}t + \frac{1}{6}\cos\omega_{III}t\right).
\end{aligned}\right\} \qquad (2.53/23)$$

Man erkennt, daß sowohl (2.53/19) als auch (2.53/22) erfüllt sind.

Wenn die Federn sehr schwach sind, so haben alle drei Eigenfrequenzen nahe benachbarte Werte. Es kommt zu Schwebungen zwischen allen drei Hauptschwingungen. Wir sehen davon ab, solche „Mehrfachschwebungen" im einzelnen zu untersuchen. Will man nur eine einfache Schwebung zwischen zwei benachbarten Frequenzen erzielen, so muß man eine der Hauptschwingungen eliminieren dadurch, daß man die Anfangswerte in geeigneter Weise wählt. Eine Schwebung zwischen ω_I und ω_{II} allein erreicht man, indem man gemäß der dritten Gleichung von (2.53/21) die Anfangswerte so wählt, daß $2W_0 = W_1 + W_2$ ist. Dann wird $A_{1\,III} = 0$. Um eine Schwebung zwischen ω_I und ω_{III} zu erzielen, muß man $W_1 = W_2$ machen, für eine Schwebung zwischen ω_{II} und ω_{III} muß $W_0 + W_1 + W_2 = 0$ sein.

2.54 Kopplung und Verbindung. In 2.12 δ hatten wir gezeigt, wie den Gleichungen sowohl für Ausschlag- wie für Beschleunigungskopplung die gemeinsame Form (2.12/18) gegeben werden kann. Auf die daran anschließende Ungleichung (2.12/22)

$$\lambda_I < d_{xx} \leqq d_{yy} < \lambda_{II} \tag{2.54/1}$$

kommen wir jetzt noch einmal zurück.

Von den beiden Frequenzparametern λ_I und λ_{II} des zweiläufigen Schwingers ist der kleinere, λ_I, kleiner als der kleinere der Frequenzparameter d_{xx}, d_{yy} der ungekoppelten Gleichungen, der größere, λ_{II}, größer als der größere der beiden.

Wenn man den Inhalt dieses Satzes so ausdrückt, daß man sagt: „In einem zweiläufigen Schwinger ist die kleinere Eigenfrequenz kleiner, die größere größer als jede der Eigenfrequenzen der beiden zugehörigen „ungekoppelten Schwinger" oder (damit gleichbedeutend): „Durch Kopplung der beiden Koordinaten q_1 und q_2 erniedrigt sich die kleinere und erhöht sich die größere der beiden Eigenfrequenzen der „ungekoppelten Schwinger", so hängt die Richtigkeit dieser Aussage von der Interpretation des Begriffes „ungekoppelt" ab. „Ungekoppelte Schwinger" sind in diesem Zusammenhang jene Schwinger, deren Differentialgleichungen durch Wegnehmen der Kopplungsglieder *im Gleichungssatz* entstehen. Die so entstehenden „ungekoppelten Schwinger" darf man auf keinen Fall verwechseln mit denen, die durch Wegnahme eines Verbindungsgliedes (oft „Kopplungsglied" genannt) in der physikalischen Anordnung entstehen: will man im Sinne unseres Satzes „entkoppeln", so darf man das mechanische System nur so modifizieren, daß die „Haupt"-Koeffizienten d_{xx}, d_{yy} von der Änderung nicht betroffen werden.

Am deutlichsten wird das durch ein Beispiel: Wir betrachten die an beiden Enden gefesselte elastische Kette (s. 2.22), wobei wir folgende Werte für die Federsteifigkeiten und Massen annehmen:

$$c_1 = c, \qquad c_2 = 2c, \qquad c_3 = 4c, \qquad m_1 = m_2 = m.$$

Damit werden die d_{ik} nach (2.22/2c)

$$d_{xx} = 3\,\frac{c}{m}, \qquad d_{xy} = d_{yx} = -2\,\frac{c}{m}, \qquad d_{yy} = 6\,\frac{c}{m}.$$

Aus Gl. (2.12/19b) ergeben sich die Frequenzparameter zu

$$\lambda_{I,II} = \frac{1}{2}\left[9\,\frac{c}{m} \mp \sqrt{9\left(\frac{c}{m}\right)^2 + 16\left(\frac{c}{m}\right)^2}\right],$$

also

$$\omega_I^2 \equiv \lambda_I = 2\,\frac{c}{m}\,, \qquad \omega_{II}^2 \equiv \lambda_{II} = 7\,\frac{c}{m}\,.$$

Diese Werte erfüllen die Bedingung (2.54/1):

$$\lambda_I < d_{xx} < d_{yy} < \lambda_{II}\,,$$

$$2\,\frac{c}{m} < 3\,\frac{c}{m} < 6\,\frac{c}{m} < 7\,\frac{c}{m}\,.$$

Wenn wir den zweiläufigen Schwinger (2.22/1) jedoch dadurch „entkoppeln“, daß wir die Feder c_2 zwischen den beiden Massen entfernen, dann entstehen zwei einläufige Schwinger c_1, m_1 und c_3, m_2, deren Frequenzquadrate

$$\bar{\lambda}_1 = \frac{c_1}{m_1} = \frac{c}{m}\,, \qquad \bar{\lambda}_2 = \frac{c_3}{m_2} = 4\,\frac{c}{m}$$

nun nicht mehr (beide) zwischen den Frequenzparametern λ_I, λ_{II} des ursprünglichen Gebildes liegen, die Bedingung (2.54/1) also *nicht* erfüllen.

Um zu einer sauberen Terminologie hinsichtlich „Kopplung“ und „Entkopplung“ zu gelangen und um die sich leicht einschleichenden Unklarheiten, Mißverständnisse und falschen Schlüsse zu vermeiden, empfiehlt es sich, die Bezeichnung „*Kopplungsglied*“ den Termen in den Gleichungen (Differentialgleichungen oder daraus abgeleiteten algebraischen Gleichungen) vorzubehalten, die physikalischen Elemente aber *Verbindungsglieder* (Verbindungsfedern u. dgl.) zu nennen.

Ausdrücke, wie Kopplungsfeder, Kopplungsmasse, Kopplungskondensator, Kopplungsspule, Kopplungselement, Kopplungszweig u. dgl., werden in diesem Buche daher nicht benutzt; sie sollten überhaupt vermieden werden.

Wollte man jedoch die soeben aufgezählten Ausdrücke beibehalten (also physikalische Elemente als „Kopplungselemente“ bezeichnen), so müßte man umgekehrt den Ausdruck „Kopplungsglieder“ in der Differentialgleichung vermeiden und dort von „fremden“ Termen oder dergleichen sprechen. Es erscheint jedoch zweckmäßiger, den Vorsatz „Kopplungs-“ für die Gleichungsterme, den Vorsatz „Verbindungs-“ für die (physikalischen) Elemente zu benutzen.

2.55 Besondere Gebilde. Beispiel: Wilberforce-Feder. Nicht nur dann, wenn in einem zweiläufigen Schwinger die Koordinaten von gleicher Art (Längen oder Winkel) sind, können die besprochenen Schwebungserscheinungen mit ihrem Austausch von Energien auftreten. Sie können sich auch ausbilden, wenn eine Koordinate eine Länge, die andere ein Winkel ist; in diesem Fall pendelt die Energie zwischen Translation und Rotation. Ein Musterbeispiel dafür ist die sog. *Wilberforce-Feder* (Abb. 2.55/1). Eine zylindrische Schraubenfeder kann sowohl Längsdehnung wie Verdrehungen (um die Längsachse) erleiden; deshalb gibt es Längsschwingungen und Drehschwingungen. Das Frequenzquadrat der ersten wird durch die Längsnachgiebigkeit h_{11} und die Masse m bestimmt,

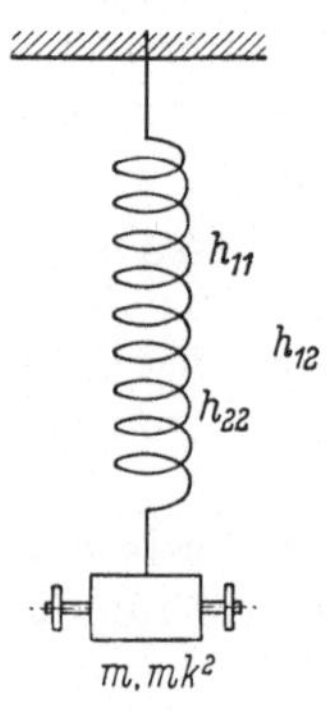

Abb. 2.55/1
Wilberforce-Feder

$$\omega_l^2 = \frac{1}{m\,h_{11}}\,,$$

das der zweiten durch die Torsionsnachgiebigkeit h_{22} und das Trägheitsmoment $m\,k^2$

$$\omega_t^2 = \frac{1}{m\,k^2\,h_{22}}.$$

Da aber in einer Schraubenfeder eine Axialkraft auch eine (kleine) Verdrehung, ein Drehmoment auch eine (kleine) Verlängerung bewirkt, ist die Einflußzahl h_{12} von Null verschieden, die beiden Bewegungen sind also gekoppelt. Die Bewegungen folgen einem Gleichungssystem von der Art (2.31/2). Wenn $h_{12} \ll h_{11}$ und $\ll h_{22}$ ist und die Teilfrequenzen ω_l und ω_t übereinstimmen ($d_{xx} = d_{yy}$), so sind die Frequenzen ω_I und ω_{II} der Eigenschwingungen nahe benachbart; d. h. es treten Schwebungen auf, wie sie in 2.51 für die verbundenen Pendel erörtert wurden, wenn auch die Koordinaten hier von verschiedener Art, die Bewegungen also einerseits Translationen, andererseits Rotationen sind.

2.6 Punktkörper in der Ebene

2.61 Kinematik der ebenen Schwingungen; Bowditch- (Lissajous-) Figuren.
Während wir im ersten Band unsere Betrachtungen mit der Kinematik der Schwingungen begannen, haben wir in diesem Band von der Kinematik noch nicht gesprochen. Wo immer die Gebilde von mehreren Freiheitsgraden aus Verbänden von einläufigen Schwingern bestehen, wie bisher in diesem Kapitel, reichen die früheren Betrachtungen über die Kinematik des einfachen Schwingers aus. Neue Gesichtspunkte kommen erst ins Spiel, wenn die sich zusammensetzenden Bewegungen in verschiedenen Richtungen ablaufen.

Zwei harmonische Schwingungen einer Masse mögen in zwei senkrecht zueinander liegenden Richtungen x und y einer Ebene vor sich gehen. Die Teilschwingungen werden durch die Gleichungen

$$x = a\cos\omega_1 t \quad\text{und}\quad y = b\cos(\omega_2 t + \alpha) \tag{2.61/1}$$

beschrieben. Die Gln. (2.61/1) sind zugleich eine Parameterdarstellung (Parameter t) der ebenen Bahnkurve. Wir stellen einige Eigenschaften dieser Bahnkurve fest: Die Kurve ist eingeschränkt auf das Rechteck

$$-a \leqq x \leqq +a; \quad -b \leqq y \leqq +b. \tag{2.61/2}$$

Wenn $\omega_1/\omega_2 = n/m$ eine rationale Zahl ist, so ist die Bewegung periodisch, die Bahnkurve also eine geschlossene Kurve. Mit $\omega_1/\omega_2 = 1$ ist die Bahnkurve eine Ellipse; ihre Gleichung [aus (2.61/1) durch Elimination von t gewonnen] lautet

$$\left(\frac{x}{a}\right)^2 + \left(\frac{y}{b}\right)^2 - 2\,\frac{x}{a}\,\frac{y}{b}\cos\alpha - \sin^2\alpha = 0. \tag{2.61/3}$$

Die Achsen[1] der Ellipse schließen mit den Koordinatenachsen Winkel ψ ein, für die gilt

$$\tan 2\psi = \frac{2\,a\,b\,\cos\alpha}{a^2 - b^2}. \tag{2.61/4}$$

Mit $\alpha = \pi/2$ wird $\psi = 0$; die Ellipsenachsen liegen parallel den Koordinatenachsen. Mit $\alpha = 0$ artet die Ellipse aus in eine unter dem Winkel $\psi = \text{arc}\tan b/a$ geneigte Strecke (die Diagonale des oben erwähnten umschriebenen Rechtecks). Sind die beiden Amplituden a und b einander gleich, so wird das Rechteck zum

---

[1] Die rechnerische Ermittlung der Beträge der Halbachsen ist umständlich; ein graphisches Verfahren stammt von Dorothea Starke: Z. Instrumentenkunde Bd. 52 (1932) S. 349.

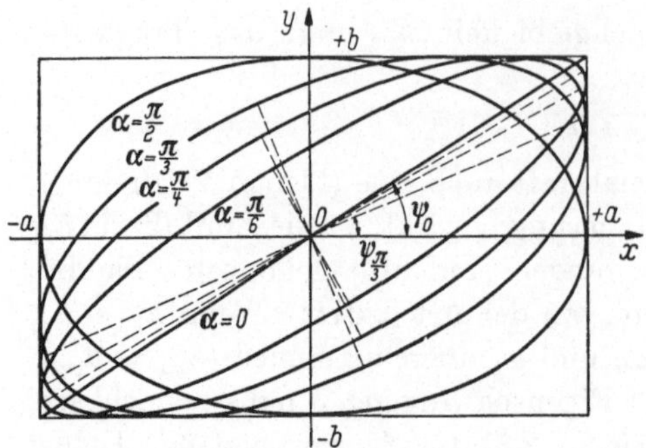

Abb. 2.61/1. Bahnkurven der Bewegung $x = a \cos \omega_1 t$, $y = b \cos(\omega_1 t + \alpha)$ mit $a{:}b = 8{:}5$ und verschiedenen Werten α

Quadrat, die Achsen aller Ellipsen haben dann die Neigung $\psi = \pi/4$; mit $\alpha = \pi/2$ wird die Ellipse zum Kreis.

Die Abb. 2.61/1 zeigt die Zusammensetzung zweier Schwingungen nach (2.61/1) mit $\omega_1 : \omega_2 = 1$ und $a{:}b = 8{:}5$ für verschiedene Werte α. Die erste Zeile von Abb. 2.61/2 zeigt ebenfalls Schwingungen, für die $\omega_1 : \omega_2 = 1$ ist; dort ist ferner $a{:}b = 1$, so daß alle Neigungen $\psi = 45°$ sind.

Für rationale Frequenzverhältnisse, die von Eins verschieden sind, entstehen die Bahnkurven in ähnlicher Weise. Sie heißen BOWDITCH-Figuren oder

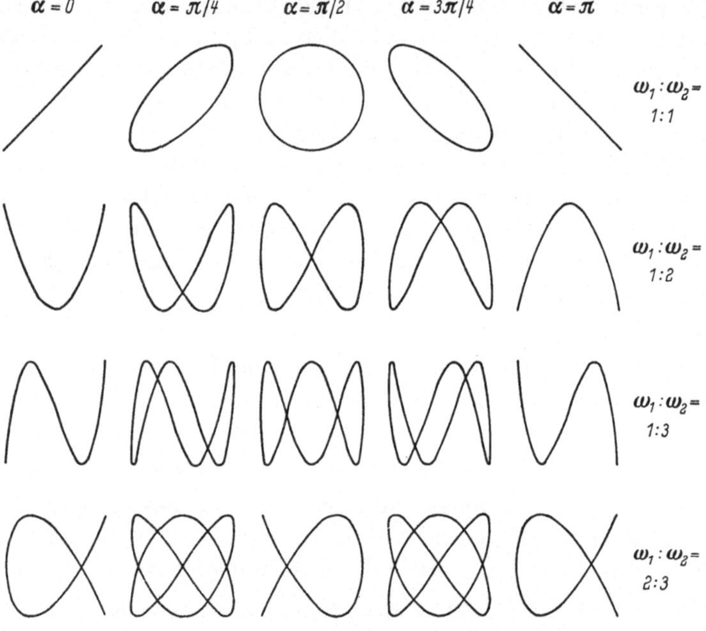

Abb. 2.61/2
Bahnkurven der Bewegung $x = a \cos \omega_1 t$, $y = a \cos(\omega_2 t + \alpha)$ mit verschiedenen Werten ω_1/ω_2 und α

(im französischen und deutschen Schrifttum meist) LISSAJOUS-Figuren nach den Autoren[1,2], die sie zuerst beschrieben haben[3]. Beispiele für $a/b = 1$ und verschiedene Frequenzverhältnisse $\omega_1 : \omega_2$ zeigt Abb. 2.61/2.

[1] BOWDITCH, NATHANIEL: Mem. Acad. Arts and Sci. Bd. 3, Teil 2 (1815) S. 413—436.
[2] LISSAJOUS, J.: Ann. Chem. Phys. Bd. 51 (1857) S. 147.
[3] Weitere Literatur: MELDE, F.: Lehre von den Schwingungskurven. Leipzig 1864; BERGMANN-SCHAEFER: Lehrbuch der Experimentalphysik, Bd. I, S. 157. Berlin 1945; GRIMSEHL: Lehrbuch der Physik, 16. Aufl., S. 295. Leipzig 1955; F. TRENDELENBURG: Einführung in die Akustik, S. 14. Berlin 1939; ferner „Special Curves" in Encycl. Brit. Bd. 6 (1955) Nr. 34, S. 892.

Wenn das Frequenzverhältnis $\omega_1 : \omega_2$ nicht rational ist, so sind die Bahnkurven keine geschlossenen Kurven mehr. In diesem Fall läßt sich der Vorgang als eine „langsame Veränderung" gewisser „benachbarter" geschlossener Kurven auffassen. Wir machen die Überlegung an einem einfachen Beispiel klar, bei dem das Frequenzverhältnis in der Nähe von Eins liegt,

$$\omega_1 : \omega_2 = 1 : (1 + \varepsilon), \quad \text{mit} \quad \varepsilon \ll 1. \tag{2.61/5}$$

Wegen (2.61/5) lauten die Gln. (2.61/1) jetzt

$$x = a \cos \omega_1 t,$$

$$y = b \cos(\omega_1 t + \omega_1 \varepsilon t + \alpha).$$

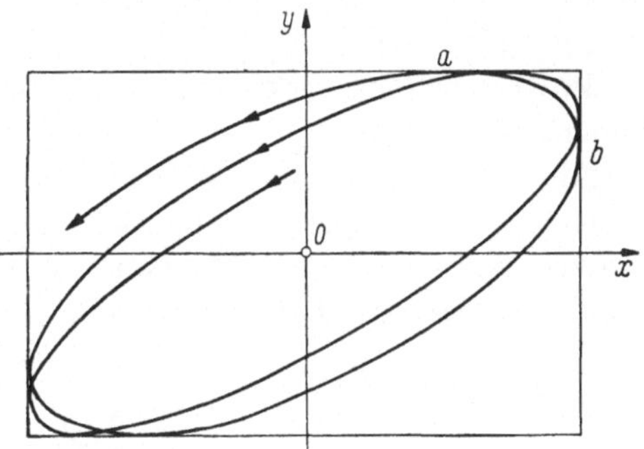

Abb. 2.61/3. Langsam veränderliche Ellipsen

Der Nullphasenwinkel $\alpha_1 = \alpha + \omega_1 \varepsilon t$ ist jetzt keine Konstante mehr, sondern eine sich mit der kleinen „Geschwindigkeit" $\omega_1 \varepsilon$ ändernde Größe. Wenn wir für α_1 während einer Periode T einen Mittelwert einsetzen, so erhalten wir eine bestimmte Ellipse, während der nächsten Periode, wegen des geänderten Mittelwertes, eine andere, benachbarte, Ellipse. Die Bewegung ist also angenähert deutbar als das Durchlaufen einer Folge von „benachbarten" Ellipsen (Abb. 2.61/3).

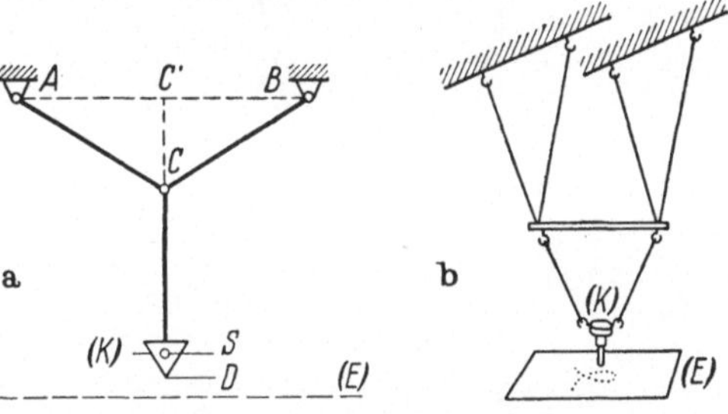

Abb. 2.61/4. Bowditch-Pendel

Es gibt mannigfache Vorrichtungen, Bowditch-Figuren sichtbar zu machen. Eine einfache ist das von Bowditch selbst angegebene Pendel. Abb. 2.61/4 zeigt zwei Ausführungen. In beiden Fällen schwingt ein Körper (K) als Pendel in zwei zueinander senkrechten[1] Richtungen. Die Frequenzen dieser Teilschwingungen lassen sich durch Änderung der Pendellängen einzeln ändern, so daß auch ihr Verhältnis variiert werden kann. Die Bahnkurven werden sichtbar gemacht dadurch, daß der Körper (K) aus einem Gefäß besteht, aus dem Sand in dünnem Strahl auslaufen kann. Die Bahnen erscheinen als Spuren auf der Ebene (E). Andere Vorrichtungen arbeiten optisch. Ein Beispiel ist durch Abb. 2.61/5 angedeutet. Eine Stahlkugel sitzt am Ende eines Stabes, der aus zwei um 90° versetzt aneinandergereihten Blattfedern besteht. Auf diese Weise hängt die Frequenz der Schwingungen in der einen Richtung praktisch nur von den Biegeeigen-

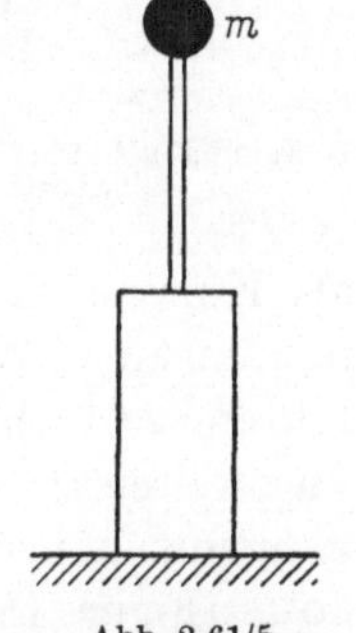

Abb. 2.61/5
„Verwundene" Blattfedern mit Punktkörper

---

[1] Man kann die Aufhängung auch so ausführen, daß die Schwingungsrichtung der beiden Komponenten einen von 90° verschiedenen Winkel einschließen. Die Lissajous-Figuren sind dann nicht einem Rechteck sondern einem Parallelogramm einbeschrieben. Siehe z. B. D. McLachlan jr.: Am. J. Phys. Bd. 26 (1958) Nr. 7, S. 496—498.

schaften der einen Blattfeder, die in der zweiten Richtung von denen der anderen Blattfeder ab. Bringt man auf der Stahlkugel einen Leuchtfleck an, so kann die Bewegung der Kugel optisch verfolgt, etwa photographisch registriert werden.

BOWDITCH-(LISSAJOUS-)Figuren können verwickelte Muster zeigen und sogar künstlerische Wirkung haben.[1]

Abschließend sei noch erwähnt, daß die zugehörigen Fragestellungen eine besondere Rolle spielen beim Sichtbarmachen und Messen von Schwingungen durch „Auseinanderziehen", etwa auf dem Leuchtschirm einer Kathodenstrahlröhre (Oszilloskop); dadurch wird eine in einer Richtung verlaufende Schwingung

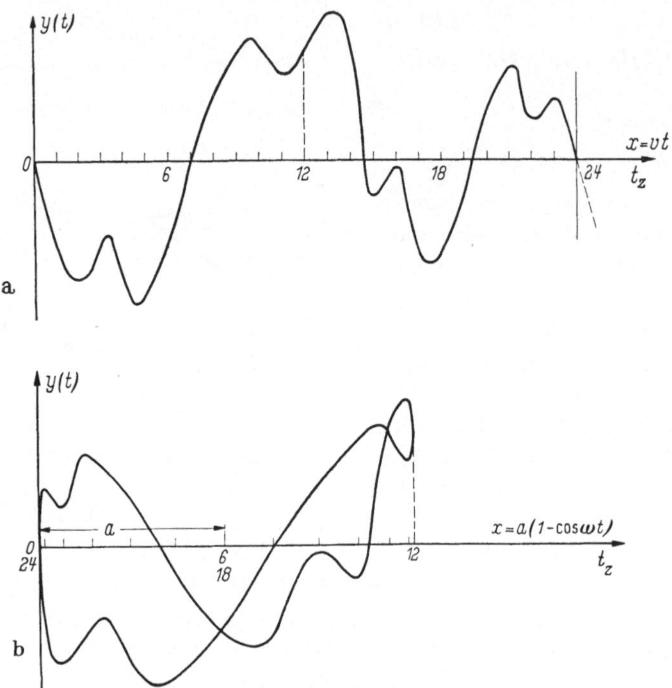

Abb. 2.61/6

Bewegung $y(t)$ über linear geteilter (durchlaufener) Abszisse (a) und sinusförmig geteilter (durchlaufener) Abszisse (b). — Die angeschriebenen Zahlen z bedeuten Zeiten $t_z = z\,T/24$

als Kurve sichtbar (oder registrierbar) gemacht. Das Auseinanderziehen kann in „linearer" Weise erfolgen (Abb. 2.61/6a) oder in „schwingender" Weise (Abbildung 2.61/6b). Im ersten Fall entsteht das „übliche" Diagramm des Vorganges, im zweiten Fall ein „verzerrtes" Diagramm; dieses wird bei periodischen Vorgängen zu einer geschlossenen Kurve, gegebenenfalls zu einer BOWDITCH-(LISSAJOUS-)Figur. Das „verzerrte" Diagramm der Abb. 2.61/6b kann auch aufgefaßt werden als Projektion der auf einem Zylindermantel aufgetragenen Kurve 2.61/6a.

2.62 Der durch Dehnfedern elastisch gebundene Punktkörper in der Ebene. Die statische Aufgabe: Verschiebungs-Einflußzahlen h_{ik} und Kraft-Einflußzahlen c_{ik}. Wir gehen nun zur dynamischen Untersuchung eines elastisch

___

[1] Siehe z. B. R. T. LOGEMANN: The Scientist as Artist. American Scientist Bd. 36, July 1948.

gebundenen Punktkörpers über. In 2.11 hatten wir schon ein Beispiel für ein solches System angegeben und auch seine Bewegungsgleichungen aufgestellt. Wir erweitern die Aufgabe jetzt, indem wir dem Punktkörper allgemeinere Bindungen auferlegen. Dabei untersuchen wir zunächst nur Bindungen mittels *Dehnfedern*. Zu solchen Dehnfedern gehören außer den zylindrischen Schraubenfedern (Abb. 2.11/2) auch die Stäbe der Fachwerke. Wir werden zwei charakteristischen Fällen begegnen, nämlich

1. dem Punktkörper auf einem durch n Stäbe (Dehnfedern) mit lauter *festen* Punkten verbundenen Knoten (Stabvielschlag) (Abb. 2.63/1a) und

2. dem Punktkörper auf einem Fachwerkknoten (vgl. die Abb. 2.63/5).

Hier erörtern wir zunächst die den beiden Fällen gemeinsamen Beziehungen.

Das Wort *Knoten* bezeichnet jetzt, im Anschluß an den Sprachgebrauch der Statik, Gelenkpunkte, an denen zwei oder mehr Stäbe zusammenstoßen (*Fachwerkknoten*). Davon deutlich zu unterscheiden ist der Begriff des *Schwingungsknotens*, wie er in 2.13 eingeführt und erläutert wurde.

Für die Untersuchung wäre es am übersichtlichsten, wenn wir von einigen Begriffen der Dyaden- (Tensor-) Rechnung[1] oder der Matrizenrechnung Gebrauch machten[2]. Da wir hier jedoch keine von diesen Rechnungsarten voraussetzen wollen, geben wir alle Beziehungen zunächst in der üblichen (skalaren) Schreibweise und schließen erst dann (und zwar in Kleindruck) die Fassungen in Dyaden- oder Matrizen-Schreibweise an.

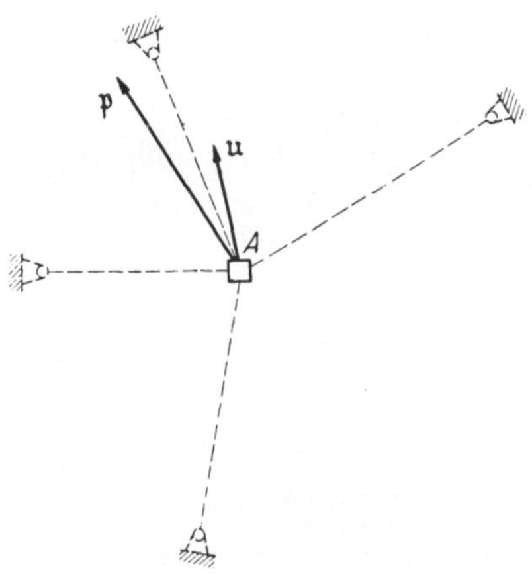

Abb. 2.62/1. Knoten mit Kraftvektor $\mathfrak{p}$ und Verschiebungsvektor $\mathfrak{u}$

Mit großen Frakturbuchstaben werden Dyaden, mit kleinen Frakturbuchstaben Vektoren, mit lateinischen Buchstaben skalare Größen bezeichnet. Einheitsvektoren erhalten den Exponenten 0, z. B. $\mathfrak{p}^0$.

Die Darstellung beschränken wir auf ebene Gebilde; alles, was gesagt wird, behält jedoch Geltung auch für räumliche Systeme.

α) Verschiebungs-Einflußzahlen h_{ik}. An der Stelle des Stabwerkes, an der der Punktkörper sitzt, denken wir uns eine Kraft $\mathfrak{p}$ angreifend mit den Komponenten p_x und p_y. Diese Kraft ruft eine Verschiebung $\mathfrak{u}$ ihres Angriffspunktes hervor, die im allgemeinen nicht in die Richtung der Kraft $\mathfrak{p}$ fällt; sie habe die Komponenten u_x und u_y (Abb. 2.62/1).

Die Zuordnung zwischen den beiden Vektoren wird hergestellt durch die Gleichungen

$$\left.\begin{aligned} u_x &= h_{xx}\,p_x + h_{xy}\,p_y, \\ u_y &= h_{yx}\,p_x + h_{yy}\,p_y. \end{aligned}\right\} \qquad (2.62/1)$$

---

[1] Siehe z. B. P. Frank u. R. v. Mises: Die Differential- und Integralgleichungen der Mechanik und Physik, S. 86ff. Braunschweig 1930.

[2] Zurmühl, R.: Matrizen, 2. Aufl. Berlin/Göttingen/Heidelberg: Springer 1958.

Wie in Gl. (2.31/1a) sind die Koeffizienten h_{ik} MAXWELLsche Verschiebungs-Einflußzahlen, und das Schema

$$\mathfrak{H} = \begin{bmatrix} h_{xx} & h_{xy} \\ h_{yx} & h_{yy} \end{bmatrix} \qquad (2.62/2)$$

ist die Einflußzahl-Matrix. Da hier aber die Größen u_x, u_y und p_x, p_y Komponenten physikalischer Vektoren sind, ist auch das Schema (2.62/2) von besonderer Art. Man nennt es eine Dyade, und die Dyaden unterscheiden sich von den Matrizen allgemein dadurch, daß z. B. Hauptwerte, Hauptrichtungen usw. (wie wir im folgenden zeigen werden) einer realen geometrischen Deutung fähig sind.

Wieder gilt übrigens als eine Folge des BETTIschen Satzes (oder der MAXWELLschen Sätze), daß die Einfluß-zahl-Matrix symmetrisch[1] ist,

$$h_{xy} = h_{yx}. \qquad (2.62/3)$$

Will man die Gln. (2.62/1) als Vektorgleichung zusammenfassen, so lautet sie

$$\mathfrak{u} = \mathfrak{H} \cdot \mathfrak{p}. \qquad (2.62/1a)$$

Diese Schreibweise bezeichnet analog dem inneren Produkt zweier Vektoren die Summe

$$\mathfrak{H} \cdot \mathfrak{p} = \mathfrak{h}_x \cdot p_x + \mathfrak{h}_y \cdot p_y, \qquad (2.62/1b)$$

worin

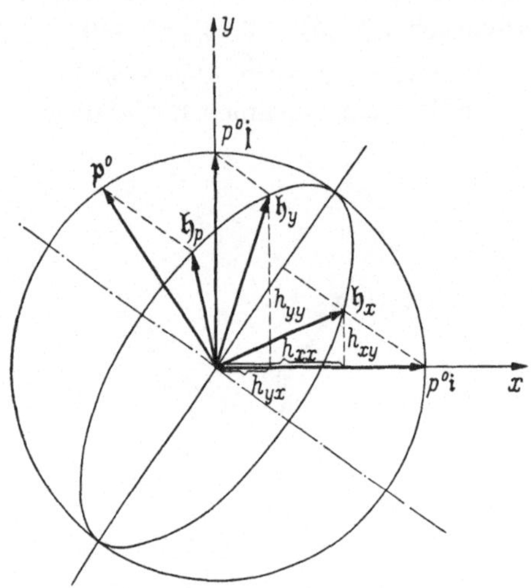

Abb. 2.62/2. Verschiebungsvektoren (Einfluß-vektoren) $\mathfrak{h}_x$ und $\mathfrak{h}_y$

$$\mathfrak{h}_x = h_{xx}\,\mathfrak{i} + h_{yx}\,\mathfrak{j}, \qquad \mathfrak{h}_y = h_{xy}\,\mathfrak{i} + h_{yy}\,\mathfrak{j} \qquad (2.62/1c)$$

die *Spalten*vektoren der Matrix $\mathfrak{H}$ sind. Mechanisch stellen sie die Verschiebungen dar, die von den „Einheitskräften" $\mathfrak{p}^0 = p^0\,\mathfrak{i}$ bzw. $p^0\,\mathfrak{j}$ hervorgerufen werden (Abb. 2.62/2).

Schreibt man $\mathfrak{p}$ in der Form

$$\mathfrak{p} = p_x\,\mathfrak{i} + p_y\,\mathfrak{j} = p\left[\cos(p, x)\,\mathfrak{i} + \cos(p, y)\,\mathfrak{j}\right], \qquad (2.62/1d)$$

so geht Gl. (2.62/1a) über in

$$\mathfrak{u} = p\left[\mathfrak{h}_x \cos(p, x) + \mathfrak{h}_y \cos(p, y)\right]. \qquad (2.62/1e)$$

Dem Vektor $\mathfrak{p}$ ist also ein *Vektor* $\mathfrak{u}$ nach einem in den Richtungskosinus linearen Gesetz zugeordnet. Diese Zuordnung vermittelt die *Dyade* $\mathfrak{H} = [\mathfrak{h}_x, \mathfrak{h}_y]$, genau wie ein physikalischer *Vektor* $\mathfrak{v} = [v_x, v_y]$ einer Richtung ξ des Raumes eine *Zahl* zuordnet nach dem Gesetz

$$v_\xi = v_x \cos(x, \xi) + v_y \cos(y, \xi).$$

Eine symmetrische Dyade heißt ein Tensor, $\mathfrak{H}$ möge Einflußtensor für die Verschiebungen heißen.

β) **Kraft-Einflußzahlen** c_{ik}. Löst man die Gln. (2.62/1) nach den Komponenten p_x und p_y des Kraftvektors auf, so kommt

$$\left.\begin{array}{l} p_x = c_{xx}\,u_x + c_{xy}\,u_y, \\ p_y = c_{yx}\,u_x + c_{yy}\,u_y. \end{array}\right\} \qquad (2.62/4)$$

[1] Vgl. z. B. C. B. BIEZENO u. R. GRAMMEL: Technische Dynamik, Bd. I, Kap. II, S. 94. Berlin/Göttingen/Heidelberg: Springer 1953.

Die Koeffizienten c_{ik} dieses Gleichungssystems gehen aus den Koeffizienten h_{ik} von (2.62/1) hervor nach

$$c_{xx} = \frac{h_{yy}}{H}, \quad c_{xy} = -\frac{h_{xy}}{H}, \quad c_{yx} = -\frac{h_{yx}}{H}, \quad c_{yy} = \frac{h_{xx}}{H}, \quad (2.62/5)$$

wenn mit H die Determinante der Koeffizienten h_{ik}, also

$$H = \begin{vmatrix} h_{xx} & h_{xy} \\ h_{yx} & h_{yy} \end{vmatrix} = h_{xx} h_{yy} - h_{xy}^2 \qquad (2.62/5\,\mathrm{a})$$

bezeichnet wird. Das Schema der Koeffizienten c_{ik} ist wieder symmetrisch. Die Glieder des Schemas heißen Kraft-Einflußzahlen.

In Dyaden-Schreibweise lauten die Gln. (2.62/4)

$$\mathfrak{p} = \mathfrak{C} \cdot \mathfrak{u}. \qquad (2.62/6)$$

Das Schema der Dyade $\mathfrak{C}$, nämlich

$$\begin{bmatrix} c_{xx} & c_{xy} \\ c_{yx} & c_{yy} \end{bmatrix} \qquad (2.62/6\,\mathrm{a})$$

ist nach (2.62/5) symmetrisch. Die Dyade $\mathfrak{C}$ ist also wieder ein Tensor; er heißt der Einflußtensor für die Kräfte.

Selbstverständlich lassen sich umgekehrt auch die Glieder h_{ik} von $\mathfrak{H}$ aus den Gliedern c_{ik} von $\mathfrak{C}$ gewinnen. Es gilt

$$h_{xx} = \frac{c_{yy}}{C}, \qquad h_{xy} = -\frac{c_{xy}}{C}, \qquad h_{yx} = -\frac{c_{yx}}{C}, \qquad h_{yy} = \frac{c_{xx}}{C}, \qquad (2.62/7)$$

wenn hier

$$C = \begin{vmatrix} c_{xx} & c_{xy} \\ c_{yx} & c_{yy} \end{vmatrix} = c_{xx} c_{yy} - c_{xy}^2 \qquad (2.62/7\,\mathrm{a})$$

bedeutet.

In Dyaden-Schreibweise ist

$$\mathfrak{C} = \mathfrak{H}^{-1} \quad \text{und} \quad \mathfrak{H} = \mathfrak{C}^{-1}.$$

Der Inhalt dieser Gleichungen wird durch die skalaren Gln. (2.62/5) und (2.62/7) angegeben.

γ) Hauptwerte, Hauptrichtungen. Wir fragen nun noch: Gibt es Richtungen, in denen die Vektoren $\mathfrak{p}$ und $\mathfrak{u}$ kollinear sind, so daß also zu einem Kraftvektor

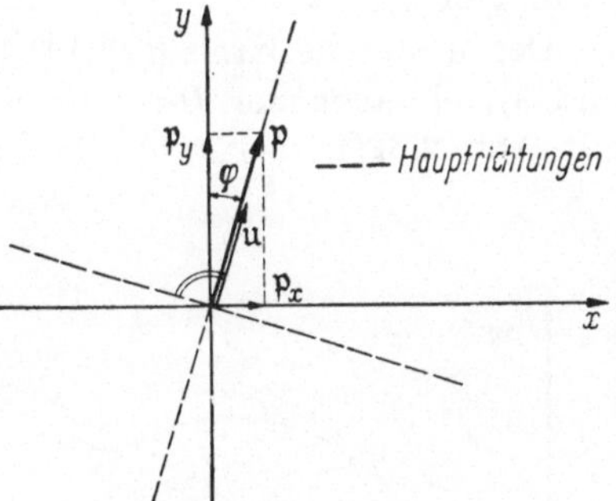

Abb. 2.62/3. Hauptrichtungen
Erklärung des Winkels φ

ein in der gleichen Richtung liegender Verschiebungsvektor gehört? Wenn es solche Richtungen gibt, werden wir sie „Hauptrichtungen" nennen (Abb. 2.62/3).

Zur Beantwortung setzen wir $\mathfrak{u} = \lambda\,\mathfrak{p}$ und erhalten damit z. B. aus (2.62/1)

$$\left. \begin{aligned} p_x h_{xx} + p_y h_{xy} &= \lambda p_x, \\ p_x h_{yx} + p_y h_{yy} &= \lambda p_y. \end{aligned} \right\} \qquad (2.62/8)$$

Dieses homogene lineare Gleichungssystem hat andere als identisch verschwindende Lösungen dann und nur dann, wenn die Determinante seiner Koeffizienten verschwindet,

$$\begin{vmatrix} h_{xx} - \lambda & h_{xy} \\ h_{yx} & h_{yy} - \lambda \end{vmatrix} = 0, \qquad (2.62/9\,\text{a})$$

d. h. wenn

$$\lambda^2 - \lambda\,(h_{xx} + h_{yy}) + h_{xx}\,h_{yy} - h_{xy}\,h_{yx} = 0 \qquad (2.62/9\,\text{b})$$

ist.

Die quadratische Gl. (2.62/9 b) liefert, wenn die $h_{ik} = h_{ki}$ „Einflußzahlen" sind, stets zwei reelle positive Wurzeln,

$$\lambda_I = h_I \quad \text{und} \quad \lambda_{II} = h_{II},$$

die „Hauptwerte". Zu jedem der Hauptwerte gehört ein Quotient („Ausschlagverhältnis")

$$\frac{p_x}{p_y} = \varkappa = - \frac{h_{xy}}{h_{xx} - \lambda} \quad \text{oder} \quad \varkappa = - \frac{h_{yy} - \lambda}{h_{yx}}.$$

Setzt man in (2.62/8) durch

$$p_x = p \cos(p, x) = p \sin\varphi, \qquad p_y = p \cos(p, y) = p \cos\varphi$$

den Richtungscosinus in Evidenz, so erkennt man, daß

$$\frac{p_x}{p_y} = \tan\varphi$$

wird. Die früher [vgl. (2.12/25)] als Abkürzung eingeführte Größe φ hat hier eine unmittelbare geometrische Bedeutung; sie bestimmt die Hauptrichtungen (Abb. 2.62/3).

Der MOHRsche Kreis (s. 2.14) kann zum Aufsuchen sowohl der *Hauptwerte* h_I und h_{II} als auch der *Hauptrichtungen* dienen (Abb. 2.62/4). Im Falle $h_{xy} < 0$ gilt Abb. 2.62/4a ($\varkappa_I > 0$), im Falle $h_{xy} > 0$ Abb. 2.62/4b ($\varkappa_{II} < 0$).

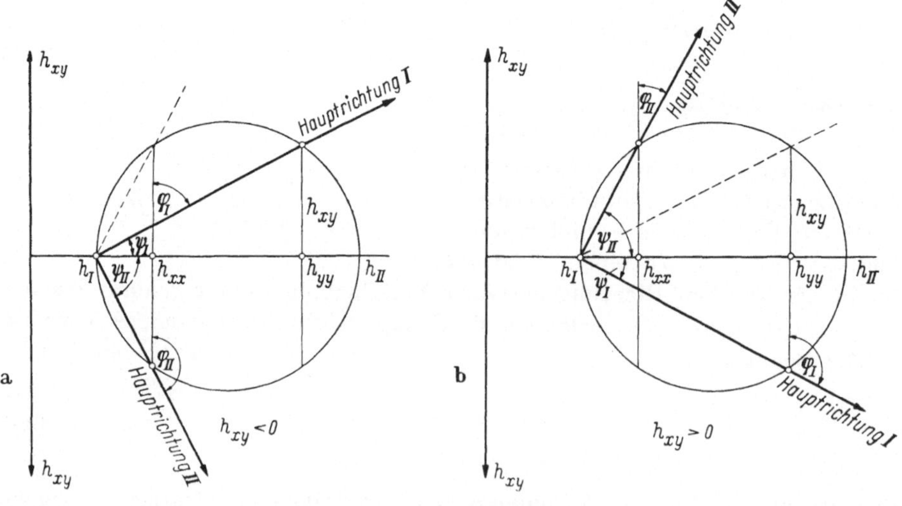

Abb. 2.62/4. Ermittlung der Hauptwerte h_I und h_{II} sowie der Hauptrichtungen mit Hilfe des MOHRschen Kreises; a) $h_{xy} < 0$, b) $h_{xy} > 0$

Neben dem MOHRschen Kreis gibt es (was wir aber nur der Vollständigkeit halber erwähnen) noch ein zweites Hilfsmittel, den LANDschen[1] Kreis, der in der Regel zum Aufsuchen der Glieder eines Trägheitstensors dient.

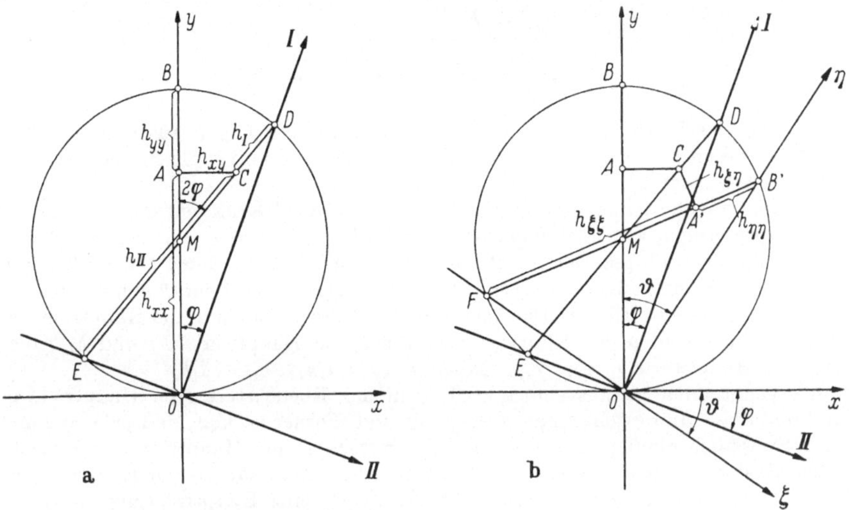

Abb. 2.62/5. Ermittlung der Hauptwerte und Hauptrichtungen mit Hilfe des LANDschen Kreises

Wir zeigen die Bestimmung von Hauptwerten und Hauptrichtungen mit Hilfe des LANDschen Kreises am Beispiel des Tensors $\mathfrak{H}$ (Abb. 2.62/5). Auf der y-Achse des Koordinatensystems trägt man in der Strecke $\overline{OA}$ den Wert h_{xx}, in der Strecke $\overline{AB}$ den Wert h_{yy} ab; in A errichtet man die Senkrechte und trägt als $\overline{AC}$ noch h_{xy} ab (positiv nach rechts, negativ nach links). Über $\overline{OB}$ als Durchmesser schlägt man einen Kreis mit dem Mittelpunkt M. Verlängert man die Verbindungslinie $\overline{MC}$ bis zu den Punkten D und E auf dem Kreis, so liefert die Strecke $\overline{DC}$ den Wert h_I, die Strecke $\overline{CE}$ den Wert h_{II}, während die Richtungen $\overline{OD}$ und $\overline{OE}$ die Hauptachsenrichtungen angeben. Die Beweise für diese Behauptungen folgen unmittelbar aus der Gleichung für die Hauptwerte

$$h_{I,\,II} = \frac{h_{xx} + h_{yy}}{2} \mp \sqrt{\left(\frac{h_{xx} - h_{yy}}{2}\right)^2 + h_{xy}^2} \qquad (2.62/10\,\text{a})$$

und der Gleichung für den Winkel

$$\tan 2\varphi = \frac{2\,h_{xy}}{h_{xx} - h_{yy}}, \qquad (2.62/10\,\text{b})$$

wie man aus den Abbildungen bestätigt.

Es sei noch angemerkt, daß man die zu einem anderen Koordinatensystem ξ und η gehörigen Werte $h_{\xi\xi}$, $h_{\xi\eta}$ und $h_{\eta\eta}$ auf die in Abb. 2.62/5b angedeutete Weise findet. Der Beweis folgt aus den Transformationsformeln für die Elemente

---

[1] LAND, R.: Zivilingenieur Bd. 34 (1888) S. 123; oder etwa TH. PÖSCHL: Lehrbuch der technischen Mechanik, Bd. II, S. 79. Berlin: Springer 1936.

symmetrischer Dyaden (Tensoren):

$$h_{\xi\xi} = \frac{h_{xx} + h_{yy}}{2} + \frac{h_{xx} - h_{yy}}{2}\cos 2\vartheta + h_{xy}\sin 2\vartheta,$$

$$h_{\eta\eta} = h_{xx} + h_{yy} - h_{\xi\xi},$$

$$h_{\xi\eta} = -\frac{h_{xx} - h_{yy}}{2}\sin 2\vartheta + h_{xy}\cos 2\vartheta.$$

Ohne Beweis seien noch einige Tatsachen erwähnt. Sie folgen aus den Gln. (2.62/1) oder (2.62/4), wenn $h_{xy} = h_{yx}$ oder $c_{xy} = c_{yx}$ ist oder — was das gleiche besagt — wenn die Dyade ein *Tensor* ist.

Trägt man zu den (einen Kreis erfüllenden) „Einheits"-Kraftvektoren $\mathfrak{p}^0$ aller Richtungen die zugehörigen Verschiebungsvektoren (Einflußvektoren) $\mathfrak{u} = \mathfrak{h}$ auf, so liegen deren Endpunkte auf einer Ellipse, der „Einflußellipse" (Abb. 2.62/2). Entsprechend liegen auch die zu den einen Kreis erfüllenden „Einheits"-Verschiebungsvektoren $\mathfrak{u}^0$ gehörenden Kraftvektoren $\mathfrak{p} = \mathfrak{c}$ auf einer Ellipse. Die Achsen beider Ellipsen fallen in die Hauptrichtungen. Die Halbachsen a und b der Ellipse $\mathfrak{h}$ bezeichnen die Hauptwerte h_I und h_{II}, die der Ellipse $\mathfrak{c}$ die Hauptwerte c_I und c_{II}. Dabei ist $c_I = 1/h_{II}$, $c_{II} = 1/h_I$.

Man erkennt auch hieraus sofort, daß es in der Ebene stets zwei Hauptrichtungen gibt und daß diese Hauptrichtungen orthogonal sind. Ferner ist klar, daß jede Symmetrielinie der Systemanordnung und die zu ihr Senkrechte eine Hauptrichtung bezeichnen. Wenn das System mehr als zwei Symmetrielinien hat, muß sowohl die Ellipse $\mathfrak{h}$ wie die Ellipse $\mathfrak{c}$ ein Kreis sein. Dann ist aber jede Richtung eine Hauptrichtung[1].

2.63 Die Ermittlung der Einflußzahlen. Mit den allgemeinen Erörterungen über die Größen h_{ik} und c_{ik} in 2.62 ist die Aufgabe, die wir uns gestellt hatten, noch nicht gelöst. Es bleibt noch anzugeben, wie man die Größen h_{ik} oder c_{ik} zahlenmäßig bestimmt. Wir zeigen das für die beiden in 2.62 schon erwähnten

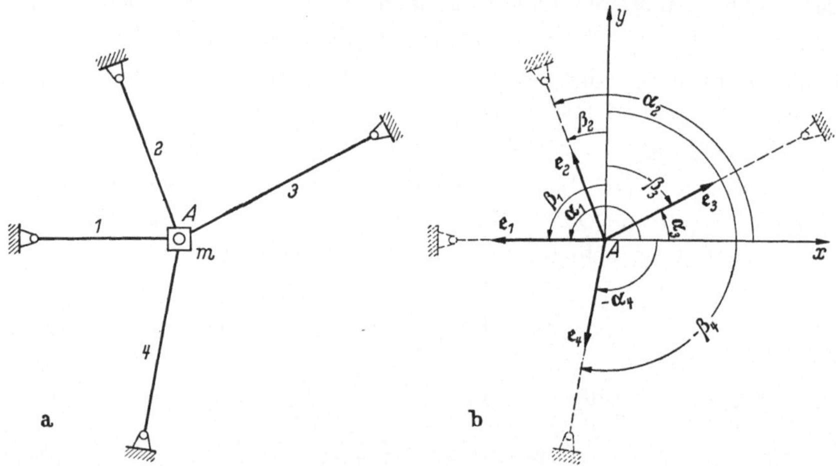

Abb. 2.63/1. a) Stabvielschlag, b) Einheitsvektoren $\mathfrak{e}_i$ und Winkel α_i, β_i der Stabrichtungen

Fälle. Der Punktkörper sitzt dabei α) in einem durch n Stäbe (Dehnfedern) mit lauter festen Punkten verbundenen Knoten (auf einem Stabvielschlag), β), γ) im Knoten eines Dreieck-Fachwerkes.

---

[1] Eine ausführliche Darstellung findet sich in dem Aufsatz E. R. BERGER: Tensorflächen, Tensorellipsen und Tensorkreise. Oesterr. Ing.-Arch. Bd. 8 (1954) H. 4, S. 231—236.

α) **Stabvielschläge** (Abb. 2.63/1a). Hier, wo Federn „parallelgeschaltet" sind (d. h. wo sich die durch eine Auslenkung in den einzelnen Stäben hervorgerufenen Rückstellkräfte addieren), empfiehlt sich die Benutzung der Kraft-Einflußzahlen c_{ik}. Es sei (Abb. 2.63/1b) ein jeder Stab durch den von A ausgehenden Einheitsvektor e_i seiner Richtung gekennzeichnet. Der Vektor e_i schließe den Winkel α_i mit der positiven x-Achse, den Winkel β_i mit der positiven y-Achse ein. Die Verschiebung des Knotens A sei $\mathfrak{u}$. Der Betrag $|\mathfrak{u}|$ sei klein gegen die Stablängen l_i. Dann ist die Verkürzung eines jeden Stabes $e_i \cdot \mathfrak{u}$. Die Kraft, die jeder Stab in seiner Richtung ausübt, ist, wenn c_i die Federsteifigkeit $c_i = E\,F_i/l_i$ bezeichnet, $\tilde{\mathfrak{p}}_i = -\,c_i\,e_i\,(e_i \cdot \mathfrak{u})$. Die gesamte, am Knoten von den Stäben ausgeübte Kraft wird damit

$$\tilde{\mathfrak{p}} = \sum_i \tilde{\mathfrak{p}}_i = -\sum_i c_i\,e_i(e_i \cdot \mathfrak{u}). \qquad (2.63/1\,a)$$

Ihr hält die eingeprägte Kraft $\mathfrak{p}$ das Gleichgewicht, $\mathfrak{p} + \tilde{\mathfrak{p}} = 0$, so daß

$$\mathfrak{p} = \sum_i c_i\,e_i(e_i \cdot \mathfrak{u}) \qquad (2.63/1\,b)$$

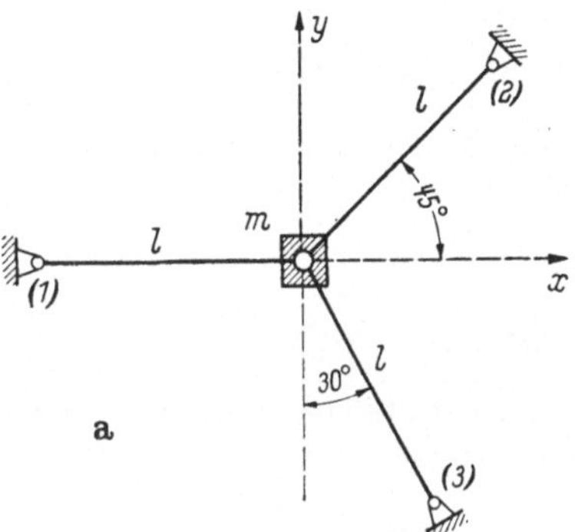

wird. Multiplikation mit i bzw. j liefert die beiden Komponenten:

$$\left.\begin{aligned} p_x &= \sum c_i \cos\alpha_i \times \\ &\quad \times (u_x \cos\alpha_i + u_y \cos\beta_i), \\ p_y &= \sum c_i \cos\beta_i \times \\ &\quad \times (u_x \cos\alpha_i + u_y \cos\beta_i). \end{aligned}\right\} \qquad (2.63/2)$$

Ein Vergleich mit den Gln. (2.62/4) zeigt, daß also

$$\left.\begin{aligned} c_{xx} &= \sum c_i \cos^2\alpha_i, \\ c_{yy} &= \sum c_i \cos^2\beta_i, \\ c_{xy} &= c_{yx} = \sum c_i \cos\alpha_i \cos\beta_i \end{aligned}\right\} \qquad (2.63/3)$$

ist. Die Summierung ist jeweils über alle Stäbe zu erstrecken, die an dem Knoten zusammentreffen; ihre Zahl ist beliebig.

In der Schreibweise der Dyadenrechnung kommt aus (2.63/1b), da $\mathfrak{u}$ allen Summanden gemeinsam ist und deshalb unter Benutzung einer Dyade, des GIBBSschen dyadischen Produktes, als Faktor herausgehoben werden kann, die Fassung

$$\mathfrak{p} = (\textstyle\sum c_i\,(e_i\,;\,e_i))\,\mathfrak{u} \qquad (2.63/4)$$

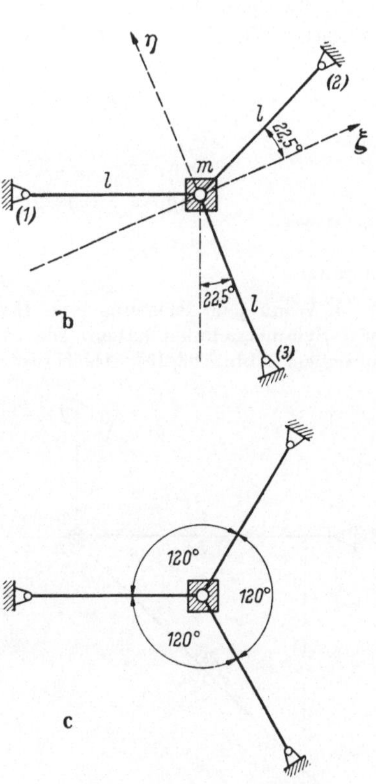

zustande. Die symmetrische Dyade $\sum c_i(e_i\,;\,e_i)$ ist der gesuchte Tensor $\mathfrak{C}$. Seine Matrix hat die in (2.63/3) angegebenen Glieder.

Abb. 2.63/2. a) Stabdreischlag zu Beispiel 1, b) die Richtung von Stab (3) ist eine Hauptrichtung, c) symmetrische Anordnung

Wir geben Zahlenbeispiele.

Beispiel 1. Es liege ein Stabdreischlag nach Abb. 2.63/2a vor, wo $l_1 = l_2 = l_3 = l$ sei. Wir stellen folgende Fragen:

1. Welche Werte haben die drei Größen c_{ik} in diesem Fall?

2. Unter welchem Winkel müßte der Stab (3) angeordnet werden, damit seine Richtung zu einer Hauptrichtung wird? Und wie lauten die c_{ik} dann?

3. Wie müßten die drei Stäbe angeordnet sein, damit jede Richtung eine Hauptrichtung ist?

Als Antworten finden wir:

1. Mit den Angaben in Abb. 2.63/2a haben die Winkel α_i und β_i folgende Werte:

$$\alpha_1 = \pi, \qquad \alpha_2 = \frac{\pi}{4}, \qquad \alpha_3 = -\frac{\pi}{3}, \qquad \beta_1 = \frac{\pi}{2}, \qquad \beta_2 = -\frac{\pi}{4}, \qquad \beta_3 = -\frac{5\pi}{6}.$$

Daher findet man gemäß (2.63/3) für die c_{ik} mit $c = EF/l$

$$c_{xx} = \left(1 + \frac{1}{2} + \frac{1}{4}\right) c = \frac{7}{4} c = 1{,}75\, c, \qquad c_{yy} = \left(\frac{1}{2} + \frac{3}{4}\right) c = \frac{5}{4} c = 1{,}25\, c,$$

$$c_{xy} = \left(\frac{1}{2} - \frac{\sqrt{3}}{4}\right) c = \frac{2 - \sqrt{3}}{4}\, c = 0{,}067\, c.$$

2. Der Stab (3) muß in die Symmetrielinie der Anordnung, also in die Winkelhalbierende des Winkels zwischen den Stäben (1) und (2) fallen (s. 2.62γ); er muß also statt eines Winkels von 30° einen solchen von 22,5° mit der Lotrechten einschließen.

Die zugehörigen Werte c_{ik} findet man am einfachsten, wenn man gemäß Abb. 2.63/2b in die Symmetrielinie und ihre Senkrechte ein ξ-η-Koordinatensystem legt und in bezug auf dieses die Werte c_{ik} errechnet. So kommen wegen

$$\alpha_1 = \frac{7\pi}{8}, \qquad \alpha_2 = \frac{\pi}{8}, \qquad \alpha_3 = -\frac{\pi}{2}, \qquad \beta_1 = \frac{3\pi}{8}, \qquad \beta_2 = -\frac{3\pi}{8}, \qquad \beta_3 = \pi$$

und

$$\cos\alpha_1 = -0{,}9239, \qquad \cos\alpha_2 = 0{,}9239, \qquad \cos\alpha_3 = \quad 0,$$

$$\cos\beta_1 = \quad 0{,}3827, \qquad \cos\beta_2 = 0{,}3827, \qquad \cos\beta_3 = -1$$

die Werte

$$c_{\xi\xi} = 1{,}7071\, c, \qquad c_{\xi\eta} = 0, \qquad c_{\eta\eta} = 1{,}2929\, c$$

zustande.

3. Wenn jede Richtung eine Hauptrichtung sein soll, so muß das System mehr als zwei Symmetrielinien haben. Die Stäbe müssen also Winkel von 120° miteinander einschließen (Abb. 2.63/2c). Als Hauptwert c_I findet man dann

$$c_I = c\,[1 + 2\cos^2 60°] = \frac{3}{2}\, c.$$

Beispiel 2. Es liege der Stabzweischlag nach Abb. 2.63/3 vor. Welche Werte haben die Größen c_{ik} hier?

In bezug auf das eingezeichnete x-y-Koordinatensystem lauten die Winkel α und β

$$\alpha_1 = \pi, \qquad \alpha_2 = -\frac{3\pi}{4},$$

$$\beta_1 = \frac{\pi}{2}, \qquad \beta_2 = \frac{3\pi}{4},$$

daher haben die Cosinus die Werte

$$\cos\alpha_1 = -1, \qquad \cos\alpha_2 = -\frac{1}{2}\sqrt{2},$$

$$\cos\beta_1 = 0, \qquad \cos\beta_2 = -\frac{1}{2}\sqrt{2}.$$

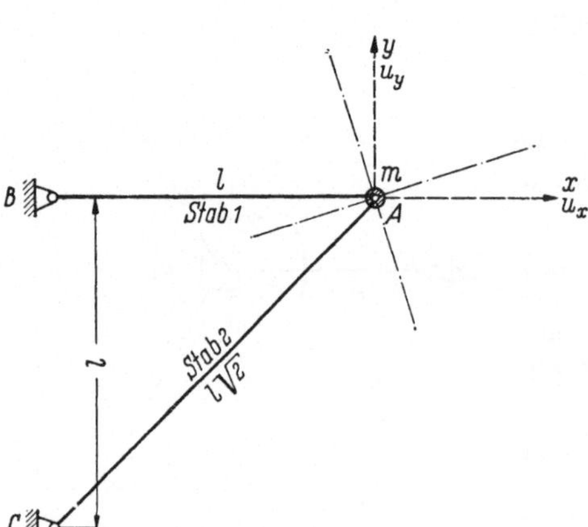

Abb. 2.63/3. Stabzweischlag

Demgemäß nehmen die c_{ik} die folgenden Werte an (mit $c_1 = E\,F/l = c$ und $c_2 = E\,F/l\,\sqrt{2}$)

$$c_{xx} = c\left(1 + \frac{\sqrt{2}}{4}\right), \qquad c_{xy} = c\,\frac{\sqrt{2}}{4}, \qquad c_{yy} = c\,\frac{\sqrt{2}}{4}.$$

β) **Fachwerke. Erste Methode** (über die CASTIGLIANOschen Sätze). Zunächst ermittelt man (etwa mit Hilfe CREMONAscher Kräftepläne) die zu den (am belasteten Knoten angreifenden) Einheitskräften in Richtung i und j gehörigen Größen aller Stabkräfte. Diese mögen durch die dimensionslosen Zahlen (Faktoren der Einheitskraft) s_i und t_i angegeben werden. Die Verschiebungs-Einflußzahlen h_{xx}, h_{xy}, h_{yy} lauten dann, wenn mit

$$h_i = \frac{l_i}{E_i F_i}$$

die Nachgiebigkeiten der einzelnen Stäbe bezeichnet werden,

$$h_{xx} = \sum h_i\,s_i^2, \qquad h_{xy} = \sum h_i\,s_i\,t_i, \qquad h_{yy} = \sum h_i\,t_i^2. \qquad (2.63/5)$$

Die Summen sind dabei über alle Stäbe des Fachwerkes zu erstrecken.

Die Begründung für die Gln. (2.63/5) findet man am einfachsten aus dem CASTIGLIANOschen Satz. Unter Wirkung einer eingeprägten Kraft $p_x\,\mathrm{i} + p_y\,\mathrm{j}$ wird jeder Stab beansprucht durch eine Kraft der Größe

$$k_i = p_x\,s_i + p_y\,t_i.$$

Die Formänderungsarbeit im Fachwerk ist dann

$$\mathsf{A} = \frac{1}{2} \sum h_i\,k_i^2, \qquad (2.63/6)$$

und die unter Wirkung der Kraft p_x in Richtung i hervorgerufene Verschiebung

$$p_x\,(\mathfrak{h}_x \cdot \mathrm{i}) = p_x\,h_{xx}$$

wird

$$p_x\,h_{xx} = \left(\frac{\partial \mathsf{A}}{\partial p_x}\right)_{p_y = 0} = \sum \left(h_i\,k_i\,\frac{\partial k_i}{\partial p_x}\right)_{p_y = 0}$$

$$= p_x \sum h_i\,s_i^2; \qquad (2.63/7)$$

daher ist

$$h_{xx} = \sum h_i\,s_i^2.$$

Ebenso entsteht aus

$$\left(\frac{\partial \mathsf{A}}{\partial p_x}\right)_{p_x = 0} \quad \text{oder} \quad \left(\frac{\partial \mathsf{A}}{\partial p_y}\right)_{p_y = 0}$$

das gemischte Glied h_{xy}, schließlich aus $\left(\dfrac{\partial \mathsf{A}}{\partial p_y}\right)_{p_x = 0}$ das Glied h_{yy}.

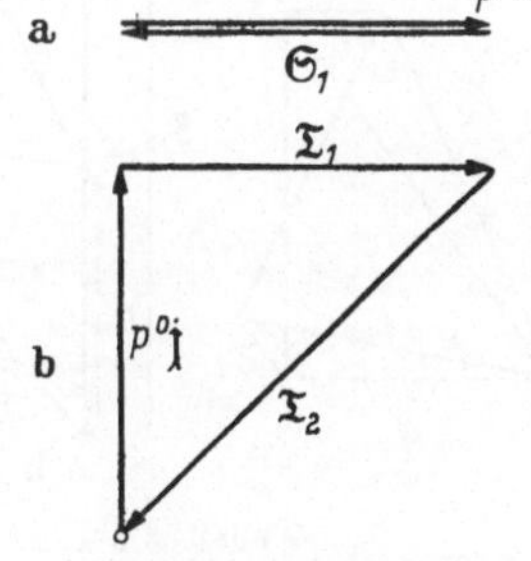

Abb. 2.63/4. Kräftepläne zum Stabzweischlag 2.63/3

Beispiel 3. Wir behandeln noch einmal den einfachen Stabzweischlag, den wir zuvor (im Beispiel 2) schon untersucht haben (Abb. 2.63/3. Den (CREMONAschen) Kräfteplan zur Einheitskraft p^0 i zeigt Abb. 2.63/4 a; aus ihm folgt $s_1 = 1$, $s_2 = 0$. Den Kräfteplan zu p^0 j zeigt Abb. 2.63/4 b; aus ihm folgt $t_1 = -1$, $t_2 = +\sqrt{2}$.

Mit $h_1 = h = l/EF$ und $h_2 = h\sqrt{2}$ kommt daher

$$h_{xx} = h, \qquad h_{xy} = -h, \qquad h_{yy} = h(1 + 2\sqrt{2}) = 3{,}828\,h.$$

Man sieht, daß diese Werte h_{ik} gemäß (2.62/7) aus den Werten c_{ik} des Beispieles 2 hervorgehen, wenn man beachtet, daß $h = 1/c$ ist.

Beispiel 4. Das Krangerüst Abb. 2.63/5 ist ein Fachwerk. Die Last sitzt im Knoten D. Abb. 2.63/6 zeigt die Kräftepläne für die Einheitskräfte X i und Y j. Der Abbildung entnimmt man die Werte

$$s_1 = 1{,}19; \quad s_2 = -0{,}27; \quad s_3 = -1{,}27; \quad s_4 = 1{,}50; \quad s_5 = +0{,}37;$$
$$t_1 = 1{,}00; \quad t_2 = -1{,}52; \quad t_3 = -1{,}07; \quad t_4 = 1{,}26; \quad t_5 = -0{,}53.$$

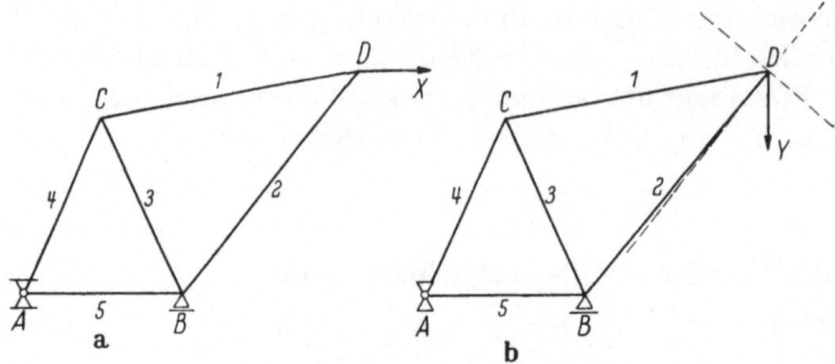

Aus diesen Werten kommen mit

$$l_1 = 5{,}63\, l_0,$$
$$l_2 = 6{,}00\, l_0,$$
$$l_3 = 4{,}00\, l_0,$$
$$l_4 = 4{,}00\, l_0,$$
$$l_5 = 3{,}38\, l_0$$

(l_0 ist eine Vergleichs- oder Einheitslänge, z. B. 1 m) die Maxwellschen Einflußzahlen zustande. Sie lauten, wenn die

Abb. 2.63/5. Krangerüst als Fachwerk

Werte E und F für alle Stäbe dieselben sind und $l_0/E\,F = h$ gesetzt wird,

$$h_{xx} = 24{,}4\,h, \quad h_{xy} = 21{,}2\,h, \quad h_{yy} = 34{,}5\,h.$$

γ) **Fachwerke. Zweite Methode (mit Williotschen Verschiebungsplänen).** Wie bei der ersten Methode bestimmt man zunächst die Faktoren s_i und t_i. Statt dann aber die Einflußzahlen anhand der Gln. (2.63/5) aus den Stabkräften rechnerisch zu ermitteln, berechnet man die Verlängerungen (oder Verkürzungen)

$$v_i = h_i\, s_i \quad \text{bzw.} \quad v_i = h_i\, t_i$$

der einzelnen Stäbe und stellt mit Hilfe eines Williotschen Verschiebungsplanes die Verrückungen $\mathfrak{u} = \mathfrak{h}_x$ und $\mathfrak{u} = \mathfrak{h}_y$ fest, die der Knoten D unter Wirkung der Einheitskräfte X i und Y j erfährt. Die Komponenten dieser Verrückungen liefern die Maxwellschen Einflußzahlen h_{ik}.

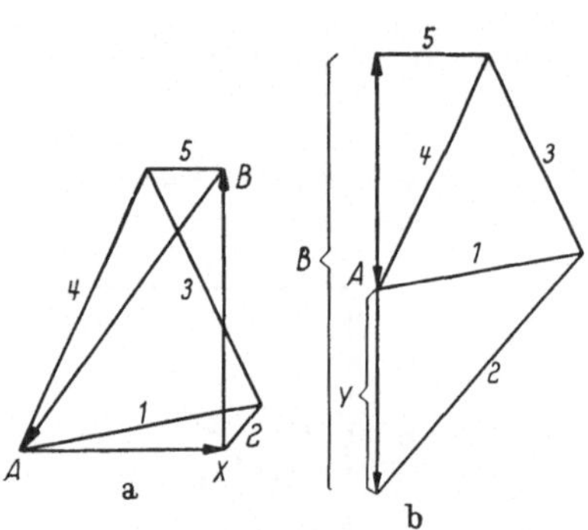

Abb. 2.63/6
Kräftepläne zum Krangerüst 2.63/5

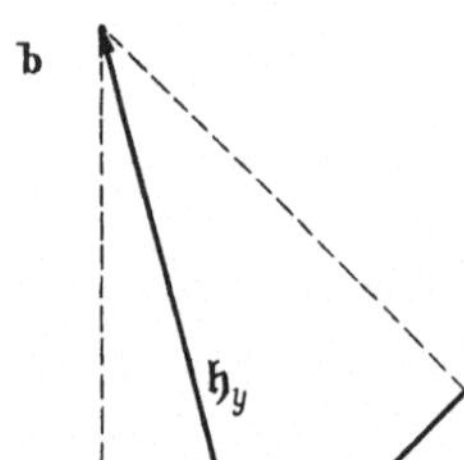

Abb. 2.63/7
Verschiebungspläne zum
Stabzweischlag 2.63/3

Beispiel 5. Wir ziehen wieder den Stabzweischlag von Beispiel 3, Abb. 2.63/3, heran. Abb. 2.63/7 zeigt im Teil a) den Verschiebungsplan, der $\mathfrak{h}_x$, im Teil b) den Verschiebungsplan, der $\mathfrak{h}_y$ liefert. Man erkennt, daß die Ergebnisse mit denen von Beispiel 3 übereinstimmen.

Beispiel 6. Hier wenden wir die zweite Methode auf das Fachwerk von Abb. 2.63/5, den Kran, an. Die Stabkräfte, die aus den Kräfteplänen der Abb. 2.63/6 folgen, liefern die Verlängerungen v_i und damit die Verrückungen $\mathfrak{u}_B \ldots \mathfrak{u}_D$ der Knotenpunkte nach Abb. 2.63/8.

Im Plan a ist

$$u_D = \mathfrak{h}_x = h_{xx}\,\mathfrak{i} + h_{xy}\,\mathfrak{j},$$

im Plan b

$$u_D = \mathfrak{h}_y = h_{xy}\,\mathfrak{i} + h_{yy}\,\mathfrak{j}.$$

Maßstab der Abbildung ist $m_h = h/2$ mm. Das Ergebnis stimmt mit dem von Beispiel 4 überein.

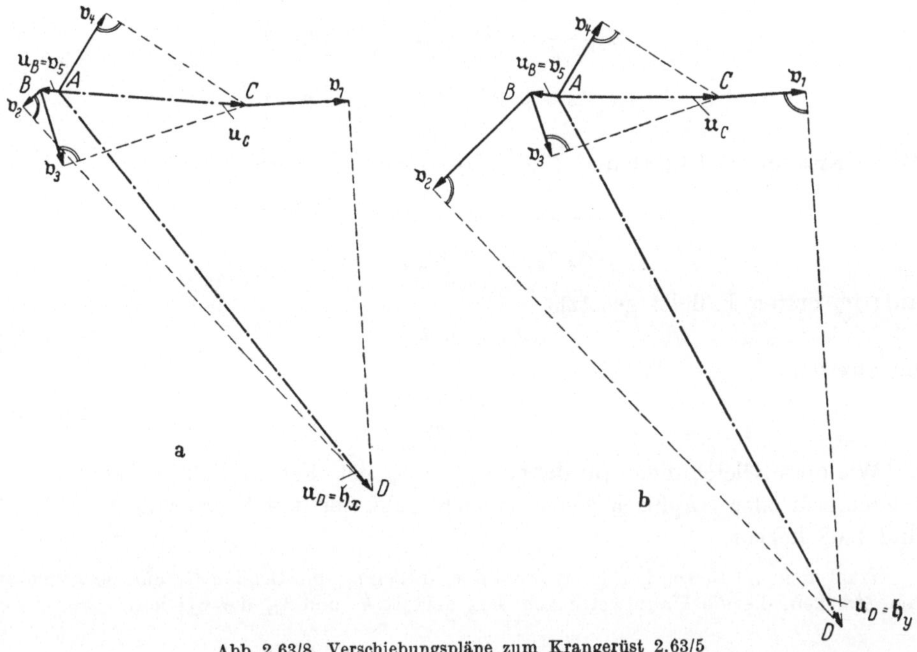

Abb. 2.63/8. Verschiebungspläne zum Krangerüst 2.63/5

2.64 Der durch Dehnfedern elastisch gebundene Punktkörper in der Ebene.

Seine Bewegungsgleichungen. Aus den statischen Beziehungen (2.62/1) oder (2.62/4) erhält man die Bewegungsgleichung des Schwingers dadurch, daß als Kraft $\mathfrak{p}$ die Trägheitskraft $-m\,\ddot{\mathfrak{u}}$ eingesetzt wird. So kommen entweder aus (2.62/1) die Bewegungsgleichungen

$$\left.\begin{array}{l} h_{xx}\,m\,\ddot{u}_x + h_{xy}\,m\,\ddot{u}_y + u_x = 0, \\ h_{xy}\,m\,\ddot{u}_x + h_{yy}\,m\,\ddot{u}_y + u_y = 0 \end{array}\right\} \tag{2.64/1}$$

oder aus (2.62/4) die Gleichungen

$$\left.\begin{array}{l} m\,\ddot{u}_x + c_{xx}\,u_x + c_{xy}\,u_y = 0, \\ m\,\ddot{u}_y + c_{xy}\,u_x + c_{yy}\,u_y = 0 \end{array}\right\} \tag{2.64/2}$$

zustande.

Im ersten Fall sind die Gleichungen in der Beschleunigung, im zweiten im Ausschlag gekoppelt; im ersten Fall haben die Glieder die Dimension einer Länge, im zweiten Fall die einer Kraft.

Der „Hauptschwingungsansatz"

$$u = \mathfrak{A}\cos\omega t \quad \text{oder} \quad u = \mathfrak{A}\sin\omega t$$

macht aus (2.64/1) nach Division durch ω^2 mit der Abkürzung $\lambda = 1/\omega^2$ das System von linearen algebraischen homogenen Gleichungen

$$\left.\begin{array}{l} A_x(m\,h_{xx} - \lambda) + A_y\,m\,h_{xy} = 0, \\ A_x\,m\,h_{xy} + A_y(m\,h_{yy} - \lambda) = 0; \end{array}\right\} \qquad (2.64/3\,\text{a})$$

entsprechend folgt aus (2.64/2) mit $\lambda = \omega^2$

$$\left.\begin{array}{l} A_x\left(\dfrac{c_{xx}}{m} - \lambda\right) + A_y\dfrac{c_{xy}}{m} = 0, \\[2mm] A_x\dfrac{c_{xy}}{m} + A_y\left(\dfrac{c_{yy}}{m} - \lambda\right) = 0. \end{array}\right\} \qquad (2.64/3\,\text{b})$$

Beide Systeme (2.64/3 a) und (2.64/3 b) weisen die Form

$$\left.\begin{array}{l} A_x(d_{xx} - \lambda) + A_y\,d_{xy} = 0, \\ A_x\,d_{yx} + A_y(d_{yy} - \lambda) = 0 \end{array}\right\} \qquad (2.64/4)$$

auf; im ersten Fall ist gesetzt

$$d_{ik} = m\,h_{ik}, \qquad (2.64/5\,\text{a})$$

im zweiten

$$d_{ik} = \frac{c_{ik}}{m}. \qquad (2.64/5\,\text{b})$$

Wie diese Gleichungen (in denen $d_{xy} = d_{yx}$ ist, Fall „erhöhter Symmetrie") rechnerisch oder graphisch gelöst werden, geht aus den Erörterungen in 2.12 δ und 2.62 hervor.

Trägt man im LANDschen Kreis statt der Größen h_{ik} die Größen d_{ik} auf, so bedeuten die Strecken, die die Hauptwerte angeben, anstatt h_I und h_{II} die Größen

$$\lambda_N = \omega_N^2 \quad \text{oder} \quad \lambda_N = \frac{1}{\omega_N^2} \quad (\text{mit } N = I,\ II).$$

Die Ausschlagverhältnisse der Schwingung

$$\varkappa_N = \left(\frac{A_x}{A_y}\right)_N = \frac{d_{xy}}{\lambda_N - d_{xx}} = \frac{\lambda_N - d_{yy}}{d_{yx}} \qquad (2.64/6)$$

sind bis auf das Vorzeichen identisch mit den Richtungskonstanten $\tan\varphi_N$ der Hauptrichtungen. (Für $\varkappa_{II}$ ist das Vorzeichen richtig, bei $\varkappa_I$ ist das entgegengesetzte Vorzeichen einzuführen, s. 2.14.) Man hat dann den Frequenzenkreis in der Form vor sich, wie er ursprünglich von TH. PÖSCHL angegeben worden ist[1] (zweiter Frequenzenkreis).

Wir halten die folgenden Ergebnisse noch einmal fest:

1. Die Eigenwerte $\lambda_{I,\,II}$ und damit die Eigenfrequenzen und Schwingdauern hängen sowohl von der Masse m des Punktkörpers wie auch von den Eigenschaften der elastischen Bindung (h_{ik} bzw. c_{ik}) ab.

2. Es gibt mindestens zwei Hauptrichtungen. Für diese lauten die Bewegungsgleichungen jeweils

$$m\,\ddot{w} + c\,w = 0 \qquad (2.64/7)$$

mit $w = u_x$ oder u_y, $c = c_I$ oder c_{II}. In jeder Hauptrichtung läuft die Schwingung so ab, als hätte der Schwinger nur diesen einen Freiheitsgrad.

---

[1] PÖSCHL, TH.: Z. techn. Phys. Bd. 12 (1933) S. 565.

2.65 Schwingungsaufgaben.

Beispiel 1. *Stabdreischlag nach Abb. 2.63/2a.* Die Bewegungsgleichungen des Systems lauten nach (2.64/2) mit den Werten des Beispieles 1 in 2.63:

$$m\,\ddot u_x + 1{,}75\,c\,u_x + 0{,}067\,c\,u_y = 0,$$
$$m\,\ddot u_y + 0{,}067\,c\,u_x + 1{,}25\,c\,u_y = 0.$$

Die Frequenzengleichung lautet nach (2.64/4) und (2.12/19a)

$$\lambda^2 - 3\,\frac{c}{m}\,\lambda + 2{,}183\left(\frac{c}{m}\right)^2 = 0;$$

die Hauptfrequenzen bestimmen sich daraus zu

$$\lambda_I = \omega_I^2 = 1{,}759\,\frac{c}{m}, \qquad \omega_I = 1{,}326\sqrt{\frac{c}{m}},$$
$$\lambda_{II} = \omega_{II}^2 = 1{,}241\,\frac{c}{m}, \qquad \omega_{II} = 1{,}114\sqrt{\frac{c}{m}}.$$

Die Ausschlagverhältnisse $\varkappa_I$ und $\varkappa_{II}$ haben nach (2.64/6) die Werte

$$\varkappa_I = \frac{0{,}067\,\dfrac{c}{m}}{\lambda_I - 1{,}75\,\dfrac{c}{m}} = \frac{\lambda_I - 1{,}25\,\dfrac{c}{m}}{0{,}067\,\dfrac{c}{m}} = 7{,}6,$$

$$\varkappa_{II} = \frac{0{,}067\,\dfrac{c}{m}}{\lambda_{II} - 1{,}75\,\dfrac{c}{m}} = \frac{\lambda_{II} - 1{,}25\,\dfrac{c}{m}}{0{,}067\,\dfrac{c}{m}} = -0{,}131,$$

und die allgemeine Lösung nimmt damit nach (2.12/14) die Form an (zur Abkürzung ist $c/m = v^2$ gesetzt):

$$u_x = 7{,}6\,C_I \cos(1{,}33\,v\,t + \gamma_I) - 0{,}131\,C_{II} \cos(1{,}11\,v\,t + \gamma_{II}),$$
$$u_y = \phantom{7{,}6\,}C_I \cos(1{,}33\,v\,t + \gamma_I) + \phantom{0{,}131\,}C_{II} \cos(1{,}11\,v\,t + \gamma_{II}).$$

Die Hauptschwingungen

$$u_x^I = 7{,}6\,C_I \cos(1{,}33\,v\,t + \gamma_I); \qquad u_x^{II} = -0{,}131\,C_{II} \cos(1{,}11\,v\,t + \gamma_{II});$$
$$u_y^I = \phantom{7{,}6\,}C_I \cos(1{,}33\,v\,t + \gamma_I); \qquad u_y^{II} = \phantom{-0{,}131\,}C_{II} \cos(1{,}11\,v\,t + \gamma_{II})$$

liegen in den Hauptrichtungen, die durch die $\varkappa_N$ charakterisiert sind,

$$\varkappa_I = \tan\varphi_I = 7{,}6, \qquad\quad \varkappa_{II} = \tan\varphi_{II} = -0{,}131,$$
$$\varphi_I = 82°\,30', \qquad\qquad \varphi_{II} = -7°\,30'.$$

Die φ_N bedeuten gemäß der Definition $\varkappa = A_1/A_2 = u_x/u_y$ die Winkel der Hauptrichtungen gegen die y-Achse.

Auf graphischem Wege kann man die Aufgabe mit Hilfe entweder des MOHRschen oder des LANDschen Kreises lösen. Abb. 2.65/1a zeigt den MOHRschen Kreis, Abb. 2.65/1b den LANDschen. In beiden Fällen sind die Kreise für die Größen c_{ik} gezeichnet, führen also zu den Hauptwerten c_I und c_{II}. Mit einer Änderung des Maßstabes, indem nämlich c durch c/m ersetzt wird, liefern dieselben Kreise die Hauptwerte $\lambda_N = \omega_N^2 = c_N/m$. Die Hauptrichtungen ändern sich dabei nicht.

Zum Beispiel des Stabdreischlages der Abb. 2.63/2a stellen wir noch weitere Fragen:

α) Wie groß ist der Winkel α_3, unter dem der Stab (3) verlaufen müßte, damit sich die Frequenzen der Hauptschwingungen wie $2:1$ verhalten?

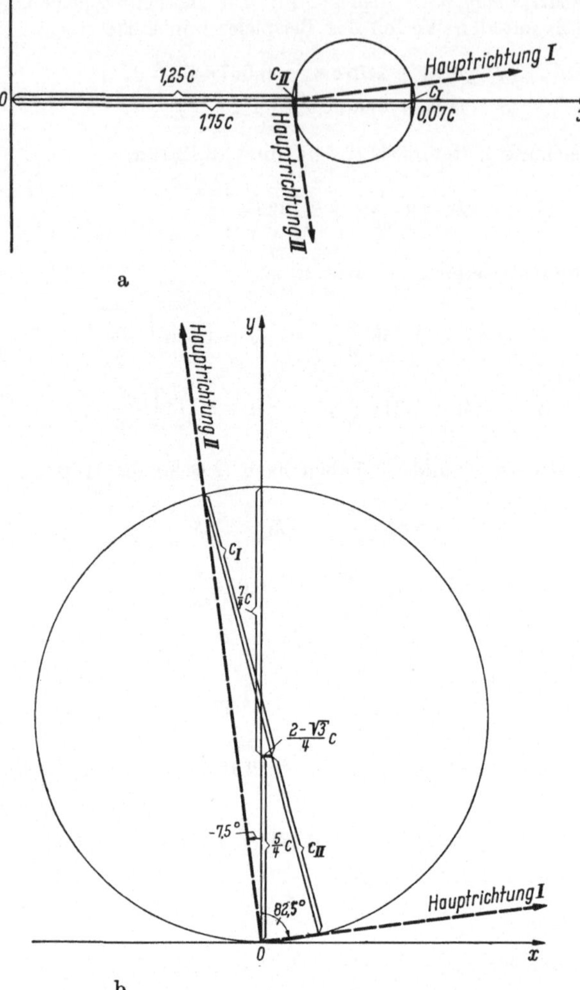

Abb. 2.65/1. Kreise zu Abb. 2.63/2a

a) MOHRscher Kreis, Maßstab: $\dfrac{c}{3\ \mathrm{cm}}$,   b) LANDscher Kreis, Maßstab: $\dfrac{c}{2\ \mathrm{cm}}$

Mit $\omega_I/\omega_{II} = \mu$ ergibt sich

$$\frac{\lambda_I}{\lambda_{II}} = \mu^2 = \frac{c_{xx} + c_{yy} + \sqrt{(c_{xx} - c_{yy})^2 + 4c_{xy}^2}}{c_{xx} + c_{yy} - \sqrt{(c_{xx} - c_{yy})^2 + 4c_{xy}^2}}.$$

μ ist stets größer als Eins, da nach der hier gewählten Bezeichnungsweise $\omega_I > \omega_{II}$ ist. Den Gln. (2.63/3) entnehmen wir

$$c_{xx} = c\left(\frac{3}{2} + \cos^2\alpha_3\right), \qquad c_{xy} = c\left(\frac{1}{2} + \cos\alpha_3 \sin\alpha_3\right), \qquad c_{yy} = c\left(\frac{1}{2} + \sin^2\alpha_3\right)$$

und erhalten so nach einer einfachen Umformung

$$\mu^2 = \frac{3 + \sqrt{3 + 2(\cos 2\alpha_3 + \sin 2\alpha_3)}}{3 - \sqrt{3 + 2(\cos 2\alpha_3 + \sin 2\alpha_3)}}. \tag{2.65/1}$$

Für $\mu = 2$ folgt

$$3 + 2\,(\cos 2\,\alpha_3 + \sin 2\,\alpha_3) = \frac{81}{25}$$

und somit

$$\sin\left(2\,\alpha_3 + \frac{\pi}{4}\right) = \frac{6\,\sqrt{2}}{100}\,.$$

Es ergeben sich vier verschiedene Winkel α_3, nämlich

$$\alpha_3 = -\,20^\circ\,4',\qquad \alpha_3 = 65^\circ\,4',\qquad \alpha_3 = 159^\circ\,56',\qquad \alpha_3 = 245^\circ\,4',$$

die dieser Bedingung genügen. Für diese vier Anordnungen ist also das Frequenzverhältnis $2:1$.

β) Welches sind die extremen Frequenzverhältnisse, die bei Variation der Richtung von Stab (*3*) bei festgehaltenen Stäben (*1*) und (*2*) möglich sind?

Um ein Maximum oder ein Minimum des Frequenzverhältnisses zu erhalten, ist α_3 so zu wählen, daß

$$3 + 2\,(\cos 2\,\alpha_3 + \sin 2\,\alpha_3) = \text{Extr.},$$

wie man aus (2.65/1) sofort ablesen kann. Für α_3 ergibt sich damit die Bedingung

$$\sin 2\,\alpha_3 = \cos 2\,\alpha_3,$$

die für

$$\alpha_3 = 22^\circ\,30';\qquad \alpha_3 = 112^\circ\,30';\qquad \alpha_3 = 202^\circ\,30';\qquad \alpha_3 = 292^\circ\,30'$$

erfüllt ist. Für

$$\alpha_3 = 112^\circ\,30' \quad \text{und} \quad \alpha_3 = 292^\circ\,30'$$

nimmt μ seinen kleinsten, am nächsten bei Eins gelegenen Wert an, und zwar

$$\mu = \sqrt{\frac{3 + \sqrt{3 - 2\sqrt{2}}}{3 - \sqrt{3 - 2\sqrt{2}}}} = 1{,}149;$$

für

$$\alpha_3 = 22^\circ\,30' \quad \text{und} \quad \alpha_3 = 202^\circ\,30'$$

erhalten wir den größten Wert von μ, nämlich

$$\mu = \sqrt{\frac{3 + \sqrt{3 + 2\sqrt{2}}}{3 - \sqrt{3 + 2\sqrt{2}}}} = 3{,}04\,.$$

Beispiel 2. *Stabdreischlag nach Abb. 2.63/2c.* Die Anordnung hat mehr als zwei Symmetrielinien, also ist jede Richtung Hauptrichtung. Jeder Richtung gehört derselbe Hauptwert zu; er hat die Größe $c_I = 3\,c/2$. In jeder Richtung haben die Schwingungen deshalb das Frequenzquadrat

$$\omega_I^2 = \frac{c_I}{m} = \frac{3}{2}\,\frac{c}{m}\,.$$

Der MOHRsche Kreis würde sich auf einen Punkt zusammenziehen.

Beispiel 3. *Stabzweischlag nach Abb. 2.63/3.* Die Bewegungsgleichungen einer Masse m im Punkt A lauten nach (2.64/2) und mit den Werten von Beispiel 2 in 2.63:

$$m\,\ddot{u}_x + \left(1 + \frac{\sqrt{2}}{4}\right) c\,u_x + \frac{\sqrt{2}}{4}\,c\,u_y = 0,$$

$$m\,\ddot{u}_y + \frac{\sqrt{2}}{4}\,c\,u_x + \frac{\sqrt{2}}{4}\,c\,u_y \quad\ \ = 0.$$

Daraus ergibt sich die Frequenzengleichung (mit der Abkürzung $v^2 = c/m$) zu

$$\lambda^2 - \left(1 + \frac{\sqrt{2}}{2}\right) v^2\,\lambda + \frac{\sqrt{2}}{4}\,(v^2)^2 = 0.$$

Sie hat die Wurzeln

$$\lambda = \frac{1}{2}\left(1 + \frac{\sqrt{2} \mp \sqrt{6}}{2}\right)\nu^2,$$

also

$$\lambda_I = \omega_I^2 = 0,241\,\nu^2, \quad \lambda_{II} = \omega_{II}^2 = 1,466\,\nu^2.$$

Die Frequenzen selbst haben die Werte

$$\omega_I = 0,491\,\nu, \quad \omega_{II} = 1,211\,\nu\,.$$

Für die Ausschlagverhältnisse folgt nach (2.64/6)

$$\varkappa_I = \frac{\lambda_I - 0,3536\,\nu^2}{0,3536\,\nu^2} = \frac{0,3536\,\nu^2}{\lambda_I - 1,3536\,\nu^2} = -0,318$$

und

$$\varkappa_{II} = \frac{\lambda_{II} - 0,3536\,\nu^2}{0,3536\,\nu^2} = \frac{0,3536\,\nu^2}{\lambda_{II} - 1,3536\,\nu^2} = 3,145\,.$$

Wir erhalten damit die Dauergleichung der Bewegung

$$u_x = -0,318\,C_I\cos(0,491\,\nu\,t + \gamma_I) + 3,145\,C_{II}\cos(1,211\,\nu\,t + \gamma_{II}),$$
$$u_y = +\quad\quad C_I\cos(0,491\,\nu\,t + \gamma_I) + \quad\quad C_{II}\cos(1,211\,\nu\,t + \gamma_{II}).$$

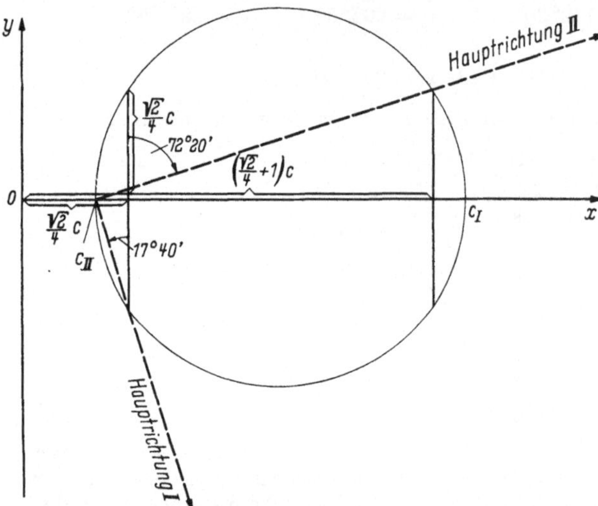

Abb. 2.65/2. MOHRscher Kreis zu Abb. 2.63/3, Maßstab: $\dfrac{c}{4\ \mathrm{cm}}$

Die Hauptrichtungen der Eigenschwingungen sind durch die Ausschlagverhältnisse $\varkappa_N$ gegeben. Es gilt

$$\varkappa_I = \tan\varphi_I = -0,318;$$
$$\varphi_I = -17°40';$$
$$\varkappa_{II} = \tan\varphi_{II} = 3,145;$$
$$\varphi_{II} = 72°20'.$$

Den zugehörigen MOHRschen Kreis zeigt Abb. 2.65/2. Die Hauptrichtungen sind auch in Abb. 2.63/3 gestrichelt eingetragen.

So, wie der Kreis gezeichnet ist, liefert er die Hauptwerte c_N. Eine Maßstabsänderung macht daraus c_N/m.

Beispiel 4. *Das Krangerüst der Abb. 2.63/5.* Die Bewegungsdifferentialgleichungen einer Masse m im Knoten D lauten mit (2.64/1) und den Werten des Beispieles 4 aus 2.63

$$24,4\,h\,m\,\ddot{u}_x + 21,2\,h\,m\,\ddot{u}_y + u_x = 0,$$
$$21,2\,h\,m\,\ddot{u}_x + 34,5\,h\,m\,\ddot{u}_y + u_y = 0.$$

Mit $\lambda = 1/\omega^2$ folgt daraus die Frequenzengleichung

$$\lambda^2 - 58,896\,h\,m\,\lambda + 392,991\,h^2\,m^2 = 0,$$

deren Wurzeln

$$\lambda_I = 7,672\,h\,m \quad \text{und} \quad \lambda_{II} = 51,224\,h\,m$$

sind. Die Frequenzen $\omega_N = 1/\sqrt{\lambda_N}$ haben somit die Werte

$$\omega_I = 0,361\,\frac{1}{\sqrt{h\,m}} \quad \text{und} \quad \omega_{II} = 0,140\,\frac{1}{\sqrt{h\,m}}\,.$$

Die Ausschlagverhältnisse $\varkappa_N$ bestimmen sich nach (2.64/6). Es ist

$$\varkappa_I = \frac{21{,}2\,h\,m}{\lambda_I - 24{,}4\,h\,m} = -1{,}266, \qquad \varkappa_{II} = \frac{21{,}2\,h\,m}{\lambda_{II} - 24{,}4\,h\,m} = 0{,}791\,.$$

Die Dauergleichungen der Bewegung lauten somit $(\nu = 1/\sqrt{h\,m})$

$$u_x = -1{,}266\,C_I \cos(0{,}361\,\nu\,t + \gamma_I) + 0{,}791\,C_{II} \cos(0{,}140\,\nu\,t + \gamma_{II}),$$
$$u_y = \qquad C_I \cos(0{,}361\,\nu\,t + \gamma_I) + \qquad C_{II} \cos(0{,}140\,\nu\,t + \gamma_{II})\,.$$

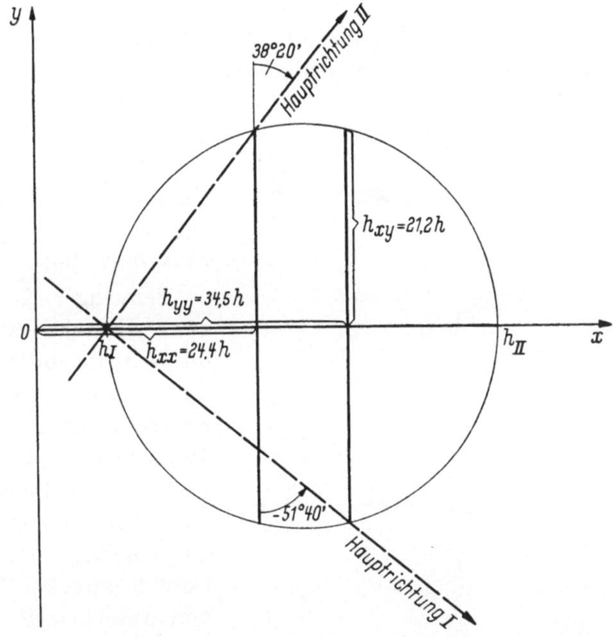

Abb. 2.65/3. MOHRscher Kreis zu Abb. 2.63/5, Maßstab: $\dfrac{10\,h}{12\,mm}$

Die Hauptrichtungen der Bewegung sind durch $\varkappa_I$ und $\varkappa_{II}$ gegeben. Es ist

$$\varkappa_I = \tan\varphi_I = -1{,}266; \qquad \varphi_I = -51°\,40';$$
$$\varkappa_{II} = \tan\varphi_{II} = \quad 0{,}791; \qquad \varphi_{II} = \quad 38°\,20'.$$

Die Hauptwerte und Hauptrichtungen gehen aus dem Kreis, Abb. 2.65/3, hervor. Die Hauptrichtungen sind auch in Abb. 2.63/5 b gestrichelt eingetragen.

2.7 Herstellung eines Gebildes mit vorgegebenen Schwingungseigenschaften

2.71 Die Umkehrung der Fragestellung. Abzählung der Systemkonstanten.

In allen bisherigen Betrachtungen hatten wir stets die geometrischen und mechanischen Eigenschaften des Schwingers (Massen, Trägheitsmomente, Federsteifigkeiten, gegebenenfalls auch Abmessungen) als bekannt vorausgesetzt und nach den Frequenzen und Formzahlen der freien Schwingungen gefragt. Gelegentlich ist jedoch auch die umgekehrte Fragestellung von Bedeutung: Wie müssen die Massen, Federsteifigkeiten, Abmessungen eines Gebildes gewählt werden, damit seine freien Schwingungen mit gewünschten Frequenzen und Formzahlen ablaufen?[1]

---

[1] Wegen einer Erweiterung dieser Fragestellung auf Gebilde mit mehr als zwei Freiheitsgraden siehe die Bemerkungen am Ende von 6.54 sowie die dort zitierte Arbeit von S. FALK.

Als Vorbereitung auf die Untersuchung dieser Frage zählen wir einmal bei verschiedenen Typen von Schwingern ab, wie viele Parameter (Systemkonstanten) sie jeweils aufweisen. Wir wollen fünf kennzeichnende Fälle herausgreifen:

Schwinger 1 nach Abb. 2.71/1 a,   Schwinger 4 nach Abb. 2.71/1 d,
Schwinger 2 nach Abb. 2.71/1 b,   Schwinger 5 nach Abb. 2.71/1 e.
Schwinger 3 nach Abb. 2.71/1 c,

Der Schwinger 1 weist zwei Massen (m_1, m_2) und drei Federn (c_1, c_2, c_3) auf. Durch die Angabe dieser fünf Systemkonstanten sind seine Eigenschaften völlig festgelegt. Da die Bewegungsgleichungen homogen sind, kann eine der Konstanten als Maßstabsfaktor dienen, so daß nur *vier* der Konstanten *wesentlich* sind.

Schwinger 2 ist ein mit zwei Einzelmassen besetzter querschwingender Balken. Von ihm wissen wir schon aus den Erörterungen in 2.31β, daß er durch den Schwinger 1 ersetzt werden kann. Dennoch betrachten wir ihn hier eigens, weil die querschwingenden elastischen Gebilde zweckmäßig mit Hilfe von Ausschlagsgleichungen behandelt werden; wir haben deshalb Gelegenheit, die Rechnung auch mit solchen Gleichungen durchzuführen. Es ist einleuchtend, daß der Schwinger 2, weil er dem Schwinger 1 gleichwertig ist, durch ebenso viele Systemkonstanten, nämlich fünf, gekennzeichnet wird; es sind dies hier die beiden Massen m_1 und m_2 und die drei (Verschiebungs-) Einflußzahlen h_{11}, h_{12} und h_{22}. Von ihnen sind wieder nur *vier wesentlich*.

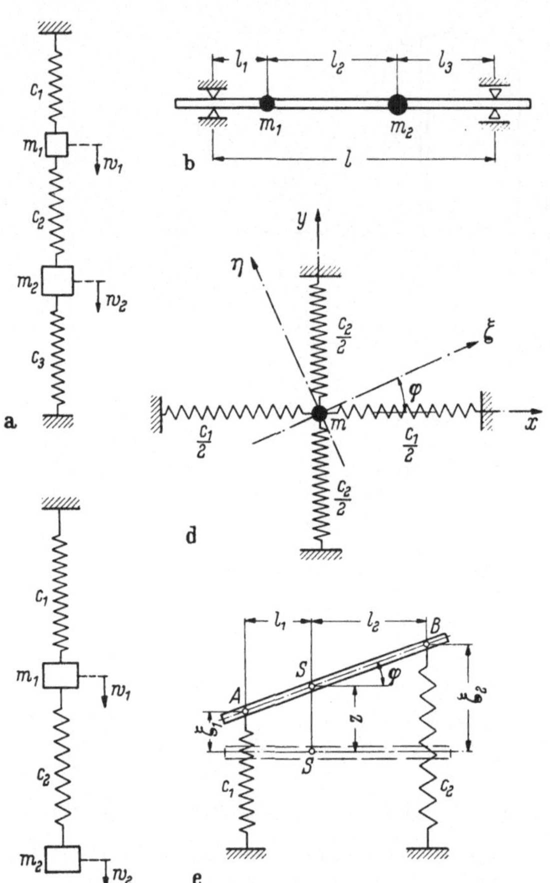

Abb. 2.71/1. Fünf Schwinger von zwei Freiheitsgraden

Schwinger 3 besitzt zwei Massen und zwei Federn (m_1, m_2, c_1, c_2), also insgesamt vier Systemkonstanten; von ihnen sind *drei wesentlich*.

Beim Schwinger 4 muß man unterscheiden, ob die Richtung der Koordinatenachsen mit den Federrichtungen zusammenfallen, oder ob sie einen Winkel φ mit ihnen bilden. Im ersten Fall sind die Federverlängerungen Hauptkoordinaten, im zweiten Fall nicht. Der Schwinger besitzt eine Masse und zwei Federn (Ersatzfedern). Auf Hauptkoordinaten bezogen ist also die Zahl der Systemkonstanten drei, sonst vier (m, c_1, c_2, φ); die Zahl der *wesentlichen* Konstanten beträgt *zwei* bzw. *drei*.

Schwinger 5 wird beschrieben durch seine Masse m, sein Trägheitsmoment $m\,k^2$ (um die Schwerachse), die Federzahlen c_1 und c_2 sowie die Abstände l_1 und l_2 ihrer Angriffspunkte von der lotrechten Schwerlinie. Das sind sechs Systemkonstanten; von ihnen sind *fünf wesentlich*.

Man erkennt also, daß auch Schwinger von gleichem Grad der Freiheit noch mehr oder weniger verwickelt aufgebaut sein können, so daß ihre Eigenschaften durch eine größere oder kleinere Zahl von Systemkonstanten beschrieben werden.

Dabei ist zu beachten, daß die Zahl der Systemparameter davon abhängt, wieweit ins einzelne gehend der Schwinger beschrieben wird. So lassen sich z. B. statt der Federsteifigkeiten c die eine solche Steifigkeit aufbauenden Bestimmungsstücke angeben. Ist die Feder z. B. eine zylindrische Schraubenfeder, so folgt ihre Steifigkeit aus den Abmessungen gemäß der Beziehung

$$c = \frac{G\,\delta^4}{64\,n\,R^3}. \tag{2.71/1}$$

An die Stelle der einen Steifigkeit c treten also vier Bestimmungsstücke: Drei geometrische, Windungszahl n und Windungsradius R sowie Stärke δ des Federdrahtes, ferner eine physikalische, der Gleitmodul G des Werkstoffes. Auch beim querschwingenden Balken lassen sich anstelle der drei Verschiebungs-Einflußzahlen h_{11}, h_{12}, h_{22} angeben: die drei Strecken l_1, l_2, l_3, die Abmessungen des Querschnittes, die in das geometrische axiale Trägheitsmoment eingehen (Durchmesser bzw. Länge und Breite), und der Elastizitätsmodul E. Aus ihnen gehen (mit $l = l_1 + l_2 + l_3$) die Einflußzahlen nach den Gln. (2.33/1b) hervor,

$$\left. \begin{aligned} h_{11} &= \frac{1}{3\,E I\,l}\, l_1^2 (l_2 + l_3)^2, \qquad h_{22} = \frac{1}{3\,E I\,l}\, l_3^2 (l_1 + l_2)^2, \\[2mm] h_{12} &= \frac{1}{6\,E I\,l}\, l_1\, l_3 (l^2 - l_1^2 - l_3^2). \end{aligned} \right\} \tag{2.71/2}$$

Bei gegebenem Querschnitt und Stoff könnten die drei Längen l_1, l_2, l_3 an die Stelle der drei Einflußzahlen treten, ohne daß die Zahl der Systemkonstanten erhöht würde. Die Durchführung der Rechnung wird dadurch aber wesentlich erschwert, da der Zusammenhang zwischen den Einflußzahlen h_{ik} und den Längen l_i nicht linear, sondern vom vierten Grade ist.

Um die Willkür in der Abzählung der Systemparameter zu beseitigen, soll die „Zahl der Systemkonstanten" die *Mindestzahl* der zur vollständigen Beschreibung der Eigenschaften eines Systems notwendigen Konstanten sein. Das sind dann jene, in denen die geometrischen Abmessungen und Stoffkonstanten in geeigneter Weise zusammengefaßt sind, wie z. B. in den Federsteifigkeiten oder in den Verschiebungs-Einflußzahlen.

2.72 Zusammenhang der Systemkonstanten mit den Koeffizienten d_{ik} der Bewegungsgleichungen. α) **K r a f t g l e i c h u n g e n m i t A u s s c h l a g k o p p l u n g.** Unter den fünf Schwingern von 2.71 sind vier, nämlich 1, 3, 4 und 5, von der Art, daß man üblicherweise ihre Bewegungsgleichungen in der Form von Kraftgleichungen benutzt. Die Kopplungsart kann dabei, je nach der Wahl der Koordinaten, noch verschieden sein. Wir beschränken unsere Betrachtungen auf die ausschlaggekoppelten Gleichungen; sie sind vom Typ (2.12/1α). Ihre

Koeffizienten wollen wir in der Form benutzen, wie sie durch (2.12/17a) angegeben werden. Wir stellen uns nun die Aufgabe, zu zeigen, wie diese Koeffizienten $d_{xx} \ldots d_{yy}$ aus den jeweiligen Systemkonstanten hervorgehen.

Schwinger 1. Bewegungsgleichungen sind die Gln. (2.22/2), daher gilt nach (2.12/17 a)

$$d_{xx} = \frac{c_1 + c_2}{m_1}, \qquad d_{xy} = -\frac{c_2}{m_1}, \qquad d_{yx} = -\frac{c_2}{m_2}, \qquad d_{yy} = \frac{c_2 + c_3}{m_2}. \qquad (2.72/1\,\text{a})$$

Umgekehrt lassen sich die vier wesentlichen der fünf Systemkonstanten durch die Koeffizienten d_{ik} ausdrücken. Wird z. B. m_1 als Maßstabsgröße gewählt, so kommt für die restlichen vier Konstanten

$$m_2 = m_1 \frac{d_{xy}}{d_{yx}}, \qquad c_1 = m_1(d_{xx} + d_{xy}), \qquad c_2 = -m_1 d_{xy},$$

$$c_3 = m_1 d_{xy}\left(1 + \frac{d_{yy}}{d_{yx}}\right). \qquad (2.72/1\,\text{b})$$

Wenn die Federsteifigkeiten der beiden äußeren Federn (Fesseln) gleich sind, $c_1 = c_3$, so erniedrigt sich die Zahl der wesentlichen Konstanten auf drei. Zwischen den vier d_{ik} muß dann eine Beziehung bestehen; sie lautet

$$d_{xx} d_{yx} = d_{xy} d_{yy}. \qquad (2.72/1\,\text{c})$$

Schwinger 3. Bewegungsgleichungen sind die Gln. (2.11/6 a), daher gilt nach (2.12/17a)

$$d_{xx} = \frac{c_1 + c_2}{m_1}, \qquad d_{xy} = -\frac{c_2}{m_1}, \qquad d_{yx} = -\frac{c_2}{m_2}, \qquad d_{yy} = \frac{c_2}{m_2}. \qquad (2.72/2\,\text{a})$$

Von den vier Systemkonstanten sind nur drei wesentlich. Es muß daher zwischen den vier Koeffizienten d_{ik} eine Beziehung bestehen. Sie lautet

$$d_{yx} = -d_{yy} \qquad (2.72/2\,\text{b})$$

[wie wir schon in (2.21/5 c) festgestellt haben]. Nimmt man wieder m_1 als Maßstabsgröße, so drücken sich die drei wesentlichen Konstanten durch die d_{ik} aus nach

$$m_2 = m_1 \frac{d_{xy}}{d_{yx}}, \qquad c_1 = m_1(d_{xx} + d_{xy}), \qquad c_2 = -m_1 d_{xy}. \qquad (2.72/2\,\text{c})$$

Schwinger 4. Im allgemeinen Fall werden die Bewegungsgleichungen durch die Gl. (2.11/10 b) angegeben; daher gilt

$$\begin{aligned} d_{xx} &= \frac{c_1 \cos^2\varphi + c_2 \sin^2\varphi}{m}, \qquad d_{yy} = \frac{c_1 \sin^2\varphi + c_2 \cos^2\varphi}{m}, \\ d_{xy} &= d_{yx} = \frac{c_2 - c_1}{m}\sin\varphi\cos\varphi = \frac{c_2 - c_1}{2m}\sin 2\varphi. \end{aligned} \qquad\Bigg\} \qquad (2.72/3\,\text{a})$$

Hier sind drei der vier Konstanten m, c_1, c_2, φ wesentlich. Zwischen den vier Koeffizienten d_{ik} besteht deshalb eine Beziehung, nämlich

$$d_{yx} = d_{xy}. \qquad (2.72/3\,\text{b})$$

Drückt man umgekehrt die Systemkonstanten durch die drei Koeffizienten d_{xx}, d_{yy}, d_{xy} aus, so kommt mit m als Maßstabsgröße

$$\left.\begin{aligned}
\varphi &= \frac{1}{2}\arctan\frac{-2\,d_{xy}}{d_{xx}-d_{yy}},\\[4pt]
c_1 &= m\left[\frac{d_{xx}+d_{yy}}{2}-\frac{1}{2}\sqrt{(d_{xx}-d_{yy})^2+4d_{xy}^2}\right],\\[4pt]
c_2 &= m\left[\frac{d_{xx}+d_{yy}}{2}+\frac{1}{2}\sqrt{(d_{xx}-d_{yy})^2+4d_{xy}^2}\right].
\end{aligned}\right\} \qquad (2.72/3\,\mathrm{c})$$

Alle diese Beziehungen sind hier nicht mehr rational, diejenigen zwischen φ und den d_{ik} nicht einmal mehr algebraisch.

Schwinger 5. Bewegungsgleichungen sind die Gln. (2.11/13a), daher gilt

$$\left.\begin{aligned}
d_{xx} &= \frac{c_1+c_2}{m}, & d_{xy} &= \frac{c_2\,l_2-c_1\,l_1}{m},\\[4pt]
d_{yx} &= \frac{c_2\,l_2-c_1\,l_1}{m\,k^2}, & d_{yy} &= \frac{c_1\,l_1^2+c_2\,l_2^2}{m\,k^2}.
\end{aligned}\right\} \qquad (2.72/4\,\mathrm{a})$$

Während bei den drei Schwingern 1, 3, 4 die Koeffizienten d_{ik} alle dieselbe Dimension, nämlich T^{-2}, aufweisen, sind die vier Koeffizienten $d_{xx}\ldots d_{yy}$ hier dimensions-ungleich. Nach wie vor ist

$$[d_{xx}] = [d_{yy}] = T^{-2},$$

dagegen wird

$$[d_{xy}] = L\,T^{-2} \quad\text{und}\quad [d_{yx}] = L^{-1}\,T^{-2}.$$

Der Schwinger weist insgesamt die *sechs* Systemkonstanten m, k^2, c_1, c_2, l_1, l_2 auf. Von ihnen sind *fünf wesentlich*, also mehr, als Koeffizienten d_{ik} zur Verfügung stehen. Werden die Systemkonstanten umgekehrt durch die Koeffizienten d_{ik} ausgedrückt, so bleibt außer einer Maßstabsgröße, etwa m, noch eine weitere Größe unbestimmt. Dafür wählen wir z. B. $\varLambda = l_2/l_1$. Zur Bestimmung der vier restlichen Systemgrößen k^2, c_1, c_2, l_1 dienen dann die vier Gleichungen

$$\left.\begin{aligned}
k^2 &= \frac{d_{xy}}{d_{yx}}, & c_1+c_2 &= m\,d_{xx},\\[4pt]
l_1(c_2\,\varLambda - c_1) &= m\,d_{xy}, & l_1^2(c_1+c_2\,\varLambda^2) &= m\,d_{yy}\frac{d_{xy}}{d_{yx}}.
\end{aligned}\right\} \qquad (2.72/4\,\mathrm{b})$$

Die erste bestimmt k^2 unmittelbar. Die drei übrigen dienen zur Bestimmung von c_1, c_2 und l_1. Durch Auflösen der drei (nicht-linearen) Gleichungen erhält man

$$\left.\begin{aligned}
c_1 &= \frac{m}{1+\varLambda}\left\{\varLambda\,d_{xx}+\frac{1-\varLambda}{2}\frac{d_{xy}\,d_{yx}}{d_{yy}}\mp\sqrt{\left[\varLambda\,d_{xx}+\left(\frac{1-\varLambda}{2}\right)^2\frac{d_{xy}\,d_{yx}}{d_{yy}}\right]\frac{d_{xy}\,d_{yx}}{d_{yy}}}\right\},\\[6pt]
c_2 &= \frac{m}{1+\varLambda}\left\{d_{xx}-\frac{1-\varLambda}{2}\frac{d_{xy}\,d_{yx}}{d_{yy}}\pm\sqrt{\left[\varLambda\,d_{xx}+\left(\frac{1-\varLambda}{2}\right)^2\frac{d_{xy}\,d_{yx}}{d_{yy}}\right]\frac{d_{xy}\,d_{yx}}{d_{yy}}}\right\},\\[6pt]
l_1 &= \frac{-d_{xy}}{\dfrac{1-\varLambda}{2}\dfrac{d_{xy}\,d_{yx}}{d_{yy}}\mp\sqrt{\left[\varLambda\,d_{xx}+\left(\dfrac{1-\varLambda}{2}\right)^2\dfrac{d_{xy}\,d_{yx}}{d_{yy}}\right]\dfrac{d_{xy}\,d_{yx}}{d_{yy}}}}.
\end{aligned}\right\} \begin{matrix}(2.72\\ /4\,\mathrm{c})\end{matrix}$$

β) **Ausschlaggleichungen mit Beschleunigungskopplung.** Der Schwinger 2 gehört zu den querschwingenden elastischen Gebilden. In 2.31 ist gezeigt worden, daß solche zweckmäßig mit Hilfe von Ausschlaggleichungen behandelt werden, die Beschleunigungskopplung aufweisen. Diese Bewegungsgleichungen sind die Gln. (2.31/2). Den Zusammenhang der fünf Systemkonstanten m_1, m_2, h_{11}, h_{12}, h_{22} mit den vier Koeffizienten $d_{xx} \ldots d_{yy}$ zeigen die Gln. (2.31/10):

$$d_{xx} = m_1 h_{11}, \qquad d_{xy} = m_2 h_{12}, \qquad d_{yx} = m_1 h_{12}, \qquad d_{yy} = m_2 h_{22}. \qquad (2.72/5\,\mathrm{a})$$

(Die Dimension der vier Größen $d_{xx} \ldots d_{yy}$ ist hier — wie schon in 2.12 bemerkt — $[d_{ik}] = T^2$.)

Betrachtet man z. B. m_1 als Maßstabsgröße, so findet man umgekehrt für die restlichen, wesentlichen Systemkonstanten

$$m_2 = m_1 \frac{d_{xy}}{d_{yx}}, \qquad h_{11} = \frac{d_{xx}}{m_1}, \qquad h_{12} = \frac{d_{yx}}{m_1}, \qquad h_{22} = \frac{1}{m_1} \frac{d_{yy} d_{yx}}{d_{xy}}. \qquad (2.72/5\,\mathrm{b})$$

2.73 Ermittlung der Koeffizienten d_{ik} aus den Schwingungseigenschaften (Eigenfrequenzen und Formzahlen). α) Rechnerisch. Nachdem wir in 2.72 erfahren haben, wie die Systemkonstanten mit den Koeffizienten d_{ik} der Differentialgleichungen zusammenhängen, zeigen wir jetzt, wie diese Koeffizienten d_{ik} aus den *Schwingungseigenschaften* (Schwingungsparametern), d. h. aus den Eigenfrequenzen und Formzahlen, ermittelt werden können. (Wegen der praktischen Bedeutung dieser Aufgabe s. z. B. 5.22.) Ist die Zahl der wesentlichen Systemkonstanten des Schwingers gleich vier oder größer (wie bei den Schwingern 1, 2 und 5), so sind alle vier Koeffizienten $d_{xx} \ldots d_{yy}$ unabhängig, und es können ihnen vier Bedingungen auferlegt werden; z. B. können die beiden Eigenfrequenzen ω_I und ω_{II} und die beiden Formzahlen $\varkappa_I$ und $\varkappa_{II}$ vorgeschrieben werden. Ist die Zahl der wesentlichen Systemkonstanten jedoch kleiner als vier (wie bei den Schwingern 3 und 4, oder wenn Symmetrie in den Abmessungen der Schwinger 1 oder 2 vorausgesetzt wird), so bestehen zwischen den d_{ik} Beziehungen; deshalb können auch nur weniger als vier Schwingungseigenschaften vorgeschrieben werden.

Wir wenden uns zuerst den Fällen zu, wo alle vier Koeffizienten $d_{xx} \ldots d_{yy}$ unabhängig sind. Wegen (2.12/19a) und (2.12/20) stehen vier der folgenden sechs Gleichungen zur Verfügung:

$$\left.\begin{aligned}
&\text{(a)} \quad \lambda_I^2 - \lambda_I (d_{xx} + d_{yy}) + (d_{xx} d_{yy} - d_{xy} d_{yx}) = 0, \\
&\text{(b)} \quad \lambda_{II}^2 - \lambda_{II} (d_{xx} + d_{yy}) + (d_{xx} d_{yy} - d_{xy} d_{yx}) = 0, \\
&\text{(c)} \quad \varkappa_I = -\frac{d_{xy}}{d_{xx} - \lambda_I}, \qquad \text{(d)} \quad \varkappa_{II} = -\frac{d_{xy}}{d_{xx} - \lambda_{II}}, \\
&\text{(e)} \quad \varkappa_I = -\frac{d_{yy} - \lambda_I}{d_{yx}}, \qquad \text{(f)} \quad \varkappa_{II} = -\frac{d_{yy} - \lambda_{II}}{d_{yx}}.
\end{aligned}\right\} \qquad (2.73/1)$$

Will man umgekehrt die d_{ik} durch die Schwingungsparameter λ_I, λ_{II}, $\varkappa_I$, $\varkappa_{II}$ ausdrücken, so kommt man am einfachsten zum Ziele, wenn man aus dem Gleichungspaar (c) und (d) von (2.73/1) die Unbekannten d_{xx} und d_{xy}, aus dem Paar (e) und (f) die Unbekannten d_{yx} und d_{yy} bestimmt. So findet man

$$\left.\begin{aligned}
d_{xx} &= \frac{\lambda_I \varkappa_I - \lambda_{II} \varkappa_{II}}{\varkappa_I - \varkappa_{II}}, \quad & d_{yx} &= \frac{\lambda_I - \lambda_{II}}{\varkappa_I - \varkappa_{II}}, \\
d_{xy} &= \frac{\lambda_{II} - \lambda_I}{\varkappa_I - \varkappa_{II}} \varkappa_I \varkappa_{II}, \quad & d_{yy} &= \frac{\lambda_{II} \varkappa_I - \lambda_I \varkappa_{II}}{\varkappa_I - \varkappa_{II}}.
\end{aligned}\right\} \qquad (2.73/2)$$

Wenn die vier Koeffizienten d_{ik} nicht unabhängig sind, so können es auch die vier Schwingungsparameter nicht sein; es muß dann auch zwischen ihnen eine Beziehung bestehen. Wir schreiben diese Beziehung für die Schwinger 3 und 4 an.

Schwinger 3. Die Beziehung zwischen den d_{ik} lautet nach (2.72/2b) $d_{yx} = -d_{yy}$. Deshalb kommt aus (2.73/2)

$$\frac{\lambda_I}{\lambda_{II}} = \frac{1 - \varkappa_I}{1 - \varkappa_{II}}.$$

Schwinger 4. Wegen $d_{xy} = d_{yx}$ (2.72/3b) kommt aus (2.73/2)

$$(\lambda_{II} - \lambda_I)(1 + \varkappa_I \varkappa_{II}) = 0,$$

eine Gleichung, die entweder

$$\lambda_I = \lambda_{II} \quad \text{oder} \quad \varkappa_I \varkappa_{II} = -1$$

verlangt. Die zweite Beziehung haben wir schon in (2.12/23) angegeben.

β) **Durch den Frequenzenkreis.** Die Aufgabe, die beiden Frequenzparameter λ und die beiden Verhältnisse $\varkappa$ aus den vier vorgegebenen Größen d_{ik} zu ermitteln, kann statt durch Rechnung auch auf graphischem Wege mit Hilfe des Frequenzenkreises erledigt werden. Wir verzichten darauf, die Einzelheiten vorzuführen.

2.74 Zahlenbeispiele. Wir ergänzen die Erörterungen nun durch Zahlenbeispiele und besondere Fragestellungen.

Schwinger 1. *Beispiel* α. Ein Schwinger vom Typ 1 soll die Eigenfrequenzen

$$f_I = 5\,\text{Hz} \quad \text{und} \quad f_{II} = 12\,\text{Hz}$$

sowie die Ausschlagverhältnisse

$$\varkappa_I = 1{,}4 \quad \text{und} \quad \varkappa_{II} = -0{,}8$$

aufweisen. Die Masse m_1 sei $G_1 = m_1 g = 8$ kp schwer. Welche Federsteifigkeiten c_1, c_2, c_3 und welche Masse m_2 muß der Schwinger besitzen?

Die vier Schwingungsparameter lauten hier

$$\lambda_I = \frac{987}{\text{sek}^2}, \quad \lambda_{II} = \frac{5685}{\text{sek}^2}, \quad \varkappa_I = 1{,}4, \quad \varkappa_{II} = -0{,}8.$$

Aus ihnen folgen nach (2.73/2) die Koeffizienten

$$d_{xx} = \frac{2695}{\text{sek}^2}, \quad d_{xy} = -\frac{2392}{\text{sek}^2}, \quad d_{yx} = -\frac{2135}{\text{sek}^2}, \quad d_{yy} = \frac{3977}{\text{sek}^2}.$$

Aus den d_{ik} erhält man die Systemkonstanten wegen

$$m_1 = 8{,}16 \cdot 10^{-3}\,\text{kp sek}^2\,\text{cm}^{-1}$$

nach (2.72/1b) zu

$$m_2 = 9{,}14 \cdot 10^{-3}\,\text{kp sek}^2\,\text{cm}^{-1} \quad \text{oder} \quad G_2 = 8{,}96\,\text{kp}.$$

$$c_1 = 2{,}475\,\text{kp/cm}, \quad c_2 = 19{,}5\,\text{kp/cm}, \quad c_3 = 16{,}8\,\text{kp/cm}.$$

Beispiel β. Ein Schwinger mit denselben Schwingungsparametern soll eine mittlere Feder aufweisen, deren Federsteifigkeit $c_2 = 30$ kp/cm beträgt. Wie groß müssen die übrigen Systemkonstanten sein?

Aus den vier Koeffizienten $d_{xx} \ldots d_{yy}$ folgen die gesuchten Systemgrößen jetzt nicht mehr nach (2.72/1b); man muß vielmehr die Gln. (2.72/1a) jetzt nach den Unbekannten m_1, m_2, c_1, c_3 auflösen und c_2 als Maßstabsgröße betrachten. An die Stelle der Gln. (2.72/1b) treten somit die folgenden Gleichungen

$$m_1 = -\frac{c_2}{d_{xy}}, \qquad m_2 = -\frac{c_2}{d_{yx}},$$
$$c_1 = -c_2\left(1 + \frac{d_{xx}}{d_{xy}}\right), \qquad c_3 = -c_2\left(1 + \frac{d_{yy}}{d_{yx}}\right). \qquad (2.74/1)$$

Mit den Zahlenwerten für die $d_{xx} \ldots d_{yy}$ aus Beispiel α wird daraus

$$m_1 = 12{,}5 \cdot 10^{-3}\,\mathrm{kp\,cm^{-1}\,sek^2}, \qquad G_1 = 12{,}31\,\mathrm{kp},$$
$$m_2 = 14{,}05 \cdot 10^{-3}\,\mathrm{kp\,cm^{-1}\,sek^2}, \qquad G_2 = 13{,}80\,\mathrm{kp},$$
$$c_1 = 3{,}84\,\mathrm{kp/cm}, \qquad\qquad c_3 = 25{,}83\,\mathrm{kp/cm}.$$

Beispiel γ. Ein Schwinger vom Typ 1 soll gleiche Massen, $m_1 = m_2$, und gleiche äußere Federn aufweisen, $c_1 = c_3$. Seine Eigenfrequenzen seien wieder $f_I = 5\,\mathrm{Hz}$ und $f_{II} = 12\,\mathrm{Hz}$. Wie groß müssen die Systemgrößen $m_1 = m_2$, $c_1 = c_3$ gemacht werden, wenn wieder $c_2 = 30\,\mathrm{kp/cm}$ als Maßstabsgröße vorgeschrieben wird? Wie groß sind die sich einstellenden Ausschlagverhältnisse?

Hier sind nur noch zwei wesentliche Konstanten frei. Daher können auch nur zwei Schwingungsparameter, die beiden Eigenfrequenzen, vorgeschrieben werden; die Formzahlen sind dann festgelegt. Zwischen den Koeffizienten d_{ik} bestehen jetzt die beiden Beziehungen

$$d_{xy} = d_{yx} \quad \text{und} \quad d_{xx} = d_{yy}. \qquad (2.74/2)$$

Es liegt also der Fall „besonderer Symmetrie" vor.

Da nun keine Ausschlagverhältnisse vorgegeben sind, können zur Ermittlung der d_{ik} aus den Schwingungsparametern nicht mehr die Gleichungspaare (c) bis (d) oder (e) bis (f) von (2.73/1) herangezogen werden; man muß vielmehr auf die Gln. (a) und (b) zurückgreifen. Unter Berücksichtigung der zwischen den d_{ik} bestehenden Beziehungen (2.74/2) lauten sie — wie man einfacher dem Frequenzenkreis oder den Gln. (2.12/21 a) und (2.12/26 a) entnimmt —

$$d_{xx} = d_{yy} = \frac{\lambda_I + \lambda_{II}}{2}, \qquad |d_{xy}| = |d_{yx}| = \frac{\lambda_{II} - \lambda_I}{2}.$$

Für den Schwinger vom Typ 1 muß [s. (2.72/1 a)] d_{xy} und d_{yx} negativ sein; daher kommen mit

$$\lambda_I = \frac{987}{\mathrm{sek^2}} \quad \text{und} \quad \lambda_{II} = \frac{5685}{\mathrm{sek^2}}$$

die Werte

$$d_{xx} = d_{yy} = \frac{3338}{\mathrm{sek^2}} \quad \text{und} \quad d_{xy} = d_{yx} = -\frac{2349}{\mathrm{sek^2}}$$

zustande. Die Konstanten des Schwingers folgen dann mit c_2 als Maßstabsgröße aus den Gln. (2.74/1) zu

$$m_1 = m_2 = -\frac{c_2}{d_{xy}} = 12{,}78 \cdot 10^{-3}\,\mathrm{kp\,cm^{-1}\,sek^2}, \qquad G_1 = G_2 = m_1 g = 12{,}52\,\mathrm{kp},$$

$$c_1 = c_3 = -c_2\left(1 + \frac{d_{xx}}{d_{xy}}\right) = 12{,}6\,\mathrm{kp/cm}.$$

Die Ausschlagverhältnisse werden [vgl. (2.12/26 b)]

$$\varkappa_I = -1, \qquad \varkappa_{II} = +1.$$

Schwinger 2. Wenn bei einem Schwinger vom Typ 2 nach den Einflußzahlen h_{11}, h_{12}, h_{22} und den Massen m_1 und m_2 (bei Vorgabe einer von ihnen als Maßstabsgröße) gefragt wird, so liegt im wesentlichen dieselbe Aufgabe vor wie bei Schwinger 1. Der einzige Unterschied besteht darin, daß man es hier mit beschleunigungsgekoppelten Gleichungen von der Dimension des Ausschlages zu tun hat. Zur Erläuterung lösen wir auch diese Aufgabe.

Beispiel δ. Wir geben dieselben Frequenzen und Ausschlagverhältnisse vor wie beim Beispiel α des Schwingers 1, nämlich

$$f_I = 5\,\text{Hz}, \qquad f_{II} = 12\,\text{Hz}, \qquad \varkappa_I = 1{,}4, \qquad \varkappa_{II} = -0{,}8.$$

Die Schwingungsparameter werden wegen $\lambda = 1/\omega^2$ (hier ist $\lambda_I > \lambda_{II}$) zu

$$\lambda_I = 10{,}13 \cdot 10^{-4}\,\text{sek}^2, \qquad \lambda_{II} = 1{,}76 \cdot 10^{-4}\,\text{sek}^2, \qquad \varkappa_I = 1{,}4, \qquad \varkappa_{II} = -0{,}8.$$

Die Gln. (2.73/2) (oder ein Frequenzenkreis) liefern für die Koeffizienten $d_{xx} \ldots d_{yy}$ hier die Werte

$$d_{xx} = 7{,}09 \cdot 10^{-4}\,\text{sek}^2, \quad d_{xy} = 4{,}26 \cdot 10^{-4}\,\text{sek}^2, \quad d_{yx} = 3{,}81 \cdot 10^{-4}\,\text{sek}^2, \quad d_{yy} = 4{,}8 \cdot 10^{-4}\,\text{sek}^2.$$

Aus ihnen kommen vermöge der Gln. (2.72/5b), wenn wieder $m_1 g = 8\,\text{kp}$, also $m_1 = 8{,}16 \cdot 10^{-3}\,\text{kp cm}^{-1}\,\text{sek}^2$ als Maßstabsgröße vorgegeben wird, die Werte für die Masse m_2 und die Verschiebungs-Einflußzahlen zustande:

$$G_2 = 8{,}96\,\text{kp}, \qquad h_{11} = 0{,}087\,\text{cm/kp}, \qquad h_{12} = 0{,}0467\,\text{cm/kp}, \qquad h_{22} = 0{,}0526\,\text{cm/kp}.$$

Diese Verschiebungs-Einflußzahlen hätte man auch unmittelbar aus den Kraft-Einflußzahlen

$$c_{11} = c_1 + c_2, \qquad c_{12} = -c_2 \quad \text{und} \quad c_{22} = c_2 + c_3$$

des Beispieles α von Schwinger 1 mit Hilfe der Gln. (2.31/6) herstellen können. Man bestätigt leicht, daß die Beziehungen (2.31/6) mit den angegebenen Zahlenwerten erfüllt sind.

Wie wir schon in 2.71 bemerkt haben, führt die Aufgabe, bei vorgegebenem Elastizitätsmodul und Trägheitsmoment eines Balkens aus den Einflußzahlen h_{ik} die Längen l_1, l_2 und l_3 zu ermitteln, auf Gleichungen vierten Grades für drei Unbekannte; die Auflösung dieser Gleichungen ist umständlich. Sobald jedoch die Stellen der Massen (und damit die Längen l_1, l_2, l_3) festliegen, ergeben sich leichter lösbare Aufgaben.

Im nächsten Beispiel behandeln wir nicht eine numerische Aufgabe, sondern wir stellen die Frage in einer besonderen Weise, die aber für viele Aufgaben insofern charakteristisch ist, als ausschließlich mit Verhältniszahlen gearbeitet wird.

Beispiel ε. Ein Balken soll beiderseits frei aufliegen. Die Massen m_1 und m_2 mögen an Stellen sitzen, die die Länge l in gegebenen Verhältnissen $l_1:l_2:l_3$, etwa $2:1:2$, teilen. Gefragt ist nach dem Verhältnis $\mu = m_2/m_1$ der aufzubringenden Massen, wenn die Schwingzahlen im Verhältnis $\nu = f_{II}/f_I$ stehen sollen.

Wegen (2.72/5a) und (2.71/2) ist

$$\frac{d_{yx}}{d_{xx}} = \frac{d_{xy}}{d_{yy}} = \frac{h_{12}}{h_{11}} = \delta \tag{2.74/3}$$

eine bekannte Zahl; sie hat in unserem Beispiel den Wert 17/18. Die aus (2.12/19a) folgenden Gleichungen

$$\left.\begin{aligned}\lambda_I + \lambda_{II} &= d_{xx} + d_{yy}, \\ \lambda_I \lambda_{II} &= d_{xx} d_{yy} - d_{xy} d_{yx}\end{aligned}\right\} \tag{2.74/4}$$

führen wegen

$$d_{yy} = \mu\, d_{xx}, \qquad d_{xy} = \mu\, d_{yx} \tag{2.74/5}$$

nach Einführung der Verhältnisse ν und μ und nach Elimination von λ_I auf die quadratische Gleichung

$$\mu^2 + \mu\left[2 - \frac{1}{\nu^2}(1 + \nu^2)^2(1 - \delta^2)\right] + 1 = 0 \tag{2.74/6}$$

für das gesuchte Massenverhältnis μ. Diese Gleichung könnte ausführlich diskutiert werden, z. B. um zu erfahren, in welchen Bereichen man die Verhältnisse ν und δ überhaupt vorschreiben darf, um zu reellen Lösungen μ zu gelangen, u. dgl. m.

Selbstverständlich können entsprechende Fragen auch für die Schwinger vom Typ 3, 4 und 5 gestellt werden. Die vorgeführten Beispiele sollten aber genügen, um den Leser instand zu setzen, derlei Probleme erfolgreich anzugreifen.

3 Freie ungedämpfte Schwingungen der Gebilde von mehr als zwei Freiheitsgraden

3.1 Der elastisch gebundene Körper

In diesem Abschnitt wollen wir uns mit dem elastisch gebundenen Körper beschäftigen. Wir idealisieren ihn zunächst als Punktkörper (3.11), der drei Freiheitsgrade hat. In 3.12 behandeln wir die ebene Scheibe, die auch drei Freiheitsgrade aufweist, in 3.13 einen starren Körper (von der Form eines Stabes) mit vier Freiheitsgraden; in 3.14 wird dann ein Gebilde von fünf Freiheitsgraden betrachtet, das sich von dem in 3.13 dadurch unterscheidet, daß der Schwerpunkt auch eine Bewegungsmöglichkeit in x-Richtung hat. In 3.15 schließlich kommt der allgemeinste Fall zur Sprache, der sechs Freiheitsgrade aufweist.

In diesem Abschnitt wird häufig Gebrauch gemacht von den Ergebnissen der Dissertation von O. GRÜNDLER[1]. Zwei weitere Arbeiten verdienen Erwähnung[2,3].

Wichtige Anwendungsgebiete der in diesem Abschnitt betrachteten Gebilde sind erstens die Schwingungen von Fahrzeugen (Straßen- und Schienenfahrzeugen) auf ihren „Wagenfedern", zweitens die Schwingungen von Maschinen oder Maschinensätzen auf elastischen Fundamenten, sei es, daß die Fundamente selbst federnd nachgiebig sind, sei es, daß die Maschinen samt ihren Unterlagen auf Federn gestellt oder an Federn aufgehängt werden. Solche federnden Aufstellungen sind oft notwendig zur „aktiven" oder „passiven" Schwingungsentstörung (s. I.56). In seltenen Fällen nur wird es genügen, das Gebilde als einen einläufigen Schwinger anzusehen, ebenso selten allerdings wird man die komplizierten Bewegungen eines Gebildes von sechs Freiheitsgraden betrachten müssen. In der Regel wird einer der Sonderfälle von 3.12 bis 3.14 vorliegen, am häufigsten, wegen der meist vorhandenen Symmetrien, wohl der von 3.12.

3.11 Der elastisch gebundene Punktkörper im Raum. Die Behandlung des elastisch gebundenen Punktkörpers im Raum verläuft ganz analog der des Punktkörpers in der Ebene in 2.62 und 2.64. Wir könnten deshalb darauf verzichten, die Gleichungen ausführlich anzuschreiben. Andererseits aber gibt dieser Fall Gelegenheit, die Gedankengänge wiederholend einzuprägen; überdies können auch die expliziten Gleichungen gelegentlich nützlich sein.

Eine Kraft

$$\mathfrak{p} = p_x \mathfrak{i} + p_y \mathfrak{j} + p_z \mathfrak{k} \qquad (3.11/1\,\mathrm{a})$$

ruft eine Verschiebung

$$\mathfrak{u} = u_x \mathfrak{i} + u_y \mathfrak{j} + u_z \mathfrak{k} \qquad (3.11/1\,\mathrm{b})$$

des Punktkörpers hervor. Im allgemeinen sind $\mathfrak{p}$ und $\mathfrak{u}$ nicht kollinear, zwischen ihren Komponenten bestehen vielmehr die Beziehungen

$$\left.\begin{aligned}
u_x &= h_{xx}\, p_x + h_{xy}\, p_y + h_{xz}\, p_z, \\
u_y &= h_{yx}\, p_x + h_{yy}\, p_y + h_{yz}\, p_z, \\
u_z &= h_{zx}\, p_x + h_{zy}\, p_y + h_{zz}\, p_z
\end{aligned}\right\} \qquad (3.11/2\,\mathrm{a})$$

[1] GRÜNDLER, O.: Die Hauptschwingungen elastisch gestützter stabförmiger Körper beim Fehlen von Dämpfung. Diss. T. H. Berlin 1938.

[2] RAUSCH, E.: Bauingenieur Bd. 11 (1930) S. 226 u. 247.

[3] v. SCHLIPPE, B.: Luftf.-Forsch. Bd. 11 (1934) S. 57.

oder

$$\left.\begin{aligned}
p_x &= c_{xx}\,u_x + c_{xy}\,u_y + c_{xz}\,u_z,\\
p_y &= c_{yx}\,u_x + c_{yy}\,u_y + c_{yz}\,u_z,\\
p_z &= c_{zx}\,u_x + c_{zy}\,u_y + c_{zz}\,u_z,
\end{aligned}\right\} \quad (3.11/2\,\mathrm{b})$$

mit $h_{ik} = h_{ki}$ und $c_{ik} = c_{ki}$.

Setzt man anstelle der statischen Kraft $\mathfrak{p}$ die „Trägheitskraft" $(-m\,\ddot{\mathfrak{u}})$ ein, so folgen die Bewegungsgleichungen

$$\left.\begin{aligned}
m\,h_{xx}\,\ddot{u}_x + m\,h_{xy}\,\ddot{u}_y + m\,h_{xz}\,\ddot{u}_z + u_x &= 0,\\
m\,h_{yx}\,\ddot{u}_x + m\,h_{yy}\,\ddot{u}_y + m\,h_{yz}\,\ddot{u}_z + u_y &= 0,\\
m\,h_{zx}\,\ddot{u}_x + m\,h_{zy}\,\ddot{u}_y + m\,h_{zz}\,\ddot{u}_z + u_z &= 0
\end{aligned}\right\} \quad (3.11/3\,\mathrm{a})$$

oder

$$\left.\begin{aligned}
m\,\ddot{u}_x + c_{xx}\,u_x + c_{xy}\,u_y + c_{xz}\,u_z &= 0,\\
m\,\ddot{u}_y + c_{yx}\,u_x + c_{yy}\,u_y + c_{yz}\,u_z &= 0,\\
m\,\ddot{u}_z + c_{zx}\,u_x + c_{zy}\,u_y + c_{zz}\,u_z &= 0.
\end{aligned}\right\} \quad (3.11/3\,\mathrm{b})$$

Geht man nun mit dem Hauptschwingungsansatz

$$\mathfrak{u} = \mathfrak{A}\cos\omega t \quad \text{bzw.} \quad \mathfrak{u} = \mathfrak{A}\sin\omega t$$

in die Bewegungs-Differentialgleichungen (3.11/3) ein, so erhält man die algebraischen Gleichungen

$$\left.\begin{aligned}
(m\,h_{xx}\,\omega^2 - 1)\,A_x + \quad m\,h_{xy}\,\omega^2\,A_y + \quad m\,h_{xz}\,\omega^2\,A_z &= 0,\\
m\,h_{yx}\,\omega^2\,A_x + (m\,h_{yy}\,\omega^2 - 1)\,A_y + \quad m\,h_{yz}\,\omega^2\,A_z &= 0,\\
m\,h_{zx}\,\omega^2\,A_x + \quad m\,h_{zy}\,\omega^2\,A_y + (m\,h_{zz}\,\omega^2 - 1)\,A_z &= 0
\end{aligned}\right\} \quad (3.11/4\,\mathrm{a})$$

bzw.

$$\left.\begin{aligned}
(c_{xx} - m\,\omega^2)\,A_x + \quad c_{xy}\,A_y + \quad c_{xz}\,A_z &= 0,\\
c_{yx}\,A_x + (c_{yy} - m\,\omega^2)\,A_y + \quad c_{yz}\,A_z &= 0,\\
c_{zx}\,A_x + \quad c_{zy}\,A_y + (c_{zz} - m\,\omega^2)\,A_z &= 0.
\end{aligned}\right\} \quad (3.11/4\,\mathrm{b})$$

Setzt man in (3.11/4a)

in (3.11/4b)

$$\left.\begin{aligned}
m\,h_{ik} &= d_{ik} \quad \text{und} \quad \omega^{-2} = \lambda,\\
\frac{c_{ik}}{m} &= d_{ik} \quad \text{und} \quad \omega^2 = \lambda,
\end{aligned}\right\} \quad (3.11/5)$$

so erhalten die Gleichungssysteme (3.11/4) die gemeinsame Fassung

$$\left.\begin{aligned}
(d_{xx} - \lambda)\,A_x + \quad d_{xy}\,A_y + \quad d_{xz}\,A_z &= 0,\\
d_{yx}\,A_x + (d_{yy} - \lambda)\,A_y + \quad d_{yz}\,A_z &= 0,\\
d_{zx}\,A_x + \quad d_{zy}\,A_y + (d_{zz} - \lambda)\,A_z &= 0.
\end{aligned}\right\} \quad (3.11/6)$$

Dieses homogene Gleichungssystem hat nur dann eine Lösung für die A_i, die von $A_x = A_y = A_z = 0$ verschieden ist, wenn seine Determinante verschwindet:

$$\left.\begin{aligned}
&\lambda^3 - (d_{xx} + d_{yy} + d_{zz})\,\lambda^2 + \\
&+ \left(\begin{vmatrix} d_{xx} & d_{xy} \\ d_{yx} & d_{yy} \end{vmatrix} + \begin{vmatrix} d_{xx} & d_{xz} \\ d_{zx} & d_{zz} \end{vmatrix} + \begin{vmatrix} d_{yy} & d_{yz} \\ d_{zy} & d_{zz} \end{vmatrix}\right)\lambda - \begin{vmatrix} d_{xx} & d_{xy} & d_{xz} \\ d_{yx} & d_{yy} & d_{yz} \\ d_{zx} & d_{zy} & d_{zz} \end{vmatrix} = 0.
\end{aligned}\right\} \quad (3.11/7)$$

Gl. (3.11/7) stellt die Frequenzengleichung dar. Sie ist in λ, d. h. in ω^2 oder ω^{-2} vom dritten Grade. Die drei Wurzeln λ_I, λ_{II}, λ_{III} sind, wie hier nicht bewiesen werden soll, positiv; man erhält also drei Frequenzen ω_I, ω_{II}, ω_{III}, mit denen die Schwingung des Massenpunktes im Raum verlaufen kann. Die Lösungen sind folglich von der Form (cos *oder* sin)

$$\left.\begin{aligned}
u_x &= A_{xI}\,{\textstyle{\cos\atop\sin}}\,\omega_I\,t + A_{xII}\,{\textstyle{\cos\atop\sin}}\,\omega_{II}\,t + A_{xIII}\,{\textstyle{\cos\atop\sin}}\,\omega_{III}\,t, \\[2mm]
u_y &= A_{yI}\,{\textstyle{\cos\atop\sin}}\,\omega_I\,t + A_{yII}\,{\textstyle{\cos\atop\sin}}\,\omega_{II}\,t + A_{yIII}\,{\textstyle{\cos\atop\sin}}\,\omega_{III}\,t, \\[2mm]
u_z &= A_{zI}\,{\textstyle{\cos\atop\sin}}\,\omega_I\,t + A_{zII}\,{\textstyle{\cos\atop\sin}}\,\omega_{II}\,t + A_{zIII}\,{\textstyle{\cos\atop\sin}}\,\omega_{III}\,t.
\end{aligned}\right\} \qquad (3.11/8)$$

Aus dem Gleichungssystem (3.11/6) lassen sich die Verhältnisse

$$\frac{A_x}{A_z} = \varkappa_x \doteq \tan\varphi_x \qquad\Big|\qquad \frac{A_y}{A_z} = \varkappa_y = \tan\varphi_y \qquad (3.11/9\,\text{a})$$

berechnen (s. Abb. 3.11/1). Die $\varkappa_i$ hängen von λ ab, es ergeben sich daher jeweils drei Werte. Ausführlich geschrieben lauten die Ausdrücke

$$\left.\begin{aligned}
\varkappa_x &= \frac{A_x}{A_z} = \frac{d_{xy}d_{yz} - d_{zz}(d_{yy}-\lambda)}{(d_{xx}-\lambda)(d_{yy}-\lambda)-d_{xy}d_{yx}} = \frac{d_{xy}(d_{zz}-\lambda)-d_{xz}d_{zy}}{d_{zy}(d_{xx}-\lambda)-d_{xy}d_{zx}} \\[1mm]
&= \frac{(d_{yy}-\lambda)(d_{zz}-\lambda)-d_{yz}d_{zy}}{d_{yx}d_{zy}-d_{zx}(d_{yy}-\lambda)}, \\[2mm]
\varkappa_y &= \frac{A_y}{A_z} = \frac{d_{yx}d_{xz}-d_{yz}(d_{xx}-\lambda)}{(d_{xx}-\lambda)(d_{yy}-\lambda)-d_{xy}d_{yx}} = \frac{d_{xz}d_{zx}-(d_{xx}-\lambda)(d_{zz}-\lambda)}{d_{zy}(d_{xx}-\lambda)-d_{xy}d_{zx}} \\[1mm]
&= \frac{d_{zx}d_{yz}-d_{yx}(d_{zz}-\lambda)}{d_{yx}d_{zy}-d_{zx}(d_{yy}-\lambda)}.
\end{aligned}\right\} \qquad (3.11/9\,\text{b})$$

Die Lösungen (3.11/8) nehmen unter Verwendung der $\varkappa_x$, $\varkappa_y$ die Gestalt

$$\left.\begin{aligned}
u_x &= \sum_{N=I}^{III} \varkappa_{xN}\,A_{zN}\,{\textstyle{\cos\atop\sin}}\,\omega_N\,t, \qquad u_y = \sum_{N=I}^{III} \varkappa_{yN}\,A_{zN}\,{\textstyle{\cos\atop\sin}}\,\omega_N\,t, \\[2mm]
u_z &= \sum_{N=I}^{III} A_{zN}\,{\textstyle{\cos\atop\sin}}\,\omega_N\,t
\end{aligned}\right\} \qquad (3.11/8\,\text{a})$$

an.

Die allgemeine Lösung ergibt sich durch Superposition der cos und sin in der Form

$$\left.\begin{aligned}
u_x &= \varkappa_{xI}\,C_I\cos(\omega_I\,t+\gamma_I) + \varkappa_{xII}\,C_{II}\cos(\omega_{II}\,t+\gamma_{II}) + \\
&\qquad\qquad + \varkappa_{xIII}\,C_{III}\cos(\omega_{III}\,t+\gamma_{III}), \\[2mm]
u_y &= \varkappa_{yI}\,C_I\cos(\omega_I\,t+\gamma_I) + \varkappa_{yII}\,C_{II}\cos(\omega_{II}\,t+\gamma_{II}) + \\
&\qquad\qquad + \varkappa_{yIII}\,C_{III}\cos(\omega_{III}\,t+\gamma_{III}), \\[2mm]
u_z &= C_I\cos(\omega_I\,t+\gamma_I) + C_{II}\cos(\omega_{II}\,t+\gamma_{II}) + \\
&\qquad\qquad + C_{III}\cos(\omega_{III}\,t+\gamma_{III}).
\end{aligned}\right\} \qquad (3.11/10)$$

C_I, C_{II}, C_{III}, γ_I, γ_{II}, γ_{III} sind in dieser Darstellung die Integrationskonstanten.

Fragen wir wie in 2.62 nach den Richtungen, in denen Kraftvektor und zugehöriger Ausschlagvektor kollinear sind, so erhalten wir das folgende System von vier (nicht-linearen) Gleichungen:

$$\left.\begin{aligned}
(h_{xx} - \lambda)\cos\alpha_1 + h_{xy}\cos\alpha_2 + h_{xz}\cos\alpha_3 &= 0, \\
h_{yx}\cos\alpha_1 + (h_{yy} - \lambda)\cos\alpha_2 + h_{yz}\cos\alpha_3 &= 0, \\
h_{zx}\cos\alpha_1 + h_{zy}\cos\alpha_2 + (h_{zz} - \lambda)\cos\alpha_3 &= 0, \\
\cos^2\alpha_1 + \cos^2\alpha_2 + \cos^2\alpha_3 &= 1.
\end{aligned}\right\} \quad (3.11/11)$$

Nach Bestimmung der drei Hauptwerte λ_N als Wurzeln der Säkulargleichung [(3.11/7) mit h_{ik} statt d_{ik}] folgen die Richtungscosinus aus der letzten Gleichung von (3.11/11) in Verbindung mit zweien der vorangehenden.

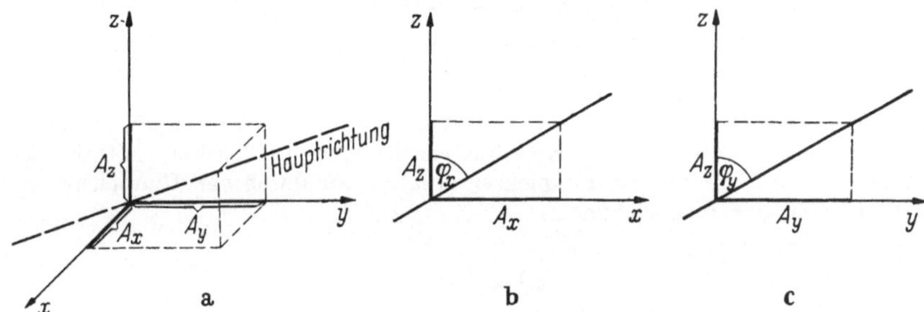

Abb. 3.11/1. Ausschläge A_x, A_y, A_z und Winkel φ_x und φ_y der Hauptrichtung

In drei Dimensionen versagen die graphischen Hilfsmittel, die im ebenen Fall zu den so einfach zu handhabenden Kreisen führten (MOHRscher Kreis, LANDscher Kreis). Der Grund für dieses Versagen liegt darin, daß sich die Wurzeln einer kubischen Gleichung nicht mehr mit Zirkel und Lineal konstruieren lassen.

Aus der durch (3.11/5) ausgedrückten Proportionalität der Größen h_{ik} in (3.11/11) und d_{ik} in (3.11/6) folgt, daß die Hauptwerte $\lambda_N = h_N$ ($N = I, II, III$) den reziproken Hauptfrequenzquadraten $1/\omega_N^2$ proportional sind und daß die Hauptrichtungen des Tensors $\mathfrak{H}$, die aus (3.11/11) folgen, gleich den Hauptschwingungsrichtungen sind, die aus (3.11/6) folgen.

Legt man den Kraftvektor $\mathfrak{p}$ in eine Hauptrichtung, so ist der zugehörige Ausschlagvektor $\mathfrak{u}$ mit ihm kollinear,

$$\mathfrak{p} = c_N\,\mathfrak{u}, \qquad \mathfrak{u} = h_N\,\mathfrak{p}, \qquad (N = I, II, III). \quad (3.11/12\,\mathrm{a})$$

Nimmt man die Hauptrichtungen als Koordinatenrichtungen, so sind die Bewegungsgleichungen ungekoppelt

$$\ddot{u}_{\xi,\,\eta,\,\zeta} + \omega_{I,\,II,\,III}^2\, u_{\xi,\,\eta,\,\zeta} = 0; \quad (3.11/12\,\mathrm{b})$$

die Schwingungen laufen ab, als ob der Körper nur jenen einen Freiheitsgrad besäße.

Beispiel 1. Ein Punktkörper der Masse m ist durch drei orthogonale Federn gebunden, wie Abb. 3.11/2 angibt. Die Federsteifigkeiten sind

$$c_1 = 3c, \qquad c_2 = 2c, \qquad c_3 = c.$$

Welche Werte haben die Hauptfrequenzen, welche Lage die Hauptrichtungen?

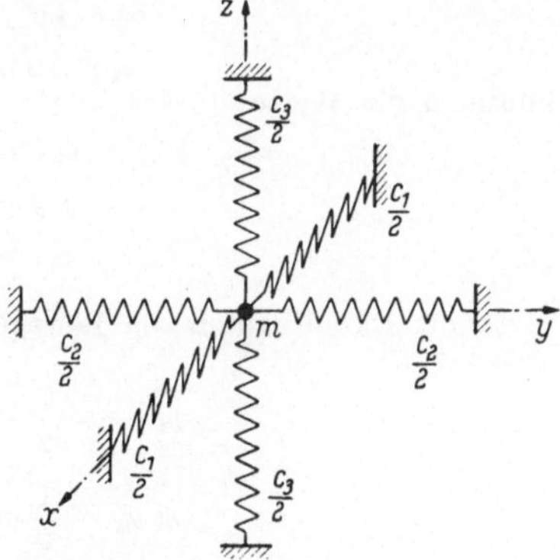

Abb. 3.11/2
Durch Federn gefesselte Punktmasse m

Da wir kleine Ausschläge voraussetzen, ruft eine Kraft in der x-Richtung nur eine Auslenkung in der x-Richtung hervor:

$$p_x = c_1 u_x.$$

Für die y- und z-Richtungen gilt das gleiche:

$$p_y = c_2 u_y, \qquad p_z = c_3 u_z.$$

Die x-, y-, z-Richtungen sind Hauptrichtungen.

Die Bewegungsgleichungen

$$m \ddot{u}_x + 3c\, u_x = 0,$$
$$m \ddot{u}_y + 2c\, u_y = 0,$$
$$m \ddot{u}_z + c\, u_z = 0,$$

sind, wie erwartet, nicht gekoppelt.

Wir können daher die zweite Frage sofort beantworten: Die Hauptrichtungen sind identisch mit den Richtungen der Koordinatenachsen, d. h. identisch mit den Federrichtungen. Zur Bestimmung der Frequenzen erhalten wir durch den Hauptschwingungsansatz drei in ω^2 lineare Gleichungen

$$\omega_i^2 = \frac{c_i}{m}.$$

Aus ihnen folgt

$$\omega_I = \sqrt{3}\,\sqrt{\frac{c}{m}}, \qquad \omega_{II} = \sqrt{2}\,\sqrt{\frac{c}{m}}, \qquad \omega_{III} = \sqrt{\frac{c}{m}}.$$

Beispiel 2. Ordnen wir die Feder (2) von Abb. 3.11/2 jedoch so an, daß sie mit der x- und der y-Achse je einen Winkel von $60°$ und mit der z-Achse einen Winkel von $45°$ bildet, während wir die Federn (1) und (3) in ihrer ursprünglichen Lage parallel zur x-Richtung und z-Richtung belassen, so erhalten wir ein völlig anderes Ergebnis. Keine der drei Federachsen ist jetzt eine Hauptrichtung.

Zur Ermittlung der Kraft-Einflußzahlen bedienen wir uns der vervollständigten Formeln (2.63/3). Sie lauten für den räumlichen Fall:

$$c_{xx} = \sum_i c_i \cos^2 \alpha_i, \qquad c_{xy} = \sum_i c_i \cos \alpha_i \cos \beta_i, \qquad c_{xz} = \sum_i c_i \cos \alpha_i \cos \gamma_i,$$

$$c_{yy} = \sum_i c_i \cos^2 \beta_i, \qquad c_{yz} = \sum_i c_i \cos \beta_i \cos \gamma_i, \qquad c_{zz} = \sum_i c_i \cos^2 \gamma_i.$$

Mit

$$\alpha_1 = 0, \qquad \beta_1 = 90°, \qquad \gamma_1 = 90°,$$
$$\alpha_2 = 60°, \qquad \beta_2 = 60°, \qquad \gamma_2 = 45°,$$
$$\alpha_3 = 90°, \qquad \beta_3 = 90°, \qquad \gamma_3 = 0$$

kommen die Werte

$$c_{xx} = 3{,}5c, \qquad c_{xy} = 0{,}5c,$$
$$c_{yy} = 0{,}5c, \qquad c_{xz} = 0{,}7071c,$$
$$c_{zz} = 2c, \qquad c_{yz} = 0{,}7071c$$

zustande. Damit lauten die Bewegungsgleichungen

$$m \ddot{u}_x + \frac{7}{2} c\, u_x + \frac{1}{2} c\, u_y + \frac{1}{2} \sqrt{2}\, c\, u_z = 0,$$

$$m \ddot{u}_y + \frac{1}{2} c\, u_x + \frac{1}{2} c\, u_y + \frac{1}{2} \sqrt{2}\, c\, u_z = 0,$$

$$m \ddot{u}_z + \frac{1}{2} \sqrt{2}\, c\, u_x + \frac{1}{2} \sqrt{2}\, c\, u_y + 2 c\, u_z = 0.$$

Die Frequenzengleichung ist vom dritten Grade

$$\lambda^3 - 6\,\frac{c}{m}\,\lambda^2 + 8{,}5\left(\frac{c}{m}\right)^2\lambda - 1{,}5\left(\frac{c}{m}\right)^3 = 0.$$

Sie hat die Wurzeln

$$\lambda_I = \omega_I^2 = 0{,}2052\,\frac{c}{m}\,, \qquad \lambda_{II} = \omega_{II}^2 = 1{,}8563\,\frac{c}{m}\,, \qquad \lambda_{III} = \omega_{III}^2 = 3{,}9385\,\frac{c}{m}\,;$$

die Frequenzen selbst erhalten somit die Werte

$$\omega_I = 0{,}4530\,\sqrt{\frac{c}{m}}\,, \qquad \omega_{II} = 1{,}3624\,\sqrt{\frac{c}{m}}\,, \qquad \omega_{III} = 1{,}9846\,\sqrt{\frac{c}{m}}\,.$$

Die Ausschlagverhältnisse $\varkappa$ bestimmen sich aus den Formeln (3.11/9) zu

$$\varkappa_{xI} = 0{,}201\,, \qquad \varkappa_{xII} = -0{,}529\,, \qquad \varkappa_{xIII} = 2{,}214\,,$$
$$\varkappa_{yI} = -2{,}74\,, \qquad \varkappa_{yII} = 0{,}326\,, \qquad \varkappa_{yIII} = 0{,}528\,.$$

Die Dauergleichungen der Bewegung können daher gemäß (3.11/10) gebildet werden. Die Hauptrichtungen sind durch die Ausschlagverhältnisse bestimmt:

$$\varkappa_{xN} = \tan\varphi_{xN}; \qquad \varkappa_{yN} = \tan\varphi_{yN}.$$

Wir erhalten

$$\varphi_{xI} = 11°\,22'\,, \qquad \varphi_{xII} = -27°\,53'\,, \qquad \varphi_{xIII} = 65°\,42'\,,$$
$$\varphi_{yI} = -69°\,59'\,, \qquad \varphi_{yII} = 18°\,03'\,, \qquad \varphi_{yIII} = 27°\,50'\,.$$

3.12 Die ebene Scheibe. α) **Koordinaten.** Ein starrer Körper, der sich so bewegt, daß die Bahnen aller seiner Punkte in parallelen Ebenen bleiben, hat drei Grade der Freiheit; er wird (ohne Rücksicht auf seine tatsächliche Gestalt) als „ebene Scheibe" bezeichnet.

Ein häufig benutztes Tripel von Koordinaten besteht (Abb. 3.12/1) in den beiden Verschiebungen u_0 und v_0 eines ausgezeichneten Punktes A (möglicher-,

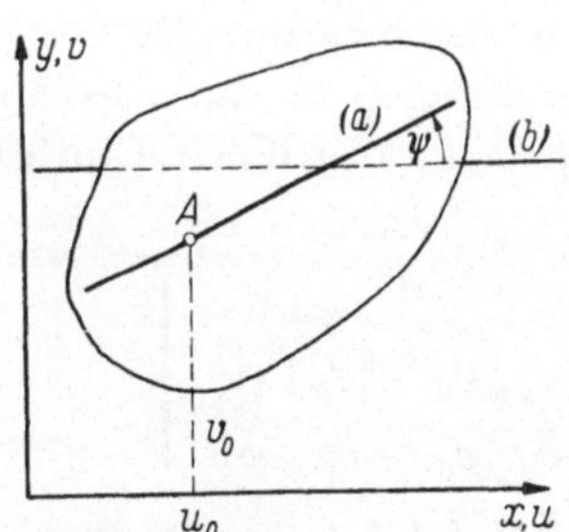

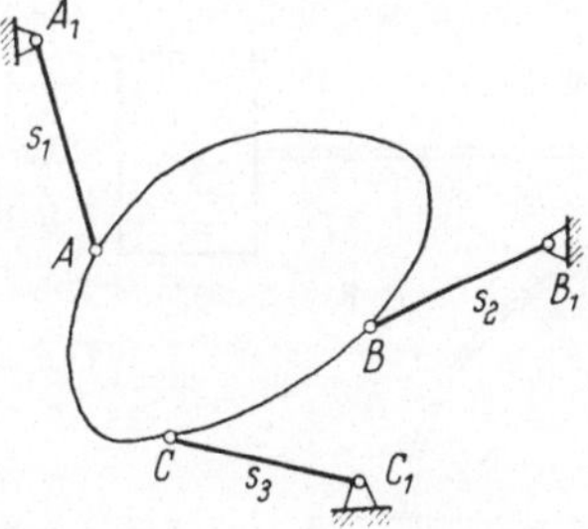

Abb. 3.12/1. Ebene Scheibe: Koordinaten u_0, v_0, ψ Abb. 3.12/2. Ebene Scheibe; Koordinaten s_1, s_2, s_3

aber nicht notwendigerweise des Schwerpunktes S) parallel zur x- und y-Achse eines kartesischen Koordinatensystems und dem Winkel ψ zwischen einer auf der Scheibe festen Richtung (a) und einer in der Ebene festen Richtung (b). Ein Beispiel für ein anderes Tripel von Koordinaten zeigt Abb. 3.12/2. Hier werden die Entfernungen s_1, s_2, s_3 dreier Punkte A, B, C von drei festen Punkten A_1, B_1, C_1 der Ebene (oder ihre Veränderungen ξ_1, ξ_2, ξ_3) als Koordinaten verwendet.

Die Scheibe kann auf verschiedene Weise elastisch gebunden sein, z. B. durch Dehnfedern (Abb. 3.12/3). Im Fall a bieten sich die Koordinaten von Abb. 3.12/2 von selbst an; die Angabe der Federverlängerungen ξ_1, ξ_2, ξ_3

bestimmt bei bekannten (ursprünglichen) Federlängen l_1, l_2, l_3 die Koordinaten $s_i = l_i + \xi_i$. Im Fall b sind die Koordinaten von Abb. 3.12/1 gut verwendbar.

Eine zweite Möglichkeit einer elastischen Bindung bieten die sog. „ebenen" Federn. Darunter wollen wir solche Federn verstehen, von denen (anders als

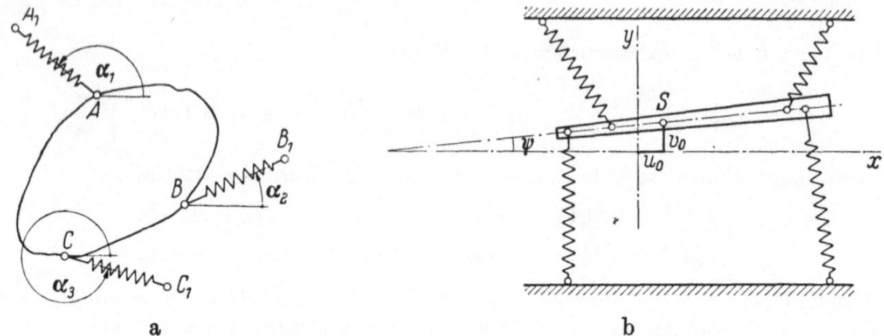

a   b

Abb. 3.12/3. Scheiben, durch Dehnfedern elastisch gebunden

die Dehnfedern, deren mindestens drei notwendig sind) eine einzige schon die Lage einer ebenen Scheibe fixiert. Abb. 3.12/4 gibt zwei Beispiele von ebenen Federn: a) eine gerade und b) eine krumme Dehn-Biege-Feder.

Wieder teilen wir die Aufgabe in einen statischen Teil (β) und einen kinetischen (γ).

β) **Statischer Teil: Kraft- und Verschiebungs-Einflußzahlen.** Wie immer die Scheibe gebunden sein mag, ob durch Dehnfedern nach Art der Abb. 3.12/3 oder durch ebene Federn nach Art der Abb. 3.12/4, bei Benutzung des Koordinatentripels u_0, v_0, ψ lautet der Zusammenhang zwischen

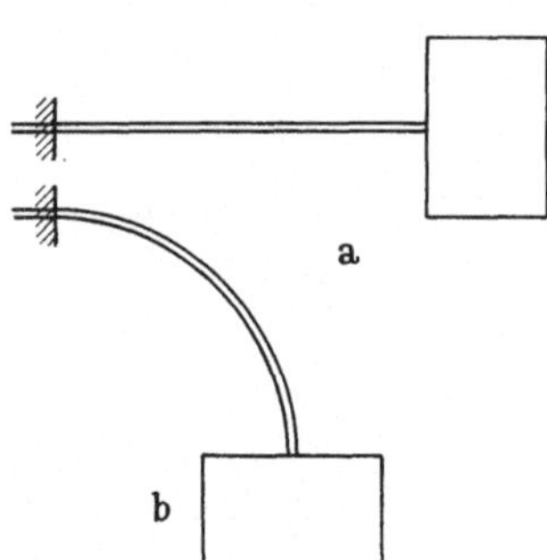

Abb. 3.12/4
Dehn-Biege-Federn (Stabfedern)
a) gerade, b) krumme

den (verallgemeinerten) Kräften X, Y, Ψ einerseits und den Auslenkungen u_0, v_0, ψ andererseits, wenn man ihn mit Hilfe von Kraft-Einflußzahlen anschreibt,

$$\left.\begin{aligned}
X &= c_{xx}u_0 + c_{xy}v_0 + c_{x\psi}\psi, \\
Y &= c_{yx}u_0 + c_{yy}v_0 + c_{y\psi}\psi, \\
\Psi &= c_{\psi x}u_0 + c_{\psi y}v_0 + c_{\psi\psi}\psi,
\end{aligned}\right\} \qquad (3.12/1)$$

oder, wenn man Verschiebungs-Einflußzahlen benutzt,

$$\left.\begin{aligned}
u_0 &= h_{xx}X + h_{xy}Y + h_{x\psi}\Psi, \\
v_0 &= h_{yx}X + h_{yy}Y + h_{y\psi}\Psi, \\
\psi &= h_{\psi x}X + h_{\psi y}Y + h_{\psi\psi}\Psi.
\end{aligned}\right\} \qquad (3.12/2)$$

Das Schema der Koeffizienten c_{ik} sowohl wie das der h_{ik} ist dabei wieder symmetrisch (BETTIscher Satz; s. 2.62).

Die Gln. (3.12/1) und (3.12/2) lassen sich wechselseitig ineinander überführen. Es ist (s. a. 1.32):

$$c_{ik} = (-1)^{k+i}\frac{H_{ki}}{H}; \qquad h_{ik} = (-1)^{k+i}\frac{C_{ki}}{C}, \qquad (3.12/3)$$

wenn H_{ki} und C_{ki} die zum Element h_{ki} und c_{ki} gehörigen Unterdeterminanten, H und C die Determinanten der Koeffizienten in den Gleichungssystemen (3.12/2) und (3.12/1) bedeuten.

Beispiel 1. Wir geben das Schema der Verschiebungs-Einflußzahlen für die gerade Dehn-Biege-Feder der Abb. 3.12/4a an.

Aus den bekannten Formeln der ebenen Festigkeitslehre,

Verlängerung infolge der Längskraft X am Ende: $\quad u = X\,l/E\,F$,

Durchsenkung infolge der Querlast Y am Ende: $\quad v = Y\,l^3/3\,E\,I$,

Neigung infolge der Querlast Y am Ende: $\quad \psi = Y\,l^2/2\,E\,I$,

Durchsenkung infolge des Momentes Ψ am Ende: $\quad v = \Psi\,l^2/2\,E\,I$,

Neigung infolge des Momentes Ψ am Ende: $\quad \psi = \Psi\,l/E\,I$,

liest man die folgenden Verschiebungs-Einflußzahlen sofort ab:

$$
\left.
\begin{aligned}
h_{xx} &= \frac{l}{E\,F}, & h_{xy} &= 0, & h_{x\psi} &= 0, \\[2mm]
h_{yx} &= 0, & h_{yy} &= \frac{l^3}{3\,E\,I}, & h_{y\psi} &= \frac{l^2}{2\,E\,I}, \\[2mm]
h_{\psi x} &= 0, & h_{\psi y} &= \frac{l^2}{2\,E\,I}, & h_{\psi\psi} &= \frac{l}{E\,I}.
\end{aligned}
\right\}
\qquad (3.12/4\mathrm{a})
$$

Durch Umrechnung nach (3.12/3) folgt daraus als Schema der Kraft-Einflußzahlen c_{ik}

$$
\begin{bmatrix}
\dfrac{E\,F}{l} & 0 & 0 \\[3mm]
0 & \dfrac{12\,E\,I}{l^3} & -\dfrac{6\,E\,I}{l^2} \\[3mm]
0 & -\dfrac{6\,E\,I}{l^2} & \dfrac{4\,E\,I}{l}
\end{bmatrix}.
\qquad (3.12/4\mathrm{b})
$$

Beispiel 2. Wir suchen die Verschiebungs-Einflußzahlen einer krummen Stabfeder auf. Wir wählen dazu eine Feder, die an einem Ende eingespannt ist und ursprünglich Kreisbogenform mit einem Mittelpunktswinkel von $\pi/2$ hat (Abb. 3.12/4b).

Die notwendigen Beziehungen liefert die elementare Festigkeitslehre für krumme, dünne Stäbe.

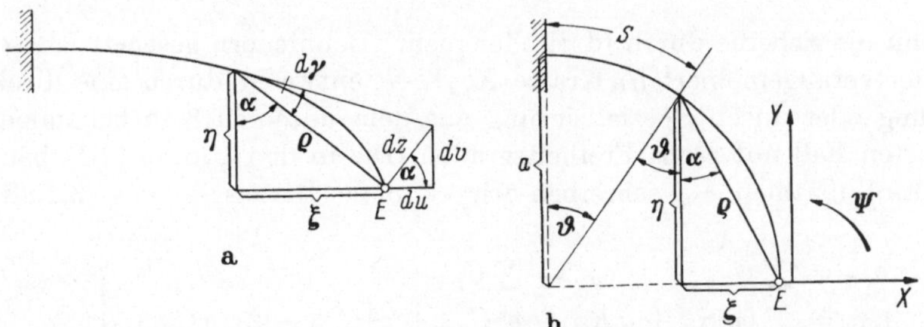

Abb. 3.12/5. Beziehungen an einer krummen Stabfeder; a) allgemein, b) Viertelkreisbogen

Für einen irgendwie gekrümmten Stab gilt, wenn $d\gamma$ den Verdrehwinkel, s die Bogenlänge, M das Biegemoment im Querschnitt bedeutet,

$$
\frac{d\gamma}{ds} = \frac{M}{E\,I}.
$$

Daher wird (Abb. 3.12/5a) wegen

$$
\xi = \varrho \sin\alpha, \qquad \eta = \varrho \cos\alpha
$$

142   3 Freie ungedämpfte Schwingungen von mehr als zwei Freiheitsgraden

die Auslenkung des Endpunktes E des Stabes in Richtung der x-Achse zu

$$u = \int\limits_{(0)}^{(l)} \cos\alpha\,dz = \int\limits_{(0)}^{(l)} \varrho\cos\alpha\,d\gamma = \int\limits_{(0)}^{(l)} \eta\,d\gamma = \int\limits_0^l \frac{M}{EI}\,\eta\,ds, \qquad (3.12/5\,\mathrm{a})$$

die in Richtung der y-Achse

$$v = \int\limits_{(0)}^{(l)} \sin\alpha\,dz = \int\limits_{(0)}^{(l)} \varrho\sin\alpha\,d\gamma = \int\limits_{(0)}^{(l)} \xi\,d\gamma = \int\limits_0^l \frac{M}{EI}\,\xi\,ds, \qquad (3.12/5\,\mathrm{b})$$

die Drehung

$$\psi = \int\limits_{(0)}^{(l)} d\gamma = \int\limits_0^l \frac{M}{EI}\,ds. \qquad (3.12/5\,\mathrm{c})$$

Für den Viertelkreisbogen der Abb. 3.12/4b, der konstanten Querschnitt habe, werden daraus mit (Abb. 3.12/5b)

$$s = a\,\vartheta, \qquad \xi = a\,(1 - \sin\vartheta), \qquad \eta = a\cos\vartheta,$$

die Gleichungen

$$u = \frac{a^2}{EI} \int\limits_0^{\pi/2} M\cos\vartheta\,d\vartheta, \quad v = \frac{a^2}{EI} \int\limits_0^{\pi/2} M\,(1 - \sin\vartheta)\,d\vartheta, \quad \psi = \frac{a}{EI} \int\limits_0^{\pi/2} M\,d\vartheta. \qquad (3.12/6)$$

Setzt man für M die infolge der Lasten X, Y, Ψ sich ergebenden Ausdrücke ein,

$$M = X\eta + Y\xi + \Psi = Xa\cos\vartheta + Ya\,(1 - \sin\vartheta) + \Psi,$$

so erhält man nach Ausführung der Integrationen die Einflußzahlen h_{ik}, die in dem folgenden Schema zusammengestellt sind:

$$\begin{bmatrix} \dfrac{a^3}{EI}\dfrac{\pi}{4} & \dfrac{a^3}{EI}\dfrac{1}{2} & \dfrac{a^2}{EI}\,1 \\[2mm] \dfrac{a^3}{EI}\dfrac{1}{2} & \dfrac{a^3}{EI}\left(\dfrac{3\pi}{4} - 2\right) & \dfrac{a^2}{EI}\left(\dfrac{\pi}{2} - 1\right) \\[2mm] \dfrac{a^2}{EI}\,1 & \dfrac{a^2}{EI}\left(\dfrac{\pi}{2} - 1\right) & \dfrac{a}{EI}\dfrac{\pi}{2} \end{bmatrix}. \qquad (3.12/7)$$

Wenn die Scheibe durch (drei oder mehr) Dehnfedern gestützt ist, so findet man die (verallgemeinerten) Kräfte X, Y, Ψ entweder durch eine direkte Betrachtung oder durch Spezialisierung aus dem unten in 3.15 behandelten allgemeinsten Fall mit sechs Freiheitsgraden. Die in den Gln. (3.12/1) benötigten Kraft-Einflußzahlen c_{ik} schreiben wir — ohne Beweis — aus (3.15/3a) hier ab:

$$\left.\begin{aligned} c_{xx} &= \sum C_{xx}, & c_{yy} &= \sum C_{yy}, \\ c_{\psi\psi} &= \sum (p\,K_x + q\,K_y + p^2\,C_{yy} + q^2\,C_{xx} - 2\,p\,q\,C_{xy}), \\ c_{xy} &= \sum C_{xy}, & c_{x\psi} &= \sum (p\,C_{xy} - q\,C_{xx}), \\ c_{y\psi} &= \sum (p\,C_{yy} - q\,C_{xy}). \end{aligned}\right\} \qquad (3.12/8)$$

Dabei haben wir die in Gl. (2.63/3) schon eingeführten c_{ik}, die „Resultierenden" der an einem Angriffspunkt wirkenden Einzelfedern c_i, hier mit C_{ik} bezeichnet[1], um die c_{ik} im Sinne von Gl. (3.12/1) benutzen zu können. Das Summenzeichen

---

[1] Eine Verwechslung mit den Unterdeterminanten von (3.12/3) ist nicht zu befürchten.

bezieht sich *jetzt* auf die Nummern der Federangriffspunkte, deren Koordinaten in bezug auf den Schwerpunkt p, q und g heißen ($g = 0$ bei der Scheibe). Die Komponenten der Federkräfte im Gleichgewichtszustand K_x und K_y tragen zum Momentengleichgewicht bei, weil sich ihre Angriffsstellen bei einer Drehung (hier ψ) verschieben.

Hat der Körper Stabform, so fallen in (3.12/8) die den Faktor q enthaltenden Glieder weg.

γ) **Kinetischer Teil: Bewegungsgleichungen.** Die Bewegungsgleichungen der Scheibe erhält man, indem man in (3.12/1) oder (3.12/2) die (verallgemeinerten) Kräfte X, Y, Ψ durch die entsprechenden „Trägheitskräfte" $- m\,\ddot{u}_0$, $- m\,\ddot{v}_0$, $- m\,k^2\,\ddot{\psi}$ ersetzt. So wird aus (3.12/1)

$$\left.\begin{aligned} m\,\ddot{u}_0 \ + c_{xx}\,u_0 + c_{xy}\,v_0 + c_{x\psi}\,\psi &= 0, \\ m\,\ddot{v}_0 \ + c_{yx}\,u_0 + c_{yy}\,v_0 + c_{y\psi}\,\psi &= 0, \\ m\,k^2\,\ddot{\psi} + c_{\psi x}\,u_0 + c_{\psi y}\,v_0 + c_{\psi\psi}\,\psi &= 0. \end{aligned}\right\} \qquad (3.12/9)$$

Diese Gleichungen stimmen vollkommen überein mit (3.11/3b), wenn wir dort die Veränderlichen nach folgender Tabelle austauschen

u_x	u_y	u_z	$\ddot{u}_x$	$\ddot{u}_y$	$\ddot{u}_z$
u_0	v_0	ψ	$\ddot{u}_0$	$\ddot{v}_0$	$k^2\,\ddot{\psi}$

und in den Koeffizienten den Index z durch ψ ersetzen. Infolgedessen können wir alle Formeln von (3.11/4) bis (3.11/10) wörtlich übernehmen. Die Koeffizienten d_{ik} in Gl. (3.11/5) heißen jetzt

$$\left.\begin{aligned} \frac{c_{xx}}{m} &= d_{xx}, & \frac{c_{xy}}{m} = \frac{c_{yx}}{m} &= d_{xy}, & \frac{c_{yy}}{m} &= d_{yy}, \\[1ex] \frac{c_{x\psi}}{m} &= d_{x\psi}, & \frac{c_{y\psi}}{m} &= d_{y\psi}, & \frac{c_{\psi x}}{m\,k^2} &= d_{\psi x}, \\[1ex] \frac{c_{\psi y}}{m\,k^2} &= d_{\psi y}, & \frac{c_{\psi\psi}}{m\,k^2} &= d_{\psi\psi}. \end{aligned}\right\} \qquad (3.12/10)$$

Die Ausschlagverhältnisse

$$\varkappa_{1N} = \left(\frac{u_0}{\psi}\right)_N = \left(\frac{A_u}{A_\psi}\right)_N \quad \text{und} \quad \varkappa_{2N} = \left(\frac{v_0}{\psi}\right)_N = \left(\frac{A_v}{A_\psi}\right)_N \quad \text{mit} \quad N = I, II, III$$

$$(3.12/11)$$

haben hier alle die Dimension einer Länge.

Die Bewegung der Scheibe setzt sich aus drei Hauptschwingungen zusammen. Die Hauptschwingung mit der Frequenz ω_N wird beschrieben durch die Gleichungen [vgl. (3.11/10)]

$$\left.\begin{aligned} u_0 &= \varkappa_{1N}\,C_N \cos(\omega_N t + \gamma_N), \\ v_0 &= \varkappa_{2N}\,C_N \cos(\omega_N t + \gamma_N), \\ \psi &= \qquad C_N \cos(\omega_N t + \gamma_N). \end{aligned}\right\} \quad (3.12/12)$$

Die Verschiebungen u_1, v_1 eines beliebigen Punktes $P(p, q)$ der Scheibe lauten für kleine Winkel ψ (Abb. 3.12/6)

$$u_1 = u_0 - q\,\psi, \quad v_1 = v_0 + p\,\psi. \qquad (3.12/13)$$

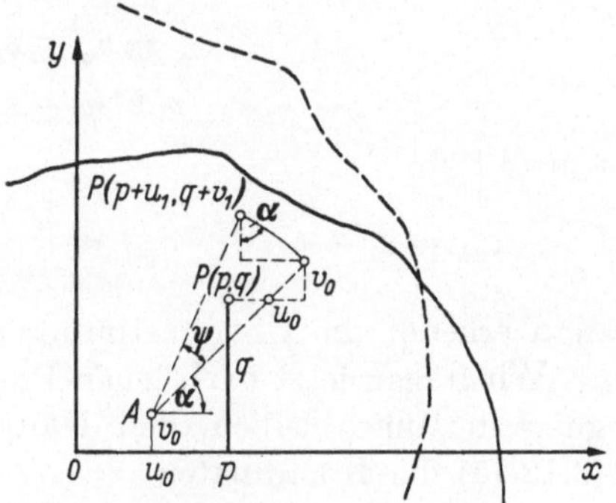

Abb. 3.12/6
Verschiebungen u_1, v_1 eines Punktes $P(p, q)$

Setzt man hier (3.12/11) ein, so folgt

$$u_1 = (\varkappa_{1N} - q)\, C_N \cos(\omega_N t + \gamma_N), \left.\right\}$$
$$v_1 = (\varkappa_{2N} + p)\, C_N \cos(\omega_N t + \gamma_N), \left.\right\} \qquad (3.12/14)$$

und man erkennt, daß es genau einen Punkt gibt, der bei der Bewegung in Ruhe bleibt. Dieser Punkt hat die Koordinaten

$$p_N = -\varkappa_{2N}, \qquad q_N = +\varkappa_{1N}. \qquad (3.12/15)$$

Eine Hauptschwingung ist also eine reine Drehschwingung um einen festen Punkt, den „Hauptdrehpunkt" (der natürlich auch außerhalb der Scheibe liegen kann). Die allgemeine Bewegung der elastisch gebundenen Scheibe ist eine Überlagerung von drei solchen Drehschwingungen.

Wenn man die ω_N^2 aus (3.11/7) mit (3.12/10) bestimmt und in die $\varkappa_{1N}$ und $\varkappa_{2N}$ (3.12/11) einsetzt, so findet man, daß diese (und damit die Lage der Hauptdrehpunkte) von den Federzahlen c_{ik} und vom Trägheitsarm k, dagegen nicht von der Masse m abhängen.

Außer den drei Hauptdrehpunkten gibt es noch einen ausgezeichneten Punkt der ebenen Scheibe, den „Mittelpunkt der Federkräfte" M. In der Statik heißt er „elastischer Schwerpunkt"; er hat die Eigenschaft, daß bei einer Parallelverschiebung der Scheibe die Resultierende der Federkräfte durch ihn geht und daß bei einer Drehung der Scheibe um diesen Punkt die Federkräfte ein Kräftepaar bilden. Ohne Beweis geben wir seine Koordinaten an:

$$p_M = \frac{c_{xx}\, c_{y\psi} - c_{xy}\, c_{x\psi}}{c_{xx}\, c_{yy} - c_{xy}^2}, \qquad q_M = \frac{c_{xy}\, c_{y\psi} - c_{yy}\, c_{x\psi}}{c_{xx}\, c_{yy} - c_{xy}^2}. \qquad (3.12/16)$$

δ) **Schwingungen eines Stabes von zwei Freiheitsgraden.** Wir spezialisieren die Gleichungen noch für den schon früher (Abb. 2.11/3) behandelten Fall, daß der Stab nur zwei Freiheitsgrade hat. Abweichend von der früheren Bezeichnung benutzen wir nun die in diesem Abschnitt verwendete, nennen also die Schwerpunktsverschiebung in lotrechter Richtung v_0, den Drehwinkel ψ. Sinngemäß wird dann

$$p_1 = -l_1, \qquad p_2 = l_2.$$

Aus (3.12/9) kommt somit

$$m\,\ddot{v}_0 + c_{yy}\, v_0 + c_{y\psi}\, \psi = 0, \left.\right\}$$
$$m\,k^2\,\ddot{\psi} + c_{y\psi}\, v_0 + c_{\psi\psi}\, \psi = 0, \left.\right\} \qquad (3.12/17\,\mathrm{a})$$

aus (3.12/8)

$$c_{yy} = c_1 + c_2, \qquad c_{\psi\psi} = l_1^2\, c_1 + l_2^2\, c_2, \qquad c_{y\psi} = l_2\, c_2 - l_1\, c_1. \qquad (3.12/17\,\mathrm{b})$$

Man erkennt die Übereinstimmung mit (2.11/13a).

Wir fragen jetzt nach jenen Punkten des Stabes, die bei einer Hauptschwingung in Ruhe bleiben, den Hauptdrehpunkten. Diese Punkte haben gemäß (3.12/15) die Koordinaten

$$p_{I,\,II} = -\left(\frac{v_0}{\psi}\right)_{I,\,II} = -(\varkappa)_{I,\,II}. \qquad (3.12/18)$$

Schreibt man die Differentialgleichungen (3.12/17a) unter Benutzung der Koeffizienten d_{ik} (3.12/10), so benötigt man

$$\left.\begin{aligned}
d_{yy} &= \frac{c_{yy}}{m} = \frac{c_1 + c_2}{m}, & d_{y\psi} &= \frac{c_{y\psi}}{m} = \frac{l_2 c_2 - l_1 c_1}{m}, \\
d_{\psi y} &= \frac{c_{y\psi}}{m k^2} = \frac{l_2 c_2 - l_1 c_1}{m k^2}, & d_{\psi\psi} &= \frac{c_{\psi\psi}}{m k^2} = \frac{l_1^2 c_1 + l_2^2 c_2}{m k^2}.
\end{aligned}\right\} \qquad (3.12/19)$$

Die Ausschlagverhältnisse $\varkappa_{I,II}$ und damit wegen (3.12/18) die Abstände $p_{I,II}$ ergeben sich aus der quadratischen Gl. (2.13/15), wobei x durch y und y durch ψ zu ersetzen ist, mit den Werten (3.12/19), ohne daß die Hauptschwingzahlen $\omega_{I,II}$ bekannt zu sein brauchen. Die quadratische Gleichung lautet

$$\varkappa^2 + \varkappa \, \frac{c_1(l_1^2 - k^2) + c_2(l_2^2 - k^2)}{c_2 l_2 - c_1 l_1} - k^2 = 0. \qquad (3.12/20)$$

Aus (3.12/18) und (3.12/20) folgt übrigens die Beziehung

$$p_I \, p_{II} = -k^2. \qquad (3.12/21)$$

Dieses Ergebnis führt zurück auf die in 2.11 [s. Gl. (2.11/14b)] auf andere Weise erschlossenen Tatsachen.

In vielen Aufsätzen der technischen Literatur dient Gl. (3.12/21) als Grundlage für graphische Verfahren; insbesondere mit Hilfe des Höhensatzes wird (3.12/21) oft verwertet.

3.13 Räumliche Schwingungen mit vier Graden der Freiheit. Den nächsten Sonderfall eines starren Körpers, den wir behandeln wollen, zeigt Abb. 3.13/1:

Ein starrer Körper (Stab, $k_x \ll k_y = k_z$) sei so gefesselt, daß sein Schwerpunkt S sich in einer Ebene (y, z) bewegt, die senkrecht liegt zur (ursprünglichen) Richtung der Stabachse; die zugehörigen Verschiebungs-Koordinaten seien v_0 und w_0. Außerdem soll sich der Stab sowohl um die y-Achse wie die z-Achse drehen können; die zugehörigen Drehkoordinaten seien χ und ψ. Eine Verschiebung in x-Richtung sei durch die Fesselung verhindert, eine Drehung um die x-Achse ist unerheblich, da der Körper als Stab

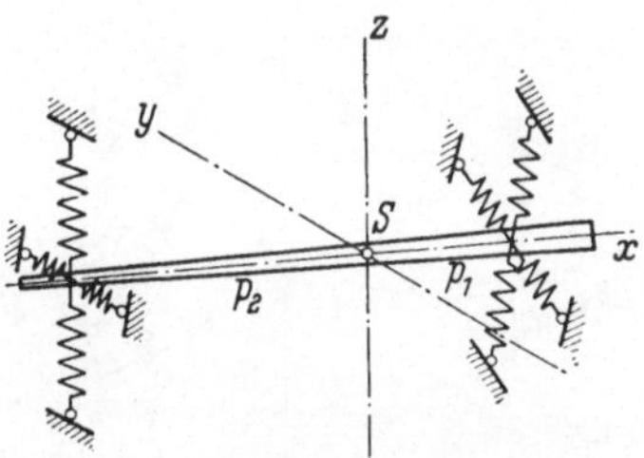

Abb. 3.13/1. Starrer Körper (Stab) von vier Freiheitsgraden

einen sehr kleinen Trägheitsradius k_x hat. Das Gebilde weist demgemäß vier Grade der Freiheit auf.

Bei kleinen Ausschlägen bewegen sich die Federangriffspunkte in quer zur Stabachse liegenden Ebenen. Zu jeder der Federstützen gehören, wie in 2.62 gezeigt worden ist, zwei Federhauptrichtungen, die senkrecht zur Stabachse stehen. Sind nun die Hauptrichtungen der einen Federstütze parallel zu denen der anderen, so gelten für die Bewegungen in den beiden Ebenen, die die Federhauptrichtungen und die Stabachse enthalten, die Ergebnisse von 3.12δ. In diesem Sonderfall zerfällt die räumliche Bewegung mit ihren vier Freiheitsgraden in zwei ebene Bewegungen mit je zwei Freiheitsgraden. Die Hauptschwingungen sind dann Drehschwingungen um bestimmte Punkte der Stabachse. Die Drehpunkte für Bewegungen in der einen Ebene brauchen nicht

10

dieselben zu sein wie die in der anderen. Die allgemeine Bewegung ist eine Überlagerung dieser vier Hauptschwingungen.

Sind jedoch die Hauptachsen der beiden Federstützen um einen Winkel gegeneinander gedreht (wie Abb. 3.13/1 anzudeuten versucht), so liegen die vier Hauptschwingungen nicht in zwei zueinander orthogonalen Ebenen. Allerdings gibt es auch dann noch Sonderfälle, in denen die Hauptschwingungen ebene Bewegungen sind. Dies kann man so erkennen: Die Federangriffspunkte mögen vom Stabschwerpunkt die Abstände $p_1 > 0$ und $p_2 < 0$ haben, und es möge die Beziehung

$$p_1 p_2 = -k^2 \tag{3.13/1}$$

gelten [wo k den Trägheitsarm des Stabes für eine (jede) zur Stabachse senkrechte Schwerlinie bedeutet]. Unter diesen Voraussetzungen kann der starre Körper (Stab) dynamisch gleichwertig ersetzt werden durch zwei Massen in den Federangriffspunkten, die durch einen masselosen Stab verbunden sind (Abb. 3.13/2). Die beiden Ersatzmassen haben die Größe

$$m_1 = m \, \frac{-p_2}{p_1 - p_2} \quad \text{und} \quad m_2 = m \, \frac{p_1}{p_1 - p_2} . \tag{3.13/2}$$

Ihre Summe ist gleich der Masse m des Stabes, das Trägheitsmoment der beiden Ersatzmassen bezüglich irgendeiner Achse ist gleich dem Trägheitsmoment des Stabes bezüglich derselben Achse. Jede der Ersatzmassen ist nun ein elastisch abgestützter Punktkörper, der sich nur in einer Ebene bewegen kann. Nach 2.62 hat ein solches Gebilde von zwei Freiheitsgraden zwei Hauptschwingungen, die in zwei senkrecht zueinander stehenden Geraden ablaufen. Wenn die eine Ersatzmasse Schwingungen ausführt, kann die andere in Ruhe sein. Die vier Hauptschwingungen des Stabes sind also Drehschwingungen um vier Achsen, von denen jeweils zwei die Hauptachsen der Federungssysteme sind. Die einzelnen Hauptschwingungen sind also ebene Bewegungen, aber jede verläuft in einer anderen Ebene.

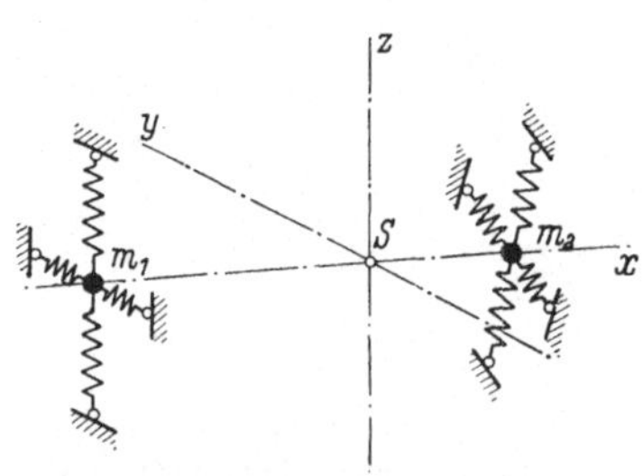
Abb. 3.13/2. Ersatzmassen m_1 und m_2

Im allgemeinen sind die Hauptschwingungen jedoch keine ebenen Bewegungen. Wir wollen diese Tatsache nicht allgemein beweisen, sondern begnügen uns mit einem Beispiel (das als „Gegenbeispiel" ja beweiskräftig ist).

Die Bewegungsgleichungen entnehmen wir dem Gleichungssatz (3.15/3), indem wir die erste und vierte Gleichung nicht beachten und in den übrigen $u_0 = 0$ und $\varphi = 0$ setzen. So kommen mit $k_2 = k_3 = k$ die vier Gleichungen

$$\left. \begin{aligned} m\,\ddot{v}_0 + c_{yy}\,v_0 + c_{yz}\,w_0 + c_{y\chi}\,\chi + c_{y\psi}\,\psi &= 0, \\ m\,\ddot{w}_0 + c_{zy}\,v_0 + c_{zz}\,w_0 + c_{z\chi}\,\chi + c_{z\psi}\,\psi &= 0, \\ m\,k^2\,\ddot{\chi} + c_{\chi y}\,v_0 + c_{\chi z}\,w_0 + c_{\chi\chi}\,\chi + c_{\chi\psi}\,\psi &= 0, \\ m\,k^2\,\ddot{\psi} + c_{\psi y}\,v_0 + c_{\psi z}\,w_0 + c_{\psi\chi}\,\chi + c_{\psi\psi}\,\psi &= 0 \end{aligned} \right\} \tag{3.13/3a}$$

mit den Koeffizienten [aus (3.15/3a) mit $q = g = 0$ beim Stab]

$$c_{yy} = \sum C_{yy}, \qquad c_{zy} = c_{yz} = \sum C_{zy}, \qquad c_{zz} = \sum C_{zz},$$
$$c_{\psi y} = c_{y\psi} = \sum p\, C_{yy}, \qquad c_{\chi z} = c_{z\chi} = -\sum p\, C_{zz},$$
$$c_{\psi z} = c_{z\psi} = -c_{\chi y} = -c_{y\chi} = \sum p\, C_{yz},$$
$$c_{\chi\chi} = \sum p^2 C_{zz}, \qquad c_{\psi\chi} = c_{\chi\psi} = -\sum p^2 C_{yz}, \qquad c_{\psi\psi} = \sum p^2 C_{yy}$$

$$(3.13/3\,\mathrm{b})$$

zustande.

Die Zahlenwerte, die wir für die beiden Federsätze des Beispieles benutzen, gehen aus der folgenden Tabelle hervor:

Diese Zahlenwerte gehören zu einem Federsystem mit den Hauptfederzahlen $10\,c$ und c, dessen Hauptachsen mit der y-Achse im Punkte 1 die Winkel $+10°$ und $-80°$, im Punkte 2 die Winkel $+80°$

Tabelle 3.13/1

Größe	Wert an der Stelle 1	Wert an der Stelle 2
p	$+k$	$-2k$
C_{yy}	$9{,}7286\,c$	$1{,}2714\,c$
C_{zz}	$1{,}2714\,c$	$9{,}7286\,c$
C_{yz}	$1{,}5398\,c$	$1{,}5398\,c$

und $-10°$ bilden. Mit den angegebenen Zahlenwerten erhält man nach längerer Rechnung, die wir hier unterdrücken, und unter Benutzung der Abkürzungen

$$\omega_1^2 = \frac{c}{m}, \qquad \eta^2 = \frac{\omega^2}{\omega_1^2}$$

als Frequenzengleichung

$$(\eta^2)^4 - 77(\eta^2)^3 + 1470{,}5(\eta^2)^2 - 6928{,}9(\eta^2) + 8095{,}2 = 0. \qquad (3.13/4)$$

Deren Wurzeln sind

$$\eta_I^2 = 1{,}783, \qquad \eta_{II}^2 = 4{,}456, \qquad \eta_{III}^2 = 20{,}185, \qquad \eta_{IV}^2 = 50{,}548. \qquad (3.13/5\,\mathrm{a})$$

Die zur Grundschwingung I gehörenden Ausschlagverhältnisse lauten

$$(v_0 : w_0 : \chi : \psi)_I = 96{,}57\,k : (-430{,}8\,k) : 203{,}3 : 15{,}96. \qquad (3.13/5\,\mathrm{b})$$

Aus den Verschiebungen v_0 und w_0 des Stabschwerpunktes werden die Verschiebungen eines anderen Punktes gefunden zu

$$v = v_0 + p\,\psi, \qquad w = w_0 - p\,\chi. \qquad (3.13/6)$$

Aus den Gln. (3.13/6) und (3.13/5b) findet man, daß

$$v = 0 \ \text{ wird für } \ p = \frac{-v_0}{\psi} = \frac{-96{,}57\,k}{15{,}96} = -6{,}05\,k,$$
$$w = 0 \ \text{ wird für } \ p = \frac{w_0}{\chi} = \frac{-430{,}8\,k}{203{,}3} = -2{,}118\,k.$$

$$(3.13/7)$$

Da sich in (3.13/7) für p zwei verschiedene Werte ergeben, ist die erste Hauptschwingung also keine einfache Drehung um einen festen Punkt, sondern eine Schraubenbewegung um eine Achse, die mit der Stabachse einen rechten Winkel bildet. Diese Bewegung soll jetzt näher untersucht werden.

In der Achse der Schraubungsbewegung haben Verschiebungsvektor und Drehungsvektor die gleiche Richtung. Also ist, wenn die auf die Schraubungsachse bezüglichen Werte mit dem Zeiger A versehen werden,

$$\frac{\chi}{\psi} = \frac{v_A}{w_A} = \frac{v_0 + p_A\,\psi}{w_0 - p_A\,\chi}. \qquad (3.13/8)$$

Hieraus folgt für den Abstand der Schraubungsachse vom Stabschwerpunkt bei der Hauptschwingung I

$$(p_A)_I = \frac{w_0\,\chi - v_0\,\psi}{\chi^2 + \psi^2} = -2{,}15\,k.\tag{3.13/9}$$

Bezeichnet man den Verschiebungsvektor in der Schraubungsachse mit $\bar{s}$, den Drehvektor mit $\bar{\sigma}$, also

$$\bar{s} = \bar{v}_A + \bar{w}_A, \qquad \bar{\sigma}_A = \bar{\chi} + \bar{\psi},\tag{3.13/10}$$

so findet man

$$\left(\frac{s}{\sigma}\right)_I = \frac{v_A}{\chi} = \frac{w_A}{\psi} = 0{,}306\,k.\tag{3.13/11}$$

Der Winkel α_I, unter dem die Schraubungsachse die y-Achse kreuzt, ergibt sich aus

$$\tan\alpha_I = \left(\frac{\psi}{\chi}\right)_I = 0{,}0785\tag{3.13/12a}$$

zu

$$\alpha_I = 4°\,30'.\tag{3.13/12b}$$

Für die übrigen Hauptschwingungen werden die kennzeichnenden Werte der Schraubungsbewegung in gleicher Weise gefunden. Die Tabelle zeigt die Ergebnisse.

Tabelle 3.13/2

Hauptschwingung	p_A	s/σ	α
I	$-2{,}15\ k$	$+0{,}306\,k$	$4°\,30'$
II	$+1{,}012\,k$	$-0{,}390\,k$	$72°$
III	$-0{,}896\,k$	$+0{,}205\,k$	$94°$
IV	$+0{,}444\,k$	$-0{,}099\,k$	$166°$

Die Abb. 3.13/3 soll diese Ergebnisse veranschaulichen.

Wir fanden also bestätigt, daß die vier Hauptschwingungen im allgemeinen Schraubungsbewegungen sind, deren Schraubungsachsen die Stabachse rechtwinklig schneiden, aber nicht durch den Schwerpunkt gehen.

Jede der Schraubungsschwingungen ist eine Überlagerung einer Verschiebung längs der Schraubungsachse und einer Drehung um diese Achse. Diese beiden Schwingungen haben gleiche Schwingungsdauer und sind in Phase (oder Gegenphase). Die einzelnen Punkte des Stabes bewegen sich daher auf Schraubenlinien, die alle die gleiche Ganghöhe haben und sich um dieselbe Achse winden.

Abb. 3.13/3. Schraubungsachsen der Hauptschwingungen

Wir wollen nun noch einen Blick auf die *Kräfte* werfen, die mit diesen Bewegungen einhergehen. Die Gruppe von Federkräften läßt sich weder zu einer Einzelkraft noch zu einem Kräftepaar vereinigen, sie führt vielmehr auf eine Kraftschraube oder, damit gleichwertig, auf ein Kraftkreuz. Die Achse der Bewegungsschraube fällt aber nicht mit der Achse der Kraftschraube zusammen. Die gegenseitige Lage dieser Achsen kann man aus der Bewegung finden durch Aufsuchen der Trägheitskräfte, da diese mit den Federkräften eine Gleichgewichtsgruppe bilden müssen. (Wegen der Kleinheit der Schwingungsausschläge dürfen dabei die von den Normalbeschleunigungen herrührenden Trägheitswiderstände als von höherer Ordnung klein außer acht bleiben.)

Für die Verschiebebewegung längs der Schraubungsachse ist die Trägheitskraft eine Einzelkraft $T = -m\ddot{s}$, die durch den Schwerpunkt des Stabes geht und parallel zur Schraubungsachse gerichtet ist. Die Trägheitskräfte für die Drehbewegung lassen sich zu einer Einzelkraft $K = -m\,e\,\ddot{\sigma}$ im Abstand r vom Schwerpunkt zusammenfassen, derart, daß $e\,r = k^2$ gilt; dabei bedeutet e den Abstand des Drehpunktes vom Schwerpunkt, r den Abstand der Einzelkraft vom Schwerpunkt. Die Kraft K liegt in der Ebene der Drehungsschwingungen und steht rechtwinklig zur Stabachse. Die Trägheitskraft T der Verschiebungsbewegung kann in zwei parallele Komponenten zerlegt werden, deren eine in der Schraubungsachse der Bewegung liegt, deren andere die Trägheitskraft K schneidet. Diese Komponenten haben die Größen

$$A = m\,\ddot{s}\,\frac{r}{e+r}\,, \qquad K' = m\,\ddot{s}\,\frac{e}{e+r}\,. \tag{3.13/13}$$

Die Trägheitskräfte K und K' kann man zusammenfassen zu einer Resultierenden vom Betrag

$$B = m\,\frac{e}{e+r}\,\sqrt{\ddot{s}^2 + (\ddot{\sigma}\,(e+r))^2}\,, \tag{3.13/14a}$$

die die Schraubungsachse unter dem Winkel β kreuzt, für den gilt

$$\tan\beta = \frac{\ddot{\sigma}\,(e+r)}{\ddot{s}}\,. \tag{3.13/14b}$$

Die Bewegungsausschläge haben in der Schraubungsachse die Größe s, im Angriffspunkt der Kraft B auf der Stabachse die Größe

$$\bar{b} = \bar{s} + (e+r)\,\bar{\sigma}\,,$$

also den Betrag

$$b = \sqrt{s^2 + [\sigma(e+r)]^2}\,. \tag{3.13/14c}$$

Für die Schraubungsschwingungen mit der Kreisfrequenz ω haben die Beschleunigungen die Amplituden

$$\ddot{s} = -s\,\omega^2 \quad \text{und} \quad \ddot{\sigma} = -\sigma\,\omega^2\,.$$

Es verhalten sich damit die resultierenden Federkräfte A und B, die den Trägheitskräften gleich, aber entgegengerichtet sind, wie die Ausschlagamplituden s und b ihrer Angriffspunkte am Stab:

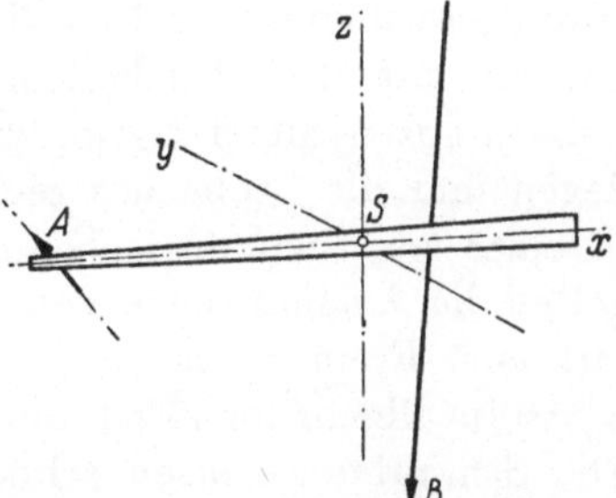

Abb. 3.13/4
Kräfte A und B des Federkraftkreuzes

$$A : B = s : b \quad \text{oder} \quad \frac{A}{s} = \frac{B}{b}\,. \tag{3.13/15a}$$

Man kann also (mit Proportionalitätskonstanten C_N) schreiben

$$\left.\begin{array}{ll} A_I = -C_I\,s_I\,, & A_{II} = -C_{II}\,s_{II}\,,\dots,\\[4pt] B_I = -C_I\,b_I\,, & B_{II} = -C_{II}\,b_{II}\,,\dots. \end{array}\right\} \tag{3.13/15b}$$

Die Angriffspunkte der beiden Kräfte A und B des Federkraftkreuzes (Abb. 3.13/4) liegen (wie oben schon für die Trägheitskräfte gezeigt wurde) wie Drehpunkt und Stoßmittelpunkt zueinander ($e\,r = k^2$). Die beiden resultierenden Federkräfte fallen in die Richtungen der Schwingwege ihrer Angriffspunkte und sind diesen proportional. Diese beiden Angriffsgeraden bilden also das Achsenpaar einer Hauptschwingung.

3.14 Räumliche Schwingungen mit fünf Graden der Freiheit. Wir gehen nun zu Schwingungen von fünf Freiheitsgraden über, indem wir dem Gebilde der Abb. 3.13/1 auch eine Verschiebungsmöglichkeit in x-Richtung einräumen.

Die Verschiebung des Schwerpunktes S hat jetzt drei Komponenten u_0, v_0, w_0; die Drehungen χ und ψ werden beibehalten, eine Drehung um die x-Achse ist weiterhin unerheblich, da das Gebilde immer noch ein *Stab* sein soll. Die Bewegungsgleichungen gehen in diesem Fall aus den Gln. (3.15/3) hervor, indem die vierte Gleichung unterdrückt wird und in allen übrigen Gleichungen die Glieder, die φ enthalten, gestrichen werden. Das System von fünf Freiheitsgraden hat fünf Hauptschwingungen. Wir bemühen uns um deren Bestimmung.

Zunächst behandeln wir wieder Sonderfälle:

α) Wenn die Rückstellkräfte bei einer Verschiebung des Körpers in der x-Richtung (Stabachse) eine Resultierende haben, die in diese selbe Richtung fällt, so ist die Bewegung in x-Richtung nicht mit den übrigen Bewegungen gekoppelt. Die eine Hauptschwingung ist also einfach eine Schwingung in Richtung der Stabachse; die übrigen vier Hauptschwingungen können dann unabhängig von ihr gefunden werden; für sie gelten die Betrachtungen von 3.13.

β) In einem anderen wichtigen Sonderfall sind die Hauptschwingungen Bewegungen in zwei aufeinander senkrecht stehenden, die Stabachse enthaltenden Ebenen. Dieser Sonderfall liegt z. B. dann vor, wenn das Federsystem eine durch die Stabachse gehende Symmetrieebene hat. Wird der Stab in dieser Ebene beliebig verschoben, so liegen aus Symmetriegründen die Rückstellkräfte ebenfalls in der Symmetrieebene. Nach den Erörterungen in 3.12 sind die Hauptschwingungen Drehschwingungen um Achsen, die die Symmetrieebene in den Ecken eines Dreiecks rechtwinklig durchsetzen. Für diese drei Hauptschwingungen gelten die Ausführungen in 3.12γ über die ebenen Schwingungen mit drei Freiheitsgraden. Die beiden anderen Hauptschwingungen müssen aus Symmetriegründen um Achsen erfolgen, die in der Symmetrieebene liegen und die Stabachse rechtwinklig schneiden. Es sind also Schwingungen in einer zur Symmetrieebene rechtwinkligen Ebene. Für diese Schwingungen gelten die Ausführungen von 3.12δ über die ebenen Schwingungen eines Stabes mit zwei Freiheitsgraden.

γ) Im allgemeinen Fall sind die Hauptschwingungen Schraubungsbewegungen. Die Schraubungsachsen schneiden aber nicht wie bei der in 3.13 behandelten Bewegung die Stabachse, sondern kreuzen sie in einem gewissen Abstand, und zwar rechtwinklig.

Daß der Kreuzungswinkel ein rechter ist, erkennt man aus der folgenden Überlegung: Die Schraubungsbewegung besteht aus einer Drehung um die Schraubungsachse und einer Verschiebung längs dieser. Zerlegt man die Bewegungen in ihre Komponenten nach den Koordinatenrichtungen, so würde bei schiefwinkligem Kreuzen eine Komponente der Drehbewegung in die Stabachse fallen. Eine Drehung um die Stabachse ist aber, wie oben ausgeführt, von der Betrachtung ausgeschlossen, da sie nicht dem Sinne des Systems entspricht. Es bleiben für die Drehbewegung somit nur die beiden quer zur Stabachse liegenden Komponenten. Die Verschiebungen längs der Schraubungsachse haben daher auch nur quer zur Stabachse liegende Komponenten. Da sich aber der Schwerpunkt auch in der Stablängsrichtung bewegen kann, so muß eine solche Verschiebung durch eine Drehung des Stabes um die Schraubungsachse bewirkt werden, und das ist möglich, wenn die Schraubungsachse einen endlichen Abstand von der Stabachse hat. Aus dieser Überlegung folgt also, daß die

Schraubungsachse einer Hauptschwingungsbewegung die Stabachse rechtwinklig kreuzt, sie aber nicht schneidet.

Die zu den Hauptschwingungen gehörenden resultierenden Federkräfte findet man auch hier am einfachsten durch Aufsuchen der Trägheitskräfte, die mit den Federkräften zusammen ein Gleichgewichtssystem bilden.

Die Trägheitskraft bei Drehung des Stabes um die Schraubungsachse ist eine Einzelkraft, die die Schraubungsachse, wie schon früher gezeigt, im Abstande $r + e$ rechtwinklig kreuzt, wobei der Schwerpunkt des Stabes auf dem kürzesten Abstand liegt, und zwar in der Entfernung e von der Schraubungsachse. Auch hier gilt die Beziehung $e\,r = k^2$, wenn mit k der Trägheitsarm des Stabes bezeichnet wird. Die Trägheitskraft der Verschiebeschwingung längs der Schraubungsachse ist eine Einzelkraft im Schwerpunkt, die parallel zur Schraubungsachse gerichtet ist. Durch geeignetes Zusammenfassen erhält man in gleicher Weise, wie es in 3.13 beschrieben ist, zwei Kräfte, die in die gleichen Geraden wie die Verschiebungen des Stabes fallen (man muß sich hierfür allerdings den Stab bis zu den Angriffsgeraden der Kräfte, dem Hauptachsenpaar, verdickt denken). Auch gehört zu jedem Hauptachsenpaar ein Achsenverhältnis, welches gleich dem Sinus des Kreuzungswinkels der Achsen ist.

3.15 Räumliche Schwingungen mit sechs Graden der Freiheit. Ein Koordinatensystem für die Aufstellung der Bewegungsgleichungen des elastisch gestützten starren Körpers zeigt Abb. 3.15/1. Als Koordinaten dienen die Kompo-

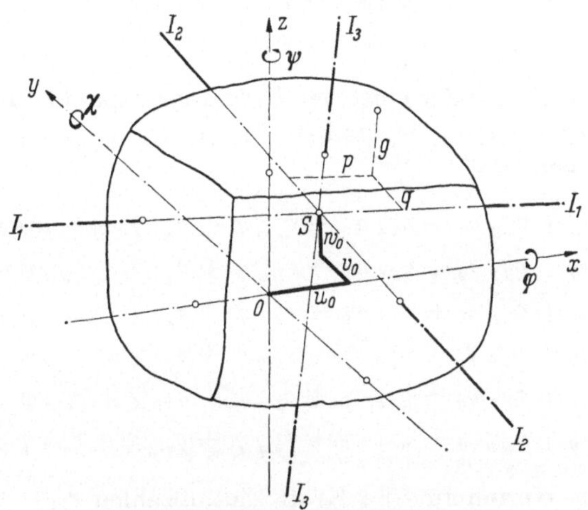

Abb. 3.15/1. Körper mit sechs Freiheitsgraden

nenten u_0, v_0, w_0 der Verschiebung des Schwerpunktes S in Richtung der Achsen x, y, z und die Drehungen φ, χ, ψ um diese Achsen. Die Hauptachsen des Körpers mit den Trägheitsmomenten

$$\Theta_1 = m\,k_1^2, \qquad \Theta_2 = m\,k_2^2, \qquad \Theta_3 = m\,k_3^2$$

fallen dabei in der Gleichgewichtslage mit den Koordinatenachsen zusammen.

Die Lage eines Körperpunktes gegen das körperfeste Hauptachsensystem wird durch die Koordinaten p, q, g bestimmt. Die c_{ik} („Resultierende" der an einem Angriffspunkt wirkenden Einzelfedern c_i) im Sinne von Gl. (2.63/3) werden jetzt mit C_{ik} bezeichnet; und das Summenzeichen bezieht sich von jetzt an auf die Nummern der Federangriffspunkte. Die Komponenten der Federkräfte im Gleichgewichtszustand, die bei einer Drehung zum Momentengleichgewicht beitragen, heißen K_x, K_y, K_z.

Für kleine Schwingungen des starren Körpers mit der Masse m erhält man die linearisierten Bewegungsgleichungen

$$
\left.
\begin{aligned}
& m\,\ddot{u}_0 + \sum C_{xx}\,u + \sum C_{xy}\,v + \sum C_{xz}\,w = 0, \\
& m\,\ddot{v}_0 + \sum C_{yx}\,u + \sum C_{yy}\,v + \sum C_{yz}\,w = 0, \\
& m\,\ddot{w}_0 + \sum C_{zx}\,u + \sum C_{zy}\,v + \sum C_{zz}\,w = 0, \\
& m\,k_1^2\,\ddot{\varphi} + \sum (q\,C_{zx} - g\,C_{yx})\,u + \sum (q\,C_{zy} - g\,C_{yy})\,v + \\
& \qquad\qquad + \sum (q\,C_{zz} - g\,C_{yz})\,w + \sum (q\,K_y + g\,K_z)\,\varphi = 0, \\
& m\,k_2^2\,\ddot{\chi} + \sum (g\,C_{xx} - p\,C_{zx})\,u + \sum (g\,C_{xy} - p\,C_{zy})\,v + \\
& \qquad\qquad + \sum (g\,C_{xz} - p\,C_{zz})\,w + \sum (g\,K_z + p\,K_x)\,\chi = 0, \\
& m\,k_3^2\,\ddot{\psi} + \sum (p\,C_{yx} - q\,C_{xx})\,u + \sum (p\,C_{yy} - q\,C_{xy})\,v + \\
& \qquad\qquad + \sum (p\,C_{yz} - q\,C_{xz})\,w + \sum (p\,K_x + q\,K_y)\,\psi = 0.
\end{aligned}
\right\} \quad (3.15/1)
$$

Ersetzt man hierin gemäß

$$
\left.
\begin{aligned}
u &= u_0 + g\,\chi - q\,\psi, \\
v &= v_0 + p\,\psi - g\,\varphi, \\
w &= w_0 + q\,\varphi - p\,\chi
\end{aligned}
\right\} \quad (3.15/2)
$$

die Verschiebungen u, v, w der einzelnen Federangriffspunkte durch die Schwerpunktsverschiebungen u_0, v_0, w_0 und die Körperdrehungen φ, χ, ψ, so findet man die Gleichungen

$$
\left.
\begin{aligned}
& m\,\ddot{u}_0 + c_{xx}\,u_0 + c_{xy}\,v_0 + c_{xz}\,w_0 + c_{x\varphi}\,\varphi + c_{x\chi}\,\chi + c_{x\psi}\,\psi = 0, \\
& m\,\ddot{v}_0 + c_{yx}\,u_0 + c_{yy}\,v_0 + c_{yz}\,w_0 + c_{y\varphi}\,\varphi + c_{y\chi}\,\chi + c_{y\psi}\,\psi = 0, \\
& m\,\ddot{w}_0 + c_{zx}\,u_0 + c_{zy}\,v_0 + c_{zz}\,w_0 + c_{z\varphi}\,\varphi + c_{z\chi}\,\chi + c_{z\psi}\,\psi = 0, \\
& m\,k_1^2\,\ddot{\varphi} + c_{\varphi x}\,u_0 + c_{\varphi y}\,v_0 + c_{\varphi z}\,w_0 + c_{\varphi\varphi}\,\varphi + c_{\varphi\chi}\,\chi + c_{\varphi\psi}\,\psi = 0, \\
& m\,k_2^2\,\ddot{\chi} + c_{\chi x}\,u_0 + c_{\chi y}\,v_0 + c_{\chi z}\,w_0 + c_{\chi\varphi}\,\varphi + c_{\chi\chi}\,\chi + c_{\chi\psi}\,\psi = 0, \\
& m\,k_3^2\,\ddot{\psi} + c_{\psi x}\,u_0 + c_{\psi y}\,v_0 + c_{\psi z}\,w_0 + c_{\psi\varphi}\,\varphi + c_{\psi\chi}\,\chi + c_{\psi\psi}\,\psi = 0
\end{aligned}
\right\} \quad (3.15/3)
$$

mit den folgenden Werten für die Kraft-Einflußzahlen c_{ik}

$$
\left.
\begin{aligned}
& c_{xx} = \sum C_{xx}; \qquad c_{yy} = \sum C_{yy}; \qquad c_{zz} = \sum C_{zz}; \\
& c_{xy} = \sum C_{xy}; \qquad c_{yz} = \sum C_{yz}; \qquad c_{zx} = \sum C_{zx}; \\
& c_{x\varphi} = \sum (q\,C_{xz} - g\,C_{xy}); \; c_{x\chi} = \sum (g\,C_{xx} - p\,C_{xz}); \; c_{x\psi} = \sum (p\,C_{xy} - q\,C_{xx}); \\
& c_{y\varphi} = \sum (q\,C_{yz} - g\,C_{yy}); \; c_{y\chi} = \sum (g\,C_{yx} - p\,C_{yz}); \; c_{y\psi} = \sum (p\,C_{yy} - q\,C_{yx}); \\
& c_{z\varphi} = \sum (q\,C_{zz} - g\,C_{zy}); \; c_{z\chi} = \sum (g\,C_{zx} - p\,C_{zz}); \; c_{z\psi} = \sum (p\,C_{zy} - q\,C_{zx}); \\
& c_{\varphi\varphi} = \sum (q\,K_y + g\,K_z + g^2\,C_{yy} - 2\,q\,g\,C_{yz} + q^2\,C_{zz}); \\
& c_{\chi\chi} = \sum (g\,K_z + p\,K_x + p^2\,C_{zz} - 2\,g\,p\,C_{zx} + g^2\,C_{xx}); \\
& c_{\psi\psi} = \sum (p\,K_x + q\,K_y + q^2\,C_{xx} - 2\,p\,q\,C_{xy} + p^2\,C_{yy}); \\
& c_{\varphi\chi} = \sum [g\,(p\,C_{yz} + q\,C_{zx} - g\,C_{xy}) - p\,q\,C_{zz}]; \\
& c_{\chi\psi} = \sum [p\,(q\,C_{zx} + g\,C_{xy} - p\,C_{yz}) - q\,g\,C_{xx}]; \\
& c_{\psi\varphi} = \sum [q\,(g\,C_{xy} + p\,C_{yz} - q\,C_{zx}) - g\,p\,C_{yy}].
\end{aligned}
\right\} \quad \substack{(3.15 \\ /3a)}
$$

In (3.15/3a) sind die Koeffizienten c_{ik} so zusammengestellt, wie sie für das Einsetzen von Zahlenwerten am bequemsten sind. Das Bildungsgesetz ist, insbesondere für $c_{\varphi\chi}$ usw. nur noch schwer zu erkennen. Wir geben es daher an, wobei wir uns der übersichtlichen Dyaden- oder Matrizenschreibweise bedienen (s. Fußn. 1 u. 2, S. 109). Die Koeffizienten $c_{xx}, \ldots, c_{zz}, c_{x\varphi}, \ldots, c_{z\psi}$ und $c_{\varphi\varphi}, \ldots, c_{\psi\psi}$ sind die Komponenten einer Dyade. Die Gl. (3.15/2) kann man in Vektorform

$$\mathfrak{u} = \mathfrak{u}_0 + \mathfrak{v} \times \mathfrak{r}$$

mit

$$\mathfrak{u} = \{u, v, w\}; \quad \mathfrak{u}_0 = \{u_0, v_0, w_0\}; \quad \mathfrak{v} = \{\varphi, \chi, \psi\}; \quad \mathfrak{r} = \{p, q, g\}$$

schreiben. Infolgedessen sind die Koeffizienten c_{ik} vektorielle Produkte aus den Vektoren $\mathfrak{r}$ und den Dyaden

$$\mathfrak{C} = \begin{bmatrix} C_{xx} & C_{xy} & C_{xz} \\ C_{yx} & C_{yy} & C_{yz} \\ C_{zx} & C_{zy} & C_{zz} \end{bmatrix}$$

für die einzelnen Federangriffspunkte (worüber dann summiert wird). Benutzt man nun statt des Vektors $\mathfrak{r}$ den zugehörigen Axiator [1] $\mathfrak{R}$ und seine Transponierte $\mathfrak{R}'$, nämlich

$$\mathfrak{R} = \begin{bmatrix} 0 & g & -q \\ -g & 0 & p \\ q & -p & 0 \end{bmatrix}, \quad \mathfrak{R}' = \begin{bmatrix} 0 & -g & q \\ g & 0 & -p \\ -q & p & 0 \end{bmatrix} = -\mathfrak{R},$$

so lassen sich die vektoriellen Produkte als (skalare) Dyadenprodukte schreiben,

$$\begin{bmatrix} c_{x\varphi} & c_{x\chi} & c_{x\psi} \\ c_{y\varphi} & c_{y\chi} & c_{y\psi} \\ c_{z\varphi} & c_{z\chi} & c_{z\psi} \end{bmatrix} = \mathfrak{R}' \cdot \mathfrak{C} \quad \text{und} \quad \begin{bmatrix} c_{\varphi\varphi} & c_{\varphi\chi} & c_{\varphi\psi} \\ c_{\chi\varphi} & c_{\chi\chi} & c_{\chi\psi} \\ c_{\psi\varphi} & c_{\psi\chi} & c_{\psi\psi} \end{bmatrix} = \mathfrak{R}' \cdot \mathfrak{C} \cdot \mathfrak{R},$$

wobei die Multiplikation nach der Matrizen-Multiplikationsregel Zeile $\times$ Spalte vorzunehmen ist; anschließend ist über die Federangriffspunkte zu summieren. In die Glieder $c_{\varphi\varphi}, c_{\chi\chi}$ und $c_{\psi\psi}$ sind noch die Anteile aus den Komponenten der Federkräfte im Gleichgewichtszustand K_x, K_y, K_z aus den Gln. (3.15/1) zu übernehmen.

Der Leser verifiziere danach einige der Formeln (3.15/3a).

Die Bewegungen des starren Körpers mit sechs Graden der Freiheit sind sehr verwickelt, wenn keinerlei Symmetrie herrscht oder keine Übereinstimmung von Hauptrichtungen des Trägheitstensors mit Hauptrichtungen des Federungstensors besteht. Wir werden über diesen ganz allgemeinen Fall nachher einige Aussagen machen. Sonderfälle mit weniger Graden der Freiheit sind früher schon behandelt worden (s. Abschn. 2.6 und 3.1).

Hier wenden wir uns zunächst einem häufig vorkommenden Sonderfall des sechsläufigen Schwingers zu, dem Fall nämlich, wo das Federungssystem symmetrisch ist zu einer Trägheitshauptebene des Körpers. Nehmen wir diese Symmetrieebene als x-y-Ebene, so zerfällt der Satz der sechs gekoppelten Gln. (3.15/3) in zwei Sätze von je drei Gleichungen in folgender Weise:

$$\left.\begin{aligned} m\,\ddot{u}_0 + c_{xx}\,u_0 + c_{xy}\,v_0 + c_{x\psi}\,\psi &= 0, \\ m\,\ddot{v}_0 + c_{yx}\,u_0 + c_{yy}\,v_0 + c_{y\psi}\,\psi &= 0, \\ m\,k_3^2\,\ddot{\psi} + c_{\psi x}\,u_0 + c_{\psi y}\,v_0 + c_{\psi\psi}\,\psi &= 0, \end{aligned}\right\} \qquad (3.15/4\,\text{a})$$

$$\left.\begin{aligned} m\,\ddot{w}_0 + c_{zz}\,w_0 + c_{z\varphi}\,\varphi + c_{z\chi}\,\chi &= 0, \\ m\,k_1^2\,\ddot{\varphi} + c_{\varphi z}\,w_0 + c_{\varphi\varphi}\,\varphi + c_{\varphi\chi}\,\chi &= 0, \\ m\,k_2^2\,\ddot{\chi} + c_{\chi z}\,w_0 + c_{\chi\varphi}\,\varphi + c_{\chi\chi}\,\chi &= 0. \end{aligned}\right\} \qquad (3.15/4\,\text{b})$$

---

[1] LAGALLY, M.: Vektorrechnung, S. 196. Leipzig: Akad. Verlag 1945.

Der erste Gleichungssatz (3.15/4a) beschreibt Bewegungen in der x-y-Ebene; es ist der in 3.12 behandelte Fall der ebenen Scheibe.

Der zweite Gleichungssatz (3.15/4b) beschreibt Bewegungen des Körpers, bei denen sich die Punkte der Symmetrieebene senkrecht zu dieser Ebene bewegen. Solche Bewegungen sind untersucht worden von B. v. SCHLIPPE[1].

In jener Arbeit wird gezeigt, daß die zu den Gln. (3.15/4b) gehörigen drei Hauptschwingungen Drehschwingungen sind, die um in der Symmetrieebene liegende Achsen verlaufen. Diese drei Achsen bilden ein Dreieck. Die zur Drehschwingung um eine Achse gehörige Federkraft geht durch die gegenüberliegende Ecke dieses Dreiecks. Der Schwerpunkt des Körpers ist aber nicht der Schnittpunkt der Höhen des Dreiecks. Die Ecken und gegenüberliegenden Seiten des Dreiecks sind vielmehr Antipol und Antipolare der Trägheitsellipse.

Über den allgemeinen Fall der Bewegungen des sechsläufigen Schwingers kann folgendes ausgesagt werden: Jede der Hauptschwingungen ist eine Schraubungsbewegung, deren Schraubungsachse nicht durch den Schwerpunkt geht. Die Federkräfte, die zu dieser Schwingung gehören, ergeben ein Kraftkreuz oder (damit gleichwertig) eine Kraftschraube.

Die Lage dieser Kraftschraube kann aus der Bewegung in folgender Weise ermittelt werden: Man kann jede der Schraubungsschwingungen als Überlagerung zweier Schwingungen ansehen — eine Drehschwingung um eine durch den Schwerpunkt gehende, zur Schraubungsachse parallele Achse und eine Verschiebungsschwingung, die der Schwerpunktsbewegung entspricht. Die Trägheitskräfte der Drehschwingung können zu einem Kräftepaar zusammengefaßt werden, dessen Achse im allgemeinen mit der Achse der Drehschwingungen einen endlichen Winkel bildet. Die Trägheitskräfte der Verschiebungsschwingung haben eine durch den Schwerpunkt gehende Resultierende. Die Gesamtheit der Trägheitskräfte, und daher auch die Federkräfte, bilden also eine Kraftschraube, deren Achse nicht mit der der Schraubungsschwingung zusammenfällt.

3.2 Elastische Ketten

3.21 Systematik der elastischen Ketten.
Mit der Zahl der Freiheitsgrade eines schwingungsfähigen Gebildes wächst in der Regel auch die Schwierigkeit, allgemeine Aussagen über seine Eigenfrequenzen und Schwingungsformen zu machen. Von dieser Regel gibt es jedoch Ausnahmen. Wir finden sie z. B. unter jenen Verbänden einläufiger Schwinger, die wir früher (1.11) als elastische Ketten bezeichnet haben. Für manche Arten solcher Ketten werden wir eine Reihe von Aussagen hinsichtlich der Eigenschwingungen machen

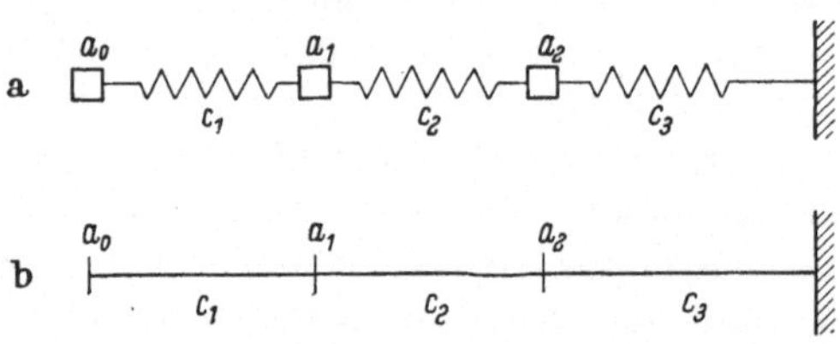

Abb. 3.21/1. Kette
a) ausführliche Darstellung, b) vereinfachte Darstellung

können, die völlig unabhängig sind von der Zahl der Freiheitsgrade. Ehe wir jedoch an die Formulierung solcher Aussagen gehen können, müssen wir eine Reihe von Begriffen festlegen und gewisse Einteilungen vornehmen.

In den Abbildungen werden wir uns häufig einer vereinfachten Darstellung bedienen, wie sie durch die Gegenüberstellung von Abb. 3.21/1a und 3.21/1b angedeutet wird. Ferner werden wir weiterhin oft von Ketten schlechthin sprechen, statt immer die genauere Bezeichnung elastische Ketten anzuwenden.

---

[1] v. SCHLIPPE, B.: Luftf.-Forsch. Bd. 11 (1935) S. 57.

Zunächst betrachten wir solche Ketten, deren Federn in Massenpunkten oder in Festpunkten endigen. Von ihren Gegenstücken — die Federn greifen in masselosen Verbindungspunkten an — werden wir am Schluß dieses Abschnittes noch kurz sprechen. Jede Feder, von der ein Ende festgehalten ist, nennen wir eine Fessel (F in Abb. 3.21/2). Als Nachbarmasse einer Masse a_λ bezeichnen wir

jede Masse, die am anderen Ende einer von dieser Masse a_λ ausgehenden Feder liegt (,,umringte'' Massen in Abb. 3.21/3).

Wir teilen die Ketten ein in die beiden Gruppen der einfach zusammenhängenden und der mehrfach zusammenhängenden Ketten. Eine Kette heiße einfach zusammenhängend, wenn sie außer etwa vorhandenen Fesseln nur noch ,,Hauptschlüsse'' aufweist. Dabei soll unter einem Hauptschluß jede Feder verstanden sein, deren Wegnahme den Zusammenhang der Kette zerstören würde. Eine einfach zusammenhängende

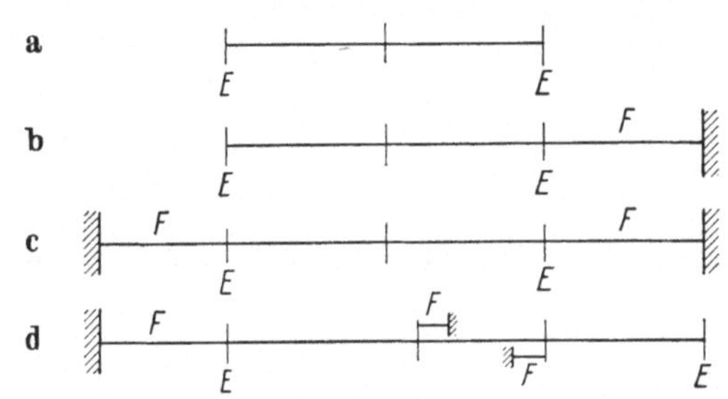

Abb. 3.21/2. Gefesselte Kette (F Fesseln, E Endmassen)

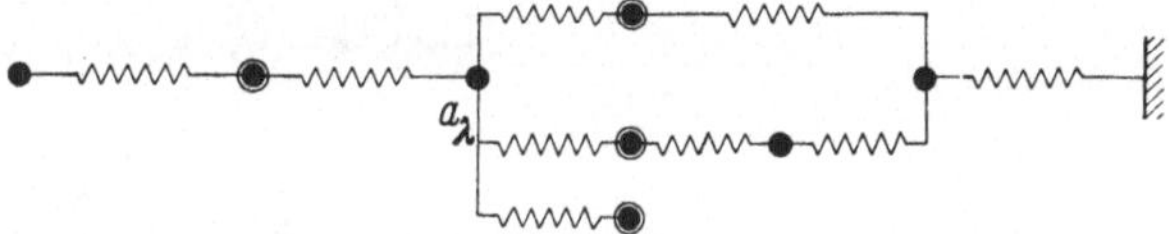

Abb. 3.21/3. Nachbarmassen $-\odot-$ zu a_λ

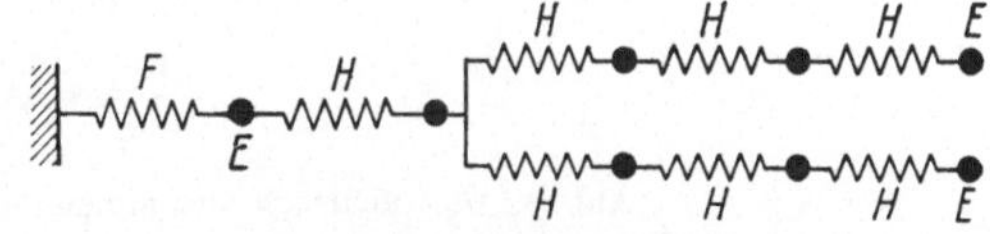

Abb. 3.21/4. Verzweigte Kette

Kette heiße überdies verzweigt (oder gegabelt), wenn es in ihr mindestens eine Masse gibt, die mehr als zwei Nachbarmassen besitzt; in einer solchen Masse enden also mehr als zwei Hauptschlüsse. (Die Ausdrücke ,,verzweigt'' oder ,,unverzweigt'' werden wir nur auf einfach zusammenhängende Ketten anwenden.) Abb. 3.21/4 zeigt eine verzweigte Kette; die Ketten von Abb. 3.21/2 sind alle unverzweigt.

Enthält eine Kette außer etwa vorhandenen Fesseln und Hauptschlüssen noch eine Feder oder eine Gruppe von Federn, die sich erst nach Wegnahme von genau einer (aber beliebig aus der Gruppe heraus wählbaren) Feder sämtlich in Hauptschlüsse verwandeln, so heiße die Kette zweifach zusammenhängend. Als drei- (vier-, fünf-, ..., n-)fach zusammenhängend bezeichnen wir eine Kette, wenn sie außer etwa vorhandenen Fesseln und Hauptschlüssen noch Gruppen solcher Federn enthält, die sich erst nach Wegnahme von mindestens zwei (drei, vier, ..., $n-1$) (geeignet ausgewählten) Federn sämtlich in Hauptschlüsse verwandeln. Alle jene Federn, die nicht Hauptschlüsse sind, nennen wir Nebenschlüsse. (Auf eine Unterteilung in Nebenschlüsse erster, zweiter, ... Ordnung können wir für unsere gegenwärtigen Zwecke verzichten.) In Abb. 3.21/4 und 3.21/5 sind Fesseln mit F, Hauptschlüsse mit H, Nebenschlüsse mit N bezeichnet. Die Kette 3.21/4 ist einfach zusammenhängend, die Ketten 3.21/5 a) und b) sind zweifach, die Ketten c) und d) sind dreifach zusammenhängend.

Die Eigenschaft einer Feder, Hauptschluß zu sein, läßt sich bei einer Kette, die keine Fesseln enthält (oder nachdem man sich die Fesseln entfernt denkt), noch in einer zweiten Weise kennzeichnen. Greifen an den beiden Massen in

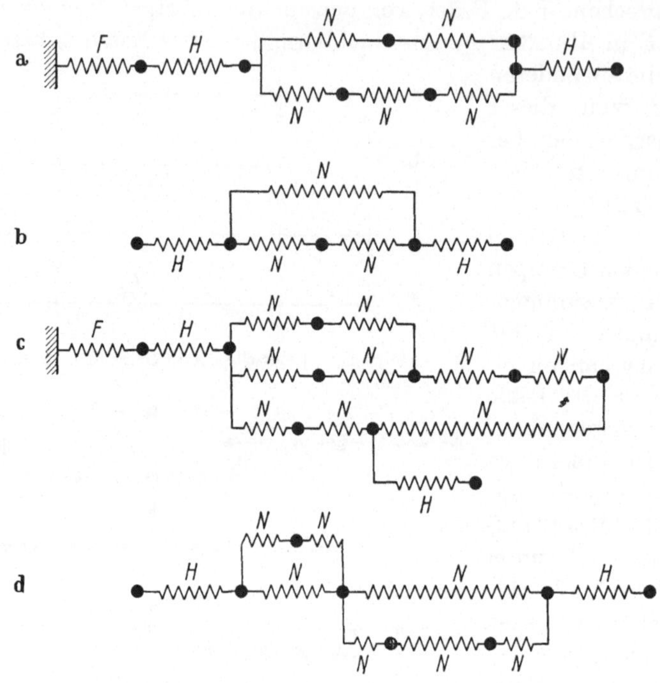

Abb. 3.21/5. Mehrfach zusammenhängende Ketten

den Endpunkten der Feder zwei Kräfte an, die längs der Federachse in entgegengesetztem Sinne wirken, und deren Beträge „langsam" von Null auf einen und denselben endlichen Wert ansteigen, so wird, falls die betrachtete Feder ein Hauptschluß ist, durch die beiden Kräfte nur diese Feder selbst beansprucht; die übrigen Federn der Kette ändern dabei nur ihre Lage.

Ist eine einfach zusammenhängende Kette unverzweigt, so gibt es in ihr genau zwei Endmassen, das sind Massen, die nur eine einzige Nachbarmasse besitzen. (Von einer Endmasse geht also nach Wegnahme einer etwa dort endigenden Fessel nur eine einzige Feder aus.) In Abb. 3.21/2 und 3.21/4 sind die Endmassen mit E bezeichnet; in den unverzweigten Ketten 3.21/2 gibt es zwei Endmassen, in der verzweigten 3.21/4 deren drei.

Die einfach zusammenhängenden unverzweigten Ketten teilen wir hinsichtlich der Fesselung in folgende vier Typen ein:

a) Ketten, die keine Fesseln enthalten (ungefesselte Ketten), Beispiel: Abbildung 3.21/2a;

b) Ketten, bei denen von nur einer Endmasse eine Fessel ausgeht, Abbildung 3.21/2b;

c) Ketten, bei denen von beiden Endmassen Fesseln ausgehen, Abb. 3.21/2c;

d) Ketten, deren Fesseln nicht, oder nicht sämtlich, von Endmassen ausgehen, Abb. 3.21/2d.

Verbindet man die beiden Endmassen einer ungefesselten, einfach zusammenhängenden, unverzweigten Kette durch eine Feder, so entsteht eine zweifach
zusammenhängende Kette, die weder Hauptschlüsse noch Fesseln enthält. Eine
solche Kette nennen wir eine „geschlossene"; Beispiele: Abb. 3.21/6a und
3.21/6b. (Eine geschlossene Kette wird nach Wegnahme irgendeiner ihrer
Federn zu einer unverzweigten, ungefesselten, einfach zusammenhängenden
Kette; den Ausdruck „offene" Kette werden wir nicht benutzen.)

Zu den vier Typen von Ketten, über deren Eigenschwingungen wir allgemeine
Aussagen machen werden, gehören die drei oben unter a) bis c) genannten
(ungefesselten und an Endmassen gefesselten) sowie die geschlossenen Ketten.
Um einen gemeinsamen Namen für sie zur Verfügung zu haben, wollen wir
diese vier Typen die *erste Hauptgruppe* nennen.
Von ihnen wird der Rest dieses Abschn. 3.2 im
wesentlichen handeln[1].

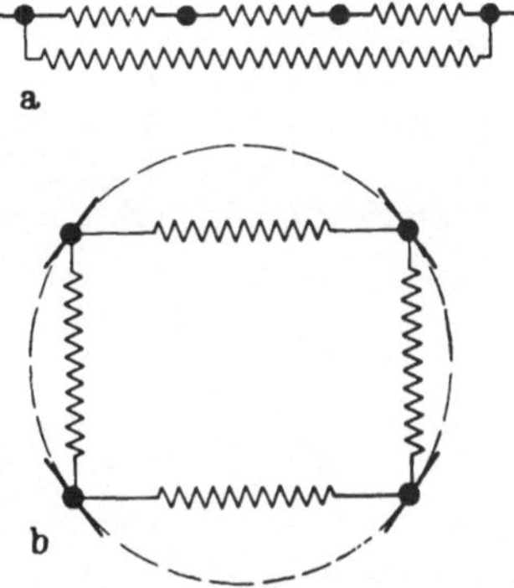

Abb. 3.21/6. Geschlossene Ketten

Die Bezeichnung „erste Hauptgruppe" ist
zwar etwas farblos, sie bewahrt uns aber davor,
mit anderen Systemen von Bezeichnungen in
Widerspruch zu geraten. Von solchen anderen Be-
zeichnungssystemen erwähnen wir eigens das von
R. Grammel benutzte[2]; denn an die Grammelsche
Arbeit werden wir uns, allerdings mit Ausnahme
der Bezeichnungen, eng anlehnen, und wir werden
auch mehrfach ausdrücklich auf sie zurückver-
weisen. Ohne auf den Unterschied der Auffassungen
im einzelnen einzugehen, die den beiden ver-
schiedenen Bezeichnungsweisen zugrunde liegen, geben wir in der nachstehenden Tabelle nur an, wie die vier Typen von Ketten, die unsere erste Hauptgruppe bilden, dort und hier benannt sind.

Tabelle 3.21/1. *Benennungen der Ketten der ersten Hauptgruppe*

Zeichen	GRAMMEL	hier
A	unverzweigt, schlicht, offen	unverzweigt, einfach zusammenhängend, ungefesselt
B	unverzweigt, schlicht, einseitig ge-fesselt	unverzweigt, einfach zusammenhängend, einseitig gefesselt
C	unverzweigt, schlicht, zweiseitig ge-fesselt	unverzweigt, einfach zusammenhängend, zweiseitig gefesselt
D	unverzweigt, schlicht, geschlossen	geschlossen (zweifach zusammenhängend)

Schließlich fügen wir noch eine Bemerkung an über Ketten, die auch solche
Federn aufweisen, die mit einem Ende oder mit beiden Enden im masselosen

---

[1] S. Falk [Ing.-Arch. Bd. 23 (1955) S. 314—322] hat gezeigt, daß und wie ein allgemeines Schwingungssystem auf eine Kette der ersten Hauptgruppe abgebildet werden
kann, die die gleichen Eigenfrequenzen besitzt. Mit Hilfe einer solchen Abbildung erlangen
die hier für die Ketten der ersten Hauptgruppe aufgestellten Sätze Bedeutung über diesen
Rahmen hinaus.

[2] Grammel, R.: Über Schwingungsketten. Ing.-Arch. Bd. 14 (1943) S. 213.

Verbindungspunkt zweier in Reihe liegender Federn ansetzen (Abb. 3.21/7a, b, c). In diesem Fall verfährt man so, daß man sich solche masselosen Verbindungspunkte zunächst mit Masse behaftet denkt, für diese Massen z. B. die Bewegungsgleichungen aufstellt, hiernach aber die Massen wieder auf Null zurückgehen läßt. Auf diese Weise erhält man dann genau die Anzahl von algebraischen Gleichungen für die Ausschläge der Verbindungspunkte, die ausreicht, um diese Ausschläge aus dem Gleichungssatz zu eliminieren. Hinsichtlich der Bezeichnungen (Hauptschluß, Nebenschluß, einfach zusammenhängend, mehrfach zusammenhängend, Nachbarmasse usw.) und der Einteilungen gelte ebenfalls, daß die Verbindungsstellen der Federn als mit (vernachlässigbar kleinen) Massen behaftet gedacht und dann die angeführten Kriterien angewendet werden. Es sind deshalb z. B. die Ketten 3.21/7a und 3.21/7b dreifach zusammenhängend, Kette 3.21/7e ist zweifach zusammenhängend, die (einander gleichwertigen) Ketten 3.21/7c und 3.21/7d sind sechsfach zusammenhängend.

Die Abb. 3.21/6b und 3.21/7d geben uns noch Gelegenheit zu der Bemerkung, daß die an einer Masse angreifenden Federkräfte nicht notwendig in der Richtung der Bahn des (geführten) Massenpunktes zu wirken brauchen. In den genannten Beispielen kommen vielmehr nur die in der Bahnrichtung liegenden Komponenten der Federkräfte zur Wirkung.

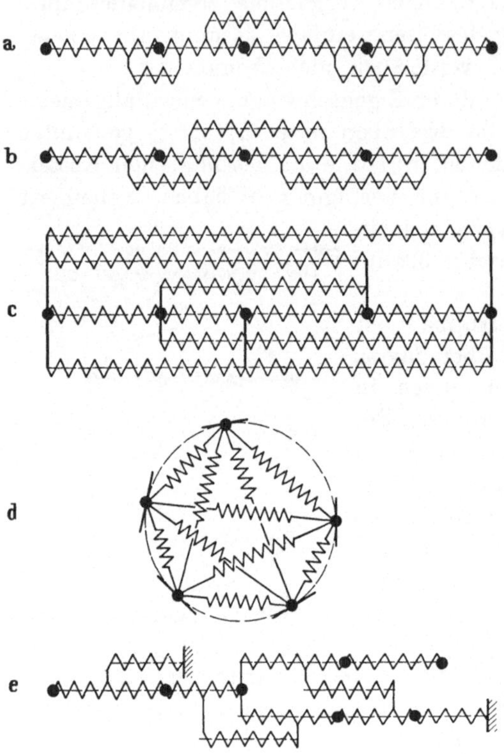

Abb. 3.21/7
Mehrfach zusammenhängende Ketten; davon a), b) u. e) mit Federn, die nicht alle in Massenpunkten enden

3.22 Die Bewegungsgleichungen. α) **Allgemeiner Fall.** Zum Aufstellen der Bewegungsdifferentialgleichungen (nach der „synthetischen" Methode) einer elastischen Kette ohne Fesseln ist es nur notwendig, sich klarzumachen, welche Federn in einer Masse a_λ der Kette endigen und welche Massen jeweils am anderen Ende dieser Federn liegen (welches also die Nachbarmassen a_α, a_β, ... von a_λ sind). Als Koordinaten wählen wir die Ausschläge w_λ, w_α, w_β, ... der Massen a_λ, a_α, a_β, ... aus ihrer jeweiligen Ruhelage. Die Federsteifigkeit der Feder zwischen a_λ und a_α sei $c_{\alpha\lambda}$. Dann ist die Summe der an der Masse a_λ angreifenden elastischen Kräfte

$$c_{\alpha\lambda}(w_\alpha - w_\lambda) + c_{\beta\lambda}(w_\beta - w_\lambda) + \cdots.$$

Greifen an a_λ weder Dämpfungs- noch explizit von der Zeit abhängige Kräfte (Erregerkräfte, Störkräfte) an, so ist diese Summe mit der D'ALEMBERTschen

Trägheitskraft im Gleichgewicht. Endigt an der Masse a_λ auch noch eine *Fessel*, so vermehrt sich die genannte Kräftesumme um das Glied $(-c_{f\lambda}\,w_\lambda)$, wenn $c_{f\lambda}$ die Federsteifigkeit der Fessel bedeutet. Es ist also

$$a_\lambda \ddot{w}_\lambda + w_\lambda(c_{f\lambda} + c_{\alpha\lambda} + c_{\beta\lambda} + \cdots) - c_{\alpha\lambda}w_\alpha - c_{\beta\lambda}w_\beta - \cdots = 0. \qquad (3.22/1)$$

Mit dem Ansatz

$$w_k = W_k \cos\omega t \quad \text{und} \quad \omega^2 = z \qquad (3.22/2)$$

entsteht daraus die algebraische Gleichung

$$-W_\alpha c_{\alpha\lambda} - W_\beta c_{\beta\lambda} - \cdots + W_\lambda(c_{f\lambda} + c_{\alpha\lambda} + c_{\beta\lambda} + \cdots - a_\lambda z) = 0 \qquad (3.22/3)$$

für die Ausschlagamplituden W_k.

Zu den hier aufgestellten Gleichungen noch folgender Hinweis: Unter $c_{\alpha\lambda}$ wird stets die Federsteifigkeit für die Dehnung *längs der Federachse* verstanden. Bildet die Bewegungsrichtung einer Masse mit ihrer Feder (d. h. mit der Richtung der von der betreffenden Feder auf diese Masse ausgeübten Kraft) einen *Winkel* (wie z. B. in Abb. 3.21/6b oder 3.21/7d), so verlieren die Bewegungsgleichungen (3.22/1) ihre Gültigkeit. Ist dieser (spitze) Winkel überdies nicht gleich dem (spitzen) Winkel zwischen der Achse der betreffenden Feder und der Bewegungsrichtung der am *anderen* Federende liegenden Masse, so sind die Bewegungsgleichungen einer solchen Kette nicht einmal mehr symmetrisch gekoppelt. Wir wollen jedoch auch für diese etwas komplizierter gebauten Ketten die Bewegungsgleichungen wenigstens kurz angeben.

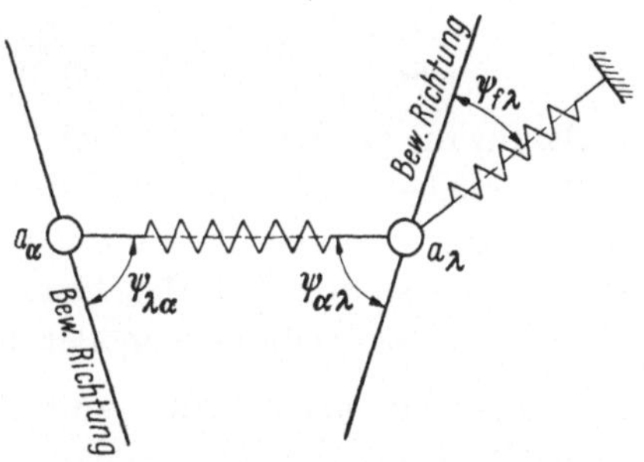

Abb. 3.22/1. Winkel zwischen Feder und Bewegungsrichtungen

Die Achse der Feder, welche die Masse a_λ mit ihrer Nachbarmasse a_α verbindet, bilde mit der Bewegungsrichtung von a_λ den (spitzen) Winkel $\psi_{\alpha\lambda}$, mit der Bewegungsrichtung von a_α den (spitzen) Winkel $\psi_{\lambda\alpha}$; die Achse einer von a_λ ausgehenden *Fessel* bilde mit der Bewegungsrichtung von a_λ den spitzen Winkel $\psi_{f\lambda}$ (Abb. 3.22/1). Dann ist das Produkt Masse $\times$ Beschleunigung, $a_\lambda \ddot{w}_\lambda$, gegeben durch

$$\begin{aligned} a_\lambda \ddot{w}_\lambda = &- c_{f\lambda}\cos^2\psi_{f\lambda}\,w_\lambda + c_{\alpha\lambda}(w_\alpha \cos\psi_{\lambda\alpha} - w_\lambda \cos\psi_{\alpha\lambda})\cos\psi_{\alpha\lambda} + \\ &+ c_{\beta\lambda}(w_\beta \cos\psi_{\lambda\beta} - w_\lambda \cos\psi_{\beta\lambda})\cos\psi_{\beta\lambda} + \cdots. \end{aligned} \qquad (3.22/4)$$

Falls nun die Winkel ψ an den Enden einer Feder jeweils einander gleich sind, also

$$\psi_{\lambda\alpha} = \psi_{\alpha\lambda}, \qquad \psi_{\lambda\beta} = \psi_{\beta\lambda},$$

wird einfacher

$$a_\lambda \ddot{w}_\lambda = - c_{f\lambda}\,w_\lambda \cos^2\psi_{f\lambda} + c_{\alpha\lambda}(w_\alpha - w_\lambda)\cos^2\psi_{\alpha\lambda} + \cdots,$$

und wir können durch Einführung der Größen

$$\bar{c}_{f\lambda} = c_{f\lambda}\cos^2\psi_{f\lambda}, \qquad \bar{c}_{\alpha\lambda} = c_{\alpha\lambda}\cos^2\psi_{\alpha\lambda}, \qquad \cdots \qquad (3.22/4\,a)$$

formale Übereinstimmung mit dem oben zuerst aufgestellten Gleichungssystem erzielen. Die Gleichheit der Winkel $\psi_{\alpha\lambda}$ und $\psi_{\lambda\alpha}$ ist in reibungsfreien Gebilden, wenn es sich um Bewegungen um Gleichgewichtslagen handelt, in vielen Fällen (z. B. denen der Abb. 3.21/6b, 3.21/7d) aus statischen Gründen gesichert.

β) **Die erste Hauptgruppe.** Die vier Gebilde, die wir zur ersten Hauptgruppe rechnen, sind in 3.21 aufgezählt worden. Für sie schreiben wir die Bewegungsgleichungen nun im einzelnen an.

Bezeichnet man mit W_k die Amplitude der Auslenkung w_k einer Masse a_k, mit S_k die Amplitude der Beanspruchung (Kraft, Moment) einer Feder $c_k = 1/h_k$, und setzt man das Frequenzquadrat $\omega^2 = z$, so gilt stets

$$\text{und} \qquad \begin{aligned} c_k(W_k - W_{k-1}) &= S_k \qquad \text{(statische Gleichung)} \\ z\, a_k W_k &= S_k - S_{k+1} \qquad \text{(kinetische Gleichung)}. \end{aligned} \right\} \qquad (3.22/5\,\mathrm{a})$$

Aus diesen beiden Gleichungen erhält man einerseits durch Elimination der Beanspruchungen die Gleichung zwischen den Ausschlagamplituden W_k

$$\text{oder} \qquad \begin{aligned} c_{k+1}(W_{k+1} - W_k) - c_k(W_k - W_{k-1}) + z\, a_k W_k &= 0 \\ \frac{1}{h_{k+1}}(W_{k+1} - W_k) - \frac{1}{h_k}(W_k - W_{k-1}) + z\, a_k W_k &= 0, \end{aligned} \right\} \qquad (3.22/5\,\mathrm{b})$$

andererseits durch Elimination der Ausschläge die Gleichung zwischen den Beanspruchungsamplituden S_k

$$\frac{1}{a_k}(S_{k+1} - S_k) - \frac{1}{a_{k-1}}(S_k - S_{k-1}) + z\, h_k S_k = 0. \qquad (3.22/5\,\mathrm{c})$$

Die für die einzelnen Typen geltenden Gleichungen unterscheiden sich durch die Wertereihe, die der Zählbuchstabe k durchläuft, sowie durch gewisse „Randbedingungen" für die W_k und c_k oder h_k (im Fall der Ausschlaggleichungen) bzw. S_k und a_k (im Fall der Beanspruchungsgleichungen). Wir geben Wertereihen und Randbedingungen der Reihe nach an. Es gilt für

Typ A: Die ungefesselte, einfach zusammenhängende, unverzweigte Kette (Abb. 3.22/2a)

$$\begin{aligned} k = 0, 1, 2, \ldots, n \quad \text{und} \quad c_0 &= 0, \qquad c_{n+1} = 0 \\ \text{bzw.} \quad S_0 &= S_{n+1} = 0. \end{aligned} \right\} \qquad (3.22/6\,\mathrm{A})$$

Typ B: Die einseitig gefesselte, einfach zusammenhängende, unverzweigte Kette (Abb. 3.22/2b)

$$\begin{aligned} k = 1, 2, 3, \ldots, n \quad \text{und} \quad W_0 &= 0, \qquad c_{n+1} = 0 \\ \text{bzw.} \quad a_0 &= \infty, \qquad S_{n+1} = 0. \end{aligned} \right\} \qquad (3.22/6\,\mathrm{B})$$

Typ C: Die zweiseitig gefesselte, einfach zusammenhängende, unverzweigte Kette (Abb. 3.22/2c)

$$\begin{aligned} k = 1, 2, 3, \ldots, n \quad \text{und} \quad W_0 &= 0, \qquad W_{n+1} = 0 \\ \text{bzw.} \quad a_0 &= \infty, \qquad a_{n+1} = \infty. \end{aligned} \right\} \qquad (3.22/6\,\mathrm{C})$$

Typ D: Die geschlossene Kette (Abb. 3.22/2d)

$$\begin{aligned} k = 1, 2, 3, \ldots, n \quad \text{und} \quad W_n &= W_0, \qquad W_{n+1} = W_1, \\ \text{bzw.} \quad S_0 = S_n, \qquad S_{n+1} &= S_1, \qquad a_{n+1} = a_1. \end{aligned} \right\} \qquad (3.22/6\,\mathrm{D})$$

Hinzu treten noch Nebenbedingungen. In den Fällen A und D bestehen sie für die Ausschlagsgleichungen und lauten

$$z \sum a_k W_k = 0; \qquad (3.22/7\,\mathrm{a})$$

in den Fällen C und D bestehen sie für die Beanspruchungsgleichungen und lauten

$$\sum h_k S_k = 0. \qquad (3.22/7\,\mathrm{b})$$

Über die Gebilde dieser ersten Hauptgruppe lassen sich nun eine ganze Reihe von Aussagen machen, deren Gültigkeit unabhängig ist von der Zahl der Freiheitsgrade.

Im Gegensatz zu den sonstigen Gepflogenheiten in diesem Buche werden wir die neuen Sätze nicht herleiten. In manchen Fällen folgen sie leicht aus den Amplitudengleichungen, in anderen Fällen lassen sie sich aus den viel allgemeineren Erörterungen des Kap. 4 gewinnen; in wieder anderen Fällen sind die Herleitungen schwierig. In jedem Fall sind die Sätze in der zitierten GRAMMELschen Arbeit[1] hergeleitet, auf die wir jedesmal durch (Gr. I) usw. verweisen werden.

Die Kenntnis jener Sätze ist überaus nützlich. Diejenigen Sätze, die Ketten vom Typ A betreffen, werden wir in der gleichen oder in abgewandelter Fassung wiederfinden in Kap. 6, wo wir uns mit den Torsionsschwingerketten (die ja Ketten vom Typ A sind) ganz ausführlich befassen werden.

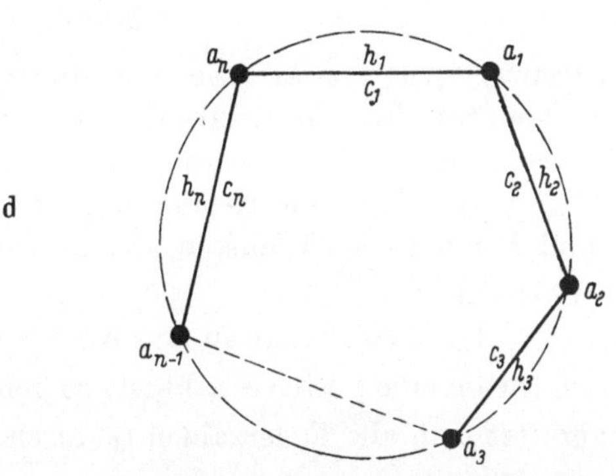

Abb. 3.22/2. Gebilde der ersten Hauptgruppe

3.23 Erste Hauptgruppe: Sätze über Eigenfrequenzen. α) Minimaleigenschaften der Eigenfrequenzen. Da es sich in allen Fällen um konservative Gebilde handelt, so gilt der Energiesatz. Aus ihm leitet man ab

$$z \sum a_k W_k^2 = \sum c_k (W_k - W_{k-1})^2; \qquad (3.23/1)$$

dabei läuft k

bei Typ	in der ersten Summe		in der zweiten Summe	
	von	bis	von	bis
A	0	n	1	n
B	1	n	1	n
C	1	n	1	$n+1$
D	1	n	1	n

Wenn man in (3.23/1) bei festgehaltenen Werten für die Massen a_k und Federsteifigkeiten c_k die Amplituden W_k der Auslenkungen variiert, d. h. wenn man die wirkliche Eigenschwingung mit einer benachbarten Schwingungsform

[1] GRAMMEL, R.: Ing.-Arch. Bd. 14 (1943) S. 213.

vergleicht, so findet man als erste Variation

$$\sum \left\{ \frac{\partial z}{\partial W_k} \sum a_k W_k^2 + 2\left[c_{k+1}(W_{k+1}-W_k) - c_k(W_k-W_{k-1}) + z a_k W_k\right]\right\} \delta W_k = 0. \qquad (3.23/2)$$

Weil die eckige Klammer nach (3.22/5b) verschwindet und

$$\sum a_k W_k^2 > 0$$

ist, so folgt daraus wegen der Willkürlichkeit der δW_k

$$\frac{\partial z}{\partial W_k} = 0. \qquad (3.23/3)$$

Gl. (3.23/3) drückt einen sehr allgemeinen Satz aus der Theorie der Eigenschwingungen aus: Die Schwingungsform jeder Eigenschwingung der Kette ist unter den benachbarten Formen dadurch ausgezeichnet, daß für sie der Quotient

$$z = \frac{\sum c_k (W_k - W_{k-1})^2}{\sum a_k W_k^2} \qquad (3.23/4)$$

einen Extremwert, und zwar (wie man durch Bildung der zweiten Variation bestätigen könnte) einen Minimalwert annimmt.

β) Sätze über Anzahl und Betrag der Eigenfrequenzen.

Satz 1 (Gr. I): Von den Ketten der ersten Hauptgruppe haben die des Typs A und D mit $(n+1)$ Massen, die des Typs B und C mit n Massen je n reelle Eigenfrequenzen $\sqrt{z_\nu}$.

Satz 2 (Gr. II): Ersetzt man in den Ketten A bis D alle Massen a_k durch die Massen $\mu\, a_k$, wo μ eine positive Zahl ist, so gehen die Eigenfrequenzen $\sqrt{z_\nu}$ über in $\sqrt{z_\nu/\mu}$; ersetzt man alle Federzahlen c_k durch $\gamma\, c_k$, wo γ eine positive Zahl ist, so gehen die Eigenfrequenzen $\sqrt{z_\nu}$ über in $\sqrt{\gamma\, z_\nu}$. Die Schwingungsformen, d. h. die Verhältnisse der W_k untereinander, ändern sich dabei nicht.

Satz 3 (Gr. III): Vergrößert (verkleinert) man in einer der Ketten A bis D eine der Massen a_k oder eine der Nachgiebigkeiten $h_k = 1/c_k$, so sinkt (steigt) jede Eigenfrequenz oder bleibt gleich. Das Gleichbleiben tritt nur dann ein, wenn bei der betreffenden Eigenschwingung die Masse a_k die Auslenkungsamplitude $W_k = 0$ hat, also in einem Schwingungsknoten dieser Eigenschwingung liegt, oder wenn die Nachgiebigkeit h_k einer spannungsfreien Feder angehört. [Herleitung aus (3.23/2) durch Differentiation nach a_k bei festgehaltenen Werten W_k.]

Satz 4 (Gr. V): Für die Ketten A, B, C gilt: Die Eigenfrequenzen sind alle unter sich verschieden.

Satz 5 (Gr. VI): Fügt man an eine Kette A, B oder C eine weitere Feder und eine weitere Masse an, so liegt in jedem Bereich zwischen zwei aufeinanderfolgenden Eigenfrequenzen der neuen Kette (mit Ausschluß der Grenzen des Bereiches) genau eine Eigenfrequenz der ursprünglichen Kette. Das heißt, die Eigenfrequenzen der neuen Kette werden durch diejenigen der ursprünglichen echt getrennt.

γ) Sätze über Schranken für die Eigenfrequenzen.

Satz 6 (Gr. XIII): Ist in einer der Ketten A bis D $(h\,a)_{\min}$ der kleinste Wert, den das Produkt irgendeiner der Nachgiebigkeiten $h_k = 1/c_k$ eines Feldes f_k

mit einer der beiden das Feld begrenzenden Massen a_{k-1} und a_k annehmen kann, so ist

$$z_0 = \frac{4}{(h\,a)_{\min}} \qquad (3.23/5)$$

eine obere Schranke der Frequenzquadrate aller Eigenschwingungen.

Satz 7 (Gr. XIV): Es bestehen die folgenden oberen Schranken $\bar{z}_1$ und $\bar{z}'_1$ für das Frequenzquadrat z_1 der tiefsten Eigenschwingung (Bezeichnungen nach Abb. 3.22/2):

Typ A:

$$\bar{z}_1 = \left(\frac{1}{a_0} + \frac{1}{a_n}\right) \frac{1}{\sum\limits_{1}^{n} h_k} , \qquad (3.23/6\,a)$$

$$\bar{z}'_1 = c_j \frac{\sum\limits_{0}^{n} a_k}{\sum\limits_{0}^{j-1} a_k \sum\limits_{j}^{n} a_k} ; \qquad (j = 1, 2, \ldots, n) \quad (3.23/6\,b)$$

Typ B:

$$\bar{z}_1 = \frac{1}{h_1} \frac{1}{\sum\limits_{1}^{n} a_k} = \frac{c_1}{\sum\limits_{1}^{n} a_k} , \qquad (3.23/7\,a)$$

$$\bar{z}'_1 = \frac{1}{a_n} \frac{1}{\sum\limits_{1}^{n} h_k} ; \qquad (3.23/7\,b)$$

Typ C:

$$\bar{z}_1 = (c_1 + c_{n+1}) \frac{1}{\sum\limits_{1}^{n} a_k} , \qquad (3.23/8\,a)$$

$$\bar{z}'_1 = \frac{1}{a_j} \frac{\sum\limits_{1}^{n+1} h_k}{\sum\limits_{1}^{j} h_k \sum\limits_{j+1}^{n+1} h_k} ; \qquad (j = 1, 2, \ldots, n) \quad (3.23/8\,b)$$

Typ D:

$$\bar{z}_1 = \left(\frac{1}{h_j} + \frac{1}{h_l}\right) \frac{\sum\limits_{1}^{n} a_k}{\sum\limits_{j}^{l-1} a_k \sum\limits_{l}^{j-1} a_k} , \qquad (3.23/9\,a)$$

$$\bar{z}'_1 = \left(\frac{1}{a_j} + \frac{1}{a_l}\right) \frac{\sum\limits_{1}^{n} h_k}{\sum\limits_{j}^{l-1} h_k \sum\limits_{l}^{n+j-1} h_k} ; \quad \left(\begin{matrix} j, l = 1, 2, \ldots, n \\ j < l \end{matrix}\right) . \quad (3.23/9\,b)$$

Satz 8 (Gr. XV): Es bestehen die folgenden unteren Schranken $\underline{z}_1$ für das Frequenzquadrat z_1 der tiefsten Eigenschwingung (Bezeichnungen nach Abbildung 3.22/2):

Typ A:

$$\underline{z}_1 = \frac{1}{\sum\limits_{1}^{n} h_k \mu_k} , \qquad \mu_k = \frac{\sum\limits_{0}^{k-1} a_i \sum\limits_{k}^{n} a_i}{\sum\limits_{0}^{n} a_i} ;$$

Typ B:

$$\underline{z}_1 = \frac{1}{\sum\limits_{1}^{n} a_k \nu_k} , \qquad \nu_k = \sum\limits_{1}^{k} h_i ;$$

Typ C:

$$z_1 = \frac{1}{\sum\limits_1^n a_k\, v_k}, \qquad v_k = \frac{\sum\limits_1^k h_i \sum\limits_{k+1}^{n+1} h_i}{\sum\limits_1^{n+1} h_i};$$

Typ D:

$$z_1 = \frac{\sum\limits_1^n h_k \sum\limits_1^n a_k}{\sum\limits_{j=1}^{n-1} \sum\limits_{k=j+1}^{n} \alpha_{jk}}, \qquad \alpha_{jk} = a_j\, a_k \sum\limits_{j+1}^k h_i \sum\limits_{k+1}^{n+j} h_i;$$

$$\text{mit} \quad h_{n+k} = h_k.$$

Satz 9 (Gr. XVI): In jeder Kette A bis D ist die Summe der Frequenzquadrate aller Eigenschwingungen gleich der Summe aller Quotienten aus jeder Federsteifigkeit c_k mit jeder Masse a_{k-1} und a_k, die das Feld begrenzt.

Somit erhält man für

$$\textit{Typ A:} \quad \sum_1^n z_\nu = \frac{c_1}{a_0} + \frac{c_1}{a_1} + \frac{c_2}{a_1} + \frac{c_2}{a_2} + \cdots + \frac{c_n}{a_{n-1}} + \frac{c_n}{a_n},$$

$$\textit{Typ B:} \quad \sum_1^n z_\nu = \frac{c_1}{a_1} + \frac{c_2}{a_1} + \cdots \qquad\qquad + \frac{c_n}{a_{n-1}} + \frac{c_n}{a_n},$$

$$\textit{Typ C:} \quad \sum_1^n z_\nu = \frac{c_1}{a_1} + \frac{c_2}{a_1} + \cdots \qquad\qquad + \frac{c_n}{a_n} + \frac{c_{n+1}}{a_n},$$

$$\textit{Typ D:} \quad \sum_1^{n-1} z_\nu = \frac{c_1}{a_n} + \frac{c_1}{a_1} + \frac{c_2}{a_1} + \cdots \qquad + \frac{c_n}{a_{n-1}} + \frac{c_n}{a_n}.$$

δ) **Weitere Sätze für Ketten vom Typ A.**

H. Neuber[1] hat für die Eigenschwingungszahlen der Ketten vom Typ A eine Reihe von Sätzen aufgestellt, die in den angeführten teils schon enthalten sind, teils über sie hinausgehen.

Der oben für Typ A aufgestellte Satz 9 kann so ausgesprochen werden:

Satz 9a (N I): Die Summe der Eigenfrequenzquadrate der Kette ist gleich der Summe der Eigenfrequenzquadrate aller jener Zwei-Massen-Systeme, die sich herstellen lassen durch Wegnahme aller Federn bis auf jeweils eine.

Er hat ein Korrelat im

Satz 9b (N II): Die Summe der Kehrwerte der Eigenfrequenzquadrate der Kette ist gleich der Summe der Kehrwerte der Eigenfrequenzquadrate aller jener Zwei-Massen-Systeme, die sich herstellen lassen durch Erstarrung aller Federn bis auf jeweils eine.

Aus diesen Sätzen lassen sich andere bilden, die Schranken für die Eigenfrequenzen liefern. Wir führen zwei solcher Sätze an:

Satz 9c (N IV): Durch Erstarrung von f Federn entsteht eine neue Kette; jede ihrer $(n - 1 - f)$ (der Größe nach geordneten) Eigenfrequenzen ist größer als die entsprechende Eigenfrequenz der ursprünglichen Kette. Es gilt also, wenn die Eigenfrequenzen der neuen Kette durch Überstreichung gekennzeichnet werden,

$$\bar{\omega}_1 > \omega_1; \quad \bar{\omega}_2 > \omega_2; \quad \ldots; \quad \bar{\omega}_{n-f-1} > \omega_{n-f-1};$$
$$\bar{\omega}_i = \infty \quad \text{für} \quad i = n - f \quad \text{bis} \quad i = n - 1.$$

---

[1] Neuber, H.: Gesetzmäßigkeiten von Torsionsschwingungszahlen. Ing.-Arch. Bd. 22 (1954) S. 258. Auf die Sätze dieser Arbeit ist durch (N I) usw. verwiesen.

Satz 9d (N V): Durch Wegnahme von g (benachbarten oder nicht benachbarten) Federn zerfällt die ursprüngliche Kette in Teilgebilde. Werden sämtliche neuen Eigenfrequenzen der Größe nach geordnet (und durch Überstreichen gekennzeichnet), so gilt

$$\bar{\omega}_i = 0; \quad (i = 1, 2, \ldots, g)$$

$$\bar{\omega}_{g+1} < \omega_{g+1}; \quad \bar{\omega}_{g+2} < \omega_{g+2}; \quad \ldots; \quad \bar{\omega}_{n-1} < \omega_{n-1}.$$

Durch geeignete Kombination der angeführten Sätze lassen sich die Eigenfrequenzen von beiden Seiten her eingrenzen.

3.24 Erste Hauptgruppe: Sätze über Schwingungspläne und Spannungspläne. In diesem Abschnitt formulieren wir Sätze über Schwingungs- (Ausschlag-) Pläne und Spannungspläne; dabei schenken wir den Nullstellen dieser Pläne, den Schwingungs- oder Spannungsknoten, besondere Beachtung.

Trägt man auf einer Achse A (Abb. 3.24/1) die Nachgiebigkeiten h_k in ihrer natürlichen Reihenfolge als Strecken hintereinander auf, errichtet in den Strecken-

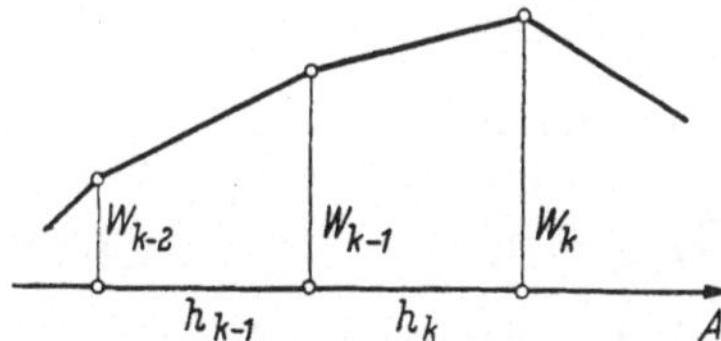

Abb. 3.24/1. Schwingungsplan (Auslenkungsplan)

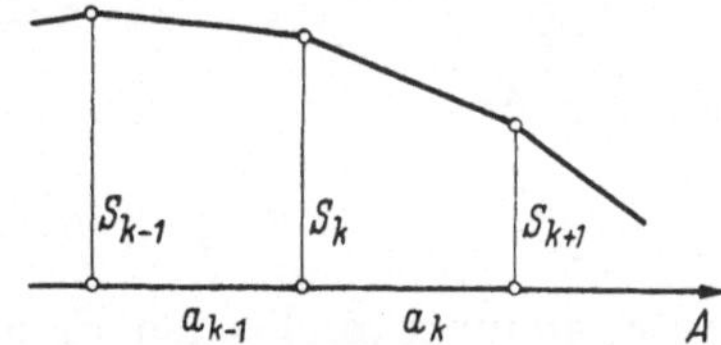

Abb. 3.24/2. Spannungsplan (Beanspruchungsplan)

endpunkten die maximalen Auslenkungen W_{k-1} und W_k der am Ende des zugehörigen Feldes befindlichen Massen a_{k-1} und a_k (und zwar mit Berücksichtigung des Vorzeichens) und verbindet die Endpunkte zweier benachbarter Lotstrecken durch ein Geradenstück, so entsteht ein fortlaufender Streckenzug, der Schwingungsplan (oder Auslenkungsplan) dieser Eigenschwingung. Verfährt man ebenso mit den Massen a_k und den maximalen Beanspruchungen S_k und S_{k+1} (Abb. 3.24/2), so entsteht in gleicher Weise der Spannungsplan dieser Eigenschwingung. Weil sowohl die W_k wie die S_k nur bis auf je einen willkürlichen Faktor bestimmt (also irgendwie normiert zu denken) sind, so sind auch die Schwingungs- und Spannungspläne nur bis auf eine willkürliche affine Verzerrung senkrecht zur Achse A bestimmt.

Satz 10 (Gr. VII): Die Schwingungs- (Ausschlag-) und Spannungspläne aller Eigenschwingungen der Ketten A bis D sind überall konkav zur Achse.

Satz 11 (Gr. VIII): An einem ungefesselten Kettenende beginnt der Schwingungsplan, an einem gefesselten Kettenende der Spannungsplan mit einer Neigung gegen die Achse hin.

Satz 12 (Gr. X): Jedem reellen Schwingungsknoten entspricht eindeutig eine extreme Ordinate im Spannungsplan; ebenso entspricht jedem reellen Spannungsknoten eine extreme Ordinate im Schwingungsplan.

Satz 13 (Gr. XI): Ordnet man die Eigenschwingungen einer Kette nach aufsteigenden Werten der Eigenfrequenzen $\sqrt{z_\nu}$ ($\nu = 1, 2, \ldots$), so hat die ν-te Eigenschwingung bei der Kette A ν reelle verschiedene Schwingungsknoten und $(\nu + 1)$ reelle verschiedene Spannungsknoten,

bei der Kette B je ν reelle verschiedene Schwingungs- und Spannungsknoten,

bei der Kette C $(\nu + 1)$ reelle verschiedene Schwingungsknoten sowie ν reelle verschiedene Spannungsknoten. (Ein entsprechender Satz gilt für Ketten D im allgemeinen nicht; dafür gilt dort Satz 14.)

Satz 14 (Gr. XII): Eine Kette vom Typ D hat stets eine gerade Anzahl reeller Schwingungsknoten und reeller Spannungsknoten, und zwar mindestens je zwei und höchstens je n, falls n gerade ist, und höchstens je $(n - 1)$, falls n ungerade ist.

3.25 Homogene Ketten. Wenn eine Kette der ersten Hauptgruppe lauter gleiche Massen $a_k = a$ und lauter gleiche Nachgiebigkeiten $h_k = h$ (oder Steifigkeiten $c_k = c$) besitzt, so soll sie eine *homogene* Kette heißen. Für homogene Ketten lassen sich die Eigenfrequenzen sowie die Schwingungsformen und Spannungsformen explizit angeben (s. a. 6.44)[1]. Man führt zweckmäßigerweise als reduziertes Frequenzquadrat die dimensionslose Größe

$$\zeta = h\,a\,z \tag{3.25/1}$$

ein. Für die Ausschlagamplituden W_k erhält man aus (3.22/5b) die Differenzengleichung

$$W_{k+1} + (\zeta - 2)\,W_k + W_{k-1} = 0, \tag{3.25/2a}$$

für die Spannungsamplituden S_k aus (3.22/5c) die entsprechende,

$$S_{k+1} + (\zeta - 2)\,S_k + S_{k-1} = 0. \tag{3.25/2b}$$

Die Randbedingungen sind von Fall zu Fall verschieden.

Differenzengleichungen vom Typ der Gln. (3.25/2),

$$x_{k+1} + (\zeta - 2)\,x_k + x_{k-1} = 0, \tag{3.25/2c}$$

werden (wie alle linearen Differenzengleichungen mit konstanten Koeffizienten) gelöst durch den Ansatz

$$x_k^{(\nu)} = C^{(\nu)}\cos k\,\varphi_\nu + D^{(\nu)}\sin k\,\varphi_\nu. \tag{3.25/3}$$

Dabei besteht ein Zusammenhang zwischen den Argumenten φ_ν und den Koeffizienten der Differenzengleichung, der für die Gl. (3.25/2c) lautet

$$\zeta_\nu = 2(1 - \cos\varphi_\nu), \tag{3.25/4}$$

wobei ν für A bis C von 1 bis n, für D von 1 bis $(n - 1)$ läuft. Durch Anpassung an die eine Randbedingung wird die eine der Konstanten $C^{(\nu)}$ oder $D^{(\nu)}$ bestimmt, die andere Randbedingung liefert (für homogene Gleichungen) die Eigenwertbedingung, eine transzendente Gleichung für die Argumente φ_ν und damit vermöge (3.25/4) für die Frequenzquadrate ζ_ν.

Kette A. Wir benutzen die Gl. (3.25/2b) für die Beanspruchungen mit den Randbedingungen

$$S_0 = 0, \qquad S_{n+1} = 0.$$

---

[1] Literatur: Neben R. Grammel: Zit. S. 161 auch (für Ketten A) P. Funk: Z. angew. Math. Mech. Bd. 15 (1935); ferner Th. Pöschl u. L. Collatz: Z. angew. Math. Mech. Bd. 18 (1938) S. 186.

Wegen der ersten Randbedingung lautet der Lösungsansatz (3.25/3) hier

$$S_k^{(\nu)} = D^{(\nu)} \sin k\, \varphi_\nu. \tag{3.25/5}$$

Die zweite Randbedingung fordert

$$\varphi_\nu = \frac{\nu\,\pi}{n+1} \qquad (\nu = 1, 2, \ldots, n). \tag{3.25/6}$$

Diese Gleichung bestimmt über (3.25/4) die Frequenzen. Mit Hilfe der zweiten Gleichung von (3.22/5a) läßt sich die Lösung für die S_k umschreiben auf die W_k. So kommt mit

$$A^{(\nu)} = -\frac{2\,D^{(\nu)}}{z_\nu\, a} \sin \frac{\varphi_\nu}{2} = -\frac{h\, D^{(\nu)}}{2 \sin \dfrac{\varphi_\nu}{2}}$$

die Lösung

$$W_k^{(\nu)} = A^{(\nu)} \cos\left(k + \frac{1}{2}\right) \varphi_\nu \qquad (k = 0, 1, 2, \ldots, n) \tag{3.25/7}$$

zustande.

Die $A^{(\nu)}$ und die $D^{(\nu)}$ sind dabei unbestimmte Konstanten. Die „Eigenfrequenzen" $\sqrt{\zeta_\nu}$ sind in (3.25/4) der Größe nach geordnet. Der Wertesatz (3.25/7) stellt die Ordinaten des Schwingungsplanes, der Wertesatz (3.25/5) die des Spannungsplanes der ν-ten Eigenschwingung dar. Daß auch die Nebenbedingungen (3.22/7a) erfüllt sind, kann man leicht nachprüfen.

Kette B. Wir benützen (3.25/2a) für die Ausschläge mit der ersten Randbedingung $W_0 = 0$. Der an diese Bedingung angepaßte Ansatz (3.25/3) lautet

$$W_k^{(\nu)} = D^{(\nu)} \sin k\, \varphi_\nu \qquad (k = 1, 2, \ldots, n). \tag{3.25/8}$$

Wieder gilt (3.25/4). Jetzt spielt die Gl. (3.22/5b) mit $k = n$ die Rolle der Randbedingung. Mit ihrer Hilfe kommt

$$\sin \frac{\varphi_\nu}{2} \cos\left(n + \frac{1}{2}\right) \varphi_\nu = 0, \tag{3.25/9}$$

also, aus dem zweiten Faktor,

$$\varphi_\nu = \frac{2\nu - 1}{2n+1}\, \pi \qquad (\nu = 1, 2, \ldots, n). \tag{3.25/10}$$

Will man auch eine Lösung für die S_k haben, so findet man mit

$$B^{(\nu)} = \frac{2\,D^{(\nu)}}{h} \sin \frac{\varphi_\nu}{2}$$

die Gleichung

$$S_k^{(\nu)} = B^{(\nu)} \cos\left(k - \frac{1}{2}\right) \varphi_\nu \qquad (k = 1, 2, \ldots, n). \tag{3.25/11}$$

Kette C. Wir führen nur an:

$$\left.\begin{aligned}
W_k^{(\nu)} &= D^{(\nu)} \sin k\, \varphi_\nu & (k = 1, 2, \ldots, n) \\
S_k^{(\nu)} &= B^{(\nu)} \cos\left(k + \frac{1}{2}\right) \varphi_\nu & (k = 0, 1, \ldots, n)
\end{aligned}\right\} \tag{3.25/12}$$

mit

$$B^{(\nu)} = \frac{2\,A^{(\nu)}}{h} \sin \frac{\varphi_\nu}{2}, \tag{3.25/12a}$$

$$\varphi_\nu = \frac{\nu\,\pi}{n+1} \qquad (\nu = 1, 2, \ldots n). \tag{3.25/13}$$

Kette D. Wir führen an:

$$W_k^{(\nu)} = D^{(\nu)} \sin\left(k\,\varphi_\nu + \beta_\nu\right) \qquad (k = 1, 2, \ldots, n)$$

$$S_k^{(\nu)} = B^{(\nu)} \cos\left[\left(k + \frac{1}{2}\right)\varphi_\nu + \beta_\nu\right] \qquad (k = 1, 2, \ldots, n) \qquad (3.25/14)$$

mit

$$B^{(\nu)} = \frac{2\,D^{(\nu)}}{h}\sin\frac{\varphi_\nu}{2}, \qquad \beta_\nu \text{ willkürlich,} \qquad (3.25/14\,\text{a})$$

$$\varphi_\nu = \frac{2\,\nu\,\pi}{n} \qquad (\nu = 1, 2, \ldots, (n-1)). \qquad (3.25/15)$$

Für die Kette D sind nun aber (im Gegensatz zu den Fällen A bis C) die reduzierten Eigenfrequenzquadrate ζ_ν in (3.25/4) mit $\nu = 1, 2, \ldots, (n-1)$ nicht mehr nach ihrer Größe geordnet und auch nicht mehr alle voneinander verschieden; vielmehr gilt

$$\zeta_{n-\nu} = \zeta_\nu \begin{cases} \text{für gerades } n\colon \quad \left(\nu = 1, 2, \ldots, \dfrac{n}{2} - 1\right), \\[2ex] \text{für ungerades } n\colon \quad \left(\nu = 1, 2, \ldots, \dfrac{n-1}{2}\right). \end{cases}$$

Demgemäß kann man den

Satz 15 (Gr. XVII) formulieren: Die geschlossene, homogene Kette D hat für eine gerade Anzahl n von Massen $\dfrac{n}{2} - 1$ verschiedene Paare zusammenfallender Eigenfrequenzen, und außerdem eine einfache, höchste Eigenfrequenz

$$\sqrt{z_{n/2}} = \frac{2}{\sqrt{h\,a}}\,;$$

für eine ungerade Anzahl n von Massen hat sie dagegen $\frac{1}{2}(n-1)$ verschiedene Paare von zusammenfallenden Eigenfrequenzen (und keine weiteren einfachen). In beiden Fällen ist die Anzahl der untereinander verschiedenen Eigenfrequenzen gleich der größten in $n/2$ enthaltenen ganzen Zahl.

Überdies geben wir ohne Herleitung noch an:

Satz 16 (Gr. XVIII): Die homogene geschlossene Kette D ist unendlich vieler verschiedener Schwingungs- und Spannungsformen fähig; bei allen diesen Schwingungs- und Spannungsformen (ausgenommen die Schwingung, die zu $z_{n/2}$ gehört) kann jeder Punkt im Schwingungs- und Spannungsplan ein reeller Knoten sein.

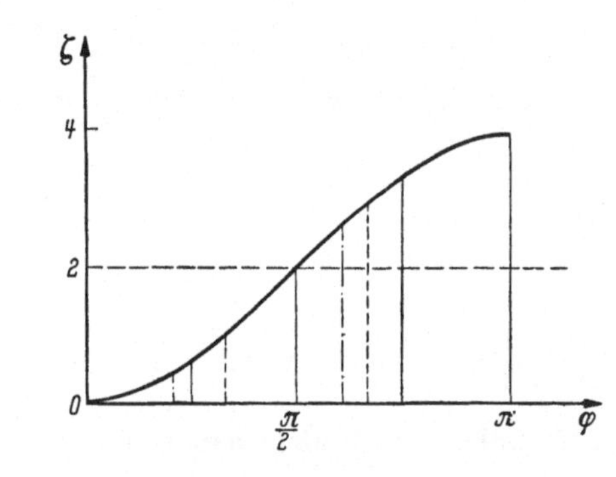

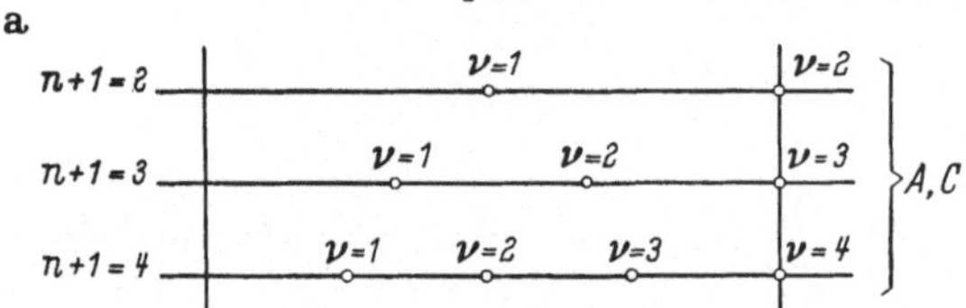

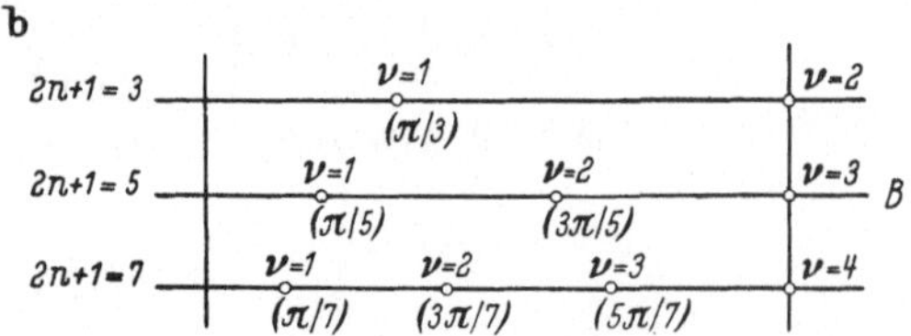

Abb. 3.25/1. Kurve $\zeta = 2(1 - \cos\varphi)$; Abszissenteilung
a) für Ketten A, C; b) für Kette B

Satz 17 (Gr. XIX): Bei der homogenen Kette D gehören zu z_1 und z_{n-1} zwei reelle verschiedene Schwingungsknoten und zwei reelle verschiedene Spannungsknoten, zu z_2 und z_{n-2} vier solcher Knoten, allgemein zu z_k und z_{n-k} ($k \leqq n/2$) genau $2k$ reelle verschiedene Schwingungsknoten und $2k$ reelle verschiedene Spannungsknoten.

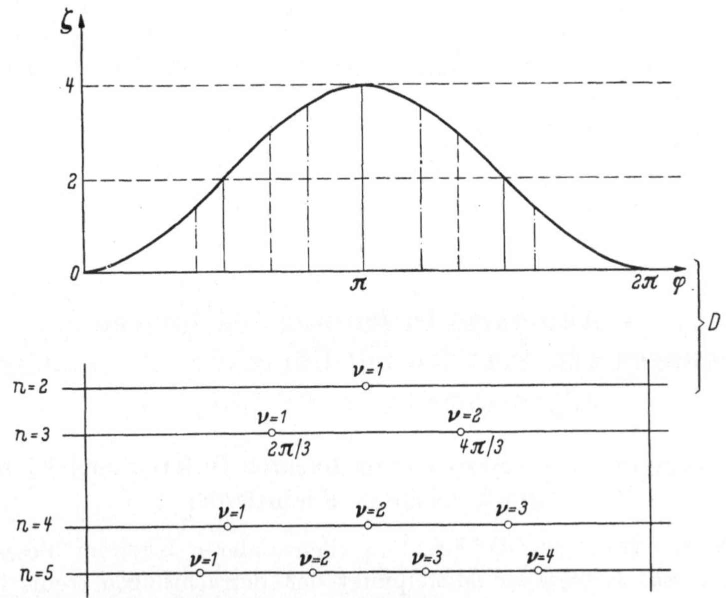

Abb. 3.25/2. Dieselbe Kurve wie 3.25/1; Abszissenteilung für Kette *D*

Satz 18 (Gr. XX): Wenn man die Gesamtmasse *M* einer homogenen Kette A, B, C oder D ohne Änderung ihrer Gesamtnachgiebigkeit $H = \sum h$ auf eine größere Anzahl von Einzelmassen verteilt, ohne dabei die Art der Kette oder ihre Homogenität zu ändern, so steigt jede ihrer Eigenfrequenzen.

Zum Schluß stellen wir die für die vier Typen von homogenen Ketten geltenden Formeln zur Bestimmung der reduzierten Frequenzquadrate ζ_ν noch einmal zusammen und erläutern sie durch die Abb. 3.25/1 und 3.25/2. Für alle vier Typen A, B, C, D gilt die Beziehung (3.25/4) zwischen dem Frequenzparameter ζ_ν und dem Argument φ_ν

$$\zeta_\nu = 2(1 - \cos\varphi_\nu).$$

Die Argumente φ_ν lauten

für Typ A und C:
$$\varphi_\nu = \frac{\nu}{n+1}\pi \qquad (\nu = 1, 2, 3, \ldots, n),$$

für Typ B:
$$\varphi_\nu = \frac{2\nu - 1}{2n+1}\pi \qquad (\nu = 1, 2, 3, \ldots, n),$$

für Typ D:
$$\varphi_\nu = \frac{\nu}{n}2\pi \qquad (\nu = 1, 2, \ldots, (n-1)).$$

Diese Beziehungen lassen sich leicht graphisch verdeutlichen. In Abb. 3.25/1 ist die Kurve $\zeta = 2(1 - \cos\varphi)$ zwischen 0 und π aufgezeichnet. Die Teilung a) der Abszissenachse gilt für die beiden Typen A und C, die Teilung b) für Typ B. Die Frequenzquadrate ζ_ν können an der Kurve abgelesen werden.

Beispiele: Ausgezogen: Typ A und C $n = 3$ $\nu = 1, 2, 3,$
 gestrichelt: Typ A und C $n = 2$ $\nu = 1, 2,$
 strichpunktiert: Typ B $n = 2$ $\nu = 1, 2.$

In Abb. 3.25/2 ist die Kurve $\zeta = 2(1 - \cos\varphi)$ zwischen 0 und 2π aufgezeichnet. Die Teilung auf der Abszissenachse gilt für Kette D. Die Frequenzquadrate ζ_ν können wieder an der Kurve abgelesen werden.

Beispiele: Gestrichelt: $n = 3$ $\nu = 1, 2,$
 ausgezogen: $n = 4$ $\nu = 1, 2, 3,$
 strichpunktiert: $n = 5$ $\nu = 1, 2, 3, 4.$

4 Autonome Differentialgleichungen
Bewegungen von Gebilden mit Dämpfung, Anfachung und allgemeiner Form der Kopplung

4.1 Integration eines Systems von linearen Differentialgleichungen mit konstanten Koeffizienten

4.11 Vorbemerkungen. Während in allen anderen Kapiteln dieses Buches das *mechanische* Gebilde im Mittelpunkt der Betrachtungen steht, ist dieses Kapitel der *Mathematik* gewidmet. Selbstverständlich kann es nicht Aufgabe dieses Buches sein, den Leser im eigentlichen Sinne in die Theorie der *Differentialgleichungen* einzuführen. Wir werden aber die Situationen zu schildern haben, denen man sich bei der Untersuchung von Schwingungsvorgängen häufig gegenübersieht, und werden die Hilfsmittel angeben, deren man sich in solchen Fällen bedienen muß. Fast stets werden wir uns mit der Formulierung von Sätzen begnügen. Wegen der Beweise werden wir die Literatur anführen.[1]

Vieles ließe sich unter Benutzung des Hilfsmittels der Matrizen vereinfachen und mathematisch eleganter erledigen. Wir werden uns dieser Darstellungsweise hier jedoch nicht bedienen, sondern verweisen den Leser auch dieserhalb auf die Literatur.[2]

Der Rahmen dieses Kapitels ist insofern etwas weiter gespannt als der der früheren, als wir nicht nur symmetrische Kopplungen zulassen, sondern (in Abschn. 4.6) auch antimetrische; deshalb werden in Abschn. 4.1 überhaupt keine Einschränkungen hinsichtlich der Art der Kopplung in den Differential-

---

[1] ROUTH, E. J.: Dynamik der Systeme starrer Körper Bd. 1/2, deutsche Ausgabe. Leipzig 1898. — WHITTAKER, E. T: Analytische Dynamik. Berlin: Springer 1924. — FRANK, P., u. R. v. MISES: Differentialgleichungen der Physik. Braunschweig 1930. — COURANT, R., u. D. HILBERT: Methoden der mathematischen Physik I. Berlin 1931. — WEBER, H.: Kleines Lehrbuch der Algebra. Braunschweig 1921. — PERRON, O.: Algebra I, II. Berlin 1932.

[2] COLLATZ, L.: Eigenwertaufgaben mit technischen Anwendungen, 6. Kap. Leipzig: Akad. Verlagsanstalt 1949. — SCHMEIDLER, W.: Vorträge über Determinanten und Matrizen. Berlin: Akademie-Verlag 1949. — ZURMÜHL, R.: Matrizen, 2. Aufl. Berlin/Göttingen/Heidelberg: Springer 1958.

gleichungen gemacht. Es wird sich zeigen, daß symmetrische Kopplungen im wesentlichen bei Bewegungen um Gleichgewichtslagen auftreten (Abschn. 4.3, 4.4, 4.5), antimetrische bei Bewegungen um ständige Bewegungszustände (Abschn. 4.6). Die Frage der Hauptschwingungen (Entkopplung) wird in Abschn. 4.5 behandelt.

Ferner sind nicht nur „passive" Elemente in den Gebilden zugelassen (in denen mechanische Energie verzehrt wird), sondern auch „aktive" (die die Zufuhr von Energie steuern). Dabei werden wir allerdings im Bereich linearer Differentialgleichungen bleiben. Daher können wir die Anfachungsvorgänge nicht im einzelnen, etwa bis zu den Grenzzykeln hin, verfolgen, sondern nur die *Möglichkeit* des Aufschaukelns in Betracht ziehen („Stabilität" der Vorgänge). Solchen Erörterungen ist vor allem der Abschn. 4.2 gewidmet.

Die Untersuchung bleibt auf Vorgänge beschränkt, in deren Differentialgleichungen die Zeit nicht explizit auftritt. Solche Vorgänge und ihre Differentialgleichungen heißen „autonom". Im Bereich der linearen Differentialgleichungen sind autonome mit „homogenen" Differentialgleichungen identisch, die Vorgänge (der möglichen Energiezufuhr wegen) aber nicht notwendig mit „freien" Vorgängen.

In diesem Kapitel werden wir eine Reihe von Bezeichnungen in stets gleichbleibender Bedeutung häufig benutzen. Wir stellen sie in einer Tabelle zusammen, wobei wir noch angeben, wo die Zeichen erklärt werden oder zum erstenmal auftreten.

Tabelle 4.11/1

Zeichen	Bedeutung	Stelle der Erklärung oder Ort des ersten Auftretens
n	Grad der Freiheit des Systems	—
m	höchste Ordnung der Ableitungen im System der Differentialgleichungen	Gl. (4.12/2)
p	Ordnung des Problems	Gl. (4.12/8) u. S. 174
h	Exponent im Ansatz $q = A\,e^{ht}$	Gl. (4.12/5)
$\Delta(h)$	charakteristische Determinante	Gl. (4.12/7)
$\Delta(h) = 0$	charakteristische Gleichung	
$h_i,\ h_\alpha,\ h_\lambda$	Wurzel der charakteristischen Gleichung	Gl. (4.13/1)
s_i	Vielfachheit der Wurzel h_i	S. 175
r_i	Rang der charakteristischen Determinante $\Delta(h)$ für den Wert $h = h_i$	S. 175
$v_i = n - r_i$	Rangabfall der charakt. Determinante	S. 175

4.12 Definition der vollständigen, allgemeinen Lösung eines Satzes von Differentialgleichungen; die charakteristische Gleichung, die Ordnung des Problems. Als wir in Kap. 2 die freien Bewegungen in ungedämpften Gebilden von zwei Freiheitsgraden untersuchten, machten wir keinen Gebrauch von den Sätzen der allgemeinen Integrationstheorie, sondern gingen von der aus anderen Quellen geschöpften Erkenntnis aus, daß die Gebilde harmonische Schwingungen ausführen können; mathematisch gesprochen, daß ihre Bewegungsgleichungen partikulare Integrale der Form

$$q_k = A_k \cos \omega t \quad \text{oder} \quad q_k = B_k \sin \omega t \qquad (4.12/1)$$

zulassen. Ansätze von dieser Form genügten dann auch zum Aufbau des vollständigen Integrals. Jene Ansätze genügen aber nicht mehr, sobald die Differentialgleichungen eine etwas allgemeinere Bauart aufweisen als die Gleichungen (2.11/1 b); z. B., wenn Dämpfungen ins Spiel treten. Man muß dann notwendigerweise auf die Aussagen der allgemeinen Theorie zurückgreifen.

Es liege ein System (ein Satz) von n (gekoppelten) homogenen linearen Differentialgleichungen mit konstanten Koeffizienten für die n Koordinaten $q_1 \ldots q_n$ vor. (Die Koordinaten seien alle notwendige, d. h. voneinander unabhängige, Koordinaten.) Die in den Differentialgleichungen auftretenden Ableitungen seien höchstens von m-ter Ordnung. Ausgeschrieben lautet das Gleichungssystem also

$$\left.\begin{aligned}
a_{11}^{(m)} q_1^{(m)} + \cdots + a_{1n}^{(m)} q_n^{(m)} + a_{11}^{(m-1)} q_1^{(m-1)} + \cdots \qquad\qquad \\
+ a_{1n}^{(m-1)} q_n^{(m-1)} + \cdots + a_{11}^{(0)} q_1 + \cdots + a_{1n}^{(0)} q_n = 0, \\
a_{21}^{(m)} q_1^{(m)} + \cdots + a_{2n}^{(m)} q_n^{(m)} + \cdots \qquad\qquad\qquad \cdots + a_{2n}^{(0)} q_n = 0, \\
\cdot \quad \cdot \quad \cdot \quad \cdot \quad \cdot \quad \cdot \quad \cdot \quad \cdot \quad \cdot \quad \cdot \quad \cdot \quad \cdot \quad \cdot \quad \cdot \quad \cdot \\
a_{n1}^{(m)} q_1^{(m)} + \cdots + a_{nn}^{(m)} q_n^{(m)} + a_{n1}^{(m-1)} q_1^{(m-1)} + \cdots + \qquad\qquad \\
+ a_{nn}^{(m-1)} q_n^{(m-1)} + \cdots + a_{n1}^{(0)} q_1 + \cdots + a_{nn}^{(0)} q_n = 0.
\end{aligned}\right\} \quad \begin{matrix}(4.12 \\ /2)\end{matrix}$$

In den bisher untersuchten Fällen war stets $m = 2$ (wie meistens in der Mechanik), und wir hatten früher die Koeffizienten, die hier $a^{(2)}$, $a^{(1)}$, $a^{(0)}$ heißen, mit a, b, c bezeichnet.

Die Schreibweise in (4.12/2) ist so gewählt, daß sie Abkürzungen durch Summenzeichen erlaubt. So läßt sich irgendeine, etwa die ν-te, Gleichung schreiben als

$$\sum_{j=0}^{m} \sum_{k=1}^{n} a_{\nu k}^{(j)} q_k^{(j)} = 0. \qquad (4.12/2\,\text{a})$$

Weiterhin wollen wir die in der ν-ten Gleichung auftretenden Ableitungen einer Koordinate q_k samt ihren Koeffizienten zusammenfassen durch den „Differentialoperator"

$$f_{\nu k}\left(\frac{d}{dt}\right) = a_{\nu k}^{(m)} \frac{d^m}{dt^m} + a_{\nu k}^{(m-1)} \frac{d^{m-1}}{dt^{m-1}} + \cdots + a_{\nu k}^{(0)}, \qquad (4.12/3\,\text{a})$$

wofür wir unter Benutzung der symbolischen Potenzen

$$\left(\frac{d}{dt}\right)^m = \frac{d^m}{dt^m}$$

und der Abkürzung

$$D = \frac{d}{dt}$$

auch schreiben können

$$f_{\nu k}(D) = \sum_{j=0}^{m} a_{\nu k}^{(j)} D^j. \qquad (4.12/3\,\text{b})$$

Unter Benutzung dieser Bezeichnungen nimmt das Gleichungssystem (4.12/2) die Form

$$\left.\begin{aligned}
f_{11}(D) q_1 + f_{12}(D) q_2 + \cdots + f_{1n}(D) q_n = 0, \\
f_{21}(D) q_1 + f_{22}(D) q_2 + \cdots + f_{2n}(D) q_n = 0, \\
\cdot \quad \cdot \quad \cdot \quad \cdot \quad \cdot \quad \cdot \quad \cdot \quad \cdot \quad \cdot \quad \cdot \quad \cdot \quad \cdot \quad \cdot \\
f_{n1}(D) q_1 + f_{n2}(D) q_2 + \cdots + f_{nn}(D) q_n = 0
\end{aligned}\right\} \qquad (4.12/4)$$

an.

Zur Bestimmung der Lösungen dieses Systems von linearen homogenen Differentialgleichungen könnte man so vorgehen, daß man zunächst für jede Koordinate q_k eine *einzige* lineare Differentialgleichung herstellt.

Es ist aber übersichtlicher, die Integration des Systems unmittelbar in Angriff zu nehmen. Wie bei einer einzelnen Gleichung machen wir den Ansatz

$$q_k(t) = A_k\, e^{ht} \qquad (k = 1, 2, \ldots, n). \qquad (4.12/5)$$

Nach Entfernen des ja nicht identisch verschwindenden Faktors e^{ht} erhält man dann aus (4.12/4) das folgende homogene System algebraischer Gleichungen zur Bestimmung der n Koeffizienten A_k des Ansatzes (4.12/5)

$$\left.\begin{aligned}
A_1 f_{11}(h) + A_2 f_{12}(h) + \cdots + A_n f_{1n}(h) &= 0, \\
A_1 f_{21}(h) + A_2 f_{22}(h) + \cdots + A_n f_{2n}(h) &= 0, \\
\cdot \quad \cdot \quad \cdot \quad \cdot \quad \cdot \quad \cdot \quad \cdot \quad \cdot \quad \cdot \quad \cdot \quad \cdot \\
A_1 f_{n1}(h) + A_2 f_{n2}(h) + \cdots + A_n f_{nn}(h) &= 0,
\end{aligned}\right\} \qquad (4.12/6)$$

wo $f_{\nu k}(h)$ ein Polynom in h ist, das aus dem Differentialoperator (4.12/3) entsteht, wenn man dort h statt D einsetzt. Soll nun eine nicht-triviale Lösung für das homogene algebraische Gleichungssystem (4.12/6) existieren, d. h., soll auch nur einer der Faktoren A_k verschieden von Null sein, so muß die Determinante des Gleichungssystems verschwinden,

$$\Delta(h) \equiv \begin{vmatrix}
f_{11}(h) & f_{12}(h) & \ldots & f_{1n}(h) \\
f_{21}(h) & f_{22}(h) & \ldots & f_{2n}(h) \\
\cdot & \cdot & \cdot & \cdot \\
f_{n1}(h) & f_{n2}(h) & \ldots & f_{nn}(h)
\end{vmatrix} = 0. \qquad (4.12/7)$$

Diese Gleichung ist eine Bedingungsgleichung für die Exponenten h des Ansatzes (4.12/5). Sie heißt die *charakteristische Gleichung* des Systems (4.12/4). Ihren Grad p findet man leicht aus der folgenden Überlegung: Jeder Faktor $f_{\nu k}(h)$ ist ein Polynom in h von höchstens dem Grade m, weil der entsprechende Operator $f_{\nu k}(D)$ in (4.12/4) höchstens die m-te Ableitung enthält. $\Delta(h)$ ist eine n-reihige Determinante; also ist sie in h von höchstens (denn sie kann auch niedriger sein) dem Grade $n \cdot m$:

$$p \leqq n \cdot m. \qquad (4.12/8)$$

Wir erhalten also in (4.12/5) p Funktionen $q_k(t)$ und also p Integrationskonstanten A_k für jedes einzelne k (das von 1 bis n läuft); das sind im ganzen $n \cdot p$ Integrationskonstanten. Diese sind aber nicht alle „frei", sondern hängen noch über die n Gleichungen des Differentialgleichungssystems miteinander zusammen. Es läßt sich zeigen (s. 4.13), daß die $q_k(t)$ dem System (4.12/4) unter der Bedingung genügen, daß unter den $n \cdot p$ Integrationskonstanten nur p willkürliche sind, während die restlichen $(n-1) \cdot p$ Integrationskonstanten von diesen p willkürlichen in einer durch die Parameter des Differentialgleichungssystems bestimmten Weise linear abhängen. Man kann also das Integrationsproblem für ein System von linearen Differentialgleichungen kurz dahin formulieren, daß man ein Funktionensystem $q_1(t), q_2(t), \ldots, q_n(t)$ bestimmen muß, das dem Differentialgleichungssystem (4.12/4) genügt und insgesamt p willkürliche Integrationskonstanten enthält. Solch ein Funktionensystem wollen wir die *allgemeine Lösung* des Differentialgleichungssystems (4.12/4) nennen.

Die Zahl p ist die „*Ordnung des Problems*".

4.13 Herstellung der vollständigen Lösung, wenn die charakteristische Gleichung nur einfache Wurzeln besitzt. Wir machen zunächst die Voraussetzung, die charakteristische Gl. (4.12/7) besitze nur einfache Wurzeln h_i. Dann hat jedes der p Partikularintegrale die Form (4.12/5), und die allgemeine Lösung lautet für eine jede Koordinate zunächst

$$q_k(t) = \sum_{i=1}^{p} A_{ki} e^{h_i t} \qquad (k = 1, 2, \ldots, n). \qquad (4.13/1)$$

Sie enthält p Integrationskonstanten A_{ki}; insgesamt treten also $n \cdot p$ Konstanten auf. Damit die Funktionen (4.13/1) wirklich die allgemeine Lösung des Systems (4.12/4) darstellen, muß die Gesamtzahl der (willkürlichen) Integrationskonstanten genau p (weder weniger noch mehr) sein. Man kann nun zeigen, daß das Gleichungssystem, das wir zur Bestimmung der A_{ki} erhalten, wenn wir mit den Lösungen (4.13/1) in das Differentialgleichungssystem (4.12/4) eingehen und einen Koeffizientenvergleich durchführen, so gebaut ist, daß nur p der Konstanten willkürlich sind, während die übrigen $(n-1) \cdot p$ Konstanten zu den willkürlichen in bestimmten Verhältnissen, den „Ausschlagverhältnissen" oder „Formzahlen", stehen.

Der Beweis, den wir aus Raumgründen nur andeuten, macht Gebrauch von der Möglichkeit, die $n \cdot p$ Gleichungen, die man beim Einsetzen von (4.13/1) in (4.12/4) erhält, umzuordnen in p Systeme von je n Gleichungen. Deren Determinante verschwindet nach (4.12/7) für jedes h_i $(i = 1 \ldots p)$; es verschwindet aber, da die Wurzeln einfach sind, sicher *eine* Unterdeterminante nicht. Das bedeutet, daß in jedem der p Systeme gerade *eine* Konstante A_{ri} willkürlich bleibt, während alle anderen aus ihr durch Multiplikation mit „Formzahlen" $\varkappa_{ki}^{(r)}$ hervorgehen, die sich als die Quotienten zweier Unterdeterminanten $(n-1)$-ter Ordnung bestimmen.

Bei einem System von zwei Freiheitsgraden hat man

$$\left. \begin{aligned} f_{11}(h_i) A_{1i} + f_{12}(h_i) A_{2i} = 0, \\ f_{21}(h_i) A_{1i} + f_{22}(h_i) A_{2i} = 0, \end{aligned} \right\} \qquad (i = 1 \ldots p) \qquad (4.13/2)$$

und die Quotienten $\varkappa_{2i}^{(1)}$ (z. B.) werden

$$\varkappa_{2i}^{(1)} \equiv \frac{A_{2i}}{A_{1i}} = - \frac{f_{21}(h_i)}{f_{22}(h_i)} = - \frac{f_{11}(h_i)}{f_{12}(h_i)}. \qquad (4.13/3)$$

Wegen (4.12/7) erhält man aus beiden Bestimmungsgleichungen dasselbe $\varkappa_{ki}^{(r)}$.

Bei n Veränderlichen ergeben sich — da man n Möglichkeiten hat, eine Zeile wegzulassen — n gleichwertige Darstellungen für jedes $\varkappa_{ki}^{(r)}$, z. B.

$$\varkappa_{ki}^{(1)} \equiv \frac{A_{ki}}{A_{1i}} = (-1)^{k-1} \frac{\Delta_{1k}(h_i)}{\Delta_{11}(h_i)} = (-1)^{k-1} \frac{\Delta_{2k}(h_i)}{\Delta_{21}(h_i)} = \ldots = (-1)^{k-1} \frac{\Delta_{nk}(h_i)}{\Delta_{n1}(h_i)}, \qquad (4.13/4)$$

worin $\Delta_{\nu\varrho}$ die zum Element $f_{\nu\varrho}$ gehörige Unterdeterminante von (4.12/7) ist.

Wir fassen das Ergebnis in die Worte:

Die vollständige Lösung des Systems von Differentialgleichungen (4.12/4) läßt sich, wenn die charakteristische Gleichung nur einfache Wurzeln besitzt, stets in der Form

$$q_k = \sum_{i=1}^{p} B_i \varkappa_{ki}(h_i)\, e^{h_i t} \qquad (4.13/5)$$

schreiben. Darin bedeuten die B_i die p voneinander unabhängigen, also *willkürlichen* Konstanten, die $\varkappa_{ki}$ die zugehörigen, durch (4.13/4) festgelegten Ausschlagverhältnisse; von ihnen können für jede einzelne Wurzel h_i bis zu $(n-1)$ Ausschlagverhältnisse $\varkappa_{ki}$ verschwinden.

4.14 Herstellung der vollständigen Lösung, wenn die charakteristische Gleichung auch mehrfache Wurzeln besitzt. Wir nehmen nun an, daß die p Wurzeln der charakteristischen Gl. (4.12/7) nicht mehr alle einfach sind, daß vielmehr α verschiedene Wurzeln $h_1 \ldots h_\alpha$ von der Vielfachheit $s_1 \ldots s_\alpha$ auftreten. Für die s_i gilt natürlich

$$\sum_{i=1}^{\alpha} s_i = p\,.$$

(Der Fall einfacher Wurzeln ist als Sonderfall hier enthalten, wenn $s_1 = s_2 = \ldots = s_\alpha = 1$ und damit $\alpha = p$ ist.)

Unter dieser Voraussetzung fallen, wenn man den Ansatz (4.12/5) benutzt, jeweils s_i partikulare Integrale der Differentialgleichung in eines zusammen. In 4.13 haben wir aber festgestellt, daß zu jedem der p partikularen Integrale auch eine *willkürliche* Konstante gehört. Wie ergibt sich nun, obgleich jeweils s_i Integrale in eines zusammenfallen [oder anders ausgedrückt, jeweils $(s_i - 1)$ Integrale wegfallen], trotzdem die notwendige Anzahl von p willkürlichen Konstanten in der vollständigen Lösung des Systems? Wegen der Linearität der Gleichung genügt es für unsere Überlegung anzunehmen, daß die charakteristische Gleichung eine einzige Wurzel h_i von der Vielfachheit s_i aufweise.

α) **Rangabfall = Vielfachheit der Wurzel:** $r_i = n - s_i$. Wir behandeln zunächst den (in der Mechanik nicht selten vorkommenden) Sonderfall, daß die n-reihige charakteristische Determinante für den Wert h_i der Wurzel jeweils den Rang $r_i = n - s_i$ habe. [Die Determinante habe den Rang $(n - s_i)$, heißt, es verschwinden alle ihre Unterdeterminanten $(n-1)$-ter, $(n-2)$-ter bis $(n - s_i + 1)$-ter Ordnung, während unter den Unterdeterminanten $(n - s_i)$-ter Ordnung mindestens eine nicht verschwindet.] Wenn nun der Rang der charakteristischen Determinante $(n - s_i)$ ist, so enthält das Gleichungssystem (4.12/6) unter den n zur betrachteten Partikularlösung $e^{h_i t}$ gehörenden Konstanten A_{1i} bis A_{ni} (nicht wie früher nur eine, sondern) genau s_i willkürliche, während die übrigen $(n - s_i)$ Konstanten wieder in einer durch die Parameter der Differentialgleichung bestimmten Weise von jenen linear abhängen.

In der Lösung erhalten wir also genau s_i willkürliche Konstanten bei *dem* partikularen Integral, das zur Wurzel h_i gehört, also genauso viele, wie ohne das Zusammenfallen der Wurzeln vorhanden gewesen wären.

Um den Sachverhalt deutlich zu machen, betrachten wir am besten ein schematisches Beispiel: Ein Gebilde von $n = 4$ Freiheitsgraden habe eine charakteristische Gleichung vom Grade $p = 7$; unter ihren Wurzeln seien vier einfache, $h_1 \ldots h_4$, die Wurzel h_5 sei aber dreifach, $s_5 = 3$. Die Determinante $\varDelta(h)$ hat also für h_1 bis h_4 den Rang 3; ferner hat sie für $h = h_5$ den Rang 1 $(r_i = n - s_i)$. Dann erhält man für die vier Koordinaten q_1 bis q_4 die folgenden Lösungen:

$$q_k = A_{k1}\, e^{h_1 t} + A_{k2}\, e^{h_2 t} + A_{k3}\, e^{h_3 t} + A_{k4}\, e^{h_4 t} + A_{k5}\, e^{h_5 t}; \quad (k = 1, 2, 3, 4). \qquad (4.14/1a)$$

Geht man mit diesen Lösungen in ein Differentialgleichungssystem der oben angegebenen Eigenschaften ein, so ergibt sich: Die Konstanten A_{11}, A_{21}, A_{31}, A_{41} stehen ebenso wie die Konstanten A_{12}, A_{22}, A_{32}, A_{42}; A_{13}, A_{23}, A_{33}, A_{43}; A_{14}, A_{24}, A_{34}, A_{44} in bestimmten, gegebenen Verhältnissen zu einer von ihnen. Es ist nur eine Konstante von je vieren willkürlich. Wir wollen z. B. A_{11}, A_{12}, A_{13} und A_{14} als willkürlich ansehen. Von den vier Konstanten A_{15}, A_{25}, A_{35} und A_{45} sind dagegen drei willkürlich (nicht etwa nur eine, wie es bei einer einfachen Wurzel der Fall wäre). Die vierte ist eine lineare Kombination der drei anderen. Es sei z. B.

$$A_{45} = \xi_1 A_{15} + \xi_2 A_{25} + \xi_3 A_{35},$$

wo ξ_1, ξ_2, ξ_3 durch die Parameter des Differentialgleichungssystems gegeben sind. Wir können dann die Lösungen in der folgenden Form schreiben

$$
\left.
\begin{aligned}
q_1 &= A_{11}e^{h_1 t} + A_{12}e^{h_2 t} + A_{13}e^{h_3 t} + A_{14}e^{h_4 t} + A_{15}e^{h_5 t}, \\
q_2 &= A_{11}\varkappa_{21}e^{h_1 t} + A_{12}\varkappa_{22}e^{h_2 t} + A_{13}\varkappa_{23}e^{h_3 t} + A_{14}\varkappa_{24}e^{h_4 t} + A_{25}e^{h_5 t}, \\
q_3 &= A_{11}\varkappa_{31}e^{h_1 t} + A_{12}\varkappa_{32}e^{h_2 t} + A_{13}\varkappa_{33}e^{h_3 t} + A_{14}\varkappa_{34}e^{h_4 t} + A_{35}e^{h_5 t}, \\
q_4 &= A_{11}\varkappa_{41}e^{h_1 t} + A_{12}\varkappa_{42}e^{h_2 t} + A_{13}\varkappa_{43}e^{h_3 t} + A_{14}\varkappa_{44}e^{h_4 t} + (\xi_1 A_{15}+\xi_2 A_{25}+\xi_3 A_{35})e^{h_5 t}.
\end{aligned}
\right\} \quad (4.14 \, / 1b)
$$

Die noch in der Lösung erscheinenden sieben Konstanten A_{ik} sind nun alle *willkürliche* Konstanten; ihre Anzahl ist gleich dem Grad der charakteristischen Determinante. Auch hier *können* sowohl die Ausschlagverhältnisse $\varkappa$ als auch die Größen ξ zu Null werden, genau wie bei den einfachen Wurzeln.

Bezüglich der Abzählung der Vielfachheit einer Wurzel ist dann Vorsicht geboten, wenn die charakteristische Determinante nicht h, sondern h^2 als Argument hat. Zwar bedeutet eine von Null verschiedene Wurzel h_i^2 von der Vielfachheit s_i stets eine s_i-fache Wurzel h_i; ist aber h_i^2 eine s_i-fache *Null*wurzel, so hat die Wurzel h_i die Vielfachheit $2s_i$. Diese Unterscheidung wird z. B. wesentlich bei kleinen ungedämpften Bewegungen um Gleichgewichtslagen (vgl. Satz 4 von 4.34α).

β) **Rangabfall** $v_i <$ **Vielfachheit der Wurzel** s_i: $r_i > n - s_i$. Wir wenden uns nun dem allgemeinen Fall zu, daß der Rang r_i der charakteristischen Determinante für die s_i-fachen Wurzeln h_i nicht genau $(n - s_i)$, sondern größer sei, und zwar gelte

$$v_i = n - r_i, \qquad v_i < s_i \leqq n. \tag{4.14/2}$$

Dann erhält man jeweils nur $v_i = n - r_i$ willkürliche Konstanten zu jedem partikularen Integral $e^{h_i t}$, so daß insgesamt

$$\sum_{i=1}^{\alpha} (s_i - v_i) = \sum_{i=1}^{\alpha} (s_i + r_i - n)$$

Konstanten fehlen. Außer den partikularen Integralen $e^{h_i t}$ müssen nun also noch weitere vorhanden sein. Um sie angeben zu können, greifen wir auf einen Satz aus der Theorie der Differentialgleichungen zurück; er lautet: Hat eine Wurzel h_i der charakteristischen Gleichung die Vielfachheit s_i, so gehört zu ihr eine Lösung der Form

$$q_{ki}(t) = e^{h_i t} \sum_{\mu=0}^{s_i-1} A_{ki}^{(\mu)} t^\mu. \tag{4.14/3}$$

Welchen Grad das Polynom aber tatsächlich besitzt, hängt noch vom Rang r_i der charakteristischen Determinante ab. Wir geben ohne Herleitung die Lösungssysteme an:

1. Der Rang der Determinante $\varDelta(h_i)$ sei $r_i = (n - 1)$, d. h. $v_i = 1$. Dann gehört in jeder Koordinate q_k zur Wurzel h_i ein Polynom, in welchem — wie in (4.14/3) angegeben — μ tatsächlich bis $s_i - 1$ läuft. Unter den s_i Konstanten $A_{ki}^{(0)}$ bis $A_{ki}^{(s_i-1)}$ ist jeweils nur *eine* willkürlich. Im Ganzen enthält die Lösung also $\sum s_i = p$ willkürliche Konstanten.

2. Der Rang der Determinante $\varDelta(h_i)$ ist $n - v_i$. Bei den partikularen Integralen $e^{h_i t}$ stehen dann schon v_i willkürliche Konstanten $A_{ki}^{(0)}$. Weitere muß das Polynom (4.14/3) liefern. Hier genügt es sicher, die Potenzen bis zur $(s_i - v_i)$-ten mitzunehmen, so daß

$$q_{ki}(t) = e^{h_i t} \sum_{\mu=0}^{s_i - v_i} A_{ki}^{(\mu)} t^\mu \tag{4.14/3a}$$

wird. Da unter den Konstanten $A_{ki}^{(0)}$ schon ν_i willkürliche sind, wird jetzt die Gesamtzahl wieder zu

$$\sum (\nu_i + s_i - \nu_i) = \sum s_i.$$

3. Wir betrachten zum Schluß noch den Sonderfall, daß $s_i > n$ ist. Hier ist der Rang r_i der Determinante sicher größer als $n] - s_i$, da r_i als wesentlich nicht-negative Zahl größer ist als die jetzt negative Zahl $n - s_i$. Mit $r_i = n - \nu_i$ gilt auch hier (4.14/3a). Wird im besonderen $r_i = 0$, also $\nu_i = n$, so kommt aus (4.14/3a)

$$q_{ki}(t) = e^{h_i t} \sum_{\mu=0}^{s_i-n} A_{ki}^{(\mu)} t^\mu. \tag{4.14/3b}$$

Zusammenfassend können wir also sagen: Bei einer s_i-fachen Wurzel h_i genügt stets der Ansatz

$$q_{ki}(t) = e^{h_i t} \sum_{\mu=0}^{s_i-1} A_{ki}^{(\mu)} t^\mu. \tag{4.14/4a}$$

Ist der Rang der Determinante bekannt, $r_i = n - \nu_i$, so genügt es bereits, diese Summe bis $s_i - \nu_i = s_i + (r_i - n)$ laufen zu lassen:

$$q_{ki}(t) = e^{h_i t} \sum_{\mu=0}^{s_i-\nu_i} A_{ki}^{(\mu)} t^\mu. \tag{4.14/4b}$$

Mit den Ansätzen (4.14/4a) oder (4.14/4b) gehe man nun in die Differentialgleichungen (4.12/4) ein und reduziere durch Bestimmung der Ausschlagverhältnisse und der Anzahl der wirklich auftretenden Potenzen in t die Anzahl der Integrationskonstanten auf die $p = \sum s_i$ notwendigen willkürlichen. Auch wenn der Rang der Determinante $n - \nu_i$ ist, führt der Ansatz (4.14/4a) zum Ziel. Es verschwinden dann einfach die Koeffizienten A_{ki} der überflüssigen Potenzen in t. Beachtet man aber den Rang der Determinante von vornherein, so kann man sich, besonders wenn r_i gegenüber s_i bereits ins Gewicht fällt, Rechenarbeit ersparen. Ist im besonderen $r_i = n - s_i$, also $\nu_i = s_i$, so enthält die Summe in (4.14/4b) nur das einzige Glied $A_{ki}^{(0)}$; an seiner Stelle ist oben A_{ki} geschrieben.

4.15 Zusammenhang zwischen den Integrationskonstanten und den Anfangs- (oder Rand-) Werten des Problems. Die Lösungen eines Systems von Differentialgleichungen enthalten — wie wir gesehen haben — p voneinander unabhängige Integrationskonstanten, welche Vielfachheit die Wurzeln der Gleichung und welchen Rang die charakteristische Determinante auch immer haben mögen. Demgemäß kann man dem Problem p Anfangs- oder Randbedingungen auferlegen.

Durch die Anfangs- oder Randwerte werden die p Integrationskonstanten festgelegt; wegen der Linearität aller Gleichungen werden sie lineare Funktionen dieser Anfangs- oder Randwerte. Explizit lassen sich diese Funktionen nur schwer in allgemein gültiger Fassung angeben. Wir beschränken uns deshalb auf einige Beispiele.

Wir setzen zunächst voraus, die charakteristische Gleichung habe nur einfache Wurzeln. Ihre vollständige Lösung läßt sich dann in der Form (4.13/5),

$$q_k = \sum_{i=1}^{p} B_i \varkappa_{ki} e^{h_i t} \tag{4.15/1}$$

schreiben, wo die B_i die unabhängigen Integrationskonstanten, die $\varkappa_{ki}$ die festgelegten Formzahlen bezeichnen. Es handle sich um ein Anfangswertproblem; unter den p Anfangsbedingungen seien vorgegeben: erstens die $\bar{p}$ Anfangswerte der Koordinaten, $q_1(t_0)$ bis $q_{\bar{p}}(t_0)$, zweitens die $\bar{\bar{p}}$ Anfangswerte der ersten Ableitungen, $\dot{q}_1(t_0)$ bis $\dot{q}_{\bar{\bar{p}}}(t_0)$; dabei ist $\bar{p} + \bar{\bar{p}} = p$. [Oft wird $\bar{p} = \bar{\bar{p}} = p/2 = n$ sein.]

Somit erhalten wir das folgende lineare System von inhomogenen Gleichungen zur Bestimmung der p Konstanten B_i in Abhängigkeit von den Anfangswerten:

$$\left.\begin{aligned}
q_\nu(t_0) &= \sum_{i=1}^{p} B_i \varkappa_{\nu i} e^{h_i t_0}, & \nu &= 1, 2, \ldots, \bar{p}, \\
\dot{q}_\nu(t_0) &= \sum_{i=1}^{p} B_i \varkappa_{\nu i} h_i e^{h_i t_0}, & \nu &= 1, 2, \ldots, \bar{\bar{p}}.
\end{aligned}\right\} \tag{4.15/2}$$

Dieses System von p Gleichungen läßt sich (mittels der CRAMERschen Regel) nach den p Unbekannten $B_1 \ldots B_p$ auflösen, die dadurch als lineare Funktionen der p Anfangswerte

$$q_1(t_0) \ldots q_{\bar{p}}(t_0) \quad \text{und} \quad \dot{q}_1(t_0) \ldots \dot{q}_{\bar{\bar{p}}}(t_0)$$

erscheinen.

Für das Vorgehen in anderen Fällen zeigen wir nur ein spezielles Beispiel. Wir wählen dazu das in 4.14 schon erwähnte, wo $n = 4$ und $p = 7$ war, und wo die ersten vier Wurzeln h_1 bis h_4 einfach, h_5 aber dreifach sein sollte. Die allgemeine Lösung dieses Falles wird durch (4.14/1 b) angegeben. Als Anfangsbedingungen seien die sieben Werte

$$q_1(t_0), \quad \dot{q}_1(t_0), \quad \ldots, \quad q_1^{(6)}(t_0)$$

vorgeschrieben.

Die erste Gleichung aus (4.14/1 b) enthält nur fünf der sieben Integrationskonstanten, und zwar A_{11} bis A_{15}. Nach viermaligem Ableiten dieser Gleichung kommt das aus fünf Gleichungen bestehende System

$$\left.\begin{aligned}
q_1(t_0) &= \sum_{i=1}^{5} A_{1i} e^{h_i t_0}, \\
\dot{q}_1(t_0) &= \sum_{1}^{5} A_{1i} h_i e^{h_i t_0}; \\
&\cdot \quad \cdot \quad \cdot \quad \cdot \quad \cdot \quad \cdot \quad \cdot \\
q_1^{(4)}(t_0) &= \sum_{1}^{5} A_{1i} h_i^4 e^{h_i t_0}
\end{aligned}\right\} \tag{4.15/3}$$

zustande. Aus ihm können die Integrationskonstanten A_{11} bis A_{15} als lineare Funktionen der fünf Anfangswerte $q_1(t_0) \ldots q_1^{(4)}(t_0)$ bestimmt werden. Es fehlen nun noch die beiden Konstanten A_{25} und A_{35}. Um sie zu ermitteln, muß man über das Differentialgleichungssystem (das wir für dieses Beispiel nicht explizit angegeben haben) einen Zusammenhang herstellen zwischen der Koordinate q_1, deren Ableitungen zur Zeit $t = t_0$ vorgegeben sind, und jenen Koordinaten, in deren Lösungen die zu bestimmenden Konstanten stehen. So zieht man etwa eine Differentialgleichung heran, die in q_1 und q_2 gekoppelt ist, oder noch besser eine solche, die q_1 und q_4 enthält, da in der Lösung von q_4 nicht nur A_{25}, sondern auch A_{35} vorkommt. Diese q_1 und q_4 enthaltende Differentialgleichung löse man nach der höchsten Ableitung von q_1 auf und differenziere weiter, bis $q_1^{(5)}$ und $q_1^{(6)}$ erscheinen; so kommen die beiden Gleichungen

$$\left.\begin{aligned} q_1^{(5)}(t_0) &= F_1(A_{11}, \ldots, A_{15}) + \alpha A_{25} + \beta A_{35}, \\ q_1^{(6)}(t_0) &= F_2(A_{11}, \ldots, A_{15}) + \gamma A_{25} + \delta A_{35} \end{aligned}\right\} \tag{4.15/4}$$

zustande, die dann die noch fehlenden Unbekannten A_{25} und A_{35} als Funktionen von $q_1^{(5)}(t_0)$ und $q_1^{(6)}(t_0)$, aber (über die $A_{11}, \ldots, A_{15}$) auch von $q_1(t_0) \ldots q_1^{(4)}(t_0)$ liefern.

Dieses an einem Beispiel aufgezeigte Verfahren ist für Anfangs- oder Randwerte immer durchführbar, wenn das vorgelegte System von Differentialgleichungen so gebaut (d. h. so gekoppelt) ist, daß es nicht in zwei (oder mehr) einzelne Gleichungssysteme zerfällt. Auch dann, wenn beim Vorhandensein mehrfacher Wurzeln Potenzen von t in den Lösungen auftreten, ergibt sich nichts grundsätzlich Neues.

Im allgemeinen erfordert die Bestimmung der p unabhängigen Integrationskonstanten aus den p algebraischen Gleichungen die Berechnung von p-reihigen Determinanten.

4.16 Das Routhsche Verfahren der Isolierung von Integrationskonstanten.
α) Der Zweck des Verfahrens. Neben dem in 4.15 geschilderten *allgemeinen* Verfahren, bei dem die Kenntnis *sämtlicher* Wurzeln der charakteristischen Gleichung verlangt wird, gibt es noch ein zweites (von Routh[1] stammendes), das in manchen Fällen erhebliche Vorteile bietet. Es erlaubt nämlich die Bestimmung der in einer Koordinate q_k zu einem bestimmten Partikularintegral gehörenden Integrationskonstanten A_{ki} auch dann, wenn außer der zu diesem Partikularintegral gehörenden (ein- oder mehrfachen) Wurzel h_i der charakteristischen Gleichung keine weitere Wurzel bekannt ist. Zudem erlaubt es diese Bestimmung mit einem Rechenaufwand, der geringer ist als beim allgemeinen Verfahren. Das Verfahren ist aber seinerseits nicht allgemein, da es erstens auf Anfangswertprobleme beschränkt ist (also nicht auf Randwertprobleme angewendet werden kann) und da zweitens diese Anfangswerte nicht ganz beliebig vorgegeben sein dürfen, sondern gewissen (aber bei mechanischen Problemen in der Regel erfüllten) Voraussetzungen genügen müssen.

Man kann dem Routhschen Verfahren verschiedene Fassungen geben. Wir stellen es mit den Hilfsmitteln der „gewöhnlichen" Differential- und Integralrechnung dar. Das Verfahren läßt sich mit Hilfe der Laplace-Transformation in größere Zusammenhänge stellen; wir müssen uns jedoch mit diesem Hinweis begnügen.

β) Die Voraussetzungen des Verfahrens.

1. Die Anfangsbedingungen müssen zur Zeit $t = 0$ vorgegeben sein. (Sind die Bedingungen zunächst für einen Wert $t = t_0$ vorgegeben, so muß eine Transformation der Zeit vorgenommen werden.)

2. Die Anfangsbedingungen müssen in der Form „natürlicher Bedingungen" vorgeschrieben sein. Anfangsbedingungen heißen dann natürlich, wenn für eine

---

[1] Routh, E. J.: Dynamik der Systeme starrer Körper, Bd. 2 (deutsche Ausgabe). Leipzig: Teubner 1898. Das englische Original „Dynamics of a system of rigid bodies, 6th edition 1905", neu als Dover Publication, New York 1955 erschienen.

jede Koordinate $q_k(t)$, deren höchste im Differentialgleichungssystem vorkommende Ableitung die m_k-te ist, die Werte

$$q_k(0), \quad \dot{q}_k(0), \quad \ldots, \quad q_k^{(m_k-1)}(0), \qquad (k = 1, 2, \ldots, n)$$

vorgeschrieben sind.

3. Ist das Differentialgleichungssystem inhomogen, so muß man unter den Anfangswerten $q_k^{(\mu)}(0)$ (mit $\mu = 0, 1, \ldots, m_k - 1$) die Differenzen verstehen, die aus den für die Gesamtlösung vorgeschriebenen Anfangswerten $[q_k^{(\mu)}(0)]_{\text{ges}}$ und den Werten $[q_k^{(\mu)}(0)]_{\text{part}}$ gebildet werden, wenn $[q_k^{(\mu)}(t)]_{\text{part}}$ jenes Partikularintegral des inhomogenen Differentialgleichungssystems bedeutet, das man der Lösung des homogenen Differentialgleichungssystems zur Gewinnung der Gesamtlösung überlagert; so ist also

$$q_k^{(\mu)}(0) = [q_k^{(\mu)}(0)]_{\text{ges}} - [q_k^{(\mu)}(0)]_{\text{part}}.$$

γ) **Der Gang des Verfahrens.** Das zugrunde gelegte Differentialgleichungssystem sei (4.12/4). Darin bedeute $f_{\nu k}(D)$ den Differentialoperator

$$f_{\nu k}(D) = a_{\nu k}^{(m_k)} D^{m_k} + a_{\nu k}^{(m_k-1)} D^{m_k-1} + \cdots + a_{\nu k}^{(1)} D + a_{\nu k}^{(0)}. \qquad (4.16/1)$$

Zum Differentialgleichungssystem (4.12/4) gehört die charakteristische Determinante (4.12/7). Die Forderung, daß sie gleich Null sei, liefert die charakteristische Gleichung

$$\Delta(h) = 0. \qquad (4.16/2)$$

Unter ihren Wurzeln sei die Wurzel h_i von der Vielfachheit s_i bekannt. Die zu dieser Wurzel gehörige Partikularlösung lautet samt ihren Integrationskonstanten [vgl. (4.14/4a)]

$$q_k(h_i, t) = \left[A_{ki}^{(0)} + A_{ki}^{(1)} t + \frac{1}{2} A_{ki}^{(2)} t^2 + \cdots + \frac{1}{(s_i-1)!} A_{ki}^{(s_i-1)} t^{s_i-1} \right] e^{h_i t}. \qquad (4.16/3)$$

Die zu dieser Partikularlösung der Wurzel h_i gehörenden Integrationskonstanten

$$A_{ki}^{(0)} \ldots A_{ki}^{(s_i-1)}$$

werden aus dem folgenden System algebraischer Gleichungen bestimmt

$$\left. \begin{aligned}
\frac{\Delta^{(s_i)}(h_i)}{s_i!} A_{ki}^{(s_i-1)} &= \Delta_k(h_i, 0), \\[2mm]
\frac{\Delta^{(s_i+1)}(h_i)}{(s_i+1)!} A_{ki}^{(s_i-1)} + \frac{\Delta^{(s_i)}(h_i)}{(s_i)!} A_{ki}^{(s_i-2)} &= \Delta_k'(h_i, 0), \\[2mm]
\cdots \cdots \cdots \cdots \cdots \cdots \cdots \cdots & \\[2mm]
\frac{\Delta^{(2s_i-1)}(h_i)}{(2s_i-1)!} A_{ki}^{(s_i-1)} + \cdots + \frac{\Delta^{(s_i)}(h_i)}{(s_i)!} A_{ki}^{(0)} &= \frac{1}{(s_i-1)!} \Delta_k^{(s_i-1)}(h_i, 0).
\end{aligned} \right\} \qquad (4.16/4)$$

In diesem Gleichungssystem bedeutet $\Delta^{(\mu)}(h_i)$ die μ-te nach h genommene Ableitung der charakteristischen Determinante (4.12/7) an der Stelle $h = h_i$. Es bedeutet ferner $\Delta_k^{(\mu)}(h_i, 0)$ die μ-te, nach h genommene und an der Stelle $h = h_i$ und $t = 0$ gebildete Ableitung der Funktion $\Delta_k(h, t)$. Diese Funktion Δ_k entsteht dadurch, daß man in der charakteristischen Determinante (4.12/7) die Elemente der k-ten Spalte der Reihe nach durch die Funktionen $g_\nu(h, t)$

ersetzt (wo ν den Index der Zeile angibt). Diese Funktionen entstehen ihrerseits dadurch, daß man in den symbolischen Quotienten der Summe

$$g_\nu(h, t) = \frac{f_{\nu 1}(D)}{D - h} q_1 + \frac{f_{\nu 2}(D)}{D - h} q_2 + \cdots + \frac{f_{\nu n}(D)}{D - h} q_n \qquad (4.16/5)$$

nur die in D ganzen Anteile beibehält, die gebrochenen Reste also einfach wegläßt[1]. So kommt

$$\Delta_k(h, 0) = \begin{vmatrix} f_{11}(h) \ldots f_{1,\,k-1}(h) & g_1(h, 0) & f_{1,\,k+1}(h) \ldots f_{1n}(h) \\ f_{21}(h) \ldots f_{2,\,k-1}(h) & g_2(h, 0) & f_{2,\,k+1}(h) \ldots f_{2n}(h) \\ \cdot \quad \cdot \quad \cdot \quad \cdot & \cdot \quad \cdot & \cdot \quad \cdot \quad \cdot \quad \cdot \\ f_{n1}(h) \ldots f_{n,\,k-1}(h) & g_n(h, 0) & f_{n,\,k+1}(h) \ldots f_{nn}(h) \end{vmatrix}. \qquad (4.16/6)$$

Die Auflösung des algebraischen Gleichungssystems (4.16/4) nach den Unbekannten $A_{ki}^{(\mu)}$ ist deshalb besonders einfach, weil sie rekurrierend vorgenommen werden kann; die erste Gleichung enthält nur eine Unbekannte; die nächste eine weitere, usf.

Für den häufigen Sonderfall, daß es sich um eine einfache Wurzel h_i handelt, $s_i = 1$, lautet das Partikularintegral (4.16/3) einfach

$$q_k(h_i, t) = A_{ki}^{(0)} e^{h_i t}, \qquad (4.16/3')$$

und das Gleichungssystem (4.16/4) schmilzt auf die einzige Gleichung

$$\Delta'(h_i)\, A_{ki}^{(0)} = \Delta_k(h_i, 0) \qquad (4.16/4')$$

für die einzige Unbekannte $A_{ki}^{(0)}$ zusammen. Von den Funktionen $\Delta_k(h, t)$ wird dann keine Ableitung (nach h) benötigt, und der Wert $\Delta_k(h_i, 0)$ kann dadurch gebildet werden, daß schon in den Quotienten (4.16/5) h durch h_i ersetzt wird (vgl. alle Beispiele von 4.17α).

4.17 Zahlenbeispiele[2] zum Routhschen Verfahren. α) Beispiel mit einfachen, reellen Wurzeln. Als Differentialgleichungssystem sei vorgelegt[3]

$$\left. \begin{array}{l} (D^2 - 4D)\, q_1 - (D - 1)\, q_2 = 0, \\ (D + 6)\, q_1 + (D^2 - D)\, q_2 = 0. \end{array} \right\} \qquad (4.17/1)$$

Die zugehörige charakteristische Determinante (4.12/7) lautet dann

$$\Delta(h) = \begin{vmatrix} h^2 - 4h & -(h - 1) \\ h + 6 & h^2 - h \end{vmatrix}. \qquad (4.17/2\,a)$$

Die charakteristische Gleichung $\Delta(h) = 0$ hat die vier einfachen Wurzeln

$$h_1 = -1, \qquad h_2 = 2, \qquad h_3 = 3, \qquad h_4 = 1. \qquad (4.17/2\,b)$$

Es sei nun die Aufgabe gestellt, ohne Benutzung (Kenntnis) der Wurzeln h_2, h_3, h_4 zunächst die Konstante A_{11} ($\equiv A_{11}^{(0)}$) zu bestimmen, die zur Wurzel h_1 in der Koordinate q_1 gehört, wenn die vier Anfangswerte $q_1(0)$, $\dot{q}_1(0)$, $q_2(0)$, $\dot{q}_2(0)$ vorgegeben sind, und danach die Konstante A_{21}, die in der Koordinate q_2 zur gleichen Wurzel h_1 gehört.

---

[1] In den Beispielen werden stets die Quotienten schlechthin angeschrieben, wenn auch nur der „ganze" Anteil des Quotienten gemeint ist.

[2] Die Benennungen auch der dimensionsbehafteten Größen sind der Einfachheit halber fortgelassen. Dieses Vorgehen kommt darauf hinaus, mit einer dimensionslos gemachten Zeit zu arbeiten.

[3] Aus E. J. Routh: Zit. S. 179; dort S. 269 (deutsche Ausgabe).

Das Partikularintegral lautet hier

$$q_1(h_1, t) = A_{11}\, e^{h_1 t}.$$

Die Konstante A_{11} wird gemäß (4.16/4$'$) durch die Gleichung

$$A_{11} = \frac{\Delta_1(h_1, 0)}{\Delta'(h_1)}$$

bestimmt. Die zur Bildung der Funktion $\Delta_1(h_1, t)$ benötigten Funktionen $g_1(h_1, t)$ und $g_2(h_1, t)$ lauten[1]

$$g_1 = \frac{D^2 - 4D}{D + 1}\, q_1 + \frac{-(D - 1)}{D + 1}\, q_2 = (D - 5)\, q_1 - q_2,$$

$$g_2 = \frac{D + 6}{D + 1}\, q_1 + \frac{D^2 - D}{D + 1}\, q_2 = q_1 + (D - 2)\, q_2;$$

damit wird

$$\Delta_1(h_1, 0) = \begin{vmatrix} \dot{q}_1(0) - 5\, q_1(0) - q_2(0) & 2 \\ q_1(0) + \dot{q}_2(0) - 2\, q_2(0) & 2 \end{vmatrix}.$$

Die Ableitung der charakteristischen Determinante (4.17/2a) lautet

$$\Delta'(h) = 4\, h^3 - 15\, h^2 + 10\, h + 5$$

und nimmt für $h = h_1$ den Wert $\Delta'(h_1) = -24$ an. Die gesuchte Integrationskonstante A_{11} wird demnach zu

$$A_{11} = \frac{\Delta_1(-1,0)}{\Delta'(-1)} = -\frac{1}{12}\,[-6\, q_1(0) + q_2(0) + \dot{q}_1(0) - \dot{q}_2(0)].$$

Ganz entsprechend erhält man für die Konstante A_{21}, die in der Koordinate q_2 zur gleichen Wurzel h_1 gehört, wegen

$$\Delta_2(h_1, t) = \begin{vmatrix} 5 & \dot{q}_1(0) - 5\, q_1(0) - q_2(0) \\ 5 & q_1(0) + \dot{q}_2(0) - 2\, q_2(0) \end{vmatrix}$$

den Wert

$$A_{21} = \frac{\Delta_2(-1,0)}{\Delta'(-1)} = +\frac{5}{24}\,[6\, q_1(0) - q_2(0) - \dot{q}_1(0) + \dot{q}_2(0)].$$

Würde man statt der Wurzel $h_1 = -1$ die Wurzel $h_2 = 2$ allein kennen, so fände man als Integrationskonstanten, die zum Partikularintegral $e^{h_2 t}$ gehören,

$$A_{12} = \frac{\Delta_1(2,0)}{\Delta'(2)} = -\frac{1}{3}\,[-3\, q_1(0) + 2\, \dot{q}_1(0) - q_2(0) + \dot{q}_2(0)],$$

$$A_{22} = \frac{\Delta_2(2,0)}{\Delta'(2)} = +\frac{4}{3}\,[-3\, q_1(0) + 2\, \dot{q}_1(0) - q_2(0) + \dot{q}_2(0)].$$

Mit der Wurzel $h_3 = 3$ ergäbe sich

$$A_{13} = \frac{\Delta_1(3,0)}{\Delta'(3)} = \frac{1}{4}\,[-2\, q_1(0) + 3\, \dot{q}_1(0) - q_2(0) + \dot{q}_2(0)],$$

$$A_{23} = \frac{\Delta_2(3,0)}{\Delta'(3)} = -\frac{3}{8}\,[-2\, q_1(0) + 3\, \dot{q}_1(0) - q_2(0) + \dot{q}_2(0)].$$

Mit $h_4 = 1$ kommt wegen

$$\Delta_1(1, t) = \begin{vmatrix} (D - 3)\, q_1 - q_2 & 0 \\ q_1 + D\, q_2 & 0 \end{vmatrix} = 0$$

der Wert $A_{14} = 0$ zustande, während A_{24} zu

$$A_{24} = \frac{\Delta_2(1,0)}{\Delta'(1)} = \frac{1}{4}\,[18\, q_1(0) - 7\, \dot{q}_1(0) + 7\, q_2(0) - 3\, \dot{q}_2(0)]$$

wird.

---

[1] Beachte Fußnoten 1 u. 2, S. 181.

β) **Beispiel mit mehrfachen, reellen Wurzeln.** Als Differentialgleichungssystem liege vor

$$(D^2 - 3D + 2)\, q_1 + (D - 1)\, q_2 = 0, \qquad \left.\right\}$$
$$- (D - 1)\, q_1 + (D^2 - 5D + 4)\, q_2 = 0. \qquad (4.17/3)$$

Die zugehörige charakteristische Determinante lautet

$$\Delta(h) \equiv \begin{vmatrix} h^2 - 3h + 2 & h - 1 \\ -(h - 1) & h^2 - 5h + 4 \end{vmatrix} \equiv (h - 1)^2 (h - 3)^2. \qquad (4.17/4\,\mathrm{a})$$

Die charakteristische Gleichung $\Delta(h) = 0$ hat demnach die Wurzeln

$$h_1 = 1; \qquad h_2 = 3. \qquad (4.17/4\,\mathrm{b})$$

Beide Wurzeln sind zweifach. Daher lauten die Lösungen

$$q_1(t) = (A_{11}^{(0)} + A_{11}^{(1)}\, t)\, e^t + (A_{12}^{(0)} + A_{12}^{(1)}\, t)\, e^{3t}, \qquad \left.\right\}$$
$$q_2(t) = (A_{21}^{(0)} + A_{21}^{(1)}\, t)\, e^t + (A_{22}^{(0)} + A_{22}^{(1)}\, t)\, e^{3t}. \qquad (4.17/4\,\mathrm{c})$$

Es sei nun die Aufgabe gestellt, die vier zur Wurzel $h_1 = 1$ gehörenden Integrationskonstanten $A_{11}^{(0)}$, $A_{11}^{(1)}$, $A_{21}^{(0)}$ und $A_{21}^{(1)}$ (ohne Kenntnis der Wurzel $h_2 = 3$) als Funktionen der Anfangswerte $q_1(0)$, $\dot{q}_1(0)$, $q_2(0)$, $\dot{q}_2(0)$ zu ermitteln.

Die Konstanten $A_{11}^{(1)}$ und $A_{21}^{(1)}$ werden gemäß (4.16/4) durch die Gleichungen

$$\frac{\Delta''(h_1)}{2}\, A_{11}^{(1)} = \Delta_1(h_1, 0) \qquad \text{bzw.} \qquad \frac{\Delta''(h_1)}{2}\, A_{21}^{(1)} = \Delta_2(h_1, 0)$$

bestimmt. Während $\Delta''(h_1)$ von Null verschieden ist, werden beide Funktionswerte $\Delta_1(h_1, 0)$ und $\Delta_2(h_1, 0)$ zu Null, da jeweils eine Spalte der Determinante nur die Elemente Null enthält. Damit sind auch beide Konstanten Null,

$$A_{11}^{(1)} = A_{21}^{(1)} = 0.$$

(Diese Tatsache hätte man auch von vornherein daran erkennen können, daß man den Rang der charakteristischen Determinante für $h = h_1$ festgestellt hätte. Er ist Null.)

Von den beiden übrigbleibenden Konstanten errechnet sich die eine, $A_{11}^{(0)}$, aus

$$\frac{\Delta''(h_1)}{2}\, A_{11}^{(0)} = \Delta_1'(h_1, 0).$$

Es ist

$$\Delta''(h) = 2(h - 3)^2 + 8(h - 3)(h - 1) + 2(h - 1)^2,$$

daher $\Delta''(1) = 8$. Die Funktion $\Delta_1(h, t)$ wird zu

$$\Delta_1(h, t) = \begin{vmatrix} (D + h - 3)\, q_1 + q_2 & h - 1 \\ -q_1 + (D + h - 5)\, q_2 & h^2 - 5h + 4 \end{vmatrix};$$

ihre nach h genommene Ableitung ist

$$\Delta_1'(h, t) = \begin{vmatrix} q_1 & 1 \\ -q_1 + (D + h - 5)\, q_2 & h^2 - 5h + 4 \end{vmatrix} + \begin{vmatrix} (D + h - 3)\, q_1 + q_2 & h - 1 \\ q_2 & 2h - 5 \end{vmatrix}.$$

An der Stelle $h = 1$ und für $t = 0$ wird daraus

$$\Delta_1'(1, 0) = 7\, q_1(0) + q_2(0) - 3\, \dot{q}_1(0) - \dot{q}_2(0).$$

Die gesuchte Konstante $A_{11}^{(0)}$ wird daher

$$A_{11}^{(0)} = \frac{1}{4}\, [7\, q_1(0) + q_2(0) - 3\, \dot{q}_1(0) - \dot{q}_2(0)].$$

Die zweite Konstante $A_{21}^{(0)}$ folgt aus

$$\frac{\Delta''(h_1)}{2}\, A_{21}^{(0)} = \Delta_2'(h_1, 0).$$

Die Funktion Δ_2 ist

$$\Delta_2(h, t) = \begin{vmatrix} h^2 - 3h + 2 & (D + h - 3)\,q_1 + q_2 \\ -(h-1) & -q_1 + (D + h - 5)\,q_2 \end{vmatrix};$$

ihre nach h genommene Ableitung lautet

$$\Delta_2'(h, t) = \begin{vmatrix} 2h - 3 & q_1 \\ -(h-1) & -q_1 + (D + h - 5)\,q_2 \end{vmatrix} + \begin{vmatrix} h^2 - 3h + 2 & (D + h - 3)\,q_1 + q_2 \\ -1 & q_2 \end{vmatrix}.$$

Der Wert $\Delta_2'(1, 0)$ wird daher

$$\Delta_2'(1, 0) = [-q_1(0) + \dot{q}_1(0) + 5\,q_2(0) - \dot{q}_2(0)],$$

so daß sich die Konstante $A_{21}^{(0)}$ zu

$$A_{21}^{(0)} = \frac{1}{4}\,[-q_1(0) + \dot{q}_1(0) + 5\,q_2(0) - \dot{q}_2(0)]$$

ergibt.

Die zur Wurzel $h_2 = 3$ in der Koordinate q_1 gehörenden Konstanten $A_{12}^{(0)}$ und $A_{12}^{(1)}$ folgen aus einer entsprechenden Rechnung zu

$$A_{12}^{(0)} = \frac{1}{4}\,[-3\,q_1(0) + 3\,\dot{q}_1(0) - q_2 + \dot{q}_2(0)],$$

$$A_{12}^{(1)} = \frac{1}{2}\,[q_1(0) - \dot{q}_1(0) + q_2(0) - \dot{q}_2(0)].$$

γ) **Beispiel mit einfachen, komplexen Wurzeln.** Als Differentialgleichungssystem sei vorgelegt

$$\left.\begin{array}{l} (D^2 + 2D + 4)\,q_1 + (D + 2{,}25)\,q_2 = 0, \\ (D + 2{,}25)\,q_1 + (D^2 + 2D + 4)\,q_2 = 0. \end{array}\right\} \tag{4.17/5}$$

Die zugehörige charakteristische Gleichung lautet dann

$$\Delta(h) = \begin{vmatrix} h^2 + 2h + 4 & h + 2{,}25 \\ h + 2{,}25 & h^2 + 2h + 4 \end{vmatrix} = 0 \tag{4.17/6a}$$

oder

$$\Delta(h) = (h^2 + 2h + 4)^2 - (h + 2{,}25)^2 = 0.$$

Sie läßt sich, wie man ohne weiteres sieht, als das Produkt zweier quadratischer Faktoren darstellen

$$\Delta(h) = [h^2 + 3h + 6{,}25]\,[h^2 + h + 1{,}75] = 0, \tag{4.17/6b}$$

hat also die beiden Paare konjugiert komplexer Wurzeln

$$h_{1,2} = -1{,}5 \pm i \cdot 2, \qquad h_{3,4} = -0{,}5 \pm i \cdot 1{,}2247. \tag{4.17/6c}$$

Es sollen nun zunächst die Integrationskonstanten bestimmt werden, die in der Koordinate $q_1(t)$ zur Teillösung

$$q_1(t, h_1, h_2) = A_{11}\,e^{h_1 t} + A_{12}\,e^{h_2 t}$$

gehören. Da die Wurzeln h_1 und h_2 konjugiert komplex sind, so müssen auch die zugehörigen Integrationskonstanten konjugiert komplex sein, also $A_{12} = \bar{A}_{11}$, da die gesamte Lösung reell sein muß. Es genügt also, eine der Integrationskonstanten zu bestimmen; dann ist die andere der konjugiert komplexe Wert dazu.

Die Konstante A_{11} wird durch die Gl. (4.16/4') zu

$$A_{11} = \frac{\Delta_1(h_1, 0)}{\Delta'(h_1)}$$

bestimmt. Die Funktionen $g_1(h_1, t)$ und $g_2(h_1, t)$ lauten nach (4.16/5)

$$g_1(h_1, t) = \frac{D^2 + 2D + 4}{D - h_1}\,q_1 + \frac{D + 2{,}25}{D - h_1}\,q_2 = (D + 2 + h_1)\,q_1 + q_2,$$

und

$$g_2(h_1, t) = \frac{D + 2{,}25}{D - h_1}\,q_1 + \frac{D^2 + 2D + 4}{D - h_1}\,q_2 = q_1 + (D + 2 + h_1)\,q_2.$$

Damit wird $\Delta_1(h_1, 0)$ nach (4.16/6) zu

$$\Delta_1(h_1, 0) = \begin{vmatrix} \dot{q}_1(0) + 0{,}5\,q_1(0) + q_2(0) + 2i\,q_1(0) & 0{,}75 + 2i \\ \dot{q}_2(0) + q_1(0) + 0{,}5\,q_2(0) + 2i\,q_2(0) & -0{,}75 - 2i \end{vmatrix}$$

oder

$$\Delta_1(h_1, 0) = -\,[0{,}75\,\dot{q}_1(0) - 2{,}875\,q_1(0) + 0{,}75\,\dot{q}_2(0) - 2{,}875\,q_2(0)]$$
$$-\,i\,[2\,\dot{q}_1(0) + 4{,}5\,q_1(0) + 2\,\dot{q}_2(0) + 4{,}5\,q_2(0)]\,.$$

Nunmehr ist noch $\Delta'(h_1)$ zu berechnen. Es gilt

$$\Delta'(h) = \begin{vmatrix} 2h + 2 & 1 \\ h + 2{,}25 & h^2 + 2h + 4 \end{vmatrix} + \begin{vmatrix} h^2 + 2h + 4 & h + 2{,}25 \\ 1 & 2h + 2 \end{vmatrix}$$
$$= 2 \begin{vmatrix} 2h + 2 & 1 \\ h + 2{,}25 & h^2 + 2h + 4 \end{vmatrix}\,.$$

Damit erhält man

$$\Delta'(h_1) = 2 \begin{vmatrix} -1 + 4i & 1 \\ 0{,}75 + 2\,i & -0{,}75 - 2i \end{vmatrix} = -8i\,(0{,}75 + 2i) = 16 - 6i\,.$$

Die Integrationskonstante A_{11} erhalten wir in der Form

$$A_{11} = \frac{\Delta_1(h_1, 0)}{\Delta'(h_1)} = \frac{a + ib}{c + id}$$

mit

$$a = Re\,\Delta_1(h_1, 0) = -\,0{,}75\,\dot{q}_1(0) + 2{,}875\,q_1(0) - 0{,}75\,\dot{q}_2(0) + 2{,}875\,q_2(0)\,,$$
$$b = Jm\,\Delta_1(h_1, 0) = -\,2\,\dot{q}_1(0) - 4{,}5\,q_1(0) - 2\,\dot{q}_2(0) - 4{,}5\,q_2(0)\,,$$
$$c = Re\,\Delta'(h_1) = 16\,,$$
$$d = Jm\,\Delta'(h_1) = -\,6\,.$$

Die dazu konjugiert komplexe Zahl ist die Integrationskonstante $A_{12} = \overline{A}_{11}$. Sie lautet also

$$A_{12} = \overline{A}_{11} = \frac{a - ib}{c - id}\,.$$

Im allgemeinen interessieren die Integrationskonstanten in der reellen Schreibweise, wo man die zu dem Wurzelpaar

$$h_1 = \alpha + i\beta\,, \qquad h_2 = \alpha - i\beta = \overline{h}_1\,,$$

gehörende Teillösung in der Koordinate $q_1(t, h_1, \overline{h}_1)$ in der Form

$$q_1(t) = e^{\alpha t}\,[A_1 \cos\beta\,t + B_1 \sin\beta\,t]$$

benutzt. Dabei sind dann, wie man leicht nachrechnen kann,

$$A_1 = A_{11} + A_{12} = A_{11} + \overline{A}_{11}\,,$$
$$B_1 = i\,(A_{11} - A_{12}) = i\,(A_{11} - \overline{A}_{11})\,.$$

Somit erhalten wir, in a, b, c und d ausgedrückt, die folgenden Werte für A_1 und B_1:

$$A_1 = 2\,\frac{ac + bd}{c^2 + d^2}\,, \qquad B_1 = -\,2\,\frac{bc - ad}{c^2 + d^2}\,;$$

und eingesetzt

$$A_1 = 0{,}5\,q_1(0) + 0{,}5\,q_2(0)\,,$$
$$B_1 = 0{,}25\,\dot{q}_1(0) + 0{,}375\,q_1(0) + 0{,}25\,\dot{q}_2(0) + 0{,}375\,q_2(0)\,.$$

Nunmehr führt man die entsprechende Rechnung zur Bestimmung der Konstanten A_{21} und $A_{22} = \overline{A}_{21}$ durch, die in der Koordinate $q_2(t)$ zu der Teillösung mit h_1 und $\overline{h}_1$ gehören. Es ergibt sich

$$\Delta_2(h_1, 0) = \begin{vmatrix} -0{,}75 - 2i & \dot{q}_1(0) + 0{,}5\,q_1(0) + q_2(0) + 2i\,q_1(0) \\ 0{,}75 + 2i & \dot{q}_2(0) + q_1(0) + 0{,}5\,q_2(0) + 2i\,q_2(0) \end{vmatrix}\,,$$

und man erkennt, daß $\Delta_2(h_1, 0) = \Delta_1(h_1, 0)$ ist. Daraus folgt aber sofort, daß $A_{21} = A_{11}$ und $A_{22} = A_{12}$ ist. Damit sind auch die entsprechenden reellen Konstanten in der Koordinate $q_2(t)$ gleich denen in der Koordinate $q_1(t)$.

In entsprechender Weise bestimmt man die vier Konstanten, die in den beiden Koordinaten in der Teillösung auftreten, welche zu dem zweiten Paar konjugiert komplexer Wurzeln

$$h_{3,4} = -0,5 \pm i\sqrt{1,5}$$

gehört. Dafür findet man

$$\Delta_1(h_3, 0) = 1,75\,\dot{q}_1(0) - 1,75\,\dot{q}_2(0) - 0,625\,q_1(0) + 0,625\,q_2(0)$$
$$+ i\sqrt{1,5}\,[\dot{q}_1(0) - \dot{q}_2(0) + 2,25\,q_1(0) - 2,25\,q_2(0)],$$

und

$$\Delta'(h_3) = 7\sqrt{1,5}\,i - 6.$$

Damit ergeben sich die beiden reellen Konstanten in $q_1(t)$ zu

$$A_2 = 0,5\,[q_1(0) - q_2(0)],$$

$$B_2 = \frac{\sqrt{1,5}}{3}\,\dot{q}_1(0) - \frac{\sqrt{1,5}}{3}\,\dot{q}_2(0) + \frac{\sqrt{1,5}}{6}\,q_1(0) - \frac{\sqrt{1,5}}{6}\,q_2(0).$$

Ferner ist

$$\Delta_2(h_3, 0) = -\Delta_1(h_3, 0)$$

und damit

$$A_{23} = -A_{13}, \qquad A_{24} = -A_{14}.$$

Hier haben die reellen Konstanten in der Koordinate $q_2(t)$ die negativen Werte der entsprechenden Konstanten der Koordinate $q_1(t)$.

4.2 Die Stabilität der Elementarlösungen

4.21 Monotone und oszillatorische Elementarlösungen; die Frage der Stabilität.

Die Wurzeln h der charakteristischen Gleichung geben die Partikularlösungen (oder „Elementarlösungen")

$$q = A\,e^{h_\lambda t} \qquad (4.21/1)$$

an, aus denen sich gemäß (4.13/1) die Bewegungen in allen Koordinaten zusammensetzen. Es macht nun für den Verlauf der Elementarlösungen (und damit des Gesamtvorganges) einen wesentlichen Unterschied, ob die Wurzeln h der charakteristischen Gleichung $\Delta(h) = 0$ reell sind oder komplex, ferner, ob sie positive oder negative Realteile besitzen.

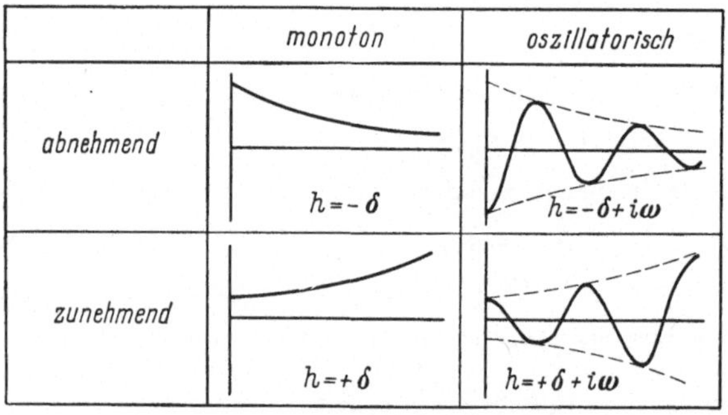

Abb. 4.21/1
Vier Möglichkeiten des Verhaltens von Elementarlösungen

Wenn h_λ reell ist, so verläuft der (Elementar-)Vorgang monoton (oder „kriechend") mit der Zeit; (wenn $A > 0$ ist) für $h_\lambda < 0$ monoton abnehmend, für $h_\lambda > 0$ monoton wachsend. Mit $\delta > 0$ können wir im ersten Fall $h_\lambda = -\delta$, im zweiten $h_\lambda = +\delta$ schreiben.

Wenn eine komplexe Wurzel h_λ auftritt, so muß (da die Koeffizienten der charakteristischen Gleichung reell sind) ihr konjugiert komplexer Wert ebenfalls eine Wurzel von $\varDelta(h) = 0$ sein:

$$h_{1,2} = \varrho \pm i\,\omega. \tag{4.21/2}$$

Es stellen sich dann wegen

$$q = A_1\,e^{h_1 t} + A_2\,e^{h_2 t} = e^{\varrho\,t}[A_1\,e^{i\,\omega\,t} + A_2\,e^{-i\,\omega\,t}],$$
$$= e^{\varrho\,t}[B_1\cos\omega\,t + B_2\sin\omega\,t]$$

oszillatorische Vorgänge ein, die, wenn $\varrho < 0$, also $\varrho = -\delta$ ist, abklingen, und die sich aufschaukeln, wenn $\varrho > 0$, also $\varrho = +\delta$ ist.

Die Abb. 4.21/1 gibt einen Überblick über die vier Möglichkeiten.

Ein positiver Realteil der Wurzel, $Re(h_\lambda) > 0$, kennzeichnet einen instabilen ($q \to \infty$), ein negativer Realteil, $Re(h_\lambda) < 0$, einen stabilen Vorgang ($q \to 0$). Im Fall verschwindenden Realteiles $Re(h_\lambda) = 0$ treten Schwingungen mit konstanter Amplitude auf. Wir betrachten diesen Fall als den Grenzfall der Stabilität und bezeichnen demgemäß die imaginäre Achse der h-Ebene als die Stabilitätsgrenze.

4.22 Die algebraischen Stabilitäts-Kriterien[1]. α) Formulierung des Problems. Wie wir eben gesehen haben, läuft die Frage der Stabilität auf die mathematische Frage hinaus, ob die Wurzeln h_λ der charakteristischen Gleichung $\varDelta(h) = 0$ (4.12/7) in der linken Hälfte der komplexen Zahlenebene liegen. Das ergibt bei p Wurzeln p notwendige und hinreichende Bedingungen der Form

$$Re(h_\lambda) < 0, \qquad (\lambda = 1, 2, \ldots, p). \tag{4.22/1}$$

Die Erfüllung dieser Bedingungen könnte unmittelbar untersucht werden dadurch, daß man die charakteristische Gleichung auflöst und ihre Wurzeln angibt. Für $p > 4$ ist diese Aufgabe nur noch näherungsweise lösbar; und überdies erfordert sie im allgemeinen einen erheblichen Aufwand. Es stellt sich daher die Frage, ob nicht schon aus den Koeffizienten a_μ der charakteristischen Gleichung[2]

$$\varDelta(h) \equiv a_0\,h^p + a_1\,h^{p-1} + \cdots + a_{p-1}\,h + a_p = 0 \tag{4.22/2a}$$

oder

$$\sum_{\nu=0}^{p} a_\nu\,h^{p-\nu} = 0 \tag{4.22/2b}$$

unter Anwendung nur rationaler Operationen entschieden werden kann, ob die Wurzeln negative Realteile haben.

β) Eine notwendige Bedingung für Stabilität. Wir geben zunächst eine notwendige (aber keineswegs hinreichende) Bedingung dafür, daß alle Wurzeln h_λ negative Realteile besitzen. Sie lautet: Wenn $a_0 > 0$ ist (was stets bewirkt werden kann), müssen auch alle übrigen Koeffizienten a_μ ($\mu = 1, \ldots, p$)

---

[1] Wir folgen hier in wesentlichen Punkten der Darstellung, die L. CREMER gegeben hat in Regelungstechnik Bd. 1 (1953) S. 17—20 u. S. 38—41.

[2] Man wird die Koeffizienten a_μ in (4.22/2a) nicht verwechseln mit den Koeffizienten $a_{\nu k}$ in den Differentialgleichungen (4.12/2a).

der Gl. (4.22/2a) positiv sein[1]:

$$a_\mu > 0, \qquad (\mu = 0, 1, \ldots, p). \qquad (4.22/3)$$

Man sieht die Behauptung in folgender Weise leicht ein: Zunächst zerlegt man $\Delta(h)$ (4.22/2a) in Linearfaktoren

$$\Delta(h) \equiv a_0 (h - h_1)(h - h_2) \cdots (h - h_p). \qquad (4.22/2c)$$

Wenn nun eine Wurzel h_λ reell und negativ ist, so wird der entsprechende Faktor zu $(h + \alpha)$ mit $\alpha > 0$. Ein konjugiert komplexes Wurzelpaar mit negativem Realteil, $h = -\delta \pm i\omega$ liefert $(h + \delta)^2 + \omega^2$, also $(h^2 + \beta h + \alpha)$ mit $\alpha > 0$, $\beta > 0$. Wenn $\Delta(h)$ nur aus Faktoren der angegebenen Art besteht, so werden beim Ausmultiplizieren alle Koeffizienten des Polynoms in h positiv.

Für $p = 2$ sind die Bedingungen $a_0 > 0$, $a_1 > 0$, $a_2 > 0$ nicht nur notwendig, sondern auch schon hinreichend für Stabilität.

γ) ,,Monotone" Stabilitätsgrenze. In einer bestimmten Hinsicht sind die Bedingungen (4.22/3) aber auch schon hinreichend, wenn nämlich reelle Wurzeln vorkommen. Man sieht das so: Sind alle Koeffizienten positiv, so kann h nicht auch positiv sein, wenn (4.22/2a) erfüllt sein soll. Also folgt aus (4.22/3), daß kein h positiv sein kann, daß also (monotone) Instabilitäten ausgeschlossen sind.

Eine besondere Bedeutung kommt dabei der Bedingung $a_p > 0$ zu. a_p ist nämlich diejenige Konstante, die immer als erste das Vorzeichen wechselt, wenn man, vom stabilen Bereich ausgehend, durch Variation irgenwelcher konstruktiver Parameter in den Bereich monotoner Instabilitäten übergeht. Denn es ist

$$a_p = a_0 h_1 h_2 \ldots h_p, \qquad (4.22/4)$$

d. h. a_p ist bis auf einen konstanten Faktor gleich dem Produkt aller Wurzeln. Wenn daher eine reelle Wurzel das Vorzeichen wechselt, so wechselt auch a_p das Zeichen.

Weil a_p in (4.12/7) nur aus den Koeffizienten $a_{\nu k}^{(j)}$ in (4.12/2a) zustande kommt, für die $j = 0$ ist, wird die Grenze $a_p = 0$ manchmal auch als *statische* Stabilitätsgrenze bezeichnet; statisch stabile und instabile Systeme werden unterschieden, je nachdem, ob $a_p \gtrless 0$ ist; $a_p = 0$ zeigt ein indifferentes Verhalten an. Sehr glücklich ist die Bezeichnung deshalb nicht, weil die Elementarvorgänge e^{ht} selbstverständlich kinetischer Natur sind und weil die Exponenten h auch von solchen Koeffizienten in (4.12/2a) abhängen, die bei Ableitungen der Koordinaten stehen [d. h. $j > 0$]. Wir werden daher lieber von monotoner (oder kriechender) und oszillatorischer Stabilität oder Instabilität sprechen.

δ) Der Routh-Schursche Algorithmus.

Die Vorzeichen der a_ν geben uns noch keine hinreichende Bedingung für oszillatorische Stabilität. Doch gelang es E. J. Routh[2] bereits 1877, eine Folge von Ausdrücken, die aus den Koeffizienten a_0 bis a_p in rationaler Weise gebildet sind, anzugeben, deren Vorzeichen über das Vorhandensein monotoner und oszillatorischer Instabilitäten entscheidet. Diese Ausdrücke ergeben sich

---

[1] Im technischen Schrifttum wird diese Bedingung gelegentlich als Stodolasche Bedingung bezeichnet.

[2] Routh, E. J.: Dynamik der Systeme starrer Körper, Bd. 2, § 297 (deutsche Ausgabe). Leipzig: Teubner 1898.

nach einem Algorithmus, den wir hier in der Form (s. Tab. 4.22/1) angeben, die L. COLLATZ[1] im Anschluß an eine Darstellung von I. SCHUR[2] benutzt hat.

Tabelle 4.22/1. Vorgehen nach ROUTH

	Faktor	$\underline{a_0}$	a_1	a_2	a_3	a_4	....	a_p
R_I	a_0/a_1	(a_0)		$a_0\,a_3/a_1$		$a_0\,a_5/a_1$		
		$\underline{(a_1)}$	a_2'	(a_3)	a_4'	....		(a_p)
R_{II}	a_1/a_2'	(a_1)		$a_1\,a_4'/a_2'$				
R_{III}			$\underline{(a_2')}$	a_3'	(a_4')	....	(a_p)	usw.

Man schreibt zunächst in die oberste Zeile R_I die Koeffizienten a_0 bis a_p der gegebenen charakteristischen Gleichung. Dann bildet man (oft genügt Einstellung auf dem Rechenschieber) den Quotienten aus den ersten beiden Gliedern a_0/a_1, multipliziert (beginnend bei a_3) mit diesem Faktor jedes zweite Glied der Koeffizientenreihe R_I, schreibt das Produkt unter das jeweils links daneben stehende Glied und zieht es dann von diesem ab. Auf diese Weise entsteht eine neue Koeffizientenreihe R_{II}; sie ist um ein Glied kürzer, denn die erste Subtraktion ergibt Null. Man braucht dieses Resultat ebensowenig hinzuschreiben wie die unverändert gebliebenen Glieder a_1, a_3, a_5 ... (in der Tabelle durch Einklammern angedeutet). Dagegen sind die neuen Koeffizienten $a_2' = a_2 - a_0\,a_3/a_1$ usw. hinzugekommen. Das letzte Glied ist in jedem Fall a_p geblieben.

Die so errechnete neue Koeffizientenreihe R_{II} darf, wenn Stabilität verlangt wird, ebenfalls nur positive Glieder enthalten, denn sie gehört — wie SCHUR zeigt — zu einer algebraischen Gleichung vom Grade $(p - 1)$, die auch nur Wurzeln mit negativem Realteil hat, wenn die Ausgangsgleichung nur solche Wurzeln hat.

Nach der gleichen Vorschrift entwickelt man nun aus der Reihe R_{II} eine neue, R_{III}, die wieder um ein Glied kürzer ist, nämlich

$$a_2', \quad a_3', \quad a_4', \quad ..., \quad a_p.$$

So fährt man fort, bis man zur zugeordneten Gleichung zweiten Grades vorgedrungen ist; auch diese darf nur positive Koeffizienten haben.

Gegen den ROUTH-SCHURschen Algorithmus scheint zu sprechen, daß viel mehr Koeffizienten ausgerechnet werden müssen, als Aussagen gefordert werden. ROUTH zeigt aber, daß für Stabilität notwendig und hinreichend ist, daß die $(p + 1)$ jeweils ersten Koeffizienten der Reihen R_I, R_{II}, R_{III} usw. (in der Tabelle unterstrichen) das gleiche Vorzeichen haben, also positiv sind, wenn a_0 positiv ist. ROUTH bezeichnet diese Koeffizienten daher als Probefunktionen. Wir wollen sie durch die Bezeichnung R_0 bis R_p besonders hervorheben; es ist also

$$R_0 = a_0; \qquad R_1 = a_1; \qquad R_2 = a_2' \; ... \; \text{und} \; R_p = a_p.$$

[1] COLLATZ, L.: Diskussionsbemerkung Math.-Tagg. Karlsruhe 1947.
[2] SCHUR, I.: Z. angew. Math. Mech. Bd. 1 (1921) S. 307.

Die Stabilitätsbedingungen besagen daher

$$R_\lambda > 0, \qquad (\lambda = 0, 1, \ldots, p). \qquad (4.22/5)$$

Man kann aus der Folge der R_λ aber noch mehr ablesen: Falls einige der R_λ negativ werden, so liegen ebenso viele Instabilitäten vor, d. h., es sind ebenso viele Wurzeln mit positivem Realteil vorhanden, wie Vorzeichenwechsel in der $(p + 1)$-gliedrigen Folge auftreten.

ε) Die HURWITZ-Determinanten. Ein Nachteil der nach dem Schema der Tab. 4.22/1 gebildeten Probefunktionen ist, daß man sie nicht gleich für beliebiges n hinschreiben kann und daß man auf langwierige Formeln geführt wird, wenn man sie durch $a_0 \ldots a_p$ ausdrücken will.

Daher mag es rühren, daß man in der Literatur viel häufiger als die ROUTH-schen Probefunktionen eine Folge von Determinanten $H_1, \ldots, H_p$ verzeichnet findet, die A. HURWITZ[1] etwa 20 Jahre nach ROUTH angegeben hat und bei welcher

$$H_\lambda > 0 \qquad (\lambda = 1, 2, \ldots, p) \qquad (4.22/6)$$

ebenfalls p notwendige und hinreichende Stabilitäts-Kriterien darstellen.

Die Determinanten $H_1, \ldots, H_p$ werden dabei in folgender Weise gebildet:

$$H_1 = a_1, \qquad H_2 = \begin{vmatrix} a_1 & a_0 \\ a_3 & a_2 \end{vmatrix}, \qquad H_3 = \begin{vmatrix} a_1 & a_0 & 0 \\ a_3 & a_2 & a_1 \\ a_5 & a_4 & a_3 \end{vmatrix},$$

allgemein

$$H_\nu = \begin{vmatrix} a_1 & a_0 & 0 & 0 & \ldots & 0 & 0 \\ a_3 & a_2 & a_1 & a_0 & \ldots & 0 & 0 \\ a_5 & a_4 & a_3 & a_2 & \ldots & 0 & 0 \\ \cdot & \cdot & \cdot & \cdot & & \cdot & \cdot \\ a_{2\nu-1} & a_{2\nu-2} & a_{2\nu-3} & a_{2\nu-4} & \ldots & a_{\nu+1} & a_\nu \end{vmatrix}; \qquad (4.22/7)$$

in diesen Determinanten ist $a_\mu = 0$ zu setzen, wenn $\mu > p$ oder $\mu < 0$ ist.

Oder anders ausgedrückt: die Determinanten $H_1, H_2, \ldots, H_p$ sind die in H_p enthaltenen, um die Hauptdiagonale angeordneten Unterdeterminanten, wie sie durch die gestrichelten Linien in H_ν von (4.22/7) angedeutet werden. Stets ist

$$H_p = a_p H_{p-1}. \qquad (4.22/7\,a)$$

In der Tat ist das Bildungsgesetz der HURWITZ-Determinanten leichter zu behalten als der ROUTHsche Algorithmus. Dementsprechend neigt man zu der Annahme, daß die HURWITZ-Determinanten auch leichter auszurechnen seien. Hier zeigt sich aber (wie so oft), daß die gedrängtere Form nicht auch die leichtere Handhabung sichert. So erstaunlich es klingt: Für die Ausrechnung der HURWITZ-Determinanten gibt es keinen besseren Weg als den ROUTH-SCHURschen Algorithmus. Zwischen den HURWITZ-Determinanten und den ROUTH-schen Probefunktionen besteht nämlich der einfache Zusammenhang, daß die

---

[1] HURWITZ, A.: Math. Ann. Bd. 46 (1895) S. 273.

Anfangsglieder H_1 und R_1 der Folgen in beiden Fällen gleich a_1, und danach die R_λ jeweils gleich dem Quotienten aus zwei aufeinanderfolgenden HURWITZ-Determinanten sind:

$$R_1 = H_1, \qquad R_2 = \frac{H_2}{H_1}, \qquad R_3 = \frac{H_3}{H_2}, \qquad \ldots, \qquad R_p = \frac{H_p}{H_{p-1}}. \qquad (4.22/8)$$

Dieser Zusammenhang ist übrigens erst in neuerer Zeit bekannt geworden.[3] HUR-WITZ kannte die ROUTHschen Untersuchungen gar nicht. Auch A. STODOLA kannte sie nicht; er veranlaßte HURWITZ erst zu seinen Untersuchungen.

ζ) Die Grenze der „oszillatorischen" Stabilität. In 4.22γ haben wir die Grenze der „monotonen" Stabilität

$$a_p = 0 \qquad (4.22/9\,\text{a})$$

gefunden. Für die Grenze der „oszillatorischen" Stabilität gilt nun ganz entsprechend

$$H_{p-1} = 0. \qquad (4.22/9\,\text{b})$$

Dies folgt aus einem Satz von ORLANDO[1], welcher besagt, daß H_{p-1} [ähnlich wie das für die Grenze monotoner Stabilität maßgebende a_p, s. (4.22/4)] ein ausgezeichnetes Produkt darstellt, nämlich, abgesehen von einem konstanten Faktor, das Produkt aller Wurzelsummen,

$$H_{p-1} = (-1)^{\binom{p}{2}} a_0^{p-1} \prod (h_\mu + h_\nu) \qquad (4.22/10)$$

mit

$$\mu, \nu = 1, 2, \ldots, p \quad \text{und} \quad \mu > \nu.$$

Tritt ein Paar konjugiert komplexer Wurzeln auf, so bedeutet die Wurzelsumme die doppelte, negativ genommene Abklingkonstante

$$h_\mu + h_\nu = -\delta - i\,\omega - \delta + i\,\omega = -2\delta. \qquad (4.22/11)$$

Wechselt eine Abklingkonstante das Vorzeichen, d. h. überschreitet ein Wurzelpaar die imaginäre Achse, so wechselt auch H_{p-1} das Zeichen. Allgemeiner gilt

$$H_{p-1} \sim \delta_1\,\delta_2\,\delta_3 \ldots . \qquad (4.22/11\,\text{a})$$

Wenn gleichzeitig k Paare von konjugierten Wurzelpaaren die imaginäre Achse überschreiten, so wechseln die $2k$ mit höchsten Indizes versehenen HURWITZ-Determinanten[2] ihre Zeichen. Da, wie sich durch Ausrechnen des Ausdruckes (4.22/10) zeigen läßt, alle übrigen Faktoren stets positiv sind, ist ein negativer Wert von H_{p-1} ein sicheres Zeichen dafür, daß eine ungerade Anzahl oszillatorischer Instabilitäten vorliegt. Ein positiver Wert von H_{p-1} garantiert also keineswegs Stabilität, sondern sagt nur, daß die Zahl der oszillatorischen Instabilitäten (konjugiert komplexe Wurzelpaare mit positivem Realteil) eine gerade Zahl ist (wozu auch die Zahl Null gehört).

η) Beschränkung auf die Hauptfolge der HURWITZ-Determi-nanten. Einerseits fanden wir, daß die Ungleichungen (4.22/3) $(p + 1)$ not-wendige Bedingungen, andrerseits, daß die Ungleichungen (4.22/6) p notwendige

---

[1] ORLANDO, L.: Math. Ann. Bd. 71 (1911) S. 233—245.
[2] Siehe L. CREMER: Z. angew. Math. Mech. Bd. 25/27 (1947) S. 161.
[3] Wegen Literatur siehe Fußnote 1 von S. 192.

und hinreichende Bedingungen für Stabilität darstellen. Es taucht daher die Vermutung auf, daß, wenn die Bedingungen (4.22/3) erfüllt sind, manche der Bedingungen (4.22/6) überzählig sind. Diese Vermutung läßt sich in der Tat bestätigen[1]. Es zeigt sich nämlich, daß man nur noch die Zahl der Vorzeichenwechsel in der Folge

$$H_{p-1}, \quad H_{p-3}, \quad \ldots, \quad \begin{cases} a_1, \text{ wenn } p \text{ gerade} \\ a_0, \text{ wenn } p \text{ ungerade} \end{cases}$$

zu kennen braucht, weil diese Zahl dann schon gleich der Anzahl der vorhandenen oszillatorischen Instabilitäten ist. Die obige Folge wird als „Hauptfolge" der HURWITZ-Determinanten bezeichnet.

Als einfachstes Beispiel erwähnen wir, daß für $p = 4$ in der Forderung

$$H_3 = \begin{vmatrix} a_1 & a_0 & 0 \\ a_3 & a_2 & a_1 \\ 0 & a_4 & a_3 \end{vmatrix} = a_3 H_2 - a_4 a_1^2 > 0$$

bei Erfüllung von $a_\nu > 0$ die Forderung $H_2 > 0$ schon enthalten ist.

Allerdings wird durch die Feststellung, daß die Untersuchung der Hauptfolge genügt, keine Rechenarbeit eingespart, da der Weg zu der Determinante H_p oder H_{p-1} (sowohl bei direkter Ausrechnung der Determinanten wie bei der Benutzung des ROUTH-SCHURschen Algorithmus) durch alle Determinanten niedrigerer Ordnung hindurchführt.

ϑ) Frequenz einer ungedämpften Schwingung an der Stabilitätsgrenze. Die bei der Diskussion der ROUTHschen Tab. 4.22/1 erwähnte quadratische Gleichung lautet

$$R_{p-2} h^2 + R_{p-1} h + R_p = 0,$$

also gemäß (4.22/8) mit (4.22/7a)

$$\frac{H_{p-2}}{H_{p-3}} h^2 + \frac{H_{p-1}}{H_{p-2}} h + a_p = 0. \tag{4.22/12a}$$

Liegt der Grenzfall von Stabilität vor [Gl. (4.22/9b)], wo eine ungedämpfte Eigenschwingung auftritt, so folgt deren Frequenzquadrat zu

$$\omega^2 = \frac{a_p H_{p-3}}{H_{p-2}}. \tag{4.22/12b}$$

4.23 Die Schnitt-Kriterien (Lücken-Kriterium und Lagen-Kriterium[2]). α) Das Lücken-Kriterium. Die algebraischen Stabilitäts-Kriterien von ROUTH und HURWITZ haben den Nachteil, daß der Rechenaufwand mit dem Grad der charakteristischen Gl. (4.22/2a)

$$\Delta(h) \equiv a_0 h^p + a_1 h^{p-1} + \cdots + a_{p-1} h + a_p = 0 \tag{4.23/1}$$

---

[1] Beweis von L. CREMER: Z. angew. Math. Mech. Bd. 33 (1953) S. 221—227, im Anschluß an eine Vermutung des Verfassers.

[2] Wir folgen hier wieder im wesentlichen einer Darstellung von L. CREMER [Z. angew. Math. Mech. Bd. 25/27 (1947) S. 161]. Die beiden Schnitt-Kriterien wurden von L. CREMER im Jahre 1943 vor einem kleinen Zuhörerkreis vorgetragen; das Lücken-Kriterium wurde gleichzeitig und unabhängig auch von A. LEONHARD: Arch. Elektrotechn. Bd. 38 (1944) S. 17, benutzt und empfohlen.

sehr rasch anwächst und daß der Zahlenwert des Kriteriums (auch bei Annäherung an die Stabilitätsgrenze) nichts über die Stabilitätsgüte, d. h. über die Abklingkonstante δ der hauptsächlich zu befürchtenden Schwingung aussagt. [Die Kreisfrequenz dieser zu befürchtenden Schwingung läßt sich dagegen angeben; s. (4.22/12 b).] Die algebraischen Hilfsmittel, die zur Begründung und Herleitung der Kriterien dienen, liegen zudem außerhalb der Reichweite der meisten technisch orientierten Leser. Wir haben aus diesem Grunde ja auch in 4.22 auf eine eigentliche Begründung der Kriterien verzichtet und nur die Verfahren als solche dargestellt.

Auf der anderen Seite hat die Schwachstromtechnik (NYQUIST, STRECKER) Verfahren zur Beurteilung der Stabilität entwickelt, die in der Betrachtung der Ortskurve bestehen, welche eine Funktion $\Delta(h)$ (deren Nullstellen die Eigenwerte bedeuten) beschreibt, wenn man h auf der imaginären Achse $h = i\,\omega$, also auf der Stabilitätsgrenze in der h-Ebene, von $-i\,\infty$ bis $+i\,\infty$ wandern läßt. In Analogie zu jenen Ortskurvenbetrachtungen untersuchen wir hier die charakteristische Gl. (4.23/1). Wir werden auf diese Weise neue Kriterien herleiten können; ihre Vorzüge und Nachteile werden wir am Ende dieses Abschnittes abzuschätzen suchen.

Wir gehen aus von der charakteristischen Gl. (4.23/1), wobei wir noch gemäß (4.22/2 c) den Ausdruck $\Delta(h)$ in seine Linearfaktoren zerlegt denken:

$$\Delta(h) = a_0\,(h - h_1)\,(h - h_2) \ldots (h - h_p). \tag{4.23/2}$$

Ferner setzen wir

$$h = \varrho + i\,\omega. \tag{4.23/3}$$

Durch die Gl. (4.23/1) wird eine (konforme) Abbildung der komplexen h-Ebene in die komplexe Δ-Ebene vermittelt. Zunächst sieht man aus der Zerlegung (4.23/2) in Linearfaktoren, daß die Stellen $h = h_\nu$ der h-Ebene in den Nullpunkt der Δ-Ebene abgebildet werden. Eine wesentliche Rolle in unserer Untersuchung spielt die imaginäre Achse der h-Ebene; denn die Wurzeln h_ν mit positivem Realteil liegen rechts von ihr, die mit negativem Realteil links. Die imaginäre Achse geht bei der Abbildung über in eine Kurve $\Delta = \Delta(i\,\omega)$. Die Eigenschaften dieser Kurve sind es, die uns die gewünschten Aufschlüsse geben werden. Von ihr können wir schon folgendes aussagen: Wenn alle Wurzeln h_ν negative Realteile haben, also in der linken Halbebene liegen, wächst das Argument φ_ν einer jeden der komplexen Zahlen

$$(i\,\omega - h_\nu) = r_\nu\,e^{i\,\varphi_\nu},$$

die in (4.23/2) als Faktoren auftreten, monoton von $-\pi/2$ bis $+\pi/2$, wenn ω von $-\infty$ bis $+\infty$ läuft. [Anders ausgedrückt: der Fahrstrahl $(i\,\omega - h_\nu)$ dreht sich im Gegensinn des Uhrzeigers monoton um den Winkel π.] Das Argument Φ der Größe $\Delta = R\,e^{i\Phi}$, die sich als Produkt aus den p Faktoren $(i\,\omega - h_\nu)$ zusammensetzt, ist die Summe der Argumente der einzelnen Faktoren; es wächst ebenfalls monoton, und zwar von $-p\,\pi/2$ bis $+p\,\pi/2$, wenn ω von $-\infty$ bis $+\infty$ läuft. Hätten jedoch etwa k der p Wurzeln positive Realteile, lägen sie also in der rechten Halbebene, so nähmen ihre Argumente ab; sie liefen von $3\pi/2$ bis $\pi/2$, ein monotones Verhalten des Argumentes Φ wäre nicht mehr gesichert, und der Zuwachs des Argumentes Φ der Größe Δ würde nur $(p - k)\,\pi$ betragen.

Läuft ω nun nicht von $-\infty$ bis $+\infty$, sondern nur von 0 bis $+\infty$, so bleiben (wegen der symmetrischen Lage der Wurzeln in bezug auf die reelle Achse) die Aussagen dieselben, nur daß sich die angegebenen Werte halbieren: Falls alle Wurzeln h_ν negative Realteile haben und kein h_ν auf der reellen Achse liegt, wächst das Argument Φ der Größe Δ von 0 monoton bis $p\,\pi/2$, wenn ω von 0 bis $+\infty$ läuft.

Aus den Erörterungen in 4.22β wissen wir ferner, daß, wenn alle Wurzeln h_ν der charakteristischen Gleichung negative Realteile besitzen, die Koeffizienten a_ν der charakteristischen Gleichung alle dasselbe Vorzeichen aufweisen, also (da $a_0 > 0$ vorausgesetzt sein sollte) alle positiv sind.

Mit den beiden zuletzt genannten Tatsachen gewinnen wir aber nun einen Überblick über den Verlauf, den die Kurve $\Delta(i\,\omega)$ zeigt, wenn ω von 0 nach ∞

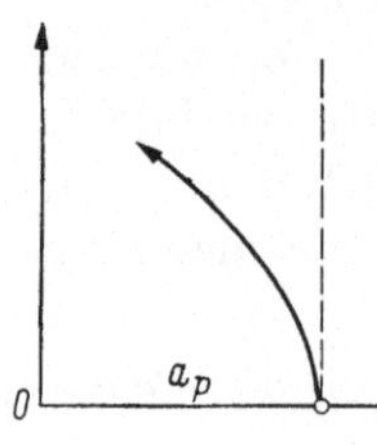

Abb. 4.23/1. Anfang der Kurve $\Delta(i\,\omega)$, wenn ω von Null an wächst

läuft: Da $\Delta(0) = a_p > 0$ ist, beginnt die Kurve auf der positiven reellen Achse im Abstand a_p vom Nullpunkt. Beim Hinzutreten des Gliedes $a_{p-1}\,i\,\omega$ verläßt die Kurve diesen Punkt senkrecht zur reellen Achse in den ersten Quadranten hinein. Von dieser Richtung biegt sie dann entsprechend dem Hinzutreten des nächsten Gliedes $-a_{p-2}\,\omega^2$ in Richtung negativer (reeller) Werte ab, wobei sie sich wie eine gewöhnliche Parabel verhält (Abb. 4.23/1).

Da das Argument Φ der Größe Δ von 0 monoton bis $p \cdot \pi/2$ zunimmt, muß die Kurve die einzelnen Koordinatenachsen der Reihe nach schneiden, so wie sie im positiven Umlaufsinn aufeinanderfolgen. Die erste Achse, von der sie ausgeht, eingerechnet, schneidet sie p der Koordinatenachsen. Sie endet im p-ten Quadranten, wo sie der $(p+1)$-ten Koordinatenachse parallel wird.

Die Frequenzen ω, bei denen die imaginäre Achse der Δ-Ebene geschnitten wird, folgen aus der Bedingung

$$Re\{\Delta(i\,\omega)\} \equiv a_p - a_{p-2}\,\omega^2 + a_{p-4}\,\omega^4 - + \cdots = 0; \qquad (4.23/4)$$

sie mögen mit

$$\omega_1,\ \omega_3,\ \omega_5,\ \ldots \qquad (4.23/4\,\mathrm{a})$$

bezeichnet werden. Die Frequenzen ω, bei denen die reelle Achse geschnitten wird, folgen aus

$$\frac{1}{\omega}\,Jm\{\Delta(i\,\omega)\} \equiv a_{p-1} - a_{p-3}\,\omega^2 + - \cdots = 0; \qquad (4.23/5)$$

sie seien mit

$$\omega_2,\ \omega_4,\ \omega_6,\ \ldots \qquad (4.23/5\,\mathrm{a})$$

bezeichnet.

Ist p gerade, so ist (4.23/4) eine algebraische Gleichung für ω^2 vom Grade $p/2$, (4.23/5) eine vom Grade $\frac{p}{2} - 1$; ist p ungerade, so sind beide Gleichungen vom Grade $\frac{p-1}{2}$. Es gibt also höchstens $(p-1)$ „Schnittfrequenzen".

Der Winkelzuwachs, und somit die Stabilität des Systems, ist gewährleistet, wenn die Werte der Folge (4.23/4a) dem Betrage nach in die Lücken der Folge (4.23/5a) fallen,

$$\omega_1^2 < \omega_2^2 < \omega_3^2 \cdots < \omega_{p-1}^2 \qquad (4.23/6)$$

[„Lücken-Kriterium"]. Die Bedingung (4.23/6) ist ein notwendiges und hinreichendes Kriterium dafür, daß die Wurzeln h_ν der charakteristischen Gleichung ausschließlich negative Realteile aufweisen.

β) **Das Lagen-Kriterium.** Man kann das Verfahren aber noch um einen Schritt vereinfachen. Statt die Frequenzen für die Schnitte der $\varDelta$-Kurve mit der reellen *und* der imaginären Achse zu berechnen, kann man sich auch mit der Ermittlung der Schnittfrequenzen begnügen, die zu *einer* der Achsen gehören, wenn man noch die *Schnittwerte* dieser Kurve mit der betreffenden Achse hinzunimmt. (Entsprechend der Bezifferung der Schnittfrequenzen seien die Schnittwerte auf der *imaginären* Achse mit S_1, S_3, S_5, ..., die auf der reellen Achse mit S_2, S_4, S_6, ... bezeichnet.)

Aus der Bedingung für monotones Wachsen des Argumentes $\varPhi$ der Größe $\varDelta$ folgt dann entweder

mit
$$\left.\begin{array}{l} S_1, \ S_3, \ S_5, \ \ldots \ \text{reell} \\ S_1 > 0, \ S_3 < 0, \ S_5 > 0, \ \ldots \end{array}\right\} \qquad (4.23/7\,\text{a})$$

oder

mit
$$\left.\begin{array}{l} S_2, \ S_4, \ S_6, \ \ldots \ \text{reell} \\ S_2 < 0, \ S_4 > 0, \ S_6 < 0, \ \ldots \end{array}\right\}. \qquad (4.23/7\,\text{b})$$

In dieser Form wollen wir die Kriterien die „Lagen-Kriterien" nennen.

Mit dem Lücken-Kriterium und den Lagen-Kriterien (die wir unter der gemeinsamen Bezeichnung „Schnitt-Kriterien" zusammenfassen können) haben wir zwei neue Verfahren gewonnen, um zu kontrollieren, ob eine Gleichung p-ten Grades nur Wurzeln mit negativem Realteil aufweist. Die neuen Verfahren bieten gegenüber den algebraischen Kriterien wesentliche Vorteile: Sie können, wenn sie auch denselben Ausgangspunkt aufweisen wie die alten (die charakteristische Gleichung nämlich), auf einem leicht verständlichen Weg hergeleitet werden; weiterhin ist das Ausrechnen der Schnittfrequenzen einfacher und rechnerisch angenehmer als das Ausrechnen der HURWITZ-Determinanten oder der ROUTH-SCHURsche Algorithmus.

Bis zum Grade $p = 5$ der charakteristischen Gleichung sind die algebraischen Gleichungen für die Schnittfrequenzen höchstens quadratisch; es wird deshalb die Benutzung eines Rechenschiebers genügen, während bei den HURWITZ-Determinanten und beim ROUTH-SCHURschen Algorithmus oft Differenzen großer Zahlen auftreten, so daß die Benutzung einer Rechenmaschine erforderlich wird. Bei einer charakteristischen Gleichung, die z. B. vom Grade $p = 9$ ist, hat man die Schnittfrequenzen aus zwei Gleichungen vierten Grades zu ermitteln; man weiß dabei aber von vornherein, daß die Wurzeln reell sein müssen. Überdies ist keine große Genauigkeit erforderlich, da es ja nur darauf ankommt festzustellen, ob die aus den beiden Gleichungen vierten Grades ermittelten Frequenzfolgen „ineinandergreifen".

γ) **Frequenz und Abklingkonstante der am meisten „gefährdeten" Schwingung.** Die neuen Methoden bieten aber auch Anhaltspunkte zur *physikalischen* Beurteilung des untersuchten Systems. Wenn die Parameter des Systems und damit die Koeffizienten der charakteristischen Gleichung sich so ändern, daß eine Wurzel h_ν sich der imaginären Achse, das System sich also seiner Stabilitätsgrenze nähert, so rückt die Kurve $\varDelta\,(i\,\omega)$ an den Nullpunkt heran. Das heißt aber, daß zwei (oder mehr) der Schnittfrequenzen zusammenrücken. Beim Erreichen der Stabilitätsgrenze fallen die Schnittfrequenzen dann überhaupt zusammen. Zwei (oder mehr) zusammenfallende Schnittfrequenzen zeigen also diejenige Frequenz an, mit der das System stationär schwingen kann; bei weiterer leichter Veränderung der Parameter wird daraus die Frequenz der sich aufschaukelnden Schwingung. Für die praktischen Stabilitätsuntersuchungen ist die Kenntnis dieser Frequenz von großer Wichtigkeit.

Schließlich lassen sich auch über die Abklingkonstante einer schwach gedämpften Schwingung (also über den Grad der Stabilität) Aussagen machen, womit wir über das hinaus gelangen, was die algebraischen Kriterien liefern können. Die Abbildung der h-Ebene auf die $\varDelta$-Ebene ist, wie wir wissen, konform. Wenn die $\varDelta\,(i\,\omega)$-Kurve nahe an dem Nullpunkt der $\varDelta$-Ebene vorbeigeht, können

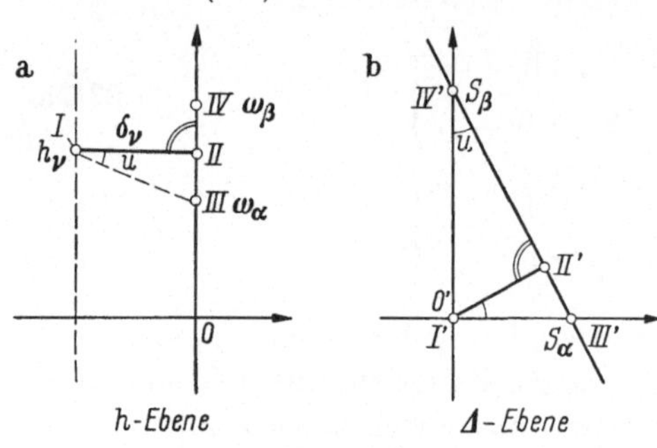

Abb. 4.23/2
Konforme Abbildung von h-Ebene auf $\varDelta$-Ebene

wir das Kurvenstück zwischen den Achsen angenähert als Gerade ansehen. Wir fällen nun noch das Lot vom Ursprung auf diese Gerade. Dann entsprechen sich (Abb. 4.23/2) die mit gleichen römischen Ziffern versehenen Punkte in der h-Ebene und in der $\varDelta$-Ebene, und es gilt die Proportion

$$\frac{\overline{I\,II}}{\overline{III\,IV}} = \frac{\overline{I'\,II'}}{\overline{III'\,IV'}}.$$

Der erste Quotient bedeutet $\dfrac{\delta_\nu}{\omega_\beta - \omega_\alpha}$, für den zweiten findet man leicht

$$\cfrac{1}{\left|\dfrac{S_\alpha}{S_\beta} + \dfrac{S_\beta}{S_\alpha}\right|},$$

also insgesamt

$$\delta_\nu = \cfrac{\omega_\beta - \omega_\alpha}{\left|\dfrac{S_\alpha}{S_\beta} + \dfrac{S_\beta}{S_\alpha}\right|}. \qquad (4.23/8)$$

Der Punkt II' gibt die zugehörige Frequenz ω_ν an.

4.24 Beispiele. Wir geben nun noch zwei ganz einfache Beispiele[1] an, bei denen mit Hilfe entweder der algebraischen Kriterien oder eines der Schnitt-Kriterien entschieden werden soll, ob die gegebene charakteristische Gleichung einen stabilen oder einen instabilen Vorgang zur Folge hat. Im zweiten Beispiel werden wir auch noch die Abklingkonstante δ der am meisten gefährdeten Schwingung nach der zuletzt beschriebenen Methode, Gl. (4.23/8), ermitteln.

1. Beispiel. Die charakteristische Gleichung laute

$$h^5 + 13\,h^4 + 60\,h^3 + 130\,h^2 + 144\,h + 72 = 0. \qquad (4.24/1)$$

Es ist also

$$a_0 = 1, \quad a_1 = 13, \quad a_2 = 60, \quad a_3 = 130, \quad a_4 = 144, \quad a_5 = 72. \qquad (4.24/1\,a)$$

Man stellt zunächst fest, daß alle Koeffizienten der Gleichung gleiches Vorzeichen haben, die notwendige Bedingung (4.22/3) also erfüllt ist. Somit *kann* Stabilität vorliegen. Um diese Frage zu entscheiden, bedarf es der Anwendung eines vollständigen Kriteriens.

---

[1] Wieder lassen wir bei den Zahlenwerten die Benennungen weg.

Wir zeigen der Reihe nach die Anwendung

α) des ROUTH-SCHURschen Algorithmus,

β) der HURWITZ-Determinanten,

γ) des Lücken-Kriteriums,

δ) des Lagen-Kriteriums;

und zwar, damit man den Rechnungsgang erkennt und den Unterschied im jeweiligen Rechenaufwand beurteilen kann.

α) Der ROUTH-SCHURsche Algorithmus. Mit den Werten (4.24/1a) wird die Tab. 4.22/1 des Algorithmus zur Tab. 4.24/1.

Tabelle 4.24/1

	Faktor	a_0	a_1	a_2	a_3	a_4	a_5
R_I	$\dfrac{a_0}{a_1}=\dfrac{1}{13}$	$\underline{1}$	13	60	130	144	72
				10		5,54	
R_{II}	$\dfrac{a_1}{a_2'}=\dfrac{13}{50}$		$\underline{13}$	50	130	138,46	72
					36,0		
R_{III}	$\dfrac{a_2'}{a_3'}=\dfrac{50}{94,0}$			$\underline{50}$	94,0	138,46	72
						38,30	
R_{IV}					$\underline{94,0}$	$\underline{100,16}$	$\underline{72}$

Die Werte der ROUTHschen Probefunktionen sind unterstrichen. Sie sind sämtlich positiv.

β) Die HURWITZ-Determinanten. Für die vorgelegte charakteristische Gleichung fünften Grades haben die Determinanten die folgenden Werte:

$$H_1 = a_1 = 13,$$

$$H_2 = \begin{vmatrix} a_1 & a_0 \\ a_3 & a_2 \end{vmatrix} = \begin{vmatrix} 13 & 1 \\ 130 & 60 \end{vmatrix} = 650,$$

$$H_3 = \begin{vmatrix} a_1 & a_0 & 0 \\ a_3 & a_2 & a_1 \\ a_5 & a_4 & a_3 \end{vmatrix} = \begin{vmatrix} 13 & 1 & 0 \\ 130 & 60 & 13 \\ 72 & 144 & 130 \end{vmatrix} = 61100,$$

$$H_4 = \begin{vmatrix} a_1 & a_0 & 0 & 0 \\ a_3 & a_2 & a_1 & a_0 \\ a_5 & a_4 & a_3 & a_2 \\ 0 & 0 & a_5 & a_4 \end{vmatrix} = \begin{vmatrix} 13 & 1 & 0 & 0 \\ 130 & 60 & 13 & 1 \\ 72 & 144 & 130 & 60 \\ 0 & 0 & 72 & 144 \end{vmatrix} = 6120000,$$

und wegen (4.22/7a)

$$H_5 = a_5 H_4 = 72 H_4.$$

Man erkennt, daß sie tatsächlich alle positiv sind.

γ) Das Lücken-Kriterium. Die Werte ω_1^2 und ω_3^2 sind die Wurzeln der Gl. (4.23/4), die hier zur quadratischen Gleichung

$$(\omega^2)^2 - 10\omega^2 + \frac{72}{13} = 0 \tag{4.24/2a}$$

wird; die Werte ω_2^2 und ω_4^2 sind die Wurzeln der Gl. (4.23/5), die hier zur ebenfalls quadratischen Gleichung

$$(\omega^2)^2 - 60\omega^2 + 144 = 0 \tag{4.24/2b}$$

wird. Die vier Wurzeln lauten demnach

$$\omega_1^2 = 0{,}59, \qquad \omega_2^2 = 2{,}5, \qquad \omega_3^2 = 9{,}41, \qquad \omega_4^2 = 57{,}5, \qquad (4.24/2\,\mathrm{c})$$

und man stellt fest, daß die Bedingung (4.23/6) erfüllt, Stabilität also gesichert ist.

δ) **Die Lagen-Kriterien.** Unter Beschränkung auf die Schnittfrequenzen und Schnittwerte, die zur *imaginären* Achse gehören (man kann *eine* der beiden Achsen benutzen), hat man (4.24/2a) zu lösen; man findet

$$\omega_1^2 = 0{,}59, \qquad \omega_3^2 = 9{,}41 \qquad\qquad (4.24/3\,\mathrm{a})$$

und

$$S_1 = \frac{\varDelta\,(i\,\omega_1)}{i} = \omega_1[a_0\,(\omega_1^2)^2 - a_2\,\omega_1^2 + a_4] = \sqrt{0{,}59}\,[0{,}348 - 35{,}4 + 144] > 0 \qquad (4.24/3\,\mathrm{b})$$

sowie

$$S_3 = \frac{\varDelta\,(i\,\omega_3)}{i} = \omega_3[a_0\,(\omega_3^2)^2 - a_2\,\omega_3^2 + a_4] = \sqrt{9{,}41}\,[89 - 565 + 144] < 0. \qquad (4.24/3\,\mathrm{c})$$

Der Wert S_1 ist positiv, der Wert S_3 negativ, wie (4.23/7a) fordert. Damit ist die Stabilität gesichert.

2. Beispiel. An einem weiteren Beispiel zeigen wir noch, wie man auch die Abklingkonstante der am meisten „gefährdeten" Schwingung ermitteln kann (s. 4.23γ). Vorgelegt sei die charakteristische Gleichung

$$h^5 + 16{,}2\,h^4 + 101{,}21\,h^3 + 422{,}96\,h^2 + 444{,}94\,h + 1363{,}4 = 0.$$

Die Schnittfrequenzquadrate ω_1^2 und ω_3^2 folgen aus der quadratischen Gleichung

$$16{,}2\,\omega^4 - 422{,}96\,\omega^2 + 1363{,}4 = 0$$

zu

$$\omega_1^2 = 3{,}76, \qquad \omega_3^2 = 22{,}34,$$

die Schnittfrequenzquadrate ω_2^2 und ω_4^2 aus

$$\omega^4 - 101{,}21\,\omega^2 + 444{,}94 = 0$$

zu

$$\omega_2^2 = 4{,}60 \quad \text{und} \quad \omega_4^2 = 96{,}6.$$

Die zugehörigen Schnittwerte sind

$$S_1 = 152, \qquad S_2 = -241{,}0, \qquad S_3 = -6226, \qquad S_4 = 111\,689.$$

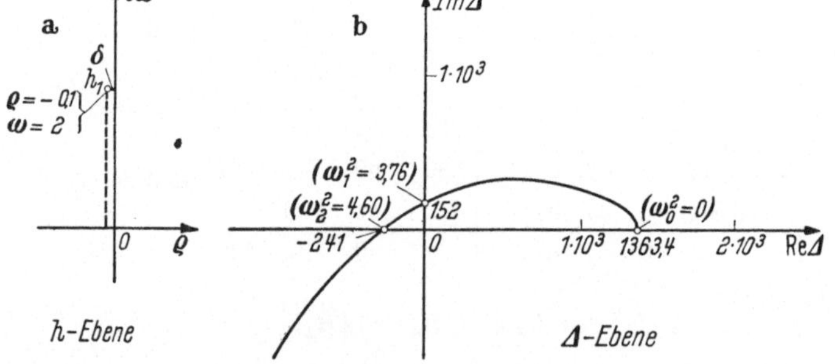

Abb. 4.24/1. Kurven in der h-Ebene und $\varDelta$-Ebene zum zweiten Beispiel

Die Bedingungen für Stabilität sind erfüllt. [Abb. 4.24/1 zeigt (qualitativ) die Kurven in der h-Ebene und in der $\varDelta$-Ebene.]

Die Frequenzen $\omega_1 = 1{,}94$ und $\omega_2 = 2{,}15$ liegen nahe beisammen, und die zugehörigen Schnittwerte sind relativ klein. Das deutet darauf hin, daß sich unter den Teilbewegungen des untersuchten Systems eine Schwingung mit einer Kreisfrequenz zwischen 1,94 und 2,15 und geringer Dämpfung befindet.

Wir wollen Abklingkonstante und Frequenz dieser Schwingung ermitteln. Mit

$$\omega_\alpha = 1{,}94, \qquad \omega_\beta = 2{,}15, \qquad S_\alpha = 152, \qquad S_\beta = -241$$

folgt aus (4.23/8)

$$\delta_\nu = 0{,}093 .$$

Um die Frequenz ω_ν zu ermitteln, setzt man $\omega_\nu = \omega_\alpha + \Delta\omega$. Die Differenz $\Delta\omega$ findet man gemäß Abb. 4.23/2 wegen

$$\tan u = \left| \frac{S_\alpha}{S_\beta} \right| = \frac{\Delta\omega}{\delta}$$

aus

$$\Delta\omega = \delta \left| \frac{S_\alpha}{S_\beta} \right| ;$$

das liefert

$$\Delta\omega = 0{,}059 \quad \text{und somit} \quad \omega_\nu = 1{,}998 .$$

Um die Güte dieses Ergebnisses beurteilen zu können, bedürfen wir der genauen Wurzelwerte der charakteristischen Gleichung. Diese Gleichung weist unter anderen die beiden konjugiert komplexen Wurzeln

$$h_{1,2} = -0{,}1 \pm 2i$$

auf. Der genaue Wert der Abklingkonstanten beträgt demnach $\delta_\nu = 0,1$, der der Frequenz $\omega_\nu = 2$. Die Näherungsbetrachtung liefert somit recht gute Werte.

4.25 Zur Literatur des Problems der Stabilität. Geschichtlich lassen sich die meisten späteren Untersuchungen auf Gedankengänge zurückführen, die sich in zwei klassischen Arbeiten finden, bei CH. HERMITE[1] und im CAUCHYschen Satz[2] über die Anzahl der Nullstellen und Pole einer Funktion. Den Ausgangspunkt der algebraischen „Kriterien" für charakteristische Gleichungen mit reellen Koeffizienten bilden die Untersuchungen von E. J. ROUTH[3]. Diese Untersuchungen blieben in den Kreisen der nichtenglischen Ingenieure jedoch so gut wie unbekannt. Auf Veranlassung von A. STODOLA beschäftigte sich dann A. HURWITZ[4] mit der Frage und formulierte seine Determinanten-Kriterien. Die Schwierigkeiten, die die Herleitung der Kriterien bietet, haben eine Reihe von Bemühungen hervorgerufen, sie auf neuen Wegen herzuleiten. Die wichtigste dieser Arbeiten ist wohl die von I. SCHUR[5]. Andere schlossen sich an; wir erwähnen noch die von G. HERGLOTZ[6], K. TH. VAHLEN[7], H. BILHARZ[8], O. BAIER[9].

Untersuchungen, die sich auf Gleichungen mit komplexen Koeffizienten erstrecken, stammen von LIÉNARD und CHIPART[10], M. FUJEWARA[11], S. SHERMAN[12].

Insbesondere für die Bedürfnisse der Nachrichtentechnik und der Regelungstechnik wurden neben den algebraischen Kriterien die sog. Ortskurven-Kriterien

---

[1] HERMITE, CH.: Sur le nombre des racines d'une équation algébrique comprises entre deux limites données. Œvres I (1850) S. 397—414.

[2] Siehe z. B. K. KNOPP: Funktionentheorie I, S. 135. Slg. Göschen.

[3] ROUTH, E. J.: Dynamik der starren Körper, Bd. 2 (deutsche Ausgabe). Leipzig: Teubner 1898.

[4] HURWITZ, A.: Math. Ann. Bd. 46 (1895) S. 273.

[5] SCHUR, I.: Z. angew. Math. Mech. Bd. 1 (1921) S. 307.

[6] HERGLOTZ, G.: Math. Z. Bd. 19 (1924) S. 26—34.

[7] VAHLEN, K. TH.: Z. angew. Math. Mech. Bd. 14 (1934) S. 65—70.

[8] BILHARZ, H.: Z. angew. Math. Mech. Bd. 24 (1944) S. 77.

[9] BAIER, O.: Z. angew. Math. Mech. Bd. 28 (1948) S. 153.

[10] LIÉNARD u. CHIPART: J. Math. pures appl. (6) Bd. 10 (1914) S. 291.

[11] FUJEWARA, M.: Math. Z. Bd. 24 (1925) S. 161.

[12] SHERMAN, S.: Phil. Mag. London (7) Bd. 37 (1946) S. 537—551.

entwickelt. An grundlegenden Arbeiten sind hier zu nennen die von Nyquist[1], Bode[2] und Strecker[3], sowie die in 4.23 schon aufgeführten von L. Cremer[4] und A. Leonhard[5].

An zusammenfassenden Darstellungen seien, neben den schon erwähnten Büchern[2, 3, 5], noch genannt vor allem das wichtige Buch von W. Schmeidler[6] sowie drei Aufsätze[7, 8, 9, 9a].

Schließlich sei auch noch das unter dem Namen „Wurzelortverfahren" („root-locus method") bekannte, für die Zwecke der Regeltechnik entwickelte Vorgehen erwähnt, das u. a. von W. R. Evans[10] in Zeitschriftenaufsätzen und einem Buche dargestellt wurde, und über das u. a. K. Bloedt[11] in deutscher Sprache berichtet hat.

Diese Angaben sind selbstverständlich nicht erschöpfend. Viele der aufgeführten Arbeiten enthalten aber weitere Literaturhinweise. Außerdem behandelt die ausgedehnte Literatur über Regeltechnik vielerorts das Stabilitätsproblem, und zwar sowohl in Zeitschriftenaufsätzen wie in Büchern.

Die moderne, umfassende Stabilitätstheorie, die auf A. M. Ljapunow[12] zurückgeht, erschließt die Stabilität eines Bewegungsvorganges grundsätzlich aus den nicht-linearen Differentialgleichungen der Bewegung. Im Sinne jener allgemeinen Theorie sind alle hier besprochenen Methoden und Sätze „Kriterien für die Stabilität nach der ersten Näherung". Die allgemeine Theorie und die Rolle der „Stabilität nach der ersten Näherung" in ihr wurde dargestellt von I. G. Malkin; das Werk ist in deutscher Übersetzung zugänglich[13].

4.3 Kleine Bewegungen um Gleichgewichtslagen; symmetrische Kopplung

4.31 Übersicht. In den Abschn. 4.1 und 4.2 haben wir uns um die Integration der homogenen und linearen Bewegungsgleichungen bemüht sowie darum, allgemeine Aussagen über die Stabilität der sich einstellenden Bewegungen zu machen. Wir müssen uns nun der Frage zuwenden, auf welche

---

[1] Nyquist, H.: Bell Syst. techn. J. 1932, S. 126.

[2] Bode, H. W.: Network Analysis and Feedback Amplifier Design. New York: van Nostrand 1945.

[3] Zusammenfassend in F. Strecker: Praktische Stabilitätsprüfung. Berlin/Göttingen/Heidelberg: Springer 1950.

[4] Cremer, L.: Z. angew. Math. Mech. Bd. 25/27 (1947) S. 161.

[5] Zusammenfassend in A. Leonhard: Die selbsttätige Regelung, 2. Aufl. Berlin/Göttingen/Heidelberg: Springer 1957.

[6] Schmeidler, W.: Vorträge über Determinanten und Matrizen, S. 62ff. Berlin: Akademie-Verlag 1949.

[7] Görk, E.: Arch. f. el. Übertragung Bd. 4 (1950) S. 89—96.

[8] Dzung, L. S.: Regelungstechn. Bd. 1 (1953) S. 123 u. S. 204.

[9] Lehmigk, S.: Regelungstechn. Bd. 4 (1956) S. 195.

[9a] Cremer, H., u. F. H. Effertz: Math. Annalen Bd. 137 (1959) S. 328—350.

[10] Evans, W. R.: Control System Dynamics. New York: Mc Graw Hill 1954.

[11] Bloedt, K.: Regelungstechn. Bd. 4 (1956) S. 250.

[12] Ljapunow, A. M. (Liapounoff): Problème général de la stabilité du mouvement. Ann. Fac. Sci. Toulouse (2) Bd. 9, S. 203—474; Neudruck Princeton N.Y. 1949.

[13] Malkin, 1. G.: Theorie der Stabilität einer Bewegung; deutsch von W. Hahn u. R. Reissig. München: R. Oldenbourg 1959.

Weise die Bewegungsgleichungen gewonnen werden. Schon in 1.31 hatten wir davon gesprochen, daß zur Aufstellung einer Bewegungsgleichung verschiedene Methoden dienen können, synthetische und analytische. Hier werden wir allein die analytischen verwenden, und zwar fast ausschließlich die LAGRANGEsche Vorschrift. Zu ihrer Anwendung benötigt man die kinetische Energie T; ferner kann man die potentielle Energie U verwenden und daneben — wenn das skleronome System nicht konservativ und von der Art ist, daß nur geschwindigkeitsproportionale Widerstandskräfte auftreten, die Dissipationsfunktion F. Nachdem wir zunächst gezeigt haben werden, daß diese Funktionen sich in der Regel als homogene quadratische Formen der Veränderlichen darstellen (4.32), geben wir einige Sätze über solche quadratische Formen an (4.33). Schon aus ihnen lassen sich nämlich weitgehende Schlüsse auf die Bauart der Bewegungsgleichungen und damit auf die Art der sich einstellenden Bewegungen ziehen (4.34). Betrachtungen dieser Art werden dann vielfach Untersuchungen über die Stabilität der Bewegungen anhand der Differentialgleichungen (Abschn. 4.2) überflüssig machen, indem die genannten Funktionen selbst schon die notwendigen Schlüsse zulassen. In diesem Abschnitt werden wir zunächst Bewegungen um *Gleichgewichtslagen* ins Auge fassen; Bewegungen um *Bewegungszustände* werden wir später (Abschn. 4.6) erörtern.

4.32 Aufstellung der Bewegungsgleichungen. In 1.33 haben wir schon von der LAGRANGEschen Vorschrift zur Aufstellung der Bewegungsgleichungen gesprochen, dort aber nur konservative Systeme betrachtet. Wir ergänzen die Betrachtung nun für den Fall, daß dem System Energie entzogen oder zugeführt werden kann.

Die LAGRANGEsche Vorschrift arbeitet mit verallgemeinerten Koordinaten (s. 1.31) und drei Energieausdrücken, die Funktionen jener Koordinaten und ihrer ersten Ableitungen sind, der kinetischen Energie T, der potentiellen Energie U und der Dissipationsfunktion F.

Von der kinetischen Energie T läßt sich ganz allgemein zeigen, daß sie stets (für Massenpunkte sowohl wie für starre Körper und Verbände solcher Gebilde) eine quadratische Form der Geschwindigkeiten ist mit Koeffizienten, die noch von den Koordinaten abhängen können:

$$T = \frac{1}{2} \sum_{\lambda=1}^{n} \sum_{\nu=1}^{n} A_{\nu\lambda} \dot{q}_\nu \dot{q}_\lambda. \qquad (4.32/1)$$

Für *kleine* Bewegungen behält man von den Koeffizienten nur die konstanten Anteile bei.

Desgleichen wird die Dissipationsfunktion F eine quadratische Form der Geschwindigkeiten mit konstanten Koeffizienten

$$F = \frac{1}{2} \sum_{\lambda=1}^{n} \sum_{\nu=1}^{n} B_{\nu\lambda} \dot{q}_\nu \dot{q}_\lambda. \qquad (4.32/2)$$

Die potentielle Energie U ist eine Funktion der Koordinaten allein. Mehr läßt sich über ihre Form im allgemeinen nicht aussagen. Falls man die Koordinaten aber so gewählt hat, daß sie alle in der Gleichgewichtslage verschwinden, so läßt sich zeigen, daß für kleine Bewegungen um diese Gleichgewichtslage der Ausdruck für U eine quadratische Form mit konstanten Koeffizienten wird,

$$U = \frac{1}{2} \sum_{\lambda=1}^{n} \sum_{\nu=1}^{n} C_{\nu\lambda}\, q_\nu\, q_\lambda. \tag{4.32/3}$$

Die LAGRANGEsche Vorschrift läßt sich fassen als

$$\frac{d}{dt}\left(\frac{\partial T}{\partial \dot{q}_\nu}\right) - \frac{\partial T}{\partial q_\nu} = Q_\nu, \qquad (\nu = 1, 2\ldots, n). \tag{4.32/4}$$

Auf der rechten Seite stehen die verallgemeinerten eingeprägten Kräfte. Reaktionskräfte treten nicht auf; sie sind eliminiert. Falls an eingeprägten Kräften keine anderen auf das System einwirken als solche, die von einem Potential U oder von einer Dissipationsfunktion[1] F ableitbar sind:

$$Q_\nu = -\frac{\partial U}{\partial q_\nu} \quad \text{oder} \quad Q_\nu = -\frac{\partial F}{\partial \dot{q}_\nu}, \tag{4.32/4a}$$

so nimmt die Gl. (4.32/4) die besondere Gestalt

$$\frac{d}{dt}\left(\frac{\partial T}{\partial \dot{q}_\nu}\right) - \frac{\partial T}{\partial q_\nu} + \frac{\partial F}{\partial \dot{q}_\nu} + \frac{\partial U}{\partial q_\nu} = 0 \tag{4.32/5}$$

an.

Für kleine Bewegungen um Gleichgewichtslagen erweisen sich alle drei Funktionen, T, F und U, als homogene quadratische Funktionen mit konstanten Koeffizienten. In diesem Fall vereinfacht sich (4.32/5) noch durch Wegfallen des zweiten Gliedes (da die Koeffizienten $A_{\nu\lambda}$ jetzt Konstante sind und nicht mehr von den Koordinaten abhängen) zu

$$\frac{d}{dt}\left(\frac{\partial T}{\partial \dot{q}_\nu}\right) + \frac{\partial F}{\partial \dot{q}_\nu} + \frac{\partial U}{\partial q_\nu} = 0. \tag{4.32/6}$$

Wendet man die LAGRANGEsche Vorschrift in der Fassung (4.32/6) auf T, F, U [(4.32/1) bis (4.32/3)] an, so erhält man das folgende System von linearen Differentialgleichungen

$$\left.\begin{array}{l}
a_{11}\ddot{q}_1 + a_{12}\ddot{q}_2 + \cdots + a_{1n}\ddot{q}_n + b_{11}\dot{q}_1 + \cdots + b_{1n}\dot{q}_n + c_{11}q_1 + \cdots + c_{1n}q_n = 0, \\
a_{21}\ddot{q}_1 + a_{22}\ddot{q}_2 + \cdots + a_{2n}\ddot{q}_n + b_{21}\dot{q}_1 + \cdots + b_{2n}\dot{q}_n + c_{21}q_1 + \cdots + c_{2n}q_n = 0, \\
\cdots\cdots\cdots\cdots\cdots\cdots\cdots\cdots\cdots\cdots\cdots\cdots\cdots\cdots\cdots \\
a_{n1}\ddot{q}_1 + a_{n2}\ddot{q}_2 + \cdots + a_{nn}\ddot{q}_n + b_{n1}\dot{q}_1 + \cdots + b_{nn}\dot{q}_n + c_{n1}q_1 + \cdots + c_{nn}q_n = 0.
\end{array}\right\} \tag{4.32/7}$$

Die Koeffizienten sind konstant; die mit gemischten Indizes, die „Kopplungskoeffizienten", sind überdies paarweise einander gleich,

$$a_{ik} = a_{ki}, \qquad b_{ik} = b_{ki}, \qquad c_{ik} = c_{ki};$$

d. h., die Kopplungen sind symmetrisch.

4.33 Über quadratische Formen. Eine reelle, quadratische Form

$$F(x_1, x_2, \ldots, x_n) = \sum_{k=1}^{n} \sum_{i=1}^{n} \alpha_{ik}\, x_i\, x_k \tag{4.33/1}$$

---

[1] LORD RAYLEIGH: The Theory of Sound Bd. 1, 2. Aufl., S. 103, London: Macmillan 1929; deutsche Übersetzung: S. 109. Braunschweig: Vieweg & Sohn 1880.

heißt *definit*, wenn die Werte, die sie für alle reellen Wertesysteme der n unabhängigen Veränderlichen $x_1, x_2, \ldots, x_n$ annimmt, dasselbe Vorzeichen haben, und wenn sie nur für das eine Wertesystem $x_1 = x_2 = \ldots = x_n = 0$ verschwindet. Ist das Vorzeichen aller jener Werte positiv, so heißt die Form *positiv definit*, ist es negativ, so heißt sie *negativ definit*.

Die notwendigen und hinreichenden Bedingungen, unter denen eine quadratische reelle Form *positiv definit* ist, lauten

$$D > 0, \quad D_1 > 0, \quad \ldots, \quad D_{n-2} > 0, \quad D_{n-1} = \alpha_{nn} > 0. \qquad (4.33/2)$$

Dabei bezeichnet D die sog. Diskriminante der quadratischen Form, d. i. die Determinante ihrer Koeffizienten

$$D = \begin{vmatrix} \alpha_{11} & \alpha_{12} & \cdots & \alpha_{1n} \\ \alpha_{21} & \alpha_{22} & \cdots & \alpha_{2n} \\ \cdot & \cdot & \cdots & \cdot \\ \alpha_{n1} & \alpha_{n2} & \cdots & \alpha_{nn} \end{vmatrix}, \qquad (4.33/2\,\mathrm{a})$$

wobei $\alpha_{\nu\mu} = \alpha_{\mu\nu}$ ist; ferner bezeichnet D_1 jene Determinante, die aus D durch Streichen der ersten Zeile und der ersten Spalte entsteht, allgemein D_ν jene, die aus D durch Streichen der ν ersten Zeilen und ν ersten Spalten entsteht.

Die notwendigen und hinreichenden Bedingungen dafür, daß eine quadratische, reelle Form *negativ definit* ist, lauten

a) für gerades n

$$D > 0, \quad D_1 < 0, \quad D_2 > 0, \quad \ldots \quad D_{n-1} = \alpha_{nn} < 0, \qquad (4.33/3\,\mathrm{a})$$

b) für ungerades n

$$D < 0, \quad D_1 > 0, \quad D_2 < 0, \quad \ldots, \quad D_{n-1} = \alpha_{nn} < 0. \qquad (4.33/3\,\mathrm{b})$$

Im Gegensatz zu den *definiten* Formen heißen jene Formen, die für reelle Wertesysteme der Veränderlichen $x_1, \ldots, x_n$ sowohl positive wie negative Werte annehmen können, *indefinit*.

Die definiten und jene indefiniten Formen, deren Diskriminante nicht verschwindet, werden auch unter der gemeinsamen Bezeichnung *nichtsingulär* zusammengefaßt. Im Gegensatz dazu heißt eine Form *singulär*, wenn ihre Diskriminante D gleich Null ist. Die Form nimmt dann den Wert Null auch für andere als verschwindende Wertesysteme der Veränderlichen $x_1, \ldots, x_n$ an. Nimmt eine singuläre Form außer dem Wert Null nur Werte von einerlei Vorzeichen an, so heißt sie *semidefinit* (positiv oder negativ semidefinit), nimmt sie Werte jeden Vorzeichens an, so ist sie indefinit (wie eine nichtsinguläre Form auch).

Das Verschwinden der Diskriminante D ist eine notwendige Bedingung dafür, daß eine Form singulär ist, anders ausgedrückt: Nichtsingulär kann eine reelle quadratische Form nur sein, wenn ihre Diskriminante nicht verschwindet. Ist in einer reellen quadratischen Form irgendein α_{kk} gleich Null, so ist die Form sicher nicht definit.

Wir geben nun noch an, welcher Art die Formen T, F und U sein können.

Die *kinetische Energie* T ist ihrer Definition nach eine *positive* Form. Sie ist in der Regel sogar *positiv definit*. Indefinit wird sie nie; singulär kann sie nur dadurch werden, daß sie positiv semidefinit wird[1]. Dieser Fall tritt z. B. dann ein, wenn in einem System von n Freiheitsgraden einzelne Massen fehlen (vgl. das Beispiel 3 von 4.35).

Die *Dissipationsfunktion* F kann positiv definit, negativ definit, indefinit oder auch singulär sein. Solange sie positiv ist, wird dem System Energie entzogen, ist sie negativ, so wird ihm Energie zugeführt.

Die *potentielle Energie* U kann ebenfalls definit, indefinit oder singulär sein. Beispiele für die verschiedenen Bauarten der Formen sind in 4.35 angegeben.

4.34 Sätze über die charakteristische Gleichung und ihre Wurzeln. Das System (4.32/7) der Bewegungsgleichungen ist als Sonderfall in dem allgemeinen System (4.12/4) enthalten, die hier in Rede stehenden Fälle sind also durch die Erörterungen in Abschn. 4.1 grundsätzlich mit erledigt. Nun wünschen wir jedoch genauere Auskunft über die Eigenschaften, die die Lösungen der besonderen, hier auftretenden Gleichungen aufweisen. Dazu machen wir Gebrauch von den Eigenschaften der quadratischen Formen, die zur Aufstellung der Bewegungsgleichungen gedient haben. Die Betrachtung teilen wir in zwei Teile: Unter α) behandeln wir konservative Systeme, also solche, von denen wir spezielle Fälle in Kap. 2 schon sehr ausführlich untersucht haben, unter β) folgen dann die hier eigentlich zur Erörterung stehenden Systeme, denen Energie entzogen (oder zugeführt) wird.

α) Konservative Systeme (F $\equiv$ 0). Einführung des e-Ansatzes $q_k = A_k\, e^{ht}$ für die Koordinaten $q_1, \ldots, q_n$ macht aus den Differentialgleichungen (4.32/7), wo alle $b_{ik} = 0$ zu setzen sind, algebraische Gleichungen mit der Determinante „charakteristischen Determinante“)

$$\Delta(h) \equiv \begin{vmatrix} a_{11}\,h^2 + c_{11} & a_{12}\,h^2 + c_{12} & \cdots & a_{1n}\,h^2 + c_{1n} \\ a_{21}\,h^2 + c_{21} & a_{22}\,h^2 + c_{22} & \cdots & a_{2n}\,h^2 + c_{2n} \\ \cdot\ \cdot\ \cdot\ \cdot\ \cdot\ & \cdot\ \cdot\ \cdot\ \cdot\ \cdot\ & \cdot\ \cdot\ & \cdot\ \cdot\ \cdot\ \cdot\ \cdot \\ a_{n1}\,h^2 + c_{n1} & a_{n2}\,h^2 + c_{n2} & \cdots & a_{nn}\,h^2 + c_{nn} \end{vmatrix}. \qquad (4.34/1)$$

---

[1] Dadurch, daß wir manche Systeme (wie etwa das Beispiel c von Abb. 4.35/2) mit Hilfe von semi-definiten Formen T behandeln, legen wir die Zahl der Freiheitsgrade etwas anders fest, als die klassische analytische Mechanik das tut.

Die analytische Mechanik rechnet ein Gebilde wie das genannte unter die Systeme von einem Freiheitsgrad, da zwischen den Koordinaten q_1 und q_2 (der Abb. 4.35/2c) eine nicht-holonome und rheonome Bindung besteht [ausgedrückt durch die mit dt multiplizierte erste Gleichung des Satzes (4.35/9c)]. Das relativ einfach gebaute Gebilde selbst wird also als ein nicht-holonomes und rheonomes System aufgefaßt und damit unter die kompliziertesten Systeme eingereiht, die die Mechanik überhaupt kennt. Dafür bleibt die kinetische Energie T eine positiv *definite* quadratische Form.

Wir ziehen hier (indem wir nur holonome Bindungen anerkennen wollen) vor, die Koordinaten q_1 und q_2 als unabhängig anzusehen. Wir schreiben also dem System zwei Freiheitsgrade zu und betrachten es als holonom und skleronom; wir reihen es somit in die einfachste Gruppe mechanischer Systeme ein. Damit hängt dann zusammen, daß wir in einfacher Weise zu klaren und übersichtlichen Aussagen über die Eigenschaften solcher Systeme gelangen (wie etwa den Satz 5 von S. 205).

Vom Standpunkt der Anwendungen aus scheint es uns hier wichtiger zu sein, dieser offenbaren Vorteile teilhaftig zu werden, als in strikter Observanz den Regeln der orthodoxen Theorie zu folgen. Mit dieser Entscheidung wird keineswegs verkannt, daß die Regeln der analytischen Mechanik (als der vollkommensten naturwissenschaftlichen Theorie) sich als unübertrefflich zuverlässige Führer durch unwegsames Gelände erweisen.

Diese Determinante ist eine Funktion von h^2 allein. Ihr Verschwinden liefert die charakteristische Gleichung

$$\Delta(h^2) = 0. \tag{4.34/2}$$

Unter gewissen Voraussetzungen über die Formen T und U lassen sich nun eine Reihe von Sätzen über die Wurzeln h^2 bzw. h der charakteristischen Gleichung angeben; sie kennzeichnen das Verhalten des mechanischen Systems. Auf die Beweise müssen wir leider verzichten.

Satz 1a. Ist T eine nichtsinguläre Form, so ist die Ordnung des Problems, d. i. die Zahl p, sicher gleich $2n$.

Satz 1b. Ist T singulär (positiv semidefinit), so ermäßigt sich der Grad der charakteristischen Gleichung in h (d. h. die Ordnung des Problems) um mindestens 2, jedenfalls um eine gerade Zahl.

Satz 2. Ist U eine nichtsinguläre Form, so kann die charakteristische Gleichung keine verschwindenden Wurzeln haben; ist U jedoch singulär, so muß die charakteristische Gleichung mindestens eine verschwindende Wurzel h^2 haben.

Satz 3. Ist T definit, so sind die Wurzeln h^2 der charakteristischen Gleichung stets reell. Ist überdies U positiv definit, so sind (bei positiv definitem T) die Wurzeln h^2 sämtlich negativ reell, die h also rein imaginär; ist U dagegen negativ definit, so sind (bei positiv definitem T) die Wurzeln h^2 sämtlich positiv reell und damit die h zur Hälfte positiv, zur Hälfte negativ reell.

Satz 4. Hat die charakteristische Gl. (4.34/2) eine s_i-fache Wurzel h_i^2, so ist der Rang r_i der charakteristischen Determinante genau $n - s_i$. Nach dem in 4.15 Gesagten heißt das für eine von Null verschiedene Wurzel h_i^2, daß in der Lösung des Differentialgleichungssystems trotz der Vielfachheit der Wurzel keine Glieder der Bauart $t^\mu e^{h_i t}$ (mit von Null verschiedenem μ) auftreten können. Ist h_i^2 jedoch eine Nullwurzel, so treten noch lineare Glieder in t in der Lösung auf (höhere jedoch nicht, wie groß auch die Vielfachheit der Nullwurzel h_i^2 sein mag).

β) **Systeme mit Energieentzug oder Energiezufuhr** (F $\not\equiv$ 0). Der e-Ansatz in (4.32/7) führt hier auf das algebraische Gleichungssystem

$$
\left.
\begin{aligned}
&A_1[a_{11}h^2 + b_{11}h + c_{11}] + A_2[a_{12}h^2 + b_{12}h + c_{12}] + \cdots \\
&\qquad\qquad + A_n[a_{1n}h^2 + b_{1n}h + c_{1n}] = 0, \\
&A_1[a_{21}h^2 + b_{21}h + c_{21}] + A_2[a_{22}h^2 + b_{22}h + c_{22}] + \cdots \\
&\qquad\qquad + A_n[a_{2n}h^2 + b_{2n}h + c_{2n}] = 0, \\
&\;\cdot\;\cdot\;\cdot\;\cdot\;\cdot\;\cdot\;\cdot\;\cdot\;\cdot\;\cdot\;\cdot\;\cdot\;\cdot\;\cdot\;\cdot\;\cdot\;\cdot\;\cdot \\
&A_1[a_{n1}h^2 + b_{n1}h + c_{n1}] + A_2[a_{n2}h^2 + b_{n2}h + c_{n2}] + \cdots \\
&\qquad\qquad + A_n[a_{nn}h^2 + b_{nn}h + c_{nn}] = 0.
\end{aligned}
\right\} \tag{4.34/3}
$$

Die Determinante Δ ist hier nun eine Funktion von h. Der Satz 1 über die Ordnung des Problems gilt jedoch unverändert weiter. Satz 2 gilt mit der Abänderung, daß bei singulärem U mindestens eine verschwindende Wurzel h (statt h^2, wie oben) vorhanden ist.

Ferner gilt anstelle des Satzes 1b jetzt

Satz 5. Falls T singulär ist, erniedrigt sich der Grad der charakteristischen Gleichung um mindestens *Eins.*

Weiterhin lassen sich, je nach den Eigenschaften der Funktionen T, U und F, über die Wurzeln h der charakteristischen Gleichung noch folgende Aussagen machen (die an die Stelle von Satz 3 treten):

Satz 6. Wenn die Formen T und U beide positiv definit sind (und, was ja hier vorausgesetzt sein sollte, F ≢ 0 ist), hat die charakteristische Gleichung nie rein imaginäre Wurzeln h, sondern stets entweder reelle oder komplexe; mit anderen Worten: Jede Wurzel h besitzt dann einen Realteil. Und zwar ist dieser Realteil *negativ*, wenn F eine *positiv definite* Form ist, er ist dagegen *positiv*, wenn F *negativ definit* ist.

Satz 7. Wenn zwar T positiv definit, U jedoch negativ definit ist, so hat die charakteristische Gleichung ausschließlich reelle Wurzeln h.

Ein Analogon zum Satz 4 läßt sich bei Anwesenheit von F im allgemeinen nicht mehr aufstellen. Der Zusammenhang zwischen der Vielfachheit einer Wurzel und dem Rang der charakteristischen Determinante ist hier nicht mehr so eng wie dort. In besonderen Fällen, nämlich dann, wenn das Differentialgleichungssystem sich entkoppeln läßt, existiert dagegen ein solcher Satz wieder.

Zwar müssen wir — wie erwähnt — auf die Beweise der Sätze hier verzichten, ihren Inhalt wollen wir jedoch durch Anführen einer Reihe von Beispielen verdeutlichen.

4.35 Beispiele von Schwingern mit Dämpfung. Um die Beispiele ohne allzu großen Rechenaufwand bis zu formelmäßig leicht überblickbaren und schließlich bis zu numerischen Ergebnissen führen zu können, beschränken wir uns — obgleich dies für die Methoden keineswegs wesentlich ist — auf zweiläufige Schwinger.

α) **Alle Formen sind definit.** Als erste Gruppe von Beispielen behandeln wir die Schwinger der Abb. 4.35/1a und b. Sie bestehen aus jeweils zwei Punktkörpern mit den Massen a_1 und a_2, die in der Lotrechten geführt gedacht werden. Verbunden sind diese Punktkörper durch Federn c_1 und c_2 und Dämpfer mit den Dämpfungsfaktoren b_1 und b_2. Die beiden Schwinger unterscheiden sich dadurch, daß im Fall a) die Dämpfer b_1 und b_2 jeweils den Federn c_1 und c_2 parallel liegen (sog. Relativdämpfung), während im Fall b) beide Dämpfer am Festpunkt liegen (sog. Absolutdämpfung).

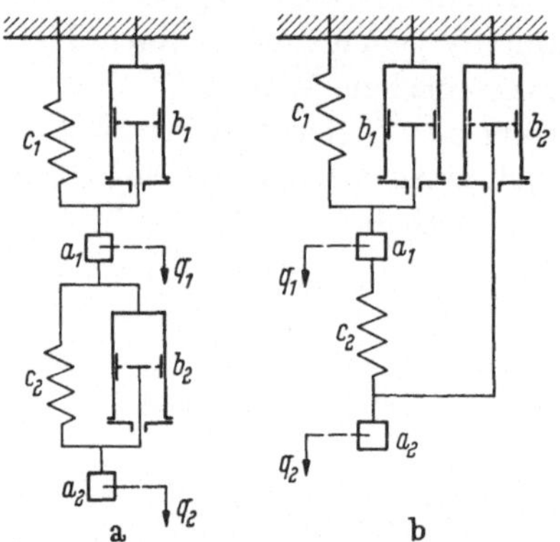

Abb.4.35/1. Zweiläufige Schwinger, die auf definite Formen T, F und U führen

Als Koordinaten q_1 und q_2 wählt man zweckmäßig jeweils die Auslenkungen der Massen a_1 und a_2 aus ihren Ruhelagen. Die Bewegungsgleichungen lassen sich entweder auf synthetischem Wege oder über die Formen T, F und U gewinnen. Obgleich der erste Weg hier keinerlei Schwierigkeiten bereitet, beschreiten wir den zweiten, denn wir wollen an diesen einfachen Gebilden die allgemeinen Methoden erläutern. Die Formen T und U lauten für die beiden Schwinger a) und b) übereinstimmend

$$T = \frac{1}{2}\,[a_1\,\dot q_1^2 + a_2\,\dot q_2^2], \qquad U = \frac{1}{2}\,[c_1\,q_1^2 + c_2\,(q_2 - q_1)^2]. \qquad (4.35/1)$$

Die Form F wird [s. Gln. (4.32/4a)]

im Falle a) $\;F = \frac{1}{2}\,[b_1\,\dot q_1^2 + b_2\,(\dot q_2 - \dot q_1)^2]$,　im Falle b) $\;F = \frac{1}{2}\,[b_1\,\dot q_1^2 + b_2\,\dot q_2^2]$.　(4.35/2)

Alle Formen sind positiv definit. Die Bewegungsgleichungen ergeben sich nach der Vorschrift (4.32/6) zu

a)
$$a_1\ddot{q}_1 + (b_1 + b_2)\,\dot{q}_1 + (c_1 + c_2)\,q_1 - b_2\dot{q}_2 - c_2 q_2 = 0,$$
$$a_2\ddot{q}_2 + b_2\dot{q}_2 + c_2 q_2 - b_2\dot{q}_1 - c_2 q_1 = 0. \tag{4.35/3a}$$

b)
$$a_1\ddot{q}_1 + b_1\dot{q}_1 + (c_1 + c_2)\,q_1 - c_2 q_2 = 0,$$
$$a_2\ddot{q}_2 + b_2\dot{q}_2 + c_2 q_2 - c_2 q_1 = 0. \tag{4.35/3b}$$

Die Gln. (4.35/3a) sind im Ausschlag und in der Geschwindigkeit gekoppelt, die Gleichungen (4.35/3b) nur im Ausschlag. Beide Probleme sind — das läßt sich mit Hilfe des Satzes 1 von 4.34 von vornherein sagen — von vierter Ordnung.

Die nach Einführung des e-Ansatzes entstehenden charakteristischen Gleichungen lauten

a)
$$\begin{vmatrix} a_1 h^2 + (b_1 + b_2)\,h + c_1 + c_2 & - [+ b_2 h + c_2] \\ - [+ b_2 h + c_2] & a_2 h^2 + b_2 h + c_2 \end{vmatrix} = 0, \tag{4.35/4a}$$

b)
$$\begin{vmatrix} a_1 h^2 + b_1 h + c_1 + c_2 & - c_2 \\ - c_2 & a_2 h^2 + b_2 h + c_2 \end{vmatrix} = 0 \tag{4.35/4b}$$

oder

$$h^4 a_1 a_2 + h^3 [a_1 b_2 + a_2 b_1 + a_2 b_2] + h^2 [a_1 c_2 + b_1 b_2 + (c_1 + c_2)\,a_2] +$$
$$+ h [b_1 c_2 + b_2 c_1] + c_1 c_2 = 0 \tag{4.35/5a}$$

bzw.

$$h^4 a_1 a_2 + h^3 [a_1 b_2 + a_2 b_1] + h^2 [a_1 c_2 + a_2 (c_1 + c_2) + b_1 b_2] +$$
$$+ h [b_1 c_2 + b_2 (c_1 + c_2)] + c_1 c_2 = 0. \tag{4.35/5b}$$

Man sieht zunächst die Voraussage bezüglich der Ordnung der Probleme bestätigt.

Über die Wurzeln der charakteristischen Gleichungen lassen sich nun wieder von vornherein eine Reihe von Aussagen machen. Zunächst gelten, da T, F und U positive definite quadratische Formen sind, die Sätze 2 und 6 von 4.34: Die charakteristische Gleichung hat sicher keine verschwindenden Wurzeln, sie hat auch keine rein imaginären Wurzeln, die Realteile aller Wurzeln sind negativ. Über die Größe der Dämpfungsfaktoren, die noch komplexe Wurzeln oder schon lauter reelle zur Folge haben, lassen sich dagegen aus den angezogenen allgemeinen Sätzen keine Aussagen machen.

Für die beiden in Abb. 4.35/1a u. b gezeichneten Schwinger geben wir nun Zahlenbeispiele[1]. Der bequemeren Rechnung wegen setzen wir in allen Fällen $b_1 = b_2$.

Fall a. Hier behandeln wir drei Zahlenbeispiele, die sich durch den Wert der Dämpfungsfaktoren unterscheiden. Es sei

$$1. \quad b_1 = b_2 = 0{,}1 \text{ kp cm}^{-1}\text{sek},$$
$$2. \quad b_1 = b_2 = 0{,}2 \text{ kp cm}^{-1}\text{sek}, \tag{4.35/6a}$$
$$3. \quad b_1 = b_2 = 0{,}3 \text{ kp cm}^{-1}\text{sek},$$

während die übrigen Systemgrößen jeweils dieselben bleiben sollen und die Werte

$$a_1 = a_2 = 4 \cdot 10^{-3}\text{ kp cm}^{-1}\text{sek}^2, \qquad c_1 = 1 \text{ kp cm}^{-1}, \qquad c_2 = 2 \text{ kp cm}^{-1} \tag{4.35/6}$$

aufweisen mögen. Gesucht werden erstens die Bewegungsabläufe (Abklingkonstanten und Frequenzen), zweitens die Ausschlagverhältnisse der Teilbewegungen.

Im *Beispiel 1* wird die charakteristische Gl. (4.35/5a) zu

$$h^4 + 75\,h^3 + 1{,}875 \cdot 10^3\,h^2 + 1{,}875 \cdot 10^4\,h + 1{,}25 \cdot 10^5 = 0;$$

sie hat zwei Paare konjugiert komplexer Wurzeln, nämlich

$$h_{1,2} = -5{,}208 \pm i \cdot 9{,}372, \qquad h_{3,4} = -32{,}292 \pm i \cdot 6{,}676.$$

---

[1] Hierbei lassen wir die Benennungen bei den Zahlenwerten der Größen h weg.

Im *Beispiel 2* lautet die charakteristische Gl. (4.35/5 a)

$$h^4 + 150\,h^3 + 3{,}75 \cdot 10^3\,h^2 + 3{,}75 \cdot 10^4\,h + 1{,}25 \cdot 10^5 = 0;$$

sie hat die beiden reellen Wurzeln

$$h_1 = -6{,}542, \qquad h_2 = -121{,}63$$

und das eine Paar konjugiert komplexer,

$$h_{3,4} = -10{,}91 \pm i \cdot 6{,}167.$$

Im *Beispiel 3* schließlich wird die charakteristische Gl. (4.35/5 a) zu

$$h^4 + 2{,}25 \cdot 10^2\,h^3 + 6{,}875 \cdot 10^3\,h^2 + 5{,}625 \cdot 10^4\,h + 1{,}25 \cdot 10^5 = 0;$$

sie hat die vier reellen Wurzeln

$$h_1 = -3{,}6851, \qquad h_2 = -190{,}43, \qquad h_3 = -7{,}6746, \qquad h_4 = -23{,}210.$$

Die drei möglichen Arten von Wurzelkombinationen werden also durch die drei Beispiele 1, 2 und 3 dargetan. Die Voraussagen, die wir zuvor über den Charakter der Wurzeln machen konnten, bestätigen sich.

Durch die Angabe der Wurzeln der charakteristischen Gleichungen ist der erste Teil unserer Aufgabe, die Ermittlung der Abklingkonstanten und der Eigenfrequenzen, erledigt; es bleibt noch der zweite Teil, die Ermittlung der Ausschlagverhältnisse der Teilbewegungen. Die

$$\varkappa_{ki} = \frac{A_{ki}}{A_{1i}}$$

können wir anhand der allgemeinen Formel (4.13/4) bilden. Die charakteristische Determinante wird hier durch (4.35/4 a) angegeben. Es ist deshalb das Ausschlagverhältnis z. B. nach (4.13/4)

$$\varkappa_{2i} = +\frac{a_1\,h_i^2 + (b_1 + b_2)\,h_i + (c_1 + c_2)}{b_2\,h_i + c_2}.$$

Mit den Zahlenwerten der Beispiele 1 bis 3 erhält man jeweils
Beispiel 1:

$$\varkappa_{2i} = \frac{4 \cdot 10^{-3}\,h_i^2 + 0{,}2\,h_i + 3}{0{,}1\,h_i + 2},$$

Beispiel 2:

$$\varkappa_{2i} = \frac{4 \cdot 10^{-3}\,h_i^2 + 0{,}4\,h_i + 3}{0{,}2\,h_i + 2},$$

Beispiel 3:

$$\varkappa_{2i} = \frac{4 \cdot 10^{-3}\,h_i^2 + 0{,}6\,h_i + 3}{0{,}3\,h_i + 2},$$

so daß im einzelnen folgende Quotienten zustande kommen:
Beispiel 1:

$$\left.\begin{matrix}\varkappa_{21}\\\varkappa_{22}\end{matrix}\right\} = 1{,}7334 \pm i \cdot 0{,}0949, \qquad\qquad \left.\begin{matrix}\varkappa_{23}\\\varkappa_{24}\end{matrix}\right\} = -0{,}4686 \pm i \cdot 0{,}0623,$$

Beispiel 2:

$$\varkappa_{21} = 0{,}8016, \qquad \varkappa_{22} = -0{,}6058, \qquad \left.\begin{matrix}\varkappa_{23}\\\varkappa_{24}\end{matrix}\right\} = 1{,}6521 \pm i \cdot 0{,}5994,$$

Beispiel 3:

$$\varkappa_{21} = -0{,}9427, \qquad \varkappa_{22} = -0{,}6130, \qquad \varkappa_{23} = +4{,}5280, \qquad \varkappa_{24} = +1{,}7673.$$

Fall b. Ebenso wie wir im Fall a) in den drei Beispielen 1 bis 3 jeweils eine der möglichen Zusammenstellungen von Wurzeln vorfanden (zwei Paare konjugiert komplexer, zwei reelle und ein Paar konjugiert komplexer, vier reelle Wurzeln), suchen wir nun auch im Fall b) entsprechende Beispiele auf. Anstatt aber gleich die drei passenden *b*-Werte anzugeben, schalten wir eine allgemeine Erörterung der charakteristischen Gl. (4.35/5 b) ein; und zwar werden wir finden, daß sich in dem besonderen Fall, wo die Dämpfungen den

Massen proportional sind,

$$\frac{b_1}{a_1} = \frac{b_2}{a_2},$$

allgemeine Formeln angeben lassen, die die Größe der Dämpfungen mit dem Charakter der Wurzeln verbinden. Auf diesen besonderen Fall kommen wir in anderem Zusammenhang noch einmal zurück; s. 4.52.

Die charakteristische Gleichung des Falles b) ist (4.35/5b). Wir bringen mittels der Transformation

$$h = \bar{h} - \frac{1}{4}\left(\frac{b_1}{a_1} + \frac{b_2}{a_2}\right) \equiv \bar{h} - \frac{1}{4}\beta \tag{4.35/7}$$

zunächst das Glied mit der dritten Potenz zum Verschwinden und erhalten

$$\bar{h}^4 + \bar{h}^2\left[-\frac{3}{8}\beta^2 + \frac{c_1 + c_2}{a_1} + \frac{b_1 b_2}{a_1 a_2} + \frac{c_2}{a_2}\right] + \bar{h}\left[\frac{1}{8}\beta^3 - \frac{1}{2}\beta\left(\frac{c_1 + c_2}{a_1} + \frac{b_1 b_2}{a_1 a_2} + \frac{c_2}{a_2}\right) + \right.$$

$$\left. + \frac{b_2}{a_2}\frac{c_1 + c_2}{a_1} + \frac{b_1}{a_1}\frac{c_2}{a_2}\right] + \left[-\frac{3}{2^8}\beta^4 + \frac{1}{16}\beta^2\left(\frac{c_1 + c_2}{a_1} + \frac{b_1 b_2}{a_1 a_2} + \frac{c_2}{a_2}\right) - \right.$$

$$\left. - \frac{1}{4}\beta\left(\frac{b_2}{a_2}\frac{c_1 + c_2}{a_1} + \frac{b_1}{a_1}\frac{c_2}{a_2}\right)\right] + \frac{c_1 c_2}{a_1 a_2} = 0.$$

Man sieht, daß das Glied mit $\bar{h}$ verschwindet, wenn

$$\frac{b_1}{a_1} = \frac{b_2}{a_2}$$

wird, ein Verhältnis, das wir mit ϱ abkürzen wollen. Wir bekommen die biquadratische Gleichung für $\bar{h}$

$$(\bar{h}^2)^2 + \bar{h}^2\left[-\frac{\varrho^2}{2} + \frac{c_1 + c_2}{a_1} + \frac{c_2}{a_2}\right] + \left[\frac{\varrho^4}{16} - \frac{\varrho^2}{4}\left(\frac{c_1 + c_2}{a_1} + \frac{c_2}{a_2}\right) + \frac{c_1 c_2}{a_1 a_2}\right] = 0.$$

Ihre Wurzeln schreiben sich

$$\bar{h}_{1,2}^2 = \frac{\varrho^2}{4} - \frac{1}{2}\left(\frac{c_1 + c_2}{a_1} + \frac{c_2}{a_2}\right) \mp \sqrt{\frac{1}{4}\left(\frac{c_1 + c_2}{a_1} + \frac{c_2}{a_2}\right)^2 - \frac{c_1 c_2}{a_1 a_2}}$$

oder nach Umformung des Radikanden

$$\bar{h}_{1,2}^2 = \frac{\varrho^2}{4} - \frac{1}{2}\left(\frac{c_1 + c_2}{a_1} + \frac{c_2}{a_2}\right) \mp \sqrt{\left(\frac{c_1}{2 a_1} - \frac{c_2}{2 a_2}\right)^2 + \frac{c_1 c_2}{2 a_1^2} + \frac{c_2^2}{4 a_1^2} + \frac{c_2^2}{2 a_1 a_2}}.$$

Aus dieser Form erkennt man, daß der Radikand stets positiv und überdies unabhängig von ϱ ist.

Aus den Formeln für $\bar{h}^2$ können wir nun die Frage beantworten, wie groß ϱ sein muß, damit die Wurzeln der charakteristischen Gleichung vom Typ der Beispiele 1, 2 oder 3 sind. Zunächst sieht man, daß $\bar{h}^2$ stets reell ist. Komplexe Wurzeln h können nur dann zustande kommen, wenn $\bar{h}^2$ negativ wird. $\bar{h}$ wird dann imaginär und h wegen der Transformation (4.35/7) zu

$$h = -\frac{\varrho}{2} + \bar{h}.$$

Beispiel 1. Sollen alle vier Wurzeln h komplex werden, so müssen beide Wurzeln $\bar{h}^2$ negativ sein. Dazu muß aber

$$\frac{\varrho^2}{4} < \frac{c_1 + c_2}{2 a_1} + \frac{c_2}{2 a_2} - \sqrt{\left(\frac{c_1 + c_2}{2 a_1} + \frac{c_2}{2 a_2}\right)^2 - \frac{c_1 c_2}{a_1 a_2}} \tag{I}$$

sein.

Beispiel 2. Wenn zwei Wurzeln h komplex und zwei reell werden sollen, so muß eine Wurzel $\bar{h}^2$ positiv, die andere negativ sein. Das liefert für ϱ die Bedingung

$$\frac{c_1 + c_2}{2 a_1} + \frac{c_2}{2 a_2} - \sqrt{} < \frac{\varrho^2}{4} < \frac{c_1 + c_2}{2 a_1} + \frac{c_2}{2 a_2} + \sqrt{}; \tag{II}$$

der Radikand lautet genauso wie in der Formel des Beispieles 1.

Beispiel 3. Wenn alle vier Wurzeln h reell werden sollen, müssen beide Wurzeln $\bar{h}^2$ positiv sein; dann muß also gelten

$$\frac{\varrho^2}{4} > \frac{c_1 + c_2}{2\,a_1} + \frac{c_2}{2\,a_2} + \sqrt{}\,. \tag{III}$$

Wir untersuchen nun noch den Charakter der Ausschlagverhältnisse. Zu ihrer Berechnung wenden wir die allgemeine Formel (4.13/4) auf die charakteristische Determinante (4.35/4b) an:

$$\varkappa_{2i} = \frac{A_{2i}}{A_{1i}} = \frac{a_1\,h_i^2 + b_1\,h_i + c_1}{c_2}\,.$$

Führt man darin zunächst $\bar{h}$ statt h ein und ersetzt dann $\bar{h}$ nach (4.35/7), so findet man

$$\varkappa_{2i} = \frac{a_1}{c_2}\left[\pm\sqrt{} + \frac{c_1 - c_2}{2\,a_1} - \frac{c_2}{2\,a_2}\right]$$

[Radikand s. Formel (I)]. Man ersieht daraus: erstens, daß die Ausschlagverhältnisse unabhängig von ϱ und damit von b_1 und b_2 sind, zweitens, daß es nur zwei verschiedene Werte des Ausschlagverhältnisses gibt, von denen der erste zur positiven Wurzel $\bar{h}_1^2$ gehört, so daß $\varkappa_{21} = \varkappa_{22}$ ist, während der zweite zur negativen Wurzel $\bar{h}_1^2$ gehört, so daß $\varkappa_{23} = \varkappa_{24}$ wird; drittens, daß die Ausschlagverhältnisse reell sind, ganz gleich welchen Charakter die Wurzeln h im einzelnen aufweisen. Zu zwei konjugiert komplexen Wurzeln der charakteristischen Gleichung gehört also *dasselbe* reelle Ausschlagverhältnis. Über diese Erscheinung wird in 4.52 noch des weiteren gesprochen werden.

Wir geben nun noch Zahlenwerte. Den Bedingungen (I) bis (III) genügen die drei Beispiele

$$\begin{aligned}
&1. \quad b_1 = b_2 = 0{,}05 \ \text{kp cm}^{-1}\,\text{sek,}\\
&2. \quad b_1 = b_2 = 0{,}1 \ \ \text{kp cm}^{-1}\,\text{sek,}\\
&3. \quad b_1 = b_2 = 0{,}3 \ \ \text{kp cm}^{-1}\,\text{sek}
\end{aligned}$$

der Reihe nach. Die übrigen Zahlenwerte sind oben schon angegeben.

Beispiel 1. Es wird

$$(\bar{h}_{1,2})^2 = -70{,}5493\,, \qquad (\bar{h}_{3,4})^2 = -1101{,}33\,,$$
$$\bar{h}_{1,2} = \pm i \cdot 8{,}39936\,, \qquad \bar{h}_{3,4} = \pm i \cdot 33{,}1862\,.$$

Die Transformation lautet

$$h = \bar{h} - \frac{b}{2\,a} = \bar{h} - 6{,}25\,,$$

und liefert

$$h_{1,2} = -6{,}25 \pm i \cdot 8{,}39936\,, \qquad h_{3,4} = -6{,}25 \pm i \cdot 33{,}1862\,,$$

also die beiden Paare konjugiert komplexer Wurzeln.

Beispiel 2. Hier wird

$$(\bar{h}_{1,2})^2 = 46{,}638\,, \qquad (\bar{h}_{3,4})^2 = -984{,}14\,,$$
$$\bar{h}_{1,2} = \pm 6{,}8292\,, \qquad \bar{h}_{3,4} = \pm i \cdot 31{,}371\,.$$

Mit $h = \bar{h} - 12{,}5$ kommt

$$h_1 = -5{,}6708\,, \qquad h_2 = -19{,}3292\,, \qquad h_{3,4} = -12{,}5 \pm i \cdot 31{,}371\,.$$

Es treten — wie gefordert — zwei reelle und ein Paar konjugiert komplexer Wurzeln auf.

Beispiel 3. Hier wird

$$(\bar{h}_{1,2})^2 = 1296{,}64\,, \qquad (\bar{h}_{3,4})^2 = 265{,}86\,,$$
$$\bar{h}_{1,2} = \pm 36{,}0089\,, \qquad \bar{h}_{3,4} = \pm 16{,}3053\,.$$

Mit $h = \bar{h} - 37{,}5$ kommt

$$h_1 = -1{,}49114\,, \qquad h_2 = -73{,}5089\,, \qquad h_3 = -21{,}1947\,, \qquad h_4 = -53{,}8053\,.$$

Alle Wurzeln sind reell.

Die beiden Werte der Ausschlagverhältnisse, die wir als zu jeweils zwei Wurzeln gehörend und als notwendig reell erkannten, lauten für alle drei Beispiele übereinstimmend

$$\varkappa_{21} = \varkappa_{22} = 1,2808, \qquad \varkappa_{23} = \varkappa_{24} = -0,7808.$$

β) Es treten auch singuläre Formen auf. Nach den Beispielen, die zu positiv definiten quadratischen Formen führten (4.35α), wollen wir jetzt solche untersuchen, die teilweise zu singulären Formen führen. Es möge sich um die drei Schwinger der Abb. 4.35/2 handeln.

Alle drei Gebilde weisen zwei Freiheitsgrade auf. Als Koordinaten q_1 und q_2 wählen wir im Falle a) und b) die Ausschläge der Massen a_1 und a_2 aus ihren Ruhelagen, im Falle c) sei q_1 der Ausschlag eines

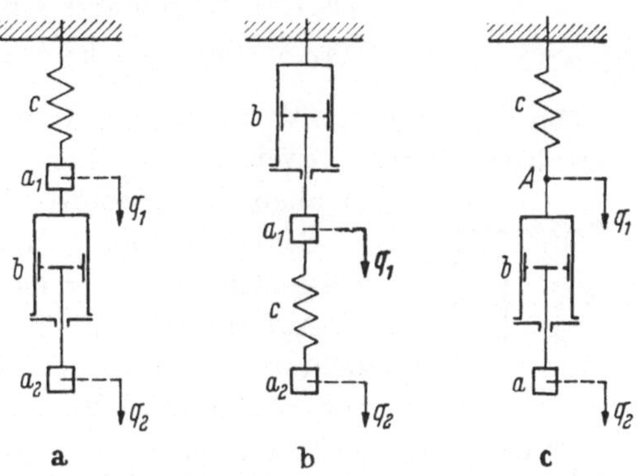

Abb. 4.35/2. Zweiläufige Schwinger, die z. T. auf singuläre Formen T, F und U führen; a) u. b) T definit, F und U semi-definit, c) alle Formen semi-definit

Punktes A auf der Verbindung von Feder und Dämpfer, q_2 der Ausschlag der Masse a. Die Formen T, F und U lauten in den drei Fällen

a)	b)	c)	
$2\,\mathsf{T} = a_1\,\dot{q}_1^2 + a_2\,\dot{q}_2^2,$	$2\,\mathsf{T} = a_1\,\dot{q}_1^2 + a_2\,\dot{q}_2^2,$	$2\,\mathsf{T} = a\,\dot{q}_2^2,$	
$2\,\mathsf{F} = b\,(\dot{q}_2 - \dot{q}_1)^2,$	$2\,\mathsf{F} = b\,\dot{q}_1^2,$	$2\,\mathsf{F} = b\,(\dot{q}_2 - \dot{q}_1)^2,$	(4.35/8)
$2\,\mathsf{U} = c\,q_1^2,$	$2\,\mathsf{U} = c\,(q_2 - q_1)^2,$	$2\,\mathsf{U} = c\,q_1^2.$	

Im Falle a) und b) ist allein T, im Falle c) keine der Formen definit[1]; alle nicht definiten Formen sind positiv semi-definit. Aus diesen Feststellungen folgt nach den Sätzen von 4.34 von vornherein, daß erstens im Falle c) (weil T singulär ist) die Ordnung der charakteristischen Gleichung höchstens Drei beträgt (Satz 1a und 5) und daß zweitens in allen drei Fällen a), b) und c) (weil U singulär ist) die charakteristische Gleichung mindestens eine verschwindende Wurzel h hat (Satz 2). Überdies kann hier nicht mehr — wie bei den Beispielen in 4.35α — behauptet werden, daß auf jeden Fall alle Wurzeln Realteile besitzen; es könnten hier (weil F nicht mehr definit ist) auch rein imaginäre Wurzeln auftreten. Aus den Formen (4.35/8) bilden wir nun nach der LAGRANGEschen Vorschrift (4.32/6) die Bewegungsgleichungen. Sie lauten der Reihe nach für die drei Schwinger

a)
$$\begin{aligned} a_1\,\ddot{q}_1 + b\,\dot{q}_1 + c\,q_1 - b\,\dot{q}_2 &= 0, \\ a_2\,\ddot{q}_2 + b\,\dot{q}_2 - b\,\dot{q}_1 &= 0, \end{aligned} \qquad (4.35/9\,\mathrm{a})$$

b)
$$\begin{aligned} a_1\,\ddot{q}_1 + b\,\dot{q}_1 + c\,q_1 - c\,q_2 &= 0, \\ a_2\,\ddot{q}_2 + c\,q_2 - c\,q_1 &= 0, \end{aligned} \qquad (4.35/9\,\mathrm{b})$$

c)
$$\begin{aligned} b\,\dot{q}_1 + c\,q_1 - b\,\dot{q}_2 &= 0, \\ a\,\ddot{q}_2 + b\,\dot{q}_2 - b\,\dot{q}_1 &= 0. \end{aligned} \qquad (4.35/9\,\mathrm{c})$$

---

[1] Siehe Fußnote 1, S. 204.

Die zugehörigen charakteristischen Gleichungen werden dann der Reihe nach zu

$$a_1\,a_2\,h^4 + h^3\,b\,(a_1 + a_2) + h^2\,a_2\,c + h\,b\,c = 0, \qquad (4.35/10\,\mathrm{a})$$

$$a_1\,a_2\,h^4 + h^3\,a_2\,b + h^2\,c\,(a_1 + a_2) + h\,b\,c = 0, \qquad (4.35/10\,\mathrm{b})$$

$$h^3\,a\,b + h^2\,a\,c + h\,b\,c = 0. \qquad (4.35/10\,\mathrm{c})$$

Man bestätigt die Voraussagen: Erstens, die Gleichung des Falles c) ist nur vom dritten Grade, zweitens, alle drei Gleichungen lassen Nullwurzeln zu, da in allen das absolute Glied fehlt.

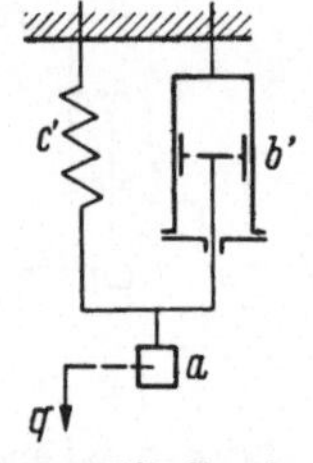

Abb. 4.35/3. Ersatzsystem für 4.35/2c, wenn $b' = a\,c/b$ ist

Schwinger der Bauart 4.35/2b sind für besondere Zwecke gelegentlich schon genauer untersucht worden[1,2].

Auf numerische Beispiele zu den Fällen a) und b) verzichten wir. Nur dem Fall c) widmen wir noch einige Aufmerksamkeit. Dividiert man die Gl. (4.35/10c) durch den (als nicht verschwindend vorausgesetzten) Faktor b, so lautet sie nach Abspaltung von h:

$$a\,h^2 + \frac{a\,c}{b}\,h + c = 0, \qquad (4.35/10'\mathrm{c})$$

also genauso wie die charakteristische Gleichung des einfachen Schwingers, bei dem Feder und Dämpfer parallel liegen. Der Schwinger 4.35/2c macht also (von einer additiven Konstanten abgesehen) dieselben Bewegungen wie der einläufige gedämpfte Schwinger nach Abb. 4.35/3, wenn dieser die Konstanten $a' = a$, $c' = c$, $b' = a\,c/b$ aufweist. Man sieht daraus u. a.: Der Schwinger 4.35/2c führt bei starkem Dämpfungsfaktor b Schwingungen (wenn $b \to \infty$ geht, sogar ungedämpfte Schwingungen) aus, bei schwacher Dämpfung b dagegen Kriechbewegungen. Die Grenze zwischen den beiden Bewegungsformen liegt natürlich bei $D' \equiv b'/2\sqrt{a'\,c'} = 1$. Diese Dämpfungszahl D' drückt sich durch die Dämpfungszahl $D = b/2\sqrt{a\,c}$, die aus den Parametern a, b, c aufgebaut ist, in der folgenden Weise aus:

$$D' = \frac{b'}{2\sqrt{a'\,c'}} = \frac{\sqrt{a\,c}}{2\,b} = \frac{1}{4\,D};$$

die Grenze liegt also bei $D = \tfrac{1}{4}$.

Wir geben ein Zahlenbeispiel. Ein Schwinger nach Abb. 4.35/2c weise die folgenden Daten auf:

$$a = 4 \cdot 10^{-3}\ \mathrm{kp\ cm^{-1}\ sek^2}, \qquad b = 1 \cdot 10^{-1}\ \mathrm{kp\ cm^{-1}\ sek}, \qquad c = 2 \cdot 10^{1}\ \mathrm{kp\ cm^{-1}}.$$

Als Anfangswerte seien vorgegeben

$$q_1(0) = 1\,\mathrm{cm}; \qquad q_2(0) = 2\,\mathrm{cm}; \qquad \dot q_2(0) = -\,2\,\mathrm{cm/sec}.$$

Gesucht wird der Verlauf der sich anschließenden Bewegung.

Von dieser Bewegung läßt sich zunächst sagen, daß sie wegen $D < \tfrac{1}{4}$ eine Kriechbewegung ist. Da — wie wir oben festgestellt haben — das Problem von dritter Ordnung ist und die charakteristische Gleichung eine Nullwurzel aufweist, wird die Bewegung beschrieben durch

$$q_1(t) = A_{11}\,e^{h_1 t} + A_{12}\,e^{h_2 t} + A_{13},$$

$$q_2(t) = A_{21}\,e^{h_1 t} + A_{22}\,e^{h_2 t} + A_{23}.$$

[1] HÖNL, H., u. E. SCHMID: Jb. dtsch. Luftfahrtforschung 1937, S. III/37.

[2] KLOTTER, K.: Messung mechanischer Schwingungen, S. 106 u. ff. Berlin: Springer 1943.

Die Wurzeln h_1 und h_2 folgen aus der quadratischen Gleichung

$$h^2 + 200\,h + \frac{1}{2}\,10^4 = 0$$

zu

$$h_1 = -29,3, \qquad h_2 = -170,7,$$

während $h_3 = 0$ ist.

Die Ausschlagverhältnisse bezieht man hier zweckmäßig nicht auf die Konstanten der ersten, sondern der zweiten Koordinate. Aus (4.35/9c) findet man

$$\varkappa_{1i} = \left(\frac{A_1}{A_2}\right)_i = \frac{b\,h_i}{b\,h_i + c}\,, \qquad\qquad (i = 1, 2, 3).$$

So kommt

$$\varkappa_{11} = -0,172; \qquad \varkappa_{12} = -5,83; \qquad \varkappa_{13} = 0\,.$$

Um die übrigbleibenden Integrationskonstanten aus den Anfangsbedingungen zu berechnen, wenden wir hier nicht das ROUTHsche Verfahren an, sondern gehen, da wir alle Wurzeln der charakteristischen Gleichung kennen, in der üblichen Weise vor, stellen also drei Gleichungen für die drei Unbekannten A_{21}, A_{22}, A_{23} auf, nämlich

$$\begin{aligned}
A_{21} + A_{22} &= 1,\\
A_{21} + A_{22} + A_{23} &= 2,\\
h_1 A_{21} + h_2 A_{22} &= -2.
\end{aligned}$$

Mit den angegebenen Zahlenwerten für die h_i folgt daraus

$$A_{21} = 1,2895, \qquad A_{22} = -0,2095, \qquad A_{23} = 0,92,$$

so daß die Bewegung schließlich durch die Gleichungen

$$\begin{aligned}
q_1(t) &= -0,2212\,e^{-29,3\,t} + 1,22\,e^{-170,7\,t},\\
q_2(t) &= 1,2895\,e^{-29,3\,t} - 0,2095\,e^{-170,7\,t} + 0,92
\end{aligned}$$

beschrieben wird.

4.36 Klassifikation der Bewegungsabläufe. Nachdem wir in 4.34 Sätze über die Wurzeln der charakteristischen Gleichungen aufgestellt und in 4.35 Beispiele im Hinblick auf die Wurzeln und die Ausschlagverhältnisse erörtert haben, wäre es jetzt noch wünschenswert, eine ins einzelne gehende Klassifikation der möglichen Bewegungsabläufe zu geben, so wie sie beim einläufigen Schwinger üblich ist und leicht angegeben werden kann (s. I.39).

Wir wiederholen (in einer von I.39 etwas abweichenden Schreibweise) kurz, was für Schwinger von einem Freiheitsgrad gesagt werden kann. Nehmen wir in der Bewegungsgleichung

$$a\,\ddot{q} + b\,\dot{q} + c\,q = 0$$

den Koeffizienten $a > 0$ an und setzen $b/a = 2B$ und $c/a = C$, so kommt

$$\ddot{q} + 2\,B\,\dot{q} + C = 0.$$

Die charakteristische Gleichung lautet dann

$$h^2 + 2\,B\,h + C = 0;$$

sie hat die Wurzeln

$$h_{1,2} = -B \mp \sqrt{B^2 - C}\,.$$

Setzen wir auch b und c und damit B und C als positiv voraus, so gibt es nur die Fallunterscheidungen

(1a) $B^2 < C$ h_1 und h_2 sind konjugiert komplex mit negativem Realteil; die Bewegung klingt schwingend ab;

(1b) $B^2 > C$ h_1 und h_2 sind beide reell und negativ; die Bewegung klingt kriechend ab.

(2)   Der Grenzfall $B^2 = C$ verhält sich wie (1b).

Wir haben es also nur mit drei Fällen zu tun, oder — wenn wir die zusammenfallenden Wurzeln außer acht lassen — gar nur mit zweien.

Für zweiläufige Schwinger hat W. QUADE in „elektrischer"[1] und in „mechanischer"[2] Sprechweise unter den den obigen entsprechenden Voraussetzungen (T, F, U positiv definit) eine solche Klassifikation durchgeführt. Es finden sich vierzehn Fälle. Für Schwinger von noch mehr Freiheitsgraden erhöht sich diese Zahl rasch ins Ungemessene. Zudem sind die erforderlichen Hilfsmittel aus der Algebra nicht einfach; man benötigt die Theorie der Elementarteiler.

Verzichtet man jedoch auf eine *vollständige* Klassifikation, die auch zusammenfallende Wurzeln in Betracht zieht, und begnügt sich mit der groberen Untersuchung der *wesentlich* verschiedenen Fälle, so gelingt eine Fallunterscheidung beim zweiläufigen, ja sogar beim *n*-läufigen Schwinger ohne Heranziehung der Elementarteiler ähnlich wie beim einläufigen, falls man die Untersuchung an der Matrizenform der Differentialgleichungen vornimmt. In dieser Weise ging S. FALK[3] kürzlich vor.

Da wir die Kenntnis der Matrizenrechnung nicht voraussetzen wollen, begnügen wir uns mit diesen Hinweisen.

4.4 Systeme von zwei Freiheitsgraden mit schwacher Dämpfung und schwacher Kopplung

4.41 Die Aufgabenstellung: Vergleich mit „Ausgangsschwingern". Die allgemeinste Form, die die Bewegungsgleichungen eines Schwingers (bei symmetrischer Kopplung) aufweisen können, wird durch die Gln. (4.32/7) angegeben; für zwei Freiheitsgrade heißen sie:

$$a_{11}\ddot{q}_1 + a_{12}\ddot{q}_2 + b_{11}\dot{q}_1 + b_{12}\dot{q}_2 + c_{11}q_1 + c_{12}q_2 = 0,$$
$$a_{21}\ddot{q}_1 + a_{22}\ddot{q}_2 + b_{21}\dot{q}_1 + b_{22}\dot{q}_2 + c_{21}q_1 + c_{22}q_2 = 0,$$

$$\tag{4.41/1}$$

mit
$$a_{12} = a_{21}, \qquad b_{12} = b_{21}, \qquad c_{12} = c_{21}.$$

Die Gleichungen enthalten neun verschiedene Koeffizienten; von ihnen sind acht wesentlich. Diese Zahl ist so groß, daß (wie wir oben in 4.36 sagten) eine Diskussion der möglichen Bewegungen in ganz allgemeiner Form, d. h. für alle Wertebereiche der Koeffizienten, nicht mehr mit erträglichem Aufwand durchführbar ist. Wir beschränken die Betrachtungen[4] daher auf gewisse Wertebereiche (Größenordnungen) der Koeffizienten, indem wir voraussetzen, daß erstens die Dämpfungsfaktoren b_{11} und b_{22} klein sind[5],

$$b_{11} \ll \sqrt{a_{11}c_{11}}, \qquad b_{22} \ll \sqrt{a_{22}c_{22}}, \tag{4.41/2}$$

und daß zweitens die Kopplungskoeffizienten der Beschleunigung und des Ausschlages klein sind gegen die entsprechenden übrigen Koeffizienten,

$$a_{12} \ll a_{11}, \qquad a_{12} \ll a_{22},$$
$$c_{12} \ll c_{11}, \qquad c_{12} \ll c_{22},$$

$$\tag{4.41/3}$$

während der Kopplungskoeffizient der Geschwindigkeit, b_{12}, vergleichbar sein darf mit den schon als klein vorausgesetzten Hauptkoeffizienten b_{11} und b_{22}.

---

[1] QUADE, W.: Klassifikation der Schwingungsvorgänge in gekoppelten Stromkreisen. Habilitationsschrift T. H. Karlsruhe 1933.

[2] QUADE, W.: Ing.-Arch. Bd. 6 (1935) S. 15—34.

[3] FALK, S.: Ing.-Arch. Bd. 29 (1960) S. 436.

[4] Vgl. K. W. WAGNER: Telegr.- u. Fernspr.-Techn. (1935) und Ann. Phys. 5. Folge, Bd. 32 (1938) S. 301.

[5] Das Zeichen $\ll$ soll bedeuten, daß die links stehende Größe von erster Ordnung klein ist gegen die rechts stehende.

Ferner werden wir annehmen, daß in der Regel nur eine einzige Kopplungsart auftrete, daß von den Koeffizienten a_{12}, b_{12}, c_{12} also jeweils nur einer von Null verschieden sei. Die demnach möglichen drei Fälle sind:

(1) reine Kopplung im Ausschlag

$$c_{12} \neq 0, \qquad a_{12} = b_{12} = 0,$$

(2) reine Kopplung in der Beschleunigung

$$a_{12} \neq 0, \qquad b_{12} = c_{12} = 0,$$

(3) reine Kopplung in der Geschwindigkeit

$$b_{12} \neq 0, \qquad c_{12} = a_{12} = 0.$$

Die Fälle (1) und (2) werden in der Regel zu ganz analogen Ergebnissen führen und oft gemeinsam besprochen werden können. Wenn wir eine gemeinsame Bezeichnung für diese beiden Kopplungsarten benötigen, so sprechen wir von einer Kopplung *in einer geraden Ableitung*. Die Ergebnisse bleiben meist auch erhalten, wenn Ausschlagkopplung und Beschleunigungskopplung zugleich auftreten. Der Fall (3) wird dagegen stets gesondert behandelt werden müssen und meist zu Ergebnissen hinleiten, die denen der Fälle (1) und (2) entgegengesetzt sind.

Die Untersuchung der Bewegungsformen führen wir in der Weise durch, daß wir die Bewegungen des Schwingers von zwei Freiheitsgraden, und zwar sowohl die Abklingkonstanten δ_1 und δ_2 wie auch die „Frequenzen" ν_1 und ν_2 der Teilschwingungen (Partikularintegrale), vergleichen mit den Abklingkonstanten δ_{10} und δ_{20} und den Frequenzen ν_{10} und ν_{20} zweier Schwinger von je einem Freiheitsgrad. Diese einläufigen Schwinger sollen aus dem zweiläufigen dadurch entstehen, daß jeweils eine Koordinate festgestellt wird, $q_2 \equiv 0$ bzw. $q_1 \equiv 0$. (Bei einem Zwei-Massen-System und bei Benutzung von „Trägheitskoordinaten" heißt das, daß jeweils eine Masse festgehalten wird.) Diese beiden einläufigen Vergleichsschwinger mögen die „Ausgangsschwinger" des betrachteten zweiläufigen Schwingers heißen. Ihre Bewegungsgleichungen lauten:

$$\left.\begin{aligned}\text{Erster Ausgangsschwinger:} \quad a_{11}\ddot{q}_1 + b_{11}\dot{q}_1 + c_{11}q_1 &= 0, \\ \text{zweiter Ausgangsschwinger:} \quad a_{22}\ddot{q}_2 + b_{22}\dot{q}_2 + c_{22}q_2 &= 0.\end{aligned}\right\} \qquad (4.41/4)$$

Die Kreisfrequenzen ihrer gedämpften Schwingungen sind:

Erster Schwinger:

$$\nu_{10} = \sqrt{\frac{c_{11}}{a_{11}} - \frac{b_{11}^2}{4a_{11}^2}} = \sqrt{\frac{c_{11}}{a_{11}}}\sqrt{1 - \frac{b_{11}^2}{4\,a_{11}c_{11}}},$$

zweiter Schwinger:

$$\nu_{20} = \sqrt{\frac{c_{22}}{a_{22}} - \frac{b_{22}^2}{4a_{22}^2}} = \sqrt{\frac{c_{22}}{a_{22}}}\sqrt{1 - \frac{b_{22}^2}{4\,a_{22}c_{22}}}.$$

Da die Dämpfungen b_{11} und b_{22} klein sein sollen, sind diese Werte ersetzbar durch die Kreisfrequenzen der zugehörigen ungedämpften Schwingungen:

$$\nu_{10} = \sqrt{\frac{c_{11}}{a_{11}}} \quad \text{und} \quad \nu_{20} = \sqrt{\frac{c_{22}}{a_{22}}}. \qquad (4.41/5\,\text{a})$$

Die Abklingkonstanten der Ausgangsschwinger lauten

$$\delta_{10} = \frac{b_{11}}{2\,a_{11}} \quad \text{und} \quad \delta_{20} = \frac{b_{22}}{2\,a_{22}}\,. \tag{4.41/5 b}$$

Mit den Werten v_{10} und v_{20}, δ_{10} und δ_{20} werden wir die Frequenzen v und die Abklingkonstanten δ der Bewegungen einer Reihe von zweiläufigen Schwingern vergleichen. Und zwar führen wir je eine solche Betrachtung durch für den Fall, daß

a) die beiden Ausgangsschwinger völlig gleich sind, d. h.

$$a_{11} = a_{22}, \qquad b_{11} = b_{22}, \qquad c_{11} = c_{22} \tag{4.41/6}$$

ist (s. 4.42),

b) die Ausgangsschwinger zwar nicht gleich sind, aber gleiche Eigenfrequenzen aufweisen (s. 4.43),

$$\sqrt{\frac{c_{11}}{a_{11}}} = \sqrt{\frac{c_{22}}{a_{22}}}, \tag{4.41/7}$$

und

c) die Ausgangsschwinger schwach gegeneinander verstimmt sind, die Differenz ihrer Eigenfrequenzen also eine kleine Größe ist (s. 4.44).

4.42 Die Ausgangsschwinger sind gleich. Wegen der Voraussetzung (4.41/6) können wir die Koeffizienten der Ausgangsschwinger der Reihe nach mit a, b, c (ohne Index) bezeichnen. Die Eigenkreisfrequenzen v_{10} und v_{20} stimmen dann überein,

$$v_{10} = v_{20} = \sqrt{\frac{c}{a}} \equiv v_0, \tag{4.42/1 a}$$

und auch δ_{10} und δ_{20} haben denselben Wert,

$$\delta_{10} = \delta_{20} = \frac{b}{2\,a} \equiv \delta_0. \tag{4.42/1 b}$$

Die charakteristische Gleichung des Differentialgleichungssystems (4.41/1), die eine algebraische Gleichung vierten Grades ist, lautet hier

$$\Delta(h) \equiv (a\,h^2 + b\,h + c)^2 - (a_{12}h^2 + b_{12}h + c_{12})^2 = 0;$$

sie läßt sich in diesem besonderen Fall aufspalten in zwei quadratische Gleichungen,

$$\Delta(h) \equiv [(a + a_{12})\,h^2 + (b + b_{12})\,h + (c + c_{12})] \times$$
$$\times [(a - a_{12})\,h^2 + (b - b_{12})\,h + (c - c_{12})] = 0.$$

Ihre vier Wurzeln werden, wenn man die Voraussetzungen über die Kleinheit von b beachtet, durch die Ausdrücke

$$\left.\begin{aligned}
h_{1,2} &= -\frac{b + b_{12}}{2\,(a + a_{12})} \mp i\sqrt{\frac{c + c_{12}}{a + a_{12}}}, \\[2ex]
h_{3,4} &= -\frac{b - b_{12}}{2\,(a - a_{12})} \mp i\sqrt{\frac{c - c_{12}}{a - a_{12}}}
\end{aligned}\right\} \tag{4.42/2}$$

angegeben.

Wir verfolgen nun der Reihe nach die (in 4.41 beschriebenen) Fälle (1), (2) und (3), wo jeweils nur eine Kopplungsart auftritt. Dabei behalten wir in den Formeln stets nur die von erster Ordnung kleinen Größen bei.

(1) *Reine Ausschlagkopplung* $(a_{12} = b_{12} = 0)$. Hier erhält man aus (4.42/2) als Ausdruck für die Wurzeln der charakteristischen Gleichung

$$h_{1 \div 4} = -\frac{b}{2a} \mp i \sqrt{\frac{c}{a} \mp \frac{c_{12}}{a}} = -\delta_0 \mp i\,\nu_0\left(1 \mp \frac{c_{12}}{2c}\right). \qquad (4.42/3)$$

Aus dieser Gleichung kann man ablesen: Die Abklingkonstanten aller Teilschwingungen des gekoppelten Systems sind die gleichen wie die der ungekoppelten Ausgangssysteme.

Koppelschwingungen und Schwingungen der Ausgangssysteme sind also gleich stark gedämpft. Während durch die Kopplung die Dämpfung also nicht geändert wird, tritt aber eine Frequenzverschiebung auf. Man erhält die Frequenzen der Koppelschwingungen, wenn man die Frequenz der ungekoppelten Ausgangssysteme um das $c_{12}/2c$-fache vermindert bzw. vermehrt. Es ist also

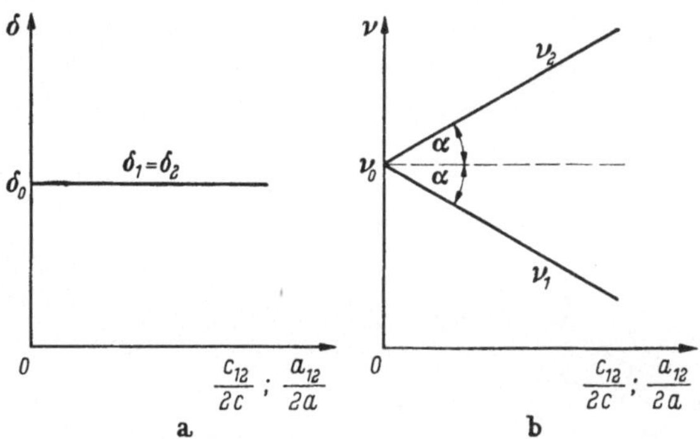

Abb. 4.42/1
Abklingkonstanten δ und Frequenzen ν der Kopplungsschwingungen, wenn Kopplung in einer geraden Ableitung auftritt

$$\nu_1 = \nu_0\left(1 - \frac{c_{12}}{2c}\right); \qquad \nu_2 = \nu_0\left(1 + \frac{c_{12}}{2c}\right). \qquad (4.42/3\,\mathrm{a})$$

Die Ergebnisse sind in den Abb. 4.42/1a und 4.42/1b aufgetragen. Der Winkel α in Abb. 4.42/1b bestimmt sich aus $\tan\alpha = \nu_0$.

(2) *Reine Beschleunigungskopplung* $(b_{12} = c_{12} = 0)$. Gl. (4.42/2) liefert nun für die Wurzeln der charakteristischen Gleichung den Ausdruck

$$h_{1 \div 4} = -\frac{b}{2(a \mp a_{12})} \mp i \sqrt{\frac{c}{a \mp a_{12}}}\,; \qquad (4.42/4\,\mathrm{a})$$

da a_{12} und b klein sein sollen, (4.41/2) und (4.41/3), folgt daraus

$$h_{1 \div 4} = -\frac{b}{2a}\left(1 \pm \frac{a_{12}}{a}\right) \pm i \sqrt{\frac{c}{a}}\left(1 \pm \frac{a_{12}}{2a}\right) = -\delta_0 \pm i\,\nu_0\left(1 \pm \frac{a_{12}}{2a}\right). \qquad (4.42/4\,\mathrm{b})$$

Auch hier finden wir, daß die Koppelschwingungen ebenso stark gedämpft sind wie die Schwingungen der Ausgangssysteme. Auch hier tritt mit der Kopplung eine Frequenzverschiebung auf. Statt der einen Frequenz der Ausgangssysteme treten wieder zwei Frequenzen auf; die eine ist um ebensoviel größer als die „Ausgangsfrequenz", wie die andere kleiner ist als diese:

$$\nu_1 = \nu_0\left(1 - \frac{a_{12}}{2a}\right); \qquad \nu_2 = \nu_0\left(1 + \frac{a_{12}}{2a}\right). \qquad (4.42/4\,\mathrm{c})$$

Da die Ergebnisse ganz analog denen des Falles (1) sind, lassen sie sich in den gleichen Abb. 4.42/1a und 4.42/1b unterbringen wie jene, wenn nur als Abszisse jetzt $a_{12}/2a$ statt $c_{12}/2c$ verwendet wird.

(3) *Reine Geschwindigkeitskopplung* $(a_{12} = c_{12} = 0)$. Hier liefert die Gleichung (4.42/2)

$$h_{1 \div 4} = -\frac{b}{2a} \pm \frac{b_{12}}{2a} \pm i \sqrt{\frac{c}{a}} = \left(-\delta_0 \pm \frac{b_{12}}{2a}\right) \pm i\,\nu_0. \qquad (4.42/5)$$

Im Gegensatz zu den Fällen (1) und (2) bleiben hier die Frequenzen ungeändert,

$$\nu_1 = \nu_2 = \nu_0,$$

dagegen verändern sich die Abklingkonstanten mit der Kopplung. Die Teilschwingungen haben Abklingkonstanten, die aus der übereinstimmenden Abklingkonstanten der Ausgangssysteme dadurch hervorgehen, daß diese um den Betrag $b_{12}/2a$ erhöht bzw. vermindert wird,

$$\delta_1 = \delta_0 - \frac{b_{12}}{2a}; \qquad \delta_2 = \delta_0 + \frac{b_{12}}{2a}. \qquad (4.42/5\,\mathrm{a})$$

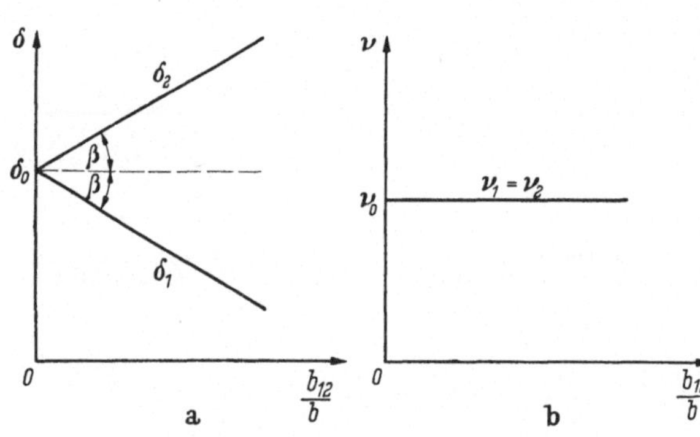

Abb. 4.42/2. Abklingkonstante δ und Frequenzen ν, wenn Kopplung in der Geschwindigkeit vorliegt

Die Ergebnisse dieses Falles zeigen die Abb. 4.42/2a und 4.42/2b. Der Winkel β der Abbildung bestimmt sich aus $\tan \beta = \delta_0$.

Übrigens erkennt man, daß die Voraussetzung, die Schwinger seien gleich, etwas zu eng gefaßt ist. Alle Schlüsse bleiben erhalten, wenn

$$\left.\begin{array}{c} \nu_{10} = \nu_{20} \\[4pt] \delta_{10} = \delta_{20} \end{array}\right\} \qquad (4.42/6)$$

und

ist, wenn die Ausgangsschwinger also auf dieselbe Eigenfrequenz abgestimmt und überdies gleich stark gedämpft sind. Die Voraussetzungen erfordern also nicht

$$a_{11} = a_{22}, \qquad b_{11} = b_{22}, \qquad c_{11} = c_{22},$$

sondern nur

$$a_{11} : b_{11} : c_{11} = a_{22} : b_{22} : c_{22}. \qquad (4.42/7)$$

4.43 Die Ausgangsschwinger sind auf gleiche Eigenfrequenzen abgestimmt. Hier soll zwar nicht mehr $a_{11} = a_{22}$ und $c_{11} = c_{22}$, wohl aber noch

$$\sqrt{\frac{c_{11}}{a_{11}}} = \sqrt{\frac{c_{22}}{a_{22}}}$$

sein, so daß nach wie vor

$$\nu_{10} = \nu_{20} = \nu_0$$

gilt, während die Dämpfungskoeffizienten b_{11} und b_{22} und damit auch die *Abklingkonstanten*

$$\delta_{10} = \frac{b_{11}}{2\,a_{11}} \quad \text{und} \quad \delta_{20} = \frac{b_{22}}{2\,a_{22}}$$

verschieden sein sollen. Wegen der Kleinheit der Kopplungskoeffizienten werden auch hier die Werte der Wurzeln h der charakteristischen Gleichung wieder nahe bei den Werten

und

$$h_{10} = -\delta_{10} \pm i\,\nu_0$$
$$h_{20} = -\delta_{20} \pm i\,\nu_0$$

liegen, die für die Ausgangsschwinger gelten. Wir machen deshalb den *Ansatz*

$$h = -\delta \mp i\,(\nu_0 + \Delta\nu)\,; \qquad\qquad (4.43/1)$$

darin ist δ wegen der Voraussetzungen über die Koeffizienten b_{11}, b_{12}, b_{22} von vornherein eine kleine Größe, aber auch $\Delta\nu$ setzen wir als klein voraus. Es gilt also

$$|\delta|,\ |\delta_{10}|,\ |\delta_{20}|,\ |\Delta\nu| \ll \nu_0.$$

Die charakteristische Gleichung lautet hier

$$[a_{11}h^2 + b_{11}h + c_{11}]\,[a_{22}h^2 + b_{22}h + c_{22}] = f_{12}^2(h)\,, \qquad (4.43/2\,\mathrm{a})$$

wenn $f_{12}(h)$ eine Abkürzung ist,

$$f_{12}(h) = (a_{12}h^2 + b_{12}h + c_{12})\,. \qquad\qquad (4.43/2\,\mathrm{b})$$

Unter Benutzung der Abkürzungen δ_{10}, δ_{20} und ν_0 können wir anstelle von (4.43/2 a) schreiben

$$[h^2 + 2\,\delta_{10}h + \nu_0^2]\,[h^2 + 2\,\delta_{20}h + \nu_0^2] = \frac{f_{12}^2(h)}{a_{11}a_{22}}\,. \qquad (4.43/3)$$

In diese Beziehung führen wir nun den Ansatz (4.43/1) ein; dann erhalten wir, wenn wir höchstens Glieder zweiter Ordnung beibehalten,

$$(\Delta\nu)^2 \pm i\,(\Delta\nu)\,(\delta_{10} + \delta_{20} - 2\,\delta) - (\delta - \delta_{10})\,(\delta - \delta_{20}) = \frac{f_{12}^2(h)}{4\,\nu_0^2\,a_{11}a_{22}}\,. \quad (4.43/4)$$

Mit demselben Ansatz erhalten wir aus (4.43/2 b) für den Zähler der rechten Seite von (4.43/4)

$$\begin{aligned}
f_{12}^2 &= (c_{12} \pm i\,\nu_0 b_{12} - \nu_0^2 a_{12})^2 \\
&= [(c_{12} - \nu_0^2 a_{12})^2 - (\nu_0 b_{12})^2] \pm i\,2\,\nu_0 b_{12}\,(c_{12} - \nu_0^2 a_{12})\,. \qquad (4.43/5)
\end{aligned}$$

Kürzen wir Real- und Imaginärteil der rechten Seite von (4.43/4) durch R und I ab,

$$R \equiv \frac{1}{4\,\nu_0^2\,a_{11}a_{22}}\,[(c_{12} - \nu_0^2 a_{12})^2 - (\nu_0 b_{12})^2]\,; \qquad I \equiv \pm\,\frac{b_{12}\,(c_{12} - \nu_0^2 a_{12})}{2\,\nu_0\,a_{11}a_{22}}\,, \quad (4.43/5')$$

dann liefert die Aufspaltung von (4.43/4) die beiden Gleichungen

$$(\Delta\nu)^2 - (\delta - \delta_{10})\,(\delta - \delta_{20}) = R\,, \qquad\qquad (4.43/6\,\mathrm{a})$$
$$\pm\,(\Delta\nu)\,(\delta_{10} + \delta_{20} - 2\,\delta) = I\,. \qquad\qquad (4.43/6\,\mathrm{b})$$

Daraus folgt, daß in allen drei Fällen, auf die wir unsere Betrachtungen in 4.41 beschränkt haben, der Imaginärteil I gleich Null wird. Dabei ist für reine Geschwindigkeitskopplung ($a_{12} = c_{12} = 0$) der „Kopplungsparameter" $R < 0$, für reine Kopplung in gerader Ableitung ($a_{12} = b_{12} = 0$ oder $b_{12} = c_{12} = 0$) dagegen $R > 0$. In allen diesen Fällen wird also, wie Gl. (4.43/6 b) aussagt, *entweder*

$$\Delta\nu = 0 \qquad\qquad (4.43/7\,\mathrm{a})$$

oder

$$\delta = \frac{\delta_{10} + \delta_{20}}{2}\,. \qquad\qquad (4.43/7\,\mathrm{b})$$

Fall I. Wir untersuchen nun zunächst, wann die *erste* dieser Möglichkeiten zutrifft, wann also $\Delta\,\nu = 0$ werden kann. Gl. (4.43/6a) sagt aus, daß dann

$$\delta^2 - \delta\,(\delta_{10} + \delta_{20}) + \delta_{10}\,\delta_{20} + R = 0 \qquad (4.43/8)$$

sein muß. Diese quadratische Gleichung hat die Wurzeln

$$\delta_{1,2} = \frac{\delta_{10} + \delta_{20}}{2} \mp \sqrt{\frac{(\delta_{20} - \delta_{10})^2}{4} - R}\,. \qquad (4.43/8a)$$

Bei der nun notwendigen Unterscheidung der Kopplungsarten lassen sich die Kopplungen im Ausschlag und in der Beschleunigung, also die Fälle (1) und (2), gemeinsam behandeln, ja die beiden Kopplungsarten dürfen auch gemeinsam vorhanden sein. Die Geschwindigkeitskopplung (3) muß dagegen gesondert betrachtet werden.

Fall (1) und (2). Wenn nur *Kopplungen in geraden Ableitungen* auftreten ($b_{12} = 0$), ist R positiv. Da $\delta_{1,2}$ eine reelle Größe sein muß, gilt (4.43/8) und damit (4.43/7a) nur, solange

$$R \leqq \frac{d^2}{4} \qquad (4.43/9)$$

ist, wenn abkürzend $d = |\delta_{20} - \delta_{10}|$ gesetzt wird. Für die linke Seite der Ungleichung (4.43/9) erhält man aus (4.43/5′)

$$R = \frac{(c_{12} - v_0^2\,a_{12})^2}{4\,v_0^2\,a_{11}\,a_{22}}\,. \qquad (4.43/10)$$

Solange die (in R steckenden) Kopplungskoeffizienten c_{12} und a_{12} nicht größer sind, als die Bedingung (4.43/9) fordert, bleibt $\Delta\,\nu = 0$. Zugleich sind dann die beiden Abklingkonstanten gegeben durch

$$\delta_{1,2} = \frac{\delta_{12} + \delta_{20}}{2} \mp \sqrt{\frac{(\delta_{20} - \delta_{10})^2}{4} - \frac{(c_{12} - v_0^2\,a_{12})^2}{4\,v_0^2\,a_{11}\,a_{22}}}\,. \qquad (4.43/11)$$

Der Wert des Kopplungsparameters R, bei dem in (4.43/9) das Gleichheitszeichen gilt,

$$R = \frac{d^2}{4} = \frac{(\delta_{20} - \delta_{10})^2}{4} \equiv R_t, \qquad (4.43/12)$$

heiße „Trennwert" der Kopplung[1,2]. Er trennt nämlich zwei Gebiete von Kopplungswerten, in denen sowohl Frequenzen wie Abklingkonstanten jeweils ein unterschiedliches Verhalten zeigen.

(3) Bei reiner *Geschwindigkeitskopplung* ($a_{12} = 0$, $c_{12} = 0$) ist $R < 0$, und zwar ist [aus (4.43/5′)]

$$R = -\frac{b_{12}^2}{4\,a_{11}\,a_{22}}\,. \qquad (4.43/13)$$

Dann gilt (4.43/8) und damit $\Delta\,\nu = 0$ für alle Werte des Kopplungskoeffizienten. Ein Trennwert der Kopplung ist dann nicht vorhanden. Die Abklingkonstanten werden hier zu

$$\delta_{1,2} = \frac{\delta_{10} + \delta_{20}}{2} \mp \sqrt{\frac{(\delta_{20} - \delta_{10})^2}{4} + \frac{b_{12}^2}{4\,a_{11}\,a_{22}}}\,. \qquad (4.43/14)$$

---

[1] Von K. W. WAGNER „Grenzkopplung" genannt.

[2] Die Existenz eines solchen Trennwertes wurde zuerst von M. WIEN erkannt: Ann. Phys. (4) Bd. 25 (1908) S. 625.

Die Ergebnisse der Betrachtungen dieses Falles I sind (neben denen des Falles II) in den Abb. 4.43/1 und 4.43/2 dargestellt. Wir fassen sie noch einmal zusammen: Wir fragten, unter welchen Bedingungen $\Delta\nu = 0$ sein kann. Bei Geschwindigkeitskopplung ist diese Möglichkeit für alle (nur durch die Forde-

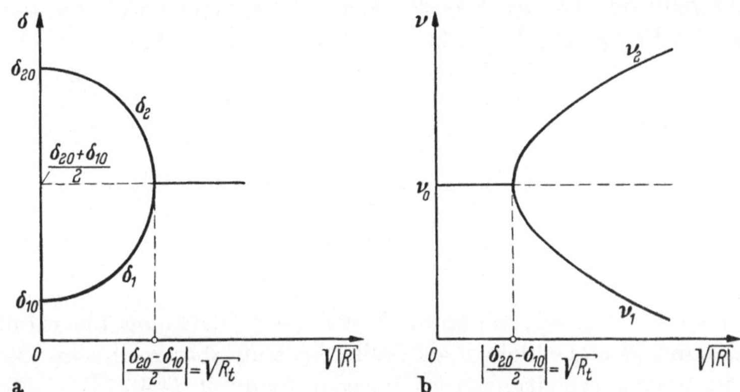

Abb. 4.43/1. Abklingkonstanten δ und Frequenzen ν bei Kopplung in gerader Ableitung

rung, daß b_{12} klein sein soll, beschränkten) Werte des Kopplungskoeffizienten b_{12} vorhanden (Abb. 4.43/2b). Die Abklingkonstanten laufen mit wachsenden Kopplungskoeffizienten von ihren Ausgangswerten δ_{20} und δ_{10} aus auseinander, d. h. die größere wächst, die kleinere nimmt ab (Abb. 4.43/2a). (Die Kurve ist eine Hyperbel, wenn δ und $\sqrt{|R|}$ die beiden Veränderlichen sind.) Für Ausschlag- oder Beschleunigungskopplung (oder beide) gibt es dagegen eine Schranke

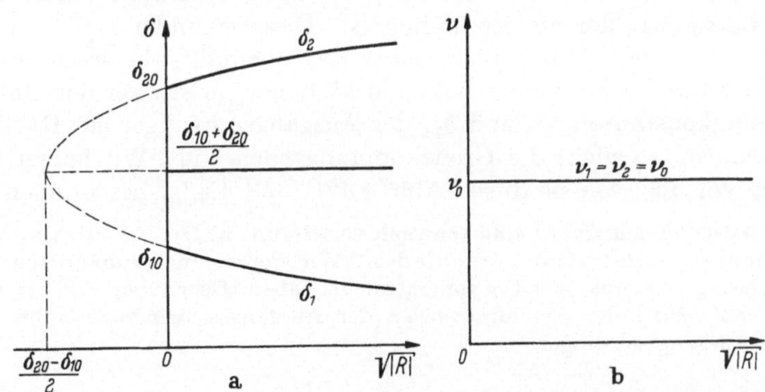

Abb. 4.43/2. Abklingkonstanten δ und Frequenzen ν bei Kopplung in der Geschwindigkeit

für den Kopplungskoeffizienten c_{12} bzw. a_{12}, beschrieben durch den Trennwert R_t der Kopplung. Dieser Trennwert R_t geht hervor aus

$$\sqrt{R_t} = \frac{d}{2} \quad \text{mit} \quad \sqrt{R_t} = \frac{c_{12} - \nu_0^2 a_{12}}{2\nu_0\sqrt{a_{11}a_{22}}} \quad \text{und} \quad d = |\delta_{20} - \delta_{10}|.$$

Nur unterhalb dieser Schranke ist $\Delta\nu = 0$ (Abb. 4.43/1b). Die Abklingkonstanten haben in diesem Bereich des Kopplungsparameters R verschiedene Werte δ_2 und δ_1; von ihren Ausgangswerten δ_{20} und δ_{10} aus streben sie aber mit wachsendem Kopplungskoeffizienten aufeinander zu, bis sie beim Trennwert der Kopplung den arithmetischen Mittelwert $(\delta_{10} + \delta_{20})/2$ erreicht haben (Abb. 4.43/1a). (Die Kurve ist ein Kreis, wenn δ und $\sqrt{|R|}$ die beiden Veränderlichen sind.)

Was oberhalb des Trennwertes geschieht, untersuchen wir nun als Fall II.

Fall II. Die Bedingung $I = 0$ kann, wie wir sahen, entweder durch $\varDelta v = 0$ (4.43/7a) erfüllt werden oder aber, wie Gl. (4.43/7b) sagt, durch

$$\delta = \frac{\delta_{10} + \delta_{20}}{2}\,. \qquad (4.43/15)$$

Wir untersuchen nun, wann diese zweite Bedingung erfüllt ist.

Führen wir (4.43/15) in die Gl. (4.43/6a) ein, so erhalten wir

$$\varDelta v = \mp \frac{1}{2}\sqrt{4R - (\delta_{20} - \delta_{10})^2}\,. \qquad (4.43/16)$$

Bei reiner Geschwindigkeitskopplung kann diese Gleichung nie erfüllt sein; denn es ist dann R stets kleiner als Null, $\varDelta v$ muß aber reell sein. Bei reiner Kopplung in geraden Ableitungen ist dagegen $\varDelta v$ durch (4.43/16) gegeben, und zwar für

$$R \geqq \frac{(\delta_{20} - \delta_{10})^2}{4} \equiv R_t\,. \qquad (4.43/17)$$

Ergänzend zu den früheren Feststellungen können wir also sagen, daß bei reiner Kopplung in geraden Ableitungen oberhalb des Trennwertes R_t die Abklingfaktoren auf dem arithmetischen Mittelwert ihrer Ausgangswerte δ_{10} und δ_{20} bleiben, den sie beim Trennwert schon erreicht hatten. Die Frequenzen dagegen, die unterhalb des Trennwertes unverändert auf dem Ausgangswert v_0 blieben, spalten sich auf in zwei Werte v_1 und v_2, von denen der eine um soviel größer ist als v_0, wie der andere kleiner ist. Diese einander ergänzenden Aussagen können aus den Abb. 4.43/1 und 4.43/2 ebenfalls abgelesen werden.

Der Trennwert der Kopplung liegt um so höher, je stärker der Unterschied in den Abklingkonstanten δ_{20} und δ_{10} der Ausgangsschwinger ist. Rücken diese jedoch zusammen, so rückt die Grenzkopplung nach Null. Wir haben dann die Verhältnisse vor uns, wie sie durch Abb. 4.42/1 und 4.42/2 beschrieben werden.

4.44 Die Ausgangsschwinger sind schwach verstimmt. α) Die Abklingkonstanten der Ausgangsschwinger sind verschieden. Wir kommen nun zum dritten der Fälle, deren Betrachtung wir uns (s. 4.41) vorgenommen haben. Gegenüber 4.43 ist jetzt eine (*schwache*) *Verstimmung* der Eigenfrequenzen der Ausgangsschwinger erlaubt. Die Frequenzen der Ausgangsschwinger

$$v_{10} = \sqrt{\frac{c_{11}}{a_{11}}} \quad \text{und} \quad v_{20} = \sqrt{\frac{c_{22}}{a_{22}}}$$

drücken wir aus durch

$$v_{10} = v_0\left(1 - \frac{v}{2}\right), \qquad v_{20} = v_0\left(1 + \frac{v}{2}\right), \qquad (4.44/1)$$

also durch ihren arithmetischen Mittelwert

$$v_0 = \frac{v_{10} + v_{20}}{2}$$

und die (dimensionslose) „Verstimmung“

$$v = \frac{v_{20} - v_{10}}{v_0}\,.$$

Diese Größe v soll klein sein,

$$v \ll 1. \tag{4.44/1a}$$

Dann gilt angenähert

$$v_{10}^2 = v_0^2 (1 - v), \qquad v_{20}^2 = v_0^2 (1 + v). \tag{4.44/2}$$

Für die Wurzeln der charakteristischen Gleichung machen wir hier den der Gl. (4.43/1) entsprechenden Ansatz

$$h = -\delta \mp i\, (v_0 + \Delta v), \tag{4.44/3}$$

(worin aber v_0 nun nicht mehr die Frequenzen der Ausgangsschwinger selber, sondern ihren Mittelwert bezeichnet). Wieder soll gelten

$$\delta \ll v_0 \quad \text{und} \quad \Delta v \ll v_0. \tag{4.44/3a}$$

Wird dieser Ansatz in die charakteristische Gl. (4.43/2a) eingeführt, so kommen die beiden [(4.43/6a) und (4.43/6b) entsprechenden] Gleichungen

$$(\Delta v)^2 - (\delta_{10} - \delta)(\delta_{20} - \delta) - \frac{v^2\, v_0^2}{4} = R, \tag{4.44/4a}$$

$$(\Delta v)(\delta_{10} + \delta_{20} - 2\,\delta) - \frac{v\, v_0}{2}(\delta_{10} - \delta_{20}) = I \tag{4.44/4b}$$

zustande; darin haben R und I die durch (4.43/5') angegebene Bedeutung.

Wie früher schließt man, daß $I = 0$ wird, wenn nur Kopplung in der Geschwindigkeit oder nur Kopplung in geraden Ableitungen vorliegt (s. 4.41), wobei im ersten Fall $R < 0$, im zweiten $R > 0$ ist; die genauen Werte sind durch (4.43/13) und (4.43/10) angegeben. Die Forderung, daß $I = 0$ sei, bedeutet jetzt aber nicht mehr das Bestehen einer der Gln. (4.43/7), sondern liefert aus (4.44/4b)

$$(\Delta v) = \frac{v\, v_0 (\delta_{10} - \delta_{20})}{2\,(\delta_{10} + \delta_{20} - 2\,\delta)}. \tag{4.44/5}$$

Setzt man diesen Wert in (4.44/4a) ein, so erhält man zur Bestimmung von δ die Beziehung

$$\frac{v^2\, v_0^2\, (\delta_{10} - \delta_{20})^2}{4} = (\delta_{10} + \delta_{20} - 2\,\delta)^2 \left[R + \frac{v^2\, v_0^2}{4} + (\delta_{10} - \delta)(\delta_{20} - \delta) \right]. \tag{4.44/6}$$

Sie ist trotz aller Vernachlässigungen immer noch eine Gleichung vierten Grades, wie dies die charakteristische Gleichung, von der wir ausgingen, auch war. Sie hat dieser gegenüber jedoch immerhin einen Vorzug: Von ihren (vier) Wurzeln benötigen wir nur die sicher reellen (und positiven) Wurzeln δ_1 und δ_2, während wir bei der Auflösung der charakteristischen Gleichung komplexe Wurzeln h_i zu bestimmen hätten. Was wir aber in erster Linie suchen — einen (formelmäßigen) Einblick in die Wirkung einer Veränderung der Verstimmung v und des Kopplungsparameters R auf die Abklingkonstanten δ und die Frequenzen v — gibt auch sie nicht. Im Anschluß an die oben angeführte Arbeit von K. W. WAGNER (aber mit einigen Abänderungen) gehen wir nun so vor, daß wir zunächst die Ergebnisse aus 4.43 als Näherungswerte ansehen und die Korrekturen aufsuchen, die die Verstimmung bewirkt. Dabei unterteilen wir die Betrachtung wieder in den Fall I und den Fall II.

Fall I. Ohne Verstimmung der Ausgangssysteme gilt die Gl. (4.43/8a) bei Geschwindigkeitskopplung stets; bei Kopplung in geraden Ableitungen gilt sie, solange der (durch R ausgedrückte) Wert der Kopplung unter dem Trennwert $R_t = d^2/4$ bleibt. Wir wiederholen diese Gleichung hier in der Schreibweise

$$\delta_{I, II} = \frac{\delta_{10} + \delta_{20}}{2} \mp \sqrt{\frac{(\delta_{20} - \delta_{10})^2}{4} - R}. \tag{4.44/7}$$

Nun machen wir den Ansatz

$$\delta_1 = \delta_I + \Delta\delta_1, \qquad \delta_2 = \delta_{II} + \Delta\delta_2, \tag{4.44/8}$$

indem wir die Abklingkonstanten $\delta_{1,2}$ der verstimmten Schwinger durch die Abklingkonstanten $\delta_{I, II}$ der nicht verstimmten Schwinger und *Korrekturen* $\Delta\delta_{1,2}$ ausdrücken. Dabei müssen wir beachten, daß die Rechnung nur dann einen Sinn als Näherungsrechnung hat, wenn die neu eingeführten Korrekturen $\Delta\delta_1$ und $\Delta\delta_2$ nun selbst wieder klein sind gegen die an sich (von erster Ordnung) kleinen Größen δ_I und δ_{II}. Führen wir nämlich den Ansatz (4.44/8) ohne weitere Vernachlässigungen in (4.44/6) ein, so ergibt sich für die Korrekturen $(\Delta\delta)$ eine Gleichung, die nach wie vor vom vierten Grade ist; sie lautet

$$
\left.
\begin{aligned}
(\Delta\delta)^4 \mp (\Delta\delta)^3\, 8\,\sqrt{d^2 - 4\,R} \;+\; (\Delta\delta)^2\,[5\,(d^2 - 4\,R) + v^2\,v_0^2]\,\pm \\
\pm\,(\Delta\delta)\,\sqrt{d^2 - 4\,R}\,(4\,R - d^2 - v^2\,v_0^2) - R\,v^2\,v_0^2 = 0 .
\end{aligned}
\right\}
\qquad (4.44/9)
$$

Erst wenn wir darin $(\Delta\delta)$ als klein gegenüber den sonstigen (von erster Ordnung) kleinen Größen und vor allem auch gegenüber $\sqrt{d^2 - 4\,R}$ betrachten, erhalten wir eine Vereinfachung. Gehen wir so weit, alle Potenzen von $(\Delta\delta)$ außer der ersten wegzulassen, so erhalten wir für die Korrekturen der Abklingkonstanten den Ausdruck

$$
(\Delta\delta)_{1,2} = \pm\,\frac{R\,v^2\,v_0^2}{\sqrt{d^2 - 4\,R}\,(4\,R - d^2 - v^2\,v_0^2)} . \qquad (4.44/10)
$$

Für die Frequenzverschiebung (Δv) erhält man dann aus (4.44/5)

$$
(\Delta v) = \pm\,\frac{v\,v_0\,d}{2\,\sqrt{d^2 - 4\,R}} . \qquad (4.44/11)
$$

Der Gültigkeitsbereich dieser Annäherung ist durch die Forderung bestimmt, daß $\Delta\delta$ eine kleine Größe gegenüber δ_I, δ_{II}, $|R|$, $|d|$ und schließlich auch gegenüber $\sqrt{d^2 - 4\,R}$ bleiben muß. Bei Kopplung in den geraden Ableitungen, wo $R > 0$ ist, werden daher die Formeln (4.44/10) und (4.44/11) sicher bei Annäherung von R an den Trennwert der Kopplung $R_t = d^2/4$ ungültig werden, denn die Größe $\sqrt{d^2 - 4\,R}$ wird dann beliebig klein. Ferner gelten sie sicher nicht mehr oberhalb des Trennwertes, da dann der Radikand jeweils kleiner als Null wird. Bei Geschwindigkeitskopplung gelten die gewonnenen Näherungsformeln dagegen im ganzen überhaupt zugelassenen Bereich der Parameterwerte, da hier (wegen $R < 0$) eine Beschränkung durch den Faktor $\sqrt{d^2 - 4\,R}$ nicht eintritt.

Fall II. Bei Kopplung in den geraden Ableitungen benötigen wir für den Bereich der noch nicht erfaßten Werte $\sqrt{|R|}$ [etwas unterhalb und im ganzen Wertebereich oberhalb des Trennwertes $\sqrt{R_t} = |d|/2$] einen neuen Ansatz anstelle von (4.44/8). Von ihm erwarten wir eine Ergänzung zu den Formeln (4.44/10) und (4.44/11). Waren die Ausgangsschwinger nicht verstimmt, so ergab sich oberhalb des Trennwertes der Wert der Abklingkonstanten nach (4.43/7b) zu

$$
\delta_{1,2} = \frac{\delta_{10} + \delta_{20}}{2} = \delta_m .
$$

Ihn benutzen wir nun als Näherungswert für Systeme, die aus verstimmten Ausgangsschwingern aufgebaut sind. Unser neuer Ansatz lautet daher

$$
\delta_{1,2} = \delta_m + (\Delta\delta)_{1,2} . \qquad (4.44/12)
$$

Führt man (4.44/12) in die Gln. (4.44/4) mit $I = 0$ ein, so ergeben sich die beiden Gleichungen

$$
\left.
\begin{aligned}
(\Delta v)^2 - (\Delta\delta)^2 &= R + \frac{v^2\,v_0^2}{4} - \frac{d^2}{4} , \\
(\Delta v)\,(\Delta\delta) &= \frac{v\,v_0}{4}\,d .
\end{aligned}
\right\}
\qquad (4.44/13)
$$

Löst man die zweite dieser Gleichungen nach (Δv) auf und setzt diesen Ausdruck in die erste ein, so erhält man für $(\Delta\delta)$ die biquadratische Gleichung

$$
(\Delta\delta)^4 + (\Delta\delta)^2\left[R - \frac{d^2}{4} + \frac{v^2\,v_0^2}{4}\right] - \frac{v^2\,v_0^2\,d^2}{16} = 0 . \qquad (4.44/14\,\mathrm{a})
$$

Schreibt man hierin zur Abkürzung

$$R - \frac{d^2}{4} + \frac{v^2 v_0^2}{4} = a; \qquad \frac{v^2 v_0^2 d^2}{16} = b^2$$

(b^2 hängt also nicht von R ab), so folgen die Werte $(\Delta\delta)$ aus

$$(\Delta\delta) = \mp \sqrt{-\frac{a}{2} + \sqrt{\frac{a^2}{4} + b^2}} \,. \qquad (4.44/14\,\mathrm{b})$$

[Ein negatives Zeichen vor der inneren Wurzel in (4.44/14 b) kommt nicht in Betracht, da $(\Delta\delta)$ reell, der Radikand also positiv sein muß.]

Löst man nun die zweite Gl. (4.44/13) auf nach $(\Delta\delta)$ und führt diesen Ausdruck in die erste Gl. (4.44/13) ein, so ergibt sich für (Δv) mit denselben Abkürzungen a, b die biquadratische Gleichung

$$(\Delta v)^4 - a\,(\Delta v)^2 - b^2 = 0; \qquad (4.44/15\,\mathrm{a})$$

die Werte (Δv) werden daher zu

$$(\Delta v) = \mp \sqrt{\frac{a}{2} + \sqrt{\frac{a^2}{4} + b^2}} \,, \qquad (4.44/15\,\mathrm{b})$$

wobei, aus denselben Gründen wie oben, ein negatives Zeichen vor der inneren Wurzel nicht in Betracht kommt.

Die Gln. (4.44/14 b) und (4.44/15 b) sind zwar algebraisch für alle Werte von a und b brauchbar, ihr Anwendungsbereich ist aber wegen unserer Voraussetzungen [Ansatz (4.44/12)] auf Kopplung in den geraden Ableitungen und da wieder auf einen gewissen Bereich in der Nähe unterhalb des Trennwertes der Kopplung und auf den Bereich oberhalb beschränkt.

Wir erörtern die durch (4.44/14) und (4.44/15) bezeichneten Ergebnisse noch für zwei bemerkenswerte Sonderfälle.

1. Es sei $|a/b| \ll 1$. Dann gehen die genannten Gleichungen über in

$$\mp(\Delta\delta) = \sqrt{b} - \frac{a}{4\sqrt{b}} \quad \text{und} \quad \mp(\Delta v) = \sqrt{b} + \frac{a}{4\sqrt{b}}\,. \qquad (4.44/16)$$

Die Bedingung $|a/b| \ll 1$ wird aber erfüllt, wenn

$$R \approx \frac{d^2}{4} - \frac{v^2 v_0^2}{4} \qquad (4.44/16\,\mathrm{a})$$

ist, d. h. in einem gewissen Bereich unterhalb des Trennwertes der Kopplung $R_t = d^2/4$.

2. Es sei $|a/b| \gg 1$. Dann werden die Gln. (4.44/14) und (4.44/15) zu

$$\pm(\Delta\delta) = \frac{b}{\sqrt{a}} = \frac{v\,v_0\,d}{\sqrt{a}}, \qquad \pm(\Delta v) = \sqrt{a}\,. \qquad (4.44/17)$$

Die Bedingung $|a/b| \gg 1$ wird erfüllt für Werte

$$R \gg \frac{d^2}{4} - \frac{v^2 v_0^2}{4}\,. \qquad (4.44/17\,\mathrm{a})$$

Die Ergebnisse der Betrachtungen sowohl des Falles I wie des Falles II sind in den Abb. 4.44/1 und 4.44/2 eingetragen. Da die Abhängigkeit der Größen vom Kopplungsparameter R zum Teil recht kompliziert ist und hier im einzelnen nicht erörtert werden soll, haben wir uns einer vereinfachten Darstellungsweise bedient: Wir haben alle Kurven als Geraden gezeichnet. Gestrichelt ist dabei der Fall $v = 0$ (der in Abb. 4.43/1 und 4.43/2 korrekt dargestellt ist) eingezeichnet, ausgezogen ein Fall $v \neq 0$. Wesentlich ist an den Abbildungen nur die Richtung der Abweichung der ausgezogenen von den gestrichelten Kurven (Geraden) sowie der Verlauf der Geraden insofern, als dadurch angegeben wird, ob die Werte zu- oder abnehmen.

Wir lesen aus den Abbildungen ab: Bei einer Verstimmung der Ausgangsschwinger streben (mit wachsendem Kopplungsparameter R) die Abklingkonstanten bei Kopplung in geraden Ableitungen zusammen, die Frequenzen auseinander. (Mögen wir bei Kopplung in den geraden Ableitungen auch mehrerer Näherungsformeln in den einzelnen Abschnitten des Parameters $\sqrt{|R|}$ bedürfen, so zeigen doch alle durchgehend dieselbe Tendenz bezüglich des Verhaltens von $v_{1,2}$ und $\delta_{1,2}$ in Abhängigkeit von $\sqrt{|R|}$.) Bei Kopplung in der Geschwindigkeit streben die Abklingkonstanten auseinander, die Frequenzen zusammen. Ferner lesen wir ab: Für $v \neq 0$ streben (mit wachsender Kopplung) die Abklingkonstanten bei Kopplung in geraden Ableitungen weniger stark zusammen, bei Kopplung in der Ge-

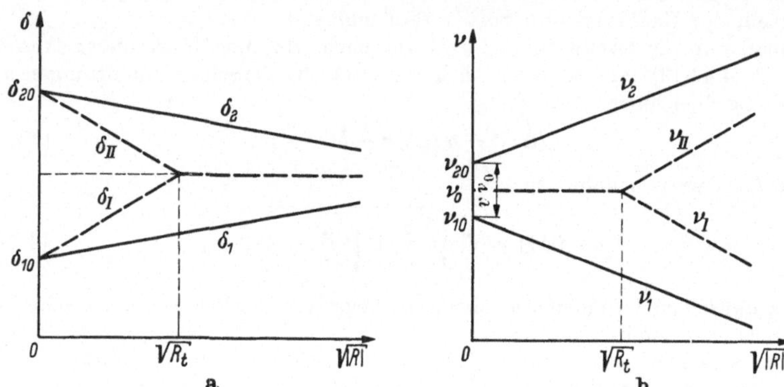

Abb. 4.44/1. Kopplung in geraden Ableitungen; ———— $v \neq 0$, - - - - $v = 0$
Vereinfachte Darstellung durch Geraden

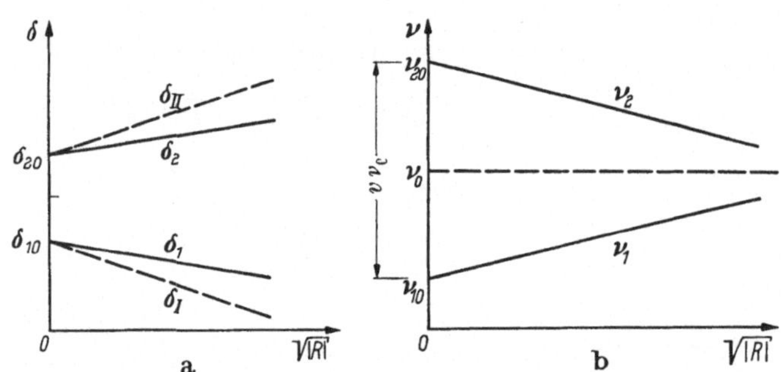

Abb. 4.44/2. Kopplung in der Geschwindigkeit; sonst wie 4.44/1

schwindigkeit weniger stark auseinander als ohne Verstimmung der Ausgangsschwinger. *Die Einflüsse von Verstimmung und Kopplung wirken einander also entgegen.* Die Frequenzen zeigen bei Kopplung in den geraden Ableitungen ein Auseinanderlaufen, das, da es bei schon verschiedenen Ausgangswerten beginnt, stärkere Abweichungen vom Mittelwert ergibt als ohne Verstimmung; bei Kopplung in der Geschwindigkeit streben die Frequenzen aufeinander zu (während sie ohne Verstimmung konstant geblieben waren).

β) **Die Abklingkonstanten der Ausgangsschwinger sind gleich.** In 4.43 handelte es sich um die Frage, wie sich Frequenzen und Abklingfaktoren verändern, wenn die Ausgangsschwinger zwar auf gleiche Frequenzen abgestimmt, aber verschieden stark gedämpft sind. Wir fanden dort bei Kopplung in den geraden Ableitungen einen Trennwert der Kopplung, oberhalb dessen erst eine Frequenzspaltung auftrat. Hier stellen wir nun die Frage: Wie verhalten sich Frequenzen und Abklingfaktoren, wenn die Ausgangsschwinger zwar eine „Frequenzverstimmung" v aufweisen, wenn die „Dämpfungsverstimmung" d aber Null ist. Die Gln. (4.44/4a) und (4.44/4b) liefern dann mit $I = 0$ (d. h. wenn entweder nur Kopplung in den geraden Ableitungen oder nur Kopplung in der Geschwindigkeit vorhanden ist) die beiden folgenden Möglichkeiten:

$$\Delta v = 0; \qquad \delta_{1,2} = \delta_0 \mp \sqrt{-R - \frac{v^2 v_0^2}{4}} \qquad (4.44/18\,\mathrm{a})$$

oder

$$\delta = \delta_0; \qquad (\Delta v)_{1,2} = \mp \sqrt{R + \frac{v^2 v_0^2}{4}}. \qquad (4.44/18\,\mathrm{b})$$

Für Kopplung in den geraden Ableitungen können die Formeln (4.44/18a) wegen $R > 0$ überhaupt nicht gelten, dafür gelten die Formeln (4.44/18b) für sämtliche in Betracht

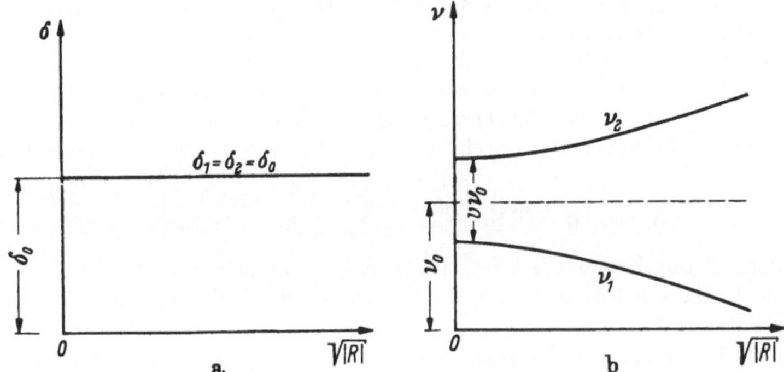

Abb. 4.44/3. Kopplung in geraden Ableitungen; $d = 0$

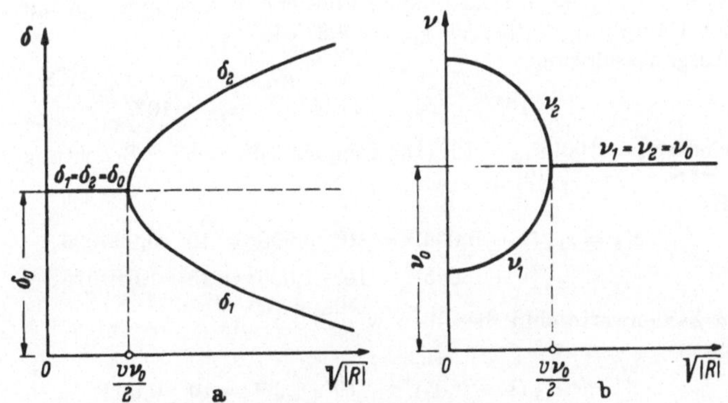

Abb. 4.44/4. Kopplung in der Geschwindigkeit; $d = 0$

kommenden Werte von R. Es bleiben also die Abklingfaktoren ungeändert, $\delta_1 = \delta_2 = \delta_0$, während die Frequenzverstimmung mit wachsendem R zunimmt.

Bei Geschwindigkeitskopplung $(R < 0)$ gelten zunächst, solange $0 \leq |R| \leq \dfrac{v^2 v_0^2}{4}$ ist, die Formeln (4.44/18b) und wenn $|R| \geq \dfrac{v^2 v_0^2}{4}$ wird, die Formeln (4.44/18a). Den Wert $|R| = \dfrac{v^2 v_0^2}{4}$ des Kopplungsparameters können wir wieder als einen Trennwert der Kopplung betrachten. Fehlt also die „Dämpfungsverstimmung" d, während eine „Frequenzverstimmung" v vorhanden ist, so tritt ein Trennwert jetzt bei Geschwindigkeitskopplung auf. Unterhalb des Trennwertes haben die Abklingfaktoren ihren Ausgangswert, $\delta_1 = \delta_2 = \delta_0$, vom Trennwert ab spalten sie sich auf. Die Frequenzverschiebung dagegen wird unterhalb des Trennwertes immer kleiner, bis sie beim Trennwert verschwindet; die beiden Frequenzen haben dann den Mittelwert ihrer Ausgangswerte und behalten diesen auch oberhalb des Trennwertes bei. Die Rollen von Geschwindigkeitskopplung und Kopplung in den geraden

15*

Ableitungen sowie von Abklingfaktoren und Frequenzen haben sich also im Verhältnis zu dem in 4.43 behandelten Fall vertauscht. Die Ergebnisse sind in den Abb. 4.44/3 und 4.44/4 graphisch dargestellt; sie bedürfen nach dem Gesagten keiner weiteren Erläuterung.

Unter Benutzung der Ausdrücke „Frequenzverstimmung" und „Dämpfungsverstimmung" können wir die behandelten vier Fälle folgendermaßen kennzeichnen: In 4.42 wurde ein Schwinger ohne Frequenzverstimmung und ohne Dämpfungsverstimmung behandelt, in 4.43 einer ohne Frequenzverstimmung, aber mit Dämpfungsverstimmung, in 4.44β ein Schwinger mit Frequenzverstimmung, aber ohne Dämpfungsverstimmung, in 4.44α aber der allgemeinste Fall, wo sowohl Frequenzverstimmung wie Dämpfungsverstimmung auftritt.

Wenn die Verstimmung nicht mehr eine kleine Größe ist, sondern beliebige Werte erreicht, hebt ihr Einfluß den der Kopplung im wesentlichen wieder auf, wie numerische Beispiele erkennen lassen, so daß z. B. δ_1 bald wieder den Wert δ_{10}, δ_2 den Wert δ_{20} erreicht.

4.45 Numerische Beispiele[1]. Um die Brauchbarkeit der in 4.43 und 4.44 gewonnenen Näherungsformeln zu zeigen, wollen wir einige charakteristische Fälle durchrechnen. Es handelt sich dabei stets um Beschleunigungskopplung unterhalb des Trennwertes. Im ganzen werden wir für sechs numerische Beispiele die Werte der Abklingfaktoren angeben, und zwar je zwei für

$$a)\quad v = 0, \qquad b)\quad v = 10^{-2}, \qquad c)\quad v = 10^{-1},$$

wobei in dem ersten Beispiel jeder Gruppe $R = 4$, in dem zweiten $R = 6$ sein soll.

Für die Ausgangsschwinger und die Kopplungskoeffizienten werden die folgenden Zahlenwerte gewählt:

Fall a. Erster Ausgangsschwinger

$$a_{11} = 10^3, \qquad b_{11} = 10^4, \qquad c_{11} = 10^7.$$

Damit wird $v_0 = 100$, $\delta_{10} = 5$. (Die Frequenz des ersten Ausgangsschwingers, die sich bei Beachtung der Dämpfung ergibt, ist $v_{10} = 99{,}875$.)

Zweiter Ausgangsschwinger

$$a_{22} = 10^2, \qquad b_{22} = 2 \cdot 10^3, \qquad c_{22} = 10^6.$$

Damit wird wieder $v_0 = 100$, $\delta_{20} = 10$. (Die Frequenz, die sich bei Beachtung der Dämpfung hier ergäbe, wäre $v_{20} = 99{,}499$.)

Fall b. Es ist

$$c'_{11} = c_{11}(1 - 0{,}005)^2 = 10^7 \cdot 0{,}995^2 = 10^7 \cdot 0{,}990\,025,$$
$$c'_{22} = c_{22}(1 + 0{,}005)^2 = 10^6 \cdot 1{,}005^2 = 10^6 \cdot 1{,}010\,025.$$

Die sonstigen Zahlenwerte sind dieselben wie in Fall a.

Fall c. Es ist

$$c''_{11} = c_{11}(1 - 0{,}05)^2 = 10^7 \cdot 0{,}95^2 = 10^7 \cdot 0{,}9025,$$
$$c''_{22} = c_{22}(1 + 0{,}05)^2 = 10^6 \cdot 1{,}05^2 = 10^6 \cdot 1{,}1025.$$

Die sonstigen Zahlenwerte sind wieder dieselben wie in Fall a.

Für alle drei Fälle a, b und c gelten die folgenden Festsetzungen über die Kopplungskoeffizienten: Wir betrachten nur Beschleunigungskopplung. Es ist also $c_{12} = b_{12} = 0$. In dem ersten Beispiel jeder Gruppe soll $R = 4$ sein; das entspricht einem Kopplungskoeffizienten $a_{12} = 12{,}65$ oder $a_{12}^2 = 160$ [aus (4.43/5') mit $b_{12} = c_{12} = 0$]. In dem zweiten Beispiel jeder Gruppe sei $R = 6$; das entspricht aber einem Kopplungsfaktor $a_{12} = 15{,}492$ oder $a_{12}^2 = 240$.

Bei den so angenommenen Zahlenwerten sind die Voraussetzungen der schwachen Dämpfung und Kopplung noch genügend genau erfüllt. Der Trennwert der Kopplung ist

$$R_t = \frac{(\delta_{20} - \delta_{10})^2}{4} = 6{,}25 \quad [\text{Gl. (4.43/12)}].$$

---

[1] Es sind stets nur Zahlenwerte ohne Dimensionen und Benennungen angegeben.

In der Tab. 4.45/1 sind die aus den verschiedenen Formeln folgenden Zahlenwerte für δ_1 und δ_2 zusammengestellt. Die Bezeichnung „exakt" bedeutet, daß die Werte aus der ursprünglichen (exakten) charakteristischen Gleichung, in der also noch keinerlei Einschränkungen oder Vernachlässigungen gemacht worden sind, berechnet wurden.

Die in der Tabelle verzeichneten Werte bestätigen die über die Gültigkeitsbereiche der einzelnen Näherungsformeln gemachten Aussagen. Zunächst sind, wie zu erwarten, die Werte im allgemeinen um so besser, je kleiner R und v ist. Während z. B. für $R = 4$ bei $v = 0$ die nach Näherungsformel (4.43/8a) erhaltenen δ-Werte nur eine Abweichung von ungefähr $\frac{1}{2}\%$ von den exakten Werten zeigen, ergibt sich im gleichen Fall für $R = 6$ (also in der Nähe des Trennwertes $R_t = 6{,}25$) bereits eine solche von 5%. Relativ gute Werte erhält man nach den (nichtlinearen) Formeln (4.44/9) und (4.44/14), und zwar sowohl bei $R = 4$ als auch bei $R = 6$. Bei $R = 4$ beträgt die Abweichung rd. 2%, und zwar sowohl bei $v = 0{,}1$ wie auch bei $v = 0{,}01$, während sie für $R = 6$ bei $v = 0{,}01$ rd. 3,5%, bei $v = 0{,}1$ rd. 2,5% beträgt. Dagegen versagt die lineare Annäherung (4.44/10), wie zu erwarten war, bei $R = 6$ wegen der Nähe zum Trennwert. Aber auch für $R = 4$ und $v = 0{,}1$ liefert diese Formel schlechte Werte. Gute Werte liefert die Formel dagegen für $R = 4$ und $v = 0{,}01$.

Die lineare Annäherungsformel (4.44/18) gibt keine guten Werte bis auf den Fall $R = 6$ und $v = 0{,}01$, wo $a = 0$ ist, und wo somit (4.44/18) mit (4.44/14) identisch wird. Die Gl. (4.44/18) gilt ja um so genauer, je besser die Bedingung $|a/b| \ll 1$ erfüllt ist. In den übrigen Beispielen ist aber $|a/b|$ rd. 2. Trotzdem erhält man nach dieser Formel auch für $R = 4$ und $v = 0{,}01$ noch relativ gute Werte.

Die Tabelle läßt also erkennen, daß man bei numerischen Bestimmungen die Formeln mit einiger Vorsicht gebrauchen muß.

Tabelle 4.45/1. *Genauigkeitsvergleiche*

			δ_1	δ_2
	$v = 0$	exakt	5,97	9,06
	(Fall a)	nach Gl. (4.43/8a)	6,00	9,00
		exakt	5,79	9,23
		nach Gl. (4.44/9)	5,89	9,11
	$v = 0{,}01$	nach Gl. (4.44/10)	5,87	9,13
	(Fall b)	nach Gl. (4.44/14)	5,89	9,11
$R = 4$		nach Gl. (4.44/18)	5,94	9,07
		exakt	5,07	9,96
		nach Gl. (4.44/9)	5,15	9,85
	$v = 0{,}1$	nach Gl. (4.44/10)	4,78	10,22
	(Fall c)	nach Gl. (4.44/14)	5,15	9,85
		nach Gl. (4.44/18)	5,57	9,43
	$v = 0$	exakt	6,68	8,36
	(Fall a)	nach Gl. (4.43/8a)	7,00	8,00
		exakt	6,15	8,89
		nach Gl. (4.44/9)	6,38	8,62
	$v = 0{,}01$	nach Gl. (4.44/10)	—	—
	(Fall b)	nach Gl. (4.44/14)	6,38	8,62
$R = 6$		nach Gl. (4.44/18)	6,38	8,62
		exakt	5,10	9,94
		nach Gl. (4.44/9)	5,22	9,79
	$v = 0{,}1$	nach Gl. (4.44/10)	—	—
	(Fall c)	nach Gl. (4.44/14)	5,22	9,78
		nach Gl. (4.44/18)	5,72	9,29

4.5 Hauptkoordinaten, Hauptbewegungen, Hauptschwingungen

4.51 Definitionen; Entkoppeln der Bewegungsgleichungen; Transformation einer quadratischen Form und Simultantransformation zweier Formen auf Summen reiner Quadrate. α) Definitionen. Als Hauptkoordinaten (oder Normalkoordinaten) sollen solche (verallgemeinerten) Koordinaten bezeichnet werden, für die alle Kopplungen in den Bewegungsgleichungen wegfallen.

Die Bewegungsgleichungen ergeben sich, wenn sie nach der LAGRANGEschen Methode hergestellt werden, aus den homogenen quadratischen Formen T und U, und gegebenenfalls auch F. Die Koppelglieder entstehen dabei aus den „gemischten" Produkten

$$\dot{q}_\nu \dot{q}_\mu \quad \text{und} \quad q_\nu q_\mu, \qquad\qquad (\nu \neq \mu);$$

fehlen die gemischten Produkte, so fehlen die Koppelglieder in den Bewegungsgleichungen. Die Aufgabe des Aufsuchens von Normalkoordinaten ist daher identisch mit der Aufgabe, zwei oder drei reelle quadratische Formen zugleich („simultan"), d. h. durch dieselbe Transformation, auf Summen reiner Quadrate zu transformieren. Damit ist die Aufgabe des Entkoppelns von Differentialgleichungssystemen auf eine in der Algebra ausführlich untersuchte Fragestellung zurückgeführt und kann im wesentlichen anhand bekannter Sätze erledigt werden. Diese Sätze können wir hier nur nennen; auf die Beweise müssen wir verzichten.

β) Transformation einer reellen quadratischen Form auf Summen reiner Quadrate. Ehe wir von der Transformation mehrerer Formen sprechen, untersuchen wir, wie eine einzige Form in eine Summe von Quadraten transformiert werden kann. Hier gilt zunächst der

Satz I: Eine reelle quadratische Form

$$K(x, x) = \sum_{\gamma=1}^{n} \sum_{\delta=1}^{n} k_{\gamma\delta} x_\gamma x_\delta \qquad\qquad (4.51/1)$$

läßt sich auf *mehrfache Art* durch eine reelle lineare Transformation (mit nicht verschwindender Determinante),

$$x_\alpha = \sum_{\beta=1}^{n} t_{\alpha\beta} y_\beta, \qquad\qquad (4.51/2)$$

in die Gestalt

$$K_1(x, x) = \sum_{\mu=1}^{n} \lambda_\mu y_\mu^2 \qquad\qquad (4.51/3)$$

bringen[1]. Ferner gilt der weitere, ergänzende[2]

Satz II: Wenn eine reelle quadratische Form von n Veränderlichen durch zwei verschiedene solcher Transformationen in die Formen

$$\sum_{\mu=1}^{n} b_\mu y_\mu^2 \quad \text{oder} \quad \sum_{\mu=1}^{n} c_\mu z_\mu^2$$

übergeht, dann befinden sich unter den b_μ ebenso viele positive, negative oder verschwindende Zahlen, wie unter den c_μ.

---

[1] PERRON, O.: Algebra I, S. 118. Berlin 1932.
[2] PERRON, O.: Algebra I, S. 120. Berlin 1932.

Unter allen möglichen Transformationen (4.51/2), die die Form K auf Summen reiner Quadrate bringen, gibt es auch stets eine, aber nur eine, „orthogonale" Transformation. Eine orthogonale Transformation ist eine lineare, reelle Transformation (4.51/2) mit folgenden Eigenschaften: Im Koeffizientenschema der Transformationsmatrix

$$\begin{bmatrix} t_{11} & t_{12} & t_{13} & \cdots & t_{1n} \\ t_{21} & t_{22} & t_{23} & \cdots & t_{2n} \\ \cdot & \cdot & \cdot & \cdots & \cdot \\ t_{n1} & t_{n2} & t_{n3} & \cdots & t_{nn} \end{bmatrix} = (t_{\alpha\beta}) \qquad (4.51/4)$$

ist die Summe der Quadrate der Glieder sowohl in jeder Spalte wie auch in jeder Zeile gleich Eins, die Summe der Produkte der sich entsprechenden Glieder je zweier Spalten oder Zeilen gleich Null,

$$\sum_{\gamma} t_{\gamma\alpha} t_{\gamma\beta} = \begin{cases} 0 & \text{für} \quad \alpha \neq \beta, \\ 1 & \text{für} \quad \alpha = \beta; \end{cases} \qquad (4.51/4\,\mathrm{a})$$

$$\sum_{\gamma} t_{\alpha\gamma} t_{\beta\gamma} = \begin{cases} 0 & \text{für} \quad \alpha \neq \beta, \\ 1 & \text{für} \quad \alpha = \beta. \end{cases} \qquad (4.51/4\,\mathrm{b})$$

Ferner hat die Determinante der Matrix einer orthogonalen Transformation den Wert Eins.

Jede orthogonale Transformation hat die Eigenschaft, die spezielle quadratische Form („Einheitsform")

$$K = \sum_{\nu=1}^{n} x_{\nu}^{2} \qquad (4.51/5\,\mathrm{a})$$

in die gleichgebaute

$$K_{1} = \sum_{\nu=1}^{n} y_{\nu}^{2} \qquad (4.51/5\,\mathrm{b})$$

überzuführen. Umgekehrt ist eine Transformation, die eine Einheitsform wieder in eine Einheitsform überführt, notwendig orthogonal[1].

Zusammenfassend läßt sich der *Satz III* formulieren: Es gibt stets eine lineare, reelle und *orthogonale* Transformation

$$x_{\alpha} = \sum_{\beta=1}^{n} t_{\alpha\beta} y_{\beta}, \qquad (4.51/6)$$

die die homogene, quadratische Form (4.51/1) auf die Gestalt (4.51/3) bringt. Die Größen λ_{μ} heißen die Hauptwerte der Transformation; sie sind die (stets reellen, aber nicht notwendig verschiedenen) Wurzeln der Gleichung n-ten Grades[2]

$$\begin{vmatrix} k_{11} - \lambda & k_{12} & \cdots & k_{1n} \\ k_{21} & k_{22} - \lambda & \cdots & k_{2n} \\ \cdot & \cdot & \cdots & \cdot \\ k_{n1} & k_{n2} & \cdots & k_{nn} - \lambda \end{vmatrix} = 0. \qquad (4.51/7)$$

---

[1] PERRON, O.: Algebra II, S. 21ff.

[2] PERRON, O.: Algebra II, S. 23. — FRANK-MISES: Differentialgleichungen der Physik, S. 55. Braunschweig: Vieweg 1930. — COURANT-HILBERT: Methoden der mathematischen Physik I, S. 9. Berlin: Springer 1924.

Die Transformationskoeffizienten der orthogonalen Transformation, die das Geforderte leistet, sind natürlich nur bis auf einen gemeinsamen Faktor bestimmt. Ihre Verhältnisse drücken sich, wenn die Hauptwerte einfach sind, durch Verhältnisse der Unterdeterminanten der Determinante (4.51/7) in folgender Form aus:

$$\frac{t_{ki}}{t_{1i}} = (-1)^{k-1}\frac{\varDelta_{1k}(\lambda_i)}{\varDelta_{11}(\lambda_i)} = (-1)^{k-1}\frac{\varDelta_{2k}(\lambda_i)}{\varDelta_{21}(\lambda_i)} = \ldots = (-1)^{k-1}\frac{\varDelta_{nk}(\lambda_i)}{\varDelta_{n1}(\lambda_i)}. \qquad (4.51/8)$$

Dabei bedeutet $\varDelta_{\nu k}(\lambda_i)$ die Unterdeterminante, die zum Element in der ν-ten Zeile und k-ten Spalte der charakteristischen Determinante gehört, wobei als Argument die Wurzel $\lambda = \lambda_i$ eingesetzt wird. Da die charakteristische Determinante symmetrisch ist, kann man in den Unterdeterminanten von (4.51/8) im Gegensatz zu (4.13/3) die Indizes vertauschen.

Die orthogonale Transformation (4.51/6) wird auch als *Hauptachsen*transformation bezeichnet. Der Name rührt her von der Transformation der Gleichung eines Kegelschnittes auf seine Hauptachsen. Liegt nämlich die Gleichung eines Kegelschnittes in irgendeinem orthogonalen (kartesischen) Koordinatensystem vor, in welchem sie auch Produkte der Koordinaten (aber keine linearen Glieder) enthält, so läßt sich stets ein neues orthogonales (kartesisches) Koordinatensystem finden, in dem die Gleichung von den gemischten Produkten frei ist, also nur rein quadratische Glieder enthält. Das neue Koordinatensystem geht durch *Drehung* aus dem ursprünglichen hervor und fällt zusammen mit den Hauptachsen des Kegelschnittes. (Waren auch noch lineare Glieder vorhanden, so müssen sie durch eine Parallelverschiebung des Koordinatensystems weggebracht werden.) Dieser Gedankengang einer Hauptachsentransformation wird dann von zwei auf n Dimensionen und damit auf quadratische Formen von n Veränderlichen übertragen.

Die geometrische Deutung der orthogonalen Transformation von quadratischen Formen auf Summen reiner Quadrate ist für das in Rede stehende Schwingungsproblem nicht in erster Linie von Interesse. Trotzdem nimmt die orthogonale Transformation unter den sonst noch möglichen Transformationen, die ebenfalls eine quadratische Form auf Summen reiner Quadrate bringen, auch hier eine besondere Stellung ein, und zwar aus *rechentechnischen* Gründen. Man kann nämlich für eine orthogonale Transformation sowohl die Hauptwerte λ wie auch die Verhältnisse der Transformationskoeffizienten stets auf systematische Weise ermitteln, so wie dies die Gln. (4.51/7) und (4.51/8) angeben.

γ) **Simultantransformation zweier Formen.** Bisher haben wir davon gesprochen, wie eine einzige quadratische Form auf Summen reiner Quadrate gebracht wird. Wie können zwei solcher Formen simultan, d. h. durch dieselbe Transformation, auf Summen reiner Quadrate gebracht werden? Eine solche Simultantransformation ist unter bestimmten Voraussetzungen möglich. Hierzu ist hinreichend (aber nicht unter allen Umständen notwendig), daß die eine dieser beiden Formen definit ist[1]. Für die überwiegende Mehrzahl der mechanischen Systeme trifft das für T zu; Differentialgleichungssysteme, zu deren Herleitung man nur zweier quadratischer Formen bedarf (von denen die eine T ist) werden sich dann also entkoppeln lassen. In der Regel sind das jene, bei denen außer der kinetischen Energie T noch die potentielle Energie U als quadratische Form auftritt.

Zwar ist T eine Funktion der Geschwindigkeiten $\dot{q}_\nu$ und U eine Funktion der Koordinaten q_ν selber. Da die Transformation jedoch eine lineare ist mit konstanten Koeffizienten, so lassen sich die $\dot{q}_\nu$ in derselben Weise als lineare Verbindungen der Ableitungen $\dot{r}_\nu$ der Hauptkoordinaten r_ν darstellen, wie die q_ν als Verbindungen der r_ν selber.

---

[1] Näheres z. B. bei E. T. WHITTAKER: Analytische Dynamik, S. 193. Berlin: Springer 1924.

Wir sprechen den Satz über die simultane Transformation zweier quadratischer Formen in der folgenden geläufigen Formulierung als *Satz IV* aus: Gegeben seien die beiden quadratischen Formen

$$K\,(x,\,x) = \sum_{\beta=1}^{m}\sum_{\alpha=1}^{m} k_{\alpha\beta}\,x_\alpha\,x_\beta; \qquad L\,(x,\,x) = \sum_{\beta=1}^{n}\sum_{\alpha=1}^{n} l_{\alpha\beta}\,x_\alpha\,x_\beta; \qquad (4.51/9)$$

von ihnen sei die zweite positiv definit. Dann gibt es stets eine gewisse lineare, reelle Transformation der Koordinaten

$$x_\gamma = \sum_{\delta=1}^{n} t_{\gamma\delta}\,y_\delta, \qquad (4.51/10)$$

die die beiden Formen als Funktionen der y in die Gestalt

$$K_1\,(y,\,y) = \sum_{\mu=1}^{m} \lambda_\mu\,y_\mu^2; \qquad L_1\,(y,\,y) = \sum_{\nu=1}^{n} y_\nu^2 \qquad (4.51/11)$$

setzt. [Dabei kann $m \leqq n$ sein; das Zeichen $<$ gilt aber nur dann, wenn die erste Form singulär ist.] Die Größen λ_μ, die *Hauptwerte* der Transformation, sind die Wurzeln der Gleichung n-ten Grades

$$\begin{vmatrix} k_{11} - \lambda\,l_{11} & k_{12} - \lambda\,l_{12} & \ldots & k_{1n} - \lambda\,l_{1n} \\ k_{21} - \lambda\,l_{21} & k_{22} - \lambda\,l_{22} & \ldots & k_{2n} - \lambda\,l_{2n} \\ \cdot\ \cdot\ \cdot\ \cdot\ \cdot\ \cdot\ \cdot\ \cdot\ \cdot\ \cdot\ \cdot\ \cdot\ \cdot\ \cdot\ \cdot\ \cdot\ \cdot \\ k_{n1} - \lambda\,l_{n1} & k_{n2} - \lambda\,l_{n2} & \ldots & k_{nn} - \lambda\,l_{nn} \end{vmatrix} = 0. \qquad (4.51/12)$$

Die Verhältnisse der Transformationskoeffizienten sind (wenn die Wurzeln einfach sind) ebenfalls durch die Gln. (4.51/8) gegeben; dabei bedeuten die $\varDelta_{\nu k}(\lambda_i)$ jedoch jetzt die Unterdeterminanten der Determinante in (4.51/12) [statt der in (4.51/7)].

In den Anwendungen auf die Mechanik wird man die Form $L(x,\,x)$ der kinetischen Energie T zuordnen (da diese in der Regel positiv definit ist), die Form $K(x,\,x)$ der potentiellen Energie U.

An dieser Stelle ist noch ein Wort über die Dimensionen angebracht. T und U haben vor der Transformation die Dimension[1] KL einer Energie. Nach der Transformation wird den Koeffizienten in U die Dimension T^{-2} beigelegt, so daß beide Formen die Dimension $L^2\,T^{-2}$ aufweisen (vorausgesetzt, daß die Koordinaten q die Dimension einer Länge zeigen). Der Quotient in den Dimensionen der Formen T und U vor und nach der Transformation ist $K L^{-1}\,T^2 = M$. Bei der Transformation ist also gewissermaßen durch einen Massenfaktor dividiert worden, wie dies auch im Differentialgleichungssystem geschehen kann.

Die Gl. (4.51/12) ist, wenn man

$$l_{\alpha\beta} = a_{\alpha\beta} \quad \text{und} \quad k_{\alpha\beta} = c_{\alpha\beta}$$

setzt, mit $\lambda = -h^2$ genau die in 4.34 gefundene charakteristische Gleichung des Differentialgleichungssystems. Es gilt also alles dort über ihre Wurzeln Gesagte (Sätze 1 bis 4 von 4.34α) auch hier.

---

[1] Die in diesem (kleingedruckten) Absatz verwendeten Buchstaben K, L, T, M dienen zur Bezeichnung von Dimensionen. Man wird sie nicht mit den Zeichen K, L für die quadratischen Formen verwechseln.

Einen algebraischen Beweis für den oben ausgesprochenen Satz IV geben wir hier nicht an; wir verweisen auf die angegebene Literatur. Dagegen wollen wir kurz zeigen, wie man sich die Simultantransformation zweier quadratischer Formen aus der Transformation einer einzigen Form anhand der für diese angegebenen Sätze aufbauen kann.

Wir wenden auf T und U zunächst eine (nicht notwendig orthogonale) Transformation an, die T (eine quadratische Form in $\dot q$) auf Summen reiner Quadrate (in $\dot q'$) bringt; dabei wird im allgemeinen U nicht ebenfalls schon durch Summen reiner Quadrate dargestellt sein. Es geht also T in die Form

$$\mathsf{T} = \frac{1}{2} \sum_\mu \alpha_\mu \dot q'^2_\mu \tag{4.51/13a}$$

über, während U zu

$$\mathsf{U} = \frac{1}{2} \sum_{\nu=1}^n \sum_{\lambda=1}^n \beta_{\lambda\nu}\, \dot q'_\lambda \dot q'_\nu \tag{4.51/13b}$$

wird. Danach bringen wir durch eine weitere, im allgemeinen nicht orthogonale Transformation (Ähnlichkeitstransformation)

$$\dot q'_\mu = \gamma_\mu \dot q''_\mu \tag{4.51/14}$$

die Form T auf die Einheitsform. Sie geht also in die Gestalt

$$\mathsf{T} = \frac{1}{2} \sum_\mu \dot q''^2_\mu \tag{4.51/15a}$$

über, während U zu

$$\mathsf{U} = \frac{1}{2} \sum_{\nu=1}^n \sum_{\lambda=1}^n \delta_{\lambda\nu}\, \dot q''_\lambda \dot q''_\nu \tag{4.51/15b}$$

wird, also seine Gestalt beibehält.

Nunmehr wenden wir (auf T und U) jene *orthogonale* Transformation an, die U auf eine Summe reiner Quadrate bringt, aber T wieder in die Einheitsform übergehen läßt. Damit wird also U zu

$$\mathsf{U} = \frac{1}{2} \sum_\mu \lambda_\mu \dot q'''^2_\mu, \tag{4.51/16b}$$

während T die Gestalt

$$\mathsf{T} = \frac{1}{2} \sum_\mu \dot q'''^2_\mu \tag{4.51/16a}$$

behält. Die λ_μ sind dabei die Wurzeln der Gl. (4.51/12). Denn von den Wurzeln der Säkulargleichung (4.51/12) läßt sich zeigen, daß sie dieselben bleiben, welchen linearen reellen Simultantransformationen man T und U auch unterworfen hat.

Die Gesamttransformation, die sich aus den drei Teiltransformationen aufbaut, ist demnach im allgemeinen *keine* orthogonale Transformation. Aber, was wichtig ist, sowohl die Hauptwerte λ_μ wie die Verhältnisse der Transformationskoeffizienten sind unabhängig davon, in welche Einzelschritte die Gesamttransformation zerlegt worden ist.

δ) Beispiel. Vorgelegt seien die beiden reellen quadratischen Formen

$$\left.\begin{aligned}
\mathsf{T} &= \frac{1}{2}\,[3\dot q_1^2 + 2\dot q_1 \dot q_2 + 3\dot q_2^2], \\[4pt]
\mathsf{U} &= \frac{1}{2}\,[3 q_1^2 + 2 q_1 q_2 + 2 q_2^2].
\end{aligned}\right\} \tag{4.51/17}$$

Wir wollen zeigen, wie diese Formen entsprechend den Gln. (4.51/9) bis (4.51/12) auf Summen reiner Quadrate transformiert werden können.

Zunächst sollen sie durch die Transformation

$$q_1 = t_{11} q_1' + t_{12} q_2'$$
$$q_2 = t_{21} q_1' + t_{22} q_2'$$

$$\tag{4.51/18a}$$

in

$$\mathsf{T} = \frac{1}{2}[\dot{q}_1'^2 + \dot{q}_2'^2], \qquad \mathsf{U} = \frac{1}{2}[\lambda_1 q_1'^2 + \lambda_2 q_2'^2] \tag{4.51/18b}$$

übergeführt werden. Die Gleichung für die Hauptwerte λ_1 und λ_2 lautet nach (4.51/12)

$$\begin{vmatrix} 3 - 3\lambda & 1 - \lambda \\ 1 - \lambda & 2 - 3\lambda \end{vmatrix} = 0 \quad \text{oder} \quad (\lambda - 1)\left(\lambda - \frac{5}{8}\right) = 0. \tag{4.51/19a}$$

Daraus ergeben sich die beiden Hauptwerte zu

$$\lambda_1 = 1 \quad \text{und} \quad \lambda_2 = \frac{5}{8}. \tag{4.51/19b}$$

Die Verhältnisse der Transformationskoeffizienten folgen aus (4.51/8) zu

$$\frac{t_{21}}{t_{11}} = -\frac{1 - \lambda_1}{2 - 3\lambda_1} = 0, \qquad \text{also} \quad t_{21} = 0,$$
$$\frac{t_{22}}{t_{12}} = -\frac{3(1 - \lambda_2)}{1 - \lambda_2} = -3, \qquad \text{also} \quad t_{22} = -3 t_{12}.$$

$$\tag{4.51/20}$$

Um die Transformationskoeffizienten selbst zu erhalten, müssen wir zwei Gleichungen der Transformation selbst heranziehen. Wir wählen z. B. die Ausdrücke für die Faktoren von $\dot{q}_1'^2$ und $\dot{q}_2'^2$ in T:

$$3 t_{11}^2 + 2 t_{11} t_{21} + 3 t_{21}^2 = 1,$$
$$3 t_{12}^2 + 2 t_{12} t_{22} + 3 t_{22}^2 = 1;$$

$$\tag{4.51/21}$$

aus ihnen folgt mit $t_{21} = 0$ und $t_{22} = -3 t_{12}$

$$t_{11} = \frac{1}{\sqrt{3}} \quad \text{und} \quad t_{12} = \frac{1}{\sqrt{24}},$$

so daß die vier Transformationskoeffizienten lauten

$$t_{11} = \frac{1}{\sqrt{3}}, \qquad t_{12} = \frac{1}{\sqrt{24}}, \qquad t_{21} = 0, \qquad t_{22} = -\frac{3}{\sqrt{24}}. \tag{4.51/21a}$$

Damit ist die Transformation vollständig bestimmt.

4.52 Transformation dreier Formen. α) Die Sätze. Bei drei (und mehr) quadratischen Formen läßt sich eine Simultantransformation auf Summen reiner Quadrate nicht mehr *immer* durchführen. Sie bleibt jedoch möglich mindestens in solchen Fällen, wo sich mit der Transformation von zwei Formen die dritte (und etwaige weitere) automatisch ebenfalls auf Summen reiner Quadrate transformieren. Tritt etwa eine Dissipationsfunktion F auf, so ist eine Simultantransformation auf Summen reiner Quadrate (und damit ein Entkoppeln der Bewegungsgleichungen) zum Beispiel dann möglich, wenn alle Koeffizienten von F den entsprechenden Koeffizienten von T oder denen von U proportional sind:

$$\frac{b_{11}}{a_{11}} = \frac{b_{12}}{a_{12}} = \frac{b_{22}}{a_{22}} = \ldots = \text{const}, \tag{4.52/1a}$$

oder

$$\frac{b_{11}}{c_{11}} = \frac{b_{12}}{c_{12}} = \frac{b_{22}}{c_{22}} = \ldots = \text{const}. \tag{4.52/1b}$$

Die Gleichung für die Hauptwerte der Transformation bleibt die Gl. (4.51/12). Die Hauptwerte sind für Systeme mit Dämpfung jedoch nicht mehr identisch mit den Frequenzquadraten ω^2 der Hauptschwingungen.

Wenn die Koeffizienten der Form F weder denen von T noch von U proportional sind, lassen sich die Gleichungen bei Anwesenheit von Dämpfung dennoch entkoppeln, wenn alle Ausschlagverhältnisse $\varkappa$ reell, und wenn überdies je zwei von ihnen einander gleich sind. Diese Bedingungen sind notwendig und hinreichend.

Wenn sich im Fall mehrfacher Wurzeln Ausschlagverhältnisse überhaupt bilden lassen, so gilt das gleiche Kriterium.

Daß man trotz Anwesenheit einer Dämpfung entkoppeln kann, bedeutet *mechanisch*, daß jede Hauptschwingung unabhängig von der anderen abläuft: die Formzahlen $\varkappa$ werden reell, d. h. die Hauptschwingungen haben keine Phasenverschiebung gegeneinander, „mischen" sich also nicht. Nur in diesem Falle hat es Sinn, auch bei gedämpften Systemen von „Hauptschwingungen" zu sprechen.

Da wir die Beweise für die Sätze und Kriterien schuldig bleiben müssen, wollen wir sie wenigstens durch Beispiele verdeutlichen.

β) Beispiele. Die Beispiele betreffen Schwinger mit Dämpfung (wir beschränken uns auf zwei Freiheitsgrade), die Hauptbewegungen ausführen können. Die Fälle unterscheiden sich dadurch, daß in

Beispiel 1 die Koeffizienten der Dissipationsfunktion F denen der potentiellen Energie U,

in *Beispiel 2* denen der kinetischen Energie T proportional sind. Wir sagten oben, daß in diesen beiden Fällen ein Entkoppeln möglich ist.

Beispiel 3 betrifft ein System, bei dem eine Proportionalität zwischen den Koeffizienten der Form F und denen einer der Formen T oder U nicht besteht, das aber wegen seiner Symmetrieeigenschaften trotzdem eine Entkopplung zuläßt. In diesen speziellen Systemen ist übrigens eine Entkopplung gelegentlich auch dann noch möglich, wenn Doppelwurzeln auftreten; aus Raumgründen müssen wir darauf verzichten, dafür ein Beispiel anzugeben.

Beispiel 1. Die drei quadratischen Formen lauten:

$$\left.\begin{aligned}
\mathsf{T} &= \frac{1}{2}\ [a_{11}\dot{q}_1^2 + 2a_{12}\dot{q}_1\dot{q}_2 + a_{22}\dot{q}_2^2], \\[2mm]
\mathsf{F} &= \frac{1}{2}\,\beta\,[c_{11}\dot{q}_1^2 + 2c_{12}\dot{q}_1\dot{q}_2 + c_{22}\dot{q}_2^2], \\[2mm]
\mathsf{U} &= \frac{1}{2}\ [c_{11}q_1^2 + 2c_{12}q_1q_2 + c_{22}q_2^2].
\end{aligned}\right\} \qquad (4.52/2\,\mathrm{a})$$

Das System der Bewegungsgleichungen ist, in den Koordinaten q geschrieben, daher gekoppelt und lautet:

$$\left.\begin{aligned}
a_{11}\ddot{q}_1 + a_{12}\ddot{q}_2 + \beta\,c_{11}\dot{q}_1 + \beta\,c_{12}\dot{q}_2 + c_{11}q_1 + c_{12}q_2 &= 0, \\
a_{12}\ddot{q}_1 + a_{22}\ddot{q}_2 + \beta\,c_{12}\dot{q}_1 + \beta\,c_{22}\dot{q}_2 + c_{12}q_1 + c_{22}q_2 &= 0.
\end{aligned}\right\} \qquad (4.52/2\,\mathrm{b})$$

Die Transformation

$$q_1 = t_{11}r_1 + t_{12}r_2, \qquad q_2 = t_{21}r_1 + t_{22}r_2 \qquad (4.52/3\,\mathrm{a})$$

soll die quadratischen Formen T und U auf die Gestalt

$$\mathsf{T} = \frac{1}{2}\,[\dot{r}_1^2 + \dot{r}_2^2]\,, \qquad \mathsf{U} = \frac{1}{2}\,[\lambda_1\,r_1^2 + \lambda_2\,r_2^2] \qquad (4.52/3\,\mathrm{b})$$

bringen, womit dann F zu

$$\mathsf{F} = \frac{\beta}{2}\,[\lambda_1\,\dot{r}_1^2 + \lambda_2\,\dot{r}_2^2] \qquad (4.52/3\,\mathrm{c})$$

wird. Die Hauptwerte der Transformation folgen aus der Gl. (4.51/12), die hier zu

$$\begin{vmatrix} c_{11} - a_{11}\lambda & c_{12} - a_{12}\lambda \\ c_{12} - a_{12}\lambda & c_{22} - a_{22}\lambda \end{vmatrix} = 0 \qquad (4.52/4\,\mathrm{a})$$

wird. Ihre Wurzeln lauten

$$\lambda_{1,2} = \frac{B}{2\,D_T} \pm \frac{1}{2\,D_T}\,\sqrt{B^2 - 4\,D_T\,D_U}\,, \qquad (4.52/4\,\mathrm{b})$$

wobei D_T und D_U die Diskriminanten der Formen T bzw. U, nämlich

$$D_T = \begin{vmatrix} a_{11} & a_{12} \\ a_{12} & a_{22} \end{vmatrix}\,, \qquad D_U = \begin{vmatrix} c_{11} & c_{12} \\ c_{12} & c_{22} \end{vmatrix}\,,$$

bezeichnen und

$$B = a_{11}\,c_{22} + c_{11}\,a_{22} - 2\,c_{12}\,a_{12}$$

ist.

Es sei hier (neben der Einfachheit der Wurzeln h der charakteristischen Gleichung) auch Einfachheit der Wurzeln der Gl. (4.52/4a) vorausgesetzt.

Die Verhältnisse der Transformationskoeffizienten folgen aus (4.51/8) zu

$$\frac{t_{21}}{t_{11}} = -\frac{c_{11} - a_{11}\lambda_1}{c_{12} - a_{12}\lambda_1}\,; \qquad \frac{t_{22}}{t_{12}} = -\frac{c_{11} - a_{11}\lambda_2}{c_{12} - a_{12}\lambda_2}\,. \qquad (4.52/5)$$

Das entkoppelte Gleichungssystem lautet

$$\left.\begin{aligned} \ddot{r}_1 + \beta\,\lambda_1\,\dot{r}_1 + \lambda_1\,r_1 &= 0,\\ \ddot{r}_2 + \beta\,\lambda_2\,\dot{r}_2 + \lambda_2\,r_2 &= 0. \end{aligned}\right\} \qquad (4.52/6\,\mathrm{a})$$

Die zugehörigen charakteristischen Gleichungen

$$\left.\begin{aligned} h^2 + \beta\,\lambda_1\,h + \lambda_1 &= 0,\\ h^2 + \beta\,\lambda_2\,h + \lambda_2 &= 0 \end{aligned}\right\} \qquad (4.52/6\,\mathrm{b})$$

haben die Wurzeln

$$\left.\begin{aligned} h_{1,2} &= -\frac{\beta\,\lambda_1}{2} \pm \sqrt{\frac{\beta^2\,\lambda_1^2}{4} - \lambda_1} = -\delta_1 \pm i\,\nu_1,\\[2mm] h_{3,4} &= -\frac{\beta\,\lambda_2}{2} \pm \sqrt{\frac{\beta^2\,\lambda_2^2}{4} - \lambda_2} = -\delta_2 \pm i\,\nu_2. \end{aligned}\right\} \qquad (4.52/6\,\mathrm{c})$$

Die Hauptbewegungen werden also (da wir einfache Wurzeln vorausgesetzt haben) zu

$$\left.\begin{aligned} r_1(t) &= A_1\,e^{h_1 t} + A_2\,e^{h_2 t} = e^{-\delta_1 t}[A_1'\cos\nu_1 t + A_2'\sin\nu_1 t]\\ &= e^{-\delta_1 t}\,A_1''\cos(\nu_1 t + \varepsilon_1)\\[3mm] r_2(t) &= A_3\,e^{h_3 t} + A_4\,e^{h_4 t} = e^{-\delta_2 t}[A_3'\cos\nu_2 t + A_4'\sin\nu_2 t]\\ &= e^{-\delta_2 t}\,A_3''\cos(\nu_2 t + \varepsilon_2). \end{aligned}\right\} \qquad (4.52/6\,\mathrm{d})$$

und

Die Größen

$$A_1,\quad A_2;\quad A_1',\quad A_2';\quad A_1'',\quad \varepsilon_1;$$

und

$$A_3,\quad A_4;\quad A_3',\quad A_4';\quad A_3'',\quad \varepsilon_2;$$

sind die Integrationskonstanten.

Wir bestätigen noch, daß das Kriterium für die Entkoppelbarkeit von Differentialgleichungen hier tatsächlich erfüllt ist. Zu diesem Zwecke gehen wir aus von dem gekoppelten System (4.52/2 b). Die Ausschlagverhältnisse bilden wir nach (4.13/4), indem wir die Verhältnisse der Unterdeterminanten der Glieder der zweiten Zeile anschreiben:

$$\varkappa_{2i} = - \frac{a_{11}\,h_i^2 + \beta\,c_{11}\,h_i + c_{11}}{a_{12}\,h_i^2 + \beta\,c_{12}\,h_i + c_{12}}, \qquad (i = 1,\ 2). \qquad (4.52/7)$$

Die Wurzeln h_1 und h_2 sind die der charakteristischen Gleichung des Systems (4.52/2 b). In dieser Form stehen sie uns in allgemeinen Zeichen (als Wurzel einer Gleichung vierten Grades) nicht zur Verfügung. Wir machen — für unseren Zweck eines Nachweises — daher Gebrauch davon, daß diese Wurzeln natürlich dieselben sein müssen, wie diejenigen, die man aus jeder anderen Form der charakteristischen Gleichung erhält. Daher benutzen wir die Wurzeln in der Form (4.52/6 c), die zur charakteristischen Gleichung der entkoppelten Differentialgleichungen gehören.

Einführung von h_1 und h_2 nach (4.52/6 c) in (4.52/7) liefert für $\varkappa_{21}$ und $\varkappa_{22}$ übereinstimmend

$$\varkappa_{21} = \varkappa_{22} = - \frac{c_{11} - a_{11}\,\lambda_1}{c_{12} - a_{12}\,\lambda_1}. \qquad (4.52/8\,\mathrm{a})$$

Ebenso liefert Einsetzen von h_3 und h_4

$$\varkappa_{23} = \varkappa_{24} = - \frac{c_{11} - a_{11}\,\lambda_2}{c_{12} - a_{12}\,\lambda_2}. \qquad (4.52/8\,\mathrm{b})$$

Die Bedingungen sind also erfüllt.

Ein Schwinger, für den die Voraussetzungen dieses Beispieles 1 zutreffen, ist z. B. ein Schwinger vom Typ der Abb. 4.35/1 a, für den gilt

$$\left.\begin{aligned}
a_{11} &= a_1, & a_{12} &= 0, & a_{22} &= a_2, \\
c_{11} &= c_1 + c_2, & c_{12} &= - c_2, & c_{22} &= c_2, \\
b_{11} &= b_1 + b_2, & b_{12} &= - b_2, & b_{22} &= b_2,
\end{aligned}\right\} \qquad (4.52/9)$$

wenn man nun $b_1/c_1 = b_2/c_2 = \beta$ setzt. Die Formen T, F und U lauten dann

$$\left.\begin{aligned}
\mathsf{T} &= \frac{1}{2}\,[a_1\,\dot{q}_1^2 + a_2\,\dot{q}_2^2], \\[4pt]
\mathsf{F} &= \frac{\beta}{2}\,[(c_1 + c_2)\,\dot{q}_1^2 - 2\,c_2\,\dot{q}_1\,\dot{q}_2 + c_2\,\dot{q}_2^2], \\[4pt]
\mathsf{U} &= \frac{1}{2}\,[(c_1 + c_2)\,q_1^2 - 2\,c_2\,q_1\,q_2 + c_2\,q_2^2];
\end{aligned}\right\} \qquad (4.52/10\,\mathrm{a})$$

die Hauptwerte λ_1 und λ_2 der Transformation werden zu

$$\lambda_{1,2} = \frac{c_2}{2a_2} + \frac{c_1 + c_2}{2a_1} \pm \sqrt{\frac{1}{4}\left(\frac{c_1 + c_2}{a_1} + \frac{c_2}{a_2}\right)^2 - \frac{c_1\,c_2}{a_1\,a_2}}, \qquad (4.52/10\,\mathrm{b})$$

die Transformationskoeffizienten zu

$$\frac{t_{21}}{t_{11}} = \frac{c_1 + c_2 - a_1\,\lambda_1}{c_2}; \qquad \frac{t_{22}}{t_{12}} = \frac{c_1 + c_2 - a_1\,\lambda_2}{c_2}. \qquad (4.52/10\,\mathrm{c})$$

Beispiel 2. Hier untersuchen wir einen Schwinger mit Dämpfung, bei dem die Form F proportional der Form T ist. Auch hier machen wir die Voraussetzung, daß sowohl die Wurzeln der charakteristischen Gleichung wie die Hauptwerte der Transformation einfach seien.

Die drei quadratischen Formen sollen hier also die Gestalt haben:

$$\left.\begin{aligned}
\mathsf{T} &= \frac{1}{2}\,[a_{11}\,\dot{q}_1^2 + 2\,a_{12}\,\dot{q}_1\,\dot{q}_2 + a_{22}\,\dot{q}_2^2], \\[4pt]
\mathsf{F} &= \frac{1}{2}\,\beta[a_{11}\,\dot{q}_1^2 + 2\,a_{12}\,\dot{q}_1\,\dot{q}_2 + a_{22}\,\dot{q}_2^2], \\[4pt]
\mathsf{U} &= \frac{1}{2}\,[c_{11}\,q_1^2 + 2\,c_{12}\,q_1\,q_2 + c_{22}\,q_2^2],
\end{aligned}\right\} \qquad (4.52/11\,\mathrm{a})$$

so daß die Differentialgleichungen lauten

$$\left.\begin{aligned}
a_{11}\ddot{q}_1 + a_{12}\ddot{q}_2 + \beta\,a_{11}\dot{q}_1 + \beta\,a_{12}\dot{q}_2 + c_{11}q_1 + c_{12}q_2 = 0,\\
a_{12}\ddot{q}_1 + a_{22}\ddot{q}_2 + \beta\,a_{12}\dot{q}_1 + \beta\,a_{22}\dot{q}_2 + c_{12}q_1 + c_{22}q_2 = 0.
\end{aligned}\right\} \qquad (4.52/11\,\mathrm{b})$$

Um sie auf Hauptkoordinaten zu transformieren, können wir *genau* dieselbe Transformation anwenden wie im Beispiel 1, denn diese Transformation ist ja von F ganz unabhängig; deshalb ist es gleichgültig, ob die Koeffizienten von F denen der einen oder der anderen der beiden übrigen Formen proportional sind.

Die Hauptwerte der Transformation werden demnach durch (4.52/4b), die Transformationskoeffizienten durch (4.52/5) wiedergegeben.

Die quadratischen Formen lauten dann

$$T = \frac{1}{2}\,[\dot{r}_1^2 + \dot{r}_2^2], \qquad F = \frac{\beta}{2}\,[\dot{r}_1^2 + \dot{r}_2^2], \qquad U = \frac{1}{2}\,[\lambda_1 r_1^2 + \lambda_2 r_2^2], \qquad (4.52/12\,\mathrm{a})$$

das entkoppelte Differentialgleichungssystem

$$\ddot{r}_1 + \beta\,\dot{r}_1 + \lambda_1 r_1 = 0, \qquad \ddot{r}_2 + \beta\,\dot{r}_2 + \lambda_2 r_2 = 0, \qquad (4.52/12\,\mathrm{b})$$

die zugehörigen charakteristischen Gleichungen

$$h^2 + \beta\,h + \lambda_1 = 0, \qquad h^2 + \beta\,h + \lambda_2 = 0, \qquad (4.52/12\,\mathrm{c})$$

ihre Wurzeln

$$h_{1,2} = -\frac{\beta}{2} \mp \sqrt{\frac{\beta^2}{4} - \lambda_1}\,, \qquad h_{3,4} = -\frac{\beta}{2} \mp \sqrt{\frac{\beta^2}{4} - \lambda_2}\,. \qquad (4.52/12\,\mathrm{d})$$

Die Bewegungen in Hauptkoordinaten werden, wie im ersten Beispiel, durch die Gleichungen (4.52/6d) angegeben, in denen jetzt aber

$$\delta_1 = \delta_2 = \frac{\beta}{2}\,, \qquad i\,\nu_1 = \sqrt{\frac{\beta^2}{4} - \lambda_1}\,, \qquad i\,\nu_2 = \sqrt{\frac{\beta^2}{4} - \lambda_2} \qquad (4.52/12\,\mathrm{e})$$

ist.

Nunmehr bestimmen wir wieder die Ausschlagverhältnisse. Benutzen wir die erste Gleichung des gekoppelten Systems (4.52/11b), so kommt nach (4.13/4)

$$\varkappa_{2i} = -\frac{a_{11}h_i^2 + \beta\,a_{11}h_i + c_{11}}{a_{12}h_i^2 + \beta\,a_{12}h_i + c_{12}}\,. \qquad (4.52/13\,\mathrm{a})$$

Einführung der Werte h_i nach (4.52/12d) liefert

$$\varkappa_{21} = \varkappa_{22} = -\frac{-a_{11}\lambda_1 + c_{11}}{-a_{12}\lambda_1 + c_{12}}\,, \qquad \varkappa_{23} = \varkappa_{24} = -\frac{-a_{11}\lambda_2 + c_{11}}{-a_{12}\lambda_2 + c_{12}}\,; \qquad (4.52/13\,\mathrm{b})$$

das sind wieder die Ausdrücke (4.52/8). Die Ausschlagverhältnisse je zweier Hauptbewegungen sind also einander gleich, alle Ausschlagverhältnisse sind reell: Das Kriterium für die Entkoppelbarkeit ist erfüllt.

Beispiel 3. Wir geben nun als Beispiel für ein entkoppelbares System, bei dem die Form F keiner der beiden übrigen Formen proportional ist, einen zweiläufigen Schwinger, für den

$$a_{11} = a_{22} = a, \qquad b_{11} = b_{22} = b, \qquad c_{11} = c_{22} = c$$

ist. Die Formen T, F und U lauten dann

$$\left.\begin{aligned}
T &= \frac{1}{2}\,[a\,\dot{q}_1^2 + 2\,a_{12}\dot{q}_1\dot{q}_2 + a\,\dot{q}_2^2],\\[2ex]
F &= \frac{1}{2}\,[b\,\dot{q}_1^2 + 2\,b_{12}\dot{q}_1\dot{q}_2 + b\,\dot{q}_2^2],\\[2ex]
U &= \frac{1}{2}\,[c\,q_1^2 + 2\,c_{12}q_1 q_2 + c\,q_2^2].
\end{aligned}\right\} \qquad (4.52/14\,\mathrm{a})$$

Das gekoppelte Differentialgleichungssystem lautet daher

$$\left.\begin{aligned}
a\,\ddot{q}_1 + b\,\dot{q}_1 + c\,q_1 + a_{12}\ddot{q}_2 + b_{12}\dot{q}_2 + c_{12}q_2 = 0,\\
a_{12}\ddot{q}_1 + b_{12}\dot{q}_1 + c_{12}q_1 + a\,\ddot{q}_2 + b\,\dot{q}_2 + c\,q_2 = 0.
\end{aligned}\right\} \qquad (4.52/14\,\mathrm{b})$$

Wir zeigen zunächst anhand unseres Kriteriums, daß dieses System entkoppelbar ist. Danach stellen wir das entkoppelte System her und geben auch die Transformationsmatrix an, die diese Entkopplung leistet. Einen systematischen Weg, wie er bei den Beispielen 1 und 2 gangbar war, gibt es hier nicht. Die charakteristische Gleichung schreibt sich

$$\begin{vmatrix} a\,h^2 + b\,h + c & a_{12}\,h^2 + b_{12}\,h + c_{12} \\ a_{12}\,h^2 + b_{12}\,h + c_{12} & a\,h^2 + b\,h + c \end{vmatrix} = 0, \qquad (4.52/14\,\mathrm{c})$$

oder

$$(a\,h^2 + b\,h + c)^2 - (a_{12}\,h^2 + b_{12}\,h + c_{12})^2 = 0;$$

sie läßt sich ohne weiteres in die beiden quadratischen Gleichungen

und
$$\left.\begin{aligned} (a\,h^2 + b\,h + c) - (a_{12}\,h^2 + b_{12}\,h + c_{12}) &= 0 \\ (a\,h^2 + b\,h + c) + (a_{12}\,h^2 + b_{12}\,h + c_{12}) &= 0 \end{aligned}\right\} \qquad (4.52/14\,\mathrm{d})$$

zerlegen. Die Wurzeln h_1 und h_2 ergeben sich also aus der Gleichung

$$(a - a_{12})\,h^2 + (b - b_{12})\,h + (c - c_{12}) = 0, \qquad (4.52/14\,\mathrm{e})$$

die Wurzeln h_3 und h_4 aus

$$(a + a_{12})\,h^2 + (b + b_{12})\,h + (c + c_{12}) = 0. \qquad (4.52/14\,\mathrm{f})$$

Beschränken wir uns auf den Fall einfacher Wurzeln h, so ist die gesamte Lösung von der Form

$$\left.\begin{aligned} q_1 &= A_{11}\,e^{h_1 t} + A_{12}\,e^{h_2 t} + A_{13}\,e^{h_3 t} + A_{14}\,e^{h_4 t}, \\ q_2 &= A_{11}\varkappa_{21}\,e^{h_1 t} + A_{12}\varkappa_{22}\,e^{h_2 t} + A_{13}\varkappa_{23}\,e^{h_3 t} + A_{14}\varkappa_{24}\,e^{h_4 t}. \end{aligned}\right\} \qquad (4.52/15)$$

Die Ausschlagverhältnisse $\varkappa_{2i}$ ergeben sich nach Gl. (4.13/4) zu

$$\varkappa_{2i} = -\,\frac{a\,h_i^2 + b\,h_i + c}{a_{12}\,h_i^2 + b_{12}\,h_i + c_{12}}. \qquad (4.52/16)$$

Nun ist aber für $h = h_1$ und $h = h_2$, wie man aus der aufgespaltenen charakteristischen Gl. (4.52/14 d) ablesen kann,

$$a\,h_{1,2}^2 + b\,h_{1,2} + c = a_{12}\,h_{1,2}^2 + b_{12}\,h_{1,2} + c_{12},$$

und damit wird

$$\varkappa_{21} = \varkappa_{22} = -\,1. \qquad (4.52/17\,\mathrm{a})$$

Ebenso erhält man für $h = h_3$ und $h = h_4$ aus (4.52/14 d)

$$a\,h_{3,4}^2 + b\,h_{3,4} + c = -\,(a_{12}\,h_{3,4}^2 + b_{12}\,h_{3,4} + c_{12}),$$

so daß

$$\varkappa_{23} = \varkappa_{24} = +\,1 \qquad (4.52/17\,\mathrm{b})$$

wird. Die Ausschlagverhältnisse sind also alle reell und paarweise einander gleich; das Kriterium der Entkoppelbarkeit ist damit erfüllt.

Zu der ersten Hauptbewegung gehören die Wurzeln h_1 und h_2, zu der zweiten die Wurzeln h_3 und h_4, nämlich immer die, zu denen die beiden gleichen Ausschlagverhältnisse gehören. Somit ergibt sich als charakteristische Gleichung der ersten Hauptbewegung die Gl. (4.52/14 e), als charakteristische Gleichung der zweiten Hauptbewegung (4.52/14 f). Das entkoppelte Differentialgleichungssystem lautet also:

$$\left.\begin{aligned} (a - a_{12})\,\ddot{r}_1 + (b - b_{12})\,\dot{r}_1 + (c - c_{12})\,r_1 &= 0, \\ (a + a_{12})\,\ddot{r}_2 + (b + b_{12})\,\dot{r}_2 + (c + c_{12})\,r_2 &= 0, \end{aligned}\right\} \qquad (4.52/18\,\mathrm{a})$$

und die drei Formen T, F und U erhalten in Hauptkoordinaten die Gestalt

$$\left.\begin{aligned} \mathsf{T} &= \frac{1}{2}\,[(a - a_{12})\,\dot{r}_1^2 + (a + a_{12})\,\dot{r}_2^2], \\[2mm] \mathsf{F} &= \frac{1}{2}\,[(b - b_{12})\,\dot{r}_1^2 + (b + b_{12})\,\dot{r}_2^2], \\[2mm] \mathsf{U} &= \frac{1}{2}\,[(c - c_{12})\,r_1^2 + (c + c_{12})\,r_2^2]. \end{aligned}\right\} \qquad (4.52/18\,\mathrm{b})$$

Die Transformationskoeffizienten selbst können z. B. aus der Bedingung bestimmt werden, daß nach Anwendung der Transformation die Faktoren von T die Werte $a - a_{12}$ und $a + a_{12}$ annehmen sollen. Dies liefert die beiden Gleichungen

$$a\,t_{11}^2 + 2a_{12}\,t_{11}\,t_{21} + a\,t_{21}^2 = a - a_{12},$$
$$a\,t_{12}^2 + 2a_{12}\,t_{12}\,t_{22} + a\,t_{22}^2 = a + a_{12}.$$

Unter Beachtung der Ausschlagverhältnisse, die ja gleich den Verhältnissen der Transformationskoeffizienten sind, also unter Beachtung von

$$\frac{t_{21}}{t_{11}} = -1, \qquad \frac{t_{22}}{t_{12}} = +1$$

kommt

$$t_{11}^2(2a - 2a_{12}) = a - a_{12},$$
$$t_{12}^2(2a + 2a_{12}) = a + a_{12}.$$

Daraus folgt

$$t_{11}^2 = t_{12}^2 = \frac{1}{2}.$$

Die Transformation, die hier angewendet werden muß, ergibt sich also zu

$$\left.\begin{aligned}
q_1 &= \frac{1}{\sqrt{2}}\,r_1 + \frac{1}{\sqrt{2}}\,r_2, \\[2mm]
q_2 &= -\frac{1}{\sqrt{2}}\,r_1 + \frac{1}{\sqrt{2}}\,r_2.
\end{aligned}\right\} \tag{4.52/19}$$

Sie ist eine orthogonale Transformation.

4.6 Unsymmetrische Kopplungen
Kleine Bewegungen um ständige Bewegungszustände

4.61 Die Bewegungsgleichungen; die gyroskopischen Glieder (antimetrische Kopplung in der Geschwindigkeit). Bisher hatten wir nur Bewegungen (im wesentlichen sogar nur kleine Bewegungen) um *Gleichgewichtslagen* betrachtet, die dafür geltenden Bewegungsgleichungen aufgestellt und ihre Lösungen, d. h. die sich einstellenden Bewegungen, erörtert. Bei der Betrachtung einer *allgemeinen Bewegung* kann es nun manchmal vorteilhaft sein, diese Bewegung in zwei Bestandteile zu zerlegen, in eine irgendwie ausgezeichnete *Grund*bewegung und eine über diese Grundbewegung sich lagernde (kleine) *Zusatz*bewegung.

Die Zerlegung einer Bewegung in eine Grund- und eine darübergelagerte Zusatzbewegung ist nur sinnvoll, wenn die Grundbewegung unbeeinflußt bleibt von der Zusatzbewegung, d. h. so abläuft, als ob die Zusatzbewegung gar nicht vorhanden wäre. Der Zweck einer solchen Zerlegung ist oft der, Bewegungsgleichungen, die von vornherein nicht linear sind, dadurch zu linearisieren, daß man nicht die Gesamtbewegung, sondern nur die (als klein betrachtete) Zusatzbewegung untersucht.

Wir greifen zunächst einen Sonderfall heraus. Die Grundbewegung sei dadurch ausgezeichnet, daß sie eine sog. „ständige" Bewegung sein soll. Was das im einzelnen heißt, werden wir sogleich erörtern. Die über eine ständige Bewegung gelagerte Zusatzbewegung wird oft deshalb untersucht, um festzustellen, ob die Grundbewegung stabil ist oder nicht.

Mit $x_1 \ldots x_n$ bezeichnen wir die verallgemeinerten Koordinaten der Grundbewegung, mit $\dot{x}_1 \ldots \dot{x}_n$ ihre Geschwindigkeiten; $q_1 \ldots q_n$ seien die Koordinaten der Zusatzbewegung, $\dot{q}_1 \ldots \dot{q}_n$ ihre Geschwindigkeiten. Die Gesamtbewegung wird daher durch die Koordinaten $(x_1 + q_1) \ldots (x_n + q_n)$ beschrieben.

Da wir die Bewegungsgleichungen mit Hilfe der LAGRANGEschen Vorschrift aufstellen wollen, benötigen wir die beiden Ausdrücke T und U. Zunächst betrachten wir die *kinetische Energie* T, und zwar die der Gesamtbewegung. Da das System wieder als holonom und skleronom vorausgesetzt werden soll, ist die kinetische Energie eine quadratische Form der Bauart (s. 4.32)

$$\mathsf{T} = \frac{1}{2} \sum_{i=1}^{n} \sum_{k=1}^{n} A_{ik}(\dot{x}_i + \dot{q}_i)(\dot{x}_k + \dot{q}_k), \tag{4.61/1}$$

wo die Koeffizienten $A_{ik} = A_{ki}$ noch Funktionen sämtlicher n Koordinaten $u_\nu = (x_\nu + q_\nu)$ sein können. Entwickelt man sie mittels der TAYLOR-Entwicklung nach Potenzen der Koordinaten der Zusatzbewegung, also nach den q_ν, so erhält man

$$A_{ik}(u_1, u_2, \ldots, u_n) = a_{ik} + \sum_l B_{ik}^{(l)} q_l + \frac{1}{2} \sum_l \sum_m C_{ik}^{(l, m)} q_l q_m + \cdots. \tag{4.61/2}$$

Darin bedeuten

$$\left. \begin{aligned} a_{ik} &= A_{ik}(x_1, x_2, \cdots, x_n) = a_{ki}, \\ B_{ik}^{(l)} &= \left(\frac{\partial A_{ik}}{\partial u_l} \right)_{u_\nu = x_\nu} = B_{ki}^{(l)}, \\ C_{ik}^{(l, m)} &= \left(\frac{\partial^2 A_{ik}}{\partial u_l \partial u_m} \right)_{u_\nu = x_\nu} = C_{ki}^{(l, m)} = C_{ik}^{(m, l)}. \end{aligned} \right\} \tag{4.61/2a}$$

(l und m sind ebensolche Zählbuchstaben wie i und k. Alle Summen laufen, wenn nichts anderes bemerkt ist, stets von 1 bis n.) Führt man die TAYLOR-Entwicklung (4.61/2) in den Ausdruck für T nach (4.61/1) ein, so wird dieser zu

$$\mathsf{T} = \frac{1}{2} \sum_i \sum_k \left[a_{ik} + \sum_l B_{ik}^{(l)} q_l + \frac{1}{2} \sum_l \sum_m C_{ik}^{(l, m)} q_l q_m \right] [\dot{x}_i \dot{x}_k + (\dot{x}_i \dot{q}_k + \dot{x}_k \dot{q}_i) + \dot{q}_i \dot{q}_k].$$

Wir multiplizieren nun aus und vernachlässigen alle Glieder, die von höherer als zweiter Ordnung in q oder $\dot{q}$ sind, da wir nun die Zusatzbewegung als klein gegenüber der Grundbewegung voraussetzen wollen. So erhält man unter Benutzung der sogleich zu erklärenden Abkürzungen d_{ik}, e_{ik} und $b_\mu^{(\nu)}$ die folgenden drei Anteile T_0, T_1, T_2 für die kinetische Energie T

$$\left. \begin{aligned} \mathsf{T}_0 &= \frac{1}{2} \sum_i \sum_k a_{ik} \dot{x}_i \dot{x}_k, \\ \mathsf{T}_1 &= \sum_k b_k^{(1)} \dot{q}_k + \frac{1}{2} \sum_l b_l^{(0)} q_l, \\ \mathsf{T}_2 &= \frac{1}{2} \sum_i \sum_k a_{ik} \dot{q}_i \dot{q}_k + \sum_l \sum_k e_{lk} q_l \dot{q}_k + \frac{1}{2} \sum_m \sum_l d_{ml} q_m q_l. \end{aligned} \right\} \tag{4.61/3}$$

Die vier Abkürzungen bedeuten dabei

$$\left. \begin{aligned} b_k^{(1)} &= \sum_i a_{ik} \dot{x}_i, \qquad b_l^{(0)} = \sum_i \sum_k B_{ik}^{(l)} \dot{x}_i \dot{x}_k = \sum_k e_{lk} \dot{x}_k, \\ e_{lk} &= \sum_i B_{ik}^{(l)} \dot{x}_i \qquad\qquad \text{mit} \quad e_{lk} \neq e_{kl}, \\ d_{ml} &= \frac{1}{2} \sum_i \sum_k C_{ik}^{(m, l)} \dot{x}_i \dot{x}_k \quad \text{mit} \quad d_{ml} = d_{lm}. \end{aligned} \right\} \tag{4.61/3a}$$

(Man beachte die Nichtvertauschbarkeit der Indizes der Größe e_{lk}.) a_{ik}, e_{lk}, d_{ml} sind dabei im allgemeinen noch Funktionen der Koordinaten x_ν der Grundbewegung und ihrer Geschwindigkeiten $\dot{x}_\nu$.

Der erste Anteil, T_0, hängt von den q_ν und $\dot{q}_\nu$ überhaupt nicht ab, er stellt die kinetische Energie der Grundbewegung dar. Er ist eine homogene quadratische Form der Geschwindigkeiten $\dot{x}_\nu$; die Koeffizienten a_{ik} können noch Funktionen der Koordinaten x_ν sein.

Der zweite Anteil, T_1, hängt linear von den q_ν und $\dot{q}_\nu$ ab mit Koeffizienten $b_l^{(0)}$ und $b_k^{(1)}$. Der letzte Anteil, T_2, ist homogen quadratisch in den q_ν und $\dot{q}_\nu$.

Wir wenden uns nun der *potentiellen Energie* U der Gesamtbewegung zu. Sie ist nach den Voraussetzungen eine reine Funktion der n Gesamtkoordinaten $(x_\nu + q_\nu)$. Entwickeln wir auch diese Funktion mittels der TAYLOR-Entwicklung nach Potenzen der q_ν und vernachlässigen wieder alle Potenzen der q_ν, die von höherem als dem zweiten Grade sind, so kommt

$$\mathsf{U}(x_1 + q_1, \ldots, x_n + q_n) = \mathsf{U}(x_1, \ldots, x_n) + \sum_l f_l q_l + \frac{1}{2} \sum_l \sum_m f_{lm} q_l q_m. \qquad (4.61/4)$$

Die Entwicklungskoeffizienten bedeuten dabei

$$\left.\begin{aligned} f_l &= \frac{\partial \mathsf{U}}{\partial x_l}(x_1, \ldots, x_n), \\[2mm] f_{lm} &= \frac{\partial^2 \mathsf{U}}{\partial x_l\, \partial x_m}(x_1, \ldots, x_n), \quad \text{wobei} \quad f_{lm} = f_{ml} \ \text{ist;} \end{aligned}\right\} \qquad (4.61/4\,\mathrm{a})$$

sie sind im allgemeinen noch Funktionen der Koordinaten $x_1 \ldots x_n$ der Grundbewegung. Die drei Anteile, in die die potentielle Energie nach (4.61/4) zerlegt ist, nennen wir der Reihe nach U_0, U_1, U_2. Der erste, U_0, ist von den q_ν unabhängig und stellt die potentielle Energie der Grundbewegung dar. Der zweite, U_1, ist linear von den q_ν abhängig; der dritte Anteil, U_2, ist eine homogene quadratische Funktion der Koordinaten q_ν.

Bilden wir nun nach der LAGRANGEschen Vorschrift (4.32/5) die Bewegungsdifferentialgleichungen für die Koordinaten der Zusatzbewegung, so schicken nur die in q_ν und $\dot{q}_\nu$ quadratischen Bestandteile aus T und U, also die Anteile T_2 und U_2, lineare q-Glieder in die Differentialgleichungen; die in q_ν und $\dot{q}_\nu$ linearen Anteile, T_1 und U_1, liefern Glieder, die von q_ν und $\dot{q}_\nu$ frei sind; die von q_ν und $\dot{q}_\nu$ freien Anteile, T_0 und U_0, schließlich tragen zu den Differentialgleichungen der Zusatzbewegung überhaupt nichts bei.

Da wir uns hier nur um solche mechanische Systeme kümmern wollen, deren Differentialgleichungen linear sind und konstante Koeffizienten aufweisen, so müssen die Koeffizienten sämtlicher quadratischer Glieder in T und U, die ja nach dem oben Gesagten noch Funktionen von x_ν und $\dot{x}_\nu$ sein können, hier nun konstant sein. *Eine Bewegung, die so verläuft, daß diese Koeffizienten konstant bleiben, wird* (nach ROUTH) *eine ständige[1] Bewegung (steady motion) genannt.* Zum Beispiel: Ein Teil der Koordinaten sind ignorierbare oder zyklische Koordinaten, d. h. solche, die selbst nicht auftreten und deren Ableitungen (Geschwindigkeiten) konstant sind, und jene Koordinaten, die nicht zyklisch sind, sind selbst Konstante. (In 4.64 werden wir ein Beispiel einer solchen Bewegung untersuchen.)

---

[1] ROUTH: Zit. S. 179; dort S. 75ff. — WHITTAKER: Zit. S. 232; dort S. 205.

Nachdem wir uns über den Aufbau der Funktionen T und U unterrichtet haben, können wir nun nach der Lagrangeschen Vorschrift

$$\frac{d}{dt}\left(\frac{\partial \mathsf{T}}{\partial \dot{q}_\nu}\right) - \frac{\partial \mathsf{T}}{\partial q_\nu} + \frac{\partial \mathsf{U}}{\partial q_\nu} = 0 \qquad (4.61/5)$$

die Bewegungsgleichungen herstellen. Die drei Glieder liefern der Reihe nach

$$1. \quad \sum_i a_{i\,\nu}\ddot{x}_i + \sum_i a_{i\nu}\ddot{q}_i + \sum_l e_{l\nu}\dot{q}_l,$$

$$2. \quad -\frac{1}{2}\sum_k e_{\nu k}\dot{x}_k - \sum_k e_{\nu k}\dot{q}_k - \sum_m d_{m\nu}q_m,$$

$$3. \quad f_\nu + \sum_l f_{l\nu}q_l.$$

Die ν-te Differentialgleichung des Systems lautet dann geordnet (und unter Abänderung von Summationsbuchstaben)

$$\sum_i a_{\nu i}\ddot{q}_i + \sum_i (e_{i\nu} - e_{\nu i})\dot{q}_i + \sum_i (f_{\nu i} - d_{\nu i})q_i = \frac{1}{2}\sum_i e_{\nu i}\dot{x}_i - f_\nu - \sum_i a_{\nu i}\ddot{x}_i. \quad (4.61/6)$$

Das entstehende System von Differentialgleichungen ist also zunächst inhomogen. Wir können jedoch sofort zeigen, daß die Störglieder jeweils für sich verschwinden. Sie sind nämlich nichts anderes als die Bewegungsgleichungen der Grundbewegung. Diese Grundbewegung, die von der überlagerten Bewegung nicht beeinflußt werden sollte, entsteht aus der Gesamtbewegung, wenn alle q_ν und ihre Ableitungen verschwinden. Ihre Bewegungsdifferentialgleichungen erhalten wir also, wenn wir die Lagrangesche Vorschrift auf T_0 und U_0 anwenden. Man erhält aus

$$\frac{d}{dt}\left(\frac{\partial \mathsf{T}_0}{\partial \dot{x}_\nu}\right) - \frac{\partial \mathsf{T}_0}{\partial x_\nu} + \frac{\partial \mathsf{U}_0}{\partial x_\nu} = 0$$

als ν-te Differentialgleichung des Systems

$$\sum_i a_{\nu i}\ddot{x}_i - \frac{1}{2}\sum_i \sum_k \frac{\partial a_{ik}}{\partial x_\nu}\dot{x}_i\dot{x}_k + \frac{\partial \mathsf{U}_0}{\partial x_\nu} = 0.$$

Mit den Abkürzungen e_{lk} (4.61/3a) und f_ν (4.61/4a) läßt sich dafür schreiben

$$\sum_i a_{\nu i}\ddot{x}_i - \frac{1}{2}\sum_i e_{\nu i}\dot{x}_i + f_\nu = 0, \qquad (4.61/7)$$

und man erkennt, daß dies eben die rechten Seiten der Bewegungsgleichungen (4.61/6) sind, die also für sich zu Null werden; so erhalten wir zur Bestimmung der Zusatzbewegung mit den Koordinaten q_ν das folgende *homogene* System von Differentialgleichungen

$$\left.\begin{aligned}
a_{11}\ddot{q}_1 + \cdots + a_{1n}\ddot{q}_n + g_{11}\dot{q}_1 + \cdots + g_{1n}\dot{q}_n + c_{11}q_1 + \cdots + c_{1n}q_n &= 0, \\
a_{21}\ddot{q}_1 + \cdots + a_{2n}\ddot{q}_n + g_{21}\dot{q}_1 + \cdots + g_{2n}\dot{q}_n + c_{21}q_1 + \cdots + c_{2n}q_n &= 0, \\
\cdots \cdots \cdots \cdots \cdots \cdots \cdots \cdots \cdots \cdots \cdots \cdots \cdots \cdots \cdots \cdots \\
a_{n1}\ddot{q}_1 + \cdots + a_{nn}\ddot{q}_n + g_{n1}\dot{q}_1 + \cdots + g_{nn}\dot{q}_n + c_{n1}q_1 + \cdots + c_{nn}q_n &= 0.
\end{aligned}\right\} \quad (4.61/8)$$

Die Koeffizienten dieses Systems sind

$$\left.\begin{aligned}
a_{ik} &= a_{ki}, \\
g_{ik} = e_{ki} - e_{ik} &= -g_{ki}, \qquad g_{ii} = 0, \\
c_{ik} = f_{ik} - d_{ik} &= c_{ki},
\end{aligned}\right\} \quad (4.61/8a)$$

da $f_{ik} = f_{ki}$ und $d_{ik} = d_{ki}$ ist.

Während die Koeffizienten a_{ik} und c_{ik} Vertauschung der Indizes zulassen, sind die Koeffizienten g_{ik} und g_{ki} zwar dem Betrage nach einander gleich, aber von verschiedenem Vorzeichen. Während also die Kopplung der Gleichungen in der Beschleunigung und im Ausschlag symmetrisch ist, ist sie in der Geschwindigkeit *antimetrisch*; die zugehörigen Glieder heißen *gyroskopische Glieder*.

Die in den Bewegungsgleichungen (4.61/8) auftretenden Anteile stammen allein aus den in q_ν und $\dot{q}_\nu$ quadratischen Gliedern der Funktionen T und U, also allein aus den Bestandteilen von T_2 und U_2. Diese Bestandteile bezeichnen wir [vgl. die dritte Gleichung aus (4.61/3) und die Gl. (4.61/4)] der Reihe nach mit

$$\begin{aligned}
T_{22} &= \frac{1}{2} \sum_i \sum_k{}' a_{ik}\,\dot{q}_i\,\dot{q}_k, \\[2mm]
T_{21} &= \sum_i \sum_k e_{ik}\,q_i\,\dot{q}_k, \\[2mm]
T_{20} &= \frac{1}{2} \sum_i \sum_k d_{ik}\,q_i\,q_k, \\[2mm]
U_2 &= \frac{1}{2} \sum_i \sum_k f_{ik}\,q_i\,q_k
\end{aligned} \right\} \qquad (4.61/9)$$

und fragen nun, welche Fassung wir der LAGRANGEschen Vorschrift zu geben haben, damit die Gln. (4.61/8) allein aus den in q und $\dot{q}$ quadratischen Formen (4.61/9) entstehen.

Zu diesem Zweck bilden wir aus den Formen (4.61/9) zunächst zwei neue, nämlich

$$G = \sum_i \sum_k g_{ik}\,q_i\,\dot{q}_k \qquad (4.61/10\,\mathrm{a})$$

[wobei g_{ik} nach (4.61/8a) definiert ist] und

$$U_{22} = U_2 - T_{20} = \frac{1}{2} \sum_i \sum_k (f_{ik} - d_{ik})\,q_i\,q_k = \frac{1}{2} \sum_i \sum_k c_{ik}\,q_i\,q_k. \qquad (4.61/10\,\mathrm{b})$$

[Wegen der Herstellung der gyroskopischen Funktion G vgl. das Beispiel in 4.64 Gl. (4.64/6c).]

Man prüft leicht nach, daß man wieder die Gln. (4.61/8) erhält, wenn man die drei Funktionen T_{22}, G (*gyroskopische Funktion*) und U_{22} nun nach der Vorschrift

$$\frac{d}{dt}\left(\frac{\partial T_{22}}{\partial \dot{q}_\nu}\right) + \frac{\partial G}{\partial q_\nu} + \frac{\partial U_{22}}{\partial q_\nu} = 0 \qquad (4.61/11)$$

ableitet.

Die Funktionen T_{22}, G und U_{22} werden in der Regel nicht anders hergestellt werden können als über die Formen

$$T(\dot{x}_\nu + \dot{q}_\nu) \quad \text{und} \quad U(x_\nu + q_\nu)$$

der Gesamtbewegung. Das Geschäft des Ableitens wird jedoch gegenüber der allgemeinen Fassung (4.61/5) bedeutend vereinfacht, wenn man — wie die Vorschrift (4.61/11) das tut — von vornherein berücksichtigt, daß nur die in q_ν und $\dot{q}_\nu$ quadratischen Glieder überhaupt Beiträge zu den Bewegungsgleichungen liefern.

Der wesentliche Unterschied zwischen den Differentialgleichungen der kleinen Bewegungen um Gleichgewichtslagen und den Differentialgleichungen der kleinen Bewegungen um Bewegungszustände besteht in dem Auftreten der gyroskopischen Glieder.

Kommen noch geschwindigkeitsproportionale Dämpfungskräfte ins Spiel, so ist die LAGRANGEsche Vorschrift (4.61/11) [ebenso wie die frühere (4.32/5)] um das Glied $\partial F/\partial \dot{q}_\nu$ zu erweitern. Es treten dann in den Differentialgleichungen auch Glieder auf, die in der Geschwindigkeit symmetrisch gekoppelt sind. Auf diese Fälle gehen wir nicht weiter ein, da sie keine neuen Gesichtspunkte liefern.

4.62 Sätze über die charakteristische Gleichung und ihre Wurzeln. Der Ablauf der Bewegung; Einfluß der gyroskopischen Glieder. Wir wollen jetzt den Einfluß der gyroskopischen Glieder auf die Wurzeln der charakteristischen Gleichung, d. h. auf den Ablauf der Bewegung, untersuchen. Wir betrachten also die Veränderung im Verhalten der Wurzeln im Vergleich zum Verhalten bei kleinen Bewegungen (ohne Dämpfung) um eine Gleichgewichtslage, das uns aus 4.34 α bekannt ist.

Gehen wir mit dem e-Ansatz in das Differentialgleichungssystem (4.61/8) ein, so finden wir als charakteristische Gleichung

$$\begin{vmatrix} a_{11}h^2 + c_{11} & a_{12}h^2 + g_{12}h + c_{12} & \cdots & a_{1n}h^2 + g_{1n}h + c_{1n} \\ a_{12}h^2 - g_{12}h + c_{12} & a_{22}h^2 + c_{22} & \cdots & a_{2n}h^2 + g_{2n}h + c_{2n} \\ \cdot \quad \cdot \quad \cdot & \cdot \quad \cdot \quad \cdot & & \cdot \quad \cdot \quad \cdot \\ a_{1n}h^2 - g_{1n}h + c_{1n} & & \cdots & a_{nn}h^2 + c_{nn} \end{vmatrix} = 0; \quad (4.62/1)$$

dabei haben wir die Symmetrie der Koeffizienten a_{ik} und c_{ik} und die Antimetrie der Koeffizienten g_{ik} bereits benutzt. Im folgenden schreiben wir für T_{22} wieder T, für U_{22} wieder U; es bedeuten jetzt also T und U die oben definierten Teilenergien.

Die Sätze 1a und 2 von 4.34 α gelten auch hier; d. h. bei nichtsingulärem T ist der Grad der charakteristischen Gleichung $p = 2n$; Nullwurzeln können nicht auftreten, solange U nicht singulär ist. Weiterhin sieht man leicht ein, daß trotz des Auftretens von Gliedern h^1 in der Determinante (4.62/1) die charakteristische Gleichung nur gerade Potenzen in h enthält, also eine Funktion von h^2 ist. Die Determinante (4.62/1) ist nämlich vom Vorzeichen von h unabhängig; denn ändert man das Vorzeichen von h, so vertauscht man nur Zeilen mit Spalten. Damit gilt aber auch Satz 1b.

Hinsichtlich der Sätze 3 und 4 ist Vorsicht geboten. Ein Teil ihres Inhaltes ist übertragbar, ein anderer Teil nicht. Der erste Teil des Satzes 3 ist übertragbar; es gilt also[1]:

Satz 8. Bei positiv definitem U (und positiv definitem T) hat die charakteristische Gl. (4.62/1) ebenso wie die charakteristische Gl. (4.34/1) nur negativ reelle Wurzeln h^2 (d. h. rein imaginäre Wurzeln h).

Auf die Beweise müssen wir, wie in 4.34, auch hier verzichten[2].

Es läßt sich weiterhin zeigen, daß bei mehrfachen Wurzeln (wenn diese nicht Nullwurzeln sind) die Lösung stabil ist, d. h. daß keine die Zeit t explizit

---

[1] Wir numerieren die Sätze im Anschluß an 4.34 fortlaufend weiter.
[2] Siehe z. B. ROUTH: Zit. S. 179; dort S. 94.

enthaltenden Anteile in den Lösungen auftreten können. Der Satz, in dem dies ausgesprochen wird, ist ein Analogon des Satzes 4 von 4.34; er gilt aber so allgemein hier *nur* für positiv definites U, nicht wie dort auch für negativ definites.

Satz 9. Ist U (und T) positiv definit, so ist der Rang der charakteristischen Determinante (4.62/1) bei einer s-fachen Wurzel h genau $r = n - s$.

Nach dem in 4.15 Gesagten können in der Lösung des Differentialgleichungssystems also trotz der Vielfachheit der Wurzel keine Glieder der Bauart $t^\mu e^{ht}$ auftreten. Für eine s-fache Wurzel $h^2 = 0$ ist der Rang auch nur $r = n - s$; eine s-fache Wurzel $h^2 = 0$ ist aber eine $2s$-fache Wurzel $h = 0$; es müssen also für mehrfache Wurzeln $h = 0$ Glieder mit t^1 in der Lösung auftreten.

Wir kommen nun zur Untersuchung des Charakters der Wurzeln der charakteristischen Gl. (4.62/1) bei *negativ definitem* U. Während bei kleinen ungedämpften Bewegungen um Gleichgewichtslagen nur reelle Wurzeln h auftreten konnten, von denen die eine Hälfte positiv, die andere negativ war (zweiter Teil des Satzes 3 von 4.34) (so daß also die Lösungen sicher instabil wurden), verändern die gyroskopischen Glieder den Charakter der Wurzeln entscheidend. Es gilt hier

Satz 10. Bei negativ definitem U (und positiv definitem T) können sowohl reelle wie auch komplexe oder gar rein imaginäre Wurzeln h vorkommen. Von den rein reellen Wurzeln ist jeweils eine Hälfte positiv, die andere negativ, von den komplexen hat die eine Hälfte positive, die andere negative Realteile.

Das Auftreten der gyroskopischen Glieder schafft also hier, bei negativem U, die Möglichkeit rein imaginärer Wurzeln, eine Wirkung, die man auch als „stabilisierend" bezeichnet. Eine ganz andere Frage ist die, ob und wann *alle* Wurzeln h rein imaginär werden, die *ganze* Lösung also „stabilisiert" wird. Leider können wir für negativ definites U nur wesentlich bescheidenere Aussagen machen als für positiv definites. Wir können aber noch die Fälle ausscheiden, bei denen *niemals* (bei keinem Wert der gyroskopischen Funktion) *alle* Wurzeln h rein imaginär werden:

Satz 11. Hat ein System eine *ungerade* Anzahl von Freiheitsgraden, so können bei negativ definitem U niemals alle Wurzeln h imaginär werden, das System kann also durch das Hinzutreten gyroskopischer Glieder nicht völlig stabilisiert werden.

Dieser Satz läßt sich so einsehen: Die charakteristische Gl. (4.62/1) hat als Koeffizienten des höchsten Gliedes die Diskriminante von T, die bei positiv definitem T stets positiv ist, als Absolutglied die Diskriminante von U, die bei negativ definitem U für eine gerade Anzahl von Freiheitsgraden positiv, für eine ungerade Anzahl von Freiheitsgraden jedoch negativ ist (s. 4.33). Nun müssen aber, wenn sämtliche Wurzeln h imaginär sind, alle Wurzeln h^2 von (4.62/1) reell und negativ sein. Dazu ist aber eine notwendige (allerdings keineswegs hinreichende) Voraussetzung, daß alle Koeffizienten der charakteristischen Gl. (4.62/1) *dasselbe* Vorzeichen haben. Da nun der Koeffizient von h^{2n} sicher positiv, das Absolutglied jedoch negativ ist, sind lauter imaginäre Wurzeln h unmöglich.

Im übrigen gilt, daß, wenn w_1 Wurzeln h^2 negativ reell (die zugehörigen Werte h also imaginär) werden, w_1 stets gleich w_0 plus einer geraden Zahl sein muß, wobei w_0 die Zahl der Wurzeln h^2 der entsprechenden Gleichung ohne gyroskopische Glieder ist; daraus folgt wieder, daß nur Systeme mit einer geraden Anzahl von Freiheitsgraden vollständig stabilisiert werden können[1].

---

[1] ROUTH: Zit. S. 179; dort S. 93.

Ferner sei ausdrücklich noch einmal darauf aufmerksam gemacht, daß der Satz 9 über das Verhalten der Lösungen bei mehrfachen Wurzeln, der für positiv definites U ausgesprochen war, für negativ definites U nicht mehr gilt, selbst dann nicht, wenn *alle* Wurzeln h^2 eines Systems (mit einer geraden Anzahl von Freiheitsgraden) durch das Hinzutreten der gyroskopischen Glieder negativ reell geworden sind. Wir bringen dafür ein Beispiel in 4.63.

Sobald eine gyroskopische Funktion auftritt, ist eine Transformation auf Hauptkoordinaten nicht mehr möglich, da sich schon die gyroskopische Funktion allein niemals auf Hauptkoordinaten transformieren läßt. Die gyroskopische Funktion G (4.61/10a) ist nämlich keine quadratische Form, sondern eine (reelle) Bilinearform,

$$G(q, \dot{q}) = \sum_{\nu=1}^{n} \sum_{\mu=1}^{n} g_{\nu\mu} q_\nu \dot{q}_\mu, \tag{4.62/2}$$

für die stets gilt

$$g_{\nu\mu} = -g_{\mu\nu}; \qquad g_{\nu\nu} = 0. \tag{4.62/3}$$

Sie ist also eine antimetrische Bilinearform. Die einzigen reellen Bilinearformen nun, die sich auf Hauptachsen transformieren lassen, sind die *symmetrischen* Bilinearformen[1].

Damit wollen wir die Aufzählung allgemeiner Sätze abbrechen. Für weitergehende Untersuchungen verweisen wir auf die angeführten Quellen[2]. Die Sätze selbst erläutern wir in 4.63 noch an Beispielen.

4.63 Sonderfälle von Differentialgleichungen als Beispiele. Zur Erläuterung der Sätze von 4.62 betrachten wir nun zwei Sonderfälle, für die sich alle Rechnungen explizit durchführen lassen.

α) Das System von zwei Freiheitsgraden mit gyroskopischer Kopplung. Das Differentialgleichungssystem lautet hier

$$\left.\begin{array}{l} a_{11}\ddot{q}_1 + c_{11}q_1 + g_{12}\dot{q}_2 = 0, \\ -g_{12}\dot{q}_1 + a_{22}\ddot{q}_2 + c_{22}q_2 = 0; \end{array}\right\} \tag{4.63/1}$$

zu ihm gehört die charakteristische Gleichung

$$\Delta \equiv \begin{vmatrix} a_{11}h^2 + c_{11} & +g_{12}h \\ -g_{12}h & a_{22}h^2 + c_{22} \end{vmatrix} = 0 \tag{4.63/2a}$$

oder

$$a_{11}a_{22}h^4 + h^2(c_{11}a_{22} + c_{22}a_{11} + g_{12}^2) + c_{11}c_{22} = 0. \tag{4.63/2b}$$

Sie ist in h vom vierten Grade und enthält nur gerade Potenzen. Ihre Wurzeln werden geliefert durch

$$h_{1,2}^2 = -\frac{c_{11}a_{22} + c_{22}a_{11} + g_{12}^2}{2a_{11}a_{22}} \pm \sqrt{-\frac{c_{11}c_{22}}{a_{11}a_{12}} + \frac{(c_{11}a_{22} + c_{22}a_{11} + g_{12}^2)^2}{4a_{11}^2a_{22}^2}} \; ; \tag{4.63/3a}$$

nach leichter Umformung des Radikanden folgt daraus entweder

$$h_{1,2}^2 = -\frac{c_{11}a_{22} + c_{22}a_{11} + g_{12}^2}{2a_{11}a_{22}} \pm \frac{1}{2a_{11}a_{22}} \sqrt{(a_{11}c_{22} - a_{22}c_{11} + g_{12}^2)^2 + 4a_{22}c_{11}g_{12}^2}$$

oder

$$\tag{4.63/3b}$$

$$h_{1,2}^2 = -\frac{c_{11}a_{22} + c_{22}a_{11} + g_{12}^2}{2a_{11}a_{22}} \pm \frac{1}{2a_{11}a_{22}} \sqrt{(-a_{11}c_{22} + a_{22}c_{11} + g_{12}^2)^2 + 4a_{11}c_{22}g_{12}^2}. \tag{4.63/3c}$$

---

[1] Siehe z. B. PERRON: Zit. S. 231.
[2] ROUTH: Zit. S. 179. — WHITTAKER: Zit. S. 232.

Aus diesen Ausdrücken können wir nun ohne weiteres die in den Sätzen (4.62) angegebenen Eigenschaften der Wurzeln der charakteristischen Gleichung ablesen.

Wir setzen zunächst voraus, daß U *positiv definit* ist. Diese Voraussetzung ist gleichbedeutend mit $c_{11} > 0$ und $c_{22} > 0$. Dann können, wie man aus Gl. (4.63/2b) ohne weiteres abliest, Nullwurzeln nicht auftreten (Satz 2). Ferner läßt sich leicht nachweisen, daß die Wurzeln h^2 dann stets negativ reell, die Wurzeln h also stets imaginär, und zwar paarweise konjugiert-imaginär, sein müssen (Satz 8). Denn aus den Gln. (4.63/3b) und (4.63/3c) ergibt sich ohne weiteres, daß der Radikand stets größer als Null ist (solange $g_{12} \neq 0$ ist, was hier allein interessiert), die Werte h^2 also reell sind. Außerdem ist aber, wie man aus Gl. (4.63/3a) abliest, der Absolutwert der Wurzel stets kleiner als der Absolutwert des vor der Wurzel stehenden Ausdruckes. Damit sind aber die beiden Wurzeln h^2 stets kleiner als Null; beide Wurzeln h^2 sind also negativ reell, die vier Wurzeln h also rein imaginär.

Nunmehr setzen wir U als *negativ definit* voraus ($c_{11} < 0$, $c_{22} < 0$). Dann läßt sich zunächst der Inhalt des Satzes 10 verifizieren. Man kann explizit zeigen, daß in Abhängigkeit von der Größe der gyroskopischen Koeffizienten g_{12} alle Arten von Wurzeln h zustande kommen können, wie Tab. 4.63/1 zeigt.

Tabelle 4.63/1. *Übersicht über die Wurzeln von (Gl. 4.63/2b)* $(c_{11} < 0,\ c_{22} < 0)$

Bereich für g_{12}^2	Wurzeln h^2	Werte h
$0 < g_{12}^2 < G_1$	$h_1^2,\ h_2^2$ reell, positiv	$h_{1,2,3,4}$ reell, positiv und negativ, paarweise von gleichem Betrag
$g_{12}^2 = G_1$	$h_1^2 = h_2^2$ reell, positiv	$h_{1,2,3,4}$ reelle positive und negative Doppelwurzeln vom gleichen Betrag
$G_1 < g_{12}^2 < G_2$ $\quad g_{12}^2 < G_0$ $\quad g_{12}^2 = G_0$ $\quad g_{12}^2 > G_0$	$h_1^2,\ h_2^2$ komplex $\quad Re(h_{1,2}^2) > 0$ $\quad Re(h_{1,2}^2) = 0$ $\quad Re(h_{1,2}^2) < 0$	zwei Paare konjugiert komplexer Werte, das eine mit positivem, das andere mit negativem Realteil
$g_{12}^2 = G_2$	$h_1^2 = h_2^2$ reell, negativ	zwei konjugiert imaginäre Doppelwurzeln
$G_2 < g_{12}^2$	$h_{1,2}^2$ reell, negativ	zwei Paare konjugiert imaginärer Werte (Bewegung stabilisiert, vgl. Satz 11).

Abkürzungen: $G_0 = -(c_{11}a_{22} + c_{22}a_{11}) > 0$,

$$G_1 = G_0 - 2\sqrt{c_{11}c_{22}a_{11}a_{22}}, \qquad G_2 = G_0 + 2\sqrt{c_{11}c_{22}a_{11}a_{22}}.$$

Wir rechnen nun noch (für den Fall, daß U negativ definit ist) ein einfaches Zahlenbeispiel durch. Das Differentialgleichungssystem (4.63/1) laute

$$\begin{aligned} \ddot{q}_1 - 2q_1 + g_{12}\dot{q}_2 &= 0, \\ \ddot{q}_2 - q_2 - g_{12}\dot{q}_1 &= 0. \end{aligned} \qquad (4.63/4)$$

Die dazugehörige charakteristische Gl. (4.63/2a) wird demnach zu

$$h^4 + h^2(g_{12}^2 - 3) + 2 = 0; \qquad (4.63/5a)$$

ihre beiden Wurzeln h^2 sind:

$$h_{1,2}^2 = 1,5 - \frac{g_{12}^2}{2} \pm \sqrt{0,25 - 1,5\,g_{12}^2 + \frac{g_{12}^4}{4}}, \qquad (4.63/5b)$$

so daß die Abkürzungen G_0, G_1, G_2 der Tab. 4.63/1 die Werte annehmen

$$G_0 = 3, \qquad G_1 = 3 - 2\sqrt{2}, \qquad G_2 = 3 + 2\sqrt{2}. \qquad (4.63/5c)$$

Bei $g_{12}^2 = G_1$ wird $h_{1,2}^2 = +\sqrt{2}$, wozu die beiden reellen Doppelwurzeln

$$h_{11} = h_{12} = \sqrt[4]{2}, \qquad h_{21} = h_{22} = -\sqrt[4]{2}$$

gehören. Für jede dieser Doppelwurzeln bleibt die charakteristische Determinante zu (4.63/4),

$$\begin{vmatrix} h^2 - 2 & -h\sqrt{3 - 2\sqrt{2}} \\ +h\sqrt{3 - 2\sqrt{2}} & h^2 - 1 \end{vmatrix},$$

vom Range Eins. Das heißt aber, es treten mit t lineare Glieder auf.

Bei $g_{12}^2 = G_2$ tritt die negative Doppelwurzel $h_{1,2}^2 = -\sqrt{2}$ auf. Auch hierfür behält die charakteristische Determinante den Rang Eins, so daß mit t lineare Glieder in der Lösung auftreten.

β) **Ein System von vier Freiheitsgraden.** Um schließlich noch den Satz 9 von 4.62 zu erläutern, müssen wir auf ein System von mehr als zwei Freiheitsgraden zurückgreifen; denn bei einem System von nur zwei Freiheitsgraden können, wie in 4.63α gezeigt wurde, bei positiv definitem U überhaupt keine mehrfachen Wurzeln auftreten.

Wir wählen das spezielle System, dessen Koeffizienten lauten (T und U sind positiv definit)

$$\left.\begin{aligned} a_{11} = a_{22} = a_{33} = a_{44} = 1, \quad & a_{12} = a_{13} = a_{14} = a_{23} = a_{24} = a_{34} = 0, \\ c_{11} = c_{22} = c_{33} = c_{44} = 1, \quad & c_{12} = c_{13} = c_{14} = c_{23} = c_{24} = c_{34} = 0, \\ g_{12} = g_{13} = g_{14} = g_{23} = g_{24} = 1, \quad & g_{34} = 0, \end{aligned}\right\} \qquad (4.63/6)$$

so daß das Differentialgleichungssystem die Gestalt

$$\left.\begin{aligned} \ddot{q}_1 + q_1 + \dot{q}_2 + \dot{q}_3 + \dot{q}_4 &= 0 \\ -\dot{q}_1 + \ddot{q}_2 + q_2 + \dot{q}_3 + \dot{q}_4 &= 0 \\ -\dot{q}_1 - \dot{q}_2 + \ddot{q}_3 + q_3 &= 0 \\ -\dot{q}_1 - \dot{q}_2 + \ddot{q}_4 + q_4 &= 0 \end{aligned}\right\} \qquad (4.63/7)$$

annimmt.

Die zugehörige charakteristische Gleichung lautet

$$\Delta(h) = \begin{vmatrix} h^2 + 1 & h & h & h \\ -h & h^2 + 1 & h & h \\ -h & -h & h^2 + 1 & 0 \\ -h & -h & 0 & h^2 + 1 \end{vmatrix} = (h^2 + 1)^2 (h^4 + 7h^2 + 1) = 0. \qquad (4.63/8)$$

Sie hat die vier Wurzeln in h^2

$$h_{1,2}^2 = -1; \qquad h_3^2 = -0{,}1459; \qquad h_4^2 = -6{,}8541.$$

Diese sind sämtlich negativ reell; zwei von ihnen fallen zusammen. Damit ergeben sich in h die beiden (konjugiert-) imaginären Doppelwurzeln

$$h_1 = +i, \qquad h_2 = -i.$$

Wir wollen nun nachweisen, daß die charakteristische Determinante $\Delta(h)$ für diese Doppelwurzeln tatsächlich den Rang $n - s = 4 - 2 = 2$ hat. Die Determinante selbst lautet

$$\Delta(\pm i) = \begin{vmatrix} 0 & \pm i & \pm i & \pm i \\ \mp i & 0 & \pm i & \pm i \\ \mp i & \mp i & 0 & 0 \\ \mp i & \mp i & 0 & 0 \end{vmatrix}. \qquad (4.63/9\,\mathrm{a})$$

Durch Addieren und Subtrahieren von Zeilen können wir sie auf die Form

$$\Delta(\pm i) = \begin{vmatrix} 0 & \pm i & 0 & 0 \\ \mp i & 0 & 0 & 0 \\ 0 & 0 & 0 & 0 \\ 0 & 0 & 0 & 0 \end{vmatrix} \qquad (4.63/9\,\mathrm{b})$$

bringen. Die dreireihigen Unterdeterminanten sämtlicher Elemente der Determinante verschwinden; von den zweireihigen ist nur eine von Null verschieden. Die Determinante hat demgemäß den Rang 2, wie bewiesen werden sollte. Demgemäß treten in der Lösung dieses Problems (trotz der Doppelwurzeln) *keine* mit der Zeit t proportionalen Glieder auf.

4.64 Ein mechanisches Beispiel. Wir behandeln ein mechanisches System von zwei Freiheitsgraden, dessen Bewegungen sich in eine ständige Grundbewegung mit darübergelagerten Schwingungen zerlegen lassen (Abb. 4.64/1). Es besteht aus einer Platte, deren Trägheitsmoment um die lotrechte Achse durch den Mittelpunkt O gleich Θ ist, und die durch eine (Dreh-) Feder mit der (Dreh-) Federkonstanten C in einer Gleichgewichtslage gehalten wird. Die Platte kann also Drehschwingungen $\varphi(t)$ um ihre Achse ausführen. Außerdem soll sie sich mit der konstanten Winkelgeschwindigkeit ω um diese Achse drehen; dieser Drehbewegung überlagern sich also die Schwingungen $\varphi(t)$. Mit der Platte sei ferner ein zweites System verbunden. Es besteht aus einem Punktkörper mit der Masse m, der durch eine Feder mit der Federkonstanten c im Ruhezustand (d. h. auf der sich nicht drehenden Platte) im Abstand r_0 von O als Gleichgewichtslage festgehalten wird und der auf der Platte so geführt wird, daß er sich nur in Richtung eines Radius bewegen kann.

Da wir uns auf die Untersuchung kleiner Bewegungen beschränken wollen, denken wir uns die Bewegung des Punktkörpers m auf der sich drehenden Platte zerlegt in eine „Auswanderung" in eine neue Ruhelage im Abstand r_1 von O und in kleine Bewegungen $\varrho(t)$ um diese neue Ruhelage. In beiden Freiheitsgraden haben wir also eine Grundbewegung und eine Zusatzbewegung. Die

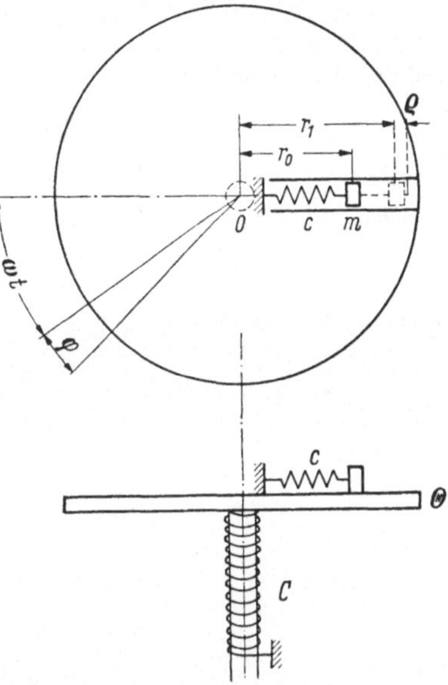

Abb. 4.64/1. Schwinger auf Drehtisch

Koordinaten x_1, x_2, q_1 und q_2 von 4.61 bekommen hier die geometrischen Bedeutungen

$$x_1(t) \to \omega t, \qquad q_1(t) \to \varphi(t), \qquad x_2(t) \to r_1 = \text{const}, \qquad q_2(t) \to \varrho(t). \qquad (4.64/1)$$

Um zu den Bewegungsgleichungen zu gelangen, stellen wir zunächst die Funktionen T und U her, und zwar für die Gesamtbewegung $(x_1 + q_1)$, $(x_2 + q_2)$. Die kinetische Energie T wird zu

$$\mathsf{T}(x_1 + q_1,\ \dot{x}_1 + \dot{q}_1,\ x_2 + q_2,\ \dot{x}_2 + \dot{q}_2) = \mathsf{T}(\omega t + \varphi,\ \omega + \dot{\varphi},\ r_1 + \varrho,\ \dot{\varrho})$$

$$= \frac{1}{2}\{m\,\dot{\varrho}^2 + [(r_1 + \varrho)^2 m + \Theta]\,[\omega + \dot{\varphi}]^2\}, \qquad (4.64/2\,\mathrm{a})$$

die potentielle Energie U zu

$$\mathsf{U}(x_1 + q_1,\ x_2 + q_2) = \mathsf{U}(\omega t + \varphi,\ r_1 + \varrho) = \frac{1}{2}\{C\,\varphi^2 + c\,(r_1 - r_0 + \varrho)^2\}. \qquad (4.64/2\,\mathrm{b})$$

Die Koordinate ωt tritt weder in T noch in U auf; sie ist eine zyklische Koordinate. Ihre Ableitung, die Geschwindigkeit ω ist eine Konstante. r_1 ist zwar eine nicht-zyklische Koordinate, sie ist aber selbst konstant. Die Grundbewegung weist also die Kennzeichen einer *ständigen Bewegung* auf.

Unser Ziel ist, die Formen T_{22}, U_{22} und G herzustellen, aus denen wir mit Hilfe der Vorschrift (4.61/11) die Bewegungsgleichungen gewinnen können. Zu diesem Zweck multiplizieren wir die Ausdrücke in (4.64/2a) und (4.64/2b) aus und behalten nur Terme bis zur zweiten Ordnung bei; so kommt in den Bezeichnungen von 4.61

$$\mathsf{T}_0 = \frac{1}{2}\,[r_1^2\,m + \Theta]\,\omega^2, \qquad\qquad \mathsf{T}_1 = r_1\,m\,\omega^2\,\varrho + [r_1^2\,m + \Theta]\,\omega\,\dot{\varphi}, \quad \left.\vphantom{\frac{1}{2}}\right\}$$

$$\mathsf{T}_{20} = \frac{1}{2}\,m\,\omega^2\,\varrho^2, \quad \mathsf{T}_{21} = 2r_1\,m\,\omega\,\dot{\varphi}\,\varrho, \quad \mathsf{T}_{22} = \frac{1}{2}\,[m\,\dot{\varrho}^2 + (r_1^2\,m + \Theta)\,\dot{\varphi}^2] \quad \left.\vphantom{\frac{1}{2}}\right\} \quad (4.64/3)$$

und

$$\mathsf{U}_0 = \frac{1}{2}\,c\,(r_0 - r_1)^2, \qquad \mathsf{U}_1 = c\,\varrho\,(r_1 - r_0), \qquad \mathsf{U}_2 = \frac{1}{2}\,C\,\varphi^2 + \frac{1}{2}\,c\,\varrho^2. \qquad (4.64/4)$$

Besondere Aufmerksamkeit verdient die Form T_{21}. Vergleichen wir sie mit ihrer allgemeinen Fassung [s. (4.61/9)], so finden wir

$$e_{12} = 0, \qquad e_{21} = 2\,r_1\,m\,\omega. \qquad (4.64/5)$$

Aus den Formen T_{20}, T_{21}, T_{22} und U_2 bilden wir nun gemäß (4.61/9), (4.61/10a) und (4.61/10b) die neuen Funktionen T_{22}, U_{22} und G. Die ersten beiden lassen sich sofort anschreiben; sie lauten

$$2\mathsf{T}_{22} = m\,\dot{\varrho}^2 + \dot{\varphi}^2\,(r_1^2\,m + \Theta), \qquad (4.64/6\,\mathrm{a})$$

$$2\mathsf{U}_{22} = C\,\varphi^2 + \varrho^2\,(c - m\,\omega^2). \qquad (4.64/6\,\mathrm{b})$$

Die dritte, G (4.61/10a), wird mit Hilfe der Koeffizienten

$$g_{ik} = e_{ki} - e_{ik} = -g_{ki}$$

aufgebaut. Wegen (4.64/5) kommt

$$\mathsf{G} = 2\,r_1\,m\,\omega\,(\varphi\,\dot{\varrho} - \varrho\,\dot{\varphi}). \qquad (4.64/6\,\mathrm{c})$$

Aus den Formen (4.64/6) erhält man nach der Vorschrift (4.61/11) schließlich die Bewegungsgleichungen

$$\left.\begin{aligned}(r_1^2\,m + \Theta)\,\ddot{\varphi} + C\,\varphi + 2\,r_1\,m\,\omega\,\dot{\varrho} &= 0, \\ m\,\ddot{\varrho} + (c - m\,\omega^2)\,\varrho - 2\,r_1\,m\,\omega\,\dot{\varphi} &= 0.\end{aligned}\right\} \qquad (4.64/7)$$

Die charakteristische Determinante des Gleichungssystems (4.64/7) geht mit

$$\left.\begin{aligned}r_1^2\,m + \Theta &= a_{11}, & C &= c_{11}, \\ 2\,r_1\,m\,\omega &= g_{12}, & & \\ m &= a_{22}, & c - m\,\omega^2 &= c_{22}\end{aligned}\right\} \qquad (4.64/8)$$

in die Gl. (4.63/2b) über.

1. Solange nun $c_{22} > 0$, d. h., $c > m\,\omega^2$ ist, ist U positiv definit, und man kann die Ergebnisse aus 4.63 α unmittelbar übertragen.

Darüber hinaus sollen hier an diesem Beispiel noch Fälle erörtert werden, die in allgemeinen Zeichen nicht diskutiert worden sind. c_{22} kann hier Null und sogar negativ werden.

2. Mit $c = m\,\omega^2$ wird $c_{22} = 0$, d. h. U wird singulär. Die charakteristische Gleichung lautet dann

$$a_{11}\,a_{22}\,h^4 + h^2\,(c_{11}\,a_{22} + g_{12}^2) = 0.$$

Sie hat, wie zu erwarten, eine Nullwurzel h^2. Die zweite Wurzel h^2 lautet

$$h^2 = -\,\frac{c_{11}\,a_{22} + g_{12}^2}{a_{11}\,a_{22}}.$$

Sie ist negativ reell. Die Wurzel $h^2 = 0$ führt in beiden Koordinaten zu einer Teillösung

$$q_1\,(t, 0) = A_1 + B_1\,t,$$
$$q_2\,(t, 0) = A_2 + B_2\,t,$$

wo die A und B voneinander unabhängige willkürliche Konstanten sind; denn der Rang der charakteristischen Determinante für $h = 0$,

$$\Delta\,(0) = \begin{vmatrix} c_{11} & 0 \\ 0 & 0 \end{vmatrix},$$

ist nach wie vor gleich Eins und nicht gleich $n - s = 2 - 2 = 0$.

3. Wird $c < m\,\omega^2$, d. h. $c_{22} < 0$, so wird U indefinit. Wie aus (4.63/3b) ersichtlich, ist auch dann noch der Radikand positiv. Aus (4.63/3a) geht dann hervor, daß der Betrag des Ausdruckes vor dem Wurzelzeichen stets kleiner ist als der Betrag der Wurzel. Was für einen Wert g_{12}^2 hier auch immer hat, stets ergibt sich

$$h_1^2 > 0, \qquad h_2^2 < 0$$

(beide reell). Damit erhalten wir also insgesamt eine sich aufschaukelnde Lösung.

5 Erzwungene Schwingungen

5.1 Ungedämpfte, zweiläufige Schwinger

5.11 Allgemeine Form der Bewegungsgleichungen; Ausschläge, Resonanz, Scheinresonanz. Von den Bewegungsgleichungen der freien Schwingungen, deren allgemeinste Form durch (2.11/1b) angegeben wird, unterscheiden sich die Bewegungsgleichungen der erzwungenen Schwingungen durch Glieder („Störungsglieder“) $p_1(t)$ und $p_2(t)$, die die Erregerkräfte bezeichnen (diese Glieder werden üblicherweise auf die rechte Seite der Gleichungen gesetzt). Verständlicherweise beschäftigen uns nur periodische Erregerkräfte, und zwar im besonderen harmonische, $p_k = P_k \cos(\Omega\, t + \alpha)$. Diese Erregerkräfte mögen gleiche Frequenz und gleichen Nullphasenwinkel besitzen. Ihre Amplituden P_k setzen wir zunächst als konstant, d. h. frequenzunabhängig, voraus; in 5.15 werden wir dann auch einen Schwinger mit Massenkrafterregung, $P = a_0\, U\, \Omega^2$, betrachten.

Im allgemeinen Fall, d. h. wenn Kopplung sowohl in der Beschleunigung wie im Ausschlag vorhanden ist, lauten die Differentialgleichungen [s. (2.11/1b)]

$$\left.\begin{aligned}
a_{11}\ddot{q}_1 + a_{12}\ddot{q}_2 + c_{11}q_1 + c_{12}q_2 &= P_1\cos\Omega t, \\
a_{21}\ddot{q}_1 + a_{22}\ddot{q}_2 + c_{21}q_1 + c_{22}q_2 &= P_2\cos\Omega t
\end{aligned}\right\} \tag{5.11/1}$$

mit $a_{12} = a_{21}$, $c_{12} = c_{21}$.

Die Lösungen dieses Satzes von gekoppelten, inhomogenen Differentialgleichungen bauen sich auf aus den allgemeinen Lösungen der verkürzten (homogenen) Gleichungen und partikularen Lösungen der inhomogenen Gleichungen. Hier beschäftigen wir uns nur mit den letzteren; die Lösungen der homogenen Gleichungen klingen ab, wenn Dämpfungskräfte vorhanden sind, selbst wenn diese so klein sind, daß wir sie bei der Berechnung des erzwungenen Anteils vernachlässigen können. Es bleibt schließlich die partikulare Lösung („der erzwungene Anteil“) allein übrig. Wir finden solche partikularen Lösungen mit Hilfe des Ansatzes („Gleichtaktansatzes“)

$$q_1 = Q_1\cos\Omega t, \qquad q_2 = Q_2\cos\Omega t. \tag{5.11/2}$$

Dadurch enstehen aus den Differentialgleichungen die algebraischen Gleichungen

$$\left.\begin{aligned}
Q_1(c_{11} - a_{11}\Omega^2) + Q_2(c_{12} - a_{12}\Omega^2) &= P_1, \\
Q_1(c_{12} - a_{12}\Omega^2) + Q_2(c_{22} - a_{22}\Omega^2) &= P_2
\end{aligned}\right\} \tag{5.11/3}$$

für die Ausschlag„amplituden“ Q_1 und Q_2 (denen jedoch sowohl positive wie negative Werte zukommen können). Die Determinante der Koeffizienten der linken Seite kürzen wir mit

$$D(\Omega^2) = (c_{11} - a_{11}\,\Omega^2)\,(c_{22} - a_{22}\,\Omega^2) - (c_{12} - a_{12}\,\Omega^2)^2 \qquad (5.11/4\,\mathrm{a})$$

ab. Dieser Ausdruck stimmt mit der linken Seite der Gln. $(2.12/4\,\gamma)$ überein, deren Wurzeln die Eigenfrequenzquadrate ω_I^2 und ω_{II}^2 sind. Durch Vergleich mit $(2.12/4\,\gamma)$ folgt daher

$$D(\Omega^2) = (a_{11}\,a_{22} - a_{12}^2)\,(\Omega^2 - \omega_I^2)\,(\Omega^2 - \omega_{II}^2)\,. \qquad (5.11/4\,\mathrm{b})$$

Die Ausschlagamplituden Q_1 und Q_2 ergeben sich durch Auflösung von (5.11/3) zu

$$\left.\begin{aligned}
Q_1 &= \frac{1}{D(\Omega^2)}\,[(c_{22} - a_{22}\,\Omega^2)\,P_1 - (c_{12} - a_{12}\,\Omega^2)\,P_2],\\[2mm]
Q_2 &= \frac{1}{D(\Omega^2)}\,[(c_{11} - a_{11}\,\Omega^2)\,P_2 - (c_{12} - a_{12}\,\Omega^2)\,P_1].
\end{aligned}\right\} \qquad (5.11/5)$$

Wie beim einfachen Schwinger können auch hier große Ausschläge auftreten, wenn der Nenner klein wird. Die Nullstellen des Nenners sind nach (5.11/4 b) die beiden Eigenfrequenzen ω_I und ω_{II}. Fällt die Erregerfrequenz Ω also mit einer der beiden Eigenfrequenzen ω_I oder ω_{II} zusammen, so gehen beide Ausschlagamplituden über alle Grenzen; es tritt Resonanz ein.

Eine Einschränkung müssen wir allerdings machen. Nicht nur die Nenner, sondern auch die Zähler sind Funktionen von Ω^2, und es kann vorkommen, daß Nenner und Zähler zugleich verschwinden. Sind beide Erregerkräfte vorhanden, so verschwindet für $\Omega^2 = \omega_{I,II}^2$ zugleich mit dem Nenner auch der Zähler von Q_1, wenn

$$\frac{P_1}{P_2} = \frac{c_{12} - a_{12}\,\omega_{I,II}^2}{c_{22} - a_{22}\,\omega_{I,II}^2} \qquad (5.11/6\,\mathrm{a})$$

ist, der von Q_2, wenn

$$\frac{P_1}{P_2} = \frac{c_{11} - a_{11}\,\omega_{I,II}^2}{c_{12} - a_{12}\,\omega_{I,II}^2} \qquad (5.11/6\,\mathrm{b})$$

ist. Wegen der Frequenzengleichung $D(\omega_{I,II}^2) = 0$ ist mit der Bedingung (5.11/6 a) zugleich (5.11/6 b) erfüllt; die beiden Bedingungen sind identisch.

Unter der Voraussetzung (5.11/6) nehmen die Ausdrücke (5.11/5) zunächst die unbestimmte Form 0/0 an; ihr Wert folgt aus den Quotienten der Ableitungen (nach Ω^2) von Zähler und Nenner zu

$$Q_1 = \frac{-a_{22}\,P_1 + a_{12}\,P_2}{D'(\Omega^2)} \quad \text{und} \quad Q_2 = \frac{-a_{11}\,P_2 + a_{12}\,P_1}{D'(\Omega^2)} \qquad (5.11/7)$$

mit

$$D'(\Omega^2) = (a_{11}\,a_{22} - a_{12}^2)\,(2\,\Omega^2 - \omega_I^2 - \omega_{II}^2)\,. \qquad (5.11/7\,\mathrm{a})$$

Da $D'(\Omega^2)$ nicht dieselben Nullstellen hat wie $D(\Omega^2)$, so sind die durch (5.11/7) angegebenen Werte an den Stellen $\omega_{I,II}^2$ endlich.

Sind also die Bedingungen (5.11/6) erfüllt, so treten trotz der Übereinstimmung von Erregerfrequenz und Eigenfrequenz des Schwingers keine übermäßig großen Ausschläge auf. Man spricht dann von *Scheinresonanz* (oder auch von *„ungefährlicher"* Resonanz). Auf die technische Bedeutung dieses Falles hat zuerst H. Holzer im Jahre 1923 aufmerksam gemacht[1] (s. auch 5.21).

---

[1] Holzer, H.: Die Beseitigung der Resonanzgefahr. Schweiz. Bauztg. Bd. 82 (1923) S. 310.

In der Regel wird man die Gln. (5.11/5) nicht in ihrer allgemeinen Gestalt untersuchen, sondern wird von der durch die Linearität der Gleichungen bedingten Möglichkeit Gebrauch machen, die Wirkungen der beiden Erregerkräfte getrennt zu ermitteln. Aber auch mit dieser Einschränkung ist die Mannigfaltigkeit in der Bauart von Gebilden mit zwei Freiheitsgraden sowie die Willkür in der Wahl der Koordinaten, von denen die Kopplungsart der Gleichungen abhängt, einer ganz allgemeinen Diskussion hinderlich. Wir erörtern deshalb die in den verschiedenen Gebilden möglichen erzwungenen Schwingungen jeweils für sich.

5.12 Die an einem Ende gefesselte Kette. Das Gebilde (Abbildung 5.12/1 a) stimmt überein mit dem in 2.21 untersuchten (Abb. 2.21/1). In Zukunft werden wir zur Vereinfachung der Zeichenarbeit eine Abbildung wie 5.12/1 a in schematischer Weise durch eine Abbildung wie 5.12/1 b

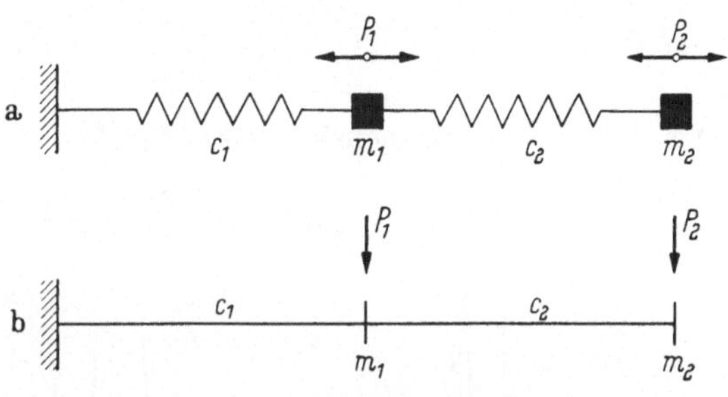

Abb. 5.12/1
Schwinger a) und vereinfachte Darstellung b)

ersetzen. Als Koordinaten verwenden wir die Absolutausschläge der Massen, die wir in 2.21 mit w_1, w_2 bezeichnet hatten. Schreiben wir q statt w, so folgen aus (5.11/1) mit (2.21/1a) die Bewegungsgleichungen

$$\left.\begin{aligned} m_1\ddot{q}_1 + (c_1 + c_2)\,q_1 - c_2\,q_2 &= P_1\cos\Omega t, \\ m_2\ddot{q}_2 - c_2\,q_1 \qquad\quad + c_2\,q_2 &= P_2\cos\Omega t. \end{aligned}\right\} \tag{5.12/1}$$

P_1 und P_2 sind die Amplituden der an den Massen m_1 und m_2 angreifenden Erregerkräfte. Mit dem Ansatz

$$q_1 = Q_1\cos\Omega t, \qquad q_2 = Q_2\cos\Omega t \tag{5.12/1a}$$

wird aus (5.12/1) entsprechend (5.11/3)

$$\left.\begin{aligned} (c_1 + c_2 - m_1\Omega^2)\,Q_1 - c_2\,Q_2 \qquad &= P_1, \\ - c_2\,Q_1 + (c_2 - m_2\Omega^2)\,Q_2 &= P_2. \end{aligned}\right\} \tag{5.12/2}$$

Die Determinante (5.11/4) lautet hier

$$D(\Omega^2) = (c_1 + c_2 - m_1\Omega^2)\,(c_2 - m_2\Omega^2) - c_2^2. \tag{5.12/3}$$

Der durch $m_1\,m_2$ dividierte Ausdruck $N = D/m_1\,m_2$ tritt weiterhin häufig als Nenner auf. Er kann unter Benutzung der in (2.21/1′) definierten Größen k_λ und k_λ' eine der schon in (2.21/2′) beschriebenen Formen annehmen:

$$\left.\begin{aligned} N(\Omega^2) = \frac{1}{m_1\,m_2}\,D(\Omega^2) &= (k_1' + k_2 - \Omega^2)\,(k_2' - \Omega^2) - k_2\,k_2' \\ &= \Omega^4 - \Omega^2(k_1' + k_2 + k_2') + k_1'\,k_2' \\ &= (\Omega^2 - \omega_I^2)\,(\Omega^2 - \omega_{II}^2). \end{aligned}\right\} \tag{5.12/3a}$$

Wir untersuchen nun die Wirkung der Erregerkräfte P_1 und P_2 einzeln.

α) **Die Erregerkraft** P_1 **ist allein vorhanden.** Aus der Auflösung von (5.12/2) folgen die Ausschlagamplituden

$$Q_1 = \frac{P_1}{m_1} \frac{k_2' - \Omega^2}{N(\Omega^2)} = \frac{P_1}{c_1} \frac{k_1'(k_2' - \Omega^2)}{N(\Omega^2)},$$

$$Q_2 = \frac{P_1}{m_1} \frac{k_2'}{N(\Omega^2)} = \frac{P_1}{c_1} \frac{k_1' k_2'}{N(\Omega^2)} = \frac{P_1}{c_2} \frac{k_2 k_2'}{N(\Omega^2)} \tag{5.12/4a}$$

und die Differenz der Amplituden

$$Q_2 - Q_1 = \frac{P_1}{m_1} \frac{\Omega^2}{N(\Omega^2)} = \frac{P_1}{c_1} \frac{k_1' \Omega^2}{N(\Omega^2)}. \tag{5.12/4b}$$

Den Verlauf der dimensionslosen Größen

$$\frac{c_1 Q_1}{P_1}, \qquad \frac{c_1 Q_2}{P_1} \quad \text{und} \quad \frac{c_1(Q_2 - Q_1)}{P_1}$$

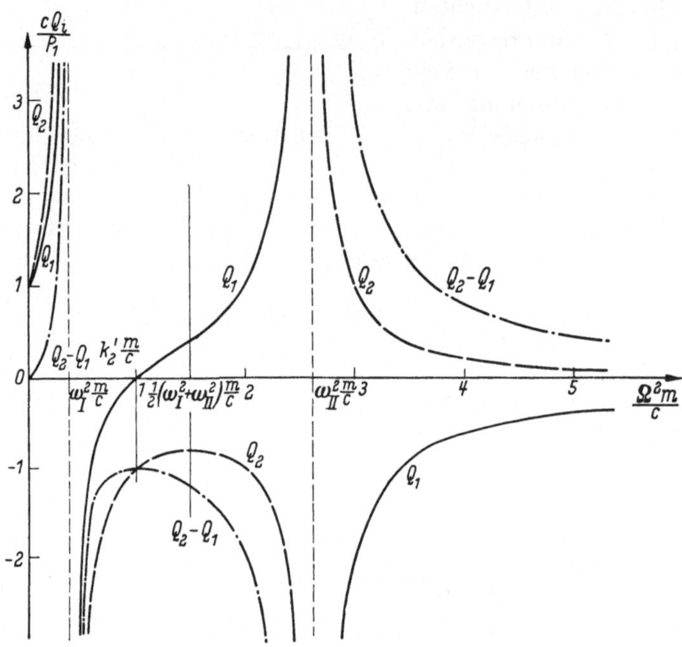

Abb. 5.12/2. Abhängigkeit der „Amplituden" Q_1, Q_2 und $(Q_2 - Q_1)$ von der Erregerfrequenz Ω (in dimensionsloser Darstellung), wenn P_1 allein wirkt

zeigt Abb. 5.12/2 für ein typisches Beispiel. Ihm liegen die Zahlenwerte (2.21/6)

$$c_1 = c_2 = c \quad \text{und} \quad m_1 = m_2 = m \tag{5.12/5}$$

zugrunde. Abszisse ist die dimensionslose Größe $m \Omega^2/c$.

In Abb. 5.12/3 sind die absoluten Beträge

$$\left| \frac{c_1 Q_1}{P_1} \right|, \quad \left| \frac{c_1 Q_2}{P_1} \right| \quad \text{und} \quad \left| \frac{c_1(Q_2 - Q_1)}{P_1} \right|$$

der Ordinaten von Abb. 5.12/2 aufgezeichnet. Diese absoluten Beträge heißen Vergrößerungsfunktionen und werden der Reihe nach abkürzend als V_1, V_2, V_d bezeichnet. Die zugehörigen Ausschlagbilder zeigt Abb. 5.12/4. In ihnen sind die

Ausschläge Q_i quer zur Achse des Schwingers aufgetragen. Aus den Abb. 5.12/2 und 5.12/4 liest man ab: Bei kleinen Erregerfrequenzen Ω ergeben sich für

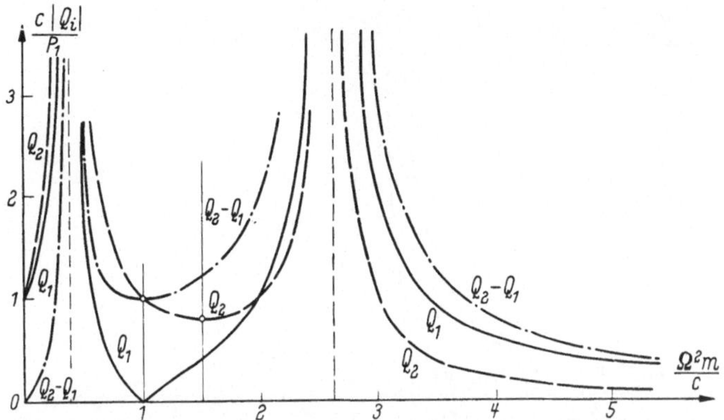

Abb. 5.12/3. Absolutwerte (Vergrößerungsfunktionen) zu 5.12/2

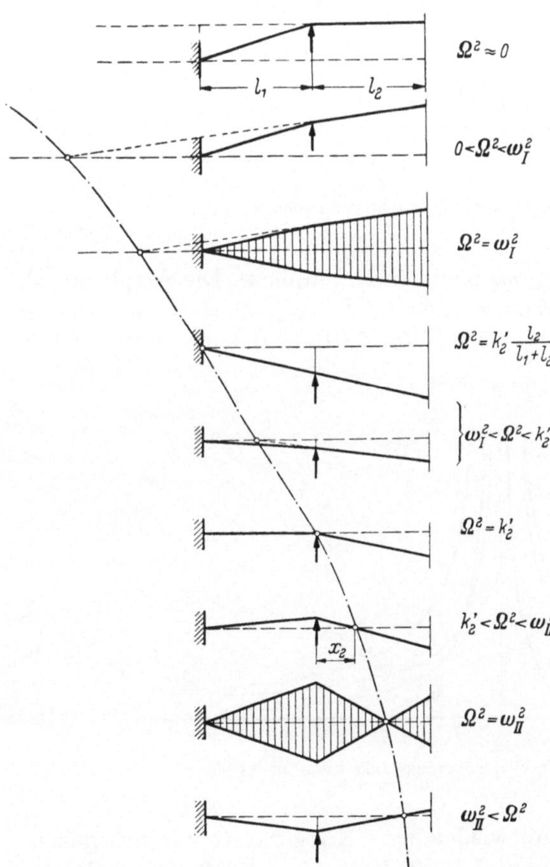

beide Massen als Amplituden der erzwungenen Schwingungen die statischen Ausschläge P_1/c_1; sie liegen mit der Erregerkraft in Phase. Mit steigender Frequenz Ω wachsen die Ausschläge, und zwar Q_2 rascher als Q_1, bis zur ersten Resonanzstelle (die im Beispiel bei $\omega_I^2 = 0{,}382\,c/m$ erreicht wird). Bei der Resonanzfrequenz, d. h. der Eigenfrequenz des Systems, kann die Schwingung mit dem Ausschlagverhältnis

$$\varkappa_I = (Q_1/Q_2)_I = 0{,}618$$

ohne Erregerkraft vor sich gehen (s. 2.21/6b). Jenseits der

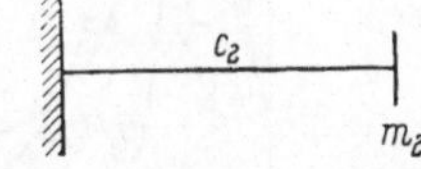

Abb. 5.12/5. Teilschwinger mit Eigenfrequenzquadrat k_2'

Resonanzstelle schwingen zunächst beide Massen gegenphasig zur Erregerkraft. Bei $\Omega^2 = k_2'$, d. h. der Eigenfrequenz des Systems Abb. 5.12/5 (für das Beispiel bei $\Omega^2 = c/m$) wird der Ausschlag Q_1 der Masse m_1

Abb. 5.12/4. Ausschlagformen (strichpunktiert: Wanderung des Knotenpunktes K_2)

zu Null; es schwingt nur m_2, und zwar so, als ob m_1 festgehalten wäre. Die Erregerkraft vertritt dabei die Einspannkraft. Oberhalb der Frequenz k_2' schwingt

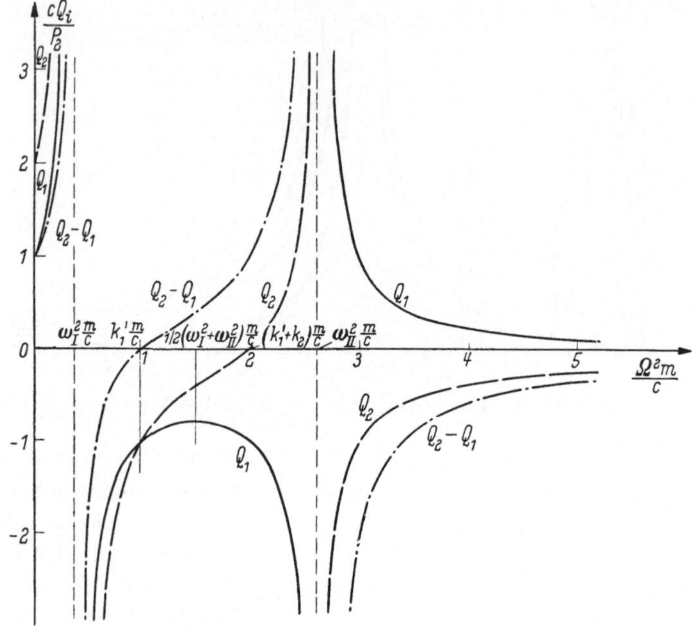

Abb. 5.12/6. Wie 5.12/2, wenn P_2 allein vorhanden ist

dann m_1 in Phase mit der Erregung, m_2 bleibt in Gegenphase. Die Amplitude Q_2 erreicht ihr Minimum bei der Frequenz $\Omega^2 = (\omega_I^2 + \omega_{II}^2)/2$ (für das Beispiel bei $\Omega^2 = 1{,}5\, c/m$). Schließlich tritt bei ω_{II}^2 ($= 2{,}618\, c/m$) zum zweiten Male

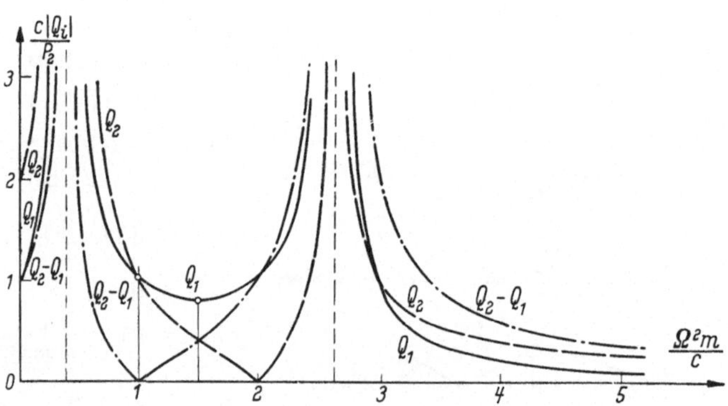

Abb. 5.12/7. Absolutwerte (Vergrößerungsfunktionen) zu 5.12/6

Resonanz ein; die Schwingung kann wieder ohne Erregerkraft vor sich gehen, das Ausschlagverhältnis beträgt dann $\varkappa_{II} \equiv (Q_1/Q_2)_{II} = -1{,}618$. Oberhalb der Resonanzfrequenz kehren sich die Phasen wieder um. Bei unbegrenztem Anwachsen der Frequenz gehen beide Ausschläge schließlich nach Null.

β) **Die Erregerkraft P_2 ist allein vorhanden.** Die Auflösung der Gln. (5.12/2) nach den Ausschlagamplituden liefert jetzt

$$Q_1 = \frac{P_2}{m_2}\frac{k_2}{N(\Omega^2)} = \frac{P_2}{c_2}\frac{k_2' k_2}{N(\Omega^2)},$$
$$Q_2 = -\frac{P_2}{m_2}\frac{\Omega^2 - k_1' - k_2}{N(\Omega^2)} = -\frac{P_2}{c_2}\frac{k_2'(\Omega^2 - k_1' - k_2)}{N(\Omega^2)} \qquad (5.12/6\,\text{a})$$

und die Differenz

$$Q_2 - Q_1 = -\frac{P_2}{m_2}\frac{\Omega^2 - k_1'}{N(\Omega^2)} = -\frac{P_2}{c_2}\frac{k_2'(\Omega^2 - k_1')}{N(\Omega^2)}. \qquad (5.12/6\,\text{b})$$

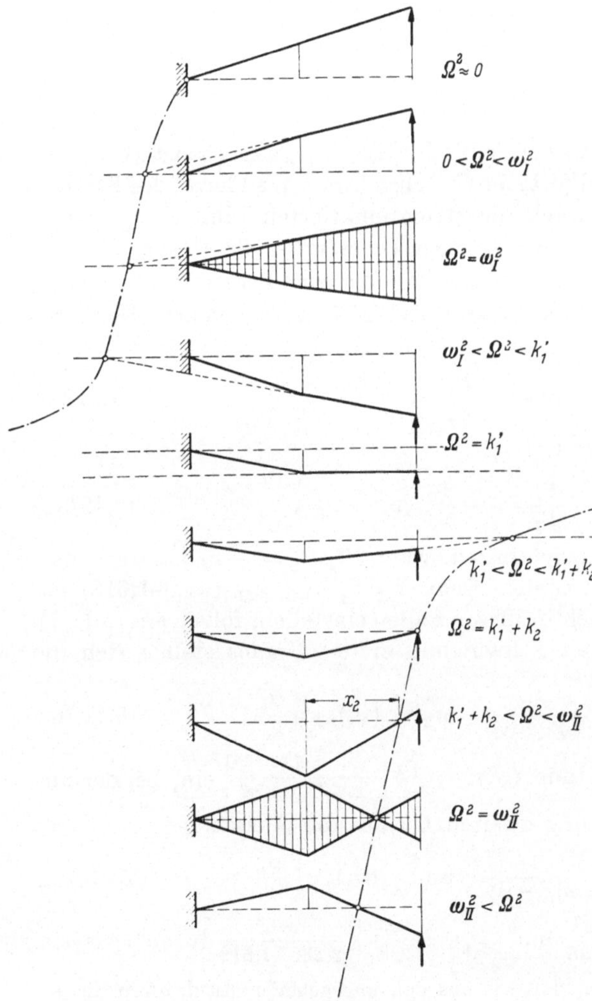

Abb. 5.12/8. Ausschlagformen (strichpunktiert: Wanderung des Knotenpunktes K_2)

Der Verlauf der mit c_2/P_2 multiplizierten Amplituden Q_i in Abhängigkeit von $m\,\Omega^2/c$ ist in Abb. 5.12/6, der ihrer absoluten Beträge (Vergrößerungsfunktionen) in Abb. 5.12/7 aufgezeichnet; die Schwingungsbilder zeigt Abb. 5.12/8. Die Darstellungen sind wohl ohne weitere Erläuterung verständlich.

Nur auf zwei Umstände weisen wir besonders hin: Bei Erregung durch P_2 erreicht Q_2 einmal, und zwar für $\Omega^2 = k_1' + k_2$, d. i. für die Eigenfrequenz des Systems Abb. 5.12/9a, den Wert Null. Es schwingt nur m_1, und zwar so, als

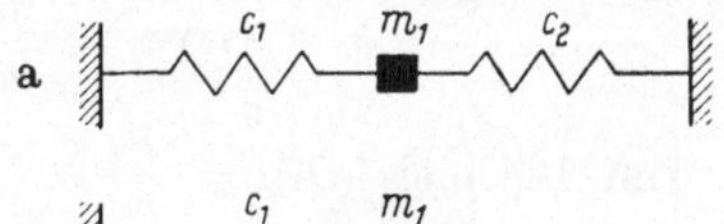

Abb. 5.12/9. Teilschwinger
a) Eigenfrequenzquadrat $k_1' + k_2$
b) Eigenfrequenzquadrat k_1'

ob das System auch in m_2 eingespannt wäre; Reaktionskraft der Einspannung ist wieder die Erregerkraft.

Bei $\Omega^2 = k_1'$, der Eigenfrequenz des Systems 5.12/9b, wird die Differenz $Q_2 - Q_1$ zu Null; beide Massen machen die gleichen Ausschläge, die zwischen ihnen liegende Feder wird nicht beansprucht; die Erregerkraft P_2 bewegt m_2 genauso wie die Federkraft $c_1\,q_1$ die Masse m_1 bewegt. Das Minimum von Q_1 zwischen $\Omega^2 = \omega_I^2$ und $\Omega^2 = \omega_{II}^2$ tritt ein bei $\Omega^2 = (\omega_I^2 + \omega_{II}^2)/2$.

γ) Gemeinsame Erörterungen. Wir schließen nun noch einige, für beide Erregerfälle gültige Betrachtungen an.

Der Knotenpunkt des ersten Feldes liegt durchweg an der Einspannstelle, die Lage des Knotenpunktes des zweiten Feldes wird durch die Beziehung

$$x_2 = l_2 \frac{Q_1}{Q_1 - Q_2} \tag{5.12/7}$$

angegeben. Bei Erregung durch P_1 wird

$$x_2 = l_2 \frac{\Omega^2 - k_2'}{\Omega^2}, \tag{5.12/7a}$$

bei Erregung durch P_2

$$x_2 = l_2 \frac{k_2}{\Omega^2 - k_1'}. \tag{5.12/7b}$$

Wenn x_2/l_2 Werte zwischen 0 und 1 hat, heißt der Knoten „reell", sonst „virtuell". Das durch die Gln. (5.12/7a) und (5.12/7b) beschriebene „Wandern" des Knotens ist in Abb. 5.12/4 und 5.12/8 durch die strichpunktierten Linien angedeutet.

Weiterhin fragen wir noch, unter welchen Umständen die Resonanzstellen „ungefährlich" werden. Erste Voraussetzung ist, daß *beide* Erregerkräfte wirken. Der Verhältniswert ihrer Amplituden wird durch (5.11/6) angegeben. Diese Bedingungen lauten hier

$$\frac{P_1}{P_2} = \frac{-c_2}{c_2 - m_2\,\omega^2} \quad \text{oder} \quad \frac{P_1}{P_2} = \frac{c_1 + c_2 - m_1\,\omega^2}{-c_2}, \tag{5.12/8}$$

in gemeinsamer Fassung [vgl. (2.12/7α)]

$$\frac{P_1}{P_2} = -\frac{1}{\varkappa}. \tag{5.12/8a}$$

Die erste Resonanzstelle wird ungefährlich, wenn $P_2/P_1 = -\varkappa_I$ ist (für unser Beispiel $P_2/P_1 = -0{,}618$). die zweite, wenn $P_2/P_1 = -\varkappa_{II}$ ($= +1{,}618$) ist. Die Ausschlagamplituden, die sich in diesen Fällen einstellen, folgen aus (5.11/7). Bei der ungefährlich gewordenen Schwingung ersten Grades stellen sich die Ausschläge.

$$(Q_1)_s = \frac{P_1}{m_1} \frac{1}{\omega_{II}^2 - \omega_I^2} \quad \text{und} \quad (Q_2)_s = \frac{Q_1}{\varkappa_1} \tag{5.11/9a}$$

$$\left[\text{im Beispiel } (Q_1)_s = \frac{P_1}{m} \cdot \frac{\text{sek}^2}{2{,}236} \text{ und } (Q_2)_s = \frac{P_1}{m} \cdot \frac{\text{sek}^2}{2{,}236 \cdot 0{,}618}\right] \text{ ein, bei der un-}$$

gefährlich gewordenen Schwingung zweiten Grades die Ausschläge

$$(Q_1)_s = -\frac{P_1}{m_1} \frac{1}{\omega_{II}^2 - \omega_I^2} \quad \text{und} \quad (Q_2)_s = \frac{Q_1}{\varkappa_{II}} \tag{5.12/9b}$$

$$\left[\text{im Beispiel } (Q_1)_s = -\frac{P_1}{m} \cdot \frac{\text{sek}^2}{2{,}236} \text{ und } (Q_2)_s = \frac{P_1}{m} \cdot \frac{\text{sek}^2}{2{,}236 \cdot 1{,}618}\right].$$

Schließlich merken wir noch an, daß wir aus den angegebenen Ausdrücken die erzwungenen Ausschläge Q_1, Q_2 und $Q_2 - Q_1$ des Zwei-Massen-Systems ohne Festpunkt erhalten können dadurch, daß wir $c_1 = 0$ setzen. So folgt für den Schwinger mit einer Erregerkraft P_2, wenn $k_1' = 0$ gesetzt wird, für den Nennerausdruck (5.12/3a)

$$N(\Omega^2) = \Omega^2[\Omega^2 - (k_2 + k_2')], \tag{5.12/10}$$

so daß

$$\omega_I^2 = 0, \qquad \omega_{II}^2 = k_2 + k_2'$$

wird; damit wird dann nach (5.12/6)

$$Q_1 = \frac{P_2}{c_2}\,\frac{k_2\,k_2'}{\Omega^2(\Omega^2 - k_2 - k_2')}\,,$$

$$Q_2 = -\frac{P_2}{c_2}\,\frac{k_2'(\Omega^2 - k_2)}{\Omega^2(\Omega^2 - k_2 - k_2')}\,,$$

$$Q_2 - Q_1 = -\frac{P_2}{c_2}\,\frac{k_2'}{\Omega^2 - k_2 - k_2'}\,. \tag{5.12/11}$$

Es sind dies (unter Beachtung der veränderten Bezeichnungen) die Gleichungen von I. 57.

5.13 Anwendungen der Ergebnisse; Tilgung von Schwingungen. Besondere Bedeutung für die Anwendungen hat der durch das sechste Ausschlagbild der Abb. 5.12/4 gekennzeichnete Fall: Stimmt die Erregerfrequenz Ω mit der Eigenfrequenz $\sqrt{k_2'}$ des Teilschwingers 5.12/5 überein, so macht die Masse m_1 überhaupt keine Ausschläge; es bewegt sich nur m_2. Die Ausschläge Q_2 der Masse m_2 sind dabei nicht einmal besonders groß (wie man etwa vermuten möchte); man sieht vielmehr aus Abb. 5.12/2 oder 5.12/3, daß das Quadrat k_2' der „Nullfrequenz" in der Nähe des Minimums von Q_2 liegt[1].

Von dieser Erscheinung macht man in folgender Weise nützlichen Gebrauch: Angenommen, ein Schwinger c_1, m_1 (Abb. 5.13/1 a) mit dem Eigenfrequenzquadrat $k_1 = c_1/m_1$ wird durch eine harmonische Störkraft P_1 mit der Frequenz Ω zu erzwungenen Ausschlägen erregt. Will man solche Ausschläge vermeiden, so läßt sich dies dadurch erreichen, daß man an den gegebenen Schwinger c_1, m_1 einen zweiten Schwinger c_2, m_2 anschließt (Abb. 5.13/1 b). Das ganze Gebilde wird dadurch zu einem Schwinger von zwei Freiheitsgraden des besprochenen Typs, an dem eine Erregerkraft P_1 angreift. Da man in der Wahl des „Zusatzsystems" c_2, m_2 zunächst vollkommen frei ist, kann man dessen Feder und Masse so wählen, daß

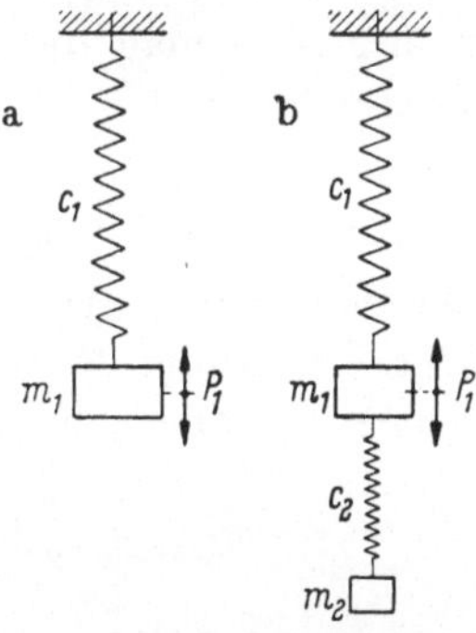

Abb. 5.13/1. a) Ursprüngliches Gebilde, b) Gebilde mit Zusatzschwinger (Tilger)

$$\frac{c_2}{m_2} \equiv k_2' = \Omega^2 \tag{5.13/1}$$

wird. Es liegt dann der oben beschriebene Fall vor; die Masse m_1 bleibt in Ruhe, obgleich an ihr die Erregerkraft angreift. Der Grund für das Stillstehen von m_1 liegt darin, daß die auf m_1 wirkende Störkraft $p_1 = P_1 \cos\Omega\,t$ durch die Federkraft $c_2 Q_2 \cos\Omega\,t$ in jedem Augenblick ins Gleichgewicht gesetzt wird. Man bestätigt dies aus der letzten Fassung der zweiten Gleichung von (5.12/4a), aus der wegen

$$c_2 Q_2 = P_1 \frac{k_2\,k_2'}{(k_1' + k_2 - \Omega^2)(k_2' - \Omega^2) - k_2\,k_2'}$$

mit $\Omega^2 = k_2'$ folgt

$$c_2 Q_2 = -P_1\,. \tag{5.13/2}$$

---

[1] Statt von der „Nullfrequenz" (oder „Tilgerfrequenz") und vom „Nullausschlag" spricht man gelegentlich, vor allem im angelsächsischen Schrifttum, auch von „Anti-Resonanz".

Vorläufig haben wir vom Zusatzschwinger nur gefordert, daß die Teilfrequenz $\sqrt{c_2/m_2}$ gleich der Störfrequenz sei, haben dagegen noch nichts über die Größe der Federsteifigkeit c_2 oder der Masse m_2 selbst ausgesagt. Grundsätzlich leistet allerdings jeder Zusatzschwinger, der die geforderte Eigenfrequenz $\sqrt{c_2/m_2}$ besitzt, den gewünschten Dienst. Man wird also oft mit verhältnismäßig kleinen Zusatzschwingern c_2, m_2 zu einem Hauptsystem c_1, m_1 auskommen.

Der Verkleinerung der Masse m_2 und Federsteifigkeit c_2 des Zusatzsystems wird jedoch durch zwei Umstände eine Grenze gesetzt. Zunächst folgt aus (5.13/2), daß

$$|Q_2| = \frac{P_1}{c_2} = \frac{P_1}{k_2'\, m_2} \qquad (5.13/2\,\mathrm{a})$$

wird. Man sieht also, daß Q_2 umgekehrt proportional zu c_2 und damit auch zu m_2 ist, so daß das Zusatzsystem, wenn es sehr klein ist, zu sehr großen Ausschlägen erregt wird. Diese Tatsache ist an sich oft unerwünscht, zudem gefährdet ein großer Ausschlag die Linearität der Anordnung. Noch wichtiger ist jedoch ein zweiter Umstand: Der ursprünglich einläufige Schwinger hatte seine Resonanzfrequenz bei $\sqrt{c_1/m_1}$; durch Hinzufügung des Zusatzsystems ist er zu einem zweiläufigen Schwinger mit zwei Resonanzfrequenzen ω_I und ω_{II} geworden, zwischen denen die „Nullfrequenz" („Antiresonanz-Frequenz") $\sqrt{c_2/m_2} = \sqrt{k_2'}$ liegt. Die beiden Resonanzfrequenzen werden durch die Wurzeln der Gleichung $N(\omega^2) = 0$ angegeben, liegen also nach (2.21/3') bei

$$\omega_{I,\,II}^2 = \frac{1}{2}\left[(k_1' + k_2 + k_2') \mp \sqrt{(k_1' + k_2 + k_2')^2 - 4\,k_1'\,k_2'}\,\right]. \qquad (5.13/3)$$

Nimmt nun bei festgehaltenem k_2' sowohl m_2 wie c_2 immer weiter ab, so geht $k_2 \to 0$, und die Resonanzfrequenzen gehen gegen

$$\omega_I \to \sqrt{k_1'}, \qquad \omega_{II} \to \sqrt{k_2'}. \qquad (5.13/3\,\mathrm{a})$$

Die eine Resonanzfrequenz rückt damit gegen die „Nullfrequenz" $\sqrt{k_2'}$. Das hat zur Folge, daß schon durch eine geringe Abweichung der Erregerfrequenz Ω vom Sollwert $\sqrt{k_2'}$ (wo die Ausschläge verschwinden sollen) sehr große Ausschläge hervorgerufen werden.

Wollen wir die Lage der Resonanzstellen und Nullstellen etwas genauer verfolgen, so gehen wir folgendermaßen vor: $k_1' = c_1/m_1$ bedeutet das Eigenfrequenzquadrat, d. h. das Resonanzfrequenzquadrat des „ursprünglichen" Schwingers (5.13/1a), $k_2' = c_2/m_2$ das Eigenfrequenzquadrat des Zusatzschwingers. In diesen beiden Größen und dem Massenverhältnis $\overline{m} = m_2/m_1$ geschrieben, lauten die Resonanzfrequenzen des zweiläufigen Schwingers nach (5.13/3)

$$\omega_{I,\,II}^2 = \frac{1}{2}\left[k_1' + k_2'(1 + \overline{m}) \mp \sqrt{[k_1' + k_2'(1 + \overline{m})]^2 - 4\,k_1'\,k_2'}\,\right]. \qquad (5.13/4)$$

Die Resonanzstellen (in ω^2) haben also den Mittelwert

$$M = \frac{1}{2}\left[k_1' + k_2'(1 + \overline{m})\right] \qquad (5.13/5\,\mathrm{a})$$

und einen Abstand S von diesem Mittelwert, für den gilt

$$S = \sqrt{[k_1' + k_2'(1 + \overline{m})]^2 - 4\,k_1'\,k_2'}$$
$$= \sqrt{(k_1' - k_2')^2 + k_2'\,\overline{m}\,(2\,k_1' + 2\,k_2' + \overline{m}\,k_2')}.$$
$$(5.13/5\,\text{b})$$

Für $k_2' = k_1'$ (wenn also die ursprüngliche Resonanzfrequenz zur „Nullfrequenz" gemacht werden soll) wird

$$M = k_2'\Big(1 + \frac{\overline{m}}{2}\Big), \qquad S = k_2'\,\sqrt{\overline{m}\,(4 + \overline{m})} \qquad (5.13/6\,\text{a})$$

und, wenn $\overline{m} \ll 1$ ist,

$$M \approx k_2', \qquad S \approx 2\,k_2'\,\sqrt{\overline{m}}, \qquad (5.13/6\,\text{b})$$

d. h., die Resonanzstellen sind gegeben durch

$$\omega_{I,\,II}^2 = k_2'\big(1 \pm 2\,\sqrt{\overline{m}}\,\big).$$

Mit $\overline{m} \to 0$ gehen also die Resonanzfrequenzen gegen die Nullfrequenz; immerhin aber nur mit $\sqrt{\overline{m}}$, d. h. für $\overline{m} = \frac{1}{9}$ (z. B.) haben die Quadrate der Resonanzfrequenzen immer noch den Abstand $2\,k_2'/3$ von dem der Nullfrequenz.

Die zuletzt beschriebene Erscheinung des Zusammenrückens von Resonanzfrequenz und Nullfrequenz kann man noch auf eine zweite Weise untersuchen, dadurch nämlich, daß man die Neigung der Resonanzkurve beim Nulldurchgang ermittelt. Leitet man die erste Gleichung von (5.12/4a) nach Ω^2 ab und setzt $\Omega^2 = k_2'$, so kommt

$$\Big(\frac{\partial Q_1}{\partial\,\Omega^2}\Big)_{\Omega^2 = k_2'} = \frac{P_1}{m_1}\,\frac{1}{k_2\,k_2'}. \qquad (5.13/7)$$

Geht $k_2 \to 0$, so wird dieser Ausdruck sehr groß; die Resonanzkurve geht dann also im Punkt $\Omega^2 = k_2'$ sehr steil durch die Abszissenachse.

Die Veränderung der Lage der Resonanzstellen mit der Veränderung der Größe des Zusatzsystems läßt sich übersichtlich mit Hilfe des Frequenzenkreises (s. 2.14) verfolgen. Die Größen d_{xx} usw. werden in unserem Fall zu

$$d_{xx} = k_1' + k_2; \qquad d_{yy} = k_2'; \qquad -d_{yx} = k_2'; \qquad -d_{xy} = k_2.$$

Sie geben Abszissen und Ordinaten der vier Punkte A_1, A_2, B_1, B_2 an, die den Kreis bestimmen. Wir verfolgen die von dem Kreis auf der Abszissenachse abgeschnittenen Werte ω_I^2 und ω_{II}^2, wenn k_1' und k_2' feste Werte haben, während k_2 von Null an stetig wächst (Abbildung 5.13/2). Der Punkt B_2 liegt fest, da seine Abszisse d_{yy} und seine Ordinate $-d_{yx}$ denselben festen Wert k_2' besitzen. Für $k_2 = 0$ ergibt sich der Kreis (0) durch die Punkte $A_1^{(0)}$, $A_2^{(0)}$, $B_1^{(0)}$, B_2. Er schneidet die Achse bei k_1' und k_2'. Mit wachsendem k_2 rücken die Punkte A_1 und B_1 nach oben, A_1 und A_2 nach rechts; B_1 behält seine Abszisse, A_2 seine Ordinate bei, A_1 läuft auf einer unter $45°$ geneigten Geraden. Da k_2 die einzige unabhängige Veränderliche ist, können wir mit Hilfe einer an der Ordinatenachse angebrachten Skala für k_2 entweder die Höhe von A_1 und B_2 oder die Höhe des Kreismittelpunktes festlegen, oder wir legen (wie in der Abbildung eingetragen) den Kreismittelpunkt sogleich auf der geneigten Geraden mit einer von $M^{(0)}$ ausgehenden Skala fest.

Mit einem passend abgestimmten Zusatzsystem c_2, m_2 kann man das Hauptsystem c_1, m_1 vollkommen beruhigen, aber nur, wenn die Störfrequenz Ω einen festen Wert besitzt. Wenn man mit veränderlichen Werten der Störfrequenz rechnen muß, so nützt es nichts, aus dem einläufigen Schwinger einen zweiläufigen zu machen. Man würde damit nur statt einer Resonanzstelle deren zwei schaffen. Es sei denn, man ist imstande, die Eigenfrequenz des Zusatzsystems in derselben Weise wie die Erregerfrequenz veränderlich zu machen. Ein solches Mittel wird in 5.25 beschrieben werden.

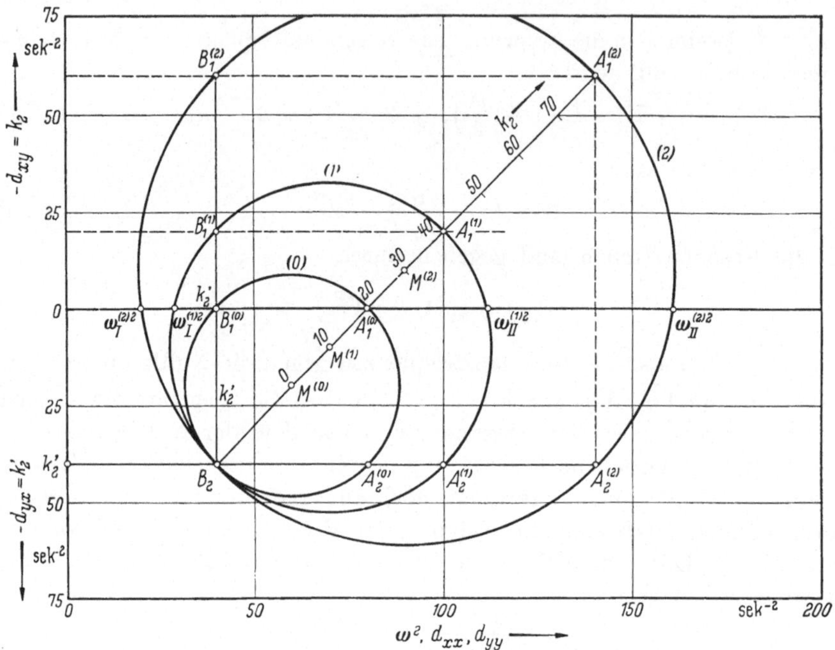

Abb. 5.13/2. Frequenzenkreise zur Verfolgung der Lage der Resonanzstellen

Die Vermeidung von Schwingungen im System c_1, m_1 wird ohne die Anwendung von Dämpfungskräften und somit ohne Energieverlust erreicht. Das ist von Bedeutung in allen Fällen, wo der Lauf von Maschinen beruhigt werden soll. Während alle Dämpfer der Maschine Energie entziehen und sich dabei erwärmen, arbeiten die Zusatzschwinger verlustfrei, d. h. ohne daß Wärme abgeführt werden müßte.

Für die beschriebene Anordnung wird in der Literatur oft die Bezeichnung „dynamische Schwingungsdämpfung" gebraucht. Der Zusatz „dynamisch" soll vermutlich darauf hinweisen, daß es sich um einen verlustfreien Vorgang handelt. Wir wollen in diesem Fall jedoch überhaupt nicht von *Dämpfung* sprechen

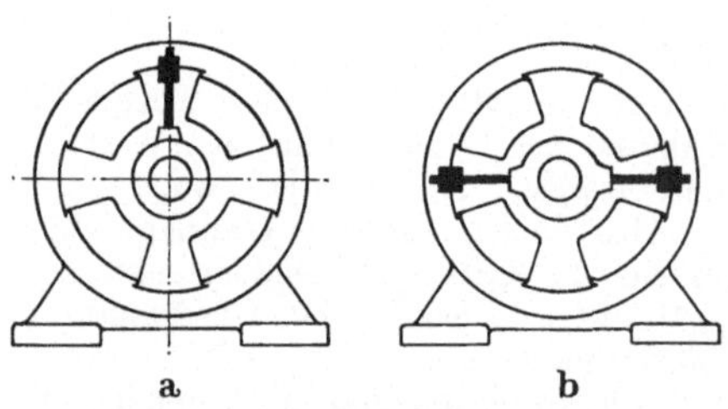

Abb. 5.13/3. Maschine mit Tilgern
a) für Kräfte in horizontaler Richtung,
b) für Kräfte in vertikaler Richtung

(und diesen Begriff ganz den energieverzehrenden Vorgängen vorbehalten), sondern von der *Beruhigung* oder *Tilgung* einer Schwingung. Den Zusatzschwinger selbst nennen wir einen *Tilger*.

Die konstruktive Ausbildung der Zusatzschwinger (Schwingungstilger) wird sich nach den besonderen Verhältnissen richten. Abb. 5.13/3 zeigt zwei Möglichkeiten, die Schwingungen des Lagers einer Dynamomaschine zu beruhigen. Als Zusatzschwinger sind Blattfedern verwendet, die Massen tragen. Die erste Anordnung liefert Kräfte in waagrechter, die zweite in lotrechter Richtung. Abb. 5.13/4 zeigt einen Tilger, der die Biegeschwingungen einer Säule unterdrücken soll. (Die Säule stellt zwar ein System mit kontinuierlicher Massenverteilung dar, besitzt also unendlich viele Freiheitsgrade; für die Grundschwingung verhält sie sich jedoch praktisch wie ein Gebilde mit einem Freiheitsgrad, also so, als ob ein gewisser Bruchteil der verteilten Masse in der Mitte der masselos gedachten Säule konzentriert wäre, s. I.34.) Biegeschwingungen solcher Säulen treten z. B. auf, wenn diese den Fußboden eines Maschinenraumes tragen. Abb. 5.13/5 zeigt schließlich, wie ein Tilger für Drehschwingungen aussehen könnte.

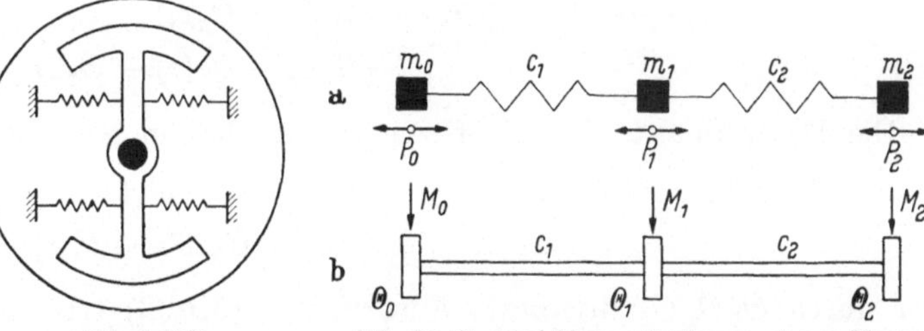

Abb. 5.13/4. Beispiel
für Tilger $m-m$ an
Tragsäule

Abb. 5.13/5
Beispiel eines Tilgers für
Drehschwingungen

Abb. 5.14/1. Drei-Massen-Systeme; a) aus Massen,
b) aus Drehmassen aufgebaut

5.14 Die nichtgefesselte Kette; das Drei-Massen-System[1] ohne Festpunkt.

Das Gebilde, das wir nun untersuchen, ist entweder aus Punktkörpern und Dehnfedern (Abb. 5.14/1 a) oder aus Drehmassen und Drehfedern (Abb. 5.14/1 b) aufgebaut. Die Betrachtungen verlaufen für beide Arten von Gebilden durchaus parallel. Wir werden im folgenden eine Ausdrucksweise benutzen, die sich an die zweite Form (Drehschwingungen) anschließt.

An jeder der Drehmassen Θ_i greife ein harmonisch verlaufendes Erregermoment $m_i = M_i \cos\Omega\, t$ an. Es ist durch die Pfeile in der Abb. 5.14/1 b angedeutet.

Zwar sind die meisten der praktisch vorkommenden Torsionsschwinger aus mehr als drei Massen aufgebaut; durch besondere Überlegungen (s. 6.45) werden wir jedoch in den Stand gesetzt werden, viele Eigenschaften der übrigen Schwinger aus denen des Drei-Massen-Systems zu beurteilen. Aus diesem Grunde gestalten wir die Untersuchung hier etwas ausführlicher.

Wir verwenden die drei Trägheitskoordinaten ϑ_0, ϑ_1, ϑ_2. Die Bewegungsgleichungen der freien Schwingungen sind die Gln. (2.23/1). Die einzelnen Glieder bedeuten darin jetzt die an den Drehmassen Θ_0, Θ_1 und Θ_2 angreifenden Momente (Momente der Trägheitskräfte und Drillungsmomente). Die erzwungenen Schwingungen werden durch dieselben Gleichungen beschrieben, in denen jedoch auf der rechten Seite statt Null jeweils das Erregermoment $M_i \cos\Omega\, t$,

---

[1] Das Zwei-Massen-System ist schon behandelt in I.57. Die Ergebnisse für diesen Fall können auch gewonnen werden, indem man in den Formeln für das Drei-Massen-System die entsprechenden Grenzübergänge ausführt (z. B. $k_1 \to 0$, $k_1' \to 0$ oder $k_2 \to 0$, $k_2' \to 0$).

($i = 0, 1, 2$) steht. Wir untersuchen den Einfluß der drei erregenden Momente getrennt. Dabei genügt die Betrachtung zweier Fälle:

α) Die Erregung wirkt auf eine äußere Drehmasse Θ_0 (oder Θ_2),

β) Die Erregung wirkt auf die mittlere Drehmasse Θ_1.

α) **Das Erregermoment M_0 ist allein vorhanden.** Die linken Seiten der Bewegungsgleichungen sind die von (2.23/1); auf der rechten Seite steht in der ersten Zeile das Störglied $M_0 \cos \Omega t$, in den übrigen Zeilen bleiben, wie zuvor, Nullen. Bezeichnen wir die Koordinaten statt mit ϑ wieder mit dem allgemeinen Zeichen q, so liefert der Ansatz

$$q_0 = Q_0 \cos \Omega t, \qquad q_1 = Q_1 \cos \Omega t, \qquad q_2 = Q_2 \cos \Omega t$$

die algebraischen Gleichungen

$$\left. \begin{aligned}
Q_0(c_1 - \Theta_0 \Omega^2) - Q_1 c_1 \qquad\qquad\qquad &= M_0, \\
-Q_0 c_1 + Q_1(c_1 + c_2 - \Theta_1 \Omega^2) - Q_2 c_2 &= 0, \\
-Q_1 c_2 + Q_2(c_2 - \Theta_2 \Omega^2) &= 0.
\end{aligned} \right\} \quad (5.14/1)$$

Die Determinante der Koeffizienten der linken Seite lautet

$$\begin{aligned}
D = (c_1 - \Theta_0 \Omega^2)(c_1 + c_2 - \Theta_1 \Omega^2)(c_2 - \Theta_2 \Omega^2) - \\
- c_1^2(c_2 - \Theta_2 \Omega^2) - c_2^2(c_1 - \Theta_0 \Omega^2). \quad (5.14/2)
\end{aligned}$$

Der durch $\Theta_0 \Theta_1 \Theta_2$ dividierte Ausdruck D (5.14/2) tritt weiterhin häufig als Nenner auf. Er kann die folgenden Formen annehmen [vgl. (2.23/6)]:

$$\left. \begin{aligned}
\frac{1}{\Theta_0 \Theta_1 \Theta_2} D(\Omega^2) \equiv N(\Omega^2) = (k_1 - \Omega^2)(k_1' + k_2 - \Omega^2)(k_2' - \Omega^2) - \\
- k_1 k_1'(k_2' - \Omega^2) - k_2 k_2'(k_1 - \Omega^2) \\
= -\Omega^2 [\Omega^4 - (k_1 + k_1' + k_2 + k_2') \Omega^2 + \\
+ k_1 k_2 + k_1 k_2' + k_1' k_2'] \\
= -\Omega^2 (\Omega^2 - \omega_I^2)(\Omega^2 - \omega_{II}^2).
\end{aligned} \right\} \quad (5.14/2\text{a})$$

Die Auflösung des Gleichungssystems (5.14/1) nach den Ausschlägen Q_0, Q_1 und Q_2 liefert

$$\left. \begin{aligned}
Q_0 &= + \frac{M_0}{\Theta_0} \frac{\Omega^4 - \Omega^2(k_1' + k_2 + k_2') + k_1' k_2'}{N(\Omega^2)} = \frac{M_0}{c_1} k_1 \frac{\Omega^4 - \Omega^2(k_1' + k_2 + k_2') + k_1' k_2'}{N(\Omega^2)}, \\
Q_1 &= - \frac{M_0}{\Theta_0} \frac{k_1'(\Omega^2 - k_2')}{N(\Omega^2)} = - \frac{M_0}{c_1} \frac{k_1 k_1'(\Omega^2 - k_2')}{N(\Omega^2)}, \\
Q_2 &= + \frac{M_0}{\Theta_0} \frac{k_1' k_2'}{N(\Omega^2)} = \frac{M_0}{c_1} \frac{k_1 k_1' k_2'}{N(\Omega^2)}.
\end{aligned} \right\} \quad (5.14/3)$$

Die Beanspruchungen in den Wellenstücken sind den Ausschlagdifferenzen $(Q_1 - Q_0)$ und $(Q_2 - Q_1)$ proportional. Für sie findet man

$$\left. \begin{aligned}
Q_1 - Q_0 &= - \frac{M_0}{\Theta_0} \frac{\Omega^2 - (k_2 + k_2')}{N/\Omega^2} = - \frac{M_0}{c_1} k_1 \frac{\Omega^2 - (k_2 + k_2')}{N/\Omega^2}, \\
Q_2 - Q_1 &= + \frac{M_0}{\Theta_0} \frac{k_1'}{N/\Omega^2} = \frac{M_0}{c_1} \frac{k_1 k_1'}{N/\Omega^2}.
\end{aligned} \right\} \quad (5.14/4)$$

Wir zeichnen nun erstens die Ausschläge (Abb. 5.14/2a bis c) und die Ausschlagdifferenzen (Abb. 5.14/3) als Funktionen von Ω^2 auf [die Absolutwerte

(Vergrößerungsfunktionen) analog Abb. 5.12/3 und 5.12/7 sind nicht eigens gezeichnet] und geben zweitens die typischen Ausschlagbilder in den einzelnen Frequenzbereichen an (Abb. 5.14/4). Im Hinblick auf die zweite Gleichung von (5.14/3) müssen wir bei der Erörterung drei Fälle unterscheiden (die wir mit a, b, c bezeichnen), je nachdem, ob

$$\omega_I^2 \lesseqgtr k_2' \qquad (5.14/5\,\mathrm{a})$$

ist.

Ohne die Rechnung vorzuführen, erwähnen wir, daß die Aussage (5.14/5a) gleichwertig ist der Aussage

$$k_1 \lesseqgtr k_2'. \qquad (5.14/5\,\mathrm{b})$$

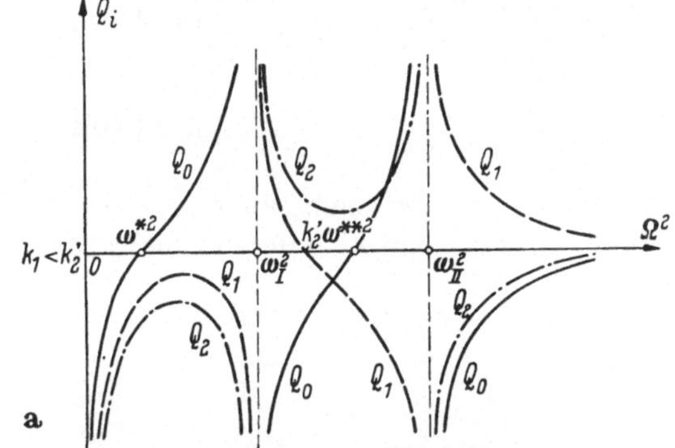

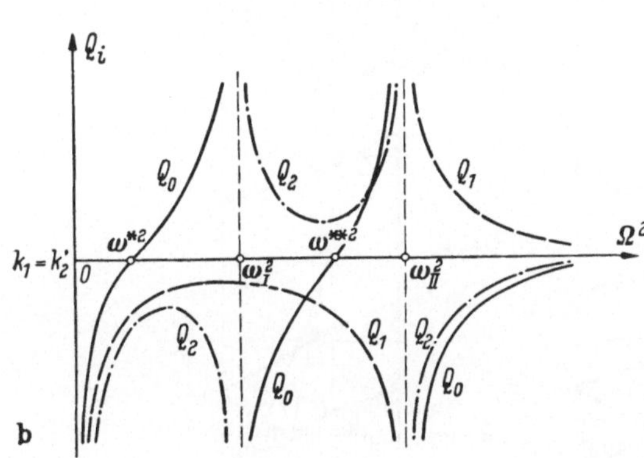

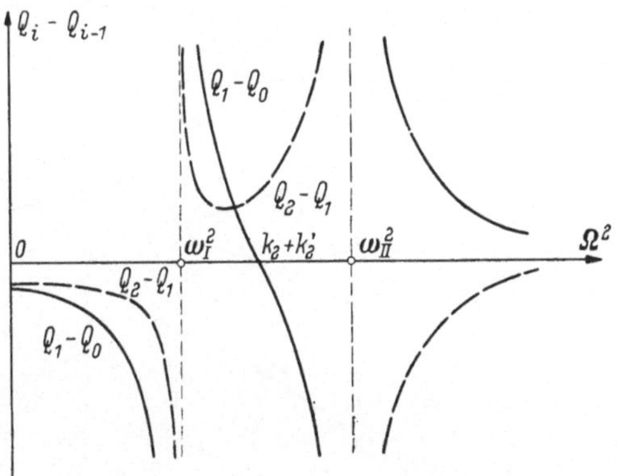

Abb. 5.14/3
Differenzen der Ausschlag„amplituden"

Im Gegensatz zu den entsprechenden Darstellungen in 5.12 legen wir hier nicht die Zahlenwerte eines bestimmten Beispiels zugrunde; die Kurven zeigen hier lediglich den typischen Verlauf der Funktionen $Q_i(\Omega^2)$. Für die Ausschlagdifferenzen ist dieser typische Verlauf in allen drei Fällen a, b, c der gleiche; es genügt deshalb eine Abbildung (5.14/3). Ohne Zahlenwerte benötigen wir auch keine Maßstäbe.

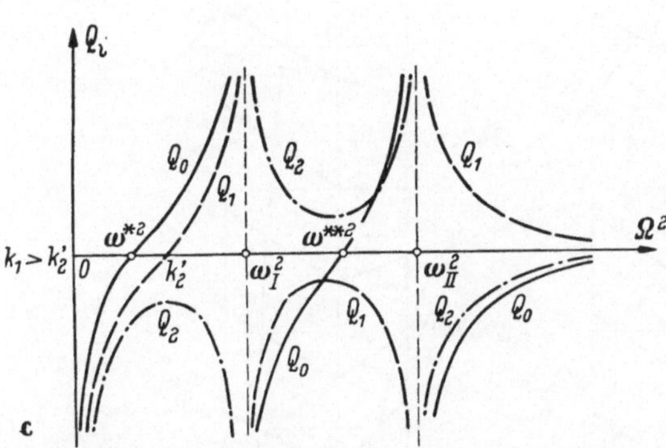

Abb. 5.14/2
Ausschlag„amplituden" Q_i unter Wirkung von M_0

Einige der hervorstechenden, aus den Gleichungen und Abbildungen ablesbaren Tatsachen erwähnen wir eigens.

Für die drei Fälle a, b, c gilt übereinstimmend:

1. Bei sehr kleinen Erregerfrequenzen Ω sind alle Ausschläge sehr groß, bei großen Ω sehr klein.

2. Die Ausschlagdifferenzen $Q_1 - Q_0$ und $Q_2 - Q_1$ und damit die Beanspruchungen in den Wellenstücken haben für kleine Erregerfrequenzen trotz der sehr großen Ausschläge beschränkte Werte. Es wird

$$\lim_{\Omega \to 0} [Q_1 - Q_0] = - \frac{M_0}{\Theta_0} \frac{k_2 + k_2'}{k_1 k_2 + k_1 k_2' + k_1' k_2'} \tag{5.14/6a}$$

und

$$\lim_{\Omega \to 0} [Q_2 - Q_1] = - \frac{M_0}{\Theta_0} \frac{k_1'}{k_1 k_2 + k_1 k_2' + k_1' k_2'} . \tag{5.14/6b}$$

3. Der Ausschlag der Drehmasse Θ_0, an der die Erregung angreift, wird zweimal gleich Null, und zwar bei jenen Frequenzen ω^* und ω^{**}, deren Quadrate

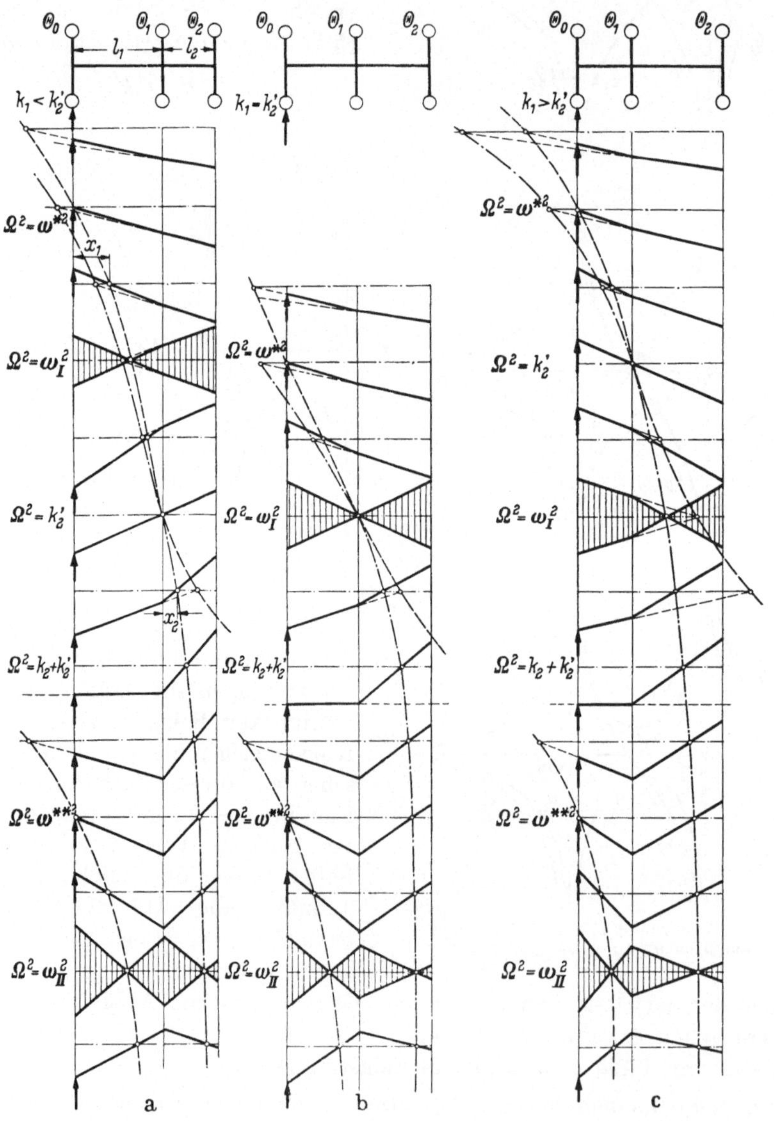

Abb. 5.14/4. Ausschlagbilder für a) $k_1 < k_2'$, b) $k_1 = k_2'$, c) $k_1 > k_2'$

Wurzeln der quadratischen Gleichung

$$(\Omega^2)^2 - \Omega^2(k_1' + k_2 + k_2') + k_1' k_2' = 0 \qquad (5.14/7)$$

sind. Der Vergleich von (5.14/7) mit (2.21/2′) zeigt, daß ω^* und ω^{**} die Eigenfrequenzen des an der Stelle Θ_0 eingespannten Gebildes sind. Bei den Erregerfrequenzen $\Omega = \omega^*$ und $\Omega = \omega^{**}$ schwingt das System unter Einfluß des Erregermomentes M_0 so, als ob es in Θ_0 eingespannt wäre; das Erregermoment vertritt dabei das Einspannmoment.

4. Der Ausschlag Q_2 der rechten Drehmasse Θ_2 wird bei keiner Erregerfrequenz zu Null; dagegen weist $Q_2(\Omega^2)$ zwei Minima auf. Sie treten ein bei jenen Frequenzen, deren Quadrate die Wurzeln der quadratischen Gleichung

$$(\Omega^2)^2 - \frac{2}{3}\Omega^2(k_1 + k_1' + k_2 + k_2') + \frac{1}{3}(k_1 k_2 + k_1 k_2' + k_1' k_2') = 0 \qquad (5.14/8)$$

sind.

5. Bei der Frequenz $\Omega^2 = k_2 + k_2'$ verschwindet die Ausschlagdifferenz $Q_1 - Q_0$ und damit die Beanspruchung im ersten Wellenstück. $k_2 + k_2'$ ist das Eigenfrequenzquadrat des ungefesselten Zwei-Massen-Systems Θ_1, c_2, Θ_2 (s. z. B. I.26). Die Momente der Trägheitskräfte der Scheiben Θ_1 und Θ_2 werden daher durch das Drillungsmoment $c_2(Q_2 - Q_1)$ im Gleichgewicht gehalten. Folglich muß das Erregermoment mit dem Moment der Trägheitskräfte an der Scheibe Θ_0 für sich im Gleichgewicht stehen. Daß das der Fall ist, bestätigt man aus der ersten Gleichung von (5.14/3), wenn man dort $\Omega^2 = k_2 + k_2'$ setzt und die Gln. (5.14/2a) heranzieht. Man findet dann $M_0 + Q_0\Theta_0\Omega^2 = 0$. Man hat demnach zwei getrennte Gleichgewichtsgruppen; durch das Wellenstück c_1 werden keine Momente übertragen, das Wellenstück wird nicht tordiert.

Für die Untersuchung der Ausschlagamplituden Q_1 an der mittleren Drehmasse Θ_1 müssen wir die allgemeinen Fälle a und c, $k_1 \neq k_2'$, und den Sonderfall b, $k_1 = k_2' = \omega_I^2$, getrennt behandeln. *Im Sonderfall b* wird die zweite Gleichung von (5.14/3) zu

$$Q_1 = \frac{M_0}{\Theta_0}\,\frac{k_1'}{\Omega^2(\Omega^2 - \omega_{II}^2)} = \frac{M_0}{c_1}\,\frac{k_1 k_1'}{\Omega^2[\Omega^2 - (k_1 + k_1' + k_2)]}. \qquad (5.14/9)$$

Aus ihr erklären sich die Abweichungen vom allgemeinen Verhalten.

6a, c. Im allgemeinen Fall a oder c existieren zwei Resonanzfrequenzen ω_I und ω_{II}, für welche alle drei Ausschläge Q_0, Q_1, Q_2 (und die Ausschlagdifferenzen) über alle Grenzen gehen. An den Resonanzstellen schlagen die Vorzeichen aller Größen um.

6b. Im Sonderfall b gehen an den Resonanzstellen zwar die Ausschläge Q_0 und Q_2 sowie die Ausschlagdifferenzen über alle Grenzen, der Ausschlag Q_1 bleibt dagegen beschränkt. Aus (5.14/9) liest man ab, daß für $\Omega^2 \to \omega_I^2 = k_1 = k_2'$

$$Q_1 \longrightarrow -\frac{M_0}{c_1}\,\frac{k_1'}{k_1' + k_2} = -\frac{M_0}{c_1 + c_2} \qquad (5.14/9\,a)$$

wird.

7a, c. In den Fällen a und c hat die Funktion $Q_1(\Omega^2)$ *eine* Nullstelle, und zwar bei $\Omega^2 = k_2'$.

7b. Im Fall b hat $Q_1(\Omega^2)$ *keine* Nullstelle. Allen drei Fällen a, b, c ist gemeinsam, daß ein Minimum für $Q_1(\Omega^2)$ existiert bei jener Frequenz, deren Quadrat die reelle Wurzel der kubischen Gleichung

$$2\,(\Omega^2)^3 - (\Omega^2)^2[k_1 + k_1' + k_2 + 4\,k_2']$$
$$+ 2\,\Omega^2\,k_2'(k_1 + k_1' + k_2 + k_2') - k_2'(k_1\,k_2 + k_1\,k_2' + k_1'\,k_2') = 0 \qquad (5.14/9\,\mathrm{b})$$

ist. Wir bestimmen sie nicht näher.

In den Abb. 5.14/4 ist auch das „Wandern" der Knotenpunkte K_1 und K_2 angedeutet. Für die von Θ_0 bzw. Θ_1 aus (nach rechts positiv) gemessenen Abstände x_1 und x_2 der Knotenpunkte erhält man wegen

$$x_1 = l_1 \frac{Q_0}{Q_0 - Q_1} \quad \text{und} \quad x_2 = l_2 \frac{Q_1}{Q_1 - Q_2} \qquad (5.14/10\,\mathrm{a})$$

aus (5.14/3) und (5.14/4)

$$x_1 = l_1 \frac{\Omega^4 - \Omega^2(k_1 + k_2 + k_2') + k_1'\,k_2'}{\Omega^2(\Omega^2 - k_2 - k_2')} \quad \text{und} \quad x_2 = l_2 \frac{\Omega^2 - k_2'}{\Omega^2}. \qquad (5.14/10\,\mathrm{b})$$

Wieder heißen solche Knoten, für welche die Quotienten x_1/l_1 bzw. x_2/l_2 Werte zwischen 0 und $+1$ haben, reell, die übrigen virtuell. Anhand der Ausdrücke (5.14/10 b) bestätigt man leicht die aus den Abbildungen folgenden und zum Teil zuvor schon erörterten Tatsachen. Geht $\Omega^2 \to \infty$, so geht

$$\frac{x_1}{l_1} \longrightarrow 1 \quad \text{und} \quad \frac{x_2}{l_2} \longrightarrow 1,$$

die Knotenpunkte rücken nach Θ_1 und Θ_2.

Eine besondere Anmerkung verdient noch das vierte Bild der Reihe b von Abb. 5.14/4. Obgleich der Ausschlag $Q_1 \neq 0$ ist, liegen beide Knotenpunkte an der Stelle Θ_1. Die Ausschläge Q_0 und Q_2 sind nämlich über alle Grenzen groß, so daß der endliche Wert von Q_1 ihnen gegenüber verschwindet.

β) **Das Erregermoment M_1 ist allein vorhanden.** Statt der Gleichungen (5.14/1) hat man nun die algebraischen Gleichungen

$$\left.\begin{array}{l} Q_0\,(c_1 - \Theta_0\,\Omega^2) - Q_1\,c_1 = 0, \\[4pt] -\,Q_0\,c_1 + Q_1(c_1 + c_2 - \Theta_1\,\Omega^2) - Q_2\,c_2 = M_1, \\[4pt] -\,Q_1\,c_2 + Q_2(c_2 - \Theta_2\,\Omega^2) = 0 \end{array}\right\} \qquad (5.14/11)$$

aufzulösen und erhält die Ausschläge

$$\left.\begin{array}{l} Q_0 = -\dfrac{M_1}{\Theta_1}\dfrac{k_1(\Omega^2 - k_2')}{N} = -\dfrac{M_1}{c_1}\dfrac{k_1\,k_1'(\Omega^2 - k_2')}{N}, \\[14pt] Q_1 = +\dfrac{M_1}{\Theta_1}\dfrac{(\Omega^2 - k_1)\,(\Omega^2 - k_2')}{N} = +\dfrac{M_1}{c_1}\,k_1'\,\dfrac{(\Omega^2 - k_1)\,(\Omega^2 - k_2')}{N}, \\[14pt] Q_2 = -\dfrac{M_1}{\Theta_1}\dfrac{k_2'(\Omega^2 - k_1)}{N} = -\dfrac{M_1}{c_1}\dfrac{k_1'\,k_2'(\Omega^2 - k_1)}{N} \end{array}\right\} \qquad (5.14/12)$$

und die Ausschlagdifferenzen

$$\left.\begin{array}{l} Q_1 - Q_0 = \dfrac{M_1}{\Theta_1}\dfrac{\Omega^2 - k_2'}{N/\Omega^2} = \dfrac{M_1}{c_1}\,k_1'\,\dfrac{\Omega^2 - k_2'}{N/\Omega^2}, \\[14pt] Q_2 - Q_1 = -\dfrac{M_1}{\Theta_1}\dfrac{\Omega^2 - k_1}{N/\Omega^2} = -\dfrac{M_1}{c_1}\,k_1'\,\dfrac{\Omega^2 - k_1}{N/\Omega^2}; \end{array}\right\} \qquad (5.14/13)$$

N bedeutet den Ausdruck (5.14/2 a).

Die Lage der Knoten folgt nach (5.14/10a) aus

$$\frac{x_1}{l_1} = \frac{k_1}{\Omega^2}, \qquad \frac{x_2}{l_2} = \frac{\Omega^2 - k_2'}{\Omega^2}. \tag{5.14/14}$$

Die Abb. 5.14/5a und b zeigen die Abhängigkeit der Ausschläge von Ω^2 (die Ausschlagdifferenzen sind hier nicht eigens aufgetragen), die Abb. 5.14/6a und b die zugehörigen Ausschlagbilder. Auch hier erhält man wesentlich verschiedene Ergebnisse, je nachdem, ob a) $k_1 \neq k_2'$ oder b) $k_1 = k_2'$ ist.

Im allgemeinen Fall a, wo $k_1 \neq k_2'$ ist, gibt es, wie aus (5.14/12) hervorgeht, zwei Erregerfrequenzen, nämlich $\Omega^2 = k_1$ und $\Omega^2 = k_2'$, für welche jeweils zwei Ausschläge gleichzeitig verschwinden. Wird $\Omega^2 = k_1$, so ist $Q_1 = Q_2 = 0$; es schwingt nur Θ_0, und zwar so, als ob die Feder c_1 bei Θ_1 eingespannt wäre. Das Wellenstück c_2 mit den Massen Θ_1 und Θ_2 bleibt völlig in Ruhe (bzw. in gleichförmiger Drehung). Wird $\Omega^2 = k_2'$, so bleiben Θ_0 und Θ_1 und das zwischenliegende Wellenstück c_1 in Ruhe, während Θ_2 allein schwingt. Wir haben in dieser Erscheinung wieder eine Möglichkeit vor uns, Schwingungen durch Anfügen eines Zusatzsystems zu beruhigen, zu tilgen. Erregt z. B. ein Moment $m_1 = M_1 \cos \Omega t$ (an der Drehmasse Θ_1) das System Θ_1, c_2, Θ_2 zu unerwünscht großen Ausschlägen, so bringt man ein Zusatzsystem Θ_0, c_1 an, dessen Eigenfrequenz gleich der Erregerfrequenz ist,

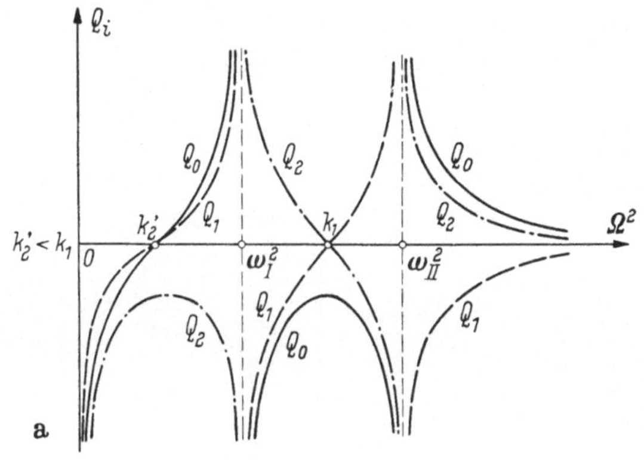
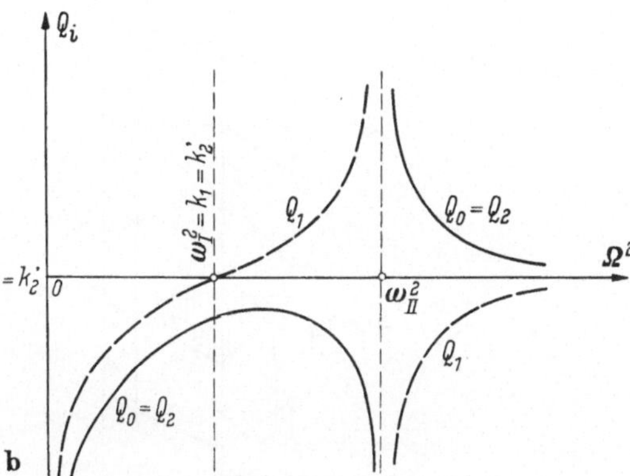

Abb. 5.14/5
Ausschlag„amplituden" Q_i unter Wirkung von M_1

$$\frac{c_1}{\Theta_0} \equiv k_1 = \Omega^2. \tag{5.14/15}$$

Dann bleiben die Massen Θ_1 und Θ_2 vollkommen in Ruhe, nur die Zusatzmasse Θ_0 schwingt. Das Drillungsmoment $c_1 Q_0$ hält dem Erregermoment M_1 Gleichgewicht.

Wie in dem in 5.13 beschriebenen Fall von Schwingungstilgung liegt auch hier zunächst nur das Verhältnis $c_1/\Theta_0 = k_1$ von Federsteifigkeit und Masse des Zusatzsystems fest. Über die Größe der Werte c_1 und Θ_0 selbst entscheidet man nach denselben Gesichtspunkten wie dort.

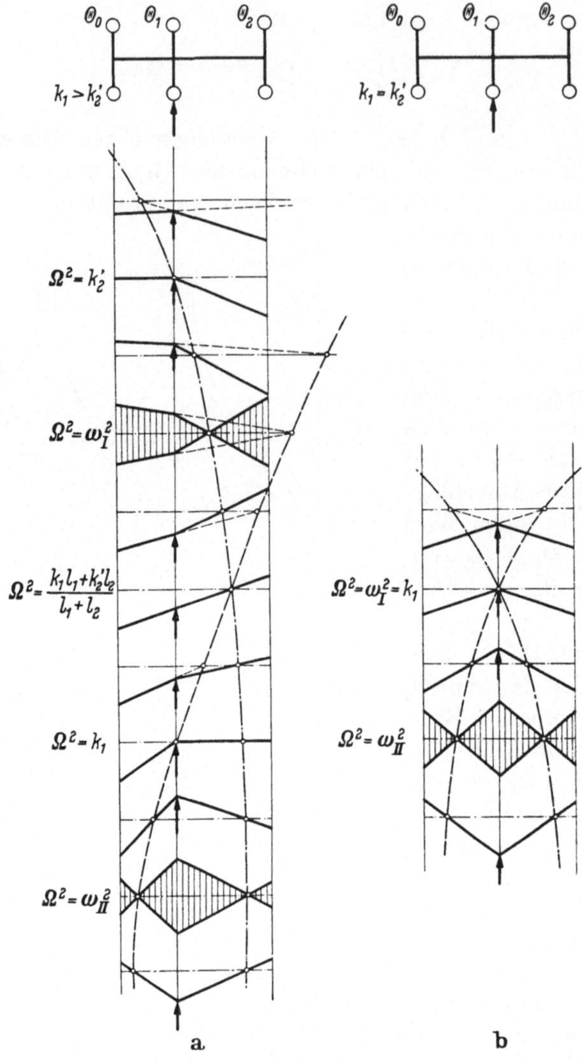

Abb. 5.14/6. Ausschlagbilder

Das Wandern der Knotenpunkte wird durch (5.14/14) beschrieben. Die beiden Knoten fallen zusammen, wenn

$$\frac{Q_0 - Q_1}{l_1} = \frac{Q_1 - Q_2}{l_2}$$

wird. Unter Benutzung von (5.14/13) folgt daraus

$$\Omega^2 = \frac{k_1 l_1 + k_2' l_2}{l_1 + l_2};$$

siehe sechstes Bild der Reihe a) in Abb. 5.14/6. In diesem Fall ist die Verdrehung und damit die Beanspruchung in beiden Wellenstücken gleich. Für $\Omega^2 \to \infty$ rücken die Knoten nach den Stellen der Drehmassen Θ_0 und Θ_2.

Wir kommen nun zum Sonderfall b). Wie im Fall b) des bei Θ_0 erregten Schwingers (s. 5.14 α) ist auch hier $k_1 = k_2' = \omega_I^2$, so daß die beiden Eigenfrequenzen lauten

$$\omega_I^2 = k_1, \qquad \omega_{II}^2 = k_1 + k_1' + k_2.$$

In den Gln. (5.14/12) kürzt sich dann jeweils ein Faktor $(\Omega^2 - k_1)$ heraus, so daß die drei Ausdrücke die Form

$$Q_0 = Q_2 = + \frac{M_1}{c_1} \frac{k_1 k_1'}{\Omega^2 (\Omega^2 - \omega_{II}^2)}, \qquad Q_1 = - \frac{M_1}{c_1} \frac{k_1'(\Omega^2 - k_1)}{\Omega^2 (\Omega^2 - \omega_{II}^2)} \qquad (5.14/16)$$

annehmen. Während ω_{II} nach wie vor eine Resonanzstelle ist, bleiben alle Ausschläge an der Stelle $\Omega^2 = k_1 = \omega_I^2$ beschränkt, Q_1 wird sogar zu Null. Eine Resonanzstelle des Drei-Massen-Systems ist damit weggefallen, d. h. sie ist „gefahrlos'' geworden; es liegt der Fall von Scheinresonanz vor. (Eine Fortsetzung dieser Erörterung findet sich in 5.21.)

5.15 Schwinger mit Massenkrafterregung. Bisher (in 5.11 bis 5.14) wurden Erregerkräfte mit konstanter Amplitude P_1 oder P_2 betrachtet, jetzt wollen wir hier noch einen Fall von Massenkrafterregung erörtern. Wir legen unseren Untersuchungen (als Beispiel) das Gebilde nach Abb. 5.15/1 zugrunde. Es entspricht (abgesehen von der andersartigen Erregung) ganz dem Gebilde von Abb. 5.13/1b. Die Erregung denken wir uns durch zwei mit dem Radius U gegensinnig umlaufende Massen der Größe $a_0/2$ bewirkt. Somit lautet der Satz der beiden Bewegungsgleichungen [vgl. I/(51.7b), wieder mit q statt w]

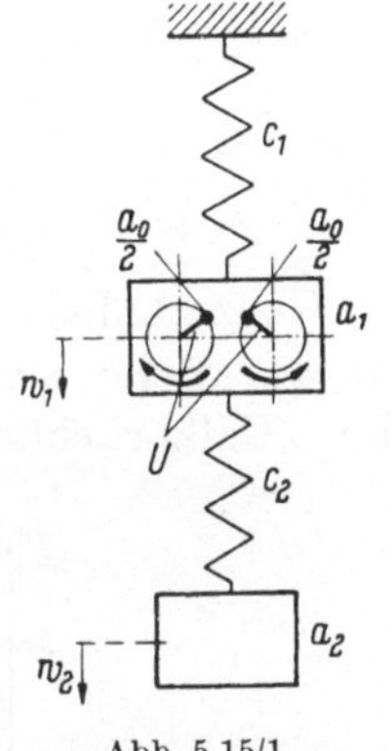

$$(a_1 + a_0)\,\ddot{q}_1 + (c_1 + c_2)\,q_1 - c_2\,q_2 = a_0\,U\,\Omega^2 \cos\Omega\,t, \quad \Big\} \quad (5.15/1)$$
$$a_2\,\ddot{q}_2 + c_2\,q_2 - c_2\,q_1 \quad\quad = 0.$$

Benutzt man auch hier die Ansätze (5.12/1a), definiert

$$|Q_1| = \frac{a_0}{a_1 + a_0}\, U \cdot \mathsf{V}_1, \qquad |Q_2| = \frac{a_0}{a_1 + a_0}\, U \cdot \mathsf{V}_2 \qquad (5.15/2)$$

Abb. 5.15/1
Schwinger mit Massenkrafterregung

und gebraucht für die Systemparameter die Fassungen

$$\mu = \frac{a_2}{a_1 + a_0}, \qquad \varkappa^2 = \frac{\dfrac{c_2}{a_2}}{\dfrac{c_1}{a_1 + a_0}} = \frac{\gamma}{\mu}, \qquad \eta^2 = \frac{\Omega^2}{\omega_1^2} = \frac{(a_1 + a_0)\,\Omega^2}{c_1}, \qquad (5.15/3)$$

so findet man für die Vergrößerungsfunktionen V_1 und V_2 die Ausdrücke

$$\mathsf{V}_1 = \left| \frac{\eta^2\,(\varkappa^2 - \eta^2)}{(1 - \eta^2)\,(\varkappa^2 - \eta^2) - \mu\,\varkappa^2\,\eta^2} \right|, \quad \Big\}$$
$$\mathsf{V}_2 = \left| \frac{\eta^2\,\varkappa^2}{(1 - \eta^2)\,(\varkappa^2 - \eta^2) - \mu\,\varkappa^2\,\eta^2} \right|. \quad \Big\} \quad (5.15/4)$$

Es sei angemerkt, daß diese Ausdrücke V_i — abgesehen von den Faktoren η^2 in den Zählern — übereinstimmen mit den in (5.12/4a) steckenden Ausdrücken $\mathsf{V}_i = \dfrac{c_1}{P_1}\, Q_i$; sie können auf jene Bezeichnungen umgeschrieben werden (oder umgekehrt).

In Abb. 5.15/2 sind die Werte V_1 und V_2 als Funktion von η für ein Beispiel (Parameter $\mu = 1$ und $\varkappa = 1$) dargestellt.

Wir sehen davon ab, die Ergebnisse (5.15/4) im einzelnen zu diskutieren und begnügen uns vielmehr mit der Angabe einiger weniger Resultate. In Abb. 5.15/3 sind dargestellt: erstens die Frequenzen η, für welche die Funktionen V_1 und V_2 unendlich werden (Resonanz), [Kurven (a) und (b) mit μ als Scharparameter], zweitens die Frequenzen η, für welche die Funktion V_1 eine Nullstelle hat (Antiresonanz) [Kurve (c)], drittens die Frequenzen η, für welche V_2 ein Minimum hat [Kurve (d)]. Die Kurve (c) hat die Gleichung $\eta = \varkappa$, die Kurve (d) die Gleichung $\eta^2 = \varkappa$.

Das Minimum von V_2 bei $\eta = \sqrt{\varkappa}$ hat den Wert

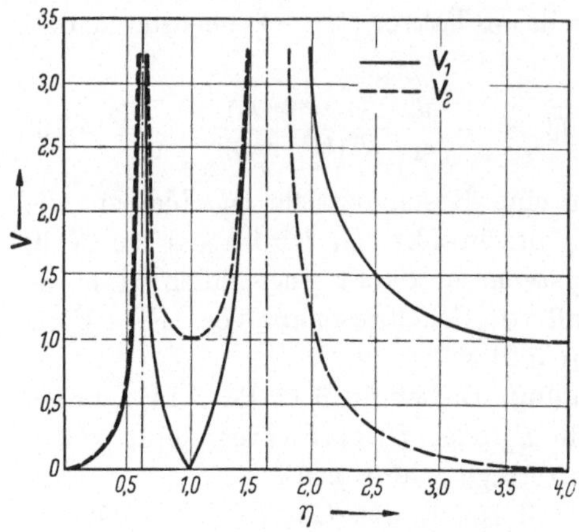

Abb. 5.15/2
Resonanzkurven V_1 und V_2 gemäß Gl. (5.15/4)

$$V_{2\,min} = \frac{\varkappa^3}{-(1+\mu)\varkappa^3 + 2\varkappa^2 - \varkappa}.$$

$$(5.15/5)$$

Ganz ähnlich, wie wir das in 5.13 erörterten, ist die Steigung der Kurve V_2 an der Stelle ihres Aufsetzens auf die η-Achse („Tilgerpunkt") ein Maß für die „Gefährlichkeit" der Nachbarschaft von Tilgerfrequenz und Resonanz-

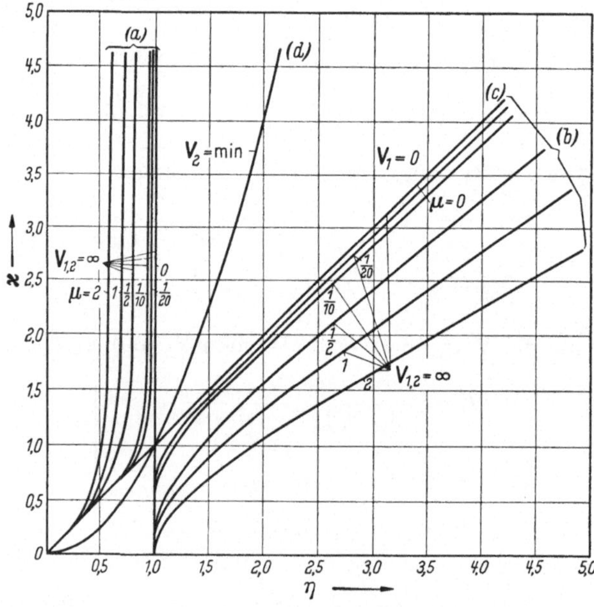

Abb. 5.15/3. Frequenzen η_1 (in Abhängigkeit von $\varkappa$ und μ) bei denen a) und b) $V_1 = \infty$, $V_2 = \infty$; c) $V_1 = 0$; d) $V_2 =$ min wird

frequenz. Wir finden

$$\left(\frac{\partial \mathsf{V}_1}{\partial \eta}\right)_{\mathsf{V}_1 = 0} = \frac{2}{\varkappa\,\mu}.\tag{5.15/6}$$

Dieses Ergebnis spielt für das Gebilde 5.15/1 dieselbe Rolle, die (5.13/7) für den Schwinger nach Abb. 5.13/1b spielt. Die Werte sind in den beiden Fällen jedoch verschieden.

5.2 Ungedämpfte, mehrläufige Schwinger

5.21 Bewegungsgleichungen; Ausschläge; Resonanz, Scheinresonanz. Die Gleichungen, die die *erzwungenen* Bewegungen der Schwinger von mehr als zwei Freiheitsgraden beschreiben, entstehen dadurch, daß die in den Abschn. 4.3 und 5.1 auftretenden Gleichungen jeweils nach zwei verschiedenen Richtungen hin erweitert werden. In Abschn. 4.3 sind die freien Schwingungen der n-läufigen Schwinger untersucht worden, in Abschn. 5.1 die erzwungenen Schwingungen der zweiläufigen Schwinger. Erweitert man die Gln. (4.32/7) oder allgemein (4.12/2) durch Hinzunahme der Erregerkräfte oder die Gln. (5.11/1) durch Ausdehnung auf n Koordinaten, so entstehen die Bewegungsgleichungen der erzwungenen Schwingungen eines n-läufigen Schwingers.

Wir nehmen fürs erste an, daß alle Erregerkräfte dieselbe Frequenz besitzen und keine Phasenverschiebung gegeneinander aufweisen.

Bei Fortfall der Beschleunigungskopplung (d. i. für Trägheitskoordinaten) lauten die Bewegungsgleichungen dann

$$\left.\begin{aligned}
a_{11}\ddot{q}_1 + c_{11}q_1 + c_{12}q_2 + \cdots + c_{1n}q_n &= P_1\cos\Omega t,\\
a_{22}\ddot{q}_2 + c_{21}q_1 + c_{22}q_2 + \cdots + c_{2n}q_n &= P_2\cos\Omega t,\\
\cdots\cdots\cdots\cdots\cdots\cdots\cdots\cdots\cdots\cdots\cdots&\\
a_{nn}\ddot{q}_n + c_{n1}q_1 + c_{n2}q_2 + \cdots + c_{nn}q_n &= P_n\cos\Omega t.
\end{aligned}\right\}\tag{5.21/1}$$

Aus ihnen entstehen mit dem Ansatz

$$q_\lambda = Q_\lambda \cos\Omega t \qquad (\lambda = 1, 2, \ldots, n)\tag{5.21/2}$$

die algebraischen Gleichungen

$$\left.\begin{aligned}
(c_{11} - a_{11}\Omega^2)Q_1 + c_{12}Q_2 + \cdots + c_{1n}Q_n &= P_1,\\
c_{21}Q_1 + (c_{22} - a_{22}\Omega^2)Q_2 + \cdots + c_{2n}Q_n &= P_2,\\
\cdots\cdots\cdots\cdots\cdots\cdots\cdots\cdots\cdots\cdots\cdots&\\
c_{n1}Q_1 + c_{n2}Q_2 + \cdots + (c_{nn} - a_{nn}\Omega^2)Q_n &= P_n.
\end{aligned}\right\}\tag{5.21/3}$$

Der Ausschlag Q_i folgt aus (5.21/3) zu

$$Q_i = \frac{1}{D}\sum_k P_k D_{ki},\tag{5.21/4}$$

wenn D die Determinante der Koeffizienten auf der linken Seite der Gln. (5.21/3) und D_{ki} die zum Element α_{ki} des Koeffizientenschemas gehörige Adjunkte bezeichnet. D ist eine algebraische Funktion n-ten Grades in Ω^2, die D_{ki} sind vom $(n-1)$-ten Grade. Bei Übereinstimmung der Erregerfrequenz Ω mit einer der n Eigenfrequenzen ω_ν des Schwingers, d. i. den Wurzeln der Gleichung

$D(\Omega^2) = 0$, geht der Nenner in (5.21/4) gegen Null, es tritt *Resonanz* ein. Dann wachsen sämtliche Ausschläge Q_i über alle Grenzen; wenigstens dann, wenn nicht zu gleicher Zeit auch der jeweilige Zähler verschwindet, d. h. wenn nicht

$$\sum_k P_k D_{ki}(\omega_\nu^2) = 0 \tag{5.21/5}$$

wird.

Ist dagegen die Bedingung (5.21/5) für ein bestimmtes $i = j$ erfüllt, d. h. verschwinden Zähler und Nenner eines Ausdruckes (5.21/4) für denselben Wert $\Omega^2 = \omega_\nu^2$, so erhält man den Wert des sich in der Form 0/0 darstellenden Quotienten als den Quotienten der Ableitungen nach Ω^2 von Zähler und Nenner in (5.21/4), also

$$Q_j = \frac{\sum P_k D'_{kj}(\omega_\nu^2)}{D'(\omega_\nu^2)}. \tag{5.21/6}$$

Da D' nicht dieselben Nullstellen hat wie D, so ist Q_j dann endlich.

Für eine Gruppierung von Erregerkräften, die die lineare Beziehung (5.21/5) für einen Wert $i = j$ erfüllen, bleibt der eine Ausschlag Q_j trotz der Übereinstimmung der Erregerfrequenz mit einer Eigenfrequenz des Schwingers endlich. Die Ausschläge der übrigen Massen behalten ihre großen Werte. Soll jedoch nicht nur der eine Ausschlag Q_j, sondern sollen die Ausschläge an allen n Stellen Q_i endlich bleiben, so müssen n Gleichungen von der Form (5.21/5), also n lineare Beziehungen zwischen den Erregerkräften P_k bestehen:

$$\left.\begin{aligned}
P_1 D_{11} + P_2 D_{21} + \cdots + P_n D_{n1} &= 0, \\
P_1 D_{12} + P_2 D_{22} + \cdots + P_n D_{n2} &= 0, \\
\cdots \cdots \cdots \cdots \cdots \cdots \cdots \cdots \cdots \\
P_1 D_{1n} + P_2 D_{2n} + \cdots + P_n D_{nn} &= 0.
\end{aligned}\right\} \tag{5.21/7}$$

Es erhebt sich nun die Frage, ob diese n linearen algebraischen Gleichungen für die n Erregerkräfte $P_1 \ldots P_n$ miteinander verträglich sind. Ohne Beweis[1] geben wir an, daß sie verträglich sind, wenn die n Bedingungen

$$P_1 : P_2 : \ldots : P_n = \alpha_{1\lambda} : \alpha_{2\lambda} : \ldots : \alpha_{n\lambda} \tag{5.21/8}$$

für irgendein λ bestehen; dabei bezeichnen die α_{ik} die Elemente des Koeffizientenschemas (5.21/3). Die Beziehungen (5.21/8) geben also die Bedingungen dafür an, daß trotz der Übereinstimmung der Erregerfrequenzen Ω mit einer Eigenfrequenz ω_ν sämtliche Ausschläge Q_i endlich bleiben.

Greift nur an *einer* Stelle k des Schwingers eine Erregerkraft P_k an, so kann der Zähler des Bruches (5.21/4) für die Amplitude Q_i dann verschwinden, wenn $D_{ki} = 0$ wird. Das bedeutet eine Beziehung zwischen den Konstanten des Schwingers, also eine Bedingung für seinen Aufbau. Die Forderung, daß an l Stellen des Schwingers die Zähler der Ausdrücke (5.21/4) zugleich mit dem Nenner verschwinden sollen, liefert l Bedingungen von der Form $D_{ki} = 0$ mit festem k und veränderlichem i, also l Bedingungen für den Aufbau des Schwingers.

---

[1] Die Hilfsmittel zur Durchführung des Beweises finden sich bei a) H. Weber: Lehrbuch der Algebra, S. 24ff. Braunschweig 1928, b) G. Kowalewski: Determinantentheorie, 3. Aufl., S. 71ff. Berlin 1942.

Wenn, entweder dadurch, daß die Erregerkräfte in geeigneten Verhältnissen stehen [s. (5.21/8)], oder dadurch, daß der Schwinger geeignet gebaut ist, *alle* Ausschläge Q_i bei Übereinstimmung der Erregerfrequenz Ω mit einer Eigenfrequenz ω_ν des Schwingers endlich bleiben, so ist die Resonanz *ungefährlich* geworden, sie ist zur „Scheinresonanz" geworden. Entweder die Bedingungen (5.21/8) oder die n Bedingungen

$$D_{ki} = 0 \qquad (i = 1, 2, \ldots, n) \qquad (5.21/9)$$

heißen die Scheinresonanzbedingungen für die einzige Erregerkraft P_k.

Wir wollen nun noch sehen, wie die in 5.11 und 5.14 gefundenen Ergebnisse sich als Sonderfälle in die hier aufgestellten allgemeinen Bedingungen (5.21/8) oder (5.21/9) einordnen.

In 5.11 waren als Scheinresonanzbedingungen in einem zweiläufigen Schwinger die (gleichwertigen) Bedingungen (5.11/6a) oder (5.11/6b) gefunden worden. In unserer jetzigen Bezeichnungsweise schreiben sie sich

$$P_1 : P_2 = \alpha_{12} : \alpha_{22},$$
$$P_1 : P_2 = \alpha_{11} : \alpha_{21}.$$

Man sieht damit unmittelbar ein, daß sie sich in (5.21/8) einfügen.

In 5.14 war die Scheinresonanz für das Drei-Massen-System untersucht worden, und es ergab sich, daß bei Anwesenheit einer einzigen Erregerkraft (eines Erregermomentes) M_1 an der mittleren Masse Scheinresonanz dann vorliegt, wenn $k_1 = k_2'$ ist und das Erregerfrequenzquadrat Ω^2 mit diesem Wert übereinstimmt. Aus den Scheinresonanzbedingungen (5.21/9) folgen mit $k = 1$ die drei Bedingungen

$$D_{10} = 0, \qquad D_{11} = 0, \qquad D_{12} = 0,$$

wobei die D_{ki} die Adjunkten zu den Elementen der Matrix in (5.14/11) sind, also der Reihe nach

$$\left.
\begin{aligned}
- D_{10} &\equiv \begin{vmatrix} -c_1 & 0 \\ -c_2 & c_2 - \Theta_2\,\Omega^2 \end{vmatrix} = 0, \\[2ex]
+ D_{11} &\equiv \begin{vmatrix} c_1 - \Theta_0\,\Omega^2 & 0 \\ 0 & c_2 - \Theta_2\,\Omega^2 \end{vmatrix} = 0, \\[2ex]
- D_{12} &\equiv \begin{vmatrix} c_1 - \Theta_0\,\Omega^2 & -c_1 \\ 0 & -c_2 \end{vmatrix} = 0
\end{aligned}
\right\} \qquad (5.21/10)$$

bedeuten. Man sieht sofort ein, daß die drei Bedingungen erfüllt werden durch

$$c_2 - \Theta_2\,\Omega^2 = 0, \qquad c_1 - \Theta_0\,\Omega^2 = 0,$$

was gleichwertig ist mit

$$\Omega^2 = k_1 = k_2'. \qquad (5.21/11)$$

Beide Fälle ordnen sich damit als Sonderfälle dem allgemeinen Fall unter.

Wir fügen noch eine Betrachtung an, die dazu dienen soll, den Einblick in die mechanischen Zusammenhänge zu vertiefen.

Wenn eine Erregerkraft $p_k = P_k \cos \Omega\, t$ an einer Masse a_k angreift und dort den Ausschlag $q_k = Q_k \cos \Omega\, t$ erzeugt (und damit die Geschwindigkeit $\dot{q}_k = -Q_k\,\Omega \sin \Omega\, t$), so leistet diese Kraft p_k bei der Bewegung q_k über eine Periode keine Arbeit wegen

$$\mathsf{A} = \int_0^T p_k\,\dot{q}_k\,dt = -\frac{1}{\Omega}\,P_k\,Q_k\,\Omega \int_0^{2\pi} \cos\tau \sin\tau\,d\tau = 0. \qquad (5.21/12\,\mathrm{a})$$

Diese Verhältnisse liegen bei den stationären erzwungenen Schwingungen in dämpfungsfreien Systemen außerhalb der Resonanz vor.

Bei Resonanz besteht jedoch eine Phasenverschiebung von $\pi/2$ zwischen Kraft und Ausschlag; es gilt

$$p_k = P_k \cos \Omega t, \qquad q_k = Q_k \sin \Omega t, \qquad \dot{q}_k = \Omega\, Q_k \cos \Omega t,$$

so daß die je Periode T geleistete Arbeit zu

$$A = \frac{1}{\Omega} \int_0^{2\pi} p_k\, \dot{q}_k\, d\tau = P_k Q_k \int_0^{2\pi} \cos^2 \tau\, d\tau = P_k Q_k\, \pi \qquad (5.21/12\,\text{b})$$

wird.

Die Arbeit A aller Erregerkräfte bei Resonanz wird demnach zu

$$A = \pi \sum_j P_j Q_j. \qquad (5.21/13\,\text{a})$$

Wenn wir nun die plausible Annahme machen, daß die Ausschläge dasselbe Verhältnis haben wie bei freien Schwingungen, so daß also

$$Q_1 : Q_2 : \ldots : Q_n = D_{1\lambda} : D_{2\lambda} : \ldots : D_{n\lambda}$$

(mit beliebigen λ) ist, oder

$$Q_j = \frac{Q_n}{D_{n\lambda}}\, D_{j\lambda},$$

so folgt aus (5.21/13 a)

$$A = \pi \frac{Q_n}{D_{n\lambda}} \sum P_j\, D_{j\lambda}. \qquad (5.21/13\,\text{b})$$

Ist nun (5.21/5) erfüllt, d. h. liegt Scheinresonanz vor, so wird $A = 0$. Wir sehen also, daß bei Scheinresonanz die einzelnen Erregerkräfte, obgleich sie Arbeit leisten können, in solcher Weise verteilt und proportioniert sind, daß die insgesamt geleistete Arbeit doch verschwindet. Wenn nur eine Erregerkraft vorhanden ist, so muß diese also an einem Knoten angreifen. Das Beispiel am Ende von 5.14 bestätigt diesen Schluß.

Wollen wir weiterhin die zu Beginn gemachte Einschränkung aufheben, daß alle Erregerkräfte in Phase sind, so brauchen wir uns nur daran zu erinnern, daß erstens alles, was für Erregerkräfte $P_k \cos \Omega t$ gesagt wurde, wörtlich für Erregerkräfte $P_k \sin \Omega t$ gültig bleibt, wenn statt (5.21/2) der Ansatz

$$q_\lambda = \bar{Q}_\lambda \sin \Omega t \qquad (5.21/2\,\text{a})$$

benutzt wird, und daß zweitens jede allgemeine Erregerkraft $p_k = P_k \cos(\Omega t + \alpha_k)$ zerlegt werden kann in einen Cosinus-Anteil und einen Sinus-Anteil mit den Amplituden P_k' und P_k'', für die jeweils gilt

$$P_k' = P_k \cos \alpha_k \quad \text{und} \quad P_k'' = - P_k \sin \alpha_k. \qquad (5.21/14)$$

Überlagerung der so errechneten, mit den Amplituden Q_λ und $\bar{Q}_\lambda$ versehenen Ausschläge ($\lambda = 1, \ldots, n$) liefert das gesuchte Ergebnis.

Soll schließlich noch die Einschränkung aufgehoben werden, daß alle Erregerkräfte gleiche Frequenz Ω besitzen, so braucht man die Rechnung nur für jede der vorkommenden Erregerfrequenzen Ω_μ getrennt durchzuführen und die Ergebnisse wieder zu überlagern.

5.22 Nulleffekte; Verschwinden („Tilgung") von Ausschlägen und Beanspruchungen in der unverzweigten Kette. α) Die Aufgabe. Die Gleichungen für die Ausschlagamplituden (5.21/3) und (5.21/4) wurden erörtert, ohne daß Einschränkungen hinsichtlich der Bauart des Schwingers gemacht wurden; das Augenmerk galt dort ferner im besonderen den Erscheinungen der Resonanz und der Scheinresonanz. Wir wollen uns nun den sog. „Nulleffekten" zuwenden, die aus jenen Gleichungen abgelesen werden können, den Erscheinungen also, daß bei gewissen Erregerfrequenzen manche Ausschläge oder Beanspruchungen verschwinden. Diese Nulleffekte werden wir explizit jedoch nicht für das all-gemeine System (5.21/1) erörtern, sondern nur für die sog. Ketten. Dabei betrachten wir in 5.22 einfach zusammenhängende, unverzweigte Ketten, in 5.23 dann verzweigte. Es wird sich dabei auch zeigen, wie die „Nulleffekte" hergestellt, d. h. zur *Tilgung* von Ausschlägen und Beanspruchungen verwendet werden können.

Abb. 5.22/1. $(n+1)$-Massen-Schwinger

Wir legen also den folgenden Betrachtungen das $(n + 1)$-Massen-System (den n-läufigen Schwinger) der Abb. 5.22/1 zugrunde. Diese Kette ist ungefesselt. Aber auch gefesselte Ketten fallen unter die gleiche Betrachtung; sie sind nämlich Sonderfälle für $a_0 \to \infty$ und/oder $a_n \to \infty$.

Die Gln. (5.21/3) nehmen für den Schwinger 5.22/1 die Form

$$\left.\begin{aligned}
(c_1 - a_0\,\Omega^2)\,Q_0 - c_1\,Q_1 \qquad\qquad\qquad &= P_0, \\
-c_1\,Q_0 + (c_1 + c_2 - a_1\,\Omega^2)\,Q_1 - c_2\,Q_2 \qquad &= P_1, \\
\cdots\cdots\cdots\cdots\cdots\cdots\cdots\cdots\cdots\cdots\cdots\cdots\;\; & \\
-c_\lambda\,Q_{\lambda-1} + (c_\lambda + c_{\lambda+1} - a_\lambda\,\Omega^2)\,Q_\lambda - c_{\lambda+1}\,Q_{\lambda+1} &= P_\lambda, \\
\cdots\cdots\cdots\cdots\cdots\cdots\cdots\cdots\cdots\cdots\cdots\cdots\;\; & \\
-c_n\,Q_{n-1} + (c_n - a_n\,\Omega^2)\,Q_n &= P_n
\end{aligned}\right\} \quad (5.22/1)$$

an. (Ist die Kette an der Stelle 0 befestigt, so wird wegen $a_0 = \infty$ der Ausschlag $Q_0 = 0$ und die erste der Gleichungen fällt als Bewegungsgleichung aus; sie gibt dann die Reaktionskraft P_0 der Einspannung an.)

Die Determinante D der Koeffizienten von Q_i auf der linken Seite wird weiterhin oft gebraucht werden. Wir schreiben sie in der Form

$$D(\Omega^2) = a_0\,a_1\,a_2 \ldots a_{n-1}\,a_n\,N(\Omega^2) \qquad\qquad (5.22/2)$$

mit

$$N(\Omega^2) \equiv \begin{vmatrix}
\dfrac{c_1}{a_0} - \Omega^2 & \dfrac{-c_1}{a_0} & 0 & \ldots & 0 & 0 & 0 \\[2mm]
\dfrac{-c_1}{a_1} & \dfrac{c_1 + c_2}{a_1} - \Omega^2 & \dfrac{-c_2}{a_1} & \ldots & 0 & 0 & 0 \\[2mm]
\cdot & \cdot & \cdot & \cdots & \cdot & \cdot & \cdot \\[2mm]
0 & 0 & 0 & \ldots & \dfrac{-c_{n-1}}{a_{n-1}} & \dfrac{c_{n-1} + c_n}{a_{n-1}} - \Omega^2 & \dfrac{-c_n}{a_{n-1}} \\[2mm]
0 & 0 & 0 & \ldots & 0 & \dfrac{-c_n}{a_n} & \dfrac{c_n}{a_n} - \Omega^2
\end{vmatrix} \qquad (5.22/3)$$

Die n-reihigen in 5.21 erwähnten Determinanten D_{ki} entstehen aus (5.22/2) dadurch, daß die k-te Zeile und die i-te Spalte gestrichen werden, und daß der Faktor $(-1)^{k+i}$ hinzugefügt wird.

Für die Untersuchung der „Nulleffekte" benötigen wir einige Sätze aus der Theorie der Determinanten, und zwar über die Entwicklung einer Determinante nach Unterdeterminanten einer vorgegebenen Ordnung. Da wir die Sätze nicht als allgemein bekannt voraussetzen können, stellen wir sie (im hier benötigten Umfang) zusammen[1].

β) **Hilfsmittel: Der Laplacesche Entwicklungssatz.** Die Determinante

$$D = \begin{vmatrix} \alpha_{11} & \alpha_{12} & \alpha_{13} & \cdots & \alpha_{1n} \\ \alpha_{21} & \alpha_{22} & \alpha_{23} & \cdots & \alpha_{2n} \\ \cdot & \cdot & \cdot & \cdot & \cdot \\ \alpha_{n1} & \alpha_{n2} & \alpha_{n3} & \cdots & \alpha_{nn} \end{vmatrix} \tag{5.22/4}$$

läßt sich entwickeln nach den Elementen irgendeiner Reihe, z. B. der ersten Zeile, in der Form

$$D = \alpha_{11} D_{11} + \alpha_{12} D_{12} + \cdots + \alpha_{1n} D_{1n}. \tag{5.22/5a}$$

Dabei bedeutet $D_{\mu\nu}$ die dem Element $\alpha_{\mu\nu}$ „zugeordnete" (adjungierte) Größe, die Adjunkte (oder das algebraische Komplement) von $\alpha_{\mu\nu}$. Diese Größe entsteht, wenn man die Unterdeterminante $\Delta_{\mu\nu}$ von $\alpha_{\mu\nu}$ [d. i. diejenige Determinante $(n-1)$-ten Grades, die aus D durch Streichen der μ-ten Zeile und der ν-ten Spalte hervorgeht] mit $(-1)^{\mu+\nu}$ multipliziert.

Statt nach Elementen läßt sich eine Determinante aber auch entwickeln nach Unterdeterminanten *zweiter Ordnung*, die in irgend zwei Zeilen enthalten sind, z. B. in den ersten beiden Zeilen. Die Entwicklung lautet dann

$$D = \begin{vmatrix} \alpha_{11} & \alpha_{12} \\ \alpha_{21} & \alpha_{22} \end{vmatrix} D_{12}^{12} - \begin{vmatrix} \alpha_{11} & \alpha_{13} \\ \alpha_{21} & \alpha_{23} \end{vmatrix} D_{12}^{13} + - \cdots + (-1)^{1+1+2+n} \begin{vmatrix} \alpha_{11} & \alpha_{1n} \\ \alpha_{21} & \alpha_{2n} \end{vmatrix} D_{12}^{1n} +$$

$$+ \begin{vmatrix} \alpha_{12} & \alpha_{13} \\ \alpha_{22} & \alpha_{23} \end{vmatrix} D_{12}^{23} - \begin{vmatrix} \alpha_{12} & \alpha_{14} \\ \alpha_{22} & \alpha_{24} \end{vmatrix} D_{12}^{24} + - \cdots + (-1)^{1+2+2+n} \begin{vmatrix} \alpha_{12} & \alpha_{1n} \\ \alpha_{22} & \alpha_{2n} \end{vmatrix} D_{12}^{2n} +$$

$$+ - \cdots + (-1)^{1+\lambda+2+\nu} \begin{vmatrix} \alpha_{1\lambda} & \alpha_{1\nu} \\ \alpha_{2\lambda} & \alpha_{2\nu} \end{vmatrix} D_{12}^{\lambda\nu} + - \cdots + (-1)^{1+(n-1)+2+n} \begin{vmatrix} \alpha_{1,n-1} & \alpha_{1n} \\ \alpha_{2,n-1} & \alpha_{2n} \end{vmatrix} D_{12}^{n-1,n}. \tag{5.22/5b}$$

Unter $D_{12}^{\lambda\nu}$ ist dabei jene Unterdeterminante $(n-2)$-ter Ordnung zu verstehen, die aus D entsteht durch Streichen der ersten und zweiten Zeile und der Spalten λ und ν (aus denen die Elemente der als Koeffizienten dienenden Determinanten zweiter Ordnung entnommen sind). Die Größe $\pm D_{12}^{\lambda\nu}$ heißt dabei das *algebraische Komplement* der Determinante

$$\begin{vmatrix} \alpha_{1\lambda} & \alpha_{1\nu} \\ \alpha_{2\lambda} & \alpha_{2\nu} \end{vmatrix}.$$

Das Vorzeichen des algebraischen Komplementes ist ± 1, je nachdem, ob die Summe der Indizes der in der Hauptdiagonalen der zweireihigen Determinante stehenden Elemente gerade oder ungerade ist.

In entsprechender Weise läßt D sich entwickeln nach Unterdeterminanten dritter, vierter, ..., r-ter Ordnung, die drei, vier, ..., r vorgegebenen Zeilen angehören.

Der Linearität der Gl. (5.21/4) wegen dürfen wir uns bei allen folgenden Untersuchungen auf den Fall beschränken, daß eine einzige Erregerkraft P_k vorhanden ist.

γ) **Beruhigung eines Kettenstranges.** Würde man die Ausschläge Q_i, die unter Wirkung der Erregerkraft P_k gemäß der Gleichung $Q_i = P_k D_{ki}/D$

---

[1] Siehe z. B. G. KOWALEWSKI: Theorie der Determinanten, 3. Aufl., S. 34. Berlin 1942.

(5.21/4) zustande kommen, als Funktionen von Ω^2 auftragen, so erhielte man Kurven analog zu 5.14/2 und 5.14/5. Für Erregerfrequenzen Ω in der Nähe der Nullstellen des Nenners D (d. i. in der Nähe der Eigenfrequenzen ω_ν) werden die Ausschläge sehr groß (Resonanz), dazwischen gibt es aber auch *Nullstellen* des Ausschlages, und zwar bei jenen Frequenzen Ω, die Nullstellen des Zählers D_{ki} sind. Diesen Nullstellen wenden wir nun unsere Aufmerksamkeit zu.

Es gilt der folgende Satz: Greift an der Masse (Drehmasse) a_k einer einfach zusammenhängenden Kette (Abb. 5.22/2a) eine harmonische Kraft (Moment) P_k an, deren Frequenz Ω gleich ist einer der Eigenfrequenzen ω^* desjenigen Teil-

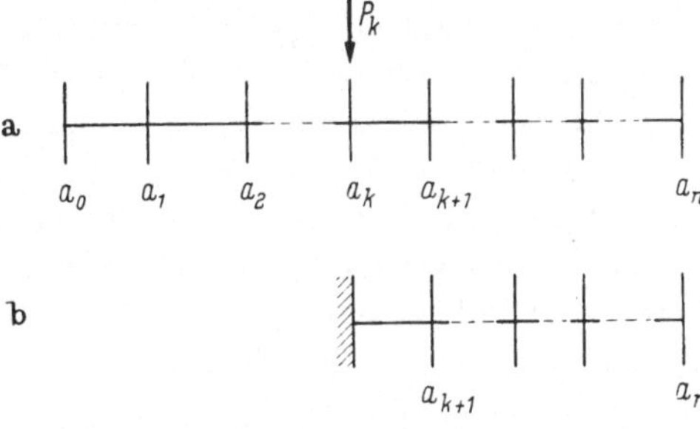

Abb. 5.22/2
Kette a) und Teilkette b) bei a_k eingespannt

systems, das aus den Massen a_{k+1} bis a_n und den zugehörigen Federn besteht, und das an der Stelle k eingespannt ist (Abb. 5.22/2b), so sind die Ausschläge Q_0 bis Q_k des Schwingers sämtlich gleich Null.

Der Satz kann allgemein bewiesen werden, wenn man Gebrauch macht von der Entwicklung einer Determinante nach Unterdeterminanten r-ter Ordnung. Zunächst kann man leicht einsehen, daß der Ausschlag Q_k der Masse a_k, an der die Erregerkraft P_k *angreift*, verschwindet, wenn Ω mit einer Eigenfrequenz des Systems der Abb. 5.22/2b übereinstimmt. Für diesen Ausschlag Q_k ergibt sich nämlich aus (5.21/4)

$$Q_k = P_k \frac{D_{kk}}{D} . \tag{5.22/6}$$

Die n-reihige Determinante D_{kk} entsteht aus der $(n+1)$-reihigen Determinante D (5.22/2) durch Streichen der k-ten Zeile und der k-ten Spalte. Sie hat die allgemeine Gestalt

$$D_{kk} = \begin{vmatrix} \alpha & \alpha & \alpha & 0 & 0 & 0 & 0 \\ \alpha & \alpha & \alpha & 0 & 0 & 0 & 0 \\ \alpha & \alpha & \alpha & 0 & 0 & 0 & 0 \\ \hline 0 & 0 & 0 & \alpha & \alpha & \alpha & \alpha \\ 0 & 0 & 0 & \alpha & \alpha & \alpha & \alpha \\ 0 & 0 & 0 & \alpha & \alpha & \alpha & \alpha \\ 0 & 0 & 0 & \alpha & \alpha & \alpha & \alpha \end{vmatrix} . \tag{5.22/7}$$

Die Doppellinien deuten die weggefallene Zeile und Spalte an. In den rechteckigen Feldern rechts oben und links unten stehen lauter Nullen, in den quadratischen Feldern links oben und rechts unten stehen Glieder α, die von Null verschieden sein können. Entwickeln wir die Determinante D_{kk} nach k-reihigen Unterdeterminanten, so bleibt nur übrig

$$D_{kk} = |I| \cdot |II| , \tag{5.22/8}$$

wenn mit $|I|$ und $|II|$ abkürzend die Determinanten aus den quadratischen Feldern links oben und rechts unten in (5.22/7) bezeichnet werden. $|II| = 0$ ist aber Frequenzengleichung des Teilsystems nach Abb. 5.22/2b und hat die Wurzeln ω^*. Ist die Erregerfrequenz $\Omega = \omega^*$ also gleich einer der Eigenfrequenzen des Systems der Abb. 5.22/2b, so ist $D_{kk} = 0$ und damit auch $Q_k = 0$.

Es verschwindet aber nicht nur Q_k, sondern es verschwinden auch alle links davon gelegenen Q_i, für die also $i < k$ ist. Denn die Entwicklung der Determinanten D_{ki} nach k-reihigen Unterdeterminanten läßt jedesmal nur *ein* Produkt übrig; sein zweiter Faktor ist $|II|$. Da dieser Faktor für $\Omega = \omega^*$ verschwindet, so sind alle Q_i $(i \leqq k)$ gleich Null.

Damit ist nachgewiesen, daß unter den angegebenen Voraussetzungen das rechts angeschlossene System 5.22/2b allein schwingt, während die Massen a_0 bis a_k in Ruhe bleiben. Die Erregerkraft P_k spielt für das rechte Teilsystem die Rolle der Einspannkraft. In einem gegebenen Schwinger können also stets alle Ausschläge auf einer Seite von der Erregerkraft für m Frequenzen Ω_μ dadurch zu Null gemacht werden, daß man auf der anderen Seite einen Schwinger von m Freiheitsgraden anschließt, der die m Werte Ω_μ als Eigenfrequenzen aufweist (oder indem man eine auf der zweiten Seite schon vorhandene Kette so *ergänzt*, daß sie die erforderlichen Eigenfrequenzen besitzt).

Hier wird z. B. die Frage von Bedeutung, wie man einen Schwinger herstellt, der vorgegebene Frequenzen aufweist. Dieser Frage sind wir in 2.73 nachgegangen.

δ) **Beruhigung einer einzelnen Masse.** Neben der Beruhigung eines ganzen Kettenstranges (von 0 bis k im vorangehenden Beispiel) können wir eine Beruhigung einer einzelnen Masse (einen „Nulleffekt" an *einer* Stelle) noch unter anderen Umständen erzielen. Stimmt die Erregerfrequenz Ω überein mit der Eigenfrequenz einer Restkette, die nicht bei der Erregerstelle, sondern an

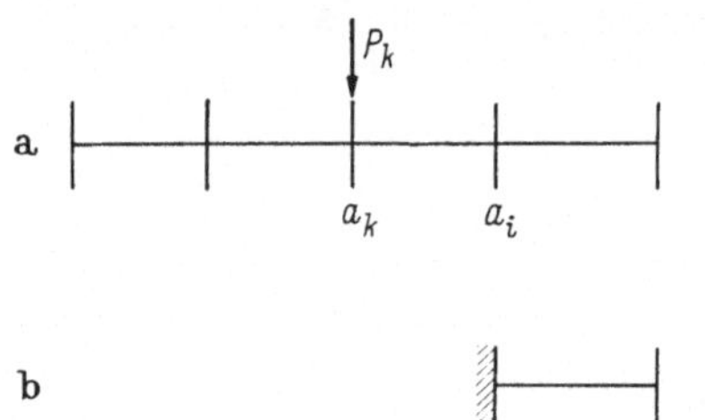

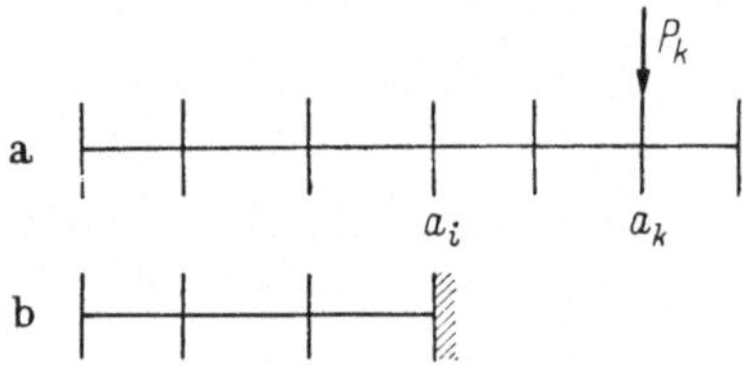

<table>
<tr><td style="text-align:center">Abb. 5.22/3
Kette a) und Teilkette b) bei a_i eingespannt</td><td style="text-align:center">Abb. 5.22/4
Kette a) und Teilkette b) bei a_i eingespannt</td></tr>
</table>

einer Stelle i beginnt, so wird der Ausschlag Q_i der Masse a_i, an die die Teilkette angeschlossen ist, zu Null. So ruht in Abb. 5.22/3a oder Abb. 5.22/4a die Masse a_i, wenn Ω übereinstimmt mit einer Eigenfrequenz der Teilketten 5.22/3b bzw. 5.22/4b.

Den Beweis schließen wir an die Abb. 5.22/4 an, indem wir voraussetzen, es sei $i < k$ (die Erregerstelle liege rechts vom Anschlußpunkt der Teilkette). Streichen wir in der Determinante (5.22/2), wo sowohl i wie k von Null an laufen, (neben der k-ten Zeile) die i-te Spalte weg, dann entsteht eine Unterdeterminante D_{ki}, die, wenn man links oben ein quadratisches Feld von i Zeilen und Spalten abtrennt, rechts oben ein rechteckiges Feld von i Zeilen enthält, in dem lauter Nullen stehen. Die Entwicklung dieser Determinante D_{ki} nach i-reihigen Unterdeterminanten, deren Elemente den ersten i Zeilen entnommen werden, läßt nur das Produkt $|I| \cdot |II|$ aus den beiden Determinanten des linken oberen und rechten unteren quadratischen Feldes übrig. $|I| = 0$ ist aber Frequenzengleichung der an der Stelle i eingespannten Teilkette, bestehend aus den Massen a_0 bis a_{i-1}. Stimmt Ω mit einer ihrer Eigenfrequenzen überein, so wird $|I|$ und damit $Q_i = \dfrac{1}{D} P_k |I| \cdot |II|$ zu Null.

Für das Beispiel der Abb. 5.22/4, wo $n = 6$, $i = 3$ und $k = 5$ ist, lautet die Determinante

$$
D_{5,3} = \begin{vmatrix}
c_1 - a_0\,\Omega^2 & -c_1 & 0 & \bigg\| & 0 & 0 & 0 \\
-c_1 & c_1 + c_2 - a_1\,\Omega^2 & -c_2 & \bigg\| & 0 & 0 & 0 \\
0 & -c_2 & c_2 + c_3 - a_2\,\Omega^2 & \bigg\| & 0 & 0 & 0 \\
\hline
0 & 0 & -c_3 & \bigg\| & -c_4 & 0 & 0 \\
0 & 0 & 0 & \bigg\| & c_4 + c_5 - a_4\,\Omega^2 & -c_5 & 0 \\
\hline
0 & 0 & 0 & \bigg\| & 0 & -c_6 & c_6 - a_6\,\Omega^2
\end{vmatrix}.
$$

Die Doppellinien deuten die weggefallenen Reihen an; die gestrichelte Linie zeigt die Abgrenzung der quadratischen Felder I und II.

Ist $i > k$, so tritt das nur Nullen enthaltende rechteckige Feld links unten auf; entwickelt man dann nach $(n - i)$-reihigen Unterdeterminanten aus den letzten $(n - i)$ Zeilen, so sieht man, daß wieder nur das eine Produkt $|I| \cdot |II|$ übrigbleibt.

Die Aufgabe, die Schwingungsausschläge z. B. an den Stellen i der Schwinger 5.22/5 oder 5.22/6 zum Verschwinden zu bringen, kann, falls das vorhandene System sich nicht abändern läßt, beide Malé dadurch gelöst werden, daß man ein weiteres Glied c_z, a_z an die Kette anfügt. Im Fall 5.22/5 muß $c_z/a_z = \Omega^2$ gemacht werden, im Fall 5.22/6 muß c_z und a_z so gewählt werden, daß eine der beiden Eigenfrequenzen des zweiläufigen Schwingers 5.22/6 b mit Ω übereinstimmt.

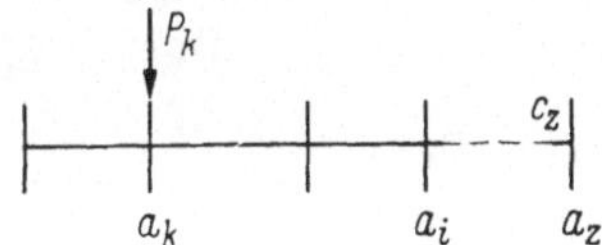

Abb. 5.22/5
Kette, in der $Q_i = 0$ werden soll

ε) **Verschwinden der Beanspruchung einer Feder (eines Wellenstückes).** Durch Abstimmen einer Teilkette gelang es, einen „Nulleffekt des Ausschlages" zu erzielen; mit demselben Mittel kann auch ein „Nulleffekt der Beanspruchung" in einer Feder erreicht werden. Dazu muß die an diese Feder sich anschließende (die Erregerstelle *nicht* enthaltende) Teilkette, wenn sie ohne Fesselung schwingt, eine Eigenfrequenz besitzen, die mit der Erregerfrequenz Ω übereinstimmt. So bleibt in

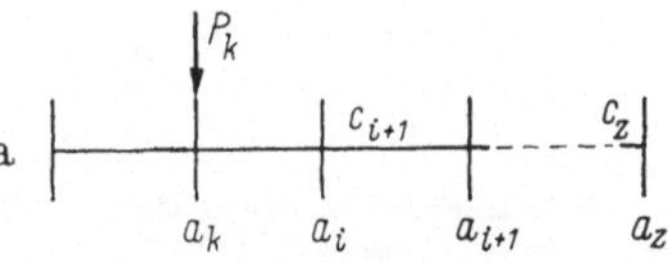

Abb. 5.22/6
Kette, in der $Q_i = 0$ werden soll

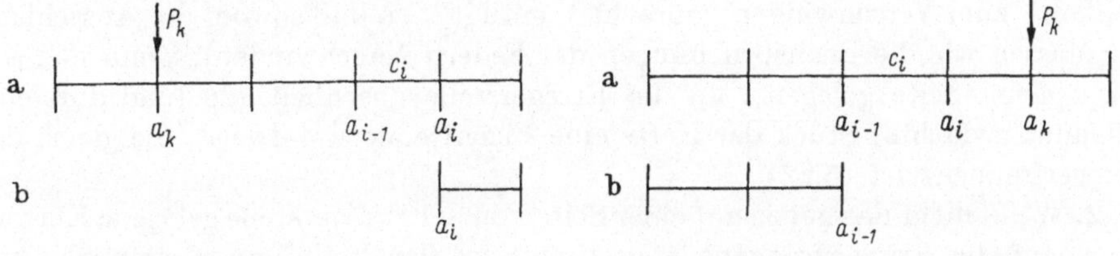

Abb. 5.22/7. Kette a) und Teilkette b),   Abb. 5.22/8. Kette a) und Teilkette b),
wenn Beanspruchung in c_i gleich Null sein soll   wenn Beanspruchung in c_i gleich Null sein soll

Abb. 5.22/7a oder 5.22/8a die Feder c_i ohne Beanspruchung, wenn die Erregerfrequenz Ω übereinstimmt mit einer Eigenfrequenz ω der in Abb. 5.22/7b bzw. 5.22/8b gezeichneten Schwinger.

Zum Beweis betrachten wir wieder die der untersuchten Größe proportionale Determinante. Dies ist hier (ohne Rücksicht auf das unwichtige Vorzeichen) wegen

$$K_i = c_i(Q_{i-1} - Q_i) = \frac{c_i\, P_k}{D}\,(D_{k,\,i-1} - D_{k,\,i}) \qquad\qquad (5.22/9)$$

diejenige Determinante $D_{k,\,i-1} - D_{k,\,i}$, die entsteht, wenn in D (5.22/2) die Zeile k gestrichen wird, während an die Stelle der beiden Spalten $(i-1)$ und i *eine* neue Spalte tritt, deren Elemente jeweils die *Summen* der nebeneinander stehenden Elemente der weggefallenen Spalten sind. So kommt (falls $k > i$ ist) eine Determinante zustande, die neben dem aus i Reihen bestehenden quadratischen linken oberen Feld im (rechteckigen) rechten oberen Feld nur Nullen enthält, so daß wie zuvor

$$D_{k,\,i-1} - D_{k,\,i} = |I| \cdot |II|,$$

ein Produkt aus zwei Unterdeterminanten entsteht. $|I| = 0$ ist dabei die Frequenzengleichung der „Teilkette", so daß K_i verschwindet, wenn Ω mit einer der Eigenfrequenzen dieser Teilkette übereinstimmt.

Für das Beispiel der Abb. 5.22/8, wo $n = 5$, $k = 4$, $i = 3$ ist, lautet die Determinante

$$D_{4,\,2} - D_{4,\,3} = \begin{vmatrix} c_1 - a_0\,\Omega^2 & -c_1 & 0 & 0 & 0 \\ -c_1 & c_1 + c_2 - a_1\,\Omega^2 & -c_2 & 0 & 0 \\ 0 & -c_2 & c_2 - a_2\,\Omega^2 & 0 & 0 \\ 0 & 0 & c_4 - a_3\,\Omega^2 & -c_4 & 0 \\ 0 & 0 & 0 & -c_5 & c_5 - a_5\,\Omega^2 \end{vmatrix}$$

$$= -c_4(c_5 - a_5\,\Omega^2) \begin{vmatrix} c_1 - a_2\,\Omega^2 & -c_1 & 0 \\ -c_1 & c_1 - c_2 - a_1\,\Omega^2 & -c_2 \\ 0 & -c_2 & c_2 - a_2\,\Omega^2 \end{vmatrix}.$$

Die gestrichelten Linien deuten die Abgrenzungen der quadratischen Felder an.

Um in einem vorgegebenen System eine Feder (ein Wellenstück) frei von Schwingungsbeanspruchungen zu machen, kann man, falls sich die vorhandenen Massen und Federn nicht abändern lassen, einen Zusatzschwinger anfügen, der eine der Eigenfrequenzen der Teilkette auf den erforderlichen Wert bringt.

ζ) **Zusammenfassung.** Wegen der Wichtigkeit, die die beschriebenen Erscheinungen der Beruhigung (Tilgung) von Schwingungen für die Anwendungen besitzen, fassen wir sie noch einmal in wenigen Sätzen zusammen.

1. In einer (unverzweigten) einfach zusammenhängenden Schwingerkette, in der an einer einzigen Stelle k eine Erregerkraft P_k angreift, werden die Schwingungen der gesamten auf *einer* Seite von der Erregerstelle liegenden Teilkette zum Verschwinden gebracht („getilgt", so daß sowohl die Ausschläge der Massen wie die Beanspruchungen der Federn verschwinden), wenn das auf der *anderen* Seite gelegene, an die Erregerstelle anschließende (und dort eingespannt gedachte) Stück der Kette eine Eigenfrequenz aufweist, die gleich der Erregerfrequenz ist (5.22 γ).

2. Wenn nicht das ganze auf einer Seite von der Erregerstelle gelegene Kettenstück auf die Erregerfrequenz abgestimmt werden kann, wenn vielmehr nur das außerhalb der Stelle i liegende (bei a_i eingespannt gedachte) Stück der Kette eine mit der Erregerfrequenz übereinstimmende Eigenfrequenz aufweist, so bleibt die Masse a_i dauernd in Ruhe (5.22 δ).

3. Wenn das an eine Feder c_i anschließende [aus $(l+1)$ Massen und l Federn bestehende, ohne Befestigung gedachte] Stück einer Kette eine mit der Erreger-

frequenz übereinstimmende Eigenfrequenz aufweist, so bleibt die Feder c_i
ohne Beanspruchung (5.22 ε).

5.23 Nulleffekte in einer verzweigten Kette; Beispiel: Vier-Massen-System.
Die Erscheinung der Beruhigung (Tilgung) von Schwingungen war in 5.22 an
unverzweigten Ketten untersucht worden. Besondere
Bedeutung kommt dieser Erscheinung jedoch auch dann
zu, wenn Verzweigungen der Kette zugelassen sind. Um
die Erörterungen nicht zu weitläufig werden zu lassen,
legen wir den folgenden Untersuchungen die einfachste
verzweigte Kette zugrunde (Abb. 5.23/1a), die genügend
allgemein ist, um alle Effekte zu zeigen. Sie besteht
aus vier Drehmassen $\bar{\Theta}_0$, $\bar{\bar{\Theta}}_0$, Θ_1 und Θ_2 und drei Wellenstücken $\bar{c}_1$, $\bar{\bar{c}}_1$, c_2. Symbolisch deuten wir das System
durch die Skizze b) der Abbildung an. Das System
werde durch ein an der Drehmasse Θ_1 angreifendes
Moment erregt, das die Amplitude M_1 habe.

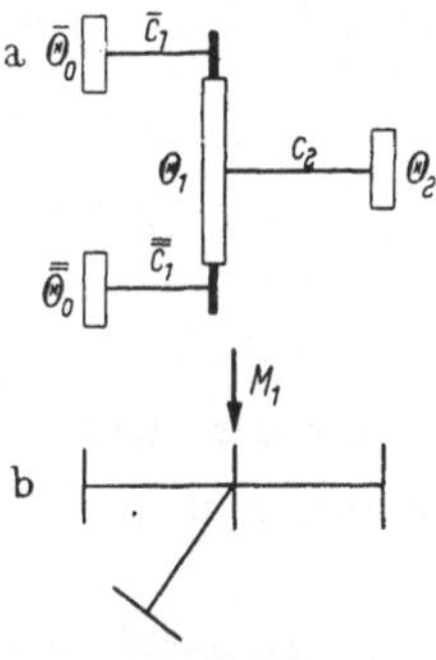

Abb. 5.23/1. Vier-Massen-
System, verzweigt

Die aus den Bewegungsgleichungen des Schwingers
nach Einführung des Hauptschwingungsansatzes folgenden algebraischen Gleichungen lauten

$$\left.\begin{aligned}
(\bar{c}_1 - \bar{\Theta}_0\,\Omega^2)\,\bar{Q}_0 - \bar{c}_1\,Q_1 &= 0, \\
(\bar{\bar{c}}_1 - \bar{\bar{\Theta}}_0\,\Omega^2)\,\bar{\bar{Q}}_0 - \bar{\bar{c}}_1\,Q_1 &= 0, \\
(c_2 - \Theta_2\,\Omega^2)\,Q_2 - c_2\,Q_1 &= 0, \\
-\bar{c}_1\,\bar{Q}_0 - \bar{\bar{c}}_1\,\bar{\bar{Q}}_0 - c_2\,Q_2 + (\bar{c}_1 + \bar{\bar{c}}_1 + c_2 - \Theta_1\,\Omega^2)\,Q_1 &= M_1.
\end{aligned}\right\} \quad (5.23/1)$$

Die Determinante der Koeffizienten der Größen Q_i lautet

$$D = \begin{vmatrix}
\bar{c}_1 - \bar{\Theta}_0\,\Omega^2 & 0 & 0 & -\bar{c}_1 \\
0 & \bar{\bar{c}}_1 - \bar{\bar{\Theta}}_0\,\Omega^2 & 0 & -\bar{\bar{c}}_1 \\
0 & 0 & c_2 - \Theta_2\,\Omega^2 & -c_2 \\
-\bar{c}_1 & -\bar{\bar{c}}_1 & -c_2 & \bar{c}_1 + \bar{\bar{c}}_1 + c_2 - \Theta_1\,\Omega^2
\end{vmatrix}. \quad (5.23/1\,\mathrm{a})$$

Der Ausschlag Q_1 der Drehmasse Θ_1, an der das Erregermoment M_1 angreift,
wird demnach zu

$$Q_1 = \frac{1}{D(\Omega^2)}\begin{vmatrix}
\bar{c}_1 - \bar{\Theta}_0\,\Omega^2 & 0 & 0 & 0 \\
0 & \bar{\bar{c}}_1 - \bar{\bar{\Theta}}_0\,\Omega^2 & 0 & 0 \\
0 & 0 & c_2 - \Theta_2\,\Omega^2 & 0 \\
-\bar{c}_1 & -\bar{\bar{c}}_1 & -c_2 & M_1
\end{vmatrix}. \quad (5.23/2\,\mathrm{a})$$

wenn $D(\Omega^2)$ die Determinante (5.23/1a) bedeutet. Unter Benutzung der Abkürzungen (2.21/1′) kann auch

$$D = \bar{\Theta}_0\,\bar{\bar{\Theta}}_0\,\Theta_2\,\Theta_1\,N(\Omega^2)$$

geschrieben werden, und der Ausschlag Q_1 wird zu

$$Q_1 = -\frac{M_1}{\Theta_1}\,\frac{(\Omega^2 - \bar{k}_1)\,(\Omega^2 - \bar{\bar{k}}_1)\,(\Omega^2 - k_2')}{\Omega^2(\Omega^2 - \omega_I^2)\,(\Omega^2 - \omega_{II}^2)\,(\Omega^2 - \omega_{III}^2)}. \quad (5.23/2\,\mathrm{b})$$

Der Ausschlag an einer der äußeren Massen, z. B. an Θ_2, wird zu

$$Q_2 = \frac{1}{D(\Omega^2)} \begin{vmatrix} \bar{c}_1 - \bar{\Theta}_0\,\Omega^2 & 0 & 0 & -\bar{c}_1 \\ 0 & \bar{\bar{c}}_1 - \bar{\bar{\Theta}}_0\,\Omega^2 & 0 & -\bar{\bar{c}}_1 \\ 0 & 0 & 0 & -c_2 \\ -\bar{c}_1 & \bar{\bar{c}}_1 & M_1 & (\bar{c}_1 + \bar{\bar{c}}_1 + c_2 - \Theta_1\,\Omega^2) \end{vmatrix} \qquad (5.23/3\,\text{a})$$

oder

$$Q_2 = \frac{M_1}{\Theta_1}\,\frac{k_2'\,(\Omega^2 - \bar{k}_1)\,(\Omega^2 - \bar{\bar{k}}_1)}{N(\Omega^2)}. \qquad (5.23/3\,\text{b})$$

Die übrigen Ausschläge erhält man durch zyklische Vertauschung der einander entsprechenden Größen $\bar{k}_1$, $\bar{\bar{k}}_1$ und k_2' zu:

$$\bar{Q}_0 = \frac{M_1}{\Theta_1}\,\frac{\bar{k}_1\,(\Omega^2 - \bar{\bar{k}}_1)\,(\Omega^2 - k_2')}{N(\Omega^2)}; \qquad \bar{\bar{Q}}_0 = \frac{M_1}{\Theta_1}\,\frac{\bar{\bar{k}}_1\,(\Omega^2 - k_2')\,(\Omega^2 - \bar{k}_1)}{N(\Omega^2)}.$$

Man sieht, daß der Ausschlag Q_1 an der Angriffsstelle des Momentes verschwindet, wenn die Erregerfrequenz Ω übereinstimmt mit irgendeiner der

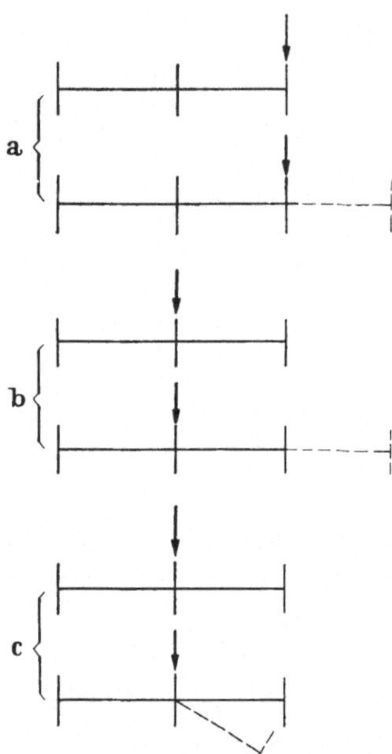

Abb. 5.23/2. Möglichkeiten zur Tilgung der Ausschläge an der Stelle der Erregung; a) einläufiger Zusatzschwinger, b) zweiläufiger Teilschwinger, c) Zusatzschwinger als Zweig

drei Teilschwingungszahlen $\sqrt{\bar{k}_1}$, $\sqrt{\bar{\bar{k}}_1}$, $\sqrt{k_2'}$; das sind die Eigenschwingzahlen der drei an die Stelle 1 angeschlossenen und dort eingespannt gedachten einläufigen Schwinger. Es gibt also drei Frequenzen Ω, für welche die Angriffsstelle der Erregung in Ruhe bleibt. Zugleich mit dem Ausschlag Q_1 verschwinden noch zwei weitere Ausschläge, nämlich die jener beiden Drehmassen, die nicht zu dem Teilschwinger gehören, dessen Eigenfrequenz $\sqrt{k}$ mit Ω übereinstimmt. Es ist also das *gesamte* System mit Ausnahme des einen angehängten Teilschwingers in Ruhe.

Ein Drei-Massen-System, bei dem an einer der *äußeren* Massen eine Erregerkraft angreift, kann man dadurch beruhigen, daß man an der Erregerstelle einen einläufigen Zusatzschwinger anhängt, dessen Eigenfrequenz gleich ist der Erregerfrequenz (Abb. 5.23/2 a). Durch Abstimmen des Zusatzsystems auf die Frequenz der Erregung bleibt der ganze, ursprünglich vorhandene Schwinger in Ruhe, es schwingt nur das Zusatzsystem (s. 5.14). Wenn die Erregerkraft jedoch an der *mittleren* Masse angreift, so wird durch Anfügen eines weiteren Gliedes an eine der äußeren Massen des Schwingers (wodurch die Kette unverzweigt bleibt) ein zweiläufiges „Teilschwingungsgebilde" hergestellt (Abb. 5.23/2b). Stimmt eine der beiden Eigenfrequenzen ω^* dieses zweiläufigen Teilschwingungsgebildes mit der Erregerfrequenz Ω überein, so bleibt die Erregerstelle und die auf der anderen Seite liegende Masse in Ruhe, das Teilschwingungsgebilde macht dagegen Ausschläge (s. 5.22). Man hat also nicht die *drei* ursprünglich vorhandenen Ausschläge getilgt, sondern nur *zwei*. Hängt man jedoch das Zusatzsystem an die *mittlere* Masse selbst an (wodurch eine verzweigte Kette entsteht, Abb. 5.23/2c) und stimmt es auf die Frequenz der Erregung ab, so werden die Ausschläge aller ursprünglich vorhandenen Massen getilgt; es schwingt das Zusatzsystem allein.

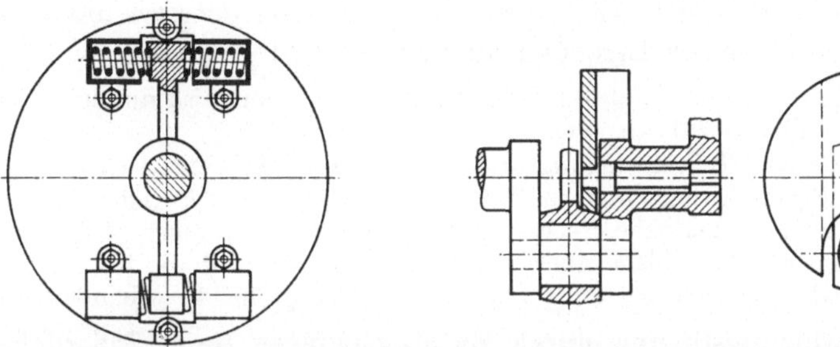

Abb. 5.23/3. Erstes Beispiel für Zusatzschwinger (nach HOLZER)

Abb. 5.23/4. Zweites Beispiel für Zusatzschwinger (nach HOLZER)

Die konstruktive Ausbildung eines solchen Zusatzschwingers, der als neuer Zweig an eine innere Masse einer Kette angehängt wird, kann sehr verschiedenartig sein. Wir geben in den Abb. 5.23/3 und 5.23/4 zwei Beispiele an (im Anschluß an H. HOLZER[1]). Der neue Zweig ist manchmal nicht auf den ersten Blick erkennbar. In Abb. 5.23/4 ist die Feder des Zusatzschwingers in der Wellenbohrung, seine Masse neben der Kurbel untergebracht (DRP 298043).

Vom Zusatzsystem c_z, a_z wurde bisher nur gefordert, daß c_z/a_z einen bestimmten Wert Ω^2 habe, über die Größe von c_z und a_z selbst wurden bisher noch keine Aussagen gemacht. Die für die Wahl dieser Größen geltenden Gesichtspunkte sind dieselben, wie wir sie beim Drei-Massen-System in 5.14 erörterten: Größe des Ausschlages Q_z und Steilheit der Resonanzkurve oder (was dasselbe besagt) Zusammenrücken von Nullstelle des Ausschlages mit einer Resonanzstelle. Beide Gesichtspunkte erfordern eine möglichst große Masse a_z und eine entsprechende Feder c_z.

Falls nun der Schwinger (5.23/1) so beschaffen ist, daß eine der erwähnten drei Teilschwingungszahlen $\sqrt{k}$ übereinstimmt mit einer seiner drei Eigenfrequenzen ω — als Beispiel wählen wir den Fall $k_2' = \omega_I^2$ —, so lauten die Ausdrücke für die vier Ausschläge

$$
\begin{aligned}
Q_1 &= -\frac{M_1}{\Theta_1}\,\frac{(\Omega^2 - \bar{k}_1)(\Omega^2 - \bar{\bar{k}}_1)}{\Omega^2(\Omega^2 - \omega_{II}^2)(\Omega^2 - \omega_{III}^2)}\,, \\[4pt]
\bar{Q}_0 &= \frac{M_1}{\Theta_1}\,\frac{\bar{k}_1(\Omega^2 - \bar{\bar{k}}_1)}{\Omega^2(\Omega^2 - \omega_{II}^2)(\Omega^2 - \omega_{III}^2)}\,, \\[4pt]
\bar{\bar{Q}}_0 &= \frac{M_1}{\Theta_1}\,\frac{\bar{\bar{k}}_1(\Omega^2 - \bar{k}_1)}{\Omega^2(\Omega^2 - \omega_{II}^2)(\Omega^2 - \omega_{III}^2)}\,, \\[4pt]
Q_2 &= \frac{M_1}{\Theta_1}\,\frac{k_2'(\Omega^2 - \bar{k}_1)(\Omega^2 - \bar{\bar{k}}_1)}{\Omega^2(\Omega^2 - \omega_I^2)(\Omega^2 - \omega_{II}^2)(\Omega^2 - \omega_{III}^2)}\,.
\end{aligned}
\qquad (5.23/4)
$$

---

[1] HOLZER, H.: Die Berechnung der Drehschwingungen, S. 68. Berlin: Springer 1921.

Im Nenner von Q_1, $\overline{Q}_0$ und $\overline{\overline{Q}}_0$ ist der Faktor $(\Omega^2 - \omega_I^2)$ verschwunden, nur bei Q_2 tritt er noch auf. Geht also nun Ω gegen ω_I, so bleiben die Ausschläge Q_1, $\overline{Q}_0$ und $\overline{\overline{Q}}_0$ endlich, nur Q_2 geht über alle Grenzen. Wenn überdies eine zweite Teilschwingzahl den angegebenen Wert hat, z. B. $\omega_I^2 = k_2' = \overline{\overline{k}}_1$ ist, so werden bei Annäherung von Ω an ω_I die Ausschläge $\overline{Q}_0$ und Q_1 sogar Null, während $\overline{\overline{Q}}_0$ und Q_2 endliche Werte behalten. Nun ist die Resonanzstelle völlig *gefahrlos* geworden; es handelt sich wieder um einen Fall von *Scheinresonanz*, und zwar bei Vorhandensein einer Erregung an nur *einer* Stelle des Schwingers.

Das Analogon zu diesem Fall für das Drei-Massen-System wird durch das zweite Ausschlagbild der Abb. 5.14/6b angedeutet.

Daß gar alle drei Teilschwingungszahlen $\sqrt{k_2'}$, $\sqrt{\overline{k}_1}$, $\sqrt{\overline{\overline{k}}_1}$ unter sich gleich und gleich einer der drei Eigenschwingzahlen, z. B. ω_I des dreiläufigen Schwingers werden, ist unmöglich. Man erkennt das ohne Rechnung schon aus physikalischen Gründen; denn mit $\Omega^2 = \omega_I^2$ würden die Ausschläge aller vier Drehmassen zu Null werden, so daß eine die Erregung ins Gleichgewicht setzende Reaktion überhaupt nicht vorhanden wäre.

5.24 Schwingungstilgung durch Zusatzschwinger (unveränderlicher Eigenfrequenz). Die Untersuchungen am Vier-Massen-System in 5.23 lehrten uns, wie das Verfahren der Tilgung durch Anbringen von Zusatzschwingern, das wir für die unverzweigten Ketten schon in 5.22 erörtert hatten, verallgemeinert werden kann: Nicht nur, wenn die Erregerkraft an der äußeren Masse einer Kette angreift, können die Schwingungen in der gesamten Kette getilgt werden, auch wenn die Erregerkraft auf eine innere Masse wirkt, lassen sich Zusatzschwinger, „Schwingungstilger", anbringen, die die *ganze* Kette beruhigen. Ein solcher Zusatzschwinger stellt dann einen *neuen Zweig* der Kette dar.

Man sieht leicht ein, daß die am Vier-Massen-System gewonnenen Erkenntnisse sich noch beträchtlich verallgemeinern lassen: Wie immer eine Kette gebaut sein mag, ob sie einfach zusammenhängt oder nicht, ob sie unverzweigt oder verzweigt ist, ob sie gefesselt ist oder nicht — die in ihr durch eine Erregerkraft P_k hervorgerufenen Schwingungen können *im ganzen System* dadurch getilgt werden, daß man an die Masse a_k, auf welche die Erregerkraft wirkt, einen Zusatzschwinger (gegebenenfalls als neuen Zweig) anhängt, dessen Eigenfrequenz $\sqrt{k_z}$ auf die Erregerfrequenz Ω abgestimmt ist. Es schwingt dann nur der Zusatzschwinger, das ganze übrige System verharrt in Ruhe. Ist der angehängte Zusatzschwinger einläufig, so hat er *eine* Eigenfrequenz; es können dann die Schwingungen *einer* Erregerfrequenz getilgt werden. Ein mehrläufiger Schwinger als Zusatzsystem hat mehrere Eigenfrequenzen und kann demnach auch die Schwingungen mehrerer Erregerfrequenzen tilgen.

Die Behauptungen leuchten nach dem bisher Gesagten sofort ein; aber auch der formale Nachweis läßt sich unschwer erbringen. Wir führen ihn zunächst unter Beschränkung auf einen einläufigen Zusatzschwinger.

Das gegebene, zu beruhigende System sei ein irgendwie gebauter n-läufiger Schwinger. An der Masse a_k greife die harmonische Erregerkraft von der Amplitude P_k und der Frequenz Ω an. Die Koeffizienten der Ausschläge Q_1 bis Q_n, die auf den linken Seiten der n algebraischen (aus den Differentialgleichungen entstandenen) Gleichungen [s. (5.21/3)] auftreten, bilden ein quadratisches Schema von n^2 Elementen (von denen manche verschwinden können); ihre Determinante heiße D, die zum Element $\alpha_{\lambda\mu}$ gehörige, $(n-1)$-reihige Adjunkte $D_{\lambda\mu}$. Auf der rechten Seite der n algebraischen Gleichungen ist nur P_k von Null verschieden.

Durch Anfügen des einläufigen Zusatzschwingers mit der Federsteifigkeit c_z und der Masse a_z wird aus dem ursprünglich n-läufigen Schwinger ein $(n + 1)$-läufiger. Die n algebraischen Gleichungen für die Ausschläge werden um die Gleichung

$$(c_z - a_z \Omega^2)\, Q_z - c_z Q_k = 0$$

vermehrt, außerdem tritt auf der linken Seite der bisherigen k-ten Gleichung das Glied $- c_z (Q_z - Q_k)$ hinzu. Das ursprüngliche Koeffizientenschema wird daher in der folgenden Weise erweitert:

$$\begin{array}{c|ccccccc}
 & \text{erste Spalte} & & & k\text{-te Spalte} & & & \\
 & \downarrow & & & \downarrow & & & \\
c_z - a_z \Omega^2 & 0 & \cdots & 0 & -c_z & 0 & \cdots & 0 \\
\hline
\text{erste Zeile} \to \quad 0 & & & & & & & \\
\vdots & & & \text{ursprüngliches Schema der} & & & \\
0 & & & & & & & \\
k\text{-te Zeile} \to \quad -c_z & \cdots\cdots\cdots\cdots & \alpha_{kk} + c_z & \cdots\cdots\cdots & \\
0 & & & & & & & \\
\vdots & & & n^2 \text{ Koeffizienten} & & & \\
0 & & & & & & &
\end{array} \qquad (5.24/1)$$

α_{kk} ist der Koeffizient des ursprünglichen Schemas.

Der Ausschlag Q_k der Masse, an der die Erregerkraft angreift, schreibt sich als Quotient zweier $(n + 1)$-reihiger Determinanten

$$Q_k = \frac{D_k(P_k)}{D^*}. \qquad (5.24/2)$$

D^* bedeutet dabei die Determinante des $(n + 1)$-reihigen Schemas (5.24/1), $D_k(P_k)$ jene Determinante, die aus D^* entsteht, wenn die k-te Spalte durch die rechte Seite der algebraischen Gleichungen ersetzt wird. $D_k(P_k)$ lautet also

$$D_k(P_k) = \begin{vmatrix}
c_z - a_z \Omega^2 & 0 & \cdots & 0 & \cdots & 0 \\
0 & & & 0 & & \\
\vdots & & & 0 & & \\
\vdots & & & \vdots & & \\
0 & & & 0 & & \\
-c_z & & & P_k & & \\
0 & & & 0 & & \\
\vdots & & & \vdots & & \\
0 & & & 0 & &
\end{vmatrix} . \qquad (5.24/3)$$

An den nicht ausgefüllten Stellen stehen die Elemente aus der Determinante D^*. Die Determinante D_k (5.24/3) entwickeln wir zunächst nach den Elementen der ersten Zeile, die verbleibende eine Unterdeterminante sodann nach den Elementen ihrer k-ten Spalte; so kommt (abgesehen vom Vorzeichen)

$$D_k(P_k) = P_k(c_z - a_z \Omega^2)\, D_{kk}^{(n)} \qquad (5.24/4)$$

und demnach

$$Q_k = P_k\, a_z (k_z' - \Omega^2)\, \frac{D_{kk}^{(n)}}{D^*},$$

wenn $k_z' = c_z/a_z$ das Kreisfrequenzquadrat des Zusatzschwingers bedeutet und mit $D_{kk}^{(n)}$ die Adjunkte des Elementes α_{kk} im n-reihigen Schema (5.21/3) bezeichnet wird.

In ganz entsprechender Weise erhält man für die übrigen Ausschläge Q_i $(i = 1, \ldots, n$ ohne $i = k$) des ursprünglichen n-läufigen Schwingers

$$Q_i = (-1)^{i+k}\, P_k\, a_z (k_z' - \Omega^2)\, \frac{D_{ki}^{(n)}}{D^*}. \tag{5.24/5}$$

Man sieht, daß für $\Omega^2 \to k_z'$ sowohl der Ausschlag Q_k an der Erregerstelle wie alle übrigen Ausschläge Q_i des ursprünglichen Schwingers verschwinden; nur der Ausschlag Q_z des Zusatzsystems ist von Null verschieden, und zwar

$$Q_z = P_k\, c_z\, \frac{D_{kk}^{(n)}}{D^*}. \tag{5.24/6a}$$

Wegen

$$D^* = (c_z - a_z\, \Omega^2)\, (D + c_z\, D_{kk}^{(n)}) - c_z^2\, D_{kk}^{(n)}$$

ist für $\Omega^2 = k_z'$

$$Q_z = -\frac{P_k}{c_z}. \tag{5.24/6b}$$

Der Beweis für einen mehrläufigen Zusatzschwinger läßt sich auf ganz analoge Weise führen; wir können deshalb auf seine Wiedergabe verzichten.

Man sieht, daß die Gestalt des n-reihigen Koeffizientenschemas völlig unwesentlich ist. Es ist deshalb gar nicht notwendig, daß der vorgegebene Schwinger, der beruhigt werden soll, überhaupt eine Kette darstellt. Ein irgendwie anders gebauter Schwinger verhält sich ganz ebenso. Auch er kann durch ein auf die Erregerfrequenz abgestimmtes Zusatzsystem, das dort sitzt, wo die Erregerkraft angreift, in allen seinen Teilen beruhigt werden. Sobald mehr als eine Erregerkraft vorhanden ist, muß jede von ihnen durch einen besonderen, an der jeweiligen Erregerstelle angebrachten Zusatzschwinger wirkungslos gemacht werden.

5.25 Schwingungstilgung durch Zusatzschwinger veränderlicher Eigenfrequenz (Fliehkraftpendel). α) Abstimmbedingungen. So einfach das Verfahren der Schwingungstilgung durch Zusatzschwinger ist, und so erfolgreich es arbeitet, wenn eine Erregung gegebener Frequenz unwirksam gemacht werden soll — es haftet ihm ein grundsätzlicher Nachteil an, der mitunter recht schwer wiegt: Es können damit nur Erregerkräfte unveränderlicher Frequenz Ω unschädlich gemacht werden. Sobald die Erregerfrequenz Ω sich von dem Wert, auf den das Zusatzsystem abgestimmt ist, merklich unterscheidet, bleibt der „Nulleffekt" und damit die Beruhigung aus. Ja, man hat durch Anhängen des Zusatzschwingers zur Zahl der ursprünglich vorhandenen Freiheitsgrade weitere hinzugefügt und hat damit auch die Zahl der Resonanzfrequenzen erhöht, was einen Nachteil bedeuten kann.

In vielen Fällen sind die Erregerfrequenzen Ω den Drehzahlen ω_0 von Motoren proportional. Dann ändern sich — vor allem in Fahrzeugmotoren mit ihren oft stark veränderlichen Drehzahlen — auch die Erregerfrequenzen in weiten Grenzen. In diesen Fällen wird die Abstimmung eines Zusatzschwingers auf „die" Erregerfrequenz unmöglich.

Es ist nun bedeutungsvoll, daß gerade für diesen Fall der drehzahlproportionalen Erregerfrequenz ein Hilfsmittel zur Verfügung steht: ein Zusatzschwinger, dessen Eigenfrequenz sich ebenfalls mit der Drehzahl ändert. Ein Beispiel eines solchen Schwingers haben wir in I.19δ und I.22 schon kennengelernt: das

Pendel im Fliehkraftfeld. Wie seine Eigenschaften unserer Aufgabe dienstbar gemacht werden können, werden wir im folgenden untersuchen[1].

Während wir bisher bei der Behandlung der erzwungenen Schwingungen in mehrläufigen Schwingern die Art der Schwingung (z. B. ob Biege- oder Drehschwingung) offenließen (und uns nur gelegentlich im Ausdruck auf das Beispiel der Torsionsschwingungen bezogen, was aber keine wesentliche Voraussetzung der Betrachtungen darstellte), gilt das Folgende nur für Torsionsschwingungen.

In I.19 haben wir erfahren, daß ein Pendel im Fliehkraftfeld die Eigenfrequenz

$$\omega = \omega_0 \sqrt{\frac{L}{l}} \qquad (5.25/1)$$

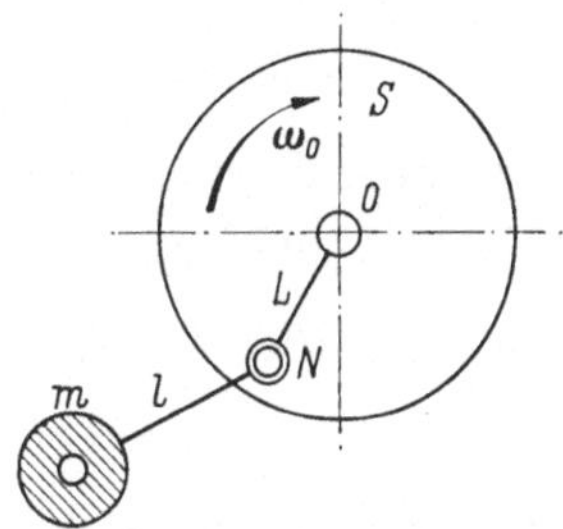

Abb. 5.25/1
Scheibe S mit Fliehkraftpendel

hat, wenn ω_0 die Winkelgeschwindigkeit der Drehung des Aufhängepunktes, L den Abstand des Aufhängepunktes von der Drehachse und l die Pendellänge bedeutet. Da die Frequenzen der von Kolbenmaschinen ausgehenden Erregerkräfte ebenfalls der Drehgeschwindigkeit ω_0 der Welle proportional sind, $\Omega = x\,\omega_0$ (wo x die „Ordnung" der Erregung bezeichnet), so leuchtet die Möglichkeit ein, ein Fliehkraftpendel dem geschilderten Zweck dienstbar zu machen. Hier erweitern wir zunächst die frühere Untersuchung. Wir setzen voraus, an einer mit der Winkelgeschwindigkeit $\omega_0 + \dot{\vartheta}_S$ sich drehenden Scheibe S (ω_0 ist die konstante Drehgeschwindigkeit, über die sich die Schwin-

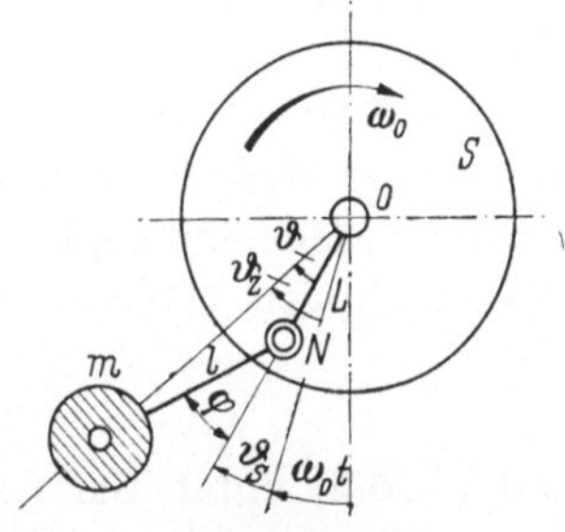

Abb. 5.25/2
Bezeichnungen zum Gebilde 5.25/1

gungsgeschwindigkeit $\dot{\vartheta}_S$ lagert) sei im Abstand L von der Drehachse ein Pendel von der Länge l und der Masse m befestigt (Abb. 5.25/1). Wir fragen nach der Bewegungsgleichung des Pendels und nach dem Moment, mit dem es auf die Scheibe S zurückwirkt.

Zur Schreibvereinfachung bedienen wir uns für die sich drehenden Größen komplexer Zahlen; sie werden durch Frakturbuchstaben bezeichnet. So bedeuten (Abb. 5.25/2)

$$\mathfrak{z} = \mathfrak{L} + \mathfrak{l}; \quad \mathfrak{L} = L\,e^{i(\omega_0 t + \vartheta_S)}; \quad \mathfrak{l} = l\,e^{i(\omega_0 t + \vartheta_S + \varphi)}; \quad \mathfrak{K} = K\,e^{i(\omega_0 t + \vartheta_S + \varphi)} \qquad (5.25/2)$$

der Reihe nach die Augenblickswerte der Fahrstrahlen Om, ON, Nm und der Kraft im Faden Nm. Die Gleichgewichtsbedingung, aus der die Bewegungsgleichung folgt, lautet in dieser Schreibweise

$$- m\,\ddot{\mathfrak{z}} + \mathfrak{K} = 0. \qquad (5.25/3)$$

---

[1] Im Anschluß an O. Kraemer: Z. VDI Bd. 82 (1938) S. 1297; MTZ. (Motortechn. Z.) Bd. 1 (1939) S. 3 u. 54 sowie von Vorlesungsumdrucken. Weitere Literatur ist an den angegebenen Stellen verzeichnet.

Um einsetzen zu können, müssen wir $\ddot{\mathfrak{z}}$ bilden. Wegen $\mathfrak{z} = \mathfrak{L} + \mathfrak{l}$ ist

$$\ddot{\mathfrak{z}} = [-(\omega_0 + \dot{\vartheta}_S)^2 + i\,\ddot{\vartheta}_S]\,L\,e^{i(\omega_0 t + \vartheta_S)}$$
$$+ [-(\omega_0 + \dot{\vartheta}_S + \dot{\varphi})^2 + i(\ddot{\vartheta}_S + \ddot{\varphi})]\,l\,e^{i(\omega_0 t + \vartheta_S + \varphi)}. \tag{5.25/4}$$

Nach Einsetzen in (5.25/3) und nach Division durch $e^{i(\omega_0 t + \vartheta_S + \varphi)}$ kommt

$$m[(\omega_0 + \dot{\vartheta}_S)^2 - i\,\ddot{\vartheta}_S]\,L\,e^{-i\varphi} + m[(\omega_0 + \dot{\vartheta}_S + \dot{\varphi})^2 - i(\ddot{\vartheta}_S + \ddot{\varphi})]\,l + K = 0$$

und nach Trennen in reellen und imaginären Teil (d. h. Zerlegen der Kräfte nach der Richtung Nm und senkrecht dazu)

$$m(\omega_0 + \dot{\vartheta}_S)^2 L\cos\varphi - m\,\ddot{\vartheta}_S\,L\sin\varphi + m(\omega_0 + \dot{\vartheta}_S + \dot{\varphi})^2\,l = -K, \tag{5.25/5a}$$
$$L[\ddot{\vartheta}_S\cos\varphi + (\omega_0 + \dot{\vartheta}_S)^2\sin\varphi] + (\ddot{\vartheta}_S + \ddot{\varphi})\,l = 0. \tag{5.25/5b}$$

Gl. (5.25/5a) gibt in K die auf die Masse m vom Faden ausgeübte Reaktionskraft, in $-K$ also die von der Masse m auf die Scheibe S zurückwirkende Kraft an. Ihr Moment um die Drehachse ist

$$M = -K\,L\sin\varphi. \tag{5.25/6}$$

Gl. (5.25/5b) ist die Bewegungsgleichung des Pendelkörpers m. Jetzt setzen wir voraus, daß die Winkel ϑ_S und φ und ihre Ableitungen erster und zweiter Ordnung klein sind gegen Eins, so daß $\sin\varphi \to \varphi$, $\cos\varphi \to 1$ geht, und Quadrate kleiner Größen vernachlässigbar sind. (5.25/5b) geht dann über in

$$L(\ddot{\vartheta}_S + \omega_0^2\,\varphi) + l(\ddot{\vartheta}_S + \ddot{\varphi}) = 0 \tag{5.25/7a}$$

und (5.25/6) unter Benutzung von (5.25/5a) in

$$M = mL(L + l)\,\omega_0^2\,\varphi. \tag{5.25/7b}$$

Der Winkel φ ist gegenüber der Scheibe S gemessen, er bedeutet also keine Trägheitskoordinate. Mit Hilfe der Beziehungen (Abb. 5.25/2)

$$\vartheta_z = \vartheta_S + \vartheta \quad \text{und (für kleine Winkel)} \quad \vartheta : \varphi = l : (L + l), \tag{5.25/8a}$$

aus denen

$$\varphi = (\vartheta_z - \vartheta_S)\,\frac{L + l}{l} \tag{5.25/8b}$$

folgt, schreiben wir die Gln. (5.25/7) ganz in Trägheitskoordinaten; sie lauten

$$\ddot{\vartheta}_z + \frac{L}{l}\,\omega_0^2(\vartheta_z - \vartheta_S) = 0, \qquad M = m(L + l)^2\,\frac{L}{l}\,\omega_0^2(\vartheta_z - \vartheta_S). \tag{5.25/9}$$

Hier mündet unsere Untersuchung in alte Wege ein. Vergleichen wir (5.25/9) mit den Gleichungen

$$\ddot{\vartheta}_z + k_z'(\vartheta_z - \vartheta_S) = 0, \qquad M = c_z(\vartheta_z - \vartheta_S) = \Theta_z\,k_z'(\vartheta_z - \vartheta_S), \tag{5.25/10}$$

die bestehen, wenn an eine Scheibe S mit dem Trägheitsmoment Θ_S ein Zusatzschwinger c_z, Θ_z (mit dem Teilfrequenzquadrat $k_z' = c_z/\Theta_z$) angehängt wird, so erkennen wir, daß alle Bewegungsgleichungen und Lösungen, die wir für Schwinger mit Zusatzsystemen unveränderlicher Eigenfrequenz (in 5.24) aufstellten, ihre Gültigkeit auch für Zusatzschwinger der neuen Bauart mit veränderlicher Eigenfrequenz behalten, falls folgende Zuordnungen beachtet werden:

$$k_z' = \frac{L}{l}\,\omega_0^2, \quad \Theta_z = m\,(L+l)^2, \quad c_z = \Theta_z\,k_z' = m\,(L+l)^2\,\frac{L}{l}\,\omega_0^2, \quad \left.\begin{array}{l} \\ \\ \end{array}\right\}$$
$$k_z = \frac{c_z}{\Theta_s} = k_z'\,\frac{\Theta_z}{\Theta_s} = k_z'\,\frac{m\,(L+l)^2}{\Theta_s}. \tag{5.25/11}$$

Jetzt tritt wegen $\Omega^2 = k_z'$ Tilgung der Ausschläge dann ein, wenn $\Omega^2 = \dfrac{L}{l}\,\omega_0^2$ ist. Wegen $\Omega/\omega_0 = x$ (Ordnung der Erregerfrequenz) kommt

$$x^2 = \frac{L}{l} \tag{5.25/12}$$

als „Abstimmbedingung". Tilgung tritt also nicht nur für eine einzige Erregerfrequenz Ω, sondern für die gesamte Ordnung x bei jeder Drehzahl ω_0 ein.

β) **Mehrere Tilgerpendel.** Wenn Erregerkräfte an mehreren Stellen vorhanden und mehrere Tilgerpendel angebracht sind, so beurteilt man deren Wirkung nach den Überlegungen, die in 5.24 für Tilger fester Eigenfrequenz angestellt wurden. In Form eines kennzeichnenden Beispieles fassen wir das Ergebnis in Abb. 5.25/3 zusammen: Sitzt ein Tilger an der Stelle der Erregung, so macht er diese Erregung unwirksam. Eine Erregung, die an einer Stelle angreift, an der kein Tilger sitzt, wirkt (nach jeder Seite hin) fort bis zu jenen Stellen, an denen Tilger sitzen. Eine Erregung wirkt nicht über eine Stelle hinaus, an der ein Tilger sitzt, der auf die betreffende Erregerfrequenz Ω (bei Tilgern fester Frequenz) oder Erregerordnung x (bei Tilgerpendeln) abgestimmt ist.

Die Ausschlagamplitude Φ des Tilgerpendels errechnet sich aus (5.25/7b) zu

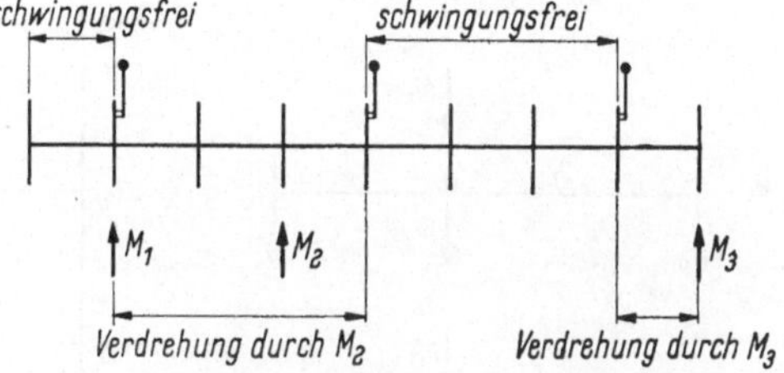

Abb. 5.25/3. Torsionsschwingerkette (einfach zusammenhängend) mit Pendeltilgern

$$\Phi = \frac{1}{m\,L\,(L+l)\,\omega_0^2}\,M;$$

dabei bezeichnet M das Erregermoment selber, wenn der Tilger an der Stelle der Erregung sitzt, und das „Einspannmoment", wenn der Tilger an einer sonstigen Stelle sitzt.

Diese Ergebnisse sind in etwas anderer Weise hergeleitet und diskutiert worden von W. SCHICK[1].

Die Ergebnisse gelten in der beschriebenen Form für Schwingerketten, die dem Gleichungsschema (5.22/1) entsprechen, d. h. für einfach zusammenhängende Ketten. Aus glatten Wellenstücken und Scheiben aufgebaute Torsionsschwinger sind solche einfach zusammenhängenden Ketten. Kurbelwellen dagegen haben als Ersatzsysteme Ketten, die übergreifende Federn aufweisen (s. 6.24), die also mehrfach zusammenhängen. In diesem Fall liegen die Verhältnisse etwas verwickelter[2].

Das Ergebnis der angeführten Untersuchungen läßt sich so aussprechen (Abb. 5.25/4): Befindet sich ein abgestimmtes Pendel unmittelbar an der Erregungsstelle, so wird die

---

[1] SCHICK, W.: Wirkung und Abstimmung von Fliehkraftpendeln am Mehrzylindermotor. Ing.-Arch. Bd. 10 (1939) S. 303—312; ferner A. STIEGLITZ: Diss. T. H. Dresden 1937.

[2] KIMMEL, A., u. I. LUTZWEILER: Zur Wirkung des Fliehkraftpendels beim Reihenmotor. Ing.-Arch. Bd. 12 (1941) S. 100—108.

gesamte Erregung — wie bei den glatten Wellen — von diesem Pendel allein aufgenommen. In den übrigen Fällen sind überall dort, wo bei der glatten Welle zur Schwingungstilgung ein Pendel erforderlich war, nunmehr zwei an benachbarten Drehmassen angebrachte, abgestimmte Pendel nötig; hierbei herrscht Schwingungsruhe in dem Gebilde an allen Stellen, von denen aus man eine Erregungsstelle nur auf dem Weg über mindestens eines der beiden benachbarten Pendel erreichen kann. Dagegen treten in allen Wellenabschnitten zwischen einer Erregungsstelle und dem nächsten Pendel Verdrehungen auf. — Wegen der Herleitung und der Einzelheiten müssen wir auf die angezogene Quelle verweisen.

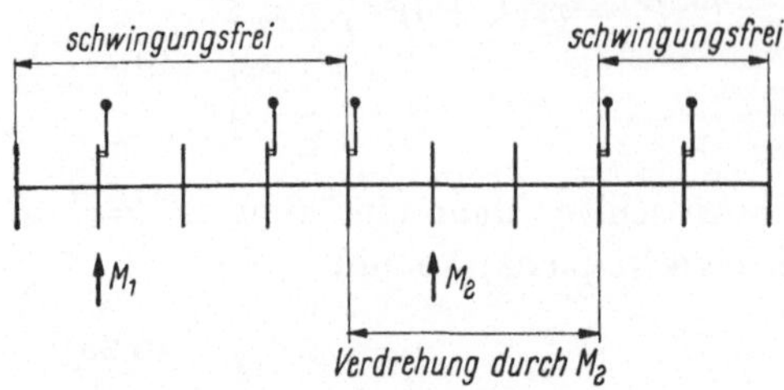

Abb. 5.25/4. Kurbelwelle mit Pendeltilgern

γ) **Eigenfrequenzen beim Drei-Massen-System.**[1] In den vorangehenden Betrachtungen haben wir die Schwingungen eines Systems, das einen Zusatzschwinger veränderlicher Eigenfrequenz enthält, zurückgeführt auf die Schwingungen eines Systems mit einem Zusatzschwinger konstanter Eigenfrequenz. Solche Betrachtungen sind überaus nützlich, da sie erlauben, die früher (für Zusatzschwinger konstanter Eigenfrequenz) erhaltenen Resultate auszudehnen auf Zusatzschwinger veränderlicher Eigenfrequenz. Es mag demnach scheinen, als ob zwischen Systemen, die einerseits Zusatzschwinger konstanter

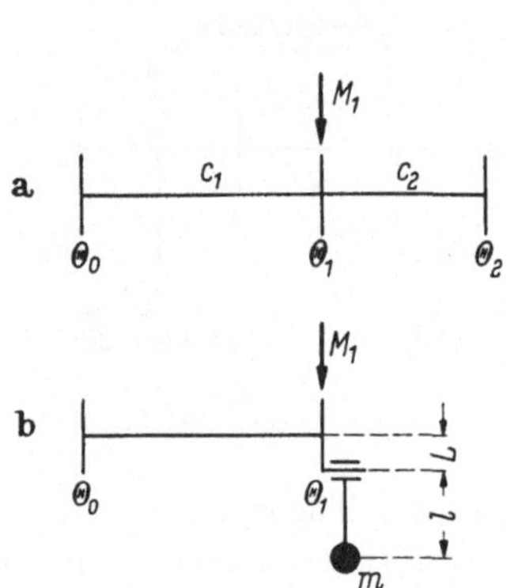

Abb. 5.25/5. Drei-Massen-Systeme
a) mit nur festen Drehmassen
b) mit Fliehkraftpendel

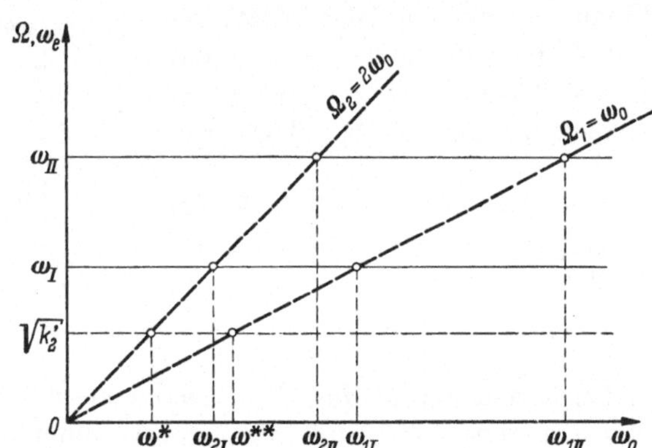

Abb. 5.25/6. Eigenfrequenzen ω_e und Erregerfrequenzen Ω über Drehzahl ω_0

und andererseits solche veränderlicher Eigenfrequenz enthalten, überhaupt keine wesentlichen Unterschiede bestehen. Um die tatsächlich vorhandenen Unterschiede augenfällig zu machen, betrachten wir nebeneinander noch einmal zwei Drei-Massen-Schwinger. Der eine entspricht genau dem in 5.14 untersuchten Gebilde mit drei festen Drehmassen (Abb. 5.25/5a); der andere besteht aus zwei festen Drehmassen, an deren eine ein Fliehkraftpendel angehängt ist (Abb. 5.25/5b). Auf jedes der beiden Gebilde möge ein an der Drehmasse Θ_1 angreifendes Erregermoment wirken, das die Amplitude M_1 besitzt.

---

[1] Wir schließen uns hier eng an die auf S. 291 angeführten Arbeiten von O. KRAEMER an.

Das in Abb. 5.25/5a dargestellte Gebilde ist in 5.14 β eingehend untersucht worden. Die Ergebnisse erscheinen in den Abb. 5.14/5 und 5.14/6. Wir halten eine wesentliche Eigenschaft in Abb. 5.25/6 noch einmal fest: Sowohl die Eigenfrequenzen ω_I und ω_{II} wie die Nullfrequenz $\sqrt{k_2'}$ sind unabhängig von der Drehzahl ω_0; sie bilden sich im Diagramm der Abb. 5.25/6 als horizontale Geraden ab.

Zugleich sind in das Diagramm die Erregerfrequenzen erster und zweiter Ordnung

$$\Omega_1 = \omega_0 \quad \text{und} \quad \Omega_2 = 2\,\omega_0$$

eingetragen. Sie erscheinen über ω_0 als Geraden durch den Ursprung. Die Schnittpunkte dieser Ursprungsgeraden mit den Horizontalen der festen Eigenfrequenzen ω_I und ω_{II} bezeichnen die kritischen Drehzahlen (Resonanzdrehzahlen) von der Ordnung 1 oder 2 und vom Grad I oder II. Die Schnittpunkte mit der Horizontalen $\sqrt{k_2'}$ bezeichnen die Drehzahlen ω^* und ω^{**}, bei denen die Erregende erster oder zweiter Ordnung jeweils keine Ausschläge an den beiden Drehmassen Θ_0 und Θ_1 hervorruft. Das System weist also für jede Erregerordnung zwei Resonanzdrehzahlen und eine Drehzahl mit dem Nulleffekt (Antiresonanz-Drehzahl) auf.

Wir wollen nun einen genaueren Blick auf das Verhalten des Gebildes der Abb. 5.25/5b werfen. Die den Gln. (5.14/11) entsprechenden (aus den Differentialgleichungen hervorgehenden) algebraischen Gleichungen für die Amplituden Q_0, Q_1 und Q_2 der Ausschläge q_0, q_1 und q_2 (entsprechend $q_z \equiv \vartheta_z$ von Abb. 5.25/2) gehen aus den Gln. (5.14/11) hervor, wenn [gemäß (5.25/11)]

$$c_2 = m\,\omega_0^2(L+l)^2\,\frac{L}{l} \quad \text{und} \quad \Theta_2 = m\,(L+l)^2 \tag{5.25/13}$$

gesetzt wird.

Berechnet man die Determinante D der Koeffizienten auf der linken Seite des so entstehenden Gleichungssystems, so findet man [anstelle von (5.14/2a)] den folgenden Ausdruck

$$N = -\,\Omega^2\left[(\Omega^2)^2 - \Omega^2\left(k_1\,\frac{\Theta_0 + \Theta_1}{\Theta_1} + \frac{L}{l}\,\omega_0^2\,\frac{\Theta_1 + \Theta_2}{\Theta_1}\right) + k_1\,\frac{L}{l}\,\omega_0^2\,\frac{\Theta_0 + \Theta_1 + \Theta_2}{\Theta_1}\right],$$
$$\tag{5.25/14a}$$

für den wir unter Benutzung der Abkürzungen

$$U = \frac{k_1}{2}\,\frac{\Theta_0 + \Theta_1}{\Theta_1}, \quad V = \frac{1}{2}\,\frac{L}{l}\,\frac{\Theta_1 + \Theta_2}{\Theta_1}, \quad W = k_1\,\frac{L}{l}\,\frac{\Theta_0 + \Theta_1 + \Theta_2}{\Theta_1} \tag{5.25/14b}$$

schreiben können

$$N = -\,\Omega^2[(\Omega^2)^2 - \Omega^2\,2(U + V\,\omega_0^2) + W\,\omega_0^2]. \tag{5.25/14c}$$

Die Größe $2U$ ist wegen (5.25/14b),

$$2U = k_1 + k_1',$$

gleich dem Eigenfrequenzquadrat des aus Θ_0, c_1, Θ_1 bestehenden Zwei-Massen-Systems.

Nullsetzen der Determinante N liefert die Eigenfrequenzquadrate ω_I^2 und ω_{II}^2 des Gebildes Abb. 5.25/5b. Man findet

$$\omega_{I,\,II}^2 = (U + V\,\omega_0^2) \mp \sqrt{(U + V\,\omega_0^2)^2 - W\,\omega_0^2}. \tag{5.25/15}$$

Die Eigenfrequenzen sind (wie zu erwarten stand) Funktionen der Drehzahl ω_0 geworden. Über ω_0^2 aufgezeichnet bilden sich diese Eigenfrequenzquadrate als zwei Hyperbeläste ab, wie sie Abb. 5.25/7 zeigt.

Die Amplituden Q_0, Q_1, Q_2 selbst werden zu

$$Q_0 = + \frac{M_1}{\Theta_1} \frac{k_1\left(x^2 - \dfrac{L}{l}\right)}{x^2\,\omega_0^2\,Z}\,,$$

$$Q_1 = - \frac{M_1}{\Theta_1} \frac{(x^2\,\omega_0^2 - k_1)\left(x^2 - \dfrac{L}{l}\right)}{x^2\,\omega_0^2\,Z}\,, \qquad (5.25/16)$$

$$Q_2 = + \frac{M_1}{\Theta_1} \frac{(x^2\,\omega_0^2 - k_1)\dfrac{L}{l}}{x^2\,\omega_0^2\,Z}$$

mit

$$Z = (x^2 - 2\,V)\,x^2\,\omega_0^2 - (2\,U\,x^2 - W)\,. \qquad (5.25/17)$$

Man sieht, daß unabhängig von der Größe ω_0^2 sowohl $Q_0 = 0$ wie $Q_1 = 0$ wird, wenn $x = \sqrt{L/l}$ ist. Andererseits werden Q_1 und Q_2 zu Null, wenn $\Omega^2 \equiv x^2\,\omega_0^2$

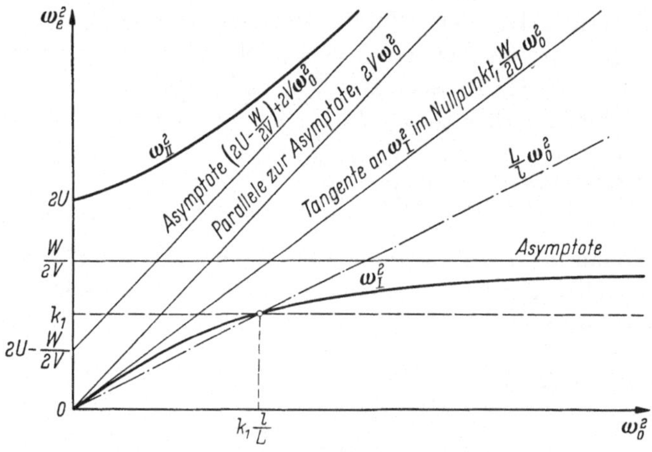

Abb. 5.25/7. Eigenfrequenzquadrate ω_I^2 und ω_{II}^2 des Gebildes 5.25/5b, über dem Drehzahlquadrat ω_0^2; Kurven sind Hyperbeläste

gleich k_1 ist. Wenn $Z = 0$ wird, was [wegen (5.25/14c)] eintritt für $\Omega^2 = \omega_I^2$ und $\Omega^2 = \omega_{II}^2$, so gehen alle drei Ausschläge über alle Grenzen.

Die Eigenart der Kurven

$$\omega_I^2 = f_I(\omega_0^2) \quad \text{und} \quad \omega_{II}^2 = f_{II}(\omega_0^2)$$

bedingt, daß ein vom Ursprung des Koordinatensystems ausgehender Strahl $\Omega^2 = x^2\,\omega_0^2$ höchstens einen Hyperbelast schneiden kann, entweder den Ast ω_I^2 oder den Ast ω_{II}^2, ja daß es einen „freien Sektor" gibt, innerhalb dessen gar kein Schnittpunkt $\Omega^2 = \omega_e^2$ möglich ist. Im Gegensatz zum Anfügen eines Schwingers mit fester Eigenfrequenz (wodurch die Zahl der Resonanzmöglichkeiten erhöht wird) werden durch das Anfügen eines Fliehkraftpendels die

Resonanzmöglichkeiten nicht erhöht; jeder Nullstrahl schneidet die Kurven ω_I^2 und ω_{II}^2 höchstens einmal. Es gibt im Gegenteil Erregerordnungen, welche

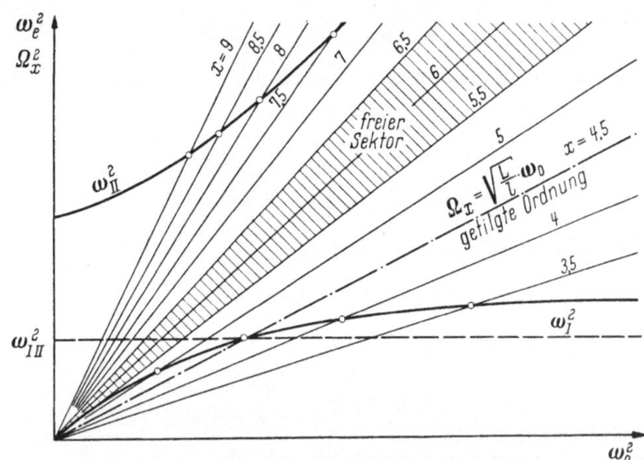

Abb. 5.25/8. Eigenfrequenzquadrate und resonanzfreier Sektor

überhaupt keine Resonanz hervorrufen können. Die Abb. 5.25/8 zeigt (im Anschluß an Abb. 5.25/7) ein Beispiel, für das (um runde Zahlen zu erhalten) gewählt wurde

$$\Theta_0 : \Theta_1 : \Theta_2 = 486 : 405 : 440 ; \qquad \frac{L}{l} = (4,5)^2.$$

Zum Schluß zeigen wir noch im einzelnen, wie die erwähnten Tatsachen, daß nämlich die Kurven $f_I(\omega_0^2)$ und $f_{II}(\omega_0^2)$ Äste einer Hyperbel sind und daß die Asymptoten so liegen, wie Abb. 5.25/7 angibt, aus der Gleichung $D = 0$ (5.25/14c) der Kurven folgen.

D verschwindet für $\Omega \neq 0$, wenn die eckige Klammer in (5.25/14c) verschwindet. Setzen wir für die Ordinaten in Abb. 5.25/7 $\Omega^2 = \eta$ und für die Abszissen $\omega_0^2 = \xi$, so nimmt $D = 0$ die Form

$$F \equiv \eta^2 - 2\eta(U + V\xi) + W\xi = 0 \qquad (5.25/18)$$

an. Das ist die Gleichung eines Kegelschnittes. In allgemeinster Form würde sie lauten

$$F \equiv a_{11}\xi^2 + 2a_{12}\xi\eta + a_{22}\eta^2 + 2a_1\xi + 2a_2\eta + a_3 = 0,$$

wobei die beiden Größen

$$-I = \begin{vmatrix} a_{11} & a_{12} & a_1 \\ a_{12} & a_{22} & a_2 \\ a_1 & a_2 & a_3 \end{vmatrix} \quad \text{und} \quad \varDelta = \begin{vmatrix} a_{11} & a_{12} \\ a_{12} & a_{22} \end{vmatrix}$$

Auskunft geben über den Charakter des Kegelschnittes. Mit unsern Koeffizienten

$$a_{11} = 0, \quad a_{12} = -V, \quad a_{22} = 1, \quad a_1 = \frac{W}{2}, \quad a_2 = -U, \quad a_3 = 0$$

erhalten wir wegen $I \neq 0$ einen echten Kegelschnitt und wegen $\varDelta < 0$ eine Hyperbel. Um die Neigung n der Asymptoten der Hyperbel zu finden, setzen wir

$$\eta = n\xi$$

in F (5.25/18) ein, erhalten

$$n^2\xi^2 - 2n\xi(U + \xi V) + \xi W = 0$$

und setzen den Koeffizienten des quadratischen Gliedes gleich Null. So kommt

$$n(n - 2V) = 0,$$

also

$$1.\quad n = 0; \qquad 2.\quad n = 2V. \tag{5.25/19}$$

Damit sind die Neigungen der Asymptoten gefunden. Um ihre Achsenabschnitte b zu erhalten, setzen wir

$$\text{im Fall 1.}\quad \eta = b, \qquad \text{im Fall 2.}\quad \eta = 2V\,\xi + b.$$

So kommt im Fall 1

$$b^2 - 2b(U + \xi V) + \xi W = 0,$$

und wegen des Überwiegens der Glieder mit ξ

$$\xi(W - 2b\,V) = 0, \quad \text{also}\quad b = \frac{W}{2V}$$

zustande, und im Fall 2 in ähnlicher Weise

$$b = 2U - \frac{W}{2V}.$$

Daher lauten die Gleichungen der Asymptoten schließlich

$$1.\quad \eta = \frac{W}{2V}, \qquad 2.\quad \eta = 2V\,\xi + \left(2U - \frac{W}{2V}\right), \tag{5.25/20}$$

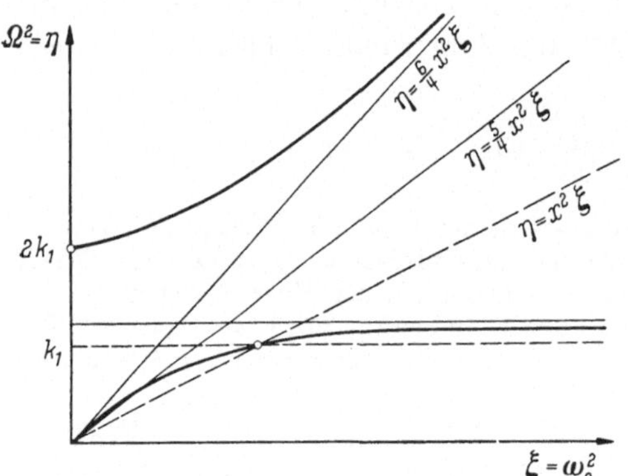

Abb. 5.25/9. Diagramm 5.25/8 für das Beispiel

wie in Abb. 5.25/7 eingetragen.

Die Tangente im Ursprung an die Kurve $f_I(\omega_0^2)$ hat die Gleichung

$$\eta = \frac{W}{2U}\,\xi.$$

Es besteht also ein „toter Sektor" zwischen den Geraden

$$\eta = 2V\,\xi \quad \text{und} \quad \eta = \frac{W}{2U}\,\xi.$$

Beispiel. Praktische Ausführungsformen entsprechen etwa den Werten $\Theta_2 = \Theta_1/2$. Dann wird

$$2V = \frac{L}{l}\,\frac{\Theta_1 + \Theta_2}{\Theta_1} = \frac{3}{2}\,\frac{L}{l}, \qquad \frac{W}{2U} = \frac{L}{l}\,\frac{\Theta_0 + \Theta_1 + \Theta_2}{\Theta_0 + \Theta_1} = \frac{L}{l}\,\frac{\Theta_0 + \frac{3}{2}\,\Theta_1}{\Theta_0 + \Theta_1}.$$

Wenn etwa $\Theta_0 = \Theta_1$ ist, so kommt

$$2V = \frac{3}{2}\,\frac{L}{l}, \qquad \frac{W}{2U} = \frac{5}{4}\,\frac{L}{l}.$$

Die getilgte Ordnung sei $x = \sqrt{L/l}$; dann hat der freie Sektor die Begrenzungsstrahlen

$$\eta_o = \frac{6}{4}\,x^2\,\xi, \qquad \eta_u = \frac{5}{4}\,x^2\,\xi,$$

während der Strahl für den Nullausschlag der Gleichung $\eta = x^2\,\xi$ genügt. Die horizontale Asymptote hat dann die Gleichung

$$\eta = \frac{W}{2V} = k_1\,\frac{\Theta_0 + \Theta_1 + \Theta_2}{\Theta_1 + \Theta_2} = \frac{5}{3}\,k_1;$$

der obere Ast setzt bei $\eta = 2U = 2k_1$ an. Abb. 5.25/9 zeigt die zugehörigen Diagramme.

δ) **Eigenfrequenzen beim Mehr-Massen-System.** In genau der gleichen Weise wie die Eigenfrequenzen des Drei-Massen-Systems untersucht worden sind, dessen eine Masse aus einem Pendeltilger besteht, lassen sich Mehr-Massen-Systeme behandeln, von denen eine oder mehrere Massen durch Pendeltilger ersetzt sind. Wieder finden sich ähnliche Ergebnisse: Abhängigkeit der Eigenfrequenzen von der Drehzahl, weniger Resonanzmöglichkeiten als beim entsprechenden System mit festen Massen, resonanz-,,arme" Sektoren.

Wir können die Einzelheiten hier nicht erörtern[1].

ε) **Ausführungsformen von Fliehkraftpendeln[2].** Die Abstimmbedingungen (5.25/12) $x^2 = L/l$ erfordern, wenn z. B. die vierte oder sechste Ordnung getilgt werden soll, eine Länge $l = L/16$ oder $l = L/36$ für das Tilgerpendel. Solch kleine Längen sind nicht leicht zu erreichen. Wenn das Pendel als physikalisches Pendel ausgebildet ist, bedeutet l die reduzierte Pendellänge l_{red}. Für die reduzierte Pendellänge $l_{\mathrm{red}} = \dfrac{k^2 + s^2}{s}$ eines physikalischen Pendels besteht aber die untere Grenze (s. I.20) $l_{\mathrm{red}} = 2k$, wo k den Trägheitsarm des Pendelkörpers für seine Schwerachse bedeutet. Ausgedehnte Körper haben Trägheitsarme in der Größenordnung ihrer Abmessungen.[Für Kreiszylinder vom Radius r ist $k = r/\sqrt{2}$; für Zylinder von quadratischem Querschnitt a^2 ist $k = a/\sqrt{6}$.]

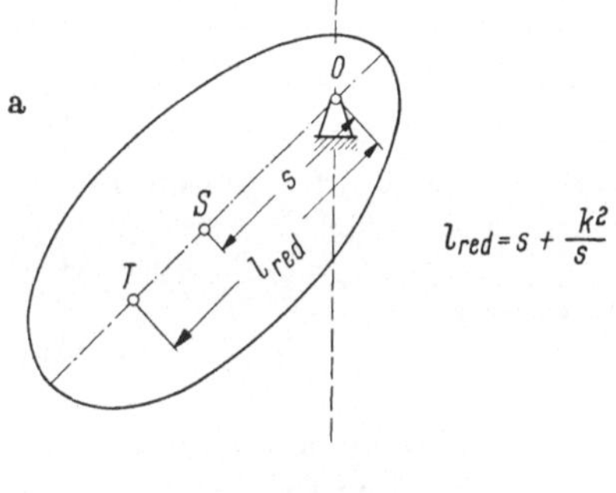

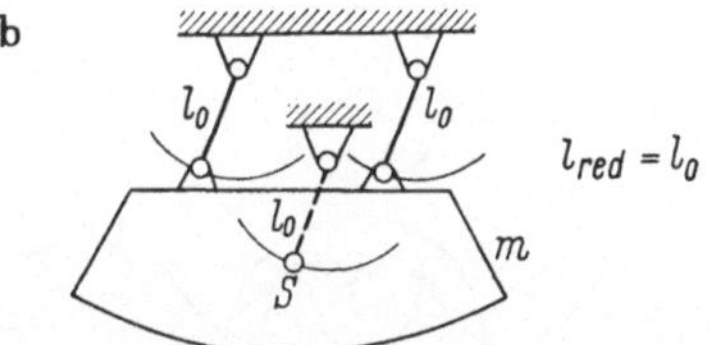

Abb. 5.25/10. Pendel; a) physikalisches, b) bifilar aufgehängtes

Wenn der Körper dagegen nicht um eine Achse O als physikalisches Pendel (Abb. 5.25/10a) schwingt (wo seine Elemente sich auf *konzentrischen* Kreisbahnen bewegen, Rotationsbewegung), sondern bifilar aufgehängt wird (so daß alle Punkte des Körpers auf *parallelen* Kreisbahnen laufen, Translationsbewegung), so ist die reduzierte Pendellänge l_{red} gleich der Aufhängelänge l_0 (Abb. 5.25/10b). Aber auch diese Art der Aufhängung macht es noch schwierig, die notwendige Kleinheit von l_{red} zu verwirklichen.

Eine geschickte Lösung besteht in der Anordnung nach Abb. 5.25/11, wo ein zylindrischer Bolzen vom Durchmesser d durch Löcher vom Durchmesser D gesteckt ist, die sich je in ,,der Scheibe Θ_S" (praktisch: der Kurbelwange) und im Pendelkörper befinden. In diesem Fall ist der Bahnradius aller Punkte, also die reduzierte Pendellänge l gleich der Differenz der Durchmesser,

$$l = D - d.$$

Diese Größe kann sehr klein gemacht werden.

---

[1] KAMMERER, H.: Die Eigenfrequenzkurven bei Drehschwingungssystemen mit Fliehkraftpendeln. Jb. dtsch. Luftf.-Forschg. 1940, S. II 80—91; auch Diss. T. H. Karlsruhe 1940.

[2] Für eine Übersicht siehe außer O. KRAEMER, Zit. S. 291 etwa auch K. HAUG: Die Drehschwingungen in Kolbenmaschinen. Berlin/Göttingen/Heidelberg: Springer 1952.

Technische Ausführungsformen, die auf diesen Gedanken beruhen, wurden zuerst von R. Sarazin[1] und später von Taylor und Chilton[2] angegeben.

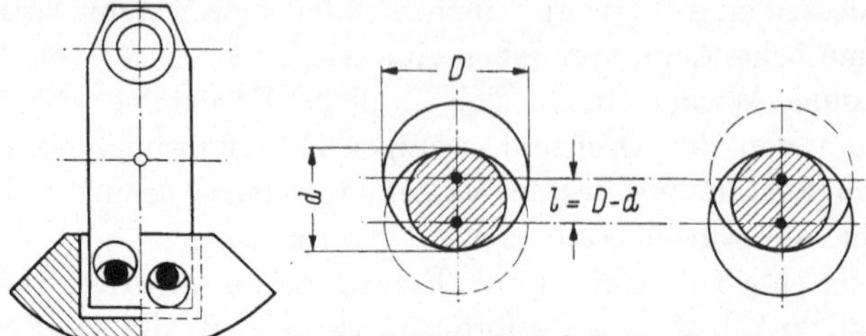

Abb. 5.25/11. Technische Ausführungsform (Sarazin, Taylor)

Andere Arten von Tilgerpendeln sind die beiden von B. Salomon[3] angegebenen Formen. Sie bestehen entweder aus pendelnden Ringen (Abb. 5.25/12a) oder aus Walzen, die auf Kreisbahnen im Inneren von Hohlzylindern laufen (Abb. 5.25/12b). Im ersten Fall ist

$$l = (D - d)\left(1 + \frac{4\Theta}{d^2 m}\right), \qquad (5.25/21\,\text{a})$$

im zweiten

$$l = (D - d)\left(1 + \frac{4\Theta}{D^2 m}\right), \qquad (5.25/21\,\text{b})$$

wenn m und Θ Masse und Trägheitsmoment des pendelnden oder rollenden Körpers bezeichnen.

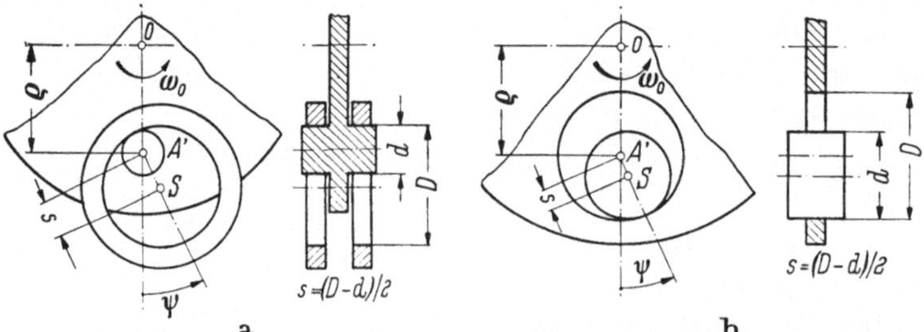

Abb. 5.25/12. Ausführungen nach B. Salomon; a) Innenrolle, b) Außenrolle

ζ) Weitergehende Untersuchungen. Alle bisher angeführten Untersuchungen beruhen auf den linearisierten Bewegungsgleichungen, wie etwa (5.25/9). Mit ihrer Benutzung erzielt man einen ersten Überblick über die zu erwartenden Erscheinungen, so wie wir sie oben erörtert haben. Die feineren Unterschiede im Verhalten der verschiedenen Formen von Tilgern kommen dabei jedoch nicht zum Vorschein, ebenso natürlich nicht solche Effekte, die wesentlich von den nichtlinearen Gliedern in den Bewegungsgleichungen bestimmt werden. Untersuchungen unter Zugrundelegung der nicht linearisierten Bewegungsgleichungen sind in jüngerer Zeit ebenfalls angestellt worden. Wir müssen uns mit dem Hinweis auf solche Arbeiten begnügen[4]. Dort ist auch weitere Literatur angegeben.

[1] Sarazin, R.: DRP 597091 vom 11. Juli 1931 und J. Soc. Ing. automot., März 1933.
[2] Taylor, E. S.: J. Soc. automot. Engrs. Bd. 38 (1936) S. 81.
[3] Salomon, B.: C.R. Acad. Sci. Bd. 203 (1936) S. 1315—1318.
[4] Slibar, A., u. K. Desoyer: Ing.-Arch. Bd. 22 (1954) S. 39. — Pasley, P. R., u. A. Slibar: Ing.-Arch. Bd. 24 (1956) S. 182.

5.26 Kinetische Steifigkeiten, kinetische Nachgiebigkeiten, Frequenzengleichungen zusammengesetzter Gebilde. Im ersten Band (I. 29) waren für Federn die Begriffe der Federzahl (Federsteifigkeit) c und der (Verschiebungs-) Einflußzahl (Federnachgiebigkeit) h eingeführt und danach die Regeln abgeleitet worden, die für Parallelschaltung ($c = \Sigma\, c_i$) und für Reihenschaltung ($h = \Sigma\, h_i$) mehrerer Federn gelten. Später (1.53) waren jene (statischen) Begriffe ausgedehnt worden auf die Kinetik, d. h. den Fall des Zusammenwirkens von Masse, Dämpfer und Feder in einem Gebilde von *einem* Freiheitsgrad, und es waren die Begriffe der (komplexen) kinetischen Federzahl und der (komplexen) kinetischen Einflußzahl geprägt, erläutert und in ausgedehntem Maße benutzt worden. Die mannigfachen, die erzwungenen Schwingungen beherrschenden „Vergrößerungsfunktionen" erwiesen sich z. B. als die absoluten Beträge komplexer kinetischer Einflußzahlen.

Ähnliche Betrachtungen, wie sie dort für Gebilde von einem Freiheitsgrad angestellt worden waren, lassen sich auch bei Gebilden von mehreren Freiheitsgraden durchführen. Der größeren Kompliziertheit wegen, die die Gebilde nun aufweisen können, müssen wir hier jedoch etwas allgemeiner vorgehen. Wir beginnen damit, die zu benutzenden Begriffe erneut in sorgfältiger Weise festzulegen. (Wegen der Analogien zu den elektrischen Stromkreisen siehe 1.29.)

Für das Nächstfolgende lassen wir unentschieden, welche Arten von Elementen (Feder, Dämpfer, Masse) oder Elementkombinationen (Teilsysteme) gerade vorliegen; wir sprechen einfach von einem „Block" und zeichnen ihn in der Art der Abb. 5.26/1.

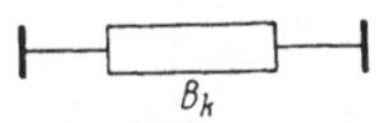

Abb. 5.26/1 Block

Oft wird man sich unter einem solchen Block einen „schwarzen Kasten" vorstellen, den man nicht öffnen kann, so daß man über seinen Aufbau nichts weiß. Die Eigenschaften des Blockes werden entweder als bekannt vorausgesetzt oder gemessen.

Wir beschreiben zwei Arten von Messungen. Einmal schalten wir gemäß Abb. 5.26/2 einen Block B_k und einen Krafterreger (Kraftquelle von 1.23) p_e zwischen zwei „Knotenpunkten" (von Abschn. 1.2) parallel und messen die unter Wirkung der (harmonisch veränderlichen) Kraft p_e zwischen den Knoten auftretende Relativverschiebung ξ_k. Statt von Knoten werden wir hier weiterhin in der Regel von „Traversen" sprechen; wir haben dann Translationsbewegungen (als Beispiele) vor

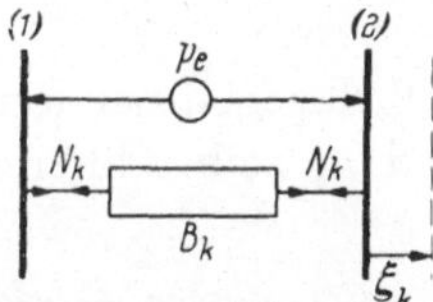

Abb. 5.26/2 Messungen der Nachgiebigkeit $n_k = \xi_k/p_e$

Augen und können an solchen Traversen beliebig viele Blöcke und auch Erreger anbringen. p_e sei positiv, wenn die Knoten (Traversen) auseinandergedrückt werden; dann rechnen wir auch den Relativausschlag ξ_k und die Kraft N_k durch den Block B_k (Zugkraft) positiv. Den Quotienten

$$n_k = \frac{\xi_k}{p_e} \tag{5.26/1}$$

definieren wir als die *(kinetische) Nachgiebigkeit* n_k des Blockes B_k. n_k ist im allgemeinen (wenn wir komplexe Zahlen zur Darstellung schwingender Größen, p_e, ξ_k usw., benutzen) eine komplexe Zahl. Kommen nur aus Federn und Massen aufgebaute Blöcke ins Spiel, so bleibt n_k reell.

Die zweite Art der Messung zeigt Abb. 5.26/3. Hier sind zwischen zwei Knotenpunkten (Traversen) *(1)* und *(2)* der Block B_k und ein Verschiebungserreger ζ_e in Reihe geschaltet. Ferner sind die Traversen *(1)*, *(2)* durch einen starren Riegel R verbunden, so daß sie keine Relativbewegung gegeneinander ausführen können („kurzgeschlossen"). Es wird die den Block (und damit auch den Erreger) durchfließende Kraft N_k gemessen. Die Verschiebung ζ_e wird positiv gerechnet, wenn sie den Abstand der Traversen *(2)* und *(3)* verkleinert. Dann wird der Abstand der Traversen *(1)* und *(3)* vergrößert, ξ wird positiv, die Kraft N_k wird eine Zugkraft (positiv) (s. Pfeile in Abb. 5.26/3). Den Quotienten

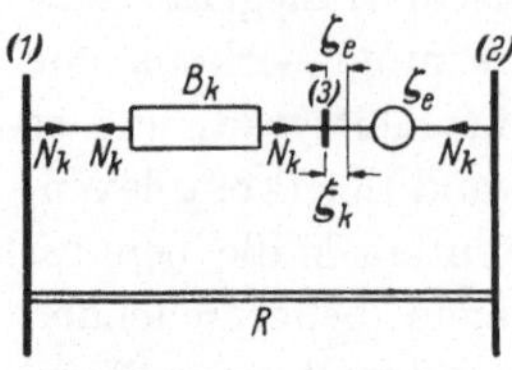

Abb. 5.26/3. Messung der Steifigkeit $s_k = N_k/\zeta_e$

$$s_k = \frac{N_k}{\zeta_e} \qquad (5.26/2)$$

definieren wir als die (kinetische) *Steifigkeit* s_k des Blockes B_k.

Dabei ist zu beachten, daß im Falle der Messung nach Abb. 5.26/2 keine anderen Kräfte als p_e und N_k an den Traversen wirken dürfen („offener Kreis"), daß im Fall der Messung nach Abb. 5.26/3 keine anderen Verschiebungen als ζ_e und ξ_k vorkommen („kurzgeschlossener Kreis").

Für die so definierten Größen n_k und s_k gelten drei Beziehungen. Erstens besteht die Reziprozitätsbeziehung (I)

$$n_k\,s_k = 1. \qquad (5.26/3)$$

Ferner gilt, daß bei *Parallelschaltung* der Blöcke B_1 und B_2 die *Steifigkeiten* s_1 und s_2 sich addieren (II),

$$s_{\text{res}} = s_1 + s_2, \qquad (5.26/4)$$

daß dagegen bei *Reihenschaltung* der Blöcke B_1 und B_2 die *Nachgiebigkeiten* n_1 und n_2 sich addieren (III)

$$n_{\text{res}} = n_1 + n_2. \qquad (5.26/5)$$

Wir beweisen die drei Behauptungen (5.26/3), (5.26/4) und (5.26/5) der Reihe nach.

(I) Bei der Messung nach Abb. 5.26/2 liefern die Gleichgewichtsbedingungen an den Traversen

$$p_e = N_k. \qquad (5.26/6)$$

Aus der Definitionsgleichung (5.26/1) für n_k und (5.26/6) folgt dann

$$n_k = \frac{\xi_k}{N_k}. \qquad (5.26/7)$$

Bei der Messung nach Abb. 5.26/3 liefert (mit den obigen Vorzeichenfestsetzungen) die Forderung, daß der Riegel R unausdehnbar sei,

$$\zeta_e = \xi_k. \qquad (5.26/8)$$

Aus der Definitionsgleichung (5.26/2) für s_k und (5.26/8) folgt dann

$$s_k = \frac{N_k}{\xi_k}. \qquad (5.26/9)$$

Die beiden Beziehungen (5.26/7) und (5.26/9) zusammengenommen stellen den gesuchten Beweis für (5.26/3) dar.

Die Beweise für die Behauptungen II und III, d. i. (5.26/4) und (5.26/5) führt man ähnlich wie im statischen Fall bei der Parallelschaltung und Hintereinanderschaltung von einfachen Federn (s. I.29).

Liegen zwei Blöcke B_1 und B_2 parallel (II) (Abb. 5.26/4), so ist

$$\xi_1 = \xi_2 = \xi, \qquad p_e = N_1 + N_2. \tag{5.26/10}$$

Daher kommt aus (5.26/1) und (5.26/10)

$$n_{\text{res}} = \frac{\xi}{p_e} = \frac{\xi}{N_1 + N_2} = \frac{1}{s_1 + s_2}$$

und mit (5.26/3)

$$s_{\text{res}} = s_1 + s_2,$$

was zu beweisen war.

Liegen die Blöcke B_1 und B_2 in Reihe (III) (Abb. 5.26/5), so ist

$$N_1 = N_2 = N, \qquad \zeta_e = \xi_1 + \xi_2. \tag{5.26/11}$$

Daher kommt aus (5.26/2) und (5.26/11)

$$s_{\text{res}} = \frac{N}{\zeta_e} = \frac{N}{\xi_1 + \xi_2} = \frac{1}{n_1 + n_2}$$

und mit (5.26/3)

$$n_{\text{res}} = n_1 + n_2,$$

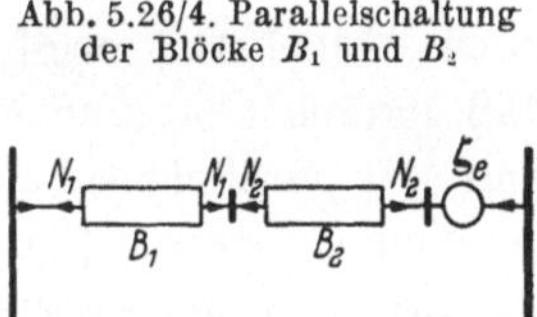

Abb. 5.26/4. Parallelschaltung der Blöcke B_1 und B_2

Abb. 5.26/5. Reihenschaltung der Blöcke B_1 und B_2

was zu beweisen war.

Man überblickt rasch, daß, wenn der Block B_k eine einfache Feder ist, die Steifigkeit s gleich der Federsteifigkeit c, die Nachgiebigkeit n gleich der Federnachgiebigkeit h ist; in Formeln

$$n_F = h, \qquad s_F = c. \tag{5.26/12}$$

Besteht der Block aus dem „Element Masse" (s. 1.23), so wird, wenn die (Kreis-) Frequenz der Erregerschwingungen Ω ist,

$$n_M = -\frac{1}{\Omega^2 m}, \qquad s_M = -\Omega^2 m. \tag{5.26/13}$$

Die Nachgiebigkeiten n und Steifigkeiten s sind also, sobald Massen (oder Dämpfer) ins Spiel kommen, frequenzabhängig. Solange nur Federn und Massen (aber keine Dämpfer) auftreten, bleiben n und s reell.

Für das „Element Dämpfer" (s. 1.23) wird

$$s_D = i\,b\,\Omega, \qquad n_D = -\frac{i\,d}{\Omega} \quad \text{mit} \quad d = \frac{1}{b}. \tag{5.26/14}$$

Wenn ein Gebilde B_k — wie das bei freien Schwingungen der Fall ist — Ausschläge machen kann, ohne daß eine Krafterregung vorhanden ist, so heißt das, seine Nachgiebigkeit n_k ist sehr groß,

$$n_k = \infty. \tag{5.26/15 a}$$

Mit (5.26/15 a) gleichwertig ist wegen (5.26/3)

$$s_k = 0. \tag{5.26/15 b}$$

Die Gln. (5.26/15a) und (5.26/15 b) sind also (wegen der Frequenzabhängigkeit von n_k und s_k) die Frequenzengleichungen des Gebildes. In diesen Gleichungen haben wir daher ein Mittel zur Aufstellung der Frequenzengleichungen zusammengesetzter Gebilde an der Hand.

5.27 Beispiele für den Aufbau von Schwingern aus Teilsystemen; die Ketten. Einleitend bestätigen wir kurz das zuvor Gesagte an Hand des Schwingers von einem Freiheitsgrad, den Abb. 1.23/2 zeigt. Dort liegen Feder, Dämpfer und Masse parallel zum Krafterreger. Es addieren sich also die Steifigkeiten. Damit wird

$$s_\text{res} = s_F + s_D + s_M = c + i\,b\,\Omega - m\,\Omega^2. \qquad (5.27/1)$$

Und wegen 5.26/15b lautet die Frequenzengleichung des freien Schwingers

$$c + i\,b\,\Omega - m\,\Omega^2 = 0.$$

Als nächstes Beispiel betrachten wir die aus vier Massen und drei Federn bestehende Kette nach Abb. 5.27/1a. Unter Benutzung der Schaltelemente nach Abb. 1.23/1 ergibt sich das Schaltbild der Abb. 5.27/1b. Man erkennt, daß zunächst m_0 und h_1 in Reihe liegen, daß m_1 dieser Gruppe [Traversen (*0*) und (*2*)] parallelgeschaltet ist, daß h_2 mit dieser Gruppe in Reihe liegt, daß m_2 der neuen Gruppe [Traversen (*0*) und (*3*)] parallelgeschaltet ist, und so fort.

Zwischen den Traversen (*0*) und (*2*) ist die Nachgiebigkeit des aus m_0 und h_1 bestehenden „Blockes"

$$n'_{0,2} = +\,h_1 - \frac{1}{m_0\,\Omega^2},$$

also seine Steifigkeit

$$s'_{0,2} = \frac{1}{h_1 - \dfrac{1}{m_0\,\Omega^2}}.$$

Die gesamte Steifigkeit zwischen (*0*) und (*2*) ist

$$s_{0,2} = -\,m_1\,\Omega^2 + \frac{1}{h_1 - \dfrac{1}{m_0\,\Omega^2}},$$

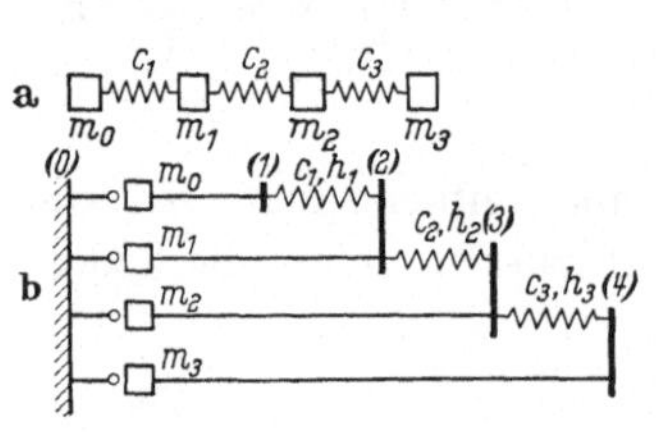

Abb. 5.27/1. Vier-Massen-Schwinger

die Nachgiebigkeit demnach

$$n_{0,2} = \frac{1}{-\,m_1\,\Omega^2 + \dfrac{1}{h_1 - \dfrac{1}{m_0\,\Omega^2}}}.$$

Zwischen den Traversen (*0*) und (*3*) ist die Nachgiebigkeit und die Steifigkeit des „oberen" Blockes

$$n'_{0,3} = h_2 + n_{0,2}, \qquad s'_{0,3} = \frac{1}{h_2 + n_{0,2}},$$

die gesamte Steifigkeit

$$s_{0,3} = -\,m_2\,\Omega^2 + \frac{1}{h_2 + n_{0,2}} = -\,m_2\,\Omega^2 + \frac{1}{h_2 + \dfrac{1}{-\,m_1\,\Omega^2 + \dfrac{1}{h_1 + \dfrac{1}{-\,m_0\,\Omega^2}}}}$$

Man erkennt, daß man die Steifigkeiten der Kette in der Form von Kettenbrüchen erhält. Macht man Gebrauch von der symbolischen Schreibweise für einen Kettenbruch[1]

$$a_0 + \cfrac{1}{a_1 + \cfrac{1}{a_2 + \cfrac{1}{\ddots \; \dfrac{1}{a_n}}}} = a_0 + \frac{1|}{|a_1} + \frac{1|}{|a_2} + \cdots + \frac{1|}{|a_n}, \qquad (5.27/1)$$

so lautet $s_{0,3}$

$$s_{0,3} = -m_2\,\Omega^2 + \frac{1|}{|h_2} + \frac{1|}{|-m_1\,\Omega^2} + \frac{1|}{|h_1} + \frac{1|}{|-m_0\,\Omega^2}, \qquad (5.27/2\,\mathrm{a})$$

und demgemäß $s_{0,4}$ für die vorgelegte Kette

$$s_{0,4} = -m_3\,\Omega^2 + \frac{1|}{|h_3} + \frac{1|}{|s_{0,3}}$$

$$= -m_3\,\Omega^2 + \frac{1|}{|h_3} + \frac{1|}{|-m_2\,\Omega^2} + \frac{1|}{|h_2} + \frac{1|}{|-m_1\,\Omega^2} + \frac{1|}{|h_1} + \frac{1|}{|-m_0\,\Omega^2}. \qquad (5.27/2\,\mathrm{b})$$

Ersetzt man in $s_{0,4} = 0$ die linke Seite gemäß (5.27/2b), so hat man die Frequenzengleichung des Vier-Massen-Schwingers in der Form eines Kettenbruches vor sich. Die Gleichung $s_{0,3} = 0$ mit (5.27/2a) ist die Frequenzengleichung eines ungefesselten Drei-Massen-Schwingers in Kettenbruchform. Sie läßt sich, z. B. durch „Einrichten" des Kettenbruches, auf die frühere Fassung (2.23/3) bringen.

Die Verallgemeinerung auf n Federn und $(n+1)$ Massen ist offenkundig, ebenso die Abänderungen, die sich ergeben, falls die Kette nicht mit Massen m_0 und m_n, sondern mit Federn (Fesseln) endet.

Die Vorzüge einer Rechnung, die abwechselnd von Steifigkeiten (bei den Massen) und Nachgiebigkeiten (bei den Federn) Gebrauch macht, springen hier ins Auge, wo Elemente zu vorhandenen abwechselnd parallelgeschaltet (die Massen) und in Reihe gelegt werden (die Federn). Und die Kettenbrüche erweisen sich als das angepaßte Werkzeug zur Behandlung solcher Gebilde.

5.3 Schwinger mit Dämpfung

5.31 Bewegungsgleichungen und Kraftecke bei geschwindigkeitsproportionalen Dämpfungskräften.

Wir wenden uns nun Schwingern zu, die — neben den Feder-, Massen- und Erregerkräften — auch geschwindigkeitsproportionalen Dämpfungskräften unterworfen sind. Wir führen die Untersuchungen erst an einem Beispiel durch und wählen dafür den Schwinger nach Abb. 5.31/1, bei dem zwischen den beiden Massen eine der *Relativgeschwindigkeit* proportionale Dämpfungskraft wirkt und der von einer an der Masse a_1 angreifenden Zwangskraft $\mathfrak{p}_1 = \mathfrak{P}\,e^{i\Omega t}$ erregt wird. Nach dem häufigsten Verwendungszweck

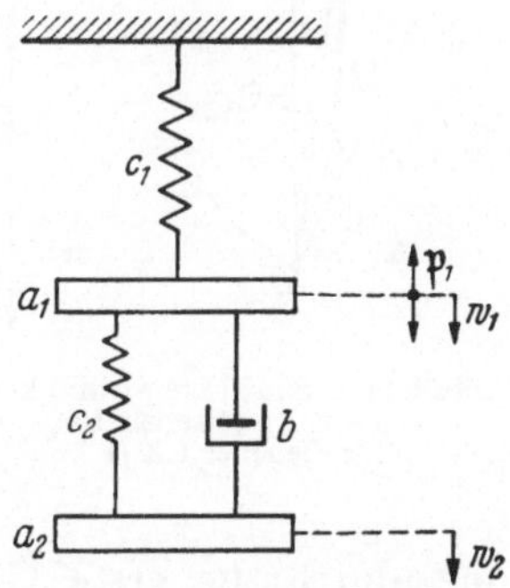

Abb. 5.31/1
Schwinger von zwei Freiheitsgraden mit Relativdämpfung

---

[1] PERRON, O.: Die Lehre von den Kettenbrüchen, Bd. I, 3. Aufl., S. 1, Stuttgart: Teubner 1954.

bezeichnen wir ein solches System als einen Schwinger mit „Dämpfer"; a_1 werde als „Hauptmasse", a_2 als „Dämpfermasse" bezeichnet.

Wenn wir uns der komplexen Schreibweise, also der erzeugenden Vektoren bedienen (s. I.58), so lauten die Bewegungsgleichungen

$$\left.\begin{aligned} a_1\,\ddot{w}_1 + c_1\,w_1 + c_2(w_1 - w_2) + b(\dot{w}_1 - \dot{w}_2) &= \mathfrak{P}\,e^{i\Omega t}, \\ a_2\,\ddot{w}_2 + c_2(w_2 - w_1) + b(\dot{w}_2 - \dot{w}_1) &= 0. \end{aligned}\right\} \quad (5.31/1)$$

Wir wissen von früher her (I.58) außerdem schon, daß wir eine partikulare Lösung (die eigentliche erzwungene Schwingung) erhalten, wenn wir

$$w_1 = \mathfrak{A}\,e^{i\Omega t} \quad \text{und} \quad w_2 = \mathfrak{B}\,e^{i\Omega t} \qquad (5.31/2)$$

ansetzen. Aus den Differentialgleichungen (5.31/1) entstehen dann die algebraischen Gleichungen

$$\left.\begin{aligned} \mathfrak{A}(-a_1\,\Omega^2 + c_1 + c_2) + \mathfrak{A}\,i\,b\,\Omega - \mathfrak{B}\,c_2 - \mathfrak{B}\,i\,b\,\Omega &= \mathfrak{P}, \\ -\,\mathfrak{A}\,c_2 - \mathfrak{A}\,i\,b\,\Omega + \mathfrak{B}(-a_2\,\Omega^2 + c_2) + \mathfrak{B}\,i\,b\,\Omega &= 0. \end{aligned}\right\} \quad (5.31/3)$$

$\mathfrak{A}$ und $\mathfrak{B}$ sind die komplexen Amplituden der Ausschläge, $\mathfrak{P}$ ist die komplexe Amplitude der Erregerkraft. Die beiden Gln. (5.31/3) geben zwei „Kraftecke" für diese Diagrammvektoren; sie entsprechen dem einen Krafteck (Abb. I.58/2b), das wir in I.58 für den einläufigen Schwinger fanden. Wir stellen die Kraftecke nun her (Abb. 5.31/2), indem wir voraussetzen, es seien $\mathfrak{P}$, Ω und alle Koeffizienten a, b, c in (5.31/3) bekannt, während die Ausschläge $\mathfrak{A}$ und $\mathfrak{B}$ gesucht werden. Zunächst nehmen wir $\mathfrak{B}$ beliebig an; (in Abb. 5.31/2 ist $\mathfrak{B}$ lotrecht nach oben gezeichnet, der Maßstab bleibt offen). Dann lassen sich die beiden letzten Glieder

$$\mathfrak{B}(-a_2\,\Omega^2 + c_2) + \mathfrak{B}\,i\,b\,\Omega$$

der zweiten Gl. (5.31/3) darstellen (Streckenzug 0-1-2). Der Streckenzug $\overline{20}$ muß nun $-\,\mathfrak{A}\,c_2 - -\,\mathfrak{A}\,i\,b\,\Omega$ bedeuten. Daher liegt der Eckpunkt 3 auf dem Halbkreis über $\overline{02}$ und auf dem Strahl, der unter $\alpha = \arctan c_2/\Omega\,b$ angezeichnet wird. Mit $-c_2\,\mathfrak{A}$ ist nun auch $\mathfrak{A}$ bekannt (in seiner relativen Lage und relativen Größe zu $\mathfrak{B}$); der Maßstab ist der noch offene von $\mathfrak{B}$. Jetzt kann auch

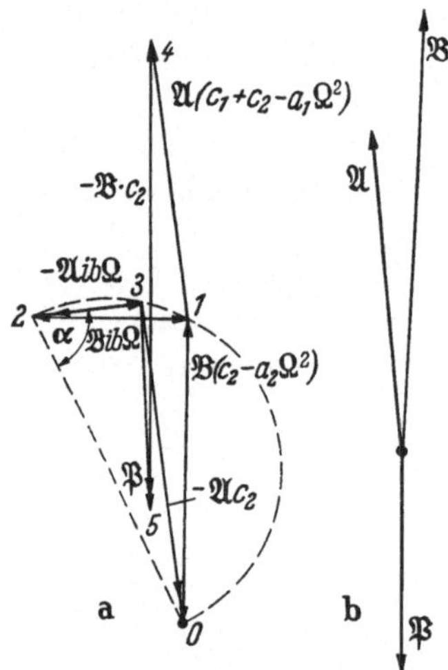

Abb. 5.31/2. Kraftecke a) und komplexe Amplituden b) für Beispiel 5.31/1

das durch die erste Gl. (5.31/3) beschriebene Krafteck gezeichnet werden. Beginnen wir im Eckpunkt 3, so sind die Reibungskräfte $\mathfrak{A}\,i\,b\,\Omega - \mathfrak{B}\,i\,b\,\Omega$ im Streckenzug 3-2-1 schon vorhanden; an sie schließt man als 1-4-5 die Kräfte $\mathfrak{A}(c_1 + c_2 - a_1\,\Omega^2)$ und $-c_2\,\mathfrak{B}$ an. Die Strecke $\overline{35}$ bedeutet schließlich die Zwangskraft $\mathfrak{P}$.

Da in unserem Fall $\mathfrak{P}$ gegeben ist, während die Ausschläge $\mathfrak{A}$ und $\mathfrak{B}$ gesucht werden, legt die Strecke $\overline{35}$ die bisher noch offen gebliebenen Maßstäbe und damit die Größe von $\mathfrak{A}$ und $\mathfrak{B}$ fest.

Wir geben die Maßstabbeziehungen nicht in allgemeinen Zeichen an, sie sind ja leicht im Einzelfall zu durchschauen, sondern verweisen auf das Beispiel der Abb. 5.31/2. Dort ist

$$c_1 = 10 \text{ kp cm}^{-1}; \qquad c_2 = 15 \text{ kp cm}^{-1};$$
$$a_1 = 0{,}5 \text{ kp cm}^{-1} \text{sek}^2; \qquad a_2 = 0{,}2 \text{ kp cm}^{-1} \text{sek}^2;$$
$$b = 1 \text{ kp cm}^{-1} \text{sek}^1; \qquad \Omega = 5 \text{ sek}^{-1}; \qquad P = 50 \text{ kp}.$$

$(c_2 - a_2 \Omega^2) B$ wurde durch $n = 5$ Einheiten dargestellt; schließlich fand sich für die Zwangskraft P eine Strecke von $s = 3{,}2$ Einheiten. Daraus folgt, daß

$$B = \frac{P}{c_2 - a_2 \Omega^2} \frac{n}{s} = \frac{50}{10} \frac{5}{3{,}2} \text{ cm} = 7{,}81 \text{ cm}$$

beträgt. A ergibt sich aus dem Verhältnis der Strecken $\overline{23}$ und $\overline{12}$ zu

$$A = \frac{1{,}78}{2{,}5} \cdot 7{,}81 \text{ cm} = 5{,}56 \text{ cm}.$$

Auch wenn die Bewegungsgleichungen des zweiläufigen Schwingers, der bei a_1 erregt wird, ihre allgemeinste Form haben und die möglichen Kopplungs-

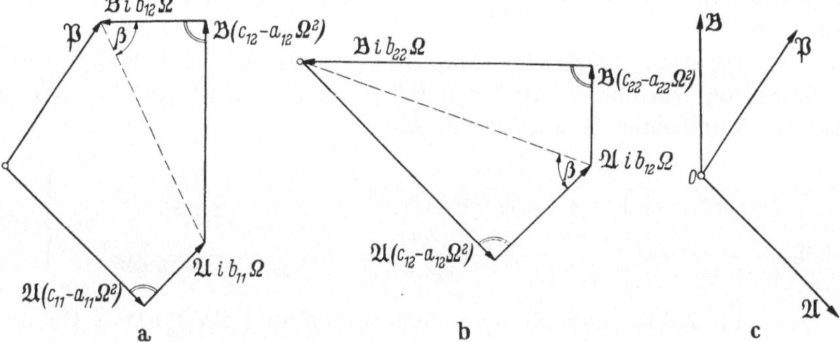

Abb. 5.31/3. Kraftecke a), b) und komplexe Amplituden c) im allgemeinen Fall

arten alle auftreten, läßt sich das Kräftespiel in der selben Weise verfolgen. Lauten die Bewegungsgleichungen nämlich

$$\left. \begin{aligned} a_{11} \ddot{w}_1 + a_{12} \ddot{w}_2 + b_{11} \dot{w}_1 + b_{12} \dot{w}_2 + c_{11} w_1 + c_{12} w_2 &= \mathfrak{P} e^{i \Omega t}, \\ a_{21} \ddot{w}_1 + a_{22} \ddot{w}_2 + b_{21} \dot{w}_1 + b_{22} \dot{w}_2 + c_{21} w_1 + c_{22} w_2 &= 0 \end{aligned} \right\} \quad (5.31/4)$$

(wo $a_{12} = a_{21}$ und $c_{12} = c_{21}$), so folgen mit

$$w_1 = \mathfrak{A} e^{i \Omega t} \quad \text{und} \quad w_2 = \mathfrak{B} e^{i \Omega t}$$

als Beziehungen zwischen den komplexen Amplituden die Gleichungen

$$\left. \begin{aligned} \mathfrak{A}(c_{11} - a_{11} \Omega^2) + \mathfrak{A} i b_{11} \Omega + \mathfrak{B}(c_{12} - a_{12} \Omega^2) + \mathfrak{B} i b_{12} \Omega &= \mathfrak{P}, \\ \mathfrak{A}(c_{12} - a_{12} \Omega^2) + \mathfrak{A} i b_{12} \Omega + \mathfrak{B}(c_{22} - a_{22} \Omega^2) + \mathfrak{B} i b_{22} \Omega &= 0. \end{aligned} \right\} \quad (5.31/5)$$

Die entsprechenden Kraftecke sind in Abb. 5.31/3 (ohne Beziehung auf bestimmte Zahlenwerte) gezeichnet; sie sind wohl ohne weitere Erläuterung verständlich. [Teil a) gibt die erste Gleichung, Teil b) die zweite Gleichung wieder.]

Immer, wenn die Frequenz Ω und die Amplitude P der Erregerkraft und überdies die Eigenschaften a, b, c des zweiläufigen Schwingers bekannt sind, läßt sich das Paar der Kraftecke ohne Schwierigkeit zeichnen und deshalb das Kräftespiel in allen Einzelheiten verfolgen. Die Kraftecke gelten aber in der angegebenen Form jeweils nur für bestimmte Werte a, b, c des Schwingers und für eine bestimmte Frequenz Ω. Über die Veränderung der Ausschläge bei Variation dieser Größen geben sie nicht unmittelbar Auskunft. Die Kenntnis der Abhängigkeit der Ausschläge von der Frequenz Ω ist am wichtigsten. Diese Abhängigkeit kann man wie beim einfachen Schwinger auf zwei verschiedene Weisen angeben, entweder dadurch, daß man *Ortskurven* zeichnet, auf denen die Endpunkte der Vektoren bei (unendlich langsamer) Variation der Erregerfrequenz Ω laufen, oder dadurch, daß man skalare Beziehungen zwischen den Beträgen der Ausschlagamplituden und der Erregerkräfte, die *Vergrößerungsfunktionen*, herstellt. Zu diesen kann man wieder auf zwei Wegen gelangen: Durch Bildung der absoluten Beträge komplexer Zahlen oder durch Verwertung geometrischer Beziehungen in den Kraftecken. Wir werden hier keine Ortskurven benutzen, sondern uns auf die Angabe der Vergrößerungsfunktionen beschränken; und zwar werden wir mit komplexen Zahlen rechnen.

5.32 Vergrößerungsfunktionen und ihre Eigenschaften. Wir wählen für unsere Untersuchungen wieder das in 5.31 benutzte und in Abb. 5.31/1 gezeichnete System, einen Schwinger mit „Dämpfer", an dessen Hauptmasse a_1 eine periodische Erregerkraft konstanter Amplitude P angreift. Im Hauptsystem sei keine Dämpfung vorhanden. Aus den Beziehungen (5.31/3) erhält man für die komplexen Amplituden $\mathfrak{A}$ und $\mathfrak{B}$ die Ausdrücke

$$\left.\begin{aligned}
\mathfrak{A} &= \mathfrak{P}\,\frac{-a_2\,\Omega^2 + c_2 + i\,b\,\Omega}{(-a_1\,\Omega^2 + c_1 + c_2 + i\,b\,\Omega)\,(-a_2\,\Omega^2 + c_2 + i\,b\,\Omega) - (c_2 + i\,b\,\Omega)^2}\,, \\[2mm]
\mathfrak{B} &= \mathfrak{P}\,\frac{c_2 + i\,b\,\Omega}{(-a_1\,\Omega^2 + c_1 + c_2 + i\,b\,\Omega)\,(-a_2\,\Omega^2 + c_2 + i\,b\,\Omega) - (c_2 + i\,b\,\Omega)^2}\,.
\end{aligned}\right\} \quad (5.32/1)$$

Wir ordnen im Zähler und Nenner nach reellen und imaginären Größen:

$$\left.\begin{aligned}
\mathfrak{A} &= \mathfrak{P}\,\frac{(c_2 - a_2\,\Omega^2) + i\,b\,\Omega}{[(-a_1\,\Omega^2 + c_1)\,(-a_2\,\Omega^2 + c_2) - a_2\,c_2\,\Omega^2] + i\,b\,\Omega\,[c_1 - \Omega^2(a_1 + a_2)]}\,, \\[2mm]
\mathfrak{B} &= \mathfrak{P}\,\frac{c_2 + i\,b\,\Omega}{[(-a_1\,\Omega^2 + c_1)\,(-a_2\,\Omega^2 + c_2) - a_2\,c_2\,\Omega^2] + i\,b\,\Omega\,[c_1 - \Omega^2(a_1 + a_2)]}\,.
\end{aligned}\right\} \quad (5.32/2)$$

Zur Erleichterung der weiteren Rechnung führen wir nunmehr die folgenden dimensionslosen Abkürzungen ein

$$\left.\begin{aligned}
\frac{a_2}{a_1} &= \alpha, \qquad \frac{c_2}{c_1} = \gamma, \qquad k_1' = \frac{c_1}{a_1}, \qquad k_2' = \frac{c_2}{a_2}, \\[2mm]
\frac{\Omega^2}{k_1'} &\equiv \frac{\Omega^2\,a_1}{c_1} = \eta^2, \qquad \frac{b^2}{a_1\,c_1} = \beta^2
\end{aligned}\right\} \quad (5.32/3)$$

(β ist die Größe, die wir bei Schwingern mit einem Freiheitsgrad mit $2D$ bezeichnet hatten). Mit den Abkürzungen (5.32/3) erhält man die komplexen Amplituden $\mathfrak{A}$ und $\mathfrak{B}$ aus den Ausdrücken (5.32/2) in der Form

$$\mathfrak{A} = \frac{\mathfrak{P}}{c_1}\,\frac{\gamma - \alpha\,\eta^2 + i\,\beta\,\eta}{[(1 - \eta^2)\,(\gamma - \alpha\,\eta^2) - \alpha\,\gamma\,\eta^2] + i\,\beta\,\eta\,[1 - (1 + \alpha)\,\eta^2]}\,, \qquad (5.32/4\,\text{a})$$

$$\mathfrak{B} = \frac{\mathfrak{P}}{c_1}\,\frac{\gamma + i\,\beta\,\eta}{[(1 - \eta^2)\,(\gamma - \alpha\,\eta^2) - \alpha\,\gamma\,\eta^2] + i\,\beta\,\eta\,[1 - (1 + \alpha)\,\eta^2]}\,. \qquad (5.32/4\,\text{b})$$

Wir wollen nun (in 5.32) ihre absoluten Beträge A und B und (in 5.33) ihre Phasenverschiebungswinkel α_A und α_B gegen die Erregung $\mathfrak{P}$ berechnen. Die Beträge A und B sind gleich dem Betrag P der Erregerkraft multipliziert mit dem Betrag des entsprechenden Bruches. Diese Brüche haben die allgemeine Form

$$\mathfrak{z} = \frac{a+ib}{c+id}.$$

Durch Multiplikation mit der konjugiert komplexen Zahl $\bar{\mathfrak{z}}$ erhält man sogleich das Quadrat des Betrages:

$$\mathfrak{z}\,\bar{\mathfrak{z}} = |\mathfrak{z}|^2 = \frac{a+ib}{c+id}\,\frac{a-ib}{c-id} = \frac{a^2+b^2}{c^2+d^2}. \tag{5.32/5}$$

Damit ergeben sich die absoluten Beträge A und B aus (5.32/4) zu

$$|\mathfrak{A}| \equiv A = \frac{P}{c_1}\,\frac{\sqrt{(\gamma-\alpha\eta^2)^2+\beta^2\eta^2}}{\sqrt{[(1-\eta^2)(\gamma-\alpha\eta^2)-\alpha\gamma\eta^2]^2+\beta^2\eta^2[1-(1+\alpha)\eta^2]^2}}, \tag{5.32/6a}$$

$$|\mathfrak{B}| \equiv B = \frac{P}{c_1}\,\frac{\sqrt{\gamma^2+\beta^2\eta^2}}{\sqrt{[(1-\eta^2)(\gamma-\alpha\eta^2)-\alpha\gamma\eta^2]^2+\beta^2\eta^2[1-(1+\alpha)\eta^2]^2}}. \tag{5.32/6b}$$

Einige Grenzfälle der Gln. (5.32/6) sind bekannt und können leicht bestätigt werden.

1. Mit $\beta = 0$ erhält man

$$\left.\begin{aligned}
A &= \frac{P}{c_1}\left|\frac{\gamma-\alpha\eta^2}{(1-\eta^2)(\gamma-\alpha\eta^2)-\alpha\gamma\eta^2}\right|, \\[2mm]
B &= \frac{P}{c_1}\left|\frac{\gamma}{(1-\eta^2)(\gamma-\alpha\eta^2)-\alpha\gamma\eta^2}\right|
\end{aligned}\right\} \tag{5.32/7}$$

oder, in der Schreibweise von 5.12,

$$\left.\begin{aligned}
A &= \frac{P}{c_1}\left|\frac{k_1'(k_2'-\Omega^2)}{(k_1'-\Omega^2)(k_2'-\Omega^2)-k_2\Omega^2}\right|, \\[2mm]
B &= \frac{P}{c_1}\left|\frac{k_1'k_2'}{(k_1'-\Omega^2)(k_2'-\Omega^2)-k_2\Omega^2}\right|.
\end{aligned}\right\} \tag{5.32/8}$$

Das stimmt überein mit (5.12/4a). Es bestehen zwei Resonanzfrequenzen, die durch (2.21/3′) angegeben werden.

2. Mit $\beta \to \infty$ kommt

$$A = B = \frac{P}{c_1}\left|\frac{1}{1-(1+\alpha)\eta^2}\right| = \frac{P}{c_1}\left|\frac{k_1^*}{k_1^*-\Omega^2}\right|, \tag{5.32/9a}$$

wenn

$$k_1^* = \frac{c_1}{a_1+a_2}$$

das Eigenfrequenzquadrat des einläufigen Schwingers mit der verbundenen Masse a_1+a_2 bedeutet. Es ist nur eine einzige Resonanzstelle vorhanden; sie liegt bei

$$\Omega^2 = k_1^* = \frac{c_1}{a_1+a_2}. \tag{5.32/9b}$$

3. Wenn $c_2 = 0$ wird, so haben wir einen Schwinger mit einem *federlosen Dämpfer* vor uns, wie er im Beispiel 2 von 5.34 noch ausführlich untersucht wird.

Mit $c_2 = 0$ wird $\gamma = 0$, und wir erhalten aus (5.32/6)

$$\left.\begin{aligned}
A &= \frac{P}{c_1} \frac{\sqrt{\alpha^2\,\eta^4 + \beta^2\,\eta^2}}{\sqrt{(1-\eta^2)^2\,\alpha^2\,\eta^4 + \beta^2\,\eta^2[1-(1+\alpha)\,\eta^2]^2}}\,, \\[2mm]
B &= \frac{P}{c_1} \frac{\beta\,\eta}{\sqrt{(1-\eta^2)^2\,\alpha^2\,\eta^4 + \beta^2\,\eta^2[1-(1+\alpha)\,\eta^2]^2}}\,.
\end{aligned}\right\} \qquad (5.32/10)$$

In den Grenzfällen $\beta = 0$ (keine Dämpfungskraft) und $\beta \to \infty$ (keine Relativgeschwindigkeit) wird keine Energie verzehrt; es können die Ausschläge A und B daher über alle Schranken anwachsen. Für endliche Werte von β bleiben A und B dagegen beschränkt. In Abb. 5.32/1 ist der Vergrößerungsfaktor $\mathsf{V}_A = \frac{c_1}{P}\,|\mathfrak{A}|$ und in Abb. 5.32/2 der Vergrößerungsfaktor $\mathsf{V}_B = \frac{c_1}{P}\,|\mathfrak{B}|$ für eine Reihe von β-Werten aufgezeichnet. [Auf der Abszissenachse ist im Bereich $0 \leqq \eta^2 \leqq 1$ die Größe η^2 selbst aufgetragen, im Bereich $1 \leqq \eta^2 < \infty$ dagegen eine Größe $\bar{\zeta} = 2 - \dfrac{1}{\eta^2}$, so daß also der Bereich $1 \leqq \eta^2 < \infty$ auf $1 \leqq \bar{\zeta} < 2$ zusammengedrängt ist.]

Das auffallendste Merkmal der Kurven ist, daß sie „Festpunkte" haben, d. h. Punkte, durch die jeweils alle Kurven der Schar hindurchgehen. Es gibt also (bei gegebenem α und γ) bestimmte Frequenzen, bei denen der Wert der Vergrößerungsfaktoren V_A und V_B unabhängig vom Dämpfungsmaß β ist. Wir betrachten zunächst die Festpunkte des Vergrößerungsfaktors V_A. Der Ausdruck für V_A^2 aus (5.32/6a) hat als Funktion von β^2 die allgemeine Gestalt

$$\mathsf{V}_A^2 = \frac{a^2 + \beta^2\,b^2}{c^2 + \beta^2\,d^2}\,, \qquad (5.32/11)$$

ist also eine linear gebrochene Funktion von β^2. Er ist von β^2 dann unabhängig, wenn $a^2/c^2 = b^2/d^2$ ist, das heißt, sobald

$$D_1 \equiv \begin{vmatrix} a^2 & b^2 \\ c^2 & d^2 \end{vmatrix} = 0 \qquad (5.32/12)$$

ist. Setzen wir für a^2, b^2, c^2 und d^2 die Größen aus (5.32/6a) ein, so erhalten wir die Bestimmungsgleichung für die Festpunkte in der Form

$$D_1 \equiv \begin{vmatrix} (\gamma - \alpha\,\eta^2)^2 & \eta^2 \\ [(1-\eta^2)\,(\gamma - \alpha\,\eta^2) - \alpha\,\gamma\,\eta^2]^2 & \eta^2[1-(1+\alpha)\,\eta^2]^2 \end{vmatrix} = 0. \qquad (5.32/13\,\text{a})$$

Die Determinante läßt sich als Produkt aus drei Faktoren schreiben:

$$D_1 = \eta^2\,\{(\gamma - \alpha\,\eta^2)\,(1-(1+\alpha)\,\eta^2) - (1-\eta^2)\,(\gamma - \alpha\,\eta^2) + \alpha\,\gamma\,\eta^2\}\times$$
$$\times\,\{(\gamma - \alpha\,\eta^2)\,(1-(1+\alpha)\,\eta^2) + (1-\eta^2)\,(\gamma - \alpha\,\eta^2) - \alpha\,\gamma\,\eta^2\}. \qquad (5.32/13\,\text{b})$$

Gl. (5.32/12) ist also erfüllt, wenn einer der Faktoren in (5.32/13b) verschwindet. Wir betrachten die drei Fälle der Reihe nach:

1. Es ist $\eta^2 = 0$. Dazu gehört, wie man aus (5.32/6a) leicht abliest, $\mathsf{V}_A = 1$; (Festpunkt E).

2. Es ist der zweite Faktor gleich Null. Das liefert $\alpha^2\,\eta^4 = 0$, woraus entweder $\alpha = 0$ oder $\eta^2 = 0$ folgt. Der Fall $\alpha = 0$, d. h. $a_2 = 0$ oder $a_1 = \infty$ ist trivial. Für $\alpha \neq 0$ erhalten wir dasselbe Ergebnis wie unter 1.

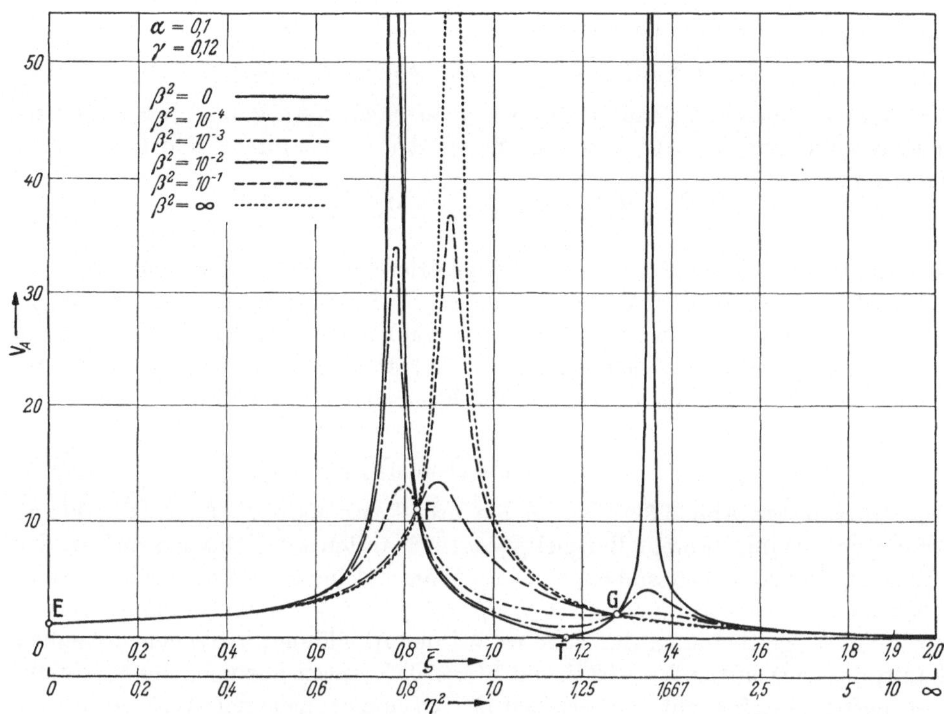

Abb. 5.32/1. Vergrößerungsfunktion V_A für das Gebilde 5.31/1

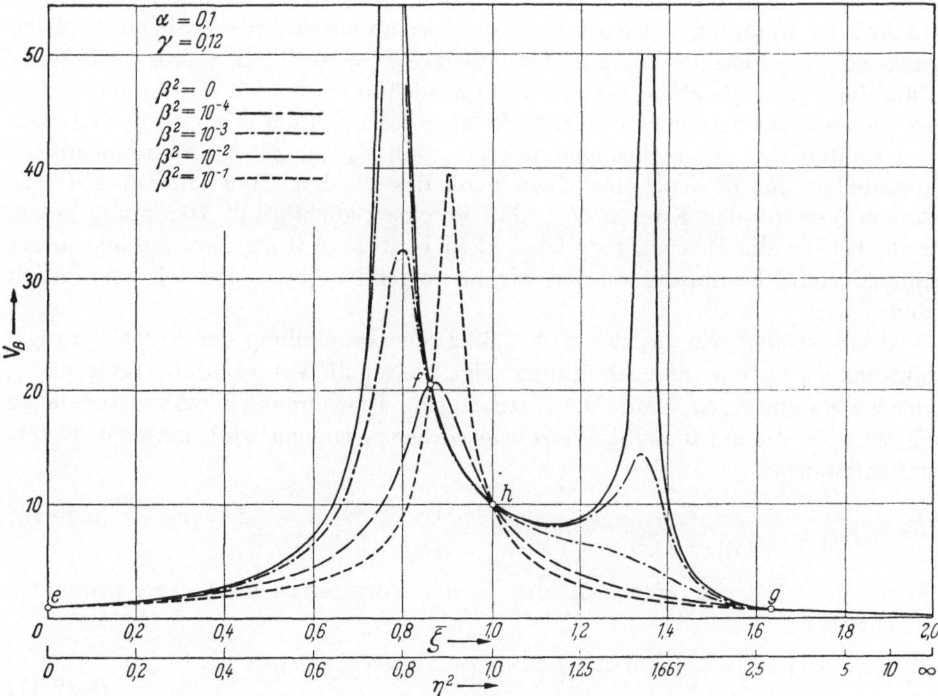

Abb. 5.32/2. Vergrößerungsfunktion V_B für das Gebilde 5.31/1

3. Es ist der dritte Faktor gleich Null; d. h.

$$\eta^4(2\alpha + \alpha^2) - 2\eta^2(\gamma + \alpha + \alpha\gamma) + 2\gamma = 0. \tag{5.32/14a}$$

Die Wurzeln dieser Gleichung, die, wie man nachweisen kann, stets reell und positiv sind, sind die Abszissen η_F^2 und η_G^2 der Festpunkte F und G. Explizit lauten sie

$$\eta_{F,\,G}^2 = \frac{\gamma + \alpha + \alpha\gamma \mp \sqrt{(\gamma - \alpha)^2 + \alpha\gamma^2(2 + \alpha)}}{\alpha^2 + 2\alpha}. \tag{5.32/14b}$$

Um die Ordinaten der Punkte F und G zu erhalten, muß man η_F^2 oder η_G^2 nach (5.32/14b) in V_A nach (5.32/6a) einsetzen. Dabei darf man einen beliebigen Wert β^2 verwenden; man wird β^2 daher so wählen, daß der Ausdruck möglichst einfach wird. Am besten benutzt man dafür den Wert $\beta^2 = \infty$. Das ergibt die folgenden Werte für die Ordinaten der Festpunkte F und G:

$$(\mathsf{V}_A)_{F,\,G} = \left| \frac{1}{1 - (1 + \alpha)\,\eta_{F,\,G}^2} \right|. \tag{5.32/15}$$

Die Kurven der Abb. 5.32/1 zeigen die drei Festpunkte E, F, G. Für kleine Werte von β^2 [in unserem Beispiel $\beta^2 = 10^{-4}$] treten zwei Maxima auf (in der Nähe der Unendlichkeitsstellen, $\beta^2 = 0$). Während für $\beta^2 = 10^{-4}$ beide Maxima noch deutlich sichtbar sind, tritt für $\beta^2 = 10^{-3}$ das zweite Maximum bereits so wenig in Erscheinung, daß man es auf der Abbildung nicht mehr erkennen kann; die Kurven für $\beta^2 = 10^{-2}$ und $\beta^2 = 10^{-1}$ weisen nur noch ein Maximum auf, dessen Abszisse mit wachsendem β^2 sich immer mehr der Abszisse der für $\beta^2 = \infty$ eintretenden Unendlichkeitsstelle nähert. Dabei ist zunächst bei geringer Dämpfung (in unserem Falle $\beta^2 = 10^{-4}$) das linke Maximum hoch; mit wachsender Dämpfung wird die Höhe des Maximums zunächst geringer, zugleich rückt es in die Nähe des Festpunktes (s. Kurve $\beta^2 = 10^{-3}$). Mit weiter wachsender Dämpfung wird die Höhe des einen dann noch auftretenden Maximums wieder größer; es rückt wieder vom Festpunkt ab. Dieser Verlauf stimmt mit den oben angestellten Grenzbetrachtungen überein, daß V_A für $\beta^2 = 0$ zwei Unendlichkeitsstellen, für $\beta^2 = \infty$ eine Unendlichkeitsstelle hat. Man erkennt also aus diesem Verlauf der Kurven V_A, daß es eine „günstigste" Dämpfung geben muß, bei der die Maxima möglichst klein bleiben. Auf die Bestimmung dieser „günstigsten" Dämpfung werden wir im folgenden (in 5.34) noch ausführlich eingehen.

Jetzt wenden wir uns der Abb. 5.32/2, der Darstellung der Vergrößerungsfaktoren V_B zu. Wie diese Abbildung zeigt, weisen die Vergrößerungsfaktoren V_B *vier* Festpunkte e, f, g, h auf. Die Gleichung zur Bestimmung der Abszissen dieser Festpunkte, die auf dieselbe Weise wie vorher gewonnen wird, lautet in Determinantenform

$$D_2 \equiv \begin{vmatrix} \gamma^2 & \eta^2 \\ [(1 - \eta^2)\,(\gamma - \alpha\eta^2) - \alpha\gamma\eta^2]^2 & \eta^2\,[1 - (1 + \alpha)\,\eta^2]^2 \end{vmatrix} = 0. \tag{5.32/16}$$

Auch diese Determinante läßt sich in der Form eines dreifachen Produktes anschreiben:

$$\begin{aligned} D_2 = \eta^2 \{ &\gamma\,[1 - (1 + \alpha)\,\eta^2] - [(1 - \eta^2)\,(\gamma - \alpha\eta^2) - \alpha\gamma\eta^2] \} \times \\ \times \{ &\gamma\,[1 - (1 + \alpha)\,\eta^2] + [(1 - \eta^2)\,(\gamma - \alpha\eta^2) - \alpha\gamma\eta^2] \}. \end{aligned} \tag{5.32/17}$$

Die Gl. (5.32/16) wird erfüllt, wenn jeweils einer der Faktoren von (5.32/17) zu Null wird.

1. Es ist $\eta^2 = 0$. Wie man aus (5.32/6b) leicht abliest, ist das zugehörige $V_B = 1$ (Festpunkt e).

2. Zweiter Faktor verschwindet, d. h.

$$\alpha\,\eta^2\,(1 - \eta^2) = 0.$$

Da $\eta^2 = 0$ schon unter 1. erledigt war und $\alpha = 0$ einen trivialen Fall darstellt, bleibt von Interesse $\eta^2 = 1$. Die zugehörige Ordinate ist $V_B = 1/\alpha$ (Festpunkt h).

3. Dritter Faktor verschwindet, d. h.

$$\alpha\,\eta^4 - \eta^2\,(2\gamma + 2\alpha\gamma + \alpha) + 2\gamma = 0. \tag{5.32/18a}$$

Wir wollen diese Festpunkte mit f und g, die Abszissen mit η_f^2 und η_g^2 bezeichnen. (5.32/18a) hat die beiden Wurzeln

$$\eta_{f,g}^2 = \frac{2\gamma + 2\alpha\gamma + \alpha}{2\alpha} \mp \frac{1}{2\alpha}\,\sqrt{(2\gamma - \alpha)^2 + 4\alpha\gamma\,(\alpha\gamma + 2\gamma + \alpha)}, \tag{5.32/18b}$$

die wieder (wie man bestätigen kann) für sämtliche (positiven) Werte von α und γ positiv und reell sind. Die Abszissenwerte η_f^2 und η_g^2 der Festpunkte für V_B nach (5.32/18b) sind verschieden von den Abszissenwerten η_F^2 und η_G^2 der Festpunkte für V_A nach (5.32/14b). Die zu η_f^2 und η_g^2 gehörigen Ordinaten ergeben sich aus V_B (5.32/6b) zu

$$V_B\,(\eta_{f,g}^2) = \left|\,\frac{1}{1 - (1 + \alpha)\,\eta_{f,g}^2}\,\right|, \tag{5.32/19}$$

wie man am einfachsten für $\beta^2 = \infty$ feststellt. Die Kurven der Abb. 5.32/2 weisen in Abhängigkeit von β^2 nichts wesentlich Neues gegenüber denen der Abb. 5.32/1 auf. Bemerkenswert ist die (im Verhältnis zu V_A) große Höhe des Maximums von V_B für $\beta^2 = 10^{-4}$.

5.33 Phasenverschiebungswinkel. Wir wenden uns nun noch der Erörterung der Phasenverschiebungswinkel α_A und α_B der Größen $\mathfrak{A}$ und $\mathfrak{B}$ zu. Diese Winkel sind definiert durch die Beziehungen

$$\mathfrak{A} = |\mathfrak{A}|\,e^{i\,\alpha_A} \quad \text{und} \quad \mathfrak{B} = |\mathfrak{B}|\,e^{i\,\alpha_B}. \tag{5.33/1}$$

Da die absolute Phasenlage der Erregung keine Rolle spielt, betrachten wir $\mathfrak{P}$ als rein reelle Größe, $\mathfrak{P} = P$. Die Winkel α_A und α_B bezeichnen somit die Voreilung von $\mathfrak{A}$ und $\mathfrak{B}$ gegen $\mathfrak{P}$. $\mathfrak{A}$ läßt sich in der Form

$$\mathfrak{A} = |\mathfrak{A}|\,\{\cos\alpha_A + i\sin\alpha_A\}$$

schreiben; ferner gestattet $\mathfrak{A}$ nach (5.32/4a) die Darstellung

$$\mathfrak{A} = p\,\frac{a + i\,b}{c + i\,d} = p\,(u + i\,v), \quad \text{mit} \quad p = \frac{P}{c_1}.$$

Es folgt also

$$|\mathfrak{A}|\,\cos\alpha_A = p\,u; \qquad |\mathfrak{A}|\,\sin\alpha_A = p\,v.$$

Da nun, wie leicht nachzurechnen,

$$u = \frac{a\,c + b\,d}{c^2 + d^2}; \qquad v = \frac{b\,c - a\,d}{c^2 + d^2}; \qquad |\mathfrak{A}| = p\,\sqrt{\frac{a^2 + b^2}{c^2 + d^2}}$$

ist, erhält man

$$\cos\alpha_A = \frac{p}{|\mathfrak{A}|}\,u, \qquad \sin\alpha_A = \frac{p}{|\mathfrak{A}|}\,v. \tag{5.33/2}$$

Das Vorzeichen von $\cos\alpha_A$ ist also durch das Vorzeichen von u, das Vorzeichen von $\sin\alpha_A$ durch das Vorzeichen von v bestimmt. Der Phasenverschiebungswinkel α_A selber ergibt sich aus

$$\tan\alpha_A = \frac{b\,c - a\,d}{a\,c + b\,d}. \tag{5.33/3}$$

Führen wir aus (5.32/4a) die Ausdrücke für a, b, c und d, nämlich

$$a = \gamma - \alpha\,\eta^2,$$
$$b = \beta\,\eta,$$
$$c = (1 - \eta^2)\,(\gamma - \alpha\,\eta^2) - \alpha\,\gamma\,\eta^2,$$
$$d = \beta\,\eta\,[1 - (1 + \alpha)\,\eta^2]$$

ein, so kommt aus (5.33/2)

$$\left.\begin{aligned}
(c^2 + d^2)\,\frac{|\mathfrak{A}|}{p}\,\cos\alpha_A &= (\gamma - \alpha\,\eta^2)\,[(1 - \eta^2)(\gamma - \alpha\,\eta^2) - \alpha\,\gamma\,\eta^2] + \\
&\quad + \beta^2\,\eta^2\,[1 - (1 + \alpha)\,\eta^2], \\
(c^2 + d^2)\,\frac{|\mathfrak{A}|}{p}\,\sin\alpha_A &= -\beta\,\eta\,\alpha^2\,\eta^4,
\end{aligned}\right\} \tag{5.33/4}$$

aus (5.33/3)

$$\alpha_A = -\arctan\frac{\beta\,\eta\,\alpha^2\,\eta^4}{(\gamma - \alpha\,\eta^2)\,[(1 - \eta^2)\,(\gamma - \alpha\,\eta^2) - \alpha\,\gamma\,\eta^2] + \beta^2\,\eta^2\,[1 - (1 + \alpha)\,\eta^2]}. \tag{5.33/5}$$

In Abb. 5.33/1 sind die Phasenverschiebungswinkel (Nacheilwinkel) $\varepsilon_A = -\alpha_A$ aufgetragen, die zu den Betragswerten A in Abb. 5.32/1 gehören.

Wir deuten einige Überlegungen zur Kurvendiskussion an: Wie (5.33/4) zeigt, ist der $\sin\alpha_A$ stets negativ; α_A muß also zwischen 0 und $-\pi$ liegen. In der Abbildung 5.33/1

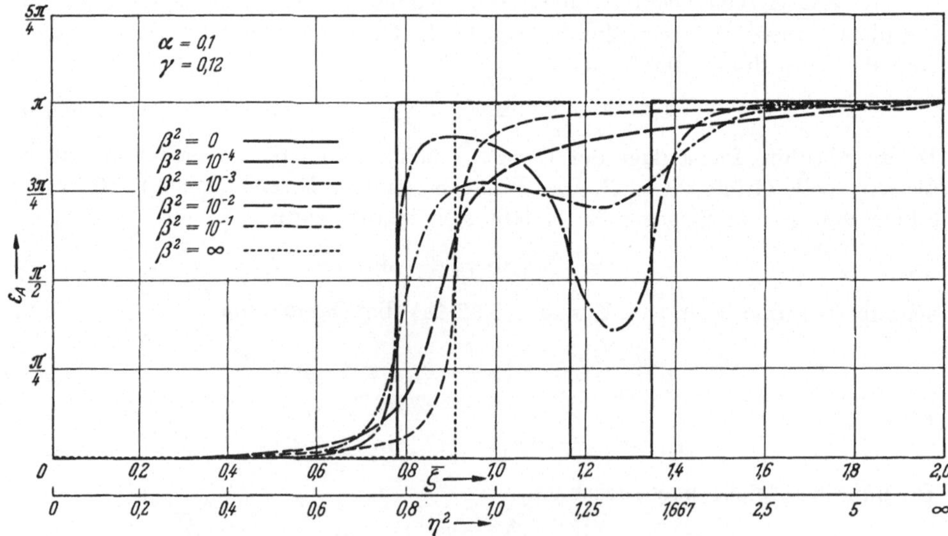

Abb. 5.33/1. Nacheilwinkel ε_A

ist deshalb statt des Phasenverschiebungswinkels α_A der Nacheilwinkel $\varepsilon_A = -\alpha_A$ aufgetragen. $|\mathfrak{A}|\cos\alpha_A$ ist eine gebrochene Funktion in η^2. Diese Funktion und damit der $\cos\varepsilon_A$, kann also drei Zeichenwechsel haben, nämlich bei den beiden Eigenfrequenzen und bei der Nullstelle des Zählers. Für $\beta^2 = 0$ und $\beta^2 = 10^{-4}$ sind alle drei Werte $\cos\alpha_A$ reell und positiv. Für die größeren Werte von β^2 ist nur noch eine Nullstelle reell (und positiv), die beiden anderen sind konjugiert komplex. Für Werte von η^2, die kleiner als η_0^2 (η_0^2 kleinste Nullstelle des Nenners von $\tan\varepsilon_A$) sind, ist der Nenner von $\tan\varepsilon_A$ und damit $\cos\varepsilon_A$ positiv. Ferner sieht man, daß der Zähler von $\tan\varepsilon_A$ nur mit η^5 gegen Unendlich geht, während der Nenner mit η^6 gegen Unendlich geht. $\tan\varepsilon_A$ geht also mit $\eta \to \infty$ gegen Null. ε_A wächst für alle β^2 von Null ausgehend über 90° bis auf 180°, einem Wert, dem es für $\eta \to \infty$ als Grenzwert zustrebt. Bei $\beta^2 = 0$ ist es Null bis zur ersten Eigenfrequenzstelle, springt dort auf 180°, ist 180° bis zur Nullstelle des Zählers, springt dort wieder auf Null, ist Null bis zur zweiten Eigenfrequenzstelle und springt bei der zweiten Eigenfrequenzstelle wieder auf 180°. Bei $\beta^2 = 10^{-4}$ wächst ε_A von 0° über 90° in den zweiten Quadranten hinein, um dann nach Erreichung eines maximalen Wertes wieder über 90° bis in den ersten Quadranten hinein bis zu einem minimalen Wert abzunehmen und dann wieder über 90° bis auf 180° für $\eta \to \infty$ anzuwachsen. Für $\beta^2 = \infty$ haben wir denselben Grenzwert von ε_A mit $\eta \to \infty$ wie für $\beta^2 = 0$; der Phasenverschiebungswinkel zeigt hier das bekannte Verhalten bei Systemen mit einem Freiheitsgrad ohne Dämpfung. Zunächst ist für $\beta^2 = \infty$ der Winkel Null bis zur Resonanzstelle, dort springt er auf 180° und bleibt dann auf 180°.

Wir betrachten jetzt den Phasenverschiebungswinkel α_B von $\mathfrak{B}$ gegen die Erregung. Auf demselben Wege wie für α_A erhalten wir

$$
\left.
\begin{aligned}
\cos\alpha_B &= \frac{p}{|\mathfrak{B}|(c^2+d^2)}\{\gamma[(1-\eta^2)(\gamma-\alpha\eta^2)-\alpha\gamma\eta^2] + \\
&\qquad\qquad + \beta^2\eta^2[1-(1+\alpha)\eta^2]\}, \\
\sin\alpha_B &= \frac{p}{|\mathfrak{B}|(c^2+d^2)}[\alpha\eta^3\beta(\eta^2-1)]
\end{aligned}
\right\} \quad (5.33/6\,\mathrm{a})
$$

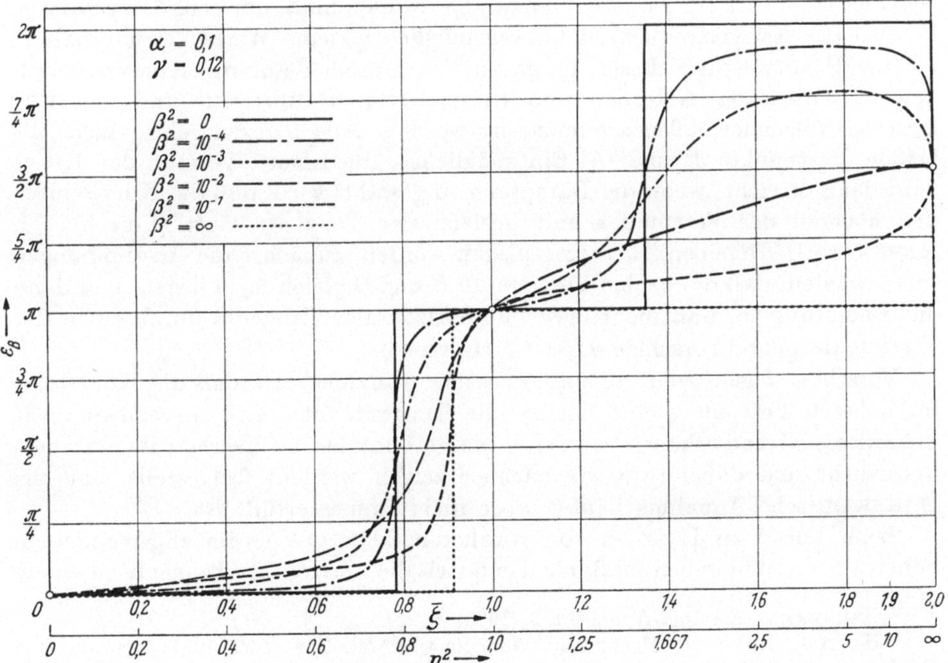

Abb. 5.33/2. Nacheilwinkel ε_B

und

$$\alpha_B = \arctan \frac{\alpha\,\eta^3\,\beta\,(\eta^2 - 1)}{\gamma[(1 - \eta^2)\,(\gamma - \alpha\,\eta^2) - \alpha\,\gamma\,\eta^2] + \beta^2\,\eta^2[1 - (1 + \alpha)\,\eta^2]}. \qquad (5.33/6\,\mathrm{b})$$

In Abb. 5.33/2 sind die Nacheilwinkel $\varepsilon_B = -\alpha_B$ in Abhängigkeit von η^2 bzw. $\bar{\zeta}$ aufgetragen (mit β^2 als Parameter).

5.34 Der Schwingungstilger mit Dämpfung. In 5.13 hatten wir die Erscheinungen der Tilgung von Schwingungen untersucht. Dabei waren (s. Abb. 5.13/1b) Dämpfungskräfte außer acht gelassen worden.

Man kann sich nun die Frage vorlegen, wie die dort gefundenen Ergebnisse sich ändern, wenn zwischen dem angehängten Tilger und der Hauptmasse m_1 nicht nur Federkräfte, sondern auch Dämpfungskräfte wirken; sei es, daß solche Dämpfungskräfte in natürlicher Weise vorhanden sind, sei es, daß man sie absichtlich einführt. Das Gebilde, zu dem man so gelangt, ist eben das in Abb. 5.31/1 dargestellte und in 5.31, 5.32, 5.33 eingehend untersuchte. Aus den Ergebnissen dieser Untersuchungen können wir nun die uns im Hinblick auf den Tilgereffekt interessierenden Schlüsse ziehen.

Wir wenden uns vor allem der Abb. 5.32/1 zu, wo die Ausschläge der Hauptmasse m_1 (bzw. a_1) in der Form der Vergrößerungsfunktion V_A aufgezeichnet sind. Wir entnehmen den Kurven sofort, daß mit Dämpfung ($\beta \neq 0$) der Tilgereffekt (d. h. das völlige Nullwerden des Ausschlages A_1) verblaßt, daß aber andererseits auch die Resonanzeffekte verschwinden und daß bei „geeigneter" Wahl des Dämpfungsmaßes β^2 die Ausschlagkurven über einen weiten Frequenzbereich hin „flach" verlaufen. Wir stellen also die Frage, welches Dämpfungsmaß β^2 und welche Abstimmungen in diesem Sinne „am günstigsten" sind. Genauer gefaßt fragen wir, wie man α, γ, β^2 wählen muß, um über den gesamten Bereich der Erregerfrequenzen hinweg möglichst kleine Werte V_A zu erhalten.

Zur Beantwortung dieser Frage ist, im Hinblick auf die Kurven 5.32/1, von verschiedenen Autoren, zum Beispiel von HAHNKAMM[1] und von DEN HARTOG[2] folgendermaßen argumentiert worden: Alle Kurven gehen durch die beiden Festpunkte F und G. Ein möglichst „niedriger" Verlauf der Kurve wird dann erreicht, wenn die Dämpfung so gewählt wird, daß die Kurve durch den höheren der Festpunkte mit horizontaler Tangente läuft (Vorschlag I, HAHNKAMM[1]). Daneben ist vorgeschlagen worden, zunächst die Abstimmungen so zu wählen, daß die beiden Festpunkte F und G gleich hoch liegen, und dann die Dämpfung so, daß die Kurve mit horizontaler Tangente durch einen der Festpunkte geht (Vorschlag II, DEN HARTOG[2]).

Vorschlag I geht von der unbewiesenen Annahme aus, daß die Kurve, die im höheren Festpunkt eine horizontale Tangente hat, sich nirgendwo mehr über dieses Niveau erheben kann. L. COLLATZ[3] hat den Sachverhalt im einzelnen untersucht und dabei (wie wir nachher zeigen werden) festgestellt, daß die HAHNKAMMsche Annahme häufig, aber nicht immer erfüllt ist.

Beim Vorschlag II ist es von vornherein klar, daß es im allgemeinen ein höheres Maximum geben muß, als das durch die horizontale Tangente in einem

---

[1] HAHNKAMM, E.: Ing.-Arch. Bd. 3 (1932) S. 251.

[2] HARTOG, J. P. DEN: Mechanical vibrations, 4th ed. New York 1957; deutsch von G. MESMER, 2. Aufl., Berlin/Göttingen/Heidelberg: Springer 1952.

[3] COLLATZ, L.: Ing.-Arch. Bd. 10 (1939) S. 269.

Festpunkt bezeichnete. Aber auch hier zeigt es sich, daß der Vorschlag in den meisten Fällen zu „brauchbaren" Lösungen führt, d. h. daß das „zweite" Maximum nur unwesentlich höher liegt als das „erste", konstruierte.

Wir führen die wichtigeren der Betrachtungen hier durch und begnügen uns für die übrigen mit der Angabe der Resultate.

Zunächst gilt es festzustellen, welcher der drei Festpunkte die größte Ordinate hat. Die Lage der Festpunkte ist von dem Dämpfungsmaß β unabhängig. Der Festpunkt E ($\eta^2 = 0$, $\mathsf{V}_A = 1$) ist der gleiche für sämtliche Werte von α und γ; dagegen hängen die Abszissen und Ordinaten der beiden Festpunkte F und G von α und γ ab. Den Festpunkt mit der größten Ordinate wollen wir kurz den „höheren" Festpunkt nennen und ihn (wie es COLLATZ tut) mit dem Buchstaben H bezeichnen. Es läßt sich zeigen, daß stets mindestens eine der Ordinaten $\mathsf{V}_A(\eta_F^2)$ und $\mathsf{V}_A(\eta_G^2)$ größer ist als Eins.

Zu diesem Zweck transformieren wir Gl. (5.32/14a), indem wir $\vartheta = 1 - (1 + \alpha)\,\eta^2$ einführen. Dann geht jene Gleichung über in

$$\vartheta^2(\alpha^2 + 2\alpha) + 2\vartheta[-\alpha + \gamma(1 + \alpha)^2] - \alpha^2 = 0. \tag{5.34/1}$$

Das Produkt der Wurzeln ist negativ, folglich müssen die beiden Wurzeln reell und von verschiedenem Vorzeichen sein. Außerdem muß, da

$$|\vartheta_1\,\vartheta_2| = \frac{\alpha^2}{\alpha^2 + 2\alpha} < 1$$

ist, stets mindestens eine der Wurzeln ϑ kleiner als Eins sein. Wegen (5.32/15) ist aber die Festpunktsordinate

$$\mathsf{V}_A = \left|\frac{1}{\vartheta}\right|, \tag{5.34/1a}$$

daher ist mindestens eine der Festpunktsordinaten größer als Eins (wie zu zeigen war).

Nun berechnen wir die Werte α und γ, für die (gemäß dem Vorschlag II) die Ordinaten der Festpunkte gleich werden (sog. „günstigste Abstimmung"). Wenn die Ordinaten beider Festpunkte gleich sind, verschwindet die Summe der Wurzeln der Gl. (5.34/1), da diese Wurzeln ja stets verschiedenes Vorzeichen haben. Also erhält man als Bedingungsgleichung für die „günstigste Abstimmung"

$$\gamma = \frac{\alpha}{(1 + \alpha)^2}. \tag{5.34/2}$$

Wir rechnen nun die Abszissen und Ordinaten der Festpunkte unter diesen Umständen aus. Die quadratische Gl. (5.32/14a) nimmt unter Einführung von (5.34/2) die Gestalt

$$\eta^4 - 2\eta^2\frac{1}{1 + \alpha} + \frac{2}{(2 + \alpha)\,(1 + \alpha)^2} = 0 \tag{5.34/3}$$

an. Ihre Wurzeln sind

$$\eta_{F,G}^2 = \frac{1}{1 + \alpha}\left[1 \pm \sqrt{\frac{\alpha}{2 + \alpha}}\right]. \tag{5.34/4}$$

Die zugehörigen Ordinaten findet man aus (5.32/15) zu:

$$(\mathsf{V}_A)_{F,G} = \left|\sqrt{\frac{2 + \alpha}{\alpha}}\right|. \tag{5.34/5}$$

Die „günstigste Dämpfung", also jenes Dämpfungsmaß, bei dem die Tangente horizontal durch den höheren Festpunkt verläuft (Vorschlag I), ergibt sich, wenn man V_A^2 (5.32/6a) nach η^2 differenziert und diese Ableitung an der Stelle η_H^2 des höheren Festpunktes betrachtet. Durch Nullsetzen dieser Ableitung und Auflösung der entstehenden Gleichung nach β^2 erhält man die „günstigste Dämpfung" $\beta^2 = (\beta^*)^2$ zu

$$(\beta^*)^2 = \frac{\alpha\,\gamma^2 + (\gamma - \alpha\,\eta_H^2)^2}{(1 + \alpha)\,\eta_H^2}\,. \tag{5.34/6}$$

Durch eine genaue Analyse dieses Ausdruckes (die wir hier übergehen, wobei wir auf die Literatur[1] verweisen) findet man, daß der Vorschlag I in den meisten

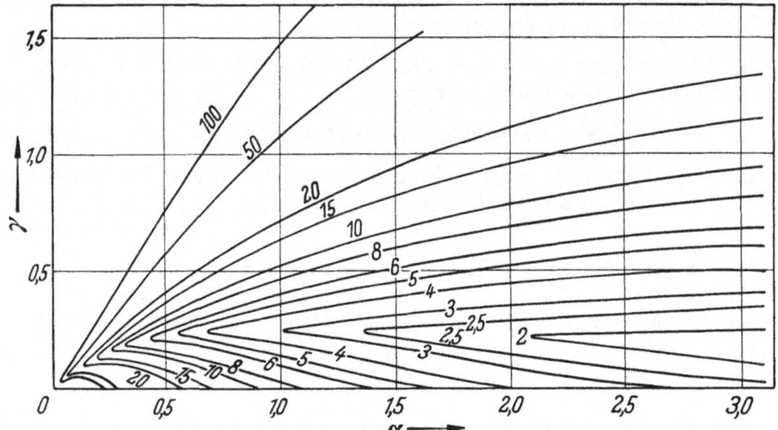

Abb. 5.34/1. Wert $(V^*)^2$ als Funktion von α und γ

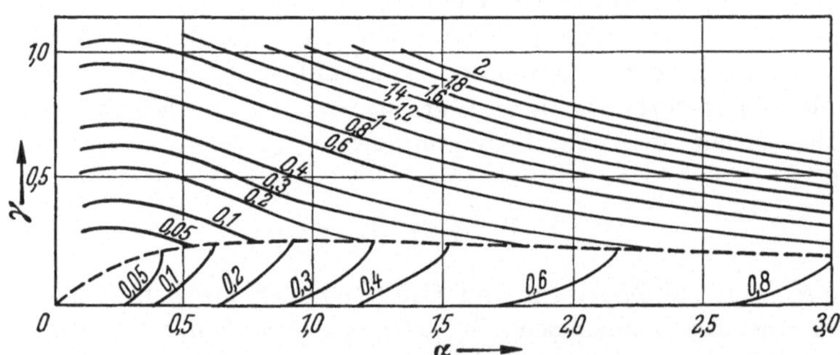

Abb. 5.34/2. Günstigster Wert β^* des Dämpfungsmaßes als Funktion von α und γ

Fällen richtig ist und daß dort, wo er nicht richtig ist, die Fehler klein bleiben, d. h., daß das „andere" Maximum nur unwesentlich höher ist als das konstruierte.

Wir geben das Ergebnis der Diskussion in den beiden Diagrammen 5.34/1 und 5.34/2 wieder, die der Arbeit von L. COLLATZ[1] entnommen sind. Ihre Bedeutung ist diese:

---

[1] Siehe Fußnote 3, S. 316.

Zu jedem Wertepaar α, γ (d. h. zu jedem Zusatzsystem a_2, c_2) gehört ein ganz bestimmter Wert V^* der Vergrößerungsfunktion V_A mit der Eigenschaft: Erteilt man dem Dämpfungsmaß β den „günstigsten" Wert β^*, der aus Abb. 5.34/2 abzulesen ist, so ist bei allen Erregerfrequenzen Ω der Wert der Vergrößerungsfunktion V_A kleiner oder gleich V^*. Der durch diese Eigenschaft festgelegte Wert von V^* ist aus Abb. 5.34/1 als Funktion von α und γ ablesbar; das Diagramm gibt dabei $(V^*)^2$ an. Will man erreichen, daß V einen bestimmten Wert, etwa V_1, bei keiner Frequenz übersteigt, so gibt Abb. 5.34/1 die Wertepaare α, γ an, mit denen das möglich ist. Von diesen Wertepaaren wird man den möglichst weit links gelegenen Punkt wählen, wenn man ein möglichst kleines Zusatzsystem anbringen will. Abb. 5.34/2 gibt den zugehörigen Wert des Dämpfungsmaßes β^* an.

Die gestrichelte Kurve in 5.34/2 bezeichnet den Übergang von einem Festpunkt (als dem höchsten) zum anderen. Dort sind deshalb alle Funktionen unstetig. Zugleich liegen beide Festpunkte für jene Werte gleich hoch. Die Dämpfungswerte entsprechen dem (HAHNKAMMschen) Vorschlag I; sie sind „günstigste" Dämpfungswerte in jenem Sinn. Da die gestrichelte Kurve in Abb. 5.34/2 aber zugleich (nahezu) die Verbindungslinie der Extrema in Abbildung 5.34/1 darstellt, so sieht man, daß der „günstigste Dämpfungswert" zugleich das kleinste Zusatzsystem erfordert.

In 5.32, 5.33 und 5.34 haben wir als Systemparameter die in (5.32/3) angegebenen Größen [also neben den schon früher (s. 2.21) eingeführten k_1' und k_2'], vor allem α, γ, β^2 und η^2, benutzt. Manchmal erweist sich eine andere Kombination der Parameter als zweckmäßig, vor allem die Größe

$$\varkappa^2 = \frac{c_2/a_2}{c_1/a_1} = \frac{\gamma}{\alpha}. \tag{5.34/7}$$

Ersetzen wir in den Formeln die Größe γ gemäß (5.34/7) durch $\alpha\,\varkappa^2$, so erhalten wir:

1. anstelle von (5.32/14a) die quadratische Gleichung

$$(2 + \alpha)\,\eta^4 - 2\eta^2(1 + \varkappa^2 + \alpha\,\varkappa^2) + 2\varkappa^2 = 0 \tag{5.34/8a}$$

mit den Wurzeln

$$\eta^2_{F,\,G} = \frac{1 + \varkappa^2 + \alpha\,\varkappa^2}{2 + \alpha} \mp \frac{1}{2 + \alpha}\sqrt{(1 + \varkappa^2 + \alpha\,\varkappa^2)^2 - 2\varkappa^2(2 + \alpha)}; \tag{5.34/8b}$$

2. für die Ordinaten der Festpunkte F und G wie zuvor (5.32/15)

$$(V_A)_{F,\,G} = \left| \frac{1}{1 - (1 + \alpha)\,\eta^2_{F,\,G}} \right|$$

und bei „optimaler Abstimmung" (5.34/5)

$$V_H = \left| \sqrt{1 + \frac{2}{\alpha}} \right|;$$

3. anstelle von (5.34/2) für den Ausdruck der optimalen Abstimmung

$$\varkappa_{\text{opt}} = \frac{1}{1 + \alpha}. \tag{5.34/8c}$$

Die beiden Diagramme 5.34/3 und 5.34/4 zeigen nun als Funktion von $\eta = \sqrt{\Omega^2\,a_1/c_1}$, von α und $\varkappa$ sowohl die Ordinaten $V_{F,\,G}$ wie die Abszissen $\eta_{F,\,G}$ der Festpunkte. Eine entsprechende graphische Darstellung für die früheren

Systemparameter hatten wir nicht gegeben. (Die Diagramme 5.34/1 und 5.34/2 beziehen sich ja auf optimale Abstimmungen!)

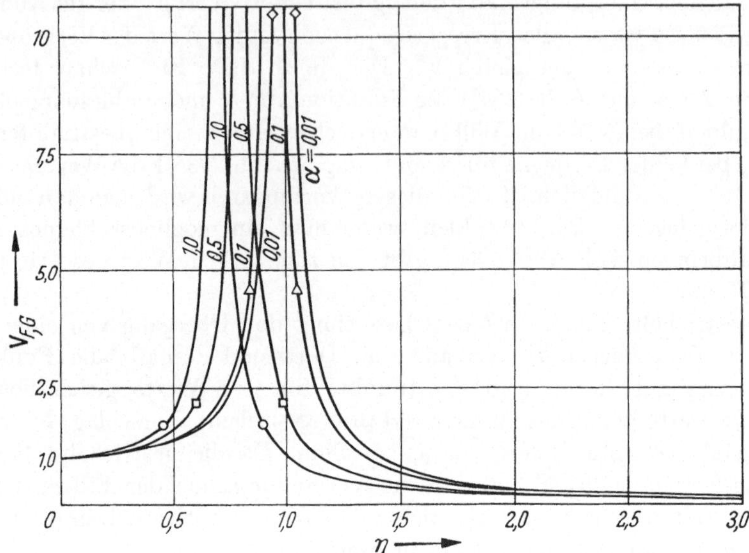

Abb. 5.34/3. Ordinaten $V_{F,G}$

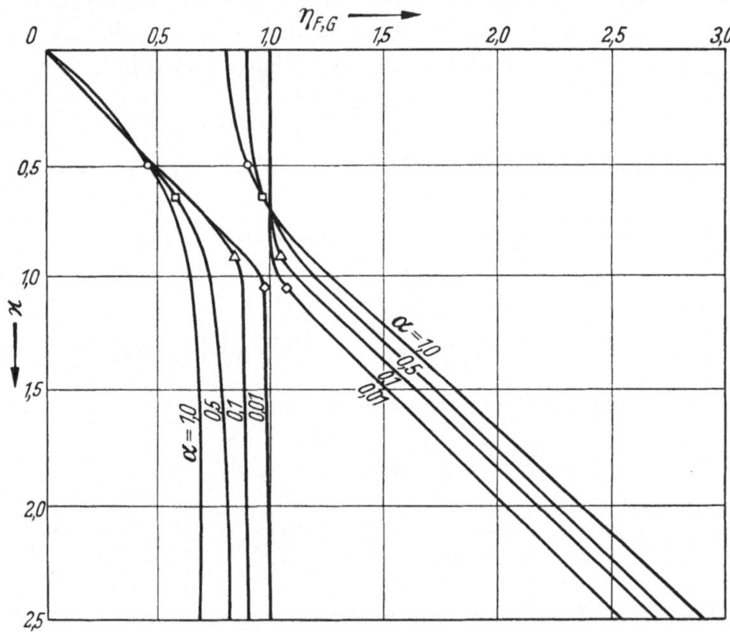

Abb. 5.34/4. Abszissen η für F und G

Schließlich geben wir noch die Formeln für zwei Tilger an, die nicht „optimal" arbeiten.
1. Oft verwendet man Zusatzschwinger, für die $k_2' = k_1'$ ist; mit dieser Beziehung gleichwertig ist die Feststellung $\alpha = \gamma$. Hier wird die quadratische Gl. (5.32/14a) zu

$$\eta^4(\alpha^2 + 2\alpha) - 2\eta^2(\alpha^2 + 2\alpha) + 2\alpha = 0. \qquad (5.34/9\,\mathrm{a})$$

Ihre Wurzeln sind

$$\eta^2_{F,\,G} = 1 \mp \sqrt{\frac{\alpha}{2+\alpha}}. \qquad (5.34/9\,\mathrm{b})$$

Davon gehört der Wert

$$\eta^2_F = 1 - \sqrt{\frac{\alpha}{2+\alpha}}$$

zum höheren Festpunkt, denn es ist

$$|\vartheta_F| = \left|1 - (1+\alpha)\left(1 - \sqrt{\frac{\alpha}{2+\alpha}}\right)\right| = \left|(1+\alpha)\sqrt{\frac{\alpha}{2+\alpha}} - \alpha\right|$$

kleiner als $\qquad\qquad\qquad\qquad\qquad\qquad\qquad\qquad\qquad\qquad\qquad\qquad\qquad\qquad (5.34/9\,\mathrm{c})$

$$|\vartheta_G| = \left|1 - (1+\alpha)\left(1 + \sqrt{\frac{\alpha}{2+\alpha}}\right)\right| = \left|(1+\alpha)\sqrt{\frac{\alpha}{2+\alpha}} + \alpha\right|.$$

Die Ordinate des höheren Festpunktes $H = F$ ist also nach (5.34/1 a)

$$\mathsf{V}_H = \left|\frac{1}{(1+\alpha)\sqrt{\dfrac{\alpha}{2+\alpha}} - \alpha}\right|. \qquad (5.34/9\,\mathrm{d})$$

Die zugehörige günstigste Dämpfung (nach Vorschlag I) ergibt sich aus (5.34/6) zu

$$\beta^2_H = \frac{\alpha^3(3+\alpha)}{(2+\alpha)(1+\alpha)\left(1 - \sqrt{\dfrac{\alpha}{2+\alpha}}\right)}. \qquad (5.34/9\,\mathrm{e})$$

2. Für den Schwinger mit federlosem Dämpfer (Abb. 5.34/5) ist $c_2 = 0$, also $\gamma = 0$. Hier wird die quadratische Gl. (5.32/14 a) zu

$$\eta^4(\alpha^2 + 2\alpha) - 2\alpha\,\eta^2 = 0, \qquad (5.34/10\,\mathrm{a})$$

oder, wenn $\alpha \neq 0$ ist, zu

$$\eta^4(\alpha + 2) - 2\eta^2 = 0 \qquad (5.34/10\,\mathrm{b})$$

mit den Lösungen

$$\eta^2 = 0 \quad \text{und} \quad \eta^2 = \frac{2}{2+\alpha}. \qquad (5.34/10\,\mathrm{c})$$

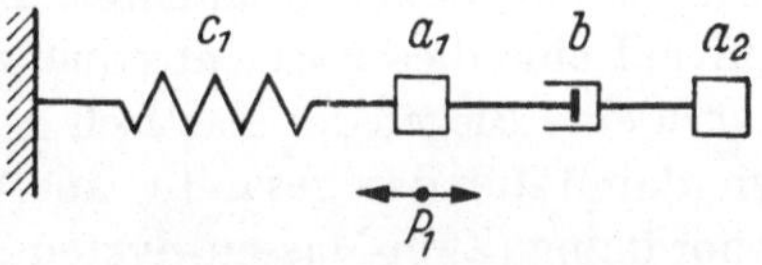

Abb. 5.34/5. Federloser Dämpfer

Der nicht auf die Ordinatenachse fallende Festpunkt hat die größere Ordinate; es ist

$$\eta^2_H = \frac{2}{2+\alpha} \quad \text{und} \quad \mathsf{V}_H = \frac{2+\alpha}{\alpha}. \qquad (5.34/10\,\mathrm{d})$$

Die günstigste Dämpfung ergibt sich hier zu

$$\beta^2_H = \frac{\alpha^2}{1+\alpha}. \qquad (5.34/10\,\mathrm{e})$$

5.35 Weitere Gebilde; Maschinenfundamente.

α) Weitere Gebilde. Alle Erörterungen in 5.31 bis 5.34 bezogen sich auf das Gebilde nach Abb. 5.31/1. Wir können hier nur für wenige andere Gebilde entsprechende Rechnungen anstellen. Als erstes wollen wir ein Problem erörtern, das Maschinenfundamente betrifft; es wird im wesentlichen auf eine spezielle Fragestellung anhand des Ersatzsystems Abb. 5.35/1 hinauslaufen. Als zweites und sehr viel ausführlicher werden wir dann in 5.36 bis 5.39 das System Schiff – Schlingertank untersuchen, dessen Ersatzsystem im wesentlichen ebenfalls Abb. 5.35/1 entspricht, nur daß die Erregerkraft an der anderen Masse angreift.

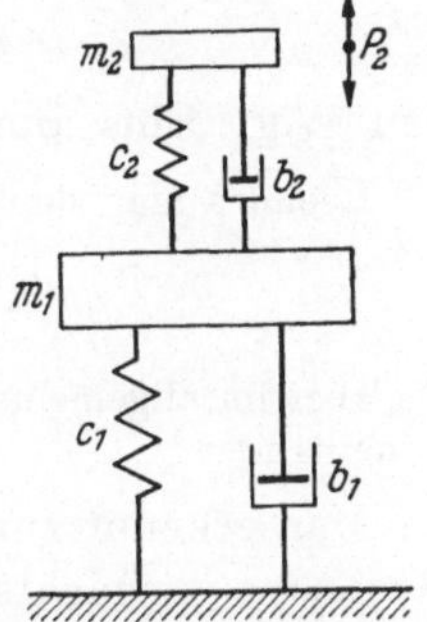

Abb. 5.35/1. Ersatzsystem für Maschine auf Fundament

Bevor wir uns dem Maschinenfundament zuwenden, geben wir hier an, wo im Schrifttum noch andere Gebilde behandelt sind. In der in Fußn. 3, S. 316, erwähnten Arbeit hat L. COLLATZ auch das Gebilde nach Abb. 5.35/2a vollständig untersucht, das vorher von E. HAHNKAMM[1] auf Grund ähnlicher Vorschläge behandelt worden war wie das Gebilde 5.31/1. In einer weiteren Arbeit[2] hat E. HAHNKAMM ferner das Gebilde 5.35/2b in derselben Weise untersucht.

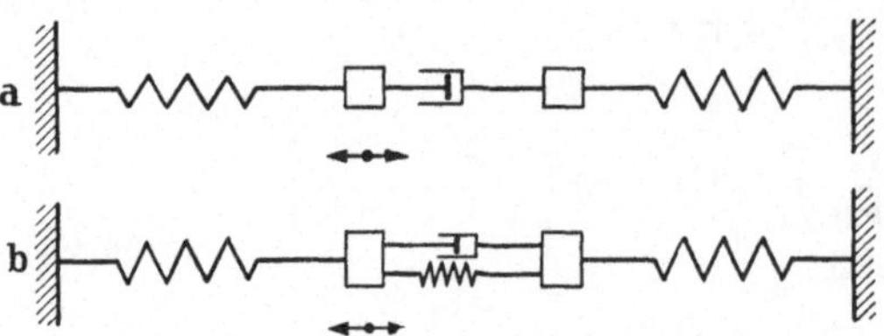

Abb. 5.35/2. Weitere Gebilde, die in der Literatur untersucht worden sind

Im Hinblick auf die in den Arbeiten von HAHNKAMM benutzte Terminologie wird der Leser noch einmal an die Feststellungen von 2.11 erinnert, daß die Kopplungsart nicht einem System, sondern den zur Beschreibung seiner Bewegungen gewählten Koordinaten eigentümlich ist.

β) **Maschinenfundamente.** Wir beschäftigen uns hier nur mit einer Sonderfrage. Unser Ziel ist es, die folgende oft gehörte Aussage kritisch unter die Lupe zu nehmen[3]: „Bei Maschinenfundamenten muß man ein Zusammentreffen der Fundamenteigenschwingungen mit den kritischen Drehzahlen der Maschinenläufer vermeiden."

Wir nehmen vorweg (s. Kap. 6), daß kritische Drehzahlen einer Maschinenwelle übereinstimmen mit den Biege-Eigenfrequenzen derselben Welle, wenn man sie als Balken betrachtet. Da es für unsere grundsätzlichen Erörterungen nur auf eine dieser Eigenfrequenzen ankommt, können wir den Läufer als eine durch eine Biegefeder elastisch gelagerte Masse ansehen. Im wesentlichen haben wir damit für das gesamte, aus Welle und Fundament bestehende System die Anordnung (Zwei-Massen-System) nach Abb. 5.35/1 vor uns: Die Läufermasse m_2 ist durch Feder c_2 und Dämpfer b_2 mit der Fundamentmasse m_1 (Lagerbock, Stator und Masse des Trägers) verbunden, die sich ihrerseits elastisch und gedämpft (c_1, b_1) gegen den Boden abstützt. Die eingangs erwähnte Aussage würde heißen, man soll vermeiden, daß das Verhältnis [s. auch (5.34/7)]

$$\varkappa^2 = \frac{c_2/m_2}{c_1/m_1}$$

den Wert Eins annimmt.

Rechnet man den Läufer zur Gesamtmasse, so würde die Forderung lauten

$$\frac{c_2}{m_2} \frac{m_1 + m_2}{c_1} \neq 1.$$

Da aber im allgemeinen $m_1 \gg m_2$ ist, so unterscheiden sich beide Forderungen nur wenig voneinander.

Man erkennt zunächst ohne Rechnung, daß die Größe $\varkappa^2$ mit der Frage der Resonanz gar nichts zu tun hat, denn die Erregerfrequenz tritt in ihr überhaupt nicht auf; auch sind die beiden Größen

$$\omega_{11}^2 = \frac{c_1}{m_1} \quad \text{und} \quad \omega_{22}^2 = \frac{c_2}{m_2}$$

---

[1] HAHNKAMM, E.: Z. angew. Math. Mech. Bd. 13 (1933) S. 183.
[2] HAHNKAMM, E.: Jb. schiffbautechn. Ges. Bd. 37 (1936) S. 381.
[3] Wir schließen uns im folgenden einer Betrachtung an, die K. MARGUERRE in den BBC-Nachrichten (Mai/August 1957) S. 112—114 angestellt hat.

nicht einmal Eigenfrequenzen des Systems. Erregerfrequenz ist die Winkelgeschwindigkeit Ω der Maschine (weil mit ihr die Läuferunwucht umläuft); die Eigenfrequenzen sind die des Zwei-Massen-Systems.

Trotzdem entsteht die Frage, ob der Wert $\varkappa^2 = 1$ nicht doch eine gewisse Bedeutung hat, denn es könnte ja sein, daß in der Nähe der wirklichen Resonanz (die man z. B. beim Hochfahren der Maschine durchläuft) die Ausschläge dann besonders groß werden, wenn $\varkappa^2$ den ausgezeichneten Wert Eins besitzt. Wir wollen zeigen, daß auch das nicht der Fall ist.

Greift an m_2 eine periodische Kraft $p = P\,e^{i\Omega t}$ an (bei Unwuchterregung ist P proportional Ω^2), so sind die Bewegungsgleichungen des Gebildes 5.35/1 gegeben durch die Gln. (5.31/4) mit

$$c_{11} = c_1 + c_2, \qquad b_{11} = b_1 + b_2, \qquad a_{11} = m_1, \qquad c_{22} = c_2, \qquad b_{22} = b_2,$$

$$a_{22} = m_2, \qquad a_{12} = 0, \qquad b_{12} = -b_2, \qquad c_{12} = -c_2;$$

dabei tritt die Erregerkraft P jedoch in der zweiten statt in der ersten Gleichung auf. Mit der Koeffizientendeterminante

$$\Delta = c_1 c_2 - [c_2 m_1 + (c_1 + c_2) m_2]\,\Omega^2 + m_1 m_2\,\Omega^4 - b_1 b_2\,\Omega^2 +$$
$$+ i\,b_2\,\Omega\,[c_1 - (m_1 + m_2)\,\Omega^2] + i\,b_1\,\Omega\,[c_2 - m_2\,\Omega^2]$$

lautet die Lösung

$$\left.\begin{aligned}
\mathfrak{A} &= \frac{P}{\Delta}\,(c_2 + i\,b_2\,\Omega), \\
\mathfrak{B} &= \frac{P}{\Delta}\,[c_1 + c_2 - m_1\,\Omega^2 + i\,(b_1 + b_2)\,\Omega].
\end{aligned}\right\} \qquad (5.35/1)$$

Von Interesse ist die Differenz

$$\mathfrak{B} - \mathfrak{A} = \frac{P}{\Delta}\,(c_1 - m_1\,\Omega^2 + i\,b_1\,\Omega) \qquad (5.35/2)$$

des Ausschlages des Läufers gegen den des Fundamentes. Diese Differenz wird am größten in der Resonanz, d. h. für jene Ω-Werte, die den Realteil von Δ zu Null machen. Da die Dämpfungen b_1 und b_2 klein sind, ist das in b quadratische Glied $b_1 b_2\,\Omega^2$ vernachlässigbar (bei Anwesenheit von nur einer Dämpfung sogar exakt gleich Null). Die Resonanzfrequenzen bestimmen sich daher aus der Gleichung

$$(\Omega^2)^2 - \Omega^2\left(\frac{c_1 + c_2}{m_1} + \frac{c_2}{m_2}\right) + \frac{c_1}{m_1}\,\frac{c_2}{m_2} = 0. \qquad (5.35/3)$$

Der Absolutbetrag einer komplexen Zahl $a + i\,b$ ist $\sqrt{a^2 + b^2}$. Da das Dämpfungsglied als quadratischer Term wegfällt und wegen (5.35/3) nur der Imaginärteil von Δ übrigbleibt, wird der Ausdruck für die Resonanzamplitude sehr einfach

$$R \equiv |\mathfrak{B} - \mathfrak{A}|_{\mathrm{res}} = \frac{P}{\Omega}\,\frac{c_1 - m_1\,\Omega^2}{b_2[c_1 - (m_1 + m_2)\,\Omega^2] + b_1[c_2 - m_2\,\Omega^2]}. \qquad (5.35/4)$$

Ω ist dabei eine der Wurzeln aus (5.35/3). Zunächst möchte man vermuten, daß nur die höhere Wurzel $\Omega = \omega_{II}$ wichtig sei, weil sie, da zu ihr eine Gegeneinander-Bewegung der Massen gehört, das größere R liefern müsse; indessen braucht das nicht so zu sein, da auch der Nenner von Ω abhängt.

21*

Wir führen die folgenden Abkürzungen ein:

$$k_1' = \frac{c_1}{m_1}, \qquad k_2' = \frac{c_2}{m_2}, \qquad \eta^2 = \frac{\Omega^2}{k_1'}, \\ \mu = \frac{m_2}{m_1}, \qquad \varkappa^2 = \frac{k_2'}{k_1'} = \frac{c_2}{m_2}\frac{m_1}{c_1}. \tag{5.35/5}$$

Damit geht (5.35/4) über in

$$R = \frac{P}{b_2\,\Omega}\,\frac{1 - \eta^2}{1 - (1+\mu)\,\eta^2 + \dfrac{b_1}{b_2}\,(\varkappa^2 - \eta^2)\,\mu} \tag{5.35/6}$$

und (5.35/3) in

$$\eta^4 - \eta^2[1 + (1+\mu)\,\varkappa^2] + \varkappa^2 = 0 \tag{5.35/7}$$

mit den Lösungen

$$\eta^2_{I,\,II} = \frac{1}{2}\left\{[1 + \varkappa^2(1+\mu)] \mp \sqrt{[1 + \varkappa^2(1+\mu)]^2 - 4\varkappa^2}\right\}. \tag{5.35/7a}$$

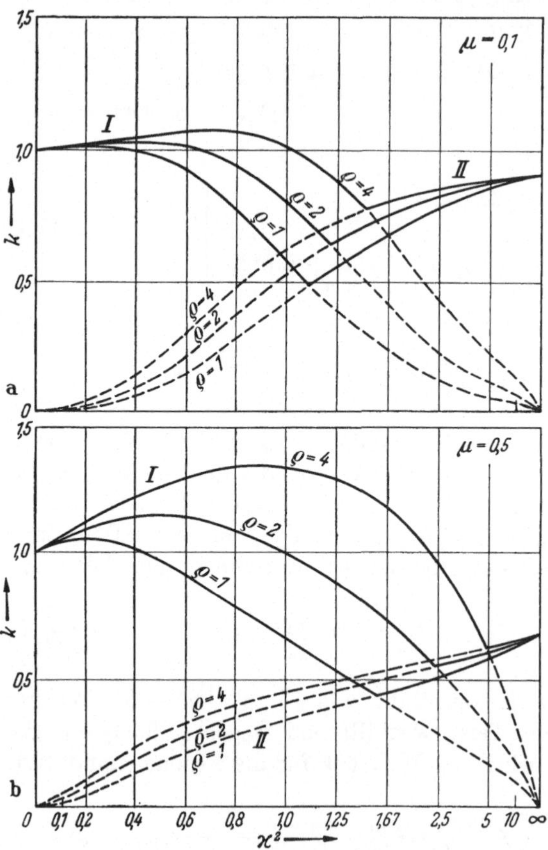

Abb. 5.35/3. Faktor k (5.35/6a) über $\varkappa^2$ als Abszisse und mit ϱ als Parameter; für a) ist $\mu = 0{,}1$, für b) ist $\mu = 0{,}5$. Schar I gilt für η_I, Schar II für η_{II}

Der Vorfaktor in (5.35/6) ist der Resonanzausschlag des Läufers auf starrem Fundament $(c_1 = \infty$ und $\Omega = \sqrt{c_2/m_2})$. Der zweite Faktor gibt also den Einfluß der Schwingungsfähigkeit des Fundamentes wieder. Er hängt, da η^2 über die Resonanzbedingung (5.35/7) durch μ und $\varkappa$ festgelegt ist, von drei Parametern ab: dem Massenverhältnis $m_2/m_1 = \mu$, der Abstimmung der beiden Teilsysteme $\varkappa$ und dem Dämpfungsverhältnis b_2/b_1. Da wir hier nicht an künstliche Dämpfung denken, sondern an die Eigendämpfung der beiden Systeme, ist es sinnvoll, b_1 und b_2 jeweils auf die kritische Dämpfung $(2\sqrt{m\,c})_{1,\,2}$ zu beziehen und bei Variationen von $\varkappa$ nicht b_2/b_1 sondern die Größe

$$\varrho = \frac{b_2}{b_1}\frac{\sqrt{m_1\,c_1}}{\sqrt{m_2\,c_2}} = \frac{b_2}{b_1}\frac{1}{\varkappa\,\mu}$$

festzuhalten.

Formt man in (5.35/6) noch den Nenner um, indem man (5.35/7) in der Form

$$\varkappa^2[1 - \eta^2(1+\mu)] = \eta^2 - \eta^4$$

benutzt, so erhält man endgültig

$$R = \frac{P}{b_2\,\Omega}\ \frac{\varkappa^2}{\eta^2 + \dfrac{\varkappa}{\varrho}\ \dfrac{\varkappa^2 - \eta^2}{1 - \eta^2}} = \frac{P}{b_2\,\Omega}\,k(\varkappa,\,\mu,\,\varrho)\,. \qquad (5.35/6\,\mathrm{a})$$

Die beiden Abb. 5.35/3a und 3b zeigen den Faktor k für die festen Werte $\mu = 0{,}1$ und $\mu = 0{,}5$ in der Weise, daß $\varkappa^2$ als Abszisse und ϱ als Parameter der Kurvenscharen erscheint.

Die Abszisse ist dabei so gewählt, daß sie für $0 < \varkappa^2 < 1$ von links her linear, aber für $1 < \varkappa^2 < \infty$ von rechts her reziprok geteilt ist. Dieses Vorgehen entspricht dem in unseren anderen Diagrammen in der Regel angewandten. Auf diese Weise bleibt der Abszissenbereich endlich. An der Stoßstelle $\varkappa^2 = 1$ sind die Kurven samt ihren ersten Ableitungen stetig.

Für kleine Werte von $\varkappa^2$ (steifes Fundament) tritt der große Relativausschlag R bei der ersten Resonanzfrequenz η_I auf, für große Werte $\varkappa^2$ dagegen bei der zweiten Resonanzfrequenz η_{II}. Die jeweils tiefer liegende Kurve ist gestrichelt gezeichnet.

Die praktisch vorkommenden Werte μ liegen bei $\mu < 0{,}1$; das Bild b) für $\mu = 0{,}5$ soll nur andeuten, in welcher Richtung ein Anwachsen von μ sich auswirkt. Wachsendes ϱ (abnehmende Eigendämpfung des Fundamentes) hebt die Kurven naturgemäß an.

Die Bilder zeigen, daß die *Größenordnung* des gefährlichen Ausschlages für alle $\varkappa$-Werte dieselbe bleibt. Man könnte versucht sein, aus den Bildern eine günstigste oder ungünstigste Abstimmung $\varkappa$ zahlenmäßig abzulesen. Die günstigste, der Treffpunkt der jeweils für η_I und für η_{II} geltenden Kurven, liegt bei

$$\varkappa = \frac{\mu\,\varrho}{2} + \sqrt{1 + \left(\frac{\mu\,\varrho}{2}\right)^2}\,,$$

also im Bereich weicher Fundamente. Man darf jedoch nicht übersehen, daß für einen bündigen Schluß die Annäherung der wirklichen Verhältnisse durch die Annahme eines Zwei-Massen-Schwingers viel zu grob ist. Was die Kurven aber wirklich zeigen, ist, daß es für die Gefährdung der Maschine (Turbine) in der Durchfahrresonanz ganz unwesentlich ist, ob man die „Abstimmung" $\varkappa = 1$ vermeidet oder nicht. Wichtig sind andere Umstände, etwa ob man die Resonanzen schnell genug durchfahren kann, oder ob die Dämpfung b_2, z. B. des Ölfilmes ausreicht, die Resonanzamplituden klein zu halten.

5.36 Das System Schiff — Schlingertank. α) Vorbemerkungen. Wie wir in 5.35 schon ankündigten, wollen wir über das relativ einfache System 5.31/1 hinaus hier noch ein weiteres und etwas verwickelter gebautes Gebilde ausführlich untersuchen, das System Schiff — Schlingertank. Diese Wahl hat zwei Gründe: Erstens die größere Kompliziertheit der Bewegungsgleichungen; die Gleichungen dieses dem Doppelpendel analogen Gebildes (s. 2.43) weisen, wenn die Relativkoordinaten ψ_1 und ψ_2 benutzt werden, Kopplung sowohl in der nullten wie in der zweiten Ableitung auf, und es sind zwei Arten von Dämpfungskräften im Spiel; wir können daher an diesem Gebilde als Beispiel das Vorgehen für Fälle auseinandersetzen, die komplizierter sind als 5.31/1. Zweitens aber kann das Gebilde Schiff — Schlingertank selbst starkes technisches Interesse beanspruchen. Schlingertanks dienen der Bekämpfung der Schlinger- oder Rollschwingungen der Schiffe. Sie haben — in mannigfachen Formen — seit langem Anwendung gefunden. (Einzelheiten über Anwendungen in 5.39.)

β) Die Bewegungsgleichungen. In 2.43 haben wir — als technisches Beispiel eines Doppelpendels — das System Schiff – Schlingertank betrachtet und die Bewegungsgleichungen dieses Systems für freie, ungedämpfte Bewegungen aufgestellt [s. Gln. (2.43/5) und (2.43/6)]. Hier kommen Dämpfungskräfte und Erregerkräfte dazu.

Als Dämpfungskräfte nehmen wir sowohl für die Bewegung des Schiffes in der See als auch für die Bewegung der Tankflüssigkeit im Schiff geschwindigkeitsproportionale Kräfte an. Demgemäß ist in (2.43/5) die erste Gleichung durch ein Glied $b_{11}\,\dot{\psi}_1$, die zweite Gleichung durch ein Glied $b_{22}\,\dot{\psi}_2$ zu ergänzen. Wir nehmen an, daß beide Koeffizienten, b_{11} und b_{22}, bekannt sind, etwa von Ausschwingversuchen her.

Als Erregermomente betrachten wir die auf das Schiff wirkenden, von den Wellen herrührenden Momente. Man kann sie einer „effektiven" Wellenschräge (Neigungswinkel) σ proportional annehmen, also gleich $c_S\,\sigma$ setzen.

Für sehr lange Wellen ist die effektive Schräge gleich der tatsächlichen Wellenschräge (wenn das Schiff parallel zu den Wellenkämmen fährt), für kürzere Wellen ist die effektive Schräge kleiner als die tatsächliche, wegen der Abnahme der Wellenschräge mit der Tiefe und wegen der Mittelung über die Schiffsoberfläche.

Ferner folgen wir hier dem (von FROUDE und KRYLOFF eingeführten) Brauch und nehmen den Koeffizienten c_S als gleich mit dem Koeffizienten c_{11} in (2.43/6) an. Das Erregerglied $c_{11}\,\sigma$ tritt somit auf der rechten Seite der ersten Gl. (2.43/5) ein.

In der zweiten Gleichung (Bewegung der Tankflüssigkeit) können Erregerglieder dann hinzutreten, wenn Erregungen zwischen Schiff und Tankflüssigkeit wirken, wie sie bei sog. „aktivierten" Anlagen z. B. durch eine im unteren Verbindungskanal des Tanks befindliche Pumpe oder durch im oberen Verbindungskanal eingeführte Preßluft aufgebracht werden können. Für die Zwecke unserer Untersuchung sehen wir von solchen „Aktivierungen" ab; wir betrachten hier also nur die sog. „passiven" Anlagen. An Literatur über aktivierte Anlagen sei eine Arbeit von N. MINORSKY[1] genannt und im übrigen auf zwei Arbeiten von J. H. CHADWICK und K. KLOTTER[2,3] verwiesen.

Die vollständigen Bewegungsgleichungen lauten also

$$\left.\begin{array}{l} a_{11}\,\ddot{\psi}_1 + a_{12}\,\ddot{\psi}_2 + b_{11}\,\dot{\psi}_1 + c_{11}\,\psi_1 + c_{12}\,\psi_2 = c_{11}\,\sigma, \\ a_{12}\,\ddot{\psi}_1 + a_{22}\,\ddot{\psi}_2 + b_{22}\,\dot{\psi}_2 + c_{12}\,\psi_1 + c_{22}\,\psi_2 = 0, \end{array}\right\} \qquad (5.36/1)$$

wobei die Koeffizienten die in (2.43/6) angegebenen Werte haben; es ist also insbesondere $c_{12} = c_{22}$. Die Gln. (5.36/1) sind erheblich umfassender als die bisher in diesem Abschnitt 5.3, ja im ganzen Kap. 5 betrachteten Gleichungen. Sie sind sowohl in der nullten wie in der zweiten Ableitung gekoppelt und enthalten Dämpfungsglieder in beiden Gleichungen; sie enthalten eine große Zahl von Parametern. Wir können deshalb nicht auf die Vorbilder aus den vorangegangenen Abschnitten zurückgreifen, sondern müssen die Gleichungen unmittelbar

[1] MINORSKY, N.: Trans. Amer. Soc. Mech. Engrs. Bd. 69 (1947) S. 735—747.
[2] CHADWICK, J. H., u. K. KLOTTER: Schiffstechnik 1955, H. 8, S. 85—104.
[3] CHADWICK, J. H., u. K. KLOTTER: Schiffstechnik 1955, H. 11/12, S. 49—55.

angreifen. Wir wählen ein Vorgehen (und eine Zusammenfassung der Parameter), wie es sich für die Zwecke dieses besonderen Systems anbietet[1].

Nach Einführung der Größen

$$\omega_{11}^2 = \frac{c_{11}}{a_{11}}, \qquad \omega_{22}^2 = \frac{c_{22}}{a_{22}}, \qquad \omega_{12}^2 = \frac{c_{12}}{a_{12}} = \frac{c_{22}}{a_{12}} \tag{5.36/2}$$

(wo ω_{11}^2 und ω_{22}^2 die Quadrate der Eigenfrequenzen bedeuten, die sich bei Fehlen von Dämpfung durch Sperrung der Koordinaten ψ_2 bzw. ψ_1 einstellen) und nach Division der beiden Gln. (5.36/1) durch c_{11} erhalten wir die Ausdrücke

$$\left[\frac{1}{\omega_{11}^2}\ddot{\psi}_1 + \frac{b_{11}}{\sqrt{a_{11}c_{11}}}\frac{1}{\omega_{11}}\dot{\psi}_1 + \psi_1\right] + \frac{c_{12}}{c_{11}}\left[\frac{1}{\omega_{12}^2}\ddot{\psi}_2 + \psi_2\right] = \sigma, \\ \frac{c_{12}}{c_{11}}\left[\frac{1}{\omega_{12}^2}\ddot{\psi}_1 + \psi_1\right] + \frac{c_{22}}{c_{11}}\left[\frac{1}{\omega_{22}^2}\ddot{\psi}_2 + \frac{b_{22}}{\sqrt{a_{22}c_{22}}}\frac{1}{\omega_{22}}\dot{\psi}_2 + \psi_2\right] = 0. \tag{5.36/3}$$

Jetzt führen wir dimensionslose Größen ein. Erstens definieren wir eine dimensionslose Zeit

$$\tau = \omega_{11}t \tag{5.36/4a}$$

und bezeichnen Ableitungen nach τ mit Strichen; so kommt

$$\dot{\psi} = \omega_{11}\psi', \qquad \ddot{\psi} = \omega_{11}^2\psi''$$

usw. Zweitens definieren wir die dimensionslosen Parameter

$$\frac{c_{12}}{c_{11}} = \gamma, \qquad \frac{\omega_{22}}{\omega_{11}} = \mu, \qquad \frac{\omega_{12}}{\omega_{11}} = \nu, \qquad \frac{b_{11}}{\sqrt{a_{11}c_{11}}} = \beta_1, \qquad \frac{b_{22}}{\sqrt{a_{22}c_{22}}} = \beta_2. \tag{5.36/4b}$$

Damit nehmen die Bewegungsgleichungen die folgende Form an

$$(\psi_1'' + \beta_1\psi_1' + \psi_1) + \gamma\left(\frac{1}{\nu^2}\psi_2'' + \psi_2\right) = \sigma, \\ \gamma\left(\frac{1}{\nu^2}\psi_1'' + \psi_1\right) + \gamma\left(\frac{1}{\mu^2}\psi_2'' + \frac{\beta_2}{\mu}\psi_2' + \psi_2\right) = 0. \tag{5.36/5}$$

Wir wollen sie die „normalisierte" Form der Gleichungen nennen. An sie werden wir die weiteren Erörterungen anschließen.

Zuvor geben wir noch die Bereiche der Werte an, die die Parameter in typischen Ausführungen annehmen.

Der Parameter β_1 kennzeichnet die Dämpfung der Rollbewegungen des Schiffes selbst; seine Werte liegen etwa zwischen 0,1 und 0,2. Der Einfluß dieses Parameters auf die erzwungenen Schwingungen ist gering. Wir werden deshalb oft zur Vereinfachung der Rechnung $\beta_1 = 0$ setzen und erwarten, damit keinen großen Fehler zu begehen.

Für den Parameter β_2 gilt etwa $0,05 < \beta_2 < 0,2$. Obgleich sein Wert ebenfalls klein ist, spielt er eine grundsätzlich bedeutungsvolle Rolle bei den erzwungenen Schwingungen (wie wir aus den Ergebnissen insbesondere in 5.34 schon vermuten können).

Die Bereiche für die übrigen Parameter sind etwa

$$0,1 < \gamma < 0,5, \qquad 0,5 < \mu < 2,0;$$

ν^2 kann positiv oder auch negativ sein, ν daher reell oder imaginär. Wird das Tanksystem im Schiff angehoben, so durchläuft ν die folgende Reihe von Werten: klein reell, groß reell, groß imaginär, klein imaginär. Die quantitativen Grenzen sind etwa gegeben durch

entweder

$$1 < \nu^2 < \infty$$

oder

$$-\infty < \nu^2 < -6.$$

---

[1] Siehe Fußnote 2, S. 326.

Die vollständigen Lösungen der Bewegungsgleichungen (5.36/5) setzen sich zusammen aus den allgemeinen Lösungen der verkürzten Gleichungen (freie Schwingungen) und partikularen Integralen der unverkürzten („eigentlich" erzwungene Schwingungen). Die freien Schwingungen behandeln wir in 5.36 γ, die erzwungenen in 5.36 δ.

γ) **Die freien Schwingungen.** Hier machen wir zur Vereinfachung der Schreibweise Gebrauch vom Symbol D für die Differentiation, d. h. vom sog. Differentialoperator. In dieser Schreibweise steht also Dy für y'; $D^2 y$ für y'' und allgemein $D^n y$ für $y^{(n)}$. Die die freien Schwingungen beschreibenden (verkürzten), aus (5.36/5) hervorgehenden Bewegungsgleichungen lauten dann

$$\left. \begin{aligned} (D^2 + \beta_1 D + 1)\,\psi_1 + \gamma \left(\frac{1}{\nu^2}\,D^2 + 1 \right) \psi_2 &= 0, \\ \left(\frac{1}{\nu^2}\,D^2 + 1 \right) \psi_1 + \left(\frac{1}{\mu^2}\,D^2 + \frac{\beta_2}{\mu}\,D + 1 \right) \psi_2 &= 0. \end{aligned} \right\} \tag{5.36/6}$$

Die drei Klammern kürzen wir nun ab durch

$$\left. \begin{aligned} D^2 + \beta_1 D + 1 &= L_{11}(D), \\ \frac{1}{\nu^2}\,D^2 + 1 &= L_{12}(D), \\ \frac{1}{\mu^2}\,D^2 + \frac{\beta_2}{\mu}\,D + 1 &= L_{22}(D), \end{aligned} \right\} \tag{5.36/7}$$

so daß die Gln. (5.36/6) sich schreiben als

$$\left. \begin{aligned} L_{11}(D)\,\psi_1 + \gamma\,L_{12}(D)\,\psi_2 &= 0, \\ L_{12}(D)\,\psi_1 + L_{22}(D)\,\psi_2 &= 0. \end{aligned} \right\} \tag{5.36/8}$$

Dieser Satz von zwei Differentialgleichungen von je zweiter Ordnung ist gleichwertig einer einzigen Differentialgleichung vierter Ordnung für jeweils eine der Koordinaten ψ_1 oder ψ_2, nämlich

$$\Delta(D)\,\psi_1 = 0 \quad \text{oder} \quad \Delta(D)\,\psi_2 = 0, \tag{5.36/9a}$$

wenn $\Delta(D)$ die Determinante

$$\Delta(D) = \begin{vmatrix} L_{11} & \gamma L_{12} \\ L_{12} & L_{22} \end{vmatrix} \tag{5.36/9b}$$

bezeichnet, die ausführlich geschrieben lautet

$$\Delta(D) = \left(\frac{1}{\mu^2} - \frac{\gamma}{\nu^4} \right) D^4 + \left(\frac{\beta_1}{\mu^2} + \frac{\beta_2}{\mu} \right) D^3 + \left(1 + \frac{1}{\mu^2} + \frac{\beta_1 \beta_2}{\mu} - \frac{2\gamma}{\nu^2} \right) D^2 +$$
$$+ \left(\beta_1 + \frac{\beta_2}{\mu} \right) D + (1 - \gamma). \tag{5.36/9c}$$

Die Differentialgleichungen (5.36/8) haben die Lösungen

$$\left. \begin{aligned} \psi_1 &= C_{11}\,e^{h_1 t} + C_{12}\,e^{h_2 t} + C_{13}\,e^{h_3 t} + C_{14}\,e^{h_4 t}, \\ \psi_2 &= C_{21}\,e^{h_1 t} + C_{22}\,e^{h_2 t} + C_{23}\,e^{h_3 t} + C_{24}\,e^{h_4 t}, \end{aligned} \right\} \tag{5.36/10}$$

wobei die $h_1, \ldots, h_4$ die vier Wurzeln der charakteristischen Gleichung

$$\Delta(h) = 0 \tag{5.36/10a}$$

bezeichnen.

Die vier Wurzeln $h_1, \ldots, h_4$ sind entweder negativ reell oder haben negative Realteile, wie sich aus den Überlegungen in 4.34 (*Satz 6*) ergibt. Die Bewegung in jeder der beiden Koordinaten setzt sich also zusammen aus vier Anteilen, von denen jeder gegen Null geht, entweder in kriechender Weise (wenn h reell ist) oder in schwingender Weise (wenn h komplex ist). Die Realteile beschreiben das Abklingen. Sie hängen ab von allen Parametern, die in (5.36/9c) auftreten. Im wesentlichen werden sie aber von β_1 und β_2 bestimmt.

δ) **Die erzwungenen Schwingungen.** Wir beschränken uns auch hier auf Schwingungen, die durch harmonisch verlaufende Erregungen hervorgerufen werden. Die Erreger(kreis)frequenz werde mit Ω bezeichnet, ihr dimensionslos gemachter Wert mit

$$\eta = \frac{\Omega}{\omega_{11}}. \tag{5.36/11}$$

Der Leser möge beachten, daß diese Erregerfrequenz Ω nicht gleich ist der Frequenz, die die Wellen an einem gegebenen Ort aufweisen, sondern daß Ω auch abhängt von der Geschwindigkeit und Richtung der Schiffsbewegung gegenüber den Wellenzügen.

Um nicht mit den Sinus-Anteilen und Cosinus-Anteilen der Schwingungen rechnen zu müssen, bevorzugen wir auch hier die komplexe Schreibweise (komplexe Größen werden entweder durch Überstreichung griechischer Buchstaben oder durch Benutzung von Frakturbuchstaben bezeichnet).

Wir setzen also an:

für die Erregung $\qquad \bar{\sigma} = \mathfrak{S}\, e^{i\Omega t},$

für die Ausschläge $\quad \bar{\psi}_1 = \mathfrak{A}\, e^{i\Omega t}, \qquad \bar{\psi}_2 = \mathfrak{B}\, e^{i\Omega t}.$
$$\tag{5.36/12}$$

$\mathfrak{S}, \mathfrak{A}, \mathfrak{B}$ sind die komplexen Amplituden der (effektiven) Wellenschräge als Erregung und der Koordinaten ψ_1 und ψ_2. Ihre Beträge sind die reellen Amplituden, ihre Argumente bezeichnen die Phasenverschiebungswinkel gegenüber einer Bezugsschwingung.

Nach Einführung von (5.36/12) in die Bewegungsgleichungen (5.36/5) und unter Benutzung der Abkürzungen (5.36/7) und (5.36/11) erhalten wir

$$\begin{aligned} L_{11}(i\,\eta)\,\mathfrak{A} + \gamma\,L_{12}(i\,\eta)\,\mathfrak{B} &= \mathfrak{S}, \\ L_{12}(i\,\eta)\,\mathfrak{A} + L_{22}(i\,\eta)\,\mathfrak{B} &= 0. \end{aligned} \tag{5.36/13}$$

Aus diesen algebraischen Gleichungen folgen nach der CRAMERschen Regel

$$\mathfrak{A} = \frac{L_{22}(i\,\eta)}{\varDelta(i\,\eta)}\,\mathfrak{S}, \qquad \mathfrak{B} = -\,\frac{L_{12}(i\,\eta)}{\varDelta(i\,\eta)}\,\mathfrak{S} \tag{5.36/14a}$$

als Beziehung zwischen den komplexen Amplituden der Koordinaten ψ_1 und ψ_2 einerseits und der komplexen Amplitude des Erregerwinkels σ andererseits. Die komplexen Koeffizienten

$$\frac{L_{22}(i\,\eta)}{\varDelta(i\,\eta)} = \mathsf{V}_A\, e^{i\,\alpha} \quad \text{und} \quad -\frac{L_{12}(i\,\eta)}{\varDelta(i\,\eta)} = \mathsf{V}_B\, e^{i\,\beta} \tag{5.36/14b}$$

können (im Sprachgebrauch der Elektrotechnik) als komplexe Übertragungsfunktionen bezeichnet werden. Ihre Beträge sind die Vergrößerungsfunktionen

$$\left|\frac{L_{22}(i\,\eta)}{\varDelta(i\,\eta)}\right| = \mathsf{V}_A, \qquad \left|\frac{L_{12}(i\,\eta)}{\varDelta(i\,\eta)}\right| = \mathsf{V}_B. \tag{5.36/14c}$$

Diese stellen die Beziehungen zwischen den reellen Amplituden her,

$$A = \mathsf{V}_A\, S, \qquad B = \mathsf{V}_B\, S. \tag{5.36/14d}$$

Ausgeschrieben lauten die Ausdrücke $L_{22}(i\,\eta)$, $-L_{12}(i\,\eta)$ und $\Delta(i\,\eta)$ folgendermaßen:

$$\left.\begin{aligned}
L_{22}(i\,\eta) &= \left(1 - \frac{1}{\mu^2}\,\eta^2\right) + i\,\frac{\beta_2}{\mu}\,\eta, \qquad -L_{12}(i\,\eta) = -\left(1 - \frac{1}{\nu^2}\,\eta^2\right), \\[2mm]
\Delta(i\,\eta) &= \left(\frac{1}{\mu^2} - \frac{\gamma}{\nu^4}\right)\eta^4 - \left(1 + \frac{1}{\mu^2} + \frac{\beta_1\beta_2}{\mu} - \frac{2\gamma}{\nu^2}\right)\eta^2 + (1 - \gamma) + \\[2mm]
&\quad + i\left[-\left(\frac{\beta_1}{\mu^2} + \frac{\beta_2}{\mu}\right)\eta^3 + \left(\beta_1 + \frac{\beta_2}{\mu}\right)\eta\right].
\end{aligned}\right\} \tag{5.36/14e}$$

Aus der ersten Gleichung von (5.36/14a) und dem ersten Ausdruck in (5.36/14e) lesen wir ab, daß, wenn $\beta_2 = 0$ gesetzt (die Reibung der Tankflüssigkeit vernachlässigt) wird, der Ausschlag $\mathfrak{A}$ des Schiffes verschwindet,

$$\mathfrak{A} = 0, \tag{5.36/15a}$$

sobald

$$\eta = \mu \quad \text{oder (damit gleichwertig)} \quad \Omega = \omega_{22}, \tag{5.36/15b}$$

d. h. die Erregerfrequenz gleich der Eigenfrequenz der Tankflüssigkeit (bei festgehaltenem Schiff) wird. (5.36/15) ist Ausdruck des *Tilgereffektes*, um dessentwillen die Tanks überhaupt eingebaut werden.

Wenn Reibungskräfte eine Rolle spielen ($\beta_2 \neq 0$), so wird der Tilgereffekt abgeschwächt, denn $\mathfrak{A}$ kann dann nicht genau zu Null werden. Diese Verhältnisse werden wir in 5.37 genauer betrachten.

Wir fügen jedoch noch eine wichtige Bemerkung an: Auch die Amplitude $\mathfrak{B}$ der Bewegung der Tankflüssigkeit kann verschwinden. Dies tritt ein, wenn $L_{12} = 0$ wird, also wenn

$$\eta = \nu, \quad \text{d. h.} \quad \Omega = \omega_{12} \tag{5.36/16}$$

wird. Bei dem durch (5.36/16) bezeichneten Wert der Erregerfrequenz macht die Flüssigkeit keinen Relativausschlag gegen das Schiff; sie bewegt sich, als ob sie im Tank eingefroren sei; es kann dann natürlich keine stabilisierende Wirkung erwartet werden. Dieser Fall wird in der Literatur deshalb häufig als „Versager-Fall" bezeichnet.

5.37 Das System Schiff — Schlingertank; Fortsetzung: Diskussion der Vergrößerungsfunktionen. α) Die Vergrößerungsfunktionen. Die Beträge der Ausschlagamplituden, A und B, sind mit dem Betrag S der Erregeramplitude verbunden durch die Gln. (5.36/14d), nämlich

$$A = \mathsf{V}_A\, S \quad \text{und} \quad B = \mathsf{V}_B\, S. \tag{5.37/1}$$

Die Vergrößerungsfunktionen V_A und V_B sind dabei durch (5.36/14c) als Funktionen des Frequenzparameters η und der Systemparameter mit den Abkürzungen (5.36/14e) gegeben. Sowohl der Zähler $L_{22}(i\,\eta)$ wie der Nenner $\Delta(i\,\eta)$ sind komplexe Zahlen

$$L_{22}(i\,\eta) = a + i\,b, \qquad \Delta(i\,\eta) = c + i\,d. \tag{5.37/2a}$$

Daher wird der Betrag V_A des Quotienten dieser beiden Größen zu

$$V_A = \frac{\sqrt{a^2 + b^2}}{\sqrt{c^2 + d^2}} \tag{5.37/2 b}$$

mit

$$a = Re\{L_{22}(i\,\eta)\} = \left(1 - \frac{1}{\mu^2}\,\eta^2\right),$$

$$b = Im\{L_{22}(i\,\eta)\} = \frac{\beta_2}{\mu}\,\eta,$$

$$c = Re\{\varDelta(i\,\eta)\} = \left(\frac{1}{\mu^2} - \frac{\gamma}{v^4}\right)\eta^4 - \left(1 + \frac{1}{\mu^2} + \frac{\beta_1\beta_2}{\mu} - \frac{2\gamma}{v^2}\right)\eta^2 + (1-\gamma),$$

$$d = Im\{\varDelta(i\,\eta)\} = -\left(\frac{\beta_1}{\mu^2} + \frac{\beta_2}{\mu}\right)\eta^3 + \left(\beta_1 + \frac{\beta_2}{\mu}\right)\eta. \tag{5.37/3 a}$$

Für den späteren Gebrauch stellen wir noch jene beiden Größen bereit, die aus c und d hervorgehen, wenn $\beta_2 = 0$ wird; wir bezeichnen sie mit c_0 und d_0:

$$c_0 = \left(\frac{1}{\mu^2} - \frac{\gamma}{v^4}\right)\eta^4 - \left(1 + \frac{1}{\mu^2} - \frac{2\gamma}{v^2}\right)\eta^2 + (1 - \gamma),$$

$$d_0 = \beta_1\,\eta\left(1 - \frac{1}{\mu^2}\,\eta^2\right). \tag{5.37/3 b}$$

Das Argument α der Übertragungsfunktion $\dfrac{L_{22}(i\,\eta)}{\varDelta(i\,\eta)}$ (5.36/14 b) ist

$$\alpha = \arctan\frac{b\,c - a\,d}{a\,c - b\,d}. \tag{5.37/4}$$

Wir beschäftigen uns mit ihm jedoch nicht weiter.

Wir wenden uns nun einer eingehenderen Untersuchung der Vergrößerungsfunktion V_A und ihrer Diagramme zu. (Der Einfachheit halber lassen wir fortan den Index A weg.) Dabei untersuchen wir zunächst einige Sonderfälle, die durch spezielle Wahl der Dämpfungsparameter ausgezeichnet sind.

β) Sonderfall: Alle Dämpfungen bleiben außer acht. Mit $\beta_1 = 0$ und $\beta_2 = 0$ erhalten wir für V den Ausdruck

$$V = \frac{|a|}{|c_0|}, \tag{5.37/5}$$

wo a und c_0 in (5.37/3 a) und (5.37/3 b) angegeben sind.

Der Ausdruck c_0 hat zwei Nullstellen, nämlich die Wurzeln der quadratischen Gleichung

$$c_0(\eta^2) = 0; \tag{5.37/6}$$

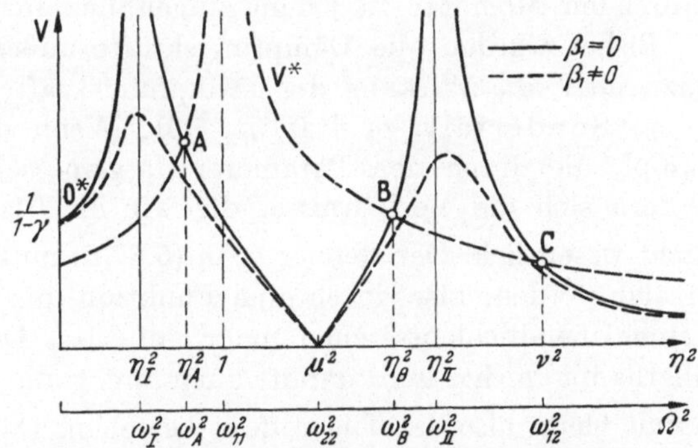

Abb. 5.37/1. Vergrößerungsfunktion $V(\eta^2)$ qualitativ; $\beta_1 = 0$ ausgezogen, $\beta_1 \neq 0$ gestrichelt; sowie V^* (5.37/8)

wir wollen diese beiden Wurzeln mit η_I^2 und η_{II}^2 bezeichnen. $V(\eta^2)$ hat also zwei Pole; je einen bei η_I^2 und bei η_{II}^2. Überdies besteht eine Nullstelle von V bei $\eta^2 = \mu^2$. Der qualitative Verlauf von $V(\eta^2)$ ist in Abb. 5.37/1 wiedergegeben (ausgezogene Kurve).

Wir geben uns nun Rechenschaft darüber, wie die Resonanzfrequenzen η_I und η_{II} von den Parametern des Systems abhängen.

Wir erlauben uns dabei die Freiheit, auch die dimensionslosen Größen η, 1, μ, ν (die den Frequenzen Ω, ω_{11}, ω_{22}, ω_{12} proportional sind), als Frequenzen (Erregerfrequenz, Eigenfrequenz des Schiffes, Eigenfrequenz der Tankflüssigkeit, Entkopplungsfrequenz) anzusprechen. Manchmal werden wir auch von ihren Quadraten einfach als von Frequenzen sprechen.

Zu diesem Zweck schreiben wir den Ausdruck für c_0 (5.37/3 b) um in

$$c_0 = (1 - \eta^2)\left(1 - \frac{1}{\mu^2}\,\eta^2\right) - \gamma\left(1 - \frac{1}{\nu^2}\,\eta^2\right)^2. \qquad (5.37/7)$$

Aus dieser Form ersieht man sofort, daß, wenn $\gamma = 0$ wäre, $\eta_I^2 = 1$ und $\eta_{II}^2 = \mu^2$ würden. Für $\gamma \neq 0$ rücken die Resonanzfrequenzen η_I^2 und η_{II}^2 auseinander; um wieviel, hängt von γ und ν ab.

Die Bedeutung der Abb. 5.37/1 ist leicht einzusehen. Wäre die Flüssigkeit in den Tanks eingefroren, so hätte das System nur einen Freiheitsgrad, also nur eine Resonanzfrequenz, nämlich $\eta = 1$, d. h. $\Omega = \omega_{11}$. Die Vergrößerungsfunktion lautete dann

$$\mathsf{V}^* = \left|\frac{1}{1 - \eta^2}\right| \qquad (5.37/8)$$

(Kurve mit langen Strichen). Wenn sich die Flüssigkeit jedoch frei bewegen kann, so bestehen zwei Freiheitsgrade; die Vergrößerungsfunktion ist durch (5.37/5) gegeben. Sie hat, wie erörtert, zwei Pole und eine Nullstelle; diese liegt bei $\eta^2 = \mu^2$, d. h. $\Omega = \omega_{22}$.

Könnte man die Erregerfrequenz Ω und die Eigenfrequenz ω_{22} stets gleichmachen, d. h. den Tank dauernd auf die Erregerfrequenz abstimmen, so würde das Schiff keinerlei Ausschläge machen; die auf das Schiff wirkenden Erregermomente würden durch die auf das Schiff wirkenden, vom Tankwasser herrührenden Momente in jedem Augenblick ins Gleichgewicht gesetzt werden.

Bisher wurden alle Dämpfungskräfte außer acht gelassen. Wir gehen nun dazu über, die Wirkung der Dämpfungskräfte zu erörtern.

γ) Sonderfall: $\beta_1 \neq 0$; $\beta_2 = 0$. Wenn die Reibungskräfte am Schiffsrumpf, die durch den Parameter β_1 gemessen werden, beachtet werden, so ändern sich die Verhältnisse, die wir im Diagramm Abb. 5.37/1 darstellten, nicht wesentlich. Der Nenner c_0 in (5.37/5) muß jetzt allerdings durch $\sqrt{c_0^2 + d_0^2}$ ersetzt werden, also durch eine Funktion, die keine Nullstellen hat, so daß V keine Unendlichkeitsstellen mehr aufweist. Der Zähler a ändert sich jedoch überhaupt nicht und damit auch nicht die bei $\eta = \mu$ gelegene Nullstelle; damit bleibt also der Tilgereffekt bestehen. Da $\sqrt{c_0^2 + d_0^2}$ stets größer ist als c_0, so liegt die neue Kurve V überall unter der früheren, abgesehen von der Stelle, wo der Zähler verschwindet. Die neue Kurve ist in Abb. 5.37/1 mit eingezeichnet (kurze Striche).

δ) Sonderfall: $\beta_1 = 0$; $\beta_2 \neq 0$. Wir finden, daß das Vorhandensein von Reibungskräften zwischen Tankflüssigkeit und Tank ($\beta_2 \neq 0$) das Bild gründlicher und grundsätzlich verändert. Um die notwendige Erörterung nicht zu sehr zu komplizieren, sehen wir nun (im Hinblick auf ihre geringe Bedeutung) von den Reibungskräften am Rumpf wieder ab, setzen also $\beta_1 = 0$. Jetzt erhalten wir

$$V = \sqrt{\dfrac{\left(1 - \dfrac{1}{\mu^2}\,\eta^2\right)^2 + \dfrac{\beta_2^2}{\mu^2}\,\eta^2}{c_0^2 + \dfrac{\beta_2^2\,\eta^2}{\mu^2}\,(1 - \eta^2)^2}}\,. \tag{5.37/9}$$

An der Stelle $\eta^2 = 0$ nimmt V dabei den Wert

$$V(0) = \left|\dfrac{1}{1 - \gamma}\right| \tag{5.37/9a}$$

an.

Nun gehen wir ähnlich vor wie in 5.35, indem wir zunächst die Festpunkte der Kurvenschar bestimmen, die β_2 zum Scharparameter hat. Genau wie dort werden die Abszissen η^2 der Festpunkte geliefert durch die Bedingung, daß eine Determinante verschwindet. Sie führt zu

$$D_0 \equiv \begin{vmatrix} \left(1 - \dfrac{\eta^2}{\mu^2}\right)^2 & \dfrac{\eta^2}{\mu^2} \\[2ex] c_0^2 & \dfrac{\eta^2}{\mu^2}\,(1 - \eta^2)^2 \end{vmatrix} = 0\,. \tag{5.37/10}$$

Man bestätigt leicht, daß D_0 sich in drei Faktoren aufspalten läßt,

$$D_0 = -\dfrac{\eta^2}{\mu^2}\,E_1\,E_2 \tag{5.37/11a}$$

mit

$$E_1 = c_0 + (1 - \eta^2)\left(1 - \dfrac{\eta^2}{\mu^2}\right), \qquad E_2 = c_0 - (1 - \eta^2)\left(1 - \dfrac{\eta^2}{\mu^2}\right). \tag{5.37/11b}$$

Die Determinante D_0 verschwindet also, wenn einer der drei Faktoren verschwindet. Die Wurzeln der so entstehenden Gleichungen, die die Abszissen der Festpunkte bezeichnen, sind in der folgenden Tabelle aufgeführt.

Tabelle 5.37/1

Verschwindender Faktor	Bezeichnung der Wurzel	Wert der Wurzel
$\dfrac{\eta^2}{\mu^2} = 0$	η_0^2	$\eta_0^2 = 0$
$E_1 = 0$	$\eta_A^2,\ \eta_B^2$	
$E_2 = 0$	η_C^2	$\eta_C^2 = \nu^2$

Es treten also vier Festpunkte auf (da $E_1 = 0$ zwei Wurzeln hat); sie seien mit 0^*, A, B, C bezeichnet.

Die Abszissen von A und B folgen aus $E_1 = 0$; sie erfordern eine kleine Diskussion. Wir schreiben E_1 um in

$$\dfrac{E_1}{2} \equiv (1 - \eta^2)\left(1 - \dfrac{\eta^2}{\mu^2}\right) - \dfrac{\gamma}{2}\left(1 - \dfrac{\eta^2}{\nu^2}\right)^2 \tag{5.37/12}$$

und vergleichen diesen Ausdruck mit dem Ausdruck (5.37/7) für c_0.

$c_0 = 0$ hatte die Wurzeln η_I^2 und η_{II}^2; die Wurzeln η_A^2 und η_B^2 von $E_1/2 = 0$ liegen also zwar außerhalb des Intervalls $1 \ldots \mu^2$, aber noch innerhalb des

Intervalls $\eta_I^2 \ldots \eta_{II}^2$. Diese Verhältnisse sind in der Abb. 5.37/2 angedeutet. Dort sind über η^2 drei Kurven aufgezeichnet; sie geben qualitativ den Verlauf der drei Funktionen

$$y_1 = c_0(\gamma = 0); \qquad y_2 = c_0(\gamma \neq 0); \qquad y_3 = \frac{E_1}{2} \qquad (5.37/13)$$

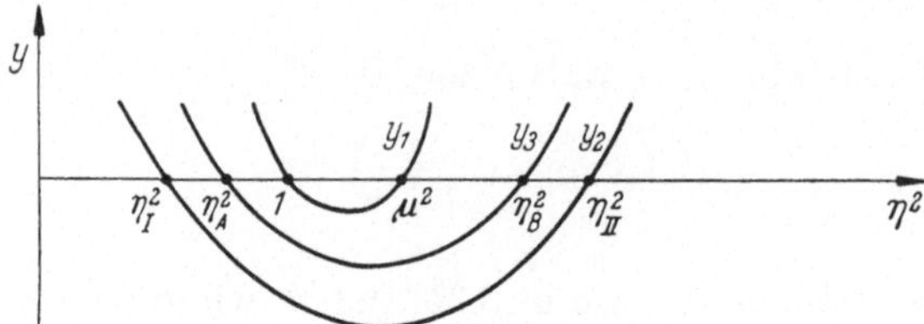

Abb. 5.37/2. Lage der Wurzeln η_I^2, η_A^2, η_B^2, η_{II}^2

wieder; unser Augenmerk gilt ausschließlich der Lage der Nullstellen.

Die Ordinaten der vier Festpunkte 0*, A, B, C sind

$$i = 0, \qquad V_0 = \frac{1}{|1-\gamma|}, \qquad \left.\begin{array}{l}\\[2mm]\\\end{array}\right\}$$
$$i = A, B, C, \qquad V_i = \frac{1}{|1-\eta_i^2|}. \qquad (5.37/14)$$

Die in der letzten Zeile ausgedrückte Tatsache liest man am einfachsten aus (5.37/9) ab, wenn man dort $\beta_2 = \infty$ setzt. (Da die Festpunkte von β_2 unabhängig sind, darf man ja irgendeinen Wert β_2 benutzen.) Die drei Festpunkte A, B, C liegen daher auf dem geometrischen Ort

$$V^* = \left|\frac{1}{1-\eta^2}\right|. \qquad (5.37/15)$$

Dies ist zugleich die Kurve der Schar mit dem Parameterwert $\beta_2 = \infty$ (Tankflüssigkeit eingefroren).

Die drei Festpunkte können also erhalten werden als Schnittpunkte der beiden Vergrößerungsfunktionen

$$V = \frac{\left|1 - \dfrac{\eta^2}{\mu^2}\right|}{|c_0|} \qquad \text{aus (5.37/5)}$$

und

$$V^* = \frac{1}{|1-\eta^2|} \qquad \text{aus (5.37/15)}$$

Beide Kurven gehören überdies der Schar an; die erste für $\beta_2 = 0$, die zweite für $\beta_2 = \infty$.

Das Ergebnis ist in Abb. 5.37/3 wiedergegeben. Die Kurven haben den Scharparameter β_2. Sie gehen alle durch die vier Festpunkte 0*, A, B, C.

Eine Ausnahme scheint Kurve $\beta_2 = \infty$ zu machen, die nicht durch 0* geht. Man kann jedoch nachrechnen, daß für $\beta_2 \to \infty$ die Neigung $\partial V/\partial\eta^2|_{\eta^2=0} \to -\infty$ geht, daß also für sehr großes β_2 die Kurven sich in die „Ecke" 0*, 1, A „hineinpassen", wie Abb. 5.37/4 anzudeuten versucht. Man muß also den Teil der Ordinatenachse $\overline{0^*\,1}$ noch zur Kurve für $\beta_2 = \infty$ hinzurechnen.

In den beiden Bereichen $0 < \eta^2 < \eta_A^2$ und $\eta_B^2 < \eta^2 < \eta_C^2$ ist $\partial V/\partial\beta_2 < 0$, in den Bereichen $\eta_A^2 < \eta^2 < \eta_B^2$ und $\eta_C^2 < \eta^2$ ist dagegen $\partial V/\partial\beta_2 > 0$. In dem wichtigen Intervall zwischen den Festpunkten A und B, wo der Tilgereffekt sich ausprägt, ist V und damit die Amplitude A der Schlingerschwingungen am kleinsten, wenn $\beta_2 = 0$ ist. Vergrößerung der Dämpfung β_2 vergrößert dort V und damit die Amplitude A, verschlechtert also die Tilgerwirkung.

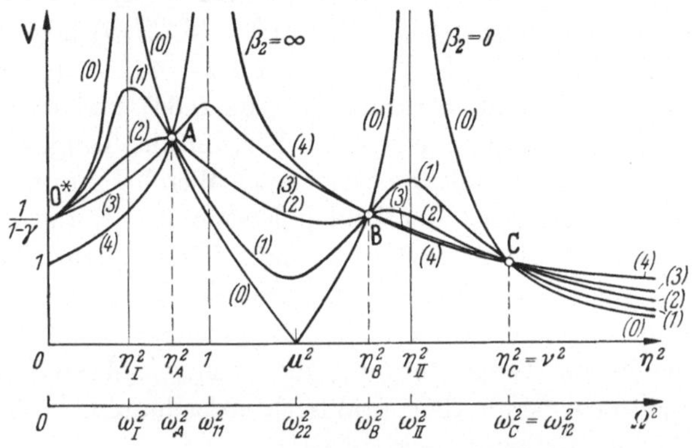

Abb. 5.37/3. Vergrößerungsfunktion $V(\eta^2)$ (5.37/9)

Abb. 5.37/4. Verhalten der Kurve für $\beta_2 \gg 1$ und kleine η^2

Reibungskräfte zwischen Tankflüssigkeit und Tank vermindern also die (erwünschte) Tilgerwirkung, sie schwächen aber auch die (unerwünschte) Resonanzwirkung ab.

ε) **Der allgemeine Fall:** $\beta_1 \neq 0$, $\beta_2 \neq 0$. Wenn schließlich auch β_1, die Reibung am Schiffsrumpf, berücksichtigt werden soll, so ändert sich das in 5.37 δ entworfene und in Abb. 5.37/3 dargestellte Bild etwas. Da die Zahlenwerte für β_1 nicht erheblich sind, bleiben die Abänderungen klein. Allerdings geht die Eigenschaft der Vergrößerungskurven, daß sie alle genau durch vier Festpunkte gehen, verloren. Die Untersuchung dieses allgemeinen Falles ist recht umständlich; wir verzichten daher darauf, indem wir auf die Kleinheit der Abänderungen vertrauen.

5.38 Das System Schiff – Schlingertank; Fortsetzung: Günstigste Werte für die Abstimmungen. α) **Vorbemerkungen: Obere Schranken.** Wir setzen die Untersuchung des in 5.37 δ erörterten Falles $\beta_1 = 0$, $\beta_2 \neq 0$ fort, indem wir noch nach den „günstigsten" Werten für die Systemparameter (γ, μ^2, ν^2) fragen, die man unter dem Oberbegriff der „Abstimmung" zusammenfassen kann.

Wir erwähnten schon, daß der wünschenswerteste Zustand der wäre, bei dem dauernd $\eta = \mu$, d. h. $\Omega = \omega_{22}$ besteht. Wegen der Veränderlichkeit der Erregerfrequenz η würde diese Forderung eine Veränderung des Parameters μ verlangen. Solche Veränderungen der Systemparameter sind schwierig zu bewirken. Wir wenden das Problem deshalb anders und wollen „bestes" Verhalten über den gesamten Frequenz*bereich* hin erreichen.

Zuvor müssen wir uns aber darüber klarwerden, was wir unter „bestem" Verhalten verstehen wollen. Man kann jene Parameterwerte als die „besten" oder „günstigsten" bezeichnen, die die Vergrößerungsfunktion V (die der Rollwinkelamplitude proportional ist) unter einer gegebenen (möglichst kleinen) Schranke M hält. Es fragt sich jedoch, ob eine solche obere Schranke für die Amplitude des Rollwinkels ψ_1 oder etwa der Rollgeschwindigkeit $\dot\psi_1$ oder gar der Rollbeschleunigung $\ddot{\psi}_1$ aufgestellt werden soll; die Auswahl mag von vielerlei Umständen abhängen. Wir werden hier alle drei Fälle besprechen.

β) **Amplitude des Rollwinkels ψ_1 wird beschränkt.** Der Untersuchung in 5.37 δ entnehmen wir, daß für alle Werte β_2 die Kurven $\mathsf{V}(\eta^2)$ durch die vier Festpunkte 0^*, A, B, C gehen. Wir wissen auch, daß 0^* und A auf dem ersten Ast, B und C auf dem zweiten Ast der Kurve V^* (5.37/15) liegen. Daraus folgt, daß A höher als 0^*, B höher als C liegt. Wenn wir nun A und B auf gleiche Höhe legen (entsprechend dem Vorschlag II von 5.34) und dann noch eine Kurve so bestimmen könnten, daß sie jeweils mit horizontaler Tangente durch beide Festpunkte geht, so wären die Funktionswerte nach oben beschränkt; Schranke M wäre die gemeinsame Höhe V_H der beiden Festpunkte A und B.

Die beiden Festpunkte A und B gleich hoch zu legen, ist möglich. Die Forderung nach horizontaler Tangente (durch A) entspricht dem Vorschlag I von 5.34. Ebenso wie dort läßt sich aber auch hier nicht erreichen, daß die Kurve, die durch A mit horizontaler Tangente geht, ihr nächstes Maximum genau in B hat. Die Abweichungen sind aber praktisch unbedeutend. Wir werden also dem Vorschlag II gemäß handeln können.

Zunächst bestimmen wir die Parameterwerte μ, ν und γ, für die die Festpunkte A und B gleich hoch liegen. Da A auf dem ersten Zweig, B auf dem zweiten Zweig der Kurve V^* (5.37/15) liegt, so folgt aus der Bedingung für gleiche Höhe,

$$\mathsf{V}_H = \mathsf{V}(\eta_A^2) = \mathsf{V}(\eta_B^2),$$

die Forderung

$$\eta_A^2 + \eta_B^2 = 2. \tag{5.38/1}$$

Nun sind η_A^2 und η_B^2 Wurzeln der quadratischen Gleichung $E_1(\eta^2) = 0$. Ihre Summe ist also gleich dem negativen Koeffizienten von η^2 in der aus (5.37/12) folgenden Gleichung

$$\eta^4 - \eta^2 \frac{1 + \mu^2 - \gamma \dfrac{\mu^2}{\nu^2}}{1 - \dfrac{\gamma}{2}\dfrac{\mu^2}{\nu^4}} + \frac{\mu^2\left(1 - \dfrac{\gamma}{2}\right)}{1 - \dfrac{\gamma}{2}\dfrac{\mu^2}{\nu^4}} = 0. \tag{5.38/2}$$

Daher ist

$$\eta_A^2 + \eta_B^2 = \frac{1 + \mu^2 - \gamma \dfrac{\mu^2}{\nu^2}}{1 - \dfrac{\gamma}{2}\dfrac{\mu^2}{\nu^4}}. \tag{5.38/3}$$

Aus (5.38/1) und (5.38/3) folgt

$$\mu^2 = \frac{1}{1 - \gamma\left(\dfrac{1}{\nu^2} - \dfrac{1}{\nu^4}\right)}. \tag{5.38/4}$$

Gl. (5.38/4) gibt die Beziehung an, die zwischen μ, ν, γ bestehen muß, damit A und B gleich hoch liegen.

Wenn z. B. $\nu = \infty$ ist, so folgt, daß $\mu = 1$ sein muß, während γ beliebig sein kann. Aus (5.38/2) folgt dann (mit $\nu = \infty$),

$$\eta^4 - \eta^2(1 + \mu^2) + \mu^2\left(1 - \frac{\gamma}{2}\right) = 0, \tag{5.38/2a}$$

daher

$$\eta_{A,B}^2 = 1 \mp \sqrt{\frac{\gamma}{2}} \quad \text{und} \quad \mathsf{V}_H = \sqrt{\frac{2}{\gamma}}. \tag{5.38/5}$$

Die Ergebnisse im allgemeinen Fall [d. h. die Beziehung (5.38/4)] zeigt die Abb. 5.38/1. Dort ist die gemeinsame Höhe V_H der Festpunkte A und B auf-getragen als Funktion der Parameter γ (als Abszisse) und ν^2 (als Scharparameter), während μ durch (5.38/4) bestimmt wird.

Jetzt bliebe noch übrig, den Dämpfungsparameter β_2 so zu bestimmen, daß die Kurve $V(\eta^2)$ durch A (oder B) mit horizontaler Tangente läuft. Da die allgemeine Erörterung etwas umständlich ist, wird man diese Rechnung zweckmäßigerweise im Einzelfall durchführen, nachdem man die Abstimmung festgelegt (d. h. die Parameter ν und γ gewählt) hat.

γ) Amplitude der Rollgeschwindigkeit $\dot{\psi}_1$ wird beschränkt. Die Vergrößerungsfunktion V war definiert als der Betrag der Übertragungsfunktion, die den Zusammenhang herstellt zwischen der Amplitude $\mathfrak{A}$ des Rollwinkels und der

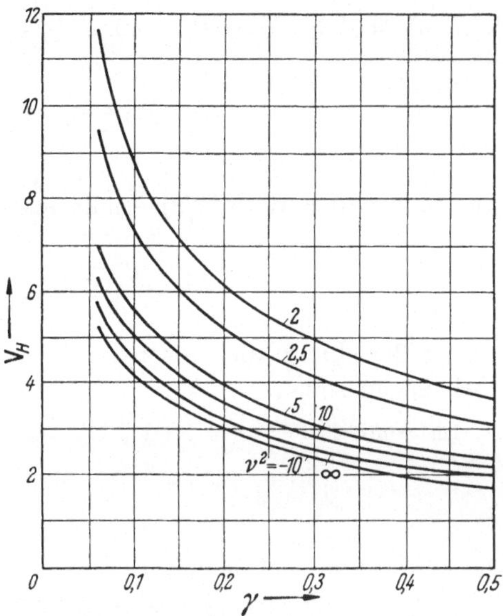

Abb. 5.38/1. Gemeinsame Ordinate V_H in Abhängigkeit von γ und ν^2

Erregung $\mathfrak{S}$. Die komplexe Übertragungsfunktion ist der Faktor in (5.36/14a), ihr Betrag V_A ist in (5.36/14c) und für den Sonderfall $\beta_1 = 0$ in (5.37/9) angegeben. In ähnlicher Weise läßt sich die Amplitude $\mathfrak{A}\,\Omega$ der Rollgeschwindigkeit mit $\mathfrak{S}$ verbinden. Machen wir die Größen wieder mit Hilfe von ω_{11} dimensionslos, so erhalten wir[1]

$$\mathfrak{A}\,\Omega = \omega_{11}\,\overline{V}\,e^{i\alpha} \cdot \mathfrak{S} \qquad (5.38/6\,\mathrm{a})$$

und daher durch Vergleich mit (5.36/14b)

$$\overline{V} = \eta\,V. \qquad (5.38/6\,\mathrm{b})$$

Behandeln wir wieder (wie in 5.38 β) nur den Fall $\beta_1 = 0$, so wird V durch (5.37/9) angegeben. Wieder finden wir vier Festpunkte. Die Abszissen der Festpunkte 0^*, A, B, C sind dieselben wie in 5.37 δ. Die Aufgabe, die Ordinaten von A und B gleich groß zu machen, führt hier zu folgender Betrachtung: A und B liegen nun auf zwei verschiedenen Zweigen der Kurve

$$\overline{V}^* = \frac{\eta}{|\,1 - \eta^2\,|}. \qquad (5.38/7)$$

Daraus folgt, daß

$$\frac{\eta_A}{1 - \eta_A^2} = \frac{\eta_B}{\eta_B^2 - 1} \qquad (5.38/7\,\mathrm{a})$$

sein muß, oder

$$(\eta_A + \eta_B)\,(1 - \eta_A\,\eta_B) = 0,$$

---

[1] Die zur Geschwindigkeit und zur Beschleunigung gehörenden Vergrößerungsfunktionen werden durch einfaches oder durch doppeltes Überstreichen bezeichnet. Diese Überstreichungen weisen nicht auf komplexe Zahlen hin.

oder, da der erste Faktor nicht verschwinden kann,

$$\eta_A\,\eta_B = 1 \quad \text{oder auch} \quad \eta_A^2\,\eta_B^2 = 1 . \tag{5.38/7 b}$$

Weil η_A^2 und η_B^2 Wurzeln von $E_1(\eta^2) = 0$ sind, folgt aus (5.38/2)

$$\eta_A^2\,\eta_B^2 = \frac{\mu^2\left(1 - \dfrac{\gamma}{2}\right)}{1 - \dfrac{\gamma}{2}\,\dfrac{\mu^2}{\nu^4}} . \tag{5.38/8}$$

Aus (5.38/7 b) und (5.38/8) erhält man

$$\mu^2 = \frac{1}{1 - \dfrac{\gamma}{2}\left(1 - \dfrac{1}{\nu^4}\right)} \tag{5.38/9}$$

als die Beziehung, die zwischen μ, ν und γ bestehen muß, wenn A und B gleich hoch liegen sollen.

Im Sonderfall $\nu^2 = \infty$ folgt jetzt

$$\mu^2 = \frac{1}{1 - \dfrac{\gamma}{2}} . \tag{5.38/9 a}$$

Die Abszissen η_A^2 und η_B^2 und die gemeinsamen Ordinaten $\overline{V}_H$ werden dann zu

$$\eta_{A,B}^2 = \frac{(4 - \gamma) \mp \sqrt{8\gamma - 3\gamma^2}}{2(2 - \gamma)} , \qquad \overline{V}_H = \sqrt{\frac{2 - \gamma}{\gamma}} . \tag{5.38/10}$$

Auch hier kann man für den allgemeinen Fall ein Diagramm wie Abb. 5.38/1 zeichnen; es weicht von dem früheren so wenig ab, daß Abb. 5.38/1 auch für diesen Fall der Begrenzung der Rollgeschwindigkeit (statt des Rollausschlages) $[\overline{V}(\eta_{A,B}^2)$ anstelle von $V(\eta_{A,B}^2)]$ benutzt werden kann.

$\delta)$ Amplitude der Rollbeschleunigung $\ddot{\psi}_1$ wird beschränkt. Wie in diesem Fall vorzugehen ist, ergibt sich aus dem Gesagten unmittelbar. An die Stelle von (5.38/6 a) tritt

$$\mathfrak{A}\,\Omega^2 = \omega_{11}^2\,\overline{\overline{V}}\,e^{i\alpha}\,\mathfrak{S}, \tag{5.38/11 a}$$

somit wird

$$\overline{\overline{V}} = \eta^2\,V . \tag{5.38/11 b}$$

Wieder gibt es vier Festpunkte 0*, A, B, C; wieder haben sie die Abszissen, die für 0*, A, B, C früher (Tab. 5.37/1) festgestellt wurden.

Die Forderung nach gleicher Höhe für A und B führt jetzt auf

$$\frac{\eta_A^2}{1 - \eta_A^2} = \frac{\eta_B^2}{\eta_B^2 - 1} \quad \text{und damit auf} \quad \eta_A^2 + \eta_B^2 = 2\,\eta_A^2\,\eta_B^2 . \tag{5.38/12}$$

Aus den Koeffizienten der Gl. (5.38/2) findet man schließlich

$$\mu^2 = \frac{1}{1 - \gamma\left(1 - \dfrac{1}{\nu^2}\right)} . \tag{5.38/13}$$

Das ist die jetzt gültige Bedingung zwischen μ, ν, γ.

Im Sonderfall $\nu = \infty$ kommt

$$\mu^2 = \frac{1}{1 - \gamma} , \tag{5.38/13 a}$$

ferner

$$\eta_{A,B}^2 = \frac{2 - \gamma \mp \sqrt{\gamma\,(2 - \gamma)}}{2\,(1 - \gamma)} \quad \text{und} \quad \bar{\bar{\mathsf{V}}}_H = \sqrt{\frac{2 - \gamma}{\gamma}}. \qquad (5.38/14)$$

Auch im allgemeinen Fall gibt das Diagramm 5.38/1 die Ordinaten $\bar{\bar{\mathsf{V}}}(\eta_{A,B}^2)$ befriedigend genau wieder.

5.39 Das System Schiff — Schlingertank; Schlußbemerkungen. Schlingertanks sind Anlagen, die der Vermeidung oder wenigstens der Verminderung der Schlingerbewegungen der Schiffe dienen. Sie sind nicht die einzigen Mittel, die zu diesem Zweck zur Verfügung stehen; andere, wie bewegte Gewichte, Kreisel, Auftriebsflächen (Flossen), Propeller u. a. m. sind vorgeschlagen und auch tatsächlich gebaut und angewendet worden. Einen Überblick über die technisch möglichen Mittel und über ausgeführte Anlagen findet man in einem Aufsatz von J. H. CHADWICK und K. KLOTTER[1]. Unter den Anlagen nehmen die Schlingertanks einen bevorzugten Platz ein. Wir haben uns ausschließlich mit sog. passiven Tanks beschäftigt. In jüngerer Zeit sind auch „aktivierte" Anlagen untersucht und gebaut worden, bei denen Kräfte auf die Tankflüssigkeit ausgeübt werden (s. 5.36 β). Die Steuerung dieser Kräfte erfolgt automatisch durch die Schiffsbewegung selbst. Die Anlage wird dann zu einer Regelanlage. In dem erwähnten Aufsatz werden die Schlingertanks und andere „Stabilisierungsanlagen" auch unter dem Aspekt der Regelung betrachtet.

Die Bewegungsgleichungen, die in 5.36 aufgestellt wurden, beruhen auf der Annahme, daß die Bewegung des Schiffes um eine feste Drehachse (C in Abbildung 2.43/1) erfolgt, daß Translationsbewegungen dieser Achse, vor allem in seitlicher Richtung, außer acht bleiben. Nimmt man Rücksicht auf solche Seitwärtsbewegungen der Drehachse, so tritt ein weiterer Freiheitsgrad auf. Die Ergänzungen, die die Betrachtungen in diesem Falle erfahren müssen, sind diskutiert in einem anderen Aufsatz von CHADWICK und KLOTTER[2]. Durch die so ergänzte Betrachtung wird vor allem folgender Umstand aufgeklärt: Die Ergebnisse von 5.37, vor allem Abb. 5.37/1, besagen, daß für $\Omega \to 0$, also $\eta \to 0$ die Vergrößerungsfunktion V gegen $1/(1 - \gamma)$ geht, also die Schlingerwinkelamplitude A gegen $S/(1 - \gamma)$. Rein statische Überlegungen würden aber ergeben, daß $A \to S$, die effektive Wellenschräge, geht. Die hier erscheinende Diskrepanz wird aufgeklärt und beseitigt durch die Hinzunahme des weiteren Freiheitsgrades der seitlichen Bewegung.

Die Arbeit[2] und die andere erwähnte[1] bringen nicht nur ausführliche Angaben über ausgeführte Anlagen, sie geben auch einen Überblick über die Literatur zum Problem des Schlingertanks. Dabei sei besonders darauf hingewiesen, daß vor allem die Arbeiten von E. HAHNKAMM[3] das Problem des passiven Schlingertanks recht ausführlich behandeln, allerdings unter Benutzung von Begriffen hinsichtlich der Kopplung, gegen die schwerwiegende Bedenken (im Sinne von 2.11) anzumelden sind, und unter Benutzung von anderen Koordinaten und Koeffizienten. Um einen Vergleich der HAHNKAMMschen Ergebnisse

---

[1] Siehe Fußnote 3, S. 326.

[2] Siehe Fußnote 2, S. 326.

[3] HAHNKAMM, E.: Ing.-Arch. Bd. 3 (1932) S. 251—276; Werft Reed. Hafen Bd. 13 (1932) S. 2 u. S. 23; Jb. schiffbautechn. Ges. Bd. 34 (1933) S. 371—402.

mit unseren Darlegungen zu erleichtern, sind der Arbeit[1] Tabellen mitgegeben, in denen die Bezeichnung HAHNKAMMS in die der Arbeit[1] übersetzt sind. Die in 5.36 bis 5.38 verwendeten Bezeichnungen decken sich im Prinzip mit denen jener Arbeit[1]. Die folgende Tab. 5.39/1 stellt die verwendeten Buchstaben einander gegenüber.

Tabelle 5.39/1

Bezeichnungen in		Bezeichnungen in	
Arbeit[1]	diesem Buch	Arbeit[1]	diesem Buch
ω_s	ω_{11}	μ_{st}	ν
ω_t	ω_{22}	λ_t	γ
ω_{st}	ω_{12}	$\varkappa_s$	β_1
μ	η	$\varkappa_t$	β_2
μ_s	η_i	M	$\vee$
μ_t	μ		

Abschließend fassen wir noch einmal die wesentlichen Teile des Gedankenganges der Untersuchung über die Schlingertanks in 2.43 und 5.36 bis 5.38 und die der Aufstellung der Bewegungsgleichungen zugrunde liegenden Annahmen zusammen:

In 2.43 wurden die Bewegungsgleichungen (ohne Erregung) aufgestellt; dabei wurden folgende Annahmen gemacht:

a) Die Bewegungen des Schiffes mit leeren Tanks können durch lineare Differentialgleichungen beschrieben werden.

b) Die Tanks haben U-Form.

c) Die Tanks sind symmetrisch zur Längssymmetrieebene des Schiffes angeordnet.

d) Die Schenkel der Tanks (im Bereich der Flüssigkeitsspiegelausschläge) sind gerade, parallel und von konstantem Querschnitt.

e) Die Flüssigkeit im Tank kann als ,,Stromfaden'' behandelt werden.

f) Es existiert eine Achse, um die die Bewegungen des Schiffes erfolgen, und diese Achse kann als raumfest angesehen werden.

In 5.36 werden die Bewegungsgleichungen mit der von den Wellen herrührenden Erregung aufgestellt und integriert. In 5.37 werden die erzwungenen Ausschläge des Schiffes mit Hilfe der Vergrößerungsfunktionen diskutiert; neben dem Resonanzeffekt wird der Tilgereffekt und der sog. Entkopplungseffekt betrachtet. In 5.38 werden schließlich Betrachtungen über die günstigsten Werte der Systemparameter angestellt. (Diese Betrachtungen sind analog denen in 5.34.) Die günstigsten Werte werden erörtert für drei Fälle, und zwar je nachdem, ob der Rollwinkel, seine erste oder seine zweite Ableitung als die maßgebende Größe angesehen wird.

Zuletzt sei noch einmal betont, daß die Untersuchungen in 5.36 bis 5.38 nicht nur für das besondere System Schiff – Schlingertank Bedeutung haben, sondern daß sie als Modell für Untersuchungen an anders gebauten Gebilden und deren Bewegungsgleichungen dienen können.

---

[1] Siehe Fußnote 2, S. 326.

Zweiter Teil

Behandlung unter technischen und praktischen Gesichtspunkten; Rationelle Verfahren zur Berechnung kritischer Drehzahlen

Übersicht über den Inhalt des zweiten Teiles. Im ersten Teil dieses Bandes wurden die Schwingungsprobleme unter allgemeinen und systematischen Gesichtspunkten behandelt. Das soll heißen, es wurden jeweils die Fragestellungen präzisiert und die Lösungen so aufgebaut, wie es dem Verständnis am besten angepaßt schien. Auf eine Rationalisierung der Methoden, wie sie erforderlich wird, wenn Rechnungen in der Praxis wiederholt, ja routinemäßig durchgeführt werden müssen, legten wir dort noch kein Gewicht. Das müssen wir nun in den Kapiteln 6 und 7 nachholen. Die Probleme, um die es sich dabei handelt, fallen alle unter das gemeinsame Stichwort der *kritischen Drehzahlen*. Die kritischen Drehzahlen umfassen ja einen großen Kreis der maschinentechnisch wichtigen Probleme. Sie gliedern sich in die beiden Hauptgruppen der torsionskritischen und der biegekritischen Drehzahlen. Den torsionskritischen Drehzahlen wenden wir uns im Kap. 6 zu. Wir werden die sehr zahlreichen Verfahren, die im Laufe der vergangenen fünf Jahrzehnte für die Bewältigung dieser Aufgabe ausgebildet worden sind, aufzählen und die wichtigsten unter ihnen darstellen.

Im Kap. 6 machen wir noch *nicht* Gebrauch von dem in jüngster Zeit stark ausgebauten und viel angewendeten Hilfsmittel der Matrizen: da es noch zahlreiche Ingenieure gibt, die ohne Matrizen auszukommen suchen, erscheint die eingehende Darstellung der Methoden aus der ,,Vor-Matrizen-Zeit‘‘ angebracht.

Das Kap. 7 wendet sich dann dem Hilfsmittel der Matrizen zu. Dabei werden aber nicht schon die *Differentialgleichungen* des Problems auf die Matrizenform gebracht. Den an der Behandlung der Differentialgleichungen mit Hilfe von Matrizen interessierten Leser müssen wir auf andere Darstellungen, insbesondere auf das Buch von L. Collatz[1] verweisen.

Wir werden Matrizen in diesem Buche nur in der Form der ,,Übertragungsmatrizen‘‘ benutzen. Im Abschn. 7.1 werden die Übertragungsmatrizen definiert, und es wird erläutert, wie man mit ihnen arbeitet. Dabei dienen zunächst die im Kap. 6 behandelten Torsionsschwingungen als Beispiele (Abschn. 7.2), um die neue Methode an schon bekannten Tatsachen bequem erläutern zu können.

Die weiteren Teile von Kap. 7 sind dann den Biegeschwingungen gewidmet. Biegeschwingungen von Wellen auf vielen (starren oder nachgiebigen) Stützen, wenn die Wellen überdies nicht glatt, sondern etwa ,,abgesetzt‘‘ sind, stellen

---

[1] Collatz, L.: Eigenwertaufgaben mit technischen Anwendungen, Kap. VI. Leipzig: Akad. Verlagsges. 1949.

so verwickelte Probleme dar, daß sie, wenn man auf realistischen Voraussetzungen besteht, nur noch mit dem Hilfsmittel der Übertragungsmatrizen mit Aussicht auf Erfolg angegriffen werden können. Dieses Hilfsmittel erlaubt, die Gedankengänge der Betrachtungen zu systematisieren und überdies die Zahlenrechnung für die Durchführung auf Rechenmaschinen vorzubereiten. Da es in den letzten Jahren ausgebaut und in praktisch verwertbare Formen gebracht worden ist, können wir wagen, es hier für den allgemeinen Gebrauch anzubieten und zu empfehlen.

6 Torsionsschwingungen von Kurbelwellen

6.1 Vorbemerkungen

6.11 Die Fragestellungen bei den Torsionsschwingungen.

Torsionsschwinger haben wir auch in früheren Kapiteln schon erwähnt (Abschn. 3.2 und 5.2). Dabei hatten wir aber in jedem Fall vorausgesetzt, der Schwinger bestehe aus kreiszylindrischen, glatten und trägheitslosen Wellenstücken, welche starre Scheiben (von unveränderlichem Trägheitsmoment) tragen. An einzelnen dieser Scheiben sollten harmonisch verlaufende Drehkräfte (Drehmomente) als Erregerkräfte und gegebenenfalls auch Dämpfungskräfte (Dämpfungsmomente) angreifen. Die in besonderem Maße Torsionsschwingungen unterworfenen Wellen der Kolbenmaschinen sind jedoch *Kurbel*wellen, also keineswegs von der vorausgesetzten glatten Bauart; ferner tragen sie nicht nur rotierende Scheiben, vielmehr sind an sie auch Kurbelgetriebe mit hin und her gehenden Massen angeschlossen.

Die Darlegungen im ersten (systematischen) Teil dieses Bandes bedürfen daher in zweifacher Hinsicht einer Ergänzung: Zunächst müssen wir untersuchen, *ob* und unter welchen Umständen die in den Maschinenanlagen vorhandenen, Torsionsschwingungen unterworfenen Gebilde durch die einfachen bisher betrachteten Systeme ersetzt werden können, und wenn ja, *in welcher Weise* diese „*Ersatzsysteme*" rechnerisch am zweckmäßigsten behandelt werden.

Wir fragen zunächst nach dem Ersatzsystem, das anstelle des wirklichen der Rechnung zugrunde gelegt wird. Es besteht (Abb. 6.11/1) aus glatten, kreiszylindrischen, als trägheitslos betrachteten Wellenstücken mit den Drillungssteifigkeiten $c_i = G\,J/l_i$, zwischen denen Scheiben von unveränderlichem Trägheitsmoment Θ_i sitzen; an einzelnen dieser Scheiben sollen harmonisch verlaufende Momente M_i und gegebenenfalls Momente von Dämpfungskräften R_i angreifen. Wir fragen nun: Unter welchen Umständen läßt sich 6.11/1a oder das damit gleichwertige System 6.11/1b als Ersatzsystem für ein gegebenes, anders gebautes Gebilde verwenden, und wie werden die Größen des Ersatzsystems aus denen des wirklichen Gebildes ermittelt?

Die Aufgabe zerfällt also in vier Teilaufgaben: erstens Reduktion der Massen, zweitens Reduktion der Längen, drittens Ermittlung der Erregerkräfte, viertens Ermittlung der Dämpfungskräfte.

Die ersten beiden werden wir im Abschn. 6.2 behandeln. Die letzten beiden behandeln wir hier nicht, da wir unsere Erörterungen auf die *freien* Schwingungen beschränken können. Betrachtet man nämlich die der gleichförmigen Drehung überlagerten Bewegungen einer Kurbelwelle, die unter dem Einfluß der auf die Kurbelzapfen wirkenden, periodisch veränderlichen Tangentialkräfte zustande kommen, so hat man es zwar mit erzwungenen Schwingungen zu tun (die sie beschreibenden Differentialgleichungen weisen „Störglieder" auf). Trotzdem können wir Aufklärung über viele wesentliche Punkte schon erhalten, wenn wir die freien (oder Eigen-) Schwingungen allein betrachten.

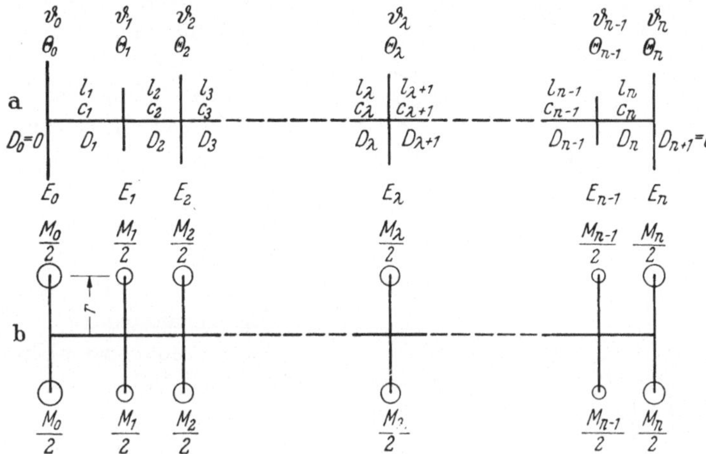

Abb. 6.11/1. Ersatzsysteme für Kurbelwelle; Bezeichnungen

Denn die verkürzten (homogenen) Gleichungen liefern die Eigenfrequenzen, und das sind zugleich jene Frequenzen, bei denen die *erzwungenen* Ausschläge über alle Grenzen wachsen würden. Da solche Betriebszustände ausgeschlossen werden müssen, bedeutet die Bestimmung der Eigenfrequenzen die wichtigste Aufgabe, die hinsichtlich der Eigenschaften eines torsionsschwingungsfähigen Systems zu lösen ist.

Die Berechnung der erzwungenen Schwingungen selber wird auch deshalb oft gar nicht ausgeführt, weil — wenigstens in der Nähe der durch die Eigenfrequenzen bezeichneten „Resonanzstellen" — die Ausschläge wesentlich von den Widerstands- oder Dämpfungskräften abhängen. Und diese Kräfte sind bisher nur in sehr unvollkommener Weise bekannt. (Grundsätzlich wirken in ihnen die Einflüsse von Lagerreibung, Luftreibung und Werkstoffdämpfung zusammen.) In der Nähe der Resonanzstellen aber werden die Ausschläge so groß, daß sie ohnehin nicht zugelassen werden dürfen. Notwendig, in der Regel aber auch genügend, ist deshalb die Ermittlung der Resonanzstellen selber, d. h. der Eigenfrequenzen. Ihre Lage wird durch die Dämpfungskräfte nur ganz unwesentlich beeinflußt, so daß es genügt, sie ohne Berücksichtigung dieser Dämpfungskräfte zu bestimmen.

Wegen der mit den erzwungenen Schwingungen zusammenhängenden Fragen und Methoden verweisen wir auf die Literatur[1].

Für die rechnerische Bestimmung der freien Schwingungen sind in der Literatur eine große Anzahl praktisch brauchbarer Verfahren beschrieben worden. In der Regel wurden sie ganz unabhängig voneinander gefunden, daher sind auch ihre Zielsetzungen und ihre Anwendungsbereiche recht verschieden. In den Abschn. 6.3 bis 6.5 wollen wir die wichtigsten Grundgedanken herausarbeiten, die gegenseitigen Beziehungen der Verfahren klarlegen und ihre spezifischen Anwendungsgebiete abgrenzen.

---

[1] Zum Beispiel auf K. Haug: Die Drehschwingungen in Kolbenmaschinen. Berlin/Göttingen/Heidelberg: Springer 1952 und W. Benz: VDI-Berichte Bd. 35 (1959) S. 123—134.

6.12 Eigenfrequenzen und kritische Drehzahlen. Schon mehrfach haben wir von dem engen Zusammenhang zwischen den Eigenfrequenzen des Schwingers (der Welle) und den kritischen Drehzahlen gesprochen. Die folgende Darstellung soll die Zusammenhänge noch einmal vor Augen stellen.

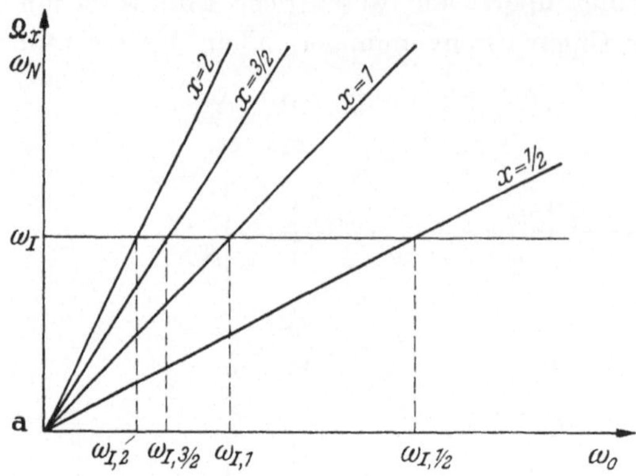

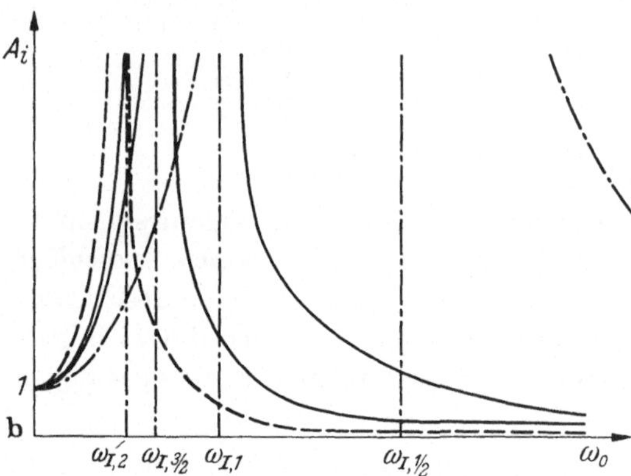

Abb. 6.12/1. Kritische Drehzahlen $\omega_{N,\,x}$ und Ausschläge A_i

Von kritischen Drehzahlen (jeder Art; einerlei, ob torsionskritische oder biegekritische) wollen wir hier nur dann sprechen, wenn an den betrachteten Wellen (Torsionsschwingern; Biegeschwingern) Erregerkräfte (Erregermomente) angreifen, deren Frequenz der Umdrehungsgeschwindigkeit ω_0 der Welle proportional ist.

Bei den Biegeschwingern bestehen diese Erregerkräfte in der Regel in den Massenkräften von Unwuchten. Ihre Frequenz Ω ist dann einfach gleich der Drehgeschwindigkeit ω_0 der Welle; ihre Amplitude ist dabei keine Konstante, sondern proportional ω_0^2.

Bei den Torsionsschwingern liegen die Verhältnisse etwas verwickelter. Die aus dem ungleichmäßigen Drehkraftdiagramm (das seinerseits aus dem Indikatordiagramm entwickelt wird) durch eine harmonische Analyse gewonnenen Komponenten des Erregermomentes[1,2] haben mehrere, oft sehr viele Frequenzen Ω_x. Sie alle sind proportional zu ω_0; d. h. es ist $\Omega_x = x\,\omega_0$. Die Proportionalitätsfaktoren x (die sog. „Ordnungen" der Erregung) sind jedoch nicht in allen Fällen ganze Zahlen. Ganzzahlig sind sie für alle Maschinen, deren Arbeitsspiel die Periode einer Umdrehung hat, bei den Brennkraftmaschinen also, wenn diese im Zweitakt arbeiten. Für die im Viertakt arbeitenden Maschinen erstreckt sich ein Arbeitsspiel über zwei Umdrehungen. Die Ordnung x kann dann auch die Hälfte einer ganzen (ungeraden) Zahl sein:

$$\Omega_x = x\,\omega_0, \qquad\qquad (6.12/1)$$

$$x = 1,\ 2,\ 3,\ \ldots \qquad\qquad \text{für Zweitakt,}$$

$$x = \frac{1}{2},\ 1,\ \frac{3}{2},\ 2,\ \frac{5}{2},\ \ldots\ \text{für Viertakt.}$$

---

[1] Siehe z. B. I. 8; oder
[2] HAUG, K.: Zit. S. 343; dort S. 99ff.

Trägt man z. B. für eine Viertaktmaschine die Erregerfrequenzen Ω_x über der Drehzahl ω_0 auf, so erhält man die vom Nullpunkt ausgehenden Strahlen im Bildteil a von Abb. 6.12/1 (wo die Ordnungen $x = 1/2$, 1, 3/2 und 2 eingezeichnet sind).

Sobald eine Erregerfrequenz Ω_x übereinstimmt mit einer (von der Drehgeschwindigkeit ω_0 unabhängigen) Eigenfrequenz ω_N der Welle, tritt Reso-

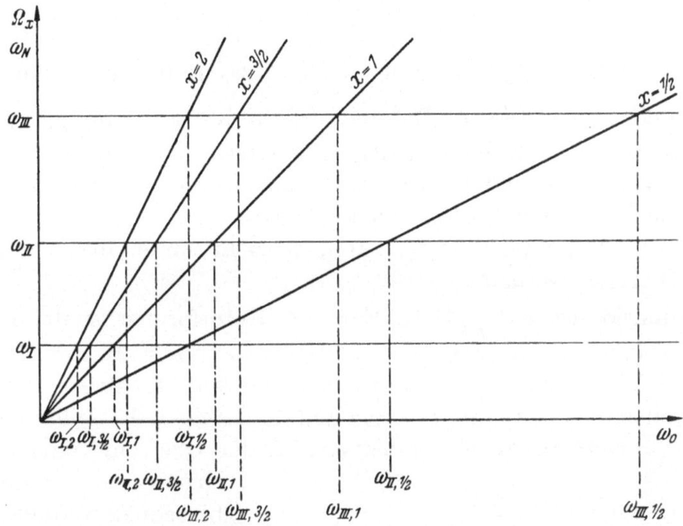

Abb. 6.12/2. Kritische Drehzahlen der Grade $N = I, II, III$ und der Ordnungen $x = \dfrac{1}{2}$, 1, $\dfrac{3}{2}$, 2

nanz im Schwinger auf; die Ausschläge A_i irgendeiner repräsentativen Masse (Drehmasse) des Gebildes sind im Bildteil b (unter Vernachlässigung des Einflusses der Dämpfung) angedeutet für einen Schwinger, der eine einzige Eigenfrequenz ω_I besitzt. Will man große Ausschläge vermeiden, so muß man daher vermeiden, daß die Ω_x mit der Eigenfrequenz ω_I übereinstimmen oder ihr nahekommen. Das heißt aber, daß gewisse Drehgeschwindigkeiten ω_0 (Drehzahlen n_0) oder vielmehr Bereiche um diese Werte ausgeschlossen bleiben müssen. Dies sind, wie aus (6.12/1) mit

$$\omega_I = \Omega_x \qquad\qquad (6.12/2)$$

folgt, die Drehgeschwindigkeiten

$$\omega_0 = \frac{\omega_I}{x} \equiv \omega_{I,x}. \qquad\qquad (6.12/3)$$

Die zu diesen Drehgeschwindigkeiten ω_0 gehörigen Drehzahlen n_0 ($n_0 = 30\,\omega_0/\pi$) heißen die „kritischen Drehzahlen". Oft bezeichnet man, in etwas liberaler Sprechweise, auch die Werte ω_0 selbst als die kritischen Drehzahlen.

Wenn der Schwinger mehr als eine Eigenfrequenz ω_N aufweist (die durch ihren „Grad N" unterschieden werden), so gibt es so viele Folgen von kritischen Drehzahlen ω_{Nx}, als Eigenschwingungen vorhanden sind. Die einzelnen Drehzahlen ω_{Nx} werden nach Grad N (der Eigenschwingung) und Ordnung x (der Erregung) unterschieden. Abb. 6.12/2 zeigt die kritischen Drehzahlen ω_{Nx} für die Grade $N = I, II, III$ und die Ordnungen $x = 1/2$, 1, 3/2, 2.

Daß die kritischen Drehzahlen verschiedener Ordnung sich in ihrer „Gefährlichkeit" stark unterscheiden, je nachdem, wie groß die Amplitude der Erregung jener Ordnung ist, sei nur nebenbei erwähnt. Für unsere Betrachtungen, die sich auf die Ermittlung der Eigenschwingungszahlen und Eigenschwingungsformen beschränken, spielt der Begriff der Gefährlichkeit der kritischen Drehzahlen keine Rolle.

6.2 Das wirkliche System und das Ersatzsystem; die „Abbildung"

6.21 Reduktion der Massen: Rotoren. Die in die Bewegungsgleichungen des Ersatzsystems zur Kennzeichnung der Trägheitswirkung eingehende Größe ist das Massenträgheitsmoment Θ für die Drehachse, die „Drehmasse". Alle eine rein drehende Bewegung ausführenden Körper, wie Treibscheiben, Schwungräder, Propeller, Kupplungen u. dgl., können leicht durch eine Scheibe gleicher Drehmasse Θ ersetzt werden.

Nach Definition ist $\Theta = \int \varrho^2 \, dm$. Für viele Rotorformen ist diese Größe von vornherein bekannt. Für zylindrische Körper kann Θ z. B. mit Hilfe der Beziehung $\Theta = J_p \, \mu \, L$ aus dem polaren (geometrischen) Trägheitsmoment J_p der Querschnittsfläche[1], der Dichte $\mu = \gamma/g$ und der Länge L des Zylinders, oder mit Hilfe von $\Theta = m \, k^2$ aus dem Trägheitsarm k der Querschnittsfläche und der Masse $m = G/g$ des Körpers berechnet werden.

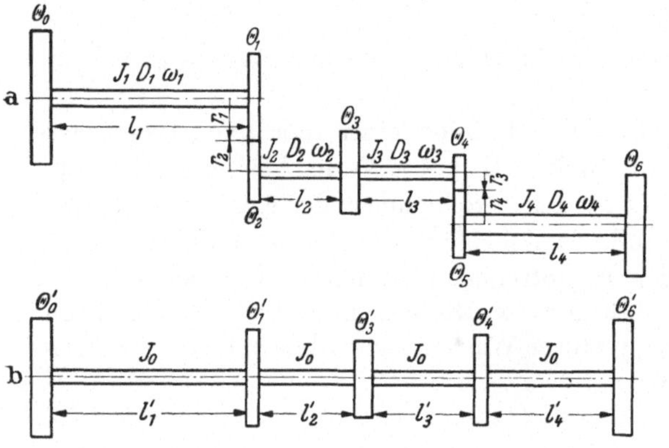

Für andere Körperformen, wie z. B. einen Propellerflügel, wird Θ nach der Definitionsgleichung mit den Methoden zur angenäherten Auswertung eines bestimmten Integrals ermittelt. Man bestimmt in

$$\Theta = \mu \int_{\varrho_i}^{\varrho_a} F(\varrho) \, \varrho^2 \, d\varrho,$$

wo $F(\varrho)$ die Fläche eines im Abstand ϱ um die Achse geführten zylindrischen Schnittes bedeutet, die Werte $F(\varrho)$ (etwa aus einer Konstruktionszeichnung) und danach den Integranden $\varrho^2 \, F(\varrho)$ und integriert nach einer der bekannten Methoden graphisch, numerisch (SIMPSON-Regel) oder instrumentell (Planimeter).

Abb. 6.21/1
Welle mit Übersetzungsgetrieben a) und Ersatzsystem b)

Über die Ermittlung der Drehmassen der Ersatzscheiben für Übersetzungsgetriebe ist in I. 35 das Nötige schon gesagt worden. Wir wiederholen das Ergebnis an einem Beispiel: Das in Abb. 6.21/1b dargestellte System soll Ersatzsystem für den Schwinger 6.21/1a sein,

---

[1] Statt J_p werden wir im folgenden stets einfach J schreiben. Eine Verwechslung mit den axialen Trägheitsmomenten ist nicht zu befürchten, da wir diese mit I bzw. I_x, I_y bezeichnen.

der zwei Übersetzungsgetriebe enthält. Es sei

$$u_1 = \frac{r_2}{r_1}, \qquad u_2 = \frac{r_4}{r_3} \,;$$

damit lauten die Winkelgeschwindigkeiten der vier Wellenstücke

$$\omega_1, \qquad \omega_2 = \frac{\omega_1}{u_1}, \qquad \omega_3 = \omega_2 = \frac{\omega_1}{u_1} \quad \text{und} \quad \omega_4 = \frac{\omega_3}{u_2} \,.$$

Soll die Ersatzwelle mit der Geschwindigkeit ω_1 laufen, so hängen die Ersatz-Trägheitsmomente Θ_i' mit den ursprünglichen Θ_i in der folgenden Weise zusammen:

$$\Theta_0' = \Theta_0, \qquad \Theta_1' = \Theta_1 + \frac{\Theta_2}{u_1^2}, \qquad \Theta_3' = \frac{\Theta_3}{u_1^2},$$

$$\Theta_4' = \frac{\Theta_4}{u_1^2} + \frac{\Theta_5}{u_1^2 u_2^2}, \qquad \Theta_6' = \frac{\Theta_6}{u_1^2 u_2^2} \,.$$

Wellen mit Übersetzungsgetrieben (wie 6.21/1a) können entweder in der hier beschriebenen Weise auf Ersatzwellen (wie 6.21/1b) abgebildet werden, oder aber sie können (oft zweckmäßiger) mit den Methoden von 7.23 unmittelbar behandelt werden.[1]

6.22 Reduktion der Massen: Kurbeltriebe. Erheblich verwickelter ist die Frage, welches Trägheitsmoment Θ man einer Scheibe des Ersatzsystems zuschreiben muß, wenn diese an die Stelle eines Kurbeltriebes treten soll.

Wir erläutern das Vorgehen am Beispiel eines gewöhnlichen Kurbeltriebs (Abb. 6.22/1). Das Getriebe besteht aus drei Gruppen von Körpern, die verschiedene Bewegungen ausführen:

1. Körper, die eine reine Rotation um die Kurbelwellenachse ausführen: Kurbelzapfen, Kurbelwangen, Wellenzapfen.

2. Körper, die eine geradlinig hin und her gehende Bewegung ausführen: Kolben, Kolbenbolzen, Kreuzkopf.

3. Körper, die eine kinematisch kompliziertere Bewegung ausführen: Pleuelstange (Treibstange).

Die Scheibe des Ersatzsystems wird man dann als dem Kurbelgetriebe dynamisch gleichwertig ansehen, wenn die Bewegungsenergie der Scheibe gleich der des Kurbeltriebes ist.

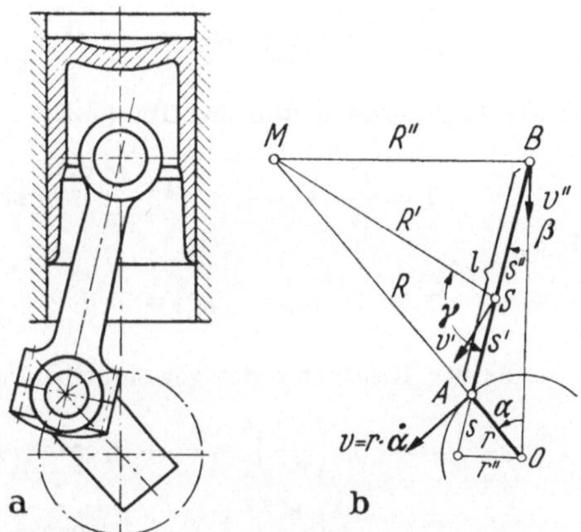

Abb. 6.22/1. Kurbeltrieb

Für die erste und zweite Gruppe ist der Ausdruck für die kinetische Energie einfach, für die Pleuelstange dagegen sieht er etwas verwickelter aus. Um die Bewegungsenergie der Pleuelstange anzuschreiben, sind im Schrifttum zwei Wege üblich:

1. Man ermittelt die kinetische Energie als Summe aus der Energie der Translationsbewegung des Pleuelschwerpunktes und der Energie der Rotationsbewegung des Pleuels um seinen Schwerpunkt

$$T_{\text{Pl}} = m' \frac{v'^2}{2} + m' k'^2 \frac{\dot{\beta}^2}{2}, \tag{6.22/1a}$$

wobei m' die Masse und k' der Trägheitsarm des Pleuels, v' die Geschwindigkeit seines Schwerpunktes S und β der Winkelweg des Pleuels um den Punkt B ist (vgl. Abb. 6.22/1).

2. Man teilt das Pleuel in drei *Punktmassen* m_1, m_2, m_3 auf, von denen m_1 auf den Kurbelzapfen A reduziert eine reine rotierende, m_2 auf den Kreuzkopfzapfen B reduziert

---

[1] Siehe Fußnote 3, S. 351.

eine reine hin und her gehende Bewegung macht und m_3 im Pleuelschwerpunkt dessen Bewegung ausführt. Dann gilt

$$T_{\text{Pl}} = m_1\, r^2\, \frac{\dot\alpha^2}{2} + m_2\, \frac{v''^{\,2}}{2} + m_3\, \frac{v'^{\,2}}{2}\,. \tag{6.22/1\,b}$$

Die Reduktionsbedingungen für die drei Punktmassen lauten

1. Masse muß erhalten bleiben: $m_1 + m_2 + m_3 = m'$.
2. Schwerpunkt muß erhalten bleiben: $m_1\, s' - m_2\, s'' = 0$.
3. Trägheitsmoment muß erhalten bleiben: $m_1\, s'^{\,2} + m_2\, s''^{\,2} = m'\, k'^{\,2}$.

Daraus kommt

$$m_1 = \frac{m'\, k'^{\,2}}{s'\, l}\,, \qquad m_2 = \frac{m'\, k'^{\,2}}{s''\, l}\,, \qquad m_3 = m' - \frac{m'\, k'^{\,2}}{s'\, s''}\,.$$

Nun erhalten wir für die gesamte kinetische Energie des Kurbeltriebes in der ersten Form

$$T = \frac{1}{2}\,\Theta_{\text{Kr}}\,\dot\alpha^2 + \frac{1}{2}\,m'\,(v'^{\,2} + k'^{\,2}\,\dot\beta^2) + \frac{1}{2}\,m''\,v''^{\,2}, \tag{6.22/2\,a}$$

wobei Θ_{Kr} das Trägheitsmoment der Kröpfung, α der Kurbelwinkel, m'' die Masse der hin und her gehenden Teile (Kolben, Kolbenbolzen, Kolbenstange und Kreuzkopf) und v'' deren Geschwindigkeit ist.

In der zweiten Form erhalten wir für die gesamte kinetische Energie

$$T = \frac{1}{2}\,(m_{\text{Kr}} + m_1)\, r^2\, \dot\alpha^2 + \frac{1}{2}\,(m'' + m_2)\, v''^{\,2} + \frac{1}{2}\,m_3\, v'^{\,2}. \tag{6.22/2\,b}$$

Etwas umgeformt lauten die Gln. (6.22/2 a) und 6.22/2 b)

$$T = \frac{\dot\alpha^2}{2}\left[\Theta_{\text{Kr}} + m'\, r^2\left(\frac{v'}{r\,\dot\alpha}\right)^2 + m'\, k'^{\,2}\left(\frac{\dot\beta}{\dot\alpha}\right)^2 + m''\, r^2\left(\frac{v''}{r\,\dot\alpha}\right)^2\right] \tag{6.22/2\,a'}$$

bzw.

$$T = \frac{\dot\alpha^2}{2}\left[(m_{\text{Kr}} + m_1)\, r^2 + (m'' + m_2)\, r^2\left(\frac{v''}{r\,\dot\alpha}\right)^2 + m_3\, r^2\left(\frac{v'}{r\,\dot\alpha}\right)^2\right]. \tag{6.22/2\,b'}$$

Aus der Kinematik des gewöhnlichen Kurbeltriebes findet man

$$\left(\frac{v''}{r\,\dot\alpha}\right)^2 = a_0 + a_1\cos\alpha + a_2\cos 2\alpha + a_3\cos 3\alpha + \cdots,$$

$$\left(\frac{v'}{r\,\dot\alpha}\right)^2 = b_0 + b_1\cos\alpha + b_2\cos 2\alpha + b_3\cos 3\alpha + \cdots,$$

$$\left(\frac{\dot\beta}{\dot\alpha}\right)^2 = c_0 + c_2\cos 2\alpha + c_4\cos 4\alpha + c_6\cos 6\alpha + \cdots,$$

wobei a_k, b_k, c_k Reihen von Vielfachen ganzzahliger Potenzen des Stangenverhältnisses $\lambda = r/l$ sind.

Setzt man diese Beziehungen in (6.22/2 a') bzw. (6.22/2 b') ein, so erkennt man, daß der Ausdruck in der eckigen Klammer den Charakter eines Trägheitsmomentes hat, das sich mit dem Kosinus ganzzahliger Vielfacher des Kurbelwinkels α ändert, also eine periodische Funktion ist. Der Ausdruck heiße „Drehmasse" $\Psi(\alpha)$.

Man kann diese Größe auch nach kinematischen Methoden zeichnerisch ermitteln: In Abb. 6.22/1 b mögen 0, A, B die Achsen der Welle, des Kurbelzapfens und des Kreuzkopfzapfens bezeichnen, ferner G und k Gewicht und Trägheitsarm (bezogen auf 0) der Kurbel (mit Kurbelzapfen, Kurbelwange und zugehörigem Wellenstück), d. h. der rotierenden Teile, G' und k' das Gewicht und den Trägheitsarm (bezogen auf den Schwerpunkt S) der Treibstange, G'' das Gewicht der hin und her gehenden Teile: Kolben mit Kolbenstange und Kreuzkopf. Bedeuten v, v' und v'' die Geschwindigkeiten der Punkte A,

S und B, so wird die Bewegungsenergie des Getriebes

$$\mathsf{T} = \frac{1}{2}\,\frac{G}{g}\,k^2\,\dot{\alpha}^2 + \frac{1}{2}\,\frac{G'}{g}\,(v'^{\,2} + k'^{\,2}\,\dot{\beta}^2) + \frac{1}{2}\,\frac{G''}{g}\,v''^{\,2}$$

oder

$$\mathsf{T} = \frac{1}{2}\,\frac{r^2 G}{g}\left\{\left(\frac{k}{r}\right)^2 + \frac{G'}{G}\left[\left(\frac{v'}{v}\right)^2 + \left(\frac{k'\,\dot{\beta}}{v}\right)^2\right] + \frac{G''}{G}\left(\frac{v''}{v}\right)^2\right\}\dot{\alpha}^2. \qquad (6.22/3)$$

Da M der momentane Bewegungspol der Treibstange ist, die sich mit der Winkelgeschwindigkeit $\dot{\beta}$ dreht, so gilt (vgl. Abb. 6.22/1b):

$$v = R\,\dot{\beta}, \qquad v' = R'\,\dot{\beta}, \qquad v'' = R''\,\dot{\beta}$$

und daher

$$\frac{v'}{v} = \frac{R'}{R}, \qquad \frac{k'\,\dot{\beta}}{v} = \frac{k'}{R} = \frac{k'\,s}{l\,r}, \qquad \frac{v''}{v} = \frac{R''}{R} = \frac{r''}{r}, \qquad (6.22/4)$$

falls man statt der nicht immer auf dem Zeichenblatt zugänglichen Strecken R und R'' die zu ihnen parallelen Strecken r (Kurbelhalbmesser) und r'' sowie die Strecken l (Treibstangenlänge) und s benutzt. Um auch noch den Quotienten R'/R in leicht zugänglichen Größen auszudrücken, benutzt man den Kosinussatz für die beiden Dreiecke MAS und MBS:

$$R^2 = R'^{\,2} + s'^{\,2} - 2R'\,s'\,\cos\gamma; \qquad R''^{\,2} = R'^{\,2} + s''^{\,2} + 2R'\,s''\,\cos\gamma.$$

Eliminiert man aus diesen beiden Ausdrücken $\cos\gamma$, so kommt

$$\left(\frac{R'}{R}\right)^2 = \frac{s''}{l} - \frac{s'\,s''}{l^2}\left(\frac{l}{R}\right)^2 + \frac{s'}{l}\left(\frac{R''}{R}\right)^2 = \frac{s''}{l} - \frac{s'\,s''}{l^2}\left(\frac{s}{r}\right)^2 + \frac{s'}{l}\left(\frac{r''}{r}\right)^2. \qquad (6.22/5)$$

Mit (6.22/4) und (6.22/5) wird der Ausdruck für T (6.22/3) zu

$$\mathsf{T} = \frac{1}{2}\,\Psi\,\dot{\alpha}^2, \qquad (6.22/6)$$

wo

$$\Psi = \frac{r^2 G}{g}\left\{\left(\frac{k}{r}\right)^2 + \frac{G'}{G}\left[\frac{s''}{l} - \frac{s'\,s'' - k'^{\,2}}{l^2}\left(\frac{s}{r}\right)^2\right] + \left(\frac{s'}{l}\,\frac{G'}{G} + \frac{G''}{G}\right)\left(\frac{r''}{r}\right)^2\right\} \qquad (6.22/7)$$

das Trägheitsmoment einer mit der Kurbel umlaufenden Ersatzmasse ist, die die gleiche Bewegungsenergie wie das Kurbelgetriebe hat. Den dimensionslosen Faktor in der geschweiften Klammer kürzen wir in Zukunft durch η ab. Er läßt sich für jede Kurbelstellung leicht ermitteln: Man entnimmt der Zeichnung die beiden Strecken s und r'', alle übrigen Größen haben feste Werte.

Die Funktion $\Psi(\alpha)$ ist stets mit 2π periodisch; bei Getrieben ohne Schränkung oder exzentrische Anlenkung (wenn also die Richtung der Gleitbahn durch 0 geht) ist sie überdies symmetrisch zum Wert $\alpha = \pi$. In Abb. 6.22/2 ist als Beispiel für einen Kurbeltrieb üblicher Abmessungen der Faktor η aufgezeichnet.

Wir halten fest: Die „Drehmasse" Ψ eines Kurbeltriebes ist eine mit dem Drehwinkel (also auch mit der Zeit) veränderliche Größe. Berücksichtigt man die Veränderlichkeit der Drehmassen in der Schwingungsrechnung, so findet man, daß an die Stelle fester Werte der Eigenschwingzahlen jetzt Frequenz*bereiche*

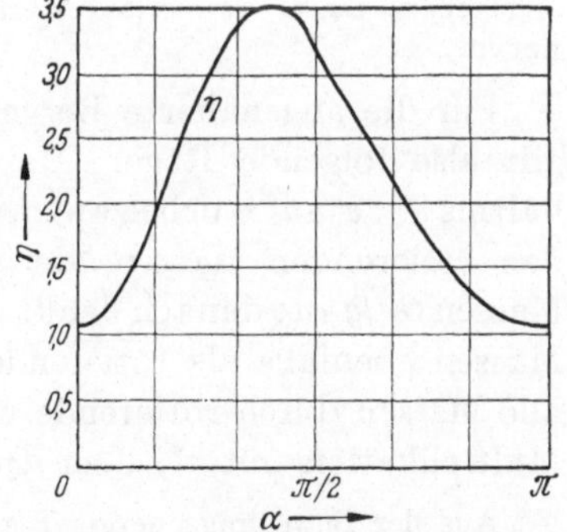

Abb. 6.22/2. Faktor η aus Gl. (6.22/7)

treten. An die Stelle fester Resonanzdrehzahlen treten damit Resonanzbereiche; man nennt sie „*Schüttelbereiche*" und spricht von „*Schüttelschwingungen*". Wir werden uns mit diesen Erscheinungen hier nicht beschäftigen, verweisen dieserhalb vielmehr auf die Literatur[1].

---

[1] Zum Beispiel C. B. Biezeno u. R. Grammel: Technische Dynamik, XIII, 40, S. 1037 ff. Berlin: Springer 1939; 2. Aufl. Bd. 2, S. 417. Berlin/Göttingen/Heidelberg: Springer 1955.

In der Regel ersetzt man die Drehmasse eines Kurbeltriebes dennoch durch eine unveränderliche Größe, das Trägheitsmoment einer Scheibe. Man hat also in geeigneter Weise einen Mittelwert der Funktion $\Psi(\alpha)$ zu bilden.

Zunächst ist es naheliegend, den arithmetischen Mittelwert zu bilden. Wir benutzen hier (6.22/2b'), für (6.22/2a') gilt entsprechendes.

$$\Theta_A = \frac{1}{2\pi} \int\limits_0^{2\pi} \Psi(\alpha)\, d\alpha = (m_{\mathrm{Kr}} + m_1)\, r^2 + \frac{1}{2} m_3 r^2 \left[1 + \left(\frac{s''}{l}\right)^2 + \frac{\lambda^2}{4}\left(1 - \frac{s''}{l}\right)^2\right] +$$
$$+ \frac{1}{2}(m'' + m_2)\, r^2 \left(1 + \frac{\lambda^2}{4}\right). \tag{6.22/8}$$

Zweckmäßiger ist jedoch das harmonische Mittel, das allerdings auch umständlicher zu bilden ist,

$$\Theta_H = \cfrac{1}{\cfrac{1}{\pi}\int\limits_0^{\pi} \cfrac{d\alpha}{\Psi(\alpha)}}. \tag{6.22/9}$$

Schließlich sind noch Näherungsformeln in Gebrauch. Teilt man in erster Näherung die Masse m_3 entsprechend den Abständen des Pleuelschwerpunktes auf die Punkte A und B auf, so erhält man für die Aufteilung des Pleuels in zwei Punktmassen

$$m_A = m_1 + m_3\,\frac{s''}{l} = m'\,\frac{s''}{l}, \qquad m_B = m_2 + m_3\,\frac{s'}{l} = m'\,\frac{s'}{l}$$

und damit statt (6.22/8)

$$\Theta_Z = (m_{\mathrm{Kr}} + m_A)\, r^2 + \frac{1}{2}(m'' + m_B)\, r^2 \left(1 + \frac{\lambda^2}{4}\right). \tag{6.22/10}$$

Nimmt man nun noch in (6.22/8) an, daß der Winkel β vernachlässigbar klein, also l sehr groß und λ sehr klein ist, so kommt

$$\Theta_F = (m_{\mathrm{Kr}} + m_A)\, r^2 + \frac{1}{2}(m'' + m_B)\, r^2. \tag{6.22/11}$$

Diese Formel ist als die „FRAHMsche Näherung" bekannt. Sie wurde von FRAHM empirisch angegeben. Unter den erläuterten Voraussetzungen geht sie aus der exakteren Formel hervor.

Für die angenäherte Berechnung des Trägheitsmomentes der Ersatzscheibe gilt also folgende Regel: Man reduziert die Treibstangenmasse G'/g im Verhältnis $s'' : s'$ auf Kurbelzapfen und Kreuzkopf, schlägt den ersten Teil, $G'/g \cdot s''/l$, den rotierenden Massen, den zweiten, $G''/g \cdot s'/l$, den hin und her gehenden Massen G''/g zu; danach denkt man sich die Hälfte aller nun hin und her gehenden Massen ebenfalls als rotierende Masse im Kurbelzapfen angebracht. Nun sind alle Massen durch rotierende ersetzt; man bildet ihre Trägheitsmomente durch Multiplikation mit r^2, dem Quadrat des Reduktionsradius (Kurbelradius).

Aus der Bewegungsenergie T entstehen durch Differenzieren nach der LAGRANGEschen Vorschrift Glieder in den Bewegungsgleichungen, die Trägheitskräfte bedeuten. Dadurch, daß man anstelle des zeitlich veränderlichen Trägheitsmomentes (6.22/7) den konstanten Mittelwert (6.22/8) oder (6.22/9) benutzt, unterschlägt man in jenen Gleichungen gewisse Glieder; sie bedeuten die Trägheitskräfte, die bei der Beschleunigung der hin und her gehenden Triebwerksteile (bei gleichförmigem Umlauf der Kurbel) auftreten. Diese Kräfte sind jedoch keineswegs von vernachlässigbarer Größenordnung. Ein Weg, einen Teil der vernachlässigten Glieder dennoch zu berücksichtigen, besteht darin, sie wie eingeprägte (Erreger-) Kräfte zu behandeln und zu den übrigen (äußeren) Erregerkräften hinzuzunehmen. Wenn man in der üblichen Weise mit konstanten Trägheitsmomenten rechnet, teilt man also die Trägheitskräfte auf: Die bei einer Beschleunigung $\ddot{\alpha}$ des Kurbelumlaufes auftretenden werden allein als (konstante) Trägheitskräfte behandelt. Von den im Kurbelgetriebe auch bei konstanter Drehgeschwindigkeit vorhandenen periodischen Trägheitskräften wird ein Teil als „Massenkräfte" den Erregerkräften zugeschlagen. Auf diese Weise erhalten die Differentialgleichungen der Schwingung konstante Koeffizienten und können entsprechend behandelt werden. Aber auch so bleiben noch gewisse Glieder unberücksichtigt. Diese Vernachlässigungen sind jedoch in definierter, erster Näherung zulässig.[1,2]

6.23 Reduktion der Längen: Glatte (nicht gekröpfte) Wellen. Die Wellenstücke stellen die Federn des Torsionsschwingers dar. Zwei Wellenstücke betrachten wir dann als gleichwertig, wenn sie durch gleiche Drillungsmomente D um gleiche Winkel verdrillt werden, d. h. wenn sie gleiche Torsionsfedersteifigkeiten $c = G\,J/l$ oder Torsionsnachgiebigkeiten $h = l/G\,J$ besitzen. (In gleichwertigen Wellen werden, wenn sie gleiche Beanspruchungen erfahren, gleiche Energiebeträge $\mathsf{U} = \dfrac{1}{2\,c}\,D^2$ als Formänderungsarbeit gespeichert.) Auch dann, wenn der zu untersuchende Schwinger als Federn schon *glatte* und *zylindrische* Wellenstücke aufweist, pflegt man nicht mit den Steifigkeiten $G\,J$ und den Längen l dieser Wellenstücke selbst zu rechnen, sondern denkt sich die Wellenstücke ersetzt durch andere, gleichwertige, die alle dieselbe (Bezugs-) Steifigkeit $G_0\,J_0$ besitzen (bei gleichem G also gleichen Durchmesser d_0); man schreibt ihnen dann solche Längen („*reduzierte*" Längen) l' zu, daß die Steifigkeiten c (oder Nachgiebigkeiten h) ungeändert bleiben. Aus

$$\frac{G\,J}{l} = \frac{G_0\,J_0}{l'} \tag{6.23/1a}$$

folgt für die „reduzierte Länge" l' eines zylindrischen Wellenstücks

$$l' = l\,\frac{G_0\,J_0}{G\,J}\,. \tag{6.23/1b}$$

Mit $G = G_0$ wird der Faktor von l in (6.23/1b) zu J_0/J, wenn es sich überdies um Vollkreisquerschnitte handelt, zu d_0^4/d^4. Die reduzierte Länge l' ist der Nachgiebigkeit direkt und der Steifigkeit umgekehrt proportional. In I.35 war die Beziehung (6.23/1) schon angegeben; dort ist auch gezeigt, wie groß die reduzierten Längen werden, wenn *Übersetzungsgetriebe* in der Wellenleitung liegen[3].

Für das in Abb. 6.21/1 wiederholte Beispiel wird

$$l_1' = l_1, \qquad l_2' = \frac{J_0}{J_2}\,l_2\,u_1^2, \qquad l_3' = \frac{J_0}{J_3}\,l_3\,u_1^2, \qquad l_4' = \frac{J_0}{J_4}\,l_4\,u_1^2\,u_2^2,$$

wenn als Bezugsgröße J_0 das Querschnittsträgheitsmoment J_1 des ersten Wellenstückes genommen wird und die Übersetzungsverhältnisse u_i definiert sind als

$$u_1 = \frac{r_2}{r_1}, \qquad u_2 = \frac{r_4}{r_3}\,.$$

---

[1] BIEZENO, C. B., u. R. GRAMMEL: Fußnote auf S. 349; dort Bd. 2 S. 356.

[2] KOITER, W. T.: Proc. Akad. Amsterdam, Ser. B., No. 5 (1951) S. 464—467 und F. WEIDENHAMMER: Ing.-Arch. Bd. 23 (1955) S. 262—269.

[3] Ein zweckmäßigeres Vorgehen zur Behandlung von Wellen mit Übersetzungsgetrieben werden wir in 7.23 kennenlernen, wenn wir von der Berechnung der Torsionsschwingungen mit Hilfe der Übertragungsmatrizen sprechen werden. Dort rechnet man mit den tatsächlichen Torsionsmomenten und Ausschlagamplituden, während die hier besprochene „Reduktion" die wirklich auftretenden Werte von Momenten und Ausschlägen nur schwer erkennen läßt.

Die reduzierte Länge von Wellenstücken nicht zylindrischer Gestalt folgt aus

$$l' = J_0 \int_{x_1}^{x_2} \frac{dx}{J(x)}, \qquad (6.23/2)$$

wenn angenommen werden darf, daß jeweils der ganze Querschnitt zur Übertragung des Drillungsmomentes ausgenutzt wird.

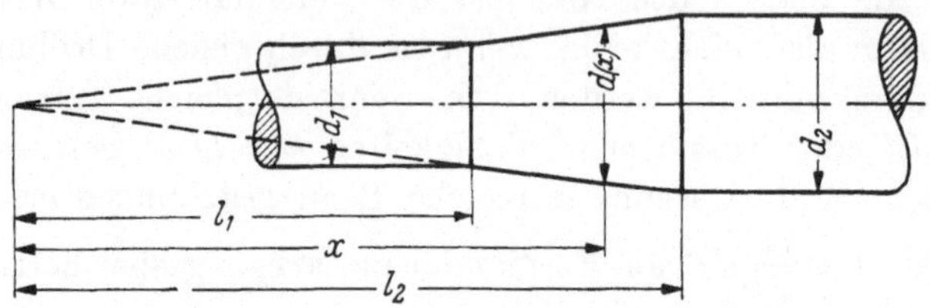

Abb. 6.23/1. Kegelstumpf als Torsionsfeder

Wir zeigen als Beispiel, wie aus (6.23/2) die reduzierte Länge eines *Kegelstumpfes* berechnet wird. Mit den Bezeichnungen der Abb. 6.23/1 gilt

$$\frac{x}{d} = \frac{l_1}{d_1} = \frac{l_2}{d_2} \quad \text{und} \quad \frac{J(x)}{J_2} = \frac{d^4}{d_2^4} = \frac{x^4}{l_2^4}. \qquad (6.23/3)$$

Aus (6.23/2) folgt daher

$$l' = J_0 \int_{l_1}^{l_2} \frac{dx}{J(x)} = \frac{J_0}{J_2} l_2^4 \int_{l_1}^{l_2} \frac{dx}{x^4} = \frac{J_0}{J_2} \frac{l_2}{3} \left[\left(\frac{l_2}{l_1} \right)^3 - 1 \right]$$

$$= \frac{1}{3} \frac{J_0}{J_2} \frac{l_2}{l_1} (l_2 - l_1) \left[\left(\frac{l_2}{l_1} \right)^2 + \frac{l_2}{l_1} + 1 \right] = \frac{l}{3} \frac{J_0}{J_2} \frac{d_2}{d_1} \left[\left(\frac{d_2}{d_1} \right)^2 + \frac{d_2}{d_1} + 1 \right]. \quad (6.23/4)$$

Vergleicht man den letzten Ausdruck mit (6.23/1b), so sieht man, daß das Trägheitsmoment J eines gleich langen, dem Kegelstumpf gleichwertigen zylindrischen Wellenstückes lautet

$$J = J_2 \frac{3}{\dfrac{d_2}{d_1} \left[\left(\dfrac{d_2}{d_1} \right)^2 + \dfrac{d_2}{d_1} + 1 \right]}. \qquad (6.23/4\,\text{a})$$

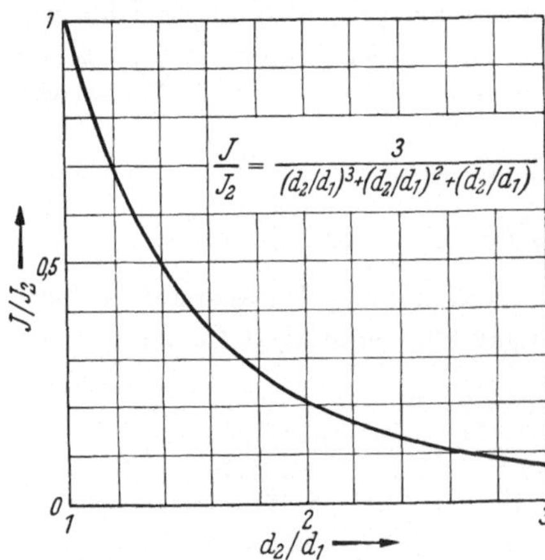

Abb. 6.23/2
Ersatzträgheitsmoment J des Kegelstumpfes

Der Quotient J/J_2 ist als Funktion des Verhältnisses d_2/d_1 in Abb. 6.23/2 aufgetragen.

Drehkörperformen mit anderen Meridianschnitten kann man in angenäherter Weise aus Kegelstümpfen aufbauen.

Im übrigen achte man darauf, stets denjenigen Querschnitt zu finden, der vermutlich bei der Durchleitung des Momentes auf Verdrillung beansprucht wird. So hat sich z. B. gezeigt, daß man eine durch eine Nut geschwächte Welle gut durch eine kreiszylindrische ersetzen kann, deren Durchmesser d_0 aus Abb. 6.23/3 hervorgeht.[1] Umgekehrt wird

[1] Siehe z. B. J. GEIGER: Mechanische Schwingungen, S. 170. Berlin: Springer 1927.

man die durch die Nabe einer aufgekeilten Scheibe bewirkte Verstärkung der Welle nur vorsichtig bewerten. Zur Beurteilung der reduzierten Länge einer Scheibenkupplung ist wesentlich, ob die Scheiben festhaften oder ob sie Verdrehungen infolge von Verformungen der Bolzen erleiden. Die Verstärkung der Welle durch die aufgekeilten Naben versteift die Welle, die Nachgiebigkeit der Bolzen setzt sie wieder herab, so daß man oft mit der „natürlichen" Länge der Welle selbst rechnet.

Für die Zahlenrechnung erwähnen wir noch die Werte der Gleitmoduln für die wichtigsten Wellenbaustoffe. Es ist

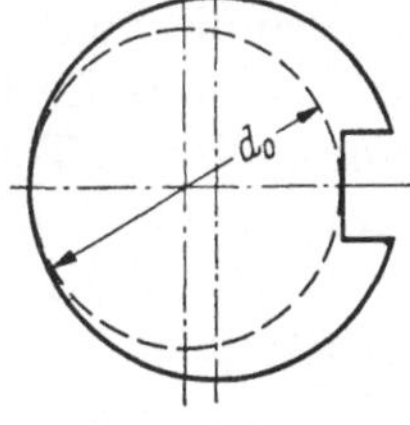

Abb. 6.23/3
Welle mit Nut

$$\text{für Stahl} \qquad G \approx 830\,000 \text{ kp cm}^{-2},$$
$$\text{für Bronze} \qquad G \approx 400\,000 \text{ kp cm}^{-2},$$
$$\text{für Gußeisen} \qquad G \approx 480\,000 \text{ kp cm}^{-2},$$
$$\text{für Temperguß} \quad G \approx 680\,000 \text{ kp cm}^{-2}.$$

6.24 Reduktion der Längen: Gekröpfte Wellen. Grundsätzliches. Mit der Frage nach der Torsionsfederzahl oder, was dasselbe sagt, nach der (auf irgendeine Steifigkeit $G_0 J_0$ bezogenen) reduzierten Länge einer *gekröpften* Welle, werfen wir ein Problem auf, das lange Zeit eifrig erörtert worden ist, zuletzt aber einer befriedigenden Klärung zugeführt werden konnte. Zunächst machen wir uns die Bedeutung der Frage noch einmal klar. Wir fragen: Welche Länge l' müssen wir einem *glatten* Wellenstück von der Steifigkeit $G_0 J_0$ zuschreiben, damit ein Ersatzsystem nach Abb. 6.11/1 einer vorgegebenen gekröpften Welle dynamisch *gleichwertig* wird? Nun ist das Ersatzsystem 6.11/1 eine *einfach zusammenhängende Kette*, auf die nur Momente (eingeprägte und Massenkraftmomente) wirken. Die einzelnen Wellenstücke erfahren nur Torsionsbeanspruchungen. Das Drillungsmoment D_i im Wellenstück c_i ist proportional der Differenz der Schwingungsausschläge ϑ_{i-1} und ϑ_i am Anfang und Ende des Wellenstückes,

$$D_i = c_i(\vartheta_{i-1} - \vartheta_i) \quad \text{oder} \quad \vartheta_{i-1} - \vartheta_i = h_i D_i.$$

Die vorhandenen Lager, in denen die Welle läuft, werden nur vom Gewicht der Welle und ihrer Scheiben beansprucht. Lassen wir diesen Einfluß außer acht, so üben die Lager keine Reaktion auf die beanspruchte und verformte Welle aus.

Die vorgelegte Welle, die durch ein System nach Abb. 6.11/1 ersetzt werden soll, ist eine gekröpfte Welle (Kurbelwelle); ein Beispiel zeigt (in schematischer Weise) Abb. 6.24/1a. Wir setzen zunächst fest, was wir unter der *Verdrehung* einer solchen Kurbelwelle verstehen. Die Verdrehung $\vartheta_{i-1} - \vartheta_i$ der Welle zwischen zwei benachbarten Kurbelzapfen messen wir als Differenz der Drehungen zweier gedachter starrer Scheiben (oder Zeiger) in den zur Welle senkrechten Mittelebenen der Kröpfungen, wobei diese Scheiben um die Wellenachse drehbar sind und von den Kurbelzapfen mitgenommen werden.

Lange Jahre hindurch hat man die elastischen Steifigkeiten der Wellenstücke der Ersatzwelle unbedenklich so gewählt, daß ihre Verdrehungen so groß sind wie die, die eine Kröpfung der Kurbelwelle erfährt, wenn man sie zwischen zwei Wellenzapfen durch ein Drehmoment belastet. Im Jahre 1933 machte

R. Grammel[1] dann darauf aufmerksam, daß man zwei verschiedene Belastungsfälle einer Kurbelwelle unterscheiden müsse. Der erste Fall ist der, daß eine
Kurbelwelle durch Momente belastet wird, die in den Wellenzapfen angreifen,
der zweite der, daß sie durch Kräfte belastet wird, die in den Kurbelzapfen
wirken. Er wies darauf hin, daß die beiden Belastungsarten ganz verschiedene
Beanspruchungen und damit auch Verformungen der Welle im Gefolge haben,
daß also die Steifigkeit einer Kröpfung hinsichtlich der beiden Belastungsarten
durchaus verschieden ist. Er unterschied die beiden Belastungs- und Verformungsfälle als „Torsion erster Art" und „Torsion zweiter Art". Bei einer Drehschwingung ist nun offensichtlich die zweite Belastungsart vorherrschend, denn
die Trägheitswirkungen der Getriebeglieder äußern sich in Kräften auf die
Kurbelzapfen.

Die Beanspruchung einer Kröpfung zwischen zwei Kurbelzapfen verformt
nicht nur diesen Teil der Welle, sondern zieht (unter Mitwirkung der Auflagerkräfte) auch die benachbarten und ferner liegenden Teile der Welle in Mitleidenschaft. Eine durch Kräfte in den Kurbelzapfen belastete Welle bietet also
kein reines Torsionsproblem dar; sie läßt sich vielmehr auffassen als ein nicht
gerader Stab auf mehreren Stützen, der in verschiedenen Feldern Lasten trägt.
Damit wird klar, daß die Abbildung einer Kurbelwelle in der bisherigen Art
auf eine sog. „einfach zusammenhängende Kette" überhaupt nicht mehr zulässig
ist, daß man eine Kurbelwelle vielmehr auf eine „mehrfach zusammenhängende
Kette" abbilden muß.

Rechnerisch drücken sich diese Tatsachen folgendermaßen aus: Zunächst
läßt sich jede Belastung einer Kurbelwelle aufspalten in Paare von Kräften,
die jeweils in benachbarten Kurbelzapfen wirken. Als Beispiel betrachten wir
eine Vierzylinderwelle mit Kurbelversetzungen von 180° und 0°. Die Kräfte T_0
bis T_3 und das Moment M am Ende, Abb. 6.24/1a, sind gleichwertig den Belastungen Q_1 bis Q_4 und M nach Abb. 6.24/1b, wenn zwischen den Kräften T und Q die folgenden Beziehungen bestehen, wobei r der Kurbelhalbmesser ist:

$$\left.\begin{aligned}
T_0 &= Q_1, \\
T_1 &= Q_1 - Q_2, \\
T_2 &= Q_2 - Q_3, \\
T_3 &= Q_4 - Q_3, \\
M &= r\,Q_4
\end{aligned}\right\} \quad (6.24/1\,\mathrm{a})$$

oder umgekehrt

$$\left.\begin{aligned}
Q_1 &= T_0 \\
Q_2 &= T_0 - T_1, \\
Q_3 &= T_0 - T_1 - T_2, \\
Q_4 &= T_0 - T_1 - T_2 + T_3.
\end{aligned}\right\} \quad (6.24/1\,\mathrm{b})$$

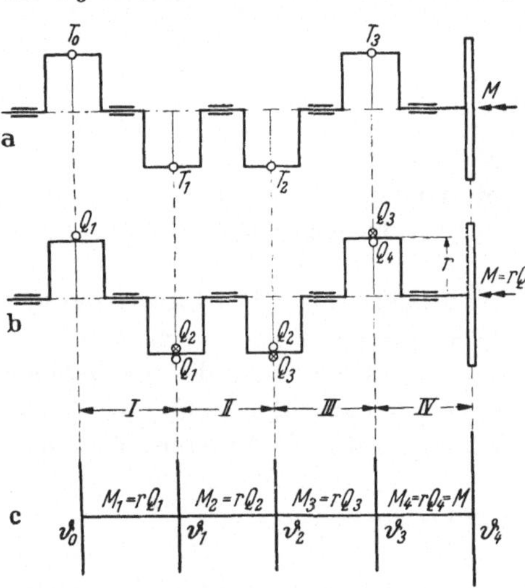

Abb. 6.24/1
Vierzylinderwelle mit Lasten a) und b) und zugehörige
Ersatzwelle c) (Torsion erster und zweiter Art)

---

[1] Grammel, R.: Über die Torsion von Kurbelwellen. Ing.-Arch. Bd. 4 (1933) S. 287.

Die Paare von Kräften Q rufen an einer glatten Welle, Abb. 6.24/1 c, folgende Verformungen hervor:

$$\begin{aligned}
\vartheta_0 - \vartheta_1 &= \bar{h}_{11} Q_1, \\
\vartheta_1 - \vartheta_2 &= \bar{h}_{22} Q_2, \\
\vartheta_2 - \vartheta_3 &= \bar{h}_{33} Q_3, \\
\vartheta_3 - \vartheta_4 &= \bar{h}_{44} Q_4,
\end{aligned} \qquad (6.24/2)$$

dabei sind die Werte $\bar{h}_{ii}$ die zugehörigen Torsionsnachgiebigkeiten (erster Art). Bei einer mehrfach zusammenhängenden Kette (d. h. bei einer gekröpften Welle selbst) lautet das Gleichungssystem folgendermaßen:

$$\begin{aligned}
\vartheta_0 - \vartheta_1 &= h_{11} Q_1 + h_{12} Q_2 + h_{13} Q_3 + h_{14} Q_4, \\
\vartheta_1 - \vartheta_2 &= h_{21} Q_1 + h_{22} Q_2 + h_{23} Q_3 + h_{24} Q_4, \\
\vartheta_2 - \vartheta_3 &= h_{31} Q_1 + h_{32} Q_2 + h_{33} Q_3 + h_{34} Q_4, \\
\vartheta_3 - \vartheta_4 &= h_{41} Q_1 + h_{42} Q_2 + h_{43} Q_3 + h_{44} Q_4.
\end{aligned} \qquad (6.24/3)$$

Die in der Hauptdiagonalen stehenden Glieder heißen Haupttorsionen (die h_{ii}-Werte sind die Einflußzahlen der Haupttorsionen), die übrigen Nebentorsionen, wobei man, falls nötig, primäre, sekundäre ... Nebentorsionen unterscheidet. Bei einer Kurbelwelle betragen die primären Nebentorsionen (größenordnungsmäßig) 10% der Haupttorsionen, die sekundären Nebentorsionen 1% der Haupttorsionen.

Mit der Erkenntnis der Notwendigkeit, eine Kurbelwelle auf eine mehrfach zusammenhängende Kette abzubilden, werden aber im Prinzip die vielen Berechnungsverfahren unbrauchbar, die man für die Drehschwingungsrechnung ersonnen hat. Denn sie sind alle auf die einfach zusammenhängende Kette zugeschnitten, d. h. auf Beziehungen zwischen Kräften und Ausschlägen, die nach Art der Gln. (6.24/2) aufgebaut sind. Auf Gleichungen der Bauart (6.24/3) lassen sie sich nicht ohne weiteres anwenden.

Aus dieser Schwierigkeit hilft eine von A. KIMMEL[1] stammende Überlegung, die zeigt, daß zwischen Torsion erster Art und Torsion zweiter Art ein enger Zusammenhang besteht. Ihr Ergebnis lautet: Die Nachgiebigkeit bei Torsion erster Art eines (zwischen zwei Kröpfungen liegenden) Kurbelwellenabschnittes setzt sich additiv zusammen aus den Nachgiebigkeiten auf Grund der Haupttorsion zweiter Art dieses Wellenabschnittes und der in diesem Abschnitt auftretenden, von den Belastungen der benachbarten Wellenabschnitte herrührenden Nebentorsionen zweiter Art (falls man die übrigen Nebentorsionen, die zahlenmäßig völlig unbedeutend sind, außer acht läßt):

$$\bar{h}_{ii} = h_{ii} + h_{i-1,\,i} + h_{i,\,i+1}.$$

Die Herleitung dieser Beziehung ist einfach: Denkt man sich eine Kurbelwelle von mehreren Kröpfungen auf erste Art, d. h. durch Momente in den Wellenzapfen am Ende, belastet, so läßt sich diese Belastungsart ersetzen durch Paare von Kräften, die jeweils in benachbarten Kurbelzapfen angreifen, wobei die Kräfte gleiche Beträge haben, so daß sie an einem Zapfen sich gegenseitig

---

[1] KIMMEL, A.: Ing.-Arch. Bd. 10 (1939) S. 196; s. etwa auch K. KLOTTER: Z. VDI Bd. 85 (1941) S. 558.

23*

tilgen. Das Wellenstück, das zwischen den Kräften eines solchen Paares liegt, erfährt nun eine Verformung durch Torsion zweiter Art, herrührend von diesem Kräftepaar, dazu (herrührend vom rechts benachbarten Kräftepaar) die linke Nebentorsion zweiter Art und (herrührend vom links benachbarten Kräftepaar) die rechte Nebentorsion zweiter Art, insgesamt also die Summe der Verformungen aus Haupttorsion und den beiden benachbarten Nebentorsionen.

Sind also alle Kröpfungen einer Welle vom gleichen Torsionsmoment beansprucht, so sind die Betrachtungsarten nach Torsion erster Art und Torsion zweiter Art völlig gleichwertig. Sie sind es aber auch dann noch, wenn das Torsionsmoment in aufeinanderfolgenden Kröpfungen um gleiche Beträge sich unterscheidet, weil dann die Verformung (Nebentorsion) durch das Torsionsmoment der rechts benachbarten Kröpfung ebensoviel größer ist, als die durch das Torsionsmoment der links benachbarten Kröpfung kleiner ist als die Verformung durch den Mittelwert. In einem solchen Fall ist die Ausschlaglinie ein geknickter Geradenzug mit gleich starken Knicken. Bei den Schwingungsformen der niederen Grade ist diese Voraussetzung zwar nicht streng, aber mit guter Näherung erfüllt. Bei diesen Schwingungsformen gibt also die einfache Betrachtungsweise nach Torsion erster Art auch gute Näherungen für die Schwingungszahlen. Die Voraussetzung für die Gültigkeit der Näherungsrechnung läßt sich so fassen, daß keine groben Richtungsänderungen der Ausschlaglinie innerhalb des Bereiches der Kurbelwelle vorkommen dürfen, oder mit anderen Worten, daß nicht mehr als ein Knoten im Bereich der Kurbelwelle liegen darf.

Das Ergebnis besagt also nicht, daß die beiden Betrachtungsweisen identisch sind. Es sagt aber, daß in gewissen, und zwar in praktisch besonders wichtigen Fällen die einfache Betrachtungsweise nach Torsion erster Art und Abbildung auf eine einfach zusammenhängende Kette eine ausreichende *Annäherung* für die grundsätzlich richtige Betrachtungsweise mit Torsion zweiter Art und Abbildung auf eine mehrfach zusammenhängende Kette darstellt. Bei den höheren Schwingungsgraden gilt die Annäherung jedoch nicht mehr, und man kann die genaue, aber verwickeltere Berechnung der Schwingungszahlen nicht umgehen.

6.25 Reduktion der Längen: Ermittlung der Steifigkeit gekröpfter Wellen. Schließlich haben wir die Frage zu beantworten, wie man die Steifigkeitswerte — erster und zweiter Art — einer Kurbelwelle auffindet. Für die klaren Bauarten der Wellen der älteren, langsamlaufenden Maschinen läßt sich eine *Rechnung* durchführen, wenn sie auch nicht gerade bequem ist[1]. In den Kurbelwellen neuzeitlicher Motoren sind die Wangen aber schon viel mehr scheibenförmig als stabförmig, und die Zapfen greifen manchmal übereinander. Ein solcher Körper erlaubt natürlich keine elastizitätstheoretische Rechnung mehr. Man ist also im wesentlichen auf *Versuche* angewiesen. Dabei muß natürlich „richtig" belastet werden. Es hat sich auf diesem Gebiet schon eine besondere Versuchstechnik herausgebildet[2].

Neben der Rechnung und dem Versuch hat man noch einen dritten Weg eingeschlagen: Das Aufstellen von *Faust-* und *Interpolationsformeln*. Von einer Reihe von Experimentatoren wurden *Versuchsreihen* angestellt, bei denen die

---

[1] Siehe z. B. R. Grammel, K. Klottfr u. K. v. Sanden: Ing.-Arch. Bd. 7 (1936) S. 439.

[2] Siehe C. B. Biezeno u. R. Grammel: Technische Dynamik, XIII, 2, S. 971. Berlin: Springer 1939.

Abmessungen von Zapfen und Wangen der untersuchten Wellen innerhalb gewisser Grenzen verändert wurden. Über den Einfluß der einzelnen Teile (Wellenzapfen, Kurbelzapfen, Wangen) auf die gemessene Verdrehung hat man sich bestimmte Vorstellungen gebildet, hat auf Grund dieser Vorstellungen gewisse Rechnungsausdrücke aus den Abmessungen der Welle hergestellt und diese gemäß den Messungen mit Erfahrungskoeffizienten versehen.

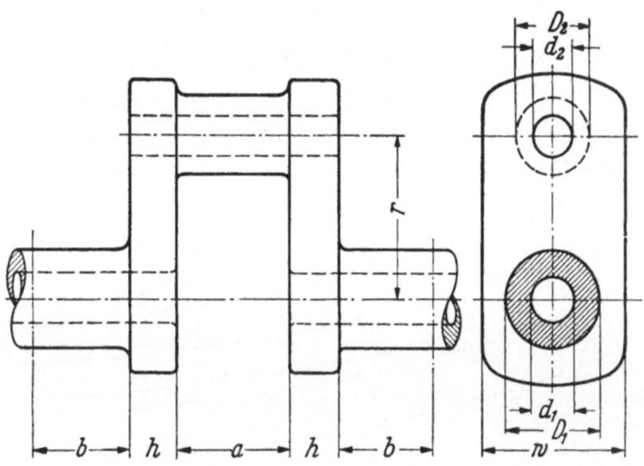

Abb. 6.25/1. Kröpfung mit Bezeichnungen

Als Beispiele geben wir die gebräuchlichsten dieser Erfahrungsformeln kurz an (Bezeichnungen nach Abb. 6.25/1).

1. J. GEIGER hat auf Grund seiner Versuchsreihen (an großen Dieselmaschinen) folgende Formel entwickelt[1]:

$$l' = 2b + 0{,}4h + (a + 0{,}4h)\,\frac{D_1^4 - d_1^4}{D_2^4 - d_2^4} + 0{,}91\,(r - z\,D_1)\,\frac{D_1^4 - d_1^4}{h\,w^3},$$

wobei z eine von den Verhältnissen w/D_1 und r/D_1 abhängige Zahl ist, für die der Autor folgende Werte angibt:

$$z = 0 \quad \text{für} \quad \frac{w}{D_1} = 1{,}6 \quad \text{und} \quad \frac{r}{D_1} = 1{,}2 \text{ bis } 0{,}92$$

und

$$z = 0{,}4 \quad \text{für} \quad \frac{w}{D_1} = 1{,}49 \quad \text{und} \quad \frac{r}{D_1} = 0{,}84.$$

2. Eine leicht zu handhabende Formel stammt von SEELMANN[2]. Nach ihr gilt

$$l' = 2\,[k\,(l_1 + l_2 + l_3) + l_2 + l_4],$$

wobei

$$l_1 = r\,\frac{G}{E}\,\frac{J_0}{J_s}, \qquad l_2 = 0{,}45\,h\,\frac{J_0}{J_z}, \qquad l_3 = 0{,}5\,a\,\frac{J_0}{J_z}, \qquad l_4 = b\,\frac{J_0}{J_z}$$

ist und J_0 das Trägheitsmoment der Bezugswelle bezeichnet, deren Länge l' wird; ferner ist E der Elastizitäts- und G der Gleitmodul des Wellenwerkstoffes,

$$J_s = \frac{h\,w^3}{12}, \qquad J_z = \frac{\pi}{32}\,(D_2^4 - d_2^4)$$

und k ein Erfahrungskoeffizient, der in Abhängigkeit von der die Größe der Maschine repräsentierenden Zylinderbohrung D und dem Verhältnis s/D (Hub/Zylinderbohrung) dem Diagramm Abb. 6.25/2 entnommen wird.

---

[1] GEIGER, J.: Mechanische Schwingungen und ihre Messung. Berlin: Springer 1933.
[2] SEELMANN: Z. VDI (1925) S. 601.

3. Eine von C. CARTER[1] stammende Formel lautet:

$$l' = 2b + 0,8h + 0,75a\,\frac{D_1^4 - d_1^4}{D_2^4 - d_2^4} + 1,5r\,\frac{D_1^4 - d_1^4}{h\,w^3}.$$

4. Im Anschluß an CARTER hat W. A. TUPLIN[2] Messungen angestellt, auf Grund deren er folgende ausführlichere Formel empfiehlt:

$$l' = \frac{2b + 0,15\,D_1}{1 - \left(\dfrac{d_1}{D_1}\right)^4} + \frac{a + 0,15\,D_2}{1 - \left(\dfrac{d_1}{D_1}\right)^4}\,\frac{D_1^4 - d_1^4}{D_2^4 - d_2^4} + (2h + 0,15\,D_1 - 0,15\,D_2)\,\frac{D_1^4 - d_1^4}{w^4 - d_1^4} +$$

$$+\, r\left[\frac{0,065\,D_1}{h} + 0,58\right]\frac{D_1^4 - d_1^4}{h\,w^3} + 0,016\,\frac{D_1^4 - d_1^4}{h^2\,w}.$$

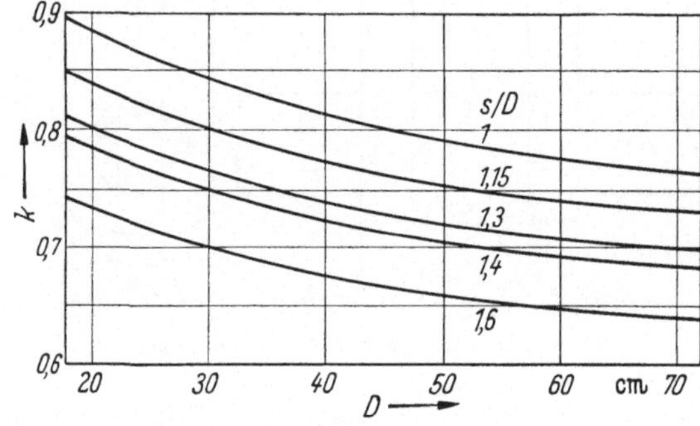

Abb. 6.25/2. Koeffizient k in der Formel von SEELMANN

5. Die British Internal Combustion Engine Association veröffentlichte die folgende (sog. „BICERA"-) Formel:

$$l' = (11,6\ \text{cm} + b)\,\frac{J_0}{J_W} + 0,364\,\frac{J_0}{\dfrac{h\,b^3}{12}} + a\left(1 + 0,07\,\frac{a^2}{r^2}\right)\frac{J_0}{J_K}$$

mit

$$J_W = \frac{\pi(D_1^4 - d_1^4)}{32},\qquad J_K = \frac{\pi(D_2^4 - d_2^4)}{32},$$

die sich gut bewährt haben soll.[3]

Wir behalten im Auge, daß diese Formeln (neben denen auch noch andere benutzt werden[4]) nichts anderes darstellen als *Interpolationsformeln* für Meßergebnisse aus statischen Belastungsversuchen. Die besondere Form der Glieder ist auf Grund bestimmter Vorstellungen über den Verzerrungszustand gewählt worden.

Berichte und Kritiken, die sich mit den angegebenen Näherungsformeln befassen, sprechen teils von guter und teils von schlechter Übereinstimmung zwischen den auf Grund der Formeln errechneten und den gemessenen Schwingzahlen. Ein Hauptgrund für die häufig vorkommenden Abweichungen muß, wie aus dem schon Gesagten einleuchtet, darin gesucht werden, daß ja nicht nur die Abmessungen der Welle selbst, sondern auch die Steifigkeit des gesamten Maschinengestells einen Einfluß hat, da von ihr wieder die Lagerreaktionen abhängen. Nun fehlen in den Versuchsberichten oft genaue Angaben über die Bauart des Motors. Es scheint, als ob die GEIGERsche und die SEELMANNsche Formel insbesondere bei den Wellen schwerer und steif gebauter großer Dieselmaschinen gute Dienste leisten, während die CARTERsche Formel und die an ihr durch TUPLIN angebrachten Zusätze mehr auf die Wellen der leicht gebauten Motoren, etwa von Luftfahrzeugen, zugeschnitten

---

[1] CARTER, C.: Engineering (London) (1928) S. 36.

[2] TUPLIN, W. A.: Engineering (London) (1937) S. 275.

[3] Siehe J. SMITH: Gas and Oil Power (September 1950) S. 220—222.

[4] Siehe etwa bei K. HAUG: Die Drehschwingungen der Kolbenmaschinen, S. 70. Berlin/ Göttingen/Heidelberg: Springer 1952.

sind. In der von SEELMANN angegebenen Formel steht ein Erfahrungskoeffizient, der aus einem Diagramm zu entnehmen ist, welches die absoluten Maße des Motors (repräsentiert durch die Zylinderbohrung) und den Kolbenhub berücksichtigt; dadurch wird in gewissem Maße den Lagerreaktionen Rechnung getragen, die neben dem Zustand des Lagers selbst auch von der Steifigkeit des Fundamentes (bedingt durch die Größe des Motors) stark abhängen.

6.3 Eigenschwingungen
Bewegungsgleichungen und allgemeine Beziehungen

6.31 Einleitung, Liste der Verfahren. Nachdem die Aufgabe der „Abbildung" der Kurbelwelle gelöst ist, handelt es sich nun um die Ermittlung der Eigenfrequenzen eines dämpfungsfreien, torsionsschwingungsfähigen Gebildes, das aus glatten[1], trägheitslosen Wellenstücken mit aufgesetzten Scheiben konstanten Trägheitsmomentes aufgebaut ist (Abb. 6.31/1).

Diese Aufgabe hat eine fast unübersehbare Fülle von Lösungsvorschlägen hervorgerufen; die wesentlichsten sind in chronologischer Folge in der bei-

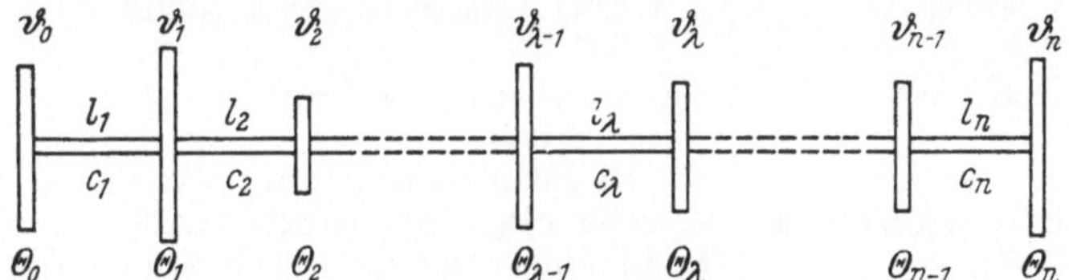

Abb. 6.31/1. Welle (Ersatzsystem)

gefügten Liste (Tab. 6.31/1) aufgeführt. (Mit der in eckige Klammern gesetzten laufenden Nummer dieses Verzeichnisses werden die Verfahren weiterhin zitiert werden.) Hier liegt uns vor allem daran, die verschiedenen Verfahren auf ihren inneren Zusammenhang zu untersuchen und demgemäß zu gruppieren.

Zunächst können wir feststellen, daß alle Verfahren sich in zwei große Klassen einordnen lassen. In die erste Klasse gehören jene, die unmittelbar an die Bewegungsgleichungen des Ersatzsystems oder vielmehr an das aus diesen Bewegungsgleichungen durch den „Hauptschwingungsansatz" hervorgehende System von algebraischen Gleichungen anschließen (6.32). Die zweite Klasse umfaßt dann jene Verfahren, die Gebrauch machen von einem Gedanken der „Aufteilung" des Schwingers in Teilsysteme, die so vorgenommen wird, daß jedes der Teilsysteme die gleiche Eigenfrequenz aufweist wie der ungeteilte Schwinger selbst (6.33). Die beiden Verfahren sind grundsätzlich gleichwertig. Der Gedanke der Aufteilung kann z. B. auch dazu dienen, die Bewegungsgleichungen herzuleiten (so verfuhr z. B. R. GRAMMEL in der ersten Arbeit [*18*]).

Häufig wird in diesem Kapitel Bezug genommen werden auf den zusammenfassenden Bericht des Verfassers „Analyse der verschiedenen Verfahren zur Berechnung der Torsionseigenschwingungen von Maschinenwellen", Ing.-Arch. Bd. 17 (1949) S. 1—61, den wir mit [*] zitieren. Eine Darstellung in Lehrbuchform stammt von K. HAUG[2].

---

[1] Torsion zweiter Art ist zugrunde gelegt in der Arbeit BUFLER, H., u. F. KIESSLING: Ein neues Verfahren ... bei Berücksichtigung der Torsion zweiter Art. Ing.-Arch. Bd. 29 (1960) S. 373.

[2] Siehe Fußnote 4 von S. 358.

Tabelle 6.31/1

Verzeichnis der untersuchten Verfahren und Vorschläge in chronologischer Reihenfolge

Nr.	Jahr	Verfasser	Zitat	Erörtert in
[1]	1912	E. Gümbel	Z. VDI Bd. 56 (1912) S. 1025	6.41
[2]	1914	J. Geiger	Über Verdrehungsschwingungen von Wellen, insbesondere von mehrkurbligen Schiffsmaschinenwellen. Augsburg 1914	6.41
[3]	1917	K. Kutzbach	Z. VDI Bd. 61 (1917) S. 917	6.51
	1918	K. Kutzbach	Z. VDI Bd. 62 (1918) S. 100	
[4]	1918	R. Dreves	Z. VDI Bd. 62 (1918) S. 588 u. 610	6.55
[5]	1921	M. Tolle	Regelung der Kraftmaschinen. Berlin 1921	6.41
[6]	1921	H. Wydler	Drehschwingungen in Kolbenmaschinenanlagen. Berlin 1921	6.55
[7]	1921	G. Zerkowitz	In Wydler, Anhang	6.33
[8]	1921	O. Föppl	Z. angew. Math. Mech. Bd. 1 (1921) S. 367	6.55
[9]	1921	H. Holzer	Die Berechnung der Drehschwingungen. Berlin 1921	6.41
[10]	1921	F. Sass	Z. VDI Bd. 65 (1921) S. 67	6.45
[11]	1923	E. v. Brauchitsch	Z. techn. Phys. Bd. 4 (1923) S. 426	6.41
[12]	1926	P. Kohn	Maschinenbau Bd. 5 (1926) S. 220	6.55
[13]	1927	J. Geiger	Mechanische Schwingungen. Berlin 1927	6.45
[14]	1930	E. Rausch	Ing.-Arch. Bd. 1 (1930) S. 203	6.51
[15]	1930	W. Benz	Automobiltechn. Z. (1930) S. 648	6.45
[16]	1930	H. Behrens	Werft Reed. Hafen Bd. 11 (1930) S. 55, 141 u. 489; Bd. 12 (1931)	6.45
[17]	1931	G. Baranow	Met. Ind. Herald Moscow Bd. 11 (1931) S. 60; Z. VDI Bd. 76 (1932) S. 184	6.52
[18]	1931	R. Grammel	Ing.-Arch. Bd. 2 (1931) S. 228; Bd. 3 (1932) S. 76, 277; Bd. 5 (1934) S. 23, sowie in	
		C. B. Biezeno u. R. Grammel	Technische Dynamik. Berlin 1939, 2. Aufl. 1953	6.43
[19]	1931	F. Porter	Trans. Amer. Soc. Mech. Engrs. OGP 53-2	6.45
[20]	1932	W. Biber	Diss. T. H. München 1932	6.41
[21]	1934	W. A. Tuplin	Torsional vibrations. London 1934	6.42
[22]	1934	K. Waimann	Z. VDI Bd. 78 (1934) S. 1083	6.41
[23]	1934	F. Söchting	Z. angew. Math. Mech. Bd. 14 (1934) S. 878	6.41
[24]	1935	L. Kalichman	Ann. Assoc. Ing. Ec. spec. Gand Bd. 25 (1935) S. 57	6.45
[25]	1935	P. Funk	Z. angew. Math. Mech. Bd. 15 (1935) S. 113	6.44
[26]	1936	W. Behrmann	Werft Reed. Hafen Bd. 17 (1936) S. 41	6.45
[27]	1938	L. Collatz u. Th. Pöschl	Z. angew. Math. Mech. Bd. 18 (1938) S. 186	6.44
[28]	1938	L. Strunz	Die Drehschwingungen in Kolbenmaschinen. Berlin 1938	6.45
[29]	1939	C. B. Biezeno u. R. Grammel	Technische Dynamik, Kap. XIII, Abschn. 43. Berlin 1939	6.47
[30]	1940	B. Frank	Ing.-Arch. Bd. 10 (1940) S. 371	6.46

Tabelle 6.31/1 (Fortsetzung)

Nr.	Jahr	Verfasser	Zitat	Erörtert in
[31]	1942	St. Salyi	Ing.-Arch. Bd. 13 (1942) S. 104	6.55
[32]	1943	W. Beck	Motortechn. Z. Bd. 5 (1943) S. 244	—
[33]	1944	R. Arnold	Diss. T. H. Karlsruhe 1944 u. ATZ. Bd. 47 (1944) S. 95 u. 153	6.46
[34]	1953	H. Schaefer	Abh. Braunschweig. wiss. Ges. Bd. 5 (1953) S. 141	6.52, 6.53
[35]	1953	Th. O'Callaghan	Berechnung von Torsionsschwingungen anhand der Theorie der effektiven Massen. Berlin: Schiele u. Schön 1953	6.45, 6.52
[36]	1955	H. Schaefer	Ing.-Arch. Bd. 23 (1955) S. 307—313	6.52, 6.53
[37]	1955	E. Pestel	Forschung Bd. 21 (1955) S. 154—158	6.52, 6.53

Von älteren Veröffentlichungen mögen noch erwähnt werden:

—	1902	O. Frahm	Z. VDI Bd. 46 (1902) S. 797, 880	—
—	1902	A. Stodola	Dampfturbinen, 5. Aufl. Berlin	—
—	1904	P. Roth	Z. VDI Bd. 48 (1904) S. 564	—
[9a]	1907	H. Holzer	Schiffbau Bd. 8 (1907) S. 823, 866, 904	6.41

6.32 Die Bewegungsgleichungen. Das schwingungsfähige Gebilde, um das es sich handelt, ist in Abb. 6.31/1 dargestellt. ϑ_λ ist der Schwingungsausschlag der Drehmasse Θ_λ, D_λ das Drillungsmoment im Wellenstück l_λ, c_λ dessen Torsionsfederzahl $[c_\lambda = G\,J/l_\lambda]$. Die Bewegungen des genannten Schwingers werden beherrscht von zwei Gruppen von Gleichungen: erstens den *kinetischen Gleichungen*

$$\Theta_\lambda\,\ddot{\vartheta}_\lambda = D_\lambda - D_{\lambda+1} \qquad (\lambda = 0, 1, \ldots, n) \qquad (6.32/1\,\mathrm{a})$$

mit

$$D_0 = 0, \qquad D_{n+1} = 0,$$

zweitens den *elastischen Gleichungen*

$$D_\lambda = c_\lambda(\vartheta_{\lambda-1} - \vartheta_\lambda). \qquad (6.32/1\,\mathrm{b})$$

Setzt man die Gln. (6.32/1 b) in (6.32/1 a) ein (d. h. eliminiert man die Drillungsmomente), so findet man die in den Ausschlägen allein geschriebenen Gleichungen

$$\Theta_\lambda\,\ddot{\vartheta}_\lambda - c_\lambda\,\vartheta_{\lambda-1} + (c_\lambda + c_{\lambda+1})\,\vartheta_\lambda - c_{\lambda+1}\,\vartheta_{\lambda+1} = 0, \qquad (\lambda = 0, 1, \ldots, n) \qquad (6.32/2)$$

wobei $c_0 = 0$ und $c_{n+1} = 0$ zu setzen sind.

Wegen der besonderen Bauart der Gln. (6.32/2), insbesondere wegen des Fehlens von Gliedern, die von Dämpfungskräften herrühren, läßt sich die Integration mit Hilfe des „Hauptschwingungsansatzes"

$$\vartheta_\lambda = u_\lambda \cos\omega\,t \qquad (6.32/3)$$

durchführen. Das System der Differentialgleichungen (6.32/2) geht dann über in das System der algebraischen Gleichungen

$$-c_\lambda u_{\lambda-1} + (c_\lambda + c_{\lambda+1} - \Theta_\lambda z)\,u_\lambda - c_{\lambda+1} u_{\lambda+1} = 0 \qquad (\lambda = 0, 1, \ldots, n) \qquad (6.32/4)$$

mit

$$\omega^2 = z; \qquad c_0 = 0, \qquad c_{n+1} = 0.$$

Die Gln. (6.32/4) kennzeichnen das „Eigenwertproblem": Es sind jene Werte z („Eigenwerte") aufzusuchen, bei denen die homogenen Gln. (6.32/4) miteinander verträglich sind. Die Bedingung dafür ist das Verschwinden der Determinante ihrer Koeffizienten,

$$\begin{vmatrix} c_1 - \Theta_0 z & -c_1 & 0 & 0 \\ -c_1 & c_1 + c_2 - \Theta_1 z & -c_2 & 0 \\ 0 & -c_2 & c_2 + c_3 - \Theta_2 z & -c_3 \\ \cdot \\ & & -c_{n-1} & c_{n-1} + c_n - \Theta_{n-1} z & -c_n \\ & & & -c_n & c_n - \Theta_n z \end{vmatrix} = 0. \qquad (6.32/5)$$

Die Gl. (6.32/5) ist zunächst eine algebraische Gleichung vom Grade $n + 1$ in z, oder nach Abspaltung der Wurzel $z = 0$ eine algebraische Gleichung n-ten Grades in z. Sie heißt die „Frequenzengleichung". Ihre n positiven Wurzeln z sind die n Eigenwerte des Problems; sie bestimmen die n gesuchten Eigenfrequenzen des Schwingers. Das System homogener Gln. (6.32/4) hat für die n Eigenwerte z jeweils einen Satz von Null verschiedener Lösungen $u_0, \ldots, u_n$. Wegen der Homogenität der Gleichungen sind diese Lösungen nur bis auf einen gemeinsamen Faktor bestimmt; oder anders ausgedrückt, es sind nur die Verhältnisse der Ausschlagamplituden, $u_0 : u_1 : u_2 : \ldots : u_n$, nicht aber diese selbst festgelegt. Wegen (6.32/3) ist das Verhältnis der Amplituden u gleich dem Verhältnis der Ausschläge ϑ zu allen Zeiten. Dieser Tatsachen erinnern wir uns, wenn später von der „Ausschlaglinie" der Eigenschwingungen die Rede sein wird.

Mit der Angabe der Determinantengleichung (6.32/5) ist die Aufgabe der Ermittlung der Eigenfrequenzen vom algebraischen Standpunkt aus gelöst. Sobald jedoch die Anzahl n der Freiheitsgrade des Schwingers nicht mehr klein ist, schon wenn $n > 3$ ist, wird die Aufgabe der Aufstellung und Auswertung der Determinante zur Herstellung der algebraischen Gleichung und die Lösung dieser Gleichung recht umständlich, zeitraubend und zudem unübersichtlich. Der Zweck aller vorgeschlagenen Verfahren besteht nun darin, die Aufstellung und Lösung dieser Determinantengleichung zu umgehen und die Eigenfrequenzen in anderer Weise zu gewinnen.

Ausgangspunkt aller Verfahren der ersten Klasse bleibt dabei jedoch das System der algebraischen Gln. (6.32/4) oder auch jener Satz von Gleichungen, die aus (6.32/1a) bzw. (6.32/1b) durch Einführung des Hauptschwingungsansatzes entstehen und die lauten

$$\left.\begin{aligned} x_{\lambda+1} &= x_\lambda + \Theta_\lambda z\, u_\lambda, \\ u_\lambda &= u_{\lambda-1} - \frac{x_\lambda}{c_\lambda}, \end{aligned}\right\} \qquad (\lambda = 0, 1, 2, \ldots, n), \quad (6.32/6)$$

wenn wir auch für das Drillungsmoment den Ansatz $D_\lambda = x_\lambda \cos \omega\, t$ machen. Selbstverständlich erhält man aus den Gln. (6.32/6) durch Elimination der x_λ wieder die Gln. (6.32/4). An (6.32/4) oder (6.32/6) schließen sich also alle Verfahren an, die wir in der ersten Klasse zusammenfassen, wenn sie auch unter sich noch weitgehende Verschiedenheiten zeigen.

6.33 Der Gedanke der „Aufteilung". Die Verfahren der zweiten Klasse zur Aufsuchung der Eigenfrequenzen weisen das gemeinsame Merkmal auf, daß sie Gebrauch machen von einem Gedanken, der im Jahre 1921 zugleich an verschiedenen Stellen im Schrifttum auftauchte (u. a. wurde er von O. Föppl [8] und H. Wydler [6] in jenem Jahre ausgesprochen). Die diesen Verfahren zugrunde liegende Idee läßt sich am deutlichsten zeigen für die Eigenschwingung

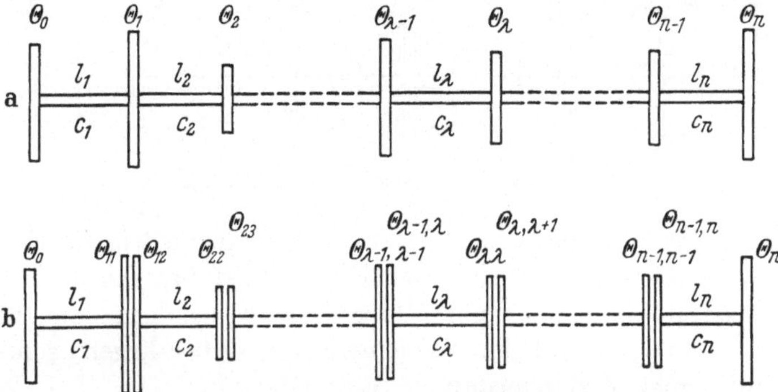

Abb. 6.33/1. Aufteilung der Drehmassen

mit der höchsten Frequenz (die Eigenschwingung n-ten Grades), die dadurch gekennzeichnet ist, daß auf jedem der n Wellenstücke $l_1, \ldots, l_n$ jeweils ein reeller Knoten liegt. Spaltet man (außer der ersten und der letzten Scheibe, Θ_0 und Θ_n) eine jede Scheibe Θ_λ auf in zwei Teile, in einen Teil $\Theta_{\lambda\lambda}$, der am rechten Ende des Wellenstückes l_λ, und in einen Teil $\Theta_{\lambda,\lambda+1}$, der am linken Ende des Wellenstückes $l_{\lambda+1}$ sitzt, so zerfällt der ganze Schwinger in n Teilschwinger, die jeweils aus einem Wellenstück l_λ mit den Scheiben $\Theta_{\lambda-1,\lambda}$ und $\Theta_{\lambda\lambda}$ bestehen (Abb. 6.33/1). Die Eigenschwingzahlen dieser Teilsysteme (Abb. 6.33/2a) lassen sich leicht angeben; es ist nämlich

$$z = c_\lambda \left[\frac{1}{\Theta_{\lambda-1,\lambda}} + \frac{1}{\Theta_{\lambda\lambda}} \right]. \qquad (6.33/1)$$

Die Aufsuchung einer Eigenfrequenz des gesamten Schwingers ist nun gleichwertig mit der Forderung, die Aufspaltung der Trägheitsmomente der Scheiben so vorzunehmen, daß alle diese Teilschwinger dieselbe Frequenz aufweisen. Dann schwingen sie nämlich insgesamt genauso wie der unzerlegte Schwinger. Die gemeinsame Frequenz der Teilschwinger ist damit gleich der gesuchten höchsten Frequenz des unzerlegten Schwingers.

Abb. 6.33/2. Unterteilung der Länge des Zwei-Massen-Schwingers

Man kann noch weitergehen und außer der Aufspaltung der Scheiben auch eine Teilung der Wellenstücke vornehmen, also fragen, wie man die Längen $l_\lambda = l_{\lambda,\lambda-1} + l_{\lambda\lambda}$ unterteilen muß, damit die an den Teilstellen (die dann die Knoten bezeichnen) eingespannten Teilschwinger wieder dieselbe Frequenz aufweisen. Statt einer Zerlegung in n Zwei-Massen-Systeme vom Typ der Abbildung 6.33/2a handelt es sich dann (Abb. 6.33/3) um eine Zerlegung in $2n$ Ein-Massen-Systeme vom Typ der Abb. 6.33/2b. Für sie gilt natürlich

$$z = \frac{c_{\lambda,\lambda-1}}{\Theta_{\lambda-1,\lambda}} \quad \text{und} \quad z = \frac{c_{\lambda\lambda}}{\Theta_{\lambda\lambda}}. \qquad (6.33/2)$$

Eine solche Zerlegung der ganzen Welle in Teilsysteme vom Typ der Abbildung 6.33/2a oder 6.33/2b ist für die höchste Schwingungsform, wo alle Knotenpunkte reell sind (d. h. auf den zugehörigen Wellenstücken l_λ tatsächlich

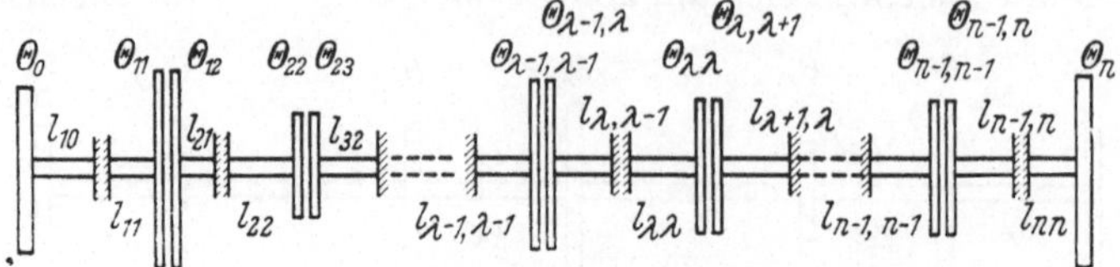

Abb. 6.33/3. Massen und Längen sind aufgeteilt

vorhanden sind), recht anschaulich. Sie läßt sich für die niedrigeren Schwingungsformen aber ebenfalls vornehmen. Der Unterschied besteht dann nur darin, daß die Knotenpunkte nicht mehr alle reell sind, sondern zum Teil virtuell werden, d. h. nicht mehr auf dem Wellenstück l_λ selber liegen, sondern rechts oder links auf seiner Verlängerung.

Anders ausgedrückt: Die Summanden $l_{\lambda,\lambda-1}$ und $l_{\lambda\lambda}$ sind nicht mehr beide positiv und kleiner als l_λ; der eine Summand ist vielmehr größer als l_λ, der andere negativ. Gleichbedeutend damit ist, daß das Trägheitsmoment Θ_λ nicht mehr in zwei positive Anteile zerlegt wird, die beide kleiner sind als Θ_λ; die Aufteilung erfolgt vielmehr in zwei Summanden $\Theta_{\lambda\lambda}$ und $\Theta_{\lambda,\lambda+1}$, von denen der eine größer ist als Θ_λ, der andere negativ. Wenn auf diese Weise auch die Anschaulichkeit des Bildes stark leidet, so bleibt die Idee doch auch in diesen Fällen durchführbar. Die niedrigeren Eigenschwingzahlen [1., 2., 3., ..., $(n-1)$-ten Grades] sind dann jene, die den jeweils n bzw. $2n$ Teilschwingern gemeinsam sind, wenn insgesamt 1, 2, ..., $(n-1)$ reelle Knoten vorhanden sind.

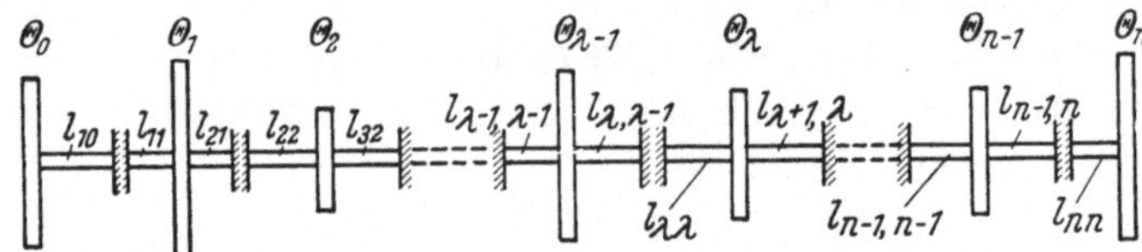

Abb. 6.33/4. Längen allein sind unterteilt

Eine weitere Art der Aufteilung, die ebenfalls gelegentlich verwendet wird, zeigt Abb. 6.33/4. Hier werden nur die Wellenstücke, nicht aber die Drehmassen unterteilt. Auf dem Gedanken der Zerlegung in Teilsysteme beruhen alle jene Verfahren, die wir in der zweiten Klasse zusammenfassen und im Abschn. 6.5 erörtern.

Wenn auch der Gedanke der Zerlegung in die Teilsysteme, wenigstens für die höchste Schwingzahl, recht anschaulich ist, so besteht doch das Bedürfnis, auch formal nachzuweisen, daß die auf Grund dieses Gedankenganges erzielten Ergebnisse übereinstimmen mit jenen, die aus den Bewegungsgleichungen erhalten werden. Der Nachweis dieser Übereinstimmung wird am zweckmäßigsten so geführt, daß gezeigt wird, wie die Gleichungen, die auf Grund des „Gedankens der Zerlegung" entstehen, durch Umformung in die Bewegungsgleichungen übergehen. Eine erste Darlegung in diesem Sinne stammt von G. ZERKOWITZ [7]; sie findet sich im „Nachwort" zur WYDLERschen Monographie [6] vom Jahre 1921. Wir verzichten hier auf die Durchführung des Nachweises. Man findet eine Darstellung in dem Bericht [*] (dort Abschn. 6) des Verfassers.

6.34 Die Maßstäbe. Eine große Anzahl der Verfahren benutzt graphische Hilfsmittel. Jede graphische Darstellung ist gezwungen, mit bestimmten Maßstäben zu arbeiten. Die mechanischen Daten der Aufgabe werden in Strecken (oder Flächen) verwandelt, und auch das Ergebnis erscheint nach Benutzung irgendwelcher geometrischer Beziehungen und Konstruktionen wieder in Form einer Strecke (oder Fläche). Nun erhebt sich die Frage, in welchem Maßstab stellt diese Strecke (oder Fläche) die gesuchte physikalische Größe dar.

Wir wollen die Maßstäbe als Größen einführen, mit denen sich rechnen läßt. Allgemein setzen wir fest, es sei die darzustellende physikalische Größe x gleich dem Produkt aus der Darstellungsgröße (Strecke) S_x und dem Maßstab m_x, also

$$x = S_x\, m_x. \tag{6.34/1}$$

Die Dimension von m_x ist demnach die der physikalischen Größe geteilt durch eine Länge. Ein Längenmaßstab erscheint daher beispielsweise in der Form

$$m_l = \frac{\ldots \mathrm{m}}{\mathrm{cm}},$$

ein Zeitmaßstab m_t oder Beschleunigungsmaßstab m_b in der Form

$$m_t = \frac{\ldots \mathrm{sek}}{\mathrm{cm}}; \qquad m_b = \frac{\ldots \mathrm{m\,sek^{-2}}}{\mathrm{cm}}.$$

(Selbstverständlich könnte man ebensogut auch die Kehrwerte $m_x' = 1/m_x$ als Maßstäbe einführen; dann gälte $S_x = x\, m_x'$.) Die Maßstäbe für die gegebenen Größen einer Aufgabe können alle willkürlich festgesetzt werden; die Freiheit in der Wahl wird nur durch die Zweckmäßigkeit eingeschränkt. Die Maßstäbe für die abgeleiteten Größen ergeben sich dagegen zwangsläufig durch die Art der ausgeführten geometrischen Konstruktionen. Die für das Ein-Massen-System gültige Beziehung (6.33/2)

$$\omega^2 = \frac{C}{l\,\Theta},$$

wo C die (konstante) Torsionssteifigkeit und l die Länge des Wellenstückes, Θ das Trägheitsmoment der Scheibe, ω die Kreisfrequenz bezeichnet, kann z. B. (vgl. [*] Abschn. 21) mit Hilfe des Höhensatzes der ebenen Geometrie graphisch verwertet werden. Man schreibt sie zweckmäßig um in

$$\left(\frac{1}{\omega}\right)^2 = \frac{l\,\Theta}{C}. \tag{6.34/2}$$

Zur graphischen Verwertung setzt man

$$l = S_l\, m_l \quad \text{und} \quad \Theta = S_\Theta\, m_\Theta.$$

Die Maßstäbe m_l und m_Θ sind dabei frei wählbar. Konstruiert man die Strecke $S_{(1/\omega)}$, die ein Maß für den Kehrwert $(1/\omega)$ der Frequenz ω sein soll, etwa mittels des Höhensatzes, so ist der Maßstab für diese Größe $m_{(1/\omega)}$ nicht mehr beliebig wählbar, sondern eindeutig festgelegt. Im Dreieck der Abb. 6.34/1 gilt nämlich der „Höhensatz"

$$(S_{(1/\omega)})^2 = S_l\, S_\Theta. \tag{6.34/3}$$

Werden in (6.34/2) die physikalischen Größen gemäß (6.34/1) durch die Produkte aus Darstellungsgröße und Maßstab ersetzt, so kommt

$$(S_{(1/\omega)}\, m_{(1/\omega)})^2 = \frac{S_l\, m_l\, S_\Theta\, m_\Theta}{C};$$

wegen (6.34/3) bleibt übrig

$$m_{(1/\omega)} = \sqrt{\frac{m_l\, m_\Theta}{C}}. \tag{6.34/4}$$

Abb. 6.34/1. Höhensatz

Die Gl. (6.34/4) zeigt, in welchem Maßstab die Strecke $S_{(1/\omega)}$ den Kehrwert $1/\omega$ der Frequenz angibt.

In entsprechender Weise gewinnt man die Maßstäbe für die Ergebnisse anderer geometrischer Konstruktionen. Als weitere Beispiele seien noch die Maßstäbe für das Ergebnis einer graphischen Differentiation oder Integration erwähnt.

Liegt eine Kurve vor, die die Beziehung $y(x)$ darstellt, so müssen zur Aufzeichnung zwei Maßstäbe, m_x und m_y, vermöge der Beziehungen

$$x = S_x\, m_x \quad \text{und} \quad y = S_y\, m_y$$

gewählt werden. Der Maßstab m_z, in welchem die mit einer Polweite H (cm) vorgenommene graphische Differentiation die Kurve $z = dy/dx$ der Ableitung darstellt, lautet

$$m_z = \frac{m_y}{m_x}\,\frac{1}{H}\,. \tag{6.34/5a}$$

Umgekehrt gehört zu einer Integralkurve $z = \int y\, dx$ der Maßstab

$$m_z = m_x\, m_y\, H\,. \tag{6.34/5b}$$

Die Beziehung (6.34/5a) folgt aus $z = dy/dx$ durch Einführung von S und m,

$$S_z\, m_z = \frac{S_y\, m_y}{S_x\, m_x}\,,$$

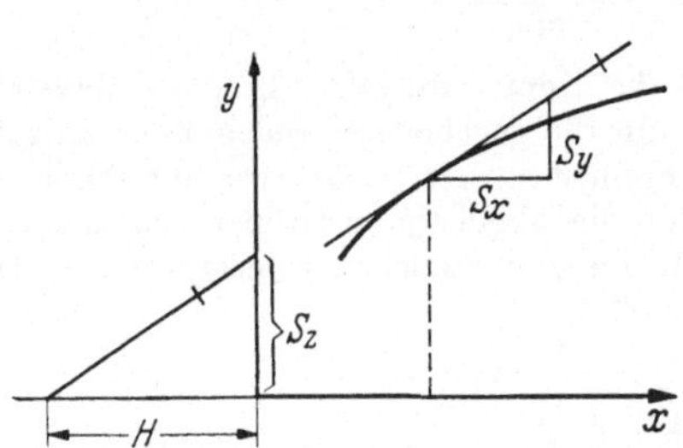

Abb. 6.34/2. Graphische Differentiation

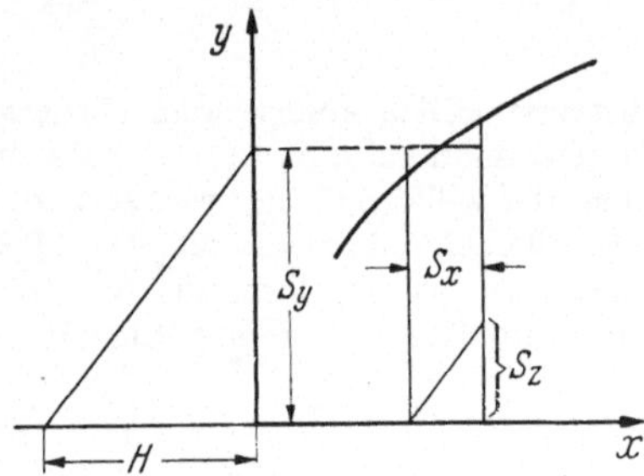

Abb. 6.34/3. Graphische Integration

unter Beachtung der geometrischen Beziehung (vgl. Abb. 6.34/2)

$$\frac{S_y}{S_x} = \frac{S_z}{H}\,.$$

Die Beziehung (6.34/5b) folgt aus $z = \int y\, dx$ nach Einführung von S und m,

$$S_z\, m_z = S_y\, m_y\, S_x\, m_x\,,$$

unter Beachtung der geometrischen Beziehung (vgl. Abb. 6.34/3)

$$\frac{S_y}{H} = \frac{S_z}{S_x}\,.$$

Benutzt man in dieser Weise die Maßstäbe als Quotienten, mit denen sich rechnen läßt, so kann man in jedem Fall den Maßstab der gesuchten Größe aus den Maßstäben der gegebenen Größen herleiten. Es schwinden so alle Zweifel über den Maßstab, in dem das Ergebnis einer geometrischen Konstruktion erscheint.

6.35 Das allgemeine „Seileck". Ein oft verwendetes graphisches Hilfsmittel ist das sog. „Seileck". Es wird mit den verschiedenartigsten und den vorliegenden Problemen oft völlig fremden Bezeichnungen, Begründungen und Deutungen eingeführt. Dieses Hilfsmittel wollen wir hier auf seinen allgemeinen Gehalt zurückführen und von jeder speziellen, den vorliegenden Problemen fremden Bezugnahme befreien.

Auf irgendeinem Gebilde von eindimensionaler Erstreckung (Seil, Balken, Welle) mögen eine Reihe von ausgezeichneten Stellen liegen: (0), (1), (2), (3) in Abb. 6.35/1a. Diese Stellen teilen auf dem Gebilde „Felder" von der Länge l_1, l_2, ... ab. Für die Stellen mit den Abszissen x_1, x_2, x_3, im ersten, zweiten, dritten ... „Feld" sollen die Ausdrücke

$$\left.\begin{aligned}
y_1 &= A_0\, x_1,\\
y_2 &= A_0\, x_2 + A_1(x_2 - l_1),\\
y_3 &= A_0\, x_3 + A_1(x_3 - l_1) + A_2(x_3 - l_2),\\
&\cdot\ \cdot\ \cdot\ \cdot\ \cdot\ \cdot\ \cdot\ \cdot\ \cdot\ \cdot\ \cdot\ \cdot\ \cdot
\end{aligned}\right\} \tag{6.35/1}$$

hergestellt werden. Solche Ausdrücke spielen in verschiedenen Zweigen der Mechanik eine Rolle. Wir werden ihnen im folgenden mehrfach begegnen.

Die Ausdrücke (6.35/1) lassen sich in einfacher Weise graphisch herstellen, wie Abb. 6.35/1 anzeigt: Nach Wahl eines Maßstabes m_A für die Größen A_i werden die diese Größen darstellenden Strecken S_{A_i} hintereinander abgetragen, wie Abb. 6.35/1 b zeigt. Die Begrenzungspunkte der Strecken werden mit dem im Abstand H (cm) gewählten Pol P verbunden. Danach werden Parallelen zu diesen Strahlen gezogen, so wie Abb. 6.35/1 a anzeigt, wo zuvor die Feldlängen l_i nach Wahl eines Maßstabes m_l als Strecken S_{l_i} aufgezeichnet worden sind.

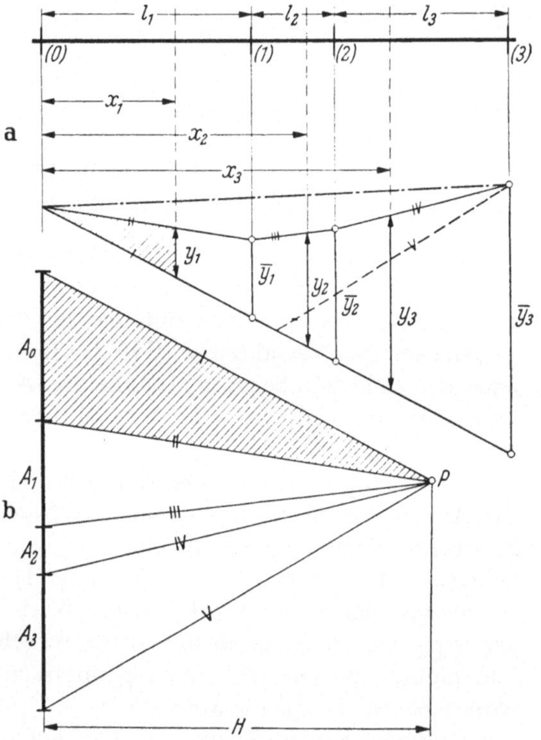

Es zeigt sich nun, daß die Ordinaten y_i nach Abb. 6.35/1 a die gesuchten Ausdrücke (6.35/1) darstellen. Die Maßstäbe, in denen die Strecken S_y die Größen y_i darstellen, können wir leicht auffinden. Zunächst gilt

$$A = S_A\, m_A, \qquad l = S_l\, m_l$$
und
$$y = S_y\, m_y.$$

Aus den Abb. 6.35/1 a und 6.35/1 b folgt für das erste Feld (schraffiert)

$$S_{y_1} : S_{x_1} = S_{A_0} : H$$

und daher

$$\frac{y_1}{m_y} = \frac{x_1}{m_x}\,\frac{A_0}{m_A}\,\frac{1}{H}.$$

Wenn nun $y_1 = A_0\, x_1$ sein soll, wie die erste Gleichung von (6.35/1) fordert, so muß gelten

$$m_y = m_x\, m_A\, H. \qquad (6.35/2)$$

Man sieht leicht ein, daß dieselbe Beziehung auch für die übrigen Felder bestehenbleibt, und daß die Ordinaten y jener Felder ein Maß für die jeweiligen Ausdrücke (6.35/1) darstellen.

Abb. 6.35/1
Herstellung der Ausdrücke (6.35/1) mittels des Seileckes

In dieser Darstellungsweise bleibt ganz offen, welcher Art die physikalischen Größen sind, die hier mit A bezeichnet wurden, ob es sich um Kräfte, um Momente, um Massen, um Trägheitsmomente oder was sonst immer handelt. Man hat auch gar nicht nötig, die Polweite H als „Seilzug" oder „Torsionssteifigkeit" oder was sonst noch zu bezeichnen oder zu deuten. Man kann sie als eine einfache Strecke behandeln; als solche geht sie auch in die Maßstabbeziehung (6.35/2) ein.

Die Ausdrücke (6.35/1) können wir nun noch etwas umformen; sie gewinnen dann eine Gestalt, die uns ebenfalls häufig begegnen wird. Diese neue Gestalt bedeutet eine neue Anwendungsmöglichkeit der besprochenen Konstruktion des „Seileckes".

Bezeichnen wir mit $\bar{y}_\lambda$ den Wert, den die Ordinaten y_λ jeweils am Ende des λ-ten Feldes annehmen, also

$$\bar{y}_1 = y_1(l_1) = A_0\, l_1,$$
$$\bar{y}_2 = y_2(l_1 + l_2) = A_0(l_1 + l_2) + A_1\, l_2,$$
$$\bar{y}_3 = y_3(l_1 + l_2 + l_3) = A_0(l_1 + l_2 + l_3) + A_1(l_2 + l_3) + A_2\, l_3,$$
$$\cdot\ \cdot$$

allgemein

$$\bar{y}_\lambda = y_\lambda\left(\sum_1^\lambda l_\nu\right) = A_0 \sum_1^\lambda l_\nu + A_1 \sum_2^\lambda l_\nu + \cdots + A_{\lambda-1}\, l_\lambda,$$

so kommt für die Differenzen

$$\bar{y}_2 - \bar{y}_1 = (A_0 + A_1)\, l_2\,,$$
$$\bar{y}_3 - \bar{y}_2 = (A_0 + A_1 + A_2)\, l_3\,,$$
$$\cdots\cdots\cdots\cdots\cdots$$

allgemein

$$\bar{y}_\lambda - \bar{y}_{\lambda-1} = \Big(\sum_0^{\lambda-1} A_\nu\Big)\, l_\lambda \quad \text{oder} \quad \frac{\bar{y}_\lambda - \bar{y}_{\lambda-1}}{l_\lambda} = \sum_0^{\lambda-1} A_\nu\,. \tag{6.35/3}$$

Um Ausdrücke der Bauart (6.35/3) herzustellen, wird uns das „Seileck" ebenfalls dienlich sein.

6.4 Eigenschwingungen
Verfahren, die unmittelbar an die Bewegungsgleichungen anschließen

6.41 Das Verfahren von Gümbel – Tolle – Holzer. α) Das rein rechnerische Vorgehen. Die Vorschläge von E. GÜMBEL [1], M. TOLLE [5] und H. HOLZER [9, 9a] sind eng miteinander verwandt. Wir behandeln sie deshalb gemeinsam. Das Verfahren wird in der Literatur (offenbar wegen [9a]) meistens nach HOLZER allein benannt. Da alle drei Autoren wesentliche Beiträge geleistet haben, ziehen wir vor, alle drei zu nennen. Gelegentlich werden wir kurz vom „G-T-H-Verfahren" sprechen.

Der Grundgedanke des Verfahrens besteht darin, aus dem Eigenwertproblem ein Anfangswertproblem zu machen: Nach Schätzung eines Wertes für das Frequenzquadrat z geht man von dem bekannten Wert $x_0 = 0$ und einem beliebigen Anfangswert für u_0 (etwa $u_0 = 1$) aus, ermittelt durch abwechselnde Benutzung der Gln. (6.32/6) jenen Wert x_{n+1} des Drillungsmomentes, das als Erregermoment im rechts an Θ_n anschließenden Wellenstück vorhanden sein müßte, um eine Schwingung mit dem angenommenen Wert u_0 und der vorgegebenen Frequenz aufrechtzuerhalten. Im allgemeinen wird der Wert des Drillungsmomentes, zu dem man auf die angegebene Weise gelangt, von Null verschieden sein. Eine Eigenschwingung ist aber gerade dadurch gekennzeichnet, daß sie ohne ein solches erregendes Moment vor sich gehen kann. Unter allen Werten z gehören also jene zu Eigenschwingungen, d. h. bezeichnen Eigenfrequenzen, die x_{n+1} zu Null machen.

Nach TOLLE und HOLZER geht man nun so vor, daß man für eine Reihe angenommener Werte z eine Rechnung in der beschriebenen Weise durchführt, d. h. unter abwechselnder Benutzung der Gln. (6.32/6) der Reihe nach sich die Ausschläge und Drillungsmomente

$$(u_0),\ x_1,\ u_1,\ x_2,\ u_2,\ \ldots,\ u_n,\ x_{n+1}$$

errechnet[1], schließlich die „Restmomente" x_{n+1} in Abhängigkeit von z aufträgt und die Nullstellen dieser Funktion bestimmt. Diese Nullstellen bezeichnen jene Werte z, die zu Eigenfrequenzen des Schwingers gehören. Ein weiterer Vorschlag von TOLLE geht dahin, statt der Funktion $x_{n+1}(z)$ eine andere, $x_{n+1}(z)/z$, aufzutragen, weil sie eine geringere Schwankung zeigt.

---

[1] Das Verfahren der Übertragungsmatrizen (s. Abschn. 7.2) ist praktisch mit dem G-T-H-Verfahren identisch; auch dort werden die Ausschläge und Drillungsmomente der Reihe nach aus den Gln. (6.32/6) errechnet, und zwar unter Anwendung eines sehr übersichtlichen Matrizen-Schematismus.

Beispiel. In Abb. 6.41/1 ist ein Schwinger aufgezeichnet, den wir noch des öfteren als Beispiel heranziehen werden. Seine Daten sind:

$$\Theta_0 = 0{,}36 \text{ cm kp sek}^2, \qquad l_1 = 100 \text{ cm},$$
$$\Theta_1 = 0{,}15 \text{ cm kp sek}^2, \qquad l_2 = \ 30 \text{ cm}, \qquad G\,J = 10^6 \text{ kp cm}^2.$$
$$\Theta_2 = 0{,}21 \text{ cm kp sek}^2, \qquad l_3 = \ 70 \text{ cm},$$
$$\Theta_3 = 0{,}09 \text{ cm kp sek}^2,$$

Die Rechnung liefert z. B. für die drei Frequenzquadrate $z = 3 \cdot 10^4 \text{ sek}^{-2}$, $z = 25 \cdot 10^4 \text{ sek}^{-2}$, $z = 40 \cdot 10^4 \text{ sek}^{-2}$ die Wertereihen der Tab. 6.41/1.

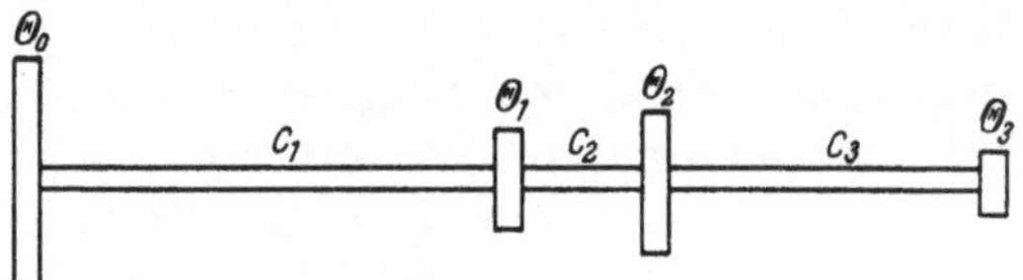

Abb. 6.41/1. Beispiel

Tabelle 6.41/1. *Ermittlung der Restmomente*[1]

	$z = 3 \cdot 10^4 \text{ sek}^{-2}$		$z = 25 \cdot 10^4 \text{ sek}^{-2}$		$z = 40 \cdot 10^4 \text{ sek}^{-2}$		Einheit
x_0	0		0		0		kp cm
u_0		1		1		1	1
x_1	$1{,}08 \ \cdot 10^4$		$9{,}0 \ \cdot 10^4$		$14{,}4 \cdot 10^4$		kp cm
u_1		$-0{,}08$		$-8{,}0$		$-13{,}4$	1
x_2	$1{,}044 \cdot 10^4$		$-21{,}0 \ \cdot 10^4$		$-66{,}0 \cdot 10^4$		kp cm
u_2		$-0{,}393$		$-1{,}7$		$6{,}38$	1
x_3	$0{,}796 \cdot 10^4$		$-29{,}92 \cdot 10^4$		$-12{,}4 \cdot 10^4$		kp cm
u_3		$-0{,}950$		$19{,}25$		$15{,}07$	1
x_4	$0{,}539 \cdot 10^4$		$13{,}38 \cdot 10^4$		$41{,}9 \cdot 10^4$		kp cm

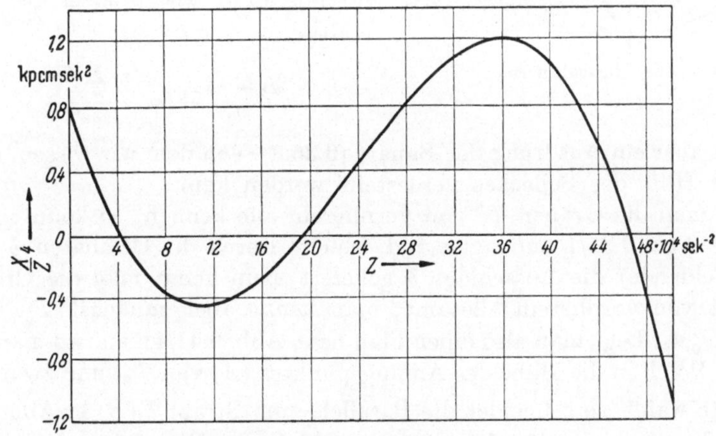

Abb. 6.41/2. „Restmomentenkurve" x_4/z

Die Werte der Funktion $x_4(z)/z$, die auf die beschriebene Weise (für viele weitere Argumente) zustande gekommen sind, zeigt Abb. 6.41/2. Als Nullstellen liest man daraus ab:

$$z_I = 4{,}17 \cdot 10^4 \text{ sek}^{-2}, \qquad z_{II} = 19{,}5 \cdot 10^4 \text{ sek}^{-2}, \qquad z_{III} = 46{,}6 \cdot 10^4 \text{ sek}^{-2}.$$

---

[1] Dieselben Werte werden wir später mit Hilfe von Übertragungsmatrizen berechnen [s. Gln. (7.22/5)].

Zu ihnen gehören als Eigenwerte der Schwingungen ersten, zweiten und dritten Grades die Kreisfrequenzen und Frequenzen

$$\omega_I = 204{,}1\ \text{sek}^{-1}\quad \text{und}\quad f_I = 32{,}5\ \text{Hz},$$
$$\omega_{II} = 441{,}0\ \text{sek}^{-1}\quad \text{und}\quad f_{II} = 70{,}2\ \text{Hz},$$
$$\omega_{III} = 682{,}6\ \text{sek}^{-1}\quad \text{und}\quad f_{III} = 108{,}7\ \text{Hz}.$$

Die Ausschlagbilder, die zu den drei Eigenschwingformen gehören und die von der Rechnung mitgeliefert werden, zeigt Abb. 6.41/3.

β) **Zeichnerische Hilfsmittel.** Das Vorgehen nach GÜMBEL unterscheidet sich von dem nach TOLLE und HOLZER eigentlich nur dadurch, daß GÜMBEL einen Teil der Rechnung durch die Zeichnung ersetzt. Das geschieht in folgender Weise: Aus der ersten Gl. (6.32/6) erhält man durch Addition sofort die Beziehung

$$x_{\lambda+1} = z \sum_{\nu=0}^{\lambda} \Theta_\nu u_\nu, \qquad (6.41/1\,\text{a})$$

wofür sich, wenn man mit

$$T_\lambda = z\,\Theta_\lambda u_\lambda \qquad (6.41/1\,\text{b})$$

abkürzend das Moment der Trägheitskräfte bezeichnet, schreiben läßt

$$x_{\lambda+1} = \sum_{\nu=0}^{\lambda} T_\nu. \qquad (6.41/1\,\text{c})$$

Die zweite Gleichung aus (6.32/6) nimmt dann wegen $c_\lambda = \dfrac{GJ}{l_\lambda}$ die Gestalt

$$\frac{u_\lambda - u_{\lambda-1}}{l_\lambda} = \frac{-\sum\limits_{0}^{\lambda-1} T_\nu}{GJ} \qquad (6.41/2)$$

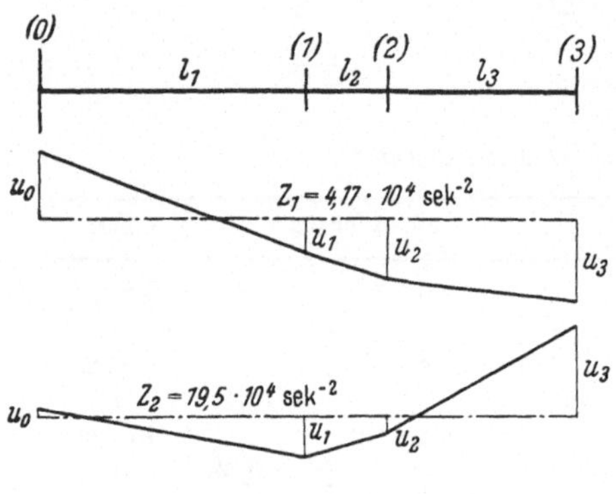

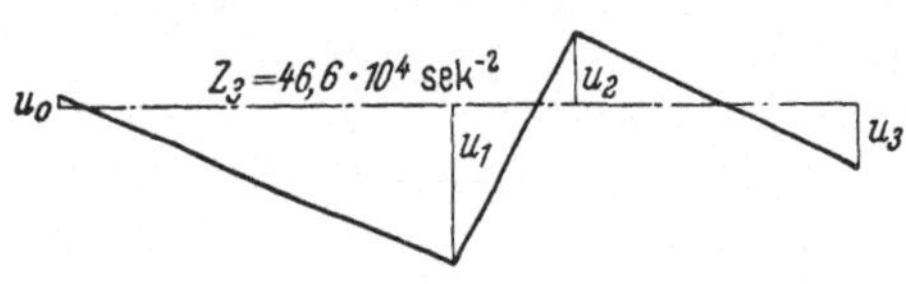

Abb. 6.41/3. Ausschlagformen

an. Das ist aber ein Ausdruck der Bauart (6.35/3), von dem wir wissen, daß und wie er mit Hilfe des Seileckes hergestellt werden kann.

Würde man die Größen T_ν von vornherein alle kennen, so könnte man sie in Art der Abb. 6.35/1 auftragen und erhielte durch die Ordinaten $\bar y$ (am jeweiligen Feldende) die Ausschläge u geliefert. Nun kennt man die Größen T_ν zwar nicht von vornherein allesamt; man kennt aber zunächst T_0, denn es ist $T_0 = z\,\Theta_0 u_0$. Legt man also einen Plan nach Abb. 6.41/4b an, wo man zweckmäßig den Pol P in die Höhe des Anfangspunktes (A) von T_0, und zwar auf der linken Seite wählt, so schneidet die Parallele zum Strahl $\overline{P(B)}$ in Abb. 6.41/4a am Ende des Feldes l_1 den Ausschlag u_1 ab. Unter Benutzung dieses Wertes rechnet man sich $T_1 = z\,\Theta_1 u_1$ aus, trägt diesen Wert in Abb. 6.41/4b hinter T_0 ab, verbindet P mit (C) und zieht nun eine Parallele zu $\overline{P(C)}$ durch das zweite Feld in Abb. 6.41/4a; diese schneidet am Ende des Feldes den Ausschlag u_2 ab. So fährt man fort. Zum Schluß muß wegen

$$x_{\lambda+1} = \sum_{0}^{\lambda} T_\nu = 0$$

der Endpunkt von T_λ wieder auf den Punkt (A) fallen, wenn eine Eigenschwingung vorliegen soll. Tut er das nicht, so hat man in der Differenzstrecke $\overline{(E)\,(A)}$ ein Maß für das Drillungsmoment $x_{\lambda+1}$, also wieder einen

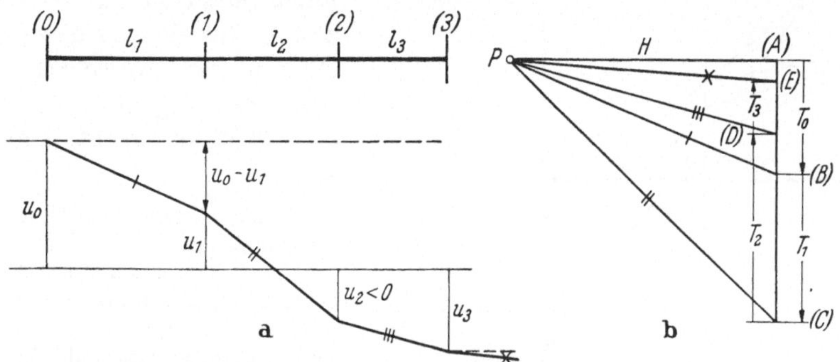

Abb. 6.41/4. Zeichnerische Herstellung der Ausschlagform und des Restmomentes

Punkt $x_{\lambda+1}(z)$ gefunden, wie Abb. 6.41/4 zeigt. Man erhält durch dieses halb rechnerische, halb graphische Vorgehen, wenn z dem Quadrat einer Eigenfrequenz gleich ist, die Ausschlaglinie selbsttätig geliefert. (Man muß dabei beachten, daß in Abb. 6.41/4a die Ausschläge u_2 und u_3 negativ sind, so daß auch T_2 und T_3 negativ werden.)

Hier fehlt nur noch ein Wort über die Maßstäbe, in denen die verschiedenen Größen erscheinen. Die Maßstäbe m_l für die Längen in Abb. 6.41/4a und m_T für die Momente der Trägheitskräfte (die die Dimension eines Drillungsmomentes haben) in Abb. 6.41/4b können frei gewählt werden. Der Maßstab für die Ordinate u liegt dann fest. Wegen (6.41/2) gilt [mit Benutzung von (6.34/1)]

$$\frac{S_u\, m_u}{S_l\, m_l} = \frac{S_T\, m_T}{G\,J},$$

aus der Geometrie der Konstruktion folgt

$$\frac{S_u}{S_l} = \frac{S_T}{H},$$

daher bleibt

$$m_u = \frac{H}{G\,J}\, m_T\, m_l. \tag{6.41/3}$$

γ) **Ergänzungen.** Das zeichnerische Vorgehen nach Gümbel liefert zu jedem angenommenen Wert z das zugehörige Ausschlagbild. Die Neigung des letzten „Seilstrahles" (in Abb. 6.41/4 mit $\times$ versehen) ist dabei ein Maß für das „Restmoment". Gehört z zu einer Eigenfrequenz, so ist das Restmoment Null, und der letzte Seilstrahl verläuft horizontal. Der Beitrag, den J. Geiger [2] zu dem Verfahren lieferte, besteht nun in der Bemerkung, daß, weil die Gleichungen (6.32/6) in z linear sind, die Ausschlaglinien eines jeden Wellenstückes, die zu verschiedenen Werten z gehören, sich jeweils in einem Punkte schneiden. Es genügt also, die Ausschlaglinien für zwei verschiedene Werte von z zu zeichnen (am besten natürlich für zwei Werte, von denen der eine unter, der andere über dem zur Eigenfrequenz gehörigen Wert liegt). Bringt man die letzten Seilstrahlen zum Schnitt und zieht durch den Schnittpunkt eine Horizontale, so schneidet diese den Wert des letzten Ausschlages u_λ ab. Von da aus kann man rückwärts die ganze Ausschlaglinie zeichnen (vgl. Abb. 6.41/5, die schematisch die Ausschlaglinien eines Drei-Massen-Systems zeigt). Aus den so gewonnenen Werten der Ausschläge kann dann die Eigenfrequenz, etwa aus (6.32/4), leicht berechnet werden.

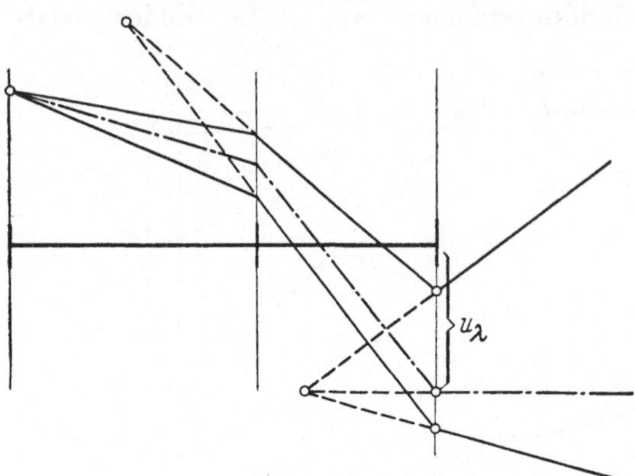

Abb. 6.41/5. GEIGERsche Konstruktion

Von den beiden Schritten, die das Gleichungspaar (6.32/6) fordert, werden nach TOLLE und HOLZER beide rechnerisch ausgeführt; nach GÜMBEL wird der von der zweiten Gleichung bezeichnete Schritt auf der Zeichnung erledigt. Ein Vorschlag von K. WAIMANN [22] sieht vor, auch den anderen Schritt graphisch zu tun.

Ein Vorschlag von F. SÖCHTING [23] geht dahin, zunächst etwa nach TOLLE oder GÜMBEL mit einem angenommenen Wert von z die Ausschläge u_ν zu bestimmen, die Aufzeichnung der Restmomentkurve aber dadurch zu umgehen, daß man (nach RAYLEIGH) aus den „angenäherten" Werten u_ν mit Hilfe des Ausdruckes

$$\bar{z} = \frac{\sum c_\nu (u_\nu - u_{\nu-1})^2}{\sum \Theta_\nu u_\nu^2}$$

einen neuen Wert $\bar{z}$ ausrechnet; er liegt dem wahren näher. Mit diesem Wert $\bar{z}$ werden dann neue Ausschläge $\bar{u}_\nu$ errechnet, aus ihnen ein weiterer Wert $\bar{\bar{z}}$ und so fort, bis keine Änderung der Frequenz mehr eintritt.

Über die Konvergenz dieses Iterationsverfahrens wird in der Arbeit von SÖCHTING nichts gesagt. Hinsichtlich der Grundfrequenz ist die Konvergenz anderweitig festgestellt; für die höheren Frequenzen scheint sie nicht in jedem Fall gesichert zu sein[1].

δ) „Homogene" Maschinen. In die Gruppe der in diesem Abschnitt beschriebenen Verfahren gehört auch der Vorschlag von W. BIBER [20]. Er beschäftigt sich mit den Kurbelwellen der Vielzylindermaschinen, deren Ersatzsysteme wenigstens für den Kurbelwellenteil aus lauter gleichen Scheiben und Wellenstücken nach Abb. 6.41/6 aufgebaut sind.

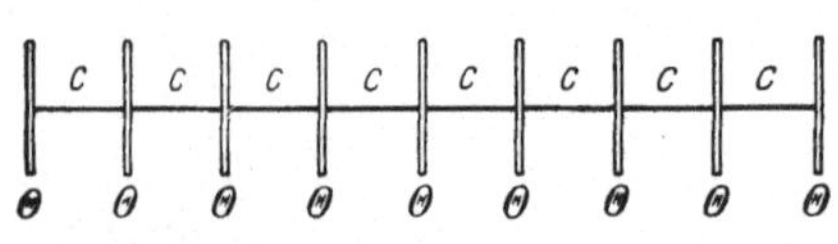

Abb. 6.41/6. „Homogene" Maschine

BIBERs Behandlung der homogenen Schwinger schließt an das G-T-H-Vorgehen an. BIBER macht darauf aufmerksam, daß man die im Einzelfall durchzuführende Rechnung dadurch abkürzen kann, daß man sich von vornherein die Werte u_0, x_1, u_1, ... für eine Reihe von Frequenzen sozusagen „auf Vorrat" ausrechnet. Alle möglichen homogenen Wellen sind ja ähnlich, ihre Daten unterscheiden sich nur um einen konstanten Faktor. BIBER legt seiner Rechnung daher eine sog. „Einheitswelle" zugrunde, für die alle Trägheitsmomente $\Theta = 1$ kp cm sek² und alle reduzierten Längen $l = 1$ cm sind. Die Einheitswelle wird außerdem so gewählt, daß $J = 1$ cm⁴ und damit ihre Torsionssteifigkeit für Stahl $GJ = 8{,}3 \cdot 10^5$ kp cm² wird.

---

[1] Vergleiche auch 6.47.

Für diese Einheitswelle gibt BIBER in Tabellen die Werte von u_λ und x_λ für $\lambda = 1$ bis $\lambda = 15$ (d. h. für eine Maschine von 2 bis 16 Zylindern) an, und zwar zu Frequenzen z, wie sie minutlichen Drehzahlen $n = \omega \cdot 30/\pi$ von $n = 25/\text{min}$ bis $n = 10000/\text{min}$ entsprechen. (Die Stufen der Werte n in der Tabelle wechseln dabei; für Drehzahlen bis 1000/min beträgt die Stufe 50/min, danach 100/min.)

Versieht man die Größen der BIBERschen Tabellen, die sich auf die „Einheitswelle" beziehen, jeweils mit einem Strich, so erhält man die (ungestrichenen) Werte der wirklichen Welle, die Scheiben vom Trägheitsmoment Θ und Wellenstücke der Länge l und das polare Trägheitsmoment J aufweist, nach den folgenden Gleichungen:

$$\omega^2 = \omega'^2\,\frac{J}{\Theta\,l}\,; \qquad x = x'\,\frac{J}{l}\,; \qquad T = T'\,\frac{J}{l}\,. \tag{6.41/4}$$

Liegt nun ein Schwinger vor, der aus einem „homogenen" Teil mit daran anschließenden weiteren Stücken besteht, so liefern die BIBERschen Tabellen nach Umrechnung gemäß (6.41/4) sofort den Ausschlag am „letzten Zylinder" und den Wert des Drillungsmomentes rechts vom „letzten Zylinder". Mit diesen Werten kann die Rechnung dann in der üblichen Weise fortgesetzt werden. Die Tabellen ersparen also die Durchführung der Rechnung „für den Kurbelwellenteil" des Schwingers. Verwendbar sind sie allerdings nur, wenn die Zusatzstücke sämtlich auf derselben Seite vom „homogenen" Teil liegen. Ein Beispiel ist im „Bericht" [*] durchgerechnet.

ε) Benutzung von Kettenbrüchen. Mit dem G-T-H-Verfahren hat ein Vorschlag nach v. BRAUCHITSCH [11] den Ausgangspunkt, die Gln. (6.32/6), gemeinsam. Aus diesen Gleichungen erhält man nach Elimination der Drillungsmomente x_i die Gln. (6.32/4) für die Ausschläge. v. BRAUCHITSCH geht nun noch weiter und eliminiert auch noch die Ausschläge u_i aus diesen Gleichungen. Das Eliminationsverfahren ist dabei so gewählt, daß die übrigbleibende Relation in Form eines Kettenbruches erscheint. Diese Gleichung entspricht damit der Frequenzengleichung (6.32/5). Der Unterschied besteht nur darin, daß (6.32/5) als Ergebnis eines andersartig durchgeführten Eliminationsprozesses die Form einer Determinante annahm. Für die praktische Durchführung der Rechnung eignet sich die Kettenbruchform jedoch manchmal besser.

Wir zeigen die Gleichungen und damit das Vorgehen am Sonderfall eines Vier-Massen-Systems. Für vier Massen lauten die Gln. (6.32/4)

$$\left.\begin{aligned}
(c_1 - \Theta_0 z)\,u_0 - c_1 u_1 &= 0,\\
-c_1 u_0 + (c_1 + c_2 - \Theta_1 z)\,u_1 - c_2 u_2 &= 0,\\
-c_2 u_1 + (c_2 + c_3 - \Theta_2 z)\,u_2 - c_3 u_3 &= 0,\\
-c_3 u_2 + (c_3 - \Theta_3 z)\,u_3 &= 0.
\end{aligned}\right\} \tag{6.41/5}$$

Setzt man zur Abkürzung

$$f_0(z) = c_1 - \Theta_0 z, \qquad f_1(z) = c_1 + c_2 - \Theta_1 z,$$
$$f_2(z) = c_2 + c_3 - \Theta_2 z, \qquad f_3(z) = c_3 - \Theta_3 z,$$

so findet man aus (6.41/5) rückwärts der Reihe nach

$$u_3 = u_2\,\frac{c_3}{f_3}\,, \qquad u_2 = u_1\,\cfrac{c_2}{f_2 - \cfrac{c_3^2}{f_3}}\,, \qquad u_1 = u_0\,\cfrac{c_1}{f_1 - \cfrac{c_2^2}{f_2 - \cfrac{c_3^2}{f_3}}}\,,$$

und damit aus der ersten Gleichung

$$f_0 - \cfrac{c_1^2}{f_1 - \cfrac{c_2^2}{f_2 - \cfrac{c_3^2}{f_3}}} = 0. \qquad (6.41/6)$$

Für die Rechnung nimmt man wieder Werte z an und errechnet die f_i und den Wert des Kettenbruches. Die Eigenfrequenzen sind die Nullstellen des Kettenbruches.

An einer anderen Stelle (in 5.26 und 5.27) haben wir gezeigt, wie umgekehrt gewisse Betrachtungen über Parallel- und Reihenschaltungen von Elementen unmittelbar auf die Kettenbruchform der Frequenzengleichung führen; aus ihr kann dann, z. B. durch „Einrichten" des Kettenbruches, die Polynomform gewonnen werden.

6.42 Die Drillungsfunktionen. (Das Verfahren von W. A. Tuplin [21].) Nach dem in 6.41 beschriebenen Verfahren erhält man die Eigenfrequenzen des vorgelegten Schwingers von n Freiheitsgraden aus den Nullstellen einer Funktion $x_{n+1}(z)$, die man sich punktweise herstellt. Jeder einzelne Funktionswert entsteht dabei als Ergebnis einer Rechnung oder eines teils rechnerischen, teils zeichnerischen Verfahrens. Da man eine große Anzahl solcher Funktionswerte benötigt, erhebt sich die Frage, ob die Funktion $x_{n+1}(z)$ nicht explizit durch einen analytischen Ausdruck angegeben werden kann. Dann ließen sich auch die Wurzeln, falls nötig, genauer bestimmen als nach der doch primitiven Methode der Aufzeichnung der Funktion, die bisher befolgt wurde. Es ist nun in der Tat möglich, solche expliziten Ausdrücke zu finden. Und zwar gewinnt man sie dadurch, daß man aus den Gln. (6.32/6) die Ausschläge u entfernt, so daß nur die Drillungsmomente übrigbleiben. Aus der ersten Gl. (6.32/6) folgt

$$u_\lambda = \frac{x_{\lambda+1} - x_\lambda}{z\,\Theta_\lambda};$$

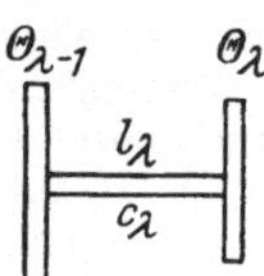

Abb. 6.42/1. Teilsysteme mit Frequenzquadraten k_λ und k'_λ

setzt man diesen Wert in die zweite Gl. (6.32/6) ein, so kommt

$$x_{\lambda+1}\frac{c_\lambda}{\Theta_\lambda} = x_\lambda\left(\frac{c_\lambda}{\Theta_{\lambda-1}} + \frac{c_\lambda}{\Theta_\lambda} - z\right) - x_{\lambda-1}\frac{c_\lambda}{\Theta_{\lambda-1}}. \qquad (6.42/1\,\text{a})$$

Die Faktoren $c_\lambda/\Theta_{\lambda-1}$ und c_λ/Θ_λ haben dabei eine unmittelbar anschauliche Bedeutung. Sie lassen sich deuten als die Frequenzquadrate von „Teilsystemen", wie sie in Abb. 6.42/1 angegeben sind. Kürzen wir sie in Analogie zu den Gln. ((2.21/1') mit

$$k_\lambda = \frac{c_\lambda}{\Theta_{\lambda-1}} \quad\text{und}\quad k'_\lambda = \frac{c_\lambda}{\Theta_\lambda} \qquad (6.42/1')$$

ab, so wird aus (6.42/1 a)

$$x_{\lambda+1}\,k'_\lambda = x_\lambda(k_\lambda + k'_\lambda - z) - x_{\lambda-1}\,k_\lambda. \qquad (6.42/1\,\text{b})$$

Diese Gleichung verbindet die Werte der Drillungsmomente in drei aufeinanderfolgenden Wellenstücken. Man kann sie als Rekursionsformel benutzen, um das Drillungsmoment x_{n+1} aufzusuchen. Dazu benötigt man zwei Werte am Anfang. Daß $x_0 = 0$ ist, wissen wir. Die Größe von x_1 bleibt bei Eigenschwingungen unbestimmt. x_1 würde daher als unbestimmter Faktor in allen Gleichungen auftreten. Wir dividieren deshalb (6.42/1 b) zweckmäßigerweise von vornherein durch x_1 und erhalten so mit den Abkürzungen

$$\xi_\lambda = \frac{x_\lambda}{x_1}$$

die neue Rekursionsformel

$$\xi_{\lambda+1}\, k'_\lambda = \xi_\lambda (k_\lambda + k'_\lambda - z) - \xi_{\lambda-1}\, k_\lambda \qquad (6.42/1\,\mathrm{c})$$

mit den Anfangswerten $\xi_0 = 0$ und $\xi_1 = 1$. Von den bekannten Werten ξ_0 und ξ_1 aus können mit Hilfe von (6.42/1 c) nun alle ξ_λ aufgebaut werden. Die dimensionslosen Größen ξ_λ, die wir als „relative Drillungsmomente" bezeichnen wollen, sind, wie aus (6.42/1 c) hervorgeht, ganze rationale Funktionen in z vom Grade $\lambda - 1$.

Für die praktische Rechnung ist (6.42/1 c) aber immer noch nicht bequem genug. Störend ist noch die Division durch k'_λ, die man jedesmal vornehmen muß, um $\xi_{\nu+1}$ zu erhalten. Wir definieren deshalb neue Funktionen g_λ nach

$$g_\lambda = \Big(\prod_{\nu=1}^{\lambda-1} k'_\nu\Big)\, \xi_\lambda, \qquad (\lambda = 2, 3, \ldots) \quad (6.42/2)$$

mit $g_0 = 0$, $g_1 = 1$, und nennen sie *Drillungsfunktionen*. Sie sind nicht mehr dimensionslos, weisen vielmehr die Dimensionen $T^{-2(\lambda-1)}$ auf. Die für sie gültige Rekursionsformel lautet

$$g_{\lambda+1}(z) = g_\lambda(z)\,(k_\lambda + k'_\lambda - z) - g_{\lambda-1}(z)\, k_\lambda\, k'_{\lambda-1}. \qquad (6.42/3)$$

Auch die Funktionen $g_{\lambda+1}(z)$ sind ganze rationale Funktionen in z vom Grade λ. Sie können leicht hergestellt werden. Man bedarf nur der Kenntnis aller „Teilfrequenzen" k_λ und k'_λ der Welle; diese sind aber bekannt, sie folgen sogleich aus den c und Θ.

Wir verzichten darauf, die Funktion $g_{n+1}(z)$, die ein Maß für das letzte Drillungsmoment x_{n+1} abgibt, in allgemeinen Zeichen anzuschreiben. Sie wäre so unübersichtlich, daß sie für eine praktische Rechnung doch nicht in Betracht kommt. Man geht vielmehr auch bei der Rechnung jeweils schrittweise vor und baut sich die Funktionen g_λ der Reihe nach auf. Man beginnt mit

$$\left.\begin{aligned}
g_1 &= 1,\\
g_2 &= (k_1 + k'_1 - z)\, g_1 = (k_1 + k'_1 - z),\\
g_3 &= (k_2 + k'_2 - z)\, g_2 -- k_2\, k'_1\, g_1 = (k_2 + k'_2 - z)\, g_2 - k_2\, k'_1,\\
g_4 &= (k_3 + k'_3 - z)\, g_3 - k_3\, k'_2\, g_2,
\end{aligned}\right\} \qquad (6.42/3\,\mathrm{a})$$

und erhält schließlich $g_{n+1}(z)$ als ein Polynom n-ten Grades in z. Die Forderung, daß $x_{n+1} = 0$ sein soll, bedeutet, daß auch ξ_{n+1} und damit g_{n+1} verschwinden müssen. Die n Wurzeln z_i der Gleichung

$$g_{n+1}(z) = 0 \qquad (6.42/4)$$

liefern also die n Eigenfrequenzen des Systems.

Aus den Frequenzengleichungen $g_2 = 0$ und $g_3 = 0$ erhält man sofort die folgenden geläufigen Gleichungen für das Zwei- bzw. Drei-Massen-System:

Aus $g_2 = 0$ kommt

$$\left.\begin{aligned}
z &= k_1 + k'_1,\\[4pt]
\text{aus } g_3 = 0 \text{ kommt} \quad & \\[2pt]
z^2 - z(k_1 + k'_1 + k_2 + k'_2) &+ k_1 k_2 + k_1 k'_2 + k'_1 k'_2 = 0.
\end{aligned}\right\} \qquad (6.42/4\,\mathrm{a})$$

Rechentechnisch ist es oft bequemer, statt mit den dimensionsbehafteten Größen k, k', z und g mit dimensionslosen Größen zu rechnen. Die Befreiung von der Dimension erzielt man dadurch, daß man mit Hilfe irgendeiner „Bezugsgröße" k^*, die an der Maschine gar nicht vorzukommen braucht, bildet

$$\gamma_\lambda = \frac{k_\lambda}{k^*}, \qquad \gamma'_\lambda = \frac{k'_\lambda}{k^*}, \qquad \zeta = \frac{z}{k^*} \tag{6.42/5}$$

und dazu die neue Funktion

$$\eta_{\lambda+1}(\zeta) = \frac{g_{\lambda+1}(z)}{k^{*\,\lambda}},$$

die nun *reduzierte Drillungsfunktion* heißen soll. Ihre Rekursionsformel lautet schließlich

$$\eta_{\lambda+1}(\zeta) = \eta_\lambda(\zeta)\,(\gamma_\lambda + \gamma'_\lambda - \zeta) - \gamma_\lambda \gamma'_{\lambda-1} \eta_{\lambda-1}(\zeta); \tag{6.42/6}$$

ausführlich angeschrieben kommt

$$\left. \begin{aligned} \eta_1 &= 1, \\ \eta_2 &= (\gamma_1 + \gamma'_1 - \zeta), \\ \eta_3 &= (\gamma_2 + \gamma'_2 - \zeta)\,\eta_2 - \gamma_2 \gamma'_1, \\ \eta_4 &= (\gamma_3 + \gamma'_3 - \zeta)\,\eta_3 - \gamma_3 \gamma'_2 \eta_2. \end{aligned} \right\} \tag{6.42/3b}$$

Diese Gleichungen für die reduzierten Drillungsfunktionen ersetzen jetzt die Gln. (6.42/3a) für die Drillungsfunktionen selbst. Die reduzierte Drillungsfunktion $\eta_{\lambda+1}(\zeta)$ ist nun eine ganze rationale Funktion in ζ vom Grade λ. Sie ist, wie ζ selbst, dimensionslos. Auch sie baut man zweckmäßig schrittweise auf. Die n Wurzeln ζ_i der Gleichung

$$\eta_{n+1}(\zeta) = 0 \tag{6.42/4b}$$

geben dann die Quadrate der Eigenfrequenzen in der Form

$$\omega_i^2 = z_i = k^* \zeta_i. \tag{6.42/7}$$

Wir zeigen nun die Durchführung der Rechnung an einem *Beispiel*. Wir wählen dazu den in Abb. 6.41/1 dargestellten Schwinger, dessen Daten in 6.41 aufgeführt sind, und dessen drei Eigenfrequenzen dort nach dem G-T-H-Verfahren schon bestimmt worden sind. Mit den angegebenen Werten für die Drehsteifigkeiten $c_\lambda = GJ/l_\lambda$ und die Drehmassen Θ_λ findet man für die k_λ und k'_λ

$$k_1 = \frac{c_1}{\Theta_0} = \frac{25}{9} \cdot 10^4 \; \text{sek}^{-2}, \qquad k'_1 = \frac{c_1}{\Theta_1} = \frac{2}{3} \cdot 10^5 \; \text{sek}^{-2},$$

$$k_2 = \frac{c_2}{\Theta_1} = \frac{2}{9} \cdot 10^6 \; \text{sek}^{-2}, \qquad k'_2 = \frac{c_2}{\Theta_2} = \frac{1}{63} \cdot 10^7 \; \text{sek}^{-2},$$

$$k_3 = \frac{c_3}{\Theta_2} = \frac{10^7}{147} \; \text{sek}^{-2}, \qquad k'_3 = \frac{c_3}{\Theta_3} = \frac{1}{63} \cdot 10^7 \; \text{sek}^{-2}.$$

Wählt man als Vergleichsgröße $k^* = (1/63) \cdot 10^7 \; \text{sek}^{-2}$, so erhalten die γ_λ und γ'_λ die Werte

$$\gamma_1 = 0{,}175, \qquad \gamma'_1 = 0{,}42, \qquad \gamma_2 = 1{,}4, \qquad \gamma'_2 = 1, \qquad \gamma_3 = 0{,}42857, \qquad \gamma'_3 = 1.$$

Die reduzierten Drillungsfunktionen η_λ bauen sich gemäß den Gln. (6.42/3b) auf. Mit den angegebenen Werten findet man die Koeffizienten der Tab. 6.42/1.

Tabelle 6.42/1. *Ermittlung der Funktion $\eta_4(\zeta)$*

	ζ^0	ζ^1	ζ^2	ζ^3
η_1	1,0			
η_2	0,595	$-1,0$		
$-\zeta\,\eta_2$		$-0,595$	1,0	
$(\gamma_2 + \gamma_2')\,\eta_2 = 2,4\,\eta_2$	1,428	$-2,400$		
$-\gamma_2\,\gamma_1'$	$-0,588$			
η_3	0,840	$-2,995$	1,0	
$-\zeta\,\eta_3$		$-0,840$	2,995	-1
$(\gamma_3 + \gamma_3')\,\eta_3 = 1,428\,57\,\eta_3$	1,200	$-4,2785$	1,4286	
$-\gamma_3\,\gamma_2'\,\eta_2$	$-0,255$	0,4286		
η_4	0,945	$-4,690$	4,4236	-1

Die gesuchte reduzierte Drillungsfunktion $\eta_4(\zeta)$ lautet daher

$$\eta_4(\zeta) = -\zeta^3 + 4{,}4236\,\zeta^2 - 4{,}69\,\zeta + 0{,}945.$$

Die Wurzeln der kubischen Gleichung $\eta_4(\zeta) = 0$ geben die Eigenfrequenzen an. Zur Bestimmung der kleinsten Wurzel wurde $\eta_4(\zeta)$ in der Nähe des Wertes $\zeta = 0{,}25$ aufgezeichnet. Die berechneten Funktionswerte waren

ζ	0,25	0,26	0,27
η_4	0,0334	0,0071	$-0{,}01851$

Graphisch fand man als Nullstelle der Funktion $\eta_4(\zeta)$ den Wert

$$\zeta_I = 0{,}2628.$$

Dazu gehören die Werte

$$\omega_I^2 = k^* \, \zeta_I = 4{,}17 \cdot 10^4 \, \text{sek}^{-2}, \qquad \omega_I = 204{,}2 \, \text{sek}^{-1}, \qquad f_1 = 32{,}5 \, \text{Hz}.$$

Die beiden übrigen Wurzeln wurden so bestimmt, daß $\eta_4(\zeta)$ durch $(\zeta - \zeta_I)$ dividiert wurde, was die quadratische Gleichung

$$\zeta^2 - 4{,}1636\,\zeta + 3{,}5950 = 0$$

liefert. Als Wurzeln dieser Gleichung erhält man (rechnerisch)

$$\zeta_{II} = 1{,}223, \qquad \zeta_{III} = 2{,}941;$$

dazu gehören die Werte

$$\omega_{II}^2 = 19{,}41 \cdot 10^4 \, \text{sek}^{-2}, \qquad \omega_{III}^2 = 46{,}7 \cdot 10^4 \, \text{sek}^{-2},$$

$$\omega_{II} = 440{,}6 \, \text{sek}^{-1}, \qquad \omega_{III} = 683{,}4 \, \text{sek}^{-1},$$

$$f_{II} = 70{,}2 \, \text{Hz}, \qquad f_{III} = 108{,}8 \, \text{Hz}.$$

Man sieht, daß die Übereinstimmung mit den Werten von 6.41 befriedigend ist.

6.43 Die Drillungsfunktionen für homogene Maschinen und Maschinen mit homogenem Kern. (Das Verfahren von R. GRAMMEL.) α) Die homogene Maschine. An den Rekursionsformeln (6.42/6) für die reduzierten Drillungsfunktionen $\eta_\lambda(\zeta)$ lassen sich erhebliche Vereinfachungen anbringen, wenn es sich um eine sog. „homogene" Maschine handelt, wenn das Ersatzsystem also der Abb. 6.41/6 entspricht, wo alle $\Theta_i = \Theta$ und alle $c_i = c$ jeweils einander gleich sind. Wählt man nämlich die Bezugsgröße k^* gleich c/Θ,

$$k^* = k = \frac{c}{\Theta},$$

so werden alle γ_λ und γ_λ' zu Eins, und die Rekursionsformel (6.42/6) lautet

$$\eta_{\lambda+1}(\zeta) = (2 - \zeta)\,\eta_\lambda(\zeta) - \eta_{\lambda-1}(\zeta) \quad \text{mit} \quad \eta_0 = 0 \quad \text{und} \quad \eta_1 = 1. \qquad (6.43/1)$$

Jetzt lassen sich (unabhängig von den besonderen Abmessungen c und Θ des Schwingers) die Koeffizienten der Potenzen von ζ von vornherein angeben. Man kann sie entweder wie zuvor schrittweise aus (6.43/1) aufbauen oder durch eine allgemeine Formel beschreiben.

Neben den so hergestellten Drillungsfunktionen η_λ wollen wir weiterhin auch Funktionen φ_λ benutzen, die mit den η_λ in dem einfachen Zusammenhang

$$\varphi_\lambda(\zeta) = (-1)^\lambda\,\eta_{\lambda+1}(\zeta) \qquad (6.43/2)$$

stehen. Die Funktionen $\varphi_\lambda(\zeta)$ sind von R. GRAMMEL [18] unter dem Namen „reduzierte Frequenzfunktionen" in die Literatur eingeführt worden. Für sie liegen ausführliche Tabellen und Formelsammlungen (für die weiterhin zu betrachtenden Fälle) vor. Um die Bezugnahme auf das große, in den Originalarbeiten bereitgestellte Material an Formeln und Zahlen zu erleichtern, dehnen wir die folgenden Erörterungen auch auf die Funktionen φ_λ aus.

Zunächst machen wir uns mit einigen Eigenschaften der Funktionen $\varphi_\lambda(\zeta)$ bekannt. Die $\varphi_\lambda(\zeta)$ sind ganze rationale Funktionen vom Grade λ in ζ. Für sie gilt die wegen (6.43/2) aus (6.43/1) hervorgehende Rekursionsformel

$$\varphi_\lambda(\zeta) = (\zeta - 2)\,\varphi_{\lambda-1}(\zeta) - \varphi_{\lambda-2}(\zeta) \quad \text{mit} \quad \varphi_{-1} = 0, \quad \varphi_0 = 1. \qquad (6.43/3)$$

Baut man die Funktionen z. B. schrittweise auf, so erhält man das folgende Schema (Tab. 6.43/1) für die Koeffizienten der einzelnen Potenzen. Die absoluten Werte der Koeffizienten sind dieselben für die Funktionen $\eta_{\lambda+1}$ wie für φ_λ. In den $\eta_{\lambda+1}$ sind die Koeffizienten der ungeraden Potenzen von ζ negativ, die der geraden positiv; in den φ_λ ist der Koeffizient der höchsten Potenz positiv, die übrigen Glieder haben wechselndes Zeichen.

Tabelle 6.43/1. *Koeffizienten der Potenzen von ζ in den Funktionen φ_λ und $\eta_{\lambda+1}$*

	ζ^0	ζ^1	ζ^2	ζ^3	ζ^4	ζ^5	ζ^6	ζ^7	ζ^8	ζ^9	ζ^{10}
$\lambda = 0$	1										
$\lambda = 1$	2	1									
$\lambda = 2$	3	4	1								
$\lambda = 3$	4	10	6	1							
$\lambda = 4$	5	20	21	8	1						
$\lambda = 5$	6	35	56	36	10	1					
$\lambda = 6$	7	56	126	120	55	12	1				
$\lambda = 7$	8	84	252	330	220	78	14	1			
$\lambda = 8$	9	120	462	792	715	364	105	16	1		
$\lambda = 9$	10	165	792	1716	2002	1365	560	136	18	1	
$\lambda = 10$	11	220	1278	3432	5005	4368	2380	816	171	20	1

So ist z. B.

$$\eta_4(\zeta) = -\zeta^3 + 6\zeta^2 - 10\zeta + 4,$$

während

$$\varphi_3(\zeta) = \zeta^3 - 6\zeta^2 + 10\zeta - 4$$

lautet.

Die Koeffizienten lassen sich auch in geschlossener Form als Binomialkoeffizienten schreiben. Wir geben hier ohne Beweis an, daß

$$\varphi_\lambda(\zeta) = \zeta^\lambda - \binom{2\lambda}{1}\zeta^{\lambda-1} + \binom{2\lambda-1}{2}\zeta^{\lambda-2} - + \cdots + (-1)^\lambda(\lambda+1) \qquad (6.43/4\,\text{a})$$

ist, wofür man in Summenform schreiben kann

$$\varphi_\lambda(\zeta) = \sum_{\nu=0}^{\lambda}(-1)^\nu \binom{2\lambda+1-\nu}{\nu}\zeta^{\lambda-\nu}. \qquad (6.43/4\,\text{b})$$

Es ist ferner bemerkenswert, daß alle Funktionen $\varphi_\lambda(\zeta)$ entweder symmetrisch oder antimetrisch zum Punkt $\zeta = 2$ sind, symmetrisch für gerade λ, antimetrisch für ungerade λ. Daraus folgt, daß sich die Nullstellen paarweise in der Form

$$\zeta_i + \zeta_{\lambda-i} = 4 \qquad (6.43/4\,\text{c})$$

anordnen, und daß für die ungeraden λ stets eine Nullstelle

$$\zeta_{(\lambda+1)/2} = 2 \qquad (6.43/4\,\text{d})$$

vorhanden ist.

Die Nullstellen ζ_i der Funktionen φ_1 bis φ_{12} sind in der folgenden Tab. 6.43/2 angegeben.

Tabelle 6.43/2. *Nullstellen* ζ_i *der Funktionen* $\varphi_\lambda(\zeta)$

φ_1	φ_2	φ_3	φ_4	φ_5	φ_6	φ_7	φ_8	φ_9	φ_{10}	φ_{11}	φ_{12}
2,000	1,000	0,586	0,382	0,268	0,198	0,152	0,121	0,098	0,081	0,068	0,058
	3,000	2,000	1,382	1,000	0,753	0,586	0,468	0,382	0,317	0,268	0,232
		3,414	2,618	2,000	1,555	1,235	1,000	0,824	0,690	0,586	0,503
			3,618	3,000	2,445	2,000	1,653	1,382	1,169	1,000	0,865
				3,732	3,247	2,765	2,347	2,000	1,715	1,482	1,291
					3,802	3,414	3,000	2,618	2,285	2,000	1,761
						3,848	3,532	3,176	2,831	2,518	2,239
							3,879	3,618	3,310	3,000	2,709
								3,902	3,683	3,414	3,135
									3,919	3,732	3,497
										3,932	3,768
											3,942

Aus den Werten der Tab. 6.43/2 erhält man gemäß (6.42/7)

$$\omega_i = \sqrt{z_i} = \sqrt{\zeta_i \frac{c}{\Theta}} \qquad (6.43/5)$$

sogleich die Eigenfrequenzen einer homogenen Maschine.

Solange man nur rein homogene Maschinen betrachtet, benötigt man außer den Nullstellen keine weiteren Funktionswerte φ. Für die später anschließenden Betrachtungen werden sie jedoch erforderlich. Tafeln dieser Funktionen finden sich an den in der Fußnote[1] angegebenen Stellen.

In 6.44 werden wir schließlich noch angeben, wie die GRAMMELschen Frequenzfunktionen sich aus trigonometrischen Ausdrücken aufbauen lassen.

---

[1] GRAMMEL, R.: Ing.-Arch. Bd. 2 (1931) S. 228ff. — BIEZENO, C. B., u. R. GRAMMEL: Technische Dynamik, Anhang V. Berlin: Springer 1939. — Taschenbuch „Hütte" Bd. I, 28. Aufl., S. 594—598 (nicht in den früheren Auflagen). Berlin: Ernst & Sohn.

β) **Homogene Maschine mit einer Zusatzmasse.** Beispiele für homogene Maschinen stellen z. B. die Brennkraftmaschinen mit in einer Reihe stehenden Zylindern dar, die sog. Reihenmotoren. In den seltensten Fällen ist

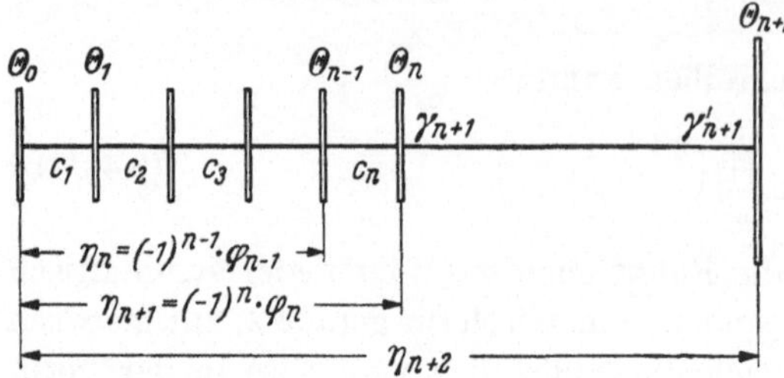

Abb. 6.43/1. Homogene Maschine mit einer Zusatzmasse

ein solches homogenes Stück jedoch allein vorhanden; meist treten noch Zusatzdrehmassen, wie Schwungräder, Dynamomotoren, Kupplungen, Treibschrauben u. dgl., hinzu. Wir betrachten nun Schwinger, die aus einem homogenen „Kern" bestehen, an den sich „Zusatzstücke" anschließen. Als ersten Fall untersuchen wir die homogene Welle mit *einer* Zusatzdrehmasse, wie sie durch Abb. 6.43/1 angegeben wird. $\Theta_0 = \Theta_1 = \cdots = \Theta_n = \Theta$ seien die $(n + 1)$ gleichen Drehmassen des homogenen Kernes (die zu den Zylindern gehören), $c_1 = c_2 = \cdots = c_n = c$ die unter sich gleichen Steifigkeiten der zwischen den Zylindern liegenden Wellenstücke. Θ_{n+1} sei das Trägheitsmoment der Zusatzdrehmasse, c_{n+1} die Steifigkeit des Anschlußstückes der Welle. Aus diesen Werten bilden wir mit $k^* = c/\Theta$ zuerst

$$\gamma_1 = \gamma_1' = \gamma_2 = \gamma_2' = \cdots = \gamma_n = \gamma_n' = 1,$$

sodann

$$\gamma_{n+1} = \frac{k_{n+1}}{k^*} = \frac{c_{n+1}}{c}, \qquad \gamma_{n+1}' = \frac{k_{n+1}'}{k^*} = \frac{c_{n+1}}{c} \frac{\Theta}{\Theta_{n+1}}. \tag{6.43/6}$$

Die Eigenfrequenzen erhält man (wie stets) aus den Nullstellen der reduzierten Drillungsfunktionen $\eta_{n+1}(\zeta)$. Für diese nimmt die Rekursionsformel (6.42/6) die Gestalt an

$$\eta_{n+2}(\zeta) = \eta_{n+1}(\zeta) (\gamma_{n+1} + \gamma_{n+1}' - \zeta) - \eta_n(\zeta) \gamma_{n+1}. \tag{6.43/7}$$

Sowohl η_{n+1} wie η_n bedeuten nun aber Drillungsfunktionen homogener Stücke: η_{n+1} ist die Drillungsfunktion des homogenen Kernes von Θ_0 bis Θ_n, η_n die des weiterhin noch um die Drehmasse Θ_n verkürzten Stückes von Θ_0 bis Θ_{n-1} (wie die Abb. 6.43/1 andeutet). Führt man statt der Drillungsfunktionen η, soweit sie sich auf homogene Stücke beziehen, die Funktionen φ ein, so kommt wegen $\eta_{n+2} = 0$, unter Benutzung von (6.43/2) und Berücksichtigung von (6.43/6),

$$(\zeta - \gamma_{n+1} - \gamma_{n+1}') \varphi_n(\zeta) = \gamma_{n-1} \varphi_{n-1}(\zeta). \tag{6.43/8}$$

Diese Gleichung enthält nun nur tabellierte Funktionen. Die Wurzeln ζ_i der Gl. (6.43/8) findet man am zweckmäßigsten als Schnittpunkte zweier Kurven $y_1(\zeta)$ und $y_2(\zeta)$, von denen die eine die linke, die andere die rechte Seite der Gleichung darstellt. Man hat also die bekannte Funktion $\varphi_n(\zeta)$ mit einem in ζ linearen Faktor zu multiplizieren, die bekannte Funktion $\varphi_{n-1}(\zeta)$ mit einer Konstanten. Die Kurven schneiden sich so oft, als Wurzeln von $\eta_{n+2}(\zeta) = 0$ vorhanden sind, also $(n + 1)$-mal. Aus den Wurzeln ζ_i folgen die Eigenfrequenzen nach (6.42/7).

Wir geben ein **Beispiel.** Zu ermitteln sind die Eigenfrequenzen der Drillungsschwingungen, die die Welle einer Maschine nach Abb. 6.43/2 ausführen kann. Die Maschine bestehe aus vier gleichen Zylindern, rechts sitze noch ein Schwungrad auf der Welle. Die auf die Steifigkeit $GJ = 10^{10}$ kp cm^2 reduzierten Längen der Wellenstücke betragen

$$l_1 = l_2 = l_3 = 25 \text{ cm}, \qquad l_4 = 50 \text{ cm},$$

so daß die Federzahlen

$$c_1 = c_2 = c_3 = 4 \cdot 10^8 \text{ kp cm}, \qquad c_4 = 2 \cdot 10^8 \text{ kp cm}$$

lauten. Die Trägheitsmomente der Drehmassen haben die Werte

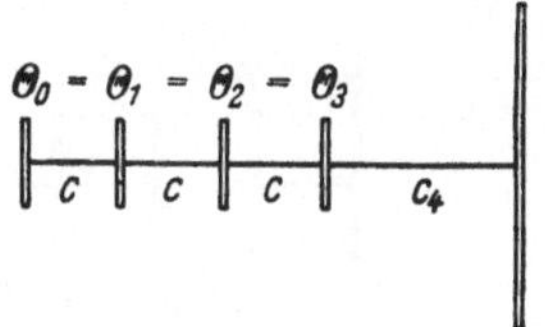

$$\Theta_0 = \Theta_1 = \Theta_2 = \Theta_3 = \Theta = 100 \text{ kp cm sek}^2,$$

$$\Theta_4 = 2000 \text{ kp cm sek}^2.$$

Abb. 6.43/2. Beispiel

Aus diesen Daten folgt

$$k = \frac{c}{\Theta} = 4 \cdot 10^6 \text{ sek}^{-2}, \qquad k_4 = \frac{c_4}{\Theta_3} = 2 \cdot 10^6 \text{ sek}^{-2}, \qquad k_4' = \frac{c_4}{\Theta_4} = 0{,}1 \cdot 10^6 \text{ sek}^{-2}.$$

Mit $k = k^*$ kommt daher

$$\gamma_4 = 0{,}5, \qquad \gamma_4' = 0{,}025,$$

so daß (6.43/8) die Form annimmt

$$(\zeta - 0{,}525)\,\varphi_3(\zeta) = 0{,}5\,\varphi_2(\zeta). \tag{6.43/8a}$$

Die beiden Kurven

$$y_1 = (\zeta - 0{,}525)\,\varphi_3(\zeta) \quad \text{und} \quad y_2 = 0{,}5\,\varphi_2(\zeta)$$

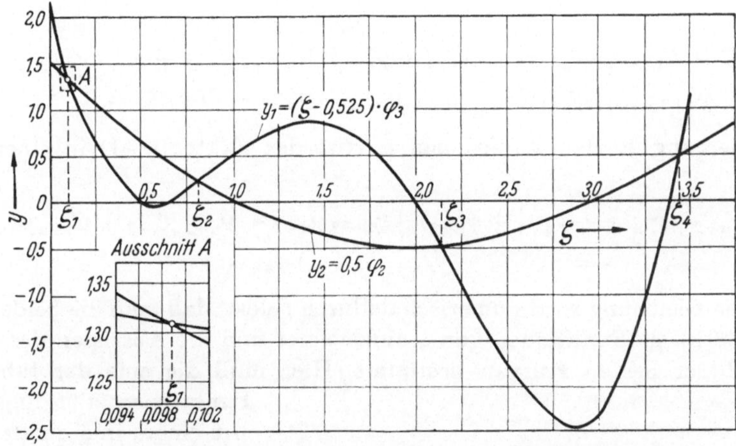

Abb. 6.43/3. Bestimmung der Eigenfrequenzen des Beispieles 6.43/2

sind in Abb. 6.43/3 aufgezeichnet. Aus ihren vier Schnittpunkten mit den Abszissen ζ findet man die Quadrate z_i der Kreisfrequenzen ω_i und die Frequenzen f_i der nachstehenden Tab. 6.43/3.

Tabelle 6.43/3. *Wurzeln der Gl.* (6.43/8 a)

	ζ_i	z_i in 10^6 sek^{-2}	ω_i in 10^3 sek^{-1}	f_i in Hz
$i = 1$	0,099	0,396	0,63	100,3
$i = 2$	0,810	3,240	1,80	287
$i = 3$	2,150	8,6	2,93	467
$i = 4$	3,45	13,8	3,72	592

γ) **Homogene Maschine mit zwei Zusatzmassen auf derselben Seite.** Sind an den homogenen Kern Θ_0 bis Θ_n zwei Zusatzstücke Θ_{n+1} und

Θ_{n+2} angefügt mit Wellenstücken, deren Federzahlen c_{n+1} und c_{n+2} betragen (Abb. 6.43/4), so hat man die Drillungsfunktion $\eta_{n+3}(\zeta)$, deren Nullstellen die

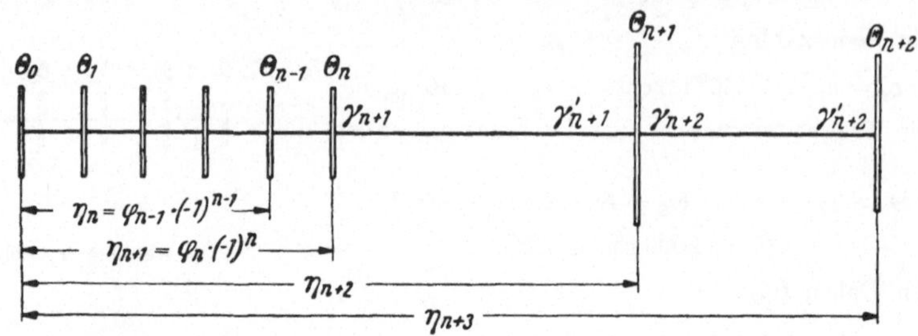

Abb. 6.43/4. Homogene Maschine mit zwei Zusatzmassen auf derselben Seite

Frequenzen bezeichnen, durch Anwendung der Rekursionsformel (6.42/6) auf die tabellierten Funktionen $\eta_{n+1}(\zeta)$ und $\eta_n(\zeta)$ oder die ihnen gleichwertigen φ_n und φ_{n-1} zurückzuführen. Diese Zurückführung erfordert hier zwei Schritte:

$$\eta_{n+3} = \eta_{n+2}(\gamma_{n+2} + \gamma'_{n+2} - \zeta) - \eta_{n+1}\gamma_{n+2}\gamma'_{n+1}$$

$$= [\eta_{n+1}(\gamma_{n+1} + \gamma'_{n+1} - \zeta) - \eta_n\gamma_{n+1}\gamma'_n](\gamma_{n+2} + \gamma'_{n+2} - \zeta) - \eta_{n+1}\gamma_{n+2}\gamma'_{n+1},$$

daher

$$\eta_{n+3} = [\zeta^2 - \zeta(\gamma_{n+2} + \gamma'_{n+2} + \gamma_{n+1} + \gamma'_{n+1}) + \gamma_{n+2}\gamma_{n+1} + \gamma_{n+1}\gamma'_{n+2} +$$
$$+ \gamma'_{n+2}\gamma'_{n+1}]\eta_{n+1}(\zeta) - \gamma_{n+1}(\gamma_{n+2} + \gamma'_{n+2} - \zeta)\eta_n(\zeta) = 0. \qquad (6.43/9\,\mathrm{a})$$

Beim Übergang zu den Funktionen φ tritt der Faktor (-1) in einem Glied hinzu:

$$[\zeta^2 - \zeta(\gamma_{n+2} + \gamma'_{n+2} + \gamma_{n+1} + \gamma'_{n+1}) + \gamma_{n+2}\gamma_{n+1} + \gamma_{n+1}\gamma'_{n+2} + \gamma'_{n+2}\gamma'_{n+1}]\varphi_n(\zeta)$$
$$= \gamma_{n+1}(\zeta - \gamma_{n+2} - \gamma'_{n+2})\varphi_{n-1}(\zeta). \qquad (6.43/9\,\mathrm{b})$$

Auch diese Gleichung wird numerisch dadurch gelöst, daß man die beiden Seiten von (6.43/9b) als Funktionen von ζ aufzeichnet und die Abszissen der Schnittpunkte dieser beiden Kurven bestimmt. Hier muß die eine der tabellierten

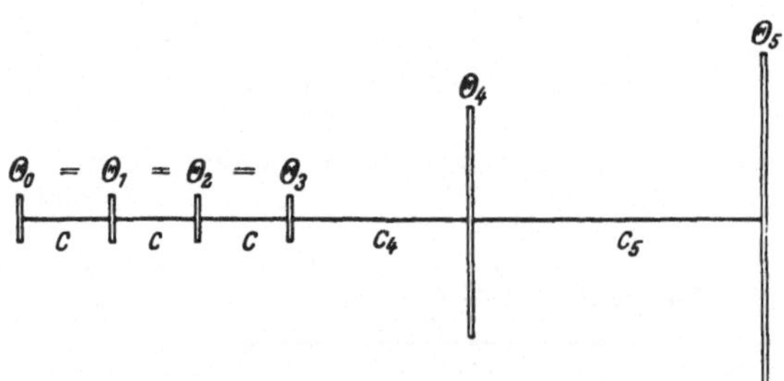

Abb. 6.43/5. Beispiel

Funktionen allerdings schon mit einem in ζ quadratischen Ausdruck multipliziert werden. Die Rechenarbeit ist aber noch leicht zu bewältigen.

Wir geben auch hier ein **Beispiel.** Als Schwinger diene das zuvor (in 6.43β) betrachtete, durch Abb. 6.43/2 dargestellte Gebilde, an das ein weiteres Wellenstück von der Länge $l_5 = 80\,\mathrm{cm}$ mit der Drehmasse $\Theta_5 = 3000\,\mathrm{kp\,cm\,sek^2}$ angefügt wird (Abb. 6.43/5).

Die neu hinzukommenden „Koeffizienten" γ_5 und γ'_5 haben demgemäß die Werte

$$\gamma_5 = 0{,}015625 \quad \text{und} \quad \gamma'_5 = 0{,}010417.$$

Die Frequenzengleichung (6.43/9b) erhält damit die Gestalt

$$(\zeta^2 - 0{,}5510\,\zeta + 0{,}01328)\,\varphi_3 = 0{,}5\,(\zeta - 0{,}0260)\,\varphi_2. \qquad (6.43/9\,\mathrm{c})$$

Durch eine graphische Auflösung (s. ,,Bericht" [*], Abb. 27) erhält man die Werte ζ_i und daraus die Frequenzen ω_i und f_i der Tab. 6.43/4.

Tabelle 6.43/4. *Wurzeln der Gl. (6.43/9c) und zugehörige Frequenzen*

	z_i in 10^6 sek^{-2}	ω_i in 10^3 sek^{-1}	f_i in Hz
$\zeta_I = 0{,}023$	$z_I = 0{,}092$	$\omega_I = 0{,}305$	$f_I = 48{,}6$
$\zeta_{II} = 0{,}102$	$z_{II} = 0{,}408$	$\omega_{II} = 0{,}633$	$f_{II} = 100{,}5$
$\zeta_{III} = 0{,}810$	$z_{III} = 3{,}24$	$\omega_{III} = 1{,}800$	$f_{III} = 287$
$\zeta_{IV} = 2{,}150$	$z_{IV} = 8{,}6$	$\omega_{IV} = 2{,}933$	$f_{IV} = 467$
$\zeta_V = 3{,}440$	$z_V = 13{,}76$	$\omega_V = 3{,}710$	$f_V = 591$

δ) **Homogene Maschine mit zwei Zusatzmassen auf verschiedenen Seiten.** Wenn die beiden Zusatzmassen nicht auf derselben, sondern auf verschiedenen Seiten des homogenen Kernes liegen, so stellt man folgende Überlegung an (Bezeichnungen entsprechend Abb. 6.43/6): Das Drillungs-

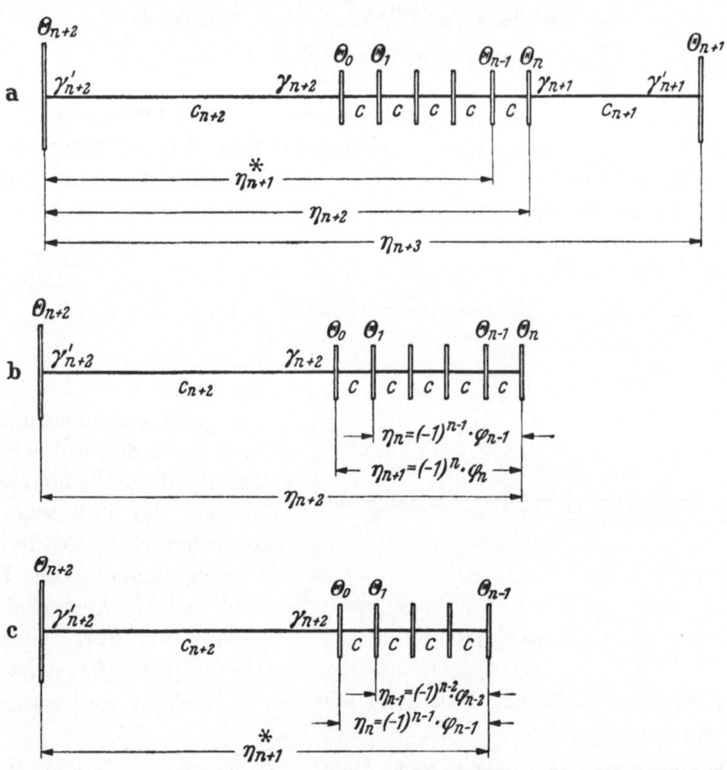

Abb. 6.43/6. Homogene Maschine mit zwei Zusatzmassen auf verschiedenen Seiten

moment eines rechts überstehenden Wellenstumpfes ist proportional der reduzierten Drillungsfunktion η_{n+3}. Diese läßt sich mittels der Rekursionsformel (6.42/6) ausdrücken durch die Funktionen η_{n+2} und η^*_{n+1} (vgl. Abbildung 6.43/6a). Weder η_{n+2} noch η^*_{+1} bedeuten jedoch hier Drillungsfunktionen eines homogenen Stückes; η_{n+2} bedeutet die Drillungsfunktion des Schwingers nach Abb. 6.43/6b, η^*_{n+1} die des Schwingers nach Abb. 6.43/6c; in beiden Fällen ist eine Zusatzdrehmasse vorhanden. Die Drillungsfunktion ist auch hier ein Maß für das (im rechten Wellenstumpf) anzubringende Drillungsmoment, das eine Schwingung mit der vorgegebenen Frequenz und einem Ausschlag $u = 1$ an der linken Drehmasse aufrechterhält. Dieses Drillungsmoment ist nach einem allgemeinen Satz (den wir nicht explizit herleiten) gleich jenem, das im linken Wellenstumpf anzubringen wäre, um einen Ausschlag $u = 1$ an der rechten Drehmasse aufrecht zu erhalten. Wir dürfen deshalb in beiden Fällen, dem der Abb. 6.43/6b und dem der Abb. 6.43/6c, statt der jeweils rechts anzubringenden Drillungsmomente die links notwendigen Drillungsmomente errechnen. Diese kennen wir aber, da beide Schwinger aus einem homogenen Kern mit einer Zusatzdrehmasse bestehen; der Kern hat dabei in einem Falle n homogene Drehmassen, im anderen nur $n - 1$. Mit den Bezeichnungen der Abb. 6.43/6a bis c wird also

$$\eta_{n+3} = \eta_{n+2}(\gamma_{n+1} + \gamma'_{n+1} - \zeta) - \eta^*_{n+1}\gamma_{n+1},$$

$$\eta_{n+2} = \eta_{n+1}(\gamma_{n+2} + \gamma'_{n+2} - \zeta) - \eta_n\gamma_{n+2},$$

$$\eta^*_{n+1} = \eta_n(\gamma_{n+2} + \gamma'_{n+2} - \zeta) - \eta_{n-1}\gamma_{n+2}.$$

Die Funktionen η_{n+1}, η_n und η_{n-1} gehören jetzt zu einem homogenen Schwinger, sind also bekannte Funktionen von ζ. Gehen wir unter Verwendung von (6.43/2) noch zu den Funktionen φ über und benutzen ferner deren Rekursionsformel (6.43/3), so kommt schließlich

$$[\zeta^2 - (\gamma_{n+1} + \gamma'_{n+1} + \gamma_{n+2} + \gamma'_{n+2})\zeta + (\gamma_{n+1}\gamma'_{n+2} + \gamma'_{n+1}\gamma_{n+2} + \gamma'_{n+1}\gamma'_{n+2}]\varphi_n$$

$$= [(\gamma_{n+1} + \gamma_{n+2} - \gamma_{n+1}\gamma_{n+2})\zeta - (\gamma_{n+1}\gamma'_{n+2} + \gamma'_{n+1}\gamma_{n+2})]\varphi_{n-1}. \quad (6.43/10)$$

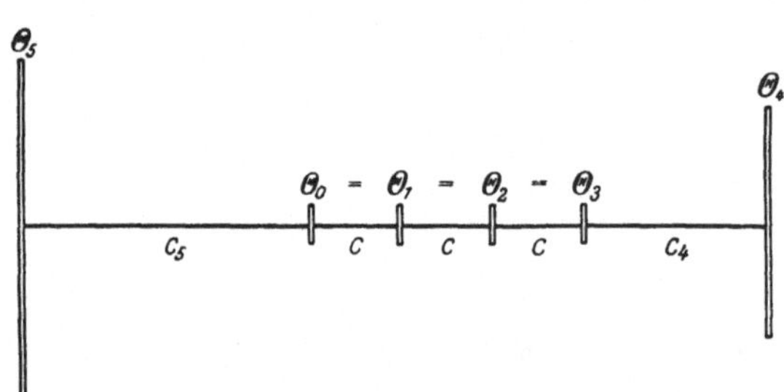

Abb. 6.43/7. Beispiel

Auch hier treten als Faktoren der bekannten Funktionen φ ein quadratischer und ein linearer Ausdruck auf, ebenso wie dies in (6.43/9b) bei zwei Drehmassen der Fall war, die auf derselben Seite des homogenen Kernes lagen. Die Faktoren sind jedoch hier anders aufgebaut als dort. Gelöst wird die Gl. (6.43/10) ebenso wie die früher besprochene dadurch, daß zwei Kurven gezeichnet und zum Schnitt gebracht werden.

Wir geben auch hier ein **Beispiel.** Es handle sich um den Schwinger nach Abb. 6.43/7. Seine Daten sind

$$\Theta_0 = \Theta_1 = \Theta_2 = \Theta_3 = \Theta = \quad 100 \text{ kp cm sek}^2,$$
$$\Theta_4 \qquad\qquad\qquad\quad = 2000 \text{ kp cm sek}^2,$$
$$\Theta_5 \qquad\qquad\qquad\quad = 3000 \text{ kp cm sek}^2,$$

$$l_1 = l_2 = l_3 = l \quad\quad = 25 \text{ cm},$$
$$l_4 \qquad\qquad\qquad\quad = 50 \text{ cm}, \quad \left.\right\} \text{ bezogen auf } GJ = 10^{10} \text{ kp cm}^2.$$
$$l_5 \qquad\qquad\qquad\quad = 80 \text{ cm}$$

Mit

$$k^* = \frac{GJ}{\Theta l} = 4 \cdot 10^6 \ \text{sek}^{-2}$$

wird

$$\gamma_{n+1} = 0{,}5, \qquad \gamma'_{n+1} = 0{,}025, \qquad \gamma_{n+2} = 0{,}3125, \qquad \gamma'_{n+2} = 0{,}010417.$$

Damit wird also (6.43/10) zu

$$(\zeta^2 - 0{,}8479\,\zeta + 0{,}0133)\, q_3(\zeta) = (0{,}6563\,\zeta - 0{,}0130)\, \varphi_2(\zeta). \qquad (6.43/10\mathrm{a})$$

Diese Gleichung kann graphisch gelöst werden (s. „Bericht" ([*], Abb. 30). Die Abszissen-werte der Schnittpunkte und damit die Frequenzen sind in der Tab. 6.43/5 verzeichnet.

Tabelle 6.43/5. *Wurzeln der Gl. (6.43/10a) und daraus folgende Frequenzen*

	z_i in 10^6 sek^{-2}	ω_i in 10^3 sek^{-1}	f_i in Hz
$\zeta_I \ = 0{,}010$	$z_I \ = \ 0{,}04$	$\omega_I \ = 0{,}200$	$f_I \ = \ 31{,}9$
$\zeta_{II} = 0{,}196$	$z_{II} \ = \ 0{,}784$	$\omega_{II} = 0{,}885$	$f_{II} = 141$
$\zeta_{III} = 0{,}940$	$z_{III} = \ 3{,}760$	$\omega_{III} = 1{,}939$	$f_{III} = 308{,}8$
$\zeta_{IV} = 2{,}230$	$z_{IV} = \ 8{,}920$	$\omega_{IV} = 2{,}987$	$f_{IV} = 475{,}6$
$\zeta_V \ = 3{,}470$	$z_V \ = 13{,}88$	$\omega_V \ = 3{,}726$	$f_V \ = 593{,}3$

ε) **Mehr als zwei Zusatzmassen.** Wenn mehr als zwei Zusatzmassen berücksichtigt werden müssen, so werden die Faktoren, mit denen die bekannten Funktionen φ multipliziert werden, von höherem als dem zweiten Grad. Explizit ausgerechnete Formeln für solche Fälle, aber auch für andere Zusammenstellungen und Gruppierungen von Maschinen und Maschinenteilen, wie z. B. für eine aus zwei homogenen Aggregaten aufgebaute Maschine, für verzweigte Wellen-leitungen u. dgl. finden sich in [*18*].

6.44 Die Methode der Differenzenrechnung. (Vorschläge von P. Funk [*25*] und L. Collatz - Th. Pöschl [*27*].) Alle Aussagen, die sich auf einen „homo-genen" Schwinger beziehen, mögen sie nun in der Form der Grammelschen Fre-quenzfunktionen $\varphi_\lambda(\zeta)$, als Tabellenwerte für die Einheitswelle nach Biber oder sonstwie auftreten, lassen sich in sehr übersichtlicher Weise mit Hilfe der Differenzenrechnung gewinnen. In dieser Darstellung lassen sich dann auch eine Reihe allgemeiner Sätze leicht ablesen, die sonst nur mühsam herzuleiten wären. Überdies kann man an diese Ergebnisse der Differenzenrechnung nomo-graphische Methoden zur weiteren Behandlung der Frequenzengleichungen an-schließen.

Die Rekursionsformel (6.43/1) für die reduzierte Drillungsfunktion eines *homogenen* Schwingers läßt sich in die Gestalt

$$\eta_{\lambda+1} + (\zeta - 2)\,\eta_\lambda + \eta_{\lambda-1} = 0 \qquad (6.44/1)$$

setzen und als eine *Differenzengleichung* auffassen (s. auch 3.25). Eine Diffe-renzengleichung der Bauart (6.44/1) läßt partikulare Lösungen sowohl der Form $\eta_\lambda = \sin\alpha\lambda$ wie auch der Form $\eta_\lambda = \cos\alpha\lambda$ zu. Der Parameter α hängt dabei von den Koeffizienten der Differenzengleichung ab. In unserem Fall findet man durch Einsetzen entweder von $\sin\alpha\lambda$ oder von $\cos\alpha\lambda$ in (6.44/1) als Beziehung zwischen dem Parameter α und dem Frequenzparameter ζ

$$\cos\alpha = \frac{2-\zeta}{2} \quad \text{oder} \quad \zeta = 2(1 - \cos\alpha). \qquad (6.44/2)$$

Aus den partikularen Lösungen baut sich die allgemeine auf; sie lautet

$$\eta_\lambda = A \cos\alpha\lambda + B \sin\alpha\lambda. \tag{6.44/3a}$$

Die Integrationskonstanten A und B bestimmen sich dabei aus den Randbedingungen. Diese lauten für unsere reduzierten Drillungsfunktionen η_λ [vgl. (6.43/1)]

$$\eta_0 = 0 \quad \text{und} \quad \eta_1 = 1. \tag{6.44/3}$$

Sie liefern $A = 0$, $B = 1/\sin\alpha$. So kommt als Lösung von (6.44/1) mit den Randbedingungen (6.44/3)

$$\eta_\lambda = \frac{\sin\alpha\,\lambda}{\sin\alpha} \tag{6.44/4}$$

zustande. Die Frequenzengleichung eines homogenen Schwingers lautet wegen $\eta_{n+1} = 0$ demnach

$$\sin(n+1)\,\alpha = 0; \tag{6.44/5}$$

der Zusammenhang zwischen α und ζ wird dabei durch (6.44/2) geliefert. Die Wurzeln α_m von (6.44/5) lassen sich schreiben als

$$(n+1)\,\alpha_m = m\,\pi.$$

Damit wird

$$\zeta_m = 2\left(1 - \cos\frac{m\,\pi}{n+1}\right). \tag{6.44/6}$$

Der durch (6.44/6) gelieferte Zusammenhang läßt sich leicht graphisch veranschaulichen (Abb. 6.44/1, vgl. auch Abb. 3.25/1).

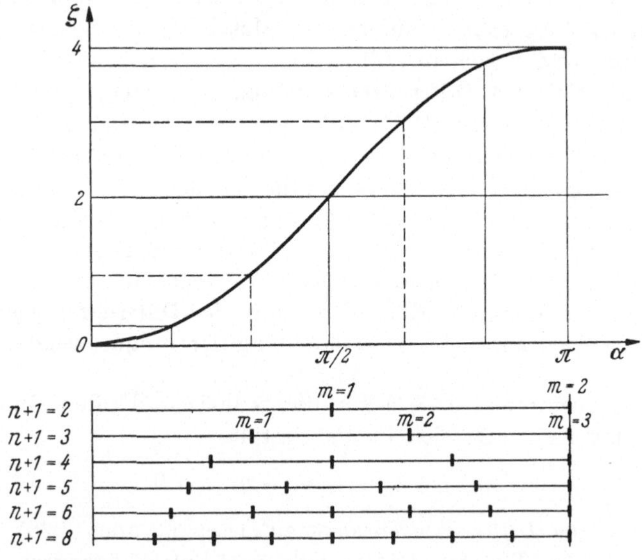

Abb. 6.44/1. Verteilung der Wurzeln der Frequenzengleichung

Übrigens folgt aus (6.44/6) sofort der von R. GRAMMEL ausgesprochene (in 6.43 noch nicht erwähnte) Satz, daß alle $\zeta_i \leqq 4$ bleiben; ferner folgen sofort die in 6.43α ohne Beweis ausgesprochenen Sätze über die Verteilung der Nullstellen der Funktionen φ in dem Bereich $0 < \zeta < 4$, so z. B. (6.43/4c), (6.43/4d) und die Werte der Tab. 6.43/2.

Aus (6.44/4) folgt wegen (6.43/2)

$$\varphi_\lambda = (-1)^\lambda \frac{\sin\alpha\,(\lambda+1)}{\sin\alpha}. \qquad (6.44/4\,\text{a})$$

Damit haben wir für die Frequenzfunktionen φ_λ neben der Potenzreihendarstellung von $6.43\,\alpha$ eine Darstellung durch trigonometrische Funktionen gewonnen. Wesentlicher aber als die Art der Darstellung und der Herleitung der Funktionen η_λ oder φ_λ ist für den praktischen Gebrauch der Funktionen das Vorhandensein von Tabellen der Funktionswerte.[1]

Auch wenn Zusatzmassen vorhanden sind, läßt sich die Frequenzengleichung auf trigonometrische Ausdrücke zurückführen. Wir zeigen das explizit nur für den Fall einer einzigen Zusatzmasse, wie er in $6.43\,\beta$ schon behandelt worden ist, und verweisen im übrigen auf die Arbeit von L. Collatz und Th. Pöschl [27].

Aus (6.43/7) folgt zunächst wegen $\eta_{n+2} = 0$ die Gleichung

$$\eta_{n+1}(\zeta - \gamma_{n+1} - \gamma'_{n+1}) + \eta_n\,\gamma_{n+1} = 0; \qquad (6.44/7\,\text{a})$$

dazu aus (6.43/1)

$$\eta_{\lambda+1} + (\zeta - 2)\,\eta_\lambda + \eta_{\lambda-1} = 0 \qquad (6.44/7\,\text{b})$$

für alle λ von 1 bis n, mit $\eta_0 = 0$. Die Gln. (6.44/7b) (mit der Randbedingung $\eta_0 = 0$) werden durch den Ansatz $\eta_\lambda = \sin\alpha\,\lambda$ sämtlich befriedigt; führt man den Ansatz auch noch in die Gl. (6.44/7a) ein (die die zweite „Randbedingung" $\eta_{n+2} = 0$ enthält), so folgt

$$(\zeta - \gamma_{n+1} - \gamma'_{n+1})\sin\alpha\,(n+1) + \gamma_{n+1}\sin\alpha\,n = 0 \qquad (6.44/8)$$

als Frequenzengleichung. Die $n+1$ Wurzeln α_i dieser Gleichung liefern dann mit Hilfe von (6.44/2) die Eigenfrequenzen[2]. L. Collatz und Th. Pöschl zeigen überdies, wie sich z. B. eine Gleichung der Bauart (6.44/8) für eine nomographische Darstellung eignet.

6.45 Die Ersatzmasse. (Vorschläge und Verfahren von F. Sass [10], J. Geiger [13], H. Behrens [16], L. Kalichman [24], W. Behrmann [26], L. Strunz [28], P. Funk [25], W. Benz [15] und F. Porter [19] und Darstellung von Th. O'Callaghan [35].) Jetzt wollen wir uns mit einem Gedankengang vertraut machen, der — ob ausgesprochen oder nicht — einer sehr großen Anzahl von Verfahren zugrunde liegt, mit dem Gedanken nämlich, daß die Anzahl der in Betracht zu ziehenden Massen eines Schwingers dadurch verringert werden kann, daß eine Reihe von ihnen zu einer einzigen Masse, einer „Ersatzmasse", zusammengefaßt wird. Nahegelegt wird die angedeutete Überlegung dadurch, daß die Eigenfrequenzen eines Zwei-Massen-Systems aus einer linearen, die eines Drei-Massen-Systems aus einer quadratischen Gleichung [s. z. B. (6.42/4a)] bestimmt werden. Die Einfachheit dieser Bestimmungsgleichungen erregt immer wieder den Wunsch, mit solchen Zwei- oder Drei-Massen-Systemen auszukommen.

Wir fragen also: Können, etwa im Schwinger der Abb. 6.31/1, die $\lambda+1$ ersten Drehmassen von Θ_0 bis Θ_λ zu einer einzigen Drehmasse $\hat\Theta$ zusammen-

---

[1] Siehe Fußnote 1, S. 379.

[2] Unter gewissen Umständen werden Wurzeln der Gleichung komplex. Diese Besonderheiten behandelt die Arbeit von H. Bufler und F. Kiessling: Ing.-Arch. Bd. 29 (1960) S. 250—259.

gefaßt werden, die (etwa) am Ort der Masse Θ_λ sitzen soll? Und wie groß ist dann diese Ersatzdrehmasse $\hat{\Theta}$?

Die Wirkung der wegzunehmenden Drehmassen Θ_0 bis Θ_λ auf das rechts von ihnen liegende Stück der Welle besteht allein in der Wirkung ihrer Trägheitskräfte, durch die das Drillungsmoment $x_{\lambda+1}$ bestimmt wird. Erzeugen die Trägheitskräfte der neuen Masse $\hat{\Theta}$ dasselbe Drillungsmoment $x_{\lambda+1}$, so ist $\hat{\Theta}$ den Massen Θ_0 bis Θ_λ gleichwertig. Das Drillungsmoment $x_{\lambda+1}$ findet man [vgl. (6.41/1a)] aus

$$x_{\lambda+1} = z \sum_{\nu=0}^{\lambda} \Theta_\nu u_\nu.$$

Im Ersatzsystem, wo $\hat{\Theta}$ an der Stelle der Masse Θ_λ sitzt, gilt

$$x_{\lambda+1} = z\,\hat{\Theta}\,u_\lambda.$$

Gleichsetzung dieser beiden Drillungsmomente liefert für die Ersatzmasse den Ausdruck

$$\hat{\Theta} = \frac{\sum\limits_{\nu=0}^{\lambda} \Theta_\nu u_\nu}{u_\lambda}. \tag{6.45/1}$$

Die Ausschläge u hängen dabei von der Frequenz ab; demgemäß ist auch die Ersatzmasse $\hat{\Theta}$ eine frequenzabhängige Größe.

Nehmen wir nun einmal an, die Ersatzmasse $\hat{\Theta}$ sei bekannt oder als eine bekannte Funktion der Frequenz darstellbar (daß das der Fall ist, werden wir in 6.46 noch im einzelnen zeigen). Wenn dann außer den $\lambda+1$ schon zusammengefaßten Massen Θ_0 bis Θ_λ nur noch eine einzige weitere Masse $\Theta_{\lambda+1}$ im Schwinger vorhanden ist, so kann die Frequenz des nunmehr aus den beiden Massen $\hat{\Theta}$ und $\Theta_{\lambda+1}$ bestehenden Schwingers nach der Zwei-Massen-Formel bestimmt werden. Diese lautet gemäß (6.33/1)

$$z = c_{\lambda+1}\left[\frac{1}{\hat{\Theta}} + \frac{1}{\Theta_{\lambda+1}}\right].$$

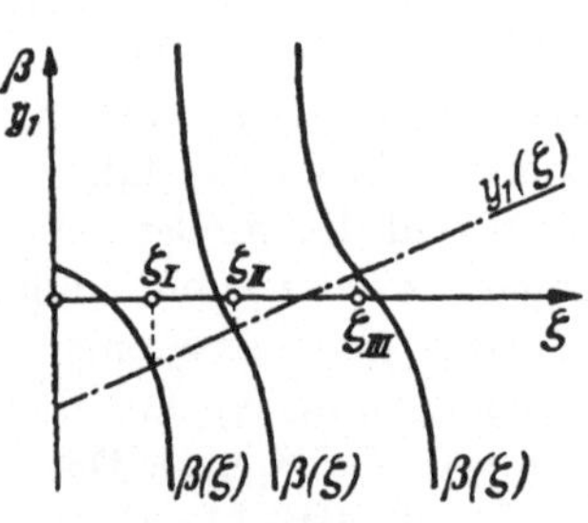

Abb. 6.45/1. Ermittlung der Wurzeln der Gl. (6.45/2)

Löst man diese Gleichung nach $1/\hat{\Theta}$ auf, so erhält man zunächst

$$\frac{1}{\hat{\Theta}(z)} = \frac{z}{c_{\lambda+1}} - \frac{1}{\Theta_{\lambda+1}}$$

oder, mit Hilfe zweier noch näher festzulegender Werte c^* und Θ^* dimensionslos gemacht,

$$\frac{\Theta^*}{\hat{\Theta}(\zeta)} = \zeta\,\frac{c^*}{c_{\lambda+1}} - \frac{\Theta^*}{\Theta_{\lambda+1}}. \tag{6.45/2}$$

Darin ist wie in (6.42/5) die Abkürzung

$$\zeta = \frac{z}{k^*} = \frac{z\,\Theta^*}{c^*}.$$

Wäre also $\Theta^*/\hat{\Theta}$ als Funktion von z bzw. ζ bekannt, so hätte man die Kurve $\Theta^*/\hat{\Theta}(\zeta) = \beta(\zeta)$ mit der durch die rechte Seite von (6.45/2) bestimmten Geraden

$$y_1(\zeta) = \zeta\,\frac{c^*}{c_{\lambda+1}} - \frac{\Theta^*}{\Theta_{\lambda+1}} \tag{6.45/2a}$$

zum Schnitt zu bringen. Die Abszissen ζ_i dieser Schnittpunkte lieferten dann die Eigenfrequenzen (Abb. 6.45/1).

Wenn außer den in $\widehat{\Theta}$ zusammengefaßten Massen noch *zwei* weitere Massen vorhanden sind, so benutzt man die Drei-Massen-Formel (6.42/4a)

$$z^2 - z\left(\frac{c_{\lambda+1}}{\widehat{\Theta}} + \frac{c_{\lambda+1}}{\Theta_{\lambda+1}} + \frac{c_{\lambda+2}}{\Theta_{\lambda+1}} + \frac{c_{\lambda+2}}{\Theta_{\lambda+2}}\right) + \frac{c_{\lambda+1}\,c_{\lambda+2}}{\widehat{\Theta}\,\Theta_{\lambda+1}} + \frac{c_{\lambda+1}\,c_{\lambda+2}}{\widehat{\Theta}\,\Theta_{\lambda+2}} + \frac{c_{\lambda+1}\,c_{\lambda+2}}{\Theta_{\lambda+1}\,\Theta_{\lambda+2}} = 0.$$

Nach $1/\widehat{\Theta}$ aufgelöst (und unter Benutzung zweier noch offengelassener Größen c^* und Θ^* dimensionslos geschrieben) lautet sie

$$\frac{\Theta^*}{\widehat{\Theta}} = \frac{c^*}{c_{\lambda+1}}\,\zeta - \frac{\Theta^*}{\Theta_{\lambda+1}} - \frac{\dfrac{c_{\lambda+2}}{c^*}\left(\dfrac{\Theta^*}{\Theta_{\lambda+1}}\right)^2}{\zeta - \dfrac{c_{\lambda+2}}{c^*}\left(\dfrac{\Theta^*}{\Theta_{\lambda+1}} + \dfrac{\Theta^*}{\Theta_{\lambda+2}}\right)}. \tag{6.45/3}$$

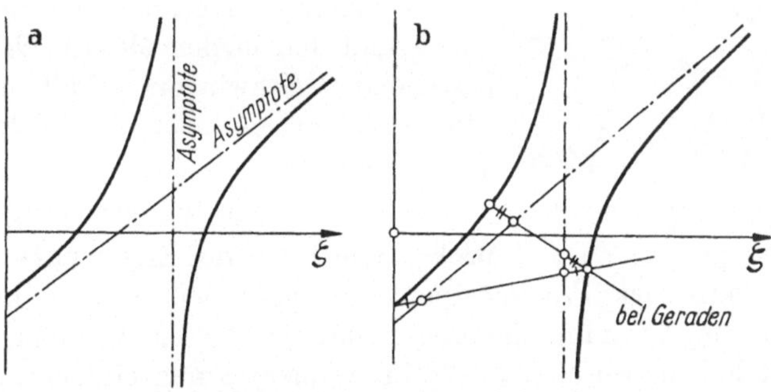

Abb. 6.45/2. Hyperbel, Konstruktion der Asymptoten

Die rechte Seite ist ein Ausdruck der Bauart

$$y_1(\zeta) = A\,\zeta - B - \frac{C}{\zeta - D}, \tag{6.45/3a}$$

so daß $y_1(\zeta)$ eine Hyperbel liefert. Die eine Asymptote dieser Hyperbel ist die Gerade

$$y = A\,\zeta - B;$$

dies ist, wie man durch Vergleich mit (6.45/2a) feststellt, genau dieselbe Gerade, die bei der Betrachtung des Zwei-Massen-Systems auftrat. Sie schneidet die Ordinatenachse in

$$y = -B = -\frac{\Theta^*}{\Theta_{\lambda+1}};$$

ihr Schnittpunkt mit der ζ-Achse liegt bei $\zeta = \dfrac{B}{A} = \dfrac{c_{\lambda+1}/\Theta_{\lambda+1}}{k^*}$. Die zweite Asymptote ist die zur Ordinatenachse parallele Gerade

$$\zeta = D.$$

Sie schneidet die ζ-Achse im Punkt

$$D = \frac{c_{\lambda+2}}{c^*}\left(\frac{\Theta^*}{\Theta_{\lambda+1}} + \frac{\Theta^*}{\Theta_{\lambda+2}}\right). \tag{6.45/4}$$

Die Asymptoten lassen sich also leicht in das Koordinatensystem einzeichnen (Abb. 6.45/2a).

Die Hyperbel selbst beginnt für $\zeta = 0$ mit dem Wert

$$y = -B + \frac{C}{D} = -\frac{\Theta^*}{\Theta_{\lambda+1} + \Theta_{\lambda+2}}.$$

Man kennt also einen Hyperbelpunkt und die Asymptoten. Damit läßt sich die Hyperbel, sogar ohne daß weitere Punkte berechnet werden müssen, konstruieren.

Diese Konstruktion (Abb. 6.45/2b) sei kurz beschrieben: Man zieht durch den bekannten Punkt irgendeine Gerade, trägt den Abschnitt vom bekannten Punkt bis zum Schnittpunkt mit der ersten Asymptote von der zweiten Asymptote aus ab; dann ist der Endpunkt der so aufgetragenen Strecke wieder ein Punkt der Hyperbel. Von diesem neuen Hyperbelpunkt aus kann die Konstruktion dann wiederholt und beliebig oft fortgesetzt werden.

Die Eigenschwingzahlen des aus der Ersatzmasse und den beiden Massen $\Theta_{\lambda+1}$ und $\Theta_{\lambda+2}$ bestehenden Schwingers erhält man also aus den Abszissen der Schnittpunkte der Kurve $\beta(\zeta) = \Theta^*/\hat{\Theta}(\zeta)$ mit jener Hyperbel (Abb. 6.45/3).

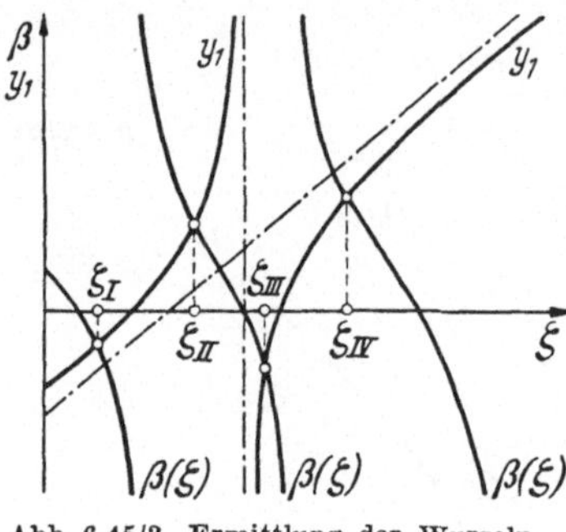

Abb. 6.45/3. Ermittlung der Wurzeln der Gl. (6.45/3)

In 6.46 werden wir erörtern, wie die reziproken Werte $1/\hat{\Theta}$ der Ersatzmasse als Funktion der Frequenz oder des Frequenzquadrates gefunden werden. Besondere Bedeutung wird die Zusammenfassung mehrerer Massen zu einer Ersatzmasse natürlich dort haben, wo eine solche Zusammenfassung einfach und übersichtlich wird, nämlich bei den „homogenen" Teilen des Schwingers.

Von einer Darstellung der Einzelheiten über die Beiträge, die die zu Beginn genannten Autoren gegeben haben, müssen wir hier absehen. Sie findet sich im „Bericht" [*], S. 32.

6.46 Die Ausschlagfunktionen (und ihre Weiterbildung durch B. Frank [*30*] und R. Arnold [*33*]). α) Die allgemeinen Ausschlagfunktionen. Um den gewünschten Ersatz einer Reihe von Massen durch eine einzige Masse durchführen zu können, bedarf man der Kenntnis der Ausschläge u_λ sowie der Summe der Ausschläge u_0 bis u_λ. Wir befassen uns daher nun mit diesen Ausschlägen, und zwar in einer ähnlichen Weise wie in 6.42 mit den Drillungsmomenten. Ja, wir werden besonderen Wert darauf legen, die Darlegungen an dieser Stelle so abzufassen, daß die Analogie zu den Entwicklungen in 6.42, 6.43 und 6.44 deutlich wird. Hinweise auf Veröffentlichungen können dabei zunächst nicht gegeben werden.

In 6.42 hatten wir aus den Grundgleichungen (6.32/6) durch Elimination der Ausschläge eine Rekursionsformel, nämlich (6.42/1a), für die Drillungsmomente gewonnen. Eliminiert man aus (6.32/6) jedoch die Drillungsmomente, so erhält man eine Rekursionsformel für die Ausschläge. Sie lautet, wenn man sogleich durch Θ_λ dividiert und von den Abkürzungen (6.42/1') Gebrauch macht,

$$u_\lambda k_\lambda = u_{\lambda-1}(k_\lambda + k'_{\lambda-1} - z) - u_{\lambda-2} k'_{\lambda-1} \qquad (6.46/1)$$

und ist in dieser Form das Gegenstück zu (6.42/1b). Gl. (6.46/1) gilt für $\lambda = 1$, 2, ..., n, wenn man beachtet, daß wegen $c_0 = 0$ auch $k'_0 = 0$ ist. An der Gleichung (6.46/1) kann man nun Umformungen vornehmen wie in 6.42.

Analog dem relativen Drillungsmoment definieren wir zunächst einen relativen Ausschlag u_λ/u_0. Setzt man (wie wir das schon oft getan haben) u_0 von vornherein gleich Eins, so können die Werte u_λ selbst als relative Ausschläge dienen. Um den Faktor k_λ auf der linken Seite von (6.46/1) zu beseitigen, bilden wir (analog den Drillungsfunktionen g_λ) jetzt „Ausschlagfunktionen" f_λ gemäß

$$f_\lambda(z) = \frac{u_\lambda(z)}{u_0} \prod_{\nu=1}^{\lambda} k_\nu. \tag{6.46/2}$$

Diese neuen Funktionen sind verbunden durch die Rekursionsformel

mit
$$\begin{aligned} f_\lambda &= f_{\lambda-1}(k_\lambda + k'_{\lambda-1} - z) - f_{\lambda-2}\,k'_{\lambda-1}\,k_{\lambda-1}, \qquad (\lambda = 2, 3, \ldots, n) \\ f_0 &= 1, \qquad f_1 = (k_1 - z). \end{aligned} \tag{6.46/3}$$

Wie die u_λ, so sind auch die f_λ ganze rationale Funktionen in z vom Grade λ. Division durch k^* (wie in 6.42) schafft schließlich die „reduzierten Ausschlagfunktionen"

$$\alpha_\lambda = \frac{f_\lambda}{k^{*\lambda}}. \tag{6.46/4}$$

Für sie gilt die Rekursionsformel

$$\begin{aligned} \alpha_\lambda(\zeta) &= \alpha_{\lambda-1}(\zeta)\,[\gamma_\lambda + \gamma'_{\lambda-1} - \zeta] - \alpha_{\lambda-2}(\zeta)\,\gamma_{\lambda-1}\,\gamma'_{\lambda-1}, \qquad (\lambda = 2, 3, \ldots, n) \\ \alpha_0 &= 1, \qquad \alpha_1 = \gamma_1 - \zeta. \end{aligned} \tag{6.46/5}$$

Diese reduzierten Ausschlagfunktionen $\alpha_\lambda(\zeta)$ sind dimensionslose Ausdrücke, die ganze rationale Funktionen in $\zeta = z/k^*$ vom Grade λ sind. Sie sind den Ausschlägen u_λ proportional gemäß

$$u_\lambda = u_0 \frac{1}{\prod\limits_{\nu=1}^{\lambda} \gamma_\nu}\, \alpha_\lambda. \tag{6.46/6}$$

Die Funktionen $\alpha_\lambda(\zeta)$ können mit Hilfe der Rekursionsformel (6.46/5) genau so aufgebaut werden, wie die Funktionen η_λ mit Hilfe von (6.42/6) aufgebaut wurden.

Wir zeigen nun noch ganz kurz, wie die reduzierten Ausschlagfunktionen $\alpha(\zeta)$ mit den reduzierten Drillungsfunktionen $\eta(\zeta)$ bzw. mit den diesen proportionalen Frequenzfunktionen $\varphi(\zeta)$ zusammenhängen. Aus der ersten Gl. (6.32/6) findet man

$$\Theta_\lambda z\, u_\lambda = x_{\lambda+1} - x_\lambda \tag{6.46/7}$$

und daraus nach Division durch $x_1 = \Theta_0 u_0 z$ die Gleichung

$$\frac{\Theta_\lambda}{\Theta_0}\, \frac{u_\lambda}{u_0} = \xi_{\lambda+1} - \xi_\lambda.$$

Multiplikation auf beiden Seiten mit

$$\prod_1^\lambda k'_\nu = \frac{\Theta_0}{\Theta_\lambda} \prod_1^\lambda k_\nu$$

liefert
$$f_\lambda = g_{\lambda+1} - k'_\lambda\, g_\lambda,$$

Division durch $k^{*\lambda}$ schließlich

$$\alpha_\lambda(\zeta) = \eta_{\lambda+1} - \gamma'_\lambda\, \eta_\lambda. \tag{6.46/8}$$

Behandelt man die durch Summierung aus (6.46/7) entstehenden Gleichungen

$$z \sum_0^\lambda \Theta_\nu u_\nu = x_{\lambda+1}$$

ganz entsprechend, so findet man

$$\frac{\prod\limits_1^\lambda \gamma'_\nu}{\Theta_0 u_0} \sum_{\nu=0}^\lambda \Theta_\nu u_\nu = \eta_{\lambda+1}. \qquad (6.46/9)$$

Will man schließlich noch den Ausdruck (6.45/1) für die Ersatzmasse durch die reduzierten Drillungsfunktionen η und die reduzierten Ausschlagfunktionen α ausdrücken, so findet man mit (6.46/6) und (6.46/9)

$$\hat{\Theta} = \frac{\eta_{\lambda+1}}{\alpha_\lambda} \frac{\prod\limits_1^\lambda \gamma_\nu}{\prod\limits_1^\lambda \gamma'_\nu} \Theta_0 = \frac{\eta_{\lambda+1}}{\alpha_\lambda} \Theta_\lambda, \qquad (6.46/10)$$

so daß die z. B. in die Zwei-Massen-Formel (6.45/2) einzusetzende Funktion $\Theta^*/\hat{\Theta}$, wenn $\Theta^* = \Theta_\lambda$ gesetzt wird, lautet

$$\frac{\Theta_\lambda}{\hat{\Theta}} = \frac{\alpha_\lambda(\zeta)}{\eta_{\lambda+1}(\zeta)}$$

oder wegen (6.46/8)

$$\frac{\Theta_\lambda}{\hat{\Theta}} = \frac{\eta_{\lambda+1}(\zeta) - \gamma'_\lambda \eta_\lambda(\zeta)}{\eta_{\lambda+1}(\zeta)}. \qquad (6.46/11)$$

β) **Ausschlagfunktionen der homogenen Maschine.** Ebenso wie die Drillungsfunktionen und ihre Verwandten erhalten auch die Ausschlagfunktionen und ihre Umformungen erst dann ihre eigentliche Bedeutung, wenn es sich um homogene Teile eines Schwingers handelt, wo die Massen und Wellenstücke (Federn) jeweils unter sich gleich sind. In diesem Falle werden alle γ und γ' zu Eins (mit Ausnahme jener, die den Index Null tragen und die verschwinden). Die Rekursionsformel für die reduzierten Ausschlagfunktionen α_λ geht aus (6.46/5) über in

mit
$$\left. \begin{array}{l} \alpha_\lambda = (2 - \zeta)\,\alpha_{\lambda-1} - \alpha_{\lambda-2} \\ \alpha_0 = 1 \quad \text{und} \quad \alpha_1 = 1 - \zeta. \end{array} \right\} \qquad (6.46/12)$$

Ebenso geht (6.46/8) über in

$$\alpha_\lambda = \eta_{\lambda+1} - \eta_\lambda, \qquad (6.46/13)$$

was wegen (6.43/2) gleichwertig ist mit

$$\alpha_\lambda = (-1)^\lambda (\varphi_\lambda + \varphi_{\lambda-1}). \qquad (6.46/13\,\text{a})$$

Aus (6.46/13) folgt dann sofort

$$\sum_{\nu=0}^\lambda \alpha_\nu = \eta_{\lambda+1}. \qquad (6.46/14)$$

Entweder aus (6.46/12) aufbauend oder mit Hilfe von (6.46/13) unmittelbar unter Benutzung der in 6.43 schon angegebenen Entwicklung der Funktionen $\eta(\zeta)$ bzw. $\varphi(\zeta)$ nach Potenzen von ζ findet man für die Ausschlagfunktionen $\alpha_\lambda(\zeta)$

des homogenen Schwingers die Entwicklung

$$\alpha_\lambda(\zeta) = 1 - \binom{\lambda+1}{2}\zeta + \binom{\lambda+2}{4}\zeta^2 - + \cdots + (-1)^\lambda \zeta^\lambda,$$

für die man in Summenform schreiben kann

$$\alpha_\lambda(\zeta) = \sum_{\nu=0}^{\lambda} (-1)^\nu \binom{\lambda+\nu}{2\nu}\zeta^\nu. \tag{6.46/15}$$

γ) **Die Methode der Differenzenrechnung.** Wie in 6.44 können wir nun auch hier die Differenzenrechnung heranziehen, um statt der Potenzreihenentwicklungen trigonometrische Ausdrücke zu gewinnen. Die Rekursionsformel (6.46/12) läßt sich als Differenzengleichung auffassen. Unter Abänderung des Zählbuchstabens lautet sie

$$\alpha_{\lambda+1}(\zeta) + (\zeta - 2)\,\alpha_\lambda(\zeta) + \alpha_{\lambda-1} = 0. \tag{6.46/16}$$

Ihre Anfangswerte sind $\alpha_0 = 1$ und $\alpha_1 = (1 - \zeta)$. Gl. (6.46/16) entspricht der Gl. (6.44/1) und ist genauso gebaut wie jene. Sie hat deshalb auch dieselben allgemeinen Lösungen, nämlich

$$\alpha_\lambda = A\cos\alpha\,\lambda + B\sin\alpha\,\lambda.$$

Auch der Zusammenhang zwischen dem Parameter α und dem „Frequenzquadrat" ζ wird ebenso wie dort in (6.44/2) durch

$$\cos\alpha = \frac{2-\zeta}{2} \quad \text{oder} \quad \zeta = 2(1 - \cos\alpha)$$

angegeben. (Man wird den Parameter α nicht mit einer der Ausschlagfunktionen α_i verwechseln!) Die Integrationskonstanten A und B, die den Anfangswerten α_0 und α_1 angepaßt sind, lauten

$$A = 1 \quad \text{und} \quad B = \frac{-\zeta/2}{\sin\alpha} = -\frac{1-\cos\alpha}{\sin\alpha}.$$

So findet man

$$\alpha_\lambda = \cos\alpha\,\lambda - (1 - \cos\alpha)\frac{\sin\alpha\,\lambda}{\sin\alpha}, \quad \text{oder} \quad \alpha_\lambda = \frac{1}{\sin\alpha}[\sin\alpha\,(\lambda+1) - \sin\alpha\,\lambda],$$

oder schließlich

$$\alpha_\lambda(\zeta) = \frac{\cos\dfrac{\alpha}{2}(2\lambda+1)}{\cos\dfrac{\alpha}{2}}. \tag{6.46/17a}$$

Ersetzt man den Parameter $\alpha/2$ durch α', so kann man auch schreiben

$$\alpha_\lambda(\zeta) = \frac{\cos\alpha'(2\lambda+1)}{\cos\alpha'}. \tag{6.46/17b}$$

Für die Beziehung des Frequenzparameters α' zur „Frequenz" ζ folgt aus (6.44/2) nun

$$\sin\alpha' = \frac{\sqrt{\zeta}}{2}. \tag{6.46/18}$$

Die Summe $\sum_{\nu=0}^{\lambda} \alpha_\nu$, die wir später in Zusammenhang mit der Summe (6.45/1) benötigen werden, errechnen wir uns nicht durch Summation der Ausdrücke

(6.46/17), sondern leichter unter Benutzung von (6.46/14). So kommt mit (6.44/4)

$$\sum_{\nu=0}^{\lambda} \alpha_\nu = \frac{\sin\alpha\,(\lambda+1)}{\sin\alpha} = \frac{\sin 2\alpha'\,(\lambda+1)}{2\sin\alpha'\cos\alpha'}. \tag{6.46/19}$$

δ) **Die Herstellung der Ersatzmasse, wenn die Zusatzmassen auf derselben Seite des homogenen Kernes liegen.** Nunmehr haben wir alle Hilfsmittel in der Hand, um zu zeigen, wie ein Schwinger, der aus einem homogenen Kern und einer oder zwei Zusatzmassen besteht, als Zwei- oder Drei-Massen-System behandelt werden kann.

Im Falle einer Zusatzmasse greift man auf die Zwei-Massen-Formel (6.45/2), im Falle zweier Zusatzmassen auf die Drei-Massen-Formel (6.45/3) zurück. In beiden Fällen tritt auf der linken Seite übereinstimmend der Ausdruck $\Theta^*/\widehat{\Theta}$ auf. Diese Funktion geht, wenn der homogene Kern aus $(\lambda+1)$ gleichen Massen $\Theta_0 = \cdots = \Theta_\lambda = \Theta$ und λ gleichen Wellenstücken $c_1 = \cdots = c_\lambda = c$ besteht, und wenn man $\Theta^* = \Theta$ und $c^* = c$ setzt, unter Benutzung von (6.46/11) und nach Einsetzen von (6.46/17) und (6.46/19) über in

$$\frac{\Theta}{\widehat{\Theta}} = \frac{\sin\alpha}{\tan\alpha\,(\lambda+1)} + \frac{\zeta}{2}. \tag{6.46/21}$$

Wir wollen diese Funktion $\Theta/\widehat{\Theta}$ im Anschluß an FRANK weiterhin mit $\beta_{\lambda+1}(\zeta)$ bezeichnen. (Der Index $\lambda+1$ gibt die Anzahl der Massen des homogenen Kernes an.) Eine Kurve $\beta_{\lambda+1}(\zeta)$ besteht aus $\lambda+1$ Ästen. Kurvenblätter, die die ersten (bis zu fünf) Äste der Funktion $\beta_{\lambda+1}(\zeta)$ für Maschinen mit $\lambda+1 = 2, 3, \ldots, 15$ Massen im Bereich, $0 < \zeta < 1{,}1$ (nicht im ganzen in Betracht kommenden Bereich bis $\zeta = 4$) zeigen, sind in den Arbeiten von FRANK [*30*] und von ARNOLD [*33*] wiedergegeben. (Leider sind die Funktionen nur durch Kurvenblätter mit ziemlich weitmaschigem Koordinatennetz, nicht auch durch Funktionswerte in Tabellen gegeben.) In der Zwei-Massen-Formel (6.45/2) besteht die rechte Seite mit $c^* = c$ und $\Theta^* = \Theta$ aus der in ζ linearen Funktion

$$y_1(\zeta) = \frac{c}{c_{\lambda+1}}\,\zeta - \frac{\Theta}{\Theta_{\lambda+1}}, \tag{6.46/22}$$

die im y-ζ-Diagramm als Gerade erscheint. In der Drei-Massen-Formel (6.45/3) besteht sie aus der Funktion zweiten Grades in ζ

$$y_2(\zeta) = \zeta\,\frac{c}{c_{\lambda+1}} - \frac{\Theta}{\Theta_{\lambda+1}} - \frac{\dfrac{c_{\lambda+2}}{c}\left(\dfrac{\Theta}{\Theta_{\lambda+1}}\right)^2}{\zeta - \dfrac{c_{\lambda+2}}{c}\left(\dfrac{\Theta}{\Theta_{\lambda+1}} + \dfrac{\Theta}{\Theta_{\lambda+2}}\right)}; \tag{6.46/23}$$

sie erscheint als Hyperbel und ist in 6.45 schon eingehend diskutiert worden.

Die $(\lambda+1)$ Äste der Funktion $\beta_{\lambda+1}(\zeta)$ auf der linken Seite von (6.45/2) und (6.45/3) werden von der Geraden $y_1(\zeta)$ in genau $\lambda+1$ Punkten, von der Hyperbel $y_2(\zeta)$ in genau $\lambda+2$ Punkten geschnitten. Die Abszissen ζ_i dieser Schnittpunkte bezeichnen die jeweiligen Eigenfrequenzen.

Zu beiden Fällen, dem homogenen Schwinger mit einer Zusatzmasse und dem homogenen Schwinger mit zwei Zusatzmassen, geben wir nun Beispiele an. Wir wählen dafür jene Schwinger, deren Eigenfrequenzen wir in 6.43 schon nach der Methode der Frequenzfunktionen ermittelt haben.

Beispiel 1. Schwinger mit homogenem Kern und einer Zusatzmasse nach Abb. 6.43/2. Die linke Seite von (6.45/2), die Funktion $\beta_4(\zeta)$, wird gemäß (6.46/21) wegen $\lambda = 3$ zu

$$\beta_4(\zeta) = \frac{\sin\alpha}{\tan 4\alpha} + \frac{\zeta}{2};$$

hierzu gehört die Bedeutung des Frequenzparameters α nach (6.44/2). Die rechte Seite von (6.45/2) lautet gemäß (6.46/22) mit $c/c_4 = 2$ und $\Theta/\Theta_4 = 1/20$

$$y_1(\zeta) = 2\zeta - 0,05.$$

In Abb. 6.46/1 sind die beiden Kurven

$$\beta_4(\zeta) \equiv \frac{1}{2}\zeta + \frac{\sin 2\alpha'}{\tan 8\alpha'} \quad \text{und} \quad y_1(\zeta) = -0,05 + 2\zeta$$

aufgezeichnet und zum Schnitt gebracht. Die vier Schnittpunkte haben die Abszissen

$$\zeta_I = 0,100, \qquad \zeta_{II} = 0,815, \qquad \zeta_{III} = 2,15, \qquad \zeta_{IV} = 3,46.$$

Man erkennt, daß diese Werte so gut mit den entsprechenden desselben Beispieles in 6.43 übereinstimmen, wie dies mit Rücksicht auf die Genauigkeit der Aufzeichnungen erwartet werden kann.

Beispiel 2. Schwinger mit homogenem Kern und zwei Zusatzmassen (Abb. 6.43/5). Für die Lösung kann Abb. 6.46/1 mit verwendet werden. An Stelle der Geraden

$$y_1 = -0,05 + 2\zeta,$$

die mit den Ästen der Kurve β_4 zum Schnitt gebracht werden muß, wenn eine Zusatzmasse vorhanden ist, tritt nun bei Anwesenheit zweier Zusatzmassen die Hyperbel

$$y_2 = -0,05 + 2\zeta - \frac{0,000\,781}{\zeta - 0,026\,04}.$$

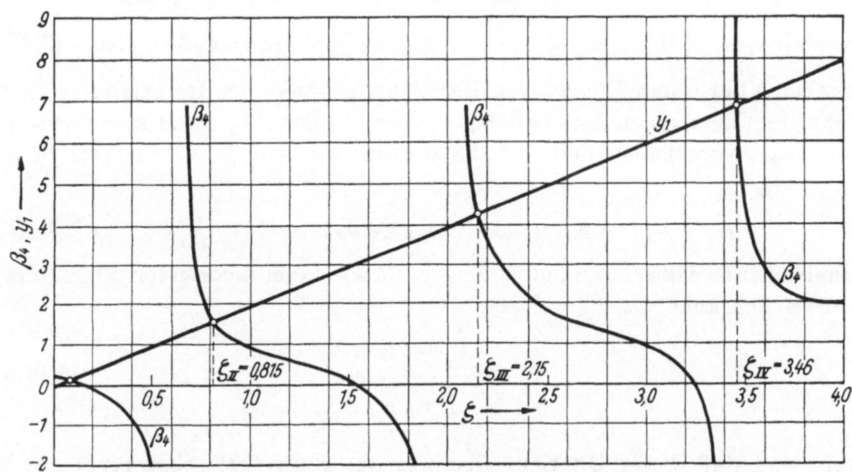

Abb. 6.46/1. Bestimmung der Eigenfrequenzen nach FRANK-ARNOLD

Da die lotrechte Asymptote dieser Hyperbel die ζ-Achse schon bei 0,026 schneidet, kann der erste Ast der Hyperbel in Abb. 6.46/1 kaum erscheinen; der zweite Ast unterscheidet sich für alle interessierenden Abszissenwerte ζ nicht mehr von der Geraden. Die Hyperbel wäre in einem besonderen Diagramm einzutragen, das einen Ausschnitt aus Abb. 6.46/1 in der Nähe des Nullpunktes darstellt (s. „Bericht" [*] Abb. 36b). Die Abszisse ζ_0' des ersten Schnittpunktes zwischen Hyperbel und β_4-Kurve wird dann zu $\zeta_0' = 0,023$ gefunden. Die des zweiten Schnittpunktes, $\zeta_I' = 0,103$, unterscheidet sich nur wenig vom Wert ζ_I des vorigen Beispieles. Die höheren Schnittpunkte sind praktisch unverändert, da die Hyperbel für die höheren Werte ζ sich kaum mehr von ihrer Asymptote unterscheidet.

ε) **Die Zusatzmassen liegen auf verschiedenen Seiten des homogenen Kernes.** Auch der kompliziertere, aber praktisch nicht seltene Fall, daß die Zusatzmassen auf verschiedenen Seiten des homogenen Kernes liegen, läßt sich mit den hier entwickelten Methoden behandeln. Die dafür notwendigen Überlegungen sowie die zur Durchführung dann notwendigen Schritte sind jedoch umständlicher als beim Verfahren, das wir in 6.43 zur Lösung derselben Aufgabe beschrieben haben. Wir verzichten auf die Darstellung und verweisen auf den „Bericht" [*] S. 38.

6.47 Das Iterationsverfahren zur Ermittlung der niedrigsten Eigenfrequenz (nach BIEZENO-GRAMMEL [*29*]). Die Aufgabe, die Eigenfrequenzen des in Rede stehenden Torsionsschwingers zu ermitteln, ist, wie wir in 6.32 schon aussprachen, ein Eigenwertproblem. Die algebraisch am nächsten liegende Methode zur Aufsuchung von Eigenwerten besteht in der Aufstellung der charakteristischen Gleichung des Problems (hier „Frequenzengleichung") und der Lösung dieser algebraischen Gleichung. Aus Gründen der Zweckmäßigkeit ersetzt man dieses Vorgehen jedoch in der Regel durch eines der in 6.41 bis 6.46 beschriebenen Verfahren. Alle diese Verfahren beruhen im wesentlichen auf dem Gedanken, das Gleichungssystem (6.32/4) oder (6.42/1) dadurch zu lösen, daß für den Eigenwert z eine Annahme getroffen und das Erfülltsein der letzten Gleichung nachgeprüft wird. Neben diesen, unter sich eng verwandten Verfahren gibt es nun noch ein anderes, von ihnen grundsätzlich verschiedenes Verfahren, um ein Eigenwertproblem zu lösen: die Iteration.

Das vorgelegte algebraische Gleichungssystem habe die Gestalt

$$y_\lambda = z[\alpha_{\lambda 1} m_1 y_1 + \alpha_{\lambda 2} m_2 y_2 + \cdots + \alpha_{\lambda n} m_n y_n] \quad (\lambda = 1, 2, \ldots, n) \quad (6.47/1)$$

(z bezeichne darin den Eigenwert). Der Grundgedanke des Iterationsverfahrens besteht nun darin, einen Satz beliebiger, aber zweckmäßig gewählter[1] Werte y_{01}, $y_{02}, \ldots, y_{0n}$, vorzugeben und aus ihnen einen zweiten Satz von Werten, y_{11}, $y_{12}, \ldots, y_{1n}$

$$y_{1\lambda} = \alpha_{\lambda 1} m_1 y_{01} + \cdots + \alpha_{\lambda n} m_n y_{0n} \quad (\lambda = 1, 2, \ldots, n) \quad (6.47/2)$$

zu ermitteln. Es läßt sich nämlich zeigen, daß für den niedrigsten Eigenwert z_1 die obere Schranke

$$z_1 < \frac{\sum\limits_{\varkappa=1}^{n} m_\varkappa y_{0\varkappa} y_{1\varkappa}}{\sum\limits_{\varkappa=1}^{n} m_\varkappa y_{1\varkappa}^2} \qquad (6.47/3\,\mathrm{a})$$

besteht und daß dieser Quotient überdies den Eigenwert schon recht gut annähert[2]. Genügt die Annäherung den Ansprüchen an die Genauigkeit noch nicht, so kann man durch eine Wiederholung des Verfahrens aus den Werten $y_{1\lambda}$ Werte $y_{2\lambda}$ herstellen; sie liefern dann in

$$z_1 < \frac{\sum\limits_{\varkappa=1}^{n} m_\varkappa y_{1\varkappa} y_{2\varkappa}}{\sum\limits_{\varkappa=1}^{n} m_\varkappa y_{2\varkappa}^2} \qquad (6.47/3\,\mathrm{b})$$

---

[1] Vergleiche auch 6.41, Vorschlag SÖCHTING [*23*].

[2] BIEZENO, C. B., u. R. GRAMMEL: Technische Dynamik, III, 14.

eine niedrigere obere Schranke, also eine bessere Annäherung an den ersten Eigenwert.

Die höheren Eigenwerte erhält man allerdings nicht mehr so einfach. Wir beschränken unsere Darstellung deshalb auf die Ermittlung des ersten Eigenwertes und verweisen im übrigen auf die angeführte Quelle.

Um das soeben beschriebene Verfahren in unserem Fall durchzuführen, gehen wir aus von den in den Drillungsmomenten geschriebenen Gln. (6.42/1a). Mit den Abkürzungen

$$a_{\lambda+1,\,\lambda} = a_{\lambda,\,\lambda+1} = -\frac{1}{\Theta_\lambda}, \qquad a_{\lambda\lambda} = \left(\frac{1}{\Theta_{\lambda-1}} + \frac{1}{\Theta_\lambda}\right), \qquad b_\lambda = \frac{1}{c_\lambda} = \frac{l_\lambda}{G\,J}$$

und unter Beachtung von $x_0 = x_{n+1} = 0$ lauten sie

$$a_{\lambda,\,\lambda-1}\,x_{\lambda-1} + a_{\lambda\lambda}\,x_\lambda + a_{\lambda,\,\lambda+1}\,x_{\lambda+1} = b_\lambda\,x_\lambda\,z \qquad (\lambda = 1, 2, \ldots, n) \qquad (6.47/4)$$

oder ausgeschrieben

$$\left.\begin{aligned}
a_{11}\,x_1 + a_{12}\,x_2 \qquad\qquad\qquad &= b_1\,x_1\,z,\\
a_{21}\,x_1 + a_{22}\,x_2 + a_{23}\,x_3 \qquad\qquad &= b_2\,x_2\,z,\\
a_{32}\,x_2 + a_{33}\,x_3 + a_{34}\,x_4 \quad &= b_3\,x_3\,z,\\
\cdots\cdots\cdots\cdots\cdots\cdots\cdots\cdots\cdots& \\
a_{n,\,n-1}\,x_{n-1} + a_{nn}\,x_n &= b_n\,x_n\,z.
\end{aligned}\right\} \qquad (6.47/4\,\text{a})$$

In dieser Gestalt eignen sie sich jedoch nicht zur Durchführung des Iterationsverfahrens, wenn der niedrigste Eigenwert aufgesucht werden soll. Wir müssen die Gleichungen vielmehr nach den x_λ auflösen. So kommt, wenn

$$t_{ij} = \frac{\displaystyle\sum_{\varkappa=0}^{i-1}\Theta_\varkappa \sum_{\varkappa=j}^{n}\Theta_\varkappa}{\displaystyle\sum_{\varkappa=0}^{n}\Theta_\varkappa} \qquad \text{für} \quad i \leqq j \qquad (6.47/5)$$

bezeichnet, so daß $t_{ij} = t_{ji}$ ist, das Gleichungssystem

$$x_\lambda = z\,(b_1\,t_{\lambda 1}\,x_1 + b_2\,t_{\lambda 2}\,x_2 + \cdots + b_n\,t_{\lambda n}\,x_n) \qquad (\lambda = 1, 2, \ldots, n) \qquad (6.47/6)$$

zustande. Es hat jetzt tatsächlich die Gestalt des Systems (6.47/1) und geht mit

$$x_\lambda = y_\lambda, \qquad b_\varkappa = m_\varkappa, \qquad t_{\lambda\varkappa} = \alpha_{\lambda\varkappa},$$

in dieses über.

Man stellt nun also aus einem Satz von Werten $x_{0\lambda}$ gemäß (6.47/2) einen Satz von Werten $x_{1\lambda}$ her, und notfalls einen zweiten, $x_{2\lambda}$, und erhält dann mit Hilfe von (6.47/3a) oder (6.47/3b) eine obere Schranke und damit einen Näherungswert für den niedrigsten Eigenwert.

An der angeführten Stelle wird noch gezeigt, wie die Auflösung der Gleichungen (6.47/4a) und somit die Herstellung der Koeffizienten t_{ij}, die bei sehr vielen Freiheitsgraden mühsam wird, umgangen werden kann dadurch, daß man dem Gleichungssystem (6.47/6) eine andere Deutung gibt. Wir verzichten hier auf die Wiedergabe dieses zweiten Weges und verweisen auch deshalb auf die angeführte Quelle.

Beispiel. Wir erläutern das Verfahren an jenem Beispiel, das wir in 6.41 (Abb. 6.41/1) und 6.42 schon gewählt hatten. Es stellt ein Vier-Massen-System dar mit den

Trägheitsmomenten	reduzierten Längen	
$\Theta_0 = 0{,}36$ cm kp sek^2	$l_1 = 100$ cm	
$\Theta_1 = 0{,}15$ cm kp sek^2	$l_2 = 30$ cm	$C = GJ = 10^6$ cm^2 kp
$\Theta_2 = 0{,}21$ cm kp sek^2	$l_3 = 70$ cm	
$\Theta_3 = 0{,}09$ cm kp sek^2		

Die gemäß (6.47/5) errechneten Koeffizienten t_{ij} haben die Werte

$$t_{11} = 20 \cdot 10^{-2}\,\text{cm kp sek}^2, \qquad t_{22} = \frac{170}{9} \cdot 10^{-2}\,\text{cm kp sek}^2,$$

$$t_{12} = \frac{40}{3} \cdot 10^{-2}\,\text{cm kp sek}^2, \qquad t_{23} = \frac{17}{3} \cdot 10^{-2}\,\text{cm kp sek}^2,$$

$$t_{13} = 4 \cdot 10^{-2}\,\text{cm kp sek}^2, \qquad t_{33} = 8 \cdot 10^{-2}\,\text{cm kp sek}^2,$$

die b_λ werden zu

$$b_1 = 1 \cdot 10^{-4}\,\text{kp}^{-1}\,\text{cm}^{-1}, \qquad b_2 = 0{,}3 \cdot 10^{-4}\,\text{kp}^{-1}\,\text{cm}^{-1}, \qquad b_3 = 0{,}7 \cdot 10^{-4}\,\text{kp}^{-1}\,\text{cm}^{-1}.$$

Das dem ersten Iterationsschritt zugrunde liegende Gleichungssystem lautet demgemäß

$$x_{11} = (2000\,x_{01} + 400\,x_{02} + 280\,x_{03}) \cdot 10^{-8}\,\text{sek}^2,$$
$$x_{12} = (1333\,x_{01} + 567\,x_{02} + 397\,x_{03}) \cdot 10^{-8}\,\text{sek}^2,$$
$$x_{13} = (400\,x_{01} + 170\,x_{02} + 560\,x_{03}) \cdot 10^{-8}\,\text{sek}^2.$$

Würde man, mangels besserer Vorschätzung, damit beginnen, die Werte $x_{0\lambda}$ des nullten Satzes jeweils gleich Eins zu setzen, so erhielte man als Werte des ersten Satzes die Summe der Koeffizienten in den Zeilen. Diese Summen verhalten sich ungefähr wie $3:2:1$. Wir beginnen deshalb sogleich mit einem Satz von Nullwerten

und finden daraus
$$x_{01} = 3\,\alpha, \qquad x_{02} = 2\,\alpha, \qquad x_{03} = \alpha$$

$$x_{11} = 7080\,\alpha \cdot 10^{-8}\,\text{sek}^2, \qquad x_{12} = 5530\,\alpha \cdot 10^{-8}\,\text{sek}^2, \qquad x_{13} = 2100\,\alpha \cdot 10^{-8}\,\text{sek}^2.$$

Die in (6.47/3a) einzusetzenden Werte findet man aus der nachstehenden Tabelle

	$x_{0\lambda}\,x_{1\lambda}$	$b_\lambda\,x_{0\lambda}\,x_{1\lambda}$	$x_{1\lambda}^2$	$b_\lambda\,x_{1\lambda}^2$
	$\alpha^2 \cdot 10^{-8}$ sek^2	$\alpha^2 \cdot 10^{-12}$ sek^2/cm kp	$\alpha^2 \cdot 10^{-12}$ sek^4	$\alpha^2 \cdot 10^{-16}$ sek^4/cm kp
$\lambda = 1$	21 240	21 240	5012	5012
$\lambda = 2$	11 062	3318	3058	918
$\lambda = 3$	2100	1470	441	309
Σ		26 028		6239

Daraus folgt der Näherungswert

$$z = \frac{26\,028}{6\,239} \cdot 10^4\,\text{sek}^{-2} = 4{,}17 \cdot 10^4\,\text{sek}^{-2} \quad \text{und somit} \quad \omega = \sqrt{z} = 204{,}3\,\text{sek}^{-1}.$$

Die Annäherung ist nach Ausführung des ersten Schrittes schon bemerkenswert gut, wie man durch einen Vergleich mit den Ergebnissen in 6.41 und 6.42 feststellt.

6.5 Eigenschwingungen: Die auf der „Aufteilung" beruhenden Verfahren

6.51 Die Verfahren von E. Rausch und K. Kutzbach. In 6.31 haben wir schon erwähnt, daß alle Verfahren zur Aufsuchung der Eigenfrequenzen eines Schwingers nach Abb. 6.31/1 sich in zwei große Klassen einteilen lassen, in solche, die unmittelbar an die Bewegungsgleichungen (6.32/4) oder (6.32/6) anschließen und in jene, die von dem Gedanken der Aufspaltung Gebrauch machen, wie er in 6.33 dargelegt ist. Dieser zweiten Klasse wenden wir uns nun zu.

Das Verfahren, das den Gedanken der Aufspaltung am übersichtlichsten verwertet, ist das von E. Rausch [14] angegebene. Wir stellen es deshalb an die Spitze. Das ältere Verfahren von K. Kutzbach [3] stimmt, was die höchste Eigenfrequenz und Schwingungsform angeht, mit dem (exakten) Verfahren von Rausch überein. Für die niedrigeren Frequenzen und Schwingungsformen ist das Kutzbachsche Vorgehen jedoch nicht mehr exakt (allerdings hat es den Vorteil großer Einfachheit). Da wir zudem in 6.52 einen sehr viel zweckmäßigeren Weg kennenlernen werden, diese niedrigeren Eigenfrequenzen und Schwingungsformen aufzufinden, werden wir uns mit dem Kutzbachschen Verfahren nicht eigens beschäftigen. (Eine Darstellung des Kutzbachschen Näherungsverfahrens für die niedrigeren Eigenfrequenzen und Schwingungsformen findet sich in Abschn. 18 des Berichtes [*]).

Das Verfahren von Rausch benutzt die Zerlegung des Schwingers in Ein-Massen-Systeme, wie sie in Abb. 6.33/3 dargestellt ist. Für diese Ein-Massen-Systeme wird die Forderung erhoben, daß alle ihre Eigenfrequenzen übereinstimmen. Demnach muß gemäß der „Ein-Massen-Formel"

$$\omega^2 = \frac{G\,J}{\Theta\,l} \tag{6.51/1}$$

gelten:

$$l_{10}\Theta_0 = l_{11}\Theta_{11} = l_{21}\Theta_{12} = \cdots = l_{\lambda,\,\lambda-1}\Theta_{\lambda-1,\,\lambda} = l_{\lambda\lambda}\Theta_{\lambda\lambda} = \cdots = l_{nn}\Theta_n. \tag{6.51/2}$$

(Die Abkürzungen l_{ik} und Θ_{ik} sind in 6.33 erklärt und aus Abb. 6.33/3 und 6.33/4 ersichtlich.) Die in (6.51/2) auftretenden Ausdrücke $l\,\Theta$ sind nun von der Bauart der ersten Gl. (6.35/1). Sie lassen sich also mit Hilfe des Seileckes herstellen.

Abb. 6.51/1 zeigt der Übersichtlichkeit wegen das Vorgehen zunächst an einem Zwei-Massen-System (wo man dieses Verfahren allerdings noch nicht nötig hätte). Abb. 6.51/1a gibt die Anordnung, 6.51/1c das mit Hilfe der Abb. 6.51/1b gewonnene „Seileck". Die Ordinaten η_1 und η_2 sind jeweils ein Maß für die Produkte $\Theta_0\,x_1$ und $\Theta_1\,x_2$. Da $\Theta_0\,x_1 = \Theta_1\,x_2$ gemacht werden soll, so müssen die Ordinaten η_1 und η_2 einander gleich werden. Die im Schnittpunkt A_1 auf-

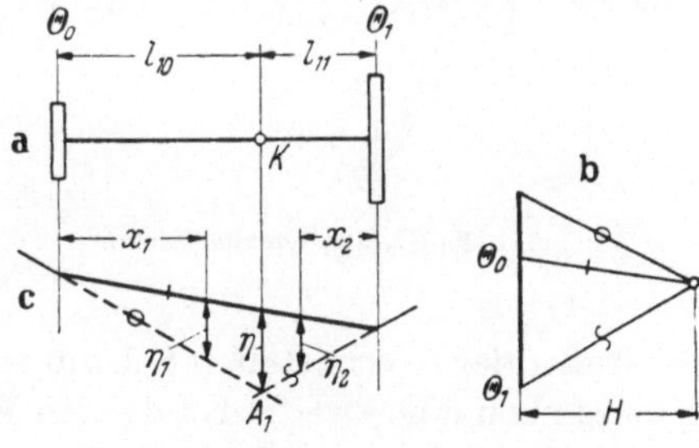

Abb. 6.51/1. Zwei-Massen-System

tretende Ordinate η gehört zu beiden Dreiecken, gibt also den Wert $\eta = \eta_1 = \eta_2$. Ihre Lage gibt die Größen $x_1 = l_{10}$, $x_2 = l_{11}$, also die Lage des Knotenpunktes K an. Aber auch die Frequenz selbst ist auf diese Weise schon ermittelt. Da η die Produkte $\Theta_0\,l_{10}$ oder $\Theta_1\,l_{11}$ darstellt, so gilt wegen (6.51/1)

$$\omega^2 = \frac{G\,J}{\eta} \quad \text{oder} \quad \eta = \frac{1}{\omega^2}\,G\,J.$$

Die Strecke η ist also ein Maß für den Kehrwert des Frequenzquadrates. Die Maßstäbe erhält man gemäß (6.35/2) zu

$$m_\eta = m_l\,m_\Theta\,H$$

und daher

$$m_{(1/\omega^2)} = m_l\, m_\Theta\, \frac{H}{G\,J}\,.$$

(6.51/3)

Für ein Drei-Massen-System gestaltet sich das Verfahren so, wie Abb. 6.51/2 angibt. Abb. 6.51/2a zeigt die Anordnung; die ausgezogenen Linien in Abbildung 6.51/2c folgen aus Abb. 6.51/2b; sie sind die Parallelen zu den dort ebenfalls ausgezogenen Linien. Die gesuchten Ein-Massen-Systeme entstehen durch Aufteilung der mittleren Masse Θ_1. Irgendeiner Aufteilung der Masse Θ_1 entspricht in Abb. 6.51/2b ein Strahl $P\,E'_{II}$. Seine Parallele in Abb. 6.51/2c liefert zwei Schnittpunkte A'_1 und A'_2. Die (probeweise) vorgenommene Aufteilung ist dann die richtige (strichpunktiert), wenn die Ordinaten η_1 und η_2 in A_1 und A_2 einander gleich sind. Man geht also zweckmäßig so vor, daß man um D_1 in Abb. 6.51/2c eine Gerade so lange dreht, bis die Ordina en in den Schnittpunkten A_1 und A_2 einander gleich geworden sind. Die Parallele zu dieser Geraden schneidet dann in Abb. 6.51 2b vermittels des Punktes E_{II} auf der Θ_1 darstellenden Strecke die Teilmassen Θ_{11} und Θ_{12} ab. Zugleich liefert die Lage von A_1 in Abbildung 6.51/2c die Teillängen l_{10} und l_{11}, die Lage von A_2 die Teillängen l_{21} und l_{22}. Für die Maßstäbe gilt wieder Gl. (6.51/3). Damit ist die Aufgabe gelöst, d. h. es ist eine, und zwar die höchste, Eigenfrequenz samt den zugehörigen (reellen) Knotenpunkten (also auch das „Ausschlagbild") gefunden.

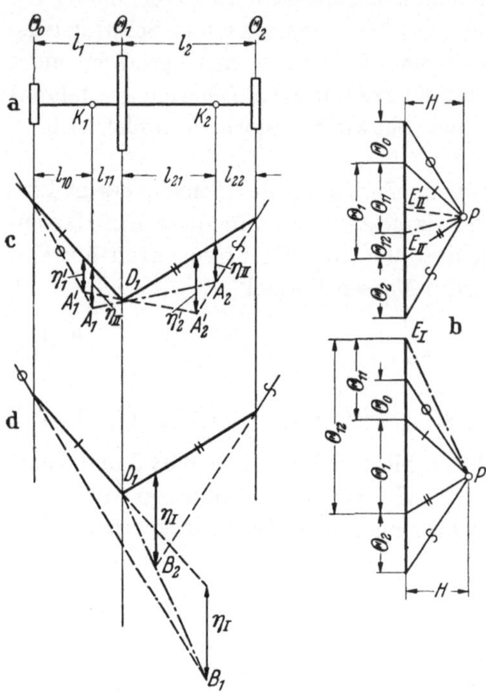

Abb. 6.51/2. Drei-Massen-System

Außer der so ermittelten Schwingungsform mit lauter reellen Knotenpunkten gibt es noch eine zweite, bei der ein Knoten virtuell ist. Wie in 6.33 ausgeführt wurde, besagt das, daß die Aufteilung der Längen und Massen nicht nur in positive Stücke, die kleiner sind als die aufzuteilenden, erfolgt, daß vielmehr auch negative Teilstücke und solche, die größer sind als das Ausgangsstück, auftreten. Demnach muß es außer der Geraden $A_1 D_1 A_2$ in Abb. 6.51/2c noch eine zweite Gerade geben (deren Parallele in Abb. 6.51/2b die Strecke Θ_1 dann „außen" teilt), die ebenfalls gleiche Ordinaten η abschneidet. Die neuen Schnittpunkte B_1 und B_2, mit den „äußeren" Seilstrahlen, werden dann eine der Längen l_1 und l_2 ebenfalls „außen" teilen, so daß ein virtueller Knoten entsteht. Abb. 6.51/2d zeigt die Lage dieser neuen Geraden $B_1 B_2 D_1$. Im zweiten Teil der Abb. 6.51/2b ist ihre Parallele $P\,E_I$ eingezeichnet; sie teilt die Strecke Θ_1 außen. Durch B_1 wird auch l_1 außen geteilt. Die Ordinate η_I ist nun ein Maß für den Kehrwert $1/\omega_I^2$. Der Maßstab ist wieder durch (6.51/3) bestimmt.

Was hier für ein Zwei- und ein Drei-Massen-System ausführlich erörtert wurde, läßt sich auch bei Systemen mit mehr Massen sinngemäß durchführen. Handelt es sich etwa um ein Vier-Massen-System, so hat man (Abb. 6.51/3) durch die beiden Punkte D_1 und D_2 jeweils eine Gerade zu legen und muß diese Geraden so lange drehen, bis die drei Ordinaten in den Schnittpunkten A_1, A_2 und A_3 einander gleich geworden sind. Hier kann man jeweils drei Lagen für die beiden Geraden durch D_1 und D_2 finden, die gleiche Ordinaten η abschneiden. Diese drei verschiedenen Lagen entsprechen den drei Eigenschwingungsformen, die Ordinaten sind ein Maß für die drei Eigenschwingzahlen. Im übrigen sprechen die Abbildungen für sich selbst. (Die Aufteilung der Massen Θ in Abb. 6.51/3b gehört zur Schwingung dritten Grades nach Abbildung 6.51/3c mit reellen Knoten.)

Es sei nur noch darauf hingewiesen, daß auch ein Schwinger, der an einem oder an beiden Enden festgehalten ist, nach dem gleichen Verfahren behandelt werden kann. Ein festgehaltenes Ende entspricht dem Vorhandensein einer unendlich großen Masse. Der entsprechende Seilstrahl läuft dann von P aus

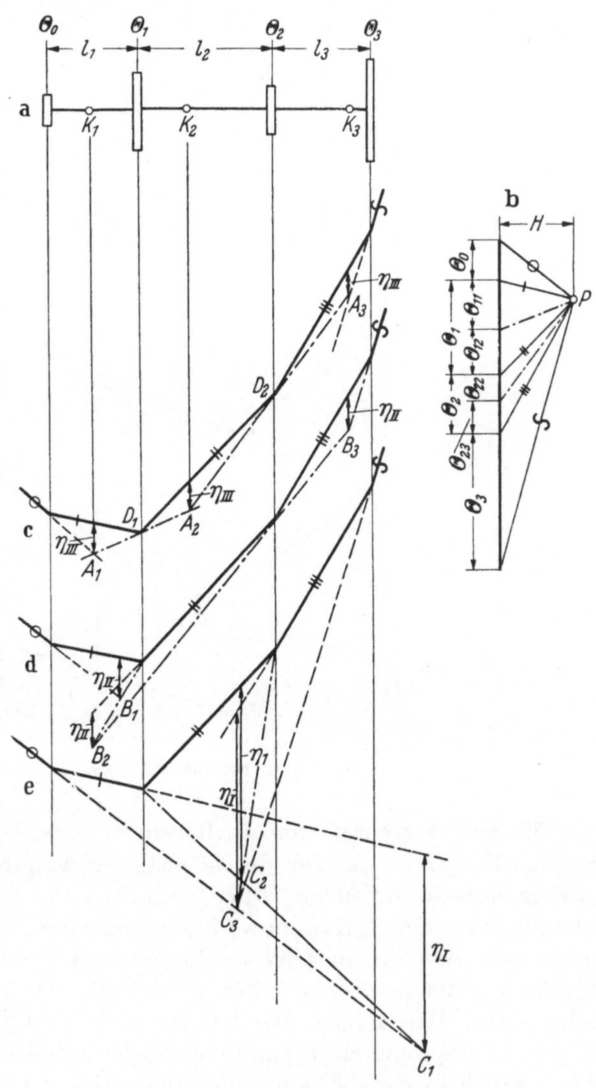

Abb. 6.51/3. Vier-Massen-System

parallel den Strecken Θ, die Ordinate η wird demgemäß nicht „im" Feld, sondern am Ende des Feldes abgeschnitten, der Knoten rückt nach dem Festpunkt. Im übrigen verläuft alles sinngemäß. In Abb. 6.51/4 ist ein Beispiel für einen Schwinger mit zwei festgehaltenen Enden und drei „inneren" Massen Θ_1, Θ_2, Θ_3 durchgeführt.

Besondere Betonung verdient die Tatsache, daß das dargestellte Verfahren (natürlich innerhalb der Genauigkeit der zeichnerischen Ausführung) die streng

richtigen Werte aller Eigenfrequenzen liefert, da es auf wirklich geltenden
Gleichungen, nämlich (6.51/2) aufgebaut ist. Es ist kein Näherungsverfahren.

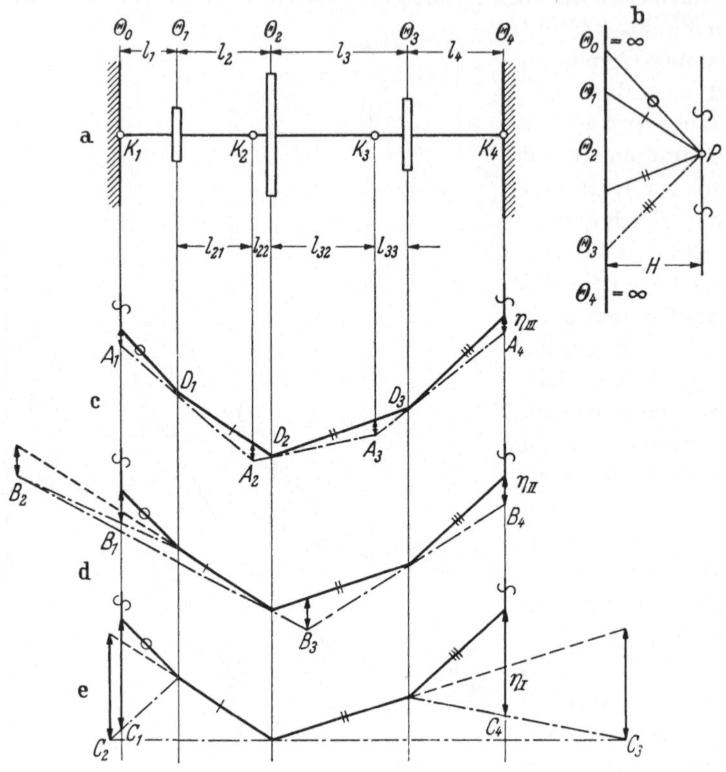

Abb. 6.51/4. Drei-Massen-System mit Festpunkten

6.52 Das Verfahren von G. Baranow. Das zeichnerische Vorgehen nach
RAUSCH-KUTZBACH ist für die höchste Schwingform und Eigenfrequenz besonders einfach und übersichtlich, weil dort alle Knoten reell sind. Durch Benutzung eines von G. BARANOW [17] stammenden, eigenartigen Gedankenganges
lassen sich nun die niedrigeren Frequenzen eines gegebenen Schwingers ermitteln als die jeweils höchsten Frequenzen einer Reihe von „abgeleiteten"
Schwingern. Wir zeigen das BARANOWsche Vorgehen in rezeptartiger Form.
So ging es ursprünglich [17] in die deutsche technische Literatur ein. Ein Beweis
war nämlich in der deutschen Veröffentlichung nicht gegeben. Die (unzugäng-
liche) russische Originalarbeit scheint einen Beweis enthalten zu haben; er
blieb aber hierzulande unbekannt. Inzwischen sind solche Beweise geliefert
worden. K. HAUG [H] skizzierte 1952 ein Vorgehen für einen Beweis. Angeregt
durch die HAUGschen Bemühungen gab H. SCHAEFER einen durchgeführten
Beweis an [34]; dabei machte er ferner darauf aufmerksam, daß man den
BARANOWschen Konstruktionen mit geringer Mühe auch sämtliche Eigenschwingformen entnehmen kann. In einer erneuten Darstellung [36] wurde der Beweis
vereinfacht. Im Anschluß an die SCHAEFERschen Arbeiten lieferte E. PESTEL [37]
eine anschauliche Herleitung mit Beweis für das „BARANOW-SCHAEFER-Ver-

fahren". Unabhängig von diesen Arbeiten gab 1953 auch Th. O'Callaghan [35] eine Beschreibung mit Beweis.

Nach der rezeptartigen Darstellung des Baranow-Verfahrens werden wir in 6.53 den Beweis im Anschluß an Schaefer [36] nachtragen und in 6.54 auch die Schaefersche Methode zur Ermittlung der Eigenschwingformen zeigen.

Das Baranowsche Rezept lautet: Nachdem für die höchste Schwingform eines n-Massen-Systems die Frequenz und die $(n-1)$ Knotenpunkte aufgesucht und dadurch auch die (gedachten) Aufspaltungen der Massen vorgenommen sind, wird aus dem ursprünglich gegebenen Schwinger ein völlig neuer abgeleitet. Er besteht aus $(n-1)$ Massen, die an den (schon bekannten) Knotenpunkten der höchsten Schwingungsform des ursprünglichen Schwingers sitzen. Diese Massen bestehen jeweils aus der Summe jener beiden Teilmassen, die vorher an den beiden Enden des zum Knotenpunkt gehörigen Wellenstückes saßen (Abb.6.52/1). Oder anders ausgedrückt: Die n Massen des ursprünglichen Schwingers (von denen, mit Ausnahme der ersten und der letzten, alle in zwei Teilmassen zerlegt sind) werden zu neuen Massen in der folgenden

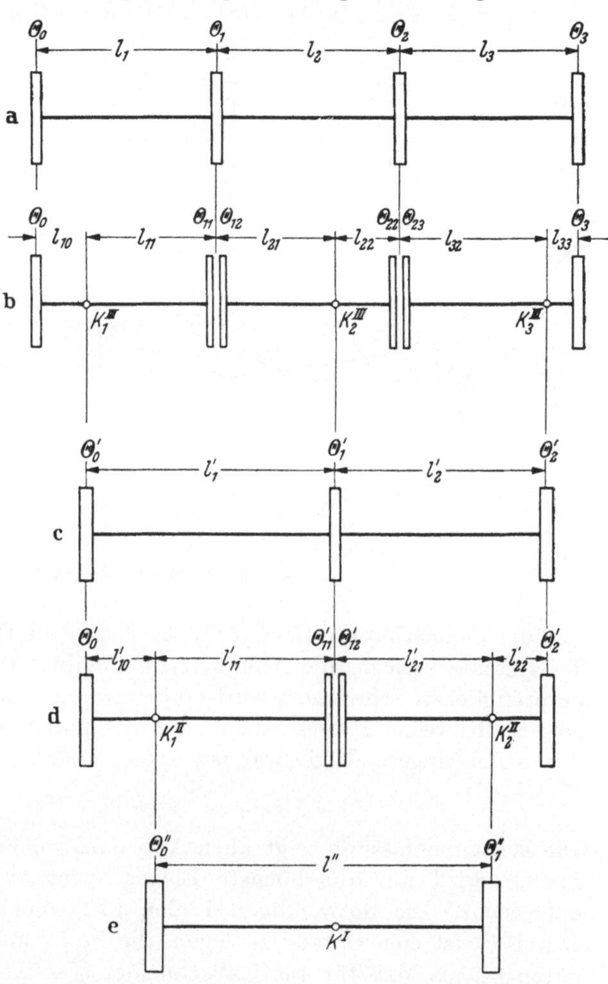

Abb. 6.52/1. Bildung „abgeleiteter" Schwinger nach Baranow

Weise zusammengefaßt: Im Knotenpunkt eines jeden der $(n-1)$ Teilschwinger, in die das n-Massen-System zerlegt war, wird die Summe jener beiden Teilmassen angebracht, die zum betreffenden Teilschwinger gehörten. Für das so entstandene Gebilde, das nun $(n-1)$ Massen aufweist, wird wieder Eigenfrequenz und Knotenlage der höchsten Schwingungsform nach dem Rausch-Kutzbachschen Verfahren aufgesucht.

In dieser Weise fährt man fort, abgeleitete Schwinger herzustellen und ihre jeweils höchsten Eigenfrequenzen zu bestimmen. Die Baranowsche Behauptung geht nun dahin, daß die Gesamtheit der so bestimmten jeweils höchsten Eigenfrequenzen übereinstimmt mit der Gesamtheit der Eigenfrequenzen des ursprünglichen Schwingers.

Die Abb. 6.52/1a bis e veranschaulichen das Vorgehen nach BARANOW hinsichtlich der Bildung neuer Schwinger aus den Teilmassen der alten; in Abb. 6.52/2 sind die zugehörigen Seilecke und Ordinaten η angegeben. Das Vier-Massen-System nach Abb. 6.52/1a wird mit Hilfe des ersten Seileckes in Abb. 6.52/2c

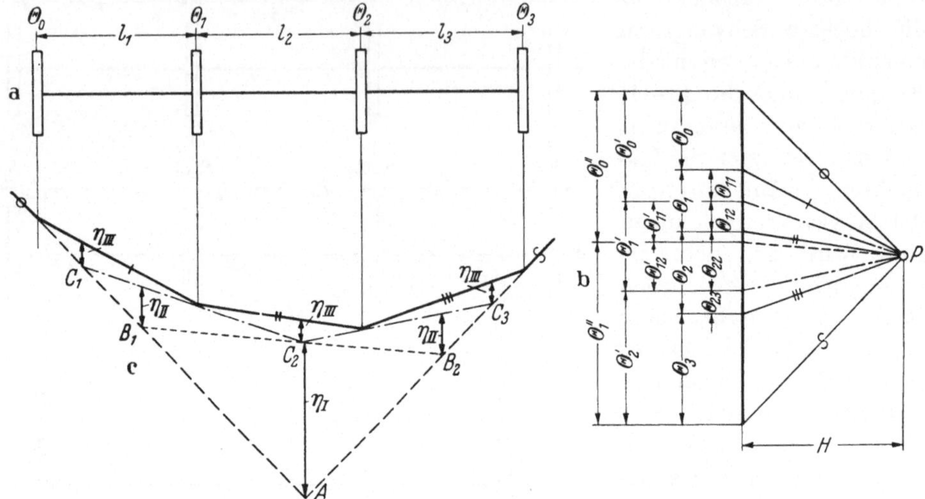

Abb. 6.52/2. BARANOWsches Verfahren

und der Schnittpunkte C_1, C_2, C_3, zu denen die Ordinaten η_{III} gehören, in die Teilsysteme zerlegt, die Abb. 6.52/1b angibt. Aus diesen Teilschwingern des ursprünglichen Schwingers wird nun ein zweiter, *neuer* Schwinger (Abb. 6.52/1c) hergestellt. Seine Massen sitzen in den Knoten K_1^{III}, K_2^{III}, K_3^{III} des ursprünglichen Schwingers. Und zwar ist

$$\Theta_0' = \Theta_0 + \Theta_{11}, \qquad \Theta_1' = \Theta_{12} + \Theta_{22}, \qquad \Theta_2' = \Theta_{23} + \Theta_3.$$

Die Zusammenfassung zeigt auch Abb. 6.52/2b. Von diesem *neuen* Drei-Massen-System wird nun die höchste Eigenschwingzahl und Eigenschwingungsform aufgesucht. Die notwendigen Linien im Seileck zeigt wieder Abb. 6.52/2c: Durch C_2 ist eine Gerade zu legen, die in B_1 und B_2 zwei gleich große Ordinaten η_{II} als Maß für $1/\omega_{II}^2$ abschneidet. Die Teilmassen und Teillängen mit den Knoten K_1^{II} und K_2^{II} zeigt Abb. 6.52/1d. Aus diesem Schwinger wird nun ein dritter hergestellt. Er enthält zwei Massen Θ_0'' und Θ_1'', die an den Stellen der Knoten K_1^{II} und K_2^{II} sitzen (Abb. 6.52/1e). Und zwar ist

$$\Theta_0'' = \Theta_0' + \Theta_{11}', \qquad \Theta_1'' = \Theta_{12}' + \Theta_2'.$$

Dieses neue Zwei-Massen-System hat nur eine Eigenfrequenz und nur einen Knoten K^I. Die Eigenfrequenz wird durch die Ordinate η_I in Abb. 6.52/2c, die Knotenlage durch den Schnittpunkt A bestimmt.

6.53 Beweis der Baranowschen Konstruktion. Wir haben in 6.52 schon erwähnt, daß mehrere solcher Beweise vorliegen. Wir schließen uns hier eng an die zweite Beweisführung von H. SCHAEFER [36] an. Dabei schreiben wir die Gleichungen jedoch in die von uns bisher benutzten Bezeichnungen um, benutzen auch unsere bisherigen Vorzeichenfestsetzungen, die sich von den SCHAEFERschen unterscheiden. Es sei ferner noch einmal an die von E. PESTEL [37] gegebene Deutung der Ergebnisse erinnert.

Wir geben zunächst in etwas abgeänderter Schreib- und Bezeichnungsweise noch einmal eine Darstellung des BARANOWschen Reduktionsverfahrens anhand der Abb. 6.53/1. Bildteil a) zeigt den ursprünglichen, aus $(n + 1)$ Drehmassen $\Theta_0, \Theta_1, \ldots, \Theta_n$ bestehenden Schwinger. Die einzelnen Wellenabschnitte mit den Längen $l_1, l_2, \ldots, l_n$ seien alle auf dieselbe Torsionssteifigkeit $G J = 1/\gamma$ reduziert. Die Größen $u_0, u_1, \ldots, u_n$ sind die Winkelamplituden der Drehmassen, $x_1, x_2, \ldots, x_n$ die Amplituden der Drillungsmomente in den Wellenabschnitten; wie früher sind $x_0 = 0$ und $x_{n+1} = 0$. Ferner sei ω die Kreisfrequenz einer Eigenschwingung.

Wir setzen nun voraus, daß die Eigenschwingungsform höchster Ordnung bekannt sei. Ihre Winkel- und Moment-Amplituden bezeichnen wir mit u_k^0 und x_k^0, ihre Eigenfrequenz mit ω_0. Zwischen zwei benachbarten Drehmassen Θ_{k-1} und Θ_k besitzt die Eigenschwingung höchster Ordnung genau einen Knoten N_k, der das Wellenstück l_k in die beiden Abschnitte $\alpha_k l_k$ und $(1 - \alpha_k) l_k$ teilt (Abb. 6.53/1 b). Nun werde die Welle in bekannter Weise in $2n$ Elementarschwinger aufgeteilt, von denen jeder mit der Frequenz ω_0 schwingt (Abb. 6.53/1 c). Die hierzu benötigte Aufteilung der Drehmassen Θ_k in $\beta_k \Theta_k$ und $(1 - \beta_k) \Theta_k$ (mit $\beta_0 = 0$ und $\beta_n = 1$, s. Abb. 6.53/1c) gewinnt man aus den folgenden Gleichungen

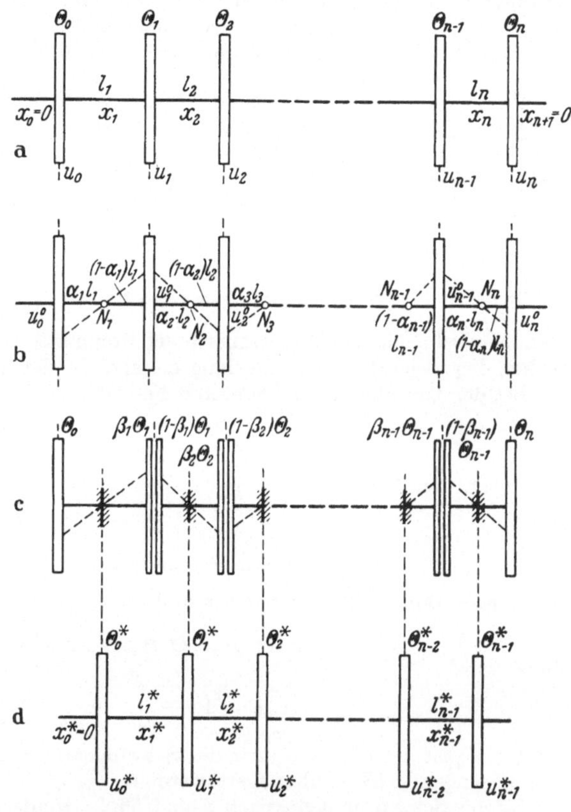

Abb. 6.53/1
Ursprünglicher Schwinger a) und abgeleiteter Schwinger d)

$$\frac{1}{\gamma \, \omega_0^2} = \Theta_0 \, \alpha_1 l_1 = \cdots = \beta_k \, \Theta_k (1 - \alpha_k) \, l_k = (1 - \beta_k) \, \Theta_k \, \alpha_{k+1} l_{k+1} =$$
$$= \beta_{k+1} \Theta_{k+1} (1 - \alpha_{k+1}) \, l_{k+1} = \cdots = \Theta_n (1 - \alpha_n) \, l_n. \qquad (6.53/1)$$

Man sieht ohne weiteres ein, daß man die Winkel- und Moment-Amplituden dieser Elementarschwinger so wählen kann, daß benachbarte Drehmassen $\beta_k \, \Theta_k$ und $(1 - \beta_k) \, \Theta_k$ mit derselben Amplitude schwingen und daß gleichzeitig in benachbarten Wellenstücken $\alpha_k l_k$ und $(1 - \alpha_k) l_k$ dasselbe Drillungsmoment herrscht. Mit diesen $2n$ Elementarschwingern kann man demnach die Eigenschwingungsform höchster Ordnung so darstellen, wie Abb. 6.53/1 c angibt.

Wir fragen nun: Wie hat man dieselben Elementarschwinger zu benutzen, wenn irgendeine andere Eigenschwingform dargestellt werden soll? Die Beantwortung dieser Frage wird uns auf die dynamische Deutung der BARANOWschen Reduktion führen.

Offenbar dürfen jetzt zwei benachbarte Wellenstücke $\alpha_k l_k$ und $(1 - \alpha_k) l_k$ nicht mehr in N_k festgehalten sein, vielmehr muß die Möglichkeit zugestanden werden, daß beide dort dieselbe Winkelamplitude u_{k-1}^* besitzen, die im allgemeinen von Null verschieden sein wird. Zwei benachbarte Drehmassen $\beta_k \, \Theta_k$ und $(1 - \beta_k) \, \Theta_k$ müssen durch ein zwischen ihnen liegendes Kräftepaar gezwungen werden, mit gleichen Amplituden zu schwingen, oder anders ausgedrückt, die starre Verbindung der beiden genannten benachbarten Drehmassen wird durch ein Kräftepaar x_k^* beansprucht. Sämtliche u_k^* und x_k^* sind Null bei der Eigenschwingform höchster Ordnung, dagegen von Null verschieden bei anderen Eigenschwingformen. Die geometrischen Bedingungen dafür, daß $\beta_k \, \Theta_k$ und $(1 - \beta_k) \, \Theta_k$ dieselbe Ausschlagamplitude u_k, und die dynamischen Bedingungen dafür, daß die Wellenstücke $\alpha_k \, l_k$ und $(1 - \alpha_k) \, l_k$ dieselbe Drillungsmomentamplitude x_k besitzen, liefern die erforderlichen Gleichungen zur Bestimmung der x_k^* und u_k^*. Diese Gedankengänge werden im folgenden ausgeführt.

Zunächst schicken wir jedoch eine elementare Betrachtung voraus. Der Schwinger der Abb. 6.53/2a wird links durch das Kräftepaar $D^* = x^* \cos \omega\, t$ erregt, das rechte Ende wird zwangsläufig geführt mit dem vorgeschriebenen Drehwinkel $\vartheta^* = u^* \cos \omega\, t$.

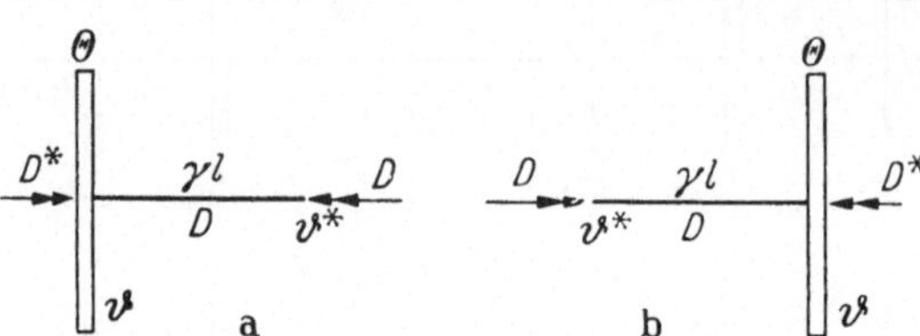

Abb. 6.53/2
Erzwungene Schwingungen der Elementarsysteme

Gefragt wird nach dem Drehwinkel ϑ der Drehmasse Θ und nach dem Reaktionsmoment D rechts, das gleichzeitig das Drillungsmoment in der Welle ist.

Bei der von uns bisher benutzten Festsetzung der Vorzeichen gelten die Gleichungen

$$\Theta \, \ddot{\vartheta} = -\, D + D^*, \qquad -\, D = \frac{\vartheta^* - \vartheta}{\gamma\, l}, \qquad (6.53/2)$$

die durch den Ansatz

$$\vartheta = u \cos \omega\, t, \qquad\qquad D = x \cos \omega\, t$$

in

$$x^* = x - \omega^2\, \Theta\, u, \qquad u^* = -\gamma\, l\, x + u \qquad (6.53/3)$$

übergehen. Ihre Auflösung nach x und u liefert

$$F\, x = x^* + \omega^2\, \Theta\, u^*, \qquad F\, u = \gamma\, l\, x^* + u^*; \qquad (6.53/4)$$

dabei wurde

$$F = 1 - \frac{\omega^2}{\omega_0^2} \quad \text{und} \quad \omega_0^2 = \frac{1}{\gamma\, l\, \Theta}$$

gesetzt. ω_0 ist die Eigenfrequenz des Schwingers; die zugehörige Eigenschwingung könnte den Lösungen (6.53/4) überlagert werden.

Ist der Schwinger nicht nach Abb. 6.53/2a, sondern nach Abb. 6.53/2b angeordnet, so lauten die den Gln. (6.53/3) und (6.53/4) entsprechenden Gleichungen

$$x^* = x + \omega^2\, \Theta\, u, \qquad u^* = \gamma\, l\, x + u, \qquad (6.53/5)$$

und

$$F\, x = x^* - \omega^2\, \Theta\, u^*, \qquad F\, u = -\,\gamma\, l\, x^* + u^*. \qquad (6.53/6)$$

Diese Vorbetrachtungen verwenden wir nun beim Zusammenbau der $2n$ Elementarschwinger, wenn eine Eigenschwingform beliebiger Ordnung hergestellt werden soll. Abbildung 6.53/3 zeigt einen Ausschnitt aus der Reihe der Elementarschwinger. Von links nach rechts gelten die Gleichungen

$$\left. \begin{aligned}
x_{k-1}^* &= x_k - \omega^2\, (1 - \beta_{k-1})\, \Theta_{k-1}\, u_{k-1}, \\
u_{k-1}^* &= -\gamma\, \alpha_k\, l_k\, x_k + u_{k-1},
\end{aligned} \right\} \qquad (6.53/7)$$

$$\left. \begin{aligned}
x_k^* &= x_k + \omega^2\, \beta_k\, \Theta_k\, u_k, \\
u_{k-1}^* &= \gamma\, (1 - \alpha_k)\, l_k\, x_k + u_k,
\end{aligned} \right\} \qquad (6.53/8)$$

$$\left. \begin{aligned}
x_k^* &= x_{k+1} - \omega^2\, (1 - \beta_k)\, \Theta_k\, u_k, \\
u_k^* &= -\gamma\, \alpha_{k+1}\, l_{k+1}\, x_{k+1} + u_k,
\end{aligned} \right\} \qquad (6.53/9)$$

$$\left. \begin{aligned}
x_{k+1}^* &= x_{k+1} + \omega^2\, \beta_{k+1}\, \Theta_{k+1}\, u_{k+1}, \\
u_k^* &= \gamma\, (1 - \alpha_{k+1})\, l_{k+1}\, x_{k+1} + u_{k+1}.
\end{aligned} \right\} \qquad (6.53/10)$$

Die Elimination von x_k^* aus (6.53/8) und (6.53/9) und die von u_{k-1}^* aus (6.53/7) und (6.53/8) führt naturgemäß auf die bekannten Schwingungsgleichungen (6.32/6) der Welle

$$x_{k+1} - x_k = \omega^2\,\Theta_k\,u_k, \qquad (k = 0, 1, \ldots, n) \qquad (6.53/11)$$

$$u_k - u_{k-1} = -\gamma\,l_k\,x_k, \qquad (k = 1, 2, \ldots, n) \qquad (6.53/12)$$

mit $x_0 = x_{n+1} = 0$.

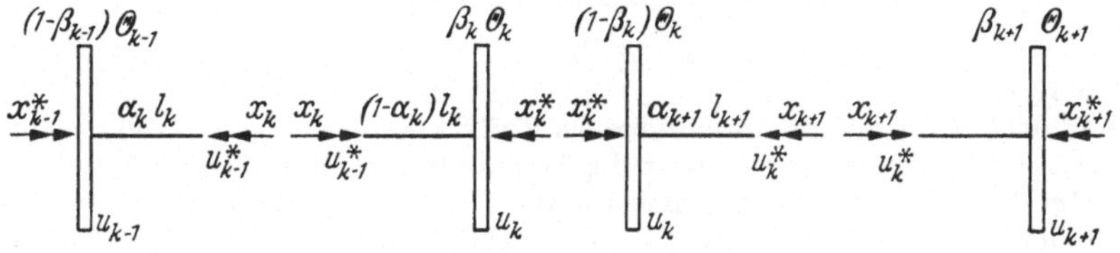

Abb. 6.53/3. Zusammenbau der Elementarsysteme

Die Gleichungssysteme (6.53/7) bis (6.53/10) werden nun nach den „ungesternten" Größen aufgelöst. Gemäß (6.53/4) und (6.53/6) kommt

$$\left.\begin{aligned}
F\,x_k &= x_{k-1}^* + \omega^2\,(1 - \beta_{k-1})\,\Theta_{k-1}\,u_{k-1}^*,\\
F\,u_{k-1} &= \gamma\,\alpha_k\,l_k\,x_{k-1}^* + u_{k-1}^*,
\end{aligned}\right\} \qquad (6.53/13)$$

$$\left.\begin{aligned}
F\,x_k &= x_k^* - \omega^2\,\beta_k\,\Theta_k\,u_{k-1}^*,\\
F\,u_k &= -\gamma\,(1 - \alpha_k)\,l_k\,x_k^* + u_{k-1}^*,
\end{aligned}\right\} \qquad (6.53/14)$$

$$\left.\begin{aligned}
F\,x_{k+1} &= x_k^* + \omega^2\,(1 - \beta_k)\,\Theta_k\,u_k^*,\\
F\,u_k &= \gamma\,\alpha_{k+1}\,l_{k+1}\,x_k^* + u_k^*,
\end{aligned}\right\} \qquad (6.53/15)$$

$$\left.\begin{aligned}
F\,x_{k+1} &= x_{k+1}^* - \omega^2\,\beta_{k+1}\,\Theta_{k+1}\,u_k^*,\\
F\,u_{k+1} &= -\gamma\,(1 - \alpha_{k+1})\,l_{k+1}\,x_{k+1}^* + u_k^*.
\end{aligned}\right\} \qquad (6.53/16)$$

Wegen (6.53/1) haben die Determinanten aller Gleichungssysteme denselben Wert

$$F = 1 - \frac{\omega^2}{\omega_0^2}, \qquad (6.53/17)$$

wobei ω_0 die für alle Elementarschwinger gleiche Eigenfrequenz bezeichnet, die höchste des ursprünglichen Schwingers. In den Gleichungssystemen (6.53/13) bis (6.53/16) muß deshalb $\omega = \omega_0$ ausgeschlossen bleiben. Die Gleichungen gelten für alle Eigenschwingungsformen u_k mit Ausnahme derjenigen höchster Ordnung.

Wir eliminieren x_{k+1} aus (6.53/15) und (6.53/16), ferner u_k aus (6.53/14) und (6.53/15) und erhalten

$$x_{k+1}^* - x_k^* = \omega^2\,[(1 - \beta_k)\,\Theta_k + \beta_{k+1}\,\Theta_{k+1}]\,u_k^*, \qquad (k = 0, 1, \ldots, (n-1)) \qquad (6.53/18)$$

$$u_k^* - u_{k-1}^* = -\gamma\,[(1 - \alpha_k)\,l_k + \alpha_{k+1}\,l_{k+1}]\,x_k^*, \qquad (k = 1, 2, \ldots, (n-1)) \qquad (6.53/19)$$

mit $x_0^* = x_n^* = 0$.

Der Vergleich von (6.53/18) und (6.53/19) mit (6.53/11) und (6.53/12) liegt jetzt nahe. Beide Gleichungssysteme stellen Eigenwertprobleme dar, deren Lösungen Eigenschwingungsformen unseres Schwingers (Welle) sind. Sehen wir einmal davon ab, daß im zuletzt erhaltenen Gleichungssystem die „gesternten" Veränderlichen auftreten statt der üblichen „ungesternten", so geht aus der Herleitung des neuen Eigenwertproblems (6.53/18), (6.53/19) klar hervor, daß die Eigenschwingform höchster Ordnung hier nicht mehr als Eigenlösung auftritt. Das alle Eigenschwingungsformen der Welle umfassende Eigenwertproblem (6.53/11), (6.53/12) ist demnach mit Hilfe der bekannten Eigenschwingungsform höchster Ordnung über die Transformation der x_k, u_k in die x_k^*, u_k^* um eine Stufe reduziert worden.

In (6.53/18), (6.53/19) führen wir nun die Abkürzungen

$$\Theta_k^* = (1 - \beta_k)\,\Theta_k + \beta_{k+1}\,\Theta_{k+1}, \qquad (\beta_0 = 0,\ \beta_n = 1) \qquad (6.53/20)$$

$$l_k^* = (1 - \alpha_k)\,l_k + \alpha_{k+1}\,l_{k+1} \qquad\qquad (6.53/21)$$

ein und gewinnen dadurch die auf eine naheliegende dynamische Analogie hinweisende Gleichungsform

$$x_{k+1}^* - x_k^* = +\,\omega^2\,\Theta_k^*\,u_k^*, \qquad (k = 0, 1, \ldots, (n-1)) \qquad (6.53/22)$$

$$u_k^* - u_{k-1}^* = -\gamma\,l_k^*\,x_k^*, \qquad (k = 1, 2, \ldots, (n-1)) \qquad (6.53/23)$$

mit $x_0^* = x_n^* = 0$.

Die x_k^* deuten wir als die Amplituden der Drillungsmomente einer Welle, die mit den Drehmassen Θ_k^* besetzt ist. Die u_k^* seien die Amplituden der Winkelausschläge dieser Drehmassen, die l_k^* die Längen der Wellenabschnitte. Die Definitionsgleichungen (6.53/20) und (6.53/21) der Θ_k^* und l_k^* zusammen mit den Bildteilen c und d der Abb. 6.53/1 lehren, wie einfach unser neuer Schwinger gebildet werden kann, wenn die Eigenschwingungsform höchster Ordnung des ursprünglichen Schwingers bekannt ist. Es ist dies die in 6.52 beschriebene BARANOWsche Konstruktion.

Der abgeleitete Schwinger besitzt eine Drehmasse weniger und damit einen Freiheitsgrad weniger als der alte. Beide Schwinger stimmen in ihren Eigenfrequenzen überein, abgesehen von der höchsten Eigenfrequenz des alten Schwingers, die dem neuen fehlt.

6.54 Die Ermittlung der Eigenschwingungsformen.[1] Unter W wollen wir weiterhin die alte Welle (den ursprünglichen Schwinger) verstehen, unter W^* die aus W durch eine BARANOWsche Reduktion entstandene. Für die Bestimmung der Eigenschwingformen von W mit Hilfe des BARANOWschen Reduktionsverfahrens ist es wichtig zu wissen, wie sich eine Eigenschwingform von W^* in diejenige gleicher Frequenz von W transformiert. Diese Transformationen kann man in einfacher Weise den Gleichungssystemen (6.53/13) bis (6.53/16) entnehmen.

Aus (6.53/13) und (6.53/14) kommt

$$F\,(u_k - u_{k-1}) = -\gamma\,l_k\,[\alpha_k\,x_{k-1}^* + (1 - \alpha_k)\,x_k^*], \qquad (6.54/1)$$

und wegen (6.53/12)

$$F\,x_k = \alpha_k\,x_{k-1}^* + (1 - \alpha_k)\,x_k^*. \qquad (k = 1, 2, \ldots, n) \qquad (6.54/2)$$

Dabei ist $x_0^* = x_n^* = 0$. Aus (6.53/14) und (6.53/15) kommt

$$F\,(x_{k+1} - x_k) = \omega^2\,\Theta_k\,[\beta_k\,u_{k-1}^* + (1 - \beta_k)\,u_k^*], \qquad (6.54/3)$$

und wegen (6.53/11)

$$F\,u_k = \beta_k\,u_{k-1}^* + (1 - \beta_k)\,u_k^*. \qquad (k = 0, 1, \ldots, n) \qquad (6.54/4)$$

Wegen $\beta_0 = 0$ und $\beta_n = 1$ wird

$$F\,u_0 = u_0^*, \qquad (6.54/5)$$

$$F\,u_n = u_{n-1}^*. \qquad (6.54/6)$$

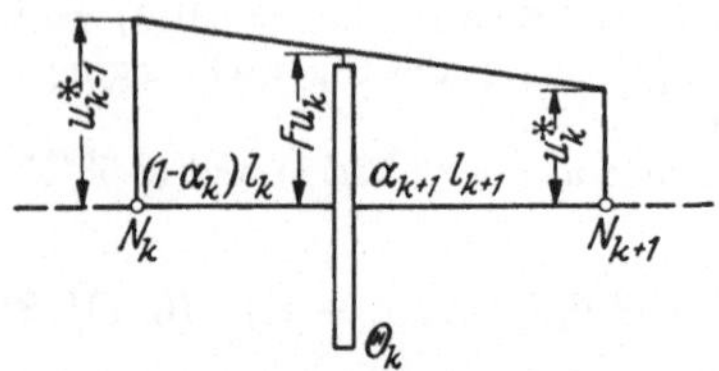

Abb. 6.54/1. Zeichnerische Darstellung der Proportion (6.54/9)

Die Gln. (6.54/2) und (6.54/4) zeigen, wie eine Eigenlösung des reduzierten Eigenwertproblems (6.53/18), (6.53/19) umgerechnet werden kann in die zum gleichen Eigenwert gehörige Lösung des ursprünglichen Eigenwertproblems (6.53/11), (6.53/12).

In der Regel interessieren nicht so sehr die Amplituden der Drillungsmomente als vielmehr die der Winkelausschläge. Ihre Rücktransformation (6.54/4) von W^* nach W läßt sich sehr einfach zeichnerisch bewerkstelligen. Um dies einzusehen, schreiben wir (6.54/4) zunächst als Proportion

$$\frac{u_{k-1}^* - F\,u_k}{1 - \beta_k} = \frac{F\,u_k - u_k^*}{\beta_k} \qquad (6.54/7)$$

---

[1] Wir folgen auch hier H. SCHAEFER [*36*], benutzen aber unsere gewohnten Bezeichnungen und Vorzeichenfestsetzungen, die sich von denen SCHAEFERS unterscheiden. (Dies möge beim Vergleich der Formeln beachtet werden.)

und schließen die Sonderfälle $k = 0$ und $k = n$ aus, die bereits durch (6.54/5) und (6.54/6) erledigt sind. Nach (6.53/1) ist

$$\beta_k (1 - \alpha_k)\, l_k = (1 - \beta_k)\, \alpha_{k+1}\, l_{k+1}\,, \tag{6.54/8}$$

so daß (6.54/7) als Proportion von Strecken gedeutet werden kann:

$$\frac{u_{k-1}^* - F\, u_k}{(1 - \alpha_k)\, l_k} = \frac{F\, u_k - u_k^*}{\alpha_{k+1}\, l_{k+1}}\,. \tag{6.54/9}$$

Wir erinnern uns, daß u_k^* ursprünglich definiert ist als Drehwinkelamplitude der Welle W an derjenigen Stelle, an der ihre Eigenschwingung höchster Ordnung den Knoten N_{k+1}

besitzt. Trägt man also die als Strecken dargestellten Winkelamplituden u_{k-1}^* und u_k^* der Welle W^* in den Punkten N_k bzw. N_{k+1} der Welle W als Ordinaten auf, so gibt (6.54/9) die einfache Konstruktion von $F\, u_k$ nach Abb. 6.54/1. Wegen $F < 1$ ist u_k immer größer als $F\, u_k$. Da aber alle u_k einer Eigenschwingform nur bis auf einen konstanten Faktor bestimmt sind, darf man bereits die $F\, u_k$ als die gesuchten Amplituden der Drehmassen Θ_k von W ansehen.

Meistens wird es bequemer sein, die Strecken $F\, u_k$ bereits im System W^* abzugreifen und sie dann nach W zu übertragen, wie es Abb. 6.54/2 zeigt.

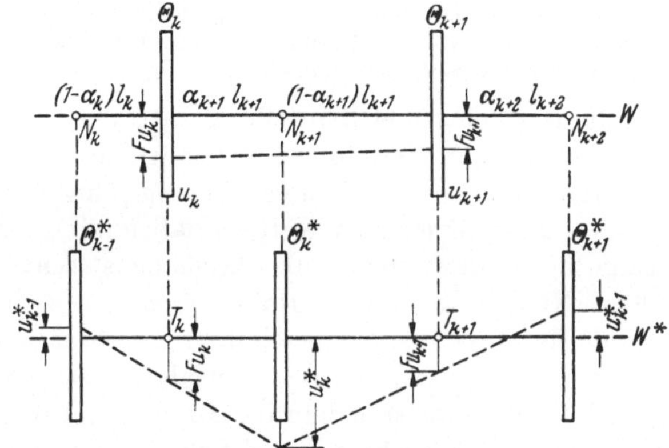

Abb. 6.54/2. Rücktransformation einer Eigenschwingung von W^* in diejenige von W

Die $F\, u_k$ sind gleich den Winkelamplituden der Welle W^* in den Punkten T_k (nicht zu verwechseln mit den Knoten der Eigenschwingung höchster Ordnung von W^*), also dort, wo bei W die Drehmassen Θ_k sitzen. Wörtlich gilt dies auch für die Wellenenden, die wir nach (6.54/5), (6.54/6) gesondert zu betrachten haben. Man stelle sich vor, daß W^* überstehende Wellenenden besitzt, die sich wie starre Körper drehen (Abb. 6.54/3). Ihre Drehwinkel sind deshalb gleich den Drehwinkeln der Endmassen Θ_0^* bzw. Θ_{n-1}^*.

Da wir jetzt wissen, wie die Eigenschwingungsformen höchster Ordnung der einzelnen reduzierten Systeme auf W zurücktransformiert werden, können wir uns durch einfache zeichnerische Konstruktionen sämtliche Eigenschwingungsformen von W unmittelbar im Anschluß an das Baranowsche Verfahren verschaffen.

Zum Schluß sei noch erwähnt, daß man durch Umkehrung des Baranow-Verfahrens, ausgehend von einem Zwei-Massen-System, eine Schwingerkette von beliebig vielen Freiheitsgraden mit vorgeschriebenen Eigenfrequenzen aufbauen kann.

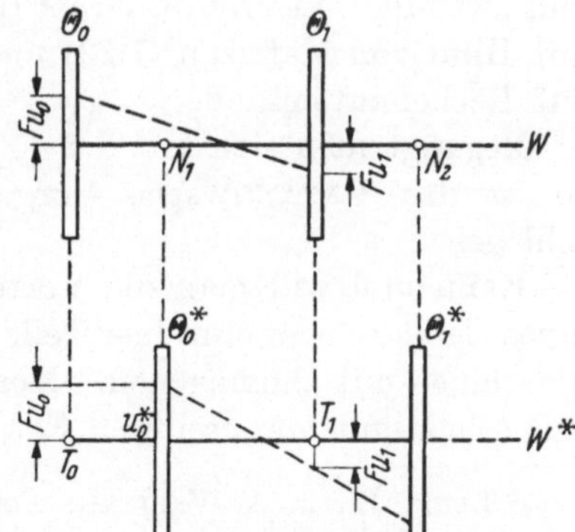

Abb. 6.54/3. Rücktransformation der Winkelamplituden am Wellenende

Diese Aufgabe war für Schwinger von zwei Freiheitsgraden in Abschn. 2.7 behandelt worden. In diesem Zusammenhang sei auch auf die früher (Fußnote 1, S. 157) erwähnte Arbeit von S. Falk (dort Abschn. 4) hingewiesen.

6.55 Weitere Verfahren. Das Verfahren von Rausch-Kutzbach zusammen mit dem Baranowschen Gedankengang der Reduktion stellt bei weitem das wichtigste Verfahren aus der hier zu besprechenden Gruppe von Verfahren dar (die auf dem Gedanken der Aufspaltung beruhen). Von weiteren in der Literatur bekannt gewordenen Verfahren erwähnen wir noch einige mit ganz kurzen Andeutungen. Wegen der Einzelheiten muß auf den Bericht [*] oder die jeweils angegebene Originalliteratur verwiesen werden.

Das Verfahren von S. SALYI [31] kann aufgefaßt werden als eine Abwandlung des RAUSCHschen Verfahrens; es kann für Schwinger mit festgehaltenen Enden Vorteile bieten.

Das Verfahren von P. KOHN [12] unterscheidet sich von den beiden in diesem Abschnitt besprochenen zeichnerischen Verfahren dadurch, daß es die Gln. (6.51/2) nicht mit Hilfe des Seileckes, sondern mit Hilfe des Höhensatzes im rechtwinkligen Dreieck verwertet.

Ein älteres Verfahren von R. DREVES [4] erweist sich als überholt.

Während die bisher in diesem Abschnitt erwähnten Verfahren die aus der Zerlegung der Massen folgenden Beziehungen (6.51/2) zeichnerisch verwerten, gibt es auch rechnerische Wege. Vorschläge von H. WYDLER [6] und O. FÖPPL [8] zielen dahin. Besondere Vorteile wohnen diesen Vorschlägen jedoch nicht inne.

6.56 Rückblick und Beurteilung. Aus der Vielzahl der in der Literatur bekannt gewordenen Verfahren zur Ermittelung der Eigenfrequenzen und Eigenschwingformen von torsionsschwingungsfähigen Gebilden (ungefesselten, einfach zusammenhängenden Ketten) haben wir in den Abschn. 6.4 und 6.5 jene ausführlicher dargestellt, die besonderes schwingungstechnisches Interesse bieten. Nicht alle diese Verfahren erfreuen sich gleicher Beliebtheit in der Praxis. Ein objektiver Vergleich ihrer Zweckmäßigkeit und eine daraus folgende Bewertung der verschiedenen Verfahren ist jedoch schwierig oder gar unmöglich, weil — insbesondere im Hinblick auf den Zeitbedarf der Verfahren — so sehr viel vom Geschmack und von der Gewöhnung des Bearbeiters abhängt. Wo solche Vergleiche „mit der Stoppuhr" durchgeführt worden sind[1] (Bericht [*], Abschn. 25a, 26) erweisen sie sich deshalb auch nur bedingt als beweiskräftig.

Erfahrungen, die sich über viele Jahre und über mannigfaltige Formen von Schwingern erstrecken, berechtigen aber doch wohl zu folgenden Feststellungen:

Für Gebilde, bei denen die Gleichmäßigkeit im Aufbau keine besondere Rolle spielt, erweist sich das G-T-H-Verfahren (6.41) als besonders handlich und „wendig". Es erlaubt ferner (in seiner rechnerischen Form) eine Behandlung mit Hilfe von Matrizen (7.22) und eignet sich damit gut zur Programmierung auf Rechenautomaten.

Begnügt man sich mit der (oft ausreichenden) Genauigkeit der Zeichnung, so ist das BARANOWsche Vorgehen (6.52) an Einfachheit wohl kaum zu schlagen.

Kann und will man die Vorteile ausnutzen, die im gleichmäßigen Aufbau eines Gebildes oder einzelner Teile des Gebildes stecken („homogene" Maschinen, Maschinen mit „homogenem" Kern), so bietet sich das GRAMMELsche Verfahren mit seinen gut vorbereiteten Formeln und Tabellen als das zweckmäßigste an.

---

[1] LEHR, E., u. A. WEIGAND: Forschungsbericht FB 676 der Deutschen Luftfahrtforschung, 1936.

7 Schwingungsberechnung mit Hilfe von Übertragungsmatrizen

Wir beginnen die Erörterungen des 7. Kapitels mit einer Einführung in den Gebrauch der Matrizen, die für eine rationelle Behandlung der biegekritischen Drehzahlen unentbehrlich sind.

7.1 Aus der Matrizenrechnung[1]

7.11 Der Begriff der Matrix. Die bisherigen Betrachtungen führten uns im wesentlichen auf lineare Beziehungen zwischen den Veränderlichen, also auf Abhängigkeiten von der Form

$$\left.\begin{aligned}
a_{11}\,x_1 + a_{12}\,x_2 + \cdots + a_{1n}\,x_n &= y_1 \\
a_{21}\,x_1 + a_{22}\,x_2 + \cdots + a_{2n}\,x_n &= y_2 \\
\cdots \cdots \cdots \cdots \cdots \cdots \cdots \\
a_{m1}\,x_1 + a_{m2}\,x_2 + \cdots + a_{mn}\,x_n &= y_m
\end{aligned}\right\} \qquad (7.11/1)$$

Der wesentliche Inhalt dieser Beziehungen wird durch das Schema der Koeffizienten a_{ik} repräsentiert (das oft, aber nicht notwendigerweise, quadratisch ist). Es erweist sich daher als sinnvoll und zweckmäßig, das Koeffizientenschema selbst als eine mathematische Größe aufzufassen und mit einem einzigen Zeichen zu belegen. So schreiben wir etwa

$$\mathfrak{A} = \begin{bmatrix}
a_{11} & a_{12} & \ldots & a_{1n} \\
a_{21} & a_{22} & \ldots & a_{2n} \\
\cdot & \cdot & \cdots & \cdot \\
a_{m1} & a_{m2} & \ldots & a_{mn}
\end{bmatrix} \qquad (7.11/2\,\mathrm{a})$$

oder kürzer

$$\mathfrak{A} = (a_{ik})\,. \qquad \left.\begin{aligned}
i &= 1,\,2,\,\ldots,\,m \\
k &= 1,\,2,\,\ldots,\,n
\end{aligned}\right\} \qquad (7.11/2\,\mathrm{b})$$

Diese das Koeffizientenschema repräsentierende Größe $\mathfrak{A}$ wird eine *Matrix* genannt. Die a_{ik} heißen die Elemente der Matrix.

Man verwechsle die Matrix nicht mit einer Determinante. Erstens gibt es Determinanten nur zu quadratischen Matrizen. Ferner ist die Determinante eine einzige Zahl, die aus dem Schema nach ganz bestimmter Vorschrift berechnet wird, während die Matrix den gesamten „Komplex" der Elemente umfaßt.

Auf Grund der für lineare Beziehungen geltenden Gesetze lassen sich nun für die Matrizen bestimmte Operationen definieren. Danach rechnet man mit den Matrizen wie mit anderen mathematischen Größen (Skalaren, Vektoren usw.). Durch diesen Matrizenkalkül gestaltet sich das Arbeiten mit linearen Beziehungen außerordentlich einfach und übersichtlich.

Zunächst geben wir die notwendigen Definitionen.[2]

a) Zwei Matrizen $\mathfrak{A}$ und $\mathfrak{B}$ sind dann und nur dann gleich, wenn alle ihre Elemente gleich sind:

$$\mathfrak{A} = \mathfrak{B}, \quad \text{wenn} \quad a_{ik} = b_{ik} \quad \text{für alle } i \text{ und } k. \qquad (7.11/3)$$

---

[1] s. etwa R. Zurmühl: Matrizen, 2. Aufl., Berlin/Göttingen/Heidelberg: Springer 1958.
[2] Wir folgen im wesentlichen der Darstellung von R. Zurmühl; dort S. 7.

b) Eine Matrix ist Null, wenn alle ihre Elemente Null sind:

$$\mathfrak{A} = 0, \quad \text{wenn} \quad a_{ik} = 0 \quad \text{für alle } i \text{ und } k. \tag{7.11/4}$$

c) Die Summe (Differenz) zweier $m\,n$-Matrizen $\mathfrak{A}$ und $\mathfrak{B}$ (von je m Zeilen und n Spalten) ist eine neue $m\,n$-Matrix $\mathfrak{C} = \mathfrak{A} \pm \mathfrak{B}$ mit den Elementen

$$c_{ik} = a_{ik} \pm b_{ik} \quad \text{für alle } i \text{ und } k. \tag{7.11/5}$$

d) Das Produkt $k\,\mathfrak{A}$ einer Matrix $\mathfrak{A}$ mit einer reinen Zahl k ist eine Matrix (gleicher Zeilen- und Spaltenzahl), bei der *jedes* Element das k-fache des entsprechenden Elementes von $\mathfrak{A}$ ist:

$$k\,\mathfrak{A} = \begin{bmatrix} k\,a_{11} & k\,a_{12} & \ldots & k\,a_{1n} \\ \vdots & & & \\ k\,a_{m1} & \ldots & \ldots & k\,a_{mn} \end{bmatrix}. \tag{7.11/6}$$

Ein *allen* Elementen gemeinsamer Faktor läßt sich also als Faktor vor die Matrix ziehen. Man beachte den Unterschied gegenüber einer ähnlichen Regel für Determinanten, wo ein Faktor, der den Elementen *einer Reihe* (Spalte oder Zeile) gemeinsam ist, herausgezogen werden kann. Daher gilt z. B. für eine n-reihige quadratische Matrix

$$\det(k\,\mathfrak{A}) = k^n \det \mathfrak{A}.$$

e) Eine Matrix $\mathfrak{A}' = (a_{ki})$, die aus $\mathfrak{A} = (a_{ik})$ durch eine Vertauschung von Spalten und Zeilen entsteht, heißt die zu $\mathfrak{A}$ transponierte Matrix.

Beispiel:

$$\mathfrak{A} = \begin{bmatrix} a_1 & b_1 & c_1 \\ a_2 & b_2 & c_2 \end{bmatrix} \qquad \mathfrak{A}' = \begin{bmatrix} a_1 & a_2 \\ b_1 & b_2 \\ c_1 & c_2 \end{bmatrix}.$$

Offenbar gilt: $(\mathfrak{A}')' = \mathfrak{A}$.

f) Eine quadratische Matrix $\mathfrak{A}$ heißt symmetrisch, wenn sie gleich ihrer transponierten $\mathfrak{A}'$ ist.

Beispiel:

$$\mathfrak{A} = \begin{bmatrix} 2 & -5 & 3 \\ -5 & -1 & 2 \\ 3 & 2 & 0 \end{bmatrix}.$$

Es sind also die spiegelbildlich zur Hauptdiagonalen angeordneten Elemente einander gleich, $a_{ik} = a_{ki}$; die Elemente in der Hauptdiagonalen sind beliebig.

g) Eine quadratische Matrix heißt Diagonalmatrix, wenn sie außerhalb der Hauptdiagonalen nur Nullen aufweist.

Beispiel:

$$\mathfrak{D} = \begin{bmatrix} d_1 & 0 & 0 \\ 0 & d_2 & 0 \\ 0 & 0 & d_3 \end{bmatrix}.$$

h) Eine Diagonalmatrix (irgendwelcher „Ordnung", d. i. Reihenzahl), für die sämtliche $d_i = 1$ sind, heißt Einheitsmatrix; sie wird mit $\mathfrak{E}$ bezeichnet.

Beispiel:

$$\mathfrak{E} = \begin{bmatrix} 1 & 0 & 0 & 0 \\ 0 & 1 & 0 & 0 \\ 0 & 0 & 1 & 0 \\ 0 & 0 & 0 & 1 \end{bmatrix}.$$

i) Einzeilige oder einspaltige Matrizen von n Elementen werden meist (n-dimensionale) Vektoren genannt und mit kleinen Frakturbuchstaben bezeichnet;

$$\mathfrak{a} = (a_1, a_2, \ldots, a_n),$$

$$\mathfrak{b} = \begin{bmatrix} b_1 \\ b_2 \\ \cdot \\ \cdot \\ \cdot \\ b_n \end{bmatrix} = \{b_1, b_2, \ldots, b_n\}.$$

Im folgenden werden wir häufig mit Spaltenvektoren (Beispiel $\mathfrak{b}$), seltener mit Zeilenvektoren (Beispiel $\mathfrak{a}$) zu tun haben; es lohnt sich daher, von der platzsparenden Schreibweise $\{\cdots\}$ Gebrauch zu machen.

Die hier definierten Vektoren haben viele, aber nicht alle Eigenschaften gemeinsam mit den Vektoren, von denen die „Vektorrechnung" handelt.

k) Eine mn-Matrix $\mathfrak{A} = (a_{ik})$ läßt sich aufgebaut denken aus ihren n Spaltenvektoren $\mathfrak{a}_k$ oder aus ihren m Zeilenvektoren $\mathfrak{a}^i$, also

$$\mathfrak{A} = \begin{bmatrix} a_{11} & a_{12} & \ldots & a_{1n} \\ \cdot & & & \\ \cdot & & & \\ a_{m1} & & \ldots & a_{mn} \end{bmatrix} = (\mathfrak{a}_1, \mathfrak{a}_2, \ldots, \mathfrak{a}_n) = \begin{bmatrix} \mathfrak{a}^1 \\ \mathfrak{a}^2 \\ \cdot \\ \cdot \\ \mathfrak{a}^m \end{bmatrix}$$

mit

$$\mathfrak{a}_k = \begin{bmatrix} a_{1k} \\ a_{2k} \\ \cdot \\ \cdot \\ a_{mk} \end{bmatrix} \quad \text{und} \quad \mathfrak{a}^i = (a_{i1}, a_{i2}, \ldots, a_{in}). \qquad (7.11/7\,\text{a})$$

l) Eine Matrix $\mathfrak{A}$ heißt vom Range r, wenn sie genau r linear unabhängige Zeilen und Spalten enthält. Dann ist r die Ordnungszahl der in ihr enthaltenen, nicht verschwindenden Determinante größter Reihenzahl.

m) Eine n-reihige quadratische Matrix heißt singulär, wenn ihre Determinante verschwindet, wenn also $r < n$. Die Zahl $(n - r)$ heißt Rangabfall der Matrix. Ist $r = n$, also det $\mathfrak{A} \neq 0$, so heißt $\mathfrak{A}$ nichtsingulär.

7.12 Matrizenmultiplikation. Das Kernstück des Matrizenkalküls bildet die Matrizenmultiplikation[1], d. i. die Multiplikation von Matrizen mit Matrizen. Auf das Matrizenprodukt wird man geführt durch die Aufeinanderfolge zweier linearer Transformationen.

Es sei gegeben eine lineare Beziehung zwischen zwei Größensystemen

$$(x_1, x_2, \ldots, x_n) \quad \text{und} \quad (y_1, y_2, \ldots, y_n)$$

in der Form

$$\left. \begin{aligned} x_1 &= a_{11}\, y_1 + \cdots + a_{1n}\, y_n \\ &\,\cdot \\ &\,\cdot \\ x_n &= a_{n1}\, y_1 + \cdots + a_{nn}\, y_n \end{aligned} \right\} \qquad (7.12/1)$$

---

[1] Zum Beispiel Fußnote 1, S. 411; dort S. 15.

Die Größen des Systems $(y_1, \ldots)$ sollen ihrerseits verknüpft sein mit einem Größensystem $(z_1, \ldots, z_n)$ in der Form

$$\left.\begin{aligned} y_1 &= b_{11}z_1 + \cdots + b_{1n}z_n \\ &\;\;\vdots \\ y_n &= b_{n1}z_1 + \cdots + b_{nn}z_n. \end{aligned}\right\} \tag{7.12/2}$$

Gesucht ist der unmittelbare Zusammenhang zwischen $(x_1, \ldots)$ und $(z_1, \ldots)$. Auch er wird linear sein, d. h. von der Form

$$\left.\begin{aligned} x_1 &= c_{11}z_1 + \cdots + c_{1n}z_n \\ &\;\;\vdots \\ x_n &= c_{n1}z_1 + \cdots + c_{nn}z_n \end{aligned}\right\} \tag{7.12/3}$$

und es handelt sich darum, die Koeffizienten c_{ik} aus den gegebenen Koeffizienten a_{ik} und b_{ik} zu bestimmen.

Der Koeffizient c_{ik}, d. i. der Faktor der Größe z_k in der i-ten Gleichung von (7.12/3) folgt aus der i-ten Gleichung von (7.12/1), wo laut (7.12/2) jedes der y_r die interessierende Größe z_k mit dem Faktor b_{rk} enthält. Insgesamt enthält also x_i in (7.12/3) die Größe z_k mit dem Faktor

$$c_{ik} = a_{i1}b_{1k} + a_{i2}b_{2k} + \cdots + a_{in}b_{nk} = \sum_{r=1}^{n} a_{ir}b_{rk}. \tag{7.12/4}$$

Damit erweist sich c_{ik} als „skalares Produkt" der i-ten Zeile von $\mathfrak{A} = (a_{ik})$ mit der k-ten Spalte von $\mathfrak{B} = (b_{ik})$. Man nennt nun die Matrix $\mathfrak{C} = (c_{ik})$ das Produkt der beiden Matrizen $\mathfrak{A}$ und $\mathfrak{B}$ (in dieser Reihenfolge)

$$\mathfrak{C} = \mathfrak{A}\,\mathfrak{B} \tag{7.12/5}$$

und gibt dazu die Definition:

Unter dem Produkt einer $m\,n$-Matrix $\mathfrak{A}$ mit einer $n\,p$-Matrix $\mathfrak{B}$ in der Reihenfolge $\mathfrak{A}\,\mathfrak{B}$ versteht man die mp-Matrix $\mathfrak{C} = \mathfrak{A}\,\mathfrak{B}$, deren Element c_{ik} das skalare Produkt des Zeilenvektors $\mathfrak{a}^i$ mit dem Spaltenvektor $\mathfrak{b}_k$ ist, oder kurz

$$c_{ik} = \mathfrak{a}^i\,\mathfrak{b}_k. \tag{7.12/5a}$$

Hiernach schreibt sich die Hintereinanderschaltung der beiden linearen Transformationen in Kurzschreibweise

$$\left.\begin{aligned} \mathfrak{x} &= \mathfrak{A}\,\mathfrak{y} \\ \mathfrak{y} &= \mathfrak{B}\,\mathfrak{z} \end{aligned}\right\} \quad \mathfrak{x} = \mathfrak{A}(\mathfrak{B}\,\mathfrak{z}) = (\mathfrak{A}\,\mathfrak{B})\,\mathfrak{z} = \mathfrak{C}\,\mathfrak{z}. \tag{7.12/6}$$

Hier ist nun jede Multiplikation als eine Matrizenmultiplikation aufzufassen, indem man auch $\mathfrak{x}$, $\mathfrak{y}$, $\mathfrak{z}$ als einreihige Matrizen, und zwar als Spaltenmatrizen einführt:

$$\mathfrak{x} = \begin{bmatrix} x_1 \\ x_2 \\ \vdots \\ x_n \end{bmatrix}, \qquad \mathfrak{y} = \begin{bmatrix} y_1 \\ y_2 \\ \vdots \\ y_n \end{bmatrix}, \qquad \mathfrak{z} = \begin{bmatrix} z_1 \\ z_2 \\ \vdots \\ z_n \end{bmatrix}. \tag{7.12/7}$$

Die Produktbildung $\mathfrak{A}\mathfrak{B} = \mathfrak{C}$ läßt sich nach Abb. 7.12/1 einprägsam darstellen.

Eine noch vorteilhaftere Anordnung (nach einem Vorschlag von S. FALK[1]) zeigt Abb. 7.12/2. Hier erscheint das Element c_{ik} der Produktmatrix im Kreu-

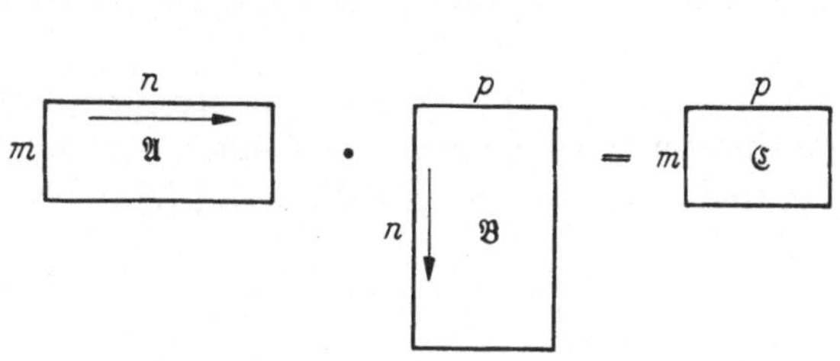

Abb. 7.12/1
Schematische Darstellung der Matrizenmultiplikation

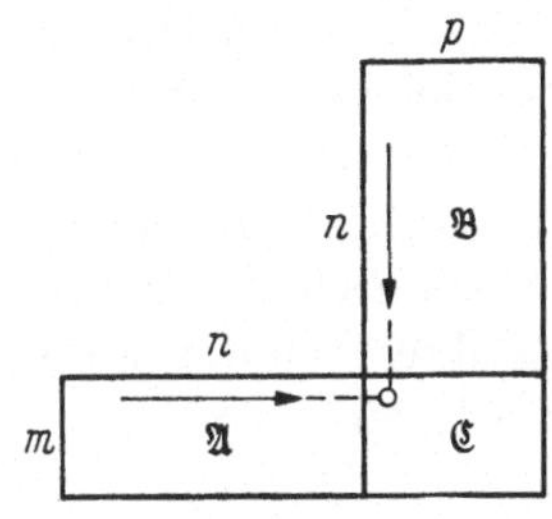

Abb. 7.12/2
Anordnungsschema (nach FALK) zum
Matrizenprodukt (nach ZURMÜHL,
Fußnote 1 von S. 411; dort Abb. 21)

zungspunkt der i-ten Zeile von $\mathfrak{A}$ mit der k-ten Spalte von $\mathfrak{B}$. Diese Anordnung empfiehlt sich besonders bei Produkten aus mehr als zwei Faktoren, etwa

$$\mathfrak{X} = \mathfrak{A}\mathfrak{B}\mathfrak{C}\mathfrak{D}.$$

Man braucht dann jede der Matrizen und auch jedes der Teilprodukte nur ein einziges Mal niederzuschreiben. Fängt man mit dem letzten Faktor an, so erhält man das Schema der Abb. 7.12/3. Man erkennt leicht, daß die Zeilenzahl der Produktmatrix gleich der des ersten Faktors, ihre Spaltenzahl gleich der des letzten Faktors ist (gilt auch für $\mathfrak{y} = \mathfrak{A}\,\mathfrak{x}$).

Wir schließen noch ein paar Bemerkungen und Sätze über die Matrizenmultiplikation an.

1. Die Matrizenmultiplikation ist nicht kommutativ, d. h. es gilt im allgemeinen

$$\mathfrak{A}\mathfrak{B} \neq \mathfrak{B}\mathfrak{A}. \tag{7.12/8}$$

Abb. 7.12/3
Anordnungsschema zum mehrfachen
Matrizenprodukt (nach ZURMÜHL,
Fußnote 1 von S. 411; dort Abb. 22)

2. Die Matrizenmultiplikation ist assoziativ; d. h. es gilt

$$(\mathfrak{A}\mathfrak{B})\mathfrak{C} = \mathfrak{A}(\mathfrak{B}\mathfrak{C}) = \mathfrak{A}\mathfrak{B}\mathfrak{C}. \tag{7.12/9}$$

3. Für das Transponieren des Produktes gilt die Regel

$$(\mathfrak{A}\mathfrak{B})' = \mathfrak{B}'\mathfrak{A}'. \tag{7.12/10}$$

4. Für die aus den Matrizen gebildeten Determinanten gilt:

$$\det(\mathfrak{A}\mathfrak{B}) = \det\mathfrak{A}\cdot\det\mathfrak{B}.$$

5. Wenn eine Matrix singulär ist, kann es vorkommen, daß

$$\mathfrak{A}\mathfrak{B} = 0, \tag{7.12/11}$$

ohne daß einer der Faktoren Null ist.

---

[1] FALK, S.: Z. angew. Math. Mech. Bd. 31 (1951) S. 152.

5a. Aus $\mathfrak{A}\,\mathfrak{B} = \mathfrak{A}\,\mathfrak{C}$ folgt bei quadratischer Matrix $\mathfrak{A}$ dann und nur dann $\mathfrak{B} = \mathfrak{C}$, wenn $\mathfrak{A}$ nichtsingulär ist, d. h. $\det \mathfrak{A} \neq 0$ ist.

Singuläre Matrizen verhalten sich in mehrfacher Hinsicht wie die Null bei skalaren Zahlen.

Für das Arbeiten mit Matrizen mag die Erwähnung von ein paar Sonderfällen hilfreich sein.

1. Vektoren werden wir in der Regel als Spaltenvektoren angeben. Um zwei solcher Spaltenvektoren multiplizieren zu können, muß einer von ihnen in einen Zeilenvektor transponiert und dann als erster Faktor des (Matrizen-) Produktes benutzt werden.

Beispiel:

$$\mathfrak{a} = \begin{bmatrix} a_1 \\ \vdots \\ a_n \end{bmatrix}, \qquad \mathfrak{b} = \begin{bmatrix} b_1 \\ \vdots \\ b_n \end{bmatrix},$$

$$p = \mathfrak{a}'\,\mathfrak{b} = (a_1, \ldots, a_n) \begin{bmatrix} b_1 \\ \vdots \\ b_n \end{bmatrix} = \sum_i a_i b_i,$$

$$p = \mathfrak{b}'\,\mathfrak{a} = (b_1, \ldots, b_n) \begin{bmatrix} a_1 \\ \vdots \\ a_n \end{bmatrix} = \sum_i a_i b_i.$$

2. Ist $\mathfrak{D}$ eine Diagonalmatrix

$$\mathfrak{D} = \begin{bmatrix} d_1 & \cdots & 0 \\ \vdots & \ddots & \vdots \\ 0 & & d_n \end{bmatrix},$$

so bewirkt $\mathfrak{D}\,\mathfrak{A}$ eine zeilenweise Multiplikation der a_{ik} mit d_i, dagegen bewirkt $\mathfrak{A}\,\mathfrak{D}$ eine spaltenweise Multiplikation der a_{ik} mit d_k.

3. Als Sonderfall von 2 kommt, wenn $\mathfrak{E}$ eine Einheitsmatrix bedeutet,

$$\mathfrak{E}\,\mathfrak{A} = \mathfrak{A}\,\mathfrak{E} = \mathfrak{A}.$$

7.13. Quadratische Formen[1]. Koeffizientenschemata, d. h. Matrizen, treten außer bei linearen Gleichungssystemen noch auf im Zusammenhang mit sog. quadratischen Formen, also homogenen, quadratischen Ausdrücken in n Veränderlichen. Solche Ausdrücke trafen wir an bei der Berechnung der kinetischen und der potentiellen Energie an vielen Stellen, insbesondere aber in 4.33 und Abschn. 4.5.

Eine quadratische Form in den n Veränderlichen $x_1, \ldots, x_n$ hat die Gestalt

$$\left. \begin{aligned} Q = a_{11}\,x_1^2 &+ 2a_{12}\,x_1\,x_2 + 2a_{13}\,x_1\,x_3 + \cdots + 2a_{1n}\,x_1\,x_n \\ &+ a_{22}\,x_2^2 \quad\;\; + 2a_{23}\,x_2\,x_3 + \cdots + 2a_{2n}\,x_2\,x_n \\ &+ \cdots \cdots \cdots \cdots \\ &\qquad\qquad\qquad\qquad\qquad\quad + a_{nn}\,x_n^2. \end{aligned} \right\} \qquad (7.13/1\,\mathrm{a})$$

---

[1] Siehe Fußnote 1, S. 411; dort S. 127.

Setzt man $a_{ik} = a_{ki}$, so schreibt sich Q auch in der Form

$$\left.\begin{aligned}
Q = \;&(a_{11}\,x_1 + a_{12}\,x_2 + \cdots + a_{1n}\,x_n)\,x_1 \\
+\;&(a_{21}\,x_1 + \qquad\qquad \cdots + a_{2n}\,x_n)\,x_2 \\
+\;&\cdot\quad\cdot\quad\cdot\quad\cdot\quad\cdot\quad\cdot\quad\cdot\quad\cdot\quad\cdot \\
+\;&(a_{n1}\,x_1 + \qquad\qquad \cdots + a_{nn}\,x_n)\,x_n\,.
\end{aligned}\right\} \qquad (7.13/1\,\mathrm{b})$$

Dieser Ausdruck ist aber das skalare Produkt des Vektors $\mathfrak{x}$ mit dem Vektor $\mathfrak{y} = \mathfrak{A}\,\mathfrak{x}$, für das man in Matrizenform kurz schreiben kann

$$Q = \mathfrak{x}'\,\mathfrak{A}\,\mathfrak{x}; \qquad (7.13/1\,\mathrm{c})$$

dabei muß wegen $a_{ik} = a_{ki}$ gelten $\mathfrak{A} = \mathfrak{A}'$. Die Form Q ist durch ihr symmetrisches Koeffizientenschema, die symmetrische Matrix $\mathfrak{A} = \mathfrak{A}'$, vollständig festgelegt. Man nennt $\mathfrak{A}$ die Formmatrix.

Wie wir wissen, nehmen unter den quadratischen Formen jene eine besondere Stellung ein, die definit sind (positiv definit bzw. negativ definit) (s. 4.33). Die mathematische Bedingung z..B. für positive Definitheit einer Form läßt sich mit Hilfe des Koeffizientenschemas leicht ausdrücken:

Die quadratische Form $Q = \mathfrak{x}'\,\mathfrak{A}\,\mathfrak{x}$ ist genau dann positiv definit, wenn sämtliche Hauptabschnittsdeterminanten der Matrix positiv sind, $D_i > 0$ für $i = 1, 2, \ldots, n$. Dabei ist

$$D_1 = a_{11}, \qquad D_2 = \begin{vmatrix} a_{11} & a_{12} \\ a_{21} & a_{22} \end{vmatrix}, \qquad \ldots, \qquad D_n = \det \mathfrak{A}. \qquad (7.13/2)$$

7.2 Torsionsschwingungen (Torsionskritische Drehzahlen) und Längsschwingungen

7.21 Zustandsvektoren; Übertragungsmatrizen. Schon im ganzen Kap. 6 befaßten wir uns mit Torsionsschwingungen, und was wir dort an Verfahren kennengelernt haben, reicht für die meisten praktischen Zwecke aus. Trotzdem wollen wir das Thema Torsionsschwingungen jetzt noch einmal aufnehmen, denn es erscheint zweckmäßig, die Matrizenrechnung und die dazu notwendigen Begriffe, wie „Zustandsvektor" und „Übertragungsmatrix", vorzuführen an einem Problem, das dem Leser der Sache nach schon bekannt ist. So wird er seine Aufmerksamkeit auf die Methode richten können. — Die sachlich neuen Dinge werden dann im Abschn. 7.3 folgen, wo wir uns den Biegeschwingungen der Balken und Wellen zuwenden werden, die sich ohne das neue Hilfsmittel nicht mehr mit erträglichem Aufwand behandeln lassen.

Wir gehen aus von den wohlbekannten, aus den Bewegungsgleichungen hergeleiteten Beziehungen (6.32/6) zwischen den Amplituden u_λ der Ausschläge und denen der Drillungsmomente, x_λ, wobei wir die Nachgiebigkeit h_λ anstelle der reziproken Steifigkeit $1/c_\lambda$ benutzen:

$$\left.\begin{aligned}
x_\lambda &= x_{\lambda-1} + \Theta_{\lambda-1}\,z\,u_{\lambda-1}, \\
u_\lambda &= u_{\lambda-1} - h_\lambda\,x_\lambda.
\end{aligned}\right\} \qquad (7.21/1)$$

In diesen Gleichungen sind Bezeichnungen verwendet, wie sie der Abb. 6.11/1a oder 6.31/1 entsprechen. Für die Anwendung der Übertragungsmatrizen müssen wir nun eine neue Art der Bezeichnung einführen. Wir müssen „Stellen" oder „Schnitte" betrachten. Diese Schnitte legen wir unmittelbar links und unmittelbar rechts von einer Drehmasse Θ_λ, und wir bezeichnen sie mit den unteren Zeigern λ und den oberen Zeigern l bzw. r, so wie Abb. 7.21/1 zeigt, wo oberhalb der Welle die üblichen Bezeichnungen, unterhalb die neu eingeführten eingetragen sind. An jedem Schnitt wird der aus zwei Komponenten, nämlich u und x, bestehende Komplex der Zustandsgrößen als Zustandsvektor (Spaltenmatrix) definiert und mit $\mathfrak{y}$ bezeichnet,

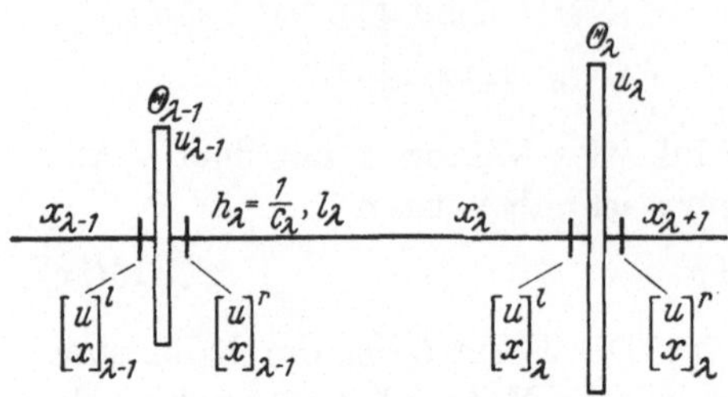

Abb. 7.21/1. Welle mit alten und neuen Bezeichnungen; Zustandsvektoren

$$\mathfrak{y} = \begin{bmatrix} u \\ x \end{bmatrix}. \qquad (7.21/2)$$

Aus der Abb. 7.21/1 ist ersichtlich, wo die Zustandsvektoren

$$\begin{bmatrix} u \\ x \end{bmatrix}^l_{\lambda-1}, \quad \begin{bmatrix} u \\ x \end{bmatrix}^r_{\lambda-1}, \quad \begin{bmatrix} u \\ x \end{bmatrix}^l_{\lambda} \quad \text{und} \quad \begin{bmatrix} u \\ x \end{bmatrix}^r_{\lambda}$$

bestehen. So beschreibt z. B. der Zustandsvektor

$$\mathfrak{y}^l_\lambda = \begin{bmatrix} u \\ x \end{bmatrix}^l_\lambda$$

den Schwingungszustand unmittelbar links von der Drehmasse Θ_λ dadurch, daß die Amplitude des Ausschlages u_λ und die des Drillungsmomentes x_λ angegeben werden. Mit den früheren Bezeichnungen (ein Index) hängen die neuen (zwei Indizes) zusammen gemäß

$$\left.\begin{aligned} u_\lambda &= u^l_\lambda = u^r_\lambda, \\ x_\lambda &= x^l_\lambda = x^r_{\lambda-1}. \end{aligned}\right\} \qquad (7.21/3)$$

Mit den neuen Bezeichnungen lassen sich die Gln. (7.21/1) schreiben als

$$\left.\begin{aligned} x^r_{\lambda-1} &= x^l_{\lambda-1} + \Theta_{\lambda-1}\, z\, u^l_{\lambda-1}, \\ u^l_\lambda &= u^r_{\lambda-1} - h_\lambda\, x^r_{\lambda-1}. \end{aligned}\right\} \qquad (7.21/4)$$

Wir fassen nun je eine aus diesen beiden Gleichungen mit je einer aus (7.21/3) zu den beiden folgenden Gruppen von Gleichungen zusammen

$$\left.\begin{aligned} u^r_{\lambda-1} &= u^l_{\lambda-1}, \\ x^r_{\lambda-1} &= \Theta_{\lambda-1}\, z\, u^l_{\lambda-1} + x^l_{\lambda-1}, \end{aligned}\right\} \qquad (7.21/5\,\text{a})$$

$$\left.\begin{aligned} u^l_\lambda &= u^r_{\lambda-1} - h_\lambda\, x^r_{\lambda-1}, \\ x^l_\lambda &= x^r_{\lambda-1}. \end{aligned}\right\} \qquad (7.21/5\,\text{b})$$

In diesen Gleichungspaaren haben die jeweils untereinanderstehenden Größen gleiche Indizes. Sie sind Komponenten desselben Zustandsvektors. Deshalb lassen sich die beiden Gleichungspaare in die folgenden beiden Gleichungen zwischen Zustandsvektoren zusammenfassen

$$\begin{bmatrix} u \\ x \end{bmatrix}^r_{\lambda-1} = \begin{bmatrix} 1 & 0 \\ \Theta_{\lambda-1}\,z & 1 \end{bmatrix} \cdot \begin{bmatrix} u \\ x \end{bmatrix}^l_{\lambda-1}; \qquad (7.21/6\,\mathrm{a})$$

$$\begin{bmatrix} u \\ x \end{bmatrix}^l_{\lambda} = \begin{bmatrix} 1 & -h_\lambda \\ 0 & 1 \end{bmatrix} \cdot \begin{bmatrix} u \\ x \end{bmatrix}^r_{\lambda-1}. \qquad (7.21/6\,\mathrm{b})$$

Die Matrix in der ersten Gleichung „überträgt" den Zustand unmittelbar links von der Drehmasse $\Theta_{\lambda-1}$ in den Zustand unmittelbar rechts von dieser Drehmasse. Die Matrix in der zweiten Gleichung „überträgt" den Zustand rechts von $\Theta_{\lambda-1}$ in den Zustand links von Θ_λ — oder, wie man auch sagen könnte, vom linken Ende des Feldes l_λ zum rechten Ende dieses Feldes.

Aus den genannten Gründen nennt man die Matrizen „Übertragungsmatrizen". Die Matrix in (7.21/6a) nennt man im besonderen eine „Punktmatrix" (weil sie „über einen Punkt hinweg" überträgt), die in (7.21/6b) eine „Feldmatrix" (weil sie „über ein Feld hinweg" überträgt). Punktmatrizen und Feldmatrizen sind Sonderfälle von Übertragungsmatrizen.

Wir definieren also die Punktmatrix

$$\mathfrak{P}_{\lambda-1} = \begin{bmatrix} 1 & 0 \\ \Theta\,z & 1 \end{bmatrix}_{\lambda-1} \qquad (7.21/7\,\mathrm{a})$$

und die Feldmatrix

$$\mathfrak{F}_\lambda = \begin{bmatrix} 1 & -h \\ 0 & 1 \end{bmatrix}_\lambda \qquad (7.21/7\,\mathrm{b})$$

und können dann unter Verwendung von (7.21/2) den Gln. (7.21/6) die folgende Fassung geben

$$\mathfrak{y}^r_{\lambda-1} = \mathfrak{P}_{\lambda-1}\,\mathfrak{y}^l_{\lambda-1}, \qquad (7.21/8)$$

$$\mathfrak{y}^l_\lambda = \mathfrak{F}_\lambda\,\mathfrak{y}^r_{\lambda-1}. \qquad (7.21/9)$$

Die Elemente u und x im Zustandsvektor $\mathfrak{y}$ haben verschiedene Dimensionen. Demgemäß haben auch die Elemente der Übertragungsmatrizen unterschiedliche Dimensionen. Für die zahlenmäßige Rechnung empfiehlt sich das Arbeiten mit Vektoren, die Elemente gleicher Dimension aufweisen, so daß die Matrizen dann als Elemente nur unbenannte Größen (reine Zahlen) besitzen.

Dies erreichen wir folgendermaßen: Unter Einführung einer Bezugsfedernachgiebigkeit h^* machen wir aus dem Zustandsvektor $\mathfrak{y} = \{u, x\}$ einen anderen $\bar{\mathfrak{y}} = \{u, h^*x\}$, dessen Elemente nun gleiche Dimensionen haben. Führen wir noch eine Bezugsdrehmasse Θ^* ein und definieren ein dimensionsloses Frequenzquadrat,

$$\zeta = z\,\Theta^*\,h^*,$$

so lauten die Gln. (7.21/8) und (7.21/9)

$$\left.\begin{aligned} \bar{\mathfrak{P}}_{\lambda-1}\,\bar{\mathfrak{y}}^l_{\lambda-1} &= \bar{\mathfrak{y}}^r_{\lambda-1}, \\ \bar{\mathfrak{F}}_\lambda\,\bar{\mathfrak{y}}^r_{\lambda-1} &= \bar{\mathfrak{y}}^l_\lambda \end{aligned}\right\} \qquad (7.21/10)$$

mit

$$\bar{\mathfrak{P}}_\lambda = \begin{bmatrix} 1 & 0 \\ \zeta\,\dfrac{\Theta_\lambda}{\Theta^*} & 1 \end{bmatrix}, \tag{7.21/11}$$

$$\bar{\mathfrak{F}}_\lambda = \begin{bmatrix} 1 & -\dfrac{h_\lambda}{h^*} \\ 0 & 1 \end{bmatrix}. \tag{7.21/12}$$

Die überstrichenen Vektoren haben Elemente von gleicher Dimension, die überstrichenen Matrizen haben dimensionslose Elemente. Wenn wir einen Namen benötigen, werden wir von den überstrichenen Größen (Vektoren und Matrizen) als von den „reduzierten" Größen sprechen.

Die Punktmatrizen $\mathfrak{P}_\lambda$ und Feldmatrizen $\mathfrak{F}_k$ übertragen den Schwingungszustand abwechselnd über eine Drehmasse Θ_λ und eine Feder h_k hinweg. Man kann aber auch daran interessiert sein, die Zustände an jeweils „gleichgelegenen" (homologen) Stellen zu vergleichen, also z. B. jeweils links von den einzelnen Drehmassen. In diesem Fall hat man zwei der Matrizen, eine Punktmatrix und eine Feldmatrix, zusammenzufassen. Unter Hinweis auf Abb. 7.21/1 und unter Einsetzen von (7.21/8) in (7.21/9) finden wir

$$(\mathfrak{F}_\lambda\,\mathfrak{P}_{\lambda-1})\,\mathfrak{y}^l_{\lambda-1} = \mathfrak{y}^l_\lambda \tag{7.21/13}$$

oder, wenn wir mit den reduzierten Größen arbeiten wollen,

$$(\bar{\mathfrak{F}}_\lambda\,\bar{\mathfrak{P}}_{\lambda-1})\,\bar{\mathfrak{y}}^l_{\lambda-1} = \bar{\mathfrak{y}}^l_\lambda. \tag{7.21/14}$$

Die Produktmatrix

$$\bar{\mathfrak{U}}^l_\lambda = \bar{\mathfrak{F}}_\lambda\,\bar{\mathfrak{P}}_{\lambda-1} \tag{7.21/15}$$

überträgt den Schwingungszustand nun von links von $\Theta_{\lambda-1}$ zu links von Θ_λ:

$$\bar{\mathfrak{U}}^l_\lambda\,\bar{\mathfrak{y}}^l_{\lambda-1} = \bar{\mathfrak{y}}^l_\lambda. \tag{7.21/16}$$

Entsprechend läßt sich eine Matrix $\bar{\mathfrak{U}}^r$ bilden, die die Zustände rechts von $\Theta_{\lambda-1}$ und rechts von Θ_λ verbindet,

$$\bar{\mathfrak{U}}^r_\lambda\,\bar{\mathfrak{y}}^r_{\lambda-1} = \bar{\mathfrak{y}}^r_\lambda; \tag{7.21/17}$$

dabei ist

$$\bar{\mathfrak{U}}^r_\lambda = \bar{\mathfrak{P}}_\lambda\,\bar{\mathfrak{F}}_\lambda. \tag{7.21/18}$$

Wir rechnen nun die zusammengesetzten Übertragungsmatrizen $\mathfrak{U}^l_\lambda$ und $\mathfrak{U}^r_\lambda$ oder vielmehr sogleich $\bar{\mathfrak{U}}^l_\lambda$ und $\bar{\mathfrak{U}}^r_\lambda$ aus. Wegen (7.21/15) und (7.21/11 u. /12) kommt

$$\bar{\mathfrak{U}}^l_\lambda = \bar{\mathfrak{F}}_\lambda\,\bar{\mathfrak{P}}_{\lambda-1} = \begin{bmatrix} 1 & -\dfrac{h_\lambda}{h^*} \\ 0 & 1 \end{bmatrix} \cdot \begin{bmatrix} 1 & 0 \\ \zeta\,\dfrac{\Theta_{\lambda-1}}{\Theta^*} & 1 \end{bmatrix} = \begin{bmatrix} 1 - \zeta\,\dfrac{\Theta_{\lambda-1}\,h_\lambda}{\Theta^*\,h^*} & -\dfrac{h_\lambda}{h^*} \\ \zeta\,\dfrac{\Theta_{\lambda-1}}{\Theta^*} & 1 \end{bmatrix} \tag{7.21/19}$$

und wegen (7.21/18) und (7.21/11 und /12)

$$\overline{\mathfrak{U}}_\lambda^r = \overline{\mathfrak{P}}_\lambda \, \overline{\mathfrak{F}}_\lambda = \begin{bmatrix} 1 & 0 \\ \zeta \dfrac{\Theta_\lambda}{\Theta*} & 1 \end{bmatrix} \cdot \begin{bmatrix} 1 & -\dfrac{h_\lambda}{h*} \\ 0 & 1 \end{bmatrix} = \begin{bmatrix} 1 & -\dfrac{h_\lambda}{h*} \\ \zeta \dfrac{\Theta_\lambda}{\Theta*} & 1 - \zeta \dfrac{\Theta_\lambda}{\Theta*} \dfrac{h_\lambda}{h*} \end{bmatrix} . \qquad (7.21/20)$$

Durch Hintereinanderfügen von Übertragungsmatrizen kann man den Schwingungszustand über viele Massen und Felder hinweg verfolgen. Für das Gebilde der Abbildung 7.21/2 gilt z. B. unter Benutzung der Übertragungsmatrizen $\overline{\mathfrak{U}}^l$

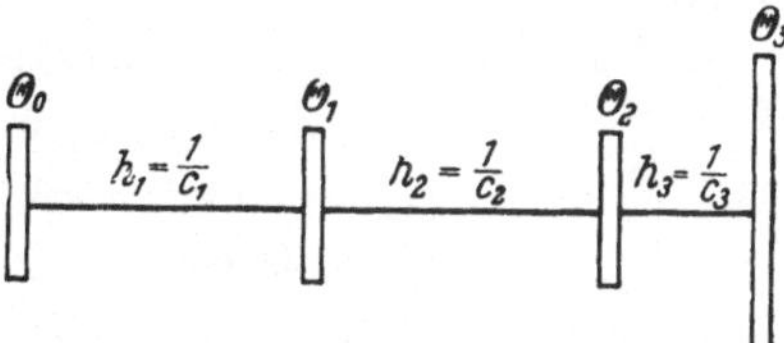

Abb. 7.21/2. Beispiel (Vier-Massen-Schwinger)

$$\overline{\mathfrak{y}}_3^r = \overline{\mathfrak{P}}_3 \cdot (\overline{\mathfrak{F}}_3 \, \overline{\mathfrak{P}}_2) \cdot (\overline{\mathfrak{F}}_2 \, \overline{\mathfrak{P}}_1) \cdot (\overline{\mathfrak{F}}_1 \, \overline{\mathfrak{P}}_0) \cdot \overline{\mathfrak{y}}_0^l$$
$$= \overline{\mathfrak{P}}_3 \, \overline{\mathfrak{U}}_3^l \, \overline{\mathfrak{U}}_2^l \, \overline{\mathfrak{U}}_1^l \, \overline{\mathfrak{y}}_0^l \qquad (7.21/21\,\text{a})$$

oder unter Benutzung der Übertragungsmatrizen $\overline{\mathfrak{U}}^r$

$$\overline{\mathfrak{y}}_3^r = (\overline{\mathfrak{P}}_3 \cdot \overline{\mathfrak{F}}_3) \cdot (\overline{\mathfrak{P}}_2 \, \overline{\mathfrak{F}}_2) \cdot (\overline{\mathfrak{P}}_1 \, \overline{\mathfrak{F}}_1) \cdot \overline{\mathfrak{P}}_0 \cdot \overline{\mathfrak{y}}_0^l = \overline{\mathfrak{U}}_3^r \, \overline{\mathfrak{U}}_2^r \, \overline{\mathfrak{U}}_1^r \, \overline{\mathfrak{P}}_0 \, \overline{\mathfrak{y}}_0^l . \qquad (7.21/21\,\text{b})$$

7.22 Die Ermittlung der Eigenfrequenzen glatter Wellen. Nachdem wir die notwendigen Begriffe und Operationen definiert und an Beispielen auch die Aufstellung der Übertragungsmatrizen gezeigt haben, gehen wir nun dazu über, vom Hilfsmittel der Matrizen für unsere Schwingungsaufgabe Gebrauch zu machen.

Die Matrizen erlauben, die Zustandsvektoren von „Stelle zu Stelle" (oder von „Schnitt zu Schnitt") von links nach rechts fortschreitend zu verfolgen. Für die Welle der Abb. 7.21/2, die links und rechts freie Enden hat, bestehen die beiden Randbedingungen $x_0 = 0$ und $x_{n+1} = 0$. Die erste Bedingung bestimmt die zweite Komponente des Zustandsvektors $\mathfrak{y}_0^l$ zu Null;

$$\mathfrak{y}_0^l = \begin{bmatrix} u_0 \\ 0 \end{bmatrix} = u_0 \begin{bmatrix} 1 \\ 0 \end{bmatrix} . \qquad (7.22/1\,\text{a})$$

Der zugehörige reduzierte Vektor ist der gleiche,

$$\overline{\mathfrak{y}}_0^l = \begin{bmatrix} u_0 \\ 0 \end{bmatrix} = u_0 \begin{bmatrix} 1 \\ 0 \end{bmatrix} . \qquad (7.22/1\,\text{b})$$

Durch fortgesetzte Multiplikation dieses Vektors mit den Matrizen nach (7.21/11) und (7.21/12) oder auch (7.21/21 a) bzw. (7.21/21 b) erhält man schließlich

$$\overline{\mathfrak{y}}_3^r = \begin{bmatrix} u_3 \\ h* \, x_4 \end{bmatrix} . \qquad (7.22/2)$$

Von diesem Vektor wissen wir, daß seine zweite Komponente $x_4 = 0$ sein muß. Jene Frequenzen $\sqrt{z}$ sind also Eigenfrequenzen, die $h* x_4$, d. h. x_4 zu Null machen.

Man kann nun entweder so vorgehen, daß man das Frequenzquadrat z bzw. das reduzierte Frequenzquadrat ζ als Unbekannte durch die Rechnung zieht und x_4 als Funktion von ζ bestimmt. Die Gleichung $x_4(\zeta) = 0$ ist dann die Frequenzengleichung, ihre Wurzeln sind die Eigenfrequenzquadrate. Oder aber man wählt (wie beim G-T-H-Verfahren in 6.41) der Reihe nach verschiedene Werte ζ und bestimmt x_4. Damit erhält man die Funktion $x_4(\zeta)$ punktweise und kann ihre Nullstellen etwa graphisch bestimmen. Bei vielen Feldern wird man besser den zweiten Weg gehen; denn das Ausmultiplizieren der Matrizen, die ζ explizit enthalten, führt dann auf lange ζ-Polynome und wird sehr unbequem.

Als **Beispiel** behandeln wir das früher (in 6.41) schon herangezogene Vier-Massen-System.

Die Daten dieses Gebildes sind $GJ = 10^6\,\mathrm{kp\,cm^2}$ und

$$\Theta_0 = 0{,}36\,\mathrm{kp\,cm\,sek^2}, \qquad \Theta_1 = 0{,}15\,\mathrm{kp\,cm\,sek^2},$$
$$\Theta_2 = 0{,}21\,\mathrm{kp\,cm\,sek^2}, \qquad \Theta_3 = 0{,}09\,\mathrm{kp\,cm\,sek^2},$$
$$l_1 = 100\,\mathrm{cm}, \qquad l_2 = 30\,\mathrm{cm}, \qquad l_3 = 70\,\mathrm{cm}.$$

Wählen wir $\Theta^* = 0{,}01\,\mathrm{kp\,cm\,sek^2}$, $l^* = 100\,\mathrm{cm}$, so finden wir die Verhältniswerte, die in die reduzierten Matrizen eingehen:

$$\frac{\Theta_0}{\Theta^*} = 36, \qquad \frac{\Theta_1}{\Theta^*} = 15, \qquad \frac{\Theta_2}{\Theta^*} = 21, \qquad \frac{\Theta_3}{\Theta^*} = 9,$$

$$\frac{l_1}{l^*} = 1, \qquad \frac{l_2}{l^*} = 0{,}3, \qquad \frac{l_3}{l^*} = 0{,}7.$$

Dabei beachten wir, daß

$$\frac{h_\lambda}{h^*} = \frac{l_\lambda}{l^*} \quad \text{und} \quad h^* = \frac{l^*}{GJ}$$

ist. Schließlich wird

$$\zeta = z\,\frac{\Theta^* l^*}{GJ}. \tag{7.22/3}$$

Mit den oben angegebenen Werten folgen die in (7.21/21b) auftretenden Matrizen zu

$$\overline{\mathfrak{P}}_0 = \begin{bmatrix} 1 & 0 \\ 36\zeta & 1 \end{bmatrix}; \qquad \overline{\mathfrak{u}}_1^r = \begin{bmatrix} 1 & (-1) \\ 15\zeta & (1-15\zeta) \end{bmatrix};$$
$$\overline{\mathfrak{u}}_2^r = \begin{bmatrix} 1 & (-0{,}3) \\ 21\zeta & (1-6{,}3\,\zeta) \end{bmatrix}; \qquad \overline{\mathfrak{u}}_3^r = \begin{bmatrix} 1 & (-0{,}7) \\ 9\zeta & (1-6{,}3\,\zeta) \end{bmatrix}. \tag{7.22/4}$$

Zunächst beschreiten wir den ersten Weg, bestimmen $x_4(\zeta)$, d. h. stellen die Frequenzengleichung auf. Wegen der Linearität der Gleichungen können wir auf das Mitschleppen des Faktors u_0 verzichten. Wir beginnen also mit dem „verkürzten" Vektor

$$\overline{\mathfrak{y}}_0^l = \begin{bmatrix} 1 \\ 0 \end{bmatrix}$$

und finden, indem wir etwa (7.21/21b) anwenden, der Reihe nach die (ebenfalls verkürzten) Vektoren

$$\overline{\mathfrak{y}}_0^r = \begin{bmatrix} 1 & 1 \\ 36\zeta & 0 \end{bmatrix} \cdot \begin{bmatrix} 1 \\ 0 \end{bmatrix} = \begin{bmatrix} 1 \\ 36\,\zeta \end{bmatrix},$$

$$\overline{\mathfrak{y}}_1^r = \begin{bmatrix} 1 & (-1) \\ 15\zeta & (1-15\,\zeta) \end{bmatrix} \cdot \begin{bmatrix} 1 \\ 36\zeta \end{bmatrix} = \begin{bmatrix} 1 - 36\zeta \\ 51\zeta - 540\zeta^2 \end{bmatrix},$$

$$\overline{\mathfrak{y}}_2^r = \begin{bmatrix} 1 & (-0{,}3) \\ 21\zeta & (1-6{,}3\,\zeta) \end{bmatrix} \cdot \begin{bmatrix} 1 - 36\zeta \\ 51\zeta - 540\zeta^2 \end{bmatrix} = \begin{bmatrix} 1 - 51{,}3\zeta + 162\zeta^2 \\ 72\zeta - 1617{,}3\zeta^2 + 3402\,\zeta^3 \end{bmatrix}, \tag{7.22/5}$$

$$\overline{\mathfrak{y}}_3^r = \begin{bmatrix} 1 & (-0{,}7) \\ 9\zeta & (1-6{,}3\,\zeta) \end{bmatrix} \cdot \begin{bmatrix} 1 - 51{,}3\zeta + 162\zeta^2 \\ 72\zeta - 1617{,}3\zeta^2 + 3402\,\zeta^3 \end{bmatrix}$$
$$= \begin{bmatrix} 1 - 101{,}7\zeta + 1294{,}11\zeta^2 - 2381{,}4\zeta^3 \\ 81\zeta - 2532{,}6\zeta^2 + 15049\zeta^3 - 21432{,}6\,\zeta^4 \end{bmatrix}.$$

Daraus liest man als Frequenzengleichung ab

$$\zeta[81 - 2532{,}6\zeta + 15049\zeta^2 - 21432{,}6\zeta^3] = 0. \tag{7.22/6}$$

In der Tab. 6.41/1 sind die Werte u_0, x_1, u_1, $\ldots$, x_4 für die Frequenz $z = 3 \cdot 10^4 \text{ sek}^{-2}$, also für $\zeta = 3 \cdot 10^{-2}$ berechnet. Man kann leicht nachprüfen, daß aus den Komponenten der Vektoren in (7.22/5) genau dieselben Resultate erhalten werden, wenn man beachtet, daß $u_0 = 1$ gesetzt war, und daß hier $1/h^* = c^* = 10^4$ kp cm ist.

Man kann natürlich auch den anderen Weg beschreiten, von vornherein Werte für ζ annehmen und dann mit reinen Zahlen rechnen. Wir zeigen, wie sich dieses Vorgehen für den oben genannten Wert von $\zeta = 3 \cdot 10^{-2}$ gestalten würde. Wir finden

$$\bar{\mathfrak{y}}_0^r = \overline{\mathfrak{P}}_0\,\bar{\mathfrak{y}}_0^l = \begin{bmatrix} 1 & 0 \\ 1{,}08 & 1 \end{bmatrix} \cdot \begin{bmatrix} 1 \\ 0 \end{bmatrix} = \begin{bmatrix} 1 \\ 1{,}08 \end{bmatrix},$$

$$\bar{\mathfrak{y}}_1^r = \overline{\mathfrak{U}}_1^r\,\bar{\mathfrak{y}}_0^r = \begin{bmatrix} 1 & -1 \\ 0{,}45 & 0{,}55 \end{bmatrix} \cdot \begin{bmatrix} 1 \\ 1{,}08 \end{bmatrix} = \begin{bmatrix} -0{,}08 \\ 1{,}044 \end{bmatrix},$$

$$\bar{\mathfrak{y}}_2^r = \overline{\mathfrak{U}}_2^r\,\bar{\mathfrak{y}}_1^r = \begin{bmatrix} 1 & (-0{,}3) \\ 0{,}63 & 0{,}811 \end{bmatrix} \cdot \begin{bmatrix} -0{,}08 \\ 1{,}044 \end{bmatrix} = \begin{bmatrix} -0{,}393 \\ 0{,}796 \end{bmatrix},$$

$$\bar{\mathfrak{y}}_3^r = \overline{\mathfrak{U}}_3^r\,\bar{\mathfrak{y}}_2^r = \begin{bmatrix} 1 & (-0{,}7) \\ 0{,}27 & 0{,}811 \end{bmatrix} \cdot \begin{bmatrix} -0{,}393 \\ +0{,}796 \end{bmatrix} = \begin{bmatrix} -0{,}950 \\ 0{,}539 \end{bmatrix}.$$

$\zeta = 3 \cdot 10^{-2}$ ist kein Eigenwert, denn die zweite Komponente des Vektors $\bar{\mathfrak{y}}_3^r$ ist nicht zu Null geworden.

Man erkennt die vollkommene Übereinstimmung der Werte der Komponenten unserer Zustandsvektoren mit den in der Tab. 6.41/1 angeschriebenen Werten.

Hätte man nicht freie Wellenenden mit den Randbedingungen $x_0 = 0$ und $x_{n+1} = 0$, sondern etwa eine links eingespannte, rechts freie Welle, so daß die Randbedingungen lauten $u_0 = 0$ und $x_{n+1} = 0$, so würde sich am Vorgehen nur ändern, daß der Anfangsvektor $\mathfrak{y}_0^l$ jetzt lautete

$$\mathfrak{y}_0^l = \begin{bmatrix} 0 \\ x_0 \end{bmatrix} = x_0 \begin{bmatrix} 0 \\ 1 \end{bmatrix}.$$

Man würde die Rechnung mit diesem Vektor beginnend im übrigen genauso durchführen wie zuvor und aus dem letzten Vektor

$$\mathfrak{y}_n^r = \begin{bmatrix} u_n \\ x_{n+1} \end{bmatrix}$$

die Bedingungsgleichung (Frequenzengleichung) $x_{n+1}(z) = 0$ herstellen.

Ist die Welle jedoch rechts eingespannt, so lautet die Bedingung für den rechten Rand

$$u_{n+1} = 0.$$

Die Komponente u_{n+1} entnimmt man etwa dem Zustandsvektor $\mathfrak{y}_{n+1}^l$. Die zweite Komponente dieses Vektors bedeutet das Drillungsmoment x_{n+1} und ist damit gleich dem negativen Einspannmoment.

Wir fassen zusammen:

Welle ist links frei: Anfangsvektor $u_0 \begin{bmatrix} 1 \\ 0 \end{bmatrix}$;

links eingespannt: Anfangsvektor $x_0 \begin{bmatrix} 0 \\ 1 \end{bmatrix}$:

rechts frei: Aus $\mathfrak{y}_n^r$ wird x_{n+1} entnommen und „zu Null gemacht";

rechts eingespannt: Aus $\mathfrak{y}_{n+1}^l$ wird u_{n+1} entnommen und „zu Null gemacht".

7.23 Wellen mit Übersetzungsgetrieben. In 7.22 wurde gezeigt, wie das Vorgehen nach GÜMBEL-TOLLE-HOLZER mit Hilfe der Matrizenrechnung rationalisiert werden kann. Dabei wurde die Betrachtung (so wie auch in 6.41) auf glatte Wellen beschränkt. Sowohl das ursprüngliche GÜMBEL-TOLLE-HOLZER-Verfahren wie auch seine rationalisierte, d. i. auf Matrizen gebrachte Form lassen sich jedoch ausdehnen auf verwickelter gebaute Gebilde. Von solchen Gebilden werden wir die Welle mit Übersetzungsgetrieben (in 7.23) und die verzweigte Welle (in 7.24) behandeln.

Wir beginnen mit einer für diese beiden Fälle gemeinsamen Betrachtung, die wir an Abb. 7.23/1 anschließen[1]. Weil alle Räder dieselbe Länge s abwälzen, gilt

$$s = \vartheta_1 r_1 = -\vartheta_2 r_2 = \cdots = (-1)^{n-1} \vartheta_n r_n. \qquad (7.23/1)$$

Wir definieren nun die (auf Rad 1 bezogenen) Übersetzungsverhältnisse

$$\ddot u_\nu = (-1)^{\nu-1} \frac{r_1}{r_\nu}, \qquad (\nu = 2, 3, \ldots, n). \qquad (7.23/2)$$

Aus (7.23/1) folgt mit (7.23/2) für die Ausschläge die Beziehung

$$\vartheta_\nu = (-1)^{\nu-1} \frac{r_1}{r_\nu} \vartheta_1 = \ddot u_\nu \vartheta_1, \qquad (\nu = 2, \ldots, n); \qquad (7.23/3)$$

es gilt deshalb auch die entsprechende Beziehung für die Amplituden der Ausschläge

$$u_\nu = \ddot u_\nu u_1. \qquad (7.23/4)$$

Die zur Anordnung der Abb. 7.23/1 gehörigen Kraftgleichungen lauten

$$\sum_{\nu=1}^{n} (-1)^{\nu-1} \frac{\Theta_\nu \ddot\vartheta_\nu}{r_\nu} = \sum_{\nu=1}^{n} (-1)^{\nu-1} \frac{D'_\nu}{r_\nu}. \qquad (7.23/5)$$

Abb. 7.23/1. Kraftschlüssiges Getriebe mit n Zahnrädern

Unter Benutzung der Abkürzung

$$\widetilde\Theta_1 = \sum_{\nu=1}^{n} (\Theta_\nu \ddot u_\nu^2) \qquad (7.23/6)$$

wird daraus

$$\widetilde\Theta_1 \ddot\vartheta_1 = \sum_{\nu=1}^{n} D'_\nu \ddot u_\nu \qquad (7.23/7)$$

als Gleichung für die Augenblickswerte; somit gilt die Gleichung zwischen den Amplituden

$$z \widetilde\Theta_1 u_1 + \sum_\nu x'_\nu \ddot u_\nu = 0. \qquad (7.23/8)$$

Wir wenden uns nun der Anordnung nach Abb. 7.23/2, einer „versetzten" Welle, zu, wo an einer „Stelle" λ eine Reihe von Rädern $\Theta_{\lambda,1}, \ldots, \Theta_{\lambda,n}$ im Eingriff stehen. Der „Eingang" erfolgt am Rad $\lambda, 1$, der Ausgang am Rad λ, k. Wie die Abbildung anzeigt, ist mit u_λ^l die Ausschlagamplitude am Rad des

---

[1] Wir lehnen uns an die Darstellung von S. FALK an: Zit. S. 462 [22].

Einganges, nämlich $\Theta_{\lambda,1}$, mit u_λ^r die Ausschlagamplitude am Rad des Ausganges, nämlich $\Theta_{\lambda,k}$, bezeichnet.

Wir stellen die „Übertragungsgleichungen" für den Übergang von „links von der Stelle λ" zu „rechts von der Stelle λ" auf, d. h. die Beziehungen zwischen den Zustandsvektoren $\mathfrak{y}_\lambda^l$ und $\mathfrak{y}_\lambda^r$. Aus (7.23/4) folgt die erste Gleichung, aus (7.23/8) wegen (s. Abb. 7.23/2)

$$x_{\lambda+1} = x_\lambda^r = (-x_k')_\lambda,$$
$$x_\lambda = x_\lambda^l = (+x_1')_\lambda$$

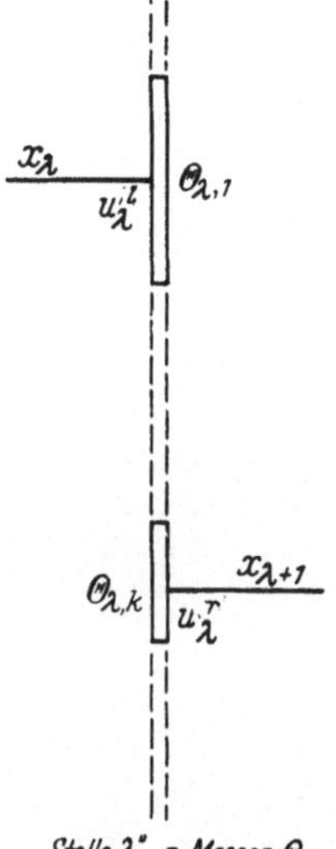

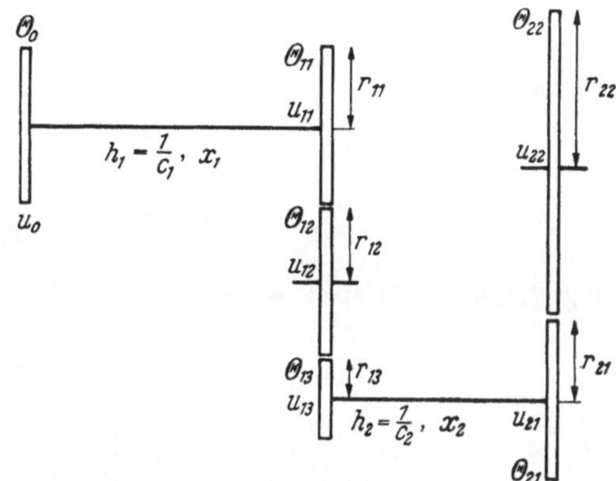

Abb. 7.23/2. Wellenversetzung   Abb. 7.23/3. Versetzte Welle mit drei Freiheitsgraden

die zweite Gleichung des Paares:

$$\left.\begin{aligned} u_\lambda^r &= \ddot{u}_k\, u_\lambda^l, \\ x_\lambda^r &= \left(\frac{1}{\ddot{u}_k}\,\tilde{\Theta}_{\lambda,1}z\right)u_\lambda^l + \frac{1}{\ddot{u}_k}\,x_\lambda^l. \end{aligned}\right\} \qquad (7.23/9)$$

In Matrizenform lautet dieses Gleichungspaar

$$\begin{bmatrix} u \\ x \end{bmatrix}_\lambda^r = \begin{bmatrix} \ddot{u}_k & 0 \\ \frac{1}{\ddot{u}_k}\tilde{\Theta}_{\lambda,1}z & \frac{1}{\ddot{u}_k} \end{bmatrix} \cdot \begin{bmatrix} u \\ x \end{bmatrix}_\lambda^l. \qquad (7.23/10)$$

Diese Gleichung überträgt den Zustandsvektor von der Stelle „links von λ" zur Stelle „rechts von λ". Alle anderen Matrizengleichungen lauten wie zuvor.

Zur Verdeutlichung betrachten wir ein **Beispiel**[1]. Es handelt sich um den in Abb. 7.23/3 dargestellten Schwinger; seine Daten sind

$$\Theta_0 = \Theta,$$

$$r_{11} = 2r, \qquad r_{21} = 2r, \qquad h_1 = h, \qquad \Theta_{11} = \Theta, \qquad \Theta_{21} = \Theta,$$
$$r_{12} = 2r, \qquad r_{22} = 4r, \qquad h_2 = \frac{1}{2}h, \qquad \Theta_{12} = \Theta, \qquad \Theta_{22} = 4\Theta,$$
$$r_{13} = r, \qquad\qquad\qquad\qquad\qquad\qquad\qquad \Theta_{13} = 2\Theta.$$

Aus ihnen berechnen wir die Übersetzungsverhältnisse $\ddot{u}$

$$\ddot{u}_{11} = 1, \qquad\qquad\qquad \ddot{u}_{21} = 1,$$
$$\ddot{u}_{12} = -\frac{r_{11}}{r_{12}} = -1, \qquad \ddot{u}_{22} = -\frac{r_{21}}{r_{22}} = -\frac{1}{2},$$
$$\ddot{u}_{13} = +\frac{r_{11}}{r_{13}} = 2,$$

---

[1] Wieder im Anschluß an S. Falk.

ferner die „Ersatzdrehmassen" $\widetilde{\Theta}$

$$\widetilde{\Theta}_1 = \sum_{\nu=1}^{3} (\Theta_{1\,\nu}\, \ddot{u}_{1\,\nu}^2) = \Theta\,[1 \cdot 1^2 + 1 \cdot (-1)^2 + 2 \cdot 2^2] = 10\,\Theta,$$

$$\widetilde{\Theta}_2 = \sum_{\nu=1}^{2} (\Theta_{2\,\nu}\, \ddot{u}_{2\,\nu}^2) = \Theta\left[1 \cdot 1^2 + 4 \cdot \left(-\frac{1}{2}\right)^2\right] = 2\,\Theta.$$

Die Punkt- und Feldmatrizen lauten allgemein

$$\overline{\mathfrak{P}}_\lambda = \begin{bmatrix} 1 & 0 \\ \zeta\,\dfrac{\Theta\lambda}{\Theta^*} & 1 \end{bmatrix}, \qquad \overline{\mathfrak{F}}_\lambda = \begin{bmatrix} 1 & -\dfrac{h\lambda}{h^*} \\ 0 & 1 \end{bmatrix};$$

für das Getriebe

$$\overline{\mathfrak{P}}_k = \begin{bmatrix} \ddot{u}_k & 0 \\ \dfrac{\zeta}{\ddot{u}_k}\,(\widetilde{\Theta}_k/\Theta^*) & \dfrac{1}{\ddot{u}_k} \end{bmatrix}.$$

Daraus folgt für unser Beispiel, wenn wir $\Theta^* = \Theta$, $\overset{.}{h^*} = h$ wählen:

$$\overline{\mathfrak{P}}_0 = \begin{bmatrix} 1 & 0 \\ \zeta & 1 \end{bmatrix}, \qquad \overline{\mathfrak{F}}_1 = \begin{bmatrix} 1 & -1 \\ 0 & 1 \end{bmatrix},$$

$$\overline{\mathfrak{P}}_1 = \begin{bmatrix} 2 & 0 \\ 5\zeta & \dfrac{1}{2} \end{bmatrix}, \qquad \overline{\mathfrak{F}}_2 = \begin{bmatrix} 1 & -\dfrac{1}{2} \\ . & \\ 0 & 1 \end{bmatrix},$$

$$\overline{\mathfrak{P}}_2 = \begin{bmatrix} -\dfrac{1}{2} & 0 \\ -4\zeta & -2 \end{bmatrix}.$$

Die Zustandsvektoren berechnen sich daher folgendermaßen:

$$\overline{\mathfrak{y}}_0^l = u_0 \begin{bmatrix} 1 \\ 0 \end{bmatrix};$$

und weiter (wir unterdrücken im folgenden den gemeinsamen Faktor u_0)

$$\overline{\mathfrak{y}}_0^r = \begin{bmatrix} 1 & 0 \\ \zeta & 1 \end{bmatrix} \cdot \begin{bmatrix} 1 \\ 0 \end{bmatrix} = \begin{bmatrix} 1 \\ \zeta \end{bmatrix},$$

$$\overline{\mathfrak{y}}_1^l = \begin{bmatrix} 1 & -1 \\ 0 & 1 \end{bmatrix} \cdot \begin{bmatrix} 1 \\ \zeta \end{bmatrix} = \begin{bmatrix} 1-\zeta \\ \zeta \end{bmatrix},$$

$$\overline{\mathfrak{y}}_1^r = \begin{bmatrix} 2 & 0 \\ 5\zeta & \dfrac{1}{2} \end{bmatrix} \cdot \begin{bmatrix} 1-\zeta \\ \zeta \end{bmatrix} = \begin{bmatrix} 2-2\zeta \\ \dfrac{11}{2}\zeta - 5\zeta^2 \end{bmatrix},$$

$$\overline{\mathfrak{y}}_2^l = \begin{bmatrix} 1 & -\dfrac{1}{2} \\ 0 & 1 \end{bmatrix} \cdot \begin{bmatrix} 2-2\zeta \\ \dfrac{11}{2}\zeta - 5\zeta^2 \end{bmatrix} = \begin{bmatrix} 2-\dfrac{19}{4}\zeta + \dfrac{5}{2}\zeta^2 \\ \dfrac{11}{2}\zeta - 5\zeta^2 \end{bmatrix},$$

$$\overline{\mathfrak{y}}_2^r = \begin{bmatrix} -\dfrac{1}{2} & 0 \\ -4\zeta & -2 \end{bmatrix} \cdot \begin{bmatrix} \cdots \\ \cdots \end{bmatrix} = \begin{bmatrix} -1+\dfrac{19}{8}\zeta - \dfrac{5}{4}\zeta^2 \\ -19\zeta + 29\zeta^2 - 10\zeta^3 \end{bmatrix}.$$

Die Frequenzengleichung $x_3 = 0$ lautet somit

$$\zeta[-19 + 29\zeta - 10\zeta^2] = 0;$$

sie hat die Wurzeln

$$\zeta_0 = 0, \qquad \zeta_1 = 1, \qquad \zeta_2 = 1{,}9.$$

Daraus berechnen sich die Frequenzen gemäß $\sqrt{z_i} = \sqrt{\dfrac{\zeta_i}{h\,\Theta}}$.

Wir fragen weiterhin: Wie groß ist die Ausschlagamplitude u_{22} für die höchste Eigenschwingform?

Wegen $u_{22} = u_2^r$ finden wir

$$u_2^r = u_0\left(-1 + \frac{19}{8}\zeta - \frac{5}{4}\zeta^2\right)$$

und mit $\zeta = 1{,}9$

$$u_2^r = -u_0.$$

Wir stellen noch eine letzte Frage: Wie groß ist die Amplitude des Drillungsmomentes x_2 für jene Eigenschwingung, deren reduziertes Frequenzquadrat $\zeta = 1$ ist?

Wegen $x_2 = x_1^r = x_2^l$ finden wir

$$h\,x_2 = u_0\left[\frac{11}{2}\zeta - 5\zeta^2\right]$$
$$= \frac{1}{2}u_0 \quad \text{und} \quad x_2 = \frac{u_0}{2h}.$$

7.24 Verzweigte (gegabelte) Wellen.

Die Erörterungen, die wir zu Beginn von 7.23 im Anschluß an Abb. 7.23/1 anstellten, erlauben nun auch, eine verzweigte Welle zu behandeln. Wir beziehen uns jetzt auf Abb. 7.24/1. Hier wählen wir (willkürlich) einen Strang (von $\Theta_{0\,I}$ bis Θ_8) als den Hauptstrang I; den Rest (von $\Theta_{0\,II}$ bis $\Theta_{\lambda\,m}$) bezeichnen wir als den Nebenstrang II. Mit den Bezeichnungen von 7.23 erhalten wir

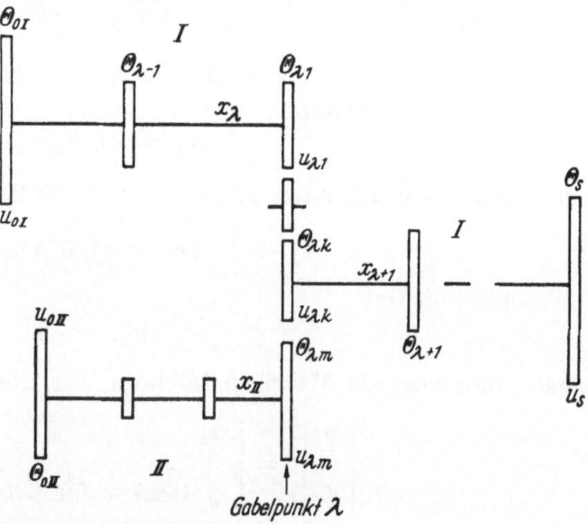

Abb. 7.24/1

Verzweigte Welle mit Hauptstrang I und Nebenstrang II

$$\left.\begin{aligned} x_\lambda &= x_\lambda^l = (x_\lambda')_\lambda, \\ x_{\lambda+1} &= x_\lambda^r = (-x_k')_\lambda. \end{aligned}\right\} \tag{7.24/1}$$

Aus Gl. (7.23/8) kommt damit

$$\ddot{u}_k\,x_\lambda^r = z\,\widetilde{\Theta}_{\lambda 1}\,u_{\lambda 1} + x_{II}\,\ddot{u}_m + x_\lambda^l \tag{7.24/2}$$

mit

$$\widetilde{\Theta}_1 = \sum_\nu \Theta_{\lambda\,\nu}\,\ddot{u}_\nu^2.$$

Wir versuchen jetzt, x_{II} mit $u_{\lambda 1}$ als Faktor zu schreiben. Da sich an den Verzweigungsstellen die *Kräfte* addieren, ist es zweckmäßig, mit der Federsteifigkeit c statt mit ihrer Reziproken h zu arbeiten. $\overline{\eta}_{\lambda\,II}^l$ bezeichne den

reduzierten Zustandsvektor für Strang II, also (mit einer ausgewählten Federsteifigkeit c'_{II})

$$\overline{\mathfrak{y}}^l_{\lambda\,II} = c'_{II}\,\overline{\mathfrak{y}}^l_{\lambda\,II} = u_{0\,II}\,c'_{II}\begin{bmatrix} \xi \\ \eta \end{bmatrix}. \tag{7.24/3}$$

Die dimensionslosen Komponenten ξ und η können als Funktionen von ζ bestimmt werden: $\xi = \xi(\zeta)$, $\eta = \eta(\zeta)$. Schreiben wir die Komponenten einzeln
an, so lauten sie

$$\left.\begin{aligned} u_{\lambda\,m} &= u_{0\,II}\,\xi. \\ x_{II} &= u_{0\,II}\,c'_{II}\,\eta. \end{aligned}\right\} \tag{7.24/3a}$$

Daraus kommt

$$x_{II} = c'_{II}\,u_{\lambda\,m}\frac{\eta}{\xi} \tag{7.24/4a}$$

und unter Einführung des Übersetzungsverhältnisses $\ddot{u}_m$

$$x_{II} = c'_{II}\,\ddot{u}_m\,u_{\lambda 1}\frac{\eta}{\xi}. \tag{7.24/4b}$$

Man kann, wenn man will,

$$c'_{II}\frac{\eta}{\xi} = c^*_{II} \tag{7.24/5}$$

als (von ζ abhängige) „Ersatzfederzahl" des Nebenstranges II an der Stelle λ
betrachten, also schreiben

$$x_{II} = c^*_{II}\,\ddot{u}_m\,u_{\lambda 1}. \tag{7.24/4c}$$

Führt man nun x_{II} nach (7.24/4c) in (7.24/2) ein, so erhält man

$$x^r_\lambda = \frac{1}{\ddot{u}_k}(z\,\widetilde{\Theta}_1 + c^*_{II}\,\ddot{u}^2_m)\,u_{\lambda 1} + \frac{1}{\ddot{u}_k}\,x^l_\lambda. \tag{7.24/6b}$$

In Verbindung mit

$$u^r_\lambda = \ddot{u}_k\,u^l_\lambda \tag{7.24/6a}$$

erhält man also als Matrizengleichung für die Stelle λ

$$\begin{bmatrix} u \\ x \end{bmatrix}^r_\lambda = \begin{bmatrix} \ddot{u}_k & 0 \\ \dfrac{1}{\ddot{u}_k}(\widetilde{\Theta}_1 z + c^*_{II}\,\ddot{u}^2_m) & \dfrac{1}{\ddot{u}_k} \end{bmatrix} \cdot \begin{bmatrix} u \\ x \end{bmatrix}^l_\lambda \tag{7.24/7}$$

und daher als Übertragungsmatrix (Punktmatrix) an der Stelle λ

$$\mathfrak{P}_\lambda = \begin{bmatrix} \ddot{u}_k & 0 \\ \dfrac{1}{\ddot{u}_k}(\widetilde{\Theta}_1 z + c^*_{II}\,\ddot{u}^2_m) & \dfrac{1}{\ddot{u}_k} \end{bmatrix}. \tag{7.24/8}$$

Vergleicht man die für den „Gabelpunkt λ" in Abb. 7.24/1 geltende Matrix $\mathfrak{P}_\lambda$
(7.24/8) mit der für den „Versetzungspunkt λ" in Abb. 7.23/2 geltenden Matrix $\mathfrak{P}_\lambda$
in (7.23/10), so erkennt man, daß der Unterschied in der Addition des Gliedes

$$g = c^*_{II}\,\ddot{u}^2_m \tag{7.24/9}$$

zu $\widetilde{\Theta}_1 z$ besteht.

Selbstverständlich ließen sich diese Betrachtungen verallgemeinern auf
mehrere von links kommende Nebenstränge II, III, ... In einem solchen Fall
würde das Zusatzglied lauten

$$g = \sum_{(N)} c^*_N\,\ddot{u}^2_N. \tag{7.24/9a}$$

Jede der Ersatzfederzahlen c_N^* ist dabei eine Funktion von z bzw. ζ und läßt sich aus dem Zustandsvektor $c' \mathfrak{y}_\lambda^l$ des jeweiligen Nebenstranges berechnen (als Quotient der zweiten zur ersten Komponente).

Die Ausdrücke ließen sich, falls man darauf Wert legte, noch etwas „symmetrischer" gestalten dadurch, daß man nicht $u_{\lambda 1}$ zur Bezugsgröße für die Übersetzungsverhältnisse macht (und damit auszeichnet), sondern den „zentraleren" Ausschlag $u_{\lambda k}$ der Drehmasse, von der der „Abtrieb" ausgeht. Wir verzichten jedoch darauf, solche Formeln anzuschreiben. Sie können leicht — den jeweiligen Erfordernissen oder Vorlieben entsprechend — hergestellt werden.

Wir verdeutlichen das Gesagte noch an einem **Beispiel.** Wir fügen die Wellen nach Abb. 7.21/2 und 7.23/3 als „linke Stränge" an der Stelle λ so zusammen, wie Abbildung 7.24/2 zeigt, und schließen einen beliebigen rechten Strang an. Den Hauptstrang I und Nebenstrang II wählen wir, wie in der Abbildung angedeutet.

Bis zur Stelle „links von λ" verläuft die Rechnung sowohl für Strang I wie für Strang II genauso wie in den früheren Beispielen. Die

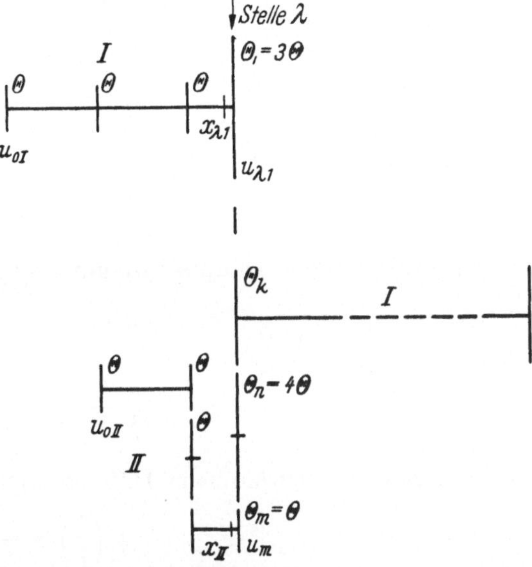

Abb. 7.24/2. Beispiel

Bezugsgrößen sind natürlich in beiden Strängen $c^* = c$; $\Theta^* = \Theta$. Wir reduzieren nun auch die Punktmatrix $\mathfrak{P}_\lambda$ (7.24/8); so kommt

$$\overline{\mathfrak{P}}_\lambda = \begin{bmatrix} \ddot{u}_k & 0 \\ \dfrac{1}{\ddot{u}_k}\left(\dfrac{\widetilde{\Theta}_1}{\Theta}\zeta + \dfrac{\eta}{\xi}\ddot{u}_m^2\right) & \dfrac{1}{\ddot{u}_k} \end{bmatrix}.$$

Den Quotienten $\eta/\xi = x_m/c\,u_m$ bilden wir für unser Beispiel aus dem Zustandsvektor $\mathfrak{y}_2^l$ des Beispieles aus 7.23. So finden wir

$$\frac{\eta}{\xi} = \frac{\dfrac{11}{2}\zeta - 5\zeta^2}{2 - \dfrac{19}{4}\zeta + \dfrac{5}{2}\zeta^2}.$$

Die Drehmasse $\Theta_n = 4\Theta$ müssen wir nun bei der Berechnung von $\widetilde{\Theta}_1$ berücksichtigen, zusammen mit den anderen an der Stelle λ befindlichen Drehmassen, deren Werte wir nicht im einzelnen festgelegt haben.

7.25 Wellen mit Massenbelegung. Schon zu Anfang unserer Betrachtungen über die Torsionsschwingungen in Wellenanlagen (6.11, 6.31) haben wir uns dafür entschieden, die Wellenstücke (Federn) selbst als massefrei (trägheitsfrei) anzusehen und die Trägheitswirkungen in den Scheiben (Drehmassen) konzentriert anzunehmen. Diese Annahmen lagen dann allen Berechnungsverfahren im Kap. 6 und auch bisher in diesem Kapitel zugrunde. Jetzt wollen wir dazu übergehen, den Einfluß zu berücksichtigen, den die auf den Wellenstücken

„verteilten" Massen auf die Eigenfrequenzen haben. Zu diesem Zweck nehmen wir an, die (kreiszylindrischen) Wellenstücke (Länge l, Federnachgiebigkeit $h = l/G\,J$) bestehen aus einem Stoff von der Dichte $\varrho = \gamma/g$ (Stahl: $\gamma = 7{,}8$ p/cm³). Damit ist ein Wellenstück selbst zu einem schwingungsfähigen Gebilde geworden. Es besitzt unendlich viele Freiheitsgrade. Die in ihm möglichen Torsionsschwingungen werden beherrscht von der *partiellen* Differentialgleichung (s. Anhang S. 471) für die Ausschläge $\vartheta(x, t)$

$$\vartheta_{tt} = c_f^2\,\vartheta_{xx}, \tag{7.25/1}$$

die wir auch als

$$\ddot{\vartheta} = c_f^2\,\vartheta'' $$

schreiben können. Dabei ist[1]

$$c_f^2 = \frac{G}{\varrho}. \tag{7.25/1 a}$$

Unter Einführung des Hauptschwingungsansatzes

$$\vartheta = u \cos\omega\,t \tag{7.25/2}$$

und mit der Abkürzung

$$\frac{\omega^2}{c_f^2} = \frac{\lambda^2}{l^2} \tag{7.25/2 a}$$

kommt daraus die gewöhnliche Differentialgleichung

$$u'' + \left(\frac{\lambda}{l}\right)^2 u = 0 \tag{7.25/3}$$

zustande. Sie hat die Lösung

$$u = A \cos\lambda\frac{x}{l} + B \sin\lambda\frac{x}{l}. \tag{7.25/4}$$

Nun wollen wir anstelle der Integrationskonstanten A und B zwei neue, mechanisch bedeutungsvolle Konstanten einführen. Dazu machen wir Gebrauch von der Beziehung ($D = $ Drillungsmoment)

$$D = -(G\,J)\,\vartheta',$$

aus der

$$\mathsf{x} = -(G\,J)\,u' \tag{7.25/5}$$

folgt[2]. Nach (7.25/4) wird also

$$\mathsf{x} = \frac{G\,J}{l}\lambda\left[A \sin\lambda\frac{x}{l} - B \cos\lambda\frac{x}{l}\right]. \tag{7.25/6}$$

Aus (7.25/4) und (7.25/6) folgen dann mit den Abkürzungen

$$u(0) = u_0, \qquad \mathsf{x}(0) = \mathsf{x}_0 \quad \text{und} \quad \frac{l}{G\,J} = h \tag{7.25/7}$$

---

[1] Die Wellenfortpflanzungsgeschwindigkeit ist hier mit c_f bezeichnet, da der Buchstabe c für die Federsteifigkeit gebraucht wird; $c = G\,J/l$.

[2] In diesem Abschnitt wird die Amplitude des Drillungsmomentes mit einem Block-x bezeichnet, um diese Größe von der Ortskoordinate x zu unterscheiden.

die Konstanten

$$A = u_0, \qquad B = -\frac{h}{\lambda}\,\mathsf{x}_0, \tag{7.25/8}$$

so daß wir anstelle von (7.25/4) und (7.25/6) schreiben können

$$\left.\begin{aligned}
u &= u_0 \cos\lambda\frac{x}{l} - \mathsf{x}_0\frac{h}{\lambda}\sin\lambda\frac{x}{l}\,, \\[2mm]
\mathsf{x} &= u_0\frac{\lambda}{h}\sin\lambda\frac{x}{l} + \mathsf{x}_0\cos\lambda\frac{x}{l}\,.
\end{aligned}\right\} \tag{7.25/9}$$

Für Ausschlag u_1 und Drillungsmoment x_1 am Feldende $x = l$ finden wir somit

$$\left.\begin{aligned}
u_1 &= u_0\cos\lambda - \mathsf{x}_0\frac{h}{\lambda}\sin\lambda\,, \\[2mm]
\mathsf{x}_1 &= u_0\frac{\lambda}{h}\sin\lambda + \mathsf{x}_0\cos\lambda\,.
\end{aligned}\right\} \tag{7.25/10}$$

Dieses Gleichungspaar schreibt sich unter Einführung des Zustandsvektors $\mathfrak{y} = \{u, \mathsf{x}\}$ in Matrizenform

$$\mathfrak{y}_1^l = \mathfrak{U}\cdot\mathfrak{y}_0^r \tag{7.25/11a}$$

mit

$$\mathfrak{U} = \begin{bmatrix} \cos\lambda & -\dfrac{h}{\lambda}\sin\lambda \\[3mm] \dfrac{\lambda}{h}\sin\lambda & \cos\lambda \end{bmatrix}. \tag{7.25/11b}$$

Die Matrix $\mathfrak{U}$ ist die Übertragungsmatrix (eine Feldmatrix), die die Zustandsvektoren am Anfang des Feldes, $\mathfrak{y}_0^r$, und am Ende des Feldes, $\mathfrak{y}_1^l$, verbindet. Sie ersetzt für massebehaftete Wellen die frühere, für masselose Wellen geltende, Matrix (7.21/7b).

Man sieht übrigens leicht ein, daß mit verschwindender Dichte, $\varrho \to 0$ (also $\lambda \to 0$), die Matrix $\mathfrak{U}$ (7.25/11b) in die Matrix $\mathfrak{F}$ (7.21/7b) übergeht.

Die Größe λ, die im Argument der trigonometrischen Funktionen in der Matrix $\mathfrak{U}$ (7.25/11b) auftritt, enthält gemäß (7.25/2a)

$$\lambda = \frac{\omega}{c_t}l = \omega l\sqrt{\frac{\varrho}{G}}$$

die Frequenz $\omega = \sqrt{z}$. Wenn man die Frequenzengleichung explizit aufstellen will, wird das Verfahren deshalb umständlich und schwerfällig. Benutzt man das Verfahren jedoch so, daß man Werte z wählt und Endausschläge u_n oder Endmomente x_n oder x_{n+1} zahlenmäßig berechnet, so ist das Arbeiten mit (7.25/11b) nicht verwickelter als mit (7.21/7b), denn in jedem Fall enthält die Matrix nur (benannte) Zahlenwerte.

Um auch $\mathfrak{U}$ (7.25/11b) dimensionslos zu machen, arbeiten wir wieder mit den reduzierten Größen $\bar{\mathfrak{y}}$ und $\bar{\mathfrak{U}}$ wie in 7.21. $\bar{\mathfrak{U}}$ wird hier (wenn h^* die Bezugsfedernachgiebigkeit ist) zu

$$\bar{\mathfrak{U}} = \begin{bmatrix} \cos\lambda & -\dfrac{h}{h^*}\dfrac{\sin\lambda}{\lambda} \\[3mm] \dfrac{h^*}{h}\lambda\sin\lambda & \cos\lambda \end{bmatrix}. \tag{7.25/12}$$

Für eine abgesetzte Welle (Abb. 7.25/1) lautet die zusammengesetzte Übertragungsmatrix

$$\overline{\mathfrak{U}} = \overline{\mathfrak{U}}_2\,\overline{\mathfrak{U}}_1 = \begin{bmatrix} \cos\lambda_2 & -\dfrac{h_2}{h^*}\dfrac{\sin\lambda_2}{\lambda_2} \\[2ex] \dfrac{h^*}{h_2}\lambda_2\sin\lambda_2 & \cos\lambda_2 \end{bmatrix} \cdot \begin{bmatrix} \cos\lambda_1 & -\dfrac{h_1}{h^*}\dfrac{\sin\lambda_1}{\lambda_1} \\[2ex] \dfrac{h^*}{h_1}\lambda_1\sin\lambda_1 & \cos\lambda_1 \end{bmatrix}.$$

Aus den Komponenten von $\overline{\mathfrak{U}}$ liest man übrigens rasch die Frequenzengleichung für die glatte, massebehaftete Welle unter verschiedenen Randbedingungen ab. Weil (mit $h^* = h$)

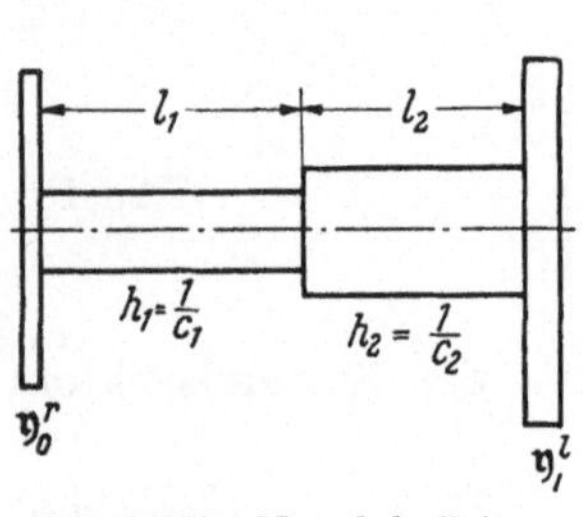

Abb. 7.25/1. Massebehaftete, abgesetzte Welle

für die links eingespannte Welle $\overline{\mathfrak{y}}_0^r = h\,\mathsf{x}_0\begin{bmatrix} 0 \\ 1 \end{bmatrix}$,

für die links freie Welle $\overline{\mathfrak{y}}_0^r = u_0\begin{bmatrix} 1 \\ 0 \end{bmatrix}$

ist, wird im ersten Fall

$$\overline{\mathfrak{y}}_1^l = h\,\mathsf{x}_0\begin{bmatrix} -\dfrac{\sin\lambda}{\lambda} \\[2ex] \cos\lambda \end{bmatrix},$$

im zweiten Fall

$$\overline{\mathfrak{y}}_1^l = u_0\begin{bmatrix} \cos\lambda \\ \lambda\sin\lambda \end{bmatrix}.$$

Wenn das rechte Ende eingespannt ist, ist $u_1 = 0$; wenn es frei ist, ist $\mathsf{x}_1 = 0$; daher kommen die Ergebnisse der Tab. 7.25/1 zustande.

Tabelle 7.25/1

Welle ist		Frequenzengleichung	Wurzeln $\lambda = \nu\pi$
links	rechts		
eingespannt	eingespannt	$\dfrac{1}{\lambda}\sin\lambda = 0$	$\nu = 1,\,2,\,\dots$
eingespannt	frei	$\cos\lambda = 0$	$\nu = \dfrac{1}{2},\,\dfrac{3}{2},\,\dots$
frei	eingespannt	$\cos\lambda = 0$	$\nu = \dfrac{1}{2},\,\dfrac{3}{2},\,\dots$
frei	frei	$\lambda\sin\lambda = 0$	$\nu = 0,\,1,\,2,\,\dots$

Die Frequenzen berechnen sich zu

$$\omega_\nu = \nu\,\frac{\pi}{l}\sqrt{\frac{G}{\varrho}}.$$

7.26 Längsschwingungen von massebelegten Stäben. Dem Problem der Drillungsschwingungen von Stäben völlig analog kann das Problem der Längsschwingungen behandelt werden. Es ist (im Gegensatz zum Problem der Biegeschwingungen, das wir im Abschn. 7.3 behandeln werden) auch von der zweiten Ordnung.

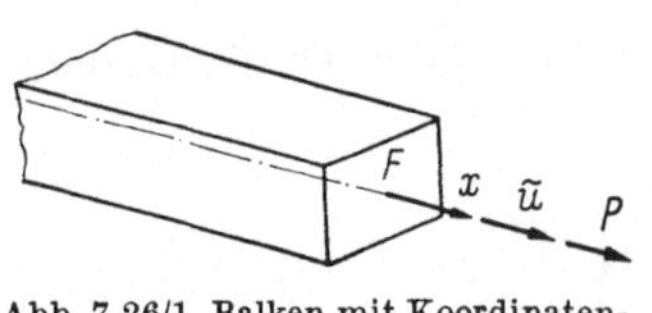

Abb. 7.26/1. Balken mit Koordinatensystem, Verschiebungs- und Kraftgrößen für Längsdehnung

Die partielle Differentialgleichung der Längsschwingungen eines Balkens von der Dichte $\varrho = \gamma/g$, dem Elastizitätsmodul E, dem konstanten Querschnitt F lautet [analog (7.25/1)] (Bezeichnungen s. Abb. 7.26/1)

$$\tilde{u}_{tt} = c_f^2 \, \tilde{u}_{xx} \qquad (7.26/1)$$

mit

$$c_f^2 = \frac{E}{\varrho}. \qquad (7.26/1\,a)$$

Unter Einführung des Hauptschwingungsansatzes

$$\tilde{u} = u \cos \omega t \qquad (7.26/2)$$

und mit der Abkürzung

$$\frac{\omega^2}{c_f^2} = \frac{\lambda^2}{l^2} \qquad (7.26/2\,a)$$

wird daraus die gewöhnliche Differentialgleichung

$$u'' + \left(\frac{\lambda}{l}\right)^2 u = 0. \qquad (7.26/3)$$

Sie stimmt formal völlig mit (7.25/3) überein, hat deshalb auch die Lösung (7.25/4).

In derselben Weise wie dort kann man die Integrationskonstanten in der Lösung (7.25/4) durch die mechanisch deutbaren Größen (Amplituden von Ausschlag und Kraft)

$$u_0 = u(0) \quad \text{und} \quad P_0 = P(0)$$

ersetzen.

Hier setzen wir die Vorzeichen so fest, wie Abb. 7.26/1 andeutet, benutzen aber

$$P = +(E\,F)\,u' \qquad (7.26/4)$$

mit dem positiven Zeichen, entgegen der Festsetzung in (7.25/5). Dann kommt mit der Abkürzung

$$h = \frac{l}{E\,F}$$

der Gleichungssatz

$$\left.\begin{array}{l} u = u_0 \cos \lambda \dfrac{x}{l} + P_0 \dfrac{h}{\lambda} \sin \lambda \dfrac{x}{l}, \\[2mm] P = -u_0 \dfrac{\lambda}{h} \sin \lambda \dfrac{x}{l} + P_0 \cos \lambda \dfrac{x}{l} \end{array}\right\} \qquad (7.26/5)$$

zustande. Er unterscheidet sich von (7.25/9) durch die Umkehrung der Vorzeichen der Glieder außerhalb der Hauptdiagonalen. Aus diesem Gleichungssatz folgen dann die Übertragungsmatrizen $\overline{\mathfrak{U}}$ in der Gleichung

$$\bar{\mathfrak{z}}_1 = \overline{\mathfrak{U}}\,\bar{\mathfrak{z}}_0 \qquad (7.26/6)$$

zwischen den Zustandsvektoren

$$\bar{\mathfrak{z}}_i = \begin{bmatrix} u \\ h*P \end{bmatrix}_i. \qquad (7.26/6\,a)$$

Man rechnet leicht nach, daß die nachstehend aufgeführten Fälle auf die angegebenen Matrizen führen. An Abkürzungen werden benutzt

$$h = \frac{l}{E\,F}, \qquad \lambda^2 = \frac{\varrho\,\omega^2}{E}\,l^2. \qquad (7.26/7)$$

Tabelle 7.26/1

Nr.	Beschreibung des Feldes	Matrix
1	träge, elastisch	$\overline{\overline{\mathfrak{u}}} = \begin{bmatrix} \cos\lambda & \dfrac{h}{h^*}\dfrac{\sin\lambda}{\lambda} \\ -\dfrac{h^*}{h}\lambda\sin\lambda & \cos\lambda \end{bmatrix}$
2	träge, starr (zugleich Punktmasse $m = \mu\, l = \varrho\, F\, l$)	$\overline{\mathfrak{P}}_i = \begin{bmatrix} 1 & 0 \\ -m_i\,\omega^2\,h^* & 1 \end{bmatrix}$
3	trägheitslos, elastisch (zugleich Einzelfeder)	$\overline{\mathfrak{F}}_i = \begin{bmatrix} 1 & +\dfrac{h_i}{h^*} \\ 0 & 1 \end{bmatrix}$

Die Matrizen $\overline{\mathfrak{P}}_i$ und $\overline{\mathfrak{F}}_i$ dieser Tabelle entsprechen den Matrizen $\overline{\overline{\mathfrak{P}}}_i$ und $\overline{\overline{\mathfrak{F}}}_i$ von (7.21/11 u. /12). Gemäß der abweichenden Vorzeichenfestsetzung für den Zusammenhang zwischen Kraft und Verformung [(7.26/4) gegenüber (7.25/5)] sind die Vorzeichen der Glieder in den Nebendiagonalen jedoch umgekehrt.

7.3 Biegeschwingungen (Biegekritische Drehzahlen)

7.31 Zustandsvektoren; Übertragungsmatrizen.

Wir wollen nun Biegeschwingungen mit Hilfe von Übertragungsmatrizen behandeln. Das Torsionsproblem war ein „Problem zweiter Ordnung", weil die in Betracht kommende Bewegungsgleichung in der Ortskoordinate von zweiter Ordnung war; demgemäß hatten die Zustandsvektoren zwei Komponenten. Die jetzt zu erörternden Biegeschwingungen sind „Probleme vierter Ordnung", weil die Bewegungsgleichung in der Ortskoordinate von vierter Ordnung ist; dem entspricht es, daß die Zustandsvektoren vier Komponenten aufweisen. In dieser Erhöhung der „Ordnung des Problems" besteht die einzige Erschwerung gegenüber dem früheren Fall. Alle grundsätzlichen Überlegungen bleiben durchaus die gleichen.

Wir werden jetzt öfter die in 7.11 definierte Schreibweise für die Spaltenvektoren

$$\mathfrak{y} = \{y_1,\, y_2,\, y_3,\, y_4\} \qquad (7.31/1)$$

benutzen. Die geschweifte Klammer soll andeuten, daß es sich nicht um den Zeilenvektor $(y_1,\, y_2,\, y_3,\, y_4)$ handelt.

Wir arbeiten mit dem Koordinatensystem, das Abb. 7.31/1 zeigt. Koordinaten sind x, y, z; Verschiebung ist w, Schiefstellung ψ, Moment M, Querkraft Q mit positiven Richtungen wie eingezeichnet. Wir betrachten fürs erste nur Verformungen in der x-z-Ebene,

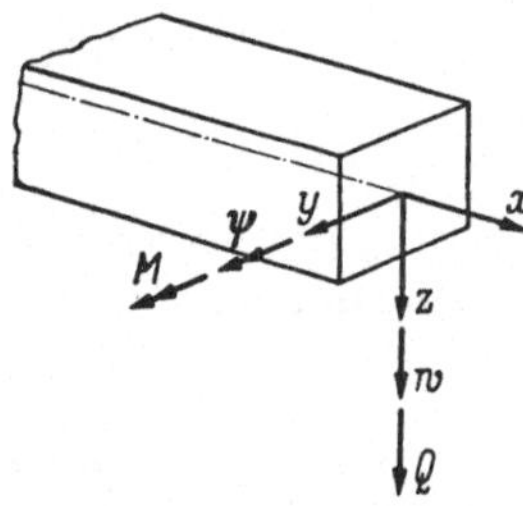

Abb. 7.31/1. Balken mit Koordinatensystem, Verschiebungs- und Kraftgrößen für Biegung

deshalb sind weitere Verformungs- und Kraftgrößen weggelassen. Wir nennen ferner $E\,I$ die Biegesteifigkeit des Balkens für die Biegung in der x-z-Ebene, μ die Massenbelegung je Längeneinheit, ω die Kreisfrequenz der Schwingung.

Mit diesen Bezeichnungen lautet die Differentialgleichung der Biegelinie eines trägheitsfreien ($\mu = 0$), unbelasteten Balkens für kleine Auslenkungen

$$(E\,I\,w'')'' = 0. \qquad (7.31/2\,\text{a})$$

Ist die Steifigkeit im ganzen betrachteten Feld konstant, so gilt

$$E\,I\,w^{IV} = 0. \tag{7.31/2b}$$

Diese Gleichung hat die Lösung

$$w = A + B\,x + C\,x^2 + D\,x^3. \tag{7.31/3}$$

Statt der Integrationskonstanten A, B, C, D kann man vermittels

$$\left.\begin{aligned} \psi &= -w', \\ M &= -E\,I\,w'', \\ Q &= -E\,I\,w''' \end{aligned}\right\} \tag{7.31/4}$$

neue, geometrisch und mechanisch bedeutungsvolle Konstanten, nämlich

$$\psi(0) = \psi_0, \qquad M(0) = M_0 \quad \text{und} \quad Q(0) = Q_0$$

einführen; so findet man aus (7.31/3)

$$\begin{aligned} w(0) &= A, & w'(0) &= B, \\ w''(0) &= 2\,C, & w'''(0) &= 6\,D, \end{aligned}$$

also wegen (7.31/4)

$$\left.\begin{aligned} A &= w_0, & B &= -\psi_0, \\ C &= -\frac{1}{2\,E\,I}\,M_0, & D &= -\frac{1}{6\,E\,I}\,Q_0 \end{aligned}\right\} \tag{7.31/5}$$

und damit anstelle von (7.31/3) die negative Durchsenkung

$$-w = -w_0 + \psi_0\,x + \frac{M_0}{2\,E\,I}\,x^2 + \frac{Q_0}{6\,E\,I}\,x^3. \tag{7.31/6}$$

Die Größen w_1, ψ_1, M_1 und Q_1 am Ende des Feldes von der Länge l werden somit zu

$$\left.\begin{aligned} -w_1 &= -w_0 + \psi_0\,l + \frac{M_0}{2\,E\,I}\,l^2 + \frac{Q_0}{6\,E\,I}\,l^3, \\ \psi_1 &= \psi_0 + \frac{M_0}{E\,I}\,l + \frac{Q_0}{2\,E\,I}\,l^2, \\ M_1 &= M_0 + Q_0\,l, \\ Q_1 &= Q_0. \end{aligned}\right\} \tag{7.31/7}$$

Dieser Satz von Gleichungen schreibt sich unter Einführung des Zustandsvektors

$$\mathfrak{y} = \{-w, \psi, M, Q\} \tag{7.31/8}$$

in Matrizenform

$$\mathfrak{y}_1 = \mathfrak{F}\,\mathfrak{y}_0 \tag{7.31/9}$$

mit der Übertragungsmatrix (Feldmatrix)

$$\mathfrak{F} = \begin{bmatrix} 1 & l & \dfrac{l^2}{2\,E\,I} & \dfrac{l^3}{6\,E\,I} \\[2ex] 0 & 1 & \dfrac{l}{E\,I} & \dfrac{l^2}{2\,E\,I} \\[2ex] 0 & 0 & 1 & l \\[2ex] 0 & 0 & 0 & 1 \end{bmatrix}. \tag{7.31/10}$$

Damit haben wir jene Übertragungsmatrix gewonnen, die den Zusammenhang herstellt zwischen den Zustandsvektoren $\mathfrak{y}_0$ und $\mathfrak{y}_1$ am linken und rechten Rand eines Feldes in einem trägheitsfreien Balken.

Sitzt an einer Stelle des Balkens eine Punktmasse m, die mit der Kreisfrequenz ω schwingt, so übt diese Masse eine Kraft in Richtung z aus von der Größe $-m\,\omega^2\,w$. Die Querkraft Q_1 unmittelbar rechts von der Stelle berechnet sich demnach aus der Querkraft Q_0 unmittelbar links von der Stelle wegen $w = w_0 = w_1$ zu

$$Q_1 = Q_0 - m\,\omega^2\,w_0. \tag{7.31/11a}$$

Hat die Masse auch eine Drehträgheit $m\,i^2 = \Theta$, so tritt neben (7.31/11a) die Übergangsbedingung

$$M_1 = M_0 - \Theta\,\omega^2\,\psi_0. \tag{7.31/11b}$$

Da w und ψ sich nicht ändern, wird also der Übergang vom Vektor $\mathfrak{y}_0$ zum Vektor $\mathfrak{y}_1$ vermittelt durch die Matrizengleichung

$$\mathfrak{y}_1 = \mathfrak{P} \cdot \mathfrak{y}_0$$

mit der Übertragungsmatrix (Punktmatrix)

$$\mathfrak{P} = \begin{bmatrix} 1 & 0 & 0 & 0 \\ 0 & 1 & 0 & 0 \\ 0 & -\Theta\,\omega^2 & 1 & 0 \\ m\,\omega^2 & 0 & 0 & 1 \end{bmatrix}. \tag{7.31/11c}$$

In ähnlicher Weise lassen sich andere Fälle erledigen.

Wir zeigen nun explizit noch die Berechnung der Übertragungsmatrix für den trägheitsbehafteten Balken ($\mu \neq 0$). In diesem Fall lautet die Differentialgleichung, die an die Stelle von (7.31/2a) tritt,

$$(E\,I\,w'')'' - \omega^2\,\mu\,w = 0; \tag{7.31/12a}$$

bei konstanter Steifigkeit $E\,I$ geht sie über in

$$E\,I\,w^{IV} - \omega^2\,\mu\,w = 0 \tag{7.31/12b}$$

oder, unter Benutzung der (dimensionslosen) Abkürzung

$$\lambda^4 = \frac{\mu\,\omega^2}{E\,I}\,l^4, \tag{7.31/12c}$$

in

$$w^{IV} - \left(\frac{\lambda}{l}\right)^4 w = 0. \tag{7.31/12d}$$

Diese Gleichung hat die Lösung

$$w = A\cos\frac{\lambda}{l}x + B\sin\frac{\lambda}{l}x + C\operatorname{Cosh}\frac{\lambda}{l}x + D\operatorname{Sinh}\frac{\lambda}{l}x. \tag{7.31/13}$$

Führt man wieder anstelle der mechanisch bedeutungslosen Integrationskonstanten die mechanisch deutbaren Werte

$$-w_0 = -w(0); \qquad \psi_0 = \psi(0); \qquad M_0 = M(0); \qquad Q_0 = Q(0)$$

(linkes Feldende) ein, und berechnet dann die Werte am rechten Ende des Feldes (von der Länge l, Index 1), so findet man die Matrix

$$\mathfrak{U} = \begin{bmatrix} C & \dfrac{l}{\lambda}S & \dfrac{1}{EI}\left(\dfrac{l}{\lambda}\right)^2 c & \dfrac{1}{EI}\left(\dfrac{l}{\lambda}\right)^3 s \\[2ex] \dfrac{\lambda}{l}s & C & \dfrac{1}{EI}\dfrac{l}{\lambda}S & \dfrac{1}{EI}\left(\dfrac{l}{\lambda}\right)^2 c \\[2ex] EI\left(\dfrac{\lambda}{l}\right)^2 c & EI\dfrac{\lambda}{l}s & C & \dfrac{l}{\lambda}S \\[2ex] EI\left(\dfrac{\lambda}{l}\right)^3 S & EI\left(\dfrac{\lambda}{l}\right)^2 c & \dfrac{\lambda}{l}s & C \end{bmatrix}, \qquad (7.31/14)$$

die in der Gl. (7.31/9) an die Stelle von $\mathfrak{F}$ tritt. In $\mathfrak{U}$ bedeuten[1]

$$\left. \begin{aligned} C &= \frac{1}{2}\left(\operatorname{Cosh}\lambda + \cos\lambda\right) = 1 + \frac{\lambda^4}{4!} + \frac{\lambda^8}{8!} + \cdots, \\[1ex] S &= \frac{1}{2}\left(\operatorname{Sinh}\lambda + \sin\lambda\right) = \lambda + \frac{\lambda^5}{5!} + \frac{\lambda^9}{9!} + \cdots, \\[1ex] c &= \frac{1}{2}\left(\operatorname{Cosh}\lambda - \cos\lambda\right) = \frac{\lambda^2}{2!} + \frac{\lambda^6}{6!} + \frac{\lambda^{10}}{10!} + \cdots, \\[1ex] s &= \frac{1}{2}\left(\operatorname{Sinh}\lambda - \sin\lambda\right) = \frac{\lambda^3}{3!} + \frac{\lambda^7}{7!} + \frac{\lambda^{11}}{11!} + \cdots \end{aligned} \right\} \qquad (7.31/15)$$

die „RAYLEIGHschen Funktionen".

Man überzeugt sich übrigens leicht, daß die für den trägen Balken gültige Matrix (7.31/14) mit $\mu \to 0$, also für $\lambda \to 0$, übergeht in die Matrix (7.31/10), und daß sie mit $l \to 0$, aber $\mu\, l \to m$ übergeht in (7.31/11 c) (mit $\Theta = 0$).

Ferner merken wir an, daß, wenn der träge Balken außerdem elastisch gebettet ist (mit der „Bettungsziffer" K), die Matrix (7.31/14) bestehenbleibt, daß aber die in (7.31/15) eingehende Größe λ^4 (7.31/12c) ersetzt werden muß durch

$$\lambda_K^4 = \frac{\mu\,\omega^2 - K}{EI}\, l^4. \qquad (7.31/16)$$

Wir haben jetzt gesehen, wie man Übertragungsmatrizen findet, und begnügen uns damit, in 7.32 weitere Ergebnisse in Form eines Kataloges anzugeben. Für alle Einzelheiten müssen wir auf die Literatur verweisen, wobei wir besonders die zweite Auflage des Matrizenbuches von ZURMÜHL hervorheben (Literaturverzeichnis in 7.38).

7.32 Dimensionslose Übertragungsmatrizen; Katalog. Die Komponenten des Zustandsvektors (7.31/8) $\mathfrak{y} = \{-w, \psi, M, Q\}$ weisen alle verschiedene Dimensionen auf. Daher sind auch die Elemente der Übertragungsmatrizen (mit Ausnahme der in den Hauptdiagonalen stehenden) dimensionsbehaftete Größen und ihre Zahlenwerte überdies meist von sehr verschiedener Größenordnung; das ist für das Zahlenrechnen lästig. Man kann sich von dieser Schwierigkeit befreien, wenn man statt des Zustandsvektors $\mathfrak{y}$ einen Vektor $\bar{\mathfrak{y}}$ benützt, dessen Komponenten gleiche Dimensionen besitzen; wir stellen daher unter Verwendung der beiden Bezugsgrößen l^* und $(EI)^*$ den Zustandsvektor

$$\bar{\mathfrak{y}} = \left\{-w,\; l^*\psi,\; \frac{l^{*2}}{EI^*}M,\; \frac{l^{*3}}{EI^*}Q\right\} \equiv \{\overline{w}, \overline{\psi}, \overline{M}, \overline{Q}\} \qquad (7.32/1)$$

---

[1] Bezeichnungen nach R. ZURMÜHL: Fußnote 1, S. 411. Andere Autoren führen die Funktionen S, c, s so ein, daß λ-Potenzen λ^{-1}, λ^{-2}, λ^{-3} in die Definition mit hineingenommen werden.

her, dessen Komponenten alle die Dimension einer Länge haben. Die Matrizengleichung zwischen zwei Zustandsvektoren lautet

$$\bar{\mathfrak{y}}_1 = \bar{\mathfrak{U}}\,\bar{\mathfrak{y}}_0;\tag{7.32/2}$$

die Elemente der Übertragungsmatrix $\bar{\mathfrak{U}}$ sind dann dimensionslose Zahlen, deren Beträge durch geeignete Wahl der Bezugsgrößen l^* und EI^* bequem beeinflußt werden können.

Mit den Abkürzungen

$$\alpha_i = \frac{EI_i}{EI^*};\qquad \beta_i = \frac{l_i}{l^*};\qquad \lambda_i \text{ wie } (7.31/12\,\mathrm{c}) \text{ oder } (7.31/16),$$

wird aus der Übertragungsmatrix $\mathfrak{U}$ (7.31/14) für das Feld i (Länge l_i, Masse $\mu_i\,l_i$, Biegesteifigkeit $E\,I_i$)[1]

$$\bar{\mathfrak{u}}_i =
\begin{bmatrix}
C & \dfrac{\beta}{\lambda}S & \dfrac{1}{\alpha}\left(\dfrac{\beta}{\lambda}\right)^2 c & \dfrac{1}{\alpha}\left(\dfrac{\beta}{\lambda}\right)^3 s \\[2ex]
\dfrac{\lambda}{\beta}s & C & \dfrac{1}{\alpha}\dfrac{\beta}{\lambda}S & \dfrac{1}{\alpha}\left(\dfrac{\beta}{\lambda}\right)^2 c \\[2ex]
\alpha\left(\dfrac{\lambda}{\beta}\right)^2 c & \alpha\dfrac{\lambda}{\beta}s & C & \dfrac{\beta}{\lambda}S \\[2ex]
\alpha\left(\dfrac{\lambda}{\beta}\right)^3 S & \alpha\left(\dfrac{\lambda}{\beta}\right)^2 c & \dfrac{\lambda}{\beta}s & C
\end{bmatrix}_i
\tag{7.32/3}$$

Der an die Matrix angehängte Index i bezieht sich auf alle explizit auftretenden Größen α_i, β_i, λ_i *und* auf die Argumente λ_i der Funktionen C, S, c, s.

Wir geben jetzt einen Katalog der Feld- und Punktmatrizen vom Typus (7.31/10), (7.31/11 c). Wenn die Massen- und Steifigkeitsverteilungen die entsprechenden Idealisierungen zulassen, genügt er zur Lösung aller praktisch interessierenden Balkenschwingungsaufgaben.

Enthält das Gebilde lange glatte Wellenstücke, so erscheint die transzendente Übertragungsmatrix (7.32/3) als das natürliche Hilfsmittel. Treten solche Felder aber zwischen Massenanhäufungen (z. B. Schaufelscheiben od. dgl.) auf, so kann es im Sinne einer Vereinheitlichung der Rechung durchaus sinnvoll sein, das Wellenstück näherungsweise durch eine Kette von Feld- und Punktmatrizen zu ersetzen; man kann dann auch Schubnachgiebigkeit und Drehträgheit ohne Schwierigkeit mitnehmen (durch die die transzendente Matrix in so unübersichtlicher Weise modifiziert wird[2], daß ihre Benutzung sich für schubnachgiebige Balkenstücke keinesfalls empfiehlt).

Rotierende und nichtrotierende Wellen unterscheiden sich, wenn die Drehmassen Θ wesentlich werden; man erhält aus den für die ruhende Welle geltenden Formeln die

a) für die rotierende Welle im „Gleichlauf", indem man Θ ersetzt durch[3]

$$\hat{\Theta} = -\Theta;$$

b) für die rotierende Welle im „Gegenlauf", indem man Θ ersetzt durch[3]

$$\hat{\Theta} = -3\Theta.$$

In der Tab. 7.32/1 stellen wir alle vorkommenden Abkürzungen zusammen. Als Bezugswerte benutzen wir l^*, $E\,I^*$, $m^* = \mu^*\,l^*$.

---

[1] ZURMÜHL, R.: Fußnote 1, S. 411; dort S. 387.
[2] FUHRKE, H.: s. [10] von S. 461; dort S. 331→333.
[3] Siehe C. B. BIEZENO u. R. GRAMMEL: Technische Dynamik, X, 12.

Tabelle 7.32/1. *Abkürzungen*

	Symbol		Abkürzung	Bezogene Größe (dimensionslos)
		Eigenwert	$\lambda_i^4 = \dfrac{\mu_i\, l_i^4}{E I_i}\, \omega^2$	$\zeta = \dfrac{\mu^*\, l^{*\,4}}{E I^*}\, \omega^2 = m^*\, \dfrac{l^{*\,3}}{E I^*}\, \omega^2$
		Länge	l_i	$\beta_i = \dfrac{l_i}{l^*}$
1a		Biegenachgiebigkeit	$\left(\dfrac{l}{E I}\right)_i$	$\gamma_i = \left(\dfrac{l}{E I}\right)_i \Big/ \left(\dfrac{l}{E I}\right)^*$
2a		Schubnachgiebigkeit	$\left(\dfrac{l}{G F_s}\right)_i$	$\gamma_{si} = \left(\dfrac{l}{G F_s}\right)_i \Big/ \left(\dfrac{l^3}{E I}\right)^*$
3a		Masse	$(\mu\, l)_i$	$\bar{\mu}_i = \dfrac{(\mu\, l)_i}{m^*}$
4a		Bettung	$(K\, l)_i$	$\bar{K}_i = (K\, l)_i \left(\dfrac{l^3}{E I}\right)^*$
5a		Drehmasse	$(\mu\, k^2\, l)_i$	$\bar{\mu}_i \vartheta_i = \dfrac{(\mu\, k^2\, l)_i}{m^*\, l^{*\,2}};\quad \vartheta_i = \dfrac{k_i^2}{l^{*\,2}}$
6a		Momentenbettung	$(K_\varphi\, l)$	$\bar{K}_{\varphi i} = (K_\varphi\, l)_i \left(\dfrac{l}{E I}\right)^*$

$$l \to 0$$

	Symbol		Abkürzung	Bezogene Größe (dimensionslos)
1b		Biegefedernachgiebigkeit	$h_{Mi} = \dfrac{1}{c_{Mi}}$	$\bar{h}_{Mi} = \dfrac{h_{Mi}}{\left(\dfrac{l}{E I}\right)^*}$
2b		Schubfedernachgiebigkeit	$h_{Qi} = \dfrac{1}{c_{Qi}}$	$\bar{h}_{Qi} = \dfrac{h_{Qi}}{\left(\dfrac{l^3}{E I}\right)^*}$
3b		Punktmasse	m_i	$\bar{m}_i = \dfrac{m_i}{m^*}$
4b		Federsteifigkeit	c_{wi}	$\bar{c}_{wi} = c_{wi} \left(\dfrac{l^3}{E I}\right)^*$
5b		Drehmasse	$\Theta_i = m_i\, k_i^2$	$\bar{m}\, \vartheta_i = \dfrac{\Theta_i}{m^*\, l^{*\,2}};\quad \vartheta_i = \dfrac{k_i^2}{l^{*\,2}}$
6b		Drehfedersteifigkeit	$c_{\varphi i}$	$\bar{c}_{\varphi i} = c_{\varphi i} \left(\dfrac{l}{E I}\right)^*$

Anstelle des Verhältnisses der Biegesteifigkeiten $\alpha_i = E\,I_i/E\,I^*$ benutzen wir jetzt (ähnlich dem Vorgehen bei der Torsionskette in 7.21 und 7.25) das Verhältnis der „Biegenachgiebigkeiten" $\gamma_i = \left(\dfrac{l}{E\,I}\right)_i \Big/ \left(\dfrac{l}{E\,I}\right)^*$; es ist

$$\gamma_i = \frac{\beta_i}{\alpha_i}.$$

a) *Feldmatrizen.* Alle Größen sind konstant über die Länge l_i.

Trägheitsloses Feld mit Biegenachgiebigkeit γ_i (1 a) und Schubnachgiebigkeit γ_{Si} (2 a).

$$\overline{\mathfrak{F}}_i^e = \begin{bmatrix} 1 & \beta & \dfrac{1}{2}\beta\,\gamma & \dfrac{1}{6}\beta^2\,\gamma - \gamma_S \\[2mm] 0 & 1 & \gamma & \dfrac{1}{2}\beta\,\gamma \\[2mm] 0 & 0 & 1 & \beta \\[2mm] 0 & 0 & 0 & 1 \end{bmatrix}_i \tag{7.32/4}$$

$\mathfrak{F}_i^e$ ohne Schubnachgiebigkeit γ_{Si} geht hervor aus $\overline{\mathfrak{U}}_i$ (7.32/3) für $\mu_i \to 0$, d. h. $\lambda_i \to 0$. Vgl. auch $\mathfrak{F}$ (7.31/10).

Starres Feld mit Masse $\overline{\mu}_i$ (3 a), Bettung $\overline{K}_i$ (4 a), Drehmasse $\overline{\mu}_i\,\vartheta_i$ (5 a) und Momentenbettung $\overline{K}_{\psi i}$ (6 a).

$$\overline{\mathfrak{F}}_i^m = \begin{bmatrix} 1 & \beta & 0 & 0 \\[2mm] 0 & 1 & 0 & 0 \\[2mm] -\dfrac{\beta}{2}(\overline{K} - \zeta\,\overline{\mu}) & -\dfrac{\beta^2}{6}(\overline{K} - \zeta\,\overline{\mu}) + (\overline{K}_\psi - \zeta\,\overline{\mu}\,\vartheta) & 1 & \beta \\[2mm] -(\overline{K} - \zeta\,\overline{\mu}) & -\dfrac{\beta}{2}(\overline{K} - \zeta\,\overline{\mu}) & 0 & 1 \end{bmatrix}_i \tag{7.32/5}$$

ζ trägt keinen Index i.

$\mathfrak{F}_i^m$ ohne Drehmasse und Momentenbettung geht hervor aus $\overline{\mathfrak{U}}_i$ (7.32/3) mit λ_K (7.31/16) für $(l/EI)_i \to 0$, d. h. $\lambda_{Ki} \to 0$.

b) *Punktmatrizen.*

Biege- und Schubfeder („Federgelenk", innere Federn) $\overline{h}_{Mi}$ (1 b), $\overline{h}_{Qi}$ (2 b).

$$\overline{\mathfrak{P}}_i^e = \begin{bmatrix} 1 & 0 & 0 & -\overline{h}_Q \\ 0 & 1 & \overline{h}_M & 0 \\ 0 & 0 & 1 & 0 \\ 0 & 0 & 0 & 1 \end{bmatrix}_i \tag{7.32/6}$$

$\overline{\mathfrak{P}}_i^e$ geht aus $\overline{\mathfrak{F}}_i^e$ hervor mit $l_i \to 0$ $(\beta_i \to 0)$ und $\gamma_S \to \overline{h}_Q$, $\gamma \to \overline{h}_M$.

Einzelmasse mit Drehträgheit, äußere Federn.

$$\overline{\mathfrak{P}}_i^\Gamma = \begin{bmatrix} 1 & 0 & 0 & 0 \\ 0 & 1 & 0 & 0 \\ 0 & \Gamma_\psi & 1 & 0 \\ -\Gamma_w & 0 & 0 & 1 \end{bmatrix}_i \tag{7.32/7}$$

mit Γ aus der Tab. 7.32/2. Vgl. auch $\mathfrak{P}$ (7.31/11 c).

Tabelle 7.32/2. *Werte der Größen* Γ_w, Γ_φ

3 b 4 b		$\Gamma_{wi} = (c_{wi} - m_i\,\omega^2)\,\dfrac{l^{*\,3}}{EI^*} = \bar{c}_{wi} - \zeta\,\overline{m}_i$
		$\Gamma_{wi} = \left[\dfrac{1}{\dfrac{1}{c_{wi}} + \dfrac{1}{c_{ai} - m_{ai}\,\omega^2}} - m_i\,\omega^2\right]\dfrac{l^{*\,3}}{EI^*} = \dfrac{1}{\dfrac{1}{\bar{c}_{wi}} + \dfrac{1}{\bar{c}_{ai} - \overline{m}_{ai}\,\zeta}} - \overline{m}_i\,\zeta$
5 b 6 b		$\Gamma_{\varphi i} = (c_{\varphi i} - \Theta_i\,\omega^2)\,\dfrac{l^*}{EI^*} = \bar{c}_{\varphi i} - \zeta\,\overline{m}_i\,\vartheta_i$

Sitzt an einer Stelle gleichzeitig eine Punktmasse und ein Gelenk, so erhält man eine Matrix, die gebaut ist wie (7.32/6), (7.32/7), nur daß jetzt die Stellen (4,1) und (2,3) besetzt sind durch $-\Gamma_w$ und $\bar{h}_M$. Ebenso können Γ_φ und $-\bar{h}_Q$ gleichzeitig auftreten; *nicht* aber Γ_w und $\bar{h}_Q$, Γ_φ und $\bar{h}_M$.

c) *Kombinierte Fälle*

Trägheitsloses Feld γ_i, γ_{Si}; *Einzelmasse* $\overline{m}_i$ *mit Drehträgheit* $\overline{m}_i\,\vartheta_i$ *und äußere Federn* $\bar{c}_{wi}$, $\bar{c}_{\varphi i}$ *am rechten Ende.*

$$(\overline{\mathfrak{P}}^\Gamma \cdot \overline{\mathfrak{F}}^e)_i = \begin{bmatrix} 1 & \beta & \dfrac{1}{2}\beta\gamma & \dfrac{1}{6}\beta^2\gamma - \gamma_S \\[2mm] 0 & 1 & \gamma & \dfrac{1}{2}\beta\gamma \\[2mm] 0 & \Gamma_\varphi & 1 + \gamma\,\Gamma_\varphi & \beta + \dfrac{1}{2}\beta\gamma\,\Gamma_\varphi \\[2mm] -\Gamma_w & -\beta\,\Gamma_w & -\dfrac{1}{2}\beta\gamma\,\Gamma_w & 1 - \left(\dfrac{1}{6}\beta^2\gamma - \gamma_S\right)\Gamma_w \end{bmatrix}_i \qquad (7.32/8)$$

Γ s. Tab. 7.32/2.

Sonderfall: *Trägheitsloses Feld* γ_i, γ_{Si}; *Einzelmasse* $\overline{m}_i$ *mit Drehträgheit* $\overline{m}_i\,\vartheta_i$ *am rechten Ende.*

$$(\overline{\mathfrak{P}}^m \cdot \overline{\mathfrak{F}}^e)_i = \begin{bmatrix} 1 & \beta & \dfrac{1}{2}\beta\gamma & \dfrac{1}{6}\beta^2\gamma - \gamma_S \\[2mm] 0 & 1 & \gamma & \dfrac{1}{2}\beta\gamma \\[2mm] 0 & -\zeta\,\overline{m}\,\vartheta & 1 - \gamma\,\zeta\,\overline{m}\,\vartheta & \beta\left(1 - \dfrac{1}{2}\gamma\,\zeta\,\overline{m}\,\vartheta\right) \\[2mm] \zeta\,\overline{m} & \beta\,\zeta\,\overline{m} & \dfrac{1}{2}\beta\,\zeta\,\overline{m} & 1 + \left(\dfrac{1}{6}\beta^2\gamma - \gamma_S\right)\zeta\,\overline{m} \end{bmatrix}_i \qquad (7.32/9)$$

ζ trägt keinen Index i.

$(\overline{\mathfrak{P}}^m \cdot \overline{\mathfrak{F}}^e)_i$ geht aus $(\overline{\mathfrak{P}}^\Gamma \cdot \overline{\mathfrak{F}}^e)_i$ hervor für $\bar{c}_w = \bar{c}_\varphi = 0$, d. h. für $\Gamma_w = -\zeta\,\overline{m}$, $\Gamma_\varphi = -\zeta\,\overline{m}\,\vartheta$.

7.33 Eigenschwingungen einfeldriger Balken und Wellen. Bei der Behandlung der Probleme zweiter Ordnung (in 7.22), wo die zweikomponentigen Zustandsvektoren $\mathfrak{y} = \{u, x\}$ auftraten, haben wir gezeigt, wie die Randbedingungen zur Frequenzengleichung führen: Man weiß, daß links eine der Komponenten verschwindet, das vereinfacht den Anfangsvektor; und man weiß, daß rechts eine der Komponenten verschwindet, das liefert unmittelbar die Bedingungsgleichung für die Frequenz.

Bei den hier zu behandelnden Problemen vierter Ordnung mit den vierkomponentigen Zustandsvektoren

$$\bar{\mathfrak{y}} = \left\{-\overline{w}, \overline{\psi}, \overline{M}, \overline{Q}\right\}$$

liegen die Dinge ähnlich: Wir wissen, daß am linken Rand zwei der Komponenten verschwinden, das vereinfacht den Anfangsvektor; ferner wissen wir, daß am rechten Rand zwei Komponenten verschwinden, das liefert nun zwei homogene Gleichungen für die betreffenden Komponenten am rechten Rand. Die Bedingung dafür, daß diese homogenen Gleichungen verträglich seien, das Verschwinden der Determinante, führt dann auf die Frequenzengleichung.

Wir zeigen das zunächst an den einfachen, „einfeldrigen" Balken, für die die schon angeschriebenen Übertragungsmatrizen ausreichen. Die Randbedingungen für die verschiedenen Lagerungsmöglichkeiten lauten:

eingespanntes Ende:	$\overline{w} = 0,$	$\overline{\psi} = 0,$	
gelenkig gelagertes Ende:	$\overline{w} = 0,$		$\overline{M} = 0,$
vertikal geführtes Ende:		$\overline{\psi} = 0,$	$\overline{Q} = 0,$
freies Ende:		$\overline{M} = 0,$	$\overline{Q} = 0.$

Wir untersuchen den einfeldrigen Balken, der konstanten Querschnitt hat und gleichmäßig mit Masse belegt ist. Für ihn gilt die Matrix $\mathfrak{U}_i$ (7.32/3). Dabei setzen wir natürlich

$$l^* = l, \qquad EI^* = EI, \quad \text{d. h.} \quad \alpha = \beta = 1.$$

Zunächst betrachten wir den beiderseits frei aufliegenden (gelenkig gelagerten)

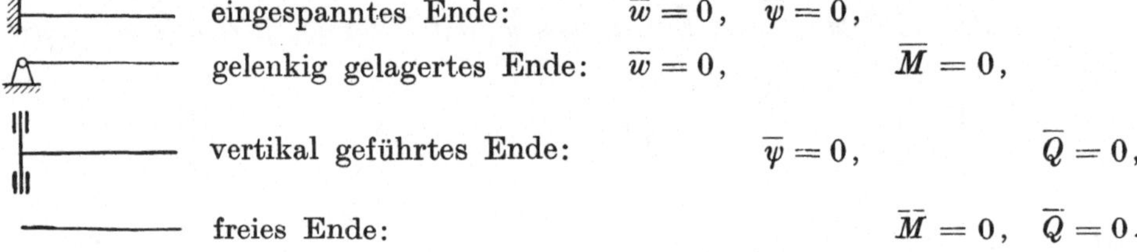

Abb. 7.33/1. Beiderseits gelenkig gelagerter Balken

Balken (Abb. 7.33/1). Hier ist

$$\bar{\mathfrak{y}}_0 = \{0, \overline{\psi}, 0, \overline{Q}_0\}$$
$$= \overline{\psi}_0\{0, 1, 0, 0\} + \overline{Q}\{0, 0, 0, 1\}. \qquad (7.33/1)$$

Wir benutzen das Schema der Abb. 7.12/3. Dann erhält man die rechts stehende Anordnung:

	$\overline{\psi}_0$	$\overline{Q}_0$	
	0	0	
	1	0	$\bar{\mathfrak{y}}_0$
	0	0	
	0	1	
	$\dfrac{1}{\lambda} S$	$\dfrac{1}{\lambda^3} s$	
$\bar{\mathfrak{u}}$	C	$\dfrac{1}{\lambda^2} c$	$\bar{\mathfrak{y}}_1$
	λs	$\dfrac{1}{\lambda} S$	
	$\lambda^2 c$	C	

oder anders geschrieben

$$\overline{\mathfrak{y}}_1 = \overline{\psi}_0 \begin{bmatrix} \dfrac{1}{\lambda}S \\[2ex] C \\[2ex] \lambda\,s \\[2ex] \lambda^2\,c \end{bmatrix} + \overline{Q}_0 \begin{bmatrix} \dfrac{1}{\lambda^3}\,s \\[2ex] \dfrac{1}{\lambda^2}\,c \\[2ex] \dfrac{1}{\lambda}\,S \\[2ex] C \end{bmatrix}. \tag{7.33/2}$$

Von diesem Vektor muß die erste und die dritte Komponente ($\overline{w}_1$ und $\overline{M}_1$) verschwinden.

Deshalb finden wir

$$\left. \begin{aligned} \frac{1}{\lambda}S\,\overline{\psi}_0 + \frac{1}{\lambda^3}\,s\,\overline{Q}_0 &= 0,\\[1ex] \lambda\,s\,\overline{\psi}_0 + \frac{1}{\lambda}\,S\,\overline{Q}_0 &= 0 \end{aligned} \right\} \tag{7.33/3a}$$

und als Verträglichkeitsbedingung

$$\begin{vmatrix} \dfrac{1}{\lambda}S & \dfrac{1}{\lambda^3}\,s \\[2ex] \lambda\,s & \dfrac{1}{\lambda}\,S \end{vmatrix} = 0 \tag{7.33/3b}$$

oder

$$\frac{1}{\lambda^2}\,(S^2 - s^2) = 0. \tag{7.33/3c}$$

Mit den Funktionen (7.31/15) heißt diese Bedingung

$$(\operatorname{Sinh}\lambda + \sin\lambda)^2 - (\operatorname{Sinh}\lambda - \sin\lambda)^2 = 0$$

oder

$$\operatorname{Sinh}\lambda \sin\lambda = 0,$$

d. h.

$$\sin\lambda = 0. \tag{7.33/4}$$

Abb. 7.33/2. Gelenkig gelagerter und eingespannter Balken

Dies ist die wohlbekannte Frequenzengleichung dieses Falles (s. Anhang S. 472).

In ganz entsprechender Weise erhält man z. B. für den links gestützten, rechts eingespannten Balken (Abb. 7.33/2) aus dem gleichen Vektor $\overline{\mathfrak{y}}_1$ (7.33/2), weil jetzt die erste und die zweite Komponente ($\overline{w}_1$ und $\overline{\psi}_1$) verschwinden müssen, den Gleichungssatz

$$\left. \begin{aligned} \frac{1}{\lambda}\,S\,\overline{\psi}_0 + \frac{1}{\lambda^3}\,s\,\overline{Q}_0 &= 0,\\[1ex] C\,\overline{\psi}_0 + \frac{1}{\lambda^2}\,c\,\overline{Q}_0 &= 0, \end{aligned} \right\} \tag{7.33/5a}$$

also

$$\begin{vmatrix} \dfrac{1}{\lambda}\,S & \dfrac{1}{\lambda^3}\,s \\[2ex] C & \dfrac{1}{\lambda^2}\,c \end{vmatrix} = 0 \tag{7.33/5b}$$

oder

$$\frac{1}{\lambda^3}(S\,c - C\,s) = 0. \tag{7.33/5c}$$

Das liefert wegen (7.31/15) die Gleichung

$$\mathrm{Cosh}\,\lambda\,\sin\lambda - \mathrm{Sinh}\,\lambda\,\cos\lambda = 0$$

oder

$$\mathrm{Tanh}\,\lambda = \tan\lambda, \tag{7.33/6}$$

also wieder die wohlbekannte Frequenzengleichung dieses Lagerungsfalles (s. Anhang S. 472).

Die vorgeführten Fälle zeigen, wie man vorzugehen hat:

1. Man entnimmt einer Zusammenstellung die zuständige Übertragungsmatrix $\overline{\mathfrak{U}}$.

2. Aus dieser Matrix greift man vier Elemente heraus nach dem folgenden Verfahren:

a) Zu jeder Spalte gehört eine Komponente des *Anfangs*-Vektors. Man behält nur die Spalten bei, die zu den *nicht* verschwindenden Komponenten gehören (in unserem Beispiel die zweite und vierte).

b) Zu jeder Zeile gehört eine Komponente des *End*-Vektors. Man greift die beiden Zeilen heraus, die auf eine Nullforderung führen (im ersten Beispiel die erste und dritte, im zweiten Beispiel die erste und zweite).

3. Aus diesen Elementen bildet man die Determinante; diese muß verschwinden.

In Zeichen: Wenn die Übertragungsmatrix lautet

$$\begin{bmatrix} A_{11} & A_{12} & A_{13} & A_{14} \\ A_{21} & A_{22} & A_{23} & A_{24} \\ A_{31} & A_{32} & A_{33} & A_{34} \\ A_{41} & A_{42} & A_{43} & A_{44} \end{bmatrix}, \tag{7.33/7a}$$

so behält man für den links gestützten Balken ($\overline{w}_0 = 0$, $\overline{M}_0 = 0$) nur die zweite und vierte Spalte bei,

$$\begin{bmatrix} \cdot & A_{12} & \cdot & A_{14} \\ \cdot & A_{22} & \cdot & A_{24} \\ \cdot & A_{32} & \cdot & A_{34} \\ \cdot & A_{42} & \cdot & A_{44} \end{bmatrix}. \tag{7.33/7b}$$

Aus den verbleibenden Gliedern werden Determinanten gebildet, wie es die Bedingungen am rechten Rande vorschreiben, z. B. für ein rechts gestütztes Ende (aus der ersten und dritten Zeile)

$$\begin{vmatrix} A_{12} & A_{14} \\ A_{32} & A_{34} \end{vmatrix} = 0, \tag{7.33/7c}$$

für ein rechts eingespanntes Ende (aus der ersten und zweiten Zeile)

$$\begin{vmatrix} A_{12} & A_{14} \\ A_{22} & A_{24} \end{vmatrix} = 0, \tag{7.33/7d}$$

und analog für die übrigen Randbedingungen.

Wir behandeln zur Verdeutlichung einen weiteren Fall: den links eingespannten Balken, der selbst trägheitsfrei ist und am rechten freien Ende einen Körper trägt, der sowohl Trägheit m wie Drehträgheit Θ besitzen soll (Abb. 7.33/3). Wir suchen die Frequenzengleichung.

Die Übertragungsmatrix dieses Falles kennen wir schon; sie ist $(\overline{\mathfrak{P}}{}^m \cdot \overline{\mathfrak{F}}{}^e)_i$ [s. (7.32/9)], worin wir natürlich $\beta = \gamma = 1$ setzen. Schubverformung soll außer acht bleiben ($\gamma_S = 0$).

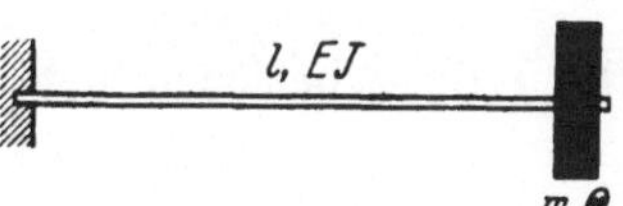

Abb. 7.33/3. Eingespannter Balken mit Endmasse

Randbedingungen sind

$$\text{am linken Rand:} \quad \overline{w}_0 = 0, \quad \overline{\psi}_0 = 0,$$
$$\text{am rechten Rand:} \quad \overline{M}_1 = 0, \quad \overline{Q}_1 = 0;$$

denn, wenn man sich den Balken über die Masse hinaus um ein unendlich kurzes Stück fortgesetzt denkt, so ist dieses Ende „frei". [Die Masse wird nicht als *Rand*-Element betrachtet, sondern gehört im Sinne der Matrizenmultiplikation (7.32/9) zum Feld.]

In $(\overline{\mathfrak{P}}{}^m \cdot \overline{\mathfrak{F}}{}^e)$ bleiben also stehen

die dritte und vierte Spalte,
die dritte und vierte Zeile.

Die Determinante lautet daher

$$\begin{vmatrix} 1 - \vartheta\,\zeta\,\overline{m} & 1 - \dfrac{1}{2}\vartheta\,\zeta\,\overline{m} \\[2mm] \dfrac{1}{2}\zeta\,\overline{m} & 1 + \dfrac{1}{6}\zeta\,\overline{m} \end{vmatrix} . \tag{7.33/8a}$$

Das liefert die Frequenzengleichung

$$1 - \left(\frac{1}{3} + \vartheta\right)\overline{m}\,\zeta + \frac{1}{12}\vartheta\,\overline{m}{}^2\,\zeta^2 = 0 \tag{7.33/8b}$$

oder, wenn wir die Abkürzungen der Tab. 7.32/1 wieder auflösen und dabei $m = m^*$ ($\overline{m} = 1$) setzen,

$$1 - \left(\frac{1}{3} m \frac{l^3}{EI} + \Theta \frac{l}{EI}\right)\omega^2 + \frac{1}{12} m \frac{l^3}{EI}\,\Theta \frac{l}{EI}\,\omega^4 = 0. \tag{7.33/8c}$$

In dieser Weise kann man aus den schon aufgeführten Übertragungsmatrizen weitere Frequenzengleichungen für einfeldrige Balken herleiten. Solche Ergebnisse sind bekannt; zu ihrer Herstellung bedürfte man des Hilfsmittels der Übertragungsmatrizen nicht. Seinen eigentlichen Wert erhält dieses Hilfsmittel erst bei mehrfeldrigen Balken oder Wellen, wenn nämlich die Matrizenmultiplikation ins Spiel kommt. Den mehrfeldrigen Gebilden wenden wir uns nun zu.

7.34 Mehrfeldrige Balken und Wellen. Die Mehrfeldrigkeit eines Gebildes kann auf mancherlei Weise zustande kommen. Wir erörtern einige Beispiele.

α) Abgesetzte Wellen. Wellen können „abgesetzt" sein (Abb. 7.34/1). Jeder Abschnitt stellt dann ein Feld dar. In diesem Fall brauchen wir die

Übertragungsmatrizen $\overline{\mathfrak{U}}$ für glatte Wellenstücke. Im Falle der Abb. 7.34/1 würde der Zustandsvektor $\overline{\mathfrak{y}}_4$ gebildet werden nach

$$\overline{\mathfrak{y}}_4 = \overline{\mathfrak{U}}_4\,\overline{\mathfrak{U}}_3\,\overline{\mathfrak{U}}_2\,\overline{\mathfrak{U}}_1\,\overline{\mathfrak{y}}_0. \qquad (7.34/1)$$

Die Indizes beziehen sich auf die Felder gemäß Abb. 7.34/1.

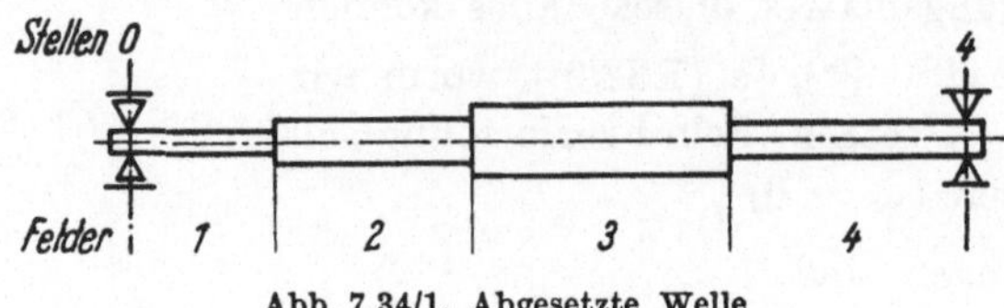

Abb. 7.34/1. Abgesetzte Welle

Da die Welle am linken Ende momentenfrei gelagert ist, heißt der Anfangsvektor

$$\overline{\mathfrak{y}}_0 = \{0,\ \overline{\psi}_0,\ 0,\ \overline{Q}_0\}.$$

Das Schema 7.34/1, das gemäß Abb. 7.12/3 aufgebaut ist, deutet an, wie die Komponenten des Endvektors $\overline{\mathfrak{y}}_4$ berechnet werden.

Schema 7.34/1. *Herstellung der Komponenten des Vektors $\overline{\mathfrak{y}}_4$*

	$\overline{\psi}_0$	$\overline{Q}_0$	
	0	0	
	1	0	$\overline{\mathfrak{y}}_0$
	0	0	
	0	1	
	.	.	
$[\overline{\mathfrak{u}}_1]$	.	.	$\overline{\mathfrak{y}}_1$
	.	.	
	.	.	
	.	.	
$[\overline{\mathfrak{u}}_2]$	.	.	$\overline{\mathfrak{y}}_2$
	.	.	
	.	.	
	.	.	
$[\overline{\mathfrak{u}}_3]$	.	.	$\overline{\mathfrak{y}}_3$
	.	.	
	.	.	
	a_1	b_1	
$[\overline{\mathfrak{u}}_4]$	a_2	b_2	$\overline{\mathfrak{y}}_4$
	a_3	b_3	
	a_4	b_4	

Aus dem Schema erhalten wir die beiden Vektoren mit den Komponenten a_i und b_i, aus denen der Endvektor $\overline{\mathfrak{y}}_4$ zusammengesetzt ist.

Da das rechte Ende momentenfrei gelagert ist, gilt $\overline{w}_4 = 0$ und $\overline{M}_4 = 0$, daraus folgt

$$\Delta \equiv \begin{vmatrix} a_1 & b_1 \\ a_3 & b_3 \end{vmatrix} = 0. \qquad (7.34/2)$$

Man rechnet mit einer Reihe von angenommenen, in die Übertragungsmatrizen $\overline{\mathfrak{U}}_i$ einzusetzenden Werten ω^2 die Werte der Determinante Δ (7.34/2) aus und ermittelt dann durch Interpolation jenen Wert ω^2, der Δ zu Null macht.

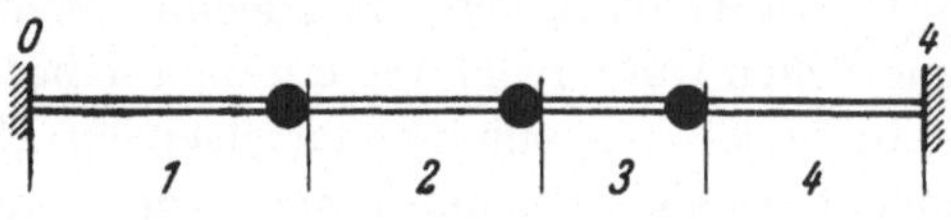

Abb. 7.34/2. Welle mit Einzelmassen

β) Einzelmassen. Trägt ein gleichförmiger Balken Einzelmassen, wie Abb. 7.34/2 andeutet, so liegt ebenfalls eine Mehrfeldrigkeit vor. Betrachten wir den Balken als masselos, so können wir mit den Übertragungsmatrizen $\overline{\mathfrak{F}}_i^e$ (7.32/4) und $(\mathfrak{P}^m \cdot \overline{\mathfrak{F}}^e)_i$ (7.32/9) arbeiten. Es wird deshalb

$$\overline{\mathfrak{y}}_4 = \overline{\mathfrak{F}}_4^e \cdot (\mathfrak{P}^m \cdot \overline{\mathfrak{F}}^e)_3 \, (\mathfrak{P}^m \cdot \overline{\mathfrak{F}}^e)_2 \, (\mathfrak{P}^m \cdot \overline{\mathfrak{F}}^e)_1 \, \overline{\mathfrak{y}}_0. \qquad (7.34/3)$$

Der Balken ist links eingespannt, also heißt der Anfangsvektor $\overline{\mathfrak{y}}_0 = \{0, 0, \overline{M}_0, \overline{Q}_0\}$. Mit einem entsprechenden Schema berechnen wir wieder die Komponenten des Endvektors

$$\overline{\mathfrak{y}}_4 = \{-\overline{w}_4, \overline{\psi}_4, \overline{M}_4, \overline{Q}_4\}.$$

Aus $\overline{w}_4 = 0$ und $\overline{\psi}_4 = 0$ folgt dann die Determinante, deren Nullsetzen die Frequenzengleichung liefert.

γ) Andere Felder. Felder können in noch anderer Weise abgeteilt werden. Eine elastische Stütze, eine Drehfeder, ein elastisches Gelenk, eine querelastische Verbindung (s. Tab. 7.32/1) bedeuten Stellen, die Felder begrenzen. Die angeführten Mechanismen sind selbst entartete Felder ($l \to 0$); sie werden aber wie die eigentlichen Felder durch Übertragungsmatrizen (Punktmatrizen) erfaßt. Läuft der Balken über die „Störstelle" (z. B. Stütze mit Einzelmasse) mit konstanter Masse und Steifigkeit durch, so ist es zweckmäßig, die Punktmatrix $\mathfrak{P}_i^m$ aufzuspalten in eine Summe

$$\begin{bmatrix} 1 & 0 & 0 & 0 \\ 0 & 1 & 0 & 0 \\ 0 & 0 & 1 & 0 \\ -\Gamma_w & 0 & 0 & 1 \end{bmatrix}_i = \begin{bmatrix} 1 & 0 & 0 & 0 \\ 0 & 1 & 0 & 0 \\ 0 & 0 & 1 & 0 \\ 0 & 0 & 0 & 1 \end{bmatrix} - \Gamma_{wi} \begin{bmatrix} 0 & 0 & 0 & 0 \\ 0 & 0 & 0 & 0 \\ 0 & 0 & 0 & 0 \\ 1 & 0 & 0 & 0 \end{bmatrix},$$

$$\mathfrak{P}_i^m = \mathfrak{E} - \Gamma_{wi} \, \mathfrak{E}_{4,1}. \qquad (7.34/4)$$

Denn aus $\mathfrak{B} \cdot \mathfrak{P}_i^m \cdot \mathfrak{A}$ ($\mathfrak{A}, \mathfrak{B}$ sollen die anstoßenden Feldmatrizen kennzeichnen) wird dann

$$\mathfrak{B} \cdot \mathfrak{A} - \Gamma_{wi} \, \mathfrak{B} \cdot \mathfrak{E}_{4,1} \cdot \mathfrak{A}.$$

Wenn die Feldabmessungen konstant durchlaufen, kann man sich die Produktbildung $\mathfrak{B} \cdot \mathfrak{A}$ ersparen, da das Ergebnis, die Matrix für das Gesamtfeld, schon bekannt ist; und die Bildung von $\overline{\mathfrak{B}} \cdot \mathfrak{C}_{4,1} \cdot \overline{\mathfrak{A}}$ ist, da $\mathfrak{C}_{4,1}$ nur *eine* 1 enthält, sehr einfach.

Wenn in $\Gamma_{wi} = \bar{c}_{wi} - \zeta \, \overline{m}_i$ das Federglied wegfällt, so setzt (7.34/4) den Eigenwert ζ in Evidenz; trotzdem führt die Aufspaltung *nicht* unmittelbar auf die Frequenzengleichung (wie beim Torsionsschwinger in 7.22), weil sich diese aus einer zweireihigen Unterdeterminante der Produktmatrix ergibt und daher (formal!) höhere ζ-Potenzen enthält, als der Zahl der Freiheitsgrade entspricht. Es ist bemerkenswert, daß man die Frequenzengleichung über die Determinantenmatrizen[1] unmittelbar erhalten kann[2].

δ) **Schwingungsformen.** Nachdem die Eigenfrequenzen ermittelt sind, lassen sich in einer neuerlichen Durchrechnung mit dem so bestimmten Frequenzwert die Zustandsvektoren an den aufeinanderfolgenden „Schnittstellen" berechnen. Ihre Komponenten geben Auskunft über den gesamten Schwingungszustand, nämlich über Durchsenkung, Neigung, Biegemoment und Querkraft an den betreffenden Stellen.

Ausführungen hierzu finden sich in 7.35 bei den Zahlenrechnungen.

7.35 Zahlenbeispiel. Um das Rechnen mit Übertragungsmatrizen zu erläutern, wollen wir ein einfaches Beispiel durchrechnen. (Die wirklichen Vorzüge der Matrizenmethode zeigen sich allerdings erst bei komplizierten Systemen.) Wir wählen dazu einen Balken mit zwei Punktmassen nach Abb. 7.35/1, den wir auch schon in 2.33, Beispiel 1 behandelt hatten. Wir wollen aber jetzt andere Zahlenwerte benutzen.

Es sei

$$l_1 = 100\,\text{cm}; \qquad l_2 = 100\,\text{cm}; \qquad l_3 = 200\,\text{cm};$$
$$m_1 = 0{,}300\,\text{kp cm}^{-1}\,\text{sek}^2; \qquad m_2 = 0{,}200\,\text{kp cm}^{-1}\,\text{sek}^2.$$

Die Biegesteifigkeit $E\,I = 10^9$ kp cm^2 sei konstant über die ganze Balkenlänge. Die Schubsteifigkeit $G\,F_s$ werde vernachlässigt. Der Balken sei beiderseits gelenkig gelagert.

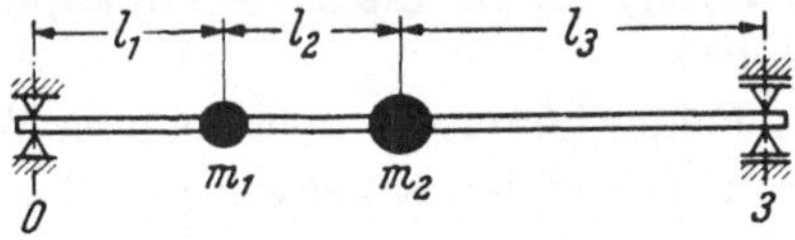

Abb. 7.35/1. Balken mit zwei Einzelmassen

Wir wollen l_1 mit m_1 und l_2 mit m_2 zusammenfassen. Dann können wir die Übertragungsmatrizen $\overline{\mathfrak{F}}_i^e$ (7.32/4) und $(\overline{\mathfrak{P}}^m \cdot \overline{\mathfrak{F}}^e)_i$ (7.32/9) benutzen:

$$\overline{\mathfrak{y}}_3 = \overline{\mathfrak{F}}_3^e \cdot (\overline{\mathfrak{P}}^m \cdot \overline{\mathfrak{F}}^e)_2 \, (\overline{\mathfrak{P}}^m \cdot \overline{\mathfrak{F}}^e)_1 \cdot \overline{\mathfrak{y}}_0 .$$

Wir wählen als Bezugsgrößen

$$l^* = l_1 = 100 \text{ cm}; \qquad EI^* = 10^9 \text{ kp cm}^2; \qquad m^* = m_2 = 0{,}200 \text{ kp cm}^{-1}\,\text{sek}^2;$$

damit wird

$$\beta_1 = 1; \qquad \beta_2 = 1; \qquad \beta_3 = 2;$$
$$\gamma_1 = 1; \qquad \gamma_2 = 1; \qquad \gamma_3 = 2;$$
$$\gamma_{si} = 0 \ \left(\text{da } \frac{l}{GF_s} = 0\right); \qquad \vartheta_i = 0 \ (\text{da } \Theta = 0);$$
$$\overline{m}_1 = \frac{3}{2}; \qquad \overline{m}_2 = 1; \qquad \zeta = \omega^2\,m^*\,\frac{l^{*3}}{EI^*} = \omega^2 \cdot 2 \cdot 10^{-4}.$$

---

[1] ZUHRMÜHL, R.: Zit. S. 462 [23]; S. 395.
[2] MARGUERRE, K.: Zit. S. 461 [15]; S. 39.

Die Übertragungsmatrizen lauten also

$$(\overline{\mathfrak{P}}^m \cdot \overline{\mathfrak{F}}^e)_1 = \begin{bmatrix} 1 & 1 & \dfrac{1}{2} & \dfrac{1}{6} \\[2mm] 0 & 1 & 1 & \dfrac{1}{2} \\[2mm] 0 & 0 & 1 & 1 \\[2mm] \dfrac{3}{2}\zeta & \dfrac{3}{2}\zeta & \dfrac{3}{4}\zeta & 1+\dfrac{1}{4}\zeta \end{bmatrix}; \quad (\overline{\mathfrak{P}}^m \cdot \overline{\mathfrak{F}}^e)_2 = \begin{bmatrix} 1 & 1 & \dfrac{1}{2} & \dfrac{1}{6} \\[2mm] 0 & 1 & 1 & \dfrac{1}{2} \\[2mm] 0 & 0 & 1 & 1 \\[2mm] \zeta & \zeta & \dfrac{1}{2}\zeta & 1+\dfrac{1}{6}\zeta \end{bmatrix};$$

$$\overline{\mathfrak{F}}^e_3 = \begin{bmatrix} 1 & 2 & 2 & \dfrac{4}{3} \\[2mm] 0 & 1 & 2 & 2 \\[2mm] 0 & 0 & 1 & 2 \\[2mm] 0 & 0 & 0 & 1 \end{bmatrix}.$$

Wir wollen nun verschiedene Werte für ζ annehmen und die Eigenwertdeterminante ausrechnen. Eigenwert ζ_e ist dann ein ζ, das die aus den Randbedingungen hervorgehende Determinante zu Null macht.

Wegen der linken Randbedingung (gelenkig gelagert) ist

$$\overline{\mathfrak{y}}_0 = \{0, \overline{\psi}_0, 0, \overline{Q}_0\} = \overline{\psi}_0 \{0, 1, 0, 0\} + \overline{Q}_0 \{0, 0, 0, 1\}.$$

Als ersten Wert wählen wir $\zeta = 2$ und führen die Rechnung in dem Schema 7.35/1 vor, das gemäß dem Schema der Abb. 7.12/3 angeordnet ist.

Schema 7.35/1. $\zeta = 2$

					$\overline{\psi}_0$	$\overline{Q}_0$	
					0	0	
					1	0	
					0	0	$\overline{\mathfrak{y}}_0$
					0	1	
$(\overline{\mathfrak{P}}^m \cdot \overline{\mathfrak{F}}^e)_1$	1	1	$\frac{1}{2}$	$\frac{1}{6}$	1	$\frac{1}{6}$	
	0	1	1	$\frac{1}{2}$	1	$\frac{1}{2}$	
	0	0	1	1	0	1	$\overline{\mathfrak{y}}_1$
	3	3	$\frac{3}{2}$	$\frac{3}{2}$	3	$\frac{3}{2}$	
$(\overline{\mathfrak{P}}^m \cdot \overline{\mathfrak{F}}^e)_2$	1	1	$\frac{1}{2}$	$\frac{1}{6}$	2,5	1,417	
	0	1	1	$\frac{1}{2}$	2,5	2,25	
	0	0	1	1	3	2,5	$\overline{\mathfrak{y}}_2$
	2	2	1	$\frac{4}{3}$	8	4,33	
$\overline{\mathfrak{F}}^e_3$	1	2	2	$\frac{4}{3}$	24,167	16,694	
	0	1	2	2	*	*	
	0	0	1	2	19	11,167	$\overline{\mathfrak{y}}_3$
	0	0	0	1	*	*	

Die durch Sterne * bezeichneten Komponenten des letzten Zustandsvektors brauchen nicht berechnet zu werden, wenn man nur die Determinante Δ ermitteln will.

Wegen der rechten Randbedingung $w_3 = 0$, $M_3 = 0$ ergibt sich die Determinante

$$\Delta = \begin{vmatrix} 24{,}167 & 16{,}694 \\ 19 & 11{,}167 \end{vmatrix} = 269{,}861 - 317{,}194 = -47{,}333.$$

Wiederholung der Rechnung mit $\zeta = 0{,}2$ liefert den Wert $\Delta = +8{,}3$. Zwischen den Werten $\zeta = 2$ und $\zeta = 0{,}2$, muß also wenigstens ein Eigenwert ζ_e liegen, weil der Wert der Determinante das Vorzeichen wechselt.

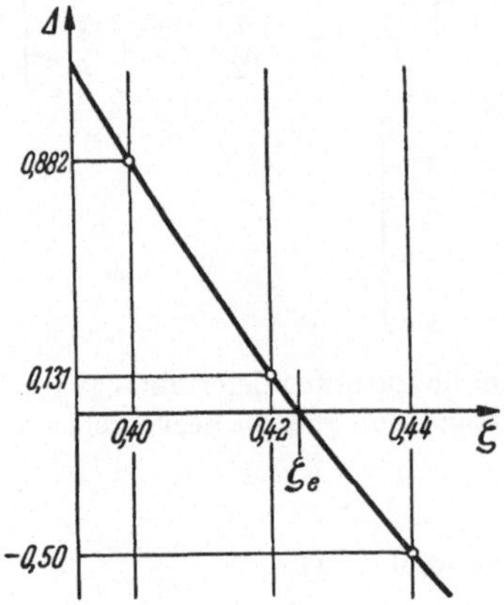

Weitere Wiederholungen der Rechnung liefern in der Reihenfolge, in der die Werte bestimmt werden,

für	die Werte
$\zeta = 0{,}4$	$\Delta = +0{,}882$,
$\zeta = 0{,}44$	$\Delta = -0{,}5$,
$\zeta = 0{,}42$	$\Delta = +0{,}131$.

Aus der graphischen Darstellung der Funktion $\Delta(\zeta)$ Abb. 7.35/2, lesen wir die Nullstelle ab, $\zeta_e = 0{,}424$; eine Eigenfrequenz des Systems wird also sehr nahe bei

$$\omega_e = 10^2 \sqrt{\frac{1}{2}\,\zeta_e} = 46\ \mathrm{sek}^{-1}$$

liegen. Für die Bestimmung der Schwingungsform müssen wir die Rechnung noch einmal mit dem so gefundenen Eigenwert durchführen.

Abb. 7.35/2. Wert ζ_e der Eigenwertdeterminante $\Delta(\zeta)$

Schema 7.35/2. $\zeta_e = 0{,}424$

				$\overline{\psi}_0$	$\overline{Q}_0$	
				0	0	
				1	0	
				0	0	$\overline{\eta}_0$
				0	1	
$(\overline{\mathfrak{P}}^m \cdot \overline{\mathfrak{F}}^e)_1$	1	1	$\frac{1}{2}$	$\frac{1}{6}$	1	$\frac{1}{6}$
	0	1	1	$\frac{1}{2}$	1	$\frac{1}{2}$	$\overline{\eta}_1$
	0	0	1	1	0	1
	0,636	0,636	0,318	1,106	0,636	1,106
$(\overline{\mathfrak{P}}^m \cdot \overline{\mathfrak{F}}^e)_2$	1	1	$\frac{1}{2}$	$\frac{1}{6}$	2,106	1,351
	0	1	1	$\frac{1}{2}$	1,318	2,053	$\overline{\eta}_2$
	0	0	1	1	0,636	2,106
	0,424	0,424	0,212	1,0707	1,530	1,679
$\overline{\mathfrak{F}}_3^e$	1	2	2	$\frac{4}{3}$	8,054	11,908
	0	1	2	2	5,650	9,623	$\overline{\eta}_3$
	0	0	1	2	3,696	5,464
	0	0	0	1	1,530	1,679

$$\Delta = \begin{vmatrix} 8{,}054 & 11{,}908 \\ 3{,}696 & 5{,}464 \end{vmatrix} = 44{,}007 - 44{,}012 = -0{,}005.$$

An der Kleinheit der Differenz kann man sehen, daß der Wert ζ, mit dem Δ berechnet wurde, in der Tat sehr nahe bei einem Eigenwert ζ_e liegt.

Aus jeder der beiden Gleichungen des Satzes

$$8{,}054\,\overline{\psi}_0 + 11{,}908\,\overline{Q}_0 = 0, \qquad 3{,}696\,\overline{\psi}_0 + 5{,}464\,\overline{Q}_0 = 0$$

(aus dem die Determinante Δ gewonnen wurde), ergibt sich

$$\overline{Q}_0 = -\,0{,}676\,\overline{\psi}_0 \tag{7.35/1}$$

als jene Beziehung, die zwischen den beiden „Freiwerten" $\overline{\psi}_0$ und $\overline{Q}_0$ für die Eigenschwingung mit der Frequenz ω_e besteht. Es existiert also nur ein einziger wirklicher „Freiwert"; er ist der Amplitude der Schwingung proportional.

Aus den Vektoren des Schemas 7.35/2 kann man die Schwingungsform ablesen, die zu dem Eigenwert ζ_e gehört: Wir wählen $\overline{\psi}_0$ als Maßstab und benutzen die Beziehung (7.35/1), um $\overline{Q}_0$ zu eliminieren. Dann erhalten wir

$$\overline{w}_1 = -\,w_1 = \overline{\psi}_0\,1 + \overline{Q}_0\,\frac{1}{6} = \overline{\psi}_0\left(1 - \frac{0{,}676}{6}\right) = 0{,}887\,\overline{\psi}_0,$$

$$\overline{w}_2 = -\,w_2 = \overline{\psi}_0\,2{,}106 + \overline{Q}_0\,1{,}351 = \overline{\psi}_0\,(2{,}106 - 0{,}913) = 1{,}193\,\overline{\psi}_0.$$

Genauso kann man alle anderen Zustandsgrößen (Winkel, Moment und Querkraft) an den Stellen 1, 2 und 3 bestimmen.

7.36 „Innere" Randbedingungen. Mit Hilfe der Übertragungsmatrizen können alle Einflüsse auf den Balken erfaßt werden (Massen, Federn usw.) mit Ausnahme jener, bei denen an einer Zwischenstelle eine der Komponenten des Zustandsvektors zum Verschwinden gebracht wird. Es sind dies (s. Abb. 7.36/1)

a) starre Lager, wo $(-w) = 0$ wird,
b) Schiebelager, wo $\psi = 0$ wird,
c) Gelenke, wo $M = 0$ wird,
d) Schlaufen, wo $Q = 0$ wird.

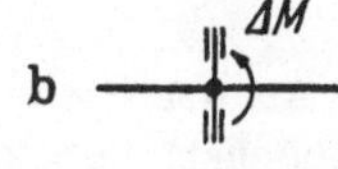

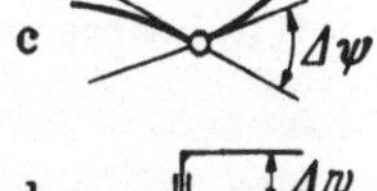

Abb. 7.36/1. „Innere" Randbedingungen

Mit diesen Fällen müssen wir uns nun eigens beschäftigen. Obgleich sie auf den ersten Blick einfacher erscheinen als federnde Stützen, federnde Gelenke u. dgl., wird sich zeigen, daß sie eine umständlichere Behandlung erfordern, denn sie lassen sich nicht mehr durch eine fortlaufende Multiplikation von Zustandsvektoren mit Übertragungsmatrizen erfassen. (Lit. S. 461, insbes. [6, 15, 15a].)

Um die Darlegungen einfach zu halten, erörtern wir zunächst (als Muster für alle vier Fälle) nur den Fall der inneren starren Stützen ausführlich —

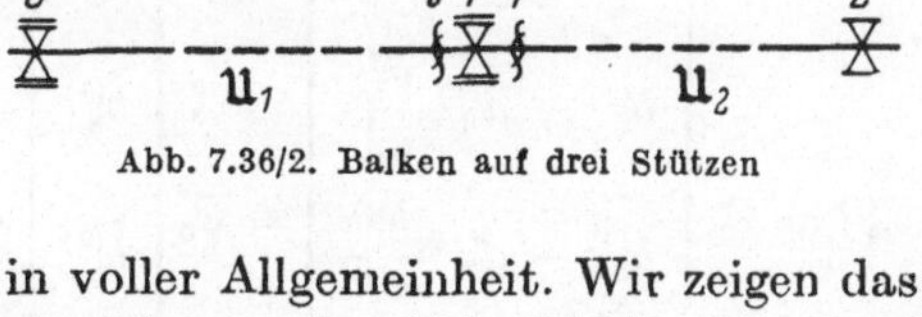

Abb. 7.36/2. Balken auf drei Stützen

übrigens auch nicht in voller Allgemeinheit. Wir zeigen das Vorgehen vielmehr im Anschluß an die Anordnung der Abb. 7.36/2. Die Verallgemeinerungen ergeben sich dann fast von selbst.

Abb. 7.36/2 zeigt einen Balken auf drei Stützen. Die gestrichelt gezeichneten Unterbrechungen in den Feldern *1* und *2* sollen sagen, daß der Balken dort irgendwelche beliebigen Massenverteilungen und Federverteilungen besitzen kann, wie sie durch Kombinationen der Übertragungsmatrizen von 7.32 beschrieben werden. Wesentlich ist nur, daß zwischen den Endstützen *0* und *2* noch eine starre (unnachgiebige) Zwischenstütze *1* vorhanden ist. Die Übertragungsmatrix $\overline{\mathfrak{U}}_1$ beschreibe den Zusammenhang zwischen dem Zustandsvektor $\overline{\mathfrak{y}}_0$ am linken Ende und dem Zustandsvektor $\overline{\mathfrak{y}}_1^{(l)}$ hart links von der Stütze 1:

$$\overline{\mathfrak{y}}_1^{(l)} = \overline{\mathfrak{U}}_1 \cdot \overline{\mathfrak{y}}_0 . \tag{7.36/1}$$

Wegen

$$\overline{\mathfrak{y}}_0 = \overline{\psi}_0 \{0, 1, 0, 0\} + \overline{Q}_0 \{0, 0, 0, 1\}$$

finden wir $\overline{\mathfrak{y}}_1^{(l)}$ nach dem uns nun schon geläufigen Schema

	$\overline{\psi}_0$	$\overline{Q}_0$	
	0	0	
	1	0	$\overline{\mathfrak{y}}_0$
	0	0	
	0	1	
	$b_1^{(1)}$	$d_1^{(1)}$	
$[\overline{\mathfrak{u}}_1]$	$b_2^{(1)}$	$d_2^{(1)}$	$\overline{\mathfrak{y}}_1^l$
	$b_3^{(1)}$	$d_3^{(1)}$	
	$b_4^{(1)}$	$d_4^{(1)}$	

zu

$$\overline{\mathfrak{y}}_1^{(l)} = \overline{\psi}_0 \{b_i^{(1)}\} + \overline{Q}_0 \{d_i^{(1)}\} . \tag{7.36/2}$$

An der Stelle *1* wird $\overline{w}_1 = 0$, dafür tritt ein Sprung in der Querkraft von (zunächst) unbekannter Größe ΔQ_1 auf. Diese Erkenntnis kann auf zwei verschiedene Arten verwertet werden.

Wir besprechen zunächst die *erste Art*. In (7.36/2) steckt die Aussage

$$\overline{w}_1^{(l)} = \overline{\psi}_0 \, b_1^{(1)} + \overline{Q}_0 \, d_1^{(1)} . \tag{7.36/3a}$$

Weil diese Größe verschwinden muß, kommt eine Beziehung zwischen $\overline{\psi}_0$ und $\overline{Q}_0$ zustande, die etwa nach $\overline{Q}_0$ aufgelöst werden kann,

$$\overline{Q}_0 = -\overline{\psi}_0 \frac{b_1^{(1)}}{d_1^{(1)}} . \tag{7.36/3b}$$

(7.36/3b) erlaubt nun, $\overline{Q}_0$ aus den weiteren Rechnungen zu entfernen. So finden wir links von der Stütze *1*

$$\overline{\mathfrak{y}}_1^{(l)} = \overline{\psi}_0 \begin{bmatrix} 0 \\ b_2^{(1)} - d_2^{(1)} \dfrac{b_1^{(1)}}{d_1^{(1)}} \\ b_3^{(1)} - d_3^{(1)} \dfrac{b_1^{(1)}}{d_1^{(1)}} \\ b_4^{(1)} - d_4^{(1)} \dfrac{b_1^{(1)}}{d_1^{(1)}} \end{bmatrix} \equiv \overline{\psi}_0 \begin{bmatrix} 0 \\ \tilde{b}_2^{(1)} \\ \tilde{b}_3^{(1)} \\ \tilde{b}_4^{(1)} \end{bmatrix} , \tag{7.36/4}$$

aber rechts von ihr

$$\overline{\mathfrak{y}}_1^{(r)} = \overline{\psi}_0 \begin{bmatrix} 0 \\ \tilde{b}_2^{(1)} \\ \tilde{b}_3^{(1)} \\ \tilde{b}_4^{(1)} \end{bmatrix} + \varDelta\,\overline{Q}_1 \begin{bmatrix} 0 \\ 0 \\ 0 \\ 1 \end{bmatrix}, \qquad (7.36/5)$$

wobei $\varDelta\,\overline{Q}_1 = \varDelta Q_1 \dfrac{l^{*3}}{EI^*}$ sein soll.

Es sind also wieder zwei „Freigrößen", jetzt $\overline{\psi}_0$ und $\varDelta\,\overline{Q}_1$, vorhanden. Mit Hilfe der Übertragungsmatrix $\overline{\mathfrak{U}}_2$ findet man $\overline{\mathfrak{y}}_2$ zu

$$\begin{array}{c|cc|c}
 & \overline{\psi}_0 & \varDelta\,\overline{Q}_1 & \\
\hline
 & 0 & 0 & \\
 & \tilde{b}_2^{(1)} & 0 & \\
 & \tilde{b}_3^{(1)} & 0 & \overline{\mathfrak{y}}_1^{(r)} \\
 & \tilde{b}_4^{(1)} & 1 & \\
\hline
 & \tilde{b}_1^{(2)} & e_1^{(2)} & \\
[\overline{\mathfrak{U}}_2] & \tilde{b}_2^{(2)} & e_2^{(2)} & \overline{\mathfrak{y}}_2 \\
 & \tilde{b}_3^{(2)} & e_3^{(2)} & \\
 & \tilde{b}_4^{(2)} & e_4^{(2)} & \\
\end{array} \qquad (7.36/6)$$

und daher wegen $\overline{w}_2 = 0$ und $\overline{M}_2 = 0$ aus

$$\left.\begin{array}{l} \overline{\psi}_0\,\tilde{b}_1^{(2)} + \varDelta\,\overline{Q}_1\,e_1^{(2)} = 0, \\[4pt] \overline{\psi}_0\,\tilde{b}_3^{(2)} + \varDelta\,\overline{Q}_1\,e_3^{(2)} = 0 \end{array}\right\} \qquad (7.36/7\,\mathrm{a})$$

die Determinantengleichung

$$\begin{vmatrix} \tilde{b}_1^{(2)} & e_1^{(2)} \\ \tilde{b}_3^{(2)} & e_3^{(2)} \end{vmatrix} = 0. \qquad (7.36/7\mathrm{b})$$

Jene Frequenzen ω, die (7.36/7 b) erfüllen, sind Eigenfrequenzen.

Die nun zu besprechende *zweite Art* besteht darin, nach Hinzunahme von $\varDelta\,\overline{Q}_1$ mit drei Freiwerten weiterzurechnen, statt die Bedingung $\overline{w}_1 = 0$ sofort zur Elimination von $\overline{Q}_0$ zu benutzen. Wir schreiben

$$\overline{\mathfrak{y}}_1^{(r)} = \overline{\mathfrak{y}}_1^{(l)} + \varDelta\,\overline{Q}_1 \begin{bmatrix} 0 \\ 0 \\ 0 \\ 1 \end{bmatrix} = \overline{\psi}_0\,\{b_i^{(1)}\} + \overline{Q}_0\,\{d_i^{(1)}\} + \varDelta\,\overline{Q}_1 \begin{bmatrix} 0 \\ 0 \\ 0 \\ 1 \end{bmatrix} \qquad (7.36/8)$$

und finden wegen $\overline{\mathfrak{y}}_2 = \overline{\mathfrak{U}}_2 \cdot \overline{\mathfrak{y}}_1^{(r)}$ aus dem Schema

	$\overline{\psi}_0$	$\overline{Q}_0$	$\Delta \overline{Q}_1$	
	$b_1^{(1)}$	$d_1^{(1)}$	0	
	$b_2^{(1)}$	$d_2^{(1)}$	0	$\overline{\mathfrak{y}}_1^{(r)}$
	$b_3^{(1)}$	$d_3^{(1)}$	0	
	$b_4^{(1)}$	$d_4^{(1)}$	1	
$[\overline{\mathfrak{U}}_2]$	$b_1^{(2)}$	$d_1^{(2)}$	$e_1^{(2)}$	
	$b_2^{(2)}$	$d_2^{(2)}$	$e_2^{(2)}$	$\overline{\mathfrak{y}}_2$
	$b_3^{(2)}$	$d_3^{(2)}$	$e_3^{(2)}$	
	$b_4^{(2)}$	$d_4^{(2)}$	$e_4^{(2)}$	

$$(7.36/9)$$

die drei Bedingungsgleichungen ($\overline{w}_1 = 0,\ \overline{w}_2 = 0,\ \overline{M}_2 = 0$)

$$\left.\begin{aligned} \overline{\psi}_0\, b_1^{(1)} + \overline{Q}_0\, d_1^{(1)} &= 0, \\ \overline{\psi}_0\, b_1^{(2)} + \overline{Q}_0\, d_1^{(2)} + \Delta \overline{Q}_1\, e_1^{(2)} &= 0, \\ \overline{\psi}_0\, b_3^{(2)} + \overline{Q}_0\, d_3^{(2)} + \Delta \overline{Q}_1\, e_3^{(2)} &= 0 \end{aligned}\right\} \qquad (7.36/10)$$

und deshalb die Determinantengleichung

$$\Delta \equiv \begin{vmatrix} b_1^{(1)} & d_1^{(1)} & 0 \\ b_1^{(2)} & d_1^{(2)} & e_1^{(2)} \\ b_3^{(2)} & d_3^{(2)} & e_3^{(2)} \end{vmatrix} = 0. \qquad (7.36/11)$$

Beim Vorgehen nach der ersten Art ist die gleich Null zu setzende Determinante stets zweireihig. Nach der zweiten Art hat sie bei p Zwischenstützen $p + 2$ Reihen; sie ist aber „fast gestaffelt", d. h. nur eine Reihe oberhalb der Hauptdiagonalen hat von Null verschiedene Elemente[1], so daß ihre Auflösung keine Schwierigkeit bietet.

Wenn nicht eine Zwischenstütze (Abb. 7.36/1a), sondern etwa ein Zwischengelenk (Abb. 7.36/1c) vorhanden ist, so ist an jener Stelle $M = 0$. Diese Bedingung gibt jetzt eine Beziehung zwischen den Komponenten des Anfangsvektors $\overline{\mathfrak{y}}_0$ an; dafür tritt ein Sprung $\Delta \psi$ auf. Auch hier kann man

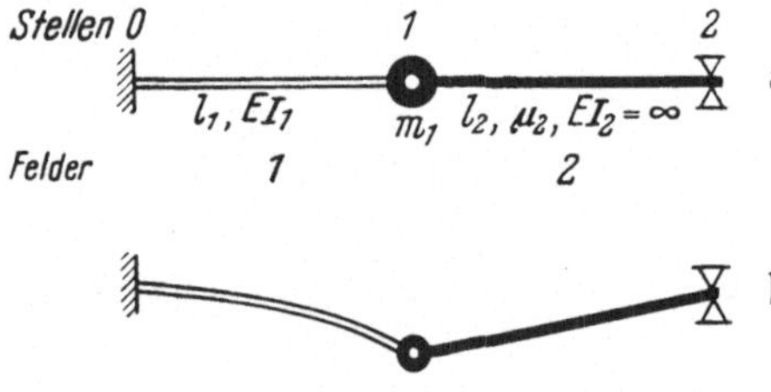

Abb. 7.36/3. Balken mit Gelenk

einen der Freiwerte eliminieren oder alle drei beibehalten und am Schluß die drei Bedingungen formulieren.

Zur Erläuterung des soeben Gesagten betrachten wir ein ganz einfaches **Beispiel,** das Gebilde nach Abb. 7.36/3a (das man natürlich auch ohne Matrizen behandeln kann). Ein

---

[1] Siehe R. ZURMÜHL: Zit. S. 462 [23]; dort S. 393—395.

masseloser, elastischer Balken der Länge l_1 sei links eingespannt und trage an seinem Ende eine Masse m_1. Ebendort befindet sich auch ein Gelenk, an das ein starrer Stab von der Länge l_2 und der Masse $\mu_2 l_2 = m_2$ angeschlossen ist; er liege rechts frei auf. Abb. 7.36/3b deutet die Verformung des Gebildes an. Wegen der Einfachheit der Anordnung (das Gebilde besitzt nur einen Freiheitsgrad) werden wir in allgemeinen Zeichen rechnen und die Frequenzengleichung explizit aufstellen können.

Wir wählen als Bezugsgrößen $l^* = l_1$; $EI^* = EI_1$; $m^* = m_1$.

Die Übertragungsmatrizen finden wir in 7.32; die des Feldes 1 ist $(\overline{\mathfrak{P}}^m \cdot \overline{\mathfrak{F}}^e)_1$ mit $\beta_1 = 1$, $\gamma_1 = 1$, $\vartheta_1 = 0$, $\gamma_{S1} = 0$, $\overline{m}_1 = 1$, also

$$(\overline{\mathfrak{P}}^m \cdot \overline{\mathfrak{F}}^e)_1 = \begin{bmatrix} 1 & 1 & \dfrac{1}{2} & \dfrac{1}{6} \\[2mm] 0 & 1 & 1 & \dfrac{1}{2} \\[2mm] 0 & 0 & 1 & 1 \\[2mm] \zeta & \zeta & \dfrac{1}{2}\zeta & 1 + \dfrac{1}{6}\zeta \end{bmatrix}, \qquad (7.36/12\,\text{a})$$

die des Feldes 2 ist $\overline{\mathfrak{F}}_2^m$ mit $\beta_2 = \dfrac{l_2}{l_1}$; $\overline{\mu}_2 = \dfrac{\mu_2 l_2}{m_1} = \dfrac{m_2}{m_1}$; $\overline{K}_2 = 0$; $\overline{K}_\psi = 0$; $\vartheta_2 = 0$, also

$$\overline{\mathfrak{F}}_2^m = \begin{bmatrix} 1 & \beta_2 & 0 & 0 \\[2mm] 0 & 1 & 0 & 0 \\[2mm] \dfrac{1}{2}\beta_2\overline{\mu}_2\zeta & \dfrac{1}{6}\beta_2^2\overline{\mu}_2\zeta & 1 & \beta_2 \\[2mm] \overline{\mu}_2\zeta & \dfrac{1}{2}\beta_2\overline{\mu}_2\zeta & 0 & 1 \end{bmatrix}. \qquad (7.36/12\,\text{b})$$

Der Anfangsvektor $\overline{\mathfrak{y}}_0$ hat, wegen der Einspannung am linken Ende, die beiden Komponenten

$$\overline{\mathfrak{y}}_0 = \overline{M}_0\,\{0, 0, 1, 0\} + \overline{Q}_0\,\{0, 0, 0, 1\}. \qquad (7.36/13)$$

Wir denken uns — was erlaubt ist — Masse m_1 und Gelenk nach Art der Abb. 7.36/3c auseinandergelegt; dann finden wir für den Zustandsvektor $\overline{\mathfrak{y}}_1^l$ rechts von der Masse, aber links vom Gelenk

$$\overline{\mathfrak{y}}_1^l = (\overline{\mathfrak{P}}^m \cdot \overline{\mathfrak{F}}^e)_1\, \overline{\mathfrak{y}}_0 = \overline{M}_0\left\{\frac{1}{2}, 1, 1, \frac{1}{2}\zeta\right\} + \overline{Q}_0\left\{\frac{1}{6}, \frac{1}{2}, 1, \left(1 + \frac{1}{6}\zeta\right)\right\}. \qquad (7.36/14)$$

$\overline{M}_1^l$, die dritte Komponente von $\overline{\mathfrak{y}}_1^l$, verschwindet am Gelenk; nach (7.36/14) muß also sein:

$$\overline{M}_0 + \overline{Q}_0 = 0. \qquad (7.36/15)$$

Wir eliminieren mit Hilfe dieser Gleichung den Freiwert $\overline{Q}_0$ und erhalten

$$\overline{\mathfrak{y}}_1^l = \overline{M}_0\left\{\frac{1}{3}, \frac{1}{2}, 0, \left(-1 + \frac{1}{3}\zeta\right)\right\}. \qquad (7.36/16\,\text{a})$$

Der Vektor $\overline{\mathfrak{y}}_1^r$ rechts vom Gelenk unterscheidet sich von $\overline{\mathfrak{y}}_1^l$ um den (unbekannten) Sprungwert $\Delta\overline{\psi}_1 = \Delta\psi_1 \cdot l^*$ in der zweiten Komponente:

$$\overline{\mathfrak{y}}_1^r = \overline{\mathfrak{y}}_1^l + \Delta\overline{\psi}_1\{0, 1, 0, 0\}. \qquad (7.36/16\,\text{b})$$

Aus ihm ergibt sich der Vektor $\overline{\mathfrak{y}}_2$ nach

$$\overline{\mathfrak{y}}_2 = \overline{\mathfrak{F}}_2^m \cdot \overline{\mathfrak{y}}_1^r, \qquad (7.36/17)$$

also unter Benutzung unseres Schemas:

	$\overline{M}_0$	$\Delta\,\overline{\psi}_1$	
	$\dfrac{1}{3}$	0	
	$\dfrac{1}{2}$	1	$\overline{\mathfrak{y}}_1^{r}$
	0	0	
	$-1+\dfrac{\zeta}{3}$	0	
	$\dfrac{1}{3}+\dfrac{1}{2}\,\beta_2$	β_2	
$[\overline{\mathfrak{F}}_2^{m}]$	$*$	$*$	$\overline{\mathfrak{y}}_2$
	a_3	$\dfrac{1}{6}\,\beta_2^2\,\overline{\mu}_2\,\zeta$	
	$*$	$*$	

$$(7.36/18)$$

mit

$$\cdot\, a_3 = \frac{1}{2}\,\beta_2\,\overline{\mu}_2\,\zeta + \frac{1}{12}\,\beta_2^2\,\overline{\mu}_2\,\zeta - \beta_2 + \frac{1}{3}\,\beta_2\,\zeta .$$

Die durch Sterne $*$ besetzten Stellen brauchen nicht ausgefüllt zu werden, weil die rechte Randbedingung $\overline{w}_2 = 0$, $\overline{M}_2 = 0$ lautet.

Wir bilden die Determinante und setzen sie gleich Null:

$$\Delta \equiv \begin{vmatrix} \dfrac{1}{3}+\dfrac{1}{2}\,\beta_2 & \beta_2 \\[2mm] a_3 & \dfrac{1}{6}\,\beta_2^2\,\overline{\mu}_2\,\zeta \end{vmatrix} = 0 . \qquad (7.36/19\,\mathrm{a})$$

Das liefert

$$\beta_2^2\left(\frac{1}{9}\,\overline{\mu}_2\,\zeta + \frac{1}{3}\,\zeta - 1\right) = 0 ,$$

d. h.

$$\zeta = \frac{1}{\dfrac{1}{3}+\dfrac{1}{9}\,\overline{\mu}_2} \qquad \text{oder} \qquad \omega^2 = \frac{3\,EI}{l_1^3}\,\frac{1}{m_1 + m_2/3} ,$$

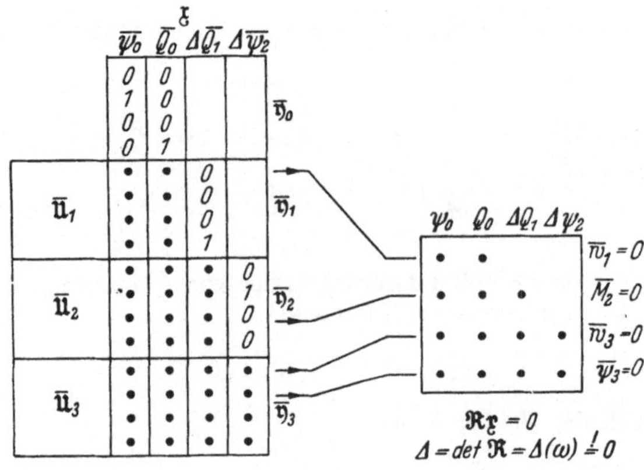

Abb. 7.36/4. Balken mit starrer Stütze und Gelenk im Innern

Abb. 7.36/5. Schema des Vorgehens zur Ermittlung der Eigenfrequenz des Balkens nach Abb. 7.36/4

ein Ergebnis, das man in diesem Fall natürlich unmittelbar verifizieren kann (Momentensatz um den Auflagerpunkt 2).

Als weiteres Beispiel betrachten wir den Balken nach Abb. 7.36/4, der links frei aufliegt, rechts eingespannt ist und außerdem im Innern eine starre Stütze und ein Gelenk aufweist. Wir behandeln ihn nach der zweiten Art, d. h. ohne Elimination, mit einfacher Hinzunahme der neuen Freiwerte.

Es genügt wohl, ohne weitere Worte auf das Schema der Abb. 7.36/5 hinzuweisen; aus ihm wird — nach allem oben Gesagten — das Vorgehen verständlich werden.

$\mathfrak{x}$ bezeichnet dabei einen Vektor mit den Komponenten $\overline{\psi}_0$, $\overline{Q}_0$, $\Delta \overline{Q}_1$, $\Delta \overline{\psi}_2$; $\mathfrak{R}$ ist die Matrix des quadratischen Kästchens.

7.37 Verbundene Balken. Um dem Leser einen Begriff davon zu geben, wie anpassungsfähig die Methode der Übertragungsmatrizen ist, zeigen wir, wie man die Biegeschwingungen zweier durch Federn verbundener Balken (Abb. 7.37/1)

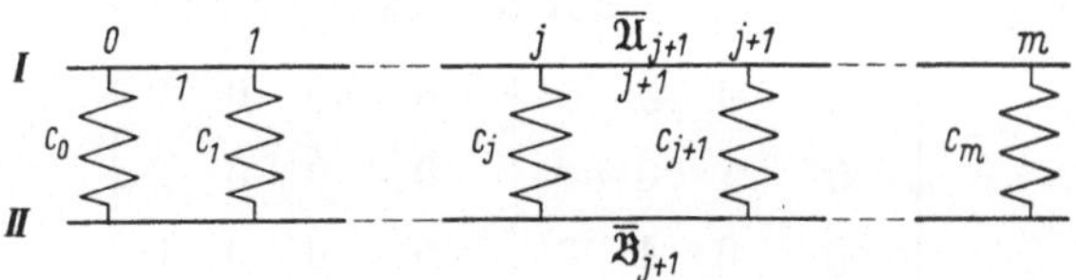

Abb. 7.37/1. Durch Federn verbundene Balken

behandeln würde[1]. Ein Gebilde solcher Art liegt z. B. vor, wenn eine rotierende Welle in einem Maschinensatz läuft, der seinerseits auf einem elastischen Fundament steht. Es entspricht dann der Balken I der Maschinenwelle, die Federn den Ölfilmen in den Lagern, der Balken II dem übrigen Maschinenaggregat und dem Fundamenttisch. Die Stützen dieses Tisches sind in der Abb. 7.37/1 nicht eigens dargestellt; ihre elastische Rückwirkung kann ja, wie in 7.32 ausgeführt wurde, mit Hilfe geeigneter Übertragungsmatrizen in die Eigenschaften des Balkens II hineingenommen werden.

Wir legen Schnitte links und rechts von den Stellen j, $j + 1$ usw. der Verbindungsfedern. Innerhalb der Felder arbeitet man in der alten Weise mit den zugehörigen Übertragungsmatrizen $\overline{\mathfrak{U}}$. Diese Matrizen nennen wir nun $\overline{\mathfrak{A}}$ beim Balken I, $\overline{\mathfrak{B}}$ beim Balken II. Es gilt also

$$\overline{\mathfrak{y}}^{I\,l}_{j+1} = \overline{\mathfrak{A}}_{j+1}\,\overline{\mathfrak{y}}^{I\,r}_{j}, \quad \Big\}$$
$$\overline{\mathfrak{y}}^{II\,l}_{j+1} = \overline{\mathfrak{B}}_{j+1}\,\overline{\mathfrak{y}}^{II\,r}_{j}. \quad \Big\} \tag{7.37/1}$$

Diese beiden Vektorgleichungen lassen sich zu einer einzigen Gleichung für den achtkomponentigen Vektor

$$\overline{\mathfrak{z}} = \begin{bmatrix} \overline{\mathfrak{y}}^{I} \\ \overline{\mathfrak{y}}^{II} \end{bmatrix} \tag{7.37/2a}$$

zusammenfassen,

$$\overline{\mathfrak{z}}^{l}_{j+1} = \overline{\mathfrak{C}}\,\overline{\mathfrak{z}}^{r}_{j}; \tag{7.37/2b}$$

dabei bedeutet $\overline{\mathfrak{C}}$ die Matrix

$$\overline{\mathfrak{C}} = \begin{bmatrix} \overline{\mathfrak{A}} & 0 \\ 0 & \overline{\mathfrak{B}} \end{bmatrix}. \tag{7.37/2c}$$

---

[1] Wir folgen im wesentlichen der Darstellung von E. Pestel u. G. Schumpich: Zit. S. 461 [7].

Beim Übergang über eine Stelle j bestehen — wenn $\bar{c}_j = c_j \dfrac{l^{*3}}{EI^*}$ die dimensionslose Federzahl der betreffenden Feder bedeutet — die Gleichungen

$$
\begin{aligned}
\overline{w}_j^{I\,r} &= \overline{w}_j^{I\,l}, & \overline{w}_j^{II\,r} &= \overline{w}_j^{II\,l}, \\
\overline{\psi}_j^{I\,r} &= \overline{\psi}_j^{I\,l} & \overline{\psi}_j^{II\,r} &= \overline{\psi}_j^{II\,l}, \\
\overline{M}_j^{I\,r} &= \overline{M}_j^{I\,l}, & \overline{M}_j^{II\,r} &= \overline{M}_j^{II\,l}, \\
\overline{Q}_j^{I\,r} &= \overline{Q}_j^{I\,l} - \bar{c}_j(\overline{w}_j^{I} - \overline{w}_j^{II}), & \overline{Q}_j^{II\,r} &= \overline{Q}_j^{II\,l} + \bar{c}_j(\overline{w}_j^{I} - \overline{w}_j^{II}).
\end{aligned}
\tag{7.37/3}
$$

Diese acht Gleichungen lassen sich in die Matrizengleichung zusammenfassen:

$$
\bar{\mathfrak{z}}_j^{\,r} = \overline{\mathfrak{D}}_j\,\bar{\mathfrak{z}}_j^{\,l},
\tag{7.37/4a}
$$

mit dem Vektor $\bar{\mathfrak{z}}$ nach (7.37/2a) und der Punktmatrix

$$
\overline{\mathfrak{D}}_j =
\left[
\begin{array}{cccc:cccc}
1 & 0 & 0 & 0 & 0 & 0 & 0 & 0 \\
0 & 1 & 0 & 0 & 0 & 0 & 0 & 0 \\
0 & 0 & 1 & 0 & 0 & 0 & 0 & 0 \\
-\bar{c}_j & 0 & 0 & 1 & \bar{c}_j & 0 & 0 & 0 \\
\hdashline
0 & 0 & 0 & 0 & 1 & 0 & 0 & 0 \\
0 & 0 & 0 & 0 & 0 & 1 & 0 & 0 \\
0 & 0 & 0 & 0 & 0 & 0 & 1 & 0 \\
\bar{c}_j & 0 & 0 & 0 & -\bar{c}_j & 0 & 0 & 1
\end{array}
\right].
\tag{7.37/4b}
$$

Der Übergang von der Stelle hart links von j zu jener hart links von $j+1$ wird also vermittelt durch

$$
\bar{\mathfrak{z}}_{j+1}^{\,l} = \overline{\mathfrak{C}}_{j+1}\,\overline{\mathfrak{D}}_j\,\bar{\mathfrak{z}}_j^{\,l} = \overline{\mathfrak{F}}_{j+1}\,\bar{\mathfrak{z}}_j^{\,l},
\tag{7.37/5a}
$$

mit

$$
\overline{\mathfrak{F}}_{j+1} = \overline{\mathfrak{C}}_{j+1}\,\overline{\mathfrak{D}}_j.
\tag{7.37/5b}
$$

Durch fortgesetzte Multiplikation findet man daher für das Gebilde der Abb. 7.37/1

$$
\bar{\mathfrak{z}}_m^{\,r} = \overline{\mathfrak{D}}_m\,\overline{\mathfrak{F}}_m\,\overline{\mathfrak{F}}_{m-1} \cdots \overline{\mathfrak{F}}_1\,\bar{\mathfrak{z}}_0^{\,l}.
\tag{7.37/6}
$$

Die resultierende Matrix nennen wir $\mathfrak{R}$.

Für das dargestellte Gebilde gelten die Randbedingungen

$$
\left.
\begin{aligned}
\overline{M}_0^{I\,l} &= 0, & \overline{Q}_0^{I\,l} &= 0, & \overline{M}_m^{I\,r} &= 0, & \overline{Q}_m^{I\,r} &= 0, \\
\overline{M}_0^{II\,l} &= 0, & \overline{Q}_0^{II\,l} &= 0, & \overline{M}_m^{II\,r} &= 0, & \overline{Q}_m^{II\,r} &= 0.
\end{aligned}
\right\}
\tag{7.37/7}
$$

Somit lautet die Frequenzengleichung

$$
\begin{vmatrix}
r_{31} & r_{32} & r_{35} & r_{36} \\
r_{41} & r_{42} & r_{45} & r_{46} \\
r_{71} & r_{72} & r_{75} & r_{76} \\
r_{81} & r_{82} & r_{85} & r_{86}
\end{vmatrix} = 0.
\tag{7.37/8}
$$

Die Elemente r_{ik} sind der resultierenden Übertragungsmatrix $\Re$ entnommen (oder vielmehr: Sie sind die allein interessierenden Komponenten der vier mit $\overline{w}_0^{II}$, $\overline{\psi}_0^{II}$, $\overline{w}_0^{III}$, $\overline{\psi}_0^{III}$ multiplizierten „Teilvektoren").

Wenn die Federn c_j zu starren Stäben werden, läßt sich eine Rechnung ebenfalls noch durchführen. Sie wird dann jedoch verwickelter, so wie ja auch beim glatten Balken das Auftreten starrer Stützen die Rechnung kompliziert. Für diesen Fall müssen wir auf die Literatur verweisen.

7.38 Zusammenfassung, Geschichte des Problems, Literatur. Bei der Darstellung der Matrizenmethode für die Biegeschwingungen von Balken haben wir uns, der Zielsetzung dieses Buches gemäß, auf die Schwingungsprobleme beschränkt, aus Platzgründen sogar auf die Eigenschwingungen. Es muß jedoch darauf hingewiesen werden, daß die Methode sich auch vorzüglich eignet zur Behandlung statischer (baustatischer) Probleme von Balken und Rahmen, zur Behandlung von Knickproblemen und, neben den Eigenschwingungsproblemen, auch zur Behandlung erzwungener Schwingungen. Nicht nur gerade Stäbe, sondern auch gebogene und räumlich verwundene können so leicht behandelt werden.

Wir geben nun noch einen ganz knappen Überblick über die Geschichte des Problems und die zugehörige Literatur. Die in eckige Klammern gesetzten Zahlen weisen auf das Literaturverzeichnis am Ende dieses Abschnittes hin.

Die ersten Arbeiten, in denen die Biegeschwingungen von Balken mit Hilfe des „Restgrößenverfahrens" (in Analogie zum GÜMBEL-TOLLE-HOLZERschen Verfahren für Torsionsschwingungen, s. 6.41) behandelt wurden, stammen von zwei amerikanischen Autoren, MYKLESTAD [1] und PROHL [2]. Das Verfahren wird daher meist nach diesen beiden Verfassern benannt, oft aber einfach als Tabellenverfahren (Tabular Method) bezeichnet. Eine ausführliche Darstellung findet sich in den beiden Büchern von MYKLESTAD [3]. Eine kurze Arbeit von W. T. THOMSON [4a] erweiterte die Betrachtungen auf gekoppelte Biege-Torsionsschwingungen (sechs Komponenten) und auf nichtkonstante Querschnitte (linear veränderliche Biegesteifigkeit); eine andere desselben Verfassers [4b] deutete die Möglichkeit einer Matrizenschreibweise an.

Etwa um das Jahr 1953 begannen in Deutschland drei „Schulen" sich dem Problem zuzuwenden, jene in Hannover (PESTEL, SCHUMPICH, SPIERIG), in Braunschweig (FALK), in Darmstadt (MARGUERRE, FUHRKE, SCHNELL). Durch die Arbeiten, die an diesen (und danach an anderen) Stellen entstanden sind, ist das Verfahren entscheidend gefördert worden, insbesondere dadurch, daß die Möglichkeiten, die im Begriff der Übertragungsmatrix und in der Matrizendarstellung überhaupt liegen, konsequent ausgenutzt wurden. Das Verfahren ist jetzt so weit ausgebaut, daß auch Biegeschwingungen (und damit die biegekritischen Drehzahlen) unter ähnlich realistischen Bedingungen berechnet werden können, wie das für Torsionsschwingungen seit mehr als zwei Jahrzehnten schon möglich war. Wellen mit vielen Lagern, mit nachgiebigen Lagern, die ihrerseits auf nachgiebigen Fundamenten stehen, können nun behandelt werden. Es sind schon Aufgaben gerechnet worden, wo sechzig „Felder" zu berücksichtigen waren.

Aus der Hannoverschen Schule nennen wir zunächst die Arbeit von E. PESTEL [5]; dort wurde die Methode der Übertragungsmatrizen anhand der Schwingungen eines räumlichen Stabzuges dargelegt. In der Dissertation von G. Schumpich [6] wurden diese Gedankengänge sorgfältig ausgearbeitet. Aus der Hannoverschen Schule stammt ferner die schon zitierte, bemerkenswerte Arbeit über die Schwingungen verbundener Stäbe [7] sowie eine Arbeit [8], in der neben Schwingungen von verbundenen Stabzügen auch Schwingungen von Scheiben mit der Methode der Übertragungsmatrizen behandelt werden, und schließlich ein „Katalog" der Übertragungsmatrizen [9] für Schwingungen (Eigenschwingungen und erzwungene Schwingungen) von Stäben und Stabwerken.

Die Arbeiten der Darmstädter Schule begannen mit den Veröffentlichungen Fuhrkes über Schwingungsprobleme [10], [11], [12]. Schnell setzte sie für Knickprobleme fort [13], [14]. Drei überschauende Arbeiten [15], [15a], [15b] stammen von K. Marguerre.

In Braunschweig hat S. Falk in einer Reihe von Arbeiten die Methode auf Probleme der Statik, des Knickens und der Schwingungen angewendet [16], [17], [18], [19], [20], [21]. Falk hat auch die Torsionsschwingungen von Kurbelwellen mit Übertragungsmatrizen behandelt [22]; wir haben diese Arbeit in 7.23 schon zitiert. Eine gute zusammenfassende Darstellung enthält die zweite Auflage des Matrizenbuches von Zurmühl [23].

In jüngster Zeit wurden auch verwundene Stäbe (Turbinenschaufeln) mit der Methode der Übertragungsmatrizen behandelt [24].

Eine besondere Erwähnung verdienen vielleicht noch die in den Arbeiten von Fuhrke [11], [12] und Marguerre [15] benutzten sog. „abgeleiteten Matrizen" oder *Delta*-Matrizen (Δ-Matrizen)[1]. Mit ihnen hat es folgende Bewandtnis: Wie aus den Darlegungen in 7.33 und 7.34 hervorgeht, muß man (bei der Behandlung der Eigenschwingungen von Balken ohne „innere Randbedingungen"), nachdem eine Reihe von Matrizenmultiplikationen ausgeführt worden sind, eine Determinante zweiter Ordnung zum Verschwinden bringen, deren Elemente aus der letzten, der resultierenden Matrix $\Re$ genommen werden. (Welche Elemente aus $\Re$ in der Determinante zu verwenden sind, hängt von den Randbedingungen am rechten Ende ab.)

Δ-Matrizen entstehen dadurch, daß aus den Elementen der Übertragungsmatrizen *alle* möglichen Determinanten zweiter Ordnung gebildet und als Elemente einer neuen Matrix, eben der Δ-Matrix, verwendet werden. Anstatt Übertragungsmatrizen zu multiplizieren, multipliziert man dann die Δ-Matrizen der aufeinanderfolgenden Felder. Zum Schluß wählt man aus der resultierenden Δ-Matrix einfach ein einziges Element (das ja schon eine Determinante ist) gemäß den Randbedingungen aus.

Dieses Vorgehen, das in den Arbeiten von Fuhrke ausführlich dargestellt ist, bietet (trotz des nicht ganz einfachen Gedankenganges) für manche Zwecke bedeutende Vorteile. Einer dieser Vorteile besteht darin, daß die Elemente der Δ-Matrizen bei Erhöhung der Steifigkeit c_w oder c_ψ von Querfedern oder Drehfedern unmittelbar in entsprechende Elemente für starre Stützen oder verschiebliche Einspannungen (Schlaufen) übergehen, daß also z. B. federnd gestützte Balken und starr gestützte Balken nach einem und demselben Verfahren behandelt werden können und daß damit die lästige Unterscheidung

---

[1] [23]; dort S. 395—403.

wegfällt, die wir oben in 7.36 machen mußten. Die Elemente der Übertragungsmatrizen entarten, wenn z.B. $c_w \to \infty$ oder $c_\psi \to \infty$ geht, die der $\varDelta$-Matrizen
dagegen bleiben brauchbar. Die $\varDelta$-Matrizen besitzen den weiteren Vorteil, daß
sie das Auftreten von Nennerdeterminanten vermeiden, die in kleinen Differenzen großer Zahlen bestehen können [25]. Auch für erzwungene Schwingungen sind die $\varDelta$-Matrizen nutzbar gemacht worden [26].

Mehr als diese Andeutungen können wir hier jedoch nicht geben.

Wir fassen noch einmal zusammen: Die Methode der Übertragungsmatrizen
greift zurück auf Gedankengänge, die man früher durchaus kannte; diese
Gedankengänge anzuwenden, verbot sich aber damals, weil der sich anschließende numerische Rechenaufwand nicht zu bewältigen gewesen wäre. Seit dem
Aufkommen der modernen Rechenanlagen braucht man aber vor umfangreichen Zahlenrechnungen nicht mehr zurückzuschrecken, vor allem dann, wenn
die Rechnung sich in einfacher Weise programmieren läßt. Die neuen Matrizenmethoden tun nun zweierlei: Sie systematisieren die Rechnung, und sie erlauben,
ihre Durchführung zu schematisieren.

Literaturverzeichnis zum Abschn. 7.3

[1] MYKLESTAD, N. O.: J. aeronaut. Sci. Bd. 11 (April 1944) S. 153.

[2] PROHL, M. A.: Trans. Amer. Soc. Mech. Engrs. Bd. 67 (September 1945) S. A 142 bis
A 148.

[3] MYKLESTAD, N. O.: a) Vibration Analysis. New York: Mc Graw-Hill 1944. b) Fundamentals of Vibration Analysis. New York: McGraw-Hill 1956.

[4a] THOMSON, W. T.: J. aeronaut. Sci. Bd. 20 (Januar 1953) S. 62.

[4b] THOMSON, W. T.: J. appl. Mechan. Bd. 17 (September 1950) S. 337—339.

[5] PESTEL, E.: Ein allgemeines Verfahren zur Berechnung freier und erzwungener Schwingungen von Stabwerken. Abh. Braunschw. Wiss. Ges. Bd. 6 (1954) S. 227—242.

[6] SCHUMPICH, G.: Beitrag zur Kinetik und Statik ebener Stabwerke mit gekrümmten
Stäben. Diss. Hannover 1957 sowie Österr. Ing.-Arch. Bd. 11 (1957) S. 194—225.

[7] PESTEL, E., u. G. SCHUMPICH: Beitrag zur Schwingungsberechnung einfacher und
gekoppelter Stabzüge. Schiffstechnik Bd. 4 (1957) H. 20, S. 55—61.

[8] PESTEL, E., u. G. SCHUMPICH: Berechnung des Schwingungsverhaltens gekoppelter
paralleler Stabzüge mit Hilfe von Übertragungsmatrizen. VDI-Berichte Bd. 30 (1958)
S. 41—43.

[9] PESTEL, E., G. SCHUMPICH u. S. SPIERIG: Katalog von Übertragungsmatrizen zur
Berechnung technischer Schwingungsprobleme. VDI-Berichte Bd. 35 (1959) S. 11—28.

[10] FUHRKE, H.: Bestimmung von Balkenschwingungen mit Hilfe des Matrizenkalküls.
Ing.-Arch. Bd. 23 (1955) S. 329—348.

[11] FUHRKE, H.: Bestimmung von Rahmenschwingungen mit Hilfe des Matrizenkalküls.
Ing.-Arch. Bd. 24 (1956) S. 27—42.

[12] FUHRKE, H.: Eigenwert-Bestimmungen mit Hilfe von abgeleiteten Übertragungsmatrizen. VDI-Berichte Bd. 30 (1958) S. 34.

[13] SCHNELL, W.: Berechnung der Stabilität mehrfeldriger Stäbe mit Hilfe von Matrizen.
Z. angew. Math. Mech. Bd. 35 (1955) S. 269—284.

[14] SCHNELL, W.: Zur Berechnung der Beulwerte von längs- und querversteiften Platten
unter Drucklast. Z. angew. Math. Mech. Bd. 36 (1956) S. 36—51.

[15] MARGUERRE, K.: Vibration and Stability Problems of Beams Treated by Matrices.
J. Math. Phys. Bd. 15 (1956) S. 28—43.

[*15a*] MARGUERRE, K.: Matrices of Transmission in Beam Problems. Progress in Solid Mechanics, Bd, 1, S. 61—82. Amsterdam: North-Holland Publ. Comp. 1960.

[*15b*] MARGUERRE, K.: Abriß der Schwingungslehre. Stahlbau, Handbuch für Studium und Praxis, Bd. 1, Köln: Stahlbau-Verlag 1960.

[*16*] FALK, S.: Biegen, Knicken und Schwingen des mehrfeldrigen geraden Balkens. Abh. Braunschw. Wiss. Ges. Bd. 7 (1955) S. 74—92.

[*17*] FALK, S.: Die Knickformeln für den Stab mit n Teilstücken konstanter Biegesteifigkeit. Ing.-Arch. Bd. 24 (1956) S. 85—91.

[*18*] FALK, S.: Die Berechnung des beliebig gestützten Durchlaufträgers nach dem Reduktionsverfahren[1]. Ing.-Arch. Bd. 24 (1956) S. 216—232.

[*19*] FALK, S.: Die Biegeschwingungen ebener Rahmentragwerke mit unverschieblichen Knoten. Abh. Braunschw. Wiss. Ges. Bd. 9 (1957) S. 1.

[*20*] FALK, S.: Die Berechnung offener Rahmentragwerke nach dem Reduktionsverfahren[1]. Ing.-Arch. Bd. 26 (1958) S. 61—80.

[*21*] FALK, S.: Die Berechnung geschlossener Rahmentragwerke nach dem Reduktionsverfahren[1]. Ing.-Arch. Bd. 26 (1958) S. 96—109.

[*22*] FALK, S.: Die Berechnung von Kurbelwellen mit Hilfe von digitalen Rechenautomaten. VDI-Berichte Bd. 30 (1958) S. 65—69.

[*23*] ZURMÜHL, R.: Matrizen, 2. Aufl., § 26. Berlin/Göttingen/Heidelberg: Springer 1958.

[*24*] JÄGER, B.: Die Eigenfrequenzen verwundener Schaufeln. Ing.-Arch. Bd. 29 (1960) S. 280—290.

[*25*] PESTEL, E., u. O. MAHRENHOLZ: Zum numerischen Problem der Eigenwertbestimmung mit Übertragungsmatrizen. Ing.-Arch. Bd. 28 (1959) S. 255—262.

[*26*] PESTEL, E.: Anwendung der Δ-Matrizen auf inhomogene Probleme. Ing.-Arch. Bd. 27 (1959) S. 250—254.

---

[1] Der Autor bezeichnet mit „Reduktionsverfahren", was hier (und jetzt allgemein) „Verfahren der Übertragungsmatrizen" genannt wird.

Eigenfrequenzen

Dieser Anhang enthält eine Zusammenstellung der Eigenfrequenzen (oder solcher Größen, die ein Maß sind für die Eigenfrequenz) von Gebilden mit (A) einem Freiheitsgrad, mit (B) mehreren und mit (C) unendlich vielen Freiheitsgraden. Teil (A) dieses Anhangs gehört zum Stoffgebiet des ersten Bandes; er wird hier mit aufgeführt, weil ein solcher Anhang im ersten Band fehlt. Teil (B) betrifft das eigentliche Stoffgebiet dieses zweiten Bandes. Teil (C) betrifft kontinuierliche Systeme; diese werden zwar weder im ersten noch im zweiten Band explizit behandelt, haben aber enge Verbindung zum Stoff in den Kapiteln 6 und 7 dieses zweiten Bandes.

A. Gebilde mit einem Freiheitsgrad

a) Pendel

Tafel 1: Reduzierte Pendellängen $l_{red} = g/\omega^2$

b) Elastische Schwinger

Tafel 2: Federsteifigkeiten für Translationsschwingungen

Tafel 3: Federsteifigkeiten für Drehschwingungen um Längsachse des Gebildes

Tafel 4: Federsteifigkeiten für Drehschwingungen in der Ebenè des Gebildes

Tafel 5: Biegesteifigkeit einer gedrückten Schraubenfeder

Tafel 1. *Reduzierte Pendellängen* $l_{red} = g/\omega^2$

Nr.	Pendel	l_{red}	Abbildung	Bemerkungen
1	Punktkörper-Pendel (mathematisches Pendel)	l		
2	Starrkörper-Pendel (physisches Pendel)	$\dfrac{k^2 + s^2}{s} = s + \dfrac{k^2}{s}$		$\overline{OS} = s$ $\overline{OT} = l_{red}$ S Schwerpunkt T Schwingungsmittelpunkt k Trägheitsarm für S
3	Pendel mit geneigter Achse	$\dfrac{l}{\sin v}$		

Tafel 1. (Fortsetzung)

Nr.	Pendel	l_{red}	Abbildung	Bemerkungen
4	**Punktkörper auf krummer Bahn**	ϱ	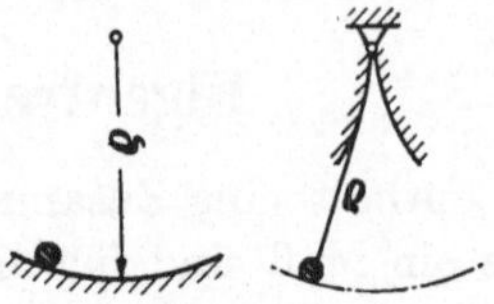	ϱ **Krümmungsradius**
	Sonderfall: Bahn ist Zykloide	$4a$		a **Radius des erzeugenden Kreises**
5a	**Rollpendel**	$\frac{(r-s)^2+k^2}{s}$	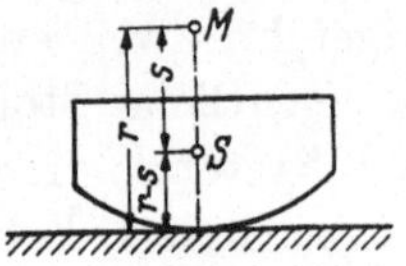	
5b		$\frac{s^2+k^2}{R-s}$ $(R>s)$	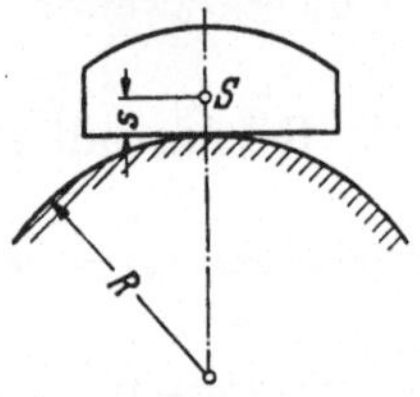	S **Schwerpunkt** k **Trägheitsarm für** S
5b	Sonderfall: $s=0$, $k^2=\frac{l^2}{12}$	$\frac{l^2}{12R}$	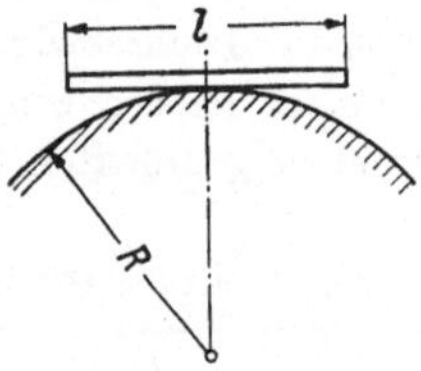	
5c		$\frac{(r-s)^2+k^2}{s-\frac{r^2}{R+r}}$ $(s(R+r)>r^2)$	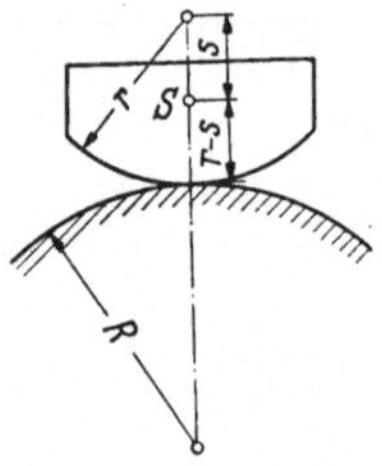	
5d		$\frac{(r-s)^2+k^2}{s+\frac{r^2}{R-r}}$	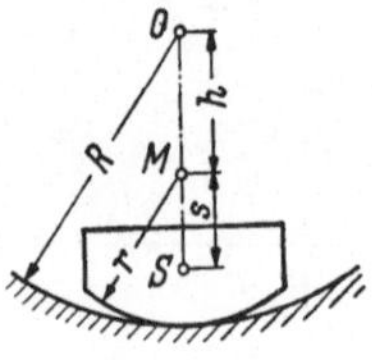	
5d	Sonderfall: $s=0$ 1. Vollscheibe: $k^2=\frac{r^2}{2}$ 2. Ring: $k^2=r^2$	$(R-r)\left(1+\frac{k^2}{r^2}\right)$ $\frac{3}{2}(R-r)$ $2(R-r)$	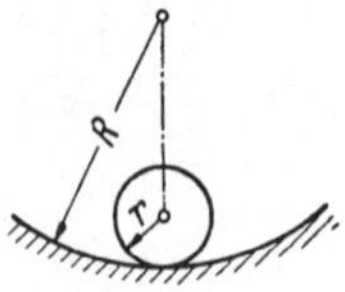	

Tafel 1. (Fortsetzung)

Nr.	Pendel	l_{red}	Abbildung	Bemerkungen
6	Mehrfaden-Pendel (Translation)	l		
7	Mehrfaden-Drehpendel, allgemein Seile vertikal $a = b$	$L\dfrac{k^2}{ab}\sqrt{1-\left(\dfrac{a-b}{L}\right)^2}$ $L\dfrac{k^2}{a^2}$		O Drehachse k Trägheitsarm der Scheibe für O L Länge der (schrägen) Seile
8	Schiff (ohne Berücksichtigung des mitschwing. Wassers) Vertikale Schwingungen (Wogen) Drehschwingungen (Schlingern, Rollen oder Stampfen)	$\dfrac{V}{F}$ $\dfrac{k^2}{e}$		V verdrängtes Volumen F Schwimmfläche k Trägheitsarm für jeweilige Drehachse e jeweilige metazentrische Höhe
9	Flüssigkeitssäule im U-Rohr, allgemein Sonderfall: $f = F_1 = F_2$	$\dfrac{F_1 F_2}{F_1 + F_2}\displaystyle\int_0^l \dfrac{ds}{f}$ $\dfrac{l}{2}$		F_1, F_2 Wasseroberfläche in den Schenkeln f veränderlicher Querschnitt l Länge des Flüssigkeitsfadens

Tafel 2. *Federsteifigkeiten für elastische Schwinger; Translationsschwingungen*
(Q Querschwingungen, L Längsschwingungen)
$$[c] = KL^{-1}; \quad l = a + b$$

Nr.	Feder	Abbildung	Federsteifigkeit c	Bemerkungen
1	Saite; Q		$S\dfrac{a+b}{ab}$	S Spannkraft
1a	Sonderfall: $a = b = \dfrac{l}{2}$		$4\dfrac{S}{l}$	
2	Zylindrischer Stab L		$\dfrac{EF}{l}$	E Elastizitätsmodul F Querschnitt
3	Verjüngter Stab, Kreisquerschnitt, L		$\dfrac{E}{l}\dfrac{\pi}{4}d_1 d_2$	

Tafel 2. (Fortsetzung)

Nr.	Feder	Abbildung	Federsteifigkeit c	Bemerkungen
4	Zylindrischer Stab, einseitig eingespannt; Q		$\dfrac{3\,EI}{l^3}$	
5	Zylindrischer Stab, beidseitig gestützt; Q Sonderfall: $a = b = \dfrac{l}{2}$		$\dfrac{3\,EIl}{a^2 b^2}$ $\dfrac{48\,EI}{l^3}$	
6	Zylindrischer Stab, eingespannt und gestützt; Q Sonderfall: $a = b = \dfrac{l}{2}$		$\dfrac{12\,EIl^3}{a^3 b^2 (3l + b)}$ $\dfrac{768}{7}\,\dfrac{EI}{l^3}$	I Trägheitsmoment des Stabquerschnittes für waagerechte Schwerachse (auch für folgende Fälle) $[I] = L^4$
7	Zylindrischer Stab, beidseitig eingespannt; Q Sonderfall: $a = b = \dfrac{l}{2}$		$\dfrac{3\,EIl^3}{a^3 b^3}$ $\dfrac{192\,EI}{l^3}$	
8	Zylindrischer Stab, eingeklemmt; Q		$\dfrac{3\,EI}{b^2 (a + b)}$	
9	Zylindrischer Stab, eingespannt und gestützt; Q		$\dfrac{3\,EI}{b^2 (a + b) \left(1 - \dfrac{a}{4\,(a + b)}\right)}$	
10	Kreismembran, Q		$\dfrac{2\pi\,S}{\ln\left(\dfrac{R}{\varrho}\right)}$	S Spannkraft je Längeneinheit
11	Kreisplatte, Q Rand gestützt		$\dfrac{16\pi\,N}{R^2}\,\dfrac{1 + \nu}{3 + \nu}$	$N = \dfrac{E\,d^3}{12\,(1 - \nu^2)}$ ν Poissonsche Zahl
12	Kreisplatte; Q Rand eingespannt		$\dfrac{16\pi\,N}{R^2}$	
13	Federn, parallel; L zwei Federn n Federn		$c_1 + c_2$ $\displaystyle\sum_{i=1}^{n} c_i$	
14	Federn in Reihe; L zwei Federn n Federn		$\dfrac{c_1 c_2}{c_1 + c_2}$ $\dfrac{1}{\displaystyle\sum_{i=1}^{n} \dfrac{1}{c_i}}$	

Tafel 2. (Fortsetzung)

Nr.	Feder	Abbildung	Federsteifigkeit c	Bemerkungen
15	Gruppe von Federn an einem Punktkörper angreifend (Körper soll sich nur längs einer der strichpunktierten Linien bewegen können)	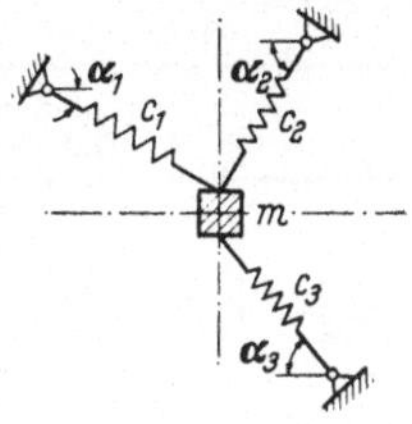	$c_H = \sum\limits_{i=1}^{n} c_i \cos^2 \alpha_n$ für Horizontale $c_V = \sum\limits_{i=1}^{n} c_i \sin^2 \alpha_n$ für Vertikale	α spitzer Winkel der Federachse mit der Horizontalen
16	Schraubenfeder; L		$\dfrac{\delta^4 G}{64\,R^3\,n}$	δ Drahtdurchmesser R Windungsradius n Windungszahl G Gleitmodul

Tafel 3. Federsteifigkeiten für elastische Schwinger
bei Drehschwingungen um Längsachse des elastischen Gebildes
$[c] = KL$

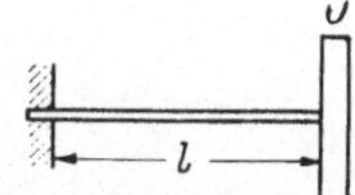

Nr.	Feder	Querschnitt	Drehfedersteifigkeit c	Bemerkungen
1	Zylindrischer Stab	Kreis, Durchmesser d	$\dfrac{G J_p}{l} = \dfrac{G}{l}\,\dfrac{\pi d^4}{32}$	J_p polares (Flächen-) Trägheitsmoment des Querschnittes G Gleitmodul
2	Verjüngter Stab	Kreis, Enddurchmesser d_1 und d_2	$\dfrac{3G\pi}{32\,l}\,\dfrac{(d_2 - d_1)\,d_1^3\,d_2^3}{d_2^3 - d_1^3}$ $= \dfrac{3G\pi}{32\,l}\,\dfrac{d_1^3\,d_2^3}{d_2^2 + d_1 d_2 + d_1^2}$	
3	Zylindrischer Stab	Kreisring	$\dfrac{G\pi}{32\,l}\,(d_a^4 - d_i^4)$	d_a Außendurchmesser d_i Innendurchmesser
4	Zylindrischer Stab	Rechteck b, h $\dfrac{b}{h} = \varkappa \geqq 1$	$\eta\,\dfrac{G\,b\,h^3}{l}$	(siehe Tabelle unten)
5	Zylindrischer Stab	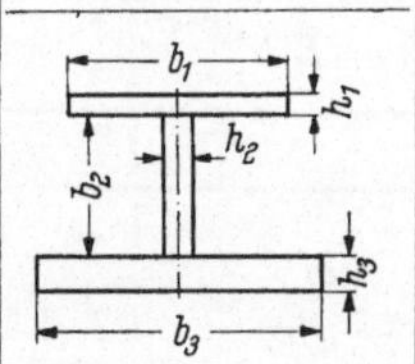	$\dfrac{G}{3\,l}\,\sum b_n\,h_n^3$	
6	Stäbe „parallel"	beliebig	$c = \sum\limits_{n} c_n$	
7	Stäbe „in Reihe"	beliebig	$1/c = \sum\limits_{n} (1/c_n)$	
8	Schraubenfeder		$\dfrac{\delta^4 E}{128\,R\,n}$	δ Drahtdurchmesser R Windungsradius n Windungszahl

Tabelle zu Nr. 4:

$\varkappa$	η	$\varkappa$	η
1	0,140	6	0,299
1,5	0,196	10	0,313
2	0,226	∞	0,333
3	0,263		

Tafel 4. *Federsteifigkeiten für elastische Schwinger;*
Drehschwingungen in der Ebene (um Achse O)
$$[c] = K L$$

Nr.	Feder	Abbildung	Drehfeder-steifigkeit c	Bemerkungen
1	Stab, beiderseits aufliegend	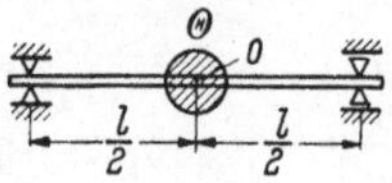	$\dfrac{12\,EI}{l}$	I Trägheitsmoment des Querschnitts für waagerechte Schwerachse
2	Stab, beiderseits eingespannt	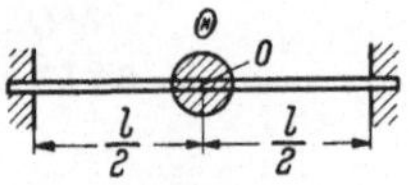	$\dfrac{32}{5}\;\dfrac{EI}{l}$	
3	Radspeichen	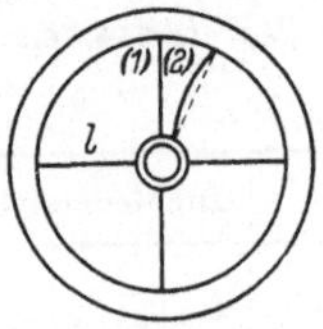	$n\,\dfrac{EI}{l}$	(*1*) undeformierte, (*2*) deformierte Speiche, n Anzahl der Speichen
4	Dehnfedern an drehbarem Stab	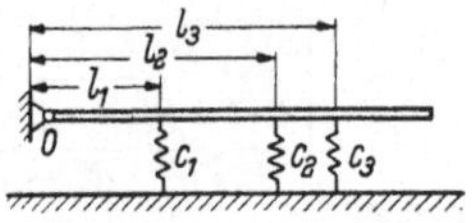	$\sum c_i l_i^2$	c_i Längsfederzahl der Einzelfeder $[c_i] = K L^{-1}$
5	Spiralfedern	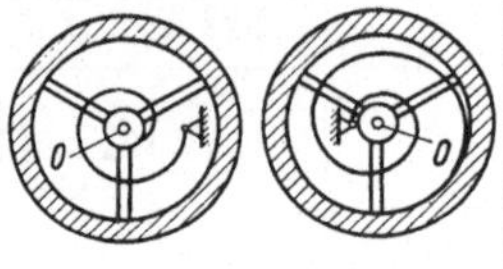	$\dfrac{EI}{L}$	L Länge der Spirale

Tafel 5. *Biegesteifigkeit einer gedrückten Schraubenfeder*
$$c'' = M\,\varrho; \quad M \text{ Biegemoment}; \quad \varrho \text{ Krümmungsradius}$$
$$[c''] = K L^2$$

Feder	c''	Bemerkung
Schraubenfeder	$\dfrac{EG}{E + 2G}\;\dfrac{\delta^4 l}{32\,n\,R}$	Bezeichnungen s. Tafel 3, Nr. 8 l Länge nach Belastung E Elastizitätsmodul G Gleitmodul

B. Hilfsmittel zur Berechnung von Verschiebungs-Einflußzahlen in Gebilden mit mehreren Freiheitsgraden

a) Biegelinien von Balken; Tafel 6
b) Biegelinien von Rahmen; Tafel 7

Tafel 6. *Biegelinien von Balken*[1] *(Gleichungen der elastischen Linien)*

Nr.	Abbildung	Gleichung der elastischen Linie
1a		$w(x) = \dfrac{P}{6EIl}\{x(l-\xi)(l^2-x^2) + l\langle x-\xi\rangle^3 - x(l-\xi)^3 - \xi\langle x-l\rangle^3\}$ $\qquad(\xi \leqq l)$
1b		$w(x) = \dfrac{P}{6EIl}\{x(l-\xi)(l^2-x^2) + l\langle x-\xi\rangle^3 - \xi\langle x-l\rangle^3\}$ $\qquad(\xi \geqq l)$
2		$w(x) = \dfrac{P}{6EI}\{3\xi x^2 - x^3 + \langle x-\xi\rangle^3\}$
3a		$w(x) = \dfrac{P}{12l^3EI}\{(l-\xi)(l^2-(l-\xi)^2)(\langle x-l\rangle^3+3x^2l-x^3) + 2l^2(l\langle x-\xi\rangle^3 - x^3(l-\xi) - \xi\langle x-l\rangle^3)\}$ $\qquad(\xi \leqq l)$
3b		$w(x) = \dfrac{P}{12l^3EI}\{l^2(l-\xi)(\langle x-l\rangle^3+3x^2l-x^3) + 2l^2(l\langle x-\xi\rangle^3 - x^3(l-\xi) - \xi\langle x-l\rangle^3)\}$ $\qquad(\xi \geqq l)$
4		$w(x) = \dfrac{P}{6EIl^3}\{\xi x^2(l-\xi)[(l-\xi)(3l-x)+x\xi] + l^2[l\langle x-\xi\rangle^3 - x^3(l-\xi)]\}$

Tafel 7. *Biegelinien von Rahmen*[1] *(Gleichungen der elastischen Linien)*

l_1, l_3: Längen der Stiele $\qquad l_2$: Länge des Querriegels
D_1, D_3: Biegesteifigkeiten EI der Stiele $\qquad D_2$: Biegesteifigkeit EI des Querriegels

Nr.	Abbildung	Gleichung der elastischen Linie
1a		$w_1(x_1) = \dfrac{P}{6}\left[\dfrac{1}{D_1}(\langle x_1-\xi\rangle^3 - 3x_1\xi^2 + 6l_1x_1\xi - x_1^3) - \dfrac{l_2\xi^2}{D_2}\right]$ $w_2(x_2) = \dfrac{Px_2\xi}{6D_2l_2}[x_2^2 + 2l_2^2 - 3l_2x_2]$ $w_3(x_3) = \dfrac{P\xi}{6}\left[\dfrac{1}{D_1}(3l_1^2-\xi^2) + \dfrac{l_2}{D_2}(l_3+2l_1-x_3)\right]$

[1] Definition des hierbei vorkommenden sog. „FÖPPL-Symbols":

$$\langle a-b\rangle^n \equiv \begin{cases} (a-b)^n, & \text{wenn } a>b, \\ 0, & \text{wenn } a<b. \end{cases}$$

$Tafel\ 7.$ (Fortsetzung)

Nr.	Abbildung	Gleichung der elastischen Linien
1b	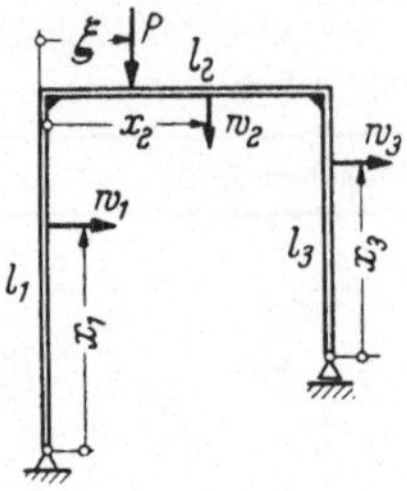	$w_1(x_1) = \dfrac{P\,x_1\,\xi}{6\,D_2\,l_2}\,[\xi^2 + 2\,l_2^2 - 3\,\xi\,l_2]$ $w_2(x_2) = \dfrac{P}{6\,D_2\,l_2}\,[x_2(l_2-\xi)(2\,\xi\,l_2 - x_2^2 - \xi^2) + l_2\langle x_2 - \xi\rangle^3]$ $w_3(x_3) = \dfrac{P\,\xi(l_2-\xi)}{6\,D_2\,l_2}\,[2\,l_1\,l_2 + l_2\,l_3 - x_3\,l_2 + \xi(l_3 - l_1 - x_3)]$
1c	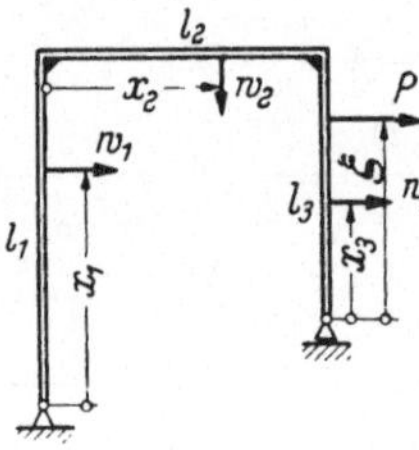	$w_1(x_1) = \dfrac{P\,x_1}{6}\left[\dfrac{1}{D_1}(3\,l_1^2 - x_1^2) + \dfrac{l_2}{D_2}(l_3 + 2\,l_1 - \xi)\right]$ $w_2(x_2) = \dfrac{P\,x_2(l_2 - x_2)}{6\,D_2\,l_2}\left[2\,l_1\,l_2 + l_2\,l_3 - l_2\,\xi + x_2(l_3 - l_1 - \xi)\right]$ $w_3(x_3) = \dfrac{P}{6}\left[\dfrac{2\,l_1^3}{D_1} + \dfrac{1}{D_2}\{2\,l_2(l_3 - l_1 - \xi)(l_3 - l_1 - x_3) + \right.$ $+\ 3\,l_1\,l_2(2\,l_3 - x_3 - \xi)\} +$ $\left. +\ \dfrac{1}{D_3}\{3(l_3 - \xi)^2(l_3 - x_3) - (l_3 - \xi)^3 + \langle x_3 - \xi\rangle^3\}\right]$
2a	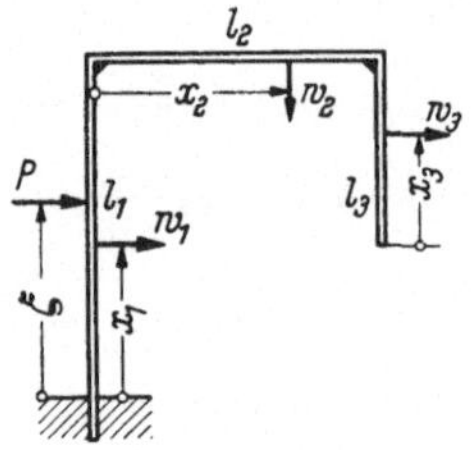	$w_1(x_1) = \dfrac{P}{6\,D_1}\,[\langle x_1 - \xi\rangle^3 - x_1^2(x_1 - 3\,\xi)]$ $w_2(x_2) = \dfrac{P\,x_2\,\xi^2}{2\,D_1}$ $w_3(x_3) = \dfrac{P\,\xi^2}{6\,D_1}\,[3(l_1 - l_3 + x_3) - \xi]$
2b	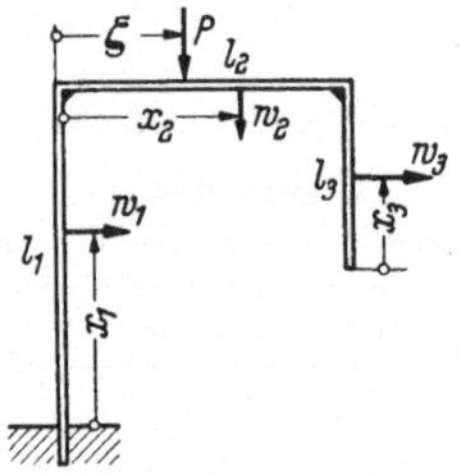	$w_1(x_1) = \dfrac{P\,\xi\,x_1^2}{2\,D_1}$ $w_2(x_2) = \dfrac{P}{6}\left[\dfrac{1}{D_2}\{\langle x_2 - \xi\rangle^3 - x_2^3 + 3\,\xi\,x_2^2\} + \dfrac{6}{D_1}\,\xi\,l_1\,x_2\right]$ $w_3(x_3) = \dfrac{-P\,\xi}{2}\left[\dfrac{l_1}{D_1}\{2(l_3 - x_3) - l_1\} + \dfrac{\xi}{D_2}(l_3 - x_3)\right]$
2c	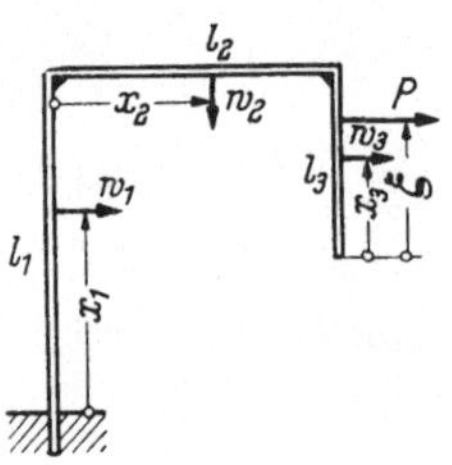	$w_1(x_1) = \dfrac{P\,x_1^2}{6\,D_1}\,[3(l_1 - l_3 + \xi) - x_1]$ $w_2(x_2) = \dfrac{-P\,x_2}{2}\left[\dfrac{l_1}{D_1}\{2(l_3 - \xi) - l_1\} + \dfrac{x_2}{D_2}(l_3 - \xi)\right]$ $w_3(x_3) = \dfrac{P}{6}\left[\dfrac{l_1}{D_1}\{l_1(2\,l_1 - 3(2\,l_1 - 2\,l_3 + x_3 + \xi)) + \right.$ $+\ 6(l_1 - l_3 + x_3)(l_1 - l_3 + \xi)\} + \dfrac{6\,l_2}{D_2}(l_3 - \xi)(l_3 - x_3) +$ $\left. +\ \dfrac{1}{D_3}\{\langle x_3 - \xi\rangle^3 + 3(l_3 - x_3)(l_3 - \xi)^2 - (l_3 - \xi)^3\}\right]$

C. Kontinuierliche Gebilde[1]

a) Saite und Stab (Probleme zweiter Ordnung)

Längs- und Querschwingungen einer Saite sowie Längs- und Torsionsschwingungen eines Stabes führen auf dieselbe Bewegungsgleichung

$$y_{tt} = c_W^2\, y_{xx}$$

mit c_W^2 nach Tafel 8 (c_W Fortpflanzungsgeschwindigkeit der elastischen Wellen).

Tafel 8. *Fortpflanzungsgeschwindigkeiten c_W von Wellen in Saiten und Stäben*

Gebilde	Schwingungsrichtung	c_W^2	Bemerkungen
Saite	quer	$\dfrac{S}{\varrho F}$	S Spannkraft
Saite	längs	$\dfrac{E}{\varrho}$	E Elastizitätsmodul
Stab	längs	$\dfrac{E}{\varrho}$	F Querschnittsfläche G Gleitmodul
Stab (mit Kreisquerschnitt)	Drehung (Torsion)	$\dfrac{G}{\varrho}$	ϱ Dichte

Mit den Partikularlösungen

$$y_n(x,\,t) = Y^{(n)}(x)\, T^{(n)}(t)$$

lassen sich die Veränderlichen trennen. Für $Y^{(n)}(x)$ und $T^{(n)}(t)$ folgen die gewöhnlichen Differentialgleichungen

$$Y_{xx}^{(n)} + \varkappa_n^2\, Y^{(n)} = 0,$$

$$T_{tt}^{(n)} + \omega_n^2\, T^{(n)} = 0,$$

wobei

$$\omega_n^2 = c_W^2\, \varkappa_n^2$$

ist. Ihre Lösungen sind

$$Y^{(n)} = a_n \cos \varkappa_n\, x + b_n \sin \varkappa_n\, x,$$

$$T^{(n)} = A_n \cos \omega_n\, t + B_n \sin \omega_n\, t.$$

Die Randbedingungen lauten für festgehaltene Enden: $Y = 0$; für freie Enden: $Y' = 0$. Eigenfunktionen $Y^{(n)}$ und Eigenwerte $(l\varkappa_n)$ in Tafel 9.

Tafel 9. *Eigenfunktionen und Eigenwerte für verschiedene Randbedingungen*

Randbedingungen	Eigenfunktionen	Eigenwerte (n ganze Zahl)
fest—fest	$Y^{(n)} = \sin \varkappa_n x$	$l\varkappa_n = \pi n$
frei—frei	$Y^{(n)} = \cos \varkappa_n x$	$l\varkappa_n = \pi n$
fest—frei	$Y^{(n)} = \sin \varkappa_n x$	$l\varkappa_n = \pi(2n - 1)/2$

[1] LORD RAYLEIGH: Theorie des Schalls. Braunschweig: Vieweg 1921. — Handbuch der Physik, Bd. 6, Kap. 4. — F. PFEIFFER: Elastokinetik. Berlin: Springer 1927. — Handbuch der Technischen Mechanik, Bd. 3. — F. AUERBACH: Elastische Schwingungen und Wellen. Leipzig: J. A. Barth 1927.

Tafel 10. *Frequenzengleichungen und Eigenwerte für den querschwingenden Stab bei verschiedenen Randbedingungen*

Randbedingungen $x=0$　$x=l$	Frequenzengleichung	Die ersten Wurzeln $\varkappa_n l$ der Frequenzengleichung (Eigenwerte)				Asymptotischer Wert für den Eigenwert
		$n=0$	$n=1$	$n=2$	$n=3$	$n\gg 1$; praktisch $n>3$
frei — frei eingespannt — eingespannt	$1-\cos\varkappa l\,\mathrm{Cosh}\,\varkappa l=0$	0	$\dfrac{3\pi}{2}+0{,}01765$ $=4{,}73004$	$\dfrac{5\pi}{2}-0{,}00078$ $=7{,}85320$	$\dfrac{7\pi}{2}+0{,}00003$ $=10{,}99561$	$(2n+1)\dfrac{\pi}{2}$
gestützt — gestützt	$\sin\varkappa l=0$	0	π	2π	3π	$n\pi$
eingespannt — frei	$1+\cos\varkappa l\,\mathrm{Cosh}\,\varkappa l=0$	—	$\dfrac{\pi}{2}+0{,}30431$ $=1{,}87510$	$\dfrac{3\pi}{2}-0{,}01830$ $=4{,}69410$	$\dfrac{5\pi}{2}+0{,}00078$ $=7{,}85476$	$(2n-1)\dfrac{\pi}{2}$
eingespannt — gestützt	$\tan\varkappa l-\mathrm{Tanh}\,\varkappa l=0$	0	$\dfrac{5\pi}{4}-0{,}00039$ $=3{,}9266$	$\dfrac{9\pi}{4}-0{,}00000$ $=7{,}0686$	$\rightarrow$	$(4n+1)\dfrac{\pi}{4}$

Die Koeffizienten A_n und B_n in $T^{(n)}$ werden durch Entwicklung der Anfangsauslenkung $y(x,0)$ und Anfangsgeschwindigkeit $\dot{y}(x,0)$ bestimmt.

b) Querschwingungen eines Stabes (Problem vierter Ordnung)

1. Gerader Stab, konstanter Querschnitt. Bewegungsgleichung (unter Vernachlässigung des Einflusses von Querkraft und Rotationsträgheit)

$$w_{tt}=-c_W^2\,k^2\,w_{xxxx}$$

mit $c_W^2=E/\varrho$, k Trägheitsarm des Querschnittes.

Der Partikularansatz

$$w_n(x,\,t)=W^{(n)}(x)\,T^{(n)}(t)$$

führt zu den gewöhnlichen Differentialgleichungen

$$W^{(n)}_{xxxx}-\varkappa_n^4\,W^{(n)}=0,$$
$$T^{(n)}_{tt}+\omega_n^2\,T^{(n)}=0$$

mit $\omega_n^2=\varkappa_n^4\,c_W^2\,k^2$.

Partikulare Lösungen:

$$W^{(n)}(x)=a_n\cos\varkappa_n x+b_n\sin\varkappa_n x+$$
$$+\,c_n\,\mathrm{Cosh}\,\varkappa_n x+d_n\,\mathrm{Sinh}\,\varkappa_n x,$$
$$T^{(n)}(t)=A_n\cos\omega_n t+B_n\sin\omega_n t.$$

Frequenzengleichungen und Eigenwerte in Tafel 10.

2. Gerader Stab, veränderlicher Querschnitt[1]
Querschnitts- (F) und Trägheitsmoment- (I) Abnahme werden durch zwei Kurven c

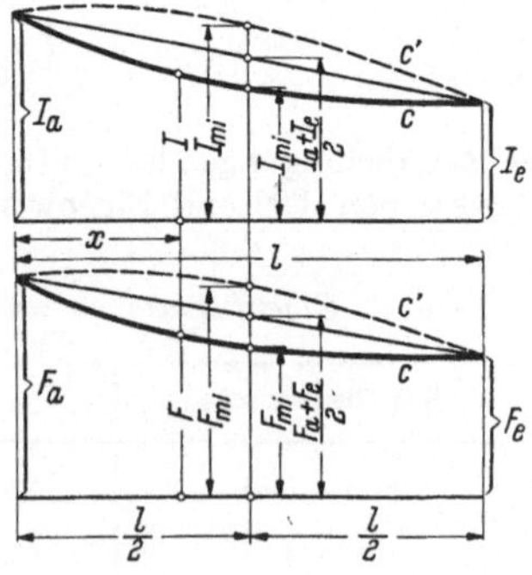

oder c' (s. Abbildung) dargestellt; I_{mi} und F_{mi} sind die Werte der Kurve, die zur Stabmitte gehören.

___
[1] Nach W. Hort: Z. techn. Phys. Bd. 6 (1925) S. 181.

Berechnen der Hilfsgrößen

$$\eta = \frac{(I_a - I_e)}{I_a}, \qquad \eta' = \left| \frac{1}{I_a}\left(\frac{I_a + I_e}{2} - I_{mi}\right)\right|,$$

$$\zeta = \frac{(F_a - F_e)}{F_a}, \qquad \zeta' = \left| \frac{1}{F_a}\left(\frac{F_a + F_e}{2} - F_{mi}\right)\right|$$

und der Eigenfrequenz ω_j des Stabes mit gleichbleibendem (Einspann-) Querschnitt und denselben Einspannbedingungen (s. o.). Dann ist das Quadrat der Eigenkreisfrequenz ω_0^2 des verjüngten Stabes angenähert:

$$\omega_{0j}^2 = \frac{\omega_j^2[1 - \eta\,\sigma_j - \eta'\,\sigma_j']}{[1 - \zeta\,\tau_i - \zeta'\,\tau_j']}.$$

Beiwerte σ_j, σ_j'; τ_j, τ_j' in Tafel 11.

Tafel 11. *Beiwerte für Eigenfrequenz verjüngter gerader Stäbe*

j	\multicolumn{5}{Dickeres Stabende eingespannt, das andere frei}					\multicolumn{5}{Dickeres Stabende eingespannt, das andere gestützt}			

j	$\varkappa l$	σ	τ	σ'	τ'	$\varkappa l$	σ	τ	σ'	τ'
1	1,875	0,193	0,807	0,493	0,493	3,927	0,431	0,569	0,626	0,857
2	4,694	0,406	0,594	0,703	0,703	7,069	0,480	0,520	0,612	0,724
3	7,855	0,468	0,532	0,661	0,661	10,210	0,490	0,510	0,623	0,680
4	10,996	0,483	0,517	0,649	0,649	13,352	0,494	0,506	0,628	0,662
5	14,137	0,490	0,510	0,645	0,645	16,493	0,496	0,504	0,631	0,654
6	17,279	0,493	0,507	0,642	0,642	—	0,497	0,503	0,633	0,649
∞	—	0,500	0,500	0,637 $= 2/\pi$	0,637 $= 2/\pi$	—	0,500	0,500	0,637 $= 2/\pi$	0,637 $= 2/\pi$

3. Kreisring (Vollring)

Radius a, Querschnitt ist Kreisfläche vom Radius r, n ganze Zahl, ν POISSONsche Zahl, E Elastizitätsmodul, ϱ Dichte.

Biegeschwingungen in der Ebene des Ringes

$$\omega_n^2 = \frac{E\,r^2\,n^2(n^2 - 1)^2}{4\,\varrho\,a^4(n^2 + 1)}.$$

Biegeschwingungen senkrecht zur Ebene des Ringes

$$\omega_n^2 = \frac{E\,r^2\,n^2(n^2 - 1)^2}{4\,\varrho\,a^4(n^2 + 1 + \nu)}.$$

Radiale Dehnungsschwingungen

$$\omega^2 = \frac{E}{a^2\,\varrho}.$$

c) Querschwingungen einer Membran

Differentialgleichung:

$$w_{tt} = c_W^2\,\Delta w, \qquad c_W^2 = \frac{S}{\varrho};$$

S Spannkraft je Längeneinheit, ϱ Masse je Flächeneinheit.

α) Rechteckige Membran (Seitenlängen a, b). Partikularlösungen:

$$w_{r,s} = W_{r,s}(x, y)\,T_{r,s}(t)$$

mit

$$T_{r,s} = A_{r,s}\cos\omega_{r,s}t + B_{r,s}\sin\omega_{r,s}t.$$

Eigenfunktionen

$$W_{r,s} = \sin\left(\pi\,r\,\frac{x}{a}\right)\sin\left(\pi\,s\,\frac{y}{b}\right).$$

Eigenwerte

$$\lambda_{r,s}^2 = \pi^2\left[\frac{r^2}{a^2} + \frac{s^2}{b^2}\right].$$

Eigenfrequenzen

$$\omega_{r,s}^2 = c_W^2\,\lambda_{r,s}^2.$$

Asymptotische Werte

$$\lim_{n \to \infty}\left(\frac{\lambda_n}{n}\right) = \frac{4\pi}{ab}.$$

β) Kreismembran (Radius a). Partikularlösungen:

$$w_n = W_n(r)\,(A_n \cos\omega_n t + B_n \sin\omega_n t)\,.$$

Differentialgleichung für W_n:

$$W_{rr} + \left(\frac{1}{r}\right) W_\varphi + \left(\frac{1}{r^2}\right) W_{\varphi\varphi} + \lambda_n^2\, W = 0\,.$$

Ansatz: $W_n = R_n(r)\cos n\,\varphi\,.$

Differentialgleichung für R_n:

$$R'' + \left(\frac{1}{r}\right) R' + \left[\lambda_n^2 - \left(\frac{n^2}{r^2}\right)\right] R = 0 \quad \text{(Besselsche Differentialgleichung der Ordnung n)}$$

Eigenwerte folgen aus $J_n(\lambda_{n,m}\,a) = 0$ (Tafel 12).

Tafel 12. *Eigenwerte $\lambda_{n,\,m}\,a$ für die Kreismembran*

n \\ m	0	1	2	3
0	2,4048	5,5201	8,6537	11,7915
1	3,8317	7,0156	10,1735	13,3237

J_n ist die Besselsche Funktion erster Art, n-ter Ordnung.

Eigenfrequenz:

$$\omega_{n,m} = c_W\,\lambda_{n,m}\,;$$

m Anzahl der Knotenkreise, n Anzahl der Knotendurchmesser.

(γ) Kreisringmembran (a Außenradius, b Innenradius). Verhältnis der Frequenzen ω/ω_{00} des Grundtons relativ zum Grundton der Vollmembran (bei zentrischer Symmetrie) in Tafel 13.

Tafel 13. *Frequenzen einer Kreisringmembran*

$\alpha=b/a$	ω/ω_{00}	$\alpha=b/a$	ω/ω_{00}
0	1	0,2	1,59
0,05	1,27	0,5	2,60
0,1	1,38	0,66	3,92

d) Platten (Biegeschwingungen)

Mit ν Poissonscher Zahl, E Elastizitätsmodul, ϱ Dichte, h halbe Plattenstärke, $N = 2(E\,h^3)/3(1 - \nu^2)$ Plattensteifigkeit, $N' = N/2h\varrho = E\,h^2/3\,\varrho\,(1 - \nu^2)$ lautet die Differentialgleichung:

$$N'\,\Delta\Delta\,w + w_{tt} = 0\,.$$

α) Kreisplatte. Partikularansatz:

$$w_n = W_n(r,\,\varphi)\,T_n(t),\qquad W_n = R(r)\,\Phi(\varphi)\,.$$

Differentialgleichungen für R:

$$R'' + \left(\frac{1}{r}\right) R' + \left[\pm\,\lambda_n^2 - \left(\frac{n^2}{r^2}\right)\right] R = 0\,.$$

Partikularlösungen:

$$w_n = [a_n\,J_n(\lambda_n r) + b_n\,J_n(i\,\lambda_n r)]\cos n\,\varphi\,[A_n \cos\omega_n t + B_n \sin\omega_n t]$$

mit $\omega_n^2 = N'\,\lambda_n^4$; ($n$ Anzahl der Knotenkreise).

Eigenwerte $\lambda_n\,a$ hängen ab von den Randbedingungen. Tafel 14 gibt Werte $\lambda_n\,a$ an, wenn Plattenmitte auf Radius b eingespannt, Außenrand (Radius a) frei ist für $n = 0$; 1; 2; 3; (Kreissymmetrie); Poissonsche Zahl $\nu = 0,3$.

Ist Außenrand eingespannt und innerer Rand nicht vorhanden (Platte nicht durchbrochen), so lautet die Frequenzengleichung

$$i\, J_n(\lambda_n a)\, J_{n+1}(i\,\lambda_n a) - J_n(i\,\lambda_n a)\, J_{n+1}(\lambda_n a) = 0.$$

Ihre Wurzeln $\lambda_{n,m} a$ in Tafel 15. m Anzahl der Knotenkreise, n Anzahl der Knotendurchmesser.

Tafel 14. *Eigenwerte* $\lambda_{n,m}\,a$ *für Kreisplatte*
(Plattenmitte eingespannt, Außenrand frei, Außenradius a)

$n = 0$		$n = 1$		$n = 2$		$n = 3$	
b/a	$\lambda_0 a$	b/a	$\lambda_1 a$	b/a	$\lambda_2 a$	b/a	$\lambda_3 a$
0,276	2,50	0,060	1,68	0,186	2,50	0,43	4,0
0,642	5,00	0,397	3,00	0,349	3,00	0,59	5,0
0,840	9,00	0,603	4,60	0,522	4,00	0,71	7,0
		0,634	5,00	0,769	8,00	0,82	10,0
		0,771	8,00	0,810	10,00		
		0,827	11,00				

Tafel 15. *Eigenwerte* $\lambda_{n,m} a$ *für Kreisplatte*
(Außenrand eingespannt, innerer Rand nicht vorhanden)

m \ n	0	1	2	3
0	3,1961	4,6110	5,9056	7,1433
1	6,3064	7,7993	9,1967	10,537
2	9,4395	10,958	12,402	13,795
3	12,577	14,108	15,579	
4	15,716			

β) Rechteckplatte. Schwingzahlen und Knotenbilder für allseitige freie Platte nach W. Ritz[1]. Für eingespannte, rechteckige und parallelogrammförmige, Platten Schwingzahlen und Ausschlagformen nach D. Young[2] und M. V. Barton[3] aus dem Ritzschen Verfahren. Werte in Tafel 16 und 17.

Tafel 16. *(Reduzierte) Eigenfrequenzen* ω/ω_0 *eingespannter rechteckiger Platten*
Bezugsfrequenz $\omega_0 = \sqrt{N'/a^4}$

a) Eine Kante eingespannt

a/b			$\tfrac{1}{2}$	1	2	5	Abbildung
A		B	3,508	3,494	3,472	3,450	A
	Knotenbild		5,372	8,547	14,93	34,73	B
			21,96	21,44	21,61	21,52	C
C		D E	10,26	27,46	94,49	563,9	D
			24,85	31,7	48,71	105,9	E

[1] Ritz, W.: Ann. d. Phys. Bd. 28 (1909) S. 737.
[2] Young, D.: J. Appl. Mech. Bd. 17 (Dez. 1950) S. 448.
[3] Barton, M. V.: J. Appl. Mech. Bd. 18 (März 1951) S. 129.

b) Zwei Kanten eingespannt
Platte quadratisch, $a/b = 1$

ω/ω_0	6,958	24,08	26,80	48,05	63,14
Knotenbild					

c) Vier Kanten eingespannt
Platte quadratisch, $a/b = 1$

ω/ω_0	35,99	73,41	108,27	131,64	132,25	165,15
Knotenbild						

Tafel 17. (*Reduzierte*) *Eigenfrequenzen* ω/ω_0 *einseitig eingespannter Parallelogrammplatten*

Bezugsfrequenz: $\omega_0 = \sqrt{N'/a^4}$; $\nu = 0,3$

	Grundschwingung	1. Oberschwingung
$\alpha = 15°$	3,601	8,872
$\alpha = 30°$	3,961	10,190
$\alpha = 45°$	4,824	13,75
Knotenbild		

Mohr, O. 81
Myklestad, N. O. 459, 461

Neuber, H. 164
Nordheim, L. 31
Nyquist, H. 193, 200

O'Callaghan, Th. 361, 387, 403
Orlando, L. 191

Pasley, P. R. 300
Perron, O. 170, 230, 231, 248, 305
Pestel, E. 361, 402, 405, 457, 459, 461, 462
Pfeiffer, F. 97, 471
Plunkett, R. 24
Porter, F. 360, 387
Pöschl, Th. 35, 58, 113, 120, 166, 360, 385, 387
Prohl, M. A. 459, 461

Quade, W. 214

Rausch, E. 134, 360, 398, 399
Raymond, F. 18
Reichardt, W. 23
Reissig, R. 200
Ritz, W. 475
Le Rolland, P. 97

Roth, P. 361
Routh, E. J. 170, 179, 181, 188, 199, 243, 246, 247, 248

Salomon, B. 300
Salyi, S. 361, 410
v. Sanden, K. 356
Sarazin, R. 300
Sass, F. 360, 387
Schaefer, H. 361, 402, 403, 404, 408
Schick, W. 293
v. Schlippe, B. 134, 154
Schmeidler, W. 170, 200
Schmid, E. 212
Schnell, W. 459, 460, 461
Schumpich, G. 457, 459, 460, 461
Schur, I. 189, 199
Seelmann 357
Sherman, S. 199
Slibar, A. 300
Smith, J. 358
Söchting, F. 360, 372, 396
Sorin, P. 97
Spierig, S. 459, 461
Starke, D. 105
Stieglitz, A. 293
Stodola, A. 361
Strecker, F. 193, 200
Strunz, L. 360, 387

Taylor, E. S. 300
Thomson, W. T. 459, 461
Timoshenko, S. 31
Tolle, M. 360, 368, 372, 424
Trendelenburg, F. 106
Trent, H. M. 23
Tuplin, W. A. 358, 360, 374

Vahlen, K. Th. 199
Veltmann, W. 86

Wagner, K. W. 214, 220
Waimann, K. 360, 372
Weber, H. 170, 276
Weidenhammer, F. 351
Weigand, A. 410
Whittaker, E. T. 31, 170, 232, 243, 248
Wien, M. 220
Woernle, H. Th. 24, 26
Wydler, H. 360, 363, 364, 410

Young, D. 475
Young, D. H. 31
Young, Y. 19

Zerkowitz, G. 360, 364
Zurmühl, R. 26, 109, 170, 411, 415, 437, 438, 448, 454, 460, 462

Sachverzeichnis

Karl Klotter

Träger der Fritz-Kesselring-Ehrenmedaille des VDI

Sein Hauptwerk

Technische Schwingungslehre

Band 1

Einfache Schwinger

3., völlig neubearbeitete und erweiterte Auflage
Herausgegeben mit Unterstützung durch G. Benz

Teil A

Lineare Schwingungen

Korrigierter Nachdruck 1981.
175 Abb., 20 Tab., XVIII, 425 Seiten
Gebunden DM 72,–
ISBN 3-540-08673-0

Inhaltsübersicht: Allgemeine (phänomenologische) Schwingungslehre. – Bewegungsgleichungen. – Freie Schwingungen linearer Systeme. – Fremderregte Schwingungen linearer Gebilde. – Inhalt Teil B.

„...Das Buch läßt keine Wünsche offen und kann ohne jede Einschränkung empfohlen werden. Die Darstellung ist klar und übersichtlich und enthält zahlreiche instruktive Beispiele vor allem aus der Mechanik. Die Neugliederung des Stoffes erscheint noch systematischer und sinnfälliger als in der 2. Auflage. Als nachahmenswertes Detail ist die konsequente Markierung von Definitionsgleichungen zu vermerken...darf der inzwischen emeritierte Altmeister der technischen Schwingungslehre, der auf eine rund fünfzigjährige erfolgreiche Lehrtätigkeit zurückblicken kann, wohl aller guten Wünsche einer zahlreichen und dankbaren Leserschaft für die Vollendung seines wichtigen Werkes versichert sein"

Forschung im Ingenieurwesen

Teil B

Nichtlineare Schwingungen

1980. 211 Abb., 18 Tafeln. XVI, 576 Seiten
Gebunden DM 98,–
ISBN 3-540-09327-3

Inhaltsübersicht: Autonome Schwingungen nicht linearer Gebilde: Übersicht. Bewegungsraum und Phasenebene. Stabilität. Periodische Schwingungen konservativer und aktiver Gebilde; ihr Zeitverlauf. Schwinger mit "Schaltern"; Differentialgleichungen mit Unstetigkeitsstellen. Näherungen für Phasenkurven. Näherungen für die Zeitfunktionen bei Differentialgleichungen mit nicht kleinen Parametern. Näherungen für die Zeitfunktionen bei Differentialgleichungen mit einem kleinen Parameter. – Nicht-autonome Schwingungen nicht-linearer Gebilde: Vorbemerkungen; Inhalt, Einteilung. Passive Gebilde, schwach nichtlineare Differentialgleichungen: Harmonische Erregerfunktion (Störfunktion); die Grundharmonische der Lösung als Näherungslösung; Responsekurven. Schwach nicht-lineare Dämpfungskräfte. Schwach nichtlineare Differentialgleichungen; Periodische Erregerfunktionen; periodische Lösungen; Störungsrechnung. Stark nicht-lineare Differentialgleichungen; pseudo-autonome Systeme. Stark nicht-lineare Differentialgleichungen; stückweise lineare Systeme. Aktive Systeme; Mitnahme. – Literaturverzeichnis. – Sachverzeichnis.

Dieser Band baut auf den Teil A auf und stellt dazu die notwendigen Ergänzungen dar. Mit dem in Teil A entwickelten Begriffssystem werden die autonomen und nicht-autonomen Schwingungsvorgänge nichtlinearer Gebilde behandelt. Die Darstellung besticht durch ihre in die Tiefe gehende, übersichtliche und klare Formulierung. Sie wird durch instruktive Beispiele ergänzt. Näherungsverfahren der verschiedenen Art werden angeführt mit deren Hilfe numerische Verfahren und leistungsfähige Algorithmen entwickelt bzw. Einflüsse einzelner Parameter und die Ergebnisse numerischer Berechnungen geprüft werden können.

Springer-Verlag Berlin Heidelberg New York

Ingenieur-Archiv

Archive of
Applied Mechanics

Das „Ingenieur-Archiv" wird herausgegeben unter Mitwirkung der Gesellschaft für Angewandte Mathematik und Mechanik

Herausgeber:
E. Becker, Darmstadt

Mitherausgeber:
W. Hauger (Schriftleitung), J. F. Besseling, G. Böhme,
H. Grundmann, H. Lippmann, P. C. Müller,
F. I. Niordsen, W. Schneider, W. Schnell, Ch. Wehrli

Der Themenkreis der Zeitschrift umfaßt die Grundlagen des Ingenieurwesens, vor allem allgemeine Mechanik, einschließlich Strömungs- und Festigkeitslehre, Rheologie und Kontinuumsmechanik bis hin zur Thermodynamik. Die Pflege der Beziehungen zwischen wissenschaftlicher Forschung und technischer Praxis ist ihr Ziel. Das beinhaltet einerseits das Aufbereiten, Deuten und damit Nutzbarmachen neuer wissenschaftlicher Erkenntnisse, andererseits aber auch das Aufzeigen technisch interessanter Fragestellungen. Damit werden neue Ansatzpunkte für die wissenschaftliche Forschung gegeben.

Interessengebiete: Ingenieurmathematik, Technische Physik, Mechanik, Festigkeitslehre, Technische Thermodynamik, Strömungsmaschinen, Regelungs- und Steuerungstechnik.

Veröffentlichungen in deutscher und englischer Sprache.

Weitere Information sowie Probehefte erhalten Sie bei Ihrem Buchhändler oder direkt von Springer-Verlag, Wissenschaftliche Information, Postfach 105280, D-6900 Heidelberg

Springer-Verlag
Berlin
Heidelberg
New York